Grellmann / Seidler
Kunststoffprüfung

Bleiben Sie auf dem Laufenden!

Hanser Newsletter informieren Sie regelmäßig über neue Bücher und Termine aus den verschiedenen Bereichen der Technik. Profitieren Sie auch von Gewinnspielen und exklusiven Leseproben. Gleich anmelden unter
www.hanser-fachbuch.de/newsletter

Die Internet-Plattform für Entscheider!

Exklusiv: Das Online-Archiv der Zeitschrift Kunststoffe!

Richtungsweisend: Fach- und Brancheninformationen stets top-aktuell!

Informativ: News, wichtige Termine, Bookshop, neue Produkte und der Stellenmarkt der Kunststoffindustrie

Wolfgang Grellmann
Sabine Seidler

Kunststoffprüfung

4., überarbeitete Auflage

HANSER

Print-ISBN: 978-3-446-44718-9
E-Book-ISBN: 978-3-446-48105-3

Alle in diesem Werk enthaltenen Informationen, Verfahren und Darstellungen wurden zum Zeitpunkt der Veröffentlichung nach bestem Wissen zusammengestellt. Dennoch sind Fehler nicht ganz auszuschließen. Aus diesem Grund sind die im vorliegenden Werk enthaltenen Informationen für Autor:innen, Herausgeber:innen und Verlag mit keiner Verpflichtung oder Garantie irgendeiner Art verbunden. Autor:innen, Herausgeber:innen und Verlag übernehmen infolgedessen keine Verantwortung und werden keine daraus folgende oder sonstige Haftung übernehmen, die auf irgendeine Weise aus der Benutzung dieser Informationen – oder Teilen davon – entsteht. Ebenso wenig übernehmen Autor:innen, Herausgeber:innen und Verlag die Gewähr dafür, dass die beschriebenen Verfahren usw. frei von Schutzrechten Dritter sind. Die Wiedergabe von Gebrauchsnamen, Handelsnamen, Warenbezeichnungen usw. in diesem Werk berechtigt also auch ohne besondere Kennzeichnung nicht zu der Annahme, dass solche Namen im Sinne der Warenzeichen- und Markenschutz-Gesetzgebung als frei zu betrachten wären und daher von jedermann benützt werden dürften.

Die endgültige Entscheidung über die Eignung der Informationen für die vorgesehene Verwendung in einer bestimmten Anwendung liegt in der alleinigen Verantwortung des Nutzers.

Bibliografische Information der Deutschen Nationalbibliothek:
Die Deutsche Nationalbibliothek verzeichnet diese Publikation in der Deutschen Nationalbibliografie; detaillierte bibliografische Daten sind im Internet unter http://dnb.d-nb.de abrufbar.

Dieses Werk ist urheberrechtlich geschützt.
Alle Rechte, auch die der Übersetzung, des Nachdruckes und der Vervielfältigung des Werkes, oder Teilen daraus, vorbehalten. Kein Teil des Werkes darf ohne schriftliche Einwilligung des Verlages in irgendeiner Form (Fotokopie, Mikrofilm oder einem anderen Verfahren), auch nicht für Zwecke der Unterrichtsgestaltung – mit Ausnahme der in den §§ 53, 54 UrhG genannten Sonderfälle –, reproduziert oder unter Verwendung elektronischer Systeme verarbeitet, vervielfältigt oder verbreitet werden.
Wir behalten uns auch eine Nutzung des Werks für Zwecke des Text- und Data Mining nach § 44b UrhG ausdrücklich vor.

© 2025 Carl Hanser Verlag GmbH & Co. KG, München
www.hanser-fachbuch.de
Lektorat: Dr. Mark Smith
Herstellung: Cornelia Speckmaier
Coverkonzept: Marc Müller-Bremer, *www.rebranding.de*, München
Covergestaltung: Max Kostopoulos
Titelmotiv/Hintergrund: © gettyimages.de/Elena Zaretskaya
Satz: Eberl & Koesel Studio, Kempten
Druck: CPI Books GmbH, Leck
Printed in Germany

Vorwort zur 4. Auflage

In der vorliegenden vierten Auflage des Lehrbuches „*Kunststoffprüfung*" wurden wiederum Hinweise und Änderungswünsche von Kollegen und Kooperationspartnern eingearbeitet, die sich zwischenzeitlich aus zahlreichen, überwiegend positiven Rezensionen ergeben haben. Darüber hinaus wurden alle Kapitel von den Herausgebern und Autoren kritisch durchgesehen. Das Kapitel 1 wurde entsprechend der sich dynamisch entwickelnden Kunststoffindustrie und der sich verändernden Marktsituation angepasst. Die in diesem Kapitel zusammengefasste Übersichtsbibliografie zu den einzelnen Themen wurde durch neu erschienene Lehrbücher und Monographien auf den neuesten Stand gebracht. Aufgrund der rasanten Veränderungen in der Normung, bei Standards und Technischen Regeln wurden bis Juli 2024 mehr als 350 internationale und deutsche Normen-Produkte aktualisiert.

Die Herausgeber haben sich sehr gefreut, mit Prof. Dr. Katrin Reincke, *Polymer Service GmbH Merseburg*, eine ausgewiesene Expertin ihres Fachgebietes für die Aufnahme eines neuen Kapitels 12 „*Folienprüfung*" in diese Auflage gewonnen zu haben. Kunststofffolien haben ein extrem breites Anwendungsspektrum und die meisten der weltweit produzierten Kunststoffe werden für Verpackungen verwendet, wobei Folien eine sehr wichtige Produktgruppe darstellen. Aufgrund der geringen Dicken ergeben sich spezifische Anforderungen an die Eigenschaften und Anwendungen und auch bestimmte Anforderungen an die Prüfung von Folien.

Neben diesem Buch bietet das wiki-Lexikon „*Kunststoffprüfung und Diagnostik*" unter *https://wiki.polymerservice-merseburg.de* (Version 14.0, 2024) eine weitere Informationsquelle für die Erläuterung wichtiger Fachbegriffe und die experimentelle Durchführung von Prüfverfahren in der Praxis. Hervorgegangen aus einem kleinen Glossar der Polymer Service GmbH Merseburg ist in mehrjähriger Arbeit ein umfassendes Onlinelexikon entstanden, das täglich mehr als 1000 Besucher hat. Wie bei der großen Schwester Wikipedia ist auch dieses Wiki durchaus lebendig. Regelmäßig werden neue Artikel hinzugefügt und bestehende bzgl. der Aktualität der Normen überarbeitet.

Wir danken dem Carl Hanser Verlag, insbesondere und stellvertretend Dr. Mark Smith für seine geschätzte und zuverlässige Unterstützung. Schließlich danken die Herausgeber Dr. Ralf Lach, *Polymer Service GmbH Merseburg* und *Institut für Polymerwerkstoffe, Merseburg*, für seine redaktionellen und organisatorisch-technischen Anregungen bei der Überarbeitung von Text und Abbildungen dieser Buchauflage.

Sabine Seidler, Wien   *Wolfgang Grellmann, Halle und Merseburg*

Juli 2024   Die Herausgeber

Vorwort zur 1. Auflage

Das vorliegende Buch basiert auf der langjährigen Erfahrung der Herausgeber in Forschung, Entwicklung und Lehre auf dem Gebiet der Werkstoffwissenschaft und speziell der Kunststoffprüfung, der Kunststoffdiagnostik und der Schadensfallanalyse. Die Arbeitsergebnisse wurden bisher in zwei Monographien zum Deformations- und Bruchverhalten von Kunststoffen, erschienen im Springer Verlag, in zahlreichen Einzelpublikationen in wissenschaftlichen Fachzeitschriften und in Fortschritts-Berichten der VDI-Reihe „Mechanik/Bruchmechanik" publiziert. Vor dem Hintergrund einer sich vollziehenden dynamischen Entwicklung des Forschungsgebietes erschien es uns folgerichtig, die erhaltenen Ergebnisse auch als Lehrbuch für Studierende aufzuarbeiten.

Die Notwendigkeit einer umfassenden Darstellung des Wissensstandes leitet sich aus folgenden Faktoren ab:

- Die wachsende Bedeutung der Werkstoffgruppe für den technischen Fortschritt führt zu einem zunehmenden Anteil an Kunststoffen und Verbunden in konstruktiven Anwendungen.

- Das erhöhte Sicherheitsbewusstsein führt zur Entwicklung von hybriden Prüfverfahren, die eine komplexe Betrachtung des Zusammenhanges zwischen Beanspruchung und Werkstoffverhalten unter anwendungsnahen Beanspruchungsbedingungen ermöglichen.

- Durch die Entwicklung von Faserverbundwerkstoffen mit thermoplastischer und duromerer Matrix ergeben sich neue Anforderungen an die Kunststoffprüfung.

- Der zunehmende Einsatz von Kunststoffen und Elastomeren in der Medizintechnik für verschiedenste Anwendungen erfordert die Entwicklung technologischer Prüfverfahren zur Funktionalitätsprüfung.

- Der Trend zur Miniaturisierung von Bauteilen (Mikrosysteme) setzt geeignete Prüfverfahren zur Bewertung des Werkstoffverhaltens (z. B. bei thermo-mechanischer Beanspruchung) in Mikrokomponenten und -systemen voraus.

Darüber hinaus wurde in den letzten Jahren eine Vielzahl von neuen Prüfnormen herausgegeben, so dass auch unter diesem Aspekt die Neugestaltung eines Lehrbuches für diese Wissenschaftsdisziplin ein wichtiges Erfordernis darstellt. Zur Aufarbeitung des umfangreichen Lehrstoffes wurden für ausgewählte Kapitel kompetente Fachkollegen aus den Universitäten, Hochschulen und der Kunststoffindustrie gewonnen. Eine Liste der Mitautoren verbunden mit dem Dank an zahlreiche Kollegen und Mitarbeiter ist in einer gesonderten Aufstellung enthalten.

Die Herausgeber und Mitautoren haben sich bemüht, die Grenzen der klassischen Kunststoffnormprüfung zu überschreiten, um die Bedeutung der Kunststoffprüftechnik für die Entwicklung und Anwendung neuer Kunststoffe und Verbundwerkstoffe sowie die Einführung neuer Technologien erkennbar werden zu lassen.

Das vorliegende Buch wendet sich bevorzugt an Studierende in den Bachelor-, Diplom- und Masterstudiengängen der Fachrichtungen Material- und Werkstoffwissenschaften, Werkstofftechnik, Maschinenbau, Kunststofftechnik und Verfahrenstechnik. Es ist weiterhin gedacht für Lehrkräfte und Studierende an Universitäten und Fachhochschulen für die Haupt-, Ergänzungs- oder Vertiefungsstudien in den Studiengängen Chemie und Wirtschaftsingenieurwesen. Die Methoden der Kunststoffprüfung sind aber auch für die Entwicklung und den Einsatz biomedizinischer Materialien oder nanostrukturierter Werkstoffe von unverzichtbarer Bedeutung.

Mit Herausgabe dieses Lehrbuches verbinden wir die Hoffnung, dass neben der Bedeutung für die Ausbildung des wissenschaftlichen Nachwuchses auf physikalisch und werkstoffwissenschaftlich orientierten Fachgebieten auch ein Beitrag zur Weiterbildung von in der Praxis tätigen Kunststoffprüfern, Konstrukteuren und Technologen geleistet werden kann.

Wir bedanken uns beim Carl Hanser Verlag für die Möglichkeit zur Veröffentlichung dieses Lehrbuches mit dem Titel „Kunststoffprüfung", wobei als Anregung das im Jahre 1992 von Doz. Dr.-Ing. Heinz Schmiedel verfasste „Handbuch der Kunststoffprüfung" diente. Beibehalten haben wir die physikalisch-methodische Betrachtungsweise und vor dem Hintergrund der eigenen Forschungsarbeiten das ausführliche Kapitel zur „Bewertung der Zähigkeitseigenschaften durch bruchmechanische Kennwerte".

Uns ist es ein besonderes Bedürfnis, Herrn Prof. em. Dr.-Ing. habil. Dr. e. h. Horst Blumenauer, Magdeburg, für sein langjähriges förderndes Interesse an unseren wissenschaftlichen Arbeiten, seine kritischen Hinweise und Diskussionen sowie die Motivation zur Realisierung dieses Buchprojektes, zu danken.

Sabine Seidler, Wien   *Wolfgang Grellmann, Halle*
Mai 2005

Die Herausgeber

Wolfgang Grellmann

Prof. Wolfgang Grellmann leitete von 1995 bis 2014 die Professur „Werkstoffdiagnostik/Werkstoffprüfung" am ehemaligen Zentrum für Ingenieurwissenschaften der Martin-Luther-Universität Halle-Wittenberg. Er ist Geschäftsführer der Polymer Service GmbH Merseburg, An-Institut an der Hochschule Merseburg und Ehrenpräsident der Akademie Mitteldeutsche Kunststoffinnovationen. Als Initiator, Wissenschaftlich-technischer Direktor, Geschäftsführer und Vorstandsmitglied war er federführend an der Gründung verschiedener außeruniversitärer Einrichtungen wirksam. Seine wissenschaftlichen Arbeiten beschäftigen sich mit dem Deformations- und Bruchverhalten von Kunststoffen und Verbundwerkstoffen, der Entwicklung von Methoden der Technischen Bruchmechanik, hybriden Methoden der zerstörungsfreien Kunststoffdiagnostik und der Schadensfallanalyse. Er ist Autor und Co-Autor zahlreicher Bücher und Buchkapitel sowie Reviewer internationaler Zeitschriften.

Sabine Seidler

Copyright Raimund Appel

Prof. Sabine Seidler leitet seit 1996 den Lehrstuhl „Nichtmetallische Werkstoffe" am Institut für Werkstoffwissenschaft und Werkstofftechnologie der Technischen Universität Wien. Sie war 2012–2023 Rektorin der TU Wien, Vizepräsidentin der Vereinigung der Österreichischen Technischen Universitäten „TU Austria" und ist Aufsichtsratsmitglied der Austria Metall AG (AMAG) sowie des Helmholtz-Zentrums Hereon in Geesthacht. Ihre wissenschaftlichen Arbeiten beschäftigen sich mit Struktur-Eigenschafts-Beziehungen von Polymeren und Verbundwerkstoffen. Sie ist Autorin zahlreicher Fachbeiträge in international renommierten Zeitschriften, anerkannte Reviewerin für diese und Autorin bzw. Co-Autorin verschiedener Bücher und Buchkapitel.

Mitautoren

- Prof. Dr.-Ing. *Volker Altstädt*
  Universität Bayreuth
  (Kapitel 10)

- Prof. Dr. sc. nat. *Monika Bauer*
  FhG Institut für Zuverlässigkeit und Mikrointegration (IZM) Teltow
  Brandenburgische Technische Universität Cottbus
  (Abschnitt 11.2)

- Prof. Dr.-Ing. *Christian Bierögel* (†)
  Martin-Luther-Universität Halle-Wittenberg
  (Kapitel 2, Abschnitt 4.3 und Kapitel 9)

- Prof. Dr. rer. nat. habil. *Gerhard Busse*
  Universität Stuttgart
  (Kapitel 8)

- Prof. Dr.-Ing. Dr. h. c. *Klaus Friedrich* (†)
  Institut für Verbundwerkstoffe, Technische Universität Kaiserslautern
  (Abschnitt 4.8)

- Dr.-Ing. *Henrik Höninger*
  IMA Materialforschung und Anwendungstechnik GmbH Dresden
  (Abschnitte 4.5, 4.6 und 11.3)

- Dr.-Ing. *Thomas Lüpke*
  Kunststoff-Zentrum in Leipzig (KUZ)
  (Abschnitte 4.1 und 4.2)

- Prof. Dr. rer. nat. habil. *Bernd Michel*
  FhG Institut für Zuverlässigkeit und Mikrointegration (IZM) Berlin
  (Kapitel 13)

- Prof. Dr.-Ing. habil. *Hans-Joachim Radusch*
  Martin-Luther-Universität Halle-Wittenberg
  (Kapitel 3)

- Dr. rer. nat. *Falko Ramsteiner*
  BASF AG Ludwigshafen
  (Kapitel 7)

- Prof. Dr.-Ing. habil. *Katrin Reincke*
  Polymerservice GmbH Merseburg (PSM)
  (Kapitel 12)

- Prof. Dr. rer. nat. habil. *Andreas Schönhals*
  Bundesanstalt für Materialforschung und -prüfung (BAM) Berlin
  (Abschnitt 6.3)

- Dr.-Ing. *Jörg Trempler* (†)
  Martin-Luther-Universität Halle-Wittenberg
  (Abschnitt 6.2)

Die Kapitel und Abschnitte, die in dieser Auflistung nicht enthalten sind, wurden von den Herausgebern verfasst.

Für die Mithilfe bei der Erarbeitung des Manuskriptes wird gedankt:

- Frau *Yvonne Chowdhury*, Inno Mat GmbH (Abschnitt 11.2),
- Frau Dipl.-Ing. *Ivonne Pegel*, TU Hamburg-Harburg (Kapitel 10) und
- Herrn Dr.-Ing. *Hans Walter*, Angewandte Micro-Messtechnik GmbH Berlin (Kapitel 13).

Unser besonderer Dank gilt dem Mitautor Herrn Prof. Dr.-Ing. *Christian Bierögel* (†) für die über die Abfassung der oben genannten Teilabschnitte hinausgehende umfassende Mitarbeit und kritischen Hinweise bei der Abfassung des Manuskriptes.

Für die kritische Durchsicht einzelner Kapitel und sein redaktionelles Engagement bei der Erstellung der 4. Auflage des Lehrbuches danken wir unserem langjährigem Mitarbeiter Dr.-Ing. *Ralf Lach*, Polymer Service GmbH Merseburg und Institut für Polymerwerkstoffe e. V.

Dem Carl Hanser Verlag, insbesondere Herrn Dr. Smith und Frau Rebecca Wehrmann danken die Herausgeber für eine effiziente Zusammenarbeit.

Inhalt

Vorwort zur 4. Auflage	V
Vorwort zur 1. Auflage	VII
Die Herausgeber	**IX**
Wolfgang Grellmann	IX
Sabine Seidler	X
Mitautoren	X
Verzeichnis der verwendeten Formelzeichen (Auswahl)	**XXV**
Abkürzungsverzeichnis	**XXXVII**
Kurzzeichen für Kunststoffe	**XLI**
1 Einleitung	**1**
1.1 Zur Herausbildung der Kunststoffprüfung als Wissenschaftsdisziplin	1
1.2 Einflussgrößen auf die Kennwertermittlung	5
1.3 Einteilung der Methoden der Kunststoffprüfung	6
1.4 Normen und Regelwerke in der Kunststoffprüfung	8
1.5 Zusammenstellung der Normen	11
1.6 Literaturhinweise für die einzelnen Fachgebiete	11
2 Prüfkörperherstellung	**15**
2.1 Einführung	15
2.2 Prüfung an Formmassen	17

2.3		Herstellung von Prüfkörpern	18
	2.3.1	Allgemeine Anmerkungen	18
	2.3.2	Prüfkörperherstellung durch direkte Formgebung	20
		2.3.2.1 Herstellung von Prüfkörpern aus thermoplastischen Formmassen	20
		2.3.2.2 Herstellung von Prüfkörpern aus duroplastischen Formmassen	27
		2.3.2.3 Herstellung von Prüfkörpern aus elastomeren Werkstoffen	28
	2.3.3	Prüfkörperherstellung durch indirekte Formgebung	30
	2.3.4	Charakterisierung des Prüfkörperzustandes	32
2.4		Prüfkörpervorbereitung und Konditionierung	35
2.5		Zusammenstellung der Normen	38
2.6		Literatur	40
3		**Bestimmung verarbeitungsrelevanter Eigenschaften**	**41**
3.1		Formmassen	41
3.2		Bestimmung von Schüttguteigenschaften	42
	3.2.1	Schüttdichte, Stopfdichte, Füllfaktor	43
	3.2.2	Rieselfähigkeit, Schüttwinkel, Rutschwinkel	44
3.3		Bestimmung von Fluideigenschaften	45
	3.3.1	Rheologische Grundlagen	45
		3.3.1.1 Viskosität *Newton*'scher und nicht-*Newton*'scher Fluide	45
		3.3.1.2 Temperatur- und Druckabhängigkeit der Viskosität	48
		3.3.1.3 Einfluss der molaren Masse auf die Viskosität	49
		3.3.1.4 Volumeneigenschaften	49
	3.3.2	Messung rheologischer Eigenschaften	50
		3.3.2.1 Rheometrie/Viskosimetrie	50
		3.3.2.2 Rotationsrheometer	51
		3.3.2.3 Kapillarrheometer	57
		3.3.2.4 Dehnrheometer	68
	3.3.3	Auswahl von Messmethoden zur rheologischen Charakterisierung von Polymerwerkstoffen	70
3.4		Zusammenstellung der Normen	72
3.5		Literatur	73
	3.5.1	Weiterführende Literatur	73

4	**Mechanische Eigenschaften von Kunststoffen**	75
4.1	Grundlagen mechanischen Verhaltens	75
	4.1.1 Mechanische Beanspruchungsgrößen	75
	4.1.1.1 Spannung	75
	4.1.1.2 Deformation	78
	4.1.2 Werkstoffverhalten und Stoffgesetze	79
	4.1.2.1 Elastisches Verhalten	80
	4.1.2.2 Viskoses Verhalten	82
	4.1.2.3 Viskoelastisches Verhalten	84
	4.1.2.4 Plastisches Verhalten	90
4.2	Mechanische Spektroskopie	92
	4.2.1 Experimentelle Bestimmung zeitabhängiger mechanischer Eigenschaften	92
	4.2.1.1 Statische Prüfverfahren	93
	4.2.1.2 Dynamisch-Mechanische Analyse (DMA)	94
	4.2.2 Zeit- und Temperaturabhängigkeit der viskoelastischen Eigenschaften	101
	4.2.3 Strukturelle Einflussgrößen auf die viskoelastischen Eigenschaften	105
4.3	Quasistatische Prüfverfahren	106
	4.3.1 Deformationsverhalten von Kunststoffen	106
	4.3.2 Zugversuch an Kunststoffen	112
	4.3.2.1 Theoretische Grundlagen des Zugversuches	112
	4.3.2.2 Der konventionelle Zugversuch	116
	4.3.2.3 Erweiterte Aussagemöglichkeiten des Zugversuches	125
	4.3.3 Weiterreißversuch	131
	4.3.4 Druckversuch an Kunststoffen	133
	4.3.4.1 Theoretische Grundlagen des Druckversuchs	133
	4.3.4.2 Durchführung und Auswertung des Druckversuches	136
	4.3.5 Biegeversuch an Kunststoffen	141
	4.3.5.1 Theoretische Grundlagen des Biegeversuches	141
	4.3.5.2 Der genormte Biegeversuch	147
4.4	Schlagartige Beanspruchung	151
	4.4.1 Einführung	151
	4.4.2 Schlagbiegeversuch und Kerbschlagbiegeversuch	152

		4.4.3	Schlagzugversuch und Kerbschlagzugversuch	158
		4.4.4	Fallbolzenversuch und Durchstoßversuch	161
	4.5	Ermüdungsverhalten		164
		4.5.1	Allgemeine Grundlagen	164
		4.5.2	Experimentelle Ermittlung des Ermüdungsverhaltens	166
		4.5.3	Planung und Auswertung von Ermüdungsversuchen	170
		4.5.4	Einflussgrößen auf das Ermüdungsverhalten und die Lebensdauervorhersage von Kunststoffen	172
	4.6	Statisches Langzeitverhalten		175
		4.6.1	Allgemeine Grundlagen	175
		4.6.2	Zeitstandzugversuch	176
		4.6.3	Zeitstandbiegeversuch	183
		4.6.4	Zeitstanddruckversuch	184
	4.7	Härteprüfverfahren		186
		4.7.1	Grundlagen der Härteprüfung	186
		4.7.2	Konventionelle Härteprüfverfahren	188
			4.7.2.1 Prüfverfahren zur Ermittlung von Härtewerten nach Entlastung	188
			4.7.2.2 Prüfverfahren zur Ermittlung von Härtewerten unter Last	191
			4.7.2.3 Sonderverfahren	194
			4.7.2.4 Vergleichbarkeit von Härtewerten	195
		4.7.3	Instrumentierte Härteprüfung	196
			4.7.3.1 Grundlagen der Messmethodik	196
			4.7.3.2 Werkstoffkenngrößen der instrumentierten Härteprüfung	198
			4.7.3.3 Anwendungsbeispiele	201
		4.7.4	Korrelationen der Mikrohärte mit Streckgrenze und Zähigkeit ...	203
	4.8	Reibung und Verschleiß		207
		4.8.1	Einleitung	207
		4.8.2	Grundlagen von Reibung und Verschleiß	208
			4.8.2.1 Reibungskräfte	209
			4.8.2.2 Temperaturerhöhung als Folge der Reibung	209
			4.8.2.3 Verschleiß als Systemeigenschaft	210
			4.8.2.4 Verschleißmechanismen und Transferfilmbildung	211

	4.8.3	Verschleißprüfung und Verschleißkenngrößen	212
		4.8.3.1 Ausgewählte Modell-Verschleißprüfungen	213
		4.8.3.2 Verschleißkenngrößen und deren Ermittlung	215
		4.8.3.3 Verschleißkenngrößen und deren Darstellung	216
	4.8.4	Ausgewählte experimentelle Ergebnisse	217
		4.8.4.1 Einfluss des Gegenpartners	217
		4.8.4.2 Einfluss von Füllstoffen	218
		4.8.4.3 Einfluss der Belastungsparameter	220
		4.8.4.4 Eigenschaftsvorhersage mittels neuronaler Netze	221
	4.8.5	Abschließende Bewertung	223
4.9	Zusammenstellung der Normen		224
4.10	Literatur		231

5 Zähigkeitsbewertung mit bruchmechanischen Methoden ... 237

5.1	Einführung		237
5.2	Stand und Entwicklungstendenzen		238
5.3	Grundaussagen bruchmechanischer Konzepte		240
	5.3.1 Linear-elastische Bruchmechanik (LEBM)		240
	5.3.2 Crack Tip Opening Displacement-(CTOD-)Konzept		244
	5.3.4 Risswiderstands-(R-)Kurven-Konzept		250
5.4	Experimentelle Bestimmung bruchmechanischer Kennwerte		251
	5.4.1 Quasistatische Beanspruchung		251
	5.4.2 Instrumentierter Kerbschlagbiegeversuch		255
		5.4.2.1 Prüfanordnung	255
		5.4.2.2 Einhaltung experimenteller Bedingungen	256
		5.4.2.3 Typen von Schlagkraft-Durchbiegungs-Diagrammen – Optimierung der Diagrammform	259
		5.4.2.4 Spezielle Näherungsverfahren zur Bestimmung von J-Werten	261
		5.4.2.5 Anforderungen an die Prüfkörpergeometrie	264
	5.4.3 Instrumentierter Fallversuch		266
5.5	Anwendungen in der Werkstoffentwicklung		268
	5.5.1 Bruchmechanische Zähigkeitsbewertung von modifizierten Kunststoffen		268
		5.5.1.1 Teilchengefüllte Kunststoffe	268

		5.5.1.2 Faserverstärkte Kunststoffe	272
		5.5.1.3 Blends und Copolymere	277
	5.5.2	Anwendung des instrumentierten Schlagzugversuchs zur Erzeugnisbewertung	282
	5.5.3	Berücksichtigung des Bruchverhaltens bei der Werkstoffauswahl und Dimensionierung	286
5.6	Zusammenstellung der Normen		288
5.7	Literatur		289

6 Prüfung physikalischer Eigenschaften — 293

6.1 Thermische Eigenschaften — 293
- 6.1.1 Einleitung — 293
- 6.1.2 Wärmeleitfähigkeitsbestimmung — 295
- 6.1.3 Dynamische Differenz-Thermoanalyse (DSC) — 299
- 6.1.4 Thermogravimetrische Analyse (TGA) — 305
- 6.1.5 Thermomechanische Analyse (TMA) — 307

6.2 Optische Eigenschaften — 311
- 6.2.1 Einführung — 311
- 6.2.2 Reflexion und Brechung — 311
  - 6.2.2.1 Gerichtete und diffuse Reflexion — 311
  - 6.2.2.2 Brechzahlbestimmung — 312
- 6.2.3 Dispersion — 316
- 6.2.4 Polarisation — 317
  - 6.2.4.1 Optische Aktivität — 317
  - 6.2.4.2 Polarisationsoptische Bauelemente — 318
  - 6.2.4.3 Polarisationsoptische Untersuchungsverfahren — 319
- 6.2.5 Transmission, Absorption und Reflexion — 326
- 6.2.6 Glanz, Innere Remission und Trübung — 328
- 6.2.7 Farbe — 331
- 6.2.8 Transparenz und Durchsichtigkeit — 335
- 6.2.9 Infrarotspektroskopie — 338
- 6.2.10 Lasertechnik — 340
- 6.2.11 Prüfung auf die Konstanz optischer Werte — 341

6.3 Elektrische und dielektrische Eigenschaften — 343
- 6.3.1 Einleitung — 343

		6.3.2	Physikalische Grundlagen	347
		6.3.3	Elektrische Leitfähigkeit und Widerstand	350
			6.3.3.1 Durchgangswiderstand	351
			6.3.3.2 Oberflächenwiderstand	353
			6.3.3.3 Isolationswiderstand	355
			6.3.3.4 Kontaktierung und Prüfkörpervorbereitung	358
		6.3.4	Dielektrische Eigenschaften und dielektrische Spektroskopie	359
			6.3.4.1 Relaxationsprozesse	359
			6.3.4.2 Wechselstromleitfähigkeit	367
			6.3.4.3 Breitbandige dielektrische Messtechnik	369
		6.3.5	Spezielle technische Prüfverfahren	376
			6.3.5.1 Elektrostatische Aufladung	376
			6.3.5.2 Elektrische Festigkeit	378
			6.3.5.3 Kriechstromfestigkeit und Lichtbogenfestigkeit	382
	6.4	Zusammenstellung der Normen		385
	6.5	Literatur		390
7	**Bewertung der Spannungsrissbeständigkeit**			**395**
	7.1	Allgemeine Bemerkungen zum Versagen von Kunststoffen in aggressiven Medien		395
	7.2	Prüfung der Spannungsrissbeständigkeit		399
		7.2.1	Prüfmethoden zur Bestimmung der umgebungsbedingten Spannungsrissbildung	399
		7.2.2	Beispiele zur Bewertung der Spannungsrissbeständigkeit mit standardisierten Prüfverfahren	403
		7.2.3	Bruchmechanische Prüfmethoden	407
	7.3	Modellbetrachtungen zum Versagen von Kunststoffen in Medien durch Spannungsrisse		411
	7.4	Einflussgrößen auf das Spannungsrissverhalten		415
		7.4.1	Vernetzung	415
		7.4.2	Molare Masse und deren Verteilung	416
		7.4.3	Verzweigungen	418
		7.4.4	Kristalline Bereiche	419
		7.4.5	Molekülorientierung	421
		7.4.6	Physikalisch-chemische Wechselwirkungsvorgänge	423
		7.4.7	Viskosität des Umgebungsmediums	430

	7.4.8	Einfluss der Prüfkörperdicke		435
	7.4.9	Einfluss der Temperatur		436
7.5	Zusammenstellung der Normen und Richtlinien			440
7.6	Literatur			441

8 Zerstörungsfreie Kunststoffprüfung ... 445

8.1	Einleitung			445
8.2	Zerstörungsfreie Prüfung mit elektromagnetischen Wellen			447
	8.2.1	Röntgenstrahlung		447
		8.2.1.1	Projektionsverfahren mittels Absorption	448
		8.2.1.2	Compton-Rückstreuung	450
		8.2.1.3	Röntgen-Refraktometrie	451
	8.2.2	Spektralbereich des sichtbaren Lichts		454
		8.2.2.1	Dickenmessung an transparenten Bauteilen	454
		8.2.2.2	Spannungsoptik an transparenten Bauteilen	454
		8.2.2.3	Konfokale Laser-Scanning-Mikroskopie	455
		8.2.2.4	Streifenprojektion zur Konturerfassung	456
		8.2.2.5	Interferometrische Verfahren	457
	8.2.3	Thermographie		463
	8.2.4	Mikrowellen		463
	8.2.5	Dielektrische Spektroskopie		467
	8.2.6	Wirbelstrom		469
8.3	Zerstörungsfreie Prüfung mit elastischen Wellen			470
	8.3.1	Elastische Wellen bei linearem Werkstoffverhalten		471
		8.3.1.1	Ultraschall	471
		8.3.1.2	Mechanische Vibrometrie	482
	8.3.2	Elastische Wellen bei nichtlinearem Werkstoffverhalten		486
		8.3.2.1	Grundlegendes zu elastischen Wellen im nichtlinearen Werkstoff	486
		8.3.2.2	Nichtlinearer Luftultraschall	486
		8.3.2.3	Nichtlineare Vibrometrie	489
8.4	Zerstörungsfreie Prüfung mit dynamischem Wärmetransport			492
	8.4.1	Externe Anregung		492
		8.4.1.1	Wärmeflussthermographie mit nichtperiodischem Wärmetransport	492
		8.4.1.2	Thermographie mit periodischem Wärmetransport	494

	8.4.2 Interne Anregung	498
	8.4.2.1 Thermographie mit Anregung durch elastische Wellen	498
	8.4.2.2 Thermographie mit anderen internen Anregungsarten	503
8.5	Ausblick	504
8.6	Literatur	506
9	**Hybride Verfahren der Kunststoffdiagnostik**	**511**
9.1	Zielstellung	511
9.2	Zugversuch, Schallemissionsprüfung und Videothermographie	513
9.3	Zugversuch und Laserextensometrie	516
9.4	Bruchmechanik und Zerstörungsfreie Prüfung	521
9.5	Literatur	525
10	**Prüfung von Verbundwerkstoffen**	**527**
10.1	Einführung	527
10.2	Theoretischer Hintergrund	529
	10.2.1 Anisotropie	529
	10.2.2 Elastische Eigenschaften von Laminaten	530
	10.2.3 Einfluss von Feuchtigkeit und Temperatur	530
	10.2.4 Laminattheorie und Hauptsatz nach *St. Venant*	531
	10.2.5 Anwendung Bruchmechanischer Konzepte für FVW	532
10.3	Prüfkörperherstellung	534
	10.3.1 Laminatherstellung	534
	10.3.2 Prüfkörpervorbereitung für unidirektionale Beanspruchung	536
10.4	Bestimmung des Faservolumengehalts	538
10.5	Mechanische Prüfmethoden	539
	10.5.1 Zugversuche	539
	10.5.2 Druckversuche	543
	10.5.3 Biegeversuche	546
	10.5.4 Interlaminare Scherfestigkeit	549
	10.5.5 Schubversuche	550
	10.5.5.1 ± 45° Off-Axis Zugversuch	551
	10.5.5.2 10° Off-Axis Zugversuch	552
	10.5.5.3 Two- und Three-Rail Scherversuche	553
	10.5.5.4 *Iosipescu* Schubversuch	555

		10.5.5.5 Plate-Twist Schubversuch	556
		10.5.5.6 Torsion dünnwandiger Rohre	557
10.6	Bruchmechanische Prüfmethoden		559
	10.6.1	Experimentelle Prüfung von FVW	559
	10.6.2	Spezielle Prüfkörperformen	560
		10.6.2.1 Prüfkörper für Mode I-Beanspruchung	560
		10.6.2.2 Prüfkörper für Mode II-Beanspruchung	561
		10.6.2.3 Mixed Mode-Prüfkörper	564
	10.6.3	Bruchmechanische Kennwerte von FVW	566
10.7	Spezifische Prüfmethoden		568
	10.7.1	Edge-Delamination Test (EDT)	568
	10.7.2	Boeing Open-Hole Compression Prüfung	569
10.8	Schälfestigkeit biegeweicher Laminate		570
10.9	Schlagbeanspruchung und Schadenstoleranz		571
10.10	Zusammenstellung der Normen und Richtlinien		575
10.11	Literatur		578
11	**Technologische Prüfverfahren**		**581**
11.1	Wärmeformbeständigkeit		581
	11.1.1	Grundlagen und Definitionen	581
	11.1.2	Bestimmung der Wärmeformbeständigkeitstemperatur *HDT* und der *Vicat*-Erweichungstemperatur	582
	11.1.3	Anwendungsbeispiele zur Aussagefähigkeit der *Vicat*- und *HDT*-Prüfung	585
11.2	Brandverhalten		590
	11.2.1	Einleitung	590
	11.2.2	Stufen eines Brandes und Brandparameter	592
	11.2.3	Brandprüfungen	594
		11.2.3.1 Neigung zu Schwelbrand	595
		11.2.3.2 Entzündbarkeit	596
		11.2.3.3 Flammenausbreitung	601
		11.2.3.4 Wärmefreisetzung	603
		11.2.3.5 Feuerwiderstand	605
		11.2.3.6 Löschbarkeit	606
		11.2.3.7 Rauchentwicklung	606

		11.2.4	Die Anwendung des Cone-Kalorimeters zur Charakterisierung des Brandverhaltens	608
11.3	Bauteilprüfung			613
	11.3.1	Einführung		613
	11.3.2	Basisprüfmethoden		614
		11.3.2.1	Allgemeines	614
		11.3.2.2	Prüfung äußerer Merkmale	616
		11.3.2.3	Prüfung von Werkstoffeigenschaften	617
		11.3.2.4	Prüfung der Gebrauchstauglichkeit	619
	11.3.3	Prüfung von Kunststoffrohren		620
		11.3.3.1	Qualitätssicherung bei Kunststoffrohren	620
		11.3.3.2	Prüfung des Zeitstandinnendrucks von Kunststoffrohren	622
	11.3.4	Prüfung von Kunststoffbauteilen für Anwendungen im Automobilbau		625
		11.3.4.1	Anforderungen an die Prüfung	625
		11.3.4.2	Mechanische Prüfungen	625
		11.3.4.3	Permeations- und Emissionsprüfungen	627
	11.3.5	Prüfung von Kunststoffbauteilen für Anwendungen im Bauwesen		630
		11.3.5.1	Einleitung	630
		11.3.5.2	Prüfung von Sandwichelementen	631
		11.3.5.3	Prüfung von Kunststoffmantelrohren	634
11.4	Implantatprüfung			638
	11.4.1	Einführung		638
	11.4.2	Push-out Test an Implantaten		640
	11.4.3	Prüfung des Einsatzverhaltens von pharyngo-trachealen Stimmprothesen		644
	11.4.4	Ermittlung der mechanischen Eigenschaften von humanem Knorpel		646
11.5	Zusammenstellung der Normen			649
11.6	Literatur			653
12	**Folienprüfung**			**657**
12.1	Grundlagen			657
12.2	Bestimmung der mechanischen Eigenschaften von Folien			658
	12.2.1	Zugversuch		658
	12.2.2	Weiterreißversuch		661

		12.2.3 Schlag- und Stoßverhalten	663
		12.2.3.1 Schlagzugversuch	663
		12.2.3.2 Dynamische Weiterreißprüfung	666
		12.2.3.3 Stoßversuche	668
	12.3	Charakterisierung des Trennverhaltens	673
		12.3.1 Peeltests	673
		12.3.2 Clingtest	683
	12.4	Bruchmechanische Werkstoffbewertung	685
	12.5	Charakterisierung von Folienoberflächen	690
	12.6	Zusammenstellung der Normen	694
	12.7	Literatur	695
13	**Mikroprüftechnik**		**697**
13.1	Einführung		697
13.2	Kennwertermittlung an Mikroprüfkörpern		701
	13.2.1 Mikrozugprüfung		701
	13.2.2 Bruchmechanische Untersuchungen mithilfe von miniaturisierten Compact Tension (CT)-Prüfkörpern		705
13.3	Nano-Eindringprüfung		707
13.4	Prüfmethoden auf dem Weg in die Nanowelt		710
	13.4.1 Berührungslose Verschiebungsfeldbestimmung durch digitale Bildkorrelation (Grauwertkorrelationsanalyse)		710
	13.4.2 In-situ-Deformationsmessungen im Atomkraftmikroskop (AFM)		712
13.5	Literatur		717
Index			**719**

Verzeichnis der verwendeten Formelzeichen (Auswahl)

A	(mm)	Ausgangsrisslänge; physikalische Risslänge, die vor dem Versuchsbeginn eingestellt wird
a_{BS}	(mm)	Bruchspiegel; der auf der Bruchfläche markierte Anteil des stabilen Risswachstums am Rissausbreitungsprozess
a_{cN}	(kJ m^{-2})	*Charpy*-Kerbschlagzähigkeit nach DIN EN ISO 179
a_{cU}	(kJ m^{-2})	*Charpy*-Schlagzähigkeit nach DIN EN ISO 179
a_{eff}	(mm)	effektive Risslänge beim Einsetzen des instabilen Risswachstums
a_{tN}	(kJ m^{-2})	Kerbschlagzugzähigkeit, ermittelt an gekerbten Prüfkörpern nach DIN EN ISO 8256
a_{tK}	(kJ m^{-2})	Schlagzugzähigkeit, ermittelt an ungekerbten Prüfkörpern nach DIN EN ISO 8256
a/W		Verhältnis von Ausgangsrisslänge zu Prüfkörperbreite
$a(\lambda)$		Absorptionsgrad
A	(µm)	mittlerer gemessener ebener Teilchenabstand
A_0	(mm^2)	Querschnittsfläche
A_{el}	(N mm)	elastischer Anteil der Verformungsenergie A_G des Prüfkörpers
A_G	(N mm)	Verformungsenergie, ergibt sich aus der Fläche unter dem Kraft-Durchbiegungs-Diagramm bis F_{max}
A_H	(N mm)	Schlagenergie
A_k	(N mm)	komplementäre Verformungsenergie; findet Verwendung in der J-Integral-Näherungslösung nach *Merkle* und *Corten*

A_n		n-te berücksichtigte Amplitude bei der Berechnung des logarithmischen Dekrements
A_{pl}	(N mm)	plastischer Anteil der Verformungsenergie A_G des Prüfkörpers
A_R	(N mm)	Rissverzögerungsenergie
A_S	(mm²)	Schädigungsfläche
B	(mm)	Prüfkörperbreite nach DIN EN ISO 179
b_N	(mm)	Restbreite des Prüfkörpers im Kerbgrund nach DIN EN ISO 179-1
B	(mm)	Prüfkörperdicke
C	(mm N⁻¹)	Compliance (Prüfkörpernachgiebigkeit)
C_i		Konstanten der Regressionsansätze zur Beschreibung von J_R-Kurven
D	(mm)	Foliendicke
D	(mm)	wirksamer Lichtweg durch die Probe
D	(µm)	mittlerer gemessener Teilchendurchmesser
$D_{1,2}$		Geometriefunktionen, verwendet bei der J-Integral-Auswertemethode von *Merkle* und *Corten* (MC)
da	(mm)	infinitesimale Risslänge
dU_{db}	(J)	Energie, dissipiert während der Durchbiegung des Peelarms
dU_{dt}	(J)	Energie, dissipiert während der Zugverformung des Peelarms
dU_{ext}	(J)	äußere Arbeit
dU_s	(J)	im Peelarm gespeicherte Dehnungsenergie
E	(MPa)	Elastizitätsmodul
E	(kJ m⁻²)	Schlagzugzähigkeit nach DIN EN ISO 8256
E	(J)	Arbeit
E_{50}	(J)	Energie, bei der 50 % der Prüfkörper versagen (DIN EN ISO 6603-1)
E_c	(J)	korrigierte Schlagarbeit nach DIN EN ISO 179-1
E_d	(MPa)	Elastizitätsmodul, ermittelt bei der im Experiment gewählten Prüfgeschwindigkeit am ungekerbten Prüfkörper
E_f	(MPa)	Biegemodul nach DIN EN ISO 178
E_n	(kJ m⁻²)	Kerbschlagzugzähigkeit nach DIN EN ISO 8256

Verzeichnis der verwendeten Formelzeichen (Auswahl)   XXVII

E_t	(MPa)	E-Modul nach DIN EN ISO 527
f	(mm)	Durchbiegung
F	(N)	Kraft, Last
F_1	(N)	Trägheitskraft im Moment des Aufschlages des Hammers
F_i	(N)	anfängliche Peelkraft
f_B	(mm)	Biegeanteil der Durchbiegung des ungekerbten Prüfkörpers
F_F	(N)	Kraft am Schädigungspunkt
f_{gy}	(mm)	die bei der Kraft F_{gy} auftretende Durchbiegung
F_{gy}	(N)	Schlagkraft beim Übergang vom elastischen zum elastisch-plastischen Werkstoffverhalten
f_K	(mm)	Kerbanteil der maximalen Prüfkörperdurchbiegung f_{max} nach erweitertem CTOD-Konzept
F_M	(N)	Maximalkraft nach DIN EN ISO 6603-2
f_{max}	(mm)	die bei der Kraft F_{max} auftretende Durchbiegung
F_{max}	(N)	maximale Schlagkraft; die Kraft, bei der ein erheblicher Kraftabfall, verursacht durch einsetzendes instabiles Risswachstum, ohne Zunahme der Durchbiegung, auftritt
$F_{max/overall}$	(N)	Maximalkraft im Kraft-Traversenweg-Diagramm
F_{off}	(N)	Abrisskraft
F_p	(N)	Durchstoßkraft nach DIN EN ISO 6603-2
F_p	(N)	Peelkraft
g		Glanzgrad
G		Glanz
G	(MPa)	Schubmodul, Schermodul
G	(N mm^{-1})	Energiefreisetzungsrate
G_{12}	(MPa)	Schubmodul, ermittelt am Faserverbundwerkstoff zwischen 2 Faserlagen
G_I	(N mm^{-1})	Energiefreisetzungsrate bei Rissöffnungsart I
G_{Ic}	(N mm^{-1})	Energiefreisetzungsrate, kritischer Wert beim Einsetzen instabiler Rissausbreitung; statische Beanspruchung, geometrieunabhängig

G_{IIc}	(N mm^{-1})	Energiefreisetzungsrate bei Rissöffnungsart II, kritischer Wert beim Einsetzen instabiler Rissausbreitung; statische Beanspruchung, geometrieunabhängig
G'	(MPa)	Speichermodul, ermittelt im Torsionsschwingversuch
G''	(MPa)	Verlustmodul, ermittelt im Torsionsschwingversuch
G_{aIc}	(N mm^{-1})	adhäsive Energiefreisetzungsrate
GD		Grunddispersion
h		Glanzhöhe
H		Heterogenität
HB	(N mm^{-2})	Kugeldruckhärte nach DIN EN ISO 2039-1
HDT	(°C)	Heat Distorsion Temperature (Wärmeformbeständigkeitstemperatur nach DIN EN ISO 75)
HK	(N mm^{-2})	*Knoop*-Härte
HM	(N mm^{-2})	*Martens*-Härte
HR	(N mm^{-2})	*Rockwell*-Härte
HV	(N mm^{-2})	*Vickers*-Härte
I		Intensität
I_p	(A)	Photometerstrom bei aufliegendem Prüfkörper
I_{po}	(A)	Photometerstrom bei aufliegendem Prüfkörper bei senkrechtem Lichteinfall
I_{sw}	(A)	Photometerstrom bei aufliegendem matten Weißstandard
I_{swo}	(A)	Photometerstrom bei aufliegendem matten Weißstandard bei senkrechtem Lichteinfall
J	(N mm^{-1})	*J*-Integral; mathematische Beschreibung des lokalen Spannungs-Dehnungs-Feldes vor der Rissspitze; der bruchmechanische Werkstoffkennwert wird mithilfe von Näherungslösungen berechnet
J_I	(N mm^{-1})	*J*-Integral-Wert bei Rissöffnungsart I (der Index I wird nur bei gleichzeitiger Geometrieunabhängigkeit verwendet)
J_{Id}	(N mm^{-1})	kritischer *J*-Wert beim Einsetzen instabiler Rissausbreitung; dynamische Beanspruchung, geometrieunabhängig
J_{Id}^{MC}	(N mm^{-1})	kritischer *J*-Wert beim Einsetzen instabiler Rissausbreitung; dynamische Beanspruchung, geometrieunabhängig, Näherungsverfahren von *Merkle* und *Corten*

Verzeichnis der verwendeten Formelzeichen (Auswahl)

J_{Id}^{ST}	(N mm^{-1})	kritischer J-Wert beim Einsetzen instabiler Rissausbreitung; dynamische Beanspruchung, geometrieunabhängig, Näherungsverfahren von *Sumpter* und *Turner*
$J_{0,2}$	(N mm^{-1})	technischer Rissinitiierungswert; kritischer J-Wert bei 0,2 mm stabiler Rissverlängerung
J_i	(N mm^{-1})	physikalischer Rissinitiierungswert, ermittelt aus dem Schnittpunkt von Stretchzonenweite und J_R-Kurve
JT_J	(N mm^{-1})	Werkstoffkennwert zur Quantifizierung der Energieaufnahmefähigkeit des Werkstoffs während des stabilen Risswachstums
k		*Boltzmann*'sche Konstante (k = 1,38 · 10^{-23} J K^{-1})
k		Zahl der Farbordnung einer Isochromatenfolge
K	(MPa)	Kompressionsmodul
K	(MPa mm$^{1/2}$)	Spannungsintensitätsfaktor
K_I	(MPa mm$^{1/2}$)	Spannungsintensitätsfaktor bei Rissöffnungsart I (der Index I wird nur bei gleichzeitiger Geometrieunabhängigkeit verwendet)
K_{Ic}	(MPa mm$^{1/2}$)	Bruchzähigkeit, kritischer Wert beim Einsetzen instabiler Rissausbreitung; statische Beanspruchung, geometrieunabhängig
K_{Id}	(MPa mm$^{1/2}$)	Bruchzähigkeit, kritischer Wert beim Einsetzen instabiler Rissausbreitung; dynamische Beanspruchung, geometrieunabhängig
$K_{Ic,\,Id}^{CTOD}$	(MPa mm$^{1/2}$)	K_{Ic} bzw. K_{Id}, berechnet nach dem CTOD-Konzept
l	(mm)	Prüfkörperlänge
l	(mm)	Ligamentlänge
L	(mm)	Anfangsabstand der Einspannklemmen; Einspannlänge
L	(mm)	Stützweite nach DIN EN ISO 179-1
l_0	(mm)	Länge des parallelen Prüfkörperteils
l_0	(mm)	Einspannlänge
L_0	(mm)	Ausgangsmesslänge am Prüfkörper
L_0	(mm)	Messlänge
l_1	(mm)	Länge des schmalen Prüfkörperteils
l_3	(mm)	Prüfkörperlänge

Verzeichnis der verwendeten Formelzeichen (Auswahl)

m	(g)	Masse
m		Proportionalitätsfaktor in der Beziehung zwischen *J*-Integral- und CTOD-Konzept; Constraint-Faktor
m_0	(g)	geringste Masse des frei fallenden Fallbolzens
M_C	(g mol^{-1})	mittlere molare Masse zwischen den Vernetzungsknoten; Netzkettenmolmasse
m_f	(g)	schädigungsverursachende Schlagmasse (50 %-Schädigungsmasse)
MFR	(g (10 min)$^{-1}$)	Schmelze-Massefließrate nach DIN EN ISO 1133
m_P	(kg)	Masse des Pendelhammers nach DIN EN ISO 13802
m_S	(kg)	Masse des Kerbschlagbiegeprüfkörpers
MVR	(cm^3 (10 min)$^{-1}$)	Schmelze-Volumenfließrate nach DIN EN ISO 1133
M_W	(g mol^{-1})	gewichtsmittlere molare Masse
n		Rotationsfaktor
n		Brechzahl, Brechungsindex, Brechungsquotient
n_C		Brechzahl bei der Wellenlänge C (656 nm) der *Fraunhofer*'schen Linie
n_D		Brechzahl bei der Wellenlänge D (589 nm) der *Fraunhofer*'schen Linie
n_f		Brechzahl des Immersionsmittels bei der im Kontrastminimum gemessenen Temperatur
n_F		Brechzahl bei der Wellenlänge F (486 nm) der *Fraunhofer*'schen Linie
n_x		Brechzahl des Immersionsmittels bei Raumtemperatur
N		Vernetzungsdichte
$p(\lambda)$		spektraler Reflexionsgrad
p	(MPa)	Druck
Q	(J)	Wärmemenge
r_N	(µm)	Radius im Kerbgrund nach DIN EN ISO 179-1
R		Universelle Gaskonstante; *Reynold*'sche Zahl (R = 8,314 J mol^{-1} K^{-1})
R_s		Remission einer Schicht über einem schwarzen Untergrund
R_∞		Remission einer optisch dichten Schicht

Verzeichnis der verwendeten Formelzeichen (Auswahl)

s	(mm)	Stützweite
S		Streukoeffizient
s	(mm)	Durchbiegung
s_F	(mm)	Durchbiegung bei F_F (Schädigungspunkt)
s_M	(mm)	Durchbiegung bei F_M
t	(s)	Zeit
t_b	(ms)	Zeit bis zum Sprödbruchbeginn
t_B	(ms)	Bruchzeit
t_p	(ms)	Zeit bis zur maximalen Kraft nach DIN EN ISO 6603-2
$\tan \delta$		mechanischer Verlustfaktor
T		Gesamttransmission
T	(°C)	Prüftemperatur
T_D		Maßzahl für die Durchsichtigkeit
T_g	(°C)	Glasübergangstemperatur
T_g		Maßzahl für die Trübung
T_J		Tearing-Modul
$T_J^{0,2}$		Tearing-Modul, ermittelt aus einer δ-Δa-Kurve bei $\Delta a = 0{,}2$ mm
T_m	(°C)	Schmelztemperatur
T_P		Transparenz
T_s		Transmissionsgrad des gestreuten Lichtes
T_S	(N mm^{-1})	Weiterreißwiderstand
$T_\delta^{0,2}$		Tearing-Modul, ermittelt aus einer δ-Δa-Kurve bei $\Delta a = 0{,}2$ mm
U	(N mm)	Verformungsenergie
U_a	(J)	Adhäsionsarbeit
v	(mm)	Kerbaufweitung
v_I	(m s^{-1})	Hammergeschwindigkeit nach DIN EN ISO 13802
v_L	(mm)	Kraftangriffspunktverschiebung
v_T	(mm min^{-1}); (m s^{-1})	Traversengeschwindigkeit
V	mm^3	Volumen

VST	(°C)	*Vicat*-Erweichungstemperatur
W	(mm)	Prüfkörperbreite
W_e	(J)	Arbeit dissipiert in der Prozesszone
w_e	(N mm^{-1})	spezifische wahre Brucharbeit
W_f	(J)	gesamte Brucharbeit
w_f	(N mm^{-1})	spezifische gesamte Brucharbeit
W_M	(J)	Arbeit bei F_M
W_S	(mm^3 (Nm)$^{-1}$)	spezifische Verschleißrate
W_p	(J)	Arbeit dissipiert in der plastischen Zone
w_p	(N mm^{-1})	spezifische nicht essenzielle Brucharbeit
W_T	(J)	gesamte Energieaufnahme
x	(mm)	Breite zwischen den Kerben
x		Normfarbwert
X		Intensität der Farbe ROT
y		Normfarbwert
Y		Intensität der Farbe GRÜN
z	(mm)	Abstand des Aufnehmers zur Messung der Kerbaufweitung von der Prüfkörperoberfläche
Z		Intensität der Farbe BLAU
α	(K^{-1})	linearer thermischer Ausdehnungskoeffizient; Wärmeausdehnungskoeffizient
β		Proportionalitätsfaktor im Geometriekriterium des LEBM-Konzeptes
β	(n°C^{-1})	Temperaturkoeffizient der Brechzahl
γ		Scherung
γ_{12}		Scherung, ermittelt am Faserverbundwerkstoff zwischen 2 Faserlagen
$\dot{\gamma}$	(s^{-1})	Schergeschwindigkeit
δ	(mm)	Rissöffnungsverschiebung; beschreibt das lokale Verformungsfeld vor der Rissspitze und wird im Dreipunktbiegeversuch mithilfe des Türangelmodells berechnet

Verzeichnis der verwendeten Formelzeichen (Auswahl) XXXIII

δ_I	(mm)	Rissöffnungsverschiebung bei Rissöffnungsart I (der Index I wird nur bei gleichzeitiger Geometrieunabhängigkeit verwendet)
δ_{Ic}	(mm)	kritischer δ-Wert beim Einsetzen instabiler Rissausbreitung; quasistatische Beanspruchung, geometrieunabhängig
δ_{Id}	(mm)	kritischer δ-Wert beim Einsetzen instabiler Rissausbreitung; dynamische Beanspruchung, geometrieunabhängig
δ_{Idk}	(mm)	kritischer δ-Wert beim Einsetzen instabiler Rissausbreitung nach erweitertem Türangelmodell; dynamische Beanspruchung, geometrieunabhängig
$\delta_{0,2}$	(mm)	technischer Rissinitiierungswert; kritischer δ-Wert bei 0,2 mm stabiler Rissverlängerung
δ_i	(mm)	physikalischer Rissinitiierungswert
Δa	(mm)	stabile Rissverlängerung; Abstand zwischen Kerbende und Rissfront nach definierter Belastung
Δa_{max}	(mm)	maximaler zugelassener Betrag an stabiler Rissverlängerung
Δa_{min}	(mm)	minimaler zugelassener Betrag an stabiler Rissverlängerung
Δl	(mm)	Längenänderung des Prüfkörpers
ΔL	(mm)	Längenänderung, gemessen aus der Änderung im Abstand zwischen den Einspannklemmen
ΔL_0	(mm)	Längenänderung, gemessen mittels Längenänderungsaufnehmer
Δm	(g)	Massezunahme
Δn		Doppelbrechung
Δt	(s)	Zeitdifferenz
Δv	(m s^{-1})	Geschwindigkeitsänderung
ε		Proportionalitätsfaktor im Geometriekriterium des J-Integral-Konzeptes
ε	(%)	Dehnung
ε	(°)	Einfallswinkel
ε'	(°)	Brechungswinkel
$\dot{\varepsilon}$	(s^{-1})	Dehngeschwindigkeit
ε_{AE}	(%)	kritische Dehnung beim Einsetzen akustischer Emissionen

ε_B	(%)	Bruchdehnung nach DIN EN ISO 527
ε_f	(%)	Normbiegedehnung
ε_l	(%)	lokale Dehnung
ε_{lmax}	(%)	maximale lokale Dehnung in L_0
ε_{lmin}	(%)	minimale lokale Dehnung in L_0
ε_M	(%)	Dehnung bei der Zugfestigkeit nach DIN EN ISO 527
ε_{max}	(%)	Dehnung bei der Zugfestigkeit
ε_q	(%)	Querdehnung
ε_t	(%)	nominelle Dehnung nach DIN EN ISO 527
ε_{tB}	(%)	nominelle Dehnung bei der Bruchspannung nach DIN EN ISO 527
ε_{tM}	(%)	nominelle Dehnung bei maximaler Kraft
ε_W	(%)	wahre Dehnung
ε_y	(%)	Streckdehnung nach DIN EN ISO 527
η		Geometriefunktion
η	(mPas)	dynamische Viskosität
$\eta_{el;\,pl}$		Geometriefunktionen zur Bewertung des elastischen (el) bzw. plastischen (pl) Anteils an der Gesamtverformungsarbeit; verwendet in der *J*-Integral-Auswertemethode nach *Sumpter* und *Turner*
ϑ	(°)	Peelwinkel
λ		Reckgrad
λ	(W (m K)$^{-1}$)	Wärmeleitfähigkeit
λ	(nm)	Lichtwellenlänge
Λ		Logarithmisches Dekrement nach DIN EN ISO 6721-1
μ		Reibungskoeffizient; *Poisson*'sche Zahl
ν		Querkontraktionszahl; Poisson'sche Zahl
ν		*Abbe*'sche Zahl
ξ		Proportionalitätskonstante im Geometriekriterium des CTOD-Konzeptes
ρ	(kg m^{-3})	Dichte

Verzeichnis der verwendeten Formelzeichen (Auswahl)

σ	(MPa)	Spannung
σ_B	(MPa)	Bruchspannung nach DIN EN ISO 527
σ_f	(MPa)	Biegespannung nach DIN EN ISO 178
σ_{fB}	(MPa)	Biegespannung beim Bruch nach DIN EN ISO 178
σ_{fc}	(MPa)	Biegespannung bei der Normdurchbiegung nach DIN EN ISO 178
σ_{fM}	(MPa)	Biegefestigkeit nach DIN EN ISO 178
σ_F	(MPa)	Fließspannung, für diese wird entweder die Streckspannung σ_y oder $\sigma_F = \frac{1}{2}(\sigma_y + \sigma_M)$ verwendet
σ_l	(MPa)	lokale Spannung
σ_M	(MPa)	Zugfestigkeit nach DIN EN ISO 527
σ_{max}	(MPa)	Zugfestigkeit
σ_V	(MPa)	Vergleichsspannung
σ_W	(MPa)	wahre Spannung
σ_y	(MPa)	Streckspannung (Streckgrenze) nach DIN EN ISO 527
τ	(MPa)	Schubspannung bzw. Scherspannung
τ		Periode der Trägheitsschwingung
τ_{12}	(MPa)	interlaminare Scherfestigkeit
$\tau(\lambda)$		spektraler Transmissionsgrad
φ_V		Füllstoff- bzw. Faservolumenanteil
ϕ		auf die Schicht auftreffender Lichtstrahl
ϕ_{ds}^{KW}		Kleinwinkellichtstreuung
ϕ_{ds}^{WW}		Weitwinkellichtstreuung
ϕ_{dp}		geradlinig transmittierter Lichtanteil
$\phi_e \lambda$	(W)	auffallender spektraler Strahlungsfluss
$(\phi_e \lambda)_a$	(W)	absorbierter spektraler Strahlungsfluss
$(\phi_e \lambda)_p$	(W)	reflektierter spektraler Strahlungsfluss
$(\phi_e \lambda)_\tau$	(W)	durchgelassener spektraler Strahlungsfluss

Abkürzungsverzeichnis

AE	Akustische Emission
AF	Aramidfaser
AFM	Atomkraftmikroskopie
ASTM	American Society for Testing and Materials
ATR	Abgeschwächte Totalreflexion
BMI	Bismaleinimid
BSS	Boeing Specification Support Standard
CA	coupling agent (Haftvermittler)
CCT	Center Crack Tension, Bruchmechanikprüfkörper
CF	Kohlenstofffaser
CFK	Kohlenstofffaserverstärkter Kunststoff
CFR	Code of Federal Regulations (USA)
CT	Compact Tension (Kompaktzugprüfkörper)
CTOD	Crack Tip Opening Displacement (Rissspitzenöffnungsverschiebung)
DAP	Deutsches Akkreditierungssystem Prüfwesen
DCB	Double-Cantilever-Beam Specimen
DENT	Double-Edge-Notched Tension Specimen
DIN	Deutsches Institut für Normung
DKD	Deutscher Kalibrierdienst
DMA	Dynamisch-Mechanische Analyse

DMTA	Dynamisch-Mechanische Thermische Analyse
DMS	Dehnmessstreifen
DOP	Dioctylphthalat (Weichmacher)
DSC	Differential Scanning Calorimetry (= DDK – Dynamische Differenz-Kalorimetrie)
DTG	Differentielle Thermogravimetrie
DVM	Deutscher Verband für Materialprüfung
DVS	Deutscher Verband für Schweißen und verwandte Verfahren
EDZ	Ebener Dehnungszustand
EN ISO	Europäische Norm (EN), in die eine internationale Norm (ISO) unverändert übernommen wurde und deren deutsche Fassung den Status einer deutschen Norm erhalten hat
ESEM	Atmosphärische Rasterelektronenmikroskopie (environmental scanning electron microscopy)
ESIS	European Structural Integrity Society
ESPI	Elektronische Speckle-Pattern Interferometrie
ESZ	Ebener Spannungszustand
EWF	Essential Work of Fracture
FAA	Federal Aviation Administration (USA)
FAR	Federal Aviation Regulations (USA)
FBM	Fließbruchmechanik
FEM	Finite Elemente Methode
FIRESTARR	Fire Standardisation Research of Railway Vehicles
FMVSS	Federal Motor Vehicle Safety Standards and Regulations. National Highway Traffic Safety Administration (USA)
FT-IR	Fourier Transformations-Infrarotspektroskopie
FVK	Faserverstärkter Kunststoff
FVW	Faserverbundwerkstoff
GF	Glasfaser
GFC	Glasfaser-Komposite
GFK	Glasfaserverstärkter Kunststoff
GIT	Gasinnendruckspritzgießen

GMT	Glasmattenverstärkter Thermoplast
HEM	Höchstspannungselektronenmikroskopie
HF	Hochfrequenz
IEC	International Electrochemical Commission
IFV	Instrumentierter Fallversuch
IKBV	Instrumentierter Kerbschlagbiegeversuch
IR	Infrarot
IRHD	International Rubber Hardness Degree (Mikro-Kugeldruckhärte)
ISO	International Organization for Standardization
ISZV	Instrumentierter Schlagzugversuch
JIS	Japanese Industrial Standards
LEBM	Linear-Elastische Bruchmechanik
LM	Lichtmikroskopie
LSM	Laserscanmikroskopie
MEMS	Mikro-Elektro-Mechanisches System
MPT	Mehrprobentechnik
MR	Maschinenrichtung
MS	Massenspektroskop
NAI	Northrop Corporation
NASA	National Aeronautics and Space Administration (USA)
NFPA	National Fire Protection Association (USA)
OIT	Oxidative Induktions-Temperatur/-Zeit
R-Kurve	grafische Darstellung der Abhängigkeit eines Belastungsparameters (J-Integral, δ) von der stabilen Rissverlängerung Δa
REM	Rasterelektronenmikroskopie
RT	Raumtemperatur
SACMA SRM	Suppliers of Advanced Composite Material Association
SAE	Society of Automotive Engineers
SAXS	Small Angle X-ray Scattering (Röntgenkleinwinkelstreuung)

SEA	Schallemissionsanalyse
SENB	Single-Edge-Notched Bend (Dreipunktbiegeprüfkörper)
SENT	Single-Edge-Notched-Tension (einseitig gekerbter Zugprüfkörper)
SI	Internationales Einheitensystem (Système International d'Unités)
SIF	Spannungsintensitätsfaktor
SMC	Sheet Moulding Compound
SPA	Scanning Probe Microscopy
ST	*J*-Integralauswertemethode nach *Sumpter* und *Turner*
SZH	Stretchzonenhöhe
SZÜ	Spröd-Zäh-Übergangstemperatur
SZW	Stretchzonenweite
TC	Technisches Komitee (Technical Committee)
TD	Transverse Direction
TEM	Transmissionselektronenmikroskopie
TGA	Thermogravimetrische Analyse
TMA	Thermomechanische Analyse
TMDSC	Temperaturmodulierte DSC
UBC	Uniform Building Code (USA)
UCI	Ultrasonic Contact Impedance
UD	Unidirektional
UL	Underwriters Laboratories (USA)
US-ESPI	Elektronische Speckle-Pattern Interferometrie mit Ultraschall-Anregung
VDA	Verband der Automobilindustrie e. V.
VDE	Verband der Elektrotechnik Elektronik Informationstechnik e. V.
VDI	Verein Deutscher Ingenieure e. V.
UV	Ultraviolett
VST	*Vicat*-Erweichungstemperatur
WAXS	Wide Angle X-Ray Scattering (Röntgenweitwinkelstreuung)
WLF	*Williams-Landel-Ferry*
ZfP	Zerstörungsfreie Prüfung

Kurzzeichen für Kunststoffe

ABS	Acrylnitril-Butadien-Styrol
CA	Celluloseacetat
EP	Epoxidharz
E/P	Ethylen-Propylen
EPDM	Ethylen-Propylen-Dien-Copolymer
EPR	Ethylen-Propylene-Kautschuk
LCP	Flüssigkristall-Polymer (Liquid-Crystal-Polymer)
NBR	Nitrilkautschuk (Nitrile-Butadiene Rubber)
MF	Melaminharz (Melamin-Formaldehyd)
PA	Polyamid
PAC	Polyacetylen
PB	Polybuten
PB-1	Polybuten-1
PBT	Polybutylenterephthalat
PC	Polycarbonat
PDMS	Polydimethylsiloxan
PE	Polyethylen
PE-HD	Polyethylen, hohe Dichte
PE-LD	Polyethylen, niedrige Dichte

PE-LLD	Polyethylen, linear, niedrige Dichte
PE-MD	Polyethylen, mittlere Dichte
PE-RT	Polyethylen, erhöhte Temperaturbeständigkeit
PE-UHMW	Polyethylen, ultrahohe molare Masse
PE-X	Polyethylen, strahlenvernetzt
PEEK	Polyetheretherketon
PEI	Polyetherimid
PEK	Polyetherketon
PEN	Polyethernitril
PET	Polyethylenterephthalat
PF	Phenolharz (Phenol-Formaldehyd)
PI	Polyimid
PIB	Polyisobuten
PMA	Polymethacrylat
PMMA	Polymethylmethacrylat
POM	Polyoxymethylen; Polyformaldehyd
PP	Polypropylen
PPO	Polyphenylenoxid
PPS	Polyphenylensulfid
PS	Polystyrol
PS-HI	Polystyrol, hochschlagzäh
PSU	Polysulfon
PTFE	Polytetrafluorethylen
PUR	Polyurethan
PVAC	Polyvinylacetat
PVC	Polyvinylchlorid
PVC-C	Polyvinylchlorid, nachchloriert
PVC-HI	Polyvinylchlorid, hochschlagzäh
PVC-P	Polyvinylchlorid, weichmacherhaltig

PVC-U	Polyvinylchlorid, weichmacherfrei
rPE	Polyethylen, rezykliert
SAN	Styrol-Acrylnitril
SBS	Styrol-Butadien-Blockcopolymer
SI	Silikon
UF	Harnstoffharz (Harnstoff-Formaldehyd)
UP	Ungesättigter Polyester
VAC	Vinylacetat

1 Einleitung

1.1 Zur Herausbildung der Kunststoffprüfung als Wissenschaftsdisziplin

Die Entwicklung der Kunststoffprüfung ist sehr eng mit dem wirtschaftlichen Aufschwung in der Kunststoffindustrie verbunden. Seit den 20er Jahren des 20. Jahrhunderts erfolgte eine rasante Entwicklung der makromolekularen Chemie, die sehr eng mit dem Wirken der Polymerchemiker *Hermann Staudinger* und *Karl Ziegler* verbunden ist. Die bewusste Nutzung von Makromolekülen als Werkstoff basiert auf der Erforschung von Synthesewegen zur Herstellung sowohl neuer Monomere als auch Polymere sowie der Einführung neuer Katalysatorsysteme. Daraus leitet sich die Notwendigkeit der systematischen Grundlagenforschung zur Aufklärung der Zusammenhänge zwischen der Polymersynthese und der Struktur einerseits sowie der mikroskopischen Struktur und den makroskopischen Eigenschaften anderseits ab. Dabei gehört die Aufklärung von Zusammenhängen zwischen der Mikrostruktur und den makroskopischen, insbesondere mechanischen und thermischen Eigenschaften zu den grundlegenden Aufgaben der *Kunststoffprüfung*.

Der weltweite Aufschwung der Kunststoffindustrie begann in den 50er Jahren des 20. Jahrhunderts mit der Umstellung der Rohstoffbasis auf Erdöl. Heute erstreckt sich die Anwendung der Kunststoffe auf nahezu alle Lebensbereiche und trotz der nicht unerheblichen Probleme, die mit der Entsorgung und dem Recycling verbunden sind, werden sich die Anwendungsfelder dieser Werkstoffgruppe weiter verbreiten. Die Zunahme der Weltproduktion der Kunststoffe und die Vielfalt der eingesetzten Monomere bedingen einen Wandel der wirtschaftlichen Bedeutung dieser Werkstoffe und lassen Historiker vom Beginn des *Polymerzeitalters* sprechen. Moderne Kunststoffe sind keine Ersatzwerkstoffe, sondern innovative Werkstoffe in wirtschaftlich unverzichtbaren Struktur- und Funktionsanwendungen. Ohne die stoffliche Vielfalt der heutigen Kunststoffe und deren Verbunde wäre eine Entwicklung der Mikroelektronik, Mikrosystemtechnik und auch der Nanotechnologie nicht denkbar gewesen. Aufgrund ihrer einzigartigen Materialeigenschaften werden sie auch zukünftig einen wesentlichen Beitrag zur Erreichung der Klima- und Kreislaufwirtschaftsziele der EU leisten. Um diesem Anspruch gerecht zu werden, werden entlang der Wertschöpfungskette konsequent Schritte gesetzt, die die Transformation zur Kreislaufwirtschaft z. B. durch die Förderung von Mehrweganwendungen bei gleichzeitiger Reduzierung der Einweganwendungen, kreislauffähiges Produktdesign, Investitionen in mechanisches und chemisches Recycling, sowie die Produktion von Kunststoffen aus Biomasse und die Nutzung von CO_2 (Carbon Capture Untilization, CCU) vorantreiben. Der Verband PlasticsEurope hat dazu im Jahr 2023 eine Roadmap vorgelegt, die bis zum Jahr 2050 eine klimaneutrale Kreislaufwirtschaft in der Kunststoffindustrie ermöglichen soll.

Weltweit nimmt die Produktion von Kunststoffen kontinuierlich zu, zwischen 2018 und 2022 um ca. 8 %, wobei die Steigerung der Produktion von auf fossiler Basis erzeugten Kunststoffen im gleichen Zeitraum nur 6,7 % betrug. Von den im Jahr 2022 produzierten 400,3 Mio. Tonnen Kunststoff, wurden jedoch immer noch 90,6 % fossil erzeugt. In Europa ist dieser Anteil zwar deutlich geringer (80,3 %) aber beide Zahlen belegen, was für ein herausfordernder Weg zu beschreiten ist. Unterstützend und gleichzeitig auch herausfordernd ist in diesem Zusammenhang das UN-Plastikabkommen, welches sich gerade in Verhandlung befindet und welches insbesondere das Thema Plastikmüll adressiert.

Die drei größten Anwendungsbereiche von Kunststoffen in Europa haben sich in den letzten 10 Jahren kaum verändert: Nach wie vor werden ca. 39 % der Kunststoffe im Verpackungsbereich eingesetzt, ca. 23 % im Bauwesen und ca. 8 % im Automobilbau. Der Massenanteil an Kunststoffen im Kraftfahrzeug liegt mittlerweile bei durchschnittlich 25 %. Die Trends im Automobilbau bestehen, neben dem Einsatz von Faserverbundwerkstoffen (im BMW i3 beträgt der Kunststoffanteil bereits 40 %) in den sogenannten Hybridanwendungen, d. h. zum Beispiel kunststoffumspritzten Metallteilen, Metall-Kunststoff-Sandwichstrukturen, Bauteilen mit Stahl- bzw. Kunststoffkernen in Türen und Klappen, neuen Modulen der Bauteilintegration und Materialkombinationen (Mehrkomponentenspritzguss).

Mit den enormen Zuwachsraten in der Kunststoff-Weltproduktion ab den 1950er Jahren hat sich auch die Forderung nach der Bereitstellung von werkstoffwissenschaftlich begründeten Kenngrößen zur Quantifizierung des Zusammenhanges zwischen der Mikrostruktur und den makroskopischen Eigenschaften ständig erhöht. Diese Forderung wird durch den notwendigen Transformationsprozess in der Kunststoffwirtschaft zusätzlich unterstrichen. Rationeller Werkstoffeinsatz erfordert die vollständige Ausnutzung der Werkstoffeigenschaften und diese bedingt die Entwicklung adäquater, aussagekräftiger Mess- und Prüfverfahren. Hierzu war und ist es notwendig, unter Anwendung der sich ständig weiterentwickelnden elektronischen Messtechnik, den Informationsgehalt der Methoden zu erhöhen. Aus den klassischen Prüfverfahren z. B. zur Bestimmung der Härte- und Zähigkeitseigenschaften von Kunststoffen wurden die registrierenden Härtemessmethoden und die registrierenden Zähigkeitsprüfverfahren, z. B. der instrumentierte Kerbschlagbiegeversuch in der Prüfanordnung nach *Charpy*, entwickelt. Alle registrierenden Methoden besitzen als gemeinsames Merkmal das Ziel, die Bestandteile der Deformation – Kraft und Weg bzw. Durchbiegung – elektronisch mit möglichst hoher Genauigkeit zu erfassen und den erhöhten Informationsgehalt zu einer differenzierten Bewertung des Werkstoffverhaltens zu nutzen. Diese experimentellen Methoden zur Angabe von strukturell empfindlichen Werkstoffkenngrößen wurden erst in den letzten 50 Jahren umfangreich weiterentwickelt. In vielen Fällen ist eine Übertragung von aus der Werkstoffprüfung der Metalle bekannten Verfahren nicht möglich, da sich die Messbereiche zur Erfassung der direkten Messgrößen um Größenordnungen unterscheiden können und die Anforderungen an die dafür erforderliche Messtechnik dementsprechend unterschiedlich sind.

Obwohl zunächst die Benennung des Wissensgebietes in der Literatur mit „Werkstoffprüfung der Hochpolymere", „Plastwerkstoffprüfung" oder „Polymerwerkstoffprüfung" noch relativ uneinheitlich erfolgte, war das darunter zu verstehende Sachgebiet inhaltlich definiert, wobei die Darstellung mit ausführlichen Abhandlungen zur Struktur der Kunststoffe und der Polymerverarbeitung verbunden war, die sich auch zu eigenständigen Wissenschaftsdisziplinen entwickelt haben. Heute hat sich im deutschen Sprachgebrauch der Begriff der *Kunststoffprüfung* allgemein durchgesetzt und das Prüfen von Kunststoffen sowie der daraus gefertigten Bauteile hat große Bedeutung in der Kunststoffindustrie erlangt. Dabei wurden in den letzten 50 Jahren eine Vielzahl von empirisch ermittelten Fakten und Erfahrungen zusammengetragen, die soweit möglich unter Verwendung werkstoffwissenschaftlicher Erkenntnisse einer einheitlichen Betrachtungsweise unterzogen werden. Theoretische Annahmen werden nur dann getroffen, wenn sie sich durch die experimentellen Befunde bestätigen lassen.

Die *Kunststoffprüfung* hat, wie alle anderen technischen Wissenschaftsdisziplinen, einen ausgeprägten interdisziplinären Charakter (s. Bild 1.1). Aus Bild 1.1 wird auch die besondere Spezifik der Kunststoffprüfung ersichtlich, die einerseits das Bindeglied zwischen der *Polymersynthese* und der *Kunststoffverarbeitung* und anderseits zwischen *Kunststoffcharakterisierung/Analytik* und der *Morphologie/Mikromechanik* darstellt. Dabei werden die Begriffe Kunststoff und Polymer synonym verwendet, wobei in Bild 1.1 die jeweils häufiger verwendete Bezeichnung bevorzugt wurde.

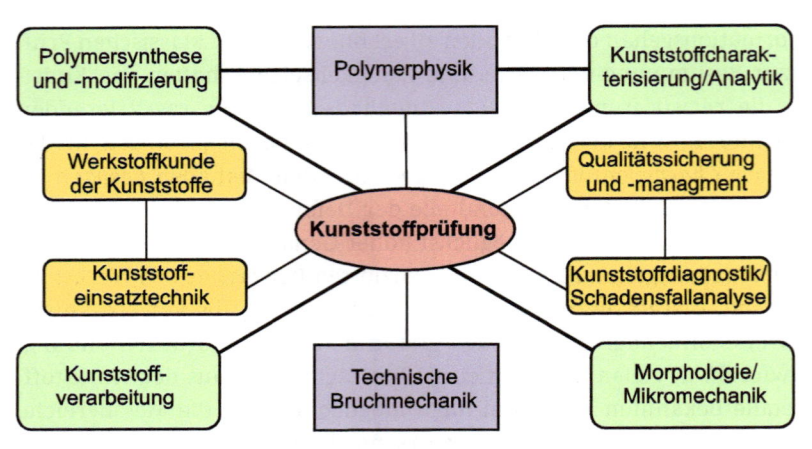

Bild 1.1 Der interdisziplinäre Charakter der Kunststoffprüfung

Um die wachsenden Ansprüche an die Zuverlässigkeit, Sicherheit und Lebensdauer von Maschinen, Anlagen und Bauteilen zu erfüllen und den Bruch als eine der häufigsten werkstoffseitigen Versagensursachen von Kunststoffen auszuschließen, ist die Einbeziehung von Messmethoden zur Bewertung der Brucheigenschaften erforderlich. Dazu werden die Methoden der *Technischen Bruchmechanik* verwendet. Der Stand der Forschung hierzu wird z. B. in Kapitel 5 für Kunststoffe und in Kapitel 10 für die Verbundwerkstoffe vermittelt. Innerhalb der Polymerwissenschaften haben sich als eigenständige Wissensgebiete die *Werkstoffkunde der Kunststoffe* und die *Kunststoffeinsatztechnik* fest etabliert, wie man auch aus Studienplänen kunststofftechnischer Studienrichtungen sowie den am Ende des Kapitels gegebenen Literaturhinweisen für die einzelnen Fachgebiete entnehmen kann. Gegenstand der *Kunststoffeinsatztechnik* ist das Konstruieren mit Kunststoffen, wobei für den Konstrukteur von Erzeugnissen aus Kunststoffen die Aufgabe in zunehmendem Maße darin besteht, die Dimensionierung und Gestaltung mit werkstoffwissenschaftlich begründeten Kennwerten vorzunehmen. Von zunehmender Bedeutung sind auch die Disziplinen *Qualitätssicherung* und *Qualitätsmanagement*, wobei unter Qualitätsmanagement die Gesamtheit der qualitätsbezogenen Tätigkeiten zu verstehen sind. Ein wesentlicher Bestandteil ist die Qualitätsprüfung, die selbst wiederum in vielfältiger Form erfolgen kann. Ein wichtiger, aber technisch schwierig zu realisierender Schritt besteht in der Inline-Integration von Prüfverfahren der Kunststoffprüfung in den jeweiligen Produktionsprozess zur optimalen Sicherung der Qualitätsanforderungen an das Produkt und den Prozess. Die *Kunststoffdiagnostik/Schadensfallanalyse* beinhaltet das Zusammenwirken von Methoden zur Untersuchung der stofflichen Zusammensetzung (*Analytik*), des strukturellen Aufbaus, der mechanischen, thermischen, elektrischen und optischen Eigenschaften sowie der Reaktion mit der Umgebung. Schwerpunktmäßig dargestellt werden in Kapitel 9 hybride Methoden der Kunststoffdiagnostik, worunter die In-situ-Kopplung von mechanischen und bruchmechanischen Experimenten mit zerstörungsfreien Prüfmethoden, wie z. B. der Schallemissionsanalyse

(SEA), der Thermographie oder der Laserextensometrie verstanden wird. Ziel ist immer die Erhöhung der Aussagefähigkeit klassischer Prüfmethoden und die Ableitung von Möglichkeiten zur Quantifizierung von Schädigungszuständen bzw. -grenzwerten.

1.2 Einflussgrößen auf die Kennwertermittlung

In Kunststoffen hat die Verarbeitung einen wesentlichen Einfluss auf die Strukturbildung und damit auf die daraus resultierenden Eigenschaften. Diese ausgeprägte Verarbeitungsempfindlichkeit ist eine wesentliche Ursache für die begrenzte Aussagefähigkeit von Kennwerten für Kunststoffe. Demzufolge sind der innere Aufbau des polymeren Festkörpers und die ihn beschreibenden Eigenschaften nicht allein von der chemischen Zusammensetzung abhängig.

Die Problematik der Kennwertermittlung besteht darin, dass nicht die Eigenschaft des zu prüfenden Werkstoffes (Formmasse) erfasst wird, sondern die Eigenschaft eines aus diesem Werkstoff hergestellten Prüfkörpers in einem durch den Verarbeitungsprozess bedingtem Zustand. Damit ist eine Übertragbarkeit von Kennwerten, ermittelt an Prüfkörpern oder Bauteilen vorgegebener Geometrie auf Bauteile mit anderer Geometrie aufgrund verschiedener innerer Zustände nicht von vornherein gewährleistet. Die Einflussgrößen sind in Kapitel 2 zur Prüfkörperherstellung ausführlich zusammengestellt. Zu den wichtigsten gehören neben der Formmasse selbst die mit der Prüfkörperherstellung verbundenen Einflüsse, die Prüfkörpergeometrie und die Prüfbedingungen. Bei Kunststoffen sind das im Wesentlichen die Prüftemperatur, die Prüfgeschwindigkeit und Umgebungseinflüsse, im einfachsten Fall die Luftfeuchtigkeit. Aufgrund der Vielzahl von Einflussgrößen auf das Prüfergebnis können Kennwerte an Kunststoffen nur dann reproduzierbar gemessen werden, wenn sie auf der Grundlage vergleichbarer chemischer und physikalischer Struktur, gleicher geometrischer Bedingungen und gleicher Prüfmethoden ermittelt werden. Die Kennwertermittlung muss deshalb immer strukturbezogen erfolgen. Die besondere Spezifik besteht darin, dass diese Einflussgrößen nicht einzeln wirken, sondern dass von einer komplexen Funktionalität der aufgeführten Parameter auszugehen ist. Daraus folgt, dass sowohl die quantitative Erfassung jeder einzelnen Randbedingung als auch ihres komplexen Zusammenwirkens für die umfassende Eigenschaftsbewertung von Bedeutung ist. Die Bewertung erfolgt mit Kennwerten auf der Basis genormter Prüfmethoden, die die Vergleichbarkeit garantieren und damit die Klassifizierung typengerechter Produkte gewährleisten. Die Kenntnis der grundlegenden Wissenszusammenhänge bei der Eigenschaftsausbildung und deren Beschreibung mit Kennwerten ist immer an eine hierarchische Betrachtungsweise von molekularer Struktur und Morphologieausbildung im Verarbeitungsprozess gebunden.

Auf der Basis wissenschaftlicher Erkenntnisse mit theoretischem Hintergrund entwickelte Prüfmethoden sind zur Bewertung und Optimierung von Kunststoffen häufig besser geeignet als die auf Erfahrungswerten beruhenden, vielfach in der industriellen Prüfpraxis eingesetzten Methoden. Ein Beispiel hierfür ist der Ersatz der konventionellen Kerbschlagbiegeprüfung nach *Charpy* (vgl. Abschnitt 4.4) durch den instrumentierten Kerbschlagbiegeversuch mit der Angabe geometrieunabhängiger bruchmechanischer Kennwerte (vgl. Abschnitt 5.4.2).

Zusammenfassend kann festgestellt werden, dass die grundlegende Aufgabe der Kunststoffprüfung darin besteht, unter Einbeziehung der physikalischen und chemischen Polymercharakterisierung die Zusammenhänge zwischen der Mikrostruktur und den physikalisch-technischen Eigenschaften aufzuklären.

1.3 Einteilung der Methoden der Kunststoffprüfung

Für die experimentellen Methoden der Kunststoffprüfung lassen sich – wie auch in der allgemeinen Werkstoffprüfung – mehrere ordnende Betrachtungsweisen heranziehen, die von inhaltlichen Gesichtspunkten geleitet werden. Als primäres Ordnungskriterium wird auch in der Kunststoffprüfung zwischen zerstörender und zerstörungsfreier Prüfung unterschieden. Mögliche Ordnungskriterien für die zerstörende Kunststoffprüfung sind:

- die Geschwindigkeit der Versuchsführung,
    - statische, quasistatische und dynamische Beanspruchung
- die Art der Beanspruchung,
    - Zug-, Druck-, Biege-, Torsions- und Scherbeanspruchung
    - uniaxiale und bi- oder multiaxiale Beanspruchung
- die Art des zu untersuchenden Werkstoffes,
    - Kunststoffe und Verbundwerkstoffe
- die Art der physikalischen Eigenschaft,
    - thermische, optische, elektrische und dielektrische Eigenschaften.

Darüber hinaus bestehen bei einzelnen Methoden der werkstoffmechanischen Prüfung Ordnungsmerkmale, die eine Darstellung der Vielfalt der eingesetzten Methoden erleichtern. In der Härteprüfung dienen z. B. als Kriterien die Art der Erfassung des Eindringvorganges bzw. die Eindruckgröße und/oder die Prüfkraft und Eindringtiefe, woraus eine Einteilung in konventionelle und registrierende Härtemessung und in Makro-, Mikro- und Nanohärte erfolgt.

Innerhalb der *werkstoffmechanischen Prüfung* wird als ein Ordnungsmerkmal die Geschwindigkeit der Versuchsführung verwendet. Bei den statischen Prüfverfahren wird eine Beeinflussung des Prüfergebnisses durch unterschiedliche Prüfgeschwindigkeiten nicht angenommen, während bei langsam zunehmender Prüfkraft ein Geschwindigkeitseinfluss vorliegt (quasistatische Beanspruchung). Bei dynamischer Beanspruchung wird im Vergleich zur quasistatischen ein erheblicher Einfluss auf das Prüfergebnis erwartet. Damit ergibt sich die Einteilung in:

- statische Prüfverfahren,
- quasistatische Prüfverfahren und
- dynamische Prüfverfahren (stoß- und schlagartig, Ermüdung).

Innerhalb der Geschwindigkeitsbereiche erfolgt die Klassifizierung nach der Art der Beanspruchung in:

- Zugversuch,
- Druckversuch und
- Biegeversuch.

Neben diesen hauptsächlich verwendeten Beanspruchungsarten werden bei quasistatischer Beanspruchung Torsionsversuche und Scherversuche durchgeführt.

Unabhängig von der jeweiligen Beanspruchungsart haben die prüfmethodischen Unterschiede zwischen Kunststoffen und Verbundwerkstoffen sowie der Umfang des darzustellenden Wissens innerhalb des vorliegenden Buches zu einer getrennten Darstellung der Prüfung von Verbundwerkstoffen geführt (Kapitel 10).

Auch die gesondert dargestellten Kapitel zur Bewertung der Spannungsrissbeständigkeit (Kapitel 7) und zur Bewertung der Zähigkeit von Kunststoffen mithilfe bruchmechanischer Methoden (Kapitel 5) lassen sich in die werkstoffmechanische Prüfung einordnen.

Bei der Prüfung von Faserverbundwerkstoffen ist ein wesentliches zusätzliches Ordnungsmerkmal die Orientierung der Fasern in Relation zur Hauptbelastungsrichtung. Die Anisotropie dieser Werkstoffe führt zu speziellen mechanischen Prüfverfahren, die sich häufig über die entwickelten Prüfkörper definieren. Beispiele hierfür sind:

- Boeing Druck-Prüfmethode,
- Celanese-Prüfmethode,
- IITRI-Prüfmethode,
- Two- und Three-Rail Scherversuch,
- *Iosipescu*-Schubversuch und der
- Plate-Twist Schubversuch.

In der bruchmechanischen Prüfung von Verbundwerkstoffen spiegeln sich die Besonderheiten im Verbundaufbau und die komplexen Beanspruchungen wider, die eine Bewertung des Rissausbreitungsverhaltens bezüglich der interlaminaren Bruchmoden (Mode I, Mode II und Mixed Mode) erfordern. Dabei werden als Ordnungsmerkmale spezielle Prüfkörper definiert, die gleichzeitig für die Begründung einer speziellen Methode stehen, deren Ziel in der Angabe geometrieunabhängiger bruchmechanischer Werkstoffkenngrößen besteht. Diese Kenngrößen erweisen sich als wertvolles Hilfsmittel für die Zähigkeitsoptimierung von Faserverbundwerkstoffen und stellen eine notwendige Voraussetzung für die Dimensionierung von Erzeugnissen aus Faserverbundwerkstoffen dar.

1.4 Normen und Regelwerke in der Kunststoffprüfung

Auf dem Gebiet der Normung lassen sich infolge der Globalisierung und Ausdehnung der Märkte auf neue Wirtschaftsgebiete, der Forderung nach kürzeren Entwicklungszeiten, der allgemein kürzeren Produktlebenszyklen und der Anforderungen aus der zunehmenden Technikkonvergenz folgende Tendenzen in der nationalen und internationalen Normung ableiten:

- markt- und bedarfsorientierte Normung und Standardisierung zur Erreichung strategischer und wirtschaftlicher Vorteile im internationalen Wettbewerb,
- Normung und Standardisierung unterstützen als strategisches Instrument den Erfolg von Wirtschaft und Gesellschaft,
- Normung und Standardisierung entlasten die staatliche Regelsetzung und
- Normung und Standardisierung sowie die Normungsorganisationen fördern die Technikkonvergenz.

Um diesen Anforderungen gerecht zu werden, bedarf es einer neu formulierten Normungsstrategie, die in Deutschland vom Normenausschuss Materialprüfung (NMP) im DIN, Deutsches Institut für Normung e. V., mit Sitz in Berlin aktiv gestaltet wird. Zur Sicherung der Wiederholbarkeit und Reproduzierbarkeit von eingeführten Verfahren der Werkstoffprüfung und damit der Kunststoffprüfung wurden in Deutschland schon frühzeitig Normen für die Durchführung von Prüfungen und Anforderungen an Prüfgeräte und Prüfkörper geschaffen. Entsprechend den in der DIN 820-1 bis 4 festgelegten Grundsätzen der Normungsarbeit sollen die zu entwickelnden Normen die Rationalisierung und Qualitätssicherung in der Wirtschaft, Technik, Wissenschaft und Verwaltung fördern. Damit dienen die Normen einerseits der Sicherheit von Menschen, Geräten, Techniken und Prozessabläufen und andererseits können sie als Mittel zur gezielten Qualitätsverbesserung in allen Wirtschafts- und Lebensbereichen eingesetzt werden. Die Normen stellen allerdings keine Gesetze dar, sondern stehen als „anerkannte Regeln der Technik" allen Anwendern zur Verfügung und erlauben bei Nutzung eine wesentlich bessere Vergleichbarkeit von Produkteigenschaften oder Herstellungsprozessen. Grundlage für die Vergleichbarkeit ist jedoch, dass alle Mitglieder der Normengemeinschaft die technischen und wissenschaftlichen Forderungen der Norm erfüllen können. Im Ergebnis der Normenarbeit im DIN entstehen die nationalen Normen, die unter dem Verbandszeichen **DIN** herausgegeben werden. Infolge der Harmonisierung der internationalen (ISO) und europäischen (EN) Normen besitzen die DIN EN-, DIN ISO- und DIN EN ISO-Normen ebenfalls den Status von deutschen Normen. Neben den Normen existieren Richtlinien verschiedener Hersteller- oder Anwenderverbände, wie z. B. VDI-, VDE- und DVS-Richtlinien oder Verarbeitungsempfehlungen von Kunststoffherstellern, die konkretisierte, nicht genormte Erweiterungen darstellen. Wesentliche Bedeutung besitzen in diesem Zusammenhang auch die Qualitätsanforderungen der Automobilhersteller (DBL-Daimler-Benz-Liefervorschrift, GME-General Motors-Specification, BMW N-Werknorm u. a.), die speziell für die Zulieferindustrie bindende Vorschriften darstellen.

Die grundsätzliche formelle Anerkennung der Kompetenz eines Prüflabors und die Zulassung zur Durchführung festgelegter Prüfungen auf der Grundlage von Normen oder verifizierten Prüfvorschriften kann über die Akkreditierung durch die DAkkS (Deutsche Akkreditierungsstelle GmbH, Berlin) erfolgen. Die Norm DIN EN ISO/IEC 17025 legt die Kriterien für die Begutachtung des organisatorischen Aufbaus, die Ausstattung mit Prüfpersonal und technischen Einrichtungen, die Erstellung von Prüfberichten sowie die Arbeitsweise von Prüf- und Kalibrierlaboratorien fest. Die Erfüllung der Anforderungen dieser Norm beinhaltet gleichzeitig die Anerkennung eines Qualitätsmanagementsystems entsprechend DIN EN ISO 9001 bzw. 9002, wobei die Akkreditierung nach DIN EN ISO/IEC 17025 nicht der Zertifizierung nach DIN EN ISO 9001 oder 9002 gleichzusetzen ist. Mit der Einführung dieser Norm wird gleichzeitig die Ermittlung der Messunsicherheit als wesentliches Kriterium der Anwendbarkeit von Prüfergebnissen in der Qualitätssicherung und Konstruktion gefördert.

Für Prüflaboratorien, denen die Kompetenz nach DIN EN ISO/IEC 17025 für ein Sachgebiet bescheinigt wurde, besteht die Möglichkeit, im Rahmen der Akkreditierung eigene, auf umfangreichen Erfahrungen beruhende Prüfvorschriften durch die DAkkS begutachten zu lassen. Solche Prüfprozeduren existieren z. B. in der IMA Materialforschung und Anwendungstechnik GmbH, Dresden mit den IMA-Prüfvorschriften und im eigenen Prüflabor Mechanische Prüfung von Kunststoffen mit den MPK-Prozeduren zum instrumentierten Kerbschlagbiegeversuch (MPK-IKBV), zum instrumentierten Kerbschlagzugversuch (MPK-ISZV) und zum instrumentierten Fallversuch (MPK-IFV). Solche speziellen Prüfprozeduren werden z. B. in Kapitel 4 und Kapitel 5 zur Kennwertermittlung herangezogen.

Die grundlegenden Tätigkeiten im Bereich der Werkstoff- oder Kunststoffprüfung lassen sich am besten mit den Begriffen Messen und Prüfen beschreiben. Unter dem Messen versteht man einen auf einem oder mehreren physikalischen Wirkprinzipien beruhenden experimentellen Vorgang, durch den ein spezieller Wert (Kennwert) als Vielfaches einer Einheit oder eines festgelegten Bezugswertes, ergänzt durch die Messunsicherheit, ermittelt wird. Prüfen heißt festzustellen, ob der ermittelte Kennwert unter Einbeziehung der Messunsicherheit eine oder mehrere vorgegebene Anforderungen (Toleranzen oder Fehlergrenzen) erfüllt. Da mit den meisten Verfahren der modernen Werkstoff- oder Qualitätsprüfung messbare Merkmale als Kennwerte ermittelt und mit entsprechenden Anforderungen verglichen werden, ist die Definition als „messende Prüfung" im Gegensatz zur „zählenden Prüfung" sinnvoll.

Wichtige Maßnahmen zur Gewährleistung der Reproduzierbarkeit von Prüfverfahren sind das Justieren, Kalibrieren und Eichen. Als zusätzliche Maßnahme können Ringversuche (Round Robin) zwischen Prüflaboratorien unter Verwendung geeigneter Referenzprüfkörper dienen. Das Justieren ist das Abgleichen des Prüfgerätes, welches vom Betreiber des Gerätes nicht vorgenommen werden darf, und die Sicherung minimaler Messabweichungen bzw. die Einhaltung von Fehlergrenzen garantiert. Kalibrieren bedeutet die Prüfung unter Vergleichsbedingungen und Rückführbarkeit des Ergebnisses auf internationale Referenzwerte, um unter Berücksichtigung der systematischen Abweichungen den wahren oder richtigen Messwert zu ermitteln. Unter Eichen versteht man einen Vorgang, bei dem eine zuständige Eichbehörde bestätigt, dass ein Prüf- oder Messgerät in seiner Beschaffenheit und messtechnischen Eigenschaften (z. B. Geräteklasse) den gestellten Anforderungen oder gesetzlichen Bestimmungen genügt. Eichen und Kalibrieren müssen in regelmäßigen Abständen durch das Eichamt bzw. den Gerätebetreiber wiederholt werden, um die Einhaltung der Fehlergrenzen zu sichern.

Eine wesentliche gesetzliche Grundlage für die Werkstoffprüfung ist das Gesetz über die Haftung für fehlerhafte Produkte (Produkthaftungsgesetz, ProdHaftG). Im § 3 dieses Gesetzes ist der Begriff „Fehler" wie folgt definiert:

Ein Produkt hat einen Fehler, wenn es nicht die Sicherheit bietet, die unter Berücksichtigung aller Umstände, insbesondere

- seiner Darbietung,
- des Gebrauchs, mit dem billigerweise gerechnet werden kann,
- des Zeitpunktes, in dem es in den Verkehr gebracht wurde,

berechtigterweise erwartet werden kann.

Nach DIN EN ISO 9000 ist ein Fehler durch eine Nichtkonformität, d. h. Nichterfüllung festgelegter Forderungen, definiert. Für die Kunststoffprüfung ergeben sich aus dem Produkthaftungsgesetz folgende erforderlichen Maßnahmen:

- Auswahl anwendungsbezogener relevanter und aussagefähiger Prüfverfahren und -methoden,
- Prüfgerechte bzw. prüffreundliche Konstruktion und Fertigung,
- Prüfen mit vereinbarten, möglichst aussagekräftigen Verfahren,
- Bewertung der Prüfergebnisse bezüglich des bestimmungsgemäßen Gebrauchs,
- Produkt- und Prozessbeobachtung, präventive Fehlerverhütung und falls erforderlich Schadensfallanalyse.

1.5 Zusammenstellung der Normen

DIN 820	Normungsarbeit - Teil 1 (2022): Grundsätze - Teil 2 (2022): Gestaltung von Dokumenten - Teil 3 (2021): Begriffe - Teil 4 (2021): Geschäftsgang - Teil 11 (2020): Gestaltung von Dokumenten mit sicherheitstechnischen Festlegungen, die VDE-Bestimmungen oder VDE-Leitlinien sind - Teil 12 (2014): Leitfaden für die Aufnahme von Sicherheitsaspekten in Normen (ISO/IEC Guide 51: 2014) - Teil 13 (2020): Übernahme europäischer Dokumente von CEN, CENELEC und ETSI – Gestaltung der Dokumente - Teil 15 (2020): Übernahme internationaler Dokumente von ISO und IEC – Gestaltung der Dokumente
DIN EN ISO 9000 (2015)	Qualitätsmanagementsysteme – Grundlagen und Begriffe
DIN EN ISO 9001 (2015)	Qualitätsmanagementsysteme – Anforderungen (Änderung 1: Ergänzungen zu klimabezogenen Maßnahmen (A1: 2024 – Entwurf))
DIN EN ISO 9004 (2018)	Qualitätsmanagement – Qualität einer Organisation – Anleitung zum Erreichen nachhaltigen Erfolgs
DIN EN ISO/IEC 17025 (2018)	Allgemeine Anforderungen an die Kompetenz von Prüf- und Kalibrierlaboratorien

1.6 Literaturhinweise für die einzelnen Fachgebiete

Polymersynthese und -modifizierung

[1.1] Ulbricht, J.: Grundlagen der Synthese von Polymeren. Hüthig & Wepf, Basel Heidelberg New York (1992)

[1.2] Elias, H.-G.: Makromoleküle: Band 3: Industrielle Polymere und Synthesen. Wiley VCH, Weinheim (2009)

[1.3] Kaiser, W.: Kunststoffchemie für Ingenieure. Von der Synthese bis zur Anwendung. Carl Hanser Verlag, München (2021)

[1.4] Braun, D.; Cherdron, H.; Rehahn, M.; Ritter, H.; Voit, B.: Polymer Synthesis: Theory and Practice. Fundamentals, Methods, Experiments. Springer Verlag, Berlin (2013)

[1.5] Lechner, M. D.; Gehrke, K.; Nordmeier, E. H.: Makromolekulare Chemie. Ein Lehrbuch für Chemiker, Physiker, Materialwissenschaftler und Verfahrenstechniker. Birkhäuser, Basel (2010)

Kunststoffcharakterisierung/Analytik

[1.6] Arndt, K.-F.; Müller, G.: Polymercharakterisierung. Carl Hanser Verlag, München Wien (1996)

[1.7] Kämpf, G.: Industrielle Methoden der Kunststoffcharakterisierung. Carl Hanser Verlag, München Wien (1996)

[1.8] Wagner, M.: Thermal Analysis in Practice – Fundamental Aspects. Carl Hanser Verlag, München (2017)

[1.9] Braun, D.: Simple Methods for Identification of Plastics. Carl Hanser Verlag, München (2013)

[1.10] Turi, E. (Ed.): Thermal Characterization of Polymeric Material. Academic Press, San Diego London (1997)

Kunststoffverarbeitung

[1.11] Bonten, C.: Kunststofftechnik. Einführung und Grundlagen. Carl Hanser Verlag, München (2020)

[1.12] Hopmann, C.; Michaeli, W.: Einführung in die Kunststoffverarbeitung. Carl Hanser Verlag, München Wien (2017)

[1.13] Osswald, T. A.; Román, A. J.: Understanding Polymer Processing. Processes and Governing Equations. Carl Hanser Verlag, München (2024)

Morphologie/Mikromechanik

[1.14] Michler, G. H.: Atlas of Polymer Structures. Morphology, Deformation and Fracture Structures. Carl Hanser Verlag, München (2016)

[1.15] Michler, G. H.; Balta-Calleja, F. J.: Nano- and Micromechanics of Polymers: Structure Modification and Improvement of Properties. Carl Hanser Verlag, München (2012)

[1.16] Woodward, A. E.: Understanding Polymer Morphology. Carl Hanser Verlag, München (1994)

Werkstoffkunde der Kunststoffe

[1.17] Osswald, T. A; Menges, C.: Material Science of Polymers for Engineers. Carl Hanser Verlag, München (2012)

[1.18] Domininghaus, H.; Elsner, P.; Eyerer, P.; Hirth, T.: Kunststoffe. Eigenschaften und Anwendungen. Springer Verlag, Berlin (2012)

[1.19] Dahlmann, R.; Haberstroh, E.; Menges, G.: Menges Werkstoffkunde Kunststoffe. Carl Hanser Verlag, München (2021)

[1.20] Ehrenstein, G. W.: Polymer-Werkstoffe: Struktur – Eigenschaften – Anwendung. Carl Hanser Verlag, München Wien (2011)

Kunststoffeinsatztechnik

[1.21] Erhard, G.: Konstruieren mit Kunststoffen. Carl Hanser Verlag, München Wien (2008)

[1.22] Ehrenstein, G. W.: Mit Kunststoffen konstruieren – Eine Einführung. Carl Hanser Verlag, München Wien (2020)

[1.23] Potente, H.: Fügen von Kunststoffe. Grundlagen, Verfahren, Anwendung. Carl Hanser Verlag, München (2004)

[1.24] Meyer, B.-R.; Falke, D.: Maßhaltige Kunststoff-Formteile. Toleranzen und Formteilengineering. Carl Hanser Verlag, München (2019)

[1.25] Ehrenstein, G. W.: Handbuch Kunststoff-Verbindungstechnik. Carl Hanser Verlag, München Wien (2004)

[1.26] Starke, L.; Mayer, B.-R.: Toleranzen, Passungen und Oberflächengüte in der Kunststofftechnik. Carl Hanser Verlag, München Wien (2004)

Qualitätssicherung und -management

[1.27] Masing Handbuch der Qualitätssicherung. Pfeifer, T.; Schmitt, R. (Hrsg.): Carl Hanser Verlag, München Wien (2021)

[1.28] Rinne, H.; Mittag, H.-J.: Statistische Methoden der Qualitätssicherung. Carl Hanser Verlag, München Wien (1994)

[1.29] Wortberg, J.: Qualitätssicherung in der Kunststoffverarbeitung. Rohstoff-, Prozess- und Produktqualität. Carl Hanser Verlag, München Wien (1996)

[1.30] Michaeli, W.: Qualitätssicherung beim Spritzgießen – Neue Ansätze. VDI-Verlag, Düsseldorf (1995)

[1.31] Bichler, M.: Qualitätssicherung beim Spritzgießen. Beuth Verlag, Berlin (2008)

[1.32] Renneberg, M.; Schneider, W.: Kunststoffe im Anlagenbau – Werkstoffe, Konstruktion, Schweißprozesse, Qualitätssicherung. Fachbuchreihe Schweißtechnik Band 135. DVS Verlag, Düsseldorf (1998)

Kunststoffdiagnostik/Schadensanalyse

[1.33] Kurr, F.: Praxishandbuch der Qualitäts- und Schadensanalyse für Kunststoffe. Carl Hanser Verlag, München (2014)

[1.34] Ehrenstein, G. W.; Engel, L.; Klingele, H.; Schaper, H.: Scanning Electron Microscopy of Plastics Failure. Rasterelektronenmikroskopie von Kunststoffschäden. Carl Hanser Verlag, München Wien (2010)

[1.35] Enzrin, M.: Platics Failure Guide – Cause and Prevention. Carl Hanser Verlag, München (2013)

Polymerphysik

[1.36] Strobl, G.: The Physics of Polymers: Concepts for Understanding their Structures and Behavior. Springer Verlag, Berlin (2007)

[1.37] Retting, W.; Laun, H. M.: Kunststoff-Physik. Carl Hanser Verlag, München Wien (1991)

Technische Bruchmechanik/Werkstoffprüfung

[1.38] Blumenauer, H. (Hrsg.): Werkstoffprüfung. Wiley VCH Verlag, Weinheim (1994)

[1.39] Blumenauer, H.; Pusch, G.: Technische Bruchmechanik. Deutscher Verlag für Grundstoffindustrie, Leipzig Stuttgart (1993)

[1.40] Anderson, T. L.: Fracture Mechanics. Fundamentals and Applications. 4th Ed., CRC Press, Boca Raton (2017). *https://doi.org/10.1201/9781315370293* (e-Book)

Kunststoffprüfung

[1.41] Brown, R. (Ed.): Handbook of Polymer Testing: Physical Methods. Marcel Dekker, New York Basel (2014). *https://doi.org/10.1201/9781482270020* (e-Book)

[1.42] Naronjo, A; Noriega, M. d. P; Osswald, T.; Roldán-Alzate, A.; Sierra, J. D.: Plastics Testing and Characterization – Industrial Applications. Carl Hanser Verlag, München (2012)

[1.43] Frick, A.; Stern, C.: Einführung in die Kunststoffprüfung. Carl Hanser Verlag, München (2017)

[1.44] Grellmann, W.; Bierögel, C.; Reincke, K. (Hrsg.): Wiki „Lexikon Kunststoffprüfung und Diagnostik". Version 14.0 (2024). *https://wiki.polymerservice-merseburg.de*

[1.45] Hylton, D. C.: Understanding Plastics Testing. Carl Hanser Verlag, München (2004)

[1.46] Swallowe, G. M.: Mechanical Properties and Testing of Polymers – An A – Z Reference. Kluwer Academic Publishers, Dordrecht Boston London (2010)

Handbücher/Datensammlungen

[1.47]   Baur, E.; Drummer, D.; Osswald, T.; Rudolph, N.; (Hrsg.): Saechtling Kunststoff Handbuch. 32. Ausgabe, Carl Hanser Verlag, München Wien (2022)

[1.48]   Carlowitz, B.: Tabellarische Übersicht über die Prüfung von Kunststoffen. Giesel Verlag für Publizität, Isernhagen (1992)

[1.49]   Hellerich, W.; Harsch, G.; Baur, E.: Werkstoff-Führer Kunststoffe: Eigenschaften – Prüfungen – Kennwerte. Carl Hanser Verlag, München (2010)

[1.50]   DIN Handbuch Kunststoffe, Band 1: Mechanische und Thermische Eigenschaften, Prüfnormen Loseblattwerk. Beuth Verlag, Berlin (2023)

[1.51]   Grellmann, W.; Seidler, S. (Eds.): Mechanical and Thermomechanical Properties of Polymers. Landolt-Börnstein. Volume VIII/6A3, Springer Verlag, Heidelberg (2014)

Computergestützte Kunststoffdatenbanken

[1.52]   Data sheets in Campus® material information system for the plastics industry: *www.campusplastics.com*

[1.53]   M-Base-Material Data Center: *www.materialdatacenter.com*

[1.54]   Data Base: POLYMAT: *www.polymat.eu*

[1.55]   Data sheets in MatWeb-Material property data: *www.matweb.com*

[1.56]   Polymers: A Property Database: *https://poly.chemnetbase.com*

[1.57]   Material Data Base FORMAT: *https://dirsig.cis.rit.edu/docs/new/mat.html*

[1.58]   Mechanical and Thermomechanical Properties of Polymers. Springer Materials. The Landolt-Börnstein Database: *www.springermaterials.com*

[1.59]   Fachinformationsdienst für Materialwissenschaften und Werkstofftechnik (FID Material Science). FID-Material-Science Portal: *https://www.materials-science.info*. Werkstoffrecherche-portal Material Hub: *https://www.materialhub.de*

2 Prüfkörperherstellung

2.1 Einführung

Die wesentlichen Aufgaben der Kunststoffprüfung bestehen in der Untersuchung, Bewertung und Kennzeichnung der unterschiedlichen Werkstoffe und der Angabe von Kennwerten mit der zugehörigen Messunsicherheit. Die zu prüfenden Kunststoffe können dabei als Pulver, Granulat, Prüfkörper, Halbzeug, Fertigteil oder Bauteil vorliegen.

Definitionsgemäß versteht man unter dem Begriff Formmasse un- oder vorgeformte Stoffe, die mittels mechanischer Krafteinwirkung und erhöhten Temperaturen durch eine spanlose Formgebung zu Halbzeugen oder Fertigteilen verarbeitet werden. Dabei wird die Formmasse zum Formstoff. Formteile sind Erzeugnisse, die aus Formmassen z. B. durch Pressen, Spritzpressen oder Spritzgießen in allseitig geschlossenen Werkzeugen und nachfolgender Abkühlung hergestellt werden können [1.50, 2.1].

Die chemischen, physikalischen und mechanischen Werkstoffkennwerte werden zur Identifizierung und Klassifizierung der Kunststoffe im Sinne der Qualitätssicherung, dem Vergleich und der Vorauswahl der Werkstoffe sowie zur Prognose von Formteileigenschaften benötigt. Unter diesem Gesichtspunkt stellen die zu ermittelnden Kennwerte eine, wenn auch eingeschränkte, Verbindung zwischen den Werkstoffeigenschaften und den Beanspruchungsbedingungen her. Soll ein Bauteil seine Funktionalität in der vorgesehenen Lebensdauer erfüllen, muss das Eigenschaftsprofil des Werkstoffes im Bauteil mit dem Anforderungsprofil an das Bauteil, welches die Summe aller Beanspruchungen beinhaltet, im Gleichgewicht stehen. Im Regelfall lässt sich das Anforderungsprofil für ein Bauteil, wie z. B. mechanisches Beanspruchungsniveau, Maßgenauigkeit oder thermische und mediale Belastungen, relativ genau festlegen. Demgegenüber hängt das Eigenschaftsprofil des Kunststoffes in einem konkreten Bauteil von einer Vielzahl von Einflussfaktoren ab. Die wichtigsten Faktoren sind:

- Strukturparameter
  - Kettenchemie des Kunststoffes (Konstitution, Konformation, Konfiguration)
  - Molare Masse und deren Verteilung
  - Morphologie
  - Orientierung des Kunststoffes und der Füll- oder Verstärkungsstoffe
  - Eigenspannungen und ihre Verteilung
  - Zusatzstoffe (z. B. Stabilisatoren, Haftvermittler) und Füllstoffe (z. B. Talkum, Kreide)
  - Verstärkungsstoffe (z. B. Glas-, Kohlenstoff-, Mineral- und Naturfasern)
  - Langperiode und tie-Moleküldichte
  - Kristallinitätsgrad
- Geometrieparameter
  - Gestalt und Abmessungen
  - Kerben und Einfallstellen
  - Fließ- und Bindenähte
  - Inhomogenitäten (z. B. Lunker, Einschlüsse, Agglomerate)
- Beanspruchungsparameter
  - Beanspruchungsart (Zug, Druck, Biegung, Mehrachsigkeit)
  - Beanspruchungsdauer und -geschwindigkeit (Zeitstand- und Impactverhalten)
  - Beanspruchungshäufigkeit
  - Temperatur und Temperaturwechselbelastung
  - Umwelteinflüsse (Feuchte, UV-Strahlung u. a.)

Die Vielfalt und Anzahl der möglichen Einflussgrößen verdeutlicht einerseits die Notwendigkeit der exakten Erfassung aller Randbedingungen und zeigt andererseits auch, dass nur mit einer mehrparametrigen Beschreibung der Eigenschaften der Kunststoffe ein sinnvoller konstruktiver Einsatz und die Abschätzung der Lebensdauer von Bauteilen möglich ist. Das bedeutet aber auch, dass statt einfacher Kennwerte zunehmend Kennfunktionen in Abhängigkeit unterschiedlicher Parameter verwendet werden sollten (s. CAMPUS-Datenbank für Kunststoffe). Die Hauptursachen für die Begrenzung der Aussagefähigkeit der verwendeten Kennwerte und die eingeschränkte Übertragbarkeit auf das Bauteilverhalten sind in der ausgeprägten Verarbeitungsempfindlichkeit dieser Werkstoffe begründet. Infolge dessen hängen die Werkstoffeigenschaften im Bauteil und damit auch im Prüfkörper nicht nur von der chemischen Zusammensetzung ab, sondern werden maßgeblich durch die Vorgeschichte, d. h. von der Art und Weise des Überganges vom schmelzflüssigen in den festen Zustand während der Formgebung, geprägt.

Für die Prüfpraxis bedeutet das, dass Kennwerte nur dann reproduzierbar gemessen werden können, wenn sie auf der Basis vergleichbarer chemischer und physikalischer

Struktur, gleicher geometrischer Bedingungen und identischer Prüfmethodik sowie vergleichbarer Prüftechnik ermittelt werden. Anders ausgedrückt heißt das, dass die angegebenen Kennwerte nicht die Formmasseeigenschaften des untersuchten Werkstoffes repräsentieren, sondern die Eigenschaft eines aus diesem Werkstoff hergestellten Prüfkörpers in einem durch den Verarbeitungsprozess bedingten Zustand, der nicht identisch mit den technologischen Eigenschaften in einem beliebigen anderen Bauteil ist. Diese Aussage beinhaltet jedoch auch die Forderung nach einer strukturbezogenen Kennwertermittlung sowie die Notwendigkeit zur deutlichen Unterscheidung zwischen den Formmasse- und Formteileigenschaften.

2.2 Prüfung an Formmassen

Die Formmasseeigenschaften beruhen im Wesentlichen auf dem chemischen Aufbau und dem diesbezüglichen Herstellungsprozess und sind deshalb von der Geometrie und der Vorgeschichte weitestgehend unabhängig. Dies trifft allerdings nur dann zu, wenn sich der Herstellung keine Extrusion mit nachfolgender Granulierung unter Einbeziehung von Verarbeitungshilfsmitteln oder Einarbeitung von Verstärkungs- oder Füllstoffen anschließt.

Diese Art der Prüfung entspricht einer analytischen Aufgabe, die sowohl Informationen zum chemischen und physikalischen Aufbau des Kunststoffes als auch rheologische sowie verarbeitungstechnische Kennwerte liefert. Dabei werden diese physikalischen Prüfmethoden nicht nur zur analytischen Charakterisierung eingesetzt, sondern sie stellen auch die entscheidende Basis für die Aufstellung von Korrelationen zwischen der Struktur makromolekularer Werkstoffe, ihren Herstellungs- und Verarbeitungsbedingungen sowie den technologischen Eigenschaften dar. Typische Identifizierungsmethoden der Eingangsprüfung in der industriellen Praxis, die kennzeichnende Angaben zum Aufbau bzw. zur Differenzierung der Kunststoffe geben, sind die Dichtemessung, die Ermittlung der Schmelz- und Erweichungstemperatur, die Veraschung sowie Brennproben und/oder der Pyrolysetest, die bei Bedarf durch spektroskopische Prüfmethoden wie z. B. die Infrarotspektroskopie ergänzt werden können.

Die Bewertung der Verarbeitbarkeit der Kunststoffe kann je nach Aufgabenstellung und Typ des Werkstoffes mit einfachen technologischen oder aufwendigeren rheologischen Prüfverfahren erfolgen. Unter industriellen Gesichtspunkten sind hier insbesondere die Korngrößenanalyse, die Messung der Viskosität oder des Schmelzindexes von Bedeutung. Aufgrund der bekannten Korrelationen der molaren Masse sowie der Verteilung und der Struktur der Makromoleküle mit anwendungstechnischen Eigenschaften wie Festigkeit, Duktilität, Zähigkeit und Dichte, lassen sich aus dem ermittelten Kennwertniveau auch Schlussfolgerungen zum Einfluss des Be- und Verarbeitungsprozesses bezüglich chemischer Degradationseffekte ableiten. Ausführlichere

Informationen zu den einzelnen Prüfmethoden sowie deren Anwendbarkeit und Aussagefähigkeit für die unterschiedlichen Kunststoffe sind u. a. in [1.6, 1.7, 1.9, 1.18, 1.42, 2.1–2.3] und im Kapitel 3 enthalten.

Für die Charakterisierung der Formmasseeigenschaften besitzt die Probenentnahme eine maßgebliche Bedeutung, da das entnommene statistische Los der Probe, in der Regel kleine Materialmengen, die Grundgesamtheit der Eigenschaften repräsentieren soll. Die Genauigkeit der Eigenschaftscharakterisierung hängt neben der verwendeten Messtechnik maßgeblich von der Art und Weise der Probenentnahme ab. Steht kein geeigneter Probenteiler zur Verfügung, ist die zu charakterisierende Gesamtmenge gut zu durchmischen und anschließend sind an drei Stellen hinreichend weit weg von der Oberfläche Proben zu entnehmen. Die Probennahme an den unterschiedlichen Positionen soll dabei transport- und lagerungsbedingte Veränderungen in der Korngrößenverteilung, in der Feuchte und Entmischungseffekte kompensieren. Falls eine Durchmischung nicht möglich ist, wie z. B. bei der Silolagerung, sollten Proben gleichmäßig aus mehreren Tiefenlagen entnommen werden. Die Feuchtemessung kann dabei auch online z. B. mittels Feuchtefühler erfolgen, wobei mit den Spurenfeuchtefühlern auch die Regelung der Schüttgutfeuchte vorgenommen werden kann. Eine übliche Technik der Probennahme bei Granulaten und Pulvern ist das sogenannte Vierteilen [1.41, 2.3]. In dem zu erstellenden Prüfbericht sind aus Gründen der Zuordenbarkeit und Rückverfolgbarkeit alle den Kunststoff kennzeichnenden Angaben (Typ des Werkstoffes, Lieferdatum, Sacknummer, Abfülldatum, Art und Zustand der Verpackung u. a.) zu dokumentieren. In Analogie zur Verarbeitung des Werkstoffes muss vor der Prüfung eine werkstoffgerechte Vorbehandlung erfolgen, um z. B. lagerungsbedingtes Kondenswasser oder Fremdpartikel zu beseitigen und einen definierten Referenzzustand zu erhalten.

2.3 Herstellung von Prüfkörpern

2.3.1 Allgemeine Anmerkungen

Zur prüftechnischen Charakterisierung der Eigenschaften von Kunststoffformmassen mittels mechanischer, thermischer oder elektrischer Kenngrößen sind entsprechend der zugehörigen Normen genau spezifizierte Prüfkörper erforderlich, die hinsichtlich der Dimensionen und des Prüfkörperzustandes festgelegte Anforderungen erfüllen müssen. Diese Prüfkörper können separat oder gemeinsam mit einem Bau- oder Formteil hergestellt oder aus einem solchen z. B. für die Untersuchung des Eigenschaftsprofils im Formteil oder für eine Schadensfallanalyse [1.33] entnommen werden. Die für die Prüfkörperherstellung üblicherweise verwendeten direkten und indirekten Verfahren der Ur- und Umformtechnik sind nachfolgend aufgeführt:

- Direkte Formgebungsverfahren
  - Spritzgießen
  - Spritzprägen
  - Formpressen
  - Gießen
- Indirekte Formgebungsverfahren
  - Extrudieren
  - Kalandrieren
  - Stanzen
  - Spanen

Initiiert durch den industriellen Fortschritt existieren auch neuere kombinierte Herstellungsverfahren (z. B. Pultrusion), auf die aber nicht gesondert eingegangen werden soll. Weitere Verfahren, die jedoch nicht in jedem Fall eindeutig zugeordnet werden können, sind z. B. das Laminieren, das Folienblasen oder auch die thermische Nachbehandlung (Tempern).

Unabhängig von der Art des Formgebungsprozesses treten während der Herstellung werkstoffabhängige energieelastische, entropieelastische und viskose Deformationen auf. Diese Deformationen werden durch Scherung z. B. während des Einspritz- und Fließvorganges, Dehnung und Verstreckung von Makromolekülen sowie Abkühl- und Erstarrungsvorgänge im Werkzeug hervorgerufen und beeinflussen dominant den späteren inneren Zustand des Bauteils oder Prüfkörpers. Die energieelastische Verformung beruht auf reversiblen Änderungen der Schwingungs- und Rotationszustände von Atomen und Teilen des Makromoleküls und ist demzufolge zeitunabhängig. Die Deformationen entropieelastischer Art entsprechen Änderungen der Entropie, also des inneren Ordnungszustandes, wobei hier translatorische Bewegungen von Kettensegmenten bei erhöhter Temperatur auftreten. Diese Prozesse sind reversibel, aber zeit- und temperaturabhängig. Die irreversiblen viskosen Verformungen beruhen auf dem Abgleiten von Makromolekülen infolge von Scherung und/oder Dehnung während des Herstellungsprozesses (s. Kapitel 4).

Als zusätzliche Deformation tritt bei dem Übergang vom schmelzflüssigen zum festen Zustand noch eine werkstoffabhängige Volumenkontraktion auf, die auch als Verarbeitungsschwindung bezeichnet wird und durch ein entsprechendes Übermaß bei der Werkzeuggestaltung berücksichtigt werden muss [2.4]. Die Schwindung beeinflusst die Maßhaltigkeit und Toleranz und ist bei gefüllten oder verstärkten Werkstoffen grundsätzlich geringer als bei dem Matrixwerkstoff.

Diese unterschiedlichen Vorgänge bedingen im Ergebnis der Formgebung, abhängig von der Kompliziertheit des Formteils, im Allgemeinen eine ungleichmäßige Verteilung von inneren Spannungen (Eigenspannungen), Matrix- und Füllstofforientierungen sowie morphologischen Kenngrößen des Kunststoffs. Damit wird deutlich, dass an Prüfkörpern ermittelte Kennwerte i. d. R. nicht die Formmasseeigenschaften widerspiegeln, sondern die Eigenschaften des Prüfkörpers charakterisieren, der sich in einem bestimmten herstellungsbedingten Zustand befindet. Eine werkstoffgerechte Kennwertermittlung erfordert daher grundlegende Angaben zum Zustand des Prüfkörpers und den gewählten Prüfbedingungen.

2.3.2 Prüfkörperherstellung durch direkte Formgebung

2.3.2.1 Herstellung von Prüfkörpern aus thermoplastischen Formmassen

Ausgehend von den vorangegangenen Darlegungen kann eine Eigenschaft nur dann reproduzierbar gemessen werden, wenn die eingesetzte Messmethode und der Prüfkörperzustand ebenfalls reproduzierbar sind. Die methodisch orientierten Prüfnormen legen nur die Prüfkörpergeometrie und -abmessungen sowie die einzuhaltenden Prüfbedingungen fest. Die materialspezifischen Normen der Prüfkörperherstellung (Beschaffenheitsstandards) berücksichtigen die grundlegenden Anforderungen an die jeweilige Werkstoffgruppe, können aber der großen Vielfalt und Variationsbreite der technischen Kunststoffe nicht gerecht werden und verweisen deshalb auf Richtlinien der Hersteller. Das bedeutet, dass die optimalen Parameter der Werkstoffverarbeitung als Know-how der Formmassehersteller an den Kunststoffverarbeiter z. B. als Verarbeitungsrichtlinie oder Werksnorm weitergegeben werden, weshalb bedingt durch verarbeitungstechnische Einflussfaktoren kein eindeutig vergleichbarer Werkstoffzustand vorliegt.

Im Gegensatz zu metallischen Werkstoffen existieren bei den Kunststoffen aus diesen Gründen keine Referenzprüfkörper (z. B. Härtevergleichsplatten), wobei hinzukommt, dass auch Rückstellmuster eine Alterung mit Veränderung der Werkstoffeigenschaften aufweisen. Probleme treten insbesondere dann auf, wenn eine Kalibrierung der Prüftechnik zur exakten Ermittlung der Messunsicherheit des Prüfergebnisses vorgenommen werden soll, da der innere Zustand des Prüfkörpers selbst Bestandteil der Gesamtnachgiebigkeit des Prüfsystems ist. Prüftechnisch wird der Einfluss von Eigenspannungen z. B. im Zugversuch speziell beim E-Modul beobachtet. Aufgrund des Abkühlprozesses im geschlossenen Werkzeug bilden sich am Rand des Prüfkörpers Druckeigenspannungen und in der Mitte Zugeigenspannungen (Bild 2.1a), wodurch sich über der Prüfkörperbreite das Eigenspannungsprofil $\sigma_r = f(y)$ ausbildet. Die Spannungsanteile stehen dabei im Gleichgewicht, anderenfalls entstehen in der Mitte Risse und Lunker. Wird dieser Prüfkörper auf Zug beansprucht, ruft die resultierende Kraft bei Bezug auf den Prüfkörperquerschnitt die konstant über die Breite verteilte Zugspannung σ hervor (vgl. Abschnitt 4.3.2.1 und Formel 4.76). Speziell im Anfangsbereich des Spannungs-Dehnungs-Diagrammes, bei sehr kleinen Spannungswerten, tritt demzufolge eine Überlagerung zwischen der Last- und der Eigenspannung auf, die zu der resultierenden Spannungsverteilung σ_{res} führt. Da der Elastizitätsmodul im

Anfangsbereich der Spannungs-Dehnungs-Kurve ermittelt wird (Bild 4.27 und Formel 4.81), ergibt sich eine Beeinflussung des Absolutwertes dieser Kenngröße. In praktischen Versuchen wird dies durch den Vergleich der E-Moduli von getemperten und ungetemperten Prüfkörpern verdeutlicht. Das Tempern führt zu einer Reduzierung der Eigenspannungen, woraus beim gleichen Werkstoff ein geringerer E-Modul resultiert.

Die Orientierungen im Prüfkörper beeinflussen sowohl den E-Modul als auch die Festigkeits- und Verformungskennwerte, wobei sich deutliche Unterschiede in Zugfestigkeit und Bruchdehnung ergeben können (Bild 2.1b). Der Vergleich von Spannungs-Dehnungs-Diagrammen kurzglasfaserverstärkter PA-Werkstoffe, die direkt durch Spritzgießen (Prüfkörper 1 in Bild 2.1b) oder durch Spritzgießen von Platten und nachfolgende indirekte Formgebung (Prüfkörper 2 und 3 in Bild 2.1b) hergestellt wurden zeigt, dass die Zugfestigkeit, die dem Maximum der Spannungs-Dehnungs-Kurve entspricht, bei den direkt gespritzten Prüfkörpern am größten ist. Ursache hierfür ist ein hoher Anisotropiezustand aufgrund des hohen Anteiles an in Spritzrichtung orientierten Fasern. Aufgrund der Herstellungsbedingungen der Platte ist die Orientierung geringer, allerdings existiert ein deutlicher Unterschied in den längs und quer zur Spritzrichtung ermittelten Kennwerten. Zugfestigkeit und Bruchdehnung zeigen eine umgekehrte Tendenz, d. h. der Prüfkörper mit der höchsten Zugfestigkeit weist die geringste Bruchdehnung auf.

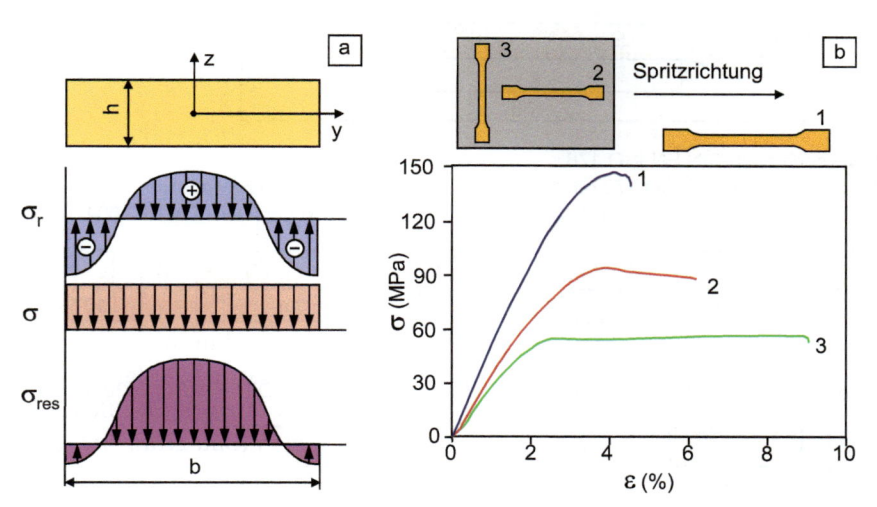

Bild 2.1 Überlagerung der Eigenspannungen σ_r mit der Lastspannung σ im Zugversuch für einen definierten Belastungszustand (a) und Spannungs-Dehnungs-Diagramme von PA 6 mit 30 M.-% GF im Zugversuch für gespritzte Prüfkörper (1), in Spritzrichtung aus einer Platte ausgefräste Prüfkörper (2) sowie quer zur Spritzrichtung gefräste Prüfkörper (3) (b)

Unabhängig von der Art des direkten Formgebungsverfahrens (zumeist das Spritzgießen) stellt der Vielzweckprüfkörper Typ 1 A nach DIN EN ISO 3167 den bevorzugten Prüfkörper für thermoplastische Formmassen dar. Neben dem Zugversuch kann der planparallele Mittelteil dieses Prüfkörpers für die unterschiedlichsten mechanischen, elektrischen oder thermischen Prüfungen verwendet werden (Bild 2.2). Der Vorteil ist darin begründet, dass in diesen Versuchen ein einheitlicher Bezugszustand bezüglich Orientierung und Eigenspannungen (innerer Zustand) sowie eine identische Dicke und Breite (äußerer Zustand) vorliegen. Bei der Notwendigkeit der Herausarbeitung von Prüfkörpern aus Form- oder Bauteilen besteht zumeist nicht die Möglichkeit der Entnahme von 170 mm langen Prüfkörpern. In diesem Fall können proportional verkleinerte Prüfkörper präpariert werden, wobei hier zu beachten ist, dass die Prüfgeschwindigkeit und die Dehnmesstechnik maßstabsgerecht angepasst werden müssen (vgl. Abschnitt 4.3.2).

Zur Minimierung der verarbeitungstechnischen Einflüsse oder Erzeugung eines definierten Referenzzustandes existieren prinzipiell zwei Möglichkeiten:

- Herstellung von Prüfkörpern im Grundzustand und
- Herstellung von Prüfkörpern mit einem verarbeitungstechnischen Bezugszustand.

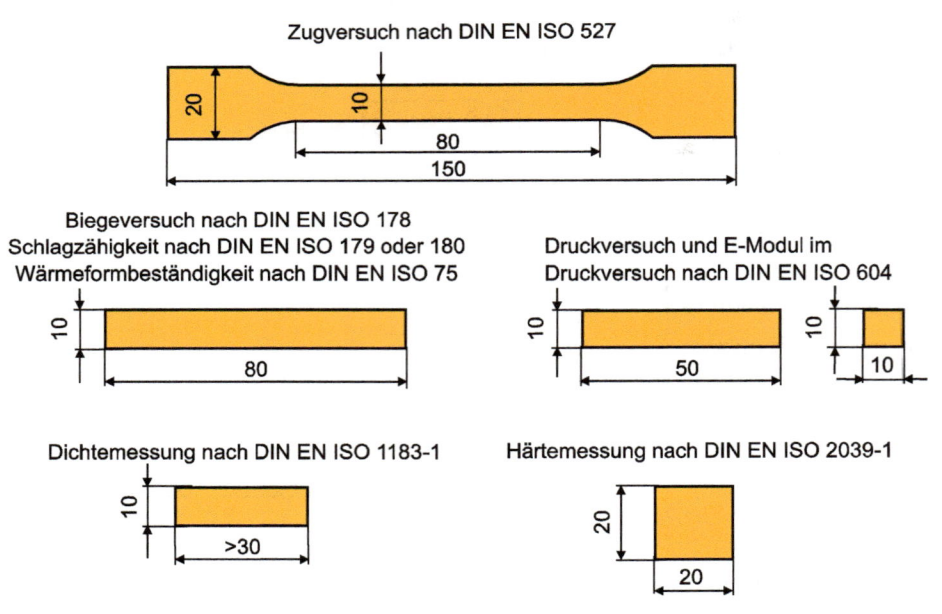

Bild 2.2 Vielzweckprüfkörper nach DIN EN ISO 3167 und daraus herstellbare Prüfkörper zur Durchführung verschiedener Prüfungen

Prüfkörper im Grundzustand sollen demzufolge homogen bezüglich der Verteilung morphologischer Strukturelemente, makroskopisch isotrop (ohne Vorzugsrichtung)

2.3 Herstellung von Prüfkörpern

und ohne Eigenspannungen sein. Dieser Zustand, der näherungsweise durch Formpressen erreicht werden kann, tritt in realen Bau- oder Formteilen nicht auf.

Durch Formpressen können in einem Presswerkzeug entweder Prüfkörper direkt oder Platten hergestellt werden, aus denen dann mittels spanender Formgebung die benötigten Prüfkörper angefertigt werden. Aufgrund der Vortemperierung, der geringen Schereinwirkung während des Pressens und der regelbaren langsamen Abkühlgeschwindigkeit kann die Ausbildung von Eigenspannungen und Orientierungen nahezu ausgeschlossen werden, wozu Pressdruck und -temperatur entsprechend zu wählen sind. Bei teilkristallinen Kunststoffen steuert die realisierte Abkühlrate zusätzlich den Kristallinitätsgrad sowie die entstehende Kristallit- bzw. Sphärolithstruktur.

Praktische Erfahrungen zeigen, dass die erforderliche Presstemperatur etwa 100 °C über der *Vicat*-Erweichungstemperatur (VST) der betreffenden amorphen oder teilkristallinen Formmasse liegen sollte, um eine hinreichende Homogenisierung zu erhalten. In Tabelle 2.1 sind für das Beispiel Formpressen von Prüfkörpern oder Platten aus PS-Formmassen Richtwerte angegeben.

Tabelle 2.1 Richtwerte für das Formpressen von Platten und Prüfkörpern aus PS-Werkstoffen

Formmasse	Press-temperatur (°C)	Pressdruck (MPa)	Vorwärmzeit ohne Druck (s)	Presszeit mit Druck (s)	Abkühlzeit unter Druck (s)
PS	190 … 210	4,0	300	300	300
SAN	200 … 210	4,0	300	300	300
ABS	240 … 250	4,0	300	300	300

Die unter diesen Bedingungen hergestellten Platten oder Prüfkörper können als homogen sowie spannungs- und orientierungsfrei aufgefasst werden, wenn sie nach einer Auslagerung von 30 min bei ca. 150 °C keine Schrumpfung oder Verzug sowie Oberflächenstrukturen aufweisen und die mechanische Grundcharakterisierung der getemperten und ungetemperten Prüfkörper im Rahmen der statistischen Streuungen identisch sind.

Zur Herstellung von Prüfkörpern mit Bezugszustand, meist Vielzweckprüfkörper nach DIN EN ISO 3167, verwendet man vorzugsweise das Spritzgießverfahren mit den optimierten Parametern des Formmasseherstellers. Der sich einstellende innere Zustand muss hierbei messtechnisch charakterisiert werden, da der Prüfkörperzustand von den eingestellten Spritzgieß- und Werkzeugparametern (Druck, Zeit und Temperatur) sowie dem Typ der verwendeten Maschine und der Auslegung des Werkzeugs (z. B. Fließweglänge) abhängig ist.

Erfahrungsgemäß wird die Formstabilität und die Maßhaltigkeit von Kunststofferzeugnissen wesentlich von der Schwindung und der Schrumpfung bei erhöhten Temperaturen bestimmt. Die Schwindung ist die Folge der verarbeitungstechnisch bedingten Volumenkontraktion beim Übergang vom schmelzflüssigen in den festen Zustand, die durch ein konstruktives Übermaß sowie Entformungsneigungen bei der Werkzeuggestaltung kompensiert wird [2.4]. Die Schrumpfung von Bauteilen oder Prüfkörpern wird als Folge von Orientierungsrelaxationen der Moleküle bei Erwärmung beobachtet und äußert sich in einer makroskopischen Dimensions- bzw. Längenänderung in Abhängigkeit von den gewählten Herstellungsbedingungen [2.5], die einen entropisch ungünstigeren Zustand im Vergleich zum Grundzustand verursachen. Für diese Zustandsänderung sind folgende Effekte verantwortlich:

- der Grad der plastischen Verformung z. B. beim Tiefziehen oder Extrudieren,
- Dickenunterschiede, die z. B. beim Spritzgießen bei Erwärmung und Abkühlung zu Eigenspannungen und Fließlinien führen,
- Orientierungen, die z. B. beim Extrudieren oder Spritzgießen entstehen und zu einer Anisotropie in den Eigenschaften führen,
- Oberflächenstrukturen und Rauigkeiten sowie
- Kerbspannungen und Bindenähte.

Infolge der veränderten physikalischen Struktur, d. h. Molekül- und/oder Füll- bzw. Verstärkungsstofforientierungen sowie Eigenspannungen bei umgeformten, gereckten oder gespritzten Formteilen oder Prüfkörpern, wird bei erhöhten Temperaturen und ungehinderter Rückstellung eine Schrumpfung S beobachtet. Unter Formzwang (Beibehaltung der äußeren Geometrie), tritt eine Verformungsbehinderung auf, die sich in der Schrumpfspannung σ_s äußert.

Die Ursache dieser beiden Effekte sind thermisch induzierte Desorientierungsprozesse infolge erhöhter Molekülbeweglichkeit, die auch als Memory-Effekt bezeichnet werden und eine Änderung des Entropiezustandes bewirken. Der Vorgang des freien Schrumpfens wird oft auch als spezielle Form der Retardation (Rückkriechen) und das behinderte Schrumpfen als Relaxation (Eigenspannungsabbau) bezeichnet, wobei diese Prozesse unter identischen Bedingungen (Temperatur, Druck) sehr unterschiedliche zeitliche Verläufe aufweisen können. Sowohl bei der thermischen Spannungsanalyse (TSA) als auch bei der thermischen Dehnungsanalyse (TDA) tritt unabhängig von der Art des Versuches eine überlagerte Wärmedehnung auf, die bei der Interpretation der Versuchsergebnisse beachtet werden muss [2.6].

Das Maß für die reversibel eingefrorene Verformung ist die im Schrumpfversuch gemessene entropieelastische Dehnung ε_e:

$$\varepsilon_e = \frac{\Delta L}{L_0} = \frac{L - L_0}{L_0} \qquad (2.1)$$

wobei L die aktuelle Länge bei der Temperatur T ist und L_0 der Länge des desorientierten Zustandes entspricht. Die Schrumpfung S, die beginnend von der Ausgangslänge L_a das Erreichen des unorientierten Zustandes zum Ziel hat, wird nach Formel 2.2 ermittelt:

$$S = \frac{\Delta L}{L_a} = \frac{L_a - L}{L_a} \tag{2.2}$$

Zwischen der formgebungsbedingten entropieelastischen Anfangsdehnung ε_{ea} und dem Endschrumpf S_e im unorientierten Zustand besteht der Zusammenhang:

$$\varepsilon_{ea} = \frac{S_e}{1 - S_e} \tag{2.3}$$

Bei der behinderten Schrumpfung lässt sich die gemessene Schrumpfkraft F_s in die Schrumpfspannung σ_s überführen:

$$\sigma_s = \frac{F_s}{A_0} \tag{2.4}$$

$$\sigma_s = \sigma_s(T_g) \frac{T}{T_g} \tag{2.5}$$

wobei A_0 der Ausgangsquerschnitt des Prüfkörpers, T die aktuelle Temperatur, T_g die Glastemperatur und $\sigma_s(T_g)$ die bei der Glastemperatur eingefrorene Schrumpfspannung sind. Unter diesen Voraussetzungen und vergleichbaren Prüfkörpern, die z. B. aus Vielzweckprüfkörpern entnommen werden, kann im Wärmeschrank oder einer Temperierkammer die Prüfkörperschrumpfung für den jeweiligen Bezugszustand ermittelt werden, wobei sich die Temperatur der Nachbehandlung nach der Formmasse richtet. Bei amorphen thermoplastischen Kunststoffen sollte die Temperatur ungefähr 20 °C oberhalb VST liegen und ca. 120 min einwirken. Wird in diesen Versuchen eine näherungsweise konstante Schrumpfung S oder entropieelastische Dehnung ε_e ermittelt, kann man davon ausgehen, dass ein vergleichbarer und reproduzierbarer Bezugszustand vorliegt.

Bild 2.3 veranschaulicht das Ergebnis eines Schrumpfexperimentes an einer biaxial verstreckten PP-Folie mit einer Dicke von 30 µm für eine kontinuierliche Erwärmung mit 2 °C min^{-1}. Es ist zu erkennen, dass die Schrumpfung für die in der Hauptorientierungsrichtung mechanisch belastete Folie bei wesentlich höheren Temperaturen einsetzt. Verursacht wird dieses Verhalten durch eine stärkere Verstreckung der Moleküle in Hauptorientierungsrichtung im Vergleich zur Querrichtung und dem damit verbundenen höheren Anteil an Nebenvalenzbindungskräften. Für eine herstellungsbedingt nahezu orientierungsfreie Gussfolie wird mit zunehmender Temperatur eine kontinuierliche Verlängerung gemessen, die das lineare Wärmeausdehnungsverhalten beschreibt.

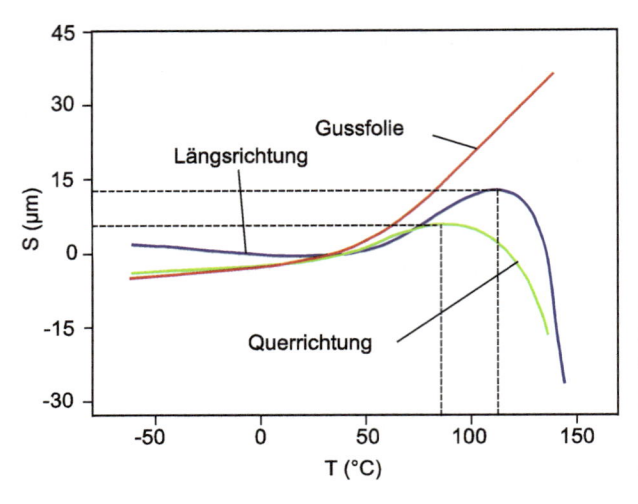

Bild 2.3 Schrumpfung einer biaxial verstreckten PP-Folie in Längs- und Querrichtung im Vergleich mit einer unorientierten PP-Gussfolie

Die Schrumpfkraft-Temperatur-Diagramme für die untersuchten Folien sind in Bild 2.4 dargestellt. Die unterschiedliche Anisotropie (Orientierung) der Prüfkörper, erzeugt durch die verschiedenen Herstellungsbedingungen, äußert sich im Kurvenverlauf und in den Temperaturlagen der Übergänge. Mit zunehmender Temperatur tritt in Abhängigkeit vom Orientierungsgrad eine Abnahme der gemessenen Kraft auf, die bei Gültigkeit des *Hooke*'schen Gesetzes auf die Abnahme des E-Moduls mit zunehmender Prüftemperatur zurückzuführen ist. Der Schrumpfprozess setzt in Querrichtung bei ca. 90 °C und in Längsrichtung bei ca. 120 °C ein. Im Gegensatz zur biaxial verstreckten Folie sind bei der Gussfolie keine Schrumpfungserscheinungen nachweisbar.

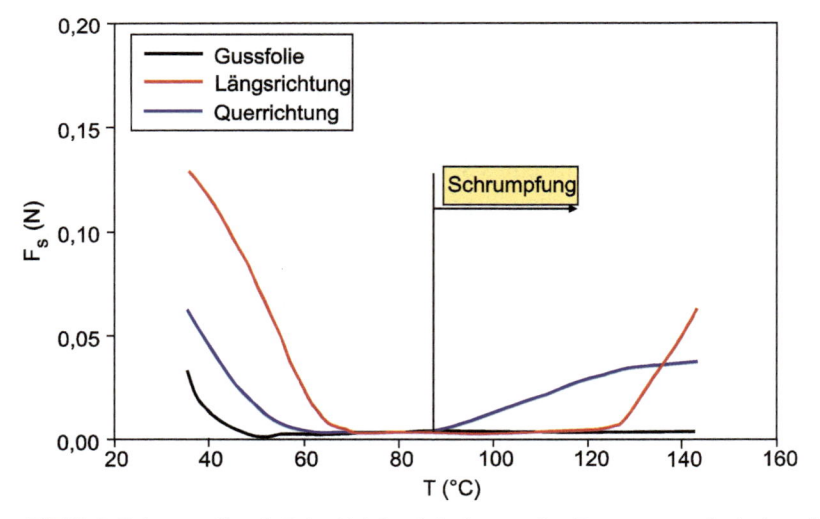

Bild 2.4 Schrumpfkraft F_s in Abhängigkeit von der Temperatur bei einer konstanten Dehnung von 0,1 % für eine biaxial verstreckte PP-Folie und eine PP-Gussfolie

Das Schrumpfexperiment reagiert deutlich auf die Deformationskinetik des Herstellungsprozesses und veranschaulicht Änderungen der Formstabilität und der Verzugsneigung bei erhöhten Temperaturen. Die beiden Versuche gestatten auch Aussagen zum Zustand des molekularen Netzwerkes, zu Umwandlungserscheinungen sowie zu technisch relevanten Grenztemperaturen. Bei der Interpretation der Messergebnisse ist auf jeden Fall der Einfluss der Prüfkörperdicke, des thermischen Ausdehnungskoeffizienten (Wärmedehnungen) und der Wärmeleitfähigkeit des Kunststoffes zu beachten.

2.3.2.2 Herstellung von Prüfkörpern aus duroplastischen Formmassen

Duroplastische Prüfkörper können im Pressverfahren (z. B. Melamin-, Amino- und Phenoplaste) oder durch Gießen (Polyester- und Epoxidharze) hergestellt werden.

Bei dem *Pressen* wird die Formmasse in der Regel ohne vorheriges Konditionieren, Vortrocknen oder Vorwärmen direkt in das Presswerkzeug gegeben und dort unter Einwirkung des Pressdrucks und der erforderlichen Temperatur zum Prüfkörper oder Halbzeug geformt. Zu Sicherung möglichst isotroper Eigenschaften müssen der werkstoffabhängige Pressdruck und die Temperatur im Werkzeug während der Härtezeit möglichst konstant sein. Bei der Beschickung des Presswerkzeuges ist auf eine genaue Dosierung unter Beachtung möglicher Schwindungseffekte zu achten, um eine vollständige Füllung des Werkzeuges zu erhalten. Trennmittel zur Erleichterung des Entformens dürfen nur dann verwendet werden, wenn sie keinen Einfluss auf die Eigenschaften des Formteils oder Prüfkörpers ausüben. Bei der Herstellung komplizierter geometrisch geformter Teile ist darauf zu achten, dass infolge des Füll-, Verdichtungs- und Aufheizvorganges speziell die unteren Flächen thermisch höher beansprucht werden. Für eine sichere Identifizierung der Lage des Prüfkörpers im Werkzeug sollte die Form im Inneren markiert sein. Zur Vermeidung von Problemen oder Zerstörung des Pressstückes sollte das Teil spätestens 30 s nach der Öffnung des Werkzeuges entnommen werden. Bei Verzug oder Verwerfungen, z. B. aufgrund der Schwindung, kann eine Lagerung unter planer Belastung bis zur vollständigen Abkühlung vorgenommen werden. Zur Vermeidung von zu hohen Abkühlgeschwindigkeiten sollten die verwendeten Belastungsgewichte eine geringe Wärmeleitfähigkeit besitzen. Bei nicht exakt schließenden Werkzeugen kann an der Oberseite des Formteils ein Grat entstehen, der nachfolgend vorsichtig entfernt werden kann, wobei keine sichtbaren Kerben resultieren dürfen. Die hergestellten Prüfkörper sind vor der jeweiligen Prüfung entsprechend des gültigen Beschaffenheitsstandards für eine hinreichende Zeitdauer, mindestens aber 16 h, im Normklima auszulagern.

Bei der Herstellung von Prüfkörpern aus Gießharzen existieren prinzipiell zwei unterschiedliche Möglichkeiten, das direkte *Gießen* von Prüfkörpern oder die spanende Formung von Prüfkörpern aus gegossenen Platten. Als wesentliche Kriterien sind bei Gießharzen die vorgegebene Technologie des Herstellers bezüglich Mischungsverhältnis Harz-Härter oder Harz-Härter und Beschleuniger sowie die Topfzeit (Zeit bis zum

Gelieren) zu beachten. Für die Herstellung von Prüfkörpern müssen dabei einseitig offene Gießformen verwendet werden, die je nach Nutzungsdauer aus unterschiedlichen Werkstoffen bestehen können. Werden nur wenige Prüfkörper benötigt, kann man eine Silikon- oder Teflonform benutzen, anderenfalls sollten Stahl- oder Messingformen verwendet werden. Für eine optimale Entformbarkeit sollten diese Formen mit Silikonlack versiegelt werden, wobei vor dem Gießen die zusätzliche Besprühung mit einem Silikonölfilm (EP-Harze) empfehlenswert ist. Bei ungesättigten Polyesterharzen (UP-Harz) sollte dagegen als Entformungsmittel eine 1%ige Lösung von Hartparaffin in Tetrachlorkohlenstoff verwendet werden. Das Gießen von derartigen Prüfkörpern erfordert hinreichende praktische Erfahrung, um diese ohne Gasblasen (Lunker), mit guter Oberflächenqualität und gratfrei zu erzeugen. Wesentlich ist dabei der Mischungsprozess, da insbesondere kleinere Gasblasen sehr leicht eingerührt werden und damit eine nicht ohne weiteres beseitigbare Porosität erzeugen. Falls die Topfzeit des Harzsystems es zulässt, kann eine Vakuumlagerung diese Porosität zumindest verringern. Wenn die Harze mit Füllstoffen gemischt werden, sind bei derartigen Lagerungen jedoch mögliche Entmischungs- bzw. Seigerungseffekte zu beachten, die nur durch weiteres Rühren zu beseitigen sind. Für die Charakterisierung der Reinharze werden neben den chemischen Eigenschaften zumeist der Zug- und Biegeversuch, die Ermittlung der Schwindung und die Wärmeformbeständigkeit verwendet. Deshalb ist die Zahl der erforderlichen verschiedenen Prüfkörpergeometrien gering. Schwindung oder mangelhafte Oberflächenqualität erfordern eine spanende Bearbeitung der Prüfkörper durch Sägen bzw. Fräsen, wobei eine Erwärmung der Schnittfläche nach Möglichkeit vermieden werden muss.

Bei verstärkten oder gefüllten Prüfkörpern (Laminate, glop-top), die z.B. mittels Prepreg-Verfahren, Pultrusion oder dem Handlaminieren hergestellt werden, gelten besondere Bestimmungen, da diese Composite sehr empfindlich auf Kerben oder Dickenschwankungen reagieren. Je nach Norm sind diese Prüfkörper mit Aufleimern oder Haltebohrungen im Schulterbereich zu versehen, um den Bruch im planparallelen Teil hervorzurufen. Weitergehende Informationen zur Präparation und Versuchsdurchführung bei diesen Werkstoffen sind im Kapitel 10 dargestellt.

2.3.2.3 Herstellung von Prüfkörpern aus elastomeren Werkstoffen

Die Herstellung von Prüfkörpern aus vulkanisierten Elastomeren zur Ermittlung physikalisch-mechanischer Kennwerte kann durch Ausschneiden oder Stanzen aus Gummi- oder Gummigewebeplatten sowie Fertigteilen erfolgen. Eine Alternative zu diesen beiden Herstellungsverfahren stellt das Kryoschneiden dar, welches aber nur bei sehr kleinen Prüfkörpergeometrien zu empfehlen ist. Bei den makroskopischen Prüfkörpern existieren genormte Vorzugsdicken, die sich an der Art der durchzuführenden Versuche orientieren:

- z. B. für Zugprüfkörper:
  - 0,5 ± 0,05 mm
  - 1,0 ± 0,2 mm
  - 2,0 ± 0,2 mm
- z. B. Druckverformungsrest:
  - 4,0 ± 0,2 mm
  - 6,3 ± 0,3 mm
  - 12,5 ± 0,5 mm

Unabhängig von der Art der Prüfkörperherstellung (Schneiden, Stanzen) ist das Übereinanderlegen von Platten zur gleichzeitigen Produktion von Prüfkörpern nicht zulässig, da mit zunehmender Schnitttiefe eine Deformation der Platten auftritt. Falls bei den Platten die Verarbeitungsrichtung (Walzen oder Kalandrieren) bekannt ist, sollten die Prüfkörper vorzugsweise in dieser Richtung entnommen werden. Werden Informationen über die Anisotropie gewünscht, können auch Prüfkörper senkrecht zur Verarbeitungsrichtung präpariert und geprüft werden. Die Qualität der hergestellten Prüfkörper hängt dabei maßgeblich von dem Zustand des Schneidemessers oder Stanzeisens, speziell deren Schärfe, ab. Beschädigte Messer oder Stanzen sind auf keinen Fall weiter zu verwenden, da die damit hergestellten Prüfkörper möglicherweise Kerben, Grate oder Zacken aufweisen, die das Niveau der zu ermittelnden Werkstoffkennwerte erheblich beeinflussen können. Eine genaue Prüfkörperpräparation erfordert, dass das Schneidemesser (Schneidemaschine) bzw. die Stanzschablone (Stanzpresse) exakt in der Schneide- oder Stanzrichtung positioniert ist. Um mechanische Beschädigungen der Schneideeinrichtung zu vermeiden, sollten geeignete Unterlagen aus Hartpappe oder PVC, keinesfalls Gummi, verwendet werden.

Bei der Entnahme von Platten aus Fertigteilen mit nicht genormter Bauteildicke ist das Schleifen auf die gewünschte Form oder Oberflächenbeschaffenheit prinzipiell zulässig, die Prüfkörper sollten allerdings erst nach dieser Bearbeitung aus der Platte entnommen werden. Bei dem Schleifen ist auf jeden Fall zu beachten, dass die Prüfkörper sich nicht über 60 °C erwärmen, was z. B. durch geringe Schleifgeschwindigkeiten (10 bis 30 m s^{-1}) und Schleifmittel mit mittlerer Korngröße realisierbar ist. Die Durchführung der Prüfungen mit diesen Prüfkörpern sollte normalerweise nicht früher als 16 h nach Präparation und nicht später als 30 Tage nach der Vulkanisation erfolgen, wobei hier auch abweichende Regelungen je nach Elastomer und Einsatzbedingungen möglich sind.

Für die Herstellung von Prüfkörpern aus PVC-Weichplatten gelten die gleichen Konditionen wie bei Prüfkörpern aus elastomeren Werkstoffen.

2.3.3 Prüfkörperherstellung durch indirekte Formgebung

Unter der indirekten Formgebung versteht man das nachträgliche Herausarbeiten von Prüfkörpern aus größeren spritzgegossenen, extrudierten oder gepressten Platten oder Bauteilen, wobei die wichtigsten spanenden Verfahren das Sägen, Fräsen, Drehen, Schleifen, Bohren und Hobeln sind. Dabei sind jedoch folgende Aspekte zu beachten:

- Genormte Prüfkörper (Vielzweckprüfkörper) sind normalerweise nur aus plattenförmigen Halbzeugen herstellbar, wobei hier eine eindeutig zuordenbare Kennzeichnung der Vorzugsrichtung erforderlich ist.

- Aus geometrisch komplizierten Bauteilen können nur in seltenen Fällen genormte Prüfkörper gefertigt werden.

- Der innere Zustand des Prüfkörpers steht nach Entnahme und Bearbeitung nicht mehr in eindeutiger Beziehung zum inneren Zustand des Bauteils (Freilegung bzw. Abbau von Eigenspannungen).

- Durch die spanende Formgebung und die damit verbundene thermische Belastung kann das Prüfergebnis zusätzlich beeinflusst werden.

Zur Sicherstellung einer niedrigen Messunsicherheit und der Vermeidung einer unzulässig hohen Messwertstreuung sind grundlegende Aspekte bei der indirekten Prüfkörperherstellung zu beachten. Falls die Halbzeuge größere Dicken als die geforderten standardisierten Prüfkörper aufweisen, sollten diese ohne weitere Bearbeitung verwendet werden. Nur in Sonderfällen ist eine Abarbeitung der Dicke auf genormte Werte zulässig, wobei eine Mindestdicke von 1,5 mm jedoch nicht unterschritten werden sollte. Bei bekannter Spritz-, Walz- oder Fließrichtung sind zur Ermittlung der Anisotropie der Eigenschaften Prüfkörper in Längs- und Querrichtung zu entnehmen. Bei unbekannter Hauptorientierungsrichtung kann im Schrumpfversuch die verarbeitungsbedingte Anisotropie qualitativ bestimmt werden.

Für eine effektive und rationelle Formgebung sollten geeignete Gerätetechniken (Band- und Kreissägen sowie Fräsmaschinen) zur Verfügung stehen, wobei die Bearbeitungsrichtlinien für den thermo- oder duroplastischen Werkstoff hinsichtlich der zu verwendenden Kreissägeblätter und Fräser zu beachten sind. Im Allgemeinen sind für diese verschiedenen Werkstoffe alle oben aufgeführten mechanischen Bearbeitungsverfahren anwendbar (s. Tabelle 2.2). Bei gefüllten oder z. B. glasfaserverstärkten Kunststoffen ist jedoch ein erhöhter Verschleiß der Werkzeuge zu verzeichnen. Stumpfe Werkzeuge müssen auf jeden Fall ausgewechselt werden, da in diesem Fall (Sägen oder Fräsen) eine erhöhte thermische Beanspruchung resultiert oder geforderte Geometrien (Kerbradius) nicht mehr eingehalten werden. Bei einer mehrstufigen Bearbeitung (Sägen von Streifen und anschließendes Fräsen) z. B. bei der Herstellung von Schulterprüfkörpern ist zu beachten, dass der Durchmesser des Fräsers einen Einfluss auf die Qualität der Seitenkanten ausübt. Unabhängig von der Art des Fräsens, z. B. mittels Frässchablone oder CNC (computerized numerical control)-Fräser ist die Schnittgüte bei Verwendung größerer Fräserdurchmesser besser. Aus flexiblen und weicheren Kunststoffen können auch Prüfkörper durch Stanzen entnommen werden, allerdings zeigen die praktischen Erfahrungen, dass bei diesem Verfahren die schlechtesten Ergebnisse verbunden mit hohen Messwertstreuungen registriert werden.

Tabelle 2.2 Indirekte Formgebungsverfahren und ausgewählte Fertigungsbedingungen (v – Schnittgeschwindigkeit, s – Vorschub)

Verfahren	Werkzeug	Duroplaste		Thermoplaste	
		v (m min^{-1})	s (mm)	v (m min^{-1})	s (mm)
Drehen	Schnellstahl	80 … 100	0,3 … 0,5	600 … 800	0,2 … 0,4
	Hartmetall	100 … 200	0,1 … 0,3		
Fräsen	Schnellstahl	40 … 50	0,5 … 0,8	30 … 45	0,3 … 0,8
	Hartmetall	200 … 1000		200 … 400	0,2 … 0,5
Bohren	Schnellstahl	70 … 90	0,2 … 0,4	30 … 40	0,2 … 0,4
	Hartmetall	90 … 120		40 … 70	
Sägen	Bandsäge	1500 … 2000	von Hand	1000	von Hand
	Kreissäge	2500 … 3000		3000 … 4000	
Schleifen	Korundblatt	1800 … 2000	–	500 … 1500	–

Ein neueres, kostenintensiveres Verfahren ist das Wasserstrahlschneiden (Water Jet) mit dem nahezu jede Prüfkörperform in ausgezeichneter Qualität herstellbar ist [2.7]. Grundsätzlich ist festzustellen, dass von dem Zustand der mechanischen Werkzeuge und Trennflächen das Auftreten mikroskopischer Anrisse und Kerben abhängt und damit das Eigenschaftsniveau und die Streuung der Messergebnisse erheblich beeinflusst werden können. Für ein optimales Ergebnis sollten folgende Aspekte unbedingt beachtet werden:

- Bei dem Bearbeitungsverfahren sollte sich ein glatter, „kalter" Span bilden.
- Kunststoffe, die eine geringe Wärmeleitfähigkeit aufweisen, sind mit geringen Schnittgeschwindigkeiten und zusätzlicher Kühlung (Pressluft oder Wasser) zu bearbeiten.
- Oberflächliches Erweichen der Schnittfläche infolge Reibungswärme speziell bei stumpfen Werkzeugen kann zu Spannungen beim Abkühlen führen.
- Hohe Schnittgeschwindigkeiten liefern bei geringem Vorschub normalerweise die beste Oberflächenqualität.

- Die nachfolgende Bearbeitung mittels Schleifen oder Polieren sollte immer entlang der Längsachse des Prüfkörpers erfolgen.

Zusätzliche Informationen zur mechanischen Bearbeitungvon Kunststoffen sind in der DIN EN ISO 2818 sowie in [1.13] und [1.33] zu finden.

2.3.4 Charakterisierung des Prüfkörperzustandes

Prinzipiell ist jede physikalisch-mechanische Methodik, die für die Prüfung von Kunststoffen und deren Verbunde entwickelt wurde, für die messtechnische Erfassung und Bewertung des Prüfkörperzustandes geeignet. Traditionell besitzen hier die mikroskopischen und elektronenmikroskopischen Verfahren bis hin zur Bildanalyse eine besondere Bedeutung, da sie ein visualisiertes Abbild struktureller Parameter liefern. Andererseits erlangen spektroskopische und zerstörungsfreie Prüfmethoden z. B. zur Messung von Eigenspannungen [2.8, 2.9] oder die Darstellung von Molekül- und Faserorientierungen und der Anisotropie [2.10 – 2.12] zunehmende praktische Relevanz und Akzeptanz, da sie berührungslos arbeiten und auch an Bauteilen einsetzbar sind (s. Kapitel 8). Unabhängig von der Art der Messtechnik und dem verwendetem physikalischen Wirkprinzip muss eine hinreichende Sensibilität des jeweiligen Prüfverfahrens zur Erfassung der relevanten strukturellen oder morphologischen Parameter bestehen.

Der Begriff Struktur soll als Sammelbegriff für die chemischen und physikalischen Gesetzmäßigkeiten im Aufbau der Kunststoffe verstanden werden und beinhaltet sowohl Aspekte des jeweiligen Einzelmoleküls als auch die Ausbildung von Molekülaggregaten im amorphen und teilkristallinen Zustand (Morphologie) sowie auch deren verarbeitungstechnische Veränderungen. Während man bei thermoplastischen Kunststoffen davon ausgeht, dass sich die polymerspezifischen chemischen Eigenschaften infolge der Verarbeitung nur unwesentlich ändern, wird bei duroplastischen und elastomeren Werkstoffen das Eigenschaftsniveau wesentlich von der chemischen Vernetzungsreaktion geprägt. Die Art und Weise der Formgebung beeinflusst jedoch bei allen Kunststoffen wesentlich die gebildete physikalische Struktur, die durch Morphologie, Orientierung und Eigenspannung beschreibbar ist.

Unter dem Begriff Morphologie versteht man die Gesamtheit der übermolekularen Strukturen, die von kleinsten Details im nm-Bereich bis zu mehreren 100 µm reichen. Die Größe, Gestalt und Anordnung sowie das Mengenverhältnis hängen von den jeweiligen Wechselwirkungen ab und stellen charakteristische Werte für den Kunststoff dar. Entsprechend der räumlichen Ausdehnung derartiger Strukturelemente und deren Stabilität gegenüber mechanischen und thermischen Beanspruchungen kann man zwischen Mikro- und Makromorphologie unterscheiden, weshalb die zuordenbaren Defektmechanismen auch in Mikro- und Makroschädigungen unterteilt werden. Ferner erfährt die Morphologiedefinition eine Erweiterung da nicht alle

Kunststoffe als reine Matrixwerkstoffe verwendet, sondern zum Zweck der Festigkeits-, Steifigkeits- und Zähigkeitsoptimierung als Blends, gefüllte oder verstärkte Werkstoffsysteme in konstruktiven Applikationen eingesetzt werden. Diese Erweiterung beinhaltet u. a. die räumliche Verteilung und Dichte von Füll- oder Verstärkungsstoffen, die Anordnung zusätzlicher Phasen z. B. in der Form von co-kontinuierlichen Phasenverteilungen und Kern-Schale-Strukturen sowie in nano-partikelgefüllten und nanostrukturierten Polymeren.

Aufgrund der thermischen Formgebung mit auftretenden Scherprozessen und laminaren Strömungen im Werkzeug entstehen Anisotropien mit definierten Vorzugsrichtungen, die man auch als Orientierungen bezeichnet. Unter dem Begriff Orientierung versteht man deshalb die Ausrichtung von Strukturelementen mit molekularer, übermolekularer oder kolloidaler Dimension bezüglich der Hauptachsen eines Prüfkörpers oder Bauteils.

Bei der Herstellung von Formteilen in allseitig geschlossenen Werkzeugen entstehen bei der durch Abkühlung eintretenden Volumenkontraktion innere Spannungen, die man auch als Eigenspannungen bezeichnet. Die dafür verantwortlichen energieelastischen Verformungen des Molekülverbandes sind ohne thermische und/oder mechanische Belastung irreversibel, weil sie sich aus thermodynamischen Gründen nicht durch Relaxation zurückstellen können. Durch eine thermische Nachbehandlung können diese inhärenten Spannungen jedoch nach Überschreitung der zugehörigen Energiebarriere gelöst werden. Die resultierenden inneren Kräfte und Momente befinden sich im Gleichgewicht, weshalb der Werkstoff als eigenspannungsfrei erscheint. Die Eigenspannungen sind also kein echter Strukturparameter, sondern sind die Folge verarbeitungstechnischer Änderungen der Realstruktur des Kunststoffes. Andererseits besitzt die Kenntnis des inneren, eingefrorenen Spannungszustandes von Kunststoffen für die Konstruktion und Dimensionierung von Bauteilen vor allem im Hinblick auf die Entstehung von Spannungsrissen und plastischen Verformungen infolge lokaler Überschreitung der Streckgrenze und der daraus folgenden Beeinträchtigung der mechanischen Festigkeit eine hohe Praxisrelevanz. Aufgrund der differierenden messtechnischen Zugänglichkeit (röntgenografische Eigenspannungsanalyse oder Schrumpfungsmessung) unterscheidet man zweckmäßigerweise in Mikro- und Makroeigenspannungen.

In Tabelle 2.3 sind verschiedene Größen zur Beschreibung des Prüfkörperzustandes und Charakterisierungsmethoden zusammengefasst, wobei kein Anspruch auf Vollständigkeit erhoben wird.

Tabelle 2.3 Überblick zu Verfahren und Methoden zur Erfassung des Prüfkörperzustandes (○ bedingt geeignet; ● geeignet)

Morphologie/Strukturparameter Prüfmethode	Orientierung	Kristallinitätsgrad	Sphärolithverteilung	Faser-/Füllstoffverteilung	Faser-/Füllstofforientierung	Eigenspannung
Lichtmikroskopie				●	●	
Polarisationsmikroskopie	●		●			○
Elektronenmikroskopie	○			○	○	
Röntgenografische Methoden	●	●	○	○	○	●
Radiografie				●	●	
DSC		●				
Dichtemessung	○	●		○		
Ultraschall-Prüfmethoden	●			○	○	○
Anisotropiemessung	●		○	○		
Schrumpfmessung	○					○
Schrumpfkraftmessung	●					○
Zerlegeverfahren						●
Spannungsrissprüfung	○					○
Laserholografie						●
Mikrowellenmesstechnik	○			●	●	
Thermographie				○	○	

Die mit den oben aufgeführten Definitionen in Übereinstimmung befindlichen Prüfmethoden lassen sich in folgende Gruppen einteilen:

- Methoden, welche die Veränderung einer physikalischen Eigenschaft mit dem inneren Zustand des Prüfkörpers verbinden (z. B. Doppelbrechung, Dichte, Wärmeleitfähigkeit u. a.),
- Verfahren, die die Änderung einer anwendungstechnischen Eigenschaft mit dem inneren Zustand korrelieren (z. B. Richtungsabhängigkeit der *Knoop*-Härte, Streckspannung u. a.),

- Prüfmethoden, welche auf Abbauerscheinungen des inneren Zustandes basieren (z. B. Schrumpfung, Entspannung durch Zerlegen u. a.) und
- Zerstörungsfreie Methoden, welche aufgrund des physikalischen Wirkprinzips und der Wellenlänge messbare Interaktionen an inneren Grenzflächen hervorrufen (z. B. Röntgen-Refraktometrie, Ultraschall u. a.).

In der prüftechnischen Praxis treten infolge der Komplexität des inneren Zustandes und sich überlagernder Wechselwirkungen oftmals messtechnische Schwierigkeiten auf, die insbesondere bei komplizierten Bauteilen eine exakte Analyse erheblich erschweren oder teilweise unmöglich machen.

2.4 Prüfkörpervorbereitung und Konditionierung

Zur Sicherung der Reproduzierbarkeit von Prüfergebnissen muss nicht nur eine definierte Herstellung der Prüfkörper und hinreichende Konstanz des Prüfklimas (Temperatur und Feuchte), sondern auch des Prüfkörperzustandes bezüglich Feuchte gewährleistet werden. Ursache dafür ist, dass sich bei Kunststoffen schon bei geringen Variationen der Beanspruchungsgeschwindigkeit und der sonstigen Prüfbedingungen, wie z. B. Umgebungstemperatur oder Feuchte, Veränderungen im Kennwertniveau einstellen. Aus diesem Grund wurden als Prüfbedingungen sogenannte „Normklimate" festgelegt, die hinsichtlich Temperatur und Luftfeuchte den Durchschnittsbedingungen der gemäßigten europäischen Klimazone genügen und damit praxisnahe Konditionen simulieren. Für die Charakterisierung der Werkstoffeigenschaften bei Raumtemperatur muss für die Normalisierung der Prüfkörper und die Durchführung der Versuche das Standardklima nach DIN EN ISO 291 mit einer Lufttemperatur von 23 °C und einer relativen Luftfeuchtigkeit von 50 % (Kennzeichnung: Klima 23/50) verwendet werden. In dieser Norm sind zwei unterschiedliche Klassen von Normklimaten entsprechend den verschiedenen Abweichungsbereichen angegeben. In der Klasse 1 ist eine zulässige Abweichung in der Temperatur von ± 1 °C und der relativen Luftfeuchte von ± 5 % und in der Klasse 2 in der Temperatur von ± 2 °C und der relativen Luftfeuchte von ± 10 % gefordert.

Die einfachste, allerdings auch kostenintensivste Methode zur Gewährleistung eines konstanten Prüfklimas ist die Klimatisierung des gesamten Raumes einschließlich der Prüfgeräte durch eine geeignete Anlage. Als klimatechnische Voraussetzungen sind zu berücksichtigen, dass im Prüfraum keine weiteren Wärmequellen, wie z. B. Trockenschränke, Temperiereinrichtungen u. a. vorhanden sind und dass entsprechende Schutzmaßnahmen gegen Sonneneinstrahlung getroffen werden.

Für langandauernde statische (z. B. Zeitstandversuch) oder dynamische Untersuchungen (z. B. Ermittlung der Dauerfestigkeit) unter Normklima ist die Klimatisierung des Prüfraums unbedingte Voraussetzung.

Für die Ermittlung von Kennwerten an Kunststoffen in Kurzzeitversuchen ist die Einstellung der Prüfkörper auf das entsprechende Prüfklima häufig ausreichend. Die Prüfkörper werden zu diesem Zweck konditioniert, um sie mit einer genormten Atmosphäre ins Gleichgewicht zu setzen. Bei der Konditionierung nehmen die Prüfkörper die Temperatur der umgebenden Luft an, wobei die Zeitdauer von der Anfangstemperatur und den geometrischen Abmessungen, insbesondere der Dicke, abhängt. Zwischen dem Feuchtigkeitsgehalt der Prüfkörper und dem der umgebenden Luft stellt sich in Abhängigkeit von den Diffusionskonstanten des Kunststoffes ein Gleichgewichtszustand ein. Die Lagerungsdauer wird maßgeblich von der Art des zu prüfenden Kunststoffes bestimmt und ändert sich bei gleicher relativer Luftfeuchtigkeit in weiten Grenzen.

Die Prüfkörper sind in der Normalisierungsatmosphäre so zu lagern, dass eine möglichst große Oberfläche der Einwirkung der Atmosphäre ausgesetzt ist. Eine konstante Lagerungstemperatur ist i. Allg. problemlos realisierbar, nicht so einfach ist jedoch die Einstellung der gewünschten Luftfeuchtigkeit. Dazu ist die Nutzung von Exsikkatoren oder Klimaschränken Voraussetzung. In Tabelle 2.4 sind für verschiedene Temperaturen und unterschiedliche gesättigte Lösungen die erreichbaren relativen Luftfeuchtigkeiten aufgeführt.

Tabelle 2.4 Relative Luftfeuchtigkeit über gesättigten Salzlösungen bei verschiedenen Temperaturen

Salz	Relative Luftfeuchtigkeit in % bei									
	5 °C	10 °C	15 °C	20 °C	25 °C	30 °C	35 °C	40 °C	50 °C	60 °C
Kaliumhydroxid	14	13	10	9	8	7	6	6	6	–
Lithiumchlorid	14	14	13	12	12	12	12	11	11	10
Kaliumacetat	–	21	21	22	22	22	21	20	–	–
Magnesiumchlorid	35	34	34	33	33	33	32	32	31	30
Kaliumcarbonat	–	47	44	44	43	43	43	42	–	36
Magnesiumnitrat	58	57	56	55	53	52	50	49	46	49
Natriumbichromat	59	58	56	55	54	52	51	50	47	–
Ammoniumnitrat	–	73	69	65	62	59	55	53	47	42
Natriumnitrit	–	–	–	66	65	63	62	62	59	59
Natriumchlorid	76	76	76	76	75	75	75	75	76	76
Ammoniumsulfat	82	82	81	81	80	80	80	79	79	–
Kaliumchlorid	88	88	87	86	85	85	84	82	81	80
Kaliumnitrat	96	95	94	93	92	91	89	88	85	82
Kaliumsulfat	98	98	97	97	97	96	96	96	96	96

2.4 Prüfkörpervorbereitung und Konditionierung

Falls die atmosphärischen Bedingungen des Prüfraumes deutlich von denen der Normalisierung abweichen, muss die Prüfung sofort nach der Entnahme des Prüfkörpers aus dem Konditionierraum erfolgen. Unter Einbeziehung der Feuchte beträgt die Normalisierungsdauer bei genormten Vielzweckprüfkörpern etwa 88 h, wird nur die Temperatur eingestellt, genügen ca. 4 h.

Besondere Konditionen gelten bei Prüfkörpern aus Polyamid (PA), da diese Werkstoffe in Abhängigkeit von der Art des PA und der vorliegenden Verstärkung oder Füllung unter Normbedingungen über 2 % Feuchtigkeit aufnehmen. Zur Normalisierung der spritztrockenen Prüfkörper kann nach DIN EN ISO 1110 eine beschleunigte Konditionierung bei 70 °C und 62 % Luftfeuchte bei Kontrolle der Gewichtszunahme durchgeführt werden, wobei die Lagerungsdauer tabellarisch in Abhängigkeit von der Prüfkörperdicke vorgegeben ist.

Für die Normalisierung von duroplastischen Kunststoffen wird in der Regel von 16 h ausgegangen und bei den meisten Elastomeren von mindestens 1 h. Im Prüfprotokoll müssen neben den sonstigen Prüfbedingungen unbedingt die Art und Dauer der Normalisierung und die Prüfatmosphäre angegeben werden.

Sollen Kunststoffe bei Temperaturen charakterisiert werden, die von der Normtemperatur abweichen, muss die Prüfeinrichtung über eine angeschlossene Temperierkammer verfügen oder die Einrichtung muss komplett in einer Temperiereinrichtung untergebracht werden. Die zu untersuchenden Prüfkörper sind bei der jeweiligen Prüftemperatur vorzutemperieren, um eine hinreichende Temperaturkonstanz über den Querschnitt zu erhalten. Für eine ausreichende Luftzirkulation sind die Prüfkörper so zu lagern, dass ein direkter Oberflächenkontakt vermieden wird. Erfahrungsgemäß reichen bei den Vielzweckprüfkörpern mit einer Dicke von 4 mm ca. 30 min für die Vortemperierung aus. Falls neben erhöhten oder verringerten Temperaturen auch noch ein einzuhaltender Feuchtewert gefordert wird, muss eine Medienkammer verwendet werden.

Unter dem Gesichtspunkt der konstruktiven Nutzung von Kunststoffen im Automobil- oder Flugzeugbau sowie der Haushaltsgerätetechnik ist oftmals die Kenntnis über Veränderungen von Festigkeit, Steifigkeit und Zähigkeit in Abhängigkeit von einer Auslagerung in verschiedensten Medien erforderlich. Zur Ermittlung der medial-thermischen Beständigkeit werden die Prüfkörper bei verschiedenen Temperaturen und Medien (Öle, Wasserdampf, Waschlauge u. a.), z. B. zur Bestimmung der medialen Beständigkeit von Kunststoffen in Laugenbehältern bis zu 2000 h, ausgelagert und anschließend wird das Kennwertniveau im Vergleich zum Ausgangszustand bestimmt. Bei diesen Langzeitversuchen in Umluftwärmeschränken und Medienkammern ist eine typenreine Lagerung erforderlich, um eine gegenseitige Beeinflussung durch Wechselwirkungseffekte (z. B. Abbauprodukte durch Alterung) zu vermeiden.

Eine umfangreiche Zusammenstellung über die Konditionierzeiten zum Erreichen des Temperaturgleichgewichtes in Abhängigkeit von der Prüfkörpergeometrie für prismatische und zylindrische Prüfkörper wird von BROWN [1.41] angegeben.

2.5 Zusammenstellung der Normen

ASTM D 618 (2021)	Standard Practice for Conditioning Plastics for Testing
ASTM D 955 (2021)	Standard Test Method of Measuring Shrinkage from Mold Dimensions of Thermoplastics
ASTM D 1045 (2019)	Standard Test Method for Sampling and Testing Platicizers Used in Plastics
ASTM D 1693 (2021)	Standard Test Method for Environmental Stress-Cracking of Ethylene Plastics
ASTM D 5687/D 5687M (2020)	Standard Guide for Preparation of Flat Composite Panels with Processing Guideline for Specimen Preparation
ASTM D 6085 (2022)	Standard Practice for Sampling in Rubber Testing – Terminology and Basic Concepts
ASTM E 2015 (2021)	Standard Guide for Preparation of Plastics and Polymeric Specimens for Microstructural Examination
DIN 8038 (2020)	Spiralbohrer mit Zylinderschaft, mit Schneidplatte aus Hartmetall, für Kunststoff (Duroplaste)
DIN 16780-2 (1990)	Kunststoff-Formmassen – Thermoplastische Formmassen aus Polymergemischen – Herstellung von Probekörpern und Bestimmung von Eigenschaften (zurückgezogen)
DIN 16906 (2015)	Prüfung von Kunststoffbahnen und Kunststoff-Folien – Probe und Probekörper – Entnahme, Vorbehandlung
DIN EN 1842 (1997)	Kunststoffe – Wärmehärtende Formmassen (SMC-BMC) – Bestimmung der Verarbeitungsschwindung
DIN EN ISO 291 (2008)	Kunststoffe – Normalklimate für Konditionierung und Prüfung
DIN EN ISO 293 (2023)	Kunststoffe – Formgepresste Probekörper aus Thermoplasten
DIN EN ISO 294	Kunststoffe – Spritzgießen von Probekörpern aus Thermoplasten - Teil 1 (2017): Allgemeine Grundlagen und Herstellung von Vielzweckprobekörpern und Stäben - Teil 2 (2019): Kleine Zugstäbe - Teil 3 (2020): Kleine Platten - Teil 4 (2019): Bestimmung der Verarbeitungsschwindung - Teil 5 (2018): Herstellung von Standardprobekörpern zur Ermittlung der Anisotropie

2.5 Zusammenstellung der Normen

Norm	Titel
DIN EN ISO 295 (2004)	Kunststoffe – Pressen von Probekörpern aus duroplastischen Werkstoffen
DIN EN ISO 1110 (2019)	Kunststoffe – Polyamide – Beschleunigte Konditionierung von Probekörpern
DIN EN ISO 1167 (2006)	Rohre, Formstücke und Bauteilkombinationen aus thermoplastischen Kunststoffe für den Transport von Flüssigkeiten – Bestimmung der Widerstandsfähigkeit gegen inneren Überdruck Teil 1: Allgemeine Prüfverfahren Teil 2: Vorbereitung der Rohr-Probekörper
DIN EN ISO 2231 (1995)	Mit Kautschuk oder Kunststoff beschichtete Textilien – Normklimate zur Konditionierung und Prüfung
DIN EN ISO 2505 (2024)	Rohre aus Thermoplasten – Längsschrumpf – Prüfverfahren und Kennwerte
DIN EN ISO 2818 (2019)	Kunststoffe – Herstellung von Probekörpern durch mechanische Bearbeitung
DIN EN ISO 3167 (2014)	Kunststoffe – Vielzweckprobekörper
DIN EN ISO 3521 (1999)	Kunststoffe – Ungesättigte Polyester und Epoxidharze – Bestimmung der Gesamtvolumenschwindung
DIN EN ISO 10724-1 (2002)	Kunststoffe – Spritzgießen von Probekörpern aus duroplastischen rieselfähigen Formmassen (PMC) – Teil 1: Allgemeine Grundlagen und Herstellung von Vielzweckprobekörpern
DIN EN ISO 14616 (2004)	Kunststoffe – Wärmeschrumpf-Folien aus Polyethylen, Ethylen-Copolymeren und deren Mischungen – Bestimmung der Schrumpfspannung und Kontraktionsspannung
DIN EN ISO 20753 (2024)	Kunststoffe – Probekörper
DIN ISO 23529 (2020)	Elastomere – Allgemeine Bedingungen für die Vorbereitung und Konditionierung von Prüfkörpern für physikalische Prüfverfahren
ISO 2577 (2007)	Kunststoffe – Warmaushärtbare Formkunststoffe – Bestimmung der Schrumpfung

2.6 Literatur

[2.1] Orthmann, H. J.; Mair, H. J.: Die Prüfung thermoplastischer Kunststoffe. Carl Hanser Verlag, München Wien (1985)

[2.2] Ehrenstein, G. W.: Polymeric Materials – Structure, Properties, Applications. Carl Hanser Verlag, München Wien (2001)

[2.3] Brown, R.: Handbook of Polymer Testing – Short-Term Mechanical Tests. Rapra Technology Limited, Shawbury (2002)

[2.4] Jansen, K. M. B.: Measurement and prediction of anisotropy in injection moulded PP products. *Int. Polym. Process.* 13 (1998) 309–317. https://doi.org/10.3139/217.980309

[2.5] Shin, J.; Yeh, K.-N.: Hydrolytic degradation of poly(1,4 butylene terephthalate-co-tetramethylene oxalate) copolymer. *J. Appl. Polym. Sci.* 74 (1999) 921–936. https://doi.org/10.1002/(SICI)1097-4628(19991024)74:4<921::AID-APP19>3.0.CO;2-3

[2.6] Thadani, S.; Beckham, H.; Desai, P.; Abhiraman, A.: Thermorheological consequences of crystalline-phase crosslinking in polyamide fibers. *J. Appl. Polym. Sci.* 65 (1997) 2613–2622. https://doi.org/10.1002/(SICI)1097-4628(19970926)65:13<2613::AID-APP3>3.0.CO;2-E

[2.7] Johannson, B. F.: With high pressure to breakthrough. Automated water jet cutting installation. *Kunststoffe* 88 (1998) 380–384

[2.8] Ikawa, T.; Shiga, T.; Okada, A.: Measurement of residual stresses in injection-moulded polymer parts by time-resolved fluorescence. *J. Appl. Polym. Sci.* 83 (2002) 2600–2603. https://doi.org/10.1002/app.10212

[2.9] Turnbull, A.; Maxwell, A. S.; Pillai, S.: Residual stress in polymers – evaluation of measurement techniques. *J. Mater. Sci.* 34 (1999) 451–459. https://doi.org/10.1023/A:1004574024319

[2.10] Michaeli, W.; Brast, K.; Piry, M.: Nondestructive measurement of fiber orientation. *Kunststoffe* 89 (1999) 128–130

[2.11] Predak, S.; Lütze, S.; Zwepscher, T.; Stößel, R.; Busse, G.: Vergleichende zerstörungsfreie Charakterisierung – Schädigung von Kurzglasfaser-verstärktem Polypropylen. *Materialprüfung* 44 (2002) 14–15. https://doi.org/10.1515/mt-2002-441-207

[2.12] Hentschel, M. P.; Lange, A.; Müller, R. B.; Schors, J.; Harbich, K.-W.: Röntgenrefraktions-Computertomografie. *Materialprüfung* 42 (2000) 217–221

3 Bestimmung verarbeitungsrelevanter Eigenschaften

3.1 Formmassen

In der Kunststoffverarbeitung kommen unterschiedliche Formmassen zum Einsatz, die entweder als Schüttgut Feststoffeigenschaften aufweisen oder als Polymerdispersion bzw. -lösung als Flüssigkeiten vorliegen. Dies sind im Wesentlichen:

- Granulat,
  - Zylindergranulat aus Stranggranulierung
  - Würfelgranulat aus Bandgranulierung
  - Zylindergranulat aus Unterwassergranulierung
  - Linsengranulat aus Unterwassergranulierung
  - Splittergranulat aus Schneidgranulierung
- Pulver,
  - Kugelförmige Pulver aus Synthese
  - Pulver aus Mahlprozessen mit unregelmäßiger Oberfläche
- Pasten,
- Dispersionen und
- Lösungen.

Bei den festen Formmassen ergeben sich, bedingt durch die unterschiedliche Größe, Geometrie und Oberflächentopologie der Granulate bzw. Pulver, Unterschiede in deren Schüttguteigenschaften. Die Kenntnis der Schüttguteigenschaften ist wesentlich für die optimale Auslegung von Dosier- und Fördereinrichtungen von Verarbeitungsmaschinen sowie der Schnecken- oder Werkzeuggeometrie.

Bei Dispersionen und Lösungen bestimmt die Konzentration des Polymeren im Lösungs- oder Dispersionsmittel das rheologische Verhalten und damit die Verarbeitungseigenschaften.

Schließlich sind es die Eigenschaften der Polymerschmelze, d. h. der Zustand der hochviskosen Flüssigkeit, in dem sich das Polymer während seiner Verarbeitung befindet, die die Effektivität des Verarbeitungsprozesses und die Qualität des resultierenden Erzeugnisses bestimmen.

Die Notwendigkeit der genauen Kenntnis der verarbeitungsspezifischen Eigenschaften ergibt sich aus dem Erfordernis der optimalen Verarbeitungsprozessgestaltung sowie der Werkstoffoptimierung aus Sicht der Verarbeitung. Dies erfordert einerseits die Nutzung verarbeitungsrelevanter Prüfmethoden und andererseits die präzise Beschreibung bzw. Prüfung der Polymerwerkstoffe aus verarbeitungsspezifischer Sicht.

3.2 Bestimmung von Schüttguteigenschaften

Die Eigenschaften von polymeren Schüttgütern bestimmen die Prozesse bei der Lagerung und beim Transport der als Granulate oder Pulver vorliegenden Formmassen. Die Bestimmung dieser Größen ist zur Beschreibung und Vorhersage von bei der Verarbeitung ablaufenden Vorgängen bzw. zur konstruktiven Auslegung förderspezifischer Einrichtungen oder zur Auslegung des Füllraumes formgebender Werkzeuge in der Kunststoffverarbeitung erforderlich.

Zur Beschreibung der Schüttguteigenschaften werden die Schüttdichte und die Rieselfähigkeit des Schüttgutes herangezogen. Die genaue Charakterisierung kann anhand der folgenden Kenngrößen vorgenommen werden [3.1]:

- Schüttgutdichte,
- Schüttgutfestigkeit,
- Innerer Reibungswinkel und
- Wandreibungswinkel.

Die Bestimmung der Schüttguteigenschaften ist meist von der Versuchsdurchführung bzw. den verwendeten Messapparaturen abhängig. Üblicherweise werden die Standards DIN EN ISO 60 und DIN EN ISO 61 zur Messung von Schüttdichte und Rieselfähigkeit herangezogen.

3.2.1 Schüttdichte, Stopfdichte, Füllfaktor

Die Schüttdichte ergibt sich aus dem Verhältnis der Masse eines Schüttgutes zu einem Schüttgutvolumen, das unter definierten Bedingungen geschüttet wurde.

$$\rho_{SG} = \frac{m_{SG}}{V_{SG}} \tag{3.1}$$

Sie wird nach DIN EN ISO 60 unter Verwendung einer Vorrichtung gemäß Bild 3.1 ermittelt, nachdem ein bestimmtes Volumen der Formmasse durch einen Trichter mit vorgegebener Geometrie geflossen ist.

Das lose in den Trichter gefüllte Schüttgut fällt nach Öffnen des Bodenverschlusses des Trichters in den darunter befindlichen Messbecher, der bis zum Rand zu befüllen ist. Entsprechend Formel 3.1 ergibt sich die Schüttdichte zu:

$$\rho_{SG} = \frac{m_1 - m_0}{V} \tag{3.2}$$

m_0 Masse des leeren Messbechers
m_1 Masse des mit Schüttgut gefüllten Messbechers
V Volumen des Messbechers

In die Schüttdichte geht neben der Rohdichte die geometrische Form ein. Bei langfaserigen und schnitzelförmigen Formmassen ist die Schüttdichte nach DIN EN ISO 61 zu ermitteln.

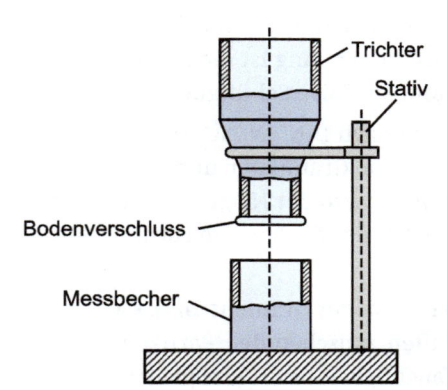

Bild 3.1
Vorrichtung zur Bestimmung der Schüttdichte nach DIN EN ISO 60

Die Stopfdichte ergibt sich aus dem Quotienten von Masse und Volumen einer faser- oder schnitzelförmigen, nicht rieselfähigen Formmasse, die unter definierten Bedingungen komprimiert wurde (DIN EN ISO 61).

Der Füllfaktor F charakterisiert das Verhältnis der Volumina des geschütteten bzw. gestopften Schüttgutes V_{SG} und des Volumens des nach der Verarbeitung vorliegenden kompakten Formstoffes V_{FS}. Damit lässt er sich aus den Dichten der unterschiedlichen Materialzustände bestimmen:

$$F = \frac{V_{SG}}{V_{FS}} = \frac{\rho_{FS}}{\rho_{SG}} \qquad (3.3)$$

Die Kenntnis der Kenngrößen Schüttdichte, Stopfdichte bzw. Füllfaktor von Granulaten und pulverförmigen Formmassen ist für die Auslegung von Lager-, Transport- und Dosiereinrichtungen notwendig. Darüber hinaus ist die Schüttdichte für den Druckaufbau im Feststoffförderbereich von Extrudern oder Schneckenspritzgießmaschinen bestimmend, da die Druckausbreitung in Schüttgütern auch von deren Schüttdichte abhängt.

3.2.2 Rieselfähigkeit, Schüttwinkel, Rutschwinkel

Die Charakterisierung der Rieselfähigkeit von Schüttgütern ist unter dem Aspekt ihrer Förderfähigkeit in Trichtern, Behältern und Rohrleitungen von Kunststoffverarbeitungsmaschinen und -anlagen von Bedeutung.

Das Fließverhalten von polymeren Schüttgütern ist kompliziert, da es neben den granulometrischen Eigenschaften auch von den viskoelastischen Eigenschaften des Kunststoffes abhängt. Darüber hinaus wirken sich Oberflächenfeuchte oder elektrostatische Wechselwirkungen zwischen den Teilchen bzw. Schüttgut und Gefäßwand oft negativ auf die Rieselfähigkeit aus. In diesem Zusammenhang ist die Klassifizierung der Schüttgüter in kohäsionslose, freifließende und kohäsive Schüttgüter sinnvoll.

Die Rieselfähigkeit von körnigen Kunststoffen wird nach DIN EN ISO 6186 bestimmt. Der Schüttwinkel charakterisiert die Rieselfähigkeit von Granulaten und pulverförmigen Formmassen. Zur Bestimmung des Schüttwinkels wird der Neigungswinkel einer Fläche mit definierter Oberflächengüte bestimmt, bei der die körnige Formmasse beginnt, von der Fläche abzurutschen.

Der Schüttwinkel hängt neben der geometrischen Form der Granulat- bzw. Pulverkörner auch von der Dichte und den Adhäsionskräften zwischen den Partikeln ab und wird deshalb insbesondere durch Oberflächenfeuchtigkeit bzw. Flüssigkeitsbeladung der Kornoberflächen beeinflusst. Der Schüttwinkel wird z. B. für die Auslegung von Trichterneigungen in Beschickungseinrichtungen verwendet.

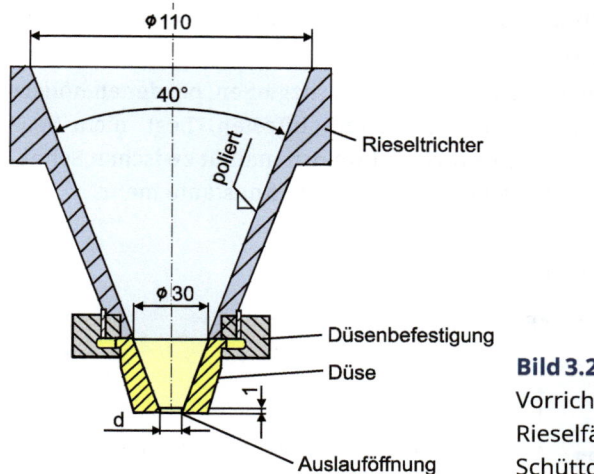

Bild 3.2
Vorrichtung zur Bestimmung der Rieselfähigkeit von polymeren Schüttgütern nach DIN EN ISO 6186

3.3 Bestimmung von Fluideigenschaften

3.3.1 Rheologische Grundlagen

3.3.1.1 Viskosität *Newton*'scher und nicht-*Newton*'scher Fluide

Die Fließfähigkeit oder das Fließverhalten von Fluiden wird durch die Viskosität charakterisiert, die den inneren Widerstand des Fluids gegen eine von außen einwirkende Beanspruchung beschreibt. Entsprechend der Beanspruchungsart wird zwischen Scher- und Dehnviskosität unterschieden.

Scherviskosität

In der elementaren Fluidmechanik ist die absolute Scherviskosität η durch die *Newton*'sche Gleichung definiert:

$$\tau_{yx} = \frac{F}{A_0} = \eta \frac{dv_x}{dy} = \eta \dot{\gamma}_x \tag{3.4}$$

Dabei ist in einer Zweiplattenanordnung entsprechend Bild 3.3 $\tau_{yx} = F/A_0$ die Schubspannung, die sich beim Bewegen einer Platte mit der Fläche A und der Geschwindigkeit v über ein Fluid, das sich auf einer feststehenden Platte befindet, ergibt. Für ein *Newton*'sches Medium sind die Schubspannung τ_{yx} und der resultierende Geschwindigkeitsgradient $(d\gamma/dt)_x = dv_x/dy$ (Schergeschwindigkeit) direkt proportional. Die Proportionalitätskonstante ist die Größe η, die *Newton*'sche Viskosität.

Newton'sche Fluide, d. h. Flüssigkeiten bei denen die Viskosität bei Variation der Schergeschwindigkeit konstant bleibt, sind Wasser, Lösungsmittel, Mineralöl oder verdünnte

Polymerlösungen. Polymerschmelzen zeigen in der Regel nur bei sehr niedrigen Schergeschwindigkeiten *Newton*'sches Verhalten.

In realen Verarbeitungsprozessen wie Extrusion oder Spritzgießen, bei denen höhere Schergeschwindigkeiten in hochviskosen Schmelzen auftreten, liegt nicht-*Newton*'sches Fließen vor [3.2]. Es besteht keine direkte Proportionalität zwischen Schubspannung und Schergeschwindigkeit, die Viskosität ist keine Konstante mehr.

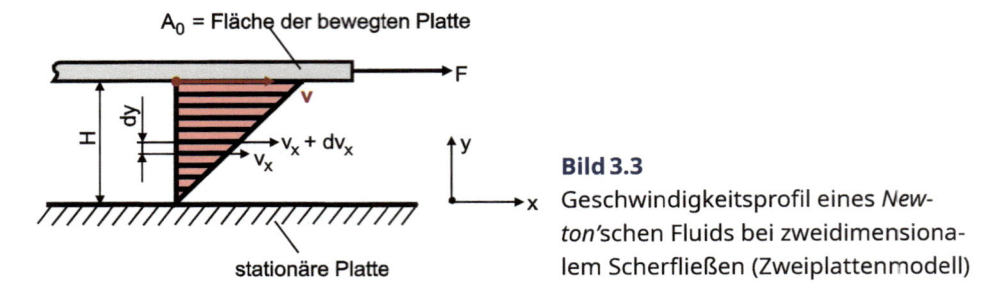

Bild 3.3 Geschwindigkeitsprofil eines *Newton*'schen Fluids bei zweidimensionalem Scherfließen (Zweiplattenmodell)

Die meisten Polymere verhalten sich im Schmelzezustand aufgrund ihres makromolekularen Charakters strukturviskos bzw. pseudoplastisch, d. h. mit ansteigender Schergeschwindigkeit verringert sich die Viskosität kontinuierlich, die Schubspannung steigt degressiv (s. Bild 3.4).

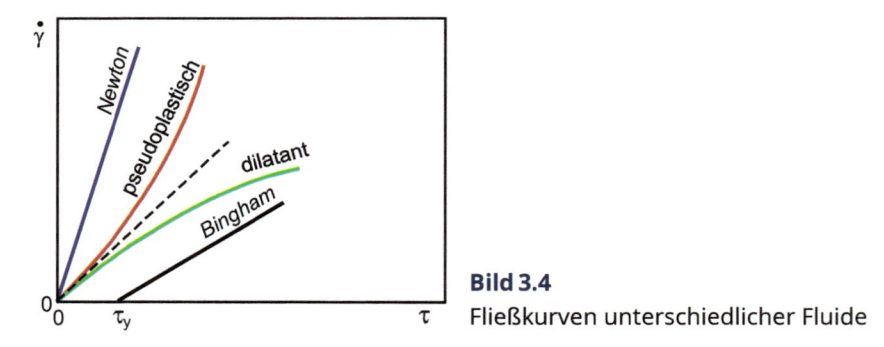

Bild 3.4 Fließkurven unterschiedlicher Fluide

Trägt man log η über log $\dot{\gamma}$ auf, zeigen die meisten Polymerschmelzen bei konstanter Temperatur und konstantem Druck über einen weiten Bereich eine Gerade oder eine leicht gekrümmte Linie, d. h. eine exponentielle Abhängigkeit. Die Beziehung zwischen Schubspannung und Scherdeformation kann daher für die meisten Polymerschmelzen in erster Näherung durch das einfache Potenzgesetz nach *Ostwald* und *de Waele* beschrieben werden:

$$\eta = K \dot{\gamma}^{n-1} \tag{3.5}$$

$$\tau = \eta \dot{\gamma} = \eta_0 \dot{\gamma}^{n-1} \dot{\gamma} = \eta_0 \dot{\gamma}^n \tag{3.6}$$

K ist der Konsistenzkoeffizient und entspricht einer Bezugsviskosität. Der Exponent n wird als Fließexponent bezeichnet. Er ist nicht konstant sondern abhängig von der Schergeschwindigkeit und der Temperatur. Für pseudoplastische Fluide ist n kleiner 1. Wenn die Schergeschwindigkeit gegen Null geht oder sehr groß wird, kann dieses Potenzgesetz das reale Verhalten jedoch nicht mehr approximieren.

Ein weiterer Ansatz, der den Zusammenhang zwischen Schubspannung und Scherdeformation besser beschreibt, ist das empirische *Carreau*-Modell:

$$\frac{\eta - \eta_\infty}{\eta_0 - \eta_\infty} = \left[1 - \left(\lambda \dot{\gamma}\right)^2\right]^{\frac{(n-1)}{2}} \tag{3.7}$$

Darin sind η_0 und η_∞ die Viskositäten bei sehr niedrigen und sehr hohen Schergeschwindigkeiten, λ ist eine Zeitkonstante.

Der *Carreau*-Ansatz kann auch in der Form:

$$\tau = \frac{a_T \cdot A \cdot \dot{\gamma}}{\left(1 + a_T \cdot B \cdot \dot{\gamma}\right)^C} \tag{3.8}$$

a_T Temperaturverschiebungsfaktor (s. Formel 3.19)

geschrieben werden. Hierbei sind A, B und C empirisch zu bestimmende Stoffkonstanten, die aus einem experimentell bestimmten Verlauf von $\log \eta$ über $\log \dot{\gamma}$ ermittelt werden können (Bild 3.5).

Neben dem *Newton*'schen und pseudoplastischen Verhalten können Fluide auch dilatantes Verhalten oder das Fließverhalten eines *Bingham*-Körpers zeigen (Bild 3.4). Im Gegensatz zu pseudoplastischen Fluiden zeigen dilatante Stoffe mit steigender Schergeschwindigkeit eine Erhöhung der Viskosität. Das *Bingham*-Verhalten ist charakterisiert durch die Existenz einer Fließgrenze, d.h. das Fließen setzt erst ab einer bestimmten Scherspannung ein.

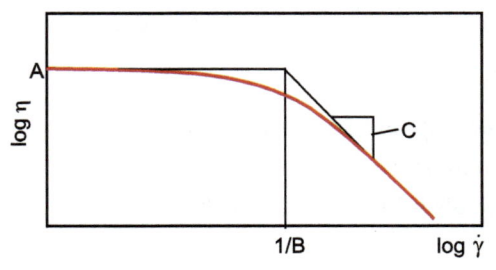

Bild 3.5 Konstanten im *Carreau*-Ansatz

Dehnviskosität

Unterliegt ein Fluid nicht einer Scherdeformation sondern einer Dehnbeanspruchung, so ergibt sich als charakteristische Materialgröße eine Dehnviskosität η_E, die als *Trouton*'sche Viskosität bezeichnet wird. Für *Newton*'sche Fluide gilt:

$$\eta_E = \frac{\sigma}{\dot{\varepsilon}} \quad \text{mit} \quad \dot{\varepsilon} = \frac{dv_x}{dx} \tag{3.9}$$

Die Dehnung ε wird in der Rheologie üblicherweise nach *Hencky* als natürlicher Logarithmus des Verstreckgrades definiert:

$$\varepsilon = ln(l/l_0) \tag{3.10}$$

Die Dehnviskosität ist bei *Newton*'schen Fluiden unabhängig von der Dehngeschwindigkeit und entspricht dem dreifachen Wert der Scherviskosität.

$$\eta_E = 3\eta \tag{3.11}$$

Bei nicht-*Newton*'schen Flüssigkeiten gilt dies nur bei kleinen Deformationsgeschwindigkeiten, d. h. im Bereich des *Newton*'schen Fließens. Bei nicht-*Newton*'schen Fluiden kann die Dehnviskosität um mehrere Zehnerpotenzen größer als die Scherviskosität sein. Alle durch die Molekularstruktur bedingten Einflüsse, die das Entanglement der Kettenmoleküle fördern oder eine Entknäuelung behindern, wie z. B. hohe molare Massen oder Langkettenverzweigungen, bewirken eine Erhöhung der Dehnviskosität. Weichmacher oder interne Gleitmittel verringern sie dagegen.

Effektive und scheinbare Viskosität

Bei Flüssigkeiten mit nicht-*Newton*'schem Verhalten sind konkrete Viskositätswerte stets konkreten Deformationsbedingungen zugeordnet. Befindet sich ein Fluid in einem räumlich konstanten Scherfeld, ergibt sich genau eine Viskosität, die dieser Scherbeanspruchung entspricht. Diese wird im Gegensatz zu der unter allen Deformationsbedingungen konstanten *Newton*'schen Viskosität als effektive Viskosität bezeichnet. Die effektive Viskosität korreliert mit dem sich jeweils einstellenden Strukturzustand der Flüssigkeit.

Ist ein räumlich konstantes Scherfeld nicht gegeben, wird experimentell nur ein Mittelwert aus den effektiven Viskositäten bestimmt. Da diese mittlere Viskosität als stoffcharakterisierende Größe nicht wirklich vorliegt, wird sie als scheinbare Viskosität bezeichnet.

3.3.1.2 Temperatur- und Druckabhängigkeit der Viskosität

Die Viskosität ist eine Funktion der Fluidtemperatur und des Druckes. Für die *Newton*'sche Viskosität lässt sich diese Abhängigkeit über eine *Arrhenius*-Beziehung beschreiben:

$$\eta(T,p) = \eta_0 \, e^{E/R[1/T - 1/T_0]} \, e^{\beta(p-p_0)} \tag{3.12}$$

E	empirische Aktivierungsenergie des Stoffes
R	allgemeine Gaskonstante
η_0, T_0, p_0	Bezugswerte
β	empirischer Kompressionskoeffizient

3.3 Bestimmung von Fluideigenschaften

Für nicht-*Newton*'sche Medien ergibt sich entsprechend für die Konsistenzfunktion m:

$$m(T,p) = m_0 \, e^{E/R[1/T - 1/T_0]} \, e^{\beta(p-p_0)} \tag{3.13}$$

Während die Polymerwerkstoffe eine deutliche Temperaturabhängigkeit der Viskosität zeigen, ist die Druckabhängigkeit gering. Erst bei hohen Drücken, wie sie z. B. beim Spritzgießen vorkommen, wird ein Druckeinfluss auf die Viskosität deutlich.

3.3.1.3 Einfluss der molaren Masse auf die Viskosität

Die Viskosität von Polymerschmelzen ist aufgrund deren makromolekularen Charakters und den damit verbundenen Entanglements und zwischenmolekularen Wechselwirkungen von der molaren Masse abhängig. Mit zunehmender molarer Masse steigt die Viskosität. Allgemein kann man die Abhängigkeit der Viskosität von der molaren Masse durch eine Potenzreihenentwicklung beschreiben:

$$\eta = c_0 + c_1 \bar{M} + c_2 \bar{M}^3 + c_3 \bar{M}^5 + \cdots \tag{3.14}$$

worin c_0, c_1, c_2 und c_3 empirisch zu bestimmende Konstanten sind. Für viele lineare und verzweigte Polymere gilt sowohl in konzentrierter Lösung als auch in der Schmelze die empirische Beziehung:

$$\eta_0 = k \left(M_w \right)^{3,4} \tag{3.15}$$

M_W ist hierin die mittlere molare Masse, k eine von der Temperatur und der Art des Polymers abhängige Konstante.

3.3.1.4 Volumeneigenschaften

Das Gesamtvolumen eines Polymeren setzt sich aus den Komponenten Atomvolumen v_a, Schwingungsvolumen v_s und freies Volumen v_f zusammen:

$$v = v_a + v_s + v_f \tag{3.16}$$

Von diesen Anteilen ist neben dem Schwingungsvolumen insbesondere das freie Volumen v_f von der Temperatur abhängig. Der Zusammenhang zwischen Viskosität, freiem Volumen und Temperatur kann über die Gleichung nach *Williams*, *Landel* und *Ferry* (WLF-Gleichung) hergestellt werden [1.36]:

$$\ln\left(\frac{\eta_0(T)}{\eta_0(T_g)}\right) = \frac{1}{v_f} - \frac{1}{v_{f,g}} \tag{3.17}$$

Mit:

$$v_f = v_{f,g} + (T - T_g)(\alpha_T - \alpha_g) \tag{3.18}$$

lässt sich obige Gleichung schreiben als:

$$2{,}303 \log \frac{\eta_0(T)}{\eta_0(T_g)} \equiv \log a_T = -\frac{c_1(T-T_g)}{c_2+(T-T_g)} \tag{3.19}$$

Darin sind α_T und α_g die thermischen Ausdehnungskoeffizienten oberhalb bzw. unterhalb der Glastemperatur T_g. Die Konstanten c_1 und c_2 sind abhängig von der Art des Polymers, $\log a_T$ wird als Verschiebungsfaktor bezeichnet.

3.3.2 Messung rheologischer Eigenschaften

3.3.2.1 Rheometrie/Viskosimetrie

Die experimentelle Ermittlung des Zusammenhanges zwischen Schubspannung und Schergeschwindigkeit, der das Fließverhalten einer Polymerschmelze beschreibt, kann mittels unterschiedlicher Versuchsanordnungen erfolgen, die jeweils den realen Beanspruchungsbedingungen nahe kommen oder die Spezifik des zu messenden Fluids berücksichtigen. Dabei werden in den unterschiedlichen Rheometern charakteristische Strömungen realisiert, die bei der Auswertung des Experimentes zu berücksichtigen sind. Prinzipiell unterscheidet man fünf verschiedene Arten von Fließvorgängen, die zur rheologischen Charakterisierung herangezogen werden (Bild 3.6). Geräte zur Messung der viskoelastischen Eigenschaften von Flüssigkeiten und Festkörpern sowie Fluiden im Bereich zwischen idealen Festkörpern und Flüssigkeiten, werden Rheometer genannt. Geräte, die ausschließlich zum Messen des viskosen Fließverhaltens von Fluiden Verwendung finden, bezeichnet man als Viskosimeter [3.3].

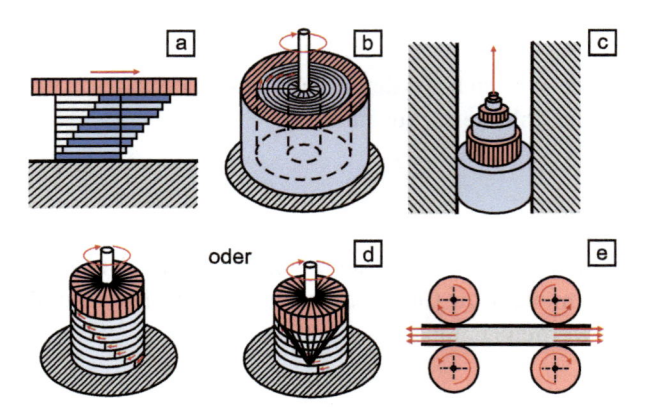

Bild 3.6 Arten von Fließvorgängen bei der rheologischen Materialcharakterisierung: Fließen zwischen zwei parallelen ebenen Platten (einfache Scherung) (a), Fließen im Ringspalt (koaxiale Scherung/*Couette*-Strömung) (b), Fließen durch Rohre und Kapillaren (Teleskopscherung) (c), Fließen im Spalt zwischen zwei parallelen ebenen runden Platten oder einem Kegel und einer ebenen Platte (Torsionsscherung) (d) und Dehnfließen (e) (nach [3.3])

Die Rheometer lassen sich nach ihrem Konstruktions- bzw. Wirkprinzip in die folgenden wesentlichen Gruppen untergliedern:

- Rotationsrheometer,
- Kapillarrheometer,
- Kugelfallviskosimeter und
- Dehnrheometer.

3.3.2.2 Rotationsrheometer

Allgemein sind Rotationsrheometer dadurch gekennzeichnet, dass sie über zwei rotationssymmetrische Bauteile verfügen, die sich auf einer gemeinsamen Achse befinden und zwischen denen sich die zu charakterisierende Flüssigkeit befindet. Aus der Winkelgeschwindigkeit ω des rotierenden Teils ergibt sich die Schergeschwindigkeit $\dot{\gamma}$, aus dem Drehmoment M_d die Schubspannung τ. Das Messprinzip der Rotationsrheometer ist in DIN EN ISO 3219 standardisiert.

Es gibt zwei Möglichkeiten, die den Rotationsrheometern zugrunde liegende Geometrie für die Bestimmung der Fließcharakteristika zu nutzen:

- CS-Rheometer (CS = Controlled Stress), bei denen eine definierte Schubspannung vorgegeben und das Geschwindigkeitsgefälle, das der Viskosität proportional ist, bestimmt wird und
- CR-Rheometer (CR = Controlled Rate), bei denen eine definierte Schergeschwindigkeit vorgegeben und die resultierende Schubspannung bestimmt wird.

Ein weiteres Unterscheidungsmerkmal von Rheometern ist die Art und Weise des Antriebes eines der beiden Wirkelemente. Man unterscheidet dabei in *Couette*-Messsysteme und *Searle*-Messsysteme.

Bei den *Couette-Messsystemen* wird der äußere Zylinder/die untere Platte von einem Elektromotor M_1 angetrieben (Bild 3.7). Die zu charakterisierende Flüssigkeit wird im Messspalt zum Fließen gebracht, wobei der Widerstand gegen Scherung ein viskositätsproportionales Drehmoment auf den inneren Zylinder/oberen Drehkörper überträgt. Der Innenzylinder ist mit einem zweiten Motor M_2 gekoppelt, der ein dem Motor M_1 entgegengesetztes Drehmoment aufbringen kann. Das vom Außenzylinder/ untere Platte über die Flüssigkeit übertragene, der Viskosität proportionale Drehmoment wird dadurch bestimmt, dass das Drehmoment des Motors M_2 solange eingeregelt wird, bis der Innenzylinder trotz Fließens der Prüfsubstanz im Messspalt in seiner Ruhestellung verbleibt. Damit ist die kompensatorisch gemessene elektrische Leistung des Motors M_2 die Messgröße für das Drehmoment. Das Geschwindigkeitsgefälle ergibt sich aus der vorgegebenen Drehzahl des äußeren Zylinders bzw. der unteren Platte.

Searle-Messsysteme sind dadurch gekennzeichnet, dass der äußere Zylinder/die untere Platte stationär angeordnet ist. Der innere Zylinder/Drehkörper/Rotor wird von einem geregelten Elektromotor M angetrieben, für den definierte Drehmomentwerte vorgegeben werden können (Bild 3.7). Jede Zufuhr von elektrischer Energie wird linear in entsprechende Drehmomentwerte an der Drehkörperachse umgesetzt. Durch den Widerstand, den die Flüssigkeit dem Drehmoment bzw. der Schubspannung entgegensetzt, kann sich der Drehkörper nur mit einer bestimmten Drehzahl, d. h. einem bestimmten Geschwindigkeitsgefälle drehen, die der Viskosität der Flüssigkeit entspricht. Die sich ergebende Drehzahl n wird mit einem optischen Sensor gemessen, wodurch auch kleine Drehwinkel φ detektiert werden können.

(CS) Rheometer: Geregeltes Drehmoment
Schubspannung τ vorgegeben: Geschwindigkeitsgefälle/*Deformation* messen

Searle Typ Messsystem: der Rotor rotiert
bei Spitzen-Rheometern ist CS in den CR-Modus umschaltbar

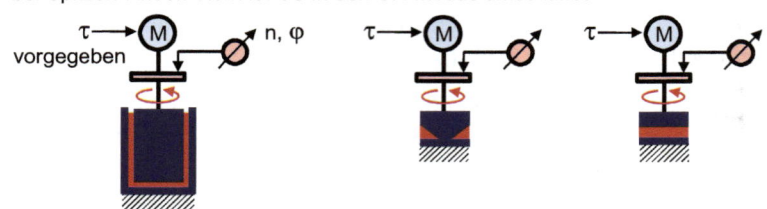

Geschwindigkeitsgefälle gemessen an der Rotorachse
Messbecher/untere Platte stationär

(CR) Rheometer/Viskosimeter: Geregelte Schubspannung
Geschwindigkeitsgefälle vorgegeben: *Schubspannung messen*

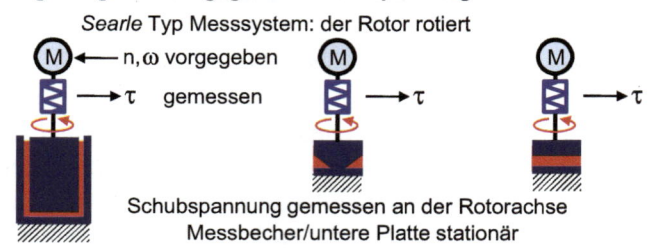

Searle Typ Messsystem: der Rotor rotiert

Schubspannung gemessen an der Rotorachse
Messbecher/untere Platte stationär

Couette Typ Messsystem: Messbecher/untere Platte rotiert
Schubspannung an Innenzylinder/Kegel/obere Platte gemessen

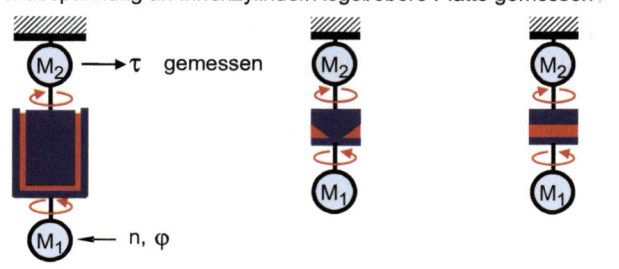

Bild 3.7 Rotationsrheometertypen (nach [3.3])

Bei den *Searle*-Typ-Rheometern wirken sowohl das aufgebrachte Drehmoment als auch die resultierende Rotordrehzahl auf die gleiche Rotorachse [3.3]. Das CR- bzw. CS-Prinzip kann mit dem *Searle*- oder *Couette*-Messsystem gekoppelt sein (Bild 3.7).

Die wichtigsten unterschiedlichen geometrischen Ausführungsformen der Rotationsrheometer sind:

- Kegel-Platte-Rheometer,
- Platte-Platte-Rheometer und
- Koaxiales Zylinderrheometer.

Kegel-Platte-Rheometer

Das Kegel-Platte-Rheometer besteht aus einer ebenen Platte und einem stumpfen Kegel, die koaxial zueinander angeordnet sind (Bild 3.8).

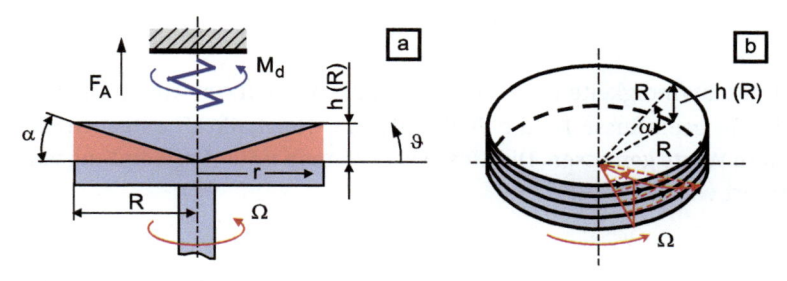

Bild 3.8 Kegel-Platte-Messprinzip (nach [3.1])

Die Spaltgeometrie ergibt sich aus dem Radius R und dem Öffnungswinkel α zwischen ebener Platte und Kegel. Da der Öffnungswinkel α sehr klein und die Umfangsgeschwindigkeit w_u proportional dem Radius ist, ist die Schergeschwindigkeit nur von der Winkelgeschwindigkeit ω und dem Winkel α abhängig. Damit ist das Kegel-Platte-Rheometer aufgrund seiner speziellen Geometrie durch eine homogene Schergeschwindigkeitsverteilung über den gesamten Scherspalt gekennzeichnet. Hier sind Korrekturverfahren zur exakten Bestimmung der Schergeschwindigkeit, wie sie bei anderen Rheometern notwendig sind, nicht erforderlich.

Für kleine Winkel α gilt aufgrund $\tan \alpha \approx \alpha$:

$$\dot{\gamma} = \frac{dw_u(r)}{dh(r)} = \frac{w_u(r)}{h(r)} = \frac{r\omega}{r\tan\alpha} = \frac{\omega}{\alpha} \tag{3.20}$$

Zur Berechnung der im Scherspalt herrschenden Schubspannung wird das Drehmoment erfasst, das an ebener Platte, Kegel und Flüssigkeit gleich ist.

$$\tau = \frac{3}{2\pi R^3} M_d \tag{3.21}$$

Damit lässt sich die effektive Viskosität η_e ermitteln.

$$\eta_e = \frac{\tau}{\dot{\gamma}} = \frac{3M_d \cdot \alpha}{2\pi R^3 \omega} \tag{3.22}$$

Das Kegel-Platte-Rheometer erlaubt neben der Erfassung der Schubspannungs-Schergeschwindigkeits-Abhängigkeit aus der Messung der Axialkraft auch die Bestimmung von Normalspannungen, d. h. der elastischen Eigenschaften der Flüssigkeit. Die Elastizität eines viskoelastischen Fluids erzeugt einen Überdruck im Scherspalt, der zum Auseinanderdrücken von Kegel und Platte führt. Aus der Integration des Druckes p_y (r) über die Scherspaltfläche ergibt sich die Axialkraft F_y, aus der die 1. Normalspannungsdifferenz N_1 bestimmt werden kann [3.4].

$$F_y(\dot{\gamma}) = \int_0^R p_y(r) 2\pi r\, dr = \frac{\pi R^2}{2} N_1(\dot{\gamma}) \tag{3.23}$$

$$N_1(\dot{\gamma}) = \frac{2 F_y(\dot{\gamma})}{\pi R^2} \tag{3.24}$$

Bei höheren Schergeschwindigkeiten ($\dot{\gamma} > 100\,\text{s}^{-1}$) wird die Normalkraft durch die einwirkenden Fliehkräfte beeinflusst. Da die Fliehkräfte der Normalkraft entgegenwirken, werden kleinere Werte gemessen. Die Messwerte können unter Verwendung von Formel 3.25 korrigiert werden [3.2]:

$$N_{1k} = -\frac{3\rho\omega^2 R^2}{20} \tag{3.25}$$

Während der Einfluss der Trägheitskräfte auf die 1. Normalspannungsdifferenz signifikant ist, kann dieser auf die Scherviskosität vernachlässigt werden [3.2].

Platte-Platte-Rheometer

Platte-Platte-Rheometer sind durch zwei planparallele Platten mit dem Radius R und dem Abstand H gekennzeichnet (Bild 3.9).

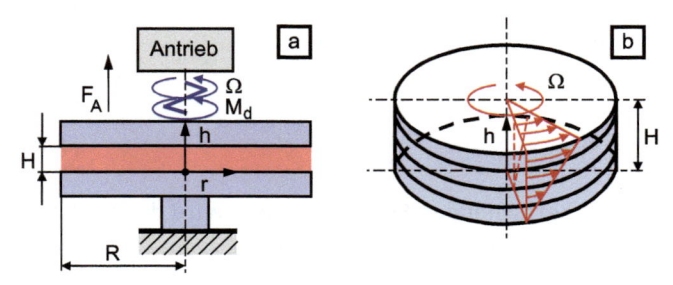

Bild 3.9 Platte-Platte-Messprinzip (nach [3.1])

Das Geschwindigkeitsgefälle hängt bei dieser Messanordnung vom Radius der rotierenden oberen Platte und von der Höhe des Spaltes ab. Damit lässt sich die Schergeschwindigkeit in einer Platte-Platte-Anordnung durch Veränderung des Plattenabstandes oder der Winkelgeschwindigkeit in einem sehr großen Bereich variieren. Im Unterschied zum Kegel-Platte-Rheometer ist im Platte-Platte-Rheometer die Schergeschwindigkeit bei verschiedenen Radien unterschiedlich. Die Scherung entspricht der Torsion eines zylindrischen Stabes.

Die Schergeschwindigkeit ergibt sich aus der Ableitung der Umfangsgeschwindigkeit w_u nach der Höhe h:

$$\dot{\gamma} = \frac{dw_u(r,h)}{dh} = \frac{d(r\omega(h))}{dh} = r\frac{\omega}{H} \tag{3.26}$$

Am Außenradius R hat dann die Schergeschwindigkeit ihren größten Wert:

$$\dot{\gamma}_R = \frac{R\omega}{H} \tag{3.27}$$

Mit der Platte-Platte-Anordnung kann die Größe der Schergeschwindigkeit einfach durch die Veränderung der Winkelgeschwindigkeit ω oder des Plattenabstands H variiert werden.

Die Schubspannung τ wird aus dem Drehmoment M_d ermittelt. Das Drehmoment lässt sich durch Integration der Schubspannung über die Scherfläche darstellen:

$$M_d = \int_0^A r\tau(r)\,dA = 2\pi \int_0^R r^2 \tau(r)\,dr = \frac{2\pi R^3}{\dot{\gamma}_R^3} \int_0^{\dot{\gamma}_R} \dot{\gamma}^2 \tau(\dot{\gamma})\,d\dot{\gamma} \tag{3.28}$$

Formel 3.28 ist nur integrierbar und nach τ auflösbar, wenn die Fließfunktion bekannt ist oder eine entsprechende Fließfunktion $\tau(\dot{\gamma})$ angenommen wird [3.4].

Für *Newton*'sche Fluide gilt:

$$\tau(r) = \eta_N \,\dot{\gamma}(r) = \eta_N \, r\frac{\omega}{H} \tag{3.29}$$

Damit ergibt sich für die Schubspannung τ_R und für die Viskosität am Plattenrand η_N:

$$\tau_R = \frac{2M_d}{\pi R^3} \tag{3.30}$$

und

$$\eta_N = \frac{2M_d H}{\pi R^4 \omega} \tag{3.31}$$

Für nicht-*Newton*'sche Fluide ergibt sich bei Annahme des Potenzgesetzes nach *Ostwald* und *de Waele* entsprechend Formel 3.5 für die Viskosität am Plattenrand:

$$\eta(\dot{\gamma}_R) = \frac{2M_d H}{\pi R^4 \omega} \frac{(3+n)}{4} = \eta_s(\dot{\gamma}_R) \frac{(3+n)}{4} \tag{3.32}$$

Darin ist $\eta_s(\dot{\gamma}_R)$ die scheinbare Viskosität.

Koaxiales Zylinderrheometer

Koaxiale Zylinderrheometer bestehen aus einem zylinderförmigen Becher mit dem Radius R_a und einem dazu koaxial angeordneten inneren Zylinder mit dem Radius R_i (Bild 3.10). Die Scherbeanspruchung kann entweder durch die Rotation des äußeren (*Couette*-Typ) oder des inneren Zylinders (*Searle*-Typ) erzeugt werden, wobei der jeweils andere Zylinder fest steht.

Es existieren unterschiedliche koaxiale Zylinder-Messeinrichtungen, die sich in ihrem Funktionsprinzip (*Couette/Searle*) und in ihren geometrischen Parametern unterscheiden. Die Messeinrichtung und die Durchführung der Messung sind in DIN 53 018 standardisiert.

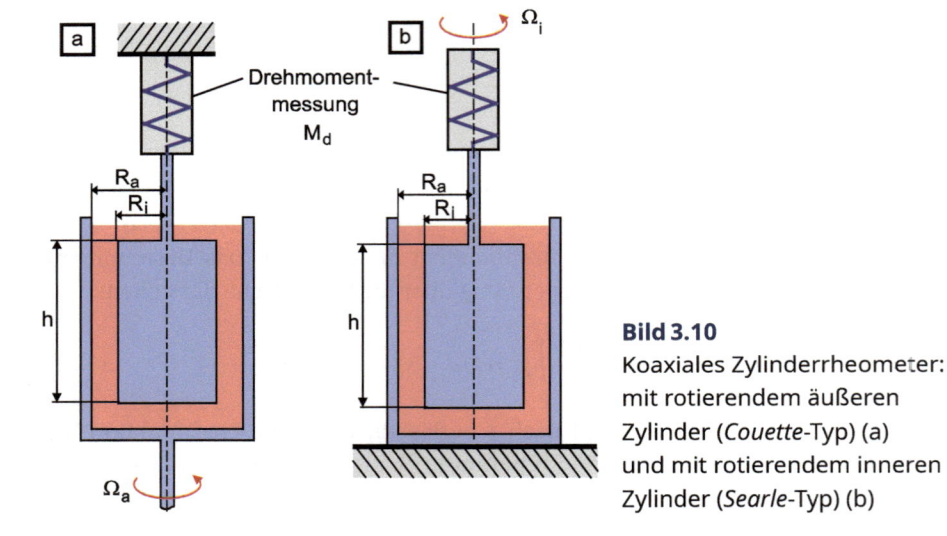

Bild 3.10 Koaxiales Zylinderrheometer: mit rotierendem äußeren Zylinder (*Couette*-Typ) (a) und mit rotierendem inneren Zylinder (*Searle*-Typ) (b)

Für den *Couette*-Typ ergibt sich unter der Voraussetzung, dass die Strömung im Messspalt laminar und stationär ist und das Fluid an der Wand haftet (Winkelgeschwindigkeit des inneren Zylinders($\Omega_i = 0$)), die Schubspannung zu:

$$\tau = f(r) = \frac{M_d}{2\pi r^2 h} \tag{3.33}$$

Für *Newton*'sche Fluide ergibt sich für das Drehmoment:

$$M_d = \frac{4\pi R_i^2 R_a^2 h}{R_a^2 - R_i^2}\eta\omega = C\eta\Omega_a \tag{3.34}$$

C Gerätekonstante

Mit:

$$\tau = \frac{M_d}{2\pi R_i R_a h} \qquad (3.35)$$

und

$$\dot{\gamma} = \frac{2R_i R_a}{R_a^2 - R_i^2} \omega \qquad (3.36)$$

kann die scheinbare Viskosität η_s ermittelt werden.

$$\eta_s = \frac{(R_a^2 - R_i^2)}{4\pi R_i^2 R_a^2 h} \cdot \frac{M_d}{\Omega_a} \qquad (3.37)$$

In Analogie hierzu kann für den *Searle*-Typ mit $\Omega_a = 0$ (Ω_a – Winkelgeschwindigkeit des äußeren Zylinders) die scheinbare Viskosität abgeleitet werden:

$$\eta_s = \frac{(R_a^2 - R_i^2)}{4\pi R_i^2 R_a^2 h} \cdot \frac{M_d}{\Omega_i} \qquad (3.38)$$

3.3.2.3 Kapillarrheometer

Die Kapillarrheometer sind dadurch gekennzeichnet, dass das zu untersuchende Fluid eine Kapillare durchströmt, die einen Kreisquerschnitt, Kreisringquerschnitt oder auch rechteckigen Querschnitt (Schlitz) aufweisen kann. Kapillarrheometer werden sowohl für niedrigviskose als auch für hochviskose Fluide eingesetzt. Sie können diskontinuierlich oder auch kontinuierlich arbeiten. Bei niedrigviskosen Fluiden arbeiten sie nach dem Schwerkraftprinzip, wogegen bei hochviskosen Fluiden entsprechende Fließdrücke aufgebracht werden müssen. Dementsprechend unterscheidet man die folgenden Kapillarrheometer:

- Niederdruckkapillarrheometer
  - *Ostwald*-Typ
  - *Ubbelohde*-Typ
  - *Cannon-Fenske*-Typ
- Hochdruckkapillarrheometer
  - diskontinuierlich (Zylinder-Kolben-System) mit variierbarer Kolbenkraft
  - diskontinuierlich (Zylinder-Kolben-System) mit variierbarer Kolbengeschwindigkeit und
  - kontinuierlich (Zylinder-Schnecke-System)

Kapillarrheometer arbeiten nach folgendem Messprinzip. Die zu charakterisierende Flüssigkeit wird nach entsprechender Temperierung aus einem Reservoir mithilfe der Schwerkraft oder von Druck durch eine entsprechende Kapillare gefördert. Der vor der Kapillare anliegende Druck fällt bis zum Kapillarende auf den Umgebungsdruck ab. Dieser Druckgradient sowie das pro Zeiteinheit durch die Kapillare strömende Volumen werden gemessen und daraus die rheologischen Kenngrößen berechnet. Beim Messen mit Kapillarviskosimetern kann die Vorgabe der Druckdifferenz Δp und die Messung des Volumenstromes Q realisiert werden (CS-Prinzip), oder es erfolgt die Vorgabe des Volumenstroms Q und die Messung der resultierenden Druckdifferenz (CR-Prinzip).

Der prinzipielle Verlauf der Fließgeschwindigkeit, der Schergeschwindigkeit, der Schubspannung und der Viskosität von *Newton*'schen bzw. nicht-*Newton*'schen Fluiden ist in Bild 3.11 dargestellt. Zur Beschreibung der Strömungsvorgänge in Kapillaren werden Kräfte- und Massenbilanzen, ein Schubspannungsansatz sowie Randbedingungen zugrunde gelegt.

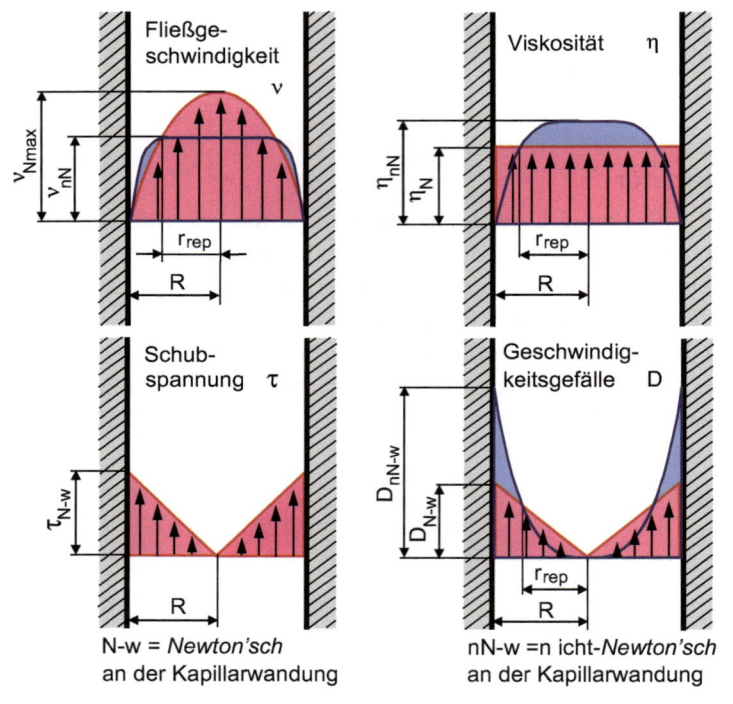

Bild 3.11 Schematische Darstellung von Fließgeschwindigkeit, Schergeschwindigkeit, Schubspannung und Viskosität beim Fließen eines *Newton*'schen und nicht-*Newton*'schen Fluids (nach [3.3])

3.3 Bestimmung von Fluideigenschaften

Für Kapillaren mit Kreisquerschnitt gelten Formel 3.39 bis Formel 3.42. Die Schubspannung ergibt sich in Abhängigkeit vom Radius r aus:

$$\tau_r = \frac{r}{2\Delta l}\Delta p \tag{3.39}$$

Δl Kapillarlänge zwischen den Druckmessstellen
Δp Druckabfall über den Kapillarabschnitt Δl

Das Geschwindigkeitsgefälle in Abhängigkeit vom Kapillarradius lässt sich aus dem Volumendurchsatz bestimmen:

$$\dot{\gamma}_r = \frac{4}{\pi r^3}Q \tag{3.40}$$

Die zeitabhängige Bestimmung eines Volumenstromes $Q = V/t$ durch ein Rohr mit der Länge Δl bei einem Druckgefälle Δp ist mittels der Beziehung nach *Hagen-Poisseuille* möglich (Formel 3.41), aus der sich die Viskosität η bestimmen lässt.

$$\frac{dV}{dt} = \frac{\pi r^4 \Delta p}{8\eta\Delta l} \tag{3.41}$$

$$\eta = \frac{\pi r^4 \Delta p}{8V\Delta l}t = \frac{\pi r^4}{8\Delta l}\frac{\Delta p}{Q} \tag{3.42}$$

Für Kapillaren mit Rechteckquerschnitt, d. h. Schlitz mit der Höhe h und der Weite w gilt bei $h \ll w$ für die Schubspannung an der Wand:

$$\tau_w = \frac{h}{2}\frac{\Delta p}{\Delta l} \tag{3.43}$$

Für das Geschwindigkeitsgefälle folgt:

$$\dot{\gamma}_w = \frac{6}{wh^2}Q \tag{3.44}$$

und die Viskosität entsprechend:

$$\eta = \frac{wh^3}{12\Delta l}\frac{\Delta p}{Q} \tag{3.45}$$

Niederdruckkapillarrheometer

Bei diesen Rheometern (Bild 3.12) wirkt als treibender Druck der hydrostatische Druck der Flüssigkeitssäule. Niederdruckkapillarrheometer werden zur Charakterisierung von verdünnten Polymerlösungen eingesetzt. Die Polymerkonzentration beträgt meist nur 1 g Polymer pro 100 cm³ Lösungsmittel, so dass sich diese Lösungen aufgrund der geringen Konzentration wie *Newton*'sche Flüssigkeiten verhalten.

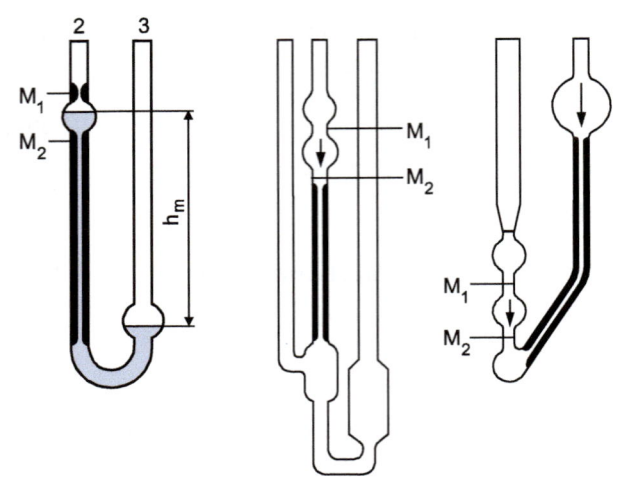

Bild 3.12
Niederdruckkapillarviskosimeter vom *Ostwald*- (links), *Ubbelohde*- (Mitte) und *Cannon-Fenske*-Typ (rechts)

Das Durchflussvolumen wird mit zwei Messmarken bestimmt, der Druck wird auf eine mittlere Höhe bezogen:

$$\Delta p = \rho g h_m \tag{3.46}$$

Die kinematische Viskosität v ergibt sich dann direkt aus der Durchflusszeit:

$$v = \frac{\pi R^4 g (h_1 + h_2)}{16 l V} t \tag{3.47}$$

Die dynamische Viskosität erhält man durch Multiplikation mit der Dichte ρ:

$$\eta = v \rho \tag{3.48}$$

Die Messung erfolgt nach DIN 51 562. Nach Befüllen des Viskosimeters wird die Polymerlösung bis zu einer Marke hochgesaugt. Anschließend lässt man die Flüssigkeit durch die Kapillare zurücklaufen und bestimmt dabei die Durchlaufzeit. Die Messung der Viskosität verdünnter Polymerlösungen erlaubt die Bestimmung der Grenzviskosität (*Staudinger*-Index), des *K*-Wertes oder der mittleren relativen molaren Masse (Viskositätsmittel).

Hochdruckkapillarrheometer

Hochdruckkapillarrheometer werden zur Messung der rheologischen Eigenschaften von hochviskosen Polymerschmelzen oder hochkonzentrierten Polymerlösungen und -dispersionen eingesetzt (DIN 54 811). Bei Hochdruckkapillarrheometern wird der zum Aufbau einer Schubspannung τ erforderliche Druck durch eine von außen einwirkende Kraft erzeugt. Es ergeben sich beim Fließen durch die Kapillare Strömungsprofile entsprechend Bild 3.11. Die charakteristischen Messgrößen des Hochdruckkapillarrheometers sind das Druckgefälle über die Länge der Kapillare, der Volumendurchsatz pro Zeiteinheit und die Temperatur. Als Druckgefälle Δp wird ent-

3.3 Bestimmung von Fluideigenschaften

weder die Druckdifferenz zwischen dem Druck im Reservoir und dem Atmosphärendruck am Kapillarenausgang, wie dies bei Kapillaren mit Kreisquerschnitt üblich ist (Bild 3.13a), oder die Druckdifferenz zwischen zwei Messstellen an einer Schlitzkapillare (Bild 3.13b) bestimmt.

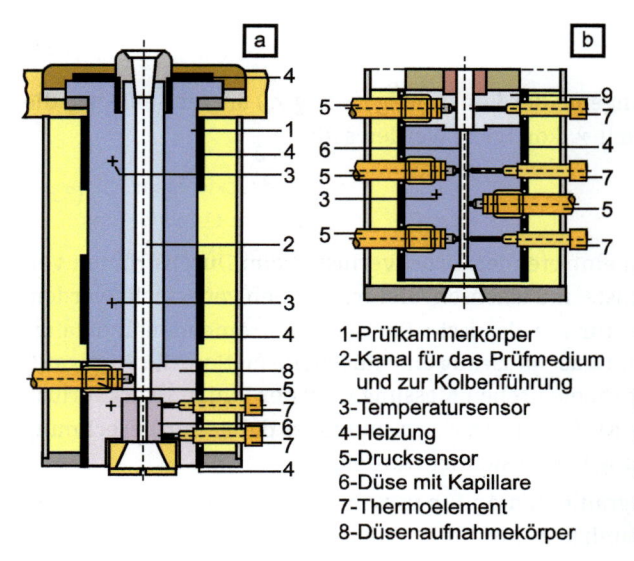

1-Prüfkammerkörper
2-Kanal für das Prüfmedium und zur Kolbenführung
3-Temperatursensor
4-Heizung
5-Drucksensor
6-Düse mit Kapillare
7-Thermoelement
8-Düsenaufnahmekörper

Bild 3.13
Hochdruckkapillarrheometer mit kreisförmigem (a) und schlitzförmigem Kapillarquerschnitt (b) (nach [3.1])

Die Geometrie der verwendeten Kapillaren wird durch die jeweilige Messaufgabe bestimmt. In der Regel liegen die Kapillardurchmesser zwischen 0,5 und 5 mm und die Kapillarlängen zwischen 5 und 60 mm [3.5]. Mit Hochdruckkapillarrheometern können Messungen im Schergeschwindigkeitsbereich von 10^{-1} bis $10^5 \, s^{-1}$ realisiert und damit alle praxisrelevanten Schergeschwindigkeitsbereiche der Kunststoffverarbeitung überstrichen werden [1.11–1.13]. Für Kapillaren mit Kreisquerschnitt und Vorliegen von Wandhaftung ergibt die Anwendung der für *Newton*'sche Fluide gültigen Formel 3.39 und Formel 3.40 für reale Kunststoffschmelzen die scheinbaren Größen für Schubspannung und Schergeschwindigkeit (Formel 3.49 und Formel 3.50).

$$\tau_s = \frac{r}{2\Delta l}\Delta p \qquad (3.49)$$

$$\dot{\gamma}_s = \frac{4}{\pi r^3} Q \qquad (3.50)$$

Die scheinbaren Größen für Schubspannung und Schergeschwindigkeit können zur Ermittlung der Fließkurve $\dot{\gamma}_s = f(\tau_s)$ verwendet werden, die für Vergleichsprüfungen oft ausreichend ist.

Die Berücksichtigung des strukturviskosen Verhaltens der Kunststoffe macht die Korrektur der scheinbaren Größen von Schubspannung und Schergeschwindigkeit erforderlich. Strukturviskose Polymerschmelzen zeigen im Vergleich zu *Newton*'schen

Medien vor allem bei hohen Durchsätzen einen deutlich höheren Geschwindigkeitsgradienten in Düsenwandnähe, d. h. $\dot{\gamma}_{w,\text{NEWTON}} < \dot{\gamma}_{w,\text{strukturviskos}}$. Die errechnete scheinbare Schergeschwindigkeit ist damit niedriger als die wahre, wodurch die Viskosität zu hoch eingeschätzt wird. Die Korrektur der Schergeschwindigkeit kann nach *Weissenberg-Rabinowitsch* durchgeführt werden:

$$\dot{\gamma} = \frac{(3n+1)}{4n}\dot{\gamma}_s \tag{3.51}$$

Dabei ist n die Steigung der Tangente der Funktion $\lg \tau_s = f(\lg \dot{\gamma}_s)$ an der Stelle, wo die scheinbare Schergeschwindigkeit $\dot{\gamma}_s$ korrigiert werden soll:

$$n = \frac{d\lg \tau_w}{d\lg \dot{\gamma}_s} \tag{3.52}$$

Die in viskoelastischen Medien eintretenden Druckverluste beim Durchströmen von Düsen, die durch Reibungsverluste und elastische Deformationen verursacht werden, bedürfen ebenfalls einer Korrektur. Die elastische Energie der strömenden und deformierten Schmelze verursacht am Düsenausgang eine Rückdeformation, die Strangaufweitung (*Barus*-Effekt). Bei der rheologischen Messung wird der Einlaufdruckverlust, d. h. die zum Einlauf benötigte Kraft, mit gemessen und muss daher zur Berechnung der wahren Scherbeanspruchung berücksichtigt werden.

Durch Bestimmung des Druckgradienten Δp für verschiedene Schergeschwindigkeiten unter Verwendung von Kapillaren mit unterschiedlichem L/R-Verhältnis erhält man ein typisches Δp-L/R-Diagramm, in dem die Geraden nicht durch den Nullpunkt gehen (*Bagley*-Diagramm, Bild 3.14).

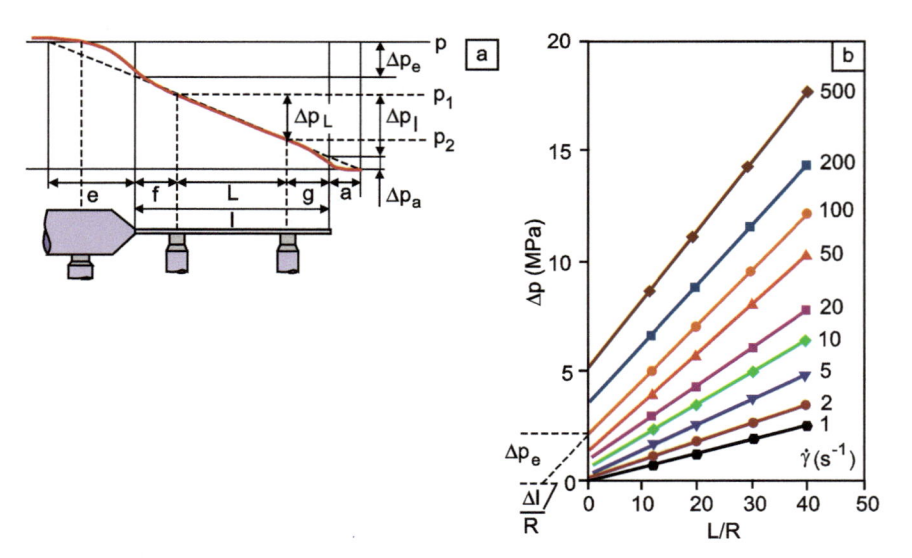

Bild 3.14 Druckverlauf über eine Kapillare (a) und *Bagley*-Diagramm zur Bestimmung des elastischen Druckanteils Δp_e (b) für PS bei T = 190 °C (nach [3.1])

3.3 Bestimmung von Fluideigenschaften

Die Steigung der Geraden entspricht dem Druckgradienten in der Kapillare. Die Geraden gleicher Schergeschwindigkeit schneiden die Ordinate bei jeweils einem Druck Δp_e, der dem längenunabhängigen Einlaufdruckverlust entspricht. Für die Berechnung der Wandschubspannung τ_w ist der aus dem *Bagley*-Diagramm ermittelte Einlaufdruckverlust Δp_e von dem gemessenen Druckabfall Δp abzuziehen bzw. die Kapillarlänge L ist um die Länge Δl_k zu korrigieren:

$$\Delta p_k = \Delta p - \Delta p_e \tag{3.53}$$

$$\tau_w = \frac{\Delta p}{L + \Delta l_k} \cdot \frac{R}{2} \tag{3.54}$$

Die Viskosität eines strukturviskosen Fluids lässt sich dann unter Verwendung von Formel 3.51 und Formel 3.54 nach $\eta = \tau_w/\dot{\gamma}$ berechnen.

Bei Hochdruckkapillarviskosimetern mit Schlitzdüse (Bild 3.13b) können unmittelbar an der Kapillare in einem bestimmten Abstand Druckaufnehmer installiert werden, so dass hier eine Korrektur des Druckabfalls nicht notwendig ist.

Typische mittels Hochdruckkapillarrheometer gemessene Fließkurven für thermoplastische Polymerschmelzen zeigt das Bild 3.15. Bei sehr niedrigen Schergeschwindigkeiten zeigt die Viskosität einen plateauähnlichen Verlauf, während bei hohen Schergeschwindigkeiten eine deutliche Abhängigkeit von der Beanspruchungsgeschwindigkeit besteht.

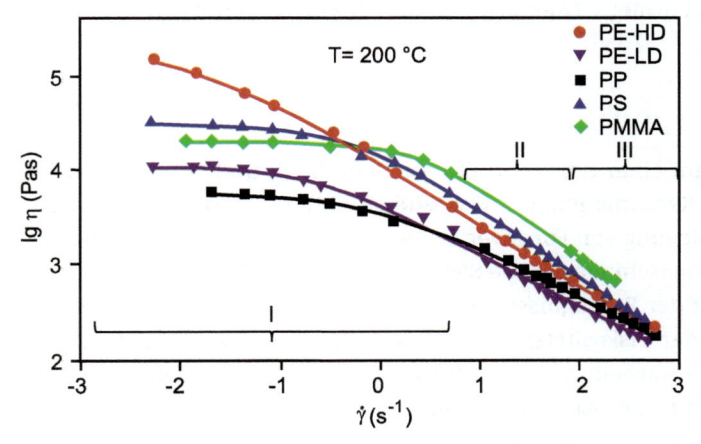

Bild 3.15 Viskosität verschiedener Polymerschmelzen in Abhängigkeit von der Schergeschwindigkeit: Rheogoniometer (I), Hochdruck-Schlitzkapillarviskosimeter (II) und Hochdruck-Rundkapillarviskosimeter (III) [3.6]

Bei sehr hohen Schubspannungen kann der Durchsatz, d. h. die Schergeschwindigkeit plötzlich sprunghaft ansteigen. Dieser Effekt ist mit einem schuppigen Aufreißen der Oberfläche des aus der Kapillare austretenden Stranges verbunden und wird als Schmelzebruch bezeichnet. Schmelzebruch ist auf die elastischen Eigenschaften der Schmelze zurückzuführen.

Aus der Fließkurve lassen sich auch die elastischen Eigenschaften von Polymerschmelzen berechnen. *Gleißle* [3.7] entwickelte dazu einen Zusammenhang, der die Viskosität η mit dem Normalspannungskoeffizienten ψ verbindet:

$$\psi_1(\dot{\gamma}) = 2\sum \eta_i \lambda_i \left[1 - (1 + k/\lambda_i \dot{\gamma})\exp(-k/\lambda_i \dot{\gamma})\right] \tag{3.55}$$

bzw.

$$\psi_1(\dot{\gamma}) = 2\sum \eta_i / \dot{\gamma}_i \left[1 - (1 + k\dot{\gamma}_i/\dot{\gamma})\exp(-k\dot{\gamma}_i/\dot{\gamma})\right] \tag{3.56}$$

Die Werte für η_i, $\dot{\gamma}_i$ und λ_i müssen aus dem Relaxationszeitspektrum bestimmt werden [3.8]. Da die Viskositätsfunktion $\eta(\dot{\gamma})$ und der erste Normalspannungskoeffizient ψ über eine einfache Integralgleichung verknüpft sind, kann man den die Schmelzeelastizität charakterisierenden Normalspannungskoeffizienten $\psi_1(\dot{\gamma})$ auch direkt aus der Viskositätsfunktion berechnen [3.9]:

$$\psi_1(\dot{\gamma}) = 2 \int_{\eta_\infty}^{\eta(\dot{\gamma}/k)} \frac{d\eta}{\dot{\gamma}} \tag{3.57}$$

Vereinfachend lässt sich Formel 3.57 auch als Summe endlicher Differenzen Δ_i schreiben:

$$\psi_1(k\dot{\gamma}) = 2\sum \frac{\Delta \eta_i}{\dot{\gamma}_i} \tag{3.58}$$

Bild 3.16 zeigt den Verlauf einer typischen Viskositätsfunktion und des Normalspannungskoeffizienten. Die Kenntnis genauer Viskositätsfunktionen sowie der Schmelzeelastizität ist für die Auslegung von Formwerkzeugen bei der Extrusion oder anderen Kunststoffverarbeitungsmaschinen für die Sicherung der Qualität und insbesondere der Dimensionsstabilität der Erzeugnisse von wesentlicher Bedeutung. Darüber hinaus ist die Bestimmung der Viskositätsfunktion bzw. Schmelzeelastizität für die Festlegung von optimalen Verarbeitungsparametern sowie für die Modellierung und Simulation von Verarbeitungsprozessen erforderlich.

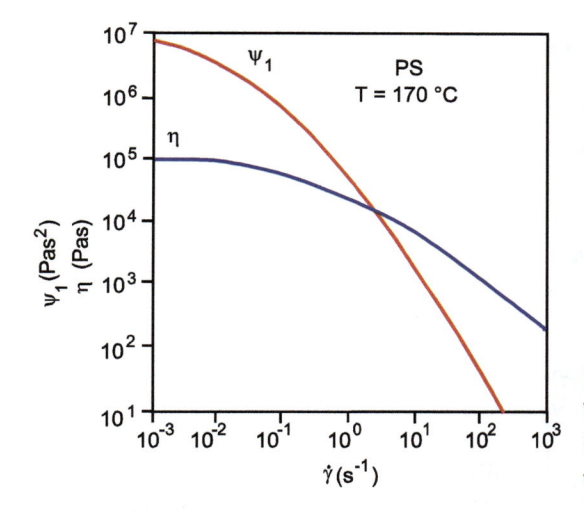

Bild 3.16
Viskositätsfunktion $\eta(\dot{\gamma})$ und Normalspannungskoeffizient $\psi_1(\dot{\gamma})$ von PS bei 170 °C nach [3.7]

Schmelzindexmessung

Eine besondere Ausführungsform des Kapillarrheometers ist das Schmelzindexmessgerät, das zur Charakterisierung von Thermoplasten angewendet wird (Bild 3.17). Die Schmelzindexbestimmung ist in DIN EN ISO 1133 standardisiert. Als Schmelzindex wird der MFR-Wert (melt mass-flow rate) definiert, der die Materialmenge in Gramm angibt, die bei einem bestimmten Druck und einer bestimmten Temperatur in zehn Minuten durch eine Kapillare mit definierten Abmessungen fließt (Formel 3.59).

$$MFR = \frac{600 \cdot m}{t} \tag{3.59}$$

m Mittelwert der Masse der Abschnitte
t Zeitintervall für das Abschneiden (in Sekunden)

Der Schmelzindex wird in g (10 min)$^{-1}$ angegeben.

Beim Schmelzindex-Gerät ist die Düse als sehr kurze Kapillare, in der Regel mit einem L/D-Verhältnis von 10/1, ausgeführt. Der zum Auspressen der Schmelze aus dem temperierten Zylinder erforderliche Druck wird durch Aufbringen einer definierten Belastung mit Auflagegewichten realisiert. Die Prüfbedingungen ergeben sich aus DIN EN ISO 1133. Für Thermoplaste übliche Prüfparameter sind in Tabelle 3.1 zusammengestellt. Die jeweilige Prüftemperatur wird in Abhängigkeit vom Werkstoff und der Belastung der Prüfnorm entnommen. Neben dem in g (10 min)$^{-1}$ angegebenen Schmelzindex kann auch die Schmelze-Volumenfließrate MVR (melt volume-flow rate) bestimmt werden, bei der das Volumen pro Zeiteinheit bestimmt wird und damit eine Eliminierung des Einflusses der Dichte der Schmelze möglich ist. Der MVR-Wert wird in cm^3 (10 min)$^{-1}$ angegeben und nach Formel 3.60 berechnet. Zu dem ermittelten Kennwert sind jeweils die Prüfbedingungen anzugeben.

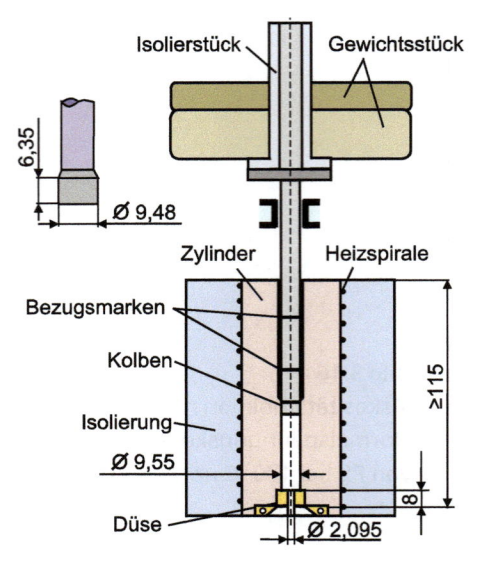

Bild 3.17 Typisches Messgerät zur Bestimmung des Schmelzindex

$$MVR = \frac{427 \cdot l}{t} \tag{3.60}$$

L   zurückgelegter Kolbenweg

Der Schmelzindexwert stellt nur einen einzelnen der Viskosität indirekt proportionalen Wert bei relativ niedriger Schergeschwindigkeit dar. Aufgrund des einfachen Messprinzips ist keine unmittelbare Vergleichbarkeit mit auf Hochdruckkapillarrheometern gemessenen Viskositätswerten gegeben. Mittels Schmelzindexgerät gemessene Viskositätswerte können im Vergleich zu auf Hochdruckkapillarrheometern gemessenen korrigierten, tatsächlichen Werten bis zu 30 % differieren [3.3]. Trotzdem werden der Schmelzindex MFR oder der Volumen-Schmelzindex MVR in der Praxis als einfache und schnelle Methoden der Wareneingangs- oder Qualitätskontrolle häufig verwendet.

Tabelle 3.1 Prüfbedingungen für die Messung des Schmelzindex

Masse der Auflagegewichte (kg)	Kolbenkraft (N)	Kolbendruck (bar)	Scheinbare Schubspannung (Pa)
0,325	3,187	0,4516	$2,956 \cdot 10^3$
1,20	11,77	0,1667	$1,092 \cdot 10^4$
2,16	21,18	3,0010	$1,965 \cdot 10^4$
3,8	37,27	5,2800	$3,457 \cdot 10^4$
5,0	49,03	6,9470	$4,548 \cdot 10^4$
10,0	98,07	13,8900	$9,096 \cdot 10^4$
15,0	147,1	20,8400	$1,364 \cdot 10^5$
21,6	211,8	30,0100	$1,965 \cdot 10^5$

Extrusiometer/Online-Rheometer

Extrusiometer und Online-Rheometer ermöglichen die Bestimmung der Schmelzeeigenschaften unter praxisnahen Bedingungen. Die thermische und stoffliche Homogenität der Schmelze ist aufgrund der im System Schnecke-Zylinder ablaufenden Schmelz-, Transport- und Homogenisierungsprozesse wesentlich verbessert und die Verweilzeiten sind kürzer. In Extrusiometern (Bild 3.18) können neben den Temperaturen in den Zylinderzonen und in der Masse auch der Druckverlauf über die Zylinderlänge und das von der Schnecke aufgenommene Drehmoment bestimmt werden. Die homogenisierte Schmelze kann dann durch ein am Zylinder angeflanschtes Rund- oder Schlitzkapillarwerkzeug mit entsprechenden Druckmessfühlern extrudiert werden. Neben dem Druckgefälle wird der Volumendurchsatz bestimmt. Die Auswertung der Messdaten erfolgt dann entsprechend Formel 3.39 bis Formel 3.42 bzw. Formel 3.43 bis Formel 3.45.

Eine spezielle Form der Schmelzeviskosimeter stellen die Prozessrheometer dar. Das Prinzip ist im Wesentlichen das gleiche wie beim Extrusiometer oder auch Kapillarviskosimeter, jedoch wird der zu charakterisierende Volumenstrom zwecks Messung entweder dauerhaft aus dem Hauptstrom ausgelenkt (online open loop) oder wieder in den Hauptstrom zurückgeführt (online closed loop). Prozessrheometer werden unmittelbar in industriellen Anlagen zur Qualitätsüberwachung eingesetzt. Bild 3.19a zeigt die Anordnung im online open loop-Regime und Bild 3.19b im online closed loop-Regime.

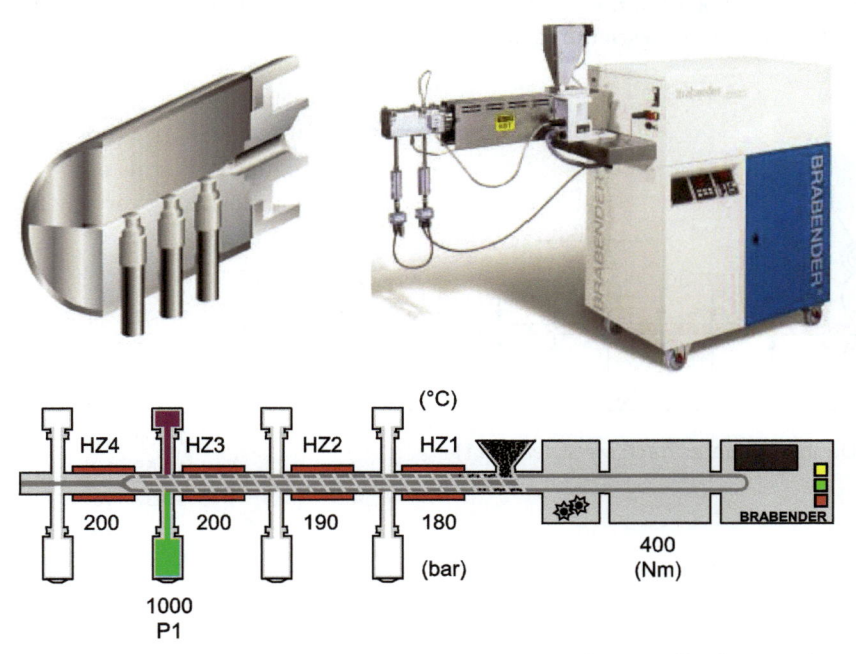

Bild 3.18 Kapillarrheometersystem mit rheometrischer Kapillardüse und Labormessextruder [3.10]

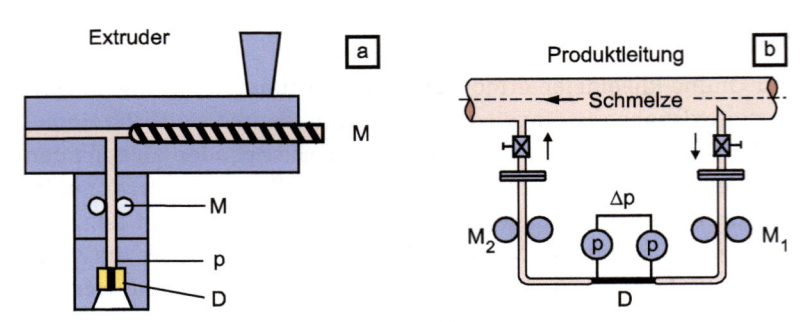

Bild 3.19 Kapillarrheometer als Prozessrheometer im online open loop- (a) und online closed loop-Regime (b) (M – Motor, Antrieb, Dosierpumpe; D – Düse, Messkapillare; p – Druckmessung)

3.3.2.4 Dehnrheometer

Das Verhalten viskoelastischer Fluide unterscheidet sich bei Dehnbeanspruchung deutlich von dem bei Scherbeanspruchung. Daraus leitet sich das Erfordernis ab, neben der Charakterisierung des Verhaltens bei Scherbeanspruchung auch eine Beschreibung bei Dehnbeanspruchung vorzunehmen, woraus sich die Dehnrheometrie entwickelt hat. Dehnbeanspruchungen von Schmelzen liegen z. B. in Schmelzeströmungen in Werkzeugkanälen, bei uniaxialen Schmelzespinnprozessen oder beim Folienblasprozess vor.

Im Gegensatz zur Scherströmung, bei der der Geschwindigkeitsgradient $\dot{\gamma} = dv_x/dy$ senkrecht zur Strömungsrichtung verläuft, liegt bei der Dehnströmung der Geschwindigkeitsgradient in Strömungsrichtung, d. h. $\dot{\varepsilon} = dv_x/dx$.

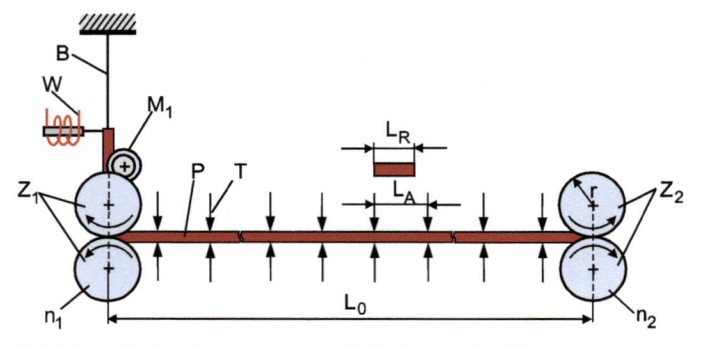

Bild 3.20 Dehnrheometer nach *Meissner* [3.11]

Zur Bestimmung dehnviskosimetrischer Parameter von Polymerlösungen existieren unterschiedliche Methoden, deren Grundprinzip in der Messung von Zugspannung und Dehngeschwindigkeit, die zur Deformation der Lösung erforderlich sind, besteht. Auf spezielle Methoden, wie Doppelstrahl-, Staupunkt-, 4-Rollen- und Einlaufströmungsmethode oder Spinnversuch [3.4], soll hier nicht eingegangen werden.

Für hochviskose Schmelzen existieren Dehnrheometer, die mit zeitlich konstanter Zugspannung oder Dehngeschwindigkeit arbeiten und eine isotherme homogene Dehnung gewährleisten können.

Die bekanntesten Vorrichtungen sind die Dehnrheometer nach *Meißner* (Bild 3.20) [3.11] und *Münstedt* (Bild 3.21) [3.12].

Bei Verwendung der Vorrichtung nach *Meißner* wird bei Konstanz der Drehzahlen n_1 bzw. n_2 eine konstante Dehngeschwindigkeit $\dot{\varepsilon}$ durch die konstante Länge L_0 erreicht:

$$\dot{\varepsilon} = \frac{2\pi R(n_1 + n_2)}{L_0} \tag{3.61}$$

Die Messung der Dehnkraft F erfolgt mittels eines an einem Zahnradpaar angebrachten Kraftsensors. Die Zugspannung wird aus der Abzugskraft und der momentanen Querschnittsfläche bestimmt, die mit zunehmender Dehnung exponentiell abnimmt:

$$\sigma = \frac{F}{A} = \frac{F \exp(\varepsilon)}{A_0} \tag{3.62}$$

Die Dehnviskosität ergibt sich aus Formel 3.9.

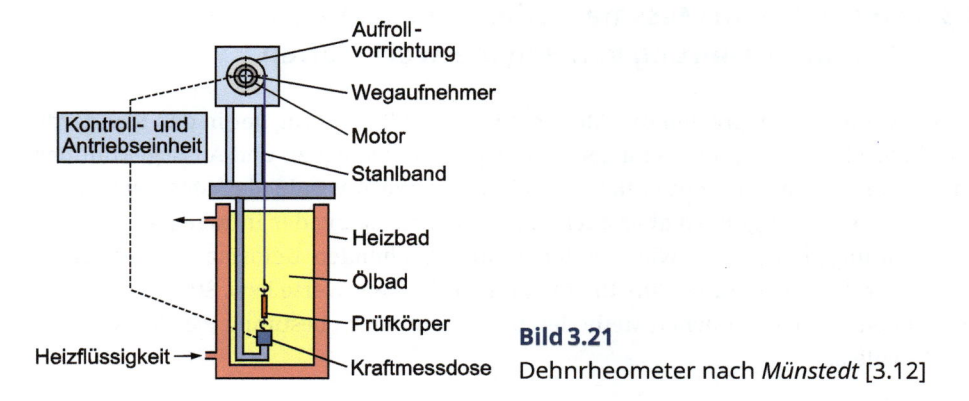

Bild 3.21 Dehnrheometer nach *Münstedt* [3.12]

Eine typische Abhängigkeit der Dehnviskosität von der Dehngeschwindigkeit zeigt Bild 3.22 am Beispiel von PE-LD. Bedingt durch die Existenz von Verzweigungen bildet sich ein Maximum in der Dehnviskosität bei zunehmender Dehngeschwindigkeit heraus. Im Vergleich dazu ist die Scherviskosität des gleichen Kunststoffes in Abhängigkeit von der Schergeschwindigkeit dargestellt.

Die Kenntnis des dehnrheologischen Verhaltens der Polymerschmelzen ist insbesondere für die Auslegung von solchen Verarbeitungsprozessen wichtig, die mit hohen uniaxialen oder auch biaxialen Deformationen der Schmelze einhergehen, wie z. B. Folienblasen, Hohlkörperblasen oder Faserspinnprozesse.

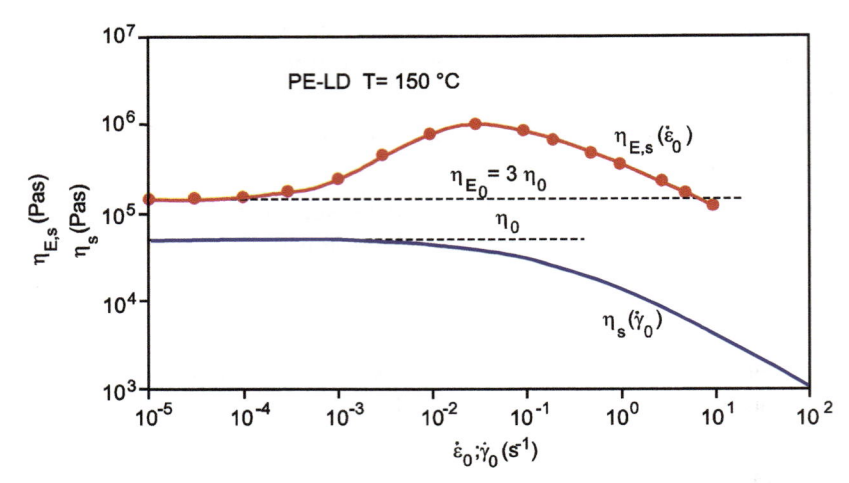

Bild 3.22 Dehn- und Scherviskosität einer PE-LD-Schmelze bei vergleichbaren Deformationsgeschwindigkeiten (nach [3.13]) (Index $_s$ – scheinbar)

3.3.3 Auswahl von Messmethoden zur rheologischen Charakterisierung von Polymerwerkstoffen

Die Auswahl der entsprechenden Messmethode und Einhaltung der in den Standards vorgeschriebenen Messbedingungen ist für die Zuverlässigkeit und Aussagekraft der ermittelten Kennwerte wesentlich. Dabei ist für die Auswahl des Messverfahrens bzw. der Messbedingungen aber auch die Berücksichtigung der infrage kommenden Verarbeitungsmethoden sowie der dabei vorherrschenden Deformationsbedingungen von großer Bedeutung. Eine Übersicht über die Kennwerte bzw. Stofffunktionen, die mit den unterschiedlichen Methoden bzw. Rheometern bestimmt werden können, gibt Tabelle 3.2.

3.3 Bestimmung von Fluideigenschaften

Tabelle 3.2 Übersicht über mittels unterschiedlicher Rheometer bestimmbarer rheologischer Stoffkennwerte bzw. -funktionen (nach [3.2]) (η – Scherviskosität, τ – Schubspannung, $\tau(t, \dot{\gamma})$ – Schubspannung beim Spannversuch, $\dot{\gamma}$ – Schergeschwindigkeit, N_1 -1. Normalspannungsdifferenz, $N_1(t, \dot{\gamma})$ – zeitabhängige Normalspannungsdifferenz, N_2 -2. Normalspannungsdifferenz, η^* – komplexe Schwingungsviskosität, G' – Speichermodul, G'' – Verlustmodul, ω – Kreisfrequenz, η_E – Dehnviskosität, $\dot{\varepsilon}$ – Dehngeschwindigkeit)

Rheometer	η	τ	$\tau(t, \dot{\gamma})$	γ	N_1	$N_1(t, \dot{\gamma})$	N_2	η^*	G'	G''	ω	η	$\dot{\varepsilon}$
Auslaufbecher	(+)	–	–	–	–	–	–	–	–	–	–	–	–
Kugelfallviskosimeter	+	+	–	+	–	–	–	–	–	–	–	–	–
Viskowaage	(+)	–	–	–	–	–	–	–	–	–	–	–	–
Kapillarviskosimeter	+	+	–	–	(+)	–	–	–	–	–	–	–	–
Zimm-Crothers-Viskosimeter	+	+	–	+	–	–	–	–	–	–	–	–	–
Koaxiale Zylinder	+	+	+	–	–	–	+	+	+	+	–	–	–
Kegel-Platte-Anordnung	+	+	+	+	+	+	–	+	+	+	+	–	–
Platte-Platte-Anordnung	+	+	+	+	–	–	–	+	+	+	+	–	–
Kegel-Platte-Abstands-Anordnung	+	+	–	+	–	–	+	–	–	–	–	–	–
Mooney-Ewart-System	+	+	+	+	+	+	–	+	+	+	+	–	–
Doppelspalt-System	+	+	+	+	–	–	–	+	+	+	+	–	–
Balance-Rheometer	–	–	–	–	–	–	–	+	+	+	+	–	–
Oszillierendes Kapillarrheometer	–	–	–	–	–	–	–	+	+	+	+	–	–
Dehnrheometer	–	–	–	–	–	–	–	–	–	–	–	+	+

– nicht bestimmbar; + bestimmbar

3.4 Zusammenstellung der Normen

DIN 53000-1 (2023)	Viskosimetrie – Messung der kinematischen Viskosität mit dem Ubbelohde-Viskosimeter – Teil 1: Bauform und Durchführung der Messung
DIN 53017 (1993)	Viskosimetrie – Bestimmung des Temperaturkoeffizienten der Viskosität von Flüssigkeiten
DIN 53019	Viskosimetrie – Messung von Viskositäten und Fließkurven mit Rotationsrheometern ▪ Teil 1 (2008): Grundlagen und Messgeometrie ▪ Teil 2 (2001): Viskosimeterkalibrierung und Ermittlung der Messunsicherheit ▪ Teil 3 (2008): Messabweichungen und Korrektionen ▪ Rheometrie – Messung von Fließeigenschaften mit Rotationsrheometern ▪ Teil 4 (2016): Oszillationsrheologie
DIN 54811 (1984)	Prüfung von Kunststoffen – Bestimmung des Fließverhaltens von Kunststoffschmelzen mit einem Kapillar-Rheometer (zurückgezogen)
DIN EN ISO 60 (2023)	Kunststoffe – Bestimmung der scheinbaren Dichte von Formmassen, die durch einen genormten Trichter abfließen können (Schüttdichte)
DIN EN ISO 61 (2023)	Kunststoffe – Bestimmung der scheinbaren Dichte von Formmassen, die nicht durch einen gegebenen Trichter abfließen können (Stopfdichte)
DIN EN ISO 1133	Kunststoffe – Bestimmung der Schmelze-Massefließrate (MFR) und der Schmelze-Volumenfließrate (MVR) von Thermoplasten ▪ Teil 1 (2022): Allgemeines Prüfverfahren ▪ Teil 2 (2012): Verfahren für Materialien, die empfindlich gegen eine zeit- und temperaturabhängige Vorgeschichte und/oder Feuchte sind
DIN EN ISO 3219 (2021)	Rheologie ▪ Teil 1: Begriffe und Formelzeichen für die Rotations- und Oszillationsrheometrie ▪ Teil 2: Allgemeine Grundlagen der Rotations- und Oszillationsrheometrie
DIN EN ISO 6186 (2023)	Kunststoffe – Bestimmung der Rieselfähigkeit
ISO 11443 (2021)	Kunststoffe – Bestimmung der Fließfähigkeit von Kunststoffen unter Verwendung von Kapillar- und Schlitzdüsen-Rheometern

3.5 Literatur

[3.1] Pahl, M.; Ernst, R.; Wilms, H.: Lagern, Fördern und Dosieren von Schüttgütern. Fachbuchverlag Leipzig/Verlag TÜV Rheinland (1993)

[3.2] Kulicke, W.-M.: Fließverhalten von Stoffen und Stoffgemischen. Hüthig & Wepf Verlag, Basel Heidelberg New York (1986)

[3.3] Schramm, G.: Einführung in die Rheologie und Rheometrie. Gebrüder Haake, Karlsruhe (1995)

[3.4] Pahl, M.; Gleißle, W.; Laun, H.-M.: Praktische Rheologie der Kunststoffe und Elastomere. VDI Verlag, Düsseldorf (1995)

[3.5] Schmiedel, H. (Hrsg.): Prüfung hochpolymerer Werkstoffe. Deutscher Verlag für Grundstoffindustrie, Leipzig (1977)

[3.6] Han, C. D.: On slit- and capillary die rheometry. *Trans. Soc. Rheol.* 18 (1974) 163–190. *https://doi.org/10.1122/1.549354*

[3.7] Gleißle, W.: Two simple time-shear rate relations combining viscosity and first normal stress coefficient in the linear and non-linear flow range. In: Astarita, G.; Marruci, G.; Nicolais, I. (Eds.): Rheology. Bd. 2. Plenum Press, New York (1980)

[3.8] Gleißle, W.: Ein Kegel-Platte-Rheometer für sehr zähe viskoelastische Flüssigkeiten bei hohen Schergeschwindigkeiten; Untersuchung des Fließverhaltens von hochmolekularem Siliconöl und Polyisobutylen. Dissertation Universität Karlsruhe (1978)

[3.9] Gleißle, W.: Stresses in polymer melts at the beginning of flow instabilities (melt fracture) in cylindrical capillaries. *Rheol. Acta* 21 (1982) 484–487. *https://doi.org/10.1007/978-3-662-12809-1_33*

[3.10] Brabender-Messextruder: *http://www.brabender.de*

[3.11] Meißner, J.: Rheometer zur Untersuchung der deformationsmechanischen Eigenschaften von Kunststoffschmelzen unter definierter Zugbeanspruchung. *Rheol. Acta* 8 (1976) 78–88. *https://doi.org/10.1007/BF02321358*

[3.12] Münstedt, H.: New universal extensional rheometer for polymer melts. *J. Rheol.* 23 (1979) 421–436. *https://doi.org/10.1122/1.549544*

[3.13] Laun, H. M.; Münstedt, H.: Elongational behaviour of a low density polyethylene melt. *Rheol. Acta* 17 (1978) 415–425. *https://doi.org/10.1007/BF01525957*

3.5.1 Weiterführende Literatur

Plajer, O.: Praktische Rheologie für Kunststoffschmelzen. Zechner & Hüthig Verlag, Speyer (1970)

Lenk, S. R.: Rheologie der Kunststoffe. Carl Hanser Verlag, München Wien (1971)

Laun, H.-M.: Praktische Rheologie der Polymerschmelzen. Wiley-VCH Verlag, Weinheim 2003

Phan-Thien, N.: Understanding Viscoelasticity: Basics of Rheology. Springer Verlag, Berlin (2002)

Dealy, J. M.; Saucier, P. C.: Rheology in Plastics Quality Control. Carl Hanser Verlag, München Wien (2000)

Carreau, P. J.; Daniel, C. R.; De Kee, D. C. R.; Chhabra, R. P.: Rheology of Polymeric Systems: Principles and Applications. Carl Hanser Verlag, München, Wien (1997)

Cogswell, F. N.: Polymer Melt Rheology: A Guide for Industrial Practice. Woodhead Publishing Ltd., Cambridge (1994)

4 Mechanische Eigenschaften von Kunststoffen

4.1 Grundlagen mechanischen Verhaltens

Für die Anwendung der Kunststoffe spielen die mechanischen Eigenschaften häufig eine entscheidende Rolle. Dementsprechend werden hohe Anforderungen an die prüftechnische Charakterisierung gestellt. Diese können nur dann erfüllt werden, wenn grundlegende Kenntnisse über das mechanische Verhalten sowohl aus kontinuumsmechanischer als auch aus werkstoffkundlicher Sicht bei der Festlegung der Prüfstrategie Berücksichtigung finden.

Über das mechanische Verhalten der Werkstoffe im Allgemeinen und über das Verhalten der Kunststoffe im Besonderen wird in zahlreichen Monographien ausführlich berichtet [1.14–1.16, 4.1–4.3]. Dabei wird unter mechanischem Verhalten die Reaktion eines Werkstoffs auf eine mechanische Beanspruchung verstanden. Wirkt auf einen Körper eine Kraft, so hat dies eine Verformung zur Folge. Diese ist vom mechanischen Verhalten, aber auch von der Größe und Angriffsrichtung der Kraft sowie von der Geometrie des Körpers abhängig. Für die Beschreibung des Werkstoffverhaltens unter mechanischer Beanspruchung ist es zweckmäßig, den Geometrieeinfluss durch Einführung von Beanspruchungsgrößen in Form von Spannung und Deformation zu berücksichtigen.

4.1.1 Mechanische Beanspruchungsgrößen

4.1.1.1 Spannung

Unter der Spannung ist die Kraft F je Einheitsfläche A zu verstehen, die an einer Ebene im Werkstoff angreift. In Abhängigkeit von der Kraftangriffsrichtung können dabei prinzipiell zwei Fälle unterschieden werden. Sind Bezugsebenennormale und

Kraftangriffsrichtung parallel, so wird die resultierende Spannung als Normalspannung σ bezeichnet. Normalspannungen treten zum Beispiel in der Querschnittsfläche prismatischer Stäbe bei uniaxialer Beanspruchung auf. Für den einfachen Fall in Bild 4.1a gilt:

$$\sigma = \frac{F}{A_0} \tag{4.1}$$

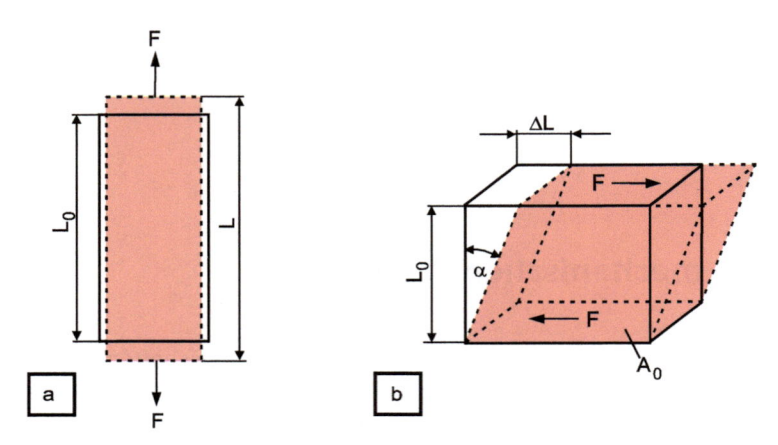

Bild 4.1 Schematische Darstellung der Formänderung bei Normalspannungsbeanspruchung (a) und bei Scherspannungsbeanspruchung (b)

Dabei wird mit A_0 die Querschnittsfläche des undeformierten Prüfkörpers als Bezugsgröße verwendet.

Stehen Kraftangriffsrichtung und Bezugsebenennormale, wie in Bild 4.1b senkrecht zueinander, so wird die resultierende Spannung Schub- oder Scherspannung τ genannt. Analog zu Formel 4.1 gilt:

$$\tau = \frac{F}{A_0} \tag{4.2}$$

Im allgemeinen Fall, wenn Spannungsvektor (Kraftvektor je Einheitsfläche) und Bezugsebenennormale weder parallel noch senkrecht zueinander orientiert sind, ist mithilfe der Regeln der Vektorrechnung eine Zerlegung der Spannung in eine Normalspannungskomponente σ_{zz} und zwei senkrecht zueinander stehende Scherspannungskomponenten τ_{xz} und τ_{yz} möglich. Dies zeigt Bild 4.2.

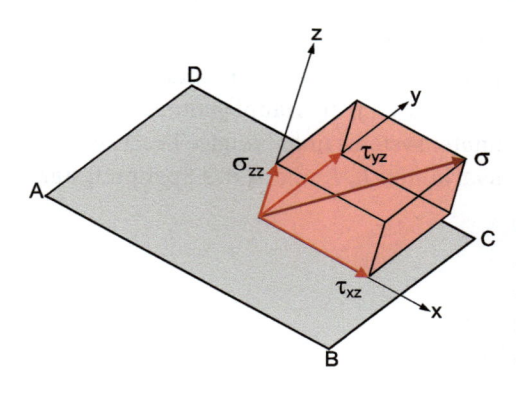

Bild 4.2
Zerlegung der an der Bezugsebene ABCD angreifenden Spannung σ in Normalspannungskomponente σ_{zz} und Scherspannungskomponenten τ_{xz} und τ_{yz}

Bei komplexeren Beanspruchungsfällen ist es notwendig, den räumlichen Spannungszustand unabhängig von einer konkreten Bezugsebene zu beschreiben. Hierzu sind neun Spannungskomponenten erforderlich, die an den Schnittflächen eines infinitesimal kleinen würfelförmigen Volumenelementes entsprechend Bild 4.3 angreifen. Zur Aufrechterhaltung des Kräftegleichgewichts wirken an gegenüberliegenden Flächen des Volumenelementes Spannungen gleicher Größe, jedoch mit entgegengesetztem Richtungssinn.

Die Spannungskomponenten können in Form einer Matrix als Elemente eines symmetrischen Tensors zweiter Stufe dargestellt werden (Formel 4.3).

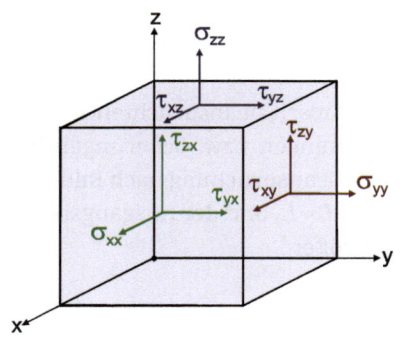

Bild 4.3
Räumlicher Spannungszustand

$$\sigma_{ij} = \begin{bmatrix} \sigma_{xx} & \tau_{xy} & \tau_{xz} \\ \tau_{yx} & \sigma_{yy} & \tau_{yz} \\ \tau_{zx} & \tau_{zy} & \sigma_{zz} \end{bmatrix} \qquad (4.3)$$

Infolge der Symmetrieeigenschaften des Tensors ($\sigma_{ij} = \sigma_{ji}$) reduziert sich die Zahl der voneinander unabhängigen Spannungskomponenten auf sechs.

Durch Koordinatentransformation ist es möglich, die Größe der Spannungskomponenten in Bezug auf unterschiedlich orientierte Koordinatensysteme x, y, z zu berechnen. Besondere Bedeutung kommt dabei dem Koordinatensystem zu, bezüglich dessen alle Scherspannungskomponenten des Spannungstensors verschwinden ($\tau_{ij} = 0$ für alle $i \neq j$). Die Achsen dieses Koordinatensystems werden als Hauptachsen 1, 2, 3 und die verbleibenden Normalspannungen (σ_{ij} mit $i = j$) als Hauptspannungen σ_1, σ_2, σ_3 bezeichnet. Eine von der Wahl des Koordinatensystems unabhängige Beschreibung des Spannungszustandes ist anhand der Invarianten I_1, I_2 und I_3 des Spannungstensors möglich:

$$\begin{aligned}
I_1 &= \sigma_{xx} + \sigma_{yy} + \sigma_{zz} \\
I_2 &= \sigma_{xx}\sigma_{yy} + \sigma_{yy}\sigma_{zz} + \sigma_{zz}\sigma_{xx} - \tau_{xy}^2 - \tau_{yz}^2 - \tau_{zx}^2 \\
I_3 &= \sigma_{xx}\sigma_{yy}\sigma_{zz} + 2\tau_{xy}\tau_{yz}\tau_{zx} - \sigma_{xx}\tau_{yz}^2 - \sigma_{yy}\tau_{zx}^2 - \sigma_{zz}\tau_{xy}^2
\end{aligned} \qquad (4.4)$$

Hinsichtlich der Wirkung der Spannungen kann zwischen Volumen- und Gestaltänderungen unterschieden werden. Dementsprechend kann der Spannungstensor in eine hydrostatische Komponente (Dilatationsanteil) p:

$$p = \frac{1}{3}(\sigma_{xx} + \sigma_{yy} + \sigma_{zz}) = \frac{I_1}{3} \qquad (4.5)$$

und eine deviatorische Komponente (Gestaltänderungsanteil) σ'_{ij} aufgeteilt werden.

$$\sigma'_{ij} = \begin{bmatrix} (\sigma_{xx} - p) & \tau_{xy} & \tau_{xz} \\ \tau_{yx} & (\sigma_{yy} - p) & \tau_{yz} \\ \tau_{zx} & \tau_{zy} & (\sigma_{zz} - p) \end{bmatrix} \qquad (4.6)$$

4.1.1.2 Deformation

Durch die Wirkung der Spannungen werden im mechanisch beanspruchten Körper relative Formänderungen hervorgerufen, die als Dehnungen bzw. Scherungen bezeichnet werden. Für den einfachen Fall der uniaxialen Beanspruchung nach Bild 4.1a ergibt sich die Dehnung ε aus der Längenänderung $\Delta L = L - L_0$ und der Ausgangslänge des unbeanspruchten Körpers L_0 als dimensionslose Größe:

$$\varepsilon = \frac{\Delta L}{L_0} = \frac{L - L_0}{L_0} \qquad (4.7)$$

Alternativ werden insbesondere zur Beschreibung großer Verformungen auch der Reckgrad λ sowie die wahre Dehnung (*Hencky*-Dehnung) ε_w als Dehnungsmaße verwendet:

$$\lambda = \frac{L}{L_0} = 1 + \varepsilon \qquad (4.8)$$

$$\varepsilon_w = \int_{L_0}^{L} \frac{dL}{L} = \ln\frac{L}{L_0} = \ln\lambda = \ln(1 + \varepsilon) \qquad (4.9)$$

Bei einfacher Scherbeanspruchung (Bild 4.1b) gilt entsprechend für die Scherung:

$$\gamma = \frac{\Delta L}{L_0} = \tan \alpha \tag{4.10}$$

In komplexeren Beanspruchungsfällen ist zur Beschreibung des Deformationszustandes eine exakte Analyse der relativen Verschiebungen benachbarter Massenpunkte notwendig. Im Ergebnis einer derartigen Analyse wird der Deformationszustand durch einen Verzerrungstensor ε_{ij} beschrieben, dessen Komponenten analog zum Spannungstensor (Formel 4.3) in Form einer symmetrischen Matrix angeordnet werden:

$$\varepsilon_{ij} = \begin{bmatrix} \varepsilon_{xx} & \gamma_{xy} & \gamma_{xz} \\ \gamma_{yx} & \varepsilon_{yy} & \gamma_{yz} \\ \gamma_{zx} & \gamma_{zy} & \varepsilon_{zz} \end{bmatrix} \tag{4.11}$$

Die relativen Längenänderungen des Systems bezüglich der Achsen x, y, z des Koordinatensystems werden durch die Dehnungen ε_{xx}, ε_{yy} und ε_{zz} beschrieben. Im Unterschied dazu kommen Winkeländerungen in den Scherkomponenten γ_{xy}, γ_{yz} und γ_{zx} zum Ausdruck.

Der Verzerrungstensor weist formal ähnliche Eigenschaften wie der Spannungstensor auf. So kann ein Hauptachsensystem 1, 2, 3 angegeben werden, bezüglich dessen die Scherungen verschwinden und nur die Hauptdehnungen ε_1, ε_2 und ε_3 existieren. Weiterhin ist die Bestimmung von drei Invarianten sowie die Unterteilung in einen hydrostatischen Volumenänderungsanteil und einen deviatorischen Gestaltänderungsanteil möglich.

4.1.2 Werkstoffverhalten und Stoffgesetze

Der Zusammenhang zwischen den mechanischen Beanspruchungsgrößen Spannung und Deformation wird durch das Werkstoffverhalten bestimmt und durch konstitutive Gleichungen (Stoffgesetze) beschrieben. Er stellt sich in Abhängigkeit vom strukturellen Aufbau des betrachteten Werkstoffs sowie von den Beanspruchungsbedingungen als außerordentlich vielfältig dar. Allein im Bereich der Kunststoffe reicht das Spektrum von spröd-harten glasartig erstarrten amorphen Polymeren über duktile teilkristalline Thermoplaste und weich-elastische Gummiwerkstoffe bis zu flüssigkeitsähnlichen Polymerschmelzen. Wegen der Vielfalt der zu beobachtenden Phänomene ist eine einheitliche Beschreibung kaum möglich. Deshalb werden unter vereinfachenden Annahmen Grundtypen des mechanischen Verhaltens definiert, die eine näherungsweise Beschreibung des Spannungs-Dehnungs-Zusammenhanges in engen Gültigkeitsgrenzen gestatten.

4.1.2.1 Elastisches Verhalten

Das mechanische Verhalten eines Werkstoffs wird als elastisch bezeichnet, solange ein umkehrbar eindeutiger Zusammenhang zwischen Spannungs- und Deformationszustand besteht. Es ist damit im mechanischen wie im thermodynamischen Sinne vollständig reversibel. Entsprechend unterschiedlicher thermodynamischer Ursachen werden Energieelastizität und Entropieelastizität unterschieden.

Energieelastizität

Strukturelle Ursache des energieelastischen Verhaltens ist die Veränderung der mittleren Atomabstände und Bindungswinkel bei Einwirkung mechanischer Beanspruchungen. Die dabei zu leistende mechanische Arbeit wird in Form potenzieller Energie gespeichert (Zunahme der inneren Energie) und bei Wegnahme der Beanspruchung vollständig zurückgewonnen (1. Hauptsatz der Thermodynamik). Aufgrund seiner strukturellen Ursachen bleibt energieelastisches Verhalten auf den Bereich kleiner Verformungen beschränkt. Hier wird ein linearer Zusammenhang zwischen Spannung und Deformation beobachtet, der durch das *Hooke*'sche Gesetz beschrieben wird. Für den einfachen Fall einer uniaxialen Zugbeanspruchung (s. Bild 4.1a) gilt:

$$\sigma = E \cdot \varepsilon \tag{4.12}$$

Die Proportionalitätskonstante zwischen Spannung und Dehnung wird als Elastizitätsmodul E bezeichnet. Sie steht mit den Bindungskräften im Werkstoff im Zusammenhang. Alternativ kann auch die Nachgiebigkeit C ermittelt werden:

$$\varepsilon = C \cdot \sigma \tag{4.13}$$

Neben der Längenänderung erfährt ein zugbeanspruchter Prüfkörper gleichzeitig eine Querschnittsverringerung. Die Größe dieser Querschnittsänderung wird durch die Querkontraktionszahl (*Poisson*-Konstante) ν beschrieben. Sie bringt das Verhältnis der Dehnungen in Querrichtung (ε_y, ε_z) und Längsrichtung (ε_x) zum Ausdruck. Bei uniaxialer Beanspruchung gilt:

$$\nu = -\frac{\varepsilon_y}{\varepsilon_x} = -\frac{\varepsilon_z}{\varepsilon_x} \tag{4.14}$$

Für den allgemeinen Fall einer mehrachsigen Beanspruchung wird das energieelastische Verhalten durch das verallgemeinerte *Hooke*'sche Gesetz beschrieben. Dieses basiert auf der Annahme, dass jede der sechs Komponenten des Spannungstensors σ_{ij} linear von den sechs Komponenten des Verformungstensors ε_{kl} abhängt:

$$\sigma_{ij} = C_{ijkl} \cdot \varepsilon_{kl} \tag{4.15}$$

$$\varepsilon_{ij} = D_{ijkl} \cdot \sigma_{kl} \tag{4.16}$$

Die Proportionalitätskonstanten zwischen den Komponenten von Spannungs- und Verformungstensor bilden einen Tensor vierter Stufe der als Elastizitäts- oder Steifigkeitstensor C_{ijkl} bzw. als Nachgiebigkeitstensor D_{ijkl} bezeichnet wird. Dieser Tensor besteht aus 81 Komponenten, von denen im statischen Gleichgewicht jedoch lediglich 21 unabhängig voneinander sind. Symmetrieeigenschaften des Werkstoffs können zu einer weiteren Verringerung der Anzahl unabhängiger Komponenten führen. Für einen isotropen Werkstoff sind zwei Komponenten für eine vollständige Beschreibung des Elastizitäts- bzw. Nachgiebigkeitstensors erforderlich. Der Zusammenhang zwischen Spannungs- und Deformationszustand des isotropen Werkstoffs stellt sich damit in vektorieller Schreibweise wie folgt dar [4.4]:

$$\begin{Bmatrix} \sigma_{xx} \\ \sigma_{yy} \\ \sigma_{zz} \\ \tau_{xy} \\ \tau_{yz} \\ \tau_{zx} \end{Bmatrix} = \begin{bmatrix} C_{11} & C_{12} & C_{12} & 0 & 0 & 0 \\ C_{12} & C_{11} & C_{12} & 0 & 0 & 0 \\ C_{12} & C_{12} & C_{11} & 0 & 0 & 0 \\ 0 & 0 & 0 & \frac{C_{11}-C_{12}}{2} & 0 & 0 \\ 0 & 0 & 0 & 0 & \frac{C_{11}-C_{12}}{2} & 0 \\ 0 & 0 & 0 & 0 & 0 & \frac{C_{11}-C_{12}}{2} \end{bmatrix} \cdot \begin{Bmatrix} \varepsilon_{xx} \\ \varepsilon_{yy} \\ \varepsilon_{zz} \\ \gamma_{xy} \\ \gamma_{yz} \\ \gamma_{zx} \end{Bmatrix} \qquad (4.17)$$

Die elastischen Konstanten C_{11} und C_{12} stehen mit dem Elastizitätsmodul E und der Querkontraktionszahl ν des isotropen Werkstoffs im Zusammenhang:

$$C_{11} = \frac{E(1-\nu)}{(1+\nu)(1-2\nu)} \qquad (4.18)$$

$$C_{12} = \frac{E\nu}{(1+\nu)(1-2\nu)} \qquad (4.19)$$

Aus Elastizitätsmodul E und Querkontraktionszahl ν können weitere Werkstoffkenngrößen wie Schermodul G und Kompressionsmodul K berechnet werden:

$$G = \frac{\tau}{\gamma} = \frac{E}{2(1+\nu)} = \frac{C_{11}-C_{12}}{2} \qquad (4.20)$$

$$K = \frac{p}{\Delta V/V_0} = \frac{E}{3(1-2\nu)} = \frac{C_{11}+2C_{12}}{3} \qquad (4.21)$$

Energieelastizität dominiert das Verhalten von Polymerwerkstoffen bei kleinen Verformungen insbesondere bei tiefen Temperaturen und hohen Beanspruchungsgeschwindigkeiten. Hier trägt die Energieelastizitätstheorie wesentlich zum Verständnis des Deformationsverhaltens der Polymere bei. Darüber hinaus liefert sie in diesem Bereich brauchbare Näherungslösungen für die quantitative Beschreibung des Spannungs-Dehnungs-Zusammenhanges.

Entropieelastizität

Entropieelastizität bringt das Bestreben der Makromoleküle zum Ausdruck, nach einer Verformung in den entropisch günstigsten Zustand, den Knäuelzustand, zurückzukehren. Wird ein flexibelkettiger Polymerwerkstoff einer mechanischen Beanspruchung ausgesetzt, so richten sich die Makromoleküle im Spannungsfeld aus. Der molekulare Ordnungszustand geht mit einer Verringerung der Entropie des Systems einher. Kann das irreversible Abgleiten der Kettensegmente zum Beispiel durch Vernetzung verhindert werden, streben die Makromoleküle bei der Entlastung nach Entropiemaximierung (2. Hauptsatz der Thermodynamik). Sie gehen zeitlos in den ungeordneten Gleichgewichtszustand über.

Entropieelastisches Verhalten wird bis zu großen Dehnungen von mehreren hundert Prozent beobachtet. Dabei ist der Zusammenhang zwischen Spannung und Deformation nichtlinear. Einfache kontinuumsmechanische Betrachtungen wie auch molekular-statistische Modelle [4.5] führen im Fall einer uniaxialen Beanspruchung zu einer Beziehung der Form:

$$\sigma = \frac{E}{3} \cdot (\lambda - \lambda^{-2}) \qquad (4.22)$$

Der Elastizitätsmodul E als Werkstoffkenngröße wird durch die Vernetzungsdichte N bzw. die mittlere molare Masse zwischen den Vernetzungsknoten des Polymeren M_c bestimmt. Er ist darüber hinaus von der Temperatur T sowie von der *Boltzmann*-Konstante k bzw. der allgemeinen Gaskonstante R und der Dichte ρ abhängig:

$$E = 3NkT = \frac{3\rho}{M_c} RT \qquad (4.23)$$

Mithilfe von Formel 4.22 können wesentliche Phänomene des mechanischen Verhaltens von Kautschukvulkanisaten abgebildet werden. Ihre quantitative Gültigkeit bleibt jedoch häufig auf Dehnungen unterhalb 100 % beschränkt. Deshalb hat die einfache Theorie der Gummielastizität eine Reihe von Weiterentwicklungen erfahren, über die zum Beispiel in [4.6] berichtet wird.

Entropieelastizität beschränkt sich nicht nur auf kovalent vernetzte Polymere. Auch bei amorphen und teilkristallinen Thermoplasten ausreichend hoher Molmasse spielt sie oberhalb der Glastemperatur eine wichtige Rolle. Hier übernehmen physikalische Verhakungen und Verschlaufungen (entanglements) die Rolle temporärer Vernetzungspunkte [4.7–4.9].

4.1.2.2 Viskoses Verhalten

Im Unterschied zum elastischen Verhalten zeichnet sich viskoses Verhalten durch eine vollständige Irreversibilität der Deformationsprozesse aus. Daraus folgt:

- Eine einmal aufgebrachte Verformung bleibt auch nach Entlastung erhalten, der Zusammenhang zwischen Spannung und Deformation ist nur unter Berücksichtigung der Vorgeschichte eindeutig, nicht jedoch umkehrbar eindeutig bestimmbar.

- Die zur Verformung aufgewendete Arbeit wird vom Werkstoff vollständig dissipiert.

Strukturell findet bei viskosem Verhalten eine Relativverschiebung benachbarter Struktureinheiten (bei Polymerwerkstoffen von Molekülen bzw. Molekülsequenzen) statt. Die dabei zu überwindenden Reibungskräfte sind abhängig von der Verformungsgeschwindigkeit. Wird ein linearer Zusammenhang zwischen Spannung und Deformationsgeschwindigkeit beobachtet, so liegt *Newton*'sches Werkstoffverhalten vor. Dieses wird durch die Viskosität η als Werkstoffkenngröße charakterisiert. Im Fall einer einfachen Scherbeanspruchung (Scherströmung) gilt:

$$\tau = \eta \cdot \frac{d\gamma}{dt} = \eta \cdot \dot{\gamma} \tag{4.24}$$

Bei einer Dehnströmung ergibt sich unter Normalspannungsbeanspruchung analog:

$$\sigma = \eta^T \cdot \frac{d\varepsilon}{dt} = \eta^T \cdot \dot{\varepsilon} \tag{4.25}$$

Die Viskosität η^T wird als Dehnviskosität oder *Trouton*'sche Viskosität bezeichnet. Sie ist bei kleinen Schergeschwindigkeiten um den Faktor 3 größer als die Scherviskosität η (*Trouton*'sches Verhältnis $\eta^T/\eta = 3$) [4.10].

Newton'sches Verhalten tritt bei Polymerschmelzen auf. Hier ist es jedoch in der Regel auf den Bereich kleiner Schergeschwindigkeiten beschränkt. Bei größeren Schergeschwindigkeiten findet häufig eine Schererweichung statt, die als Strukturviskosität bezeichnet wird. Seltener wird Scherverfestigung (Dilatanz) beobachtet. Mit Abweichung vom *Newton*'schen Verhalten wird die Viskosität zu einer Funktion der Deformationsgeschwindigkeit. Zur Beschreibung der auftretenden Nichtlinearitäten stehen unterschiedliche rheologische Ansätze zur Verfügung [4.10].

Eine an strukturellen Überlegungen orientierte Theorie der Viskosität wurde von *Eyring* [4.11] entwickelt (Rate Theory). Sie beschreibt den irreversiblen Deformationsvorgang im Ergebnis lokaler Platzwechsel durch spannungsunterstützte thermische Aktivierung. In Abhängigkeit von der Höhe der beim Platzwechsel zu überwindenden Energiebarriere (Aktivierungsenthalpie ΔH_0), dem Aktivierungsvolumen v und einem vorexponentiellen Faktor $\dot{\gamma}_0$ als charakteristischen Stoffgrößen sowie von *Boltzmann*-Konstante k und Temperatur T ergibt sich der Zusammenhang zwischen Schergeschwindigkeit $\dot{\gamma}$ und Scherspannung τ wie folgt:

$$\dot{\gamma} = \dot{\gamma}_0 \exp\left(-\frac{\Delta H_0}{kT}\right) \sinh\left(\frac{v\tau}{kT}\right) \tag{4.26}$$

Bei Polymerschmelzen ist der Anteil der mechanischen Energie zur Überwindung der Potenzialbarrieren im Allgemeinen klein im Vergleich zum Anteil der thermischen

Energie ($v\tau < kT$). Damit geht Formel 4.26 in den Grenzfall des *Newton*'schen Verhaltens ($\dot{\gamma} \sim \tau$) über. In Analogie zu Formel 4.24 ergibt sich für die Viskosität:

$$\eta = \eta_0 \exp\left(\frac{\Delta H_0}{kT}\right) \tag{4.27}$$

Mit:

$$\eta_0 = \frac{kT}{\dot{\gamma}_0 \, v} \tag{4.28}$$

Formel 4.27 beschreibt die Temperaturabhängigkeit der Viskosität in Form einer *Arrhenius*-Beziehung. Ein derartiger Zusammenhang wurde bei Schmelzen teilkristalliner Thermoplaste (großer Abstand zur Glastemperatur) auch experimentell nachgewiesen. Für die Schmelzen amorpher Polymere in der Nähe der Glastemperatur ist die an der Theorie des freien Volumens orientierte *Vogel-Fulcher-Tammann*-Gleichung (Formel 4.29) mit den Konstanten A und B sowie der *Vogel*-Temperatur T_0^∞ häufig besser geeignet [1.16].

$$\eta = A \exp\left(\frac{B}{T - T_0^\infty}\right) \tag{4.29}$$

4.1.2.3 Viskoelastisches Verhalten

Viskosität und Elastizität sind im Bereich niedermolekularer Materialien die charakteristischen Eigenschaften von Flüssigkeiten und Festkörpern. Für Polymere stellen sie lediglich die Grenzen eines breiten Eigenschaftsspektrums dar, welches durch das gleichzeitige Auftreten viskoser und elastischer Effekte gekennzeichnet ist und als Viskoelastizität bezeichnet wird. Das charakteristische Merkmal des viskoelastischen Verhaltens ist die Zeitabhängigkeit der Werkstoffeigenschaften. Diese kommt zum Beispiel bei statischer Beanspruchung in Form von Relaxations- und Retardationserscheinungen zum Ausdruck. Eine ausführliche Darstellung und Interpretation der viskoelastischen Eigenschaften von Polymeren findet sich zum Beispiel in den Arbeiten von *Ferry* [4.12] oder Aklonis und *MacKnight* [4.13].

Lineare Viskoelastizität

Sind die Materialeigenschaften nur von der Zeit, nicht jedoch von der Höhe der mechanischen Beanspruchung abhängig, so wird das Verhalten als linear-viskoelastisch bezeichnet. Lineare Viskoelastizität ist exakt nur für den Bereich infinitesimal kleiner Beanspruchungen definiert. Im praktischen Fall liegen die Gültigkeitsgrenzen für feste Polymere bei Dehnungen kleiner 1 %, bei Polymerschmelzen können sie bis 100 % reichen [4.14].

Linear-viskoelastisches Verhalten ist durch eine Kombination von linear-elastischen und linear-viskosen Prozessen (Gesetze von *Hooke* und *Newton*) darstellbar. Zur Veranschaulichung können mechanische Analogiemodelle verwendet werden, bei denen elastisches Verhalten durch eine Feder und viskoses Verhalten durch einen Dämpfer symbolisiert wird. Im einfachsten Fall sind beide Grundelemente, wie Bild 4.4 zeigt, in Reihe oder parallel angeordnet.

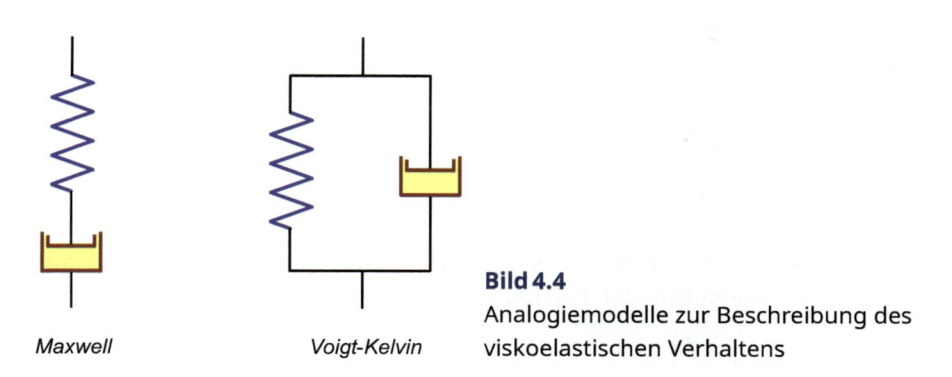

Bild 4.4
Analogiemodelle zur Beschreibung des viskoelastischen Verhaltens

Maxwell Voigt-Kelvin

Die Reihenschaltung von Feder und Dämpfer wird als *Maxwell*-Modell bezeichnet. Sie beschreibt das Phänomen der Spannungsrelaxation (Reaktion auf eine sprunghafte Änderung der Verformung). Charakteristikum des Modells ist die Additivität von elastischen und viskosen Verformungsanteilen:

$$\varepsilon = \varepsilon_e + \varepsilon_v \tag{4.30}$$

Das Einsetzen von Formel 4.12 und Formel 4.25 in Formel 4.30 liefert die Differentialgleichung Formel 4.31, deren Lösung für den Fall der Spannungsrelaxation ($\dot{\varepsilon} = 0$) eine zeitlich exponentiell abfallende Spannung $\sigma(t)$ (Formel 4.32) bzw. als Materialfunktion einen zeitlich exponentiell abfallenden Relaxationsmodul $E(t)$ (Formel 4.33) ergibt.

$$\dot{\varepsilon} = \frac{1}{E}\dot{\sigma} + \frac{1}{\eta}\sigma \tag{4.31}$$

$$\sigma(t) = \sigma_0 \exp\left(-\frac{E}{\eta^T}t\right) = \sigma_0 \exp\left(-\frac{t}{\tau}\right) \tag{4.32}$$

$$E(t) = \frac{\sigma(t)}{\varepsilon_0} = \frac{\sigma_0}{\varepsilon_0}\exp\left(-\frac{E}{\eta}t\right) = \frac{\sigma_0}{\varepsilon_0}\exp\left(-\frac{t}{\tau}\right) \tag{4.33}$$

Der Quotient η/E stellt die Zeitkonstante des Modells dar. Er wird als Relaxationszeit τ bezeichnet. Mit einer Relaxationszeit ist das *Maxwell*-Modell nur unzureichend in der Lage, das komplexe Relaxationsverhalten realer Polymere zu beschreiben. Eine Verbesserung der Übereinstimmung zwischen Modell und Experiment wird durch Einführung eines diskreten Relaxationzeitspektrums erreicht. Dies kann im Analogiemodell durch eine Parallelschaltung mehrerer *Maxwell*-Elemente, wie in Bild 4.5 dargestellt, veranschaulicht werden.

Bild 4.5 Verallgemeinertes Maxwell-Modell

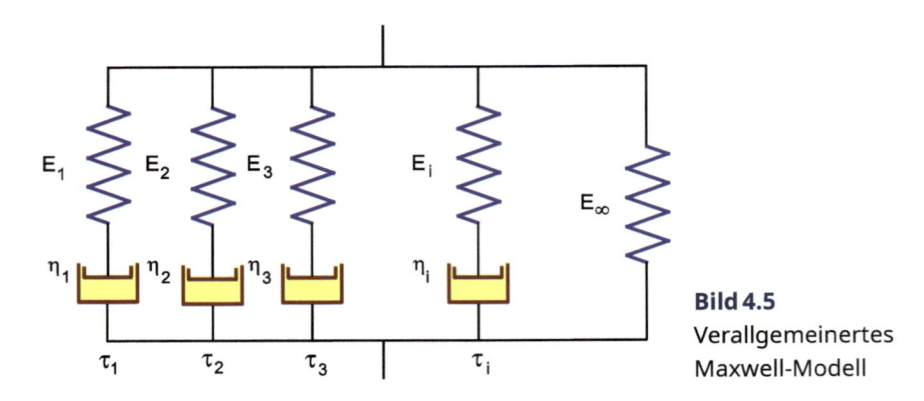

Der Relaxationsmodul $E(t)$ dieses verallgemeinerten *Maxwell*-Modells ergibt sich aus der Summe der Relaxationsmoduli $E_i(t)$ der Einzelelemente zu:

$$E(t) = E_\infty + \sum_{i=1}^{n} E_i \exp\left(-\frac{t}{\tau}\right) \tag{4.34}$$

Mit $n \to \infty$ erfolgt der Übergang zu einem kontinuierlichen Relaxationszeitspektrum $H(\tau)$:

$$E(t) = E_\infty + \int_{-\infty}^{+\infty} H(\tau) \exp\left(-\frac{t}{\tau}\right) d(\ln \tau) \tag{4.35}$$

Im Unterschied zum *Maxwell*-Modell charakterisiert die als *Voigt-Kelvin*-Modell bekannte Parallelschaltung von Feder und Dämpfer das Retardationsverhalten (Reaktion auf eine sprunghafte Änderung der Spannung). Als Kennwertfunktion kann die Nachgiebigkeit $C(t)$ analog zu der oben beschriebenen Vorgehensweise berechnet werden:

$$C(t) = \frac{\varepsilon(t)}{\sigma_0} = \frac{\varepsilon_0}{\sigma_0}\left[1 - \exp\left(-\frac{t}{\tau}\right)\right] \tag{4.36}$$

Mit Einführung des Retardationszeitspektrums $L(\tau)$ ergibt sich:

$$C(t) = J_\infty + \int_{-\infty}^{+\infty} L(\tau)\left[1 - \exp\left(-\frac{t}{\tau}\right)\right] d(\ln \tau) \tag{4.37}$$

Neben *Maxwell*- und *Voigt-Kelvin*-Modell werden in der Rheologie noch zahlreiche weitere Modellkörper zur Beschreibung des linear-viskoelastischen Verhaltens verwendet. Unabhängig von der konkreten Ausgestaltung führt ihre mathematische Beschreibung zu einer linearen Differentialgleichung der Form:

$$a_0\varepsilon + a_1\dot{\varepsilon} + a_2\ddot{\varepsilon} + a_3\dddot{\varepsilon} + \ldots = b_0\sigma + b_1\dot{\sigma} + b_2\ddot{\sigma} + b_3\dddot{\sigma} + \ldots$$
$$a_i, b_i = const \tag{4.38}$$

die die Grundlage der linearen Viskoelastizitätstheorie bildet. Sie ist theoretisches Fundament für eine Reihe von Regeln, deren praktischer Nutzen wesentlich zur Verbreitung der Theorie beiträgt.

Boltzmann'sches Superpositionsprinzip

Das *Boltzmann*'sche Superpositionsprinzip beschreibt den Einfluss der mechanischen Vorgeschichte auf das Werkstoffverhalten. Es besagt, dass sich die zeitabhängigen Wirkungen aufeinanderfolgender Veränderungen des Beanspruchungszustandes linear zur Gesamtwirkung zusammensetzen. Bild 4.6 verdeutlicht dies anhand eines Kriecherholungsexperiments.

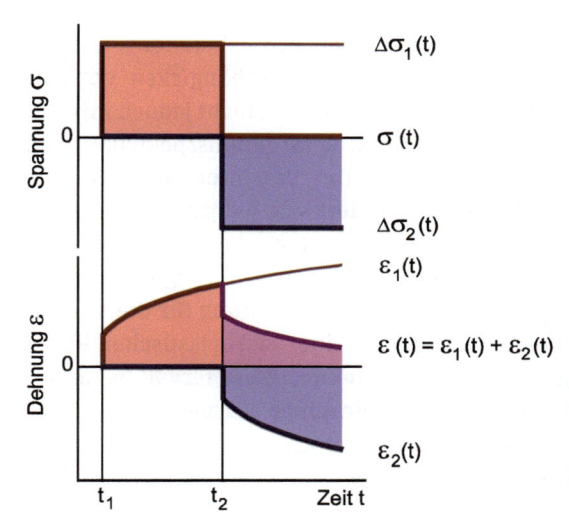

Bild 4.6
Lineare Überlagerung der im Ergebnis der sprunghaften Spannungsänderungen $\Delta\sigma_1$ und $\Delta\sigma_2$ auftretenden Dehnungen $\varepsilon_1(t)$ und $\varepsilon_2(t)$ am Beispiel des Kriecherholungsexperiments

Zum Zeitpunkt t_1 wird eine Spannungsänderung $\Delta\sigma_1$ erzeugt, die eine zeitabhängige Änderung der Verformung $\varepsilon_1(t)$ bewirkt. Eine weitere Spannungsänderung $\Delta\sigma_2 = -\Delta\sigma_1$ zum Zeitpunkt t_2 hat die gleiche Wirkung. $\varepsilon_2(t)$ ist allerdings zeitversetzt und entgegengesetzt gerichtet. Die Gesamtwirkung $\varepsilon(t)$ der aufeinanderfolgenden Spannungsänderungen ergibt sich aus der Summe der Einzeleffekte $\varepsilon_1(t) + \varepsilon_2(t)$. Für n Spannungsschritte gilt:

$$\varepsilon(t) = \sum_{i=1}^{n} \varepsilon(t - t_i) = \sum_{i=1}^{n} C(t - t_i)\Delta\sigma_i \tag{4.39}$$

Durch Übergang zu differentiell kleinen Beanspruchungsänderungen ergibt sich daraus das *Boltzmann*'sche Superpositionsintegral:

$$\varepsilon(t) = \int_{\tau=-\infty}^{t} C(t-\tau)\frac{d\sigma}{d\tau}d\tau \tag{4.40}$$

bzw.

$$\sigma(t) = \int_{\tau=-\infty}^{t} E(t-\tau)\frac{d\varepsilon}{d\tau}d\tau \tag{4.41}$$

welches das Verhalten bei beliebigen Beanspruchungsgeschichten beschreibt und als Stoffgesetz linear-viskoelastischer Materialien angesehen werden kann.

Zeit-Temperatur-Superpositionsprinzip

Viskoelastische Materialien weisen neben der ausgeprägten Zeitabhängigkeit auch eine starke Temperaturabhängigkeit der Eigenschaften auf. Die Ursache dafür liegt in den molekularen Bewegungs- und Umlagerungsvorgängen begründet, die das Relaxations- bzw. Retardationsspektrum des Materials bestimmen. Als thermisch aktivierbare Prozesse laufen diese molekularen Vorgänge bei Zunahme der Temperatur mit wachsender Geschwindigkeit ab. Dadurch verschieben sich Relaxations- und Retardationszeitspektrum zu kürzeren Zeiten. Ändert sich in Abhängigkeit von der Temperatur nur die Geschwindigkeit der molekularen Prozesse, nicht jedoch ihre Art und Anzahl, so bleibt die Form des Relaxations- bzw. Retardationsspektrums und damit auch die Gestalt der viskoelastischen Kennwertfunktionen entlang der logarithmischen Zeitachse erhalten. Ihre zeitliche Lage ändert sich jedoch entsprechend der Temperatur. Eine Konsequenz dieses als „thermorheologisch einfach" bezeichneten Verhaltens ist die Zeit-Temperatur-Äquivalenz, deren Anwendung in Form des Zeit-Temperatur-Superpositionsprinzips große praktische Bedeutung für die Vorhersage des Langzeitverhaltens erlangt hat. Ist der Verlauf einer viskoelastischen Kenngröße, zum Beispiel des Moduls $E(\log t)$, in einem bestimmten Zeitintervall bei unterschiedlichen Temperaturen bekannt, so können die einzelnen Kurvenverläufe, wie in Bild 4.7 schematisch dargestellt, durch horizontale Verschiebung mit der bei der Referenztemperatur T_0 ermittelten Kurve $E_0(\log t)$ zur Deckung gebracht werden. Damit entsteht eine Masterkurve, die das Werkstoffverhalten über einen weiten Zeitbereich abbildet. Die Verschiebungsfunktion $\log a_T = \log t - \log t_0$ ist temperaturabhängig. Sie kann in vielen Fällen aufgrundlage eines *Arrhenius*-Ansatzes beschrieben werden:

$$\log a_T = \log\left(\frac{t}{t_0}\right) = \frac{\Delta H}{2{,}3k}\left(\frac{1}{T} - \frac{1}{T_0}\right) \tag{4.42}$$

Im Bereich des Glasübergangs folgt sie jedoch häufig der WLF-Gleichung (Formel 4.43) mit den universellen Konstanten C_1 und C_2 [4.15].:

$$\log a_T = \log\left(\frac{t}{t_0}\right) = -\frac{C_1(T-T_0)}{C_2+T-T_0} \tag{4.43}$$

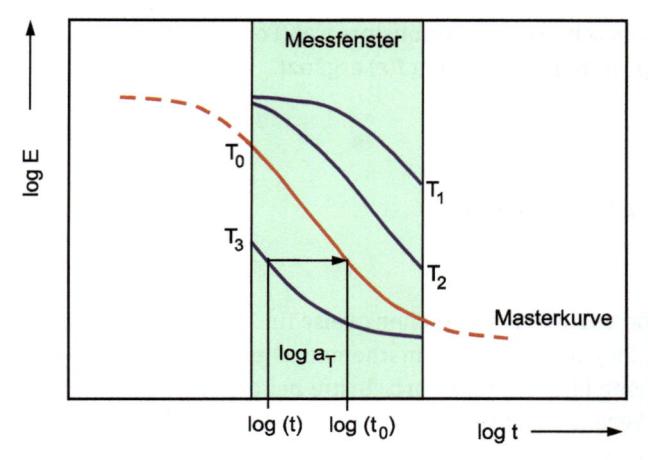

Bild 4.7 Masterkurvenkonstruktion durch Zeit-Temperatur-Superposition (schematisch)

Korrespondenzprinzip

Die praktische Arbeit mit linear-viskoelastischen Stoffgesetzen kann durch Anwendung der *Laplace*-Transformation erheblich vereinfacht werden. Dabei wird eine Funktion $y(t)$ in eine Funktion $\bar{y}$ mit der neuen Variablen s nach folgender Vorschrift umgewandelt:

$$\bar{y} = \int_0^\infty y \exp(-st) dt \tag{4.44}$$

Die Anwendung dieses Verfahrens auf das *Boltzmann*'sche Superpositionsintegral (Formel 4.41) liefert zum Beispiel:

$$\bar{\sigma} = s\bar{E}(s)\bar{\varepsilon} \tag{4.45}$$

Dies entspricht formal dem *Hooke*'schen Gesetz (Formel 4.12). Formel 4.45 kann wie dieses nach üblichen algebraischen Regeln bearbeitet werden und führt demzufolge auch zu den aus der linearen Elastizitätstheorie bekannten Ergebnissen. Nach Rücktransformation liefert sie die Lösung des Beanspruchungsproblems bei viskoelastischem Materialverhalten.

Nichtlineare Viskoelastizität

Nach Überschreiten der Gültigkeitsgrenze der linearen Viskolastizität werden die zeit- und temperaturabhängigen viskoelastischen Eigenschaften zusätzlich durch die Höhe der Beanspruchung beeinflusst. Damit kann das mechanische Verhalten nicht mehr in Form der linearen Differentialgleichung beschrieben werden. Die Lösung der resultierenden nichtlinearen Differentialgleichungen ist mathematisch außerordentlich aufwendig und nur unter Vereinfachungen möglich. Sie konnte sich deshalb bei der Behandlung praktischer Probleme nicht durchsetzen. Für einfache Anwendungen erwies sich in der Vergangenheit der Ansatz von *Leadermann* [4.16] häufig als ausreichend, der das *Boltzmann*'sche Superpositionsintegral (Formel 4.41) um die beanspruchungsabhängige empirischen Funktionen f(ε) ergänzt.

$$\sigma(t) = \int_{\tau=-\infty}^{t} E(t-\tau)\frac{df(\varepsilon)}{d\tau}d\tau \tag{4.46}$$

Für die Spannungsrelaxation gilt zum Beispiel:

$$\sigma(t) = E(t)f(\varepsilon) \tag{4.47}$$

Neben der von *Leadermann* beschriebenen Vorgehensweise finden sich in der Literatur noch zahlreiche weitere Möglichkeiten zur mathematischen Behandlung nichtlinear-viskoelastischer Probleme [4.10]. Große Fortschritte bei der Beschreibung des nichtlinear-viskoelastischen Verhaltens unter oszillierender Beanspruchung wurden durch Einführung der *Fourier* transformierten Rheologie erzielt [4.17].

4.1.2.4 Plastisches Verhalten

Ähnlich wie das viskoelastische Verhalten charakterisiert auch das plastische Verhalten eine Kombination reversibler und irreversibler Prozesse. Im Unterschied zum viskoelastischen Verhalten treten diese jedoch nicht gleichzeitig nebeneinander auf, sondern sie sind durch eine Fließgrenze σ_F voneinander getrennt. Unterhalb dieser Fließgrenze ist das Materialverhalten elastisch, oberhalb finden irreversible Fließprozesse statt (s. Bild 4.8a). Unter Verwendung der Gleichungen von *Hooke* (Formel 4.12) und *Newton* (Formel 4.25) kann der Spannungs-Dehnungs-Zusammenhang wie folgt formuliert werden:

$$\begin{aligned} \sigma &= E\varepsilon & \text{für} \quad \sigma < \sigma_F \\ \sigma &= \eta^T \dot{\varepsilon} + \sigma_F & \text{für} \quad \sigma \geq \sigma_F \end{aligned} \tag{4.48}$$

Plastisches Deformationsverhalten wird bei vielen amorphen und teilkristallinen Polymeren beobachtet. Unter uniaxialer Zugbeanspruchung kommt es, wie in Bild 4.8b dargestellt, in Form einer Streckspannung σ_s zum Ausdruck. Hierbei handelt es sich um ein lokales Maximum in der Spannungs-Dehnungs-Kurve, welches üblicherweise bei Dehnungen zwischen etwa 5 und 25 % beobachtet wird.

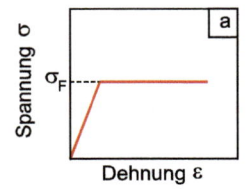

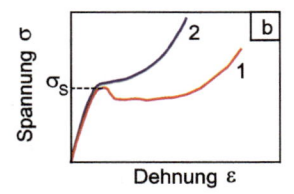

Bild 4.8 Zusammenhang zwischen Spannung und Dehnung bei plastischem Materialverhalten: Modell (a) und Polymerwerkstoff (b) (1 – scheinbarer Kurvenverlauf; 2 – wahrer Kurvenverlauf)

Das Auftreten der Streckspannung steht mit einer lokalen Querschnittsverringerung am Prüfkörper in Zusammenhang, die auch als Einschnürung bezeichnet wird. In der Einschnürzone finden irreversible Verformungen von mehreren hundert Prozent statt. Infolge dieser Inhomogenität ergeben sich große Unterschiede zwischen nomineller und tatsächlicher Spannung bzw. Dehnung. Mit der Ermittlung wahrer Spannungs-Dehnungs-Diagramme konnte gezeigt werden, dass es sich bei dem scheinbaren Spannungsabfall nach Überschreiten der Streckspannung häufig nur um einen Geometrieeffekt handelt [4.18].

Die Höhe der für das Einsetzen plastischer Fließprozesse erforderlichen Fließspannung ist abhängig vom Spannungszustand sowie von Temperatur und Beanspruchungsgeschwindigkeit. Der Einfluss des Spannungszustandes kann im Allgemeinen durch die aus der klassischen Mechanik bekannten Fließspannungshypothesen beschrieben werden [4.19]. Die Temperatur- und Geschwindigkeitsabhängigkeit der Fließspannung trägt dem thermisch aktivierbaren Charakter der zugrunde liegenden Deformationsprozesse Rechnung. Sie folgt sowohl für amorphe als auch für teilkristalline Polymere häufig der *Eyring*-Gleichung (Formel 4.26). Hinsichtlich der dabei ablaufenden Deformationsmechanismen weisen amorphe und teilkristalline Polymere jedoch signifikante Unterschiede auf. Bei amorphen Polymeren findet die plastische Deformation im Glaszustand statt. Hier bewirken lokale molekulare Bewegungsprozesse unter der Einwirkung der Spannung die Bildung plastizierter Mikrodomänen, deren Wachstum und Vereinigung makroskopisch zur plastischen Deformation in Form von Scherbändern oder Crazes führen [4.20, 4.21]. Bei teilkristallinen Polymeren findet die plastische Deformation i. Allg. oberhalb der Glastemperatur der amorphen Bereiche statt. Hier stellen kristallografische Gleitprozesse den entscheidenden Deformationsschritt dar [4.22 – 4.24], in dessen Ergebnis die lamellare Ausgangsstruktur in eine Fibrillenstruktur überführt wird [4.25, 4.26]. Aus der Betrachtung der Deformationsmechanismen wird deutlich, dass die mikroskopischen Prozesse, die zur plastischen Deformation führen, bereits weit unterhalb der Fließgrenze einsetzen. Häufig lassen sie sich schon bei Beanspruchung im linear-viskoelastischen Bereich nachweisen, so dass Zusammenhänge zwischen Relaxationszeitspektrum und plastischem Verhalten hergestellt werden können [4.27].

Im Ergebnis der plastischen Deformation findet eine Orientierung der Makromoleküle statt. Die damit verbundenen Eigenschaftsänderungen sind Ziel zahlreicher Verarbeitungsprozesse. Durch die molekulare Orientierung werden entropieelastische Rückstellkräfte hervorgerufen, die der plastischen Deformation entgegenwirken und Ursache für die bei großen Verformungen zu beobachtenden Verfestigungsprozesse sind. Bei weiterer Steigerung der Beanspruchung kommt es zum Bruch überlasteter Polymerketten, der dem makroskopischen Bruch des Materials vorausgeht.

4.2 Mechanische Spektroskopie

Charakteristisches Merkmal der Polymerwerkstoffe ist eine ausgeprägte Zeitabhängigkeit der mechanischen Eigenschaften. Diese wird durch ein Spektrum von molekularen Relaxationsprozessen mit unterschiedlichen Relaxationszeiten verursacht. Der Zusammenhang zwischen Relaxationszeitspektrum $H(\tau)$ und dem Elastizitätsmodul $E(t)$ lässt sich aufgrundlage der linearen Viskoelastizitätstheorie nach Formel 4.35 herstellen. Vereinfachend kann häufig eine von *Alfery* [4.28] vorgeschlagene Näherungslösung angewendet werden:

$$H(\tau) = \left.\frac{dE(t)}{d\ln t}\right|_{t=\tau} \qquad (4.49)$$

Die Ermittlung und Analyse des Relaxationszeitspektums, basierend auf mechanischen Untersuchungen, ist Gegenstand der mechanischen Spektroskopie. Hierbei handelt es sich um eine Form der Absorptionsspektroskopie, bei der die Energieabsorption im Werkstoff infolge innerer Reibung in Abhängigkeit von der Frequenz bzw. Dauer der mechanischen Beanspruchung ermittelt wird. Die Lage eines Absorptionsprozesses auf der Frequenz- bzw. Zeitachse sowie dessen Intensität enthält Informationen über die Art des zugrunde liegenden molekularen Umlagerungsprozesses sowie über Größe und Anzahl der beteiligten Struktureinheiten. Damit ist die mechanische Spektroskopie ein leistungsfähiges Instrument zur Strukturcharakterisierung und zur Aufklärung von molekularen Relaxationsprozessen.

4.2.1 Experimentelle Bestimmung zeitabhängiger mechanischer Eigenschaften

Die mechanische Spektroskopie beschränkt sich vorzugsweise auf Untersuchungen im Bereich kleiner Beanspruchungen, wo keine irreversiblen Strukturänderungen im Werkstoff stattfinden und die lineare Viskoelastizitätstheorie Gültigkeit besitzt. Sie basiert auf experimentellen Daten, die in einem Zeitbereich von ca. 10^{-8} s bis 10^{8} s experimentell ermittelt werden können. Um das mechanische Verhalten in diesem weiten Zeitbereich zu charakterisieren, ist eine Kombination unterschiedlicher Untersuchungsmethoden notwendig. Dabei kommen im Langzeitbereich bei Beanspruchungszeiten von mehr als einer Minute üblicherweise statische Prüfverfahren (Spannungsrelaxation, Retardation) zum Einsatz. Im Kurzzeitbereich hingegen dominieren dynamische Prüfverfahren mit oszillierender Beanspruchung, die unter dem Begriff der dynamisch-mechanischen Analyse zusammengefasst werden. Zusammenhänge zwischen statisch und dynamisch ermittelten Kennwerten können aufgrundlage der linearen Viskoelastizitätstheorie hergestellt werden [1.16, 4.12].

4.2.1.1 Statische Prüfverfahren

Die statischen Prüfverfahren basieren auf der Analyse des Werkstoffverhaltens nach einer sprunghaften Änderung der mechanischen Beanspruchung. Prinzipiell können dabei die zwei in Bild 4.9 schematisch dargestellten Fälle unterschieden werden.

Bei der Spannungsrelaxation (Bild 4.9, linke Seite) wird die durch eine sprunghafte Änderung der Verformung auf einen Betrag ε_0 = const. hervorgerufene zeitliche Änderung der Spannung $\sigma(t)$ gemessen. Als Werkstoffkenngröße ergibt sich daraus der zeitabhängige Elastizitätsmodul $E(t)$:

$$E(t) = \frac{\sigma(t)}{\varepsilon_0} \qquad (4.50)$$

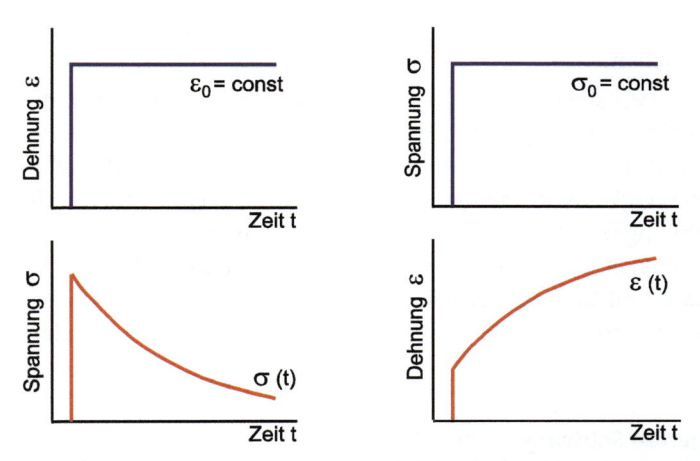

Bild 4.9 Spannungsrelaxation und Retardation (Kriechen) zur Charakterisierung des viskoelastischen Verhaltens bei großen Beanspruchungszeiten

Analog wird im Retardations- oder Kriechversuch (Bild 4.9, rechte Seite) die zeitliche Änderung der Verformung $\varepsilon(t)$ im Ergebnis einer sprunghaften Änderung der Spannung auf den Wert σ_0 = const. zur Bestimmung der Nachgiebigkeit $C(t)$ verwendet:

$$C(t) = \frac{\varepsilon(t)}{\sigma_0} \qquad (4.51)$$

Statische Prüfungen können über sehr lange Zeiträume ausgedehnt werden. Deshalb stellen sie hohe Anforderungen an die Konstanz der Prüfbedingungen, insbesondere an Temperatur und Luftfeuchtigkeit. Darüber hinaus können strukturelle Veränderungen, z. B. chemische Reaktionen und physikalische Alterung, Einfluss auf das Werkstoffverhalten nehmen. Im Bereich kurzer Beanspruchungszeiten werden die experimentellen Ergebnisse durch die endlichen Geschwindigkeiten in der Belastungsphase beeinflusst.

4.2.1.2 Dynamisch-Mechanische Analyse (DMA)

Bei der dynamisch-mechanischen Analyse wird der Prüfkörper einer periodisch wechselnden Beanspruchung ausgesetzt. Durch Variation der Frequenz ist die Charakterisierung der Zeitabhängigkeit des Werkstoffverhaltens möglich. Für den Zusammenhang zwischen Beanspruchungszeit t und Frequenz f bzw. Kreisfrequenz ω gilt:

$$t = \frac{1}{2\pi f} = \frac{1}{\omega} \tag{4.52}$$

Die DMA zeichnet sich dadurch aus, dass für die Ermittlung viskoelastischer Kennwerte in einem weiten Frequenzbereich nur relativ kurze Versuchszeiten erforderlich sind. Darüber hinaus ist es relativ einfach möglich, das Werkstoffverhalten in Abhängigkeit von der Temperatur mittels dynamisch-mechanischer thermischer Analyse (DMTA) zu untersuchen.

Für die Durchführung der DMA stehen eine Reihe von Verfahren zur Verfügung, die sich hinsichtlich des realisierbaren Frequenzbereiches, der Art der mechanischen Beanspruchung und der Größe der messbaren Werkstoffeigenschaften unterscheiden. Eine Einteilung ist in Abhängigkeit von der Art der Schwingungsanregung in Verfahren mit erzwungenen Schwingungen, mit freien gedämpften Schwingungen und mit Resonanzschwingungen möglich. Im Bereich hoher Frequenzen wird darüber hinaus die Ausbreitung von Schall- und Ultraschallwellen zur Kennwertermittlung verwendet. Die unterschiedlichen Methoden der DMA sind in der DIN EN ISO 6721 standardisiert.

Verfahren mit erzwungenen Schwingungen

Für die Charakterisierung viskoelastischer Eigenschaften unter Verwendung erzwungener Schwingungen wird der Prüfkörper einer sinusförmig wechselnden mechanischen Beanspruchung konstanter Frequenz und konstanter Amplitude ausgesetzt. Bei linear-viskoelastischem Materialverhalten weisen die zeitlichen Änderungen von Spannung und Deformation im eingeschwungenen Zustand die gleiche Frequenz aber unterschiedliche Phasenlagen auf. Für den Fall einer Normalspannungsbeanspruchung gilt:

$$\varepsilon(t) = \varepsilon_0 \sin \omega t \tag{4.53}$$

$$\sigma(t) = \sigma_0 \sin(\omega t + \delta) \tag{4.54}$$

Dies ist in Bild 4.10 schematisch veranschaulicht.

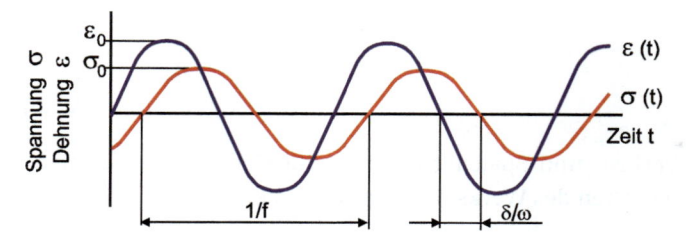

Bild 4.10 Zeitliche Änderung von Spannung und Dehnung bei dynamisch-mechanischer Analyse unter Verwendung erzwungener Schwingungen

Infolge der Phasenverschiebung δ zwischen Spannung und Dehnung ist zur Beschreibung des Spannungs-Dehnungs-Zusammenhanges der Modul als komplexe Größe E^* einzuführen.

$$E^* = E' + iE'' \tag{4.55}$$

Der komplexe Modul kann als Vektor in der komplexen Zahlenebene betrachtet werden (Bild 4.11), dessen Richtung durch den Phasenwinkel δ und dessen Betrag durch das Verhältnis der Amplitudenwerte von Spannung und Dehnung gegeben ist:

$$|E^*| = \frac{\sigma_0}{\varepsilon_0} \tag{4.56}$$

Unter Verwendung einfacher trigonometrischer Beziehungen ist eine Aufteilung in Realteil E' und Imaginärteil E'' möglich:

$$E' = E^* \cos\delta = \frac{\sigma_0}{\varepsilon_0} \cos\delta \tag{4.57}$$

und

$$E'' = E^* \sin\delta = \frac{\sigma_0}{\varepsilon_0} \sin\delta \tag{4.58}$$

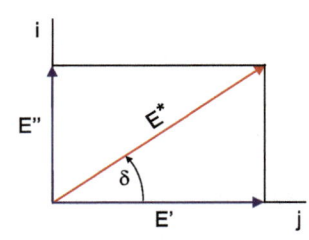

Bild 4.11 Darstellung des Moduls E^* in der komplexen Zahlenebene

Der Realteil E' wird als Speichermodul bezeichnet. Er ist ein Maß für die während der Schwingungsperiode speicherbare Energie W_{rev}. Im Unterschied dazu steht der Imaginärteil E'' mit der während der Schwingungsperiode dissipierten Energie W_{irrev} im Zusammenhang. Er wird deshalb als Verlustmodul bezeichnet.

$$W_{\text{rev}} = \frac{1}{2}E'\varepsilon_0^2 \tag{4.59}$$

$$W_{\text{irrev}} = \pi E''\varepsilon_0^2 \tag{4.60}$$

Aus dem Verhältnis von Verlust- und Speichermodul ergibt sich der Verlustfaktor tan δ, der das Dämpfungsverhalten des Werkstoffs charakterisiert:

$$\tan\delta = \frac{E''}{E'} = \frac{1}{2\pi} \cdot \frac{W_{\text{irrev}}}{W_{\text{rev}}} \tag{4.61}$$

Das Verfahren der erzwungenen Schwingungen ist auf Frequenzen unterhalb der Resonanzfrequenz des Prüfkörpers beschränkt. Kommerzielle Geräte arbeiten im Bereich von etwa 10^{-2} Hz bis 10^2 Hz. Die Steuerung der Messung kann sowohl dehnungs- als auch spannungskontrolliert erfolgen, was die Bestimmung von komplexem Modul E^* und komplexer Nachgiebigkeit C^* ermöglicht. Durch axial und torsional arbeitende Prüfgeräte kann unter Verwendung einer entsprechenden Prüfkörperaufnahme eine Vielzahl unterschiedlicher Beanspruchungsfälle (Zug, Druck, Biegung, Scherung, Torsion) realisiert werden. Dies gestattet die Ermittlung komplexer Elastizitäts- und Schermoduli in einem weiten Steifigkeitsbereich von 10^{-3} MPa bis 10^6 MPa. Der größte Nachteil des Verfahrens liegt in der geringen Empfindlichkeit bei der Messung kleiner Dämpfungen (tan δ < 0,01).

Aufgrund ihrer großen Anwendungsbreite spielen Verfahren mit erzwungenen Schwingungen heute eine dominierende Rolle bei der dynamisch-mechanischen Analyse polymerer Werkstoffe.

Verfahren mit freien gedämpften Schwingungen (Torsionspendel)

Wird ein Prüfkörper durch eine impulsartige Deformation aus seiner Ruhelage ausgelenkt, so kehrt er in freien gedämpften Schwingungen in den Gleichgewichtszustand zurück. Die Eigenfrequenz der Schwingung sowie die zeitliche Abnahme der Schwingungsamplituden sind von den viskoelastischen Eigenschaften des Werkstoffs abhängig.

Das Prinzip der freien gedämpften Schwingungen findet in Form des Torsionspendel-Verfahrens technische Anwendung und ist in DIN EN ISO 6721-2 standardisiert. Der prinzipielle Aufbau des Torsionspendels ist in Bild 4.12 schematisch dargestellt. Ein vorzugsweise prismatischer Prüfkörper (1) wird an einem Ende fest eingespannt (2). Am anderen Ende wird er mit einer Schwungmasse (3) verbunden, die das Trägheitsmoment und damit die Eigenfrequenz des Gesamtsystems beeinflusst. Zur Vermeidung von Normalspannungen in Längsrichtung des Prüfkörpers kann ein Gewichtsausgleich (4) verwendet werden. Durch eine impulsartige Auslenkung der Schwungmasse wird der Prüfkörper zu frei abklingenden Torsionsschwingungen angeregt, wie schematisch in Bild 4.13 gezeigt.

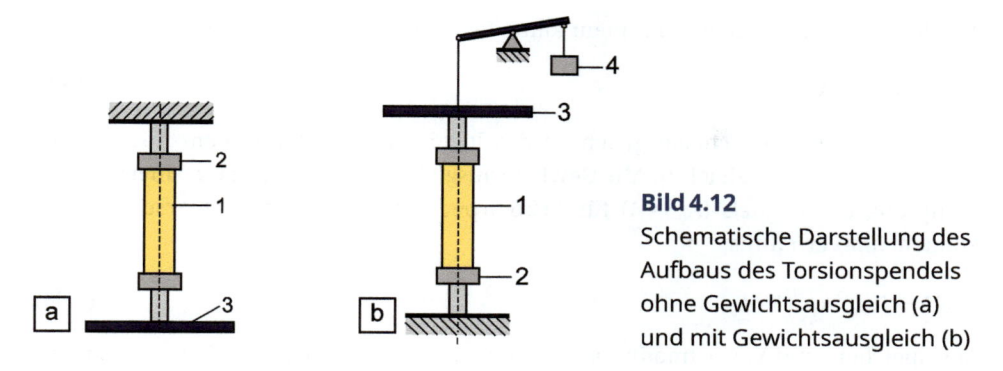

4.2 Mechanische Spektroskopie

Bild 4.12
Schematische Darstellung des Aufbaus des Torsionspendels ohne Gewichtsausgleich (a) und mit Gewichtsausgleich (b)

Aus der Eigenfrequenz der Schwingung ist die Bestimmung des Speichermoduls G' möglich. Nach DIN EN ISO 6721-2 gilt:

$$G' = 4\pi I \left(f_d^2 F_d - f_0^2\right) F_g \tag{4.62}$$

Dabei ist f_d die Eigenfrequenz des Pendels mit und f_0 die Eigenfrequenz des Pendels ohne Prüfkörper (bei Arbeit ohne Gewichtsausgleich gilt $f_0 = 0$). Als weitere Einflussgrößen sind das Trägheitsmoment I der Schwungmasse mit Einspannung sowie eine Dämpfungskorrektur F_d und der Geometriefaktor F_g zu berücksichtigen. Bei Verwendung von prismatischen Prüfkörpern (Einspannlänge L, Breite b, Dicke h) mit $h/b \leq 6$ gilt mit einem geometrischen Korrekturfaktor $F_c = 1 - 0{,}63\, h/b$:

$$G' = 12\pi^2 I f_d^2 \left(1 - (\Lambda/2\pi)^2 - (f_0/f_d)^2\right) L / \left(bh^3 F_c\right) \tag{4.63}$$

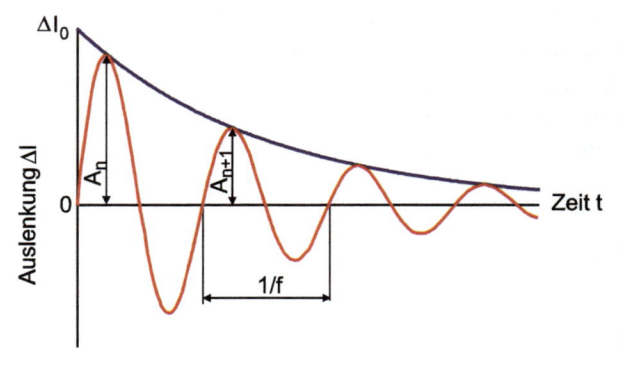

Bild 4.13
Frei abklingende gedämpfte Schwingung

Das logarithmische Dekrement Λ charakterisiert die Dämpfung des Systems. Es wird aus dem Verhältnis der Amplituden aufeinanderfolgender Schwingungen bestimmt:

$$\Lambda = \ln \frac{A_n}{A_{n+1}} \tag{4.64}$$

Mit dem logarithmischen Dekrement kann der Verlustmodul G'' berechnet werden:

$$G'' = 4\pi I f_d^2 (\Lambda - \Lambda_0) F_g \tag{4.65}$$

Bei Arbeit ohne Gewichtsausgleich ist das logarithmische Dekrement des Pendels ohne Prüfkörper Λ_0 gleich 0. Mit Gewichtsausgleich ergibt sich bei geringer Eigendämpfung des Pendels ($\Lambda_0 \ll \Lambda$) für Prüfkörper mit rechteckigem Querschnitt und kleinem h/b-Verhältnis:

$$G'' = 12\pi I f_d^2 \Lambda L / \left(b h^3 F_c \right) \tag{4.66}$$

Aus Speicher- und Verlustmodul lassen sich analog zu Formel 4.57, Formel 4.58 und Formel 4.61 der komplexe Modul G^* und der Verlustfaktor $\tan \delta$ bestimmen.

Das Torsionspendel arbeitet bei Frequenzen im Bereich von 0,1 bis 10 Hz. Es wird bevorzugt zur Untersuchung von Werkstoffen mit geringer Dämpfung ($\tan \delta \leq 0,1$) verwendet. Bei Untersuchungen in Abhängigkeit von der Temperatur findet infolge der Moduländerungen eine Veränderung der Eigenfrequenz des Systems statt (s. z. B. Formel 4.62). Modul-Temperatur-Kurven werden deshalb in der Regel bei gleitender Frequenz gemessen. Allerdings ist eine Kompensation der Frequenzänderungen über Veränderungen des Trägheitsmoments der Schwungmasse prinzipiell möglich.

Die wesentlichen Vorteile des Torsionspendels bestehen in der Einfachheit von Aufbau und Messwerterfassung sowie in der hohen Empfindlichkeit.

Verfahren mit erzwungenen Schwingungen im Resonanzbereich

Werden erzwungene Schwingungen mit einer Frequenz erzeugt, deren Wellenlänge die Größe der Prüfkörperabmessungen erreicht, so kommt es zu Resonanzerscheinungen. Erfolgt die Anregung des Prüfkörpers im Resonanzgebiet mit einer konstanten Kraftamplitude, so durchläuft die Amplitude der Auslenkung ein Maximum (Bild 4.14). Resonanzfrequenz f_i und Halbwertsbreite Δf_i stehen mit den viskoelastischen Eigenschaften des untersuchten Werkstoffs im Zusammenhang.

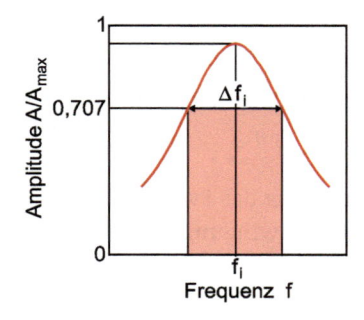

Bild 4.14 Resonanzkurve eines viskoelastischen Materials

4.2 Mechanische Spektroskopie

Eine Anwendung erzwungener Resonanzschwingungen zur Bestimmung des komplexen Moduls findet in Form des Biegeschwingversuches (DIN EN ISO 6721-3) statt. Als Prüfkörper wird ein prismatischer Stab verwendet, der entweder einseitig eingespannt (Verfahren A) oder an Textilfäden in den Schwingungsknoten aufgehängt wird (Verfahren B). Beide Versuchsanordnungen sind schematisch in Bild 4.15 veranschaulicht.

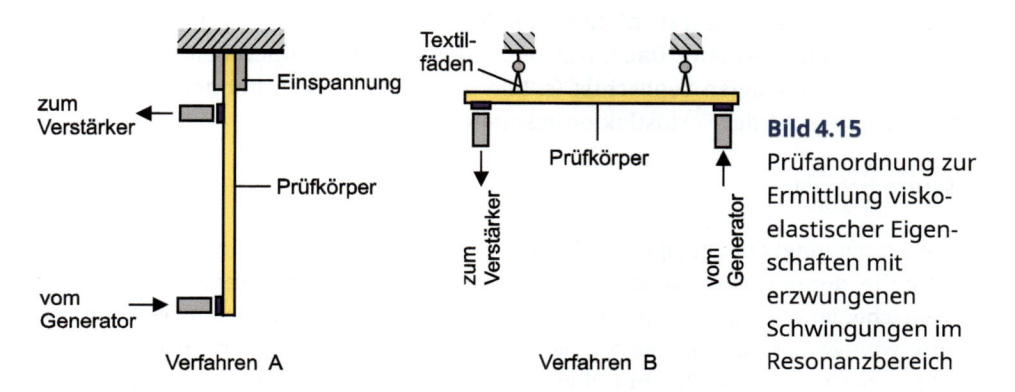

Bild 4.15 Prüfanordnung zur Ermittlung viskoelastischer Eigenschaften mit erzwungenen Schwingungen im Resonanzbereich

Anregung und Messung der Biegeschwingungen erfolgen berührungsfrei über elektromagnetische Wandler, die über dünne, auf der Prüfkörperoberfläche aufgeklebte Metallplättchen an den Polymerwerkstoff ankoppeln. mithilfe eines Frequenzgenerators kann die Anregungsfrequenz in einem Bereich von etwa 10 Hz bis 10^3 Hz kontinuierlich variiert werden.

Beim Durchlaufen dieses Frequenzbereiches werden am Detektor mehrere Maxima der Schwingungsamplitude registriert, die Resonanzstellen unterschiedlicher Ordnung i (i = 1, 2, 3, ...) entsprechen. Aus der Resonanzfrequenz f_i an der i-ten Resonanzstelle, sowie der Dichte ρ des untersuchten Werkstoffs und den Abmessungen (freie Länge L, Dicke h) kann der Realteil des komplexen Elastizitätsmoduls E' ermittelt werden:

$$E' = \left[4\pi(3\rho)^{1/2} L^2/h\right]^2 \left[f_i / k_i^2\right] \tag{4.67}$$

Der Zahlenwert k_i^2 hängt von der Ordnungszahl i der Resonanzstelle und den Einspannbedingungen ab.

Tabelle 4.1 Zahlenwert k_i^2 zur Bestimmung des Speichermoduls E' im Biegeschwingversuch

Ordnungszahl i	k_i^2 (Verfahren A)	k_i^2 (Verfahren B)
1	3,52	22,4
2	22,0	61,7
> 2	$(i - 1/2)^2 \pi^2$	$(i - 1/2)^2 \pi^2$

Aus der Halbwertsbreite der Resonanzkurve Δf_i und der Resonanzfrequenz f_i kann als weitere Kenngröße der Verlustfaktor tan δ berechnet werden:

$$\tan\delta = \frac{\Delta f_i}{f_i} \qquad (4.68)$$

Alternativ empfiehlt sich insbesondere bei Werkstoffen mit geringer Eigendämpfung (tan δ < 0,01) die Analyse frei abklingender Schwingungen nach Abschalten des Erregers bei Resonanzfrequenz. Dabei wird eine Abnahme der Amplituden aufeinanderfolgender Schwingungen beobachtet (s. Bild 4.13), aus der sich mit dem logarithmischen Dekrement Λ der Verlustfaktor bestimmen lässt:

$$\tan\delta = \frac{\Lambda}{\pi} = \frac{1}{\pi}\ln\frac{A_n}{A_{n+1}} \qquad (4.69)$$

Der Biegeschwingversuch eignet sich vorzugsweise für die Charakterisierung steifer Werkstoffe, deren Verlustfaktor den Wert von tan δ = 0,1 nicht wesentlich übersteigt. Ein entscheidender Nachteil des Verfahrens besteht darin, dass zur Auswertung nur relativ wenige Resonanzstellen zur Verfügung stehen und dass eine Beeinflussung der Lage der Resonanzstellen nur über die Veränderung der Prüfkörperabmessungen möglich ist. Bei temperaturabhängigen Messungen finden Veränderungen der Resonanzfrequenzen statt, so dass eine Kennwertermittlung bei konstanter Frequenz nicht möglich ist. aufgrund des realisierbaren Frequenzbereiches liegt das bevorzugte Anwendungsgebiet der Biegeschwingversuche bei der Charakterisierung von Körperschall-Isolationsmaterialien.

Verfahren auf der Grundlage der Wellenausbreitung (Ultraschall-Verfahren)

Oberhalb der Resonanzfrequenz wird die Wellenlänge der oszillierenden mechanischen Beanspruchung klein im Vergleich zu den Prüfkörperabmessungen. Dadurch ist es möglich, die Charakteristik der Wellenausbreitung im Werkstoff zur Bestimmung der viskoelastischen Eigenschaften zu nutzen. Die Untersuchungen werden üblicherweise mittels Ultraschall (f > 20 kHz) im Impuls-Echo- oder Impuls-Transmissionsverfahren durchgeführt [4.29, 4.30]. Dabei werden Schallgeschwindigkeit v und Schallabsorptionskoeffizient α aus der akustischen Weglänge l und der zugehörigen Impulslaufzeit sowie den Impulsamplituden I_1 und I_2 bei unterschiedlichen Weglängen l_1 und l_2 ermittelt.

$$v = \frac{l}{t} \qquad (4.70)$$

$$\alpha = \frac{1}{l_2 - l_1}\ln\frac{I_1}{I_2} \qquad (4.71)$$

Unter Verwendung von Longitudinalwellen (v_l, α_l) und Transversalwellen (v_t, α_t) können bei Kenntnis der Dichte ρ des Werkstoffs Longitudinalwellenmodul L und G bestimmt werden. Bei geringer Dämpfung ($\alpha\lambda/2\pi$ << 1) gilt näherungsweise [4.31]:

$$L' = \rho v_l^2$$

und (4.72)

$$L'' = \frac{2\rho \alpha_l v_l^3}{\omega}$$

$$G' = \rho v_t^2$$

und (4.73)

$$G'' = \frac{2\rho \alpha_t v_t^3}{\omega}$$

Aus Longitudinalwellen- und Schermodul kann entsprechend der Elastizitätstheorie der Elastizitätsmodul E' berechnet werden. Er ist vom Verhältnis der Ausbreitungsgeschwindigkeiten von Transversal- und Longitudinalwellen abhängig:

$$E' = \frac{3L' - 4G'}{L'/G' - 1} = 4\rho v_t^2 \cdot \left(\frac{0{,}75 - (v_t/v_l)^2}{1 - (v_t/v_l)^2} \right) \quad (4.74)$$

Große Bedeutung haben Ultraschall-Verfahren zur Bestimmung der Eigenschaften von orientierten Kunststoffen und Polymerkompositen erlangt. Durch Variation von Polarisationsrichtung und Ausbreitungsrichtung der Ultraschallwellen können alle Komponenten der Steifigkeitsmatrix an einem einzigen Prüfkörper ermittelt werden.

Ultraschallmessungen finden üblicherweise bei Frequenzen zwischen 100 kHz und 100 MHz statt. Das obere Ende des Frequenzbereiches ist dabei durch die starke Zunahme der Dämpfung gegeben. Für die Arbeit in diesem weiten Frequenzbereich ist die Verwendung unterschiedlicher Schwingungserreger notwendig. Relativ große Frequenzbereiche können nach einer breitbandigen Anregung mithilfe der *Fourier*-Analyse erfasst werden [4.32].

4.2.2 Zeit- und Temperaturabhängigkeit der viskoelastischen Eigenschaften

Die Zeit- und Temperaturabhängigkeit der viskoelastischen Eigenschaften ist für Polymerwerkstoffe von großer anwendungstechnischer Bedeutung. Sie bildet deshalb auch die Grundlage für die Einteilung in Elastomere, Thermoplastische Elastomere, Thermoplaste und Duroplaste. In Bild 4.16 ist die Abhängigkeit der viskoelastischen Eigenschaften Speichermodul E', Verlustmodul E'' und Verlustfaktor tan δ von der Beanspruchungszeit t für einen amorphen Thermoplast schematisch dargestellt.

Basierend auf dem diskontinuierlichen Verlauf des Speichermoduls E' kann das viskoelastische Verhalten in vier charakteristische Bereiche unterteilt werden. Bei kurzzeitiger Beanspruchung ($t \ll \tau_\alpha$) liegt das Material im Glaszustand vor. Hier ist der Speichermodul mit Werten zwischen 10^9 Pa und 10^{10} Pa nur relativ wenig zeitabhängig. Im Glasübergangsbereich ($t \approx \tau_\alpha$) erfolgt in einem relativ kurzen Zeitintervall eine drastische Abnahme des Speichermoduls um 3 bis 4 Dekaden. Darauf folgt ein mehr oder weniger ausgeprägtes gummielastisches Plateau, in dem das Material weich und gummiartig deformierbar ist. Bei sehr langen Beanspruchungszeiten dominieren im Fließbereich die viskosen Eigenschaften das mechanische Verhalten.

Die Zeitabhängigkeit des Speichermoduls wird entsprechend Formel 4.35 durch eine Relaxationszeitverteilung $H(\tau)$ bestimmt, deren strukturelle Ursache ein Spektrum molekularer Relaxationsprozesse ist. Diskontinuierliche Veränderungen im Kurvenverlauf sind auf Veränderungen des dominierenden Relaxationsmechanismus zurückzuführen. Dabei durchlaufen die mechanischen Verluste (E'', tan δ) infolge molekularer Reibungsprozesse ein lokales Maximum.

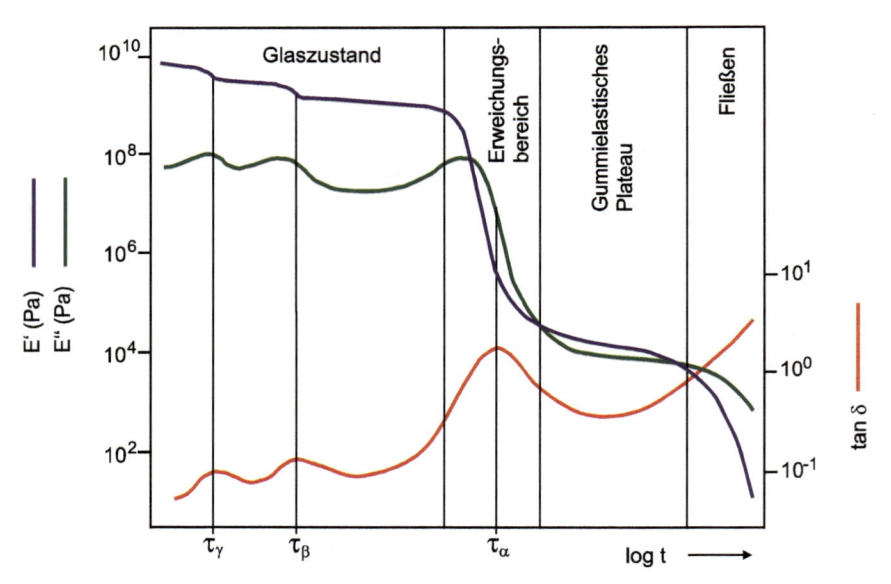

Bild 4.16 Zeitabhängigkeit der viskoelastischen Eigenschaften eines amorphen Thermoplasts (schematisch)

Wichtigster Relaxationsprozess bei amorphen Thermoplasten ist der Glasübergang, der auch als Hauptrelaxations- oder α-Prozess bezeichnet wird. Er steht mit der Aktivierung der mikrobrownschen Bewegung im Zusammenhang. Hierunter werden kooperative Umlagerungen von längeren Teilstücken der Polymerkette (ca. 50 bis 100 Einheiten) verstanden. Im Glaszustand können bei amorphen Polymeren weitere Nebenrelaxationsprozesse (β-, γ-Prozess) auftreten, die durch molekulare Bewegungsvorgänge von Substituenten, Seitenketten oder kurzen Sequenzen der Hauptkette verursacht werden. Dabei ist im Allgemeinen eine Zunahme der Relaxationszeit mit der Größe der am Relaxationsprozess teilnehmenden Struktureinheiten zu beobachten. Nebenrelaxationsprozesse haben nur einen geringen Einfluss auf den Speichermodul E' des Werkstoffs, sie können jedoch teilweise deutliche Zähigkeitsänderungen bewirken [4.33].

Nach Durchlaufen des Glasübergangsbereiches dominiert Entropieelastizität (s. Abschnitt 4.1.2.1) das mechanische Verhalten im Bereich des gummielastischen Plateaus. In diesem Bereich wirken Entanglements als temporäre Knoten eines flexibelkettigen Polymernetzwerkes. Entschlaufungsvorgänge führen nach sehr langen Beanspruchungszeiten zu einer Auflösung der Netzknoten. Dadurch werden irreversible Fließprozesse ermöglicht.

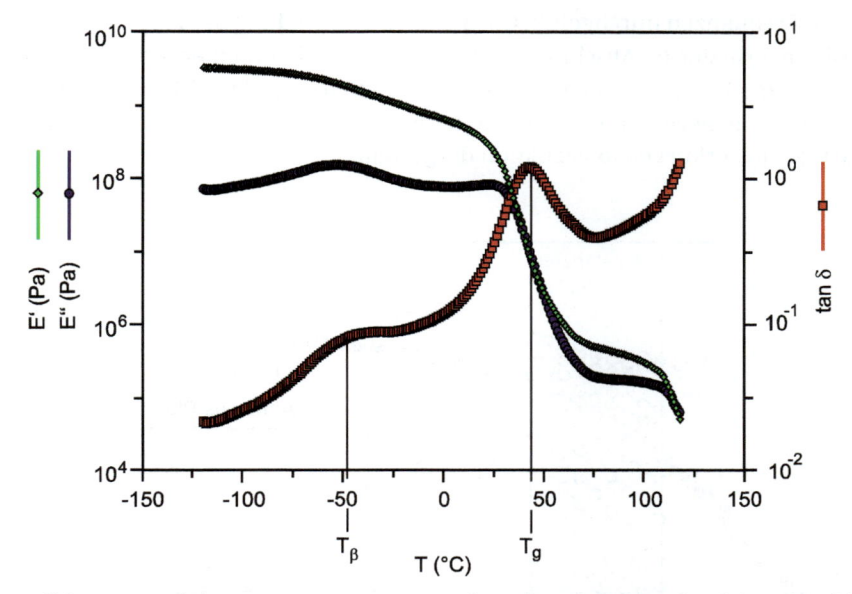

Bild 4.17 Modul-Temperatur-Kurven und mechanischer Verlustfaktor in Abhängigkeit von der Temperatur für Polyvinylbutyrat (Frequenz f = 1 Hz)

Die in Bild 4.16 dargestellten Veränderungen der viskoelastischen Eigenschaften finden bei amorphen Thermoplasten über einen Zeitbereich von 15 bis 20 Dekaden statt. Da dieser große Bereich nur in Teilen experimentell zugänglich ist, werden Untersuchungen zur Charakterisierung des viskoelastischen Verhaltens häufig in Abhängigkeit von der Temperatur ausgeführt. Entsprechend der Zeit-Temperatur-Äquivalenz (s. Abschnitt 4.1.2.3) ist es möglich, das gesamte Spektrum der viskoelastischen Eigenschaften bei einer konstanten Beanspruchungszeit bzw. Frequenz in einem Temperaturlauf zu erfassen. Im Ergebnis einer derartigen Messung zeigt Bild 4.17 die Temperaturabhängigkeit von Speichermodul E', Verlustmodul E'' sowie Verlustfaktor $\tan \delta$ für den amorphen Thermoplast Polyvinylbutyrat. Die Untersuchungen wurden bei einer konstanten Frequenz von 1 Hz unter dynamischer Zugbeanspruchung im Bereich von $-120\,°C \leq T \leq +120\,°C$ durchgeführt. Deutlich sind dabei Glaszustand, Glasübergangsbereich, gummielastisches Plateau und Fließbereich zu unterscheiden. Als eine anwendungstechnisch bedeutsame Größe kann die dynamische Glastemperatur T_g ermittelt werden. Sie wird in der Praxis häufig im Maximum des Verlustfaktors bestimmt. Gelegentlich wird jedoch auch das zu tieferen Temperaturen verschobene Maximum des Verlustmoduls als Bezugspunkt verwendet. Im Vergleich zu den Ergebnissen statischer Untersuchungsmethoden (Kalorimetrie, Dilatometrie) wird die Glastemperatur unter dynamischer Beanspruchung infolge der Zeitabhängigkeit der viskoelastischen Eigenschaften bei höheren Temperaturen beobachtet.

Werden temperaturabhängige Messungen der viskoelastischen Eigenschaften bei unterschiedlichen Frequenzen durchgeführt, so ist unter Anwendung des Zeit-Temperatur-Superpositionsprinzips (s. Abschnitt 4.1.2.3) die Konstruktion einer Masterkurve möglich, die für eine Referenztemperatur T_0 eine Abschätzung des viskoelastischen Verhaltens über den experimentell erfassten Zeitbereich hinaus erlaubt. In Bild 4.18 ist eine derartige Masterkurvenkonstruktion dargestellt.

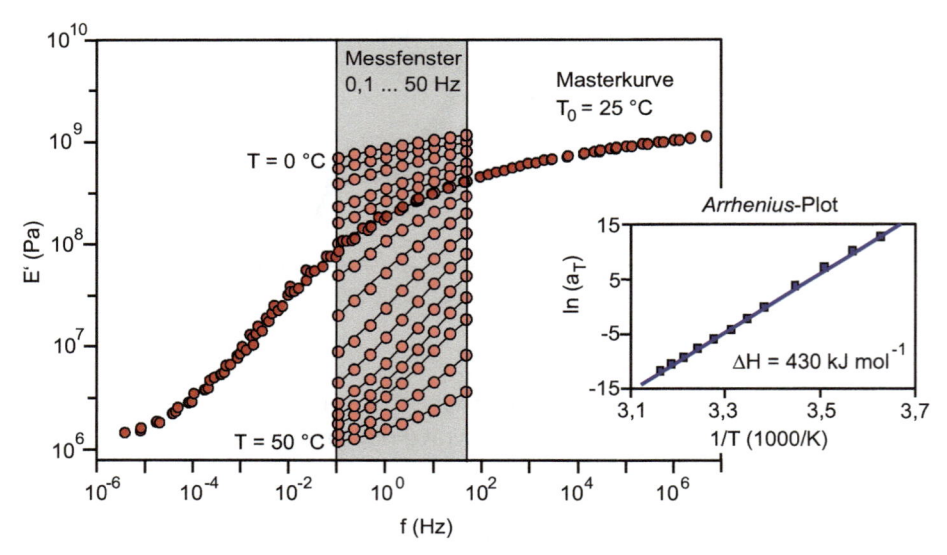

Bild 4.18 Masterkurve des Speichermoduls von Polyvinylbutyrat für die Referenztemperatur $T_0 = 25\,°C$

Basierend auf experimentellen Daten, die bei Temperaturen von $0\,°C$ bis $50\,°C$ in einem Frequenzbereich von 0,1 Hz bis 50 Hz im Glasübergangsbereich ermittelt wurden, ist die Abschätzung des mechanischen Verhaltens über einen Zeitraum von mehr als 10 Dekaden möglich.

4.2.3 Strukturelle Einflussgrößen auf die viskoelastischen Eigenschaften

Zusammenhänge zwischen strukturellem Aufbau, molekularen Relaxationsprozessen und viskoelastischen Eigenschaften sind für die Werkstoffcharakterisierung und Werkstoffentwicklung von großem praktischem Interesse. Sie sind deshalb Gegenstand intensiver theoretischer [4.34, 4.35] und experimenteller Arbeiten [4.36–4.38].

Aus dem Verlauf der viskoelastischen Eigenschaften in Abhängigkeit von Zeit und Temperatur können bei amorphen Polymeren u. a. Informationen über Kettensteifigkeit (chemischer Aufbau von Rückgratkette und Substituenten), zwischenmolekulare Wechselwirkungen (molekularer Reibungskoeffizient), molare Masse sowie deren Verteilung, Vernetzungsdichte und molekulare Orientierung, bei teilkristallinen Polymeren darüber hinaus Aussagen über Kristallinitätsgrad und Kristallitmorphologie (Lamellendicke) gewonnen werden. Große Bedeutung haben die viskoelastischen Eigenschaften auch für die Untersuchung von Zusammensetzung, Phasenmorphologie und Phasengrenzflächeneffekten bei Copolymeren und Polymerblends.

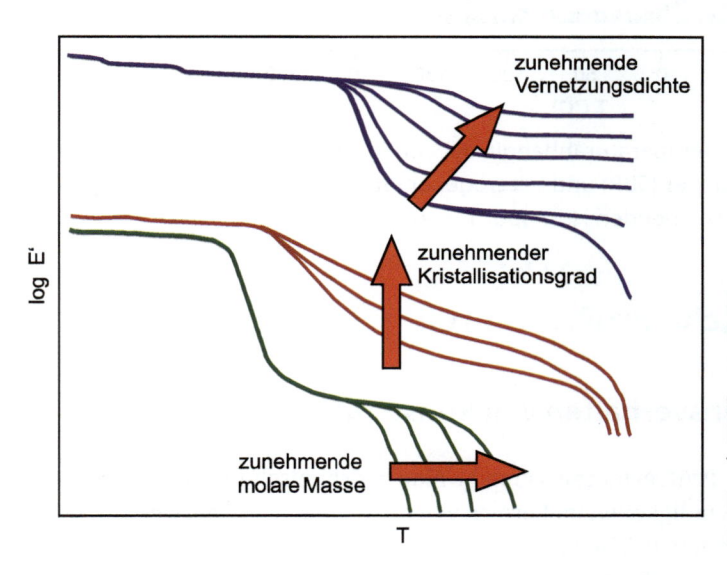

Bild 4.19
Einfluss von molarer Masse, Vernetzungsdichte und Kristallinitätsgrad auf die Temperaturabhängigkeit des Speichermoduls (schematisch)

Exemplarisch veranschaulicht Bild 4.19 den Einfluss von molarer Masse, Vernetzungsdichte und Kristallinitätsgrad auf die Temperaturabhängigkeit des Speichermoduls.

In Bild 4.20 werden die Unterschiede in der Temperaturabhängigkeit der viskoelastischen Eigenschaften homogener und heterogener Polymersysteme auf Basis von Styrol-Butadien-Copolymeren veranschaulicht. Während das zweiphasige Blockcopolymer (SBS) zwei getrennte Glasübergänge im Bereich der Übergangstemperaturen der Ausgangskomponenten Polybutadien (PB) und Polystyrol (PS) aufweist, wird bei dem einphasigen statistischen Copolymer (SBR) nur ein Glasübergang beobachtet, dessen Temperaturlage gegenüber den Werten der Ausgangskomponenten entsprechend der Zusammensetzung der Mischphase verschoben ist.

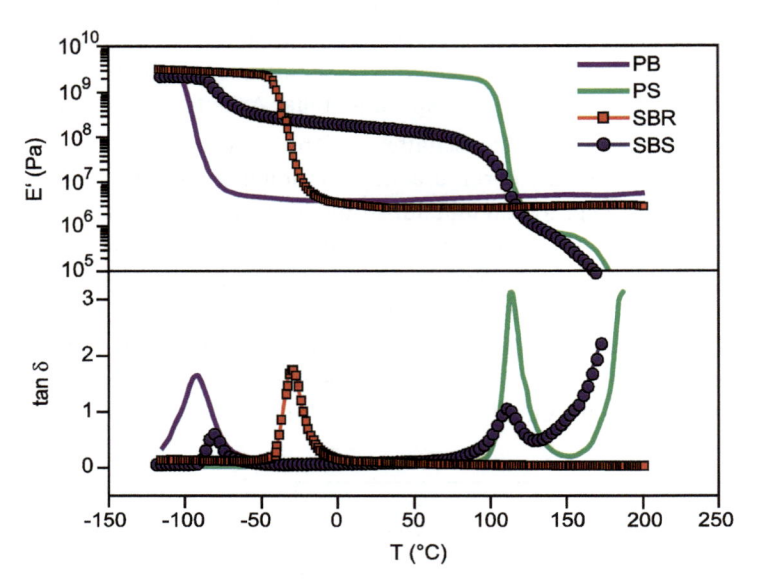

Bild 4.20 Vergleich der Temperaturabhängigkeit von Speichermodul und Verlustfaktor homogener (SBR) und heterogener (SBS) Styrol-Butadien-Copolymere mit den entsprechenden Homopolymeren (PB und PS)

4.3 Quasistatische Prüfverfahren

4.3.1 Deformationsverhalten von Kunststoffen

Unter quasistatischen Prüfverfahren versteht man mechanisch-technologische Versuche, die Dehngeschwindigkeiten im Bereich von ca. 10^{-5} bis $10^{-1}\,s^{-1}$ aufweisen, wobei der Bruch des verwendeten Prüfkörpers oder eine festgelegte Beanspruchungsgrenze in einer ökonomisch vertretbaren Zeitspanne erreicht werden. Die Beanspruchung erfolgt dabei voraussetzungsgemäß langsam, stoßfrei und stetig ansteigend bis zum Bruch. Die bei diesen Versuchen benutzten Universalprüfmaschinen müssen deshalb im Fall der bevorzugt durchgeführten konventionellen Prüfverfahren, unabhängig von der Höhe der Belastung und der Geschwindigkeit, eine konstante Abzugsgeschwindigkeit der Traverse gewährleisten. Unter diesen formalen Bedingungen dienen die quasistatischen Prüfverfahren, wie Zug- oder Biegeversuch, vorwiegend zur Ermittlung von Werkstoffkennwerten bzw. Werkstoffkennfunktionen, der Qualitätssicherung, Schadensfallanalyse und Vorauswahl von Kunststoffen für definierte Einsatzfälle sowie der Lösung einfacher konstruktiver Aufgaben [1.38].

Bei der mechanischen Beanspruchung von Kunststoffen setzt sich die entstehende Gesamtverformung aus den folgenden Anteilen zusammen, wobei der absolute Betrag dieser Anteile von der effektiven Belastungszeit und der wirkenden Temperatur abhängt:

- elastische Verformung,
- linear-viskoelastische Verformung,
- nichtlinear-viskoelastische Verformung und
- plastische Verformung.

Grundsätzlich ist der Bereich der *elastischen Verformung*, der einer Veränderung der atomaren Abstände und Valenzwinkel im Makromolekül bei gleichzeitiger Speicherung der elastischen potenziellen Energie entspricht, bei unverstärkten thermoplastischen Kunststoffen sehr gering. Die im Herstellungsprozess entstandenen Verknüpfungen des Molekülverbandes werden bei einer energieelastischen Verformung nicht aufgehoben. Bei derartigen Werkstoffen entspricht dieser Bereich einer reversiblen Dehnung von < 0,1 % und ist bei einer linearen Beziehung zwischen Spannung und Dehnung vollständig durch das *Hooke*'sche Gesetz beschrieben. Bei Duroplasten mit einer Netzwerkstruktur oder hochgefüllten bzw. -verstärkten thermoplastischen Werkstoffen kann dieses Verhalten speziell bei geringen Beanspruchungszeiten und/oder niedrigen Temperaturen bis zu 40 % von der jeweiligen Bruchspannung beobachtet werden [4.39]. Insbesondere bei unidirektional verstärkten Faserverbundwerkstoffen ist dieses Verformungsverhalten bis zum Bruch des verwendeten Prüfkörpers dominant.

Im Gegensatz zu metallischen Werkstoffen tritt bei Kunststoffen selbst bei kleinen Verformungen und anwendungstechnisch relevanten Temperaturen ein mechanisch reversibles, aber zeitabhängiges Deformationsverhalten auf, welches als Viskoelastizität bezeichnet wird. Dabei unterscheidet man in Abhängigkeit von der Belastungshöhe grundsätzlich zwischen der linear-viskoelastischen und der nichtlinear-viskoelastischen Deformationskomponente (s. Abschnitt 4.1.2.3).

Die *linear-viskoelastische Verformung* ist durch mechanisch stimulierte molekulare Umlagerungsprozesse charakterisiert, wobei die bestehenden Verknüpfungen im Molekülverband nicht aufgehoben werden. Erfahrungsgemäß liegt dieser Deformationsbereich bei thermoplastischen Kunststoffen im Intervall von 0,1 bis ca. 0,5 % der applizierten Gesamtdehnung und geht dann in die nichtlinear-viskoelastische Verformung über. Die als Reaktion auf eine Beanspruchung entstehende Dehnung ist reversibel, aber zeit- und temperaturabhängig, wie in Bild 4.21a, b für statische Beanspruchung schematisch dargestellt. Sie bleibt während der Be- und Entlastung zeitlich hinter der aufgebrachten Spannung zurück und es entsteht eine Hysteresekurve (Bild 4.21c), wodurch sich bei quasistatischer Beanspruchung spezielle Anfahreffekte, wie Nullpunktdrift oder Spannungsrelaxation, ergeben können [4.40].

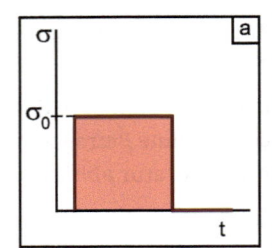

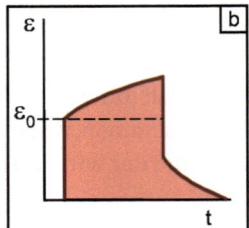

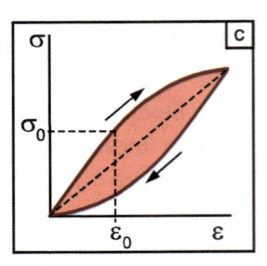

Bild 4.21 Linear-viskoelastisches Deformationsverhalten von Kunststoffen mit schematischer Darstellung der Spannungs-Zeit-Funktion (a) und der Dehnungs-Zeit-Funktion (b) bei statischer sowie der Spannungs-Dehnungs-Funktion (c) bei quasistatischer Beanspruchung

Sind die Eigenschaften der Kunststoffe nicht nur von der Zeit und der Temperatur, sondern auch von der Höhe der mechanischen Belastung abhängig, dann liegt *nichtlinear-viskoelastisches Verformungsverhalten* mit Auflösung molekularer Haftungspunkte vor. In diesem Deformationsbereich, der durch den Beginn der mikrostrukturellen Werkstoffschädigung charakterisiert ist, treten molekulare Platzwechselvorgänge auf, die zu irreversiblen Fließvorgängen und damit zu einer bleibenden Verformung führen [4.41]. Die *plastische Verformung* von Kunststoffen wird oft auch im Zusammenhang mit dem „kalten" Fließen und Verstreckungs- sowie Verfestigungsvorgängen genannt. Dabei weisen die Kunststoffe in Abhängigkeit von der gewählten Beanspruchungsart, Prüfgeschwindigkeit und -temperatur teilweise gut definierbare Streckspannungen auf. In Abhängigkeit von den oben genannten Faktoren sowie der Art des Kunststoffes sind die dominanten Verformungsmechanismen die Craze- und Scherbandbildung, die anhand mikrostruktureller Untersuchungsverfahren nachweisbar sind [4.42], teilweise aber auch makroskopisch sichtbar werden.

Die große Variationsvielfalt der Kunststoffe infolge chemischer Modifizierung, Mischen, Füllen und Verstärken führt durch die Wechselwirkung der unterschiedlichen organischen und anorganischen Komponenten zu neuen inneren Ober- bzw. Grenzflächen, woraus eine Vielzahl verschiedenartiger Schädigungsmechanismen resultiert. Diese Mechanismen, wie Faserbruch oder -debonding sowie Hohlraum- und Mikrorissbildung, werden schon frühzeitig im Übergangsbereich zwischen linear- und nichtlinear-viskoelastischer Verformung wirksam und beeinflussen dadurch die spätere Lebensdauer und Zuverlässigkeit beim Einsatz derartiger Werkstoffe. Problematisch ist dabei, dass diese Effekte im Spannungs-Dehnungs-Diagramm nicht sichtbar sind und demzufolge nur mittelbar über den Steifigkeitsverlust des verwendeten Prüfkörpers oder die hybriden Verfahren der Kunststoffdiagnostik (vgl. Kapitel 9) nachweisbar sind.

Unabhängig von dem beschriebenen Verformungsverhalten und den auftretenden Schädigungsmechanismen wirkt sich der herstellungsbedingte innere Zustand der verwendeten Prüfkörper entscheidend auf das Spannungs-Verformungs-Verhalten aus. Mit unterschiedlichen Herstellungsverfahren (z. B. Pressen und Spritzengießen) erzeugte Prüfkörper sind infolge der nicht vergleichbaren Eigenspannungen und Orientierungen als Bauteile aufzufassen, d. h. eine Ermittlung von Formmasse-Eigenschaften ist nur unter idealisierten Bedingungen möglich (vgl. Kapitel 2). aufgrund der Prüfbedingungen in den quasistatischen Prüfverfahren wirken sich unterschiedliche Eigenspannungen und Orientierungen auf den E-Modul aus, während verschiedene Orientierungszustände insbesondere die Festigkeit und das Deformationsverhalten beeinflussen.

Die mit quasistatischen Prüfverfahren ermittelten Kennwerte werden durch eine Überlagerung des mechanischen Experiments mit dem Retardations- bzw. Relaxationsverhalten sowie durch den jeweiligen Prüfkörperzustand, die Prüfbedingungen und die sich einstellenden Schädigungsmechanismen beeinflusst. Betrachtet man unter diesem Aspekt das Spannungs-Dehnungs-Verhalten eines hypothetischen Kunststoffes ohne Einfluss der Zeit im Zugversuch, ergibt sich die in Bild 4.22a dargestellte Spannungs-Dehnungs-Kurve. Treten im Experiment Einflüsse durch Retardationsmechanismen auf, vergrößert sich die Dehnung infolge des gleichzeitig auftretenden Kriechens (Bild 4.22b). Wirken zusätzlich Relaxationsmechanismen bleibt die Bruchdehnung konstant, aber die Zugfestigkeit verringert sich deutlich (Bild 4.22c). Im realen Zugversuch treten beide Anteile gleichzeitig auf, wodurch Festigkeit, Steifigkeit und Verformung beeinflusst werden (Bild 4.22d).

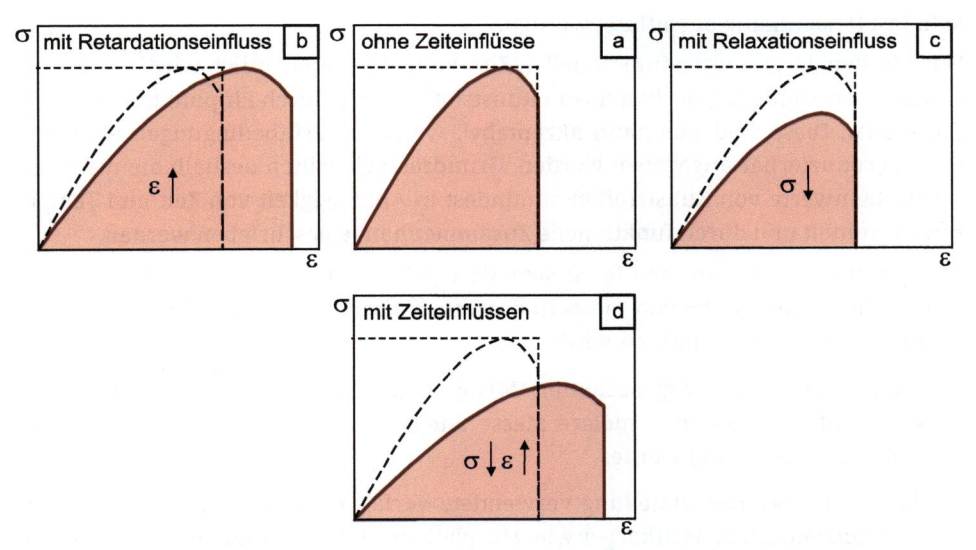

Bild 4.22 Schematische Darstellung des Spannungs-Dehnungs-Verhaltens bei quasistatischer Beanspruchung ohne Zeiteinfluss (a), mit Einfluss von Retardation (b), mit Einfluss der Spannungsrelaxation (c) und mit Zeiteinflüssen (d)

Eine Variation der Prüfbedingungen hinsichtlich Temperatur und Prüfgeschwindigkeit v_T (1 bis 500 mm min^{-1}), die zum Teil in den entsprechenden Prüfvorschriften zugelassen sind, führt zu einem breiten Spektrum an Werkstoffkennwerten. Die ablaufenden Relaxations- und Kriechprozesse sind im Bereich der praktisch relevanten Temperaturen und Einsatzzeiten bei der Dimensionierung von Kunststoffbauteilen und bei der Prüfung von Kunststoffen nicht vernachlässigbar. Bei den konstruktiv genutzten Duroplasten und Thermoplasten im Glaszustand liegen die realen Beanspruchungen in den meisten Fällen nicht in der unmittelbaren Nähe von Übergangsgebieten, so dass bei diesen Werkstoffen definierte E-Modulwerte angegeben werden können, die nur geringfügig von der Beanspruchungszeit und -temperatur abhängen. Bei vielen thermoplastischen Kunststoffen liegt jedoch der technische Anwendungsbereich durchaus im Bereich von Umwandlungsgebieten, so dass eine starke Abhängigkeit der ermittelten Werkstoffkennwerte von der Beanspruchungszeit, der Umgebungstemperatur und der Belastungshöhe vorliegt (Bild 4.23). Bild 4.23 zeigt für ausgewählte thermoplastische Kunststoffe den Zusammenhang zwischen dem E-Modul E_t aus dem Zugversuch, der Beanspruchungszeit t und der Prüftemperatur T. Dabei ist zu erkennen, dass in Abhängigkeit von der Art des Kunststoffes und den zugehörigen Umwandlungsbereichen eine deutliche Beeinflussung des Kennwertniveaus gemessen wird, was den Anwendungsbereich signifikant einschränken kann.

Das in Bild 4.23 dargestellte Verhalten kann durch die Zugabe von Füll- oder Verstärkungsstoffen, wie Kreide, Talkum, Kohle- oder Glasfasern [4.43] sowie von Nanopartikeln [4.44] nachhaltig beeinflusst werden.

Wie aus den dargestellten funktionellen Zusammenhängen deutlich wird, ist das Festigkeits- und Steifigkeitsverhalten von Kunststoffen nicht durch Einpunktangaben beschreibbar. Diese sind nur dann akzeptabel, wenn die Prüfbedingungen eindeutig und reproduzierbar angegeben werden. Grundsätzlich sollten deshalb die mechanischen Kennwerte von Kunststoffen zumindest in Abhängigkeit von Zeit und Temperatur ermittelt und durch funktionelle Zusammenhänge beschrieben werden.

Zusammenfassend kann man feststellen, dass jeder gemessene Kennwert an Kunststoffen durch eine Reihe von mess- und prüftechnisch sowie durch die Herstellung bedingten Faktoren beeinflusst wird:

- den Zustand und die Eigenschaften (M) der zu prüfenden Formmasse, wie chemischer Aufbau, Viskosität, molare Masse und deren Verteilung sowie eingesetzte Füll- und Verstärkungsstoffe,
- das zur Prüfkörperherstellung verwendete Verfahren und der resultierende innere Zustand (U) im Prüfkörper wie, Morphologie, Eigenspannungen, Orientierungen, und Kristallinitätsgrad,
- die Prüfkörpergeometrie (G), wie Schulterprüfkörper oder Flachprüfkörper, Kerbspannungen, Fließ- und Bindenähte sowie strukturelle Inhomogenitäten, wie Lunker oder Agglomerate und

- die Prüfstrategie und Prüftechnik, die unter dem Begriff Prüfbedingungen (*P*) zusammenfasst werden, wie Beanspruchungsart, Prüftemperatur und Prüfgeschwindigkeit sowie Umgebungseinflüsse (Feuchte, UV-Strahlung u. a.).

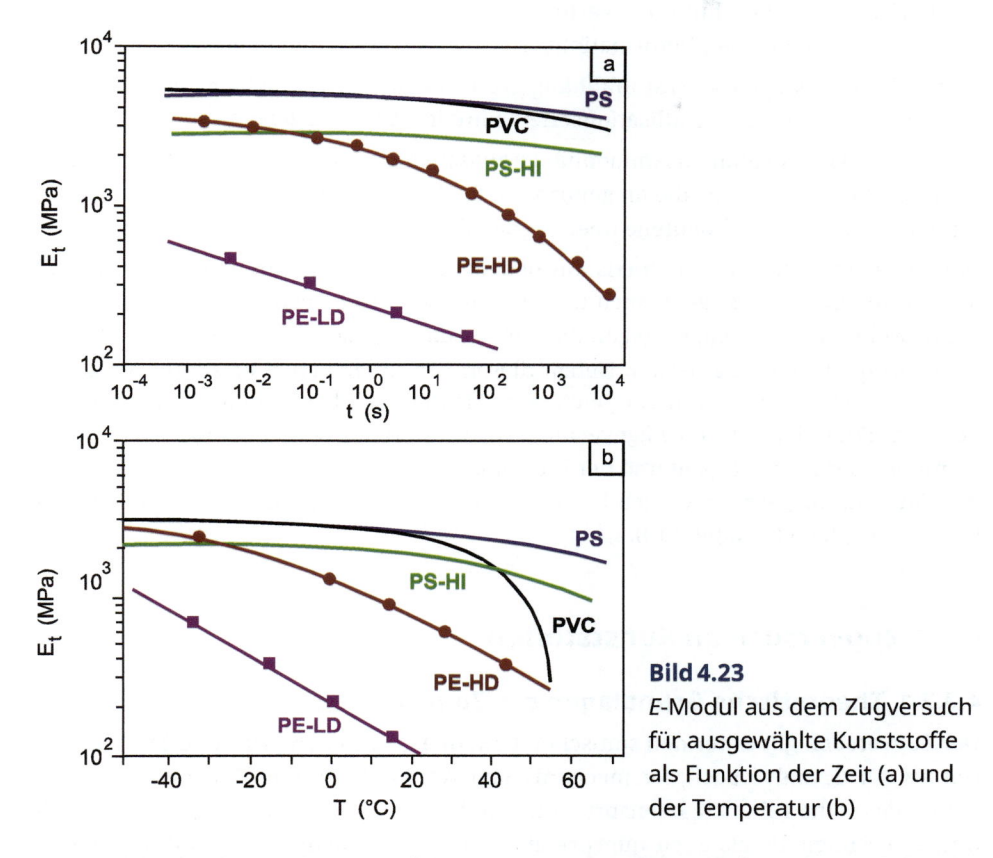

Bild 4.23
E-Modul aus dem Zugversuch für ausgewählte Kunststoffe als Funktion der Zeit (a) und der Temperatur (b)

Demzufolge ist die an einem Prüfkörper gemessene Eigenschaft *E* eine Funktion der oben aufgeführten Einflussgrößen:

$$E = f(M, U, G, P) \tag{4.75}$$

Nur bei Beachtung und Kenntnis dieser Zusammenhänge können Kennwerte reproduzierbar gemessen werden, d. h. Voraussetzung dafür sind eine vergleichbare chemische und physikalische Struktur und Morphologie sowie die gleichen geometrischen Bedingungen und eine identische Prüfmethodik.

Für den Zusammenhang zwischen dem Festigkeits- und Deformationsverhalten und dem inneren Zustand lassen sich allgemeine Tendenzen angeben:

- die Festigkeit der Kunststoffe erhöht sich beispielsweise mit zunehmender molarer Masse, steigendem Vernetzungsgrad, erhöhter Orientierung oder durch das

Füllen oder Verstärken des Kunststoffes, wobei in der Regel das Deformationsvermögen verringert wird,

- die Festigkeit verringert sich mit höherer Feuchte, zunehmender Alterung, Degradation oder Entmischung, die Verformungsfähigkeit hingegen kann, bedingt durch die unterschiedlichen Deformationsprozesse, zu- oder abnehmen,

wobei diese Aussagen werkstoffabhängig und nicht verallgemeinerungsfähig sind, wie z. B. positive Nachkristallisationseffekte infolge Alterung zeigen.

Infolge der dargestellten Zusammenhänge zwischen Struktur und Eigenschaften wird deutlich, dass Kennwerte, die an genormten Prüfkörpern ermittelt wurden, nicht unmittelbar auf Kunststoffbauteile übertragbar sind.

Die wichtigsten und in der Praxis am bedeutsamsten mechanischen Versuche sind der Zugversuch, der Biegeversuch und der Druckversuch sowie der für Folien relevante Weiterreißversuch, wogegen die Torsionsbeanspruchung bei Kunststoffen nur eine geringe Bedeutung besitzt. Neben diesen Grundversuchen existieren verschiedene Prüfverfahren, die auf vergleichbarer Messtechnik basieren und insbesondere der Charakterisierung von Fügeverbindungen (Klebungen und Schweißnähte), Bestimmung der Haftfestigkeit und der interlaminaren Scherfestigkeit dienen. Dies sind der Zug- und Biegescherversuch [4.45] und der Schälversuch, der auch als Peel-Test bekannt ist [4.46] (s. Kapitel 10).

4.3.2 Zugversuch an Kunststoffen

4.3.2.1 Theoretische Grundlagen des Zugversuches

Der Zugversuch gilt unter den statischen bzw. quasistatischen Prüf- und Messverfahren als der Grundversuch der mechanischen Werkstoffprüfung. Trotz des Sachverhaltes, dass eine reine Zugbeanspruchung in der Praxis eher die Ausnahme darstellt und experimentelle als auch interpretative Probleme existieren, nimmt dieser Versuch auch in der Kunststoffprüfung eine Vorrangstellung ein. Infolge der großen Vielfalt gegebener Modifikationsmöglichkeiten bei den Kunststoffen sind verschiedene Ausführungsvarianten des Zugversuches bekannt, die differierende Prüfkörper, Belastungsbedingungen oder Einspannvorrichtungen bedingen. Zielstellung für die Praxis sind vergleichsweise einfach zu messende, aussagekräftige Werkstoffkenngrößen, die zur Beurteilung der Eigenschaften für die Qualitätssicherung, Werkstoffauswahl und einfache Dimensionierungsaufgaben genutzt werden können. Daraus ergeben sich folgende Haupteinsatzgebiete in der Kunststoffprüfung:

- Ermittlung der Zugeigenschaften von thermo- und duroplastischen Form- und Extrusionsmassen,
- Charakterisierung der Zugeigenschaften von Kunststofffolien und Tafeln und

- Ermittlung der Eigenschaften von isotropen und anisotropen faserverstärkten Kunststoffverbunden.

Der konventionelle Zugversuch, d. h. der Zugversuch mit konstanter Traversengeschwindigkeit, stellt als quasistatischer Versuch grundlegende Anforderungen an die verwendete Prüftechnik, die Prüfbedingungen sowie die genutzten Prüfkörper. Die Lastaufbringung muss stoßfrei erfolgen und die Lastzunahme erfolgt stetig steigend und langsam zunehmend bis zum Bruch des Prüfkörpers. In dem Prüfkörper soll ein einachsiger Last- und Spannungszustand erzeugt werden, d. h. in hinreichender Entfernung von der oberen und unteren Einspannung existiert ein homogener uniaxialer Spannungszustand ohne Einfluss der *Hertz*'schen Pressung, wodurch eine homogene, gleichmäßig über den Querschnitt verteilte Normalspannung und -dehnung entsteht (Bild 4.24). Hinsichtlich des Prüfkörpers wird ein homogener, isotroper Werkstoffzustand angenommen. Es treten keine geometrischen Imperfektionen (z. B. Kerben oder Schultern) auf, die Prüfkörper sind prismatisch. Einflüsse der Prüftechnik, z. B. durch die Nachgiebigkeit oder Compliance der Universalprüfmaschine, die lastseitig durch Setzbewegungen oder dehnungsseitig durch Rutschen der Aufnehmer verursacht werden können, müssen vermieden werden. Unter diesen Voraussetzungen ergibt sich die Gesamtverformung ΔL_g des prismatischen Prüfkörpers zu einem beliebigen Zeitpunkt als Summe der Verlängerung äquidistanter Abschnitte des Prüfkörpers $\Delta L_i(x)$ (Bild 4.24) und ist damit mit dem Traversenweg identisch.

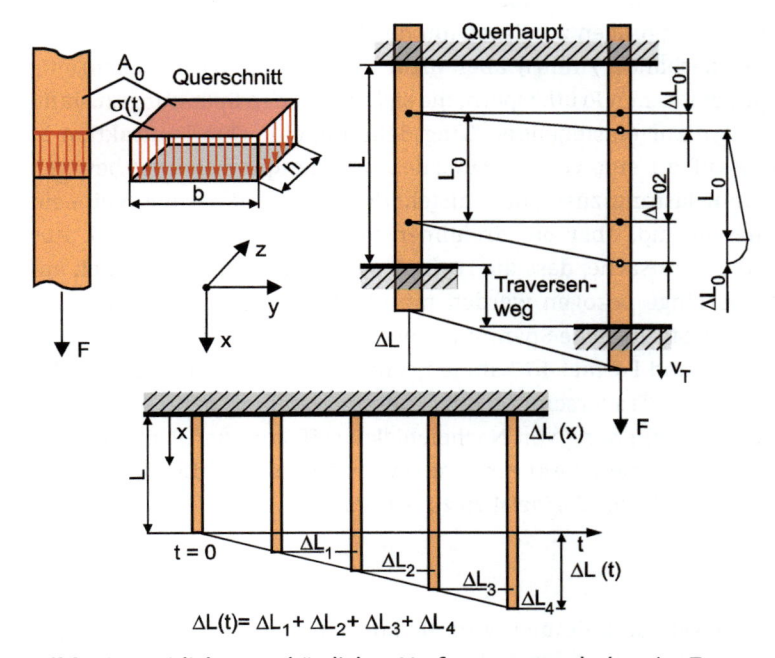

Bild 4.24 Zeitliches und örtliches Verformungsverhalten im Zugversuch

Die infolge der äußeren Beanspruchung F im Prüfkörper entstehende Reaktionskraft ist aufgrund des unveränderlichen Querschnittes A_0 ebenfalls über der Länge konstant und somit nur eine Funktion der Zeit. Werden Prüfkörper mit verändertem Querschnitt bzw. veränderter Länge verwendet, ist für die Bewertung der Werkstoffeigenschaften die Normierung der gemessenen Kraft F und der Verlängerung ΔL erforderlich. Aus diesem Grund wird die wirkende Kraft auf die Ausgangsfläche bezogen, wodurch sich die Spannung σ wie folgt ergibt:

$$\sigma = \frac{F}{A_0} \tag{4.76}$$

Die aus der äußeren Belastung resultierende Verlängerung ΔL_0 wird auf die definierte Anfangsmesslänge des Prüfkörpers L_0 bezogen und als normative Dehnung ε bezeichnet, wobei diese dimensionslos oder in Prozent angegeben werden kann:

$$\varepsilon = \frac{\Delta L_0}{L_0} 100\ \% \tag{4.77}$$

Damit wird deutlich, dass das registrierte Kraft-Verlängerungs-Diagramm mit dem Spannungs-Dehnungs-Diagramm identisch ist, da die beiden Messgrößen auf konstante Ausgangswerte bezogen werden. Der Wert ΔL_i entspricht dabei der aktuellen Länge des Prüfkörpers und ist eine Funktion der Zeit bzw. der Dauer des Zugversuches. Bei der Zugbeanspruchung eines prismatischen Prüfkörpers existiert neben der Normalspannung eine maximale Schubspannung unter 45° zur Normalenrichtung x, die unter bestimmten Bedingungen zu visuell auf der Prüfkörperoberfläche sichtbaren Verformungen (Scherbänder) führt, aber nicht ausgewertet wird. Gleichzeitig tritt bei schlanken prismatischen Prüfkörpern, die sich im ebenen Spannungszustand (ESZ) befinden, simultan zur entstehenden Längsdehnung eine Querkontraktion in der y- und z-Richtung auf, die eine Verringerung des Ausgangsquerschnittes bewirkt. Infolge des uniaxialen Belastungszustandes entsteht demzufolge näherungsweise ein uniaxialer Spannungszustand, aber ein dreidimensionaler Dehnungszustand. Aus diesen Aussagen und der Tatsache, dass die registrierte Verlängerung eigentlich auf die aktuelle Prüfkörperlänge bezogen werden müsste, leitet sich die Bezeichnung scheinbare oder ingenieurtechnische Spannung und Dehnung für die Bestimmungsgleichungen Formel 4.76 und Formel 4.77 ab. Je nachdem, ob für die Ermittlung der Prüfkörperverformung der Traversenweg oder Dehnmessfühler bzw. Ansetzdehnungsaufnehmer zur Ausschließung von Nachgiebigkeitseffekten der Prüfmaschine (Einspannklemmen und Kraftmessdose) verwendet werden, sind für die Berechnung der Dehnung die Formel 4.77 oder Formel 4.78 zu benutzen:

$$\varepsilon_t = \frac{\Delta L}{L} 100\ \% \tag{4.78}$$

Die in Formel 4.77 angegebene Dehnung wird als normative Dehnung und die mit dem Index t in Formel 4.78 als nominelle Dehnung bezeichnet. Aus der zeitlichen Ableitung der Dehnung erhält man die normative Dehngeschwindigkeit dε/dt (Formel 4.79) oder nominelle Dehnrate dε_t/dt (Formel 4.80) im deformierten Volumen:

$$\dot{\varepsilon} = \frac{d\varepsilon}{dt} = \frac{1}{L_0}\frac{d(\Delta L_0)}{dt} \tag{4.79}$$

oder

$$\dot{\varepsilon}_t = \frac{d\varepsilon_t}{dt} = \frac{1}{L}\frac{d(\Delta L)}{dt} = \frac{v_T}{L} \tag{4.80}$$

Der aus Formel 4.79 ermittelte Wert entspricht der Dehngeschwindigkeit zwischen den Schneiden des verwendeten Dehnmesssystems und kann speziell für dehnungsgeregelte Zugversuche genutzt werden. Die nominelle Dehngeschwindigkeit (Formel 4.80) gibt den Zusammenhang zwischen der geforderten Prüfgeschwindigkeit in % min^{-1} oder s^{-1} und der an der Prüfmaschine einzustellenden Abzugsgeschwindigkeit der Traverse v_T an. Für die oben aufgeführten Bedingungen für den Zugversuch und den prismatischen Prüfkörper entsprechend Bild 4.24 sind die nominelle und normative Dehngeschwindigkeit gleich groß, d. h. in jedem Prüfkörperabschnitt sind diese Werte identisch.

Prismatische Prüfkörper brechen zumeist direkt an der unteren oder oberen Einspannklemme. Deshalb werden auch zur Gewährleistung hinreichender Klemmbedingungen sogenannte Schulterprüfkörper verwendet. Bei Schulterprüfkörpern tritt aufgrund der Geometrie innerhalb der Einspannlänge eine geringere und nicht konstante normative Dehngeschwindigkeit auf (Bild 4.25). Die Unterschiede zwischen mittlerer Dehngeschwindigkeit eines Schulterprüfkörpers und nomineller Dehngeschwindigkeit eines prismatischen Prüfkörpers sind abhängig von den verwendeten Prüfkörpergeometrien. Dieser Sachverhalt verdeutlicht die Problematik einer reproduzierbaren Kennwertermittlung im Vergleich zu den dargelegten theoretischen Voraussetzungen (Bild 4.24). Zusätzlich sind der innere Prüfkörperzustand, der insbesondere durch die Herstellungsbedingungen beeinflusst wird und in der Regel nicht isotrop und homogen ist, sowie der Einfluss von Temperatur und Prüfgeschwindigkeit zu berücksichtigen, so dass das eigentliche Messergebnis nicht nur die Eigenschaft der Formmasse darstellt.

Für die Interpretation von Ergebnissen des Zugversuches als Einpunktkennwerte entsprechend DIN EN ISO 10350 ist deshalb zu beachten, dass die ermittelten Kennwerte summarisch die Eigenschaften der Formmasse, des Herstellungsprozesses und der gewählten Prüfbedingungen repräsentieren und demzufolge nur für eine einfache Werkstoffvorauswahl verwendbar sind. Zur detaillierten Auswahl von Werkstoffen sollten vergleichbare Vielpunktkennwerte (DIN EN ISO 11403) verwendet werden, welche die Eigenschaften in Abhängigkeit von wesentlichen Einflussgrößen wie Temperatur, Zeit und Umgebungsbedingungen als Funktionen darstellen.

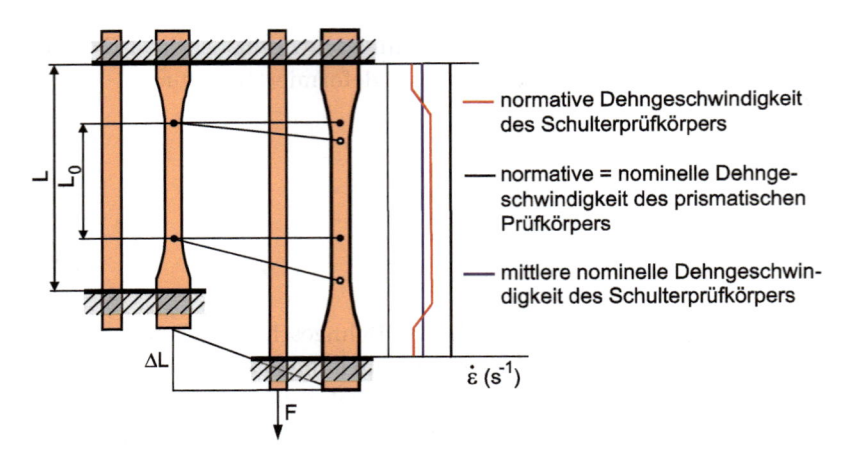

Bild 4.25 Vergleich der Dehngeschwindigkeiten des Schulterprüfkörpers und des prismatischen Prüfkörpers

4.3.2.2 Der konventionelle Zugversuch

Für die Durchführung des Zugversuchs an Kunststoffen stellt die DIN EN ISO 527 die bevorzugte Norm dar, welche die Prüfung von Formmassen, Folien und Tafeln sowie Faserverbundwerkstoffen umfasst. Eine wesentliche experimentelle Grundvoraussetzung zur Durchführung dieses Versuches ist die Nutzung geeigneter kunststoffgerechter Prüfkörper, die in Bild 4.26 dargestellt sind. Die Prüfkörper des Typs 1A und 1B sind Basisprüfkörper entsprechend DIN EN ISO 3167, die für eine Vielzahl von Untersuchungsmethoden der Kunststoffprüfung eingesetzt werden können (s. Tabelle 4.2). Der Prüfkörper 1A, der in der Regel durch direkte Formgebung wie Spritzgießen hergestellt wird, besitzt eine parallele Länge l_1 = 80 mm und wird auch als Vielzweckprüfkörper bezeichnet. aufgrund der parallelen Länge kann dieser bevorzugte Prüfkörper auch für andere Prüfverfahren wie Biegeversuch, Druckversuch und Schlagversuch verwendet werden, wobei der Vorteil eines vergleichbaren inneren Zustandes besteht. Der Prüfkörper Typ 1B wird normalerweise durch indirekte Formgebung wie Sägen und Fräsen aus plattenförmigen Halbzeugen hergestellt. Die Varianten 1BA und 1BB sind proportionale Verkleinerungen des Typs 1B im Maßstab 1 : 2 bzw. 1 : 5 und sind damit auch zur Charakterisierung der Zugeigenschaften von aus Bauteilen entnommenen Prüfkörpern verwendbar.

Die Prüfkörper 5A und 5B entsprechen den Typen 2 bzw. 4 der ISO 37 und sind vorzugsweise für Zugversuche an Gummi und anderen elastomeren Werkstoffen zu verwenden. Die Prüfkörper 2 und 4 werden entsprechend DIN EN ISO 527-3 für die Charakterisierung der Zugeigenschaften von Folien und Tafeln empfohlen, wogegen Typ 5, auch als Löffelstab bezeichnet, für die Prüfung duktiler Werkstoffe mit hoher Bruchdehnung (z. B. PE) zu bevorzugen ist. Für faserverstärkte Kunststoffverbundwerkstoffe sollten Typ 2 oder der ähnliche Typ 3 wahlweise mit Zentrierlöchern oder Aufleimern (Krafteinleitungsplatten) zur Sicherung hinreichender Klemmbedingungen nach DIN EN ISO 527-4 verwendet werden (vgl. Kapitel 10).

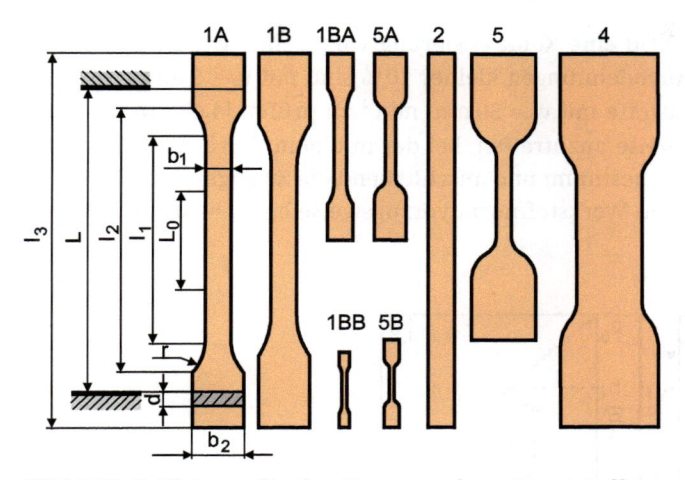

Bild 4.26 Prüfkörper für den Zugversuch an Kunststoffen nach DIN EN ISO 527

Tabelle 4.2 Prüfkörper Typ 1 A und 1B

Prüfkörper Typ		1 A	1B
		Maße in mm	
l_3	Gesamtlänge	170	≥ 150
l_1	Länge des schmalen parallelen Teils	80 ± 2	60 ± 0,5
r	Radius	24 ± 1	60 ± 0,5
l_2	Entfernung zwischen den breiten parallelen Teilen	109,3 ± 3,2	108 ± 1,6
b_2	Breite an den Enden	20,0 ± 0,2	
b_1	Breite des engen Teils	10,0 ± 0,2	
h	Dicke	4,0 ± 0,2	
L_0	Messlänge (bevorzugt)*	75 ± 0,5	
L	Anfangsabstand der Klemmen	115 ± 1	

* 50 ± 0,5 – zulässig auf Anforderung für die Qualitätskontrolle oder wenn festgelegt

Bei der Charakterisierung der Zugeigenschaften von Kunststoffen unterscheidet man zwei Versuche mit unterschiedlichen Prüfgeschwindigkeiten, den Zugversuch zur Ermittlung der elastischen Konstanten, speziell des *E*-Moduls, und den Zugversuch zur Erfassung der Festigkeits- und Deformationseigenschaften. Zur Bestimmung des *E*-Moduls ist eine Prüfgeschwindigkeit v_T = 1 mm min^{-1} vorgeschrieben, die im Messintervall L_0 = 50 mm annähernd einer Dehnungsänderung von 1 % min^{-1} entspricht.

Für den eigentlichen Zugversuch existiert laut DIN EN ISO 527 für die Untersuchung unterschiedlichster Kunststoffe ein breites Spektrum für v_T von 1 bis 500 mm min^{-1}, so dass in der DIN EN ISO 10350 eine Konkretisierung vorgegeben wurde. Spröd brechende Kunststoffe mit Bruchdehnungen kleiner 10 % sind mit $v_T = 5$ mm min^{-1} und die meisten anderen Werkstoffe mit $v_T = 50$ mm min^{-1} zu prüfen [4.47]. In der Prüfpraxis ist eine Verfahrensweise anzutreffen, bei der in einem Versuch zunächst der E-Modul mit $v_T = 1$ mm min^{-1} bestimmt und anschließend die Zugeigenschaften in Abhängigkeit von der jeweiligen Werkstoffnorm vorzugsweise bei $v_T = 50$ mm min^{-1} ermittelt werden.

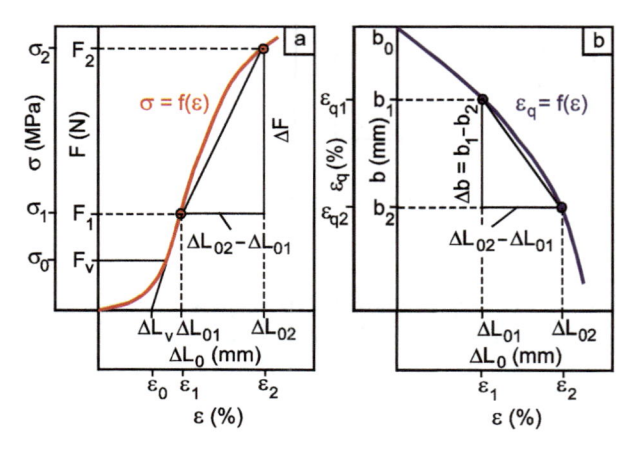

Bild 4.27 Ermittlung der elastischen Konstanten im Zugversuch: Spannungs-Dehnungs-Diagramm (a) und Querdehnungs-Längsdehnungs-Diagramm (b)

Aufgrund des geringen elastischen Deformationsbereichs von Kunststoffen wird der E-Modul als Sekantenmodul ermittelt (Bild 4.27a). Er beinhaltet den elastischen und linear-viskoelastischen Deformationsbereich des Spannungs-Dehnungs-Diagramms. Die Auswertung wird dabei auf den Deformationsbereich von 0,05 % bis 0,25 % der normativen Dehnung zwischen den Messfühlern begrenzt. Die erforderliche Prüfgeschwindigkeit wird auf die Einspannlänge bezogen und nach Formel 4.80 berechnet. Der E-Modul wird entsprechend des *Hooke*'schen Gesetzes aus der Kraftänderung $\Delta F = F_2 - F_1$ und der Änderung der Dehnung $\Delta \varepsilon = \varepsilon_2 - \varepsilon_1 = 0,2\ \% = 0,002$ berechnet:

$$E = \frac{\sigma_2 - \sigma_1}{\varepsilon_2 - \varepsilon_1} = \frac{F_2 - F_1}{0,002\ A_0} \tag{4.81}$$

Das Produkt aus dem E-Modul und der Querschnittsfläche wird als Zugsteifigkeit EA_0 bezeichnet. Bei Auftreten eines ausgeprägten Anlaufverhaltens im Versuch kann eine Vorspannung σ_0 bzw. eine Vorkraft F_v aufgebracht werden, die keine Dehnung $\varepsilon > 0,05\ \%$ hervorrufen darf. Die Auswertesoftware bei einer rechnergestützten Versuchsauswertung erlaubt teilweise auch eine nachfolgende Korrektur derartiger Anlaufeffekte. Bei Verwendung eines zweiten Dehnmessfühlers, der die Änderung der Dicke oder vorzugsweise der Breite simultan zur Längsänderung erfasst, kann ebenfalls die *Poisson*-Zahl μ_b(Breite) oder μ_h (Dicke) gemessen werden (Bild 4.27b). Dieser elastische Kennwert berechnet sich im Fall der Breitenänderung wie folgt:

$$\mu_{\text{b}} = \left| \frac{\varepsilon_{\text{qb}}}{\varepsilon} \right| = \left| \frac{\Delta b \, L_0}{\Delta L_0 \, b_0} \right| \tag{4.82}$$

Für den Erhalt korrekter Kennwerte bei Zugbeanspruchung muss beim Einrichten der Prüfmaschine das Messsystem unter Verwendung einer im Vergleich zum zu messenden Prüfkörper steifen Einrichtprobe mit ca. 90 % der jeweiligen Nenndosenlast vorgespannt werden. Dies dient der Vermeidung eventueller Setzbewegungen im Laststrang.

Zur Eliminierung von Einflüssen durch überlagerte Biegespannungen ist in hinreichenden Abständen die exakte Flucht der Lastlinie zu kontrollieren. Für die Ermittlung der elastischen Kennwerte sollten immer Dehnmessfühler mit einer Mindestauflösung von 1 µm, besser 0,1 µm, bei gleichzeitiger Nutzung von parallel spannenden Klemmwerkzeugen verwendet werden. Die oftmals in der Praxis beobachtete Verwendung des Traversenweges zur Ermittlung des E-Moduls führt zu wesentlich niedrigeren Werten, da die Eigenverformungen des Prüfsystems (Rutschen der Klemmen oder Messweg der Kraftmessdose) zu Fehlwegen führen. Derartige Messwerte können nur unter identischen Bedingungen zur Qualitätskontrolle verwendet werden, sind aber auf keinen Fall mit denen vergleichbar, die unter Verwendung von Dehnmessfühlern ermittelt wurden.

Der Zugversuch zur Ermittlung der Festigkeits- und Deformationseigenschaften von Kunststoffen wird in den meisten Fällen mit einer Prüfgeschwindigkeit von 50 mm min^{-1} durchgeführt. In Bild 4.28 sind typische Spannungs-Dehnungs-Diagramme verschiedener Kunststoffe aufgeführt. Die aus den Kurven ableitbaren Kenngrößen entsprechen dabei charakteristischen Punkten der Diagramme. Das Diagramm a ist sprödem Werkstoffverhalten mit relativ hohen Zugfestigkeiten σ_{M} zuordenbar, wobei die erreichte Bruchdehnung ε_{B} bis zu 10 % betragen kann. Typische Vertreter dieses Werkstoffverhaltens sind PS und andere spröde Thermoplaste, Duroplaste sowie gefüllte und verstärkte Kunststoffe.

Die Spannungs-Dehnungs-Diagramme des Typs b bis d entsprechen duktilem Deformationsverhalten mit Bruchdehnungen von mehreren hundert Prozent, aber vergleichsweise geringen Zugfestigkeiten. Typische Vertreter für ein derartiges Werkstoffverhalten sind Polyolefine und Polyamide. Speziell thermoplastische Kunststoffe mit einem σ-ε-Verhalten vom Typ b und c zeigen eine Streckspannung σ_{y}, an der eine lokale Einschnürung, gefolgt von einem konstanten Spannungsplateau, auch bezeichnet als kaltes Fließen, auftritt. Das Spannungsplateau ist die Folge einer Verstreckung mit Fließzonenbildung, wobei der Werkstoff verstreckt wird und sich dabei gleichsam aus dem unverstreckten Teil des Prüfkörpers herauszieht. Die Fließzone kann in Abhängigkeit von der gewählten Prüfgeschwindigkeit den gesamten prismatischen Teil des Prüfkörpers überwandern. Dieser Prozess führt im prismatischen Teil zu einer Orientierung durch Ausrichtung der Moleküle in Beanspruchungsrichtung, die z. B. durch Dichtemessungen nachweisbar ist.

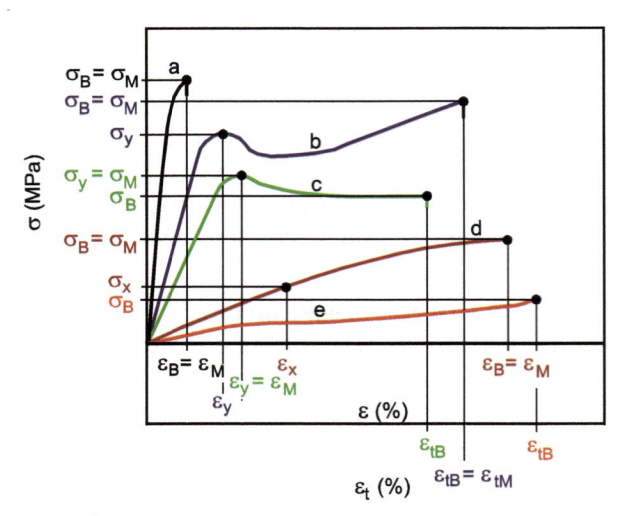

Bild 4.28 Spannungs-Dehnungs-Diagramme und Kenngrößen von verschiedenen Kunststoffen: spröde Werkstoffe (a), zähe Werkstoffe mit Streckpunkt (b und c), zähe Werkstoffe ohne Streckpunkt (d) und elastomere Werkstoffe (e)

Grundsätzlich ist jede Deformation eines Werkstoffes neben der Änderung des inneren Energiezustandes mit einer Wärmetönung verbunden, die sich z. B. mittels Videothermographie darstellen lässt. Da die Kunststoffe sich schon im Normklima (23 °C, 50 % Feuchte) in einem Temperaturbereich befinden, in dem selbst geringfügige Temperaturänderungen das Verformungsverhalten erheblich beeinflussen können, treten Rückwirkungen auf das Deformationsverhalten infolge derartiger Wärmeeffekte auf. Das oben aufgeführte irreversible kalte Fließen entspricht damit eigentlich einer Warmverstreckung aufgrund der Eigenerwärmung des Kunststoffes. Bei sehr geringen Deformationsgeschwindigkeiten nahe dem Gleichgewichtszustand kann eine vollständige Orientierung des planparallelen Teils des Prüfkörpers erreicht werden, wodurch letztendlich die Belastung nicht mehr durch zwischenmolekulare Kräfte, sondern durch die Hauptvalenzbindungen, aufgenommen wird. Infolge dieser Tatsache steigt die Spannung bei diesen Kunststoffen wieder an, was auch als Verfestigung bezeichnet wird. Das zweite Maximum der Spannungs-Dehnungs-Kurve wird in diesem Fall als Zugfestigkeit σ_M bezeichnet (Typ b). Tritt keine Verfestigung auf (Typ c), ist die Streckspannung σ_y identisch mit der Zugfestigkeit σ_M.

Die Bruchspannung σ_B und die Bruchdehnung ε_B liefern selten sinnvoll physikalisch und anwendungstechnisch verwertbare Kennwerte, wobei die Bruchdehnung insbesondere hohe statistische Streuungen aufweist und die Bruchspannung sehr stark von auswertetechnischen Einstellungen der Prüfsoftware abhängt.

Das Spannungs-Dehnungs-Diagramm des Typs e in Bild 4.28 entspricht dem typischen S-förmigen Verlauf von kautschukähnlichen Werkstoffen mit sehr geringen Festigkeiten und E-Moduli, aber sehr hohen Bruchdehnungen von bis zu 1000 %. Zu dieser Werkstoffgruppe gehören z. B. PVC-P sowie natürlicher und synthetischer Gummi.

Der Bereich des ultimativen Bruches oder einsetzender geometrischer Instabilitäten wie die Einschnürung bei der Streckspannung werden oftmals auch als Makroschädigungsgrenzen bezeichnet. Infolge lokaler Verformungsprozesse, signifikanter Veränderungen des Prüfkörperquerschnittes und einer stark inhomogenen Dehnrate bezüglich der Prüfkörperlänge verlieren die nachfolgend aufgeführten Bestimmungsgleichungen für die Kenngrößen eigentlich ihre Gültigkeit. Die ermittelten Kennwerte sind somit nur sehr bedingt für Dimensionierungszwecke verwendbar.

In Abhängigkeit vom Deformationsverhalten des untersuchten Kunststoffes können entsprechend DIN EN ISO 527 die nachfolgend aufgeführten Kenngrößen ermittelt werden:

Streckspannung σ_y: Der erste Spannungswert, bei dem ein Zuwachs der Dehnung ohne Steigerung der Spannung auftritt. Ermittelt wird dieser Kennwert zumeist über den Anstieg $d\sigma/d\varepsilon$ der Spannungs-Dehnungs-Kurve. Dieser Wert kann identisch mit der Zugfestigkeit σ_M sein.

$$\sigma_y = \frac{F_y}{A_0} \tag{4.83}$$

Zugfestigkeit σ_M: Die maximale Zugspannung, die während des Versuches registriert wird. Dieser Kennwert kann in Abhängigkeit vom Werkstoffverhalten mit der Streckspannung σ_y oder der Bruchspannung σ_B identisch sein.

$$\sigma_M = \frac{F_{max}}{A_0} \tag{4.84}$$

Spannung σ_x bei x % Dehnung: Falls das Spannungs-Dehnungs-Diagramm keine makroskopisch sichtbare Streckspannung (Typ d in Bild 4.28) aufweist, kann man diese Kenngröße zur Vergleichbarkeit von Werkstoffen verwenden. Der Wert, der teilweise auch als Dehngrenze bezeichnet wird, ist die Spannung, bei der die Dehnung ε_x den festgelegten Wert x in % erreicht. Die Prüfsoftware von modernen Universalprüfmaschinen erlaubt oftmals die Eingabe von mehreren Werten für x.

$$\sigma_x = \frac{F_x}{A_0} \tag{4.85}$$

Bruchspannung σ_B: Die Spannung, die beim Bruch des Prüfkörpers ermittelt wird. Dieser Wert, der in der Prüfpraxis häufig auch als Reißfestigkeit bezeichnet wird, hängt von maschinentechnischen Parametern, wie der Bruchabschaltschwelle, ab und kann deshalb größeren statistischen Schwankungen unterliegen. Die Bruchspannung σ_B kann mit der Zugfestigkeit σ_M identisch sein.

$$\sigma_B = \frac{F_B}{A_0} \tag{4.86}$$

Die den Spannungskenngrößen zuordenbaren Dehnungen charakterisieren das Deformationsverhalten des Werkstoffes. Entsprechend der DIN EN ISO 527 ist die normative Dehnung ε für Kunststoffe bis zur Streckspannung oder bei spröden Werkstoffen bis zur Bruchspannung oder Zugfestigkeit mit einem Messfühler oder Ansetzdehnungsaufnehmer aufzuzeichnen (Bild 4.28 Typ a und d bis zum Bruch, Typ b und c bis zur Streckspannung), wobei der Messabstand in diesem Fall vorzugsweise $L_0 = 75$ oder 50 mm (Typ 1 A) oder L_0 = 50 mm (Typ 1B) beträgt. Oberhalb der Streckspannung ist für duktile Kunststoffe die nominelle Dehnung ε_t zu verwenden (Bild 4.29) und die Gesamtdehnung ε entspricht der Summe von $\varepsilon_y + \varepsilon_t$ mit L_0 = 75 mm Diese Annahme ist gültig, wenn im Bereich der Schultern des Prüfkörpers keine wesentlichen Deformationen auftreten. Falls Kunden aus Vergleichsgründen mit älteren Messungen eine Messlänge von L_0 = 50 mm oder die Traversenwegmessung mit L = 115 mm wünschen, können diese auch normgerecht realisiert werden. Die Ermittlung des E-Moduls und der Zugeigenschaften kann wahlweise an einem Prüfkörper durchgeführt werden, wobei nach der E-Modul-Ermittlung (ε > 0,25 %) die Prüfgeschwindigkeit von 1 mm/min in Abhängigkeit von der jeweiligen Werkstoffnorm auf z. B. 50 mm/min erhöht werden muss. Alternativ können auch seperate Prüfkörper für die Bestimmung des E-Moduls und der Zugeigenschaften verwendet werden.

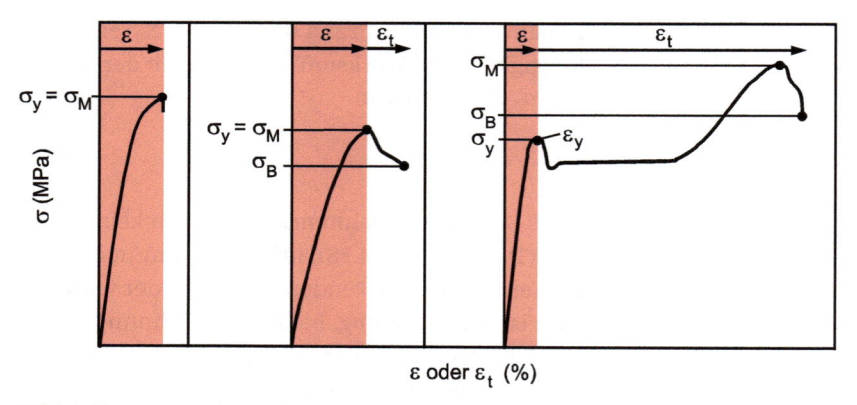

Bild 4.29 Verwendung der normativen und nominellen Dehnung nach DIN EN ISO 527

Diese oben dargestellten Vorgaben erfordern die Verwendung bruchunempfindlicher automatischer Dehnungssensoren und die simultane Aufzeichnung des Weges der Traverse und des Extensometers. Grundsätzlich sind mit dieser Regelung Probleme verbunden, deren Ursachen im Orientierungs- und Eigenspannungszustand spritzgegossener Prüfkörper begründet sind. Laut Norm sind die Ergebnisse des Zugversuches dann zu verwerfen, wenn der Bruch des Prüfkörpers direkt an oder in der Klemme erfolgt. Tritt der Bruch oder eine Einschnürung allerdings außerhalb der Messschneiden des Extensometers oder direkt an der Position der Schneiden auf, dann kann das Ergebnis verwertet werden, obwohl hier ebenfalls eine deutliche Beeinflussung des Kennwertniveaus auftritt. In diesem Fall ist zur Sicherstellung der

Vergleichbarkeit der Ergebnisse bevorzugt die nominelle Dehnung zu verwenden. Folgende Dehnungskennwerte können ermittelt werden:

Streckdehnung ε_y: Die Dehnung an der Streckspannung, die dimensionslos oder in Prozent angegeben wird.

$$\varepsilon_y = \frac{\Delta L_0}{L_0} 100\,\% \tag{4.87}$$

Dehnung ε_M oder ε_{tM} bei der Zugfestigkeit: Das ist die zur Zugfestigkeit σ_M zugehörige Dehnung. Bei Werkstoffen ohne Deformationen oberhalb der Streckdehnung wird die normative Dehnung ε, anderenfalls die nominelle Dehnung ε_t verwendet:

$$\varepsilon_M = \frac{\Delta L_{0M}}{L_0} 100\,\% \tag{4.88}$$

bzw.

$$\varepsilon_{tM} = \frac{\Delta L_M}{L} 100\,\% \tag{4.89}$$

Bruchdehnung ε_B: Die Dehnung bei Erreichen der Bruchspannung kann ebenfalls in Abhängigkeit vom Deformationsverhalten als nominelle oder normative Kenngröße angegeben werden:

$$\varepsilon_B = \frac{\Delta L_{0B}}{L_0} 100\,\% \tag{4.90}$$

bzw.

$$\varepsilon_{tB} = \frac{\Delta L_B}{L} 100\,\% \tag{4.91}$$

Für das Deformationsverhalten von Kunststoffen besitzen die Prüfbedingungen z. B. die Prüfgeschwindigkeit, die Temperatur oder die Umgebungsbedingungen eine große Bedeutung, da sie die ablaufenden Relaxations- und Retardationsmechanismen nachhaltig beeinflussen können. Bild 4.30 zeigt schematisch für einen duktilen Thermoplast den Einfluss von Temperatur und Dehnrate auf das Spannungs-Dehnungs-Verhalten. Mit zunehmender Geschwindigkeit oder abnehmender Temperatur steigt die Zugfestigkeit an und die Bruchdehnung nimmt ab, wobei sich der Habitus der Spannungs-Dehnungs-Diagramme verändert.

In Tabelle 4.3 sind für ausgewählte Kunststoffe relevante Kennwerte für den *E*-Modul und die Zugfestigkeit dargestellt.

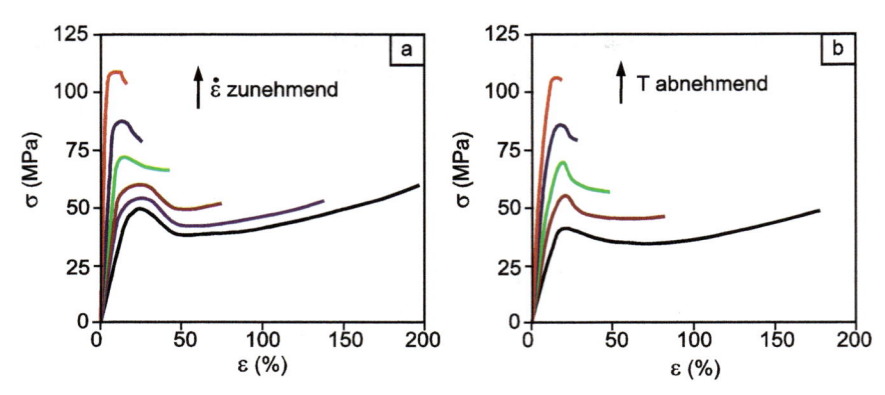

Bild 4.30 Schematische Spannungs-Dehnungs-Diagramme eines thermoplastischen Kunststoffes in Abhängigkeit von der Prüfgeschwindigkeit (a) und der Temperatur (b)

Tabelle 4.3 E-Modul und Zugfestigkeit ausgewählter Kunststoffe [1.57]

Werkstoff	E_t (MPa)	σ_M (MPa)	Werkstoff	E_t (MPa)	σ_M (MPa)
Thermoplaste unverstärkt			*Thermoplaste verstärkt*		
PE-HD	1040	28	PP + 30 M.-% GF	6200	73
PE-LD	280	–	PA 6 + 30 M.-% GF	6500	110
PS	3200	51	PA + 30 M.-% CF	18 000	190
PA 6	1300	32	PP + Talkum	3000	32
PC	2300	71	PP + Kreide	3000	32
PMMA	3300	74	PVC + Kreide	3200	–
PVC-U	3200	50	*Duroplaste*		
PVC-P	–	21	Phenolharz	8800	–
PP	1300	34	Harnstoffharz	8750	44
ABS	2400	38	Melaminharz	7000	–
POM	3000	68	UP-Harz	3700	53
PET	2700	40	EP-Harz	2840	62
PEEK	3900	–	Silikonharz	10 400	24
PUR	1900	–	PUR	1230	26
SAN	3700	76			
PBT	2600	53			

4.3.2.3 Erweiterte Aussagemöglichkeiten des Zugversuches

Aus dem Spannungs-Dehnungs-Diagramm sind die Makroschädigungsgrenzen wie Streckspannung oder Zugfestigkeit ableitbar, jedoch nicht die durch die Belastung induzierten irreversiblen Werkstoff- bzw. Mikroschädigungen, die relativ frühzeitig eintreten. Bedingt durch strukturelle Änderungen des Werkstoffes bei mechanischer Beanspruchung sowie durch die Maschinencharakteristik liegt zu jedem Zeitpunkt des Zugversuches im Prüfkörper eine andere normative Dehngeschwindigkeit vor. Diese auch vom inneren Zustand des Prüfkörpers abhängige Dehnrate unterscheidet sich von der Traversengeschwindigkeit um Beträge, die durch die Geschwindigkeit der plastischen Verformungskomponente und das Steifigkeitsverhältnis von Prüfkörper zur Universalprüfmaschine bestimmt sind. Da die Kennwerte des Zugversuches an Kunststoffen sehr stark durch die Dehngeschwindigkeit beeinflusst werden, ist die Kenntnis dieser mess- und prüftechnischen Faktoren bei der Bewertung und Interpretation der Ergebnisse von grundsätzlicher Bedeutung.

Unter dem Aspekt der modernen Werkstoffentwicklung sind stoffbeschreibende, strukturell oder morphologisch begründete Kenngrößen erforderlich, die über Belastungsgrenzen in Abhängigkeit von den Beanspruchungsbedingungen informieren und in Verbindung mit geeigneten Materialgesetzen eine kunststoffgerechte Auswahl und Dimensionierung erlauben. Diesen Anforderungen wird der konventionelle Zugversuch nicht gerecht, da die ermittelten Kennwerte in den meisten Fällen nicht strukturell oder physikalisch begründbar sind und veränderliche Versuchsbedingungen vorliegen.

Für eine verbesserte werkstoff- und beanspruchungsgerechte Charakterisierung der Eigenschaften im Zugversuch existieren verschiedene Methoden:

- die ereignisbezogene Bewertung und Interpretation des Spannungs-Dehnungs-Diagrammes (Bild 4.31),
- die Qualifizierung des Zugversuches durch die Anwendung verbesserter Mess- und Auswertetechniken, wie Video- oder Laserextensometrie [4.48, 4.49],
- die Korrektur geometrischer und prüftechnischer Einflussgrößen im konventionellen Zugversuch und
- die Anwendung kraft- oder dehnungsgeregelter Zugversuche mit konstanten Deformationsbedingungen [4.49, 4.50].

Grundvoraussetzung für eine ereignisbezogene Interpretation der Deformationsphasen (Bild 4.31a) eines Kunststoffes und die Erhöhung der Aussagefähigkeit der konventionellen Werkstoffkenngrößen ist die simultane Kopplung des Zugversuches mit schädigungssensitiven zerstörungsfreien Prüfmethoden, die man auch als hybride Verfahren der Kunststoffdiagnostik (s. Kapitel 9) bezeichnet.

Durch diese Kopplung z. B. mit der Schallemissionsanalyse [4.51, 4.52] oder mit modernen Verfahren der Thermographie [4.53] können Informationen über frühzeitig ablaufende Mikroschädigungen im Kunststoff erhalten werden, wodurch die Formulierung von Schädigungsfunktionen oder kritischen Belastungsgrenzwerten ermöglicht wird. Am Beispiel eines duktilen, verstreckenden Kunststoffes wird in Bild 4.31b deutlich, dass mit zunehmender plastischer Verformung der Querschnitt des Prüfkörpers abnimmt und demzufolge eine Differenz zwischen der nominellen und der normativen Dehngeschwindigkeit auftritt. Diese Reaktion des Werkstoffes auf die Beanspruchung belegt, dass Kunststoffe die Bedingung eines homogenen isotropen und geschwindigkeitsunabhängigen Werkstoffverhaltens nicht erfüllen.

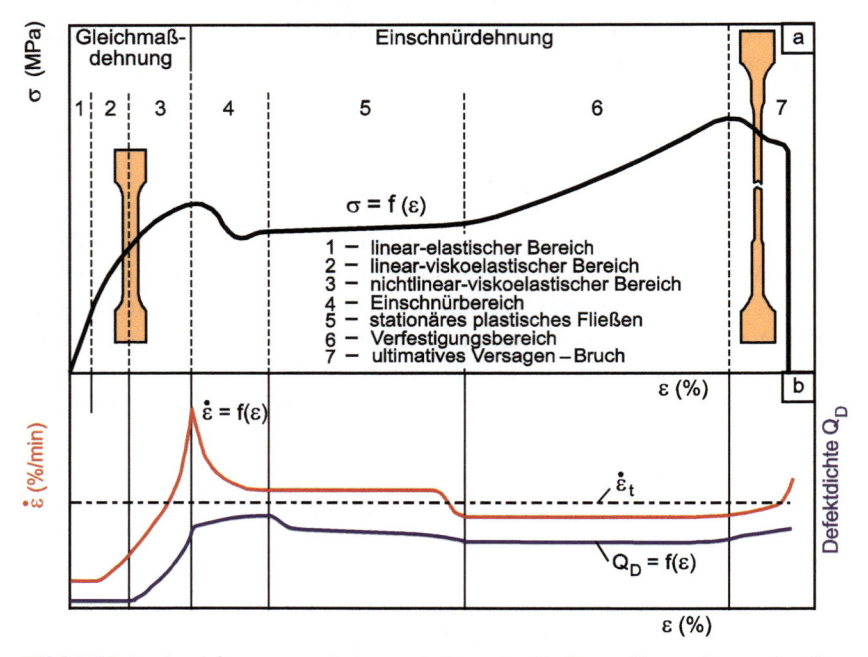

Bild 4.31 Ereignisbezogene Interpretation der Deformationsphasen im Zugversuch

Die simultane Anwendung der Volumendilatometrie erlaubt die Angabe der Defektdichte Q_D zur Quantifizierung der Mikroschädigungen. Mit Beginn des nichtlinearviskoelastischen Deformationsbereiches treten irreversible Mikroschädigungen auf, die sich in einer Zunahme der Defektdichte Q_D äußern (Bild 4.31b). Nach Überschreiten der Streckspannung verringert sich diese infolge der Verstreckung und der daraus resultierenden Orientierungszunahme. Mit einer ereignisbezogenen Bewertung und ergänzenden morphologischen Untersuchungen lassen sich Werkstoffschädigungen als Vorstufe des ultimativen Versagens darstellen sowie Werkstoffgrenzzustände oder Diagnosefunktionen formulieren [1.17, 4.54].

Für die Qualifizierung der Aussagefähigkeit konventioneller Werkstoffkennwerte des Zugversuches in Verbindung mit der ereignisbezogenen Interpretation des Deformationsverhaltens sind insbesondere ortsauflösende Dehnmesstechniken wie Laser-

Interferometrie (Elektronic Speckle Pattern Interferometrie – ESPI oder Shearografie) [4.55, 4.56] oder Laserextensometrie [4.57] (s. Kapitel 9) erforderlich. Mit diesen berührungs- und trägheitslosen Messmethoden, die besondere Vorteile bei kerbempfindlichen Kunststoffen besitzen, können lokale Deformationsfelder oder Dehnungsverteilungen ermittelt werden, die Aussagen über oberflächennahe Defekte, den Orientierungszustand oder die Heterogenität der Verformung ermöglichen.

Zur Korrektur von mess- und prüftechnischen Einflussgrößen, die im Steifigkeitsverhältnis zwischen Prüfkörper und Prüfmaschine, den grundsätzlichen Problemen der Ermittlung scheinbarer Kennwerte im Zugversuch sowie geometrischen Unzulänglichkeiten begründet sind, existieren unterschiedliche Vorgehensweisen. Die Differenz zwischen normativer und nomineller Dehngeschwindigkeit (Bild 4.25), die vom inneren Zustand und der Prüfkörpergeometrie abhängt, kann durch den experimentellen Vergleich des Deformationsverhaltens eines Schulterprüfkörpers mit einem prismatischen Prüfkörper aus identischem Material verringert werden. Dazu wird die mittleren Dehnrate an einem Vielzweckprüfkörper ohne Schultern dε_S/dt und an einem prismatischen Prüfkörper dε_P/dt bestimmt. Zur Bewertung des Einflusses der Prüfkörpergeometrie kann als Korrekturfaktor k der Quotient der Dehngeschwindigkeiten herangezogen werden:

$$k = \frac{\dot{\varepsilon}_P}{\dot{\varepsilon}_S} \tag{4.92}$$

Unter Berücksichtigung von Formel 4.92 kann Formel 4.80 erweitert werden:

$$\dot{\varepsilon}_t = \frac{v_T}{L} k \tag{4.93}$$

Eine Näherungslösung zur Berücksichtigung des Geometrieeffektes ist in der DIN 53 455 angegeben, die allerdings mit Einführung der DIN EN ISO 527 ihre Gültigkeit verlor. Darin erfolgte die Korrektur der Dehngeschwindigkeitsdifferenz über die Ermittlung einer reduzierten Einspannlänge l_{red} (Formel 4.94 – Formel 4.97) und (Bild 4.32).

$$L = l_1 + 2l_m + 2l_e \tag{4.94}$$

$$a = 1 + \frac{b_1}{2r} \tag{4.95}$$

$$b_m = \frac{l_m}{\frac{a}{\sqrt{a^2-1}} \arctan \frac{(a+1)\tan\left(\frac{1}{2} \arcsin \frac{l_m}{r}\right)}{\sqrt{a^2-1}} - \frac{1}{2} \arcsin \frac{l_m}{r}} \tag{4.96}$$

$$l_{red} = b_1 \left(\frac{l_1}{b_1} + \frac{2l_m}{b_m} + \frac{2l_e}{b_2} \right) \tag{4.97}$$

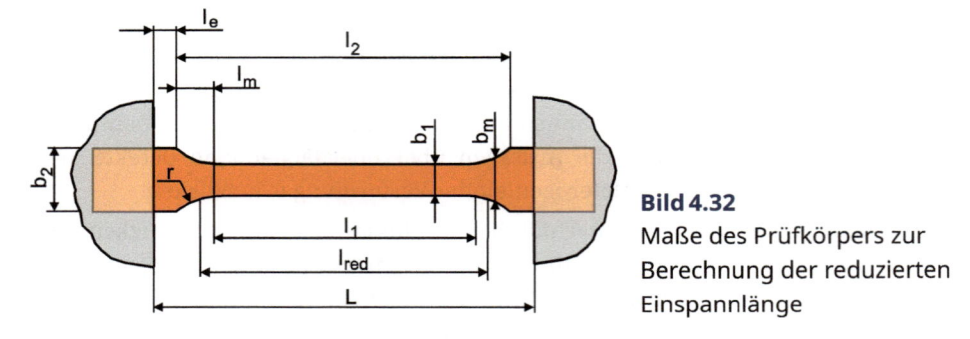

Bild 4.32 Maße des Prüfkörpers zur Berechnung der reduzierten Einspannlänge

An Stelle von Formel 4.80 ist die nachfolgende Beziehung zur Berechnung der nominellen Dehnrate zu verwenden:

$$\dot{\varepsilon}_t = \frac{v_T}{l_{red}} \tag{4.98}$$

Im Gebiet der Gleichmaßdehnung (s. Bereiche 1 bis 3 in Bild 4.31) ergibt sich mit der Zunahme der Deformation eine Abnahme des Querschnittes bzw. eine Querkontraktion und die aktuelle Messlänge verändert sich ständig, d. h. die scheinbaren Kenngrößen der Spannung und Dehnung erweisen sich als fehlerbehaftet. Zur Ermittlung der wahren Spannung ist deshalb zu jedem Zeitpunkt der minimale Querschnitt zu erfassen, was messtechnisch speziell bei prismatischen Prüfkörpern ein Problem darstellt. Die zu verwendende Messeinrichtung muss das Minimum des Querschnitts A unabhängig vom Ort und Zeitpunkt des Auftretens registrieren können. Unter dieser Voraussetzung erhält man die wahre Spannung σ_w:

$$\sigma_w = \frac{F}{A} \tag{4.99}$$

Für große Verlängerungen führt die Integration der infinitesimalen Dehnungen entsprechend Formel 4.9 zur wahren Dehnung ε_w. Bei Verwendung der nominellen Dehnung, d. h. des fehlerbehafteten Traversenweges, kann man mit dieser Gleichung die wahre Dehnung berechnen. Die direkte Messung der wahren Dehnung am Prüfkörper ist nur mit speziellen laseroptischen Messsystemen möglich, die für zwei in konstantem Abstand befindliche Oberflächenbereiche die Bewegung von Oberflächenrauigkeiten verfolgen [4.47, 4.58]. Aus der Differentiation von Formel 4.9 ergibt sich die wahre Dehngeschwindigkeit:

$$\dot{\varepsilon}_w = \frac{d}{dt}\left(\ln\frac{L}{L_0}\right) = \frac{1}{L}\frac{dL}{dt} = \frac{\dot{L}}{L} \tag{4.100}$$

Für die nominelle Dehnung ist Geschwindigkeit dL/dt identisch mit der Traversengeschwindigkeit v_T:

$$\dot{\varepsilon}_w = \frac{v_T}{L + \Delta L} = \frac{v_T}{L(1 + \varepsilon)} \tag{4.101}$$

Um das Werkstoffverhalten und den Maschineneinfluss für die nominelle Prüfgeschwindigkeit näherungsweise zu berücksichtigen, kann man Formel 4.80 und Formel 4.101 erweitern, wobei in diesem Fall die Messlänge L_0 mit der Einspannlänge L_E identisch ist.

$$\dot{\varepsilon} = \frac{v_T}{L_0 + A_0 K M} \tag{4.102}$$

$$\dot{\varepsilon} = \frac{v_T}{(1+\varepsilon)(L_0 + A_0 K M)} \tag{4.103}$$

Der Faktor K entspricht der Nachgiebigkeit oder Compliance der Prüfmaschine in mm kN^{-1}, die nur für die jeweils gewählte Prüfkonfiguration Gültigkeit besitzt. Werden Änderungen z. B. bei Auswahl der Kraftmessdose, Einspannklemmen oder dem Verlängerungsgestänge durchgeführt, muss die Nachgiebigkeit neu ermittelt werden. Der Wert A_0 ist die Ausgangsquerschnittsfläche des Prüfkörpers und M ist der Anstieg des Spannungs-Dehnungs-Diagrammes dσ/dε. Im elastischen Deformationsbereich entspricht M dem Elastizitätsmodul E. Grundsätzlich ist bei Formel 4.9 sowie Formel 4.101 bis Formel 4.103 zu beachten, dass diese nur für homogene Deformationen im Gebiet der Gleichmaßdehnung Gültigkeit besitzen. Bei Auftreten von Einschnürungen müssen die Betrachtungen auf begrenzte Deformationsgebiete beschränkt oder lokal auflösende Dehnmesstechniken verwendet werden, welche die Verfolgung der Einschnürfronten auf der Prüfkörperoberfläche mit hinreichender Genauigkeit gestatten.

Unabhängig von der Art der gewählten Korrekturmaßnahmen treten im untersuchten Prüfkörpervolumen Geschwindigkeitsdifferenzen auf. In Abhängigkeit vom jeweiligen Werkstoffverhalten verändert sich die Dehngeschwindigkeit während der Versuchsdauer und beeinflusst damit speziell das sich dem Zugversuch überlagernde Relaxations- und Retardationsverhalten. Zur Realisierung konstanter Belastungsbedingungen mittels analoger oder inkrementaler closed-loop-Systeme existieren zwei verschiedene Varianten des geregelten Zugversuches.

Der häufig bei metallischen Werkstoffen angewandte kraftgeregelte Versuch entspricht einer Rampenfunktion mit konstanter Kraft- oder Spannungsrate, wobei die erforderliche Regelung über eine veränderliche Traversengeschwindigkeit gesichert wird. Für Kunststoffe stellt diese Art der Versuchsdurchführung den ungünstigsten Fall dar, da unabhängig vom dominanten Deformationsmechanismus ein konstanter Anstieg der Kraft pro Zeiteinheit existiert. aufgrund dessen werden deutlich höhere Zugfestigkeiten bei gleichzeitig verringerten Bruchdehnungen erhalten.

Der dehnungsgeregelte Zugversuch setzt die Verwendung von Dehnungsmessgeräten voraus, welche die Dehnung als Istwert direkt am Prüfkörper ermitteln. In Analogie zum kraftgeregelten Zugversuch wird die Abweichung vom gewählten Sollwert durch die Veränderung der Traversengeschwindigkeit kompensiert. Durch diese Art der Versuchsdurchführung wird die normative scheinbare Dehngeschwindigkeit im Prüfkörpervolumen zwischen den Messschneiden des Dehnungssensors auf einen konstanten Wert geregelt. Da mit zunehmender Versuchsdauer oder Dehnung die Differenz zwischen scheinbarer und wahrer Dehnung zunimmt, kann mittels Formel 4.104 eine rechnerische Korrektur und Änderung der Traversengeschwindigkeit vorgenommen werden, wodurch eine konstante wahre Dehnrate erhalten wird.

$$v_\mathrm{T} = \dot{\varepsilon}_\mathrm{w}\, L = \dot{\varepsilon}_\mathrm{w} \left(L_0 + \Delta L\right) \tag{4.104}$$

Unabhängig von der Art der Versuchsdurchführung sind nur im Gebiet der Gleichmaßdehnung sinnvoll verwertbare Ergebnisse erzielbar. Bei sehr schnellen Änderungen der Dehngeschwindigkeit oder lokalen Einschnürungen können Instabilitäten im Regelkreis auftreten, die zum Abbruch des Versuches führen. Besondere Bedeutung für derartige Versuche, speziell für die Stabilität der Regelung, besitzen die Regelkreisparameter (PID) und der E-Modul des zu untersuchenden Werkstoffs, da für hochmodulige Kunststoffe normalerweise kleinere proportionale Verstärkungen P benötigt werden als für Werkstoffe mit geringem E-Modul. Dies begründet sich darauf, dass der Prüfkörper mit seinen belastungsabhängigen Veränderungen der Steifigkeit $d\sigma/d\varepsilon$ einen Teil des Regelkreises darstellt. In Bild 4.33 ist der Vergleich zwischen konventionellem und dehnungsgeregeltem Zugversuch für ein PA 6 mit 20 M.-% GF bei einer Dehngeschwindigkeit von 1 % min^{-1} dargestellt.

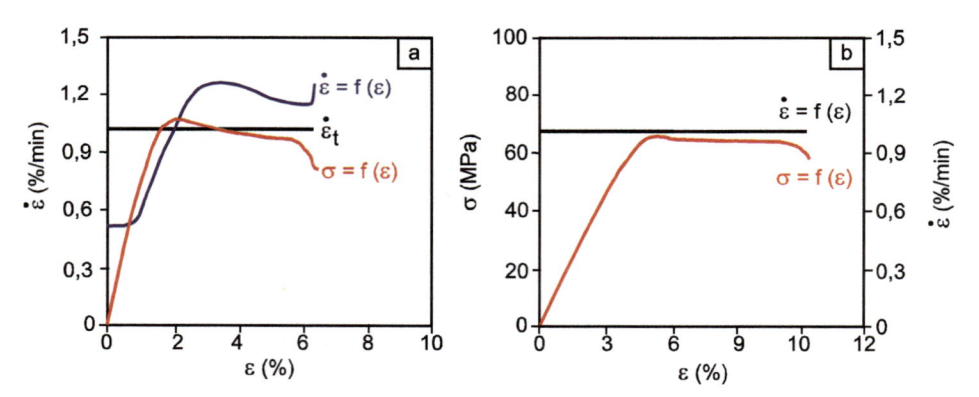

Bild 4.33 Spannungs-Dehnungs-Verhalten und Dehngeschwindigkeit von PA 6 mit 20 M.-% Kurzglasfasern im konventionellen (a) und dehnungsgeregelten (b) Zugversuch mit der nominellen Dehnrate von 1 % min^{-1}

Die nominelle Dehnrate, die sich aus der Traversenbewegung berechnet, ist konstant, die mit einem Extensometer direkt am Prüfkörper gemessene normative Dehngeschwindigkeit unterliegt starken Schwankungen (Bild 4.33a). Im dehnungsgeregelten Zugversuch verändert sich die integrale normative Dehnrate zwischen den Messfühlern des Extensometers nicht (Bild 4.33b). Infolge dieser konstanten Relaxationsbedingungen ist die Zugfestigkeit in Bild 4.33b kleiner und die Bruchdehnung deutlich größer.

Obwohl mit einer dehnungsgeregelten Versuchsdurchführung deutlich verbesserte Belastungsbedingungen im untersuchten Prüfkörpervolumen vorliegen, kann z. B. mittels Laserextensometrie (s. Kapitel 9) nachgewiesen werden, dass trotz Konstanz der integralen Dehnrate lokale Unterschiede in der Dehngeschwindigkeit existieren. Weitergehende Arten der Dehnungsregelung bei Nutzung lokal auflösender Dehnmesstechniken sind in [4.59] beschrieben.

4.3.3 Weiterreißversuch

Der Zugversuch liefert bei der Prüfung von Elastomeren, weichen Schaumstoffen und Kunststofffolien aufgrund messtechnischer Probleme, die z. B. in der Faltenbildung an den Einspannklemmen begründet sind, keine befriedigenden Ergebnisse.

Mit der Zielstellung einer werkstoffadäquaten Beschreibung des Einsatzverhaltens wurden die experimentellen Methoden zur Bestimmung des Weiterreißwiderstandes in die Kunststoffprüfung eingeführt. Mit diesen Methoden wird der Widerstand ermittelt, den ein Prüfkörper dem Weiterreißen bei Zugbeanspruchung entgegensetzt. Infolge der im Vergleich zum Zugversuch komplizierten und nicht vergleichbaren Prüfbedingungen ist dieser Versuch eher der Form- oder Bauteilprüfung oder den technologischen Prüfverfahren zuzuordnen.

Bild 4.34
Winkelprüfkörper für den Weiterreißversuch an Elastomeren nach DIN ISO 34-1 (a) und Trapezprüfkörper für den Weiterreißversuch an Folien nach DIN 53363 (b)

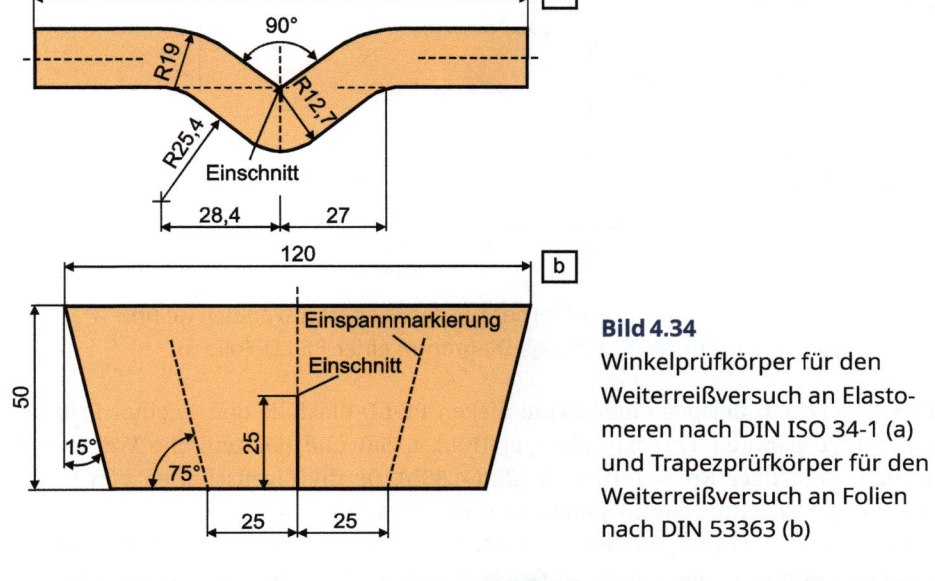

Für die Weiterreißprüfung werden in Abhängigkeit vom zu prüfenden Werkstoff streifen-, winkel- und bogenförmige Prüfkörper oder Trapezprüfkörper verwendet

(Bild 4.34). Eine gesonderte Methode zur Bestimmung des Weiterreißwiderstandes an kleinen Elastomerprüfkörpern (Delft-Prüfkörper) wird in ISO 34-2 aufgeführt. Die verwendeten Prüfkörper sind mit Einschnitten versehen, wobei die wirkende Kerbspannung den Weiterreißprozess bei Zugbelastung initiiert. Als Weiterreißwiderstand T_S wird nach Formel 4.105 in Abhängigkeit von der Methode das Maximum oder der Median der Kraft F in N aus dem Kraft-Zeit- bzw. Kraft-Verlängerungs-Diagramm, bezogen auf den Median der Dicke des Prüfkörpers, berechnet.

$$T_S = \frac{F}{B} \tag{4.105}$$

B Prüfkörperdicke in mm

Der mit dieser Prüfmethode ermittelte Kennwert lässt jedoch nur relative Vergleiche zwischen verschiedenen Werkstoffen zu. Er ist insbesondere abhängig von:

- der Werkstoffgüte und dem Behandlungszustand,
- der Vorzugsrichtung infolge des Kalandrier-, Spritz- oder Blasprozesses,
- der Vulkanisationsdauer bei Elastomeren und
- der Prüftemperatur und der Verformungsgeschwindigkeit.

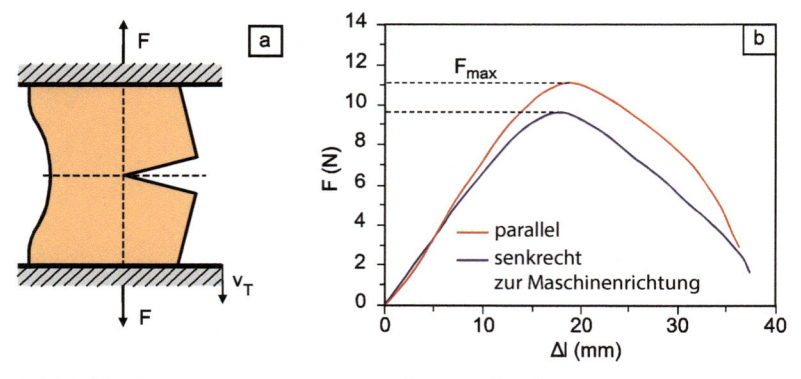

Bild 4.35 Eingespannter Trapezprüfkörper für den Weiterreißversuch (a) und typisches Kraft-Verlängerungs-Diagramm einer PE-LD-Folie (b)

Bild 4.35 zeigt am Beispiel einer 50 µm dicken PE-LD-Blasfolie den in einer Prüfmaschine eingespannten Trapezprüfkörper (Bild 4.35a) und das typische Weiterreißverhalten derartiger Kunststofffolien (Bild 4.35b). Da die Eigenschaften von Folien aufgrund der Orientierung in Längs- und Querrichtung sehr unterschiedlich sind, müssen in jeder Richtung mindestens 5 Prüfkörper gemessen werden. Aufgrund der speziellen Geometrie des Trapezprüfkörpers tritt die höchste Spannungskonzentration mit Beginn des Versuchs direkt an der Rissspitze auf. Dadurch tritt im Volumen keine nennenswerte Deformation auf und die eingebrachte Deformationsenergie wird nur für den Weiterreißversuch verwendet. Das ist eine Grundbedingung für die sinnvolle Auswertung derartiger Versuche.

4.3.4 Druckversuch an Kunststoffen

4.3.4.1 Theoretische Grundlagen des Druckversuchs

Der Druckversuch dient der Beurteilung des Werkstoffverhaltens bei einer einachsigen Druckbeanspruchung, wobei als Prüfkörper rechtwinklige Prismen, Zylinder oder Rohrabschnitte verwendet werden. Obwohl eine Vielzahl unterschiedlicher, zumeist werkstoffseitig orientierter Normen für die Prüfung der mechanischen Eigenschaften unter uniaxialer Beanspruchung existieren, hat der Druckversuch, von einigen Spezialfällen abgesehen, grundsätzlich nicht die Bedeutung wie der Zug- oder Biegeversuch oder die Härtemessung erlangen können. Dies begründet sich auf die relativ geringe Praxisrelevanz der Druckbeanspruchung und messtechnische Probleme, so dass sich die Anwendung des Druckversuches auf spezielle Anwendungsfälle und/oder ausgewählte Werkstoffe beschränkt. Dazu gehören insbesondere Baustoffe (Beton, Polymerbeton, Ziegel, Holz und Schaumstoffe), Werkstoffe, die in Dämpfern, Gleitlagern oder Dichtungen eingesetzt werden (Kupferlegierungen, Polyamide, Polyethylene oder Gummi) und Verpackungsmaterialien (Pappe und Schaumstoffe). Bei den Kunststoffen existiert eine Vielzahl unterschiedlicher Normen, welche die Versuchsbedingungen für die Prüfung von Elastomeren, Polymerbetonen, Schaumstoffen und faserverstärkten Kunststoffen definieren. In der Prüfpraxis ist die DIN EN ISO 604, die allgemein für Kunststoffe gültig ist, der bevorzugt zu verwendende Standard. Diese Norm ist anwendbar für:

- steife und halbsteife thermoplastische Spritzguss- und Extrusionsformmassen, einschließlich gefüllter und verstärkter Formmassen,

- steife und halbsteife duromere Formmassen, einschließlich gefüllter und verstärkter Formmassen und

- thermotrope flüssigkristalline Polymere.

Für textilfaserverstärkte Werkstoffe, harte Schaumstoffe oder Schichtverbunde mit Schaum- oder Wabenkern ist die Norm nicht geeignet. Der Druckversuch ist je nach Werkstoff für die Charakterisierung der Druckeigenschaften als auch für die Qualitätssicherung anwendbar.

Für den genormten Druckversuch mit konstanter Traversengeschwindigkeit gelten in Analogie zum Zugversuch identische grundlegende Voraussetzungen. Die Lastaufbringung muss stoßfrei und langsam zunehmend bis zum Bruch oder einer festgelegten Belastungsgrenze erfolgen. Der Prüfkörper soll ebenfalls homogen und isotrop sein und es dürfen keine Einflüsse der Prüftechnik existieren (s. Abschnitt 4.3.2.1). Unter diesen Voraussetzungen entsteht bei Druckbeanspruchung im Prüfkörper in hinreichender Entfernung vom oberen und unteren Druckteller ein homogener uniaxialer Spannungszustand, der einer gleichmäßig über den Querschnitt verteilten Normalspannung und -dehnung entspricht (Bild 4.36).

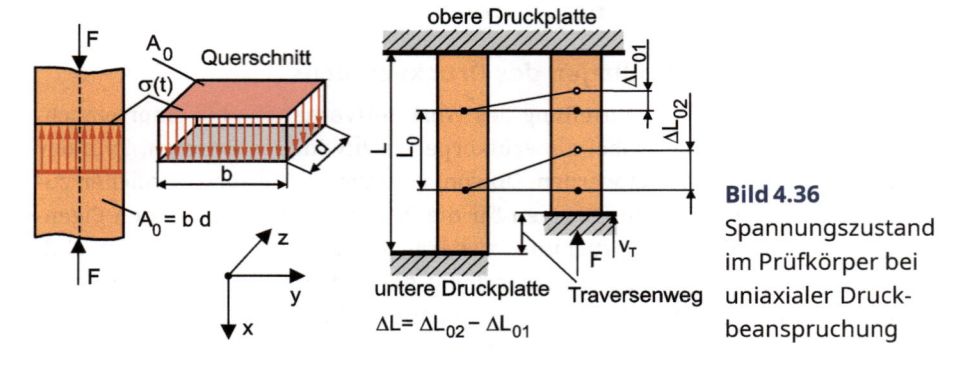

Bild 4.36 Spannungszustand im Prüfkörper bei uniaxialer Druckbeanspruchung

Definitionsgemäß sind die entstehenden Druckspannungen und Stauchungen mit einem negativen Vorzeichen behaftet, wobei in der Prüfpraxis nur die Absolutwerte angegeben werden. In Analogie zu Formel 4.76 kann die resultierende Druckspannung berechnet werden:

$$\sigma = \frac{F}{A_0} \quad (4.106)$$

Die Stauchung ergibt sich bei Nutzung von mechanischen oder optischen Dehnungssensoren aus der Wegdifferenz als normativer (Formel 4.107) oder bei Verwendung des gemessenen Abstandes zwischen den Druckplatten über den Traversenweg als nomineller Kennwert (Formel 4.108) (Bild 4.36).

$$\varepsilon = \frac{\Delta L_0}{L_0} 100\,\% \quad (4.107)$$

$$\varepsilon_c = \frac{\Delta L}{L} 100\,\% \quad (4.108)$$

Der vorausgesetzte einachsige Druckspannungszustand wird durch die Reibung zwischen dem Prüfkörper und den Druckplatten beeinflusst. Dies äußert sich in einer Verformungsbehinderung in der y- und z-Richtung, wodurch sich kegelförmig deformierte elastische Zonen, beginnend von den Prüfkörperendflächen, zur Prüfkörpermitte erstrecken. Bei duktilen Werkstoffen befinden sich somit die plastischen Deformationszonen vorrangig in der Mitte des Prüfkörpers, es tritt eine Ausbauchung mit nachfolgendem Scherbruch auf. Das reale Spannungsfeld ist stark geometrieabhängig, wodurch ermittelte Kennwerte nur für identische Abmessungen vergleichbar sind und die praktische Anwendung dieses Versuches eingeschränkt wird. Um diesen Einfluss zu minimieren, kann man die Reibung zwischen Prüfkörper und Druckplatten durch Einsatz von Schmiermitteln oder feinem Schleifpapier verringern. In dem

Protokoll des Versuches ist die Verwendung derartiger Hilfsmittel ausdrücklich zu vermerken.

Eine weitere Einflussgröße bei der Durchführung des Druckversuches stellen die geometrischen Abmessungen dar. Zur Vermeidung des *Euler*'schen Stabilitätsfalls, also dem Ausknicken des Prüfkörpers, muss ein hinreichendes Verhältnis zwischen der Länge des Prüfkörpers und der Abmessung existieren, die das minimale Flächenträgheitsmoment I_y bestimmt. Um das Ausknicken zu verhindern, ist demzufolge ein Schlankheitsgrad $\lambda = 10$, mindestens aber 6 einzuhalten. Der Schlankheitsgrad ist als das Verhältnis von Prüfkörperlänge zum kleinsten Trägheitshalbmesser i seiner Grundfläche definiert:

$$\lambda = \frac{l}{i} \qquad (4.109)$$

Der kleinste Trägheitshalbmesser i des Prüfkörpers ergibt sich zu:

$$i = \sqrt{\frac{I_y}{A_0}} \qquad (4.110)$$

wobei I_y das kleinste axiale Flächenträgheitsmoment ist und A_0 die Querschnittsfläche des Prüfkörpers im Ausgangszustand. Für die möglichen Formen der Prüfkörper sind die erforderlichen Beziehungen in Bild 4.37 dargestellt. Probleme können bei dünnwandigen rohrförmigen Prüfkörpern auftreten, da infolge der Spannungsverteilung ein Beulen der Rohrwandung auftreten kann.

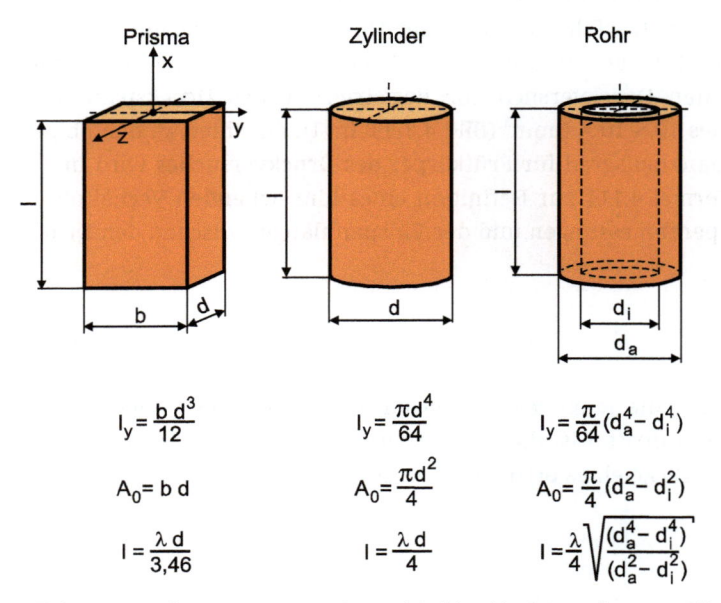

Prisma

$I_y = \dfrac{b\,d^3}{12}$

$A_0 = b\,d$

$l = \dfrac{\lambda\,d}{3{,}46}$

Zylinder

$I_y = \dfrac{\pi d^4}{64}$

$A_0 = \dfrac{\pi d^2}{4}$

$l = \dfrac{\lambda\,d}{4}$

Rohr

$I_y = \dfrac{\pi}{64}(d_a^4 - d_i^4)$

$A_0 = \dfrac{\pi}{4}(d_a^2 - d_i^2)$

$l = \dfrac{\lambda}{4}\sqrt{\dfrac{(d_a^4 - d_i^4)}{(d_a^2 - d_i^2)}}$

Bild 4.37 Prüfkörpergeometrie und Schlankheitsgrad von Prüfkörpern für Druckversuche

Bei Nichteinhaltung des erforderlichen Schlankheitsgrades können die Prüfkörper während des Druckversuches ausknicken und damit besteht die Gefahr des Wegschleuderns von Prüfkörperteilen. Derartige Effekte können allerdings auch auftreten, wenn der Prüfkörper nicht genau in der Lastlinie der Druckteller positioniert ist und zusätzliche Biegemomente zum vorzeitigen Bruch führen. Messtechnisch verursachte Fehler bei der Kennwertermittlung können jedoch auch durch zu hohe fertigungsbedingte Oberflächenrauigkeiten der Prüfkörperendflächen oder nicht exakt planparallele Flächen entstehen. Derartige Fehler können infolge des Oberflächenreliefs oder der Schiefstellung des Prüfkörpers zu starken Anlaufeffekten oder Verfälschungen des E-Moduls führen. Bei faserverstärkten Kunststoffen kann während des Druckversuches auch ein Aufspleißen der Prüfkörper auftreten, wodurch die Kennwertermittlung erschwert oder eventuell unmöglich wird.

4.3.4.2 Durchführung und Auswertung des Druckversuches

Für die Durchführung des Druckversuches an Kunststoffen wird die DIN EN ISO 604 angewendet. Im Unterschied zu den obigen Darlegungen schreibt diese Norm grundsätzlich die Verwendung prismatischer Prüfkörper vor, die entweder durch direkte Formgebung (Spritzgießen) oder indirekt durch Sägen aus Fertigteilen oder Halbzeugen (Laminate, extrudierte oder kalandrierte Platten) hergestellt werden. Für die Formmassecharakterisierung sollten die Prüfkörper für den Druckversuch als auch den E-Modul bei Druckbeanspruchung aus dem Vielzweckprüfkörper entsprechend DIN EN ISO 3167 hergestellt werden (Bild 4.38). Der Vorteil besteht in einem vergleichbaren inneren Zustand (Orientierung, Eigenspannung) und der Vergleichbarkeit mit anderen mechanischen Prüfverfahren. Die in der Norm vorgeschriebenen Abmessungen des Prüfkörpers für die Ermittlung des E-Moduls betragen $50 \times 10 \times 4\,\mathrm{mm}^3$ (Bild 4.38b) und für den Druckversuch zur Registrierung des Druckspannungs-Stauchungs-Diagrammes $10 \times 10 \times 4\,\mathrm{mm}^3$ (Bild 4.38c). Im Unterschied zu den obigen Darlegungen zum Schlankheitsgrad für Prüfkörper des Druckversuches wird in der DIN EN ISO 604 die Formel 4.111 zur Definition eines hinreichenden Verhältnisses zwischen den Prüfkörperabmessungen und der Einspannlänge zwischen den Druckplatten festgelegt.

$$\varepsilon_c \leq 0{,}4 \left(\frac{x}{l}\right)^2 \qquad (4.111)$$

In dieser Gleichung ist ε_c die maximale dimensionslose nominelle Stauchung, die während des Versuches auftritt, l ist die Prüfkörperlänge sowie x der Durchmesser eines Zylinders oder die Dicke eines prismatischen Druckprüfkörpers.

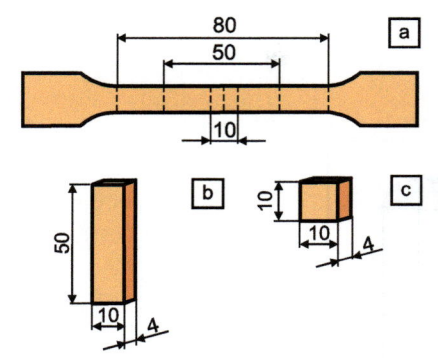

Bild 4.38
Prüfkörperpräparation für den Druckversuch aus dem Vielzweckprüfkörper nach DIN EN ISO 3167 (a), Prüfkörper zur Ermittlung des E-Moduls (b) und Prüfkörper zur Bestimmung des Druckspannungs-Stauchungs-Verhaltens (c)

In dieser Norm wird zur Ermittlung des Druckmoduls E_c ein Verhältnis $x/l \geq 0{,}08$ empfohlen und für den Druckversuch sollte $x/l \geq 0{,}4$ verwendet werden, was in etwa einer Stauchung bzw. negativen Dehnung von 6 % entspricht. Da Formel 4.111 unter der Annahme eines linear-elastischen Verhaltens formuliert wurde, sind mit zunehmender Stauchung oder bei Prüfung duktiler Werkstoffe für ε_c Werte zu verwenden, die 2 bis 3mal höher als die maximale Stauchung sind. Bei anisotropen Werkstoffen wie z. B. Laminaten sollten immer Prüfkörper in den jeweiligen Hauptorientierungsrichtungen geprüft werden, da die Ergebnisse dieses Versuches in Analogie zu anderen mechanischen Prüfverfahren sehr stark von der Prüfrichtung abhängen. Die Prüfgeschwindigkeit v_T beträgt entsprechend der Norm DIN EN ISO 604 für die Bestimmung von E_c 1 mm min^{-1} und für die Ermittlung der Druckeigenschaften mit dem Prüfkörper nach Bild 4.38c in den meisten Fällen ebenfalls 1 mm min^{-1}. Bei duktilen Kunststoffen sollte die Traversengeschwindigkeit 5 mm min^{-1} betragen, wobei die prüftechnischen Erfahrungen zeigen, dass eine maximale Stauchung von 50 % im Versuch nicht überschritten werden sollte. Bei Änderungen der Abmessungen oder der Form der Prüfkörper ist Formel 4.111 zur Überprüfung der experimentellen Voraussetzungen zu verwenden und die Prüfgeschwindigkeit ist entsprechend der Norm im Bereich von 1 bis 20 mm min^{-1} den Gegebenheiten anzupassen.

In Analogie zum Zugversuch wird E_c entsprechend Bild 4.27 und Formel 4.81 als Sekantenmodul im Intervall von 0,05 bis 0,25 % Stauchung ermittelt, wobei ein Dehnungsmessgerät mit einer Auflösung von 0,1 µm zu verwenden ist. Falls zur Minimierung von Anlaufeffekten eine Vorkraft F_v verwendet wird, darf diese keine Stauchung größer als 0,05 % hervorrufen. Bei Nutzung des Prüfkörpers nach Bild 4.38c lassen sich unter Berücksichtigung des spezifischen Werkstoffverhaltens (Bild 4.39) aus dem Druckspannungs-Stauchungs-Diagramm die nachstehenden Kenngrößen ermitteln.

Druckfließspannung σ_y: Der Spannungswert, bei dem zum ersten Mal eine Zunahme der Stauchung ohne Anstieg der Spannung auftritt. Der Kennwert wird auch als Quetschspannung oder Quetschgrenze bezeichnet und über die Steigung dσ/dε aus der Druckspannungs-Stauchungs-Kurve ermittelt. Treten beim Erreichen der Druckfließspannung Anrisse auf, kann das Resultat des Versuches verfälscht werden.

$$\sigma_y = \frac{F_y}{A_0} \qquad (4.112)$$

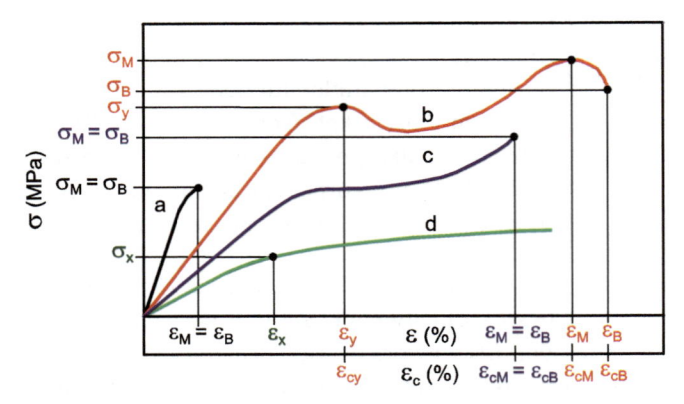

Bild 4.39 Druckspannungs-Stauchungs-Verhalten von spröden Kunststoffen (EP) (a), duktilen Kunststoffen mit Druckfließspannung (PS) (b), duktilen Kunststoffen ohne Druckfließspannung (PMMA) (c) und duktilen Kunststoffen ohne Bruch (PA) (d)

Druckfestigkeit σ_M: Die maximale Druckspannung, die während des Versuches registriert wird. Dieser Kennwert kann mit der Druckspannung beim Bruch (s. Bild 4.39 Kurven a und c) identisch sein.

$$\sigma_M = \frac{F_{max}}{A_0} \qquad (4.113)$$

Druckspannung beim Bruch σ_B: Dieser Kennwert ergibt sich aus der zum Zeitpunkt des Bruches vorliegenden Druckspannung. Im Fall eines Werkstoffverhaltens entsprechend Diagramm a in Bild 4.39 ergeben die Druckfestigkeit und die Druckspannung beim Bruch den gleichen Kennwert, wobei dieser Kennwert sehr stark von der eingestellten Bruchabschaltschwelle abhängt.

$$\sigma_B = \frac{F_B}{A_0} \qquad (4.114)$$

Druckspannung σ_x *bei x % Stauchung*: Dieser Kennwert wird ermittelt, wenn der Werkstoff keine Druckfließspannung aufweist oder bei dem Versuch kein Bruch auftritt (Kurve d Bild 4.39). Der Wert für *x* kann entsprechenden Formmassenormen entnommen werden oder mit dem Kunden vereinbart werden, wobei *x* aber immer kleiner als die zur Druckfestigkeit zugehörige Stauchung sein muss. Ein üblicher Wert, der in der prüftechnischen Praxis verwendet wird, ist z. B. 50 %.

$$\sigma_x = \frac{F_x}{A_0} \qquad (4.115)$$

Die den Festigkeitskennwerten zuordenbaren Stauchungen können mit mechanischen oder optischen Extensometern ermittelt werden, wodurch normative Stauchungen ε angegeben werden können. Da der Prüfkörper jedoch eine vergleichsweise geringe Länge von 10 mm hat, wird in der Praxis zumeist die nominelle Stauchung ε_c verwendet, die sich aus der Veränderung des Abstandes der Druckplatten ergibt und dem Traversenweg entspricht. Die Stauchungswerte können dimensionslos oder in Prozent angegeben werden.

Fließstauchung ε_y oder ε_{cy}: Die Stauchung, die bei der Druckfließspannung σ_y erreicht wird. Dieser Kennwert wird häufig als Quetschstauchung bezeichnet.

$$\varepsilon_y = \frac{\Delta L_{0y}}{L_0} \tag{4.116}$$

$$\varepsilon_{cy} = \frac{\Delta l_y}{l} \tag{4.117}$$

Darin ist l die ursprüngliche Prüfkörperlänge und Δl die Stauchung in mm.

Stauchung bei der Druckfestigkeit ε_M oder ε_{cM}: Die Stauchung, bei der die Druckfestigkeit erreicht wird und die für das Werkstoffverhalten nach Kurve a in Bild 4.39 mit der Stauchung beim Bruch identisch sein kann.

$$\varepsilon_M = \frac{\Delta L_{0M}}{L_0} \tag{4.118}$$

$$\varepsilon_{cM} = \frac{\Delta l_M}{l} \tag{4.119}$$

Stauchung beim Bruch ε_B oder ε_{cB}: Dieser Kennwert wird beim Erreichen des Bruches ermittelt.

$$\varepsilon_B = \frac{\Delta L_{0B}}{L_0} \tag{4.120}$$

$$\varepsilon_{cB} = \frac{\Delta l_B}{l} \tag{4.121}$$

Die Ergebnisse des Druckversuches sind in Analogie zum Zugversuch von den Beanspruchungsbedingungen, insbesondere der Temperatur und der Prüfgeschwindigkeit, abhängig. Aus diesem Grund sind die Prüfergebnisse nur bei identischen Herstellungs- und Prüfbedingungen vergleichbar und nicht ohne weiteres auf das Verhalten von Bauteilen übertragbar. Spezielle Probleme können bei der Ermittlung der Druckfestigkeit oder der Druckspannung beim Bruch auftreten, da der Bruch des Prüfkörpers nicht immer eindeutig zugeordnet werden kann. Aus diesem Grund ist die visuelle Beobachtung des Verformungsverhaltens unter Beachtung entsprechender Sicherheitsvorkehrungen von großer Bedeutung. Dieser Versuch wird zumeist für die Qualitätssicherung oder die Werkstoffcharakterisierung eingesetzt. Infolge unterschiedlicher Deformationsmechanismen von Kunststoffen bei Zug- und Druckbeanspruchung können deutlich abweichende σ-ε-Diagramme erhalten werden. Am Beispiel von PS (Bild 4.40) ist zu erkennen, dass aufgrund des dominanten Craze-Mechanismus im Zugversuch keine Fließgrenze auftritt und das Werkstoffverhalten spröd ist. Infolge des Scherfließens bei Druckbelastung ist die Festigkeit im Druckversuch mit 100 MPa fast doppelt so groß wie im Zugversuch (50 MPa) und die registrierte Bruchdehnung ist deutlich höher.

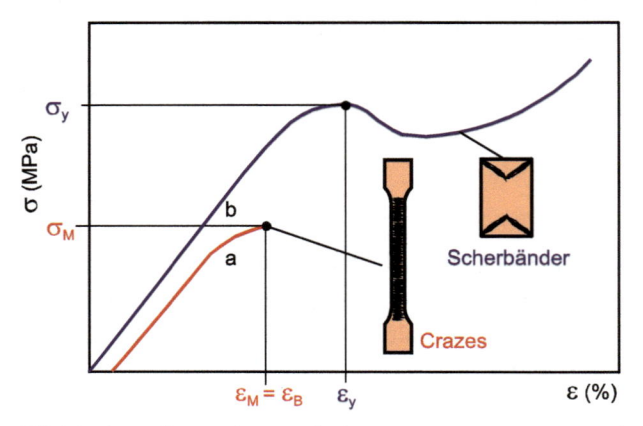

Bild 4.40 Deformationsverhalten von PS im Zugversuch (a) und im Druckversuch (b)

In Tabelle 4.4 sind für ausgewählte Kunststoffe Druckfestigkeitswerte dargestellt.

Tabelle 4.4 Druckfestigkeit ausgewählter Kunststoffe [1.48, 1.51]

Werkstoff	σ_M (MPa)	Werkstoff	σ_M (MPa)
Duroplaste		**Thermoplaste unverstärkt**	
Phenolharz	170	PMMA	52–110
Harnstoffharz	200	PTFE	7–12
Melaminharz	200	**Thermoplaste verstärkt**	
UP-Harz	150	PP + 30 M.-% GF	52–93
EP-Harz	150	PA 6 + 30 M.-% GF	120–180
PUR	110	PA 66 + 30 M.-% GF	110–170

4.3.5 Biegeversuch an Kunststoffen

4.3.5.1 Theoretische Grundlagen des Biegeversuches

Die Biegebeanspruchung entspricht einer der häufigsten, in der Praxis auftretenden, Beanspruchungsarten und besitzt deshalb eine große Bedeutung für die Kennwertermittlung an Kunststoffen und Faserverbundwerkstoffen. Diese Belastungsart wird speziell für folgende Prüfverfahren verwendet:

- Biegeversuch zur Charakterisierung von thermo- und duroplastischen Formmassen und gefüllten sowie verstärkten Verbundwerkstoffen,
- mechanisch-thermische Biegebeanspruchung zur Bestimmung der Wärmeformbeständigkeit im HDT-Test sowie
- medial-mechanische Biegebeanspruchung zur Ermittlung der Spannungsrissbeständigkeit.

Der quasistatische Biegeversuch wird insbesondere zur Prüfung spröder Werkstoffe eingesetzt, die im Zugversuch aufgrund ihres Versagensverhaltens messtechnische Probleme bereiten. Bei Kunststoffen wird dieser Versuch entsprechend der Normenvorschriften zur Prüfung folgender Werkstoffe angewandt:

- thermoplastische Spritzguss- und Extrusionsformmassen, einschließlich gefüllter und verstärkter Formmassen sowie steifer thermoplastischer Tafeln,
- duroplastische Formstoffe, einschließlich gefüllter und verstärkter Verbundwerkstoffe,
- duroplastische Tafeln, einschließlich Schichtstoffe,
- faserverstärkte duroplastische und thermoplastische Verbundwerkstoffe, die unidirektionale und nicht unidirektionale Verstärkungen enthalten und
- thermotrope flüssigkristalline Polymere.

Dieses Prüfverfahren ist jedoch nicht für harte Schaumstoffe oder Schichtverbunde, die Schaumstoff enthalten, geeignet.

Wie bei Zug- oder Druckbeanspruchung sind auch bei der Biegebeanspruchung die unterschiedlichen Deformationsanteile, die zeitlich und lastabhängig wirksam werden, bei der Bewertung der Messergebnisse zu berücksichtigen. In Abhängigkeit vom Typ des Kunststoffes treten ebenfalls linear-elastische, linear-viskoelastische, nicht-linear-viskoelastische und plastische Verformungsanteile auf, wobei das Verhältnis der Verformungsanteile in Bezug auf die Gesamtverformung vom jeweiligen Kunststoff sowie den Beanspruchungsbedingungen (Temperatur und Prüfgeschwindigkeit) abhängt. Demzufolge ist der im Biegeversuch ermittelte Kennwert eine Funktion der Verformung, der Dehngeschwindigkeit, der Belastung oder Spannung, der Temperatur und des inneren Zustandes des Prüfkörpers. In der prüftechnischen Praxis stehen die Dreipunkt- und die Vierpunktbiegeprüfanordnung für die Durchführung des Biegeversuches zur Verfügung (Bild 4.41). Hinsichtlich der auftretenden Belastungen ist die Vierpunktbiegeprüfung aufgrund der Konstanz des Biegemomentes in der Prüfkörpermitte und der Querkraftfreiheit grundsätzlich als geeignetere Methode einzuschätzen. Bei einem außermittigen Bruch des Prüfkörpers sind bei dieser Anordnung keine Korrekturmaßnahmen erforderlich. Nachteilig sind der technisch kompliziertere Aufbau, die aufwendigere Handhabbarkeit und die erforderliche hochgenaue Durchbiegungsmesseinrichtung. Insbesondere aus diesen Gründen wurde die Dreipunktbiegeprüfung in der DIN EN ISO 178 als Prüfverfahren für Kunststoffe festgelegt, obwohl der Vierpunktbiegeversuch präzisere und reproduzierbarere Resultate ergibt. Infolge struktureller Unzulänglichkeiten der Prüfkörper können bei Dreipunktbiegebeanspruchung außermittige Brüche auftreten, die bei der Kennwertermittlung toleriert werden, sofern der Bruch im mittleren Drittel des Prüfkörpers auftritt.

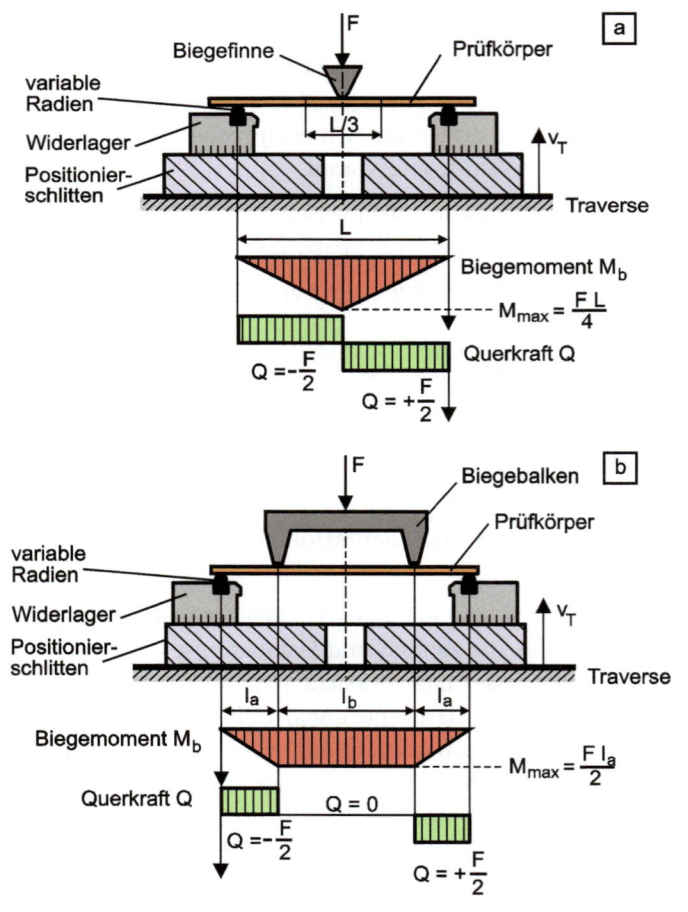

Bild 4.41 Schematischer Aufbau der Dreipunkt- (a) und der Vierpunktbiegeprüfeinrichtung (b)

Für die Durchführung des Biegeversuches gelten die gleichen grundsätzlichen Voraussetzungen wie beim Zug- und Druckversuch (s. Abschnitt 4.3.2.1), d. h. die Lastaufbringung muss stoßfrei und stetig zunehmend erfolgen. Im Prüfkörper soll ein einachsiger Normalspannungszustand entstehen, wobei Einflüsse der Prüftechnik, des Querkraftschubanteils sowie der Pressung an den Widerlagern vernachlässigbar sein sollen. Der Prüfkörper muss zudem frei von geometrischen Imperfektionen wie z. B. Kerben sein und die Querschnitte bleiben während des Versuches eben, d.h. es tritt keine Verwölbung auf.

Unter diesen Voraussetzungen und der Kenntnis der allgemeinen Differentialgleichung der elastischen Biegelinie (Formel 4.122) lässt sich für den Fall der Dreipunktbiegung der Zusammenhang zwischen der Durchbiegung, dem E-Modul und der Prüfkörpergeometrie herleiten (Bild 4.42).

$$\frac{f''(x)}{\left[1+f'^2(x)\right]^{3/2}} = -\frac{M_b(x)}{EI} \tag{4.122}$$

In dieser Gleichung sind $M_b(x)$ das ortsveränderliche Biegemoment, EI die Biegesteifigkeit und df/dx die Neigung der Biegelinie. Da diese Differentialgleichung des verformten Biegebalkens nur numerisch lösbar und demzufolge kompliziert zu handhaben ist, verwendet man in der prüftechnischen Praxis die vereinfachte Formel 4.123, die für kleine Durchbiegungen f und die Neigung $df/dx \approx 0$ Gültigkeit besitzt [4.60].

$$f''(x) = -\frac{M_b(x)}{EI} \tag{4.123}$$

Die elastische Biegelinie ergibt sich unter Beachtung der Randbedingungen für die Dreipunktbiegung wie folgt:

$$f(x) = \frac{1}{EI}\left(\frac{F}{16}L^2 x - \frac{F}{12}x^3\right) \tag{4.124}$$

Für messtechnische Belange ist die Mittendurchbiegung f an der Stelle $x = L/2$ von besonderem Interesse:

$$f = \frac{FL^3}{48EI} \tag{4.125}$$

Unter der Annahme eines linear-elastischen Werkstoffverhaltens sind die Dehnungen und Spannungen symmetrisch über den Querschnitt verteilt (Bild 4.42b), wodurch in der Mitte des Prüfkörpers eine spannungs- und dehnungsfreie Faser auftritt, die man als neutrale Faser bezeichnet. aufgrund der linear über den Querschnitt verteilten Lastspannung tritt demzufolge die größte Zug- oder Druckspannung immer in der äußeren Randfaser des Biegeprüfkörpers auf, wobei man in der Praxis auf die Angabe der Vorzeichen verzichtet (Formel 4.126).

$$\sigma_f = \frac{M_b}{I}\frac{h}{2} \tag{4.126}$$

Mit dem maximalen Biegemoment in der Prüfkörpermitte $M_b = FL/4$ und dem axialen Flächenträgheitsmoment des prismatischen Prüfkörpers I (Formel 4.127) erhält man die Berechnungsgleichung der Biegespannung σ_f im Dreipunktbiegeversuch (Formel 4.128).

$$I = \frac{bh^3}{12} \tag{4.127}$$

$$\sigma_f = \frac{3FL}{2bh^2} \tag{4.128}$$

Daraus resultiert ein über der Prüfkörperhöhe oder -dicke unterschiedliches Belastungsniveau, wodurch die einzelnen Deformationsanteile zeitlich und örtlich gleichzeitig auftreten können.

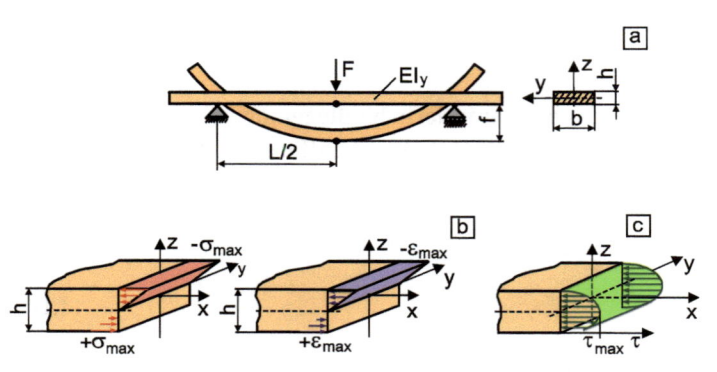

Bild 4.42 Dreipunkt-Biegeprüfkörper (a), Normalspannungs- und -dehnungsverteilung (b) sowie Schubspannungsverteilung (c) über den Prüfkörperquerschnitt

Bei identischem Zug- und Druckspannungsdeformationsverhalten erreichen immer nur einzelne symmetrisch liegende Schichten im Prüfkörper die Streckspannung (Zugbeanspruchung) oder Fließstauchung (Druckbeanspruchung). Deshalb wird eine ausgeprägte Streckspannung, wie sie im Zugversuch auftritt, nicht beobachtet. Bei Eintreten einer Fließgrenze sind die Auswirkungen auf das sich real einstellende Spannungs- und Deformationsfeld, im Gegensatz zum theoretischen Zug-Druckverhalten, speziell in der Randfaser des Prüfkörpers feststellbar. aufgrund dieses Sachverhaltes wird speziell bei Erreichen der Fließgrenze, also einsetzender plastischer Verformung, eine von der Linearität abweichende Spannungsverteilung über den Querschnitt resultieren. Bestehen bei dem untersuchten Werkstoff deutliche Unterschiede im Zug- und Druckverhalten (Bild 4.40), kann eine Verschiebung der neutralen Faser auftreten, die zu einer asymmetrischen Spannungsverteilung über den Querschnitt führt.

Mit der *Hooke*'schen Beziehung und der maximalen Biegespannung σ_f nach Formel 4.128 erhält man den Zusammenhang zwischen der Messgröße f und der dimensionslosen Randfaserdehnung ε_f:

$$\varepsilon_f = \frac{6fh}{L^2} \tag{4.129}$$

Für den Fall der Traversenwegmessung, also der Ermittlung der Durchbiegung zwischen Biegefinne und Widerlager (Bild 4.42a), ergibt sich der Elastizitätsmodul E_f wie folgt:

$$E_f = \frac{FL^3}{4fbh^3} \tag{4.130}$$

Für die Einstellung der Universalprüfmaschine ist der Zusammenhang zwischen der Traversengeschwindigkeit v_T und der gewünschten Randfaserdehngeschwindigkeit $d\varepsilon_f/dt$ von Bedeutung:

$$\dot{\varepsilon}_f = \frac{d\varepsilon_f}{dt} = \frac{6v_T h}{L^2} \tag{4.131}$$

Neben der Normalspannung tritt im Prüfkörper zusätzlich eine Schubspannung (Bild 4.42c) auf, die das Ergebnis des Biegeversuches beeinflussen kann. Zur Minimierung dieses Effektes ist das Verhältnis zwischen der Stützweite L und der Prüfkörperhöhe h bei der Prüfung von Kunststoffen zu beachten:

$$L = (16 \pm 1)h \tag{4.132}$$

Bei sehr dicken Prüfkörpern oder Werkstoffen die grobe Füllstoffe enthalten, kann es erforderlich sein, zur Vermeidung von Delaminationen infolge Scherung ein größeres Verhältnis L/h zu wählen. Dies trifft insbesondere auf Laminate oder andere schichtartig aufgebaute Kunststoffe zu, falls nicht die interlaminare Scherfestigkeit (vgl. Abschnitt 10.5.4) ermittelt werden soll. In diesem Fall sollte zur Eliminierung des Schubspannungsanteils das Verhältnis L/h 20 bis 25 betragen. Bei sehr weichen Kunststoffen wie PE u. a. kann ebenfalls ein größerer Auflagerabstand oder ein veränderter Auflagerradius benutzt werden, um das Eindrücken der Widerlager in den Prüfkörper zu verringern. Stehen nur sehr kurze Prüfkörper zur Verfügung, kann die Durchbiegung anstatt über die Traversenwegmessung auch über Dehnmessfühler ermittelt werden (Bild 4.43).

Bei der Messung der Mittendurchbiegung mittels eines Wegsensors (Bild 4.43a), die für die E-Modul-Ermittlung vorgeschrieben ist, ist das Eindringen der Biegefinne in den Prüfkörper nicht im Messergebnis enthalten, d.h Formel 4.125 bis Formel 4.131 behalten ihre Gültigkeit. Werden Gabelfühler entsprechend Bild 4.43b verwendet, wird zusätzlich das Eindringen der Widerlager eliminiert, allerdings müssen dann für die Durchbiegung f, die Randfaserdehnung ε_f und den E-Modul E_f andere Berechnungsgleichungen verwendet werden:

$$f = \frac{F L_G^2}{96 E I}(3L - L_G) \qquad (4.133)$$

$$\varepsilon_f = \frac{12 f h L}{L_G^2 (3L - L_G)} \qquad (4.134)$$

$$E_f = \frac{F L_G^2 (3L - L_G)}{8 f b h^3} \qquad (4.135)$$

Bei dicken oder sehr kurzen Prüfkörpern kann das Eindringen der Widerlager zu einem messtechnischen Problem werden. Zur Vermeidung werden größere Widerlagerradien verwendet, was bei größeren Durchbiegungen ein Abrollen des Prüfkörpers und daraus resultierend eine Verkürzung des Auflagerabstandes zur Folge hat, die sich auf das Prüfergebnis auswirkt. Zusätzlich treten dann oft Normalspannungen infolge Reibung auf, die eine Verschiebung der neutralen Faser und damit der Spannungsverteilung hervorrufen. Weitergehende Informationen zur numerischen Korrektur derartiger Messeffekte sind u. a. in [4.61] enthalten. Bei der Durchführung des Biegeversuches ist wie bei anderen mechanischen Grundversuchen auf eine exakte Positionierung des Prüfkörpers in der Lastlinie zu achten, da ansonsten schiefe Biegung auftreten kann oder Torsionsmomente das Messergebnis beeinflussen. Aus diesem Grund sollten keine beweglichen, selbst justierenden Auflager genutzt werden, da erfahrungsgemäß die während der Prüfung auftretenden Kräfte nicht zur Planstellung des Prüfkörpers ausreichen. Falls Zentrierhilfen wie z. B. Anschläge an den Widerlagern für die Prüfeinrichtung existieren, sollten diese auf jeden Fall verwendet werden.

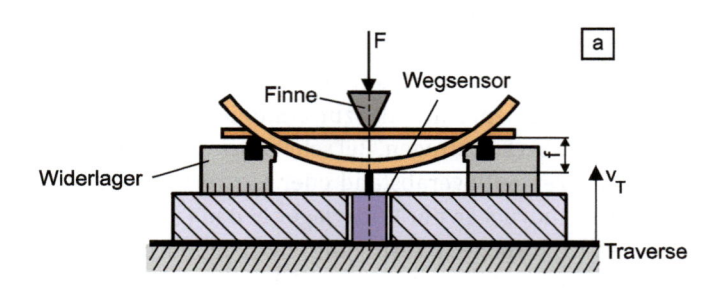

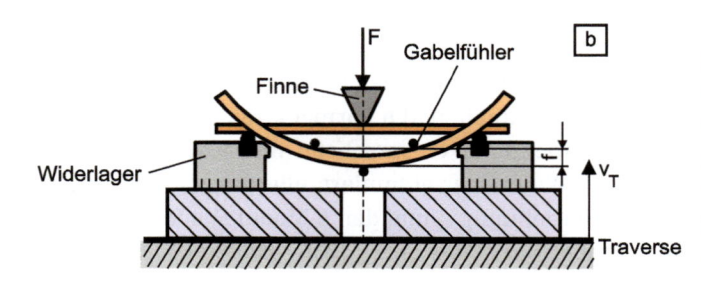

Bild 4.43 Nutzung unterschiedlicher Wegmesssysteme zur Erfassung der Durchbiegung mittels Wegsensor (a) und Gabelfühler (b)

4.3 Quasistatische Prüfverfahren

In Analogie zum Zug- oder Druckversuch an Kunststoffen tritt im quasistatischen Biegeversuch eine Überlagerung der reinen Biegung mit Relaxations- und Kriechprozessen auf, was sich in der starken Abhängigkeit der Prüfergebnisse von der Prüfgeschwindigkeit und der Temperatur äußert. Zur Vergleichbarkeit der Ergebnisse ist die exakte Einhaltung der Prüfbedingungen erforderlich.

4.3.5.2 Der genormte Biegeversuch

Zur Durchführung des Biegeversuches an Kunststoffen wird die DIN EN ISO 178 verwendet. Der bevorzugt verwendete Prüfkörper weist die Abmessungen $80 \times 10 \times 4 \, mm^3$ auf und kann direkt durch Spritzgießen oder durch Entfernen der Schultern des Vielzweckprüfkörpers Typ 1 A (Bild 4.44a, Tabelle 4.2) hergestellt werden. Letzteres Verfahren hat den Vorteil, dass ein vergleichbarer Orientierungs- und Eigenspannungszustand zur Beurteilung der Werkstoffeigenschaften vorliegt. Bei der Verwendung von Prüfkörpern mit anderen Abmessungen muss Formel 4.136 erfüllt sein:

$$l = (20 \pm 1)h \tag{4.136}$$

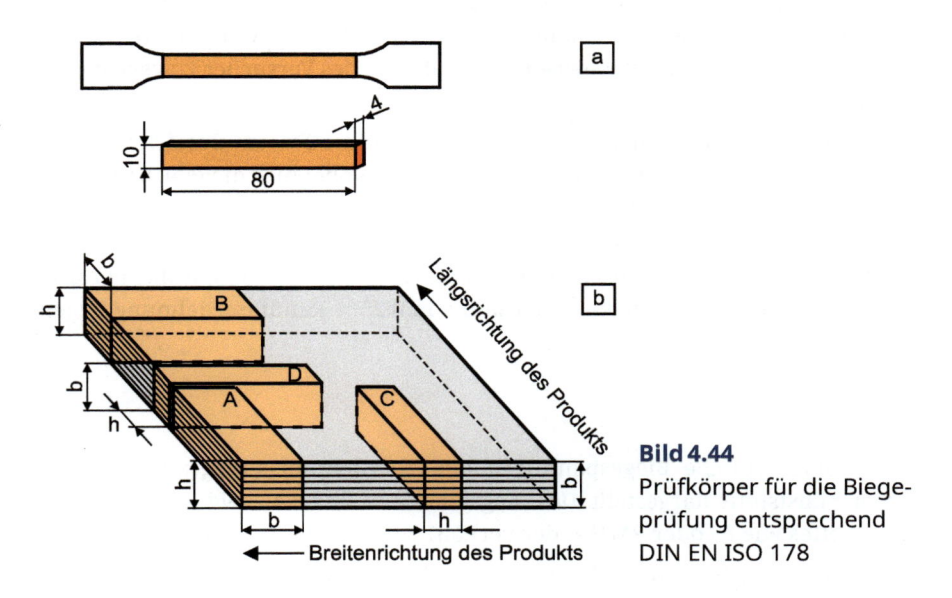

Bild 4.44
Prüfkörper für die Biegeprüfung entsprechend DIN EN ISO 178

Bei thermo- oder duroplastischen Tafeln oder textil- und langglasfaserverstärkten Kunststoffen kann die Breite der Prüfkörper bis zu 80 mm und die Dicke bis 50 mm betragen, wobei dann eine entsprechende Prüfkörperlänge und Widerlagerbreite verwendet werden muss. Für die Prüfung anisotroper Werkstoffe wie Laminate oder Schichtpressstoffe sollten die Prüfkörper (Bild 4.44b) so ausgewählt werden, dass die in der Praxis vorliegende Hauptbelastungsrichtung zur Ermittlung der Kennwerte genutzt wird. Sind große Differenzen in den verschiedenen Richtungen vorhanden, sind Prüfungen an unterschiedlich orientierten Prüfkörpern erforderlich, wobei eine eindeutige Zuordnung der Messergebnisse zur Orientierungsrichtung sichergestellt werden muss. Grundsätzlich gilt für alle Arten von Prüfkörpern, dass diese keine Verwerfungen, Kantenabrundungen sowie Kratzer oder Risse aufweisen dürfen. Bei sehr starken verarbeitungstechnischen Schwindungen und Einfallstellen sind diese Prüfkörper nicht zu verwenden.

Die Prüfgeschwindigkeit im Biegeversuch wird normalerweise in Übereinstimmung mit der jeweiligen Produktnorm festgelegt, wobei die DIN EN ISO 178 Prüfgeschwindigkeiten von 1 mm min^{-1} bis 500 mm min^{-1} zulässt. Falls keine derartigen Vorgaben existieren, wird entsprechend der Norm eine Traversengeschwindigkeit v_T gewählt, die der Randfaserdehngeschwindigkeit $d\varepsilon_f/dt$ = 1 % min^{-1} am nächsten liegt. Für den bevorzugten Prüfkörper mit den Abmessungen 80 × 10 × 4 mm³ und der Stützweite von L = 64 mm ergibt sich eine Traversengeschwindigkeit von 2 mm min^{-1} (Formel 4.131). Bei Werkstoffen, die ein starkes Anlaufverhalten aufweisen, kann eine Vorlast F_v verwendet werden, wobei auch hier unter Bezug auf die Messung des E-Moduls keine Dehnungen größer als 0,05 % hervorgerufen werden dürfen. Analog zum Zug- und Druckversuch ist auch beim Biegeversuch für das Einrichten der Prüfmaschine eine Vorspannung des Systems mit 90 bis 95 % der Nenndosenlast mittels steifer Einrichtprobe zu empfehlen, um Setzbewegungen während des Versuches zu vermeiden.

Der E-Modul E_f wird bei Biegebeanspruchung unter den gleichen Bedingungen wie im Zug- und Druckversuch, d. h. als Sekantenmodul (Bild 4.27a) im Bereich von 0,05 bis 0,25 % Randfaserdehnung ermittelt (Formel 4.136), wobei hier die gleiche Prüfgeschwindigkeit wie im eigentlichen Biegeversuch verwendet wird. In Analogie zum Zugversuch dürfen für die Ermittlung des E-Moduls und der Biegeeigenschaften ebenfalls unterschiedliche Prüfgeschwindigkeiten verwendet werden, wobei der Umschaltpunkt der Prüfgeschwindigkeit oberhalb von 0,25 % Randfaserdehnung liegen muss.

$$E_f = \frac{\sigma_{f2} - \sigma_{f1}}{\varepsilon_{f2} - \varepsilon_{f1}} = \frac{\Delta\sigma}{0{,}002} \tag{4.137}$$

In Bild 4.45 sind typische Biegespannungs-Randfaserdehnungs-Diagramme unterschiedlicher Kunststoffe dargestellt. Das Diagramm a in Bild 4.45 zeigt das Verhalten eines Werkstoffes wie PS oder PMMA, der verhältnismäßig spröd bricht.

Bei duktilem Werkstoffverhalten (Kurve b in Bild 4.45) tritt ein Kraftmaximum auf und der Bruch erfolgt vor dem Erreichen der sogenannten Normdurchbiegung s_C. In diesem Fall kann eine Biegefestigkeit bei der maximalen Belastung ermittelt werden. Tritt bei dem untersuchten Kunststoff bis zur Normdurchbiegung kein Kraftmaximum oder Bruch auf, wird an dieser Position die Norm-Biegespannung σ_{fC} ermittelt, wobei dieses Werkstoffverhalten ebenfalls duktil ist. Entsprechend Bild 4.45 lassen sich für die unterschiedlichen Kunststoffe die nachfolgend erläuterten Kenngrößen ermitteln.

4.3 Quasistatische Prüfverfahren

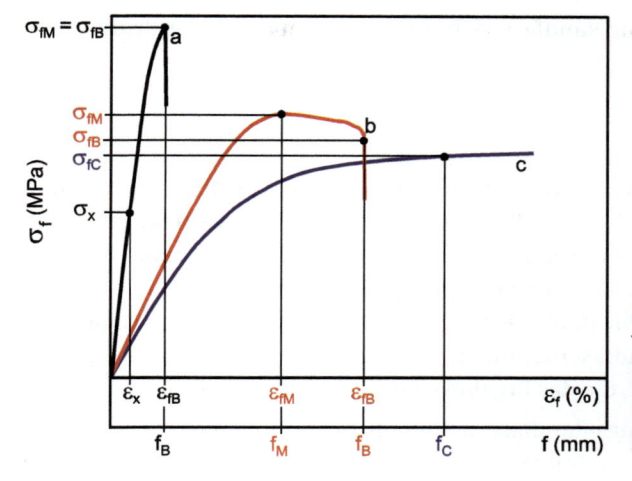

Bild 4.45
Typische Biegespannungs-Randfaserdehnungs-Diagramme von Kunststoffen im Biegeversuch

Biegefestigkeit σ_{fM}: Die maximale Biegespannung, die während des Versuches vom Prüfkörper ertragen wird. Im Fall des Werkstoffverhaltens nach Diagramm a in Bild 4.45 ist dieser Wert identisch mit σ_{fB}.

$$\sigma_{fM} = \frac{3 F_{max} L}{2 b h^2} \quad (4.138)$$

Biegespannung beim Bruch σ_{fB}: Dieser Wert wird ermittelt, falls der Bruch des Prüfkörpers während des Versuches auftritt. Er hängt allerdings sehr stark von den gewählten Bedingungen für die Bruchabschaltschwelle der Universalprüfmaschine ab.

$$\sigma_{fB} = \frac{3 F_B L}{2 b h^2} \quad (4.139)$$

Norm-Biegespannung σ_{fC}: Diese Kenngröße wird ermittelt, falls der Prüfkörper nicht bricht, oder kein Kraftmaximum auftritt. In diesem Fall wird die Biegespannung berechnet, die bei der Norm-Durchbiegung $s_C = 1{,}5\,h$ registriert wird. Bei einer Stützweite von $L = 16\,h$ entspricht dieser Durchbiegungswert einer Randfaserdehnung ε_f von 3,5 %.

$$\sigma_{fC} = \frac{3 F_C L}{2 b h^2} \quad (4.140)$$

Biegedehnung ε_{fM} *bei Biegefestigkeit*: Die Randfaserdehnung, die an der Stelle der Biegefestigkeit ermittelt wird. Dieser Wert kann dimensionslos oder in Prozent angegeben werden. Der Kennwert kann im Fall eines Werkstoffverhaltens entsprechend Kurve a in Bild 4.45 mit der Biegedehnung beim Bruch identisch sein.

$$\varepsilon_{fM} = \frac{6 f_M h}{L^2} \quad (4.141)$$

Biegedehnung beim Bruch ε_{fB}: Die Randfaserdehnung, die beim Bruch des Prüfkörpers erreicht wird.

$$\varepsilon_{fB} = \frac{6 f_B h}{L^2} \tag{4.142}$$

In Abweichung zu diesen Ausführungen wird in DIN EN ISO 178 die Durchbiegung nicht mit f, sondern mit s bezeichnet. Wie in Abschnitt 4.3.5.1 festgestellt, gelten die hier dargestellten Gleichungen nur für Durchbiegungen, die klein gegenüber den geometrischen Abmessungen sind. Entsprechend der Norm werden jedoch mit 6 mm für die maximal mögliche Durchbiegung Werte erreicht, die deutlich höher sind. Deshalb können bei größeren Randfaserdehnungen und vorhandenen Inhomogenitäten außermittige Brüche auftreten, die das Ergebnis der Biegeprüfung verfälschen.

In Bild 4.46 sind Biegespannungs-Randfaserdehnungs-Diagramme von PP in Abhängigkeit vom GF-Gehalt dargestellt. Mit zunehmendem Fasergehalt steigt die Biegefestigkeit an und die Bruchdehnung verringert sich. Gleichzeitig wird ersichtlich, dass nur bei hohen Faseranteilen (40 und 50 M.-% in Bild 4.46) eine Biegefestigkeit ermittelt werden kann. Bei den PP-Werkstoffen mit geringerem Fasergehalt wird die Norm-Biegespannung bei 3,5 % Randfaserdehnung bzw. 6 mm Durchbiegung erreicht, ohne dass ein Maximum oder der Bruch des Prüfkörpers eintritt. Die für diese Werkstoffe registrierte Norm-Biegespannung σ_{fC} ist nicht mit der Biegefestigkeit σ_{fM} vergleichbar.

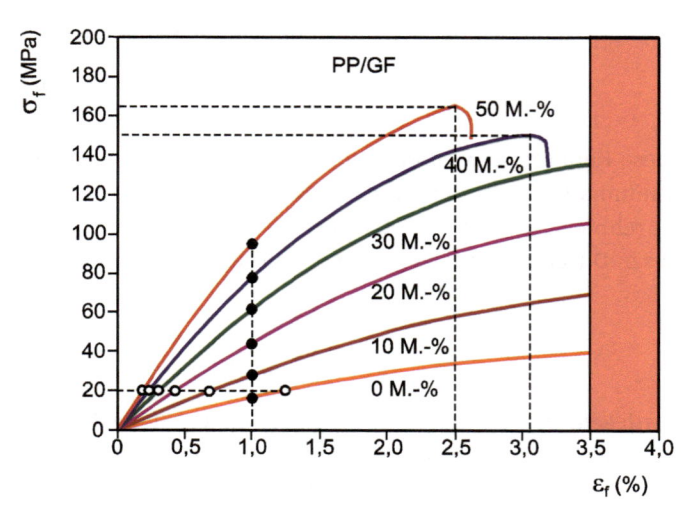

Bild 4.46 Biegespannungs-Randfaserdehnungs-Diagramme von PP/GF-Verbunden in Abhängigkeit vom GF-Gehalt

Aus diesem Grund dient der Biegeversuch in erster Linie der vergleichenden Qualitätskontrolle und der Ermittlung von Werkstoffkennwerten für einfache Dimensionierungsaufgaben. Die Anwendung der x %-Spannung oder -Dehnung, die in der Norm des Biegeversuchs nicht explizit beschrieben ist, erlaubt einen sinnvollen Vergleich dieser Werkstoffe. Die erwartete Tendenz der Zunahme der Festigkeit mit steigendem Fasergehalt (● in Bild 4.46) und die Abnahme der Randfaserdehnung (○ in Bild 4.46) wird mit diesen Kenngrößen richtig widergespiegelt. In Tabelle 4.5 sind für ausgewählte Kunststoffe Kennwerte des Biegeversuches aufgeführt.

Tabelle 4.5 Ausgewählte Kennwerte des Biegeversuches

Werkstoff	σ_{fM} (MPa)	σ_{fC} (MPa)	Werkstoff	σ_{fM} (MPa)	σ_{fC} (MPa)
Thermoplaste unverstärkt			*Thermoplaste unverstärkt*		
PE-HD		35	SAN	135	
PE-LD		10	PBT	85	70
PS	100		*Thermoplaste verstärkt*		
PA 6		50	PP + 20 M.-% GF		90
PC		70	PET + 30 M.-% GF	220	
PMMA	110		PBT + 30 M.-% GF	210	
PVC-U		100	*Duroplaste*		
PVC-P		65	Phenolharz	70	
PP		35	Harnstoffharz	70	
ABS		55	UP-Harz	60	
POM		120	PUR	110	

4.4 Schlagartige Beanspruchung

4.4.1 Einführung

Beim Einsatz von Erzeugnissen aus Kunststoffen in der industriellen Praxis treten neben statischen sehr häufig auch schlag- oder stoßartige Beanspruchungen auf. Beispiele hierfür sind

- die Entformung aus dem Werkzeug,
- Kollisionen im Straßenverkehr (Crash),
- Erdverlegung und Montage von Rohren,

- Hagelschlag auf Kunststoffdächer und Fensterprofile,
- Steinschlag auf den Frontbereich von Kraft- und Schienenfahrzeugen,
- Krafteinwirkung auf Sicherheitsfolien und -verglasungen und
- Unfälle von Zweiradfahrern (Fahrrad- und Motorradhelme).

Schlagartige Beanspruchungen haben eine erhöhte Dehngeschwindigkeit zur Folge, die das Festigkeits- und Bruchverhalten der meisten Kunststoffe in signifikanter Form verändert. Neben der erhöhten Dehngeschwindigkeit wirken als sprödbruchfördernde Faktoren niedrige Temperaturen und mehrachsige Spannungszustände einschließlich Eigenspannungen. In besonderem Maße wird die Ausbildung eines Sprödbruchs durch Spannungskonzentrationen an Kerben begünstigt, so dass die Prüfung häufig an gekerbten Prüfkörpern durchgeführt wird [1.44].

Zur Zähigkeitsbewertung von Kunststoffen bei schlagartiger Krafteinwirkung finden der Schlag- bzw. Kerbschlagbiegversuch, der uniaxiale Schlag- bzw. Kerbschlagzugversuch und der biaxiale Durchstoß- oder Fallbolzenversuch aufgrund ihrer vergleichsweise einfachen Handhabbarkeit die breiteste Anwendung. Dabei werden an Prüfkörpern mit rechteckigen Querschnitten, Platten und Folien konventionelle Zähigkeitskennwerte ermittelt, die i. Allg. mit zunehmender Dehngeschwindigkeit abnehmen, d. h., das Auftreten makroskopischer Sprödbrucherscheinungen wird begünstigt.

Begründet durch die methodische Einfachheit, die geringe Versuchszeit und den relativ niedrigen Materialverbrauch hat in der Qualitätsprüfung von Kunststoffen der Kerbschlagbiegeversuch in unterschiedlichen Anordnungen die größte Bedeutung erlangt. Während sein Einsatz in der Qualitätssicherung unumstritten ist, ist seine Verwendung im Rahmen der Werkstoffentwicklung und -optimierung nur begrenzt möglich (s. Kapitel 5).

Bei der Prüfung von thermoplastischen Kunststoffen werden spritzgegossene Prüfkörper aufgrund der einfachen Herstellungstechnologie (s. Kapitel 2) bevorzugt, wobei die verarbeitungstechnisch bedingten inneren Zustände, d. h. unterschiedliche Orientierungszustände, Eigenspannungen und die sich ausbildende Morphologie, zu berücksichtigen sind. Durch den Einsatz anderer Herstellungstechnologien, wie z. B. das Pressen von Platten, kann der Orientierungseinfluss vermindert werden.

4.4.2 Schlagbiegeversuch und Kerbschlagbiegeversuch

Bei der Schlagbeanspruchung mit Pendelschlagwerken werden drei Anordnungsmöglichkeiten unterschieden. Dabei kann der Prüfkörper entweder mit der Kerbseite an zwei Widerlagern mittig anliegen (*Charpy*-Anordnung) oder einseitig fest eingespannt sein (*Izod*-Anordnung) (Bild 4.47).

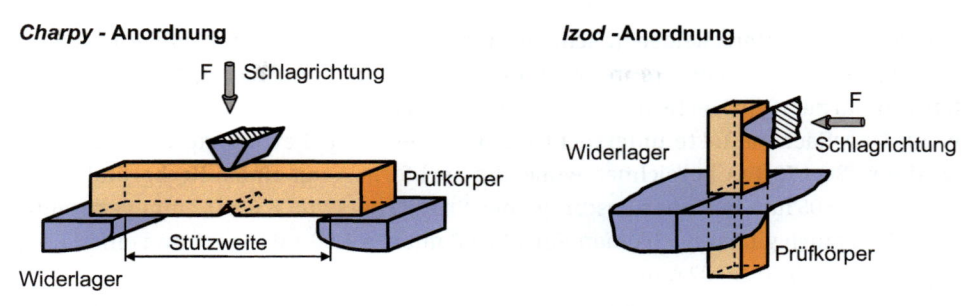

Bild 4.47 Schlagbeanspruchung bei *Charpy*- und *Izod*-Anordnung

Daneben verwendet man bevorzugt für die Prüfung kleiner Prüfkörper die *Dynstat*-Anordnung, bei der ein ungekerbter Prüfkörper einseitig über die ganze Breite zwischen zwei Widerlagern gehalten wird.

Der Schlagbiegeversuch nach *Charpy* wird an gekerbten und ungekerbten Prüfkörpern in Dreipunktauflage durchgeführt und dient der Beurteilung des Zähigkeitsverhaltens von Kunststoffen bei schlagartiger Beanspruchung. Er ist in der DIN EN ISO 179 standardisiert. Die prismatischen Prüfkörper müssen nach der entsprechenden Formmasse-Norm hergestellt werden. Die Prüfkörper können direkt mittels Spritzgießen oder aus gepressten bzw. gegossenen Platten spanend gefertigt werden (Tabelle 4.6). Die vorwiegend für Thermoplaste verwendeten Prüfkörper vom Typ 1 sind aus Vielzweckprüfkörpern nach DIN EN ISO 3167 Typ A entnehmbar. Die Prüfkörper Typ 2 und 3 werden nur für Verbundwerkstoffe mit interlaminarem Scherbruch, z. B. langfaserverstärkte Kunststoffe, verwendet.

Tabelle 4.6 Prüfkörpertypen und -abmessungen für den Schlagversuch nach DIN EN ISO 179

	Länge l (mm)	Breite b (mm)	Dicke h (mm)	Stützweite L (mm)
Typ 1	80 ± 2	10,0 ± 0,2	4,0 ± 0,2	62
Typ 2	25 h	10 oder 15	3	20 h
Typ 3	(11 oder 13) h	10 oder 15	3	(6 oder 8) h

Beim Kerbschlagbiegeversuch wird spanabhebend ein Kerb in den Prüfkörper eingearbeitet. Durch den Kerb wird eine Spannungskonzentration sowie eine Erhöhung der Rissausbreitungsgeschwindigkeit im Kerbgrund erreicht. Dadurch kann auch bei zähen Kunststoffen, die bei Verwendung ungekerbter Prüfkörper nicht brechen, ein Bruch herbeigeführt werden. Zu beachten ist, dass durch das Einarbeiten des Kerbs in die auf Zug beanspruchte Seite des Prüfkörpers dessen Randzone durchtrennt wird.

Die Prüfnorm unterscheidet in schmalseitige (edgewise) und breitseitige (flatwise) Anordnung des Prüfkörpers in Schlagrichtung. Für den am häufigsten angewandten Prüfkörper Typ 1 erfolgt die Prüfung ungekerbt breitseitig insbesondere dann, wenn Oberflächeneffekte untersucht werden sollen. Das bevorzugte Prüfverfahren wird mit ISO 179/1eA bezeichnet, wobei die Kerbform A mit einem Kerbgrundradius r_N = 0,25 ± 0,05 mm bei einer Restbreite des Prüfkörpers von 8,0 ± 0,2 mm verwendet wird. Zusätzlich gibt es noch einen Kerb Typ B mit r_N = 1,00 ± 0,05 mm und einen Kerb Typ C mit r_N = 0,10 ± 0,02 mm.

Für die Prüfung werden Pendelschlagwerke nach ISO 13802 mit Schlagenergien von 0,5 J bis 50 J und Auftreffgeschwindigkeiten von 2,9 m s^{-1} bzw. 3,8 m s^{-1} bei *Charpy*-Anordnung sowie 3,5 m s^{-1} bei *Izod*-Anordnung eingesetzt.

Bei der Versuchsdurchführung wird die zur Zerstörung des Prüfkörpers notwendige Schlagarbeit W, die sich aus der Differenz zwischen Fallhöhe und Steighöhe nach dem Durchschlagen des Prüfkörpers ergibt, und der Masse m_P des Pendelhammers bestimmt.

$$W = W_1 - W_2 = m_P \cdot g \, (h_1 - h_2) = m_P \cdot g \cdot l \, (\cos \beta - \cos \alpha) \tag{4.143}$$

W_1 Arbeitsinhalt des Pendelhammers vor der Zerstörung des Prüfkörpers
W_2 Arbeitsinhalt des Pendelhammers nach der Zerstörung des Prüfkörpers
h_1 Höhe des Pendelhammers vor dem Schlag
h_2 Höhe des Pendelhammers nach dem Schlag
l Abstand des Pendelschwerpunktes von der Drehachse
g Erdbeschleunigung (g = 9,81 m s^{-2})
α Fallwinkel des Pendelhammers
β Steigwinkel des Pendelhammers

Zur Bestimmung der *Charpy*-Schlagzähigkeit a_{cU} wird die verbrauchte Schlagarbeit W_c auf den Ausgangsquerschnitt des Prüfkörpers bezogen:

$$a_{cU} = \frac{W_c}{b \cdot h} \tag{4.144}$$

Bei der Ermittlung der Schlagzähigkeit müssen besondere Anforderungen an die Oberflächengüte der verwendeten Prüfkörper gestellt werden.

Neben der Schlagzähigkeit ist die Kerbschlagzähigkeit eines Kunststoffes von besonderer technischer Relevanz, da in Konstruktionsteilen häufig Kerben auftreten. Dies können z. B. Oberflächenfehler oder scharfkantige Querschnittsübergänge, wie z. B. Rippen, Kanten und Aussparungen, sein.

Zur Ermittlung der *Charpy*-Kerbschlagzähigkeit wird der gekerbte Prüfkörper mittig so auf dem Widerlager positioniert, dass sich der Kerb auf der Zugseite befindet. Der Schlag erfolgt demzufolge auf die dem Kerb gegenüber liegende Seite. Die *Charpy*-Kerbschlagzähigkeit a_{cN} wird aus der verbrauchten Schlagarbeit W_c, bezogen auf den kleinsten Ausgangsquerschnitt des Prüfkörpers am Kerbgrund, ermittelt:

$$a_{cN} = \frac{W_c}{b_N \cdot h} \tag{4.145}$$

b_N Restbreite des Prüfkörpers im Kerbgrund

Der Unterschied zwischen der Schlagzähigkeit a_{cU} und der Kerbschlagzähigkeit a_{cN} gibt Aufschluss über die Empfindlichkeit eines Kunststoffes gegenüber äußeren Kerben, berücksichtigt also die Problematik der Kerbwirkung für die Schlagbiegeprüfung und gibt eine Information über die Wirksamkeit von Füllstoffen. Aus diesem Grund ist es möglich, aus dem Quotienten aus a_{cN} und a_{cU} eine Kerbempfindlichkeit anzugeben:

$$k_z = \frac{a_{cN}}{a_{cU}} \cdot 100\,\% \tag{4.146}$$

Die Kerbschlagzähigkeit wird in entscheidendem Maße durch den gewählten Kerbradius und das Verfahren der Kerbeinbringung (Sägen, Fräsen, Hobeln) beeinflusst. Neben den Bearbeitungsverfahren selbst haben auch die jeweiligen Maschinenparameter, wie Vorschub- oder Schnittgeschwindigkeit, einen Einfluss auf die ermittelten Kerbschlagzähigkeiten. Das Ausmaß der Unterschiede ist werkstoffabhängig, wobei generell mit zunehmendem Kerbradius die Kerbschlagzähigkeit zunimmt (Bild 4.48). In dem durch die ISO-Prüfnorm vorgegebenen Kerbradiusbereich von 0,1 mm bis 1 mm sind die Unterschiede in den ermittelten Kerbschlagzähigkeiten am deutlichsten ausgeprägt. In Bild 4.48a wird gezeigt, dass PVC, Nylon (PA) und POM ein qualitativ ähnliches Verhalten in Abhängigkeit vom Kerbradius zeigen, wobei für PVC der Einfluss des Kerbradius am deutlichsten ausgeprägt ist. ABS und PMMA zeigen eine geringere Abhängigkeit auf unterschiedlichem Zähigkeitsniveau. Das ABS erweist sich in dem betrachteten Kerbradienbereich als am kerbunempfindlichsten. In Bild 4.48b wurde durch das Einbringen vom Metallklingenkerben der untersuchte Kerbradienbereich in Richtung kleinerer Kerbradien bis zu 2,5 µm ausgedehnt. Für PA 66, PA 66 schlagzäh und PC liegt bei Kerbradien < 0,1 mm bereits sprödes Werkstoffverhalten, gekennzeichnet durch geringe, vom Kerbradius unabhängige *Izod*-Kerbschlagzähigkeitswerte a_{iN}, vor. Demgegenüber wird für hochschlagzähes PA 66 nur ein geringer Einfluss der Kerbschärfe im Bereich von 2,5 µm bis 0,25 mm auf die *Izod*-Kerbschlagzähigkeit gefunden. aufgrund der unterschiedlichen Beanspruchung sind *Charpy*- und *Izod*-Kerbschlagzähigkeit quantitativ nicht vergleichbar. Qualitativ ergeben sich in Abhängigkeit vom Kerbradius jedoch ähnliche Tendenzen. Von den hier betrachteten Werkstoffen erweisen sich im gesamten Kerbradienbereich das ABS und das hochschlagzähe PA 66 als kerbunempfindlich. Als zusätzliche Einflussgrößen sind die Beanspruchungstemperatur und die Beanspruchungsgeschwindigkeit zu berücksichtigen.

Die Ermittlung der Temperaturabhängigkeit der Zähigkeit mit der Zielstellung der Angabe werkstoffspezifischer Spröd-Zäh-Übergangstemperaturen ist, wie aus Bild 4.48b ableitbar, nur mittels scharfer Kerben sinnvoll.

Analoge Aussagen sind für die Geschwindigkeitsabhängigkeit der Zähigkeit zu treffen. Somit wird deutlich, dass die Angabe von kritischen Kerbradien nur aus Untersuchungen der Abhängigkeit bruchmechanischer Kennwerte vom Kerbradius möglich ist.

In Tabelle 4.7 sind typische Werte für die Schlagzähigkeit und die Kerbschlagzähigkeit nach *Charpy* für ausgewählte Kunststoffe zusammengestellt.

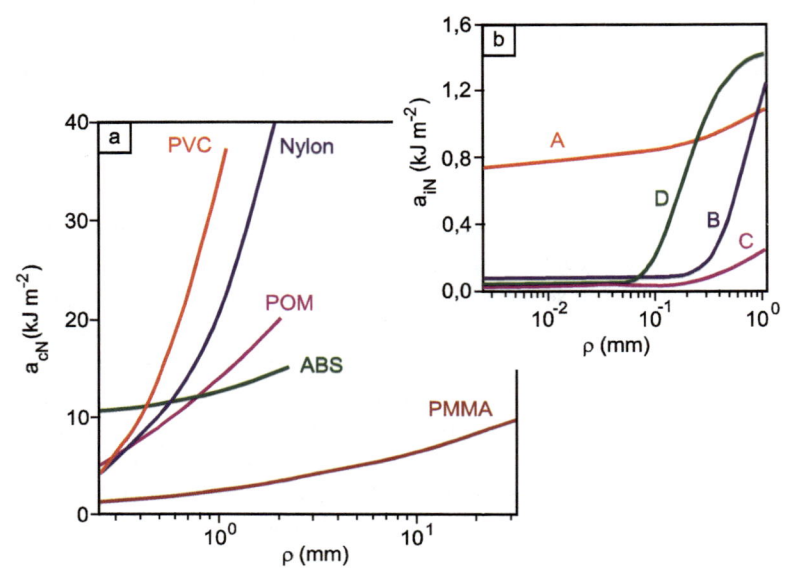

Bild 4.48 Abhängigkeit der *Charpy*-Kerbschlagzähigkeit a_{cN} vom Kerbradius ρ für ausgewählte Kunststoffe (a) und der *Izod*-Kerbschlagzähigkeit a_{iN} von ρ für PA-Werkstoffe (A – hochschlagzähes PA 66, B – schlagzähes PA 66, C – PA 66) und PC, Kurve D (b) [4.62, 4.63]

Der Nachteil der im Kerbschlagbiegeversuch ermittelten Schlagarbeit besteht darin, dass sie sich gemäß der Beziehung:

$$E_c = \int_{f=0}^{f=f_c} F \, df \qquad (4.147)$$

f Durchbiegung
f_c Durchbiegung beim Bruch des Prüfkörpers
F Schlagkraft

aus einem Festigkeits- und einem Verformungsanteil zusammensetzt. Damit erhält man die gleiche Schlagarbeit aus sehr unterschiedlichen Kraft- und Durchbiegungswerten. Aus diesem Grund ist es auch nicht möglich, die Schlagarbeit als Dimensionierungsgröße für schlagartig beanspruchte Bauteile zu verwenden. Die Aussagefähigkeit des Kerbschlagbiegeversuchs kann durch die elektronische Aufzeichnung von Schlagkraft-Durchbiegungs- bzw. Schlagkraft-Zeit-Diagrammen im instrumentierten Kerbschlagbiegeversuch wesentlich erweitert werden (s. Abschnitt 4.1.2 und [1.38]).

Tabelle 4.7 *Charpy*-Schlag- und Kerbschlagzähigkeiten nach DIN EN ISO 179 (Daten entnommen aus CAMPUS [1.52] und FORMAT [1.57])

Thermoplaste unverstärkt	a_{cU} (kJ m^{-2})	a_{cN} (kJ m^{-2})	Thermoplaste verstärkt	a_{cU} (kJ m^{-2})	a_{cN} (kJ m^{-2})
PE-HD	N	4,9	PP + GF	45	15
PE-LD	N	N	PA 6 + 30 M.-% GF	85	19
PP	100	10	PA + CF	70	15
PS	21,5	2,8	PP + 20 M.-% Talkum	40	3,5
SAN	19	2,5	PP + 20 M.-% Kreide	40	3,5
ABS	120	20	PVC + Kreide		9
PC	N	18	**Duromere unverstärkt**		
PMMA	25	2,9	PF-Harz	8,5	2,9
PVC-U	80	3,2	UF-Harz	6,3	1,3
PVC-P	N	50	MF-Harz	4,3	1,8
PA	N	50	UP-Harz	11	3
POM	N	12	EP-Harz	22	1,5
PET	N	3,9			
PTFE	N	16			

Derartige Kurven werden zur Veranschaulichung der Grundproblematik am Beispiel von registrierten *F-f*-Diagrammen von zwei Polyolefinwerkstoffen mit vergleichbaren Kerbschlagzähigkeiten in Bild 4.49 dargestellt.

Wenn auch aus den Ergebnissen der Schlag- und Kerbschlagbiegeversuche keine Rückschlüsse auf das Verhalten von Bauteilen bei Schlagbeanspruchung gezogen werden können, werden genormte Kerbschlagbiegeversuche an speziell hergestellten Prüfkörpern in der Produktionskontrolle und in Entwicklungslaboratorien nach wie vor als Routinemethode, auch in Abhängigkeit von der Temperatur, eingesetzt. Ihre Grenze finden die Schlagbiege- und Kerbschlagbiegeversuche dort, wo die Prüfkörper wegen zu geringer Steifigkeit, trotz Einbringen einer Kerbe, nicht mehr brechen.

In solchen Fällen ist die zur Verformung verbrauchte Schlagarbeit nur noch ein Maß für die Biegesteifigkeit. Um auch bei diesen Werkstoffen Kennwerte zu ermitteln, kann der Schlagzugversuch angewendet werden.

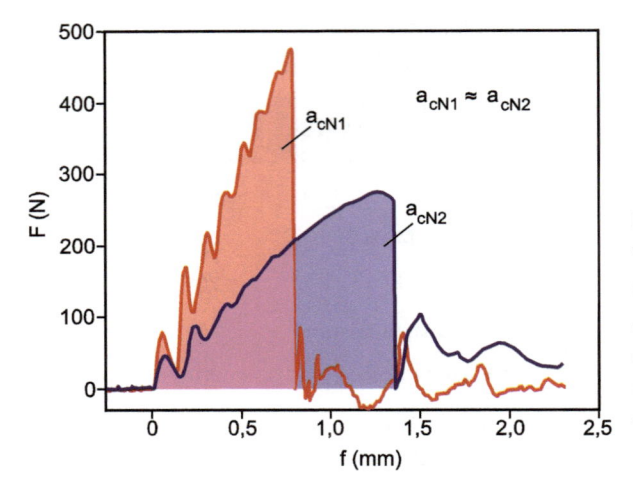

Bild 4.49
Vergleich von Schlagkraft-Durchbiegungs-Diagrammen am Beispiel eines PP/GF- und eines PB-1/GF-Verbundes mit unterschiedlichem Werkstoffverhalten bei vergleichbarer Kerbschlagzähigkeit

4.4.3 Schlagzugversuch und Kerbschlagzugversuch

Der konventionelle Schlagzugversuch nach DIN EN ISO 8256 stellt einen uniaxialen Zugversuch mit verhältnismäßig hoher Verformungsgeschwindigkeit dar, der für Kunststoffe eingesetzt wird, die für Schlagbiegeversuche nach DIN EN ISO 179 oder DIN EN ISO 180 zu flexibel oder zu dünn sind.

Zur Prüfung werden handelsübliche Pendelschlagwerke mit gabelförmigem Pendelhammer verwendet (Bild 4.50). Die Norm legt zwei Verfahren zur Bestimmung der Arbeit fest, die benötigt wird, um Prüfkörper aus Kunststoffen unter schlagartiger uniaxialer Beanspruchung zu brechen. Beim Verfahren A liegt der Prüfkörper horizontal und wird an einem Ende in einem Einspannbock und am anderen Ende in einem Querjoch gehalten. Das Querjoch liegt lose auf der Auflage des Einspannbockes auf. Der Schlag mit dem gabelförmigen Pendelhammer auf das Querjoch erfolgt im Tiefpunkt der Pendelbewegung. Beim Verfahren B bewegt sich das Querjoch gemeinsam mit dem Pendelhammer.

Für das Verfahren A werden doppelseitig gekerbte streifenförmige Prüfkörper mit einer Länge von 80 mm, einer Breite von 10 mm und einer Dicke von bis zu 4 mm oder ungekerbte Schulterstäbe gleicher Länge, einer Schulterbreite von 15 mm und eines parallelen Mittelteils von 30 mm Messlänge und 10 mm Breite eingesetzt. Die Kerben werden entweder eingeformt oder mechanisch gefertigt. Der Radius im Kerbgrund muss 1,0 ± 0,02 mm betragen, der Kerbwinkel 45 ± 1°; die Kerbtiefe beträgt jeweils

2 mm. Für Profil und Radius der Kerben müssen bei den meisten Kunststoffen enge Toleranzen eingehalten werden, weil diese Faktoren die Spannungskonzentration im Kerbgrund entscheidend bestimmen (s. Bild 4.48). Des Weiteren ist zu berücksichtigen, dass Prüfkörper mit eingeformtem Kerb zu anderen Ergebnissen führen als Prüfkörper mit mechanisch gefertigtem Kerb. Für Verfahren B werden spezielle ungekerbte Schulterstäbe eingesetzt. Die Prüfkörperherstellung erfolgt durch Spritzgießen oder durch mechanische Fertigung aus Bauteilen und Halbzeugen, z. B. aus Spritzgussteilen, Folien und Schichtstoffen, extrudierten und gegossenen Tafeln. Die Verfahren sind sowohl zur Produktionskontrolle als auch zur Qualitätssicherung geeignet.

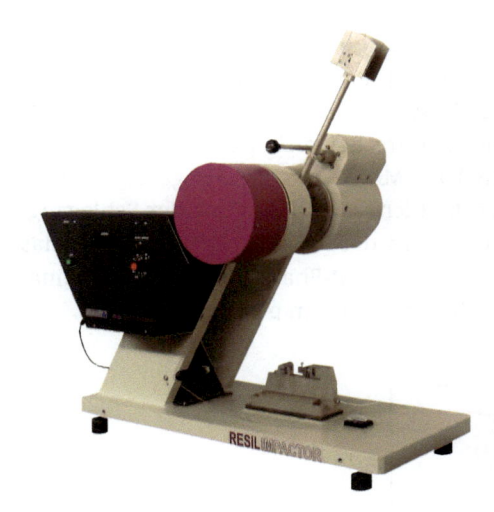

Bild 4.50
Schlagzugprüfgerät

Ermittelt wird die Schlagzugzähigkeit E bzw. die Kerbschlagzugzähigkeit E_n (Formel 4.148). Für das Wegschleudern (Verfahren A) oder Zurückprallen (Verfahren B) des Querjochs sind in der Prüfnorm ausführlich beschriebene Arbeitskorrekturen erforderlich.

$$E = \frac{E_c}{x \cdot d} \tag{4.148}$$

oder

$$E_n = \frac{E_c}{x \cdot d}$$

E_c korrigierte Schlagarbeit
x Breite des parallelen Mittelteils des Prüfkörpers oder Abstand zwischen den Kerben
d Dicke des Prüfkörpers

In Analogie zum Zugversuch ist es möglich, die bleibende Verformung ε_{bl} zu bestimmen. Dazu wird die Längenänderung l_{bl}, die nach dem Versuch an den zusammengefügten Bruchstücken ermittelt wird, auf die ursprüngliche Messlänge l_0 bezogen:

$$\varepsilon_{bl} = \frac{l_{bl} - l_0}{l_0} \cdot 100\,\% \qquad (4.149)$$

Die an Prüfkörpern mit unterschiedlichen Abmessungen gewonnenen Versuchsergebnisse müssen nicht notwendigerweise gleich sein. Ebenso wie beim Kerbschlagbiegeversuch liefern, aufgrund des unterschiedlichen inneren Werkstoffzustandes, aus Bauteilen mechanisch herausgearbeitete und direkt gespritzte Prüfkörper nicht die gleichen Ergebnisse. Die experimentellen Ergebnisse der Verfahren A und B müssen nicht notwendigerweise vergleichbar sein. Daraus wird auch ersichtlich, dass Schlag- und Kerbschlagzugzähigkeiten nicht als Datenquelle für Konstruktionsberechnungen von Bauteilen geeignet sind.

Ein Anwendungsbeispiel des Schlagzugversuchs aus der Werkstoffentwicklung von PE-HD/NBR-Blends ist in Bild 4.51 dargestellt [4.64]. Prinzipiell werden Verträglichkeitsvermittler in Blends eingesetzt, um die Phasenverteilung und/oder die Wechselwirkungen zwischen den Phasen zu verbessern. Im Beispiel wird der Einfluss der Verträglichkeitsvermittler Maleinsäureanhydrid (MAH) und Phenol gezeigt, wobei nur das MAH im PE-HD/NBR-Blend zu einer deutlichen Verbesserung der Schlagzugzähigkeit führt. Diese Zähigkeitsverbesserung wird darauf zurückgeführt, dass das MAH die Größe, Form und den Teilchenabstand der NBR-Phase, sowie die Gleichmäßigkeit und insbesondere die Adhäsion zwischen den Phasen positiv beeinflusst.

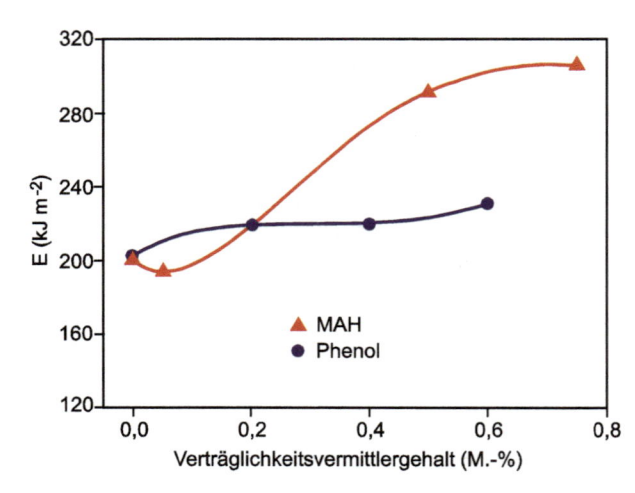

Bild 4.51
Schlagzugzähigkeit von PE-HD/NBR-Blends in Abhängigkeit vom Verträglichkeitsvermittlergehalt für die Verträglichkeitsvermittler MAH (Maleinsäureanhydrid) und Phenol [4.64]

Damit wird die prinzipielle Eignung des Schlagzugversuches für die Werkstoffentwicklung gezeigt, wobei auch bei dieser Versuchsanordnung der Informationsgehalt durch die elektronische Erfassung von Kraft-Zeit-Diagrammen wesentlich erhöht werden kann (s. Abschnitt 5.5.2).

Neben der Schlag- bzw. Kerbschlagzugprüfung mit Pendelschlagwerken sind als weitere experimentelle Methoden der Kunststoffprüfung dynamische Zugversuche mit servohydraulischen Hochgeschwindigkeitsprüfmaschinen, Rotationsschlagwerken und Fallwerken anwendbar.

4.4.4 Fallbolzenversuch und Durchstoßversuch

Mit dem konventionellen Durchstoßversuch können aufgrund der multiaxialen Beanspruchung praxisnahe Prüfungen ausgeführt werden, die dem häufig komplexen Beanspruchungszustand von Bauteilen besser entsprechen als reine Schlagbiege- oder Schlagzugbeanspruchungen. Das Verfahren ist in DIN EN ISO 6603-1 standardisiert. Als Prüfeinrichtung dient ein Gerätesystem, das den Aufprall eines geführten Stoßkörpers senkrecht zur Prüfkörperebene erlaubt (Bild 4.52). Der bevorzugte Stoßkörper besitzt eine polierte, gehärtete, halbkugelförmige Oberfläche mit einem Durchmesser von 20 ± 0,2 mm und kann mit Zusatzgewichten ausgerüstet werden. Als Standardprüfkörper werden runde oder quadratische Platten mit einer Kantenlänge oder einem Durchmesser von 60 ± 2 mm und einer Dicke von 2 ± 0,1 mm verwendet, die mit einem Auflagerring von 40 mm Durchmesser zu prüfen sind.

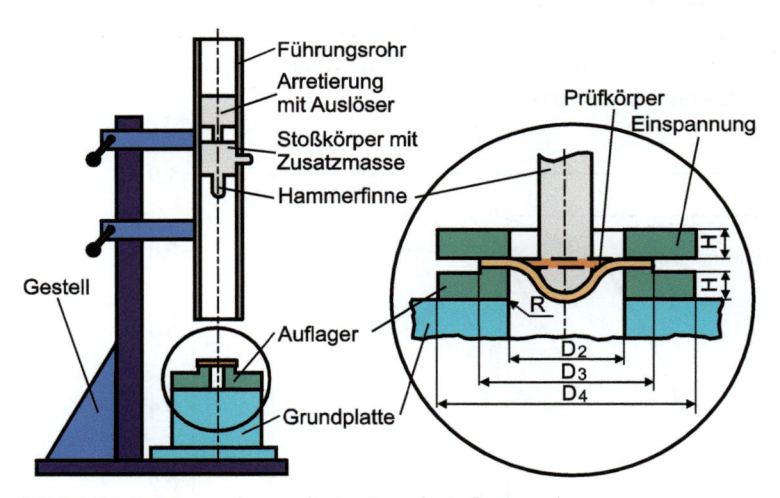

Bild 4.52 Prüfanordnung beim Durchstoßversuch

Als Kenngröße wird in einer Mehrprobentechnik die sogenannte 50 % Schädigungsarbeit E_{50} ermittelt. Dazu erfolgt durch Variation von Fallhöhe oder Stoßkörpermasse eine stufenförmige Veränderung der angebotenen Energie auf folgende Art und Weise: Tritt bei der gewählten angebotenen Energie eine Schädigung auf, wird für den nächsten Prüfkörper die angebotene Energie um einen in Vorversuchen festzulegenden Betrag erniedrigt, tritt keine Schädigung auf, wird die Energie entsprechend erhöht. Je nach Werkstoff und Versuchsdurchführung treten als charakteristische Schädigungsmerkmale Beulung, Anrisse, Durchrisse und Sprödbrüche auf (Bild 4.53).

Auf der Grundlage dieser Schädigungsmerkmale ist das zu erwartende Einsatzverhalten bei definierten Stoßbeanspruchungen abschätzbar.

Sowohl bei der Prüfung von Platten als auch insbesondere bei der Prüfung von Folien wird die Aussage durch die elektronische Erfassung der Zusammenhänge zwischen Kraft und Zeit bzw. Deformation wesentlich erweitert.

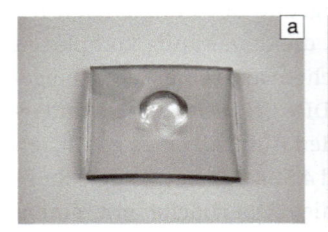

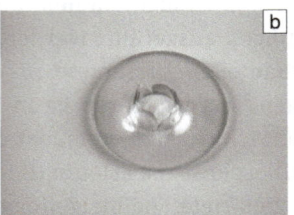

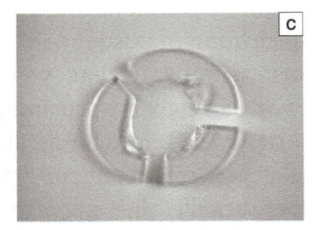

Bild 4.53 Schädigungsmerkmale: Beulung (a), Durchriss (b) und Sprödbruch (c)

Ein Beispiel dafür ist in Bild 4.54 an Hand eines Grafikplots dargestellt, der im instrumentierten Durchstoßversuch an einer PE-LD-Folie ermittelt wurde. Neben der im konventionellen Durchstoßversuch ermittelbaren gesamten Durchstoßenergie, die der Fläche unter der Kurve entspricht, können als zusätzliche Messgrößen die Kraft F_M bzw. Zeit t_M im Maximum und die Energie bis zur Maximalkraft bestimmt werden, die sich aus dem Auftreten erster Anrisse ergeben.

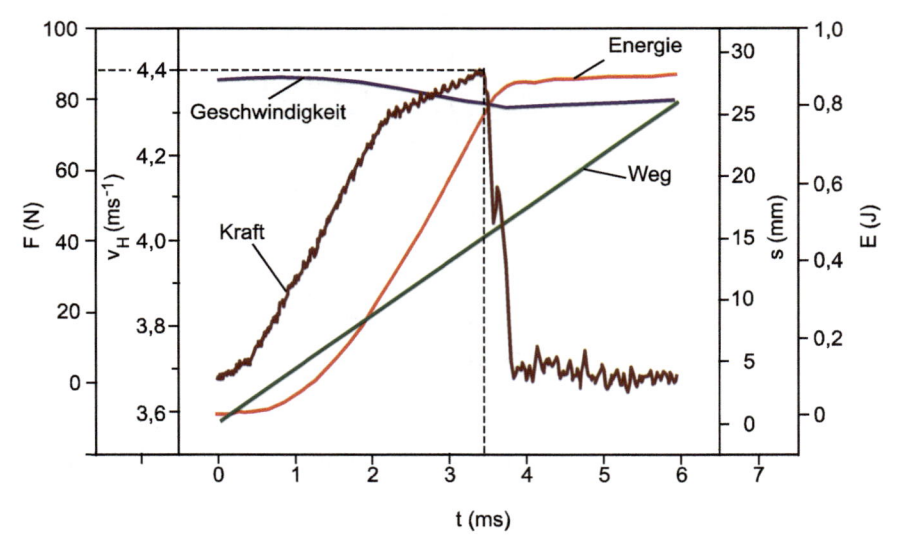

Bild 4.54 Charakteristisches Kraft (*F*)-Weg (*s*)-Energie (*E*)-Zeit (*t*)-Diagramm einer PE-LD-Folie im instrumentierten biaxialen Durchstoßversuch

Der instrumentierte Fallbolzenversuch kann auch als technologisches Prüfverfahren für die Beurteilung des Beanspruchungsverhaltens geschweißter Rohre bei stoßartiger Belastung verwendet werden (Bild 4.55 links). Für derartige Untersuchungen ist ein spezielles, dem Rohrdurchmesser anpassbares, V-förmiges Widerlager erforderlich. Mit einer solchen Prüfeinrichtung können unterschiedliche Prüfpositionen der Schweißnaht bezüglich der Schlagbeanspruchung realisiert werden.

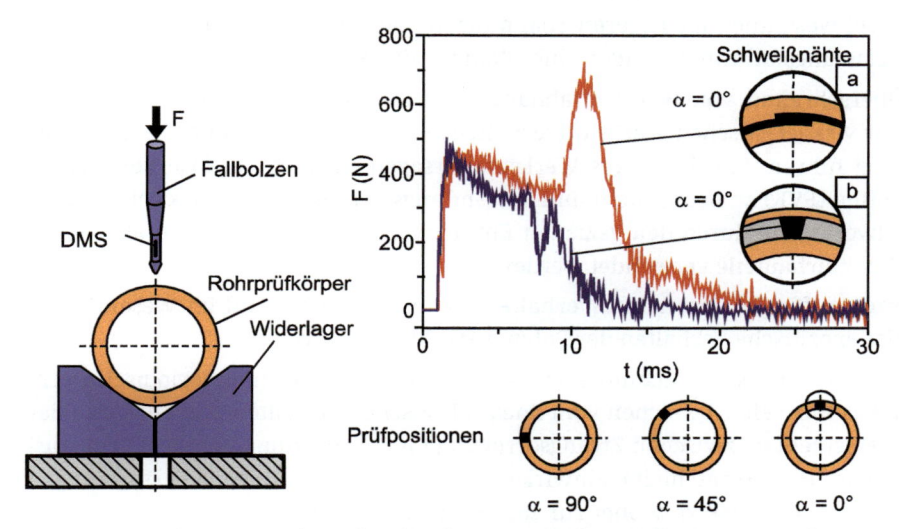

Bild 4.55 Prüfung von Schweißverbindungen mit dem Fallbolzenversuch

Am Beispiel von Verbundrohrsystemen, bestehend aus einem extrudierten Innen- und Außenrohr aus PE oder PE-X und einem Aluminiumkern von ca. 1 mm Wanddicke kann der Einfluss unterschiedlicher Schweißverfahren (V-Naht mit WIG-Verfahren und überlappendes Ultraschall-Punktschweißen) dargestellt werden. Aus den Fallversuchen in der Position $\alpha = 0°$ ist ein unterschiedliches Kraft-Verformungs-Verhalten beider Schweißnahtformen zu erkennen.

Bei dem Auftreffen des Fallbolzens auf das Rohr steigt die Kraft an und der Rohrring wird abgeflacht. Mit zunehmender Beanspruchung kann ein zweiter Kraftanstieg (Kurve a in Bild 4.55 rechts) auftreten, der infolge der Begrenzung durch die Widerlager entsteht. Die mikroskopische Begutachtung der Schnittflächen ließ bei den V-Nähten bevorzugtes Versagen im Bereich der Wurzel durch Tangentialrisse und bei den Überlappungsschweißungen (Bild 4.55 rechts, Kurve b) Radialrisse und Delaminationen erkennen.

4.5 Ermüdungsverhalten

4.5.1 Allgemeine Grundlagen

Neben statischer Langzeitbeanspruchung wirken in der Praxis auf Kunststoffbauteile oft auch dynamische Beanspruchungen ein. Diese dynamischen Beanspruchungen können bei wesentlich niedrigeren Spannungen oder Verformungen als beim statischen Belastungsfall zum Versagen eines Bauteils führen.

Beim Überschreiten von werkstoffabhängigen Grenzzuständen treten im Bereich des linear-viskoelastischen Werkstoffverhaltens Schädigungsphänomene auf, die zur Ermüdung führen. Ein derartiges Werkstoffversagen ist auch bei faserverstärkten Kunststoffen (FVK) zu beobachten und anwendungstechnisch zu berücksichtigen, da Verbundwerkstoffe durch den gezielten Einsatz von Verstärkungsfasern als lasttragende Strukturbauteile verwendet werden.

Die Ursachen für das Ermüdungsverhalten von Kunststoffen sind im Wesentlichen durch das spezifische Verhalten der Polymerstruktur bedingt.

Bei schwingender Beanspruchung ergibt sich schon zu Beginn einer periodisch wechselnden Lastfolge ein Abweichen vom linear-elastischen Verhalten und aufgrund der Phasenverschiebung zwischen Zwangserregung und Verformung kommt es zur Ausbildung einer Hystereseschleife. Einwirkende Kräfte und erzwungene Verformungen verlaufen zeitlich versetzt, wobei zur Rückverformung eine zusätzliche Arbeit aufgebracht werden muss. Mit fortschreitender Beanspruchung verändert sich die vom Werkstoff aufgenommene Verformungsarbeit, die Hystereseflächen (Verlustarbeit) wächst und eine Erwärmung des Polymerwerkstoffes tritt ein. Diese Erwärmung wird insbesondere durch die strukturbedingte niedrige Wärmeleitfähigkeit von Kunststoffen, die um zwei bis drei Zehnerpotenzen geringer ist als bei Metallen, verursacht. Das Erwärmungsphänomen ist von der Frequenz der schwingenden Beanspruchung abhängig, so dass frühzeitiges Versagen infolge Erwärmung und/oder mechanischer Schädigung eintreten kann.

Grundlage für die Ermittlung des Ermüdungsverhaltens von Kunststoffen ist der Dauerschwingversuch [1.38]. Für die Kunststoffprüfung werden die begrifflichen Definitionen und Festlegungen nach DIN 50100, der Prüfnorm für den Dauerschwingversuch metallischer Werkstoffe, weitgehend übernommen (Bild 4.56).

Beim Dauerschwingversuch wird zwischen spannungsgeregelter Beanspruchung, bei der einer konstanten Mittelspannung σ_m eine konstante Spannungsamplitude σ_a überlagert wird, und dehnungsgeregelter Beanspruchung, bei der einer konstanten Mitteldehnung ε_m eine konstante Dehnungsamplitude ε_a überlagert wird, unterschieden. In Abhängigkeit von der Beanspruchung des zu prüfenden Werkstoffs kann dieser Versuch in drei Beanspruchungsbereichen mit insgesamt sieben Beanspruchungsfällen durchgeführt werden (Bild 4.57). Je nach Versuchsführung werden entweder die Mittelspannung und die Spannungsamplitude oder die Ober- und die Unterspannung als Beanspruchungswerte vorgegeben. Im spannungsgeregelten Dauerschwingversuch wird das Spannungsverhältnis $R = \sigma_u/\sigma_o$ als Kenngröße angegeben. Dabei ist zu unterscheiden zwischen:

- Druckschwellbereich: σ_o und σ_u sind negativ, $\sigma_m \geq \sigma_a$; $0 \leq R < +1$
- Wechselbereich: σ_o und σ_u haben entgegengesetzte Vorzeichen und $\sigma_m < \sigma_a$; $0 > R \geq -1$
- Zugschwellbereich: σ_o und σ_u sind positiv. $\sigma_m \geq \sigma_a$; $0 \leq R < +1$

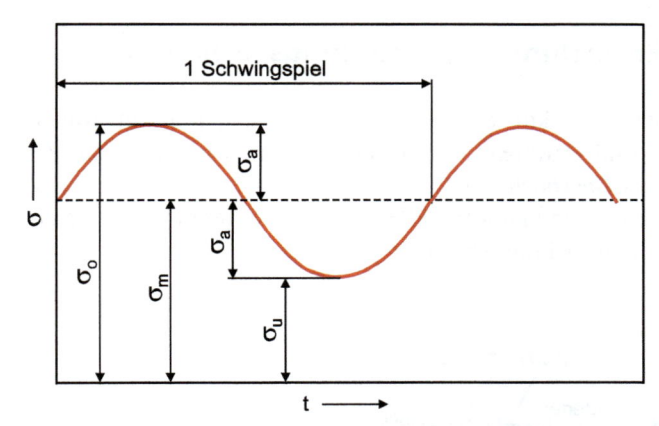

Bild 4.56 Spannungs-Zeit-Schaubild bei schwingender Beanspruchung am Beispiel des Zugschwellbereichs (σ_o – Oberspannung, σ_u – Unterspannung, σ_m – Mittelspannung, σ_a – Spannungsausschlag)

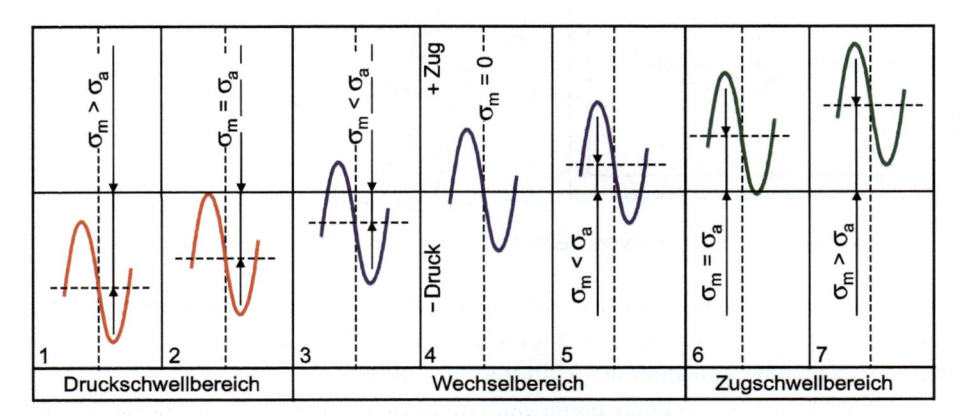

Bild 4.57 Beanspruchungsfälle beim Dauerschwingversuch

Wird von einer konstanten Mittelspannung ausgegangen, besteht das Ziel des Versuchs darin, die Dauerschwingfestigkeit oder Dauerfestigkeit σ_D zu ermitteln. Die Dauerfestigkeit σ_D charakterisiert die größte Spannungsamplitude σ_a, die ein Prüfkörper unendlich oft ohne unzulässige Verformungen aushält. Bei allen Spannungsamplituden oberhalb σ_D erfolgt der Bruch des Prüfkörpers. Zur praktischen Bestimmung von σ_D kann der *Wöhler*-Versuch durchgeführt werden, der die Abhängigkeit zwischen Beanspruchungshöhe und ermittelter Bruchschwingspielzahl wiedergibt. Der *Wöhler*-Versuch wird bei Kunststoffen bis zu Schwingspielzahlen von $N \geq 10^7$ durchgeführt.

4.5.2 Experimentelle Ermittlung des Ermüdungsverhaltens

Für die Ermittlung von Lebensdauerkurven zum Ermüdungsverhalten von Kunststoffen sind Prüfvorschriften und Prüfnormen erforderlich. Eine Übersicht und Bewertung des Standes wird von *Oberbach* [4.65] mit dem Schwerpunkt thermoplastische Werkstoffe und von *Ehrenstein* [4.66] für FVK-Systeme vorgenommen. Bisher liegen nur für wenige Spezialfälle verbindliche Normen vor.

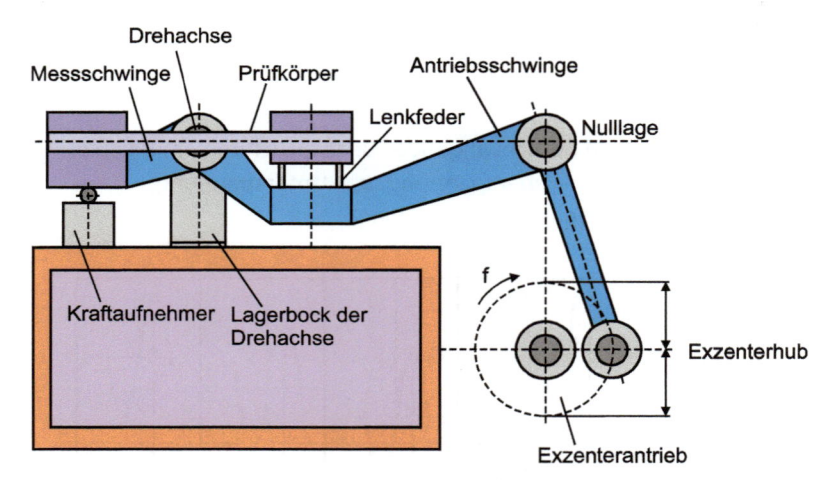

Bild 4.58 Prüfprinzip der Biegewechselbeanspruchung nach DIN 53442

Die Ermittlung von *Wöhler*-Kurven (*S-N*-Kurven) erfolgt im Einstufenschwingversuch, d. h. mit Beanspruchungszyklen konstanter Amplitude σ_a und konstanten Mittelspannungswerten σ_m oder konstantem Spannungsverhältnis R.

Mit DIN 53442 existiert seit einer Reihe von Jahren eine Prüfvorschrift für die Durchführung von Schwingversuchen an Flachprüfkörpern bei Biegewechselbeanspruchung. Das Prüfprinzip ist in Bild 4.58 dargestellt.

Ein Flachprüfkörper wird sowohl auf der Antriebs- als auch auf der Messschwinge befestigt. Die Biegung des Prüfkörpers wird mittels Kurbeltrieb mit Exzenter bewirkt, wobei der Drehpunkt der Messschwinge durch den Prüfkörper und zwei Federelemente fixiert ist. Über eine an der Messschwinge angebrachte Verformungsmesseinrichtung (im einfachsten Fall Messuhren) erfolgt die Einstellung der Prüfspannung und die Registrierung des Steifigkeitsabfalls während der Beanspruchungsdauer. Für die Prüfungen werden taillierte Flachprüfkörper mit einer Dicke von 2 bis 8 mm verwendet. Der reduzierte Querschnitt in der Prüfkörpermitte definiert den zu erwartenden Versagens- bzw. Bruchbereich.

Während der Versuchsdurchführung wird zur Kontrolle der Eigenerwärmung die Oberflächentemperatur am Prüfkörper erfasst und registriert. Die ermittelten Bruchschwingspielzahlen werden in Abhängigkeit von den abgestuften Anfangsspannungen als S-N-Kurven dargestellt (Bild 4.59). Anstelle eines Bruchversagens kann auch ein Spannungsabfall (i. d. R. von 20 %; bei FVK auch 10 %) als Schädigungskriterium zugrunde gelegt werden. Der Vorteil dieses Prüfverfahrens besteht in der einfachen Versuchsrealisierung und den begrenzten Kosten für die erforderlichen prüftechnischen Aufwendungen.

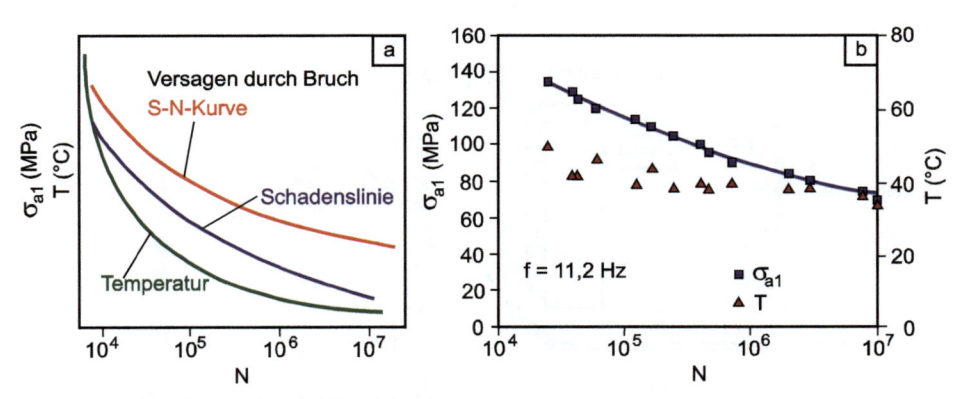

Bild 4.59 Anfangsspannungsamplitude σ_{a1} (N = 1) in Abhängigkeit von der Schwingspielzahl N (S-N-Kurve): schematisch nach DIN 53442 (a) und am Beispiel von PA (b)

Von Nachteil sind die begrenzte Regelbarkeit während der Versuchsdurchführung und unklar definierte bzw. überprüfbare Beanspruchungsbedingungen (Spannungszustand). Mit diesem Verfahren ermittelte S-N-Kurven stellen vornehmlich eine orientierende Werkstoffinformation zur Lebensdauerabschätzung von Bauteilen dar [4.67]. Unabhängig davon werden derartige mechanische Resonanzpulser bei der Prüfung von Kunststoffen auch weiterhin zum Einsatz kommen. Hingewiesen sei in diesem Zusammenhang auf eine veränderte Versuchsanordnung nach ASTM D 671 zur Biegeschwingbeanspruchung an Flachprüfkörpern mit konstanter Verformungsvorgabe [4.65].

Darüber hinaus werden auf mechanischen Pulsatoren der Bauart Umlaufbiegeprüfmaschinen mit Exzenterantrieb (DIN 50113) Ermüdungsversuche an Thermoplasten durchgeführt [4.65]. Der Vorzug des Verfahrens ist ein konstantes Biegemoment sowie eine gute Regelung der Beanspruchungsfrequenz, die eine definierte Prüfkörperbeanspruchung ermöglichen. Von Nachteil ist die prüftechnisch erforderliche Verwendung von in der Kunststoffprüfung unüblichen Rundstäben.

Der aktuelle technische Stand zur Ermittlung des Ermüdungsverhaltens von Kunststoffen und FVK wird durch den Einsatz Elektro-Servohydraulischer (ESH-) Prüftechnik repräsentiert. Die versuchstechnischen Vorteile bestehen in einer definierten Steuer- und Regeltechnik der Prüfmaschine bzw. des Prüfsystems (Kraft, Dehnung, Weg), in der Variation der Beanspruchungsarten (Wechselbeanspruchung, Schwellbeanspruchung im Zug- und Druckbereich), in der Vorgabe der Schwingungsformen (Sinus, Dreieck, Trapez, Random u. a.) sowie in der Vorgabe von Prüffrequenzen und definierten Spannungsverhältnissen R.

Eine ESH-Prüfanlage besteht aus den Grundkomponenten Säulenprüfstand mit Prüfzylinder, Kraftmessdose, Wegmesssystem und digitalem Reglersystem, die in Bild 4.60a am Beispiel eines Messplatzes zur Biegewechselprüfung schematisch dargestellt sind. Bild 4.60b zeigt einen Versuchsaufbau zur Zugschwellprüfung.

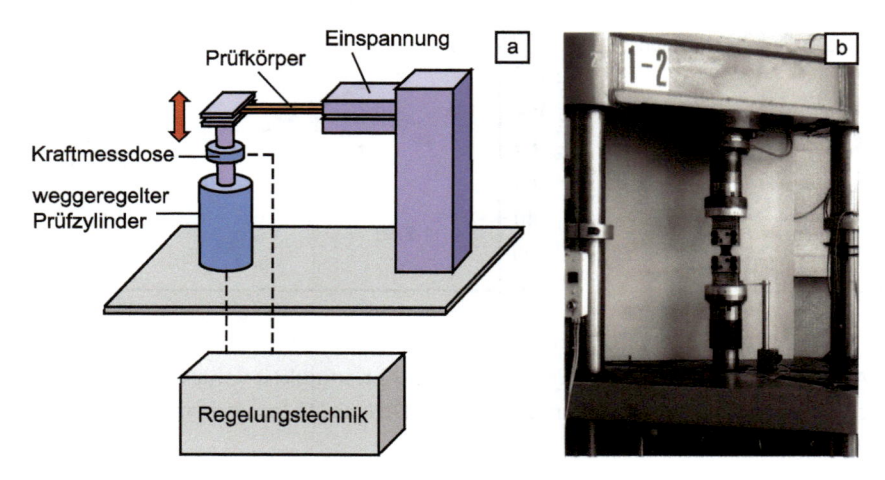

Bild 4.60 ESH-Messplatz zur Biegewechselprüfung (a) und zur Zugschwellprüfung (b)

Die Anwendung dieser Verfahren ist nicht auf standardisierte Prüfkörperformen beschränkt, es können Streifenprüfkörper, verschiedenen Formen von Schulterstäben und auch kompakte Prüfkörper verwendet werden (Bild 4.61).

Eine Prüfvorschrift, die den Einsatz von ESH-Technik vorschreibt, ist die Norm DIN 65586 für FVK-Anwendungen im Luftfahrtbereich. Diese Norm orientiert auf die Ermüdungsprüfung von Vorzugs-Laminatstrukturen (UD-Gelege, Prepreg und Gewebelaminat). Verwendet werden sehr schlanke Streifenprüfkörper, die vorzugsweise bei einem Spannungsverhältnis $R = -1$ oder $R = 0{,}1$ zu prüfen sind. Zur Verhinderung eines Ausknickens der Prüfkörper bei Druckbeanspruchung werden diese mittels spezieller Knickstützen kraftfrei (reibungsarm) geführt.

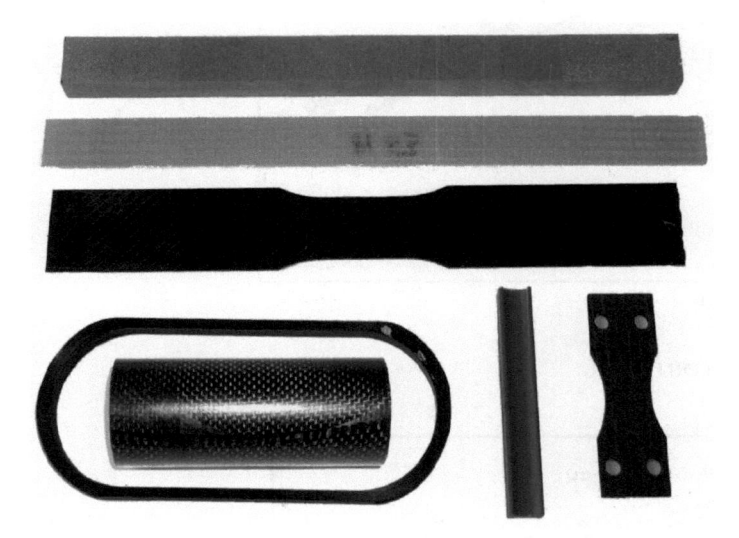

Bild 4.61 Prüfkörperformen für Ermüdungsversuche

Neben der Erfassung von Bruchschwingspielzahlen werden eine kontinuierliche Kontrolle der Prüfkörpertemperatur (Grenztemperaturen je nach Harzsystem von 50 °C bzw. 40 °C) sowie die Bestimmung des Steifigkeitsabfalls (vorzugsweise 20 %) gefordert. Die Kontrolle des Steifigkeitsabfalls erfolgt durch periodische Aufzeichnungen der Spannungs-Verformungs-Hysterese. Parallel dazu kann mittels zerstörungsfreier Prüfungen (Ultraschall, Röntgen, Thermografie) der Fortgang der Schadensentwicklung im faserverstärkten Kunststoff kontrolliert werden.

Bild 4.62 zeigt die in DIN 65586 angegebene grafische Darstellung des S-N-Kurvenverlaufs einer Mittelwertkurve sowie der unteren Vertrauensgrenze ($P_\text{Ü}$ = 90 %-Kurve). Die Berechnung der Streuung ist mithilfe der zweiparametrigen *Weibull*-Verteilung vorzunehmen. In die Auswertung werden auch die ermittelten statischen Zugfestigkeitswerte σ_m als Schwingfestigkeiten bei $N = 1$ einbezogen. An nicht gebrochenen Prüfkörpern (sogenannten Durchläufern) wird nach Erreichen einer vorgegebenen Schwingspielzahl, z. B. $N = 2 \times 10^6$, die Ermittlung der Restfestigkeit als weitere Indikatorgröße für eine fortschreitende Werkstoffermüdung empfohlen.

Experimentell in Anlehnung an DIN 65586 ermittelte S-N-Kurven sind in Bild 4.63 am Beispiel eines PA-Glasfaserverbundes (PA/GF) und eines kohlefaserverstärkten Kunststoffs (CFK) dargestellt. Die aufgetragene Schwellfestigkeit stellt einen Sonderfall der Dauerfestigkeit für eine zwischen Null und einem Höchstwert an- und abschwellende Spannung dar, d. h. $\sigma_u = 0$ und $\sigma_m = \sigma_a$ (s. Belastungsfall 2 in Bild 4.57).

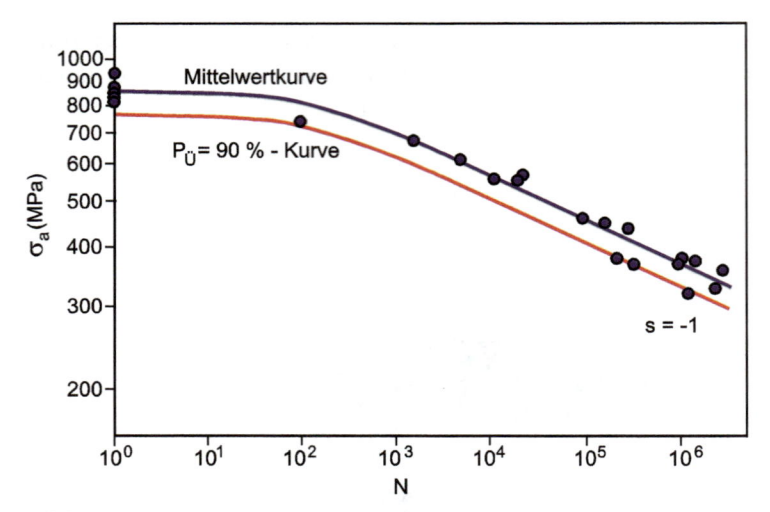

Bild 4.62 S-N-Kurve nach DIN 65586

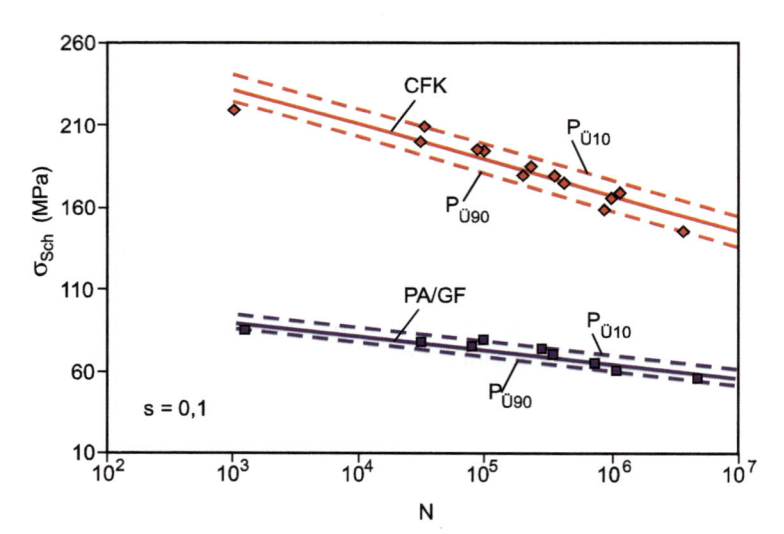

Bild 4.63 Schwellfestigkeit σ_{Sch} in Abhängigkeit von der Schwingspielzahl N ($\sigma_{Sch} = 2\,\sigma_a$ für $\sigma_m = \sigma_a$)

4.5.3 Planung und Auswertung von Ermüdungsversuchen

Die S-N-Kurve lässt sich in idealisierter Form aus zwei linearen Kurvenabschnitten zusammensetzen (Bild 4.64):

1. Abschnitt: linear abfallende Zeitschwingfestigkeit bei der bevorzugten Darstellung im doppelt logarithmischen System log σ – log N und im halblogarithmischen System σ – log N.

2. Abschnitt: Dauerfestigkeit als Spannungswert, der ohne Ausfall mit beliebig großer Schwingspielzahl ertragen wird (Typ I) oder mit einem weiteren, oft flacheren Abfall der S-N-Kurve verbunden ist (Typ II); im 2. Abschnitt gilt dann $K = \infty$ (Typ I) und $K = K_x$ (Typ II).

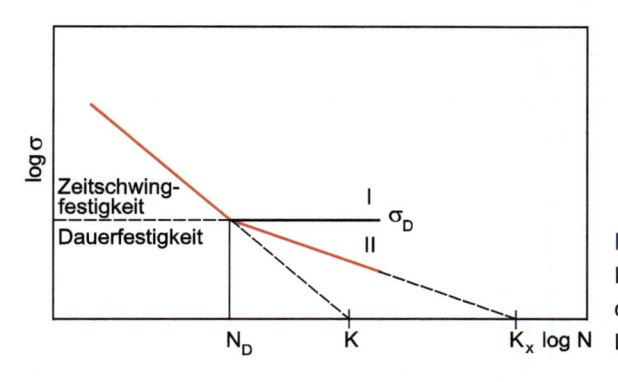

Bild 4.64
Linearisierte S-N-Kurve in doppeltlogarithmischer Darstellung [4.68]

Aus der Fachliteratur [1.38, 4.65, 4.66] ist als Sachverhalt bekannt, dass die Kenngröße Dauerschwingfestigkeit σ_D für Kunststoffe und FVK in der Regel nicht ermittelt werden kann und deshalb die Zeitschwingfestigkeit σ_i angegeben wird. Somit beschränkt sich die Ermittlung des Ermüdungsverhaltens von Kunststoffen vordergründig auf eine möglichst exakte Bestimmung des Verlaufs der Zeitschwingfestigkeit in Abhängigkeit von der Schwingspielzahl. Für diesen Zusammenhang gilt:

$$N_i = N_D \left(\frac{\sigma_i}{\sigma_D}\right)^{\frac{1}{k}} \tag{4.150}$$

N_i Schwingspielzahl
N_D Schwingspielzahl am Knickpunkt Zeitschwingfestigkeit/Dauerfestigkeit
σ_i Zeitschwingfestigkeit
k Anstieg der Zeitschwingfestigkeits-Schwingspielzahl-Kurve

Für die Versuchsplanung bestehen grundsätzlich zwei Möglichkeiten:

1. Zur Ermittlung der S-N-Linie mit $P_\text{Ü} = 50\,\%$, d. h. einer mittleren S-N-Linie mit 50 % Überlebenswahrscheinlichkeit, bietet sich ein Verfahren an, das als „Perlschnur"-Verfahren bezeichnet wird (Bild 4.65a). Es sind auf möglichst vielen Prüfhorizonten, d. h. unterschiedlichen Spannungsausschlägen σ_a, Einzelversuche zu realisieren. Mit steigendem Stichprobenumfang ($\geq$ 6 bis 20) erhöht sich dabei die Genauigkeit des zu ermittelnden S-N-Linien-Verlaufs. Es ist möglich, die Versuchspunkte der einzelnen Prüfhorizonte auf einen mittleren Prüfhorizont zu projizieren und damit eine Abschätzung des Streubandes vorzunehmen. Auf dieser Grundlage basiert auch die S-N-Kurven-Auswertung nach DIN 65586 (vgl. Bild 4.62) mit der Angabe einer $P_\text{Ü} = 90\,\%$-S-N-Linie.

2. Sollen gezielte Aussagen zur Überlebenswahrscheinlichkeit $P_Ü > 50\,\%$ abgesichert werden, sind auf drei oder vier Spannungshorizonten 6 bis 10 Einzelprüfungen zu realisieren (Bild 4.65b). Mittelwerte und Streuungen können für jeden Spannungshorizont bestimmt werden, so dass hierfür gesicherte Regressionsgeraden statistisch berechnet werden können.

Zur Optimierung des Zeitaufwandes und der Kosten ist es ratsam, bereits in der Planungsphase von Untersuchungen klare Vorgaben betreffs der angestrebten Zuverlässigkeit der zu ermittelnden Werkstoffaussagen zum Ermüdungsverhalten für den jeweiligen Verwendungszweck festzulegen.

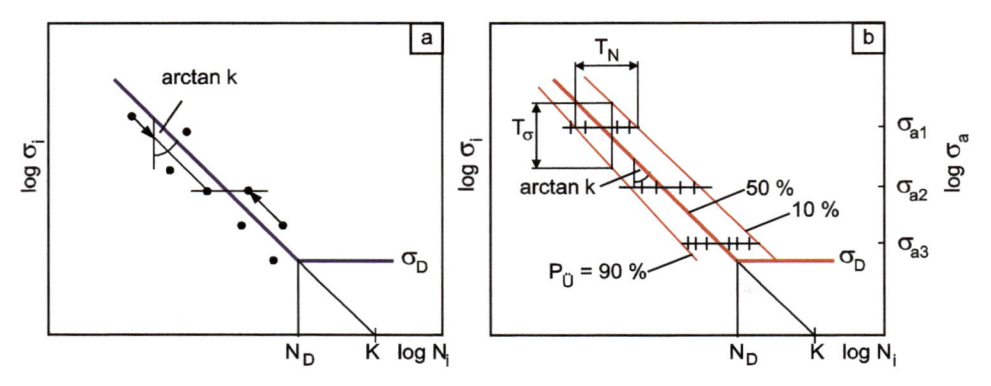

Bild 4.65 Auswertung von *S-N*-Kurven aus Ermüdungsversuchen nach dem „Perlschnur"-Verfahren (a) und für Aussagen zur > 50 % Überlebenswahrscheinlichkeit (b) (T_N, T_G – *Weibull*-Parameter) [4.68]

4.5.4 Einflussgrößen auf das Ermüdungsverhalten und die Lebensdauervorhersage von Kunststoffen

Aufgrund der Vielschichtigkeit und der Komplexität praktischer Einsatzanforderungen und einem nach wie vor bestehenden Erkenntnisdefizit zum Ermüdungsverhalten von Kunststoffen wird in [4.65] der Versuch unternommen, allgemeine Bewertungskriterien für den Verlauf und die Lage von Kunststoff-*S-N*-Kurven zu formulieren. Dieser Ansatz wird in [4.66] inhaltlich auch auf Faserverbundwerkstoffe mit polymerer Matrix erweitert (Bild 4.66).

Der Verlauf der *S-N*-Kurve eines Kunststoffs wird durch werkstoffliche Aspekte und Beanspruchungskriterien geprägt. Während werkstoffseitig verarbeitungstechnische Einflüsse hervorzuheben sind, werden Beanspruchungskriterien sowohl prüf- als auch anwendungstechnisch vorgegeben. Bei der Herstellung von Kunststoffteilen im Spritzgießverfahren ist z. B. die Fließrichtung zu berücksichtigen. In Abhängigkeit von der Entnahmerichtung der Prüfkörper ergeben sich für einen Verbundwerkstoff

PA 66 GF 30 (30 M.-% Glasfasern) quer und längs zur Fließrichtung signifikante Unterschiede im Biegewechselverhalten (Bild 4.67).

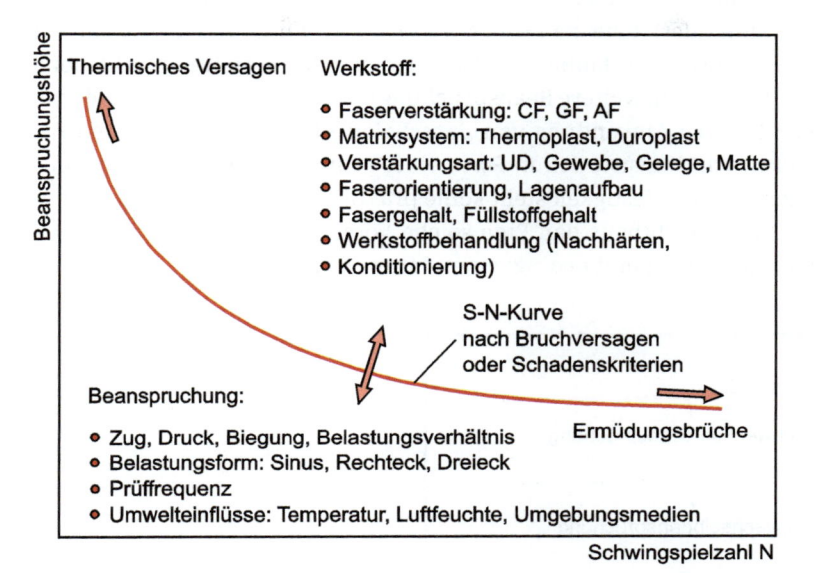

Bild 4.66 Einflussgrößen auf das Ermüdungsverhalten

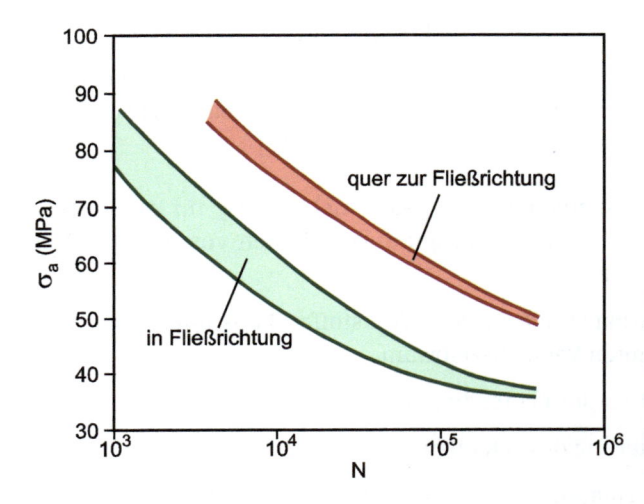

Bild 4.67 Wechselfestigkeit von PA 66 – GF 30 im Zugschwellbereich in Abhängigkeit von der Prüfkörperentnahmerichtung [1.18]

Bei der Übertragung der Prüfergebnisse auf den Betriebsfall ist zu berücksichtigen, dass Beanspruchungen im Druck-, Zug- und Zug/Druck-Wechselbereich zu unterschiedlichen Dauerfestigkeiten führen. Ein Überblick über den Einfluss der Beanspruchungsarten wird in Bild 4.68 am Beispiel von PA 66 vermittelt.

Bei der Komplexität der wirkenden Einflüsse sowie möglicher Wechselwirkungen ist bei dynamischer Beanspruchung eine verallgemeinerungsfähige Lebensdauervorhersage weder für Kunststoffe noch für FVK möglich. Als Anhaltspunkte für den Konstrukteur, die zumindest eine näherungsweise Berechnung von Bauteilen bei schwingender Beanspruchung erlauben, sind experimentelle Daten für verschiedene Werkstoffgruppen [1.18, 1.22], weitere Beanspruchungsarten [1.18, 1.47] und moderne FVK [4.69] vorhanden. Die Anwendung von pauschalen Abminderungsfaktoren für die Schwingfestigkeit von Kunststoffen in Form eines reduzierten Festigkeitsniveaus von 30 % – 50 % der Ausgangsfestigkeit stellt keine praktikable Lösung im Sinne eines technisch-ökologischen Leichtbaus dar. Eine solche Vorgehensweise führt im Regelfall zur Überdimensionierung und bedingt einen Innovationsverlust.

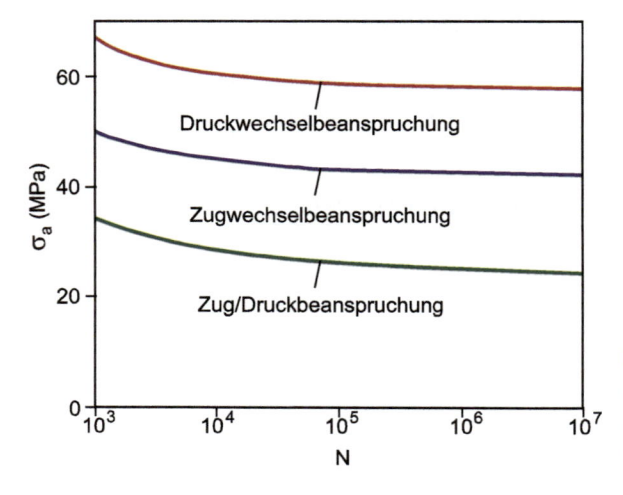

Bild 4.68
Einfluss der Beanspruchungsart auf die Wechselfestigkeit von PA 66 [1.18]

In Verallgemeinerung dieser Gesamtsituation ergeben sich künftig für die kosten- und zeitaufwendigen Untersuchungen zum Ermüdungsverhalten von Kunststoffen folgende Handlungsempfehlungen:

- möglichst umfassende Charakterisierung des Werkstoffaufbaus und seiner Veränderungen über den gesamten Versuchszeitraum,
- Erfassung und Dokumentation der Prüfbedingungen,
- Beschreibung und Qualifizierung des Schädigungsverhaltens,
- möglichst umfassende Informationsbereitstellung bei Dokumentation von Prüfergebnissen (Vergleichbarkeit, Reproduzierbarkeit),
- Aufbau wissensbasierter Werkstoffinformationssysteme und Werkstoffdatenbanken [4.70, 4.71].

4.6 Statisches Langzeitverhalten

4.6.1 Allgemeine Grundlagen

Für die sichere Auslegung von langzeitbelasteten Formteilen und Erzeugnissen aus Kunststoffen werden Werkstoffinformationen zum Verhalten unter Langzeiteinwirkung bei ruhender Beanspruchung benötigt. Langzeitexperimente können unter Zug-, Druck- und Biegebeanspruchung in Abhängigkeit von der Beanspruchungstemperatur und unter Medieneinwirkung (s. Kapitel 7) durchgeführt werden. Diese Untersuchungsmethoden sind für Kunststoffe von besonderer Bedeutung, da diese Werkstoffe bereits bei Raumtemperatur ein ausgeprägtes nichtlinear-viskoelastisches Verhalten aufweisen.

Kunststoffe verformen sich unter sprungförmig aufgebrachter statischer Beanspruchung σ entsprechend ihrer jeweiligen Steifigkeit zunächst linear-elastisch. Bei konstanter Beanspruchungshöhe wird mit zunehmender Belastungsdauer der linear-elastische Verformungsanteil von einem zweiten, zeitabhängigen Verformungsanteil, der viskoelastischen Verformung (Kriechverformung) überlagert (Bild 4.9b). Das Kriechverhalten (kalter Fluss, creep behaviour) beschreibt qualitativ die zeit- und spannungsabhängige Gesamtverformung; mittels Kriechkurven werden quantitative Werkstoff-Kennfunktionen ermittelt.

Analog tritt bei vorgegebener konstanter Verformung ε, der ein bestimmter Spannungswert zugeordnet ist, zeitabhängig ein allmählicher Spannungsabfall auf, der als Spannungsrelaxation bezeichnet wird (Bild 4.9a). Somit wird das statische Langzeitverhalten von Kunststoff-Bauteilen durch Retardation und Spannungsrelaxation charakterisiert, die durch den molekularen Aufbau bestimmt werden. aufgrund unterschiedlichen Strukturaufbaus, wie z. B. bei Thermoplasten mit amorpher oder teilkristalliner Struktur und bei Duroplasten mit dreidimensionaler Vernetzung, bestehen signifikante Unterschiede im statischen Langzeitverhalten zwischen den einzelnen Werkstoffgruppen [4.65].

Im Ergebnis eines zeitabhängigen Kriechvorgangs kann Werkstoffversagen durch Bruch eintreten. Bei vielen Kunststoffbauteilen wird die Lebens- oder Einsatzdauer jedoch weit vor Erreichen des Zeitstandbruchversagens durch das Auftreten zu hoher zeitabhängiger Kriechverformungen begrenzt, die zu unzulässigen Form- und Maßabweichungen und damit zur Funktionsuntüchtigkeit eines Bauteils führen können.

Zur Kennzeichnung des Kriechverhaltens von Kunststoffen werden in den verschiedenen Berechnungsrichtlinien für die Dimensionierung mechanisch beanspruchter Kunststoffbauteile zeitabhängige Werkstoffkenngrößen angewendet, deren Ermittlung auf der Grundlage genormter Prüfvorschriften erfolgt (s. Liste der Normen).

Das Ziel von Kriechversuchen besteht in der Erfassung des mehrparametrigen Zusammenhangs zwischen Spannung, Dehnung und Zeit, der in der Form eines dreidimensionalen Schaubildes dargestellt werden kann (Bild 4.69). Der als Zielfunktion des Kriechexperiments bezeichnete Zusammenhang $\varepsilon = f(\sigma_0, t)$ bildet im Verformungs-Spannungs-Bruchzeit-Schaubild eine räumliche, dreidimensionale Fläche [4.72, 4.73] die das komplexe Zusammenwirken von Beanspruchungs- und Messgrößen veranschaulicht.

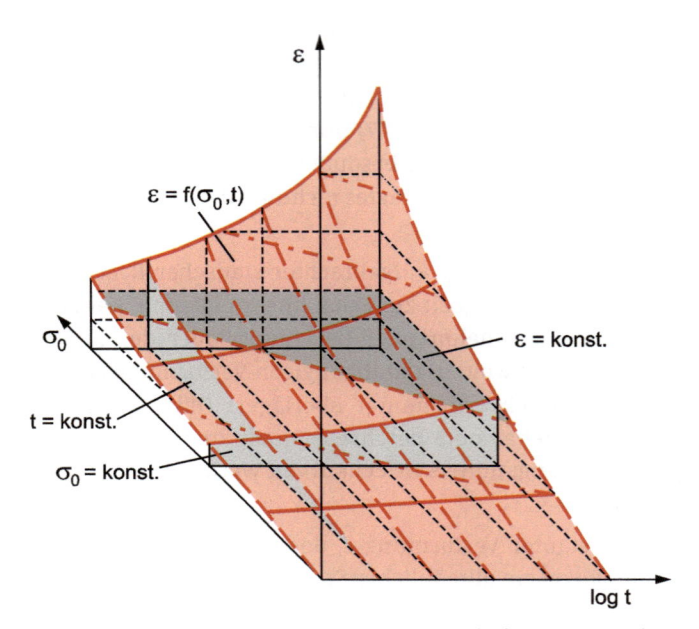

Bild 4.69 Spannungs-Dehnungs-Zeit-Verhalten im Kriechexperiment [4.72]

4.6.2 Zeitstandzugversuch

Die experimentelle Bestimmung des Kriechverhaltens von Kunststoffen erfolgt im Zeitstandzugversuch bei statischer einachsiger Zugbeanspruchung nach DIN EN ISO 899-1, der zur Erfassung des mechanischen Langzeitverhaltens von Kunststoffen am häufigsten eingesetzt wird.

In der Regel werden Prüfkörper verwendet, wie sie vom Zugversuch nach DIN EN ISO 527 bekannt sind, wobei die Anwendung von Schulterstäben Typ 1 A und 1B empfohlen wird. Diese Prüfkörper entsprechen den Vielzweckprüfkörpern nach DIN EN ISO 3167, die vorwiegend für die Prüfung von amorphen oder teilkristallinen Thermoplasten verwendet werden. Speziell bei FVK kommen bevorzugt Streifenprüfkörper mit Aufleimern im Einspannbereich zum Einsatz.

Die Hauptbestandteile einer Zeitstandprüfanlage sind Grundgestell mit Einspannvorrichtungen für Prüfkörper, Belastungssystem und Dehnungsmesseinrichtung (Bild 4.70). Weitere prüftechnische Angaben sind u. a. in [4.74] und [4.75] enthalten.

4.6 Statisches Langzeitverhalten

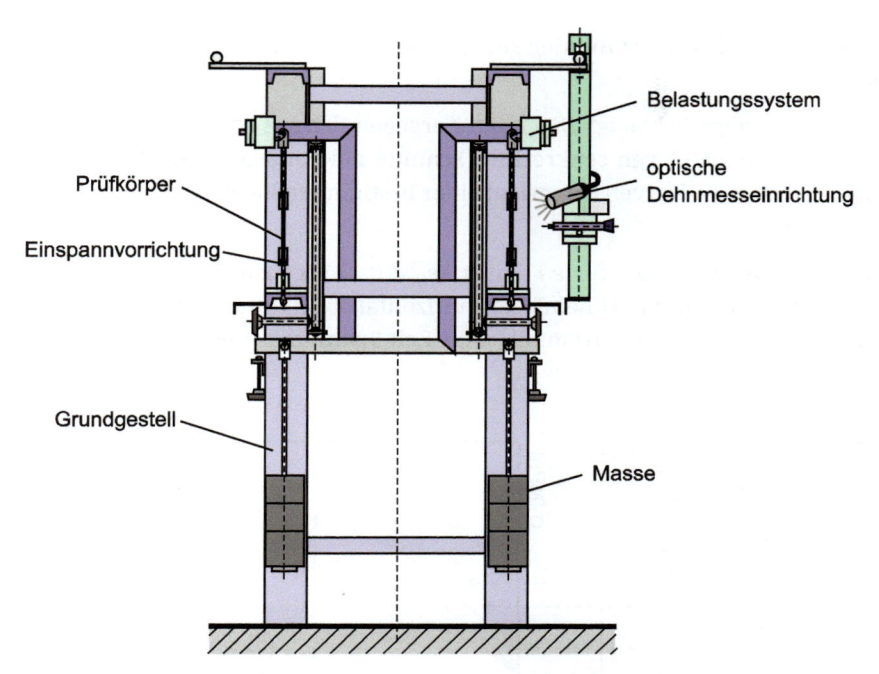

Bild 4.70 Schematischer Aufbau einer Zeitstandprüfeinrichtung

Bei der Realisierung eines Kriechexperiments ist besonderes Augenmerk auf eine definierte stoßfreie Krafteinleitung in der Belastungsphase, auf eine kontinuierliche, möglichst berührungslose Dehnungsmessung am Prüfkörper und die Gewährleistung konstanter Umgebungsbedingungen über die gesamte Versuchszeit zu richten. Messtechnisch wird die Zunahme einer zeitabhängigen Längenänderung erfasst:

$$\Delta L(t) = L(t) - L_0 \tag{4.151}$$

aus der die Kriechdehnung $\varepsilon(t)$ ermittelt wird:

$$\varepsilon(t) = \frac{\Delta L(t)}{L_0} \cdot 100 \, \%$$

bzw. (4.152)

$$\varepsilon(t) = \frac{L(t) - L_0}{L_0} \cdot 100 \, \%$$

Die im Kriechversuch ermittelten zeitabhängigen Dehnungswerte unter konstanter Last (Spannung) werden als Kriechkurven bezeichnet, woraus sich die in Bild 4.71 dargestellten Beziehungen ableiten lassen:

- *Kriechkurven* (Zeit-Dehnlinien) $\varepsilon = f(t)$ mit σ_0 = konst. ($\sigma_1, \sigma_2, \ldots$) bilden die Grundlage für die Herleitung von Zeitstandschaubildern und isochronen σ-ε-Diagrammen (Bild 4.71a). Die Zeit-Dehnlinien sind bei Belastung im linear-viskoelastischen Bereich linear.

- *Isochrone Spannungs-Dehnungs-Diagramme* ergeben sich aus dem Zeit-Dehnlinien-Feld durch das Hineinlegen senkrechter Schnitte bei vorgegebenen Zeiten (Bild 4.71b). Jede dieser σ-ε-Kurven entspricht einer bestimmten Beanspruchungsdauer, z. B. 1, 10^2, 10^4 h.

- *Zeitstandschaubilder* $\sigma = f(t)$ für ε = konst. (ε_1, ε_2, …) ergeben sich aus dem Zeit-Dehnlinien-Feld durch das Hineinlegen horizontaler Schnitte bei vorgegebenen Dehnungen (Bild 4.71c) Im Extremfall ist die Zeit-Spannungs-Linie die Zeit-Bruchlinie.

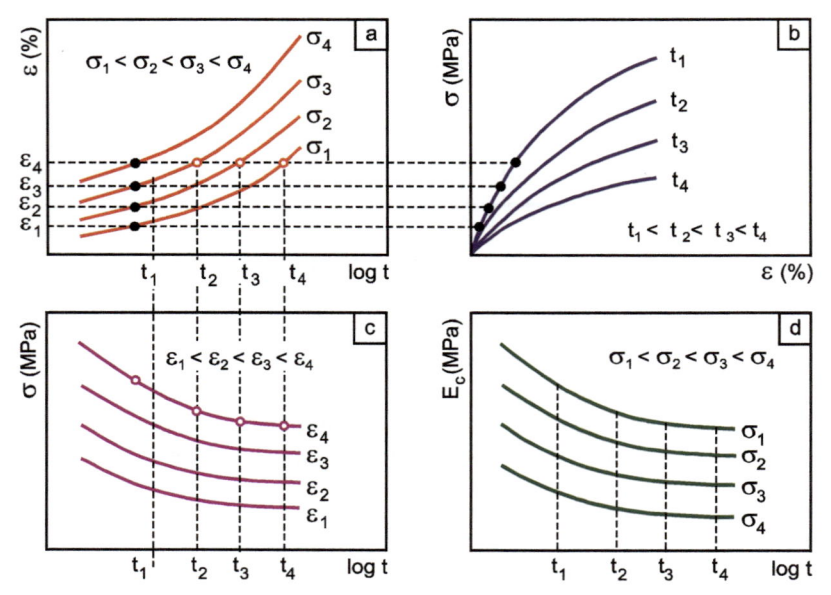

Bild 4.71 Darstellung der funktionellen Zusammenhänge im Zeitstandzugversuch: Kriechkurven (Zeit-Dehnlinien) (a), isochrone Spannungs-Dehnungs-Diagramme (b), Zeitstandschaubild (Zeit-Spannungs-Linien) (c) und Kriechmodul-Kurven (d)

Zur Beschreibung des zeitabhängigen Werkstoffverhaltens von Kunststoffen wird der Kriechmodul $E_c(t)$ herangezogen (Bild 4.71d). Dieser ergibt sich als Quotient der angelegten Spannung im Ausgangszustand σ_0 und der zeitabhängigen Verformung $\varepsilon(t)$:

$$E_c(t) = \frac{\sigma_0}{\varepsilon(t)} \tag{4.153}$$

Als weitere Kenngröße wird zur Beschreibung des statischen Langzeitverhaltens die Kriechgeschwindigkeit $d\varepsilon/dt$ verwendet, die aus dem Quotienten von Verformungszunahme und Zeitdifferenz berechnet wird:

4.6 Statisches Langzeitverhalten

$$\dot{\varepsilon} = \frac{\Delta \varepsilon}{\Delta t} = \frac{\varepsilon_{t_2} - \varepsilon_{t_1}}{t_2 - t_1} \tag{4.154}$$

Um die genannte Zielstellung hinsichtlich der Ermittlung von Materialkennwerten für konstruktive Zwecke zu erreichen, wird in der Prüfnorm DIN EN ISO 899-1 empfohlen, „einen breiten Bereich von Spannungen, Zeiten und Umgebungsbedingungen" zu prüfen. Die Realisierung dieser Vorgabe ist bereits im Prüfkonzept für die durchzuführenden kosten- und zeitaufwendigen Kriechexperimente zu berücksichtigen. Dies gelingt, wenn einer größeren Anzahl von Prüfspannungen mit Einzelprüfkörpern der Vorzug gegeben wird gegenüber der Realisierung von Parallelversuchen bei einer einzelnen Prüfspannung.

Kriechversuche sind so zu konzipieren, dass die Prüfkörper im Normalfall eine Versuchszeit von mindestens 10^3 h ohne Bruch überstehen. Als Richtwerte werden 30 bis 50 % der Kurzzeit-Zugfestigkeit empfohlen, wobei unterhalb dieses Spannungsniveaus vorzugsweise 6 mindestens jedoch 4 Spannungsstufen festzulegen sind [4.76]. Mit dieser Vorgehensweise erhöht sich der erzielbare Informationsgehalt von Kriechexperimenten, wenn gleichzeitig eine konsequente Versuchsauswertung entsprechend der in Bild 4.71 dargestellten funktionellen Zusammenhänge vorgenommen wird.

Zur Beschreibung des Kriechverhaltens über den gemessenen Bereich hinaus wurden verschiedene physikalisch-mathematische Modelle entwickelt, die u. a. in [4.77] und [4.78] zusammengefasst sind. Am häufigsten angewendet wird der Potenzansatz nach *Findley*:

$$\varepsilon(t) = \varepsilon_0 + mt^n \tag{4.155}$$

m, n Werkstoffkonstanten

der auf der Beschreibung der Zeitabhängigkeit der experimentell bestimmten Messdaten basiert.

Ein anderer Weg wird in [4.77] beschrieben, der unter Verwendung eines 4-Parameter-Ansatzes:

$$\varepsilon(t) = \frac{\sigma_G}{E} \left(1 + \frac{t}{a}\right)^n \sinh \frac{\sigma}{\sigma_G} \tag{4.156}$$

E, σ_G Werkstoffkenngrößen für den elastischen Anteil der Verformung
A, n Werkstoffparameter
t Belastungsdauer

von der Approximation der Spannungsabhängigkeit der im Experiment gewonnenen isochronen Spannungs-Dehnungs-Kurven ausgeht und anschließend die Zeitabhängigkeit der Parameter bestimmt. Auf diesem Wege gewonnene Kennwerte des Kriechverhaltens stimmen in allen Abhängigkeiten mit den ursprünglich experimentell gewonnenen Messdaten überein, in die auch die Kriechmodulwerte $E_c(t)$ einbezogen sind. In Bild 4.72 wird als Beispiel für diese Vorgehensweise die Auswertung systematischer Kriechexperimente an einem PP-Werkstoff verdeutlicht.

Für die Extrapolation von Kriechdaten in anwendungstechnisch interessanten Zeitbereichen von $\geq$ 10 Jahren sollten experimentell abgesicherte Kriechkurven für Messzeiten $\geq 10^4$ h zugrunde liegen. Derartige Zugkriech-Experimente liegen aber meist nur für Raumtemperatur bzw. für Normklimabedingungen und ausgewählte Kunststoffe vor. Unter Normklimabedingungen werden Extrapolationszeiten von bis zu zwei Zehnerdekaden durchaus als realistisch angesehen, wobei vorausgesetzt wird, dass das Materialverhalten durch Alterungsvorgänge nicht signifikant beeinflusst wird. Als wesentlich kritischer ist die Frage der Extrapolationsgrenzen im Falle des mechanischen Langzeitverhaltens bei gleichzeitiger Temperatur- und/oder Medienbeanspruchung infolge struktureller werkstofflicher Veränderungen bei Diffusion, Hydrolyse usw. zu bewerten (vgl. Kapitel 7).

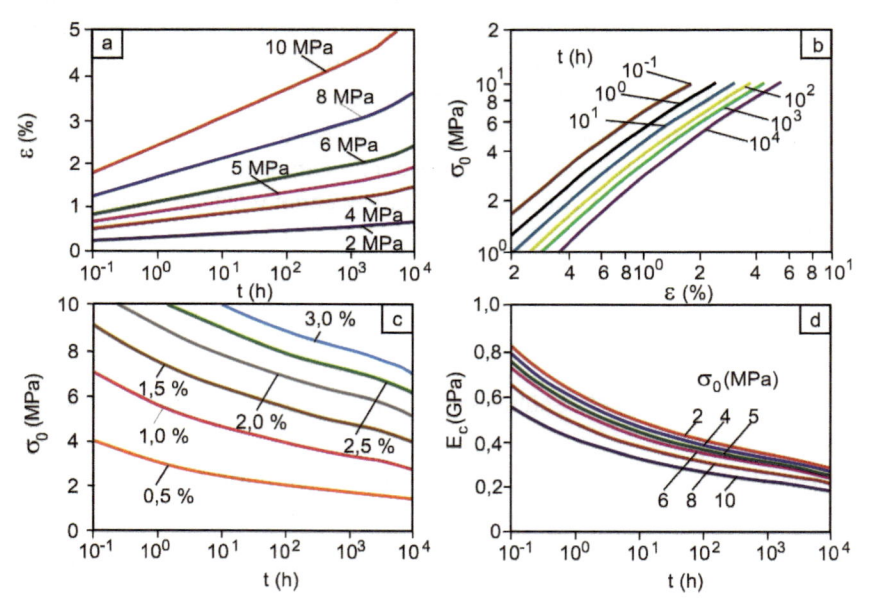

Bild 4.72 Zeitstandzugverhalten von PP bei verschiedenen Beanspruchungen: Kriechkurven (a), isochrone Spannungs-Dehnungs-Diagramme (b), Zeitstandschaubild (c) und Kriechmodul-Kurven (d)

In diesen Fällen sollten die zu erwartenden Beanspruchungen eines Kunststoffbauteils unbedingt durch möglichst praxisnahe Kriechexperimente abgesichert werden; für Extrapolationen werden Kriechexperimente über Versuchszeiten $t \geq 2 \times 10^3$ h als zwingend notwendig angesehen (Bild 4.73).

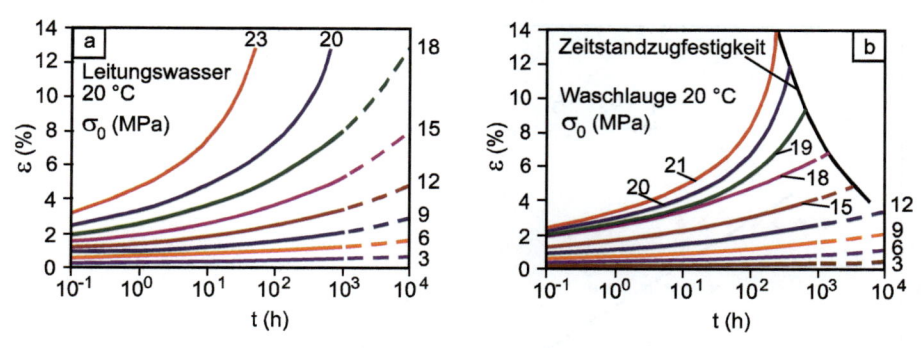

Bild 4.73 Kriechkurven von PP bei medialer Beanspruchung in Leitungswasser (a) und Waschlauge (b)

Um einen möglichen Einfluss durch die Umgebungsbedingungen Temperatur und Medium quantifizieren zu können, empfiehlt es sich, parallel zu den Kriechexperimenten mechanisch unbelastete Prüfkörper einzulagern (Immersionstest) und diese hinsichtlich mechanischer und/oder physikalisch-thermischer Eigenschaftsänderungen in angemessenen großen Zeitabständen zu überprüfen.

Für eine konstruktive Umsetzung von aus Kriechexperimenten gewonnenen Werkstoffdaten wird im Normalfall ein Verformungsbereich bis $\varepsilon \leq 5\,\%$, in Ausnahmefällen $\varepsilon \leq 10\,\%$ als ausreichend angesehen. Diese Verformungswerte liegen bei vielen Kunststoffen, speziell bei teilkristallinen Thermoplasten, weit unterhalb von Reißdehnung und Bruchfestigkeit, so dass es in Kriechversuchen nicht zu einem Bruchversagen kommen muss.

Einen Spezialfall der Zeitstandprüfung stellen Zeitstand-Bruchversuche zur Ermittlung der Zeitstandzugfestigkeit dar, die getrennt von Kriechexperimenten konzipiert und durchgeführt werden sollten und vorzugsweise an Kunststoffen mit geringer Bruchdehnung, z. B. duroplastischen Formstoffen, realisiert werden. Die Verformungsmessung entfällt, als Messgröße wird die Standzeit bis zum Bruch erfasst.

Da Zeitstandzugfestigkeiten sehr stark fehlerbehaftet sind, muss ihre Bestimmung nach Methoden einer statistischen Versuchsplanung erfolgen. Ausgehend von der Kurzzeit-Zugfestigkeit sollten bei ausgewählt hohen Beanspruchungsspannungen auf mindestens drei Spannungshorizonten an Hand von bis zu zehn Prüfkörpern die Bruchzeiten erfasst und somit der Verlauf der Zeitstandskurve statistisch abgesichert werden (Bild 4.74).

Der Zeitstand-Festigkeitsnachweis nach dem Prüfprinzip des Zeitstand-Zugversuchs wird auch in anderen Prüfvorschriften angewendet. Besondere anwendungstechnische Bedeutung haben in diesem Zusammenhang der Nachweis der Spannungsrissbeständigkeit unter Einwirkung komplexer Beanspruchungsbedingungen (Spannungshöhe, Prüftemperatur, Umgebungsmedien) u. a. nach DIN EN ISO 22088-2 (vgl. Kapitel 7) und verschiedene Langzeitlebensdauerversuche von Kunststoff-Fügeverbindungen nach den DVS-Richtlinien 2203 und 2226 erlangt.

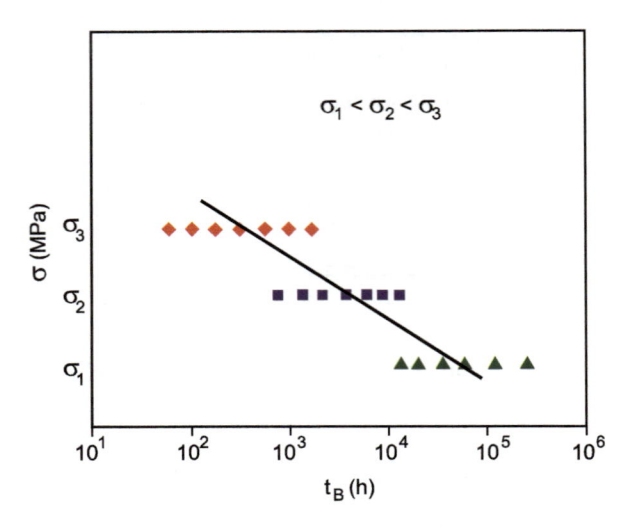

Bild 4.74 Bestimmung der Zeitstand-Bruchkurve (schematisch) unter Berücksichtigung der Messfehlerbreite

Gegenüber dem Retardationsversuch bei statisch einachsiger Zugbeanspruchung besitzt der Spannungsrelaxationsversuch (vgl. Bild 4.9a) für praktische Anwendungen nur eine untergeordnete Bedeutung, obgleich die entsprechenden Werkstoff-Kenngrößen beispielsweise für die Auslegung kraftschlüssiger Verbindungen von Interesse sind. Nach DIN 53441 wird ein Zugprüfkörper mit einer bestimmten Verformung beaufschlagt und diese über den Versuchszeitraum konstant gehalten (Bild 4.75). Aufgrund des viskoelastischen Materialverhaltens der Kunststoffe stellt sich ein zeitabhängiger Spannungsabfall ein.

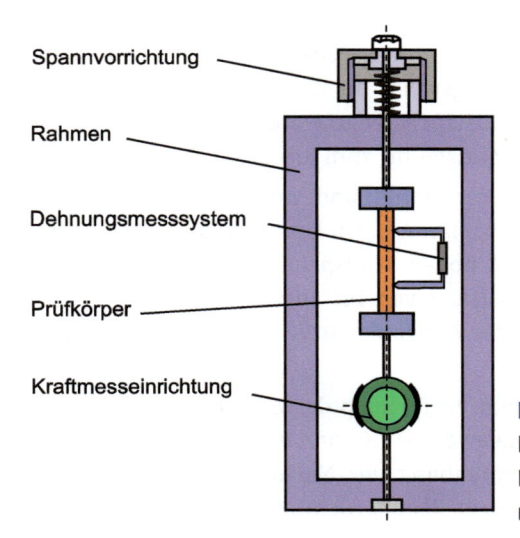

Bild 4.75 Prüfeinrichtung zur Bestimmung des Relaxationsverhaltens von Kunststoffen nach DIN 53441

4.6 Statisches Langzeitverhalten

Als wesentlicher Konstruktions-Kennwert ist der Relaxationsmodul von Interesse. Es gilt:

$$E_r(t) = \frac{\sigma(t)}{\varepsilon_0} \tag{4.157}$$

Zur Veranschaulichung der Analogie zwischen Relaxations- und Kriechmodul ist in Bild 4.76 die Abhängigkeit des Relaxationsmoduls E_r von der Beanspruchungszeit am Beispiel eines PE-HD-Werkstoffs dargestellt.

Da die Unterschiede zwischen Kriech- und Relaxationsverhalten gering sind, kann für Berechnungen näherungsweise auf den Kriechmodul zurückgegriffen werden [4.78].

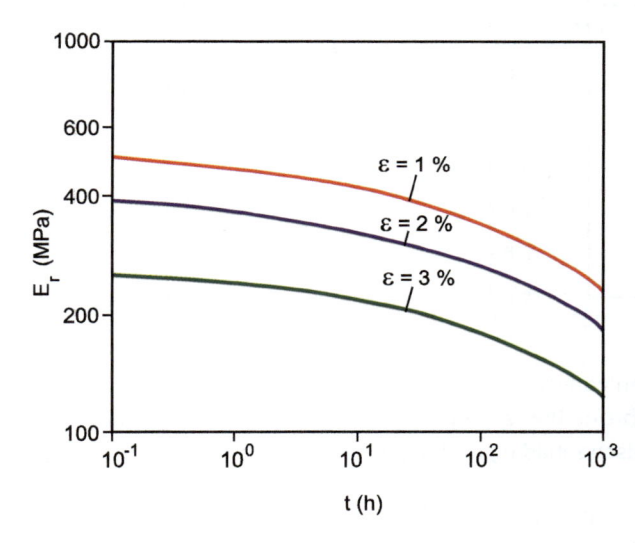

Bild 4.76 Relaxationsmodul von PE-HD in Abhängigkeit von der Beanspruchungsdauer bei $T = 23\,°C$ [1.18]

4.6.3 Zeitstandbiegeversuch

Die Bestimmung des Kriechverhaltens bei Dreipunktbiegebelastung ist in DIN EN ISO 899-2 standardisiert. Zu verwenden sind Prüfkörper von derselben Form und Abmessung wie sie für die Bestimmung der Biegeeigenschaften nach DIN EN ISO 178 festgelegt sind. Bei Dreipunktbiegebeanspruchung tritt im Bereich der Krafteinleitung das in Abschnitt 4.3 bereits beschriebene Maximum im Momentenverlauf auf. Im Unterschied zum Kurzzeitbiegeversuch wird zur Berechnung der Randfaserdehnung $\varepsilon_f(t)$ die zeitliche Änderung der Durchbiegung $f_b(t)$ herangezogen:

$$\varepsilon_r(t) = \frac{6 \cdot h \cdot f_b(t)}{L^2} \cdot 100\,\% \tag{4.158}$$

Bezüglich der Durchführung und Auswertung von Kriechexperimenten bei Biegebeanspruchung gelten grundsätzlich die in Abschnitt 4.6.2 für den Zeitstandzugversuch getroffenen Aussagen. Ausgewertete Versuchsergebnisse sind in Bild 4.77 am Beispiel von PVC dargestellt.

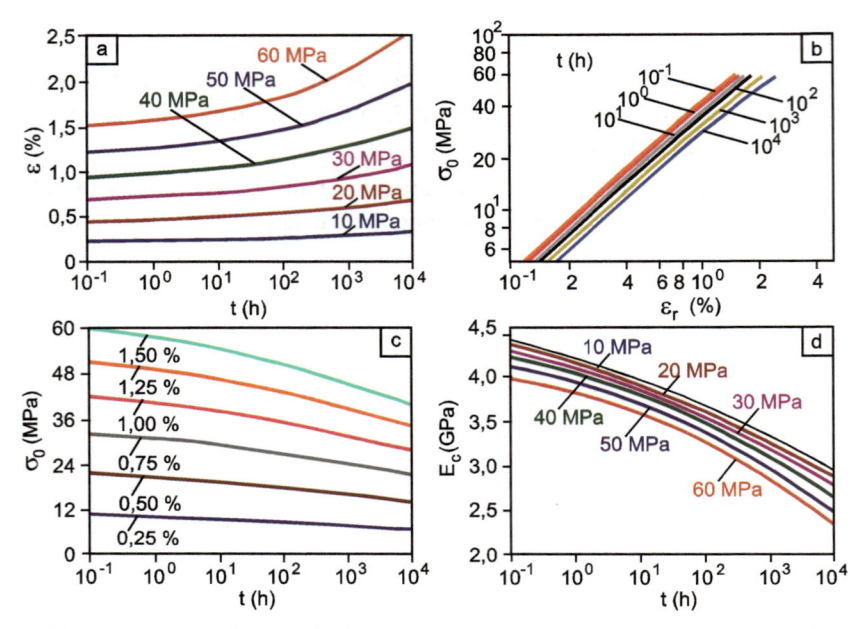

Bild 4.77 Zeitstandbiegverhalten von PVC bei verschiedenen Beanspruchungen: Kriechkurven (a), isochrone Biegespannungs-Randfaserdehnungs-Diagramme (b), Zeitstandschaubild (c) und Biegekriechmodul-Kurven (d) [4.73]

Eine Vielzahl prüftechnischer Erfahrungen und Erkenntnisse im Zusammenhang mit dem Zeitstandbiegeverhalten beruhen auf der mittlerweile zurückgezogenen DIN 54852, die Dreipunkt- und Vierpunktbiegebelastung beinhaltete. Die Vor- und Nachteile unterschiedlicher Biegebeanspruchungen sind in Abschnitt 4.3 erläutert.

Zeitstand-Bruchversuche mittels Dreipunktbiegebeanspruchung können vorzugsweise für Kunststoffe mit geringer Biegedehnung bei Bruch durchgeführt werden. Die experimentelle Vorgehensweise zur Ermittlung der Zeitstandbiegefestigkeit sollte in Analogie zum Zeitstandzugversuch (vgl. Bild 4.74) erfolgen. Zeitstandbiegefestigkeitskurven sind aber weniger gebräuchlich.

4.6.4 Zeitstanddruckversuch

Für die Untersuchung von Kunststoffen, die in der Praxis längere Zeit auf Druck beansprucht werden, wie z. B. Lagerwerkstoffe, Dichtungen, Baustoffe und Wärmedämmstoffe, wird der Zeitstanddruckversuch eingesetzt. Dieser Versuch ist für konstruktiv

4.6 Statisches Langzeitverhalten

genutzte thermo- und duroplastische Kunststoffe sowie FVW in allgemeiner Form nicht genormt, obwohl Druckkriechversuche in Anlehnung an Zug- und Biegekriechversuche in analoger Weise prüftechnisch einfach realisierbar sind.

Die für den Druckversuch angegebenen Prüfkörperformen nach DIN EN 826 sind prinzipiell für die Ermittlung der Druckverformung als Funktion der Beanspruchungszeit (Druckkriechkurven) geeignet. Die Auswertung und Ergebnisdarstellung von Druckkriechversuchen erfolgt in Analogie zum Zeitstandzugversuch. Bild 4.78 zeigt als Beispiel Druckkriechkurven (a), isochrone Druckspannungs-Stauchungs-Diagramme (b), das Zeitstandschaubild (c) und die Druckkriechmodulkurven (d) eines häufig als Dichtungs- und Lagerwerkstoff eingesetzten PTFE.

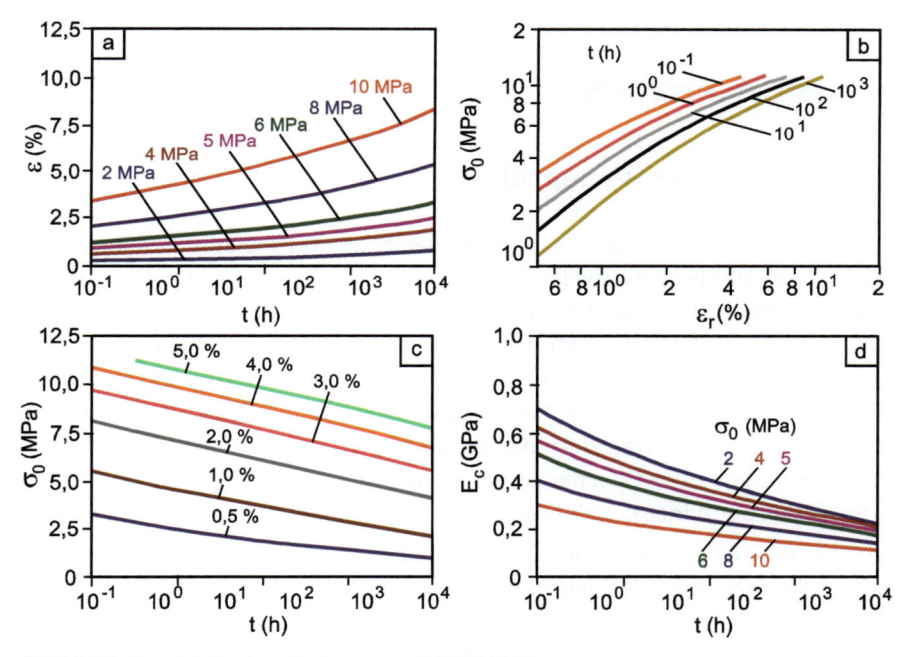

Bild 4.78 Druckkriechverhalten von PTFE [4.73]

Unabhängig von der derzeitigen Normsituation existieren für einzelne Werkstoffgruppen Produktnormen, die Prüfeinrichtungen und Verfahren zur Bestimmung des Druckkriechverhaltens, z. B. bei Wärmedämmstoffen für das Bauwesen, festlegen. Die Bewertung des Langzeit-Kriechverhaltens bei Druckbeanspruchung von Wärmedämmstoffen für das Bauwesen erfolgt nach DIN EN 1606. Das Prinzip beruht auf der Messung der Zunahme der Verformung (Stauchung) eines Prüfkörpers in einer speziellen Prüfanordnung unter einer konstanten Druckspannung und definierten Bedingungen hinsichtlich Temperatur, Feuchte und Zeit. Die verschiedenen Laststufen für die Kriechprüfung sind entweder aus der Druckfestigkeit σ_m oder aus der Druckspannung bei 10 % Stauchung zu bestimmen. Das Kriechverhalten ist in äqudistanten Zeitabständen (z. B. log) für eine Dauer von mindestens 90 Tagen zu messen. Diese Vorgehensweise entspricht im Wesentlichen den Vorgaben gemäß DIN EN ISO 899. Die Prüfdauer wird in den entsprechenden Produktnormen vereinbart und unter Verwendung entsprechender mathematischer Extrapolationsverfahren ist die Berechnung von zuverlässigen Langzeitwerten bis zu einem Vielfachen der Prüfzeit (z. B. 10 Jahre) möglich. Neben dem einachsigen Druckversuch sind zur Qualitätsüberwachung und Produktzulassung von Kunststoffbauteilen Kenngrößen erforderlich, die das zeitabhängige Verhalten unter mehrachsiger Beanspruchung berücksichtigen. Dazu gehören u. a. der Scheiteldruckversuch an Rohrabschnitten zum Nachweis eines Mindestkriechmoduls für Druckrohre und der Zeitstandinnendruckversuch als Lebensdauernachweis für Kunststoffrohre (vgl. dazu Abschnitt 11.3, Bauteilprüfung).

4.7 Härteprüfverfahren

4.7.1 Grundlagen der Härteprüfung

Die Härteprüfung von Kunststoffen basiert auf den zuerst für metallische Werkstoffe, insbesondere für Stähle, entwickelten Prüfverfahren und den damit bestimmten Werkstoffkennwerten. *Martens* definierte 1908 die Werkstoffeigenschaft Härte als *Widerstand, den ein Körper dem Eindringen eines anderen, härteren Körpers entgegensetzt*. Diese ebenso einfache wie anschauliche Definition hat sich trotz der ihr anhaftenden Unschärfen im technischen Bereich durchgesetzt [1.38]. Bei den heute gebräuchlichsten standardisierten Härteprüfverfahren wird ein harter Eindringkörper (Indenter) senkrecht in die Oberfläche des zu untersuchenden Prüfkörpers eingedrückt. Im Prüfkörper bildet sich dabei ein dreiachsiger Spannungszustand aus.

Die Härteprüfung zählt zu den am häufigsten eingesetzten Verfahren der mechanischen Werkstoffprüfung. Dies liegt daran, dass sie vergleichsweise einfach, schnell und in apparativer Hinsicht effizient durchführbar ist. Da die geringe Verletzung der Oberfläche eines Bauteils durch einen oder einige vergleichsweise sehr kleine Härteeindrücke für die Funktion in aller Regel unerheblich ist, rechnet man die Härteprüfung zu den zerstörungsarmen Prüfverfahren. Das eröffnet Möglichkeiten zur Prüfung sehr kleiner Bauteile und dünner Schichten, für die anderweitig kaum Aussagen zum mechanischen Eigenschaftsprofil erhalten werden können. Unterstützt wird dieser Ansatz dadurch, dass zwischen der Härte und anderen mechanischen Eigenschaften, wie der Streckgrenze oder dem Abrieb, zumindest innerhalb einer Werkstoffgruppe statistisch abgesicherte Korrelationen bestehen.

Die Prüfverfahren, die jeweils für bestimmte Werkstoffgruppen und Anwendungsbereiche genormt sind, unterscheiden sich grundsätzlich durch die Gestalt des Eindringkörpers (z. B. Kugel, Kegel, Pyramide), den Werkstoff (Stahl, Hartmetall, Diamant), die

Größe und Geschwindigkeit der Lastaufbringung und die Art der Messung (unter Last, nach Entlastung). Die Härtekennwerte, die vom Prüfverfahren und den Prüfbedingungen abhängig sind, lassen sich bis auf wenige Ausnahmen nicht oder nur bedingt ineinander umrechnen. In der industriellen Prüfpraxis ist jedoch ein Trend zu wenigen universellen Verfahren zu beobachten.

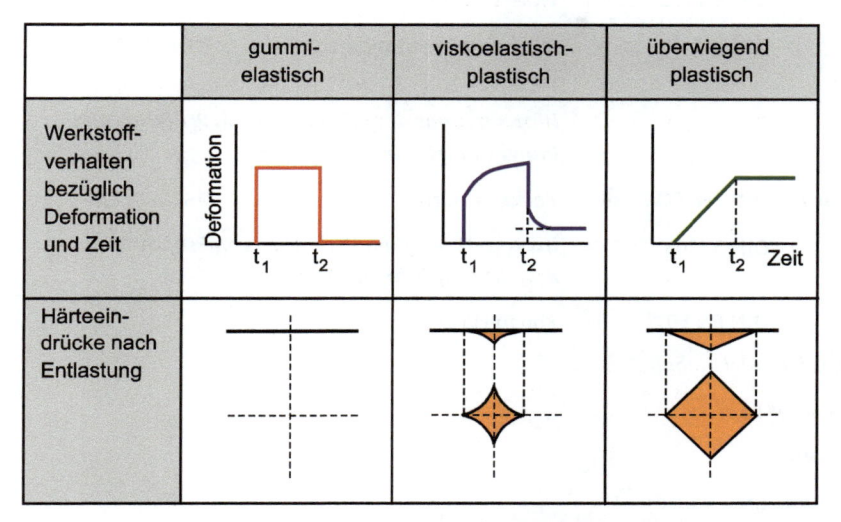

Bild 4.79 Zusammenhang zwischen Werkstoffverhalten und Härteeindruck

Die Härteprüfung an Kunststoffen erfolgt unter Berücksichtigung des materialspezifischen Verhaltens. An den Härteeindrücken werden unter Last entweder gummielastische (Elastomere), viskoelastisch-plastische (Thermoplaste, z. B. PE-LD) oder vorwiegend plastische (Duromere, aber auch Thermoplaste bei tiefen Temperaturen und z. B. ABS) Deformationen beobachtet (Bild 4.79). Deshalb sind die folgenden kunststoffspezifischen Einflussgrößen zu beachten:

- Prüftemperatur,
- Geschwindigkeit der Lastaufbringung,
- Haltezeit und
- Vorgeschichte des Werkstoffes (Verarbeitung und Lagerung).

Des Weiteren wird das Prüfergebnis von Orientierungen, Eigenspannungen und der Morphologie (übermolekulare Struktur, Füll- und Verstärkungsstoffe) beeinflusst.

Prinzipiell lässt sich die Eindruckgröße nach Entlastung oder unter Last bestimmen (Tabelle 4.8), wobei letztere Methodik für Kunststoffe zu bevorzugen, für die Prüfung von Elastomeren aufgrund der gummielastischen Rückverformung jedoch unerlässlich ist.

Tabelle 4.8 Übersicht über konventionelle Härteprüfverfahren für Kunststoffe und Gummi (s. auch VDI/VDE 2616)

Messung unter Last		Messung nach Entlastung	
Ermittlung der Eindringtiefe		**Härtewert aus der Eindruckoberfläche**	
Kugeldruckhärte	DIN EN ISO 2039-1	Vickers-Härte	
IRHD-Härte	DIN ISO 48	Eindruckwiderstand nach Buchholz	DIN EN ISO 2815
Barcol-Härte	DIN EN 59	**Härtewert aus dem Verhältnis von Prüfkraft und Projektionsfläche des Eindrucks**	
α-Rockwell-Härte	DIN EN ISO 2039-2	Rockwell-Härte	ASTM D 785
Shore-Härte	DIN 53505	**Härtewert aus dem Verhältnis von Prüfkraft und Projektionsfläche des Eindrucks**	
Barcol-Härte	DIN EN 59	Knoop-Härte	
Ermittlung der Eindruckdiagonalen			
Vickers-Härte unter Last			
Sonderverfahren			
Ultrasonic Contact Impedance (UCI)-Verfahren			

4.7.2 Konventionelle Härteprüfverfahren

4.7.2.1 Prüfverfahren zur Ermittlung von Härtewerten nach Entlastung

Vickers-Härte

Das aus der Metallprüfung bekannte *Vickers*-Verfahren kann auch für Kunststoffe angewandt werden. Als Eindringkörper dient eine Diamantpyramide mit quadratischer Grundfläche und einem Winkel von 136° zwischen den gegenüberliegenden Flächen. Die Prüfkraft muss den jeweiligen geometrischen und morphologischen Gegebenheiten angepasst werden, in der Regel wird mit Kräften ≤ 5 N geprüft. Als Messgröße wird die Länge der Eindruckdiagonalen bestimmt und die mittlere Eindruckdiagonale errechnet, welche für die Berechnung der *Vickers*-Härte HV entsprechend Formel 4.159 herangezogen wird.

$$HV = \frac{F}{A} = \frac{0{,}1891\,F}{d^2} \tag{4.159}$$

HV Vickers-Härte in N mm^{-2}
F Prüfkraft in N
A Eindruckoberfläche in mm^2
d Mittelwert der Eindruckdiagonalen in mm

Die Diagonalen werden normalerweise lichtmikroskopisch nach Entlastung vermessen, es gibt jedoch auch die Möglichkeit, diese unter Last zu bestimmen [4.79]. Hierbei werden durch den Diamanteindringkörper hindurch die Prüfkörperoberfläche und damit die Eindruckdiagonalen beobachtet, wodurch beispielsweise auch Aussagen zum Kriechverhalten quasi in Echtzeit getroffen werden können.

Das *Vickers*-Verfahren ist für Kunststoffe nicht genormt, hat aber besondere Bedeutung als Mikro- und Kleinlastverfahren erlangt (s. Abschnitt 4.7.3).

Knoop-Härte

Das Verfahren nach *Knoop* ähnelt prinzipiell dem *Vickers*-Verfahren, weist jedoch zwei grundlegende Unterschiede auf. Zum einen wird eine stark anisotrope vierseitige Pyramide mit einem Diagonalenverhältnis von 7,114:1 als Eindringkörper verwendet, zum anderen wird die *Knoop*-Härte *HK* mithilfe der Projektionsfläche des Eindruckes berechnet, im Unterschied zur *Vickers*-Härte, bei welcher zur Berechnung die Eindruckoberfläche herangezogen wird. Die Berechnung von *HK* erfolgt unter Verwendung der großen Eindruckdiagonalen (Formel 4.160).

$$HK = \frac{F}{A} = \frac{14{,}23\,F}{l^2} \tag{4.160}$$

HK *Knoop*-Härte in N mm^{-2}
F Prüfkraft in N
A projizierte Eindruckoberfläche in mm^2
l große Eindruckdiagonale in mm

Da die Eindringtiefe nur etwa 1/30 der langen Diagonalen beträgt, ist das Verfahren besonders zur Prüfung sehr dünner Prüfkörper oder dünner Schichten geeignet. Zu beachten ist, dass die Prüffläche aufgrund der Eindringkörpergeometrie extrem eben sein muss. Die *Knoop*-Härte eignet sich besonders zum Nachweis von Werkstoffanisotropien, indem die Richtungsabhängigkeit des ermittelten Härtewertes betrachtet wird. Den Einfluss von Orientierungen auf die Eindruckgeometrie zeigt Bild 4.80 in schematischer Form, wobei der Unterschied zwischen *Knoop*- und *Vickers*-Verfahren deutlich wird. In orientierten Werkstoffen ist der *Vickers*-Eindruck nicht mehr symmetrisch. Die entstehende große Diagonale liegt senkrecht, die kleine parallel zur Orientierungsrichtung. Diese Anisotropie bildet sich erst nach Entlastung heraus, da die Spannungen unter dem Eindringkörper in Orientierungsrichtung größer als senkrecht dazu sind und demzufolge diese Richtung stärker zurückfedert. Somit werden in Orientierungsrichtung höhere Härtewerte als senkrecht dazu ermittelt. Bei der unsymmetrischen *Knoop*-Pyramide liegen andere Verhältnisse vor, da das Dehnungsfeld unter dem Indenter nicht mehr symmetrisch ist, sondern in Richtung der kleinen Hauptachse größere Dehnungen auftreten [4.80]. Liegt die große Hauptachse parallel zur Orientierung, verläuft die maximale Dehnung senkrecht zur Vorzugsrichtung der Molekülketten, was zu einem vergrößerten Eindruck, also niedrigeren Härtewerten führt.

Orientierungs-zustand		
Vickers		
Knoop		

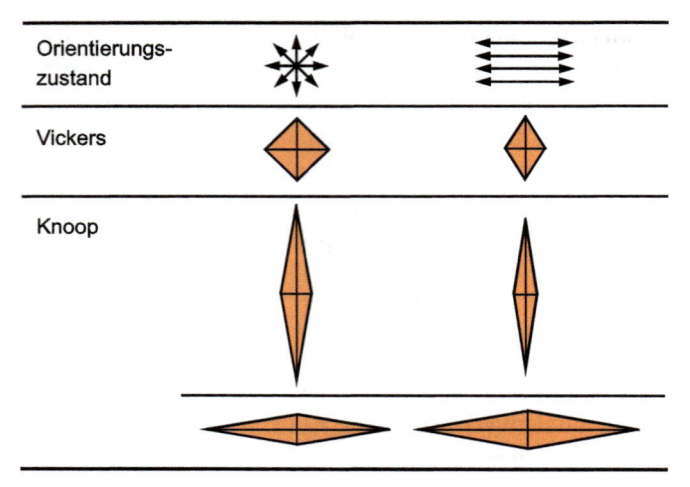

Bild 4.80
Einfluss von Orientierungen auf die Eindruckgeometrie bei *Vickers*- und *Knoop*-Härteprüfungen

Ist die große Hauptachse senkrecht zur Vorzugsrichtung der Molekülketten orientiert, tritt die maximale Dehnung parallel zur Molekülorientierung auf, woraus ein verkleinerter Eindruck folgt. aufgrund dieser Verhältnisse reagiert die *Knoop*-Härte empfindlicher auf Werkstoffanisotropien als die *Vickers*-Härte.

Rockwell-Härte (Skalen R, L, M, E, K)

In Anlehnung an die weit verbreitete *Rockwell*-Härteprüfung metallischer Werkstoffe werden Kugeln verschiedener Durchmesser (Skala R: 12,7 mm, Skalen L und M: 6,35 mm, Skalen E und K: 3,175 mm) mit einer Vorkraft F_0 belastet. Die hierbei erzielte Eindringtiefe dient als Bezugsebene. Durch die Vorkraft werden Oberflächeneffekte verringert und definierte Bedingungen für den Kontakt zwischen Eindringkörper und Prüfkörper bzw. Prüfeindruck realisiert. Nach einer Einwirkdauer der Vorkraft von 10 s wird die Prüfkraft F_1 aufgebracht und nach einer Haltezeit von 15 s wird entlastet. Die verbleibende Eindringtiefe h bei wirkender Vorkraft wird gemessen und die *Rockwell*-Härte HR kann entsprechend der in Formel 4.161 angegebenen Definition ermittelt werden.

$$HR = 130 - h/0{,}002 \text{ mm} \tag{4.161}$$

h \quad bleibende Eindringtiefe in mm

Die *Rockwell*-Verfahren nach den Skalen R, L, M, E und K decken einen großen Härtebereich ab, wobei sie ausschließlich den bleibenden Verformungsanteil erfassen. Nachteilig ist, dass keine Vergleichbarkeit der nach den verschiedenen Skalen gewonnenen Ergebnisse gegeben ist.

4.7.2.2 Prüfverfahren zur Ermittlung von Härtewerten unter Last

Kugeldruckhärte

Bei diesem Verfahren wird eine gehärtete Stahlkugel mit 5 mm Durchmesser verwendet, die nach dem Aufbringen einer Vorkraft mit Prüfkräften von 49 N, 132 N, 358 N bzw. 961 N belastet wird (Bild 4.81). Die resultierende Eindringtiefe muss im Bereich zwischen 0,15 und 0,35 mm liegen, um einen nahezu linearen Zusammenhang zwischen Eindruckdurchmesser und Eindringtiefe, d. h. gleiche Flächenpressung, zu gewährleisten. Die Kugeldruckhärte HB wird nach einer Haltezeit von 30 s ermittelt:

$$HB = \alpha \frac{F}{(h-0,04)} \tag{4.162}$$

α Vorfaktor: $\alpha = 0{,}0535 \text{ mm}^{-1}$
F Prüfkraft in N
h Eindringtiefe in mm

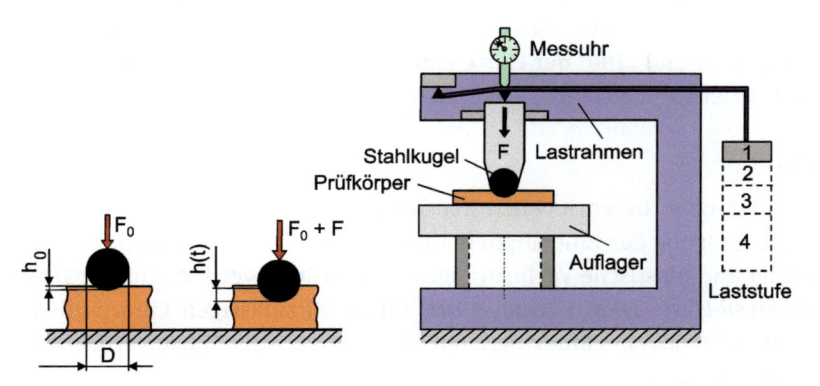

Bild 4.81 Kugeleindruckverfahren (D – Kugeldurchmesser, F_0 – Vorkraft, h_0 – Eindringtiefe nach Aufbringen der Vorkraft, F – Prüfkraft, h – Eindringtiefe)

Die Darstellung des Prüfergebnisses erfolgt in der Form HB 132/30 = 20 N mm^{-2}, worin die Zahlenwerte in der Reihenfolge die Prüfkraft in N, die Haltezeit in s und den Härtewert angeben.

Die Kugeldruckhärte erfasst als unter wirkender Prüfkraft messendes Verfahren die elastischen und plastischen Verformungsanteile und ist aufgrund der relativ großen Prüfeindrücke zur Prüfung von inhomogenen und/oder anisotropen Werkstoffen geeignet.

In Tabelle 4.9 sind Werte der Kugeldruckhärte für verschiedene Formmassen zusammengestellt.

Kugeldruckhärte IRHD

Dieses Prüfverfahren wurde speziell für Elastomere und thermoplastische Elastomere entwickelt. Grundsätzlich muss bei der Kugeldruckhärte IRHD zwischen den Verfahren N (Normalprüfung), Verfahren H (Prüfung bei hoher Härte), Verfahren L (Prüfung bei niedriger Härte) und Verfahren M (Mikrohärte) unterschieden werden. Diese Verfahren unterscheiden sich im Wesentlichen im Durchmesser der eindringenden Kugel und der Belastungshöhe, wobei diese Parameter zum jeweiligen Anwendungsfall passend auszuwählen sind. Die Kugeldurchmesser betragen 2,5 mm bei Verfahren N, 1 mm bei Verfahren H, 5 mm bei Verfahren L und 0,395 mm bei Verfahren M. Nach dem Aufbringen der Vorlast wird zur Erzeugung einer Bezugsebene die Prüfkraft auf einen kugelförmigen Eindringkörper aufgebracht, die 5,4 N bei den Verfahren N, H und L und 0,145 N bei dem Verfahren M beträgt. Unter wirkender Prüfgesamtkraft wird nach 30 s die zusätzliche Eindringtiefe gemessen.

Für die jeweils ermittelte Eindringtiefe kann aus Tabellen der zugehörige Internationale Gummihärtegrad (International Rubber Hardness Degree) IRHD abgelesen werden. Die Härteskala ist so gewählt, dass „0" der Härte eines Werkstoffes mit dem *Young*'schen Modul Null und „100" der Härte eines Werkstoffes mit einem unendlich großen Modul entspricht.

α-*Rockwell*-Härte

Im Gegensatz zu den oben beschriebenen *Rockwell*-Härteverfahren erfolgt bei diesem Verfahren die Messung der Eindringtiefe unter wirkender Gesamtkraft ($F_0 + F_1$), wodurch elastische und plastische Verformungsanteile erfasst werden. Aus der Definition der α-*Rockwell*-Härte $HR\alpha$ (Formel 4.163) und dem zulässigen Eindringtiefebereich bis 0,5 mm folgt, dass bei Eindringtiefen > 0,3 mm negative Härtewerte ermittelt werden, die zulässig sind.

$$HR\alpha = 150 - h / 0{,}002 \text{ mm} \tag{4.163}$$

h Eindringtiefe unter wirkender Prüfgesamtkraft in mm

Durch den verwendeten Kugeldurchmesser von 12,7 mm werden ausgedehnte Prüfkörperbereiche erfasst.

Härte nach *Shore*

Bei diesem Verfahren wir ein Kegelstumpf (*Shore* A) bzw. ein Kegelstumpf mit Kugelkappe (*Shore* D) mittels einer Feder in den Prüfkörper gedrückt (Bild 4.82). Als Maß für die Härte dient die Eindringtiefe, wobei die *Shore*-Härte als Differenz zwischen dem Zahlenwert 100 und der durch den Skalenwert 0,025 dividierten Eindringtiefe in mm unter Wirkung der Prüfkraft definiert ist.

4.7 Härteprüfverfahren

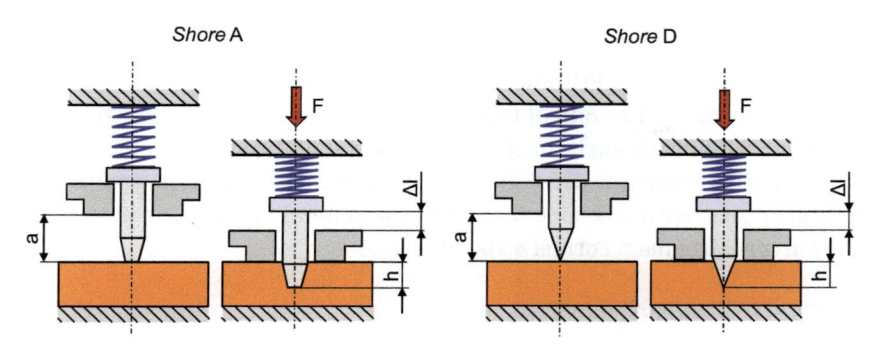

Bild 4.82 Härteprüfung nach Shore A und Shore D

Shore A wird für weiche Elastomere und sehr weiche Thermoplaste angewendet, *Shore* D für harte Elastomere und Thermoplaste (Beispiele S. Tabelle 4.9). Ein Vorteil der Verfahren nach *Shore* ist die Möglichkeit des mobilen Einsatzes, da oftmals Handgeräte zur Anwendung kommen.

Tabelle 4.9 Härtewerte von Kunststoffen nach VDI/VDE 2616 (> Härte des Werkstoffes ist größer, als mit diesem Verfahren messbar; < Härte des Werkstoffes ist kleiner, als mit diesem Verfahren messbar)

	HB (N mm^{-2})	Shore-Härte		HRα	Barcol-Härte
		A	D		
PS	145 bis 195	>	80	100 bis 110	20 bis 30
PMMA	185 bis 210	>	87 bis 88	110	50 bis 55
PC	115 bis 135	>	82 bis 85	95 bis 100	10 bis 20
PVC-U	95 bis 145	>	75 bis 80	75 bis 95	< bis 10
ABS	95 bis 120	>	75 bis 80	85 bis 95	< bis 15
PE-LD	10 bis 25	95 bis >	40 bis 50	< bis –110	<
PE-HD	40 bis 65	>	50 bis 70	25 bis 55	<
PP	40 bis 80	>	65 bis 75	30 bis 70	<
POM	135 bis 175	>	79 bis 82	95 bis 105	< bis 15
PA 66	120	>	80	95	8
PA 610	90	>	78	80	<
PA 612	105 bis 120	>	75 bis 80	95	<
PA 66/GF	230	>	85	115	40
PP/GF	75 bis 115	>	70 bis 75	65 bis 90	<
UP/GF	300 bis 475	>	>	>	57 bis 77

Barcol-Härte

Die *Barcol*-Härte ist speziell zur Prüfung von faserverstärkten Duroplasten und harten Thermoplasten geeignet. Das *Barcol*-Prüfgerät ist ausschließlich als Handgerät sowohl für den Laboreinsatz als auch für die mobile Verwendung konzipiert. Die Prüfkraft wird durch eine Feder auf den Eindringkörper (Kegelstumpf aus gehärtetem Stahl) aufgebracht. Aus der durch eine Messuhr ermittelten Eindringtiefe unter Last lässt sich die *Barcol*-Härte nach Formel 4.164 berechnen.

$$Barcol\text{-}Härte = 100 - h/0{,}0076 \ mm \qquad (4.164)$$

h Eindringtiefe unter Last in mm

Dieses Verfahren besitzt gegenüber der Härteprüfung nach *Shore* D den Vorteil, dass Kunststoffe mit noch größerer Härte geprüft werden können.

4.7.2.3 Sonderverfahren

Neben den beschriebenen Prüfprinzipien der Härtemessung nach Entlastung und unter Last sind unter anwendungstechnischen Gesichtspunkten eine Vielzahl von Sonderverfahren entstanden, bei denen der Härtekennwert teilweise oder vollständig über andere physikalische Größen bestimmt wird.

Die Richtlinie VDI/VDE 2616 enthält unter dem speziellen Aspekt der Härteprüfung dünner Schichten und von Kunststoffbeschichtungen in der Flugzeug- und Automobilindustrie eine Zusammenstellung von mehr als 30 Sonderverfahren. Dazu zählen die Pendelverfahren zur Bestimmung einer „Pendelhärte", die Ritzverfahren zur Bestimmung einer „Kratz- oder Ritzhärte" sowie besondere Eindringprüfverfahren. Der Nachteil dieser Verfahren besteht darin, dass sie keine genormten Härtewerte liefern.

Eine besondere Verbreitung besitzen die Ritzhärteprüfverfahren, die nach dem Furchungs- oder Ritzprinzip die Eindringtiefe einer Nadel oder Kugel bei einer Translationsbewegung visuell oder über die Messung von Kraft und Eindringtiefe kontinuierlich erfassen. Dabei wird die Prüfkraft konstant gehalten oder stufenweise variiert. Prüfverfahren mit anschließender visueller Bewertung sind z. B. die Ritzhärteprüfung mit dem *Erichsen*-Prüfstab und das Gitterschnittverfahren. Eine kontinuierliche Eindringtiefenerfassung erfolgt über spezielle Zusatzgeräte in Materialprüfmaschinen oder externe Prüfgeräte (Scratch-Indenter-Tester).

Ein weiteres Sonderverfahren der Härteprüfung ist das UCI-Verfahren (Ultrasonic Contact Impedance). Dabei regt ein piezoelektrischer Wandler einen stabförmigen Resonator mit *Vickers*-Diamant zu freien Schwingungen mit einer bestimmten Frequenz an. Beim Eindringvorgang schwingt der Stab nicht mehr frei, es tritt eine Resonanzverschiebung auf, die ein Maß für die Kontaktfläche darstellt. Je weicher der Werkstoff, desto größer die Eindruckoberfläche und desto größer ist die Frequenzänderung. Zur Ermittlung eines Härtewertes müssen *E*-Modul und *Poisson*-Zahl vom zu prüfenden Werkstoff und dem Diamanten bekannt sein. Der ermittelte Härtekennwert stellt einen Vergleichswert dar, der bei seiner Angabe durch die Bestimmungsmethode gekennzeichnet werden muss.

4.7.2.4 Vergleichbarkeit von Härtewerten

Wie anhand der genannten Beispiele gezeigt wurde, unterscheiden sich Härtemessverfahren für Kunststoffe, sowohl hinsichtlich der verwendeten Eindringkörper, Prüflasten, Vorlasten und Prüfzeiten als auch hinsichtlich der Bestimmung der Eindruckgrößen (unter Last oder nach Entlastung). Für die Durchführung von Werkstoffvergleichen sowie unter dem Gesichtspunkt der Kosten- und Zeitersparnis besteht häufig die Notwendigkeit, die mit einem bestimmten Verfahren ermittelten Härtewerte in eine andere Härteskala umzurechnen, d. h. umzuwerten.

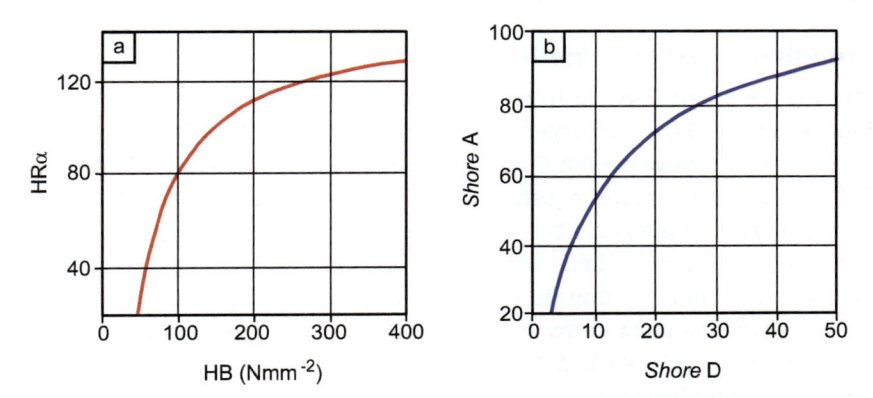

Bild 4.83 Darstellung der Zusammenhänge zwischen Kugeldruckhärte HB und a-Rockwell-Härte HRa (a) sowie Shore A und Shore D (b)

Dies ist auch dann der Fall, wenn bei der Werkstoffauswahl und Konstruktion von Bauteilen mit verfügbaren Datenbanken gearbeitet wird, ohne Untersuchungen an dem Werkstoff vorzunehmen. aufgrund des viskoelastischen Materialverhaltens der Kunststoffe können zwei durch verschiedene Verfahren ermittelte Härtewerte unter folgenden Randbedingungen ineinander umgerechnet werden [4.81]:

- Die Härtewerte müssen beide entweder unter Last oder nach Entlastung bestimmt werden.
- Für die Eindringkörper sollten unter den gegebenen geometrischen Abmessungen die gleichen Eindringtiefe-Kraft-Funktionen gelten.
- Die Beanspruchungszeiten müssen etwa gleich sein.

Anstelle gleicher Eindringtiefe-Kraft-Funktionen können auch ähnliche Eindringtiefen-Flächen-Funktionen für eine Umrechenbarkeit ausreichend sein. Auf dieser Basis ist die empirische Umrechnung in unterschiedliche Härteskalen möglich.

Zwischen der Kugeldruckhärte HB und der α-Rockwell-Härte besteht die Beziehung (vgl. Bild 4.83a) [4.81, 4.82]:

$$HB = \frac{18279}{(150 - HR\alpha)^{1,23}} \quad (4.165)$$

Shore A und Shore D stehen miteinander wie folgt im Zusammenhang (vgl. Bild 4.83b) [4.82, 4.83]:

$$\text{Shore A} = 116,1 - \frac{1409}{\text{Shore D} + 12,2} \quad (4.166)$$

4.7.3 Instrumentierte Härteprüfung

4.7.3.1 Grundlagen der Messmethodik

Zur Erweiterung der Aussage der Härtemessung an Kunststoffen ist es erforderlich, die zum Eindringen des Eindringkörpers in den Prüfkörper erforderliche Kraft und die Eindringtiefe über den gesamten Eindringvorgang zu erfassen [4.84]. Zu diesem Zweck wird der Eindringvorgang registriert und durch Bewertung der Belastungs- und Entlastungskurven Aussagen über das viskoelastisch-plastische Verhalten von Kunststoffen abgeleitet. Die Prüfung kann kraft- oder eindringtiefengeregelt, aber auch mit konstanter Eindringdehnrate $(dh/dt)/h$ erfolgen. Als Eindringkörper werden vierseitige Pyramiden nach *Vickers* oder *Knoop*, dreiseitige Pyramiden nach *Berkovich* oder sogenannte Würfelecken, kegelförmige Spitzen oder auch speziell abgerundete Eindringkörper eingesetzt.

Der Vorteil der instrumentierten Härteprüfung besteht, neben der Automatisierbarkeit des Verfahrens, insbesondere in der Vergleichbarkeit aller Werkstoffe innerhalb einer Härteskala. In Bild 4.84 wird eine Abstufung der Lastbereiche und der Zusammenhang zwischen *Martens*-Härte und Eindringtiefe für verschiedene Werkstoffgruppen angegeben.

Mit dem instrumentierten Eindringversuch können Härtewerte, der E-Modul, Verfestigungsexponenten und viskoelastische Eigenschaften bestimmt werden. Darüber hinaus ist die Bruchzähigkeit spröder Werkstoffe sowie der Einfluss von Eigenspannungen im Vollmaterial bzw. dünnen Schichten oder das elastische Verhalten (Federkonstante) von miniaturisierten Bauteilen ermittelbar. Der Nachweis von Orientierungen ist ebenfalls möglich [4.85].

Die Ausdehnung der Härteprüfung in den Bereich kleinster Prüfkräfte und Eindringtiefen ($h < 200\,\text{nm}$), den sogenannten Nanobereich, ermöglicht den experimentellen Zugang zu Strukturelementen und ihren Grenzflächen mit dem Ziel der Aufstellung von quantitativen Morphologie-Härte-Korrelationen. Experimentelle Möglichkeiten der Nanoeindringprüfung zum Nachweis z. B. der Phasenhaftung an Grenzflächen werden in Abschnitt 13.3 behandelt.

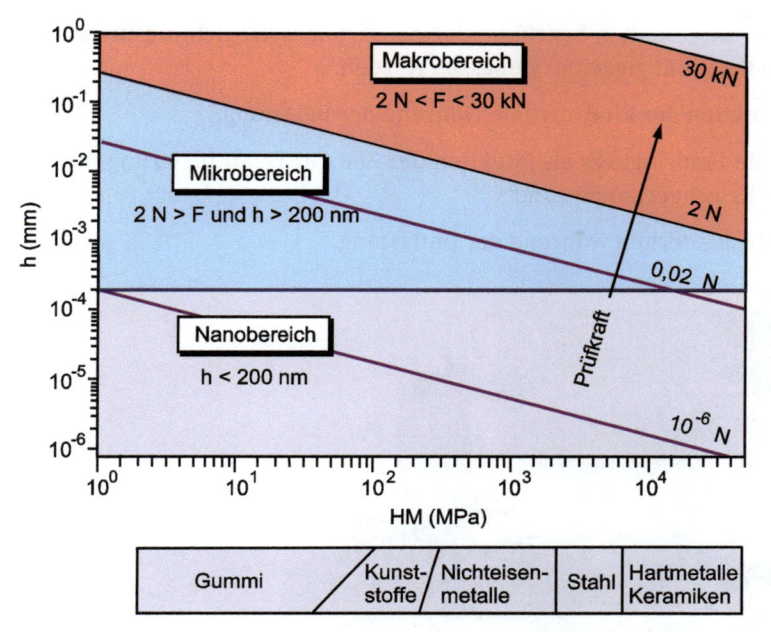

Bild 4.84 Festlegung von Prüflastbereichen in der instrumentierten Härteprüfung

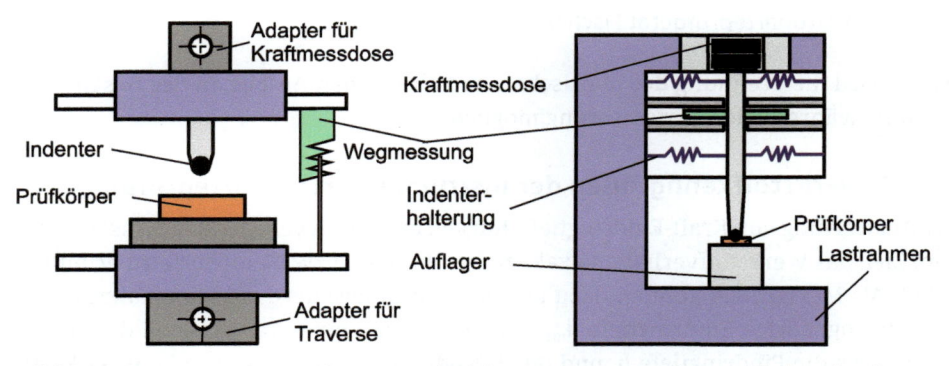

Bild 4.85 Instrumentierte Härtemesseinrichtung: Zusatzgerät zum Einbau in eine Materialprüfmaschine und externes Prüfgerät

Der schematische Aufbau einer instrumentierten Härteprüfeinrichtung wird in Bild 4.85 dargestellt, wobei für Messungen im Mikrohärtebereich sowohl der zusätzliche Einbau in Materialprüfmaschinen mit hoher Steifigkeit möglich ist, als auch Kleingeräte handelsüblich sind (z. B. Fischerscope®, Bild 4.86). Für den Nanobereich wurden aus messtechnischen Gründen Großgeräte, sogenannte Nano-Indenter, entwickelt, die im schematischen Aufbau mit Mikrohärteprüfgeräten vergleichbar sind, für die aber wesentlich höhere Anforderungen an die Kraft- und Eindringtiefenauflösung bestehen.

Mit den in Bild 4.85 dargestellten instrumentierten Härtemesseinrichtungen können folgende funktionelle Abhängigkeiten gemessen werden:

- die Kraft als Funktion der Eindringtiefe während der Belastung,
- die Kraft und die Eindringtiefe als Funktion der Zeit zur Quantifizierung des Relaxations- bzw. Kriechverhaltens und
- die elastische Rückfederung während der Entlastung.

Bild 4.86 Mikrohärteprüfgerät Fischerscope® H100C XYp

Damit wird die Trennung des plastischen und elastischen Anteils an der Gesamtverformung während der Härtemessung möglich.

4.7.3.2 Werkstoffkenngrößen der instrumentierten Härteprüfung

Zur Auswertung von Kraft-Eindringtiefe-Kurven existieren verschiedene Ansätze, mit dem Ziel, das Werkstoffverhalten exakt zu beschreiben bzw. Kennwerte zu ermitteln [4.86]. Als Messgrößen können dazu aus der Belastungskurve die Maximalkraft F_{max} und die zugehörige Eindringtiefe h_{max}, durch Anlegen einer Tangente an die Entlastungskurve die Eindringtiefe h_r und der E-Modul, sowie aus der vollständigen Kraft-Eindringtiefe-Kurve die Energieanteile entnommen werden (Bild 4.87). Die Fläche zwischen der Eindringfunktion und der h-Achse ist die Gesamtverformungsenergie W_{total}.

Aufgrund der plastischen Verformung verläuft die Entlastungsfunktion nicht durch den Ursprung, so dass zwischen Eindring- und Entlastungsfunktion eine Differenzfläche, die plastische Energie W_{plast}, auftritt. Die elastische Energie ergibt sich durch Differenzbildung: $W_{elast} = W_{total} - W_{plast}$.

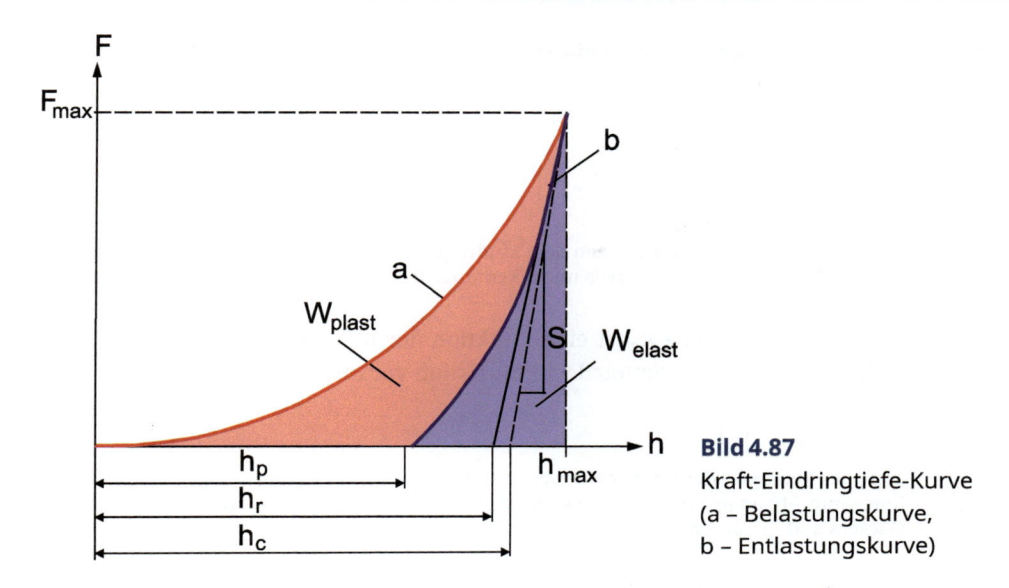

Bild 4.87
Kraft-Eindringtiefe-Kurve
(a – Belastungskurve,
b – Entlastungskurve)

Martens-Härte

Die *Martens*-Härte wird bei einer festgelegten Prüfkraft F bestimmt und enthält die elastischen und plastischen Anteile der Verformung. Sie ist für den *Vickers*- und den *Berkovich*-Eindringkörper definiert. Die *Martens*-Härte HM ist der Quotient aus der Prüfkraft F und der aus der zugehörigen Eindringtiefe h berechneten Kontaktfläche:

$$HM = \frac{F}{26{,}43 \cdot h^2} \tag{4.167}$$

F Prüfkraft in N
h Eindringtiefe in mm

Plastische Härte und Eindringhärte

Plastische Härte H_{plast} und Eindringhärte H_{IT} werden unter Verwendung der Maximalkraft und Anlegen von Tangenten an die Entlastungskurve bestimmt und sind ein Maß für den Widerstand gegenüber bleibender Verformung oder Schädigung.

$$H_{\text{plast}} = \frac{F_{\max}}{26{,}43 \cdot h_r^2} \tag{4.168}$$

$F_{\max}$ maximale Prüfkraft in N
h_r Schnittpunkt der Tangente an die Entlastungskurve im Punkt $F_{\max}$ mit der Eindringtiefenachse in mm

Beim Übergang zu kleinen Eindringtiefen ändert sich die Kontaktfläche und damit auch die Kontaktsteifigkeit dF/dh kontinuierlich. Aus diesem Grund ist eine Korrektur notwendig, die über die Einführung der sogenannten projizierten Kontaktfläche A_p vorgenommen wird. Die sogenannte Eindringhärte ist der Quotient aus maximal wirkender Prüfkraft F_{max} und der projizierten Kontaktfläche A_p zwischen dem Eindringkörper und dem Prüfkörper.

$$H_{IT} = \frac{F_{max}}{A_p} \tag{4.169}$$

F_{max} maximale Prüfkraft in N
A_p projizierte Kontaktfläche zwischen dem Eindringkörper und dem Prüfkörper, ermittelt aus der Kraft-Eindringtiefe-Kurve unter Kenntnis der Eindringkörperkorrektur in mm²

Die projizierte Kontaktfläche A_p ist eine Funktion der Kontakttiefe h_c (Formel 4.170) und setzt die Kenntnis der Indenterflächenfunktion voraus.

$$h_c = h_{max} - \varepsilon\left(h_{max} - h_r\right) \tag{4.170}$$

h_c Tiefe des Kontaktes des Eindringkörpers mit dem Prüfkörper in mm
ε Konstante, abhängig von der Geometrie des verwendeten Eindringkörpers
(*Vickers* und *Berkovich*: ε = 0,75)

Für Eindringtiefen $h > 6$ μm ist die projizierte Fläche A_p in erster Näherung durch die ideale Form des Eindringkörpers gegeben. Für einen idealen *Vickers*-Eindringkörper gilt:

$$A_p = 24{,}50 \cdot h_c^2 \tag{4.171}$$

Für Eindringtiefen $h < 6$ μm kann die Flächenfunktion des Eindringkörpers nicht entsprechend ihrer idealen Form angenommen werden, da alle spitzenförmigen Eindringkörper verschiedene Abweichungen an der Spitze aufweisen. Die Bestimmung der exakten Eindringkörpergeometrie ist für geringe Eindringtiefen erforderlich aber auch für alle größeren Eindringtiefen nützlich.

Elastischer Eindringmodul

Der Elastische Eindringmodul E_{IT} wird aus dem Anstieg der Tangente, die für die Berechnung der Eindringhärte verwendet wird, bestimmt.

$$E_{IT} = \frac{1-\nu_s^2}{\dfrac{1}{E_r} - \dfrac{1-\nu_i^2}{E_i}} \tag{4.172}$$

$$E_r = \frac{\sqrt{\pi}}{2\sqrt{A_p}} \frac{dF}{dh} \tag{4.173}$$

ν_s *Poisson*-Zahl des Werkstoffes
ν_i *Poisson*-Zahl des Eindringkörpers (für Diamant 0,07)
E_r reduzierter Modul des Eindringkontaktes
E_i E-Modul des Eindringkörpers (für Diamant $1{,}14 \times 10^6$ N mm^{-2})
A_p projizierte Kontaktfläche

Aufgrund der unterschiedlichen Beanspruchungsarten und Bestimmungsmethoden ist eine Übereinstimmung mit dem E-Modul aus dem Zugversuch nicht gegeben. Eine zusätzliche Beeinflussung des Messergebnisses besteht beim Auftreten von Aufwölbungen und Einsinken des Werkstoffs in der Umgebung des Eindrucks.

Plastischer und elastischer Anteil der Eindringarbeit

Die beim Eindringvorgang aufgewendete mechanische Arbeit W_total wird nur teilweise als plastische Deformationsarbeit W_plast verbraucht. Der Rest wird beim Entlastungsvorgang als Arbeit der elastischen Rückverformung W_elast wieder freigesetzt. Ihr Verhältnis:

$$\eta_\text{IT} = W_\text{elast} / W_\text{total} \times 100\ \% \tag{4.174}$$

enthält Werkstoffinformationen zur Charakterisierung des Deformationsverhaltens. Entsprechend wird der plastische Anteil $W_\text{plast}/W_\text{total}$ aus 100 % – η_IT berechnet.

4.7.3.3 Anwendungsbeispiele

Die Kenngrößen der instrumentierten Härteprüfung beschreiben das grundsätzliche Materialverhalten und sind empfindliche Indikatoren für Werkstoffveränderungen. Ihre Struktursensitivität wird am Beispiel von PP mit zwei unterschiedlichen Kristallstrukturen dargestellt. Als Modellwerkstoff dient ein teilkristallines, isotaktisches PP, bei dem während des Erstarrungsprozesses nebeneinander die monokline α-Phase und eine trigonale β-Phase entstehen. Die β-Phase besitzt eine geringere Steifigkeit und Härte sowie eine höhere Duktilität als die α-Phase. Die Zähigkeit wird sowohl bei quasistatischer als auch bei schlagartiger Belastung erhöht [4.87], woraus sich für β-nukleierte PP-Werkstoffe neue Anwendungsgebiete eröffnen. Dabei ist jedoch zu beachten, dass β-PP bei niedrigeren Temperaturen schmilzt und auch die Wärmeformbeständigkeit geringer als die des α-PP ist. Die in Bild 4.88 dargestellten Kraft-Eindringtiefe-Kurven verdeutlichen die Unterschiede im mechanischen Verhalten. Die größere Eindringtiefe, größere Eindringtiefenzunahme bei Maximallast und die geringere Steigung der Entlastungskurve sind Hinweise auf die geringere Härte, die stärkere Kriechneigung und die geringere Steifigkeit der β-Phase im Vergleich zur α-Phase. Dies kann auf eine größere Kettenbeweglichkeit zurückgeführt werden, wie anhand von Untersuchungen des mechanischen Verlustfaktors tan δ nachgewiesen wurde [4.86]. Die aus den Kraft-Eindringtiefe-Kurven ermittelten Werte für die Eindringhärte H_IT und den Eindringmodul E_IT sind in Tabelle 4.10 zusammengestellt.

Tabelle 4.10 Eindringhärte H_IT und Eindringmodul E_IT für α- und β-PP

	H_IT (MPa)	E_IT (MPa)
α-Phase	108 ± 9	2024 ± 54
β-Phase	98 ± 11	1943 ± 147

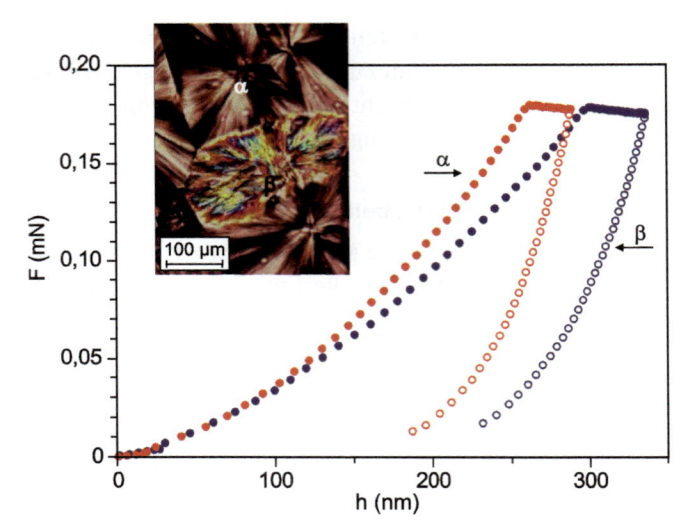

Bild 4.88 Kraft-Eindringtiefe-Kurven, ermittelt in der α- und der β-Modifikation des PP mit Haltezeit im Kraftmaximum; sphärolithische Überstruktur von PP: die β-Phase erscheint aufgrund ihrer negativen Doppelbrechung hell

Die übermolekulare Struktur von Thermoplasten wird durch die Verarbeitungsbedingungen und anschließende Wärmebehandlungen entscheidend beeinflusst. Dies gilt in besonderem Maße für teilkristalline Kunststoffe. Deshalb sind durch Wärmebehandlung (Temperung) verursachte Änderungen in der kristallinen Phase und deren Auswirkungen auf mechanische Eigenschaften von besonderem anwendungstechnischem Interesse. Zur Ermittlung des Einflusses der Tempertemperatur auf die kristalline Struktur wurde PP eine Stunde bei Temperaturen von T_a = 80, 100, 120, 140 und 150 °C ausgelagert. Die aus den Schmelzkurven nach *Alberola* [4.88] berechneten Lamellendickenverteilungen (Bild 4.89b) sind zur Beschreibung der in der kristallinen Phase auftretenden Änderungen geeignet. Das Maximum der Verteilungen verschiebt sich von ca. 18 bis 19 nm im Ausgangszustand auf ca. 21 nm für das bei T_a = 140 °C und T_a = 150 °C getemperte PP. Gleichzeitig nimmt der Anteil kleiner Lamellen deutlich ab, da diese aufschmelzen und sich das aufgeschmolzene Material an die verbleibenden dickeren Lamellen anlagert. Die erhöhte Beweglichkeit der Ketten in der amorphen Phase bewirkt zusätzlich ein Anwachsen kleinerer Lamellen. Die Lamellendicken l_{theo} des bei 140 °C getemperten PP sind bimodal verteilt (Bild 4.89b), bei T_a = 150 °C ist die Verteilungskurve relativ eng. Es treten kaum Lamellendicken kleiner 14 nm auf, während bei T_a = 140 °C und im Ausgangszustand dünnere Lamellen vorhanden sind. Eine Erhöhung von Eindringmodul und -härte tritt erst bei Temperaturen oberhalb 100 °C auf (Bild 4.89a), d. h. nur Tempertemperaturen, die eine Änderung der kristallinen Struktur bewirken, können Veränderungen im mechanischen Kennwertniveau hervorrufen.

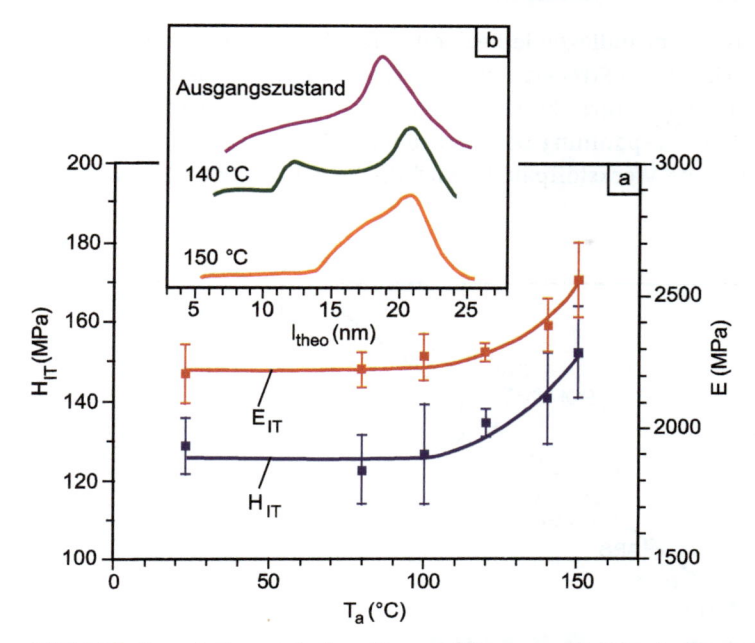

Bild 4.89 Korrelation zwischen Kenngrößen, ermittelt im instrumentierten Eindringversuch, und der Lamellendickenverteilung in PP: Eindringhärte H_{IT} und Eindringmodul E_{IT} in Abhängigkeit von der Tempertemperatur T_a (a) und mittels DSC bestimmte Lamellendickenverteilungen [4.88] bei verschiedenen Tempertemperaturen (b)

4.7.4 Korrelationen der Mikrohärte mit Streckgrenze und Zähigkeit

Die Kenntnis des Zusammenhanges zwischen Härte und anderen mechanischen Kenngrößen, z. B. Festigkeit, E-Modul und Zähigkeit, ist sowohl aus prüftechnischer Sicht als auch für das Verständnis des makroskopischen Werkstoffverhaltens von außerordentlich praktischem Interesse. Auf experimenteller Basis gefundene empirische Zusammenhänge ermöglichen eine zeit- und kostensparende Qualitätsüberwachung von Werkstoffen und Bauteilen. Dabei ist jedoch zu beachten, dass diese empirischen Korrelationen nur innerhalb bestimmter Werkstoffklassen gültig sind. Aus der Härteprüfung metallischer Werkstoffe ist eine Abschätzung der Fließspannung bzw. Streckgrenze aus der Härte über die *Tabor*-Beziehung [4.89] bekannt. Für ideal plastisches Werkstoffverhalten gilt eine lineare Proportionalität in der Form:

$$\frac{H}{\sigma_Y} \approx \frac{p_m}{\sigma_Y} = C \tag{4.175}$$

p_m senkrecht zur Kontaktfläche Indenter/Prüfkörper wirkender Plastizitätsdruck
($p_m = 1{,}08 \cdot HV$ für die *Vickers*-Pyramide)
C Proportionalitätsfaktor ($C \approx 3$)

Die *Tabor*-Gleichung ist die grundlegende Beziehung für die Darstellung des Zusammenhanges zwischen Härte und Streckgrenze. Von *Weiler* [4.82] wurde für eine Vielzahl von Thermoplasten der empirische Zusammenhang zwischen getrennt ermittelter *Vickers*-Härte und Streckspannung bei Zugbeanspruchung ermittelt (Bild 4.90). Für die im Bild angegebene Werkstoffpalette wird die Beziehung $HV \approx 2{,}33\ \sigma_y$ abgeleitet.

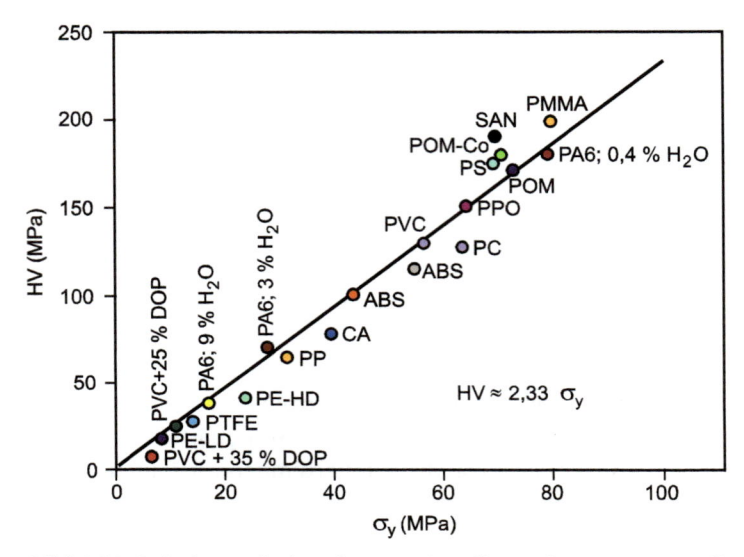

Bild 4.90 Relation zwischen konventioneller *Vickers*-Härte (Prüfkraft 2 N) und der Streckspannung aus dem Zugversuch

Bei der Betrachtung solcher Zusammenhänge müssen grundsätzlich methodische und werkstoffliche Aspekte berücksichtigt werden. Formel 4.175 definiert den Zusammenhang zwischen Druckfließspannung und Härte, d. h. Korrelationen zwischen Streckspannungen aus dem Zugversuch und Härtewerten müssen zu Abweichungen von $C = 3$ führen, da durch das Auftreten einer hydrostatischen Komponente bei Druckbeanspruchung ein unterschiedliches Deformationsverhalten auftritt. Dies wird am Beispiel von Spannungs-Dehnungs- und Druckspannungs-Stauchungs-Kurven von E/P-Copolymeren in Bild 4.91 dargestellt. Die entsprechenden Streckspannungs- und Druckfließspannungswerte sind in Bild Bild 4.91c in Korrelation zur Eindringhärte dargestellt. Aus den funktionellen Zusammenhängen werden deutliche Unterschiede zwischen Zugbeanspruchung ($H_{IT} = 3{,}05\ \sigma_y$) und Druckbeanspruchung ($H_{IT} = 1{,}75\ \sigma_y$) ersichtlich, die in der Literatur [4.85] auch für PE-Werkstoffe gefunden werden. Bei elastisch-plastischem Werkstoffverhalten muss zusätzlich zur Korrelation zwischen Härte und Streckgrenze die Beziehung zum *E*-Modul Berücksichtigung finden.

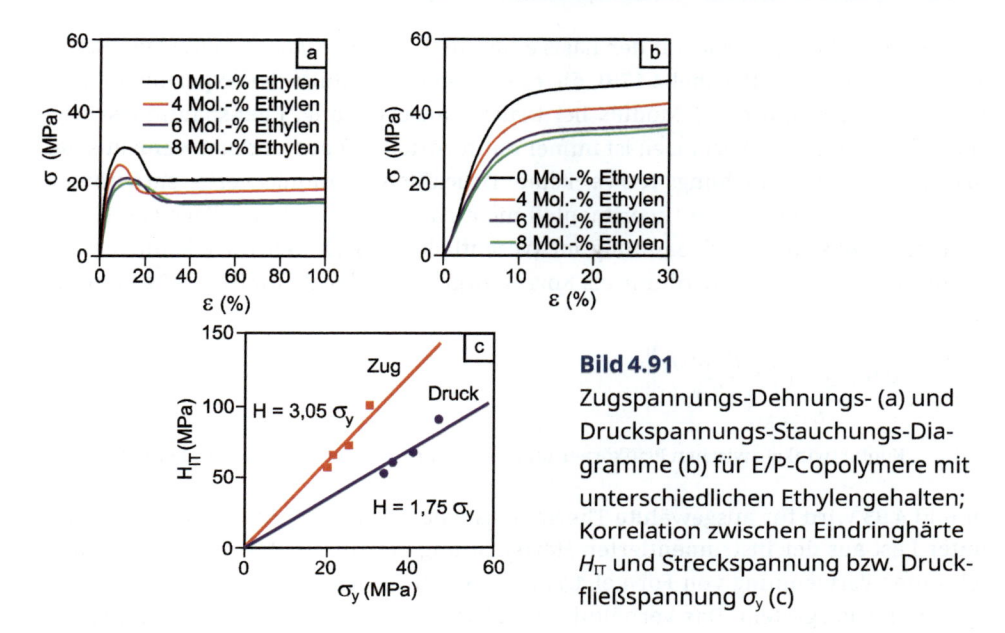

Bild 4.91
Zugspannungs-Dehnungs- (a) und Druckspannungs-Stauchungs-Diagramme (b) für E/P-Copolymere mit unterschiedlichen Ethylengehalten; Korrelation zwischen Eindringhärte H_{IT} und Streckspannung bzw. Druckfließspannung σ_y (c)

Allgemein gilt, dass kleinere Werte von H/E eine höhere Plastizität bedeuten, die mit höheren Zähigkeitswerten verbunden ist. In Auswertung der in Bild 4.91 dargestellten Ergebnisse wird in Bild 4.92a gezeigt, dass der Quotient H_{IT}/E_{IT} von statistischen E/P-Copolymeren mit zunehmendem Ethylengehalt kleiner wird. Für die im instrumentierten Kerbschlagbiegeversuch bei schlagartiger Beanspruchung ermittelten J_{Id}^{ST}-Werte (s. Abschnitt 5.4.2.4) wird mit zunehmendem Ethylengehalt eine Erhöhung der Zähigkeit festgestellt. Daraus ergibt sich in Zusammenhang mit Bild 4.92a je kleiner H_{IT}/E_{IT}, desto größer der Widerstand gegenüber instabiler Rissausbreitung (Bild 4.92b) [4.86].

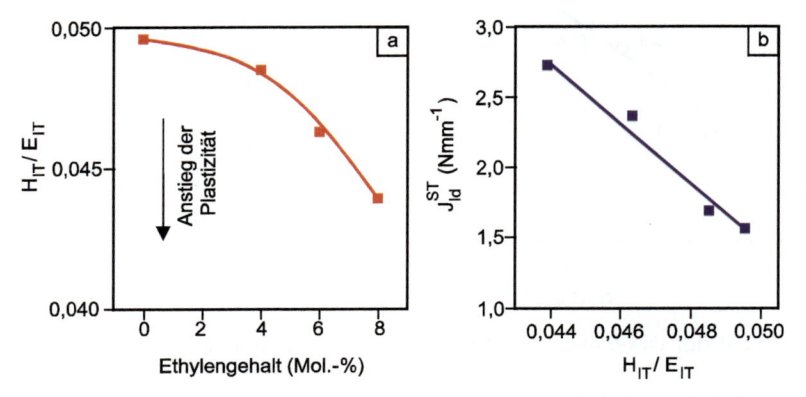

Bild 4.92 Abhängigkeit des Quotienten H_{IT}/E_{IT} vom Ethylengehalt (a) und Zusammenhang zwischen dem Widerstand gegenüber instabiler Rissausbreitung J_{Id}^{ST} und dem Quotienten H_{IT}/E_{IT} (b) für E/P-Copolymere

Von *Studman* [4.90] wurde auf der Basis eines Modells von *Johnson* [4.91] eine Beziehung vorgeschlagen (Formel 4.176), die es ermöglicht, mithilfe der experimentell ermittelten Härte und des *E*-Moduls bei Druckbeanspruchung, Fließspannungswerte abzuschätzen. Dieses Verfahren ist immer dann vorteilhaft anwendbar, wenn aus der Druckspannungs-Stauchungs-Kurve keine Druckfließspannungswerte entnommen werden können oder diese experimentell nicht zugänglich sind. Aus Formel 4.176 ist ersichtlich, dass die Fließspannung im Wesentlichen durch den Härtekennwert bestimmt ist, der *E*-Modul wird nur als Korrekturgröße im logarithmischen Term wirksam.

$$\frac{p_\mathrm{m}}{\sigma_\mathrm{y}} = 0{,}5 + \frac{2}{3}\left[1 + \ln\left(\frac{E \tan\beta}{3\sigma_\mathrm{y}}\right)\right] \qquad (4.176)$$

β Kontaktwinkel zwischen Prüfkörper und Indenter ($\beta = 19{,}7°$ für die *Vickers*-Pyramide)

In Bild 4.93 wird für ausgewählte Thermoplaste der Zusammenhang zwischen Härte unter Last aus der instrumentierten Härteprüfung [4.92] und Fließspannung, ermittelt unter Verwendung von Formel 4.176 bei Kenntnis des *E*-Moduls bei Druckbeanspruchung, dargestellt. Das Verhältnis von Härte und Fließspannung wird unter Anlehnung an Formel 4.175 unabhängig vom Werkstoff durch die Relation $HV/\sigma_\mathrm{y} = 2{,}5$ beschrieben.

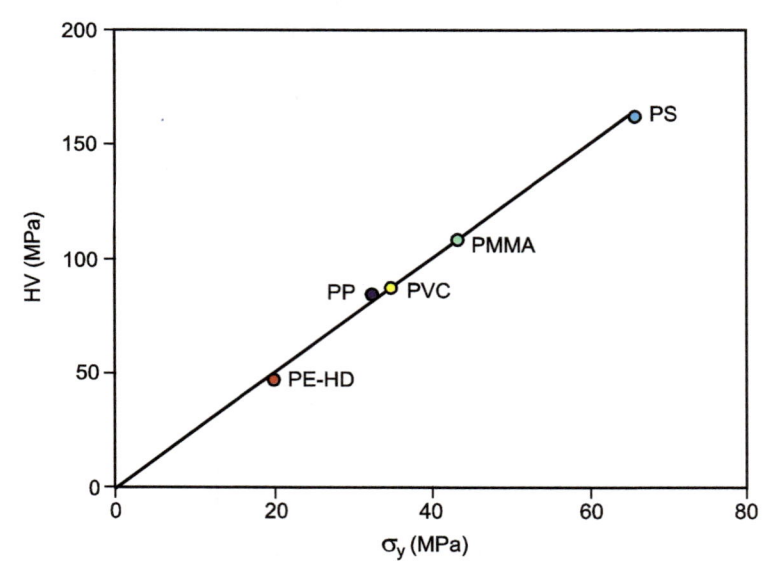

Bild 4.93 Abhängigkeit der *Vickers*-Härte unter Last *HV* von der Fließspannung σ_y

Aufgrund des viskoelastisch-plastischen Materialverhaltens, das bei konventionell ermittelten Härtewerten zu größeren Streuungen führen kann [4.92], sind zur Berechnung von Fließspannungswerten die physikalisch relevanten Kennwerte der instrumentierten Härteprüfung gegenüber konventionell ermittelten vorzuziehen.

4.8 Reibung und Verschleiß

4.8.1 Einleitung

In zunehmendem Maße kommen Kunststoffe in tribologisch beanspruchten Bauteilen zur Anwendung, wobei metallische Lager, Zahnräder oder Gleitelemente durch Kunststoffbauteile ersetzt werden. Als Gründe können die häufig sehr wirtschaftlichen Fertigungsmöglichkeiten und die damit einhergehende Funktionsintegration aufgrund der komplexen Formgebung genannt werden.

Zumeist werden diese Werkstoffe als funktional optimierte, d. h. gefüllte Verbundwerkstoffe eingesetzt. Zur Erzielung der geforderten Eigenschaften müssen Verstärkungsstoffe in Form von Partikeln oder Fasern und interne Schmierstoffe wie Graphit oder Polytetrafluorethylen (PTFE) eingearbeitet werden. Liegt in der späteren Bauteilanwendung außerdem noch eine abrasive Belastung vor, so können zusätzlich noch harte keramische Partikel als Füllstoff notwendig sein. Die Art der Werkstoffmodifikation ist je nach dem späteren Anwendungsfall sehr unterschiedlich.

Beim Einsatz von Kunststoffen in tribologisch beanspruchten Bauteilen muss grundsätzlich unterschieden werden zwischen Gleitlagern aus Kunststoff und Bauteilen mit zusätzlichen tribologisch optimierten Eigenschaften. Die Kunststoff-Gleitlager sind dann wieder zu unterteilen in kunststoffbeschichtete Lager mit metallischem Rücken und Vollkunststofflager. Beispiele für den Einsatz von Kunststoffen in Gleitlageranwendungen im Automobilbereich sind z. B. Lagerungen von Stoßdämpfern, Riemenspannrollen, Aggregaten wie Anlasser oder Lichtmaschinen oder Dieseleinspritzpumpen. In all diesen Bereichen ist eine hohe Verschleißbeständigkeit bei niedrigem Reibungskoeffizienten und zunehmend steigenden Umgebungstemperaturen gefordert. Grundsätzlich andere Anforderungen werden an Werkstoffe gestellt, die z. B. als Walzenbezüge in Papiermaschinen oder Kalandern eingesetzt werden. Es handelt sich zwar ebenfalls um eine tribologische Beanspruchung, allerdings ist hier mehr die abrasive Verschleißfestigkeit gefordert. Gleiches gilt auch bei der Auslegung von mediengeschmierten Pumpenlagern, die unter extrem abrasiven Bedingungen noch störungsfrei arbeiten müssen.

Die dargestellte Vielfalt der späteren Anwendungen für Kunststoffe und Verbundwerkstoffe für tribologische Anwendungen deutet auf die hieraus resultierende Komplexität der erforderlichen Prüfmethoden hin. Eine einzelne Testmethode kann nicht für alle unterschiedlichen Einsatzbedingungen aussagekräftige Vorhersagen und Vergleichsmöglichkeiten liefern. Vielmehr müssen für diese tribologischen Anwendungen die Prüfbedingungen möglichst genau den späteren Einsatzbedingungen angepasst werden. Die Anpassung muss hinsichtlich verschiedener Kriterien erfolgen. Zunächst sollte das Umgebungsmedium dem späteren Einsatzfall entsprechen. Viele Kunststoffe werden trocken und ungeschmiert eingesetzt, andere Anwendungen laufen in Ölumgebung oder in Wasser. Dies ist bei der Festlegung der Prüfbedingungen zu beachten. Ein wesentlicher Einflussfaktor ist darüber hinaus der Werkstoff und die Oberflächenbeschaffenheit des Gegenkörpers. Ein weiterer wichtiger Punkt ist das mechanische Belastungskollektiv, d. h. der Druck auf den Lagerwerkstoff und die dabei auftretende Gleitgeschwindigkeit. Beides resultiert dann in einer zusätzlichen thermischen Belastung in der Gleitfläche. Bei der Gleitgeschwindigkeit des Gegenkörpers muss die Art der Relativbewegung beachtet werden. In vielen Fällen ist dies ein kontinuierliches Gleiten, wie z. B. bei einem Lüfterlager eines PC, in anderen Fällen kann es aber auch zu einer oszillierenden Relativbewegung kommen, wie z. B. in einer Stoßdämpferanwendung. Der letzte übergeordnete Einflussfaktor bei der tribologischen Werkstoffprüfung ist die Eingriffsgeometrie der beiden Reibungsflächen und die daraus resultierende Kontaktgeometrie. Berührt hier eine sphärische Fläche eine ebene Fläche, so muss man in erster Näherung von einer Punktberührung ausgehen. Gleitet ein Zylinder auf einer Fläche, dann entsteht eine Linienberührung. Beim Gleiten zweier Flächen aufeinander kommt es zur flächigen Berührung. Zwischen diesen grundlegenden Eingriffsverhältnissen gibt es keine strikte Trennung, z. B. hat man in der Lochlaibung eines Gleitlagers einen Übergang zwischen Linien- und Flächenberührung. Die wahre Kontaktfläche verändert sich mit zunehmendem Verschleiß.

Im Folgenden wird ein Überblick hinsichtlich der möglichen Werkstoffmodifikationen und der zur Verfügung stehenden unterschiedlichen tribologischen Prüfmöglichkeiten und der Auswertemethoden gegeben. Entsprechende Prüfnormen sind im Anschluss aufgelistet.

4.8.2 Grundlagen von Reibung und Verschleiß

Die Wissenschaft von Reibung und Verschleiß, einschließlich Schmierung, befasst sich mit aufeinander einwirkenden Oberflächen in Relativbewegung und kann unter dem Begriff Tribologie zusammengefasst werden. Dabei werden physikalische und chemische Vorgänge sowie mechanische und konstruktive Aspekte mit einbezogen. Insbesondere ist zu beachten, dass die Reibungs- und Verschleißeigenschaften nicht einfach einem Werkstoff zugeordnet werden können, sondern maßgeblich von den Eigenschaften des jeweiligen Gesamtsystems (Tribosystem) abhängig sind. Als Tribosysteme werden alle technischen Systeme bezeichnet, in denen Reibungs- und Verschleißprozesse ablaufen [4.93]. Diese sind vor allem durch ihre Einsatzbedingungen gekennzeichnet. Bei Polymerwerkstoffen sind beispielsweise die Lagerlast, die Gleitgeschwindigkeit, die Einsatztemperatur und der Gegenkörper von besonderer Bedeutung [4.94, 4.95].

Neben den Systemparametern wird das tribologische Verhalten eines Polymerwerkstoffs auch stark von seiner Mikrostruktur beeinflusst. Diese schließt zum einen den molekularen Aufbau und den Kristallinitätsgrad (bei Thermoplasten), zum anderen verarbeitungsbedingte Strukturmerkmale (Morphologie) mit ein. Weiterhin können beim Einbringen verschiedener Füll- und Verstärkungsstoffe in die polymere Matrix Faktoren wie Faserorientierung, Volumenanteil und Füllstoffverteilung ebenfalls Auswirkungen auf die tribologischen Eigenschaften eines Polymerwerkstoffs haben [4.96 – 4.100].

Wegen der Vielzahl an Einflussfaktoren ist das Verhalten eines Tribosystems in der Regel nicht direkt übertragbar. Daher kann das tribologische Verhalten eines Werkstoffes, falls für die spezifischen Einsatzbedingungen keine Messwerte vorliegen, lediglich mit Prüfergebnissen abgeschätzt werden, die unter denselben oder ähnlichen Bedingungen ermittelt wurden. Zuverlässige Aussagen können nur durch die Prüfung des Anwendungsfalls getroffen werden [4.101].

4.8.2.1 Reibungskräfte

Als Reibungskraft wird die Kraft bezeichnet, die der Relativbewegung sich berührender Körper entgegenwirkt. Um die Bewegung der Körper gegeneinander aufrechtzuerhalten ist eine Kraft F_R erforderlich, mit der die Reibung überwunden wird. Nach *Amonton* und *Coulomb* ist F_R zwar unabhängig von der Kontaktfläche, dafür aber proportional der wirkenden Normalkraft F_N, mit der die beiden Körper gegeneinander drücken (Formel 4.177).

$$F_R = \mu \cdot F_N \tag{4.177}$$

μ Reibungskoeffizient der Gleitpaarung

Mit zunehmender Normalkraft verhaken sich die gegeneinanderdrückenden Körper stärker und erhöhen somit die Reibungskraft. Dieses sogenannte Reibungsgesetz gilt prinzipiell auch für Kunststoffe, unabhängig davon, ob es sich um ein System mit einem oder zwei Reibpartnern aus Kunststoff handelt. Allerdings bestehen erhebliche Schwierigkeiten in der Analyse, da Wärme und Verformungen, sowie weitere Einflüsse aus der Umgebung, wie Feuchte und Oxidation, in nur schwer entkoppelbarer Weise den Reibungsprozess beeinflussen. Die Beziehung gilt jedoch in allen Fällen als gute Näherung [1.17, 4.101].

4.8.2.2 Temperaturerhöhung als Folge der Reibung

Während jedes Reibvorganges wird die Reibarbeit teilweise in Wärmeenergie (Reibungswärme) umgesetzt. Die Erhöhung des Wärmeinhalts der Körper führt zu einer Temperaturerhöhung. Diese Temperaturerhöhung ΔT ist in besonderem Maße von der Relativgeschwindigkeit zwischen Grund- und Gegenkörper (Gleitgeschwindigkeit) sowie von der Normalkraft F_N abhängig. Eine Abschätzung kann über folgende Beziehung erfolgen [4.93, 4.101]:

$$\Delta T = \mu \cdot F_\text{N} \cdot v \cdot R \qquad (4.178)$$

wobei die Konstante R einen thermischen Widerstandsparameter darstellt. Dieser wird in Abhängigkeit von der Querschnittsfläche A der Wärmetransportwege n, deren Längen l und deren spezifischer Wärmeleitfähigkeiten λ bestimmt:

$$R = (1/A) \cdot \left(\sum_{i=1-n} \lambda_i / l_i \right)^{-1} \qquad (4.179)$$

Die Reibungswärme kann zur Erweichung des Materials, anschließendem Kriechen und sogar zum Aufschmelzen der Oberfläche führen. Dieser Mechanismus ist insbesondere bei Polymerwerkstoffen zu beobachten. Die mechanischen Eigenschaften der Polymerwerkstoffe, insbesondere Thermoplaste, können sich also mit zunehmender Temperatur stark verändern. Des Weiteren sind die Temperaturerhöhungen für Härteänderungen bei tribologischer Beanspruchung verantwortlich, wobei die Härte mit zunehmender Temperatur stark abnimmt. Andererseits hängt die reibbedingte Temperaturerhöhung der Oberflächenbereiche selbst von der Härte ab. Als Folge von Temperaturerhöhungen kann sich ferner die Morphologie bzw. das Gefüge von Polymerwerkstoffen ändern.

4.8.2.3 Verschleiß als Systemeigenschaft

Unter Verschleiß versteht man im Allgemeinen den fortschreitenden Materialverlust aus der Oberfläche eines festen Körpers, der infolge physikalisch-chemischer Prozesse entsteht, die durch den Kontakt und die Relativbewegung mit einem festen, flüssigen oder gasförmigen Gegenkörper hervorgerufen werden. Dadurch können sich Gestalt und Masse eines Körpers ändern.

Verschleißmessgrößen können in direkte, bezogene und indirekte Messgrößen untergliedert werden. Zu den bezogenen Messgrößen gehören u. a. die „lineare Verschleißgeschwindigkeit", auch (lineare) „Verschleißtiefe" oder „Tiefenverschleißrate" genannt, und die spezifische Verschleißrate.

Dabei ist zu beachten, dass die Reibungs- und Verschleißkennwerte Verlustgrößen darstellen, die in der Regel nicht einfach einem Werkstoff zugeordnet werden können, sondern immer im Zusammenhang mit dem Gesamtsystem betrachtet werden müssen. Typische Materialkennwerte, wie E-Modul, Zugfestigkeit, Fließgrenze oder Bruchzähigkeit, können hingegen einem Werkstoff zugeordnet und auf den gleichen Werkstoff in einem anderen System direkt übertragen werden. Bei tribologischer Beanspruchung ist eine solche Übertragung von Prüfergebnissen jedoch nur sehr bedingt möglich. Der Verschleiß wird deshalb als Systemeigenschaft bezeichnet und nicht als Werkstoffeigenschaft [4.93–4.95].

4.8.2.4 Verschleißmechanismen und Transferfilmbildung

Beim Verschleiß von Polymerwerkstoffen unterscheidet man verschiedene Verschleißmechanismen, die im Folgenden erläutert werden [4.95, 4.101, 4.102].

Bei der *Adhäsion* bleibt das Material des einen Reibpartners durch Adhäsion auf der Oberfläche des anderen haften und wird anschließend vom Grundkörper abgetrennt. Die Adhäsion tritt in Form von Fressern, Löchern, Kuppen, Schuppen und Materialübertrag auf. Sie ist der Mechanismus, der bei reinen Kunststoffen am häufigsten auftritt, wenn die Rauigkeit des Gegenkörpers nicht zu hoch ist.

Abrasion bedeutet, dass Mikrorauheiten des härteren Gegenpartners durch die Oberfläche des Weicheren pflügen und dabei durch Mikrospanen oder -brechen Material herauslösen. Es entstehen Kratzer, Riefen, Mulden oder Wellen. Der abrasive Verschleiß tritt folglich insbesondere bei rauen Gegenkörperoberflächen auf.

Die *Oberflächenermüdung* oder -zerrüttung ist eine lokale Ermüdung durch wiederholten Kontakt zum Gegenkörper und Verformungen unter der Oberfläche. Durch die mehrfache Gegenbelastung entstehen zunächst Defekte an der Oberfläche und es kommt zu Rissen oder Grübchen und schließlich zur Ablösung von Verschleißpartikeln.

Durch den Reibvorgang können auch sogenannte *tribochemische Reaktionen* (z. B. Korrosion, Oxidation, chemische Zersetzung) ausgelöst werden, bei denen Reaktionsprodukte (Schichten, Partikel) entstehen die zum Materialversagen führen. Dabei ist der Reaktionsablauf unter tribologischer Beanspruchung schneller als im statischen Zustand. Je nach Art und Haftung der Reaktionsprodukte auf der Oberfläche kann eine verschleißsteigernde oder -mindernde Wirkung einsetzen.

Oft herrscht einer der beschriebenen Mechanismen vor und ist für den momentanen Verschleiß verantwortlich. Eine Änderung der Gleitbedingungen kann jedoch zu einem Wechsel im Mechanismus führen. Dabei beeinflussen sich die unterschiedlichen Mechanismen auch gegenseitig, z. B. können durch Adhäsion herausgelöste harte Partikel oder Faserbruchstücke abrasiv wirken.

In einem tribologischen System ist ein reiner Zweikörperkontakt selten. Während des Verschleißvorgangs bildet sich zwischen den berührenden Oberflächen eine Zwischenschicht, die an den Reibflächen als kompaktierte Verschleißpartikelschicht haftet oder sich in Form loser Verschleißteilchen in der Grenzfläche ansammeln kann. Eine solche Zwischenschicht trennt die Reibpartner, verringert die reale Kontaktfläche zwischen den Körpern und nimmt gleichzeitig einen Teil der Belastung auf. Sie kann zum einen als temporärer Verschleißschutz auf den Oberflächen wirken und als eine Art Festschmierstoff (z. B. als PTFE-Transferfilm) die Reibung vermindern. Andererseits kann eine solche Zwischenschicht aber auch abrasiv wirken, wenn sie z. B. harte Partikel enthält.

Es ist zu beachten, dass unterschiedliche Verschleißmechanismen aktiviert werden, je nachdem ob die Last gleichförmig konstant, periodisch wechselnd oder stoßartig ist [4.101].

4.8.3 Verschleißprüfung und Verschleißkenngrößen

Zur Lösung von tribotechnischen Aufgabenstellungen werden in Industrie und Forschung viele verschiedene Verschleißprüfungen durchgeführt. Diese reichen von aufwendigen und teuren Untersuchungen an ganzen Maschinen unter realen Betriebsbedingungen bis hin zu Modellprüfungen an einfachen Prüfkörpergeometrien. Die unterschiedlichen Aufgaben von Verschleißprüfungen sind im Folgenden in Anlehnung an [4.103] aufgelistet:

- Optimieren von Bauteilen bzw. tribotechnischen Systemen zum Erreichen einer vorgegebenen, verschleißbedingten Gebrauchsdauer,
- Bestimmen verschleißbedingter Einflüsse auf die Gesamtfunktion von Maschinen,
- Überwachung der verschleißbedingten Funktionsfähigkeit von Maschinen,
- Schaffung von Daten für die Instandhaltung und das Festlegen von Inspektions- und Wartungsintervallen,
- Vorauswahl von Werkstoffen und Schmierstoffen für praktische Anwendungsfälle,
- Qualitätskontrolle von Werkstoffen und Schmierstoffen,
- Simulation des Verschleißes tribologisch beanspruchter Bauteile mithilfe von Ersatzsystemen und
- Verschleißforschung und mechanismenorientierte Verschleißprüfung.

Um diesen Aufgaben nachkommen zu können, müssen Entscheidungsgrundlagen in Form von Verschleißkenngrößen mithilfe von Reibungs- und Verschleißmessungen erarbeitet werden.

Verschleißprüfungen werden entsprechend ihrer Übertragbarkeit auf den realen Anwendungsfall in Kategorien eingeteilt [4.103]. Die Kategorien reichen von dem Betriebsversuch (Kategorie I), in dem das originale Tribosystem unter realen Einsatzbedingungen geprüft wird bis hin zu Modellversuchen an einfachen Prüfkörpern (Kategorie VI). Dazwischen liegen Abstufungen mit einer schrittweise reduzierten Komplexität des Versuchs bis hin zum Modellversuch. Mit dieser Reduktion des originalen Tribosystems geht eine Abnahme der Übertragbarkeit der Ergebnisse einher, andererseits können die Einflüsse einzelner Prüfparameter auf den Verschleiß z. B. in Modellversuchen oder Bauteilversuchen, in denen das Beanspruchungskollektiv genau bekannt und regelbar ist, besser untersucht werden. Der Aufwand und die Kosten sind in der Regel bei Betriebsversuchen am größten und bei Modellversuchen am geringsten. Daher beginnen Reibungs- und Verschleißstudien meist mit der Durchführung von Modellversuchen.

Ausgangspunkt für jede Verschleißprüfung ist zunächst die Analyse des tribologischen Systems, aufgrund derer z. B. die Vorauswahl von geeigneten Werkstoffen sowie die

Art (z. B. Gleiten, Rollen) und die Kategorie (z. B. Modellversuch, Bauteilversuch) der Verschleißprüfung erfolgen kann.

Kunststoffe und Kunststoff-Verbundwerkstoffe zeichnen sich i. Allg. durch gute Verschleißeigenschaften aus. Durch eine Modifizierung mit Aramid-, Glas- oder Kohlenstofffasern und/oder Festschmierstoffen wie z. B. PTFE und Molybdändisulfid (MoS_2) lassen sich die Reibungs- und Verschleißeigenschaften weiter verbessern und ermöglichen es, trockenlaufende und wartungsfreie Bauteile für tribologische Beanspruchungen zu realisieren. In den nachfolgenden Abschnitten wird daher im Wesentlichen auf ungeschmierte Verschleißprüfungen eingegangen, die häufig für die Prüfung von Kunststoffen verwendet werden. Selbstverständlich werden Kunststoffe auch in geschmierten Tribosystemen eingesetzt, jedoch musste aufgrund der Fülle an verschiedenen Methoden, tribologischen Beanspruchungen und Verschleißarten eine kleine, exemplarische Auswahl getroffen werden.

4.8.3.1 Ausgewählte Modell-Verschleißprüfungen

Die vielen verschiedenen in der Praxis angewendeten Verschleißprüfmethoden ergeben sich aus den Arten von tribologischen Beanspruchungen wie z. B. Gleiten, Rollen, Wälzen (= Gleiten + Rollen) oder oszillierendes Gleiten. Sehr verbreitet bei der Verschleißprüfung von Kunststoffen sind Gleitverschleiß-Prüfmethoden wie z. B. Stift-auf-Scheibe, Block-auf-Ring und „Thrust Washer"-Test (Ring-Scheibe-Anordnung). In Bild 4.94 sind die Prüfprinzipien für den Stift-auf-Scheibe und den Block-auf-Ring-Versuch dargestellt. Bei beiden Versuchen wird ein Prüfkörper gegen einen rotierenden Ring oder eine rotierende Scheibe aus dem gewählten Gegenkörperwerkstoff gepresst. Beim „Thrust Washer"-Test wird ein ringförmiger Prüfkörper verwendet.

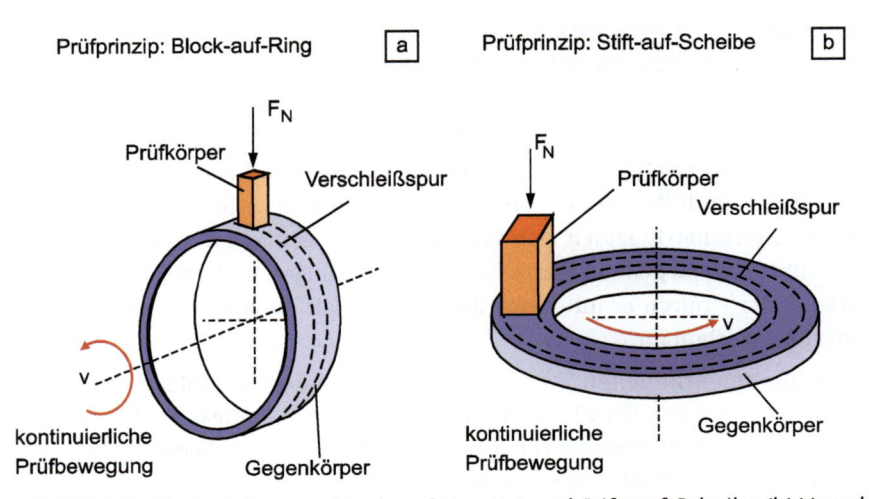

Bild 4.94 Prüfprinzipien von Block-auf-Ring (a) und Stift-auf-Scheibe (b) Verschleißprüfungen

Verschleiß aufgrund von Vibrationen kann mit einer Schwingverschleißprüfmaschine untersucht werden. Das Prüfprinzip eines solchen Aufbaus ist in Bild 4.95 skizziert, wobei der Gegenkörper häufig die Form einer Kugel hat und mit einer oszillierenden Bewegung über den Prüfkörper geführt wird. Der Gegenkörper wird mit einer definierten Normalkraft F_N auf die Probe gepresst. Die Kontaktbedingungen sind bei solchen Versuchen nicht konstant. Am Anfang besteht ein Punktkontakt zwischen Prüf- und Gegenkörper und mit fortschreitendem Verschleiß vergrößert sich die Kontaktfläche. Mit anderen Gegenkörpern lassen sich auch andere Kontaktgeometrien wie z. B. Linienkontakt oder Flächenkontakt realisieren.

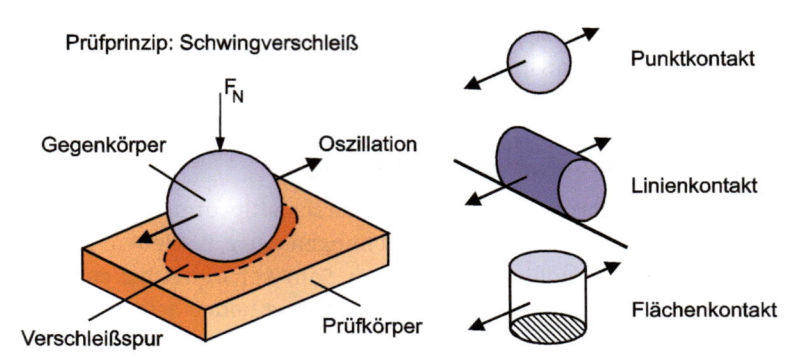

Bild 4.95 Prüfprinzipien von Schwingverschleißexperimenten

Einen großen Einfluss auf den Verschleiß von Kunststoffen hat die Temperatur, weshalb viele Verschleißprüfmaschinen eine Temperierung des Gegenkörpers in einer Prüfkammer erlauben. Eine geschlossene Prüfkammer ermöglicht weiterhin eine Einleitung von technischen Gasen oder die Einstellung eines bestimmten Klimas (Luftfeuchtigkeit und -temperatur) mithilfe eines Klimagerätes.

Werden Verschleißprüfungen durchgeführt, um die Verschleißmechanismen zu erforschen, so werden die beanspruchten Prüf- und Gegenkörper mikroskopisch untersucht, da die OberflächenTopografie oft Rückschlüsse auf die wesentlichen Verschleißmechanismen zulässt. mithilfe von Oberflächenmessverfahren wie z. B. der Profilometrie oder Interferometrie lassen sich verschlissene Oberflächen dreidimensional vermessen. Damit können genaue Werte für die Abmessungen und die Tiefe von Verschleißmarken oder -spuren ermittelt werden, die oftmals auch eine Rauigkeitsanalyse der Oberfläche erlauben.

So ergibt sich aus den ermittelten Verschleißkennwerten, der nachfolgenden mikroskopischen Beurteilung der Verschleißoberflächen und ggf. Rauigkeitsanalysen ein umfassendes Bild des Tribosystems für die spezifischen Versuchsbedingungen. Anhand dieser Informationen ist dann eine Bewertung verschiedener Werkstoffe und eine optimierte Werkstoffauswahl möglich.

4.8.3.2 Verschleißkenngrößen und deren Ermittlung

Zur Beschreibung von Werkstoffen hinsichtlich ihrer Verschleißbeständigkeit werden in der Praxis viele verschiedene Kenngrößen verwendet. Fast alle Verschleißkenngrößen sind auf die Messung des Verschleißvolumens W_V oder einer dem Verschleißvolumen proportionalen Größe, z. B. dem linearen Verschleißbetrag W_l, der auf einer Längenänderung beruht, oder dem Massenverlust W_m zurückzuführen. Diese Größen werden Verschleißbeträge genannt. In Bild 4.96 sind die verschiedenen Verschleißbeträge W für zwei verschiedene Prüfkörpergeometrien schematisch dargestellt.

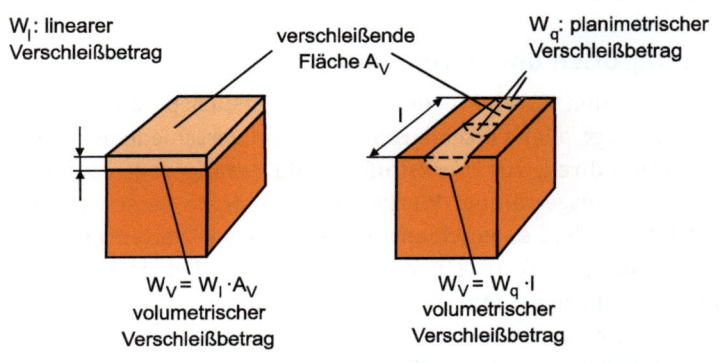

Bild 4.96 Schematische Darstellung des linearen, planimetrischen und volumetrischen Verschleißbetrages [4.103]

Leitet man die Verschleißbeträge nach den Bezugsgrößen ab, wie z. B. dem Beanspruchungsweg s oder der Versuchsdauer t, erhält man die sogenannten Verschleißraten. Die spezifische Verschleißrate berücksichtigt neben dem Verschleißweg zusätzlich auch die Belastung des Prüfkörpers. Die folgenden Gleichungen beschreiben die gebräuchlichsten Verschleißraten:

- *Verschleißgeschwindigkeit* (Ableitung des Verschleißbetrages nach der Beanspruchungsdauer)

$$W_{l/t} = \frac{dW_l}{dt} \left(m\ h^{-1} \right)$$

bzw. massenmäßig (4.180)

$$W_{m/t} = \frac{dW_m}{dt} \left(kg\ h^{-1} \right)$$

- *Verschleiß-Weg-Verhältnis* (Ableitung des Verschleißbetrages nach dem Beanspruchungsweg)

$$W_{l/s} = \frac{dW_l}{ds} \left(m\ m^{-1} \right)$$

bzw. massenmäßig (4.181)

$$W_{m/s} = \frac{dW_m}{ds} \left(kg\ m^{-1} \right)$$

- *Spezifische Verschleißrate* (Ableitung des Verschleißvolumens nach dem Beanspruchungsweg und der Beanspruchungskraft)

$$W_{V/s,F} = \frac{\partial^2 W_V}{\partial s \cdot \partial F_N} \left(m^3 (Nm)^{-1} \right) \qquad (4.182)$$

F_N, p, A Normalkraft, Flächenpressung, Fläche ($F_N = p \times A$)
s Verschleißweg ($s = v \times t$)
v Gleitgeschwindigkeit
t Versuchsdauer

In abgekürzter Schreibweise wird $W_{V/s,F}$ oft auch als W_s ausgedrückt.

4.8.3.3 Verschleißkenngrößen und deren Darstellung

Bei der Werkstoffauswahl werden für einen oder mehrere Versuchsparametersätze entsprechende Verschleißbeträge oder Verschleißraten für die verschiedenen Werkstoffe ermittelt. Diese können direkt zur Werkstoffauswahl herangezogen werden. Betrachtet man jedoch einen ausgewählten Werkstoff und möchte dessen tribologische Leistungsfähigkeit darstellen, so geschieht dies oft mit *p-v*-Werten oder mit *p-v*-Diagrammen. Begrenzende *p-v*-Werte geben einen Wert an, bei dessen Überschreitung der Verschleiß überproportional stark ansteigt (Bild 4.97). Der *p-v*-Faktor gibt dagegen die Beanspruchung an, bei der sich bei kontinuierlichem Betrieb eine definierte Verschleißrate, z. B. 0,5 µm h^{-1}, einstellt.

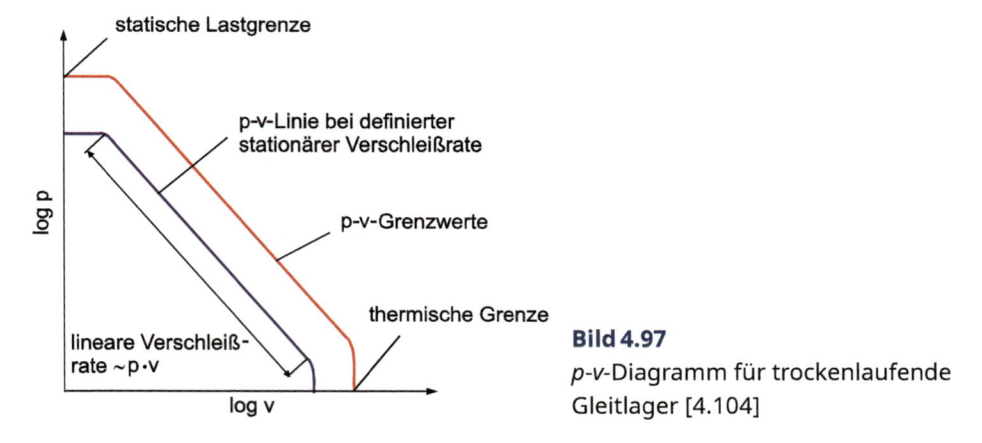

Bild 4.97
p-v-Diagramm für trockenlaufende Gleitlager [4.104]

Ein *p-v*-Diagramm (Bild 4.97) gilt nur für ein bestimmtes tribologisches System. Es beinhaltet Kurven innerhalb deren Grenzen z. B. ein Kunststoff eingesetzt werden kann.

4.8.4 Ausgewählte experimentelle Ergebnisse

4.8.4.1 Einfluss des Gegenpartners

Bei der in vielen technischen Anwendungen vorhandenen Werkstoffkombination Polymer-Stahl (beispielsweise bei Gleitlagern) wird das tribologische Verhalten stark durch die OberflächenTopografie des metallischen Gleitpartners beeinflusst. Im Allgemeinen liegen die gemessenen Reibungskoeffizienten bei sehr glatten (polierten) Stahloberflächen höher als bei mittleren Rautiefen. Bei höheren Rauheiten nimmt dagegen der Reibungskoeffizient wieder zu. Bild 4.98 belegt dies anhand entsprechender Untersuchungsergebnisse an PE-HD.

Für den Verschleiß wird generell eine Zunahme mit steigender Rauheit des Gegenkörpers gefunden, aber auch hier ist das Durchlaufen eines Minimums möglich. Eine Erklärung für die Ausbildung eines Minimums könnte im Übergang von adhäsiv dominiertem Verschleiß bei geringen Rautiefen zu abrasiv dominiertem Verschleiß für höhere Rauheiten liegen.

Feinle [4.106] untersuchte den Einfluss der Gegenkörperrauheit auf den Reibungskoeffizienten und die lineare Stiftverschleißrate bei der Gleitpaarung glasfaserverstärktes Polyphenylensulfid (PPS) gegen Stahl 100 Cr 6. Im untersuchten Rauheitsbereich von 0,05 bis 2,5 µm zeigten Reibung und Verschleiß ein gegenläufiges Verhalten. Während der Reibungskoeffizient mit zunehmender Rauheit abnahm, kam es zu einem deutlichen Anstieg der linearen Stiftverschleißrate. Ein Minimum bzw. eine optimale Rauheit – wie sie für das unverstärkte PE-HD gefunden wurde (Bild 4.98) – konnte nicht beobachtet werden.

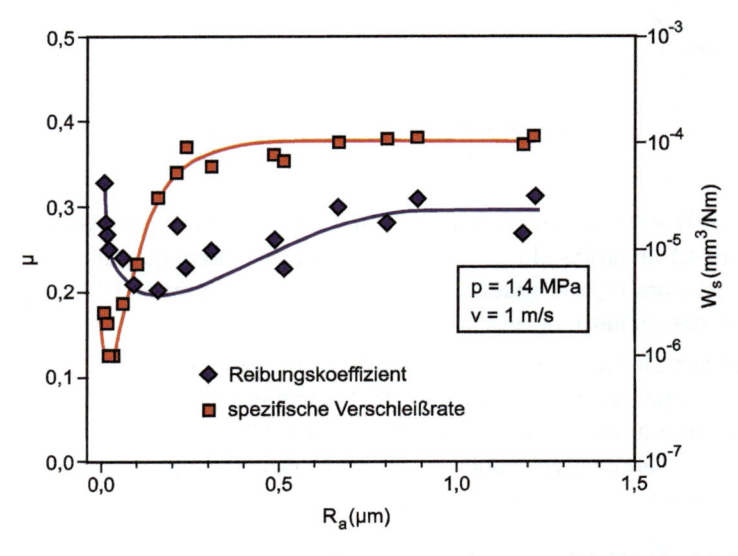

Bild 4.98 Einfluss der Gegenkörperrauigkeit R_a auf den Reibungskoeffizienten μ und die spezifische Verschleißrate W_s von PE-HD [4.105]

Neben der Rauheit haben auch Riefenorientierungen des Gegenkörpers einen Einfluss auf das Verschleißverhalten von Kunststoffen. Riefen in Gleitrichtung bewirken einen geringeren Verschleiß als Riefen senkrecht dazu [4.107].

4.8.4.2 Einfluss von Füllstoffen

Obwohl viele Kunststoffe bereits ungefüllt sehr gute tribologische Eigenschaften aufweisen, lassen sich Verschleiß und Reibungskoeffizient durch Verwendung geeigneter Füllstoffe für das jeweilige Tribosystem und dessen Beanspruchungsparameter gezielt beeinflussen. Um den Verschleiß zu reduzieren, werden Polymerwerkstoffen oftmals Fasern aus Glas (GF) oder Kohlenstoff (CF) zugegeben. Diese erhöhen deren Steifigkeit und Festigkeit, und die Kriechneigung wird reduziert. Um einen niedrigen Reibungskoeffizienten zu erzielen, ist eine geringe Adhäsion zwischen den Reibpartnern von Vorteil. Dies erreicht man durch Verwendung interner Schmierstoffe wie PTFE, MoS_2 oder Graphit. Bild 4.99 zeigt, dass günstige Verschleiß- und Reibungseigenschaften durch kombinierten Einsatz von Hochleistungskunststoffen mit Füllungen aus Schmierstoffen und Verstärkungsstoffen erreicht werden können (roter Schnittbereich).

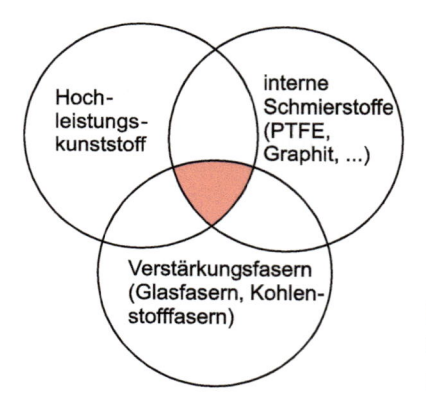

Bild 4.99 Komponenten zur Realisierung eines tribologisch optimierten Hochleistungskunststoffs

Der Einfluss des Füllstoffs PTFE auf die tribologischen Kennwerte einer PEEK-Stahl Gleitpaarung ist in Bild 4.100 dargestellt. Sowohl der Reibungskoeffizient μ als auch die spezifische Verschleißrate W_s durchlaufen ein Minimum. Der optimale Füllstoffvolumengehalt liegt in diesem Beispiel zwischen 10 und 20 Vol.-%.

Bild 4.101 verdeutlicht den Einfluss von CF bzw. GF auf die spezifische Verschleißrate von Polyethernitril (PEN) bei Gleiten gegen einen Stahlpartner. Mit zunehmendem Faservolumengehalt φ_v nimmt der Verschleiß deutlich ab. Im Allgemeinen steigt der Verschleiß bei höheren Fasergehalten jedoch wieder an, hervorgerufen durch die dann vermehrt vorhandenen und abrasiv wirkenden Faserbruchstücke.

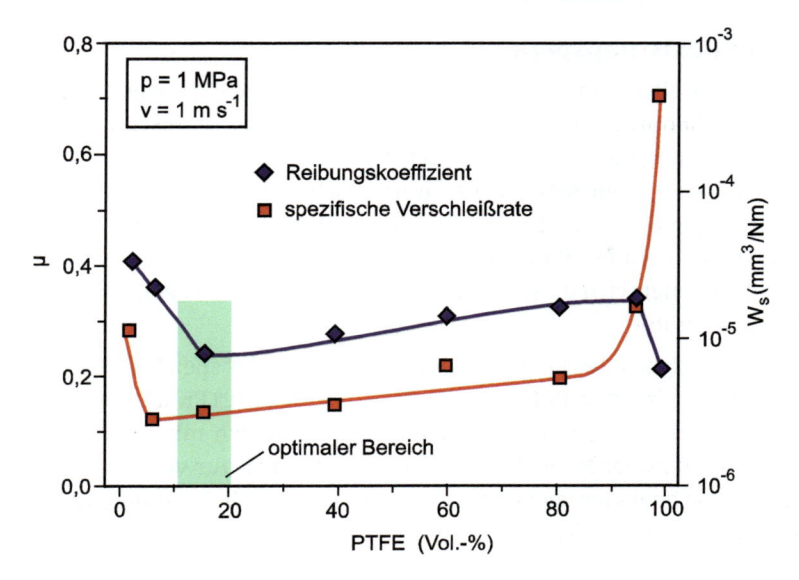

Bild 4.100 Einfluss des Füllstoffs PTFE auf Reibung und Verschleiß bei einer PEEK-Stahl Gleitpaarung [4.108]

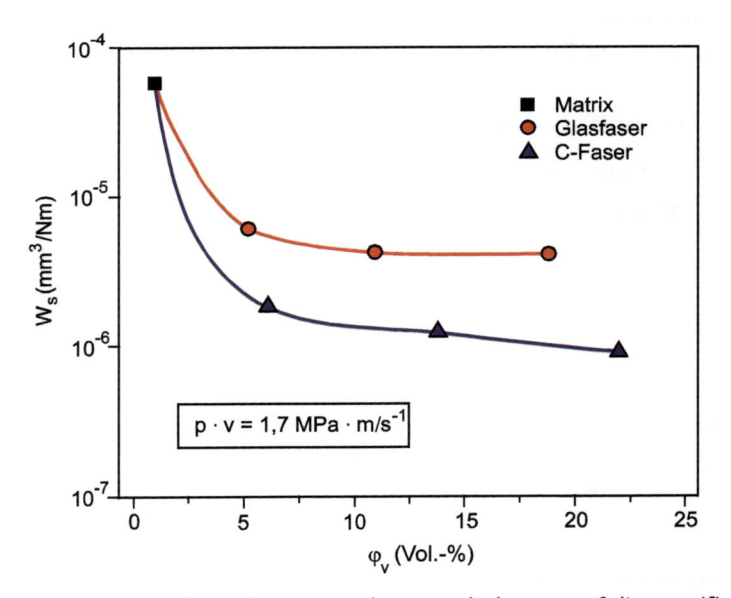

Bild 4.101 Einfluss des Faservolumengehaltes φ_v auf die spezifische Verschleißrate W_s bei einer PEN-Stahl Gleitpaarung [4.109]

4.8.4.3 Einfluss der Belastungsparameter

Die an Kunststoffen ermittelten tribologischen Kennwerte hängen stark von den Belastungsparametern Flächenpressung p, Gleitgeschwindigkeit v und Temperatur T ab. Beim Parameter Temperatur ist dabei zwischen der von außen aufgeprägten Systemtemperatur und der entstehenden Reibwärme zu unterscheiden. Während die Systemtemperatur unabhängig von den übrigen Belastungsparametern ist, haben Druck und Gleitgeschwindigkeit einen erheblichen Einfluss auf die sich ausbildende Gleitflächentemperatur. Begünstigt wird dieser Umstand durch die nur sehr geringe Wärmeleitfähigkeit der Kunststoffe.

Bild 4.102 zeigt die Abhängigkeit des Reibungskoeffizienten und der spezifischen Verschleißrate eines gleitmodifizierten PEEK mit jeweils 10 M.-% CF, PTFE und Graphit von der Systemtemperatur. Der Reibungskoeffizient verringert sich mit zunehmender Temperatur, durchläuft in der Nähe der Glasübergangstemperatur von 143 °C ein Minimum und steigt danach wieder leicht an. Eine tendenziell ähnliche Abhängigkeit des Reibungskoeffizienten von der Temperatur für PEEK wurde von *Briscoe* beschrieben [4.111].

Im Gegensatz hierzu wird bezüglich der spezifischen Verschleißrate bei niedrigeren Temperaturen nur eine geringe Zunahme beobachtet, während bei höheren Temperaturen ein stärkeres Ansteigen des Verschleißes zu verzeichnen ist. Dieses Verhalten wurde in ähnlicher Form auch von *Tanaka* und *Yamada* gefunden [4.112].

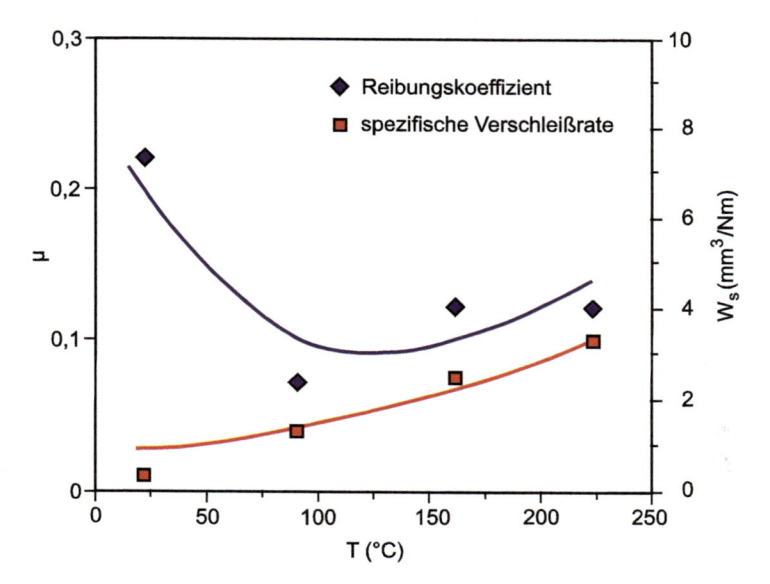

Bild 4.102 Einfluss der Temperatur auf das Reib- und Verschleißverhalten von PEEK bei Gleiten gegen Stahl (p = 1 MPa, v = 1 m s^{-1}) [4.110]

Die Änderung des Reibungskoeffizienten einer PTFE-Stahl-Paarung bei Variation von Gleitgeschwindigkeit und Flächenpressung zeigt Bild 4.103 für zwei Systemtemperaturen (T_1 = 23 °C, T_2 = 70 °C). Für diese spezielle Werkstoffpaarung hat die Flächenpressung, zumindest über einen sehr breiten Gleitgeschwindigkeitsbereich, kaum einen Einfluss auf den Reibungskoeffizienten. Demgegenüber ist eine deutliche Abhängigkeit des Reibwertes von der Gleitgeschwindigkeit vorhanden. Die niedrigsten Reibungskoeffizienten werden bei einer Kombination aus geringer Gleitgeschwindigkeit und höherer Flächenpressung gefunden. Eine Erhöhung der Systemtemperatur bewirkt in diesem System eine Absenkung der gemessenen Reibungskoeffizienten.

Es ist anzumerken, dass die beschriebenen Abhängigkeiten nur für das System PTFE-Stahl unter den gegebenen Prüfbedingungen gelten. Hierbei spielt vor allen Dingen der bei PTFE beobachtete Materialübertrag auf den Stahlgegenkörper mit Ausbildung eines sogenannten Transferfilms eine bedeutende Rolle. Jedoch lässt sich hier, wie an anderen Polymer-Stahl-Paarungen, die generelle Tendenz erkennen, dass Gleitgeschwindigkeit und Flächenpressung nicht gleichwertig auf tribologische Kennwerte wirken.

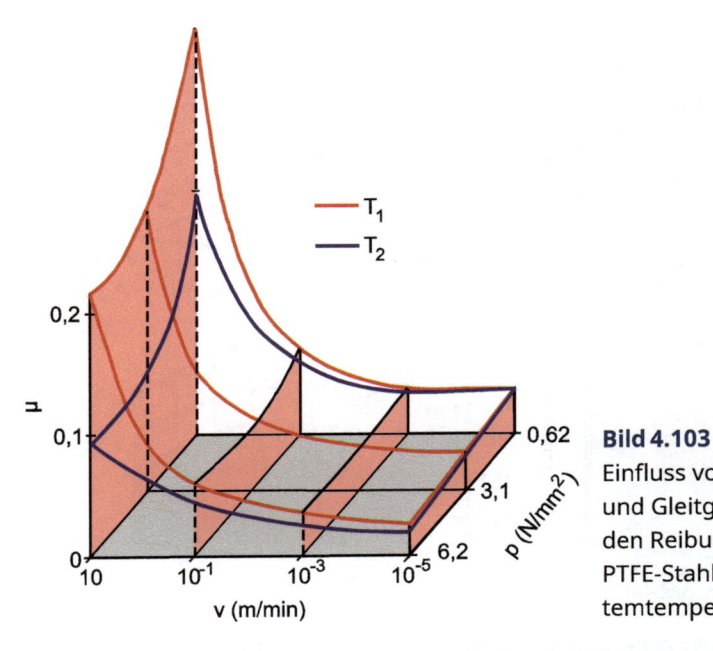

Bild 4.103 Einfluss von Flächenpressung und Gleitgeschwindigkeit auf den Reibungskoeffizienten einer PTFE-Stahl-Paarung für zwei Systemtemperaturen (T_2 > T_1) [4.113]

4.8.4.4 Eigenschaftsvorhersage mittels neuronaler Netze

Um die tribologischen Eigenschaften eines Werkstoffsystems vorhersagen zu können, ist es notwendig, die nichtlineare Abhängigkeit der betrachteten Kenngrößen (z. B. der spezifischen Verschleißrate) von den Parametern, die den Werkstoff selbst und die Versuchsbedingungen beschreiben, zu berücksichtigen. Künstliche neuronale Netze sind im Gegensatz zur Methode der multilinearen Regression dazu geeignet, nichtlineare Abhängigkeiten zu erfassen und quantitativ zu beschreiben. Aus diesem Grund wurden künstliche neuronale Netze im Bereich der Tribologie eingeführt [4.114–4.118].

Ein neuronales Netzwerk muss trainiert werden, um eine bestimmte Funktion beschreiben zu können. Für werkstoffwissenschaftliche Untersuchungen ist eine bestimmte Zahl von Ergebnisdaten nötig, um ein gut funktionierendes neuronales Netz einschließlich seiner Architektur, Trainingsfunktionen, Trainingsalgorithmen und anderen Parametern entwickeln zu können. Nachdem das Netz anhand von Trainingsdatensätzen „gelernt" hat Beispielprobleme zu lösen, können neue Daten aus dem gleichen Sachverhalt verwendet werden, um realistische Lösungen mithilfe des trainierten Netzes zu erhalten. Der größte Vorteil von künstlichen neuronalen Netzen besteht in der Möglichkeit, komplexe, nichtlineare und mehrdimensionale Funktionen modellieren zu können, ohne Annahmen über die Natur der Zusammenhänge treffen zu müssen. Das Netz bildet sich direkt aus den experimentellen Daten durch seine selbstorganisierenden Fähigkeiten.

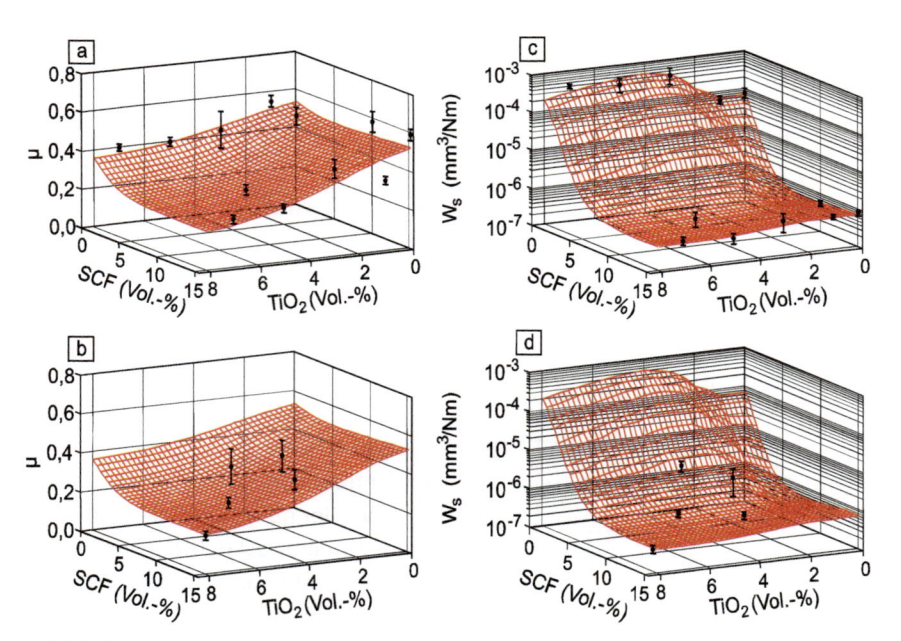

Bild 4.104 Darstellung der experimentellen (schwarze Punkte mit Fehlerbalken) gegenüber den berechneten (3D-Netz) Werten des Reibungskoeffizienten (Mittelwerte im stationären Zustand) (a und b) und der spezifischen Verschleißrate (c und d) als Funktion vom SCF- und sub-mikro TiO_2 Volumeninhalt: Trainings-Datensätze (a, c), Validierungs-Datensätze (b, d). Prüfbedingungen: p = 1 MPa, v = 1 m s^{-1} [4.118]

Im vorliegenden Beispiel wurden viele Messdaten, wie Werkstoffzusammensetzung, mechanische Eigenschaften und Versuchsparameter als Eingangsdaten für das neuronale Netz verwendet, die Verschleißeigenschaften wie Reibungskoeffizient und spezifische Verschleißrate wurden als Ausgangsergebnisse festgelegt. Hierfür stand eine Datenbank von insgesamt 103 unabhängigen Verschleißmessungen aus Frettinguntersuchungen bei verschiedenen Versuchsparametern (für Details S. [4.119, 4.120]) an PA 46 zur Verfügung.

Anhand der Berechnungen des neuronalen Netzes war es möglich, trotz relativ weniger realer Messpunkte eine umfassende Aussage über das Verschleißverhalten bei Variation der Versuchsparameter zu erhalten, für die in Bild 4.104 als Beispiel die Normalkraft und die Gleitgeschwindigkeit verwendet wurden.

4.8.5 Abschließende Bewertung

Verschleiß ist eine Systemeigenschaft, d. h. sie ist von allen Einflussfaktoren, die das System betreffen, abhängig. Im Gegensatz zu Werkstoffeigenschaften, wie der Härte oder dem *E*-Modul, kann keine allgemeingültige Aussage für einen Werkstoff getroffen, sondern es muss immer das gesamte System betrachtet werden.

Die grundlegenden Komponenten eines Tribosystems sind die geprüften Werkstoffe, wobei hier sowohl Prüfkörper als auch Gegenkörper betrachtet werden müssen. Das Belastungskollektiv, d. h. die Gesamtheit der Prüfbedingungen, wie beispielsweise Gleitgeschwindigkeit, Flächenpressung und Temperatur, sind weitere Parameter von Reibung und Verschleiß als Systemeigenschaft. Das System wird auch durch strukturelle Einflüsse bestimmt. Speziell für Polymerwerkstoffe sind hier Kristallinität, Aushärtegrad und Wasseraufnahme zu nennen. Diese Größen werden unter anderem durch Verarbeitungs- und Lagerungsbedingungen beeinflusst. Zusätzlich sind Oberflächenrauigkeit und -oxidation der Verschleißpartner zu berücksichtigen.

Aufgrund der Komplexität des Verschleißprozesses sollten die Prüfungen möglichst nahe an den späteren Einsatz von Tribokomponenten angepasst werden. Nur dadurch ist eine gute Übertragbarkeit vom Experiment auf den realen Einsatz möglich. Da der experimentelle Aufwand bei praxisnahen Prüfungen i. Allg. sehr groß ist, werden zur Entwicklung spezieller verschleißoptimierter Werkstoffe anwendungsspezifische, genormte Referenzprüfungen eingesetzt. Der Einsatz neuronaler Netzwerke stellt einen neuen Weg zur tribologischen Optimierung von Werkstoffen dar. Hierbei können auf Basis der Kenntnis der Eigenschaften von Tribosystemen über ein mathematisches Modell Aussagen über das Verhalten ähnlicher Tribosysteme getroffen werden. So kann u. a. die optimale Werkstoffzusammensetzung eines der Tribopartner mit einer hohen Wahrscheinlichkeit vorausgesagt werden. Aktuelle Ergebnisse zu Neuentwicklungen von polymeren Tribomaterialien, die verschiedene Arten von Nano-Füllstoffen in Kombination mit traditionellen tribologischen Verstärkungsmaterialien enthalten, sind in [4.121] und [4.122] beschrieben.

4.9 Zusammenstellung der Normen

Abschnitt 4.1 und Abschnitt 4.2

DIN EN ISO 6721	Kunststoffe – Bestimmung dynamisch-mechanischer Eigenschaften • Teil 1 (2019): Allgemeine Grundlagen • Teil 2 (2019): Torsionspendel-Verfahren • Teil 3 (1921): Biegeschwingung – Resonanzkurven-Verfahren
ISO 6721	Plastics – Determination of Dynamic Mechanical Properties • Part 4 (2019): Tensile Vibration – Non-Resonance Method • Part 5 (2019): Flexural Vibration – Non-Resonance Method • Part 6 (2019): Shear Vibration – Non-Resonance Method • Part 7 (2019): Torsional Vibration – Non-Resonance Method • Part 8 (2019): Longitudinal and Shear Vibration – Wave-Propagation Method • Part 9 (2019): Tensile Vibration – Sonic-Pulse Propagation Method • Part 10 (2024): Complex Shear Viscosity Using a Parallel-Plate and a Cone-and-Plate Oscillatory Rheometer (ISO/DIS 6721–10) (Entwurf) • Part 11 (2019): Glass Transition Temperature • Part 12 (2022): Compressive Vibration – Non-Resonance Method

Abschnitt 4.3

ASTM D 624 (2020)	Standard Test Method for Tear Strength of Conventional Vulcanized Rubber and Thermoplastic Elastomers
ASTM D 638 (2022)	Standard Test Method for Tensile Properties of Rigid Plastics
ASTM D 695 (2023)	Standard Test Method for Compressive Properties of Rigid Plastics
ASTM D 790 (2017)	Standard Test Method for Flexural Properties of Unreinforced and Reinforced Plastics and Electric Insulating Materials
DIN 53363 (2003)	Prüfung von Kunststoff-Folien – Weiterreißversuch an trapezförmigen Proben mit Einschnitt (zurückgezogen)
DIN 53504 (2017)	Prüfung von Kautschuk und Elastomeren – Bestimmung von Reißfestigkeit, Zugfestigkeit, Reißdehnung und Spannungswerten im Zugversuch
DIN 53579 (2015)	Prüfung weich-elastischer Stoffe – Eindrückversuch an Fertigteilen

4.9 Zusammenstellung der Normen

DIN EN 17679 (2022)	Kunststoffe – Kunststofffolien – Bestimmung des Weiterreißwiderstands unter Verwendung eines trapezförmigen Probekörpers mit Einschnitt
DIN EN ISO 178 (2019)	Kunststoffe – Bestimmung der Biegeeigenschaften
DIN EN ISO 527	Kunststoffe – Bestimmung der Zugeigenschaften - Teil 1 (2019): Allgemeine Grundsätze - Teil 2 (2024): Prüfbedingungen für Form- und Extrusionsmassen (Entwurf) - Teil 3 (2019): Prüfbedingungen für Folien und Tafeln - Teil 4 (2023): Prüfbedingungen für isotrop und anisotrop faserverstärkte Kunststoffverbundwerkstoffe - Teil 5 (2022): Prüfbedingungen für unidirektional faserverstärkte Kunststoffverbundwerkstoffe
DIN EN ISO 604 (2003)	Kunststoffe – Bestimmung von Druckeigenschaften
DIN EN ISO 3167 (2014)	Kunststoffe – Vielzweckprobekörper
DIN EN ISO 3386	Polymere Materialien, weich-elastische Schaumstoffe – Bestimmung der Druckspannungs-Verformungseigenschaften - Teil 1 (2024): Materialien mit niedriger Dichte (Entwurf) - Teil 2 (2010): Materialien mit hoher Dichte
DIN EN ISO 10350	Kunststoffe – Ermittlung und Darstellung vergleichbarer Einpunktkennwerte - Teil 1 (2024): Formmassen (Entwurf) - Teil 2 (2020): Langfaserverstärkte Kunststoffe
DIN EN ISO 11403	Kunststoffe – Ermittlung und Darstellung von vergleichbaren Vielpunkt-Kennwerten - Teil 1 (2021): Mechanische Eigenschaften - Teil 2 (2022): Thermische und Verarbeitungseigenschaften - Teil 3 (2021): Umgebungseinflüsse auf Eigenschaften
DIN ISO 34-1 (2024)	Elastomere und thermoplastische Elastomere – Bestimmung des Weiterreißwiderstandes – Teil 1: Streifen-, winkel- und bogenförmige Prüfkörper (Entwurf)
ISO 34-2 (2022)	Rubber, Vulcanized or Thermoplastic – Determination of Tear Strength – Part 2: Small (Delft) Test Pieces
ISO 37 (2024)	Rubber, Vulcanized or Thermoplastic – Determination of Tensile Stress-Strain Properties
DIN ISO 6133 (2017)	Elastomere und Kunststoffe – Auswertung der bei Bestimmung der Weiterreißfestigkeit und Trennfestigkeit erhaltenen Vielspitzen-Diagramme

Abschnitt 4.4

ASTM D 256 (2023)	Standard Test Methods for Determining the Izod Pendulum Impact Resistance of Plastics
ASTM D 1709 (2022)	Standard Test Methods for Impact Resistance of Plastic Film by the Free-Falling Dart Method
ASTM D 1822 (2021)	Standard Test Method for Determining the Tensile-Impact Resistance of Plastics
ASTM D 4812 (2019)	Standard Test Method for Unnotched Cantilever Beam Impact Resistance of Plastics
DIN 53435 (2018)	Prüfung von Kunststoffen – Biegeversuch und Schlagbiegeversuch an Dynstat-Probekörpern
DIN EN ISO 179-1 (2023)	Kunststoffe – Bestimmung der Charpy-Schlageigenschaften – Teil 1: Nicht instrumentierte Schlagzähigkeitsprüfung
DIN EN ISO 180 (2023)	Kunststoffe – Bestimmung der Izod-Schlagzähigkeit
DIN EN ISO 8256 (2024)	Kunststoffe – Bestimmung der Schlagzugzähigkeit
DIN EN ISO 3167 (2014)	Kunststoffe – Vielzweckprobekörper
DIN EN ISO 6603-1 (2000)	Kunststoffe – Bestimmung des Durchstoßverhaltens von festen Kunststoffen – Teil 1: Nicht-instrumentierter Schlagversuch
DIN EN ISO 13802 (2024)	Kunststoffe – Verifizierung von Pendelschlagwerken – Charpy, Izod and Schlagzugversuch (Entwurf)
DIN ISO 7765-2 (2023)	Kunststofffolien und -bahnen – Bestimmung der Schlagfestigkeit nach dem Fallhammerverfahren – Teil 2: Durchstoßversuch mit elektronischer Messwerterfassung
DVS 2203-3 (2011)	Prüfen von Schweißverbindungen an Tafeln und Rohren aus thermoplastischen Kunststoffen – Schlagzugversuch

Abschnitt 4.5

DIN 50100 (2022)	Schwingfestigkeitsversuch – Durchführung und Auswertung von zyklischen Versuchen mit konstanter Lastamplitude für metallische Werkstoffproben und Bauteile
DIN 53442 (1990)	Prüfung von Kunststoffen – Dauerschwingversuch im Biegebereich an flachen Probekörpern

DIN 65586 (1994)	Luft- und Raumfahrt – Faserverstärkte Kunststoffe – Schwingfestigkeitsverhalten von Faserverbundwerkstoffen im Einstufenversuch (Entwurf)
DIN EN ISO 3385 (2014)	Weich-elastische polymere Schaumstoffe – Bestimmung der Ermüdung im Dauerschwingversuch mit Stoßbelastung unter konstanter Kraft

Abschnitt 4.6

ASTM D 2990 (2017)	Standard Test Method für Tensile, Compressive and Flexural Creep and Creep-Rupture of Plastics
DIN 53441 (1984)	Prüfung von Kunststoffen – Spannungsrelaxationsversuch (zurückgezogen)
DIN 54852 (1986)	Prüfung von Kunststoffen – Zeitstandbiegeversuch bei Dreipunkt- und Vierpunktbelastung (zurückgezogen, ersetzt durch DIN EN ISO 899-2:2008)
DIN 65586 (1994)	Luft- und Raumfahrt – Faserverstärkte Kunststoffe – Schwingfestigkeitsverhalten von Faserverbundwerkstoffen im Einstufenversuch (Entwurf, zurückgezogen)
DIN EN ISO 899	Kunststoffe – Bestimmung des Kriechverhaltens – ▪ Teil 1 (2018): Zeitstand-Zugversuch ▪ Teil 2 (2023): Zeitstand-Biegeversuch bei Dreipunkt-Belastung (Entwurf)
DIN EN 826 (2013)	Wärmedämmstoffe für das Bauwesen – Bestimmung des Verhaltens bei Druckbeanspruchung (zurückgezogen)
DIN EN 1606 (2013)	Wärmedämmstoffe für das Bauwesen – Bestimmung des Langzeit-Kriechverhaltens bei Druckbeanspruchung
DIN EN ISO 22088-2 (2006)	Kunststoffe – Bestimmung der Beständigkeit gegen Spannungsrissbildung (ESC) – Teil 2: Zeitstandzugversuch
DVS 2203-1 (2024)	Prüfen von Schweißverbindungen an Tafeln und Rohren aus thermoplastischen Kunststoffen – Prüfverfahren – Anforderungen ▪ Beiblatt 1 (2010): Prüfen von Schweißverbindungen an Tafeln und Rohren aus thermoplastischen Kunststoffen – Anforderungen im Zugversuch – Kurzzeitzug-Schweißfaktor f_z ▪ Beiblatt 2 (2014): Prüfen von Schweißverbindungen an Tafeln und Rohren aus thermoplastischen Kunststoffen – Anforderungen im Zeitstandzugversuch – Zeitstandzug-Schweißfaktor f_s

DVS 2203-4 (2021)	Prüfen von Schweißverbindungen an Tafeln und Rohren aus thermoplastischen Kunststoffen – Zeitstand-Zugversuch
DVS 2226-4 (2000)	Prüfen von Fügeverbindungen an Dichtungsbahnen aus polymeren Werkstoffen – Zeitstand-Zugversuch an Polyethylen

Abschnitt 4.7

ASTM D 785 (2023)	Standard Test Method for Rockwell Hardness of Plastics and Electrical Insulating Materials
ASTM D 1474/D1474M (2023)	Standard Test Methods for Indentation Hardness of Organic Coatings
ASTM D 2240 (2021)	Standard Test Methods for Rubber Property – Durometer Hardness
DIN 53505 (2000)	Prüfung von Kautschuk und Elastomeren – Härteprüfung nach Shore A und Shore D (zurückgezogen, ersetzt durch DIN EN ISO 868 und DIN ISO 7619-1 und DIN ISO 7619-2)
DIN EN 59 (2016)	Glasfaserverstärkte Kunststoffe – Bestimmung der Eindruckhärte mit einem Barcol-Härteprüfgerät
DIN EN ISO 868 (2003)	Kunststoffe und Hartgummi – Bestimmung der Eindruckhärte mit einem Durometer (Shore-Härte)
DIN EN ISO 2039	Kunststoffe – Bestimmung der Härte • Teil 1 (2003): Kugeleindruckversuch • Teil 2 (2000): Rockwellhärte
DIN EN ISO 2815 (2003)	Beschichtungsstoffe – Eindruckversuch nach Buchholz
DIN EN ISO 8307 (2018)	Weich-elastische polymere Schaumstoffe – Bestimmung der Kugel-Rückprallelastizität
DIN EN ISO 14577-1 (2024)	Metallische Werkstoffe – Instrumentierte Eindringprüfung zur Bestimmung der Härte und anderer Werkstoffparameter – Teil 1: Prüfverfahren (Entwurf)
DIN ISO 48-2 (2021)	Elastomere und thermoplastische Elastomere – Bestimmung der Härte – Teil 2: Härte zwischen 10 IRHD und 100 IRHD
DIN ISO 7619 (2012)	Elastomere und thermoplastische Elastomere – Bestimmung der Härte • Teil 1: Durometer-Verfahren (Shore-Härte) (zurückgezogen) • Teil 2: IRHD-Taschengeräteverfahren (zurückgezogen)

4.9 Zusammenstellung der Normen

ISO 4662 (2017)	Elastomere und thermoplastische Elastomere – Bestimmung der Rückprallelastizität von Vulkanisaten
ISO/TS 19278 (2019)	Kunststoffe – Instrumentierte Eindringprüfung zur Bestimmung der Härte – Prüfverfahren
VDI/VDE 2616 Blatt 2 (2014)	Härteprüfung an Kunststoffen und Elastomeren

Abschnitt 4.8

Allgemeine Normen zur Tribologie	
ASTM G 40a (2022)	Standard Terminology Relating to Wear and Erosion
GFT-Arbeitsblatt Nr. 7 (2002)	Tribologie – Definitionen, Begriffe, Prüfung
ISO 4378-2 (2017)	Gleitlager – Begriffe, Definitionen, Einteilung und Symbole – Teil 2: Reibung und Verschleiß
VDI 3822 Blatt 2.1.6 (2024)	Schadensanalyse – Schäden an thermoplastischen Kunststoffprodukten durch tribologische Beanspruchung
Normen zur Prüfung von Reibung und Verschleiß	
ASTM D 1894 (2014)	Standard Test Method for Static and Kinetic Coefficients of Friction of Plastic Film and Sheeting (withdrawn, no replacement)
ASTM D 2714 (2019)	Standard Test Method for Calibration and Operation of the Falex Block-On-Ring Friction and Wear Testing Machine
ASTM D 3389 (2021)	Standard Test Method for Coated Fabrics Abrasion Resistance (Rotary Platform, Double-Head Abrader)
ASTM D 3702 (2019)	Standard Test Method for Wear Rate and Coefficient of Friction of Materials in Self-Lubricated Rubbing Contact Using a Thrust Washer Testing Machine
ASTM D 4103 (2017)	Standard Practice for Preparation of Substrate Surfaces for Coefficient of Friction Testing
ASTM G 75 (2021)	Standard Test Method for Determination of Slurry Abrasivity (Miller Number) and Slurry Abrasion Response of Materials (SAR Number)
ASTM G 77 (2022)	Standard Test Method for Ranking Resistance of Materials to Sliding Wear Using Block-On-Ring Wear Test

ASTM G 99 (2023)	Standard Test Method for Wear Testing with a Pin-On-Disk Apparatus
ASTM G 115 (2018)	Standard Guide for Measuring and Reporting Friction Coefficients
ASTM G 117 (2016)	Standard Guide for Calculating and Reporting Measures of Precision Using Data from Interlaboratory Wear or Erosion Tests (withdrawn)
ASTM G 118 (2016)	Standard Guide for Recommended Format of Wear Test Data Suitable for Databases (withdrawn)
ASTM G 132 (2018)	Standard Test Method for Pin Abrasion Testing
ASTM G 133 (2022)	Standard Test Method for Linearly Reciprocating Ball-On-Flat Sliding Wear
ASTM G 137 (2024)	Standard Test Method for Ranking Resistance of Plastic Materials to Sliding Wear Using a Block-On-Ring Configuration
ASTM G 163 (2016)	Standard Guide for Digital Data Acquisition in Wear and Friction Measurements (withdrawn)
DIN 51834-1 (2010)	Prüfung von Schmierstoffen – Tribologische Prüfungen im translatorischen Oszillations-Prüfgerät – Teil 1: Allgemeine Arbeitsgrundlagen
DIN 52347 (1987)	Prüfung von Glas und Kunststoff – Verschleißprüfung – Reibradverfahren mit Streulichtmessung (zurückgezogen, ersetzt durch DIN ISO 3537 und DIN ISO 15082)
DIN 53516 (1987)	Prüfung von Kautschuk und Elastomeren – Bestimmung des Abriebes (zurückgezogen, ersetzt durch DIN ISO 4649)
DIN EN ISO 5470-1 (2017)	Mit Kautschuk oder Kunststoff beschichtete Textilien – Bestimmung des Abriebwiderstandes – Teil 1: Taber-Abriebprüfgerät
DIN EN ISO 8295 (2004)	Kunststoffe – Folien und Bahnen – Bestimmung der Reibungskoeffizienten
DIN ISO 4378-2 (2013)	Gleitlager – Begriffe, Definitionen, Einteilung und Symbole – Teil 2: Reibung und Verschleiß
DIN ISO 4649 (2021)	Elastomere und thermoplastische Elastomere – Bestimmung des Abriebwiderstandes mit einem Gerät mit rotierender Zylindertrommel
DIN ISO 7148-2 (2014)	Gleitlager – Prüfung des tribologischen Verhaltens von Gleitlagerwerkstoffen – Teil 2: Prüfung von polymeren Gleitlagerwerkstoffen
ISO 6601 (2002)	Plastics – Friction and Wear by Sliding – Identification of Test Parameters

ISO 9352 (2012)	Plastics – Determination of Resistance to Wear by Abrasive Wheels
ISO 14242-2 (2016)	Implants for Surgery – Wear of Total Hip Joint Prostheses – Part 2: Methods of Measurement
ISO 17853 (2011)	Wear of Implant Materials – Polymer and Metal Wear Particles – Isolation and Characterization
ISO 23794 (2023)	Rubber, Vulcanized or Thermoplastic – Abrasion Testing – Guidance

4.10 Literatur

[4.1] Altenbach, H.: Werkstoffmechanik: Einführung. Wiley VCH Verlag, Weinheim (1993)

[4.2] Betten, J.: Kontinuumsmechanik: elastisches und inelastisches Verhalten isotroper und anisotroper Stoffe. Springer Verlag, Berlin (2001)

[4.3] Ward, I. M.; Hadley, D. W.: An Introduction to the Mechanical Properties of Solid Polymers. Wiley Verlag, Chichester (1993)

[4.4] Chen, F.; Saleeb, A. F.: Constitutive Equations for Engineering Materials, Volume 1: Elasticity and Modeling. Elsevier Verlag, Amsterdam (1994)

[4.5] Treloar, L. R. G.: The Physics of Rubber Elasticity. Clarendon Press, Oxford (1975)

[4.6] Stavermann, A. J.: Properties of phantom networks and real networks. *Adv. Polym. Sci.* 44 (1982) 73–101. *https://doi.org/10.1007/3-540-11471-8_3*

[4.7] Erman, B.; Mark, J. E.: Structure and Properties of Rubberlike Networks. Oxford University Press, New York (1997)

[4.8] Termonia, Y.; Smith, P.: Kinetic model for tensile deformation of polymers. *Macromolecules* 20 (1987) 835–838. *https://doi.org/10.1021/ma00170a023*

[4.9] Bensason, S.; Stepanov, E. V.; Chum, S.; Hiltner, A.; Baer, E.: Deformation of elastomeric ethylene-octene copolymers. *Macromolecules* 30 (1997) 2436–2444. *https://doi.org/10.1021/ma961685j*

[4.10] Macosco, C. W.: Rheology, Principles, Measurements and Applications. Wiley Verlag, New York (1994)

[4.11] Krausz, A. S.; Eyring, H.: Deformation Kinetics. Wiley Verlag, New York (1975)

[4.12] Ferry, J. D.: Viscoelastic Properties of Polymers. Wiley Verlag, New York (1980)

[4.13] Aklonis, J. J.; MacKnight, W. J.: Introduction to Polymer Viscoelasticity. Wiley Verlag, New York (1983)

[4.14] Batzer, H.: Polymere Werkstoffe, Bd. 1.: Chemie und Physik. Thieme Verlag, Stuttgart (1984)

[4.15] Williams, M. L.; Landel, R. F.; Ferry, J. D.: The temperature dependence of relaxation mechanism in amorphous polymers and other glass-forming liquids. *J. Amer. Chem. Soc.* 77 (1955) 3701–3707. *https://doi.org/10.1021/ja01619a008*

[4.16] Leaderman, H.: Elastic and Creep Properties of Filamentous Materials and other High Polymers. The Textile Foundation, Washington DC (1943)

[4.17] Wilhelm, M.; Maring, D.; Spiess, H.-W.: Fourier-transform rheology. *Rheol. Acta* 37 (1998) 399–405. *https://doi.org/10.1007/s003970050126*

[4.18] G'Sell, C.; Jonas, J. J.: Determination of the plastic behaviour of solid polymers at constant true strain rate. *J. Mater. Sci.* 14 (1979) 583–591. https://doi.org/10.1007/BF00772717

[4.19] Ward, I. M.: Review: The yield behaviour of polymers. *J. Mater. Sci.* 6 (1971) 1397–1417. https://doi.org/10.1007/BF00549685

[4.20] Argon, A. S.: A theory for the low-temperature plastic deformation of glassy polymers. *Philos. Mag.* 28 (1973) 839–865. https://doi.org/10.1080/14786437308220987

[4.21] Perez, J.: Physics and Mechanics of Amorphous Polymers. A. A. Balkema Verlag, Rotterdam (1998)

[4.22] Bowden, P. B.; Young, R. J.: Deformation mechanisms in crystalline polymers. *J. Mater. Sci.* 9 (1974) 2034–2051. https://doi.org/10.1007/BF00540553

[4.23] Lin, L.; Argon, A. S.: Structure and plastic deformation of polyethylene. *J. Mater. Sci.* 29 (1994) 294–323. https://doi.org/10.1007/BF01162485

[4.24] Crist, B.: Plastic deformation of polymers. In: Thomas, E. L. (Ed.): Materials Science and Technology Vol. 12: Structure and Properties of Polymers. Wiley VCH Verlag, Weinheim (2002)

[4.25] Peterlin, A.: Plastic deformation of polyethylene by rolling and drawing. *Kolloid Z. Z. Polym.* 233 (1969) 857–862. https://doi.org/10.1007/BF01508005

[4.26] Petermann, J.; Kluge, W.; Gleiter, H.: Electron microscopic investigation of the molecular mechanism of plastic deformation of polyethylene and isotactic polystyrene crystals. *J. Polym. Sci. B-Polym. Phys.* 17 (1979) 1043–1051. https://doi.org/10.1002/pol.1979.180170612

[4.27] Bauwens-Crowett, C.; Bauwens, C. J.; Homes, G.: Tensile yield stress behavior of glassy polymers. *J. Polym. Sci. A-2-Polym. Chem.* 7 (1969) 735–742. https://doi.org/10.1002/pol.1969.160070411

[4.28] Alfrey, T.: Mechanical Behaviour of High Polymers. Interscience Verlag, New York (1948)

[4.29] Krautkrämer, J.: Werkstoffprüfung mit Ultraschall. 5. Auflage, Springer Verlag, Berlin 1986

[4.30] Deutsch, V.; Platte, M.; Vogt, M.: Ultraschallprüfung. Springer Verlag, Berlin 1997

[4.31] Alig, I.: Prüfung der akustischen Eigenschaften. In: Schmiedel, H. (Hrsg.): Handbuch der Kunststoffprüfung. Carl Hanser Verlag, München Wien (1992) 391–415

[4.32] Fitting, D. W.; Adler, L.: Ultrasonic Spectral Analysis for Nondestructive Evaluation. Plenum Press, New York (1981)

[4.33] Ramsteiner, F.: Zur Schlagzähigkeit von Thermoplasten. *Kunststoffe* 73 (1983) 148–153

[4.34] Ferry, D. J.: The relation of viscoelastic behaviour to molecular structure. In: Stuart, H. A. (Hrsg.): Die Physik der Hochpolymeren, Bd. 4. Springer Verlag, Berlin 1956

[4.35] Doi, M.; Edwards, S. F.: The Theory of Polymer Dynamics. Clarendon Press., Oxford (1986)

[4.36] McCrum, N. G.; Read, B. E.; Williams, G.: Anelastic and Dielectric Effects in Polymeric Solids. Dover Verlag, New York (1991)

[4.37] Murayama, T.: Dynamic mechanical properties. In: Mark, H. F. et al. (Eds.): Encyclopedia of Polymer Science and Engineering, Vol. 5, John Wiley & Sons, New York (1985) 299–329

[4.38] Nielsen, L. E.; Landel, R. F.: Mechanical Properties of Polymers and Composites. M. Dekker Verlag, New York (1994)

[4.39] Menges, G.; Osswald, T. A.: Materials Science of Polymers for Engineers. Carl Hanser Verlag, München Wien (1995)

[4.40] Roberts, J.: A critical strain design limit for thermoplastics. *Mater. Des.* 4 (1983) 791–793

[4.41] Menges, G.; Wiegand, E.; Pütz, D.; Maurer, F.: Ermittlung der kritischen Dehnung teilkristalliner Thermoplaste. *Kunststoffe* 65 (1975) 368–371

[4.42] Schreyer, G. W.; Bartnig, K.; Sander, M.: Bewertung von Schädigungseffekten in Thermoplasten durch simultane Messung der Spannungs-Dehnungs-Charakteristik und der dielektrischen Eigenschaften. Teil 1: Schädigungseffekte während der mechanischen Belastung und Möglichkeiten der experimentellen Bewertung. *Materialwiss. Werkstofftech.* 27 (1996) 90–95

[4.43] Bierögel, C.; Grellmann, W.: Evaluation of thermal and acoustic emission of composites by means of local strain measurements. ECF 9, European Conference on Fracture, Varna 21.–25. September 1992, *Proceedings* Vol. I (1992) 242–247

[4.44]   Cowley, K. D.; Beaumont, P. W. R.: Modeling problems of damage at notches and the fracture stress of carbon-fiber/polymer composites: Matrix, temperature and residual stress effects. *Compos. Sci. Technol.* 57 (1997) 1309–1329. https://doi.org/10.1016/S0266-3538(97)00046-8

[4.45]   Klapp, O.; Reiling, K.; Schlimmer, M.: Weiterentwicklung des Zugscherversuchs nach DIN 54451 zur Ermittlung der Tau-Gamma-Funktion von Klebschichten in einer einfach überlappten Klebung. *Schweißen und Schneiden* 52 (2000) 670–674

[4.46]   Ebling, A.; Hiltner, A.; Baer, E.: Effect of peel rate and temperature on delamination toughness of PC-SAN microlayers. *Polymer* 40 (1999) 1525–1531. https://doi.org/10.1016/S0032-3861(98)00386-3

[4.47]   Fahrenholz, H.: Prüfung von Kunststoffen – Der Zugversuch. Zwick Materialprüfung, Anwendungstechnische Information DAI 00703 (2004) 1–20

[4.48]   Spathis, G.; Kontou, E.: An experimental and analytic study of the large strain response of glassy polymers with a noncontact laser extensometer. *J. Appl. Polym.* Sci. 71 (1999) 2007–2015. https://doi.org/10.1002/(SICI)1097-4628(19990321)71:12<2007::AID-APP10>3.0.CO;2-W

[4.49]   G'Sell, C.; Hiver, J. M.; Dahoun, A.; Souahi, A.: Video-controlled tensile testing of polymers and metals beyound the necking point. *J. Mater. Sci.* 27 (1992) 5031–5039. https://doi.org/10.1007/BF01105270

[4.50]   Meddad, A.; Fisa, B.: Fiber-matrix debonding in glass bead-filled polystyrene. *J. Mater. Sci.* 32 (1997) 1177–1185. https://doi.org/10.1023/A:1018575716563

[4.51]   Bohse, J.: Acoustic emission characteristics of micro-failure processes in polymer blends and composites. *Compos. Sci. Technol.* 60 (2000) 1213–1226. https://doi.org/10.1016/S0266-3538(00)00060-9

[4.52]   Liang, Y.; Sun, C.; Ansari, F.: Acoustic emission characterization of damage in hybrid fiber-reinforced polymer rods. *J. Compos. Constr.* 8 (2004) 70–78. https://doi.org/10.1061/(ASCE)1090-0268(2004)8:1(70)

[4.53]   Predak, S.; Lütze, S.; Zweschper, T.; Stößel, R.; Busse, G.: Vergleichende zerstörungsfreie Charakterisierung – Schädigung von Kurzglasfaser-verstärktem Polypropylen. *Materialprüfung* 44 (2002) 14–15. https://doi.org/10.1515/mt-2002-441-207

[4.54]   Quatravaux, T.; Elkoun, S.; G'Sell, C.; Cangemi, L.; Meimon, Y.: Experimental characterization of the volume strain of poly(vinylidene fluoride) in the region of homogeneous plastic deformation. *J. Polym. Sci. B-Polym. Phys.* 40 (2002) 2516–2522. https://doi.org/10.1002/polb.10318

[4.55]   Gerhard, H.; Busse, G.: Use of ultrasound excitation and optical-lockin method for speckle interferometry displacement imaging. In: Djordjevic, B. B.; Hentschel, M. P. (Eds.): Nondestructive Characterisation of Materials IX. Springer Verlag, Berlin (2003) 525–534

[4.56]   Steinchen, W.; Yang, L.; Kupfer, G.: Dehnungsmessung mit digitaler Shearographie. *Technisches Messen* 9 (1995) 337–341. https://doi.org/10.1524/teme.1995.62.jg.337

[4.57]   Kugler, H. P.; Drude, H.; Senftleben, K.-U.: Messung der Dehnungsverteilung von Metallen im Zugversuch. *Materialprüfung* 40 (1998) 231–234

[4.58]   Apitz, O.; Bückle, R.; Drude, H.; Hoffrichter, W.; Kugler, H. P.; Schwarze, R.: Laser extensometers for application in static, cyclic and high strain rate experiments. Strain Measurement in the 21st Century, Lancaster (UK) 5.–6. September 2001, *Proceedings* (2001) 52–55

[4.59]   Fahnert, T.; Bierögel, C.; Grellmann, W.: Einfluss der lokalen Dehnungsregelung im Zugversuch auf das Relaxations- und Schädigungsverhalten von Polyamiden bei simultaner Anwendung von Laserextensometrie und Schallemissionsprüfung. DGZfP-Jahrestagung, Berlin, 21.–23. Mai 2001, Tagungsband (2001) Berichtsband 75 CD 1–8

[4.60]   Szabo, I.: Einführung in die Technische Mechanik. Springer Verlag, Berlin Heidelberg (2002)

[4.61]   Käufer, H.; Hesselbrock, B.: Über die Verschiebung der neutralen Linie und ihr Zusammenhang mit den Randfaserdehnungen bei biegebeanspruchten Polymeren. *Z. Werkstofft.* 8 (1977) 92–99

[4.62]   Flexman, E. A.: Verhalten von Polyamid 66 bei Schlagbeanspruchung. *Kunststoffe* 69 (1979) 172–174

[4.63] Vincent, P. I.: Impact tests and service performance of thermoplastics. Plastics Institute, London (1971). https://doi.org/10.1016/0010-4361(71)90162-5

[4.64] George, J.; Prasannakumari, L.; Koshy, P.; Varughese, K. T.; Sabu, T.: Tensile impact strength of blends of high-density polyethylene and acrylonitrile-butadiene-rubber: Effect of blend ratio and compatibilization. *Polym.-Plast. Technol. Eng.* 34 (1995) 561–579. https://doi.org/10.1080/03602559508012205

[4.65] Oberbach, K.: Untersuchung des Dauerschwingverhaltens. In: Carlowitz, B. (Ed.) Band 1, Die Kunststoffe. Chemie, Physik, Technologie. In: Becker, G. W.; Braun D. (Eds.) Kunststoff-Handbuch. Carl Hanser Verlag, München Wien (1990)

[4.66] Ehrenstein, G. W.; Hoffmann, L.: INFACO-Ermüdungsverhalten von Faserverbundkunststoffen. Lehrstuhl für Kunststofftechnik. Universität Erlangen-Nürnberg (1993/2001)

[4.67] Dengel, D.; Bergmann, N.: Über die Eignung der Wechselbiegemaschine „WEBI" zur Ermittlung von Ermüdungskennwerten. *Materialwiss. Werkstofftech.* 23 (1992) 217–223. https://doi.org/10.1002/mawe.19920230607

[4.68] IMA-Prüfvorschrift C/1: Planung und Auswertung von Ermüdungsfestigkeitsversuchen. IMA-PV C/1, IMA GmbH Dresden (1996)

[4.69] Degischer, H.-P. (Ed.): Verbundwerkstoffe. Wiley-VCH Verlag, Weinheim (2003)

[4.70] INFACO-Datenbank, M-Base Engineering + Software GmbH Aachen, www.m-base.de

[4.71] Datenbank WIAM-METALLINFO. Werkstoffinformation und Werkstoffauswahl, IMA GmbH Dresden, www.wiam.de

[4.72] Autorenkollektiv: Langzeitverhalten von Plastwerkstoffen. Thematisches Heft, IfL-Mitteilungen, Dresden 3 (1980)

[4.73] Höninger, H.; Reichelt, E. u. a.: Langzeit-Deformationsverhalten von Plastwerkstoffen. Schriftenreihe *Materialökonomie* 32 (1982)

[4.74] Pöllet, P.: Automatisierte Zeitstandprüfung – Verfahren mit berührungsloser Dehnungsmessung. *Kunststoffe* 75 (1985) 829–833

[4.75] Knauer, B.; Lustig, V.; Bihlmayer, G.: Bewertung und Aussagen der Messergebnisse bei der Langzeitprüfung am Polymertest LZ 120. 13. wissenschaftlich-technische Tagung „Verstärkte Plaste 90", Dresden R10 (1990) 1–10

[4.76] IMA-Prüfvorschrift: Kriechverhalten an Kunststoffen. IMA-PV B/2, IMA GmbH Dresden (1997)

[4.77] Reichelt, E.: Langzeit-Deformationsverhalten von Kunststoffen. *Kunststoffe* 76 (1986) 971–974

[4.78] Höninger, H.; Reichelt, E.: Beeinflussung des Langzeit-Deformationsverhaltens von Thermoplasten durch anorganische Zusatzstoffe. Dissertation TU Dresden (1986)

[4.79] Müller, K.: Anwendung einer neuen Härtemeßmethode auf der Basis des Vickers-Verfahrens. *Kunststoffe* 60 (1970) 265–273

[4.80] Baltá-Calleja, F. J.; Bassett, D. C.: Microindentation hardness of oriented chain-extended polyethylene. *J. Polym. Sci. Polym. Symp.* 58 (1977) 157–167. https://doi.org/10.1002/polc.5070580112

[4.81] Fett, T.: Zusammenhang zwischen der Rockwell-α-Härte nach ASTM D 785 und der Kugeldruckhärte nach DIN 53456 für Kunststoffe. *Materialprüfung* 14 (1972) 151–153. https://doi.org/10.1515/mt-1972-140503

[4.82] Weiler, W. W.: Härteprüfung an Metallen und Kunststoffen. Ehningen: Expert-Verlag (1990)

[4.83] Tobisch, K.: Über den Zusammenhang zwischen Shore A und Shore D Härte. *Kautsch. Gummi Kunstst.* 34 (1981) 347–349

[4.84] Fröhlich, F.; Grau, P.; Grellmann, W.: Performance and analysis of recording microhardness tests. *Phys. Status Solidi a-Appl. Res.* (a) 42 (1977) 79–89. https://doi.org/10.1002/pssa.2210420106

[4.85] Baltá-Calleja, F. J.; Fakirov, S.: Microhardness of Polymers. Cambridge University Press (2000)

[4.86] Koch, T.: Morphologie und Mikrohärte von Polypropylen-Werkstoffen. Dissertation, Technische Universität Wien (2003)

[4.87] Karger-Kocsis, J.; Moos, E.; Mudra, I.; Varga, J.: Effects of molecular weight on the perforation impact behavior of injection-molded plaques of α- and β-phase isotactic polypropylene. *J. Macromol. Sci. Phys.* B 38 (1999) 647–662. https://doi.org/10.1080/00222349908248128

4.10 Literatur

[4.88] Alberola, N.; Cavaille, J. Y.; Perez, J.: Mechanical spectrometry of alpha relaxations of high-density polyethylene. *J. Polym. Sci. B-Polym. Phys.* 28 (1990) 569–586. https://doi.org/10.1002/polb.1990.090280410

[4.89] Tabor, D.: The Hardness of Metals. Oxford: Clarendon Press (1951)

[4.90] Studman, C. J.; Moore, M. A.; Jones, S. E.: On the correlation of indentation experiments. *J. Phys. D: Appl. Phys.* 10 (1977) 949–956. https://doi.org/10.1088/0022-3727/10/6/019

[4.91] Johnson, K. L.: The correlation of indentation experiments. *J. Mech. Phys. Solids* 18 (1970) 115–126. https://doi.org/10.1016/0022-5096(70)90029-3

[4.92] May, M.; Fröhlich, F.; Grau, P.; Grellmann, W.: Anwendung der Methode der registrierenden Mikrohärteprüfung für die Ermittlung von mechanischen Materialkennwerten an Polymerwerkstoffen. *Plaste Kautschuk* 30 (1983) 149–153

[4.93] Habig, K.-H.: Verschleiß und Härte von Werkstoffen. Carl Hanser Verlag, München Wien (1990) 18–141

[4.94] DIN 50321: Verschleiß-Meßgrößen (veröffentlicht 1979, zurückgezogen im November 1997). In: DIN-Taschenbuch – Tribologie. Beuth Verlag GmbH, Berlin Köln (1990)

[4.95] Hornbogen, E.: Werkstoffeigenschaften und Verschleiß. *Metall* 12 (1980) 1079

[4.96] Beringer, H. P.; Heinke, G.; Strickle, E.: Polymere im Verschleißtest. *Technische Rundschau* 25 (1991) 46–50

[4.97] Czichos, Z.; Habig, K.-H.: Tribologie Handbuch – Reibung und Verschleiß. Vieweg Verlag, Braunschweig Wiesbaden (1992)

[4.98] Friedrich, K.: Advances in Composite Tribology. Elsevier Science Publishers B. V., Amsterdam (1993)

[4.99] Song, J.; Maertin, C.; Ehrenstein, G.: The effect of self-reinforcement on the tribological behaviour of thermoplastics. ANTEC 1988, *Society of Plastic Engineers* (1988) 587–590

[4.100] Friedrich, K.: Friction and Wear of Polymer Composites. Elsevier Science Publishers B. V., Amsterdam (1986)

[4.101] Häger, A. M.: Polyaryletherketone für den Einsatz in Gleitlagern und Gleitelementen. Shaker Verlag, Aachen (1997) 11–22

[4.102] Hübner, W.; Gradt, T.; Börner, H.; Döring, R.: Tieftemperatur-Reibverhalten von Polymer-Werkstoffen. *Tribologie und Schmierungstechnik* 42 (1995) 5, 244–251

[4.103] Gesellschaft für Tribologie e. V.: Arbeitsblatt 7 Tribologie: Verschleiß, Reibung, Definitionen, Begriffe, Prüfung. Ausgabe September 2002, Gesellschaft für Tribologie e. V. (GFT), Ernststraße 12, D-47443 Moers, *www.gft-ev.de*

[4.104] Lancaster, J. K.: Dry bearings: a survey of materials and factors affecting their performance. *Tribol. Int.* 6 (1973) 219–251. https://doi.org/10.1016/0041-2678(73)90172-3

[4.105] Tanaka, K.; Nagai, T.: Effect of counterface roughness on the friction and wear of polytetrafluoroethylene and polyethylene. In: Ludema, K. C. (Ed.): Wear of Materials. ASME, New York (1985) 397–404

[4.106] Feinle, P.: Tribologische Untersuchungen an unverstärkten und glasfaserverstärkten Kunststoffen. *Amts- und Mitteilungsblatt der Bundesanstalt für Materialprüfung (BAM)* 13 (1983) Nr. 2, 156–162

[4.107] Uetz, H.; Wiedemeyer, J.: Tribologie der Polymere. Carl Hanser Verlag, München Wien (1984)

[4.108] Lu, Z.: Geschmierte Hochtemperatur-Verbundwerkstoffe für Anwendungen als Gleitelemente. In: Deutsche Hochschulschriften No. 527, Hänsel-Hohenhausen Verlag, Engelbach (1994)

[4.109] Friedrich, K.; Lu, Z.; Häger, A. M.: Overview on polymer composites for friction and wear application. *Theor. Appl. Fract. Mech.* 19 (1993) 1–11. https://doi.org/10.1016/0167-8442(93)90029-B

[4.110] Friedrich, K.; Karger-Kocsis, J.; Lu, Z.: Effects of steel counterface roughness and temperature on the friction and wear of PE(E)K composites under dry sliding conditions. *Wear* 148 (1991) 235–247. https://doi.org/10.1016/0043-1648(91)90287-5

[4.111] Briscoe, B. J.: Interfacial friction of polymer composites. General fundamental principles. In: Friedrich, K. (Ed.): Friction and Wear of Polymer Composites. Elsevier, Amsterdam (1986) 25 – 59

[4.112] Tanaka, K.; Yamada, Y.: Effect of temperature on the friction and wear of some heat-resistant polymers. ACS Symposium series: Polymer Wear and Its Control. Washington DC, 287 (1985) 103 – 128

[4.113] Mittmann, H. U.; Czichos, H.: Reibungsmessungen und Oberflächenuntersuchungen an Kunststoff-Metall Gleitpaarungen. *Materialprüfung* 17 (1975) 366 – 372. https://doi.org/10.1515/mt-1975-171007

[4.114] Jones, S. P.; Jansen, R.; Fusaro, R. L.: Preliminary investigation of neural network techniques to predict tribological properties. *Tribol. Trans.* 40 (1997) 312 – 320. https://doi.org/10.1080/10402009708983660

[4.115] Velten, K.; Reinicke, R.; Friedrich, K.: Wear volume prediction with artificial neural networks. *Tribol. Int.* 33 (2000) 731 – 736. https://doi.org/10.1016/S0301-679X(00)00115-8

[4.116] Friedrich, K.; Reinicke, R.; Zhang, Z.: Wear of polymer composites. Proceedings: Institution of Mechanical Engineers Vol. 216 Part J: *J. Eng. Tribol.* (2002) 415 – 426

[4.117] Zhang, Z.; Reinicke, R.; Klein, P.; Friedrich, K.; Velten, K.: Wear prediction of polymer composites using artificial neural networks. Proceedings of the International Conference on Composites in Material and Structural Engineering, Prague 3.–6.6., (2001) 203 – 206

[4.118] Gyurova, L. A.; Friedrich, K.: Artifical neural networks for predicting sliding friction and wear properties of polyphenylene sulphide composites. *Tribol. Int.* 44 (2011) 603 – 609. https://doi.org/10.1016/j.triboint.2010.12.011

[4.119] Reinicke, R.; Haupert, F.; Friedrich, K.: On the tribological behavior of selected, injection molded thermoplastic composites. *Compos. Part A-Appl. Sci. Manuf.* 29 (1998) 763 – 771. https://doi.org/10.1016/S1359-835X(98)00052-9

[4.120] Reinicke, R.: Eigenschaftsprofil neuer Verbundwerkstoffe für tribologische Anwendungen im Automobilbereich. In: Neitzel, M. (Ed.): IVW Schriftenreihe Bd. 21, Institut für Verbundwerkstoffe GmbH, Kaiserslautern (2001)

[4.121] Friedrich, K.; Chang, L.; Haupert, F.: Current and future applications of polymer composites in the field of tribology. In: Nikolais, L.; Meo, M.; Milella, E. (Eds.): Composite Materials. A Vision for the Future. Springer, New York, USA (2011). https://link.springer.com/chapter/10.1007/978-0-85729-166-0_6

[4.122] Friedrich, K.; Schlarb, A. K. (Eds.): Tribology of polymeric nanocomposites. 2nd Edition, Elsevier, Amsterdam (2013)

5 Zähigkeitsbewertung mit bruchmechanischen Methoden

5.1 Einführung

Erzeugnisse aus Kunststoffen sind bei ihrem Einsatz vielfältigen mechanischen Beanspruchungen ausgesetzt. Eine Reihe von Einflussfaktoren, wie konstruktiv bedingte Kerben, mehrachsige Spannungszustände, tiefe Temperaturen, hohe Beanspruchungsgeschwindigkeiten sowie fertigungsbedingte Defekte fördern die Sprödbruchanfälligkeit. Dabei erfordert der ökonomische Einsatz dieser Werkstoffe eine vollständige Ausnutzung der Werkstoffeigenschaften, um die wachsenden Ansprüche an die Zuverlässigkeit, Sicherheit und Lebensdauer von Anlagen und Bauteilen zu erfüllen. Daraus ergibt sich die Notwendigkeit der Entwicklung von Prüf- und Messverfahren mit werkstoffwissenschaftlich begründeten Kenngrößen [1.39, 5.1]. Durch die fortschreitende technische Anwendung der bruchmechanischen Werkstoffprüfung und die Entwicklung kunststoffspezifischer Auswertemethoden wird eine für die Kunststoffprüfung neue Generation von Werkstoffkenngrößen mit wesentlich erhöhtem Informationsgehalt geschaffen, die als Zielgröße in der Werkstoffentwicklung und bei der Erzeugnisbewertung Anwendung findet.

Die gefährlichste werkstoffseitige Versagensursache ist der Bruch. Das ist die zum Verlust der Tragfähigkeit eines Festkörpers führende Werkstofftrennung in makroskopischen Bereichen [1.39]. Derartige Werkstofftrennungen sind bei Kunststoffen durch den Bruch der Molekülketten, das Herausziehen von Molekülketten und das Aufreißen von Phasengrenzflächen möglich. Desweiteren können als lokale plastische Verformungen Crazes und Scherbänder auftreten bzw. kann es zum Aufreißen von Sphärolithgrenzen kommen. Diese lokalen plastischen Verformungen können mit elektronenmikroskopischen Methoden nachgewiesen werden [1.14–1.16].

Zur Beurteilung der Zähigkeitseigenschaften werden gegenwärtig in der kunststofferzeugenden und -verarbeitenden Industrie vorwiegend solche Prüfmethoden eingesetzt, die sich auf die Bestimmung integraler energetischer Kenngrößen beschränken, insbesondere auf die bis zum Beginn der instabilen Rissausbreitung verbrauchte Verformungsenergie. Beispiele hierfür sind der Kerbschlagbiegeversuch, der Schlagzugversuch und die Fallprüfung. Dies bedeutet, dass eine gleiche Verformungsenergie des Prüfkörpers und, daraus abgeleitet, eine gleiche Kerbschlagzähigkeit (vgl. Abschnitt 4.4) aus sehr unterschiedlichem Werkstoffverhalten (niedrige Bruchkraft und große Durchbiegung oder große Bruchkraft und kleine Durchbiegung) resultieren kann. Aufgrund ihrer Geometrieabhängigkeit sind die konventionellen Kenngrößen nicht ineinander umrechenbar. Sie lassen sich nur unter speziellen Voraussetzungen vergleichen bzw. anwenden und eine Beziehung zu strukturellen Größen wird immer qualitativen Charakter tragen.

5.2 Stand und Entwicklungstendenzen

Ein erster Fortschritt bei der Beschreibung des Zähigkeitsverhaltens wurde durch die apparative Weiterentwicklung konventioneller Messtechniken zum

- instrumentierten Durchstoß- und Fallversuch,
- instrumentierten Schlagzug- und
- instrumentierten Schlagbiege- bzw. Schlagversuch mit Rotationsschlagwerken

erzielt. Als Bewertungsgrößen fanden neben den integralen Energiegrößen, wie Schädigungsarbeit oder Gesamtarbeit, zunächst die elektronisch registrierte Kraft beim Einsetzen der instabilen Rissausbreitung und die Verformung Verwendung. Die Einbeziehung bruchmechanischer Konzepte in die Auswertung und die damit verbundene Verknüpfung der gewonnenen Informationen über den Verformungs- und Bruchvorgang erfolgte dann für

- den instrumentierten Schlagzugversuch,
- den instrumentierten Fallversuch und in zunehmendem Maße
- den instrumentierten Kerbschlagbiegeversuch,

wobei für die Auswertung zunächst vorwiegend das LEBM-Konzept verwendet wurde. Mess- und auswertemethodische Untersuchungen zur Optimierung der experimentellen Bedingungen derartiger Messtechniken sind in [5.2–5.4] dargestellt.

In den letzten Jahren sind erhebliche Fortschritte bei der Ermittlung werkstoffwissenschaftlicher Kennwerte mit den Methoden der bruchmechanischen Werkstoffprüfung erzielt worden, wobei das spezifische Verformungs- und Bruchverhalten von Kunststoffen besondere Berücksichtigung fand. Dabei zeichnen sich folgende Entwicklungstendenzen ab:

- verstärkte Anwendung bruchmechanischer Prüfverfahren zur Zähigkeitsbewertung bei schlag- bzw. stoßartiger Beanspruchung [5.5, 5.6],

- verstärkte Einbeziehung moderner Konzepte und Auswertemethoden der Fließbruchmechanik, wie das CTOD- und insbesondere das *J*-Integral-Konzept, in die Auswertung bei der bruchmechanischen Werkstoffprüfung sowie deren Weiterentwicklung [5.7, 5.8],

- verstärkte Anwendung der R-Kurven-Messtechnik zur Bestimmung von Risszähigkeiten als Widerstand gegenüber stabiler Rissausbreitung [5.9–5.11].

Die Vorrangstellung des instrumentierten Fall- und des instrumentierten Kerbschlagbiegeversuchs wird sich aus der Sicht der Anwendung in der industriellen Prüfpraxis festigen, da hier ein unmittelbarer Anschluss an die in der Qualitätskontrolle übliche Kenngrößenermittlung erreicht wird. Um bei der Bewertung des Bruchverhaltens von Kunststoffbauteilen eine möglichst gute Annäherung an die Beanspruchungsverhältnisse zu gewährleisten, werden entsprechend der geometrischen Abmessungen mögliche Prüfkörperformen, wie Zugprüfkörper, Dreipunktbiege-(SENB-) Prüfkörper oder aus Rohren und Fittings herausgearbeitete C-Prüfkörper verwendet. Bei geometrisch komplizierten Formteilen und/oder komplexen Beanspruchungsbedingungen wird die direkte Bauteilprüfung bevorzugt. Zur Beurteilung des Verformungs- und Bruchverhaltens sowie der Ursachen von Schadensfällen an Kunststoffbauteilen ist eine enge Verflechtung bruchmechanischer Auswertemethoden mit morphologischen Untersuchungen, wie licht- oder elektronenmikroskopischen und relaxationsspektroskopischen Untersuchungen, Torsionsschwing- oder Biegeschwingversuch, mit der akustischen Emission und dielektrischen Untersuchungsverfahren erforderlich. Morphologische Untersuchungen haben einerseits für die Einbeziehung der bei Kunststoffen ablaufenden energiedissipativen Prozesse vor der Rissspitze und andererseits bei Schadensuntersuchungen große Bedeutung erlangt, wenn z. B. aufgrund der Abmessungen keine nachträglichen bruchmechanischen Experimente möglich sind. Hier erweisen sich derartige Untersuchungen als wertvolle Hilfsmittel der Schadensdiagnostik [1.7, 1.33]. Eine bemerkenswert rasche Entwicklung vollzieht sich, verbunden mit der allgemeinen Entwicklung der Computertechnik, bei der Simulation bruchmechanischer Versuchstechniken durch numerische Methoden, wie der Finite Elemente Methode (FEM) und der Methode der Finiten Differenzen. Die sich daraus ergebenden Möglichkeiten zur Optimierung der experimentellen Bedingungen sind eine notwendige Voraussetzung für die Standardisierung und die Weiterentwicklung der Auswertemethoden. Der derzeitige Entwicklungsstand zeigt, dass die bruchmechanische Werkstoffprüfung, unter Berücksichtigung kunststoffspezifischer Auswertemethoden, in Verbindung mit Methoden zur Strukturanalyse und Methoden zur Aufklärung von Verformungsmechanismen einen wesentlichen Beitrag auf dem Gebiet der Kunststoffentwicklung leistet. Weitere Erkenntnisfortschritte sind durch die Einbeziehung schädigungs- und mikromechanischer Modelle zur Aufstellung quantitativer Morphologie/Zähigkeits-Korrelationen zu erwarten, die eine effektive Werkstoffentwicklung ermöglichen.

5.3 Grundaussagen bruchmechanischer Konzepte

5.3.1 Linear-elastische Bruchmechanik (LEBM)

Die Bruchmechanik geht davon aus, dass der Bruch eines Bauteils und damit des Werkstoffes infolge der Ausbreitung von Anrissen auftritt. Sie untersucht die Bedingungen für die Ausbreitung von Rissen und gestattet es, zwischen der äußeren Beanspruchung, d. h. der am Bauteil oder Prüfkörper wirkenden Nennspannung, der Größe und Form der Anrisse sowie dem Widerstand des Werkstoffes gegen Rissausbreitung quantitative Zusammenhänge herzustellen. Das LEBM-Konzept beschreibt den Spannungszustand in der Nähe der Rissspitze durch den Spannungsintensitätsfaktor K (Bild 5.1):

$$\sigma_{ij} = \frac{K}{(2\pi r)^{1/2}} g_{ij}(\Theta) \tag{5.1}$$

σ_{ij} Normal- bzw. Schubspannungen
r, Θ Polarkoordinaten mit der Rissspitze als Ursprung
g_{ij} dimensionslose Funktion

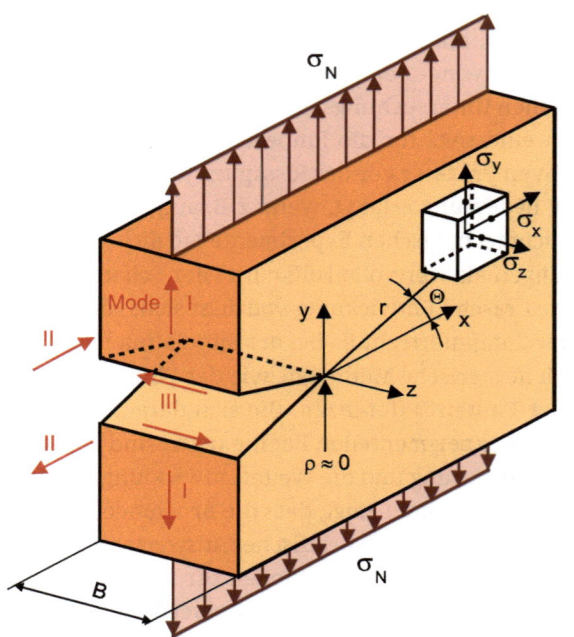

Bild 5.1
Koordinatensystem zur Beschreibung des Spannungszustandes an der Rissspitze

5.3 Grundaussagen bruchmechanischer Konzepte

Der von *Irwin* [5.12] eingeführte Spannungsintensitätsfaktor ist gegeben durch:

$$K = \sigma_N (\pi a)^{1/2} \tag{5.2}$$

σ_N Nennspannung
a Risslänge

Die endliche Geometrie eines jeden Bauteils und Prüfkörpers sowie die Rissgeometrie werden durch die Einführung einer Geometriefunktion f(a/W) berücksichtigt, womit Formel 5.2 in der Form:

$$K = \sigma_N (\pi a)^{1/2} f(a/W) \tag{5.3}$$

geschrieben werden kann. Die Funktionen f(a/W) sind für eine Vielzahl bruchmechanischer Prüfkörper berechnet worden [1.40, 1.44, 5.13]. Bild 5.2 enthält die Abmessungen von bevorzugt für Kunststoffe angewandten Prüfkörpern. Für einen unendlich ausgedehnten Prüfkörper und den Grenzfall eines Risses mit einem Kerbradius $\rho \sim 0$ ist f(a/W) = 1.

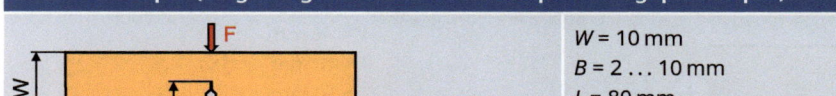

SENB-Prüfkörper (Single-Edge-Notched Bend/Dreipunktbiegeprüfkörper)

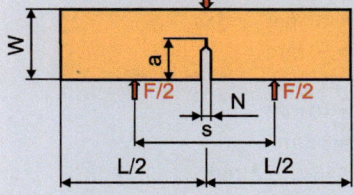

W = 10 mm
B = 2 ... 10 mm
L = 80 mm
s = 40 ... 70 mm
a = 0,5 ... 7,5 mm
N = 2 mm

$$K_I = \frac{F \cdot s}{B \cdot W^{3/2}} f\left(\frac{a}{W}\right)$$

$$f\left(\frac{a}{W}\right) = 2{,}9 \left(\frac{a}{W}\right)^{\frac{1}{2}} - 4{,}6 \left(\frac{a}{W}\right)^{\frac{3}{2}} + 21{,}8 \left(\frac{a}{W}\right)^{\frac{5}{2}} - 37{,}6 \left(\frac{a}{W}\right)^{\frac{7}{2}} + 38{,}7 \left(\frac{a}{W}\right)^{\frac{9}{2}}$$

$$f\left(\frac{a}{W}\right) = \frac{3}{2}\sqrt{\frac{a}{W}} \frac{\left[1{,}99 - \frac{a}{W}\left(1 - \frac{a}{W}\right)\left(2{,}15 - 3{,}93 \frac{a}{W} + 2{,}7 \left(\frac{a}{W}\right)^2\right)\right]}{\left(1 + 2\frac{a}{W}\right)\left(1 - \frac{a}{W}\right)^{\frac{3}{2}}}$$

Bild 5.2 Zusammenstellung häufig verwendeter Prüfkörperformen mit ihren Abmessungen, den dazugehörigen Bestimmungsgleichungen zur Berechnung der Bruchzähigkeiten und den Geometriefunktionen *(Fortsetzung nächste Seite)*

SENT-Prüfkörper (Single-Edge-Notched-Tension/einseitig gekerbter Zugprüfkörper)

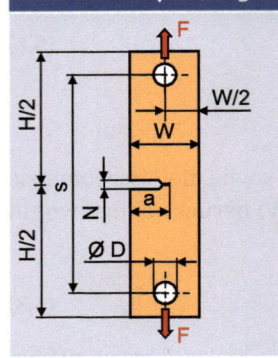

$W = 40$ mm
$H = 150$ mm
$s = 120$ mm
$D = 10$ mm
$N = 3$ mm
$a = 18 \ldots 22$ mm
$B = 2 \ldots 10$ mm

$$K_I = \frac{F \cdot a^{1/2}}{W \cdot B} f\left(\frac{a}{W}\right)$$

$$f\left(\frac{a}{W}\right) = 1{,}99 - 0{,}41\left(\frac{a}{W}\right) + 18{,}7\left(\frac{a}{W}\right)^2 - 38{,}48\left(\frac{a}{W}\right)^3 + 53{,}85\left(\frac{a}{W}\right)^4$$

CT-Prüfkörper (Compact Tension/Kompaktzugprüfkörper)

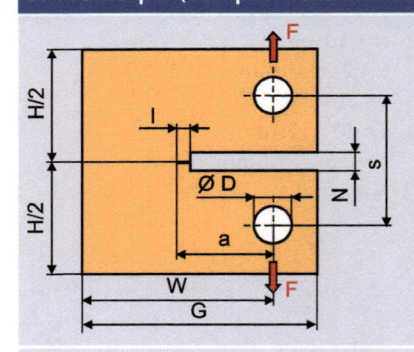

$W = 40$ mm
$H = 48$ mm
$G = 50$ mm
$s = 22$ mm
$D = 10$ mm
$N = 2$ mm
$a = 18 \ldots 22$ mm
$B = 2 \ldots 34$ mm
$l = 1{,}5$ mm

$$K_I = \frac{F}{BW^{1/2}} f\left(\frac{a}{W}\right)$$

$$f\left(\frac{a}{W}\right) = 29{,}6\left(\frac{a}{W}\right)^{\frac{1}{2}} - 185{,}5\left(\frac{a}{W}\right)^{\frac{3}{2}} + 655{,}7\left(\frac{a}{W}\right)^{\frac{5}{2}} - 1017\left(\frac{a}{W}\right)^{\frac{7}{2}} + 638{,}9\left(\frac{a}{W}\right)^{\frac{9}{2}}$$

Bild 5.2 Zusammenstellung häufig verwendeter Prüfkörperformen mit ihren Abmessungen, den dazugehörigen Bestimmungsgleichungen zur Berechnung der Bruchzähigkeiten und den Geometriefunktionen *(Fortsetzung)*

Der Spannungsintensitätsfaktor erreicht zu Beginn der instabilen Rissausbreitung einen kritischen Wert K_{Ic}, der als Bruch- oder Risszähigkeit bezeichnet wird und die Dimension MPa mm$^{1/2}$ erhält. Der Index I weist auf die Mode I-Belastung hin, bei der die Belastung senkrecht zur Rissfläche erfolgt. Für diesen technisch wichtigsten Fall einer Beanspruchung lautet das Bruchsicherheitskriterium:

$$K_I \leq K_{Ic} \tag{5.4}$$

wonach die Bruchsicherheit eines Bauteils gewährleistet ist, solange der kritische Wert nicht überschritten wird.

Neben der einfachen Rissöffnung nach Mode I sind in Bild 5.1 Mode II und Mode III enthalten, die bei Scher- oder Torsionsbeanspruchungen auftreten.

In Abhängigkeit von der Prüfkörpergeometrie bilden sich vor der Rissspitze unterschiedliche mehrachsige Spannungszustände aus. Bild 5.3 zeigt am Beispiel von PVCC und PP den Einfluss der Prüfkörperdicke auf das Bruchverhalten, wobei resultierend aus dem Übergang vom ebenen Spannungszustand (ESZ) in den ebenen Dehnungszustand (EDZ) makroskopisch ein Anwachsen des Normalspannungsbruches beobachtet wird.

Für den Fall, dass an der Rissspitze EDZ vorliegt, wird die Bruchzähigkeit von der Prüfkörpergeometrie unabhängig. Sie gibt den Einfluss der Werkstoffstruktur, der Beanspruchungsgeschwindigkeit und der Umgebungstemperatur auf die Zähigkeit wieder.

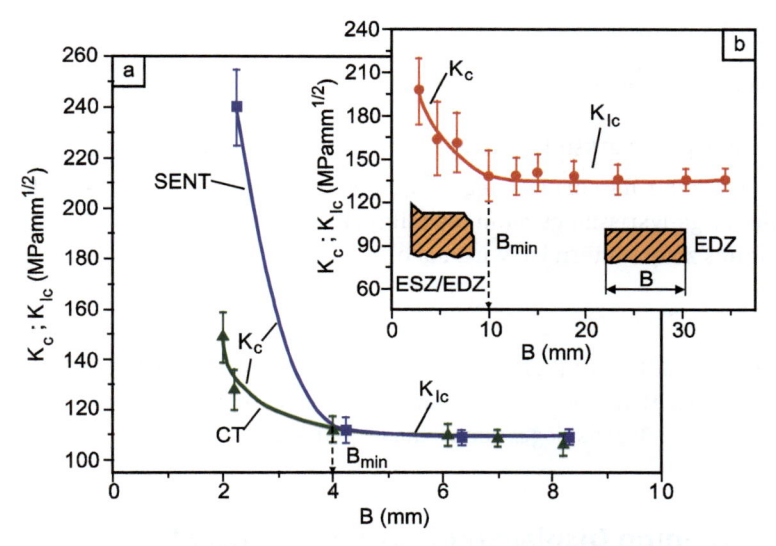

Bild 5.3 Abhängigkeit der Bruchzähigkeit K_c, K_{Ic} bei Raumtemperatur von der Prüfkörperdicke bei quasistatischer Beanspruchung für PVCC mit K_{Ic} = 110 MPamm$^{1/2}$ (a) und für PP mit K_{Ic} = 139 MPamm$^{1/2}$ (b) bei einer Traversengeschwindigkeit von v_T = 8,3 × 10^{-4} ms^{-1}

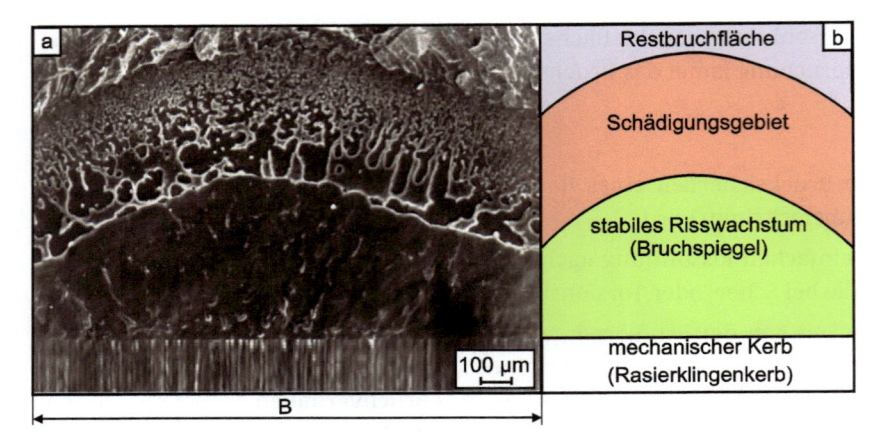

Bild 5.4 Bruchfläche eines Ethylen/Propylen Randomcopolymers mit 4 mol.-% Etyhylen (a) und schematische Darstellung der charakteristischen Bereiche (b)

Bei linear-elastischer Betrachtungsweise erfolgt die Abschätzung der Geometriegrößen B, a und der Ligamentausdehnung ($W - a$) über die empirisch ermittelte Beziehung [1.39, 1.40, 5.1, 5.7]:

$$B, a, (W-a) \geq \beta \left(\frac{K}{\sigma_y}\right)^2 \tag{5.5}$$

σ_y Streckspannung (Streckgrenze)

Die Geometriekonstante β ist werkstoffabhängig [1.39, 1.44, 5.4, 5.6, 5.10].

Durch die Berücksichtigung des Bruchspiegels a_{BS} bei der Zähigkeitsbeschreibung (Bild 5.4), wobei die Ausgangsrisslänge a um die mikroskopisch gemessene Länge des stabilen Risswachstums zu erweitern ist, wird nach:

$$a_{eff} = a + a_{BS} \tag{5.6}$$

formal der Übergang zur LEBM mit Kleinbereichsfließen vollzogen. Bei sehr spröden Gefügen (grobsphärolithisch) und bei hohen Beanspruchungsgeschwindigkeiten bzw. tiefen Temperaturen ist der Bruchspiegel vernachlässigbar klein.

5.3.2 Crack Tip Opening Displacement-(CTOD-)Konzept

Unter Verwendung des *Dugdale*'schen Rissmodells (Bild 5.5) wurde von *Wells* [5.14] das COD-Konzept abgeleitet. Es beruht auf der Annahme, dass bei duktilem Werkstoffverhalten der Bruchvorgang von einer kritischen plastischen Verformung, der Rissspitzenöffnungsverschiebung CTOD oder Rissöffnung δ, kontrolliert wird.

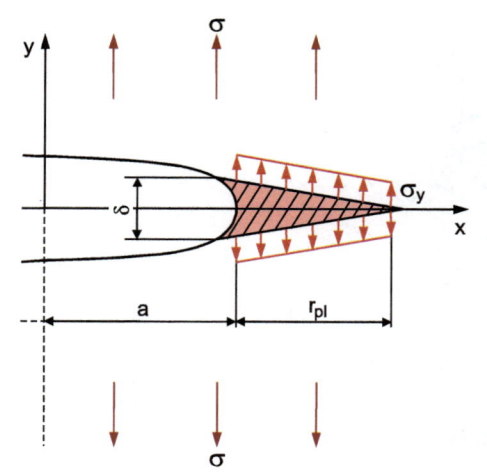

Bild 5.5
Rissmodell nach *Dugdale*

Die Ausbildung der plastischen Zone ist von der Mikrostruktur abhängig und kann deshalb nicht in einer allgemeingültigen Form dargestellt werden. Abweichend von den Modellvorstellungen [1.39, 1.40] werden experimentell materialspezifische plastische Zonen nachgewiesen. Der Radius der plastischen Zone kann aus der Beziehung:

$$r_{pl} = \omega \frac{K_{Ic}^2}{E\sigma_y} \tag{5.7}$$

r_{pl} Radius der plastischen Zone

abgeschätzt werden, wobei z. B. in [5.15] für PVCC ω = 4,3 bestimmt wurde. In Bild 5.6 wird das sich bei schlagartig beanspruchten SENB-Prüfkörpern ausbildende Deformationsgebiet vor der Rissspitze gezeigt. Nach der Kerbeinbringung wurden die Prüfkörper poliert und mit Gold bedampft. Dabei zeigen die Risse die Ausdehnung des Deformationsgebietes an.

Die Bestimmung der kritischen Rissöffnung erfolgt bei CT-Prüfkörpern nach Formel 5.8:

$$\delta_{Ic} = \frac{v_c}{1 + n\left(\dfrac{a+z}{W-a}\right)} \tag{5.8}$$

v_c Kerbaufweitung beim Einsetzen instabiler Rissausbreitung
z Abstand des Wegaufnehmers
n Rotationsfaktor

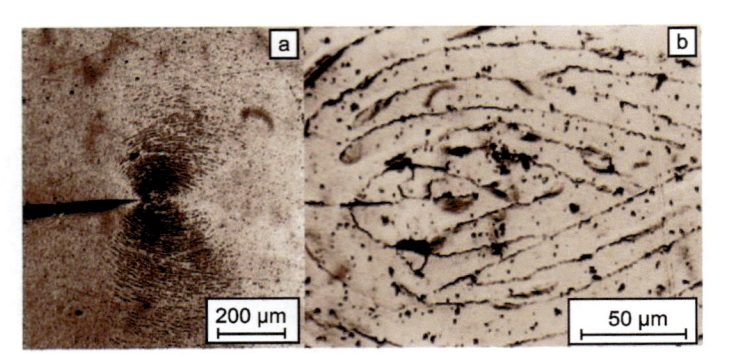

Bild 5.6 Deformationsgebiet an der Rissspitze von PVCC: Gesamtansicht (a) und Ausschnitt an der Rissspitze (b) eines SENB-Prüfkörpers nach schlagartiger Beanspruchung ($K_I < K_{Id}$), poliert, Gold bedampft

Für den biegebeanspruchten SENB-Prüfkörper gilt auf der Basis des Plastic-Hinge-Modells (Türangelmodells) (Bild 5.7) die Bestimmungsgleichung:

$$\delta_{Ic} = \frac{1}{n}(W-a)\frac{4f_k}{s} \tag{5.9}$$

s Stützweite

Dabei wurde die Berechnung der kritischen Rissöffnung auf den Bereich an der Kerbspitze reduziert, indem der Anteil der Durchbiegung eines ungekerbten Prüfkörpers von der maximalen Durchbiegung f_{max} des gekerbten Prüfkörpers subtrahiert wird. Der Rotationsfaktor n ist von der Belastung abhängig und das Rotationszentrum bewegt sich mit zunehmender Belastung auf die Rissspitze zu. Für quasistatisch beanspruchte CT-Prüfkörper wird durch die gleichzeitige Registrierung von Kerbaufweitung und Kraftangriffspunktverschiebung gezeigt, dass der Rotationsfaktor im Moment des Bruches den Grenzwert $n = 4$ annimmt [5.15].

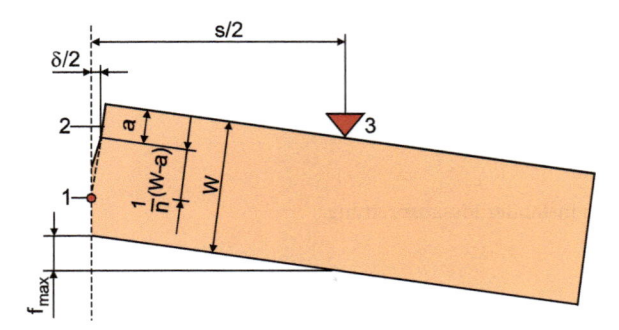

Bild 5.7 Prinzip des Plastic-Hinge-Modells für SENB-Prüfkörper
(1 – Rotationszentrum, 2 – scharfer Kerb, 3 – Widerlager)

5.3 Grundaussagen bruchmechanischer Konzepte

Zum LEBM-Konzept besteht die einfache Beziehung:

$$K_{Ic}^{CTOD} = \left(m \cdot \sigma_y \cdot \delta \cdot E\right)^{1/2} \tag{5.10}$$

m   Constraint-Faktor

Der Constraint-Faktor ist werkstoffspezifisch und wurde für PVCC mit m = 2 (d. h. überwiegend EDZ [5.15]) sowie für PP mit m = 0,7 [5.16] experimentell ermittelt.

Bei duktilem Werkstoffverhalten wird die Rissausbreitung durch einen stabilen Rissfortschritt geprägt, dessen Beginn durch einen kritischen δ-Wert festgelegt wird. Dieser Wert ergibt sich aus einer Abstumpfung der ursprünglichen Rissspitze infolge plastischer Verformung und wird auf der Bruchfläche als Stretch-Zone im REM nachgewiesen (Bild 5.8).

Die Abschätzung der Anforderungen an die Prüfkörpergeometrie erfolgt über

$$B, a, (W-a) \geq \xi \cdot \delta \tag{5.11}$$

ξ werkstoffabhängige Konstante des Geometriekriteriums des CTOD-Konzeptes

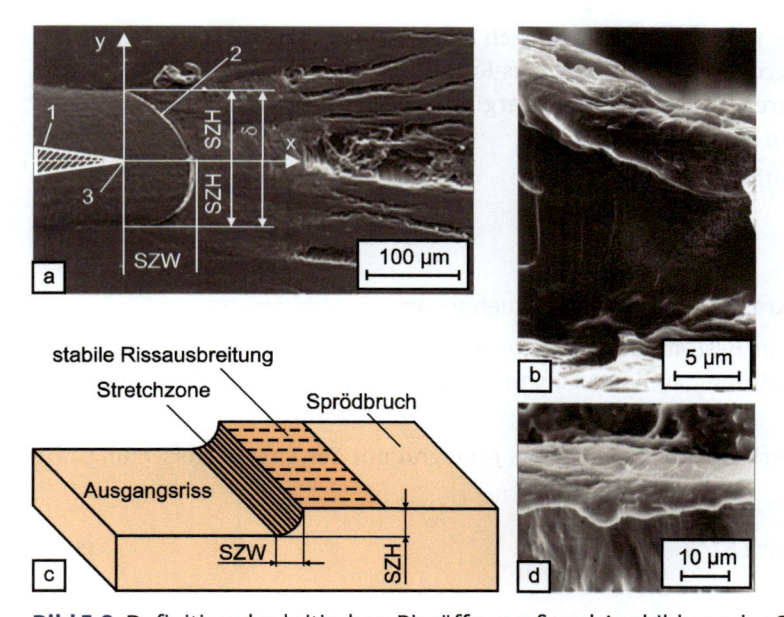

Bild 5.8 Definition der kritischen Rissöffnung δ und Ausbildung der Stretchzone vor der Rissspitze: Verformung der Rissspitze während der Belastung (1 – vor der Belastung, 2 – nach der Belastung, 3 – ursprüngliche Rissspitze, SZH – Stretchzonenhöhe, SZW – Stretchzonenweite) (a), REM-Aufnahme der Stretchzonenhöhe von PP (b), schematische Darstellung einer Bruchfläche (c) und REM-Aufnahme der Stretchzonenweite von PP (d)

5.3.3 J-Integral-Konzept

Das von *Cherepanov* [5.17] und *Rice* [5.18] eingeführte *J*-Integral hat aufgrund der energetischen Betrachtung des Bruchvorganges für Kunststoffe die größte Bedeutung erlangt. Das wegunabhängige Linienintegral umschließt den plastisch deformierten Bereich und verläuft im elastisch deformierten Bereich mit geschlossenem Integrationsweg um die Rissspitze (Bild 5.9a). Die *x*- und *y*-Komponenten werden definiert durch:

$$J_x = \int_R \left(W dy - T_{ij} \cdot n_j \frac{\partial u}{\partial x} dR \right) \quad (5.12)$$

und

$$J_y = \int_R \left(-W dx - T_{ij} \cdot n_j \frac{\partial u}{\partial x} dR \right) \quad (5.13)$$

- W elastische Energiedichte
- T Spannungstensor
- n Außennormale der Kurve R um die Rissspitze
- u Verschiebungsvektor

Die experimentelle Bestimmung erfolgt nach Bild 5.9b bis d, indem aus den registrierten Kraft-Kraftangriffspunktverschiebungs-Kurven mit unterschiedlichen Kerbtiefen durch Planimetrieren die Verformungsenergie A_G ermittelt und das Verhältnis A_G/B in Abhängigkeit von *a* dargestellt wird.

Durch grafische Differentation ergibt sich:

$$J = \frac{1}{B} \frac{\partial A_G}{\partial a} \quad (5.14)$$

als Funktion der Kraftangriffspunktverschiebung bzw. Durchbiegung.

Da der Aufwand zur Bestimmung von *J*-Werten nach dieser Prozedur für die praktische Kennwertermittlung zu hoch ist, wurden Näherungsformeln entwickelt (s. Abschnitt 5.4.2.4).

Für elastisches Werkstoffverhalten ist das *J*-Integral mit der Energiefreisetzungsrate *G* identisch:

$$J_I = G_I = \frac{K_I^2}{E} \quad \text{für ESZ} \quad (5.15)$$

bzw.

$$J_I = G_I = \frac{K_I^2}{E}\left(1-\nu^2\right) \quad \text{für EDZ} \quad (5.16)$$

Diese Gleichungen sind für die Umrechnung von J_{Ic}-Werten in K_{Ic}^J-Werte anzuwenden.

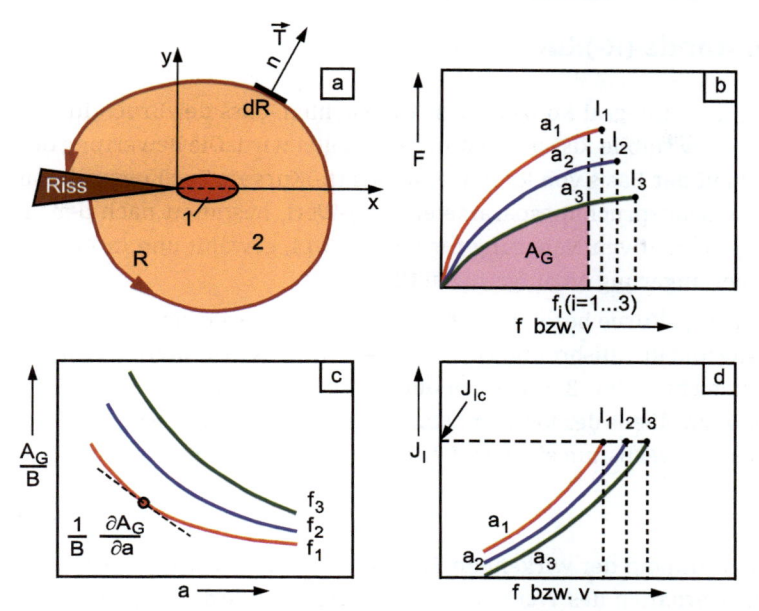

5.3 Grundaussagen bruchmechanischer Konzepte

Bild 5.9 Bestimmung des J-Integrals: wegunabhängiges Linienintegral mit 1 – plastisch deformierter Bereich (energiedissipative Zone) und 2 – elastisch deformierter Bereich (a), experimentell ermittelte Kraft-Kraftangriffspunktverschiebungs-Kurven unterschiedlicher Risslänge (b), durch Planimetrieren der F = f (v, f)-Abhängigkeit ermittelte Energie, bezogen auf die Prüfkörperdicke als Funktion der Risslänge (c) und durch Differenzieren der Kurven (c) bestimmtes J-Integral (d)

Den Zusammenhang zwischen J-Integral- und CTOD-Konzept liefert:

$$J = m \cdot \sigma_y \cdot \delta_{Ic} \tag{5.17}$$

worin m nach [1.39, 1.40] als Constraint-Faktor bezeichnet wird. Die kritischen J-Werte sind geometrieunabhängig, d. h. echte Werkstoffkennwerte, wenn das Kriterium:

$$B, a, (W - a) \geq \varepsilon \frac{J}{\sigma_y} \tag{5.18}$$

ε werkstoffabhängige Konstante des Geometriekriteriums des J-Integral-Konzeptes

erfüllt ist.

5.3.4 Risswiderstands-(R-)Kurven-Konzept

Bei der Anwendung des *J*-Integral-Konzeptes ist zu beachten, dass der Bruch in den meisten Fällen durch eine stabile Rissausbreitung eingeleitet wird. Die Bewertung der Risszähigkeit erfolgt auf der Basis von Risswiderstands-(R-)Kurven. Zur Konstruktion der R-Kurve wird als Beanspruchungsparameter der *J*-Wert, bestimmt nach der jeweils geeigneten approximativen Näherung für Formel 5.14, gewählt und in Abhängigkeit von der Rissverlängerung Δa aufgetragen (Bild 5.10).

Die *J*-Δa-Kurve, auch als J_R-Kurve bezeichnet, besteht aus zwei Bereichen, die die Stadien Rissabstumpfung und Rissausbreitung beschreiben. Die Rissabstumpfungsgerade (Blunting Line) kennzeichnet den Bereich, bei dem es zum Abstumpfen an der Rissspitze in Form eines Vorwölbens der Rissfront kommt und sich die Stretchzone ausbildet, bevor das stabile Risswachstum einsetzt. Für die Blunting Line gilt der Ansatz:

$$J = q \cdot \sigma_F \cdot \Delta a \tag{5.19}$$

wobei die Fließgrenze anhand der wirkenden Belastung ermittelt wird. Der Faktor q ist vom Verfestigungsverhalten des Werkstoffes abhängig und wird i. Allg. mit q = 2 angegeben.

Das Rissausbreitungsverhalten wird durch ein Potenzgesetz der Form:

$$J = c_1 \, \Delta a^{c_2} \tag{5.20}$$

c_1, c_2 Werkstoffkonstanten

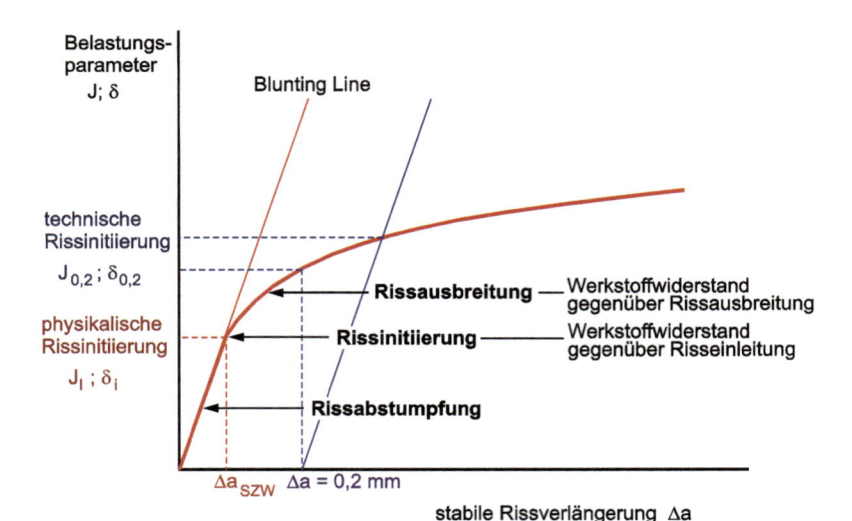

Bild 5.10 Risswiderstandskurve der Fließbruchmechanik

beschrieben. Das Stadium der Rissinitiierung wird durch den eigentlichen physikalischen Rissinitiierungswert und näherungsweise durch technische Rissinitiierungswerte quantifiziert. Die Ermittlung des physikalischen Rissinitiierungswertes erfolgt am Ort der ursprünglichen Rissabstumpfung durch Ausmessen der Stretchzonenweite (Bild 5.10). Diese Vorgehensweise bedingt REM-Aufnahmen der Bruchfläche.

Technische Rissinitiierungswerte $J_{0,2}$ werden bei einer Rissverlängerung $\Delta a = 0{,}2$ mm onset oder aus dem Schnittpunkt der Rissausbreitungskurve (Formel 5.20) und der um 0,2 mm parallel verschobenen Blunting Line bestimmt (Bild 5.10). Für Kunststoffe hat sich, im Unterschied zu metallischen Werkstoffen, die Ermittlung von $J_{0,2}$ bei $\Delta a = 0{,}2$ mm onset gemäß ESIS TC 4 durchgesetzt. Bei der Bestimmung der Rissinitiierungswerte ist zu berücksichtigen, dass die Auswertung nur in bestimmten Gültigkeitsbereichen durchgeführt werden darf.

Aus dem Anstieg der J-Δa-Kurve wird als zusätzlicher Werkstoffkennwert der Reißmodul (Tearing Modul):

$$T_J = \frac{dJ}{d\Delta a} \frac{E}{\sigma_F^2} \tag{5.21}$$

abgeleitet, der den Widerstand gegen stabile Rissausbreitung quantifiziert.

Von *Will* und *Michel* [5.19] wird eine Betrachtungsweise vorgeschlagen, nach der stabiles Risswachstum dann auftritt, wenn die in der plastischen Zone materialspezifisch dissipierte Energie den Überschuss an verfügbarer Energie, hervorgerufen durch den Risszuwachs, kompensiert. Das stabile Risswachstum ist nach dieser Vorstellung als JT_J-gesteuertes Risswachstum aufzufassen.

Analog zum Rissfeldparameter J kann zur Konstruktion der R-Kurve die Rissöffnungsverschiebung δ herangezogen werden. Aus den δ-Δa-Kurven lassen sich als Kenngrößen der physikalische Rissinitiierungswert δ_i, der technische Rissinitiierungswert $\delta_{0,2}$, der Modul $T_\delta^{0,2}$ sowie die Kenngröße $\delta\, T_\delta$ ableiten. Die Kenngrößen auf der Basis des CTOD-Konzeptes unterscheiden sich in ihrer Aussagekraft infolge der Bewertung nach der plastischen Verformung von den aus J-Δa-Kurven ermittelten.

5.4 Experimentelle Bestimmung bruchmechanischer Kennwerte

5.4.1 Quasistatische Beanspruchung

Zur gleichzeitigen Aufnahme von Kraft-Kraftangriffspunktverschiebungs-(F-v_L-) und Kraft-Kerbaufweitungs-(F-v-)Diagrammen ist die kontinuierliche Aufzeichnung von Kraft und Weg erforderlich. Hierzu müssen Festigkeitsprüfanlagen mit entsprechenden Belastungsvorrichtungen und zusätzlichen Wegaufnehmern ausgerüstet werden.

Die konventionelle Wegmessung erfolgt mit induktiven oder mit Halbleiterdehnmessstreifen bestückten Wegaufnehmern, die entweder in eingearbeitete Kanten am Rand des Kerbs oder in angeschraubte Messschneiden einzusetzen sind. Zur berührungslosen Messung können u. a. Laser-Doppelscanner an die Festigkeitsprüfanlage adaptiert werden. Die Arbeitsweise eines Lasermesssystems ist in Bild 5.11 dargestellt (s. a. Abschnitt 4.3). Der Laser-Doppelscanner arbeitet im Transmissionsmodus mit 2 parallelen Laserstrahlen, die im horizontalen Bereich von 0–50 mm frei justierbar sind. Die erreichbare Messwertauflösung beträgt bei einem Objektabstand von 200 mm ca. 0,5 µm. Als Abzugsgeschwindigkeiten werden üblicherweise Traversengeschwindigkeiten v_T im Bereich von 20 bis 200 mm min^{-1} verwendet.

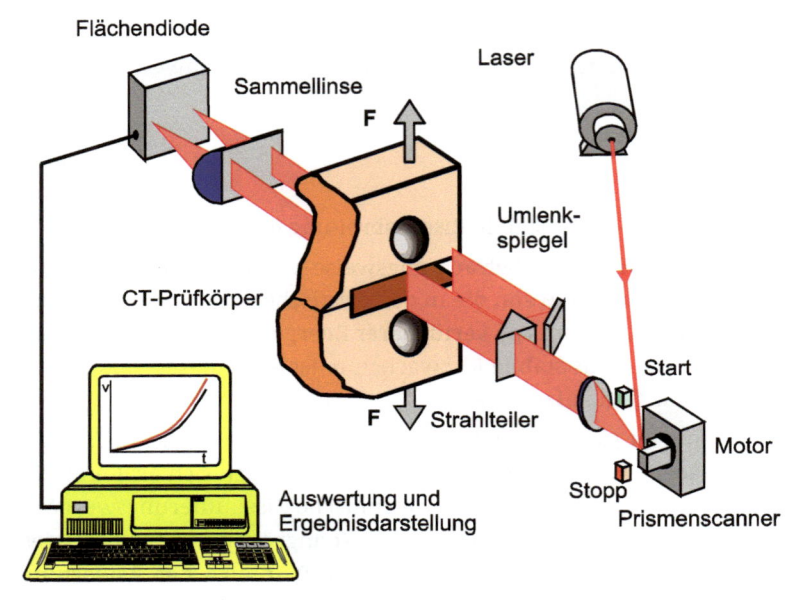

Bild 5.11 Laser-Doppelscanner zur Messung der Kraftangriffspunktverschiebung in der Kraftwirkungslinie und der Kerbaufweitung

Für die Auswertung nach dem LEBM- und *J*-Integral-Konzept ist die exakte Aufzeichnung von F-v_L-Diagrammen und für die CTOD-Auswertung von F-v-Diagrammen erforderlich.

Zur Beschreibung des Zähigkeitsverhaltens mit bruchmechanischen Kennwerten ist es notwendig, den die Zähigkeit am stärksten mindernden Fall zu simulieren. Deshalb werden in Kunststoffe mittels Metallklingen oder Mikrotommessern Kerben eingebracht, die eine hohe Kerbschärfe aufweisen. Kerbform und -länge werden in entscheidendem Maße durch die Kerbeinbringungsgeschwindigkeit und die bei der Kerbeinbringung vor der Rissspitze ablaufenden Prozesse bestimmt. Das Wachstum des Risses vor der Metallklingenspitze (Radius ≈ 0,2 µm) wird durch in Form und Größe unterschiedliche plastische Zonen gestoppt.

Um die Klingenbelastung zu verringern kann der Metallklingenkerb mit einem gefrästen Kerb kombiniert werden. Dabei muss der Metallklingenkerb so lang sein, dass der Winkel zwischen den Ecken des Fräskerbs und der Spitze des Metallklingenkerbs die Größe von 30° nicht überschreitet, wodurch der Einfluss des Fräskerbs auf das Spannungsfeld vermieden wird.

Neben den mechanisch eingebrachten Kerben werden in bruchmechanischen Prüfkörpern auf der Basis zyklischer Be- und Entlastungen Ermüdungsrisse erzeugt, die durch ein definiertes Spannungsfeld an der Rissspitze gekennzeichnet sind. Die bei quasistatischer Beanspruchung registrierten F-v- und F-v_L-Kurven lassen sich in zwei Grundtypen einordnen. Ihr prinzipieller Verlauf ist in Bild 5.12 wiedergegeben.

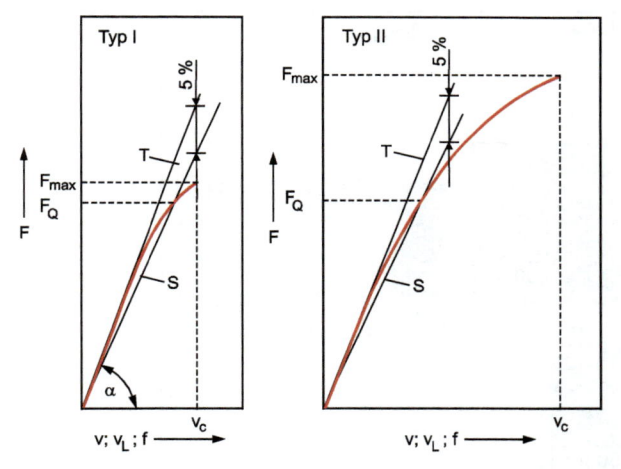

Bild 5.12 Grundtypen von bei quasistatischer Beanspruchung registrierten Kraft-Kraftangriffspunktverschiebungs-(F-v_L-), Kraft-Kerbaufweitungs-(F-v-) bzw. Kraft-Durchbiegungs-(F-f-) Diagrammen (T – Tangente; S – Sekante; F_Q – Kraft am Schnittpunkt der F-v-Kurve mit der Sekante S)

Der Kurventyp I repräsentiert linear-elastisches Werkstoffverhalten mit nur geringen nichtlinearen Verformungsanteilen. Er wird an spröden Kunststoffen, an mit anorganischen Zusatzstoffen oder Fasern gefüllten und verstärkten Kunststoffen oder an Prüfkörpern mit größeren Dicken ($B > 10$ mm) sowie bei Prüftemperaturen unterhalb T_g beobachtet. Der Kurventyp II zeigt ein ausgeprägt nichtlineares Werkstoffverhalten. Er tritt an Prüfkörpern aus höhermolekularen Kunststoffen, z. B. PP, PE, Blends und Copolymeren, an Prüfkörpern geringer Dicke oder bei Prüftemperaturen oberhalb T_g auf. Zur Begrenzung der plastischen Verformung an der Rissspitze bzw. des stabilen Rissfortschrittes muss beim Kurventyp I die Bedingung Formel 5.22 eingehalten werden.

$$\frac{F_{max}}{F_Q} \leq 1{,}1 \tag{5.22}$$

Die Ermittlung der Kennwerte K_{Ic} erfolgt nach dem in Bild 5.12 schematisch dargestellten Verfahren unter Verwendung der Bestimmungsgleichung in Bild 5.2. Für die bruchmechanische Bewertung des Werkstoffverhaltens ist neben der Kennwertermittlung die Berücksichtigung der Schädigungsvorgänge an der Rissspitze von besonderer Bedeutung. Durch die Aufklärung der ablaufenden Schädigungsvorgänge mithilfe rasterelektronenmikroskopischer, polarisationsoptischer und zerstörungsfreier Methoden (s. Abschnitt 6.2 und Kapitel 8) und deren Zuordnung zum Kraft-Weg-Diagramm wird eine Aufteilung in charakteristische Bereiche möglich. Bild 5.13 zeigt das F-f-Diagramm eines PP/EPR-Blends mit 20 M.-% EPR und den Schädigungsverlauf vor der Rissspitze während der Rissabstumpfung und der Rissausbreitung.

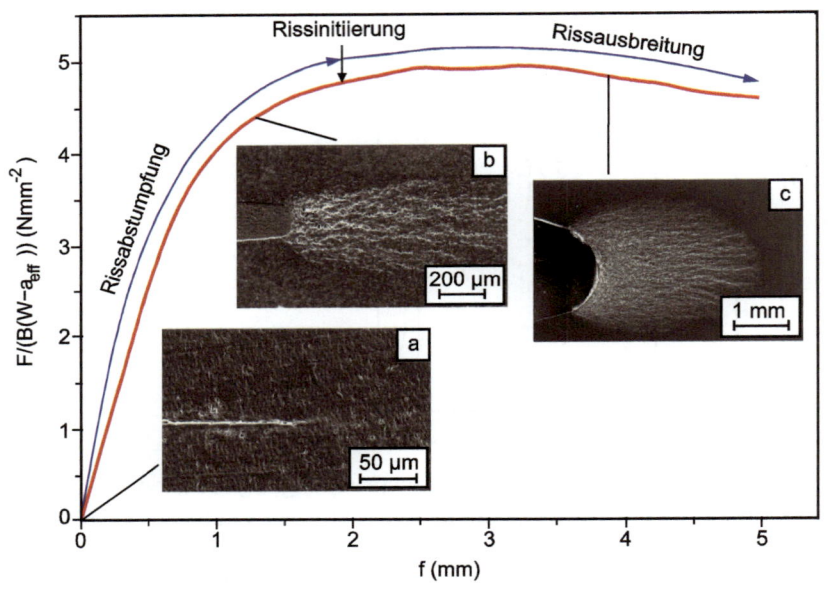

Bild 5.13 Kraft-Durchbiegungs-Diagramm eines PP/EPR Blends mit 20 M.-% EPR, ermittelt an einem SENB-Prüfkörper, mit Rissspitzendeformationsprozessen: Ausgangsrissspitze (a), Rissspitze während der Rissabstumpfung mit crazeartigem Schädigungsgebiet, das durch die Flanken des ursprünglichen Metallklingenkerbs begrenzt wird (b) und Rissspitze während des stabilen Risswachstums (c); der Pfeil kennzeichnet den Rissinitiierungspunkt

Für die Auswertung von F-v_L- bzw. F-f-Diagrammen zur Ermittlung von J-Werten wird das Näherungsverfahren nach *Rice, Paris* und *Merkle* [5.20] (Bild 5.14) benutzt, wonach die J_I-Werte bei tiefgekerbten Prüfkörpern nach der Beziehung:

$$J_I = \frac{\lambda (A_G - A_0)}{B(W-a)} \qquad (5.23)$$

mit $\lambda = f(a/W) = 2$ für SENB-Prüfkörper und $\lambda = f(a/W) = 2{,}29$ für CT-Prüfkörper für $a/W = 0{,}5$ [1.39] erhalten werden. Als Vereinfachung wird nach einem Vorschlag von *Begley* und *Landes* [5.21] die Arbeit der ungekerbten Prüfkörper häufig vernachlässigt.

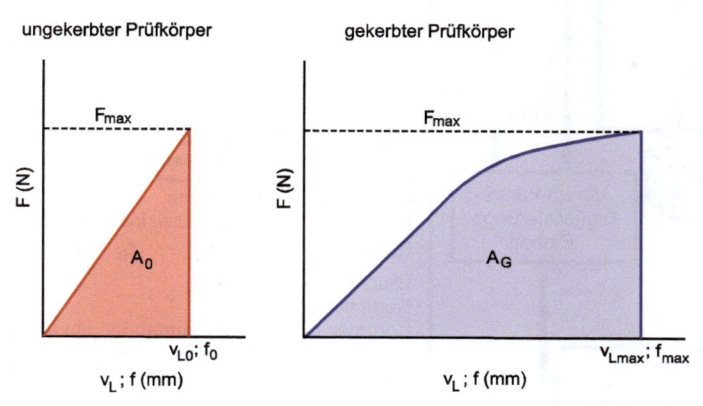

Bild 5.14 Auswertung von F-v_L- bzw. F-f-Kurven zur Bestimmung des J-Wertes nach dem Näherungsverfahren von *Rice*, *Paris* und *Merkle*

5.4.2 Instrumentierter Kerbschlagbiegeversuch

5.4.2.1 Prüfanordnung

Zur Bewertung der Zähigkeit von Kunststoffen bei schlag- oder stoßartiger Beanspruchung werden Gerätesysteme zur elektronischen Erfassung der Schlagkraft und der dazugehörigen Durchbiegung mit geeigneten Sensoren eingesetzt. Als Prüfeinrichtungen werden handelsübliche Schlagwerke mit 0,5 bis 50 J, vorzugsweise ein Pendelschlagwerk mit 4 J Arbeitsinhalt bei maximaler Fallhöhe, verwendet.

Bild 5.15 zeigt das Arbeitsprinzip einer häufig angewendeten Instrumentierungsvariante zur Registrierung von Schlagkraft-Durchbiegungs-Diagrammen, die sich prinzipiell auch für andere Werkstoffprüfverfahren, wie z. B. den Schlagzugversuch oder die Fallprüfung einsetzen lässt.

Die Aufnahme des Kraftsignals erfolgt über an der Hammerfinne positionierte Halbleiterdehnmessstreifen, die in einer *Wheatstone*'schen Brückenschaltung angeordnet sind. Die Verstärkung des Signals erfolgt über einen mit integrierten Operationsverstärkern bestückten Kraftverstärker.

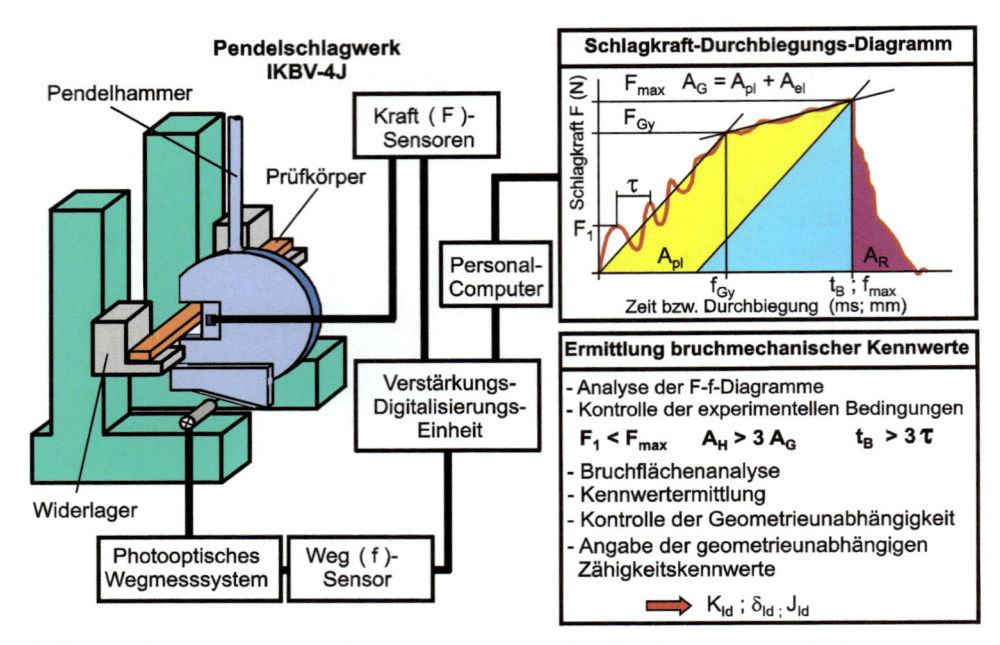

Bild 5.15 Schematischer Aufbau eines Bruchmechanik-Arbeitsplatzes „Instrumentierte Kerbschlagbiegeprüfung" und Beispiel eines Kraft-Durchbiegungs-Diagramms mit Aufteilung der Energieanteile und formaler Vorgehensweise zur Kennwertermittlung

Das Messsystem ermöglicht die wahlweise Aufzeichnung von Kraft (F)-Zeit (t)- und Kraft (F)-Durchbiegungs (f)-Diagrammen. Aus den F-t-Diagrammen wird unter Berücksichtigung des 2. *Newton*'schen Axioms durch Integration zunächst die Geschwindigkeit des Pendelhammers als Funktion der Zeit und durch nochmalige Integration die Durchbiegung f des Prüfkörpers als Funktion der Zeit ermittelt. Eine direkte Messung des Wegsignals kann durch eine photooptische Wegmesseinrichtung erfolgen. Die Verstärkung des Signals wird hier durch einen Kompensationsverstärker erzielt.

Die analogen F-f-Signale werden nach einer Verstärkung (obere Bandbreite des Gleichspannungsverstärkers > 150 kHz) in einem Kraft-Durchbiegungs-Signalformumsetzer in digitale Messwerte umgesetzt. Die Datenerfassung und -auswertung erfolgt durch nachgeordnete rechnergestützte Aufzeichnungs- und Auswerteeinheiten. Die Erfassung der Temperaturabhängigkeit der Zähigkeit erfolgt mit Zusatzeinrichtungen, die eine Temperierung im Temperaturintervall von −100 °C bis +150 °C ermöglichen.

Ein messtechnisches Problem besteht im Auftreten des Aufschlagimpulses, der dem tatsächlichen dynamischen Verhalten des Werkstoffs überlagert ist.

5.4.2.2 Einhaltung experimenteller Bedingungen

Im aufgezeichneten Kraftsignal ist die Überlagerung mehrerer Schwingungskomponenten enthalten, wodurch die Auswertung erheblich erschwert wird, insbesondere die Festlegung des Beginns der instabilen Rissausbreitung (F_{max}, f_{max}) und des Übergangs vom elastischen zum elastisch-plastischen Werkstoffverhalten (F_{gy}, f_{gy}) [5.10, 5.15]. Das F-f-Diagramm setzt sich aus den Komponenten

- Reaktionskraft des Prüfkörpers,
- Beschleunigungskräfte,
- Signalschwingungen durch Feder-Masse-Kräfte,
- Signalschwingungen durch reflektierte Körperschallwellen und
- hochfrequente Signalschwingungen durch nachgeschaltete Messelektronik

zusammen, aus deren Überlagerung der in Bild 5.15 gezeigte, das Originalsignal gut charakterisierende, Verlauf resultiert.

Prinzipiell lassen sich Störschwingungen nicht verhindern, sie sind aber durch

- Verbesserungen in der Schlaganordnung, spezielle Hammerformen, Wahl des Hammerwerkstoffes und der -masse,
- Wahl der Prüfkörper und Kerbgeometrie und damit der Prüfkörpersteifigkeit,
- Wahl der Pendelhammergeschwindigkeit,
- Veränderung des Auflagerabstandes (s/W-Verhältnis) und
- den Frequenzgang der elektronischen Messkette bzw. den Einsatz spezieller elektronischer Filter

beeinflussbar (Literaturzusammenstellung s. [5.3]), wobei immer die Relation zur Bruchkraft entscheidend ist und für den Beginn der instabilen Rissausbreitung die maximale Schlagkraft F_{max}:

$$F_{max} > F_1 \tag{5.24}$$

größer als der Aufschlagimpuls F_1 sein muss. Aus der maximalen Schlagkraft werden mithilfe statischer Auswerteformeln die bruchmechanischen Kenngrößen ermittelt (vgl. Abschnitt 5.3).

Deshalb muss zur Gewährleistung eines quasistatischen Spannungszustandes im Prüfkörper:

$$t_B > 3\tau \tag{5.25}$$

t_B Bruchzeit
τ Periode der Trägheitsschwingung

sein, wobei eine weitere Verringerung von t_B zusätzliche auswertemethodische Probleme beinhaltet.

Die Kontrolle der Energieaufnahme beim Schlagvorgang erfolgt nach Formel 5.26, wonach die vom Pendelhammer für den Bruchvorgang angebotene Schlagenergie A_H

größer als das 3fache der von dem Prüfkörper verbrauchten Verformungsenergie A_G sein muss.

$$A_H > 3 A_G \qquad (5.26)$$

Eine notwendige Voraussetzung für die unverfälschte Erfassung des Zusammenhangs zwischen Schlagkraft und Durchbiegung ist die Kontrolle des Frequenzganges. Eine exakte messtechnische Erfassung des F-f-Signals ist nur unter Einhaltung aller in Tabelle 5.1 aufgeführten experimentellen Bedingungen möglich.

Zur Verbesserung der Auswertbarkeit der F-f-Signale werden mechanische Dämpfungselemente bzw. elektronische Filterungen eingesetzt, wobei in Relation zur Bruchzeit Filterfrequenzen von 3 bis 10 kHz zweckmäßig sind. Für schlagzähmodifizierte, gefüllte und verstärkte Kunststoffe ist in den Fällen, in denen die Veränderung der Rissausbreitungsenergie betrachtet werden soll, eine Filterung ungeeignet, da man eine Verfälschung von A_R erhält.

Tabelle 5.1 Zusammenstellung der experimentellen Bedingungen des instrumentierten Kerbschlagbiegeversuchs

Experimentelle Bedingung	
Kontrolle des Kraft-Zeit- bzw. Kraft-Durchbiegungs-Registrierdiagramms ▪ Bedingung für die Amplitude der Trägheitskraft („low-blow-Technik")	$F_1 < F_{max}$ $F_1 \approx \dfrac{Z_1 \cdot Z_2}{Z_1 + Z_2} v_I$ $Z_{1,2} = c_{1,2} \cdot \rho_{1,2}$ $Z_{1,2}$ spezifische Schallimpedanz des Prüfkörpers bzw. Pendelhammers $\rho_{1,2}$ Dichte des Prüfkörper- bzw. Pendelhammerwerkstoffes $c_{1,2}$ Schallgeschwindigkeit des Prüfkörper- bzw. Hammerwerkstoffes
▪ Bedingung für Bruchzeit	$t_B > 3\tau$ $\tau = 1{,}68 \cdot \dfrac{s}{c_1} \left(\dfrac{W}{s}\right)^{1/2} (EB\lambda_P)^{1/2}$ λ_P Prüfkörpernachgiebigkeit

5.4 Experimentelle Bestimmung bruchmechanischer Kennwerte

Experimentelle Bedingung	
Kontrolle der Energiebilanz • Bedingung für schlagartige Prüfung • Bedingung für kinetische Energie, die dem Prüfkörper beim Bruch erteilt wird	$A_G < \dfrac{1}{3} A_H$ $X < 2\,\%$ X Fehlergröße $X = \dfrac{m_s}{m_p}\left(\dfrac{A_H}{A_G} - 1\right) 100\,\%$ m_s Masse des Kerbschlagbiegeprüfkörpers m_p Masse des Pendelhammers
Kontrolle des Frequenzganges der elektronischen Messkette • Bedingung für Anstiegszeit • Bedingung für das Auftreten einer Frequenzfilterung	$t_B > 1{,}1\, t_R$ t_R Anstiegszeit der elektronischen Messkette (Verstärker und Frequenzfilter) $t_R = \dfrac{0{,}35}{f_{0{,}915}};\quad t_R = \dfrac{0{,}27}{f_{0{,}707}}$ $f_{0{,}915\,dB}$ Frequenz, bei der die Amplitude 90 % beträgt $f_{0{,}707\,dB}$ Frequenz, bei der die Amplitude 70 % beträgt $t_R = 1{,}4\,\tau$

5.4.2.3 Typen von Schlagkraft-Durchbiegungs-Diagrammen – Optimierung der Diagrammform

Die beim instrumentierten Kerbschlagbiegeversuch auftretenden Diagrammformen lassen sich in 3 Grundtypen einteilen, die in Bild 5.16 dargestellt sind. Die Form ist neben der Werkstoffstruktur in entscheidendem Maße von den Beanspruchungsbedingungen abhängig. Diagrammtyp I repräsentiert elastisches, Typ II elastisch-plastisches Werkstoffverhalten und bei Typ III liegt elastisch-plastisches Werkstoffverhalten mit ausgeprägtem stabilem Risswachstum vor. Diese 3 Grundtypen lassen sich durch die Typen Ia, IIa und IIIa erweitern, wenn der instabile Riss in seiner Geschwindigkeit noch einmal vermindert und vom Werkstoff aufgefangen wird. Eine starke Beeinflussung des Rissausbreitungsverhaltens erfolgt durch das Modifizieren mit anorganischen und organischen Füllstoffen. Die zur Berechnung der bruchmechanischen Kenngrößen erforderlichen Informationen F_{max}, F_{gy}, f_{max}, f_{gy} sind den Diagrammen zu entnehmen. Das dominierende auswertemethodische Problem ist die Festlegung der Werte F_{gy} und f_{gy}.

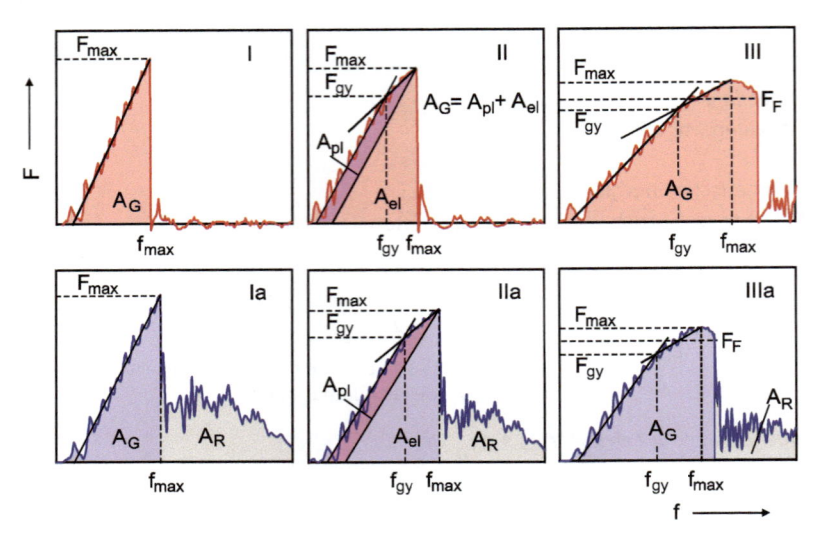

Bild 5.16 Schematische Darstellung typischer Schlagkraft-Durchbiegungs-Diagramme

Der Einfluss des a/W-Verhältnisses und der Pendelhammergeschwindigkeit auf die Gestalt und Auswertbarkeit der F-f-Diagramme ist in Bild 5.17 dargestellt und führt zu folgenden Aussagen:

- Der Zusammenhang zwischen Schlagkraft und Durchbiegung wird mit zunehmendem a/W-Verhältnis nichtlinearer; gleichzeitig wird die Festlegung der Art des Werkstoffverhaltens problematischer.
- Die maximale Schlagkraft F_{max} nimmt mit abnehmendem a/W-Verhältnis zu; der plastische Anteil an der Gesamtverformung wird geringer, d. h. $J/G \approx 1$.

Die Amplitude der Trägheitskraft F_1 bleibt etwa konstant.

Hieraus leitet sich hinsichtlich einer optimalen Signalform für eine bruchmechanische Auswertung unter Einbeziehung von Ergebnissen zum Einfluss der Stützweite die Forderung nach $s/W = 4$, einem niedrigen a/W-Verhältnis und einer niedrigen Pendelhammergeschwindigkeit ab. Damit erhält man für eine Vielzahl von Anwendungsfällen allgemein verwendbare Beanspruchungsbedingungen, wenn der Nachweis der Anwendbarkeit der bruchmechanischen Konzepte auch für kleine a/W-Verhältnisse (vgl. Abschnitt 5.4.2.4) erbracht wird.

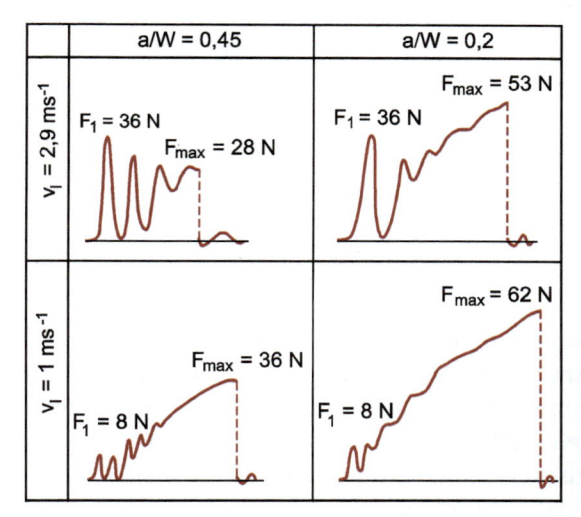

Bild 5.17
Einfluss der Pendelhammergeschwindigkeit und des a/W-Verhältnisses auf die Diagrammform am Beispiel von PP

5.4.2.4 Spezielle Näherungsverfahren zur Bestimmung von J-Werten

Neben den in Abschnitt 5.4.1 angegebenen J-Integral-Näherungsverfahren von *Begley* und *Landes* (Kurzzeichen BL) und *Rice, Paris* und *Merkle* (RPM) sind im gesamten a/W-Bereich die Auswertemethoden von *Sumpter* und *Turner* (ST) [5.23] und *Merkle* und *Corten* (MC) [5.24] anwendbar.

Bei der Auswertemethode von *Sumpter* und *Turner* wird die gesamte Verformungsenergie entsprechend Bild 5.15 in einen elastischen und einen plastischen Anteil aufgespalten. Der Einfluss der Kerbtiefe wird durch die Korrekturfunktionen η_{el} und η_{pl} berücksichtigt.

$$J_{Id}^{ST} = \eta_{el} \frac{A_{el}}{B(W-a)} + \eta_{pl} \frac{A_{pl}}{B(W-a)}\left(\frac{W-a_{eff}}{W-a}\right) \tag{5.27}$$

Der elastische Faktor η_{el} kann aus dem linearen Teil des *F-f*-Diagramms über:

$$\eta_{el} = \frac{2F_{gy} \cdot s^2 (W-a)}{f_{gy} E_d B W^3} f^2(a/W)(1-v^2) \tag{5.28}$$

berechnet werden. Der plastische Faktor η_{pl} ist $\eta_{pl} \approx 2$ für a/W > 0,2 [5.23, 5.25]. Eine stärkere Berücksichtigung des plastischen Anteils an der Gesamtverformung erfolgt bei der Auswertemethode von *Merkle* und *Corten* gemäß:

$$J_{Id}^{MC} = G + \frac{2}{B(W-a)}\left[D_1 A_G + D_2 A_k - (D_1 + D_2) A_{el}\right] \tag{5.29}$$

mit

$$D_1 = \frac{1+\gamma}{1+\gamma^2} \tag{5.30}$$

und

$$D_2 = \frac{(1-2\gamma-\gamma^2)}{(1+\gamma^2)^2} \qquad (5.31)$$

wobei γ für Dreipunktbiegebeanspruchung bei EDZ lautet:

$$\gamma = \frac{1{,}456(W-a)}{s} \qquad (5.32)$$

Zur Simulation der Prüfkörperbelastung kommen fast ausschließlich numerische Methoden, vorwiegend die FEM, zur Anwendung. Aufgrund der Symmetrie in der Prüfkörpergeometrie und in dem Belastungsschema muss nur eine Hälfte des Prüfkörpers vernetzt werden. Bild 5.18 oben zeigt ein Netz aus 8-Knoten-Viereckelementen der Serendipity-Klasse mit quadratischem Ansatz bei den Formfunktionen. Eine exakte Anpassung des verwendeten FE-Netzes an die Umgebung der Rissspitze erhält man, wenn für die Netzstruktur in der Zone A einander überlappende Bereiche von a/W festgelegt werden (Bild 5.18 unten). Die Anpassung des Netzes in der Zone B an die Rissspitzensingularität erfolgt durch geeignete Verdichtung der Elemente und den Einsatz sogenannter dreiseitiger isoparametrischer Elemente mit $r^{-1/2}$-Singularität [5.26]. Die Genauigkeit der verschiedenen Näherungsverfahren wurde durch den Vergleich der experimentell bestimmten J-Werte mit den elastischen FEM-Werten (Kurzzeichen J^{FEM}) und Bildung des J-Integralverhältnisses überprüft. Ein J-Integralverhältnis von 1,0 bedeutet eine exakte Übereinstimmung. Für PA, PP, gefülltes PE-HD und PVC-C zeigte sich, dass die Auswertemethoden von *Merkle/Corten* und *Sumpter/Turner* bei Kunststoffen mit elastischem bzw. geringem plastischem Anteil an der Verformungsenergie des Prüfkörpers im Bereich $0{,}05 \leq a/W \leq 0{,}5$ vom a/W-Verhältnis unabhängige J-Werte liefern [5.27]. Die J-Werte nach *Begley/Landes* nehmen mit zunehmendem a/W-Verhältnis ab; die RPM-Werte sind durch die Berücksichtigung der Verformung des ungekerbten Prüfkörpers (Formel 5.23) um den Faktor 2 kleiner als die J^{ST}- bzw. J^{MC}-Werte. Für die Auswertemethoden von *Sumpter/Turner* und *Merkle/Corten* ist das J-Integralverhältnis ≈ 1, wie in Bild 5.19 für PVCC gezeigt wird, so dass diese Methoden für die Auswertung von Bruchmechanikexperimenten bei Dreipunktbiegebeanspruchung geeignet sind.

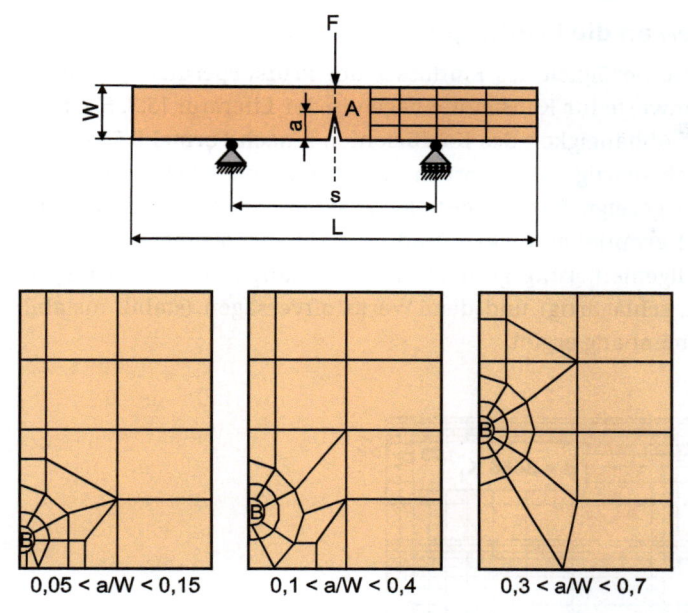

5.4 Experimentelle Bestimmung bruchmechanischer Kennwerte

Bild 5.18 FE-Netzwerk für einen SENB-Prüfkörper (oben) und Vernetzung der Zone A für einander überlappende Bereiche (unten); B – geometrischer Ort der Rissspitze

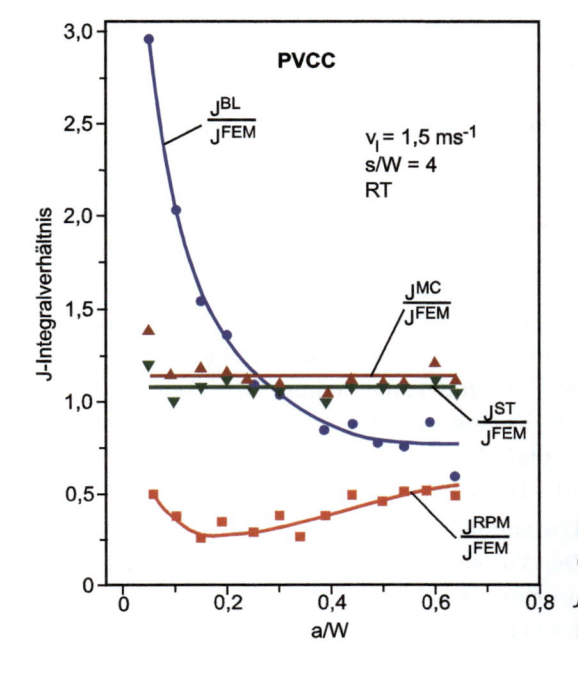

$0,05 < a/W < 0,15$ $0,1 < a/W < 0,4$ $0,3 < a/W < 0,7$

Bild 5.19 Genauigkeit verschiedener J-Integralauswertemethoden für PVC-C bei Raumtemperatur

PVCC, $v_l = 1,5\ ms^{-1}$, $s/W = 4$, RT

5.4.2.5 Anforderungen an die Prüfkörpergeometrie

Experimentelle Ergebnisse bezüglich des Einflusses der Prüfkörperdicke B auf die bruchmechanischen Kennwerte für Kunststoffe liegen in der Literatur [5.3, 5.4, 5.11] vor. In Bild 5.20 wird die Abhängigkeit des Koeffizienten β nach Formel 5.5 von der bei quasistatischer und schlagartiger Beanspruchung bestimmten Bruchzähigkeit für verschiedene Kunststoffe gezeigt. Der dargestellte Zusammenhang wurde auf der Grundlage experimentell ermittelter Dicken- und a/W-Abhängigkeiten erstellt und besitzt einen hohen Verallgemeinerungsgrad, da sich unabhängig von der Beanspruchungsart (quasistatisch, schlagartig) und dem Werkstoffversagen (stabil, instabil) ein gemeinsamer Zusammenhang ergibt.

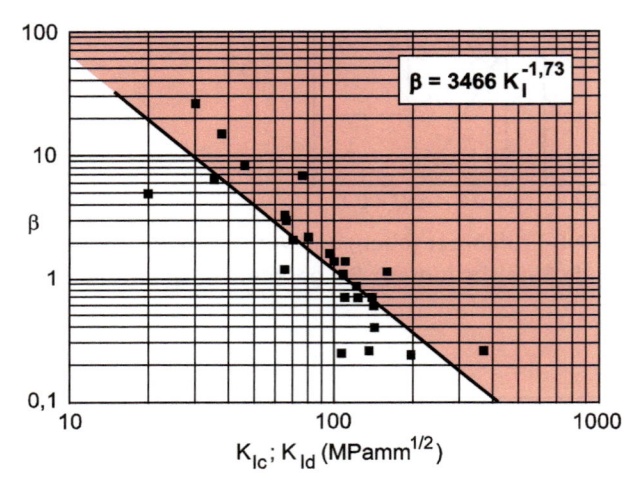

$$\beta = 3466\, K_I^{-1,73}$$

Bild 5.20 Abhängigkeit des Koeffizienten β von der Bruchzähigkeit K_{Ic}, K_{Id} für verschiedene Kunststoffe

Aufgrund des elastisch-plastischen Werkstoffverhaltens, insbesondere mit abnehmender Prüfkörperdicke, abnehmender Beanspruchungsgeschwindigkeit und zunehmender Temperatur, und den Grenzen für die Anwendbarkeit des LEBM-Konzeptes, ist es notwendig, das J-Integralkonzept zur Beschreibung der Geometrieabhängigkeit heranzuziehen. Für die Geometriekonstante ε aus dem Kriterium Formel 5.18 ergibt sich aus Bild 5.21 eine Tendenz zur Abnahme mit zunehmender Zähigkeit, wonach ε, ebenso wie die Geometriekonstante β, als eine werkstoffabhängige Größe angesehen werden muss und Werte zwischen 5 und 1220 annehmen kann, die für schlagartige Beanspruchung jeweils Maximalwerte darstellen.

Die Kenntnis des allgemeinen ε-J-Zusammenhanges erlaubt die Abschätzung der erforderlichen Prüfkörperdicken. Der Vorteil der Bestimmung bruchmechanischer Kennwerte bei schlagartiger Beanspruchung liegt in der Möglichkeit, bereits bei niedrigen Prüfkörperdicken geometrieunabhängige Werte zu erhalten.

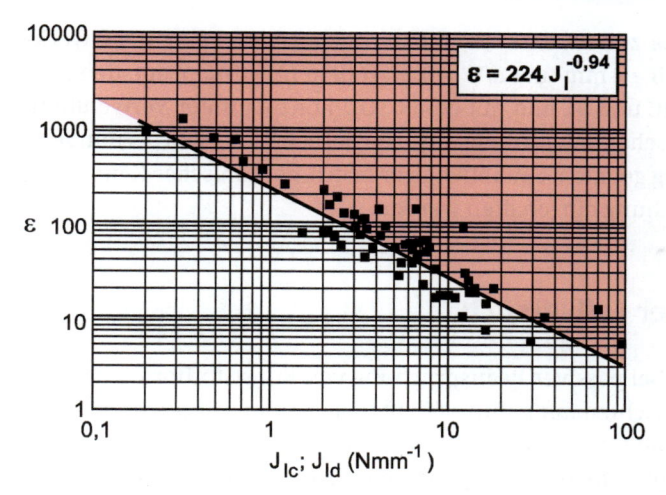

Bild 5.21 Abhängigkeit des Koeffizienten ε vom J-Wert für verschiedene Kunststoffe

Neben dem J-Integralkonzept wird insbesondere zur Beschreibung verformungsdeterminierter Bruchvorgänge das CTOD-Konzept verwendet. Voraussetzung für die Ermittlung kritischer Rissöffnungen ist die Ausbildung eines quasistatischen Spannungszustandes. Auf der Basis des in Abschnitt 5.3.2 dargestellten Plastic-Hinge-Modells wird bei schlagartiger Beanspruchung die kritische Rissöffnung entsprechend Formel 5.9 ermittelt, die, wie in [5.28] gezeigt werden konnte, bei $B = 4$ mm für $a/W > 0{,}2$ unabhängig vom a/W-Verhältnis ist. Aus Bild 5.22 wird ersichtlich, dass man ξ-Werte zwischen 10 und 90 annehmen kann und bei noch unbekannter Abschätzung der notwendigen Kerbtiefe bzw. Prüfkörperdicke eine erhebliche Überschätzung der erforderlichen Mindestprüfkörperabmessung möglich ist.

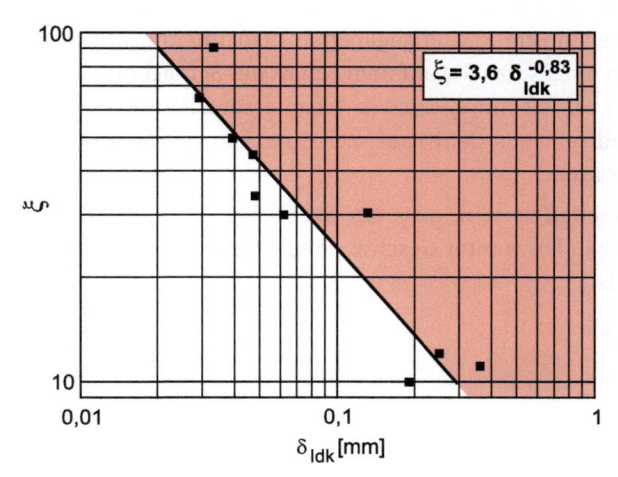

Bild 5.22 Abhängigkeit des Koeffizienten ξ von der kritischen Rissöffnung δ_{Idk}

Die vorliegenden Ergebnisse zeigen, dass die Geometriekonstanten β, ε und ξ werkstoffabhängig sind und für B = 4 mm und $a/W \geq 0{,}2$ mit dem LEBM-Konzept, den J-Integralauswertemethoden MC und ST und mit dem CTOD-Konzept unter Verwendung des Kerbanteils an der kritischen Rissöffnung die erforderlichen Prüfkörpermindestabmessungen zur Ermittlung geometrieunabhängiger bruchmechanischer Kennwerte bei schlagartiger Beanspruchung eingehalten werden.

5.4.3 Instrumentierter Fallversuch

Schlagzähigkeitsprüfungen bei passiver Beanspruchung von Kunststoffformteilen unter Verwendung von Fallgewichten mit definierten Stoßelementen zählen zu den aussagefähigsten und in der Qualitätsentwicklung und -kontrolle einfach handhabbaren Zähigkeitsprüfverfahren. Mit Hilfe des Schlagversuches ist eine Schwachstellenanalyse am Formteil möglich, da die Prüfung in der Regel sehr empfindlich konstruktive Mängel am Formteil oder Störungen im technologischen Prozess, die sich auf das Zähigkeitsniveau auswirken, anzeigen kann.

Der konventionelle Schlagversuch (s. Abschnitt 4.4) gestattet nur die Ermittlung der mittleren Schädigungsarbeit am Formteil, die für die Qualitätssicherung, nicht aber zur Werkstoffentwicklung ausreicht. Eine erweiterte Aussage vermittelt der instrumentierte Fallversuch über die Auswertung des Schlagkraft-Deformations-Verlaufes. Zur experimentellen Ermittlung werden hauptsächlich nach dem Prinzip des frei fallenden Schlaghammers arbeitende Schlagprüfgeräte eingesetzt. Darüber hinaus sind Prüfapparaturen mit hydraulischem oder pneumatischem Antrieb und Fallwerke mit zusätzlichen Beschleunigungseinrichtungen im Einsatz. Dabei wird die Schlagenergie auf das Formteil durch den freien Fall des in einem Fallrohr reibungsarm geführten Schlagbolzens über ein an der Fallbolzenspitze befindliches Stoßelement übertragen. Als Kraftsensoren werden bei der in Bild 5.23 angegebenen Instrumentierungsvariante Halbleiterdehnmessstreifen eingesetzt, die auf dem Schaft des Schlagbolzens angeordnet sind. Die Wegmessung erfolgt mit speziellen Wegmesseinrichtungen oder wird, in Analogie zum IKBV, indirekt aus dem Kraft-Zeit-Signal durch Ausführung einer zweifachen Integration ermittelt.

Die Prüfanordnung muss so beschaffen sein, dass der Stoßbolzen den Prüfkörper bzw. das Formteil mittig mit nahezu konstanter Geschwindigkeit durchstößt bzw. der Geschwindigkeitsverlust < 20 % ist.

Der in Bild 5.23 dargestellte Messplatz Fractovis (Ceast, Italien) gestattet Messungen im Geschwindigkeitsbereich von 0,3 bis 20 ms^{-1} bei einer maximalen angebotenen Energie von 140 J im Temperaturbereich von $-70\,°C \leq T \leq +150\,°C$. Standardprüfungen nach DIN EN ISO 6603-2 werden mit einer Auftreffgeschwindigkeit von $4,4 \pm 0,1$ ms^{-1} durchgeführt, was einer Fallhöhe von 1 m entspricht.

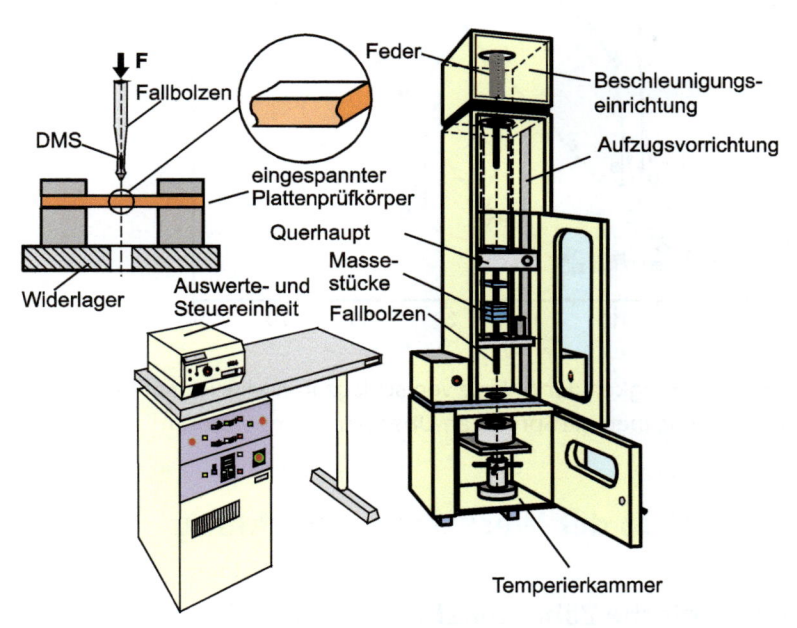

Bild 5.23 Prinzipaufbau eines instrumentierten Fallwerks

Die Analyse und Interpretation der registrierten Schlagkraft-Deformations-Kurven erfolgt nach den in Abschnitt 5.4 dargestellten Auswertemethoden, wobei für die Angabe geometrieunabhängiger bruchmechanischer Kenngrößen die Kenntnis der durch festkörpermechanische Methoden numerisch bestimmten Geometriefunktion des jeweiligen Formteils eine notwendige Voraussetzung darstellt. Als Qualitätsparameter bieten sich kritische *J*-Werte bei stabilem oder instabilem Rissausbreitungsbeginn an.

Bild 5.24 zeigt als Beispiel den Einfluss der Modifikatorkonzentration auf die Temperaturabhängigkeit und den daraus resultierenden Spröd-Zäh-Übergang von schlagzähem PA 6. Mit zunehmendem Modifikatorgehalt verschiebt sich die Spröd-Zäh-Übergangstemperatur von 70 °C bei unmodifiziertem PA 6 auf −20 °C bei einem Modifikatorgehalt von 25 M.-%. Höhere Modifikatorkonzentrationen bewirken in diesem System keine weitere Verbesserung des Zähigkeitsverhaltens [5.10].

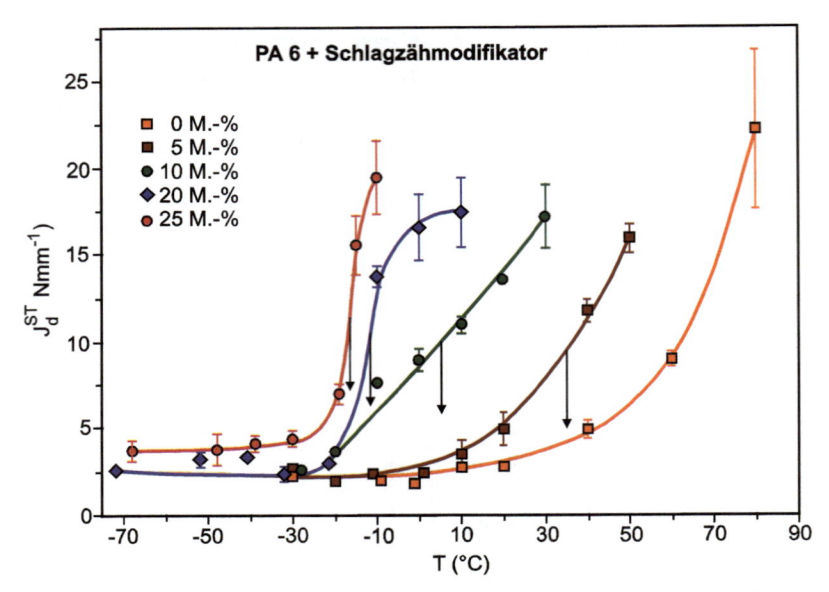

Bild 5.24 Temperaturabhängigkeit der *J*-Werte von schlagzähmodifiziertem PA 6; die Pfeile kennzeichnen die Spröd-Zäh-Übergangstemperaturen

5.5 Anwendungen in der Werkstoffentwicklung

5.5.1 Bruchmechanische Zähigkeitsbewertung von modifizierten Kunststoffen

5.5.1.1 Teilchengefüllte Kunststoffe

Die Modifizierung von Kunststoffen mit anorganischen Zusatzstoffen wie Kreide, Talkum und Glaskugeln, führt in vielen Fällen zu Verbundwerkstoffen mit veränderten mechanischen Eigenschaften. Infolge der differenzierten Beeinflussung des Festigkeits- und Verformungsverhaltens, des Auftretens von elastischen und plastischen Verformungsanteilen, stabilem Risswachstum und Rissverzögerungsenergieanteilen ist die Risszähigkeit als Widerstand gegenüber instabiler und stabiler Rissausbreitung bei schlagartiger Beanspruchung von besonderem Interesse. Das erreichbare mechanische Kennwertniveau ist von der Art, dem Volumenanteil und der Morphologie des Füllstoffes, den Eigenschaften der Matrix sowie den Füllstoff-Matrix-Wechselwirkungen abhängig.

In Bild 5.25 wird die Abhängigkeit der *J*-Werte nach Formel 5.27 vom Füllstoffvolumenanteil φ_v für kreidegefülltes PP, baumwoll- (BW), hartpapier- (HP) bzw. SiO_2-gefülltes PE-HD sowie für kreide- und SiO_2-gefülltes PVC dargestellt. Dabei zeigt sich ein charakteristisches Maximum für bestimmte φ_v. Zur Aufklärung der Ursachen der

Konzentrationsabhängigkeit ist der spezifische Verlauf der einzelnen Messgrößen von Schlagkraft und Durchbiegung in Abhängigkeit von φ_V von entscheidender Bedeutung. Aus Bild 5.26 wird deutlich, dass für die teilchengefüllten Polyolefine dieses Maximum durch die Füllstoffvolumenabhängigkeit von F_{max} und für PVC/Kreide bzw. PVC/SiO$_2$ durch die Füllstoffvolumenabhängigkeit von f_{max} bestimmt wird. Baumwoll- und hartpapiergefülltes PE-HD zeigen ein tendenziell unterschiedliches Verhalten. Während bei den PE/BW-Verbunden im untersuchten Konzentrationsbereich F_{max} und f_{max} gleichsinnig zunehmen, tritt bei den PE/HP-Verbunden gegenläufiges Verhalten auf. Die resultierenden J_{Id}^{ST}-Werte zeigen demzufolge einen Zähigkeitsanstieg mit zunehmendem Baumwollanteil und ein Maximum in Abhängigkeit vom Volumenanteil Hartpapier, das sowohl durch das Maximum in der Abhängigkeit der Bruchkraft als auch durch die zunehmende Verformungsbehinderung geprägt wird. Die Lage des Zähigkeitsmaximums ist vom Matrixwerkstoff abhängig.

Aus der verschiedenartigen Beeinflussung von F_{max} und f_{max} durch den jeweiligen Füllstoff wird die Notwendigkeit der Verwendung von Konzepten der FBM deutlich. Die Beschreibung der Konzentrationsabhängigkeit mit dem LEBM-Konzept führt beim PVC/Kreide-Verbund zu einer kontinuierlichen Zunahme von K_{Id} mit zunehmendem φ_V, da bei einer bruchkraftdeterminierten Zähigkeitsbewertung nur die Abhängigkeit $F_{max} = f(\varphi_V)$ in die Bewertung einbezogen wird. Demgegenüber bleibt die Abnahme von $f_{max} = f(\varphi_V)$ als Indikator für eine zunehmende Versprödung unberücksichtigt.

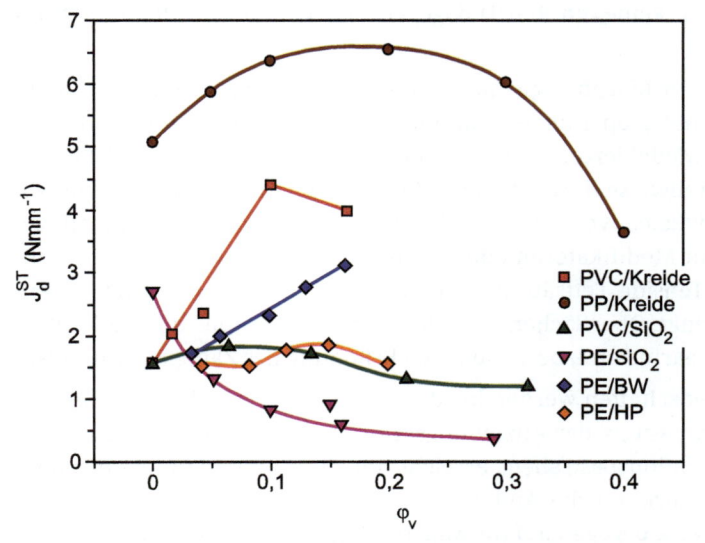

Bild 5.25 Abhängigkeit der J-Werte vom Füllstoffvolumenanteil φ_V für thermoplastische Verbundwerkstoffe

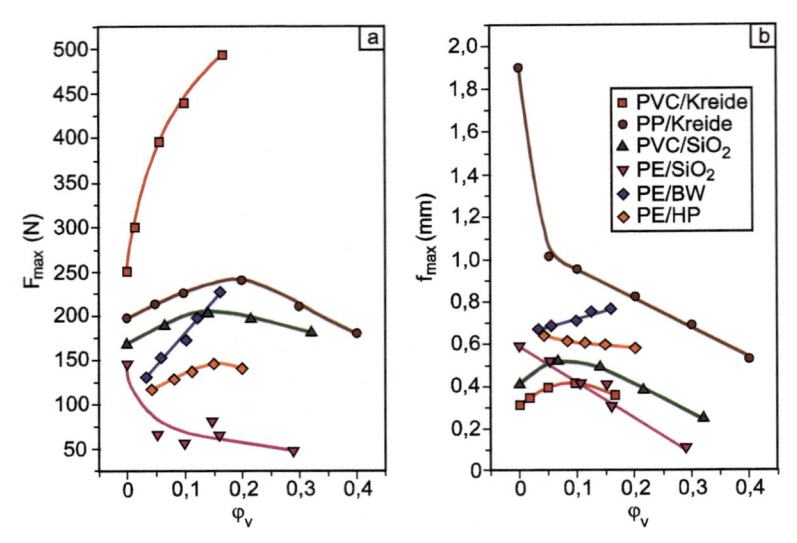

Bild 5.26 Maximale Schlagkraft und Durchbiegung beim Beginn der instabilen Rissausbreitung für Verbundwerkstoffe mit thermoplastischer Matrix

Bei höheren Füllstoffgehalten ist häufig keine optimale Dispergierung gewährleistet, so dass Agglomerate entstehen können. Solche Teilchen stellen extrem große Heterogenitäten dar und führen prinzipiell zur Verringerung der Verformbarkeit (Bruchdehnung). Bei gleichem Kreidetyp wurden bei den entsprechenden Verarbeitungsbedingungen z. B. im PVC keine, im PE-HD dagegen Agglomerate von bis zu 160 µm nachgewiesen [5.29].

Auf der Basis quantitativer Morphologieanalysen ist die Aufstellung von Zusammenhängen zwischen Morphologieparametern und bruchmechanischen Kenngrößen sowie eine grundlegende Modellierung der Zähigkeitseigenschaften möglich [5.29]. Zur Verbesserung des sich teilweise durch die Einarbeitung von anorganischen Füllstoffen verringernden Zähigkeitsniveaus (vgl. Bild 5.25) wird der Oberflächenmodifizierung von Füllstoffen mit Modifikatoren oder Zusatzstoffen, wie sie z. B. Silane, Titanate, Chromkomplexe, Tenside, Fettsäuren und Gleitmittel darstellen, eine besondere Aufmerksamkeit geschenkt. Oberflächenmodifikatoren, wie das Tensid Hexadecylpyridiniumchlorid oder Stearinsäure, bewirken eine Erhöhung des Zähigkeitsniveaus.

Optimale Zähigkeitseigenschaften werden bei der Stearinsäuremodifizierung mit ca. 1 M.-% durch eine Verringerung der Anziehungskräfte zwischen den Kreideteilchen und damit des Agglomerationsbestrebens erreicht (Bild 5.27). Dem Einfluss der Konzentration von Stearinsäure auf die Änderung der Zähigkeitseigenschaften, ausgedrückt durch die J_{Id}^{ST}-Werte bezogen auf die Matrixzähigkeit J^M, wird in Bild 5.27 der Einfluss der Konzentration eines kationenaktiven Modelltensids gegenübergestellt. Für Konzentrationen ≥ 0,17 M.-% wirkt dieses Tensid als zähigkeitserhöhender Oberflächenmodifikator. Absorptionsmessungen zeigten, dass der Bedeckungsgrad des Füllstoffes für eine Zähigkeitszunahme > 1 sein sollte [5.3].

Der Einsatz von zähigkeitsbeeinflussenden Modifikatoren wirkt sich in besonderem Maße auf die Rissverzögerungsenergie A_R aus. Mit zunehmender Konzentration und Temperatur nimmt A_R zu. Im konventionellen Kerbschlagbiegeversuch ermittelte Kerbschlagzähigkeiten a_{cN} weisen diesen Energieanteil nicht getrennt aus und führen damit zu einer Überschätzung der Werkstoffzähigkeit.

Für die Festlegung werkstoffmechanisch fundierter Grenztemperaturen $T_Ü$, bei der erste Anzeichen des Spröd-Zäh-Übergangsverhaltens auftreten, sind aufgrund des elastisch-plastischen Werkstoffverhaltens und der gewährleisteten Geometrieunabhängigkeit die Konzepte der FBM anzuwenden. Eine Festlegung von $T_Ü$ aus F-f-Diagrammen ist wenig sinnvoll, da die Änderung des Diagrammtyps von der Stützweite, Prüfkörper- und Kerbgeometrie sowie dem Kerbradius abhängig ist.

In Bild 5.28 werden als Beispiel die Temperaturabhängigkeiten der kritischen Rissöffnungsverschiebung δ_{Id} von PVC und kreidegefülltem PVC dargestellt. Die Verschiebung von $T_Ü$ infolge der Kreidefüllung bei schlagartiger Beanspruchung wird auch für $T > 20\,°C$ deutlich sichtbar, woraus die außerordentlich positive Eignung von PVC für kreidegefüllte Verbundwerkstoffe ableitbar ist.

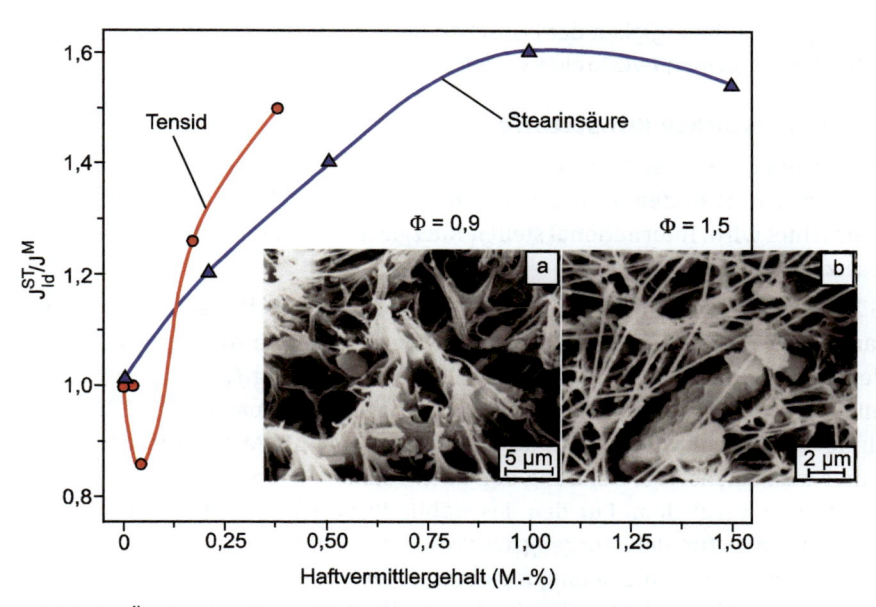

Bild 5.27 Änderung der Zähigkeitseigenschaften von kreidegefülltem PE-HD ($\varphi_v = 0{,}19$) in Abhängigkeit von der Konzentration an Stearinsäure und eines Modelltensids: Einfluss des Bedeckungsgrades Φ an Stearinsäure auf die Agglomeratbildung und die plastische Matrixdeformation mit $\Phi = 0{,}9$ (a) und $\Phi = 1{,}5$ (b)

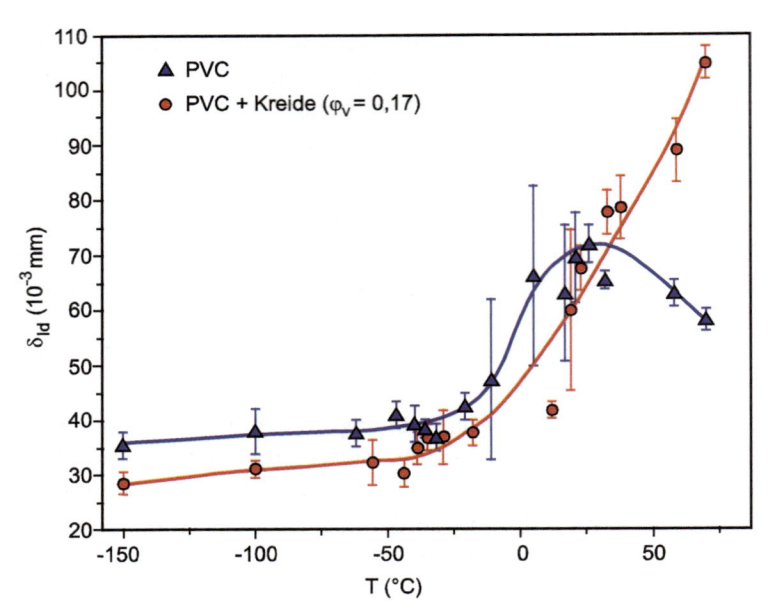

Bild 5.28 Temperaturabhängigkeit der kritischen Rissöffnungsverschiebung für PVC und einen PVC/Kreide-Verbund mit $\varphi_v = 0{,}17$

5.5.1.2 Faserverstärkte Kunststoffe

Technisch dominierende Faserverstärkungsstoffe sind die Glasfasern, wobei von den geeigneten Matrixwerkstoffen nachfolgend das Verhalten von Polyolefinen und Polyamiden betrachtet wird. International stellen Kurzglasfasern (E-Glas) den am häufigsten eingesetzten Typ dar.

In Bild 5.29 wird die Wirkung der Glasfasern auf die Zähigkeitseigenschaften von PE-HD dargestellt. Die Teilbilder Bild 5.29a und b enthalten die Abhängigkeiten der maximalen Schlagkraft F_{max} und der maximalen Durchbiegung f_{max} vom Faservolumenanteil. In Bild 5.29c werden die Bruchzähigkeiten, ermittelt nach dem LEBM-Konzept mithilfe der Bruchkraft F_{max}, $K_{Id}(a_0)$, und nach der LEBM mit Kleinbereichsfließen unter zusätzlicher Verwendung der nach Formel 5.6 bestimmten effektiven Risslänge $K_{Id}(a_{eff})$, verglichen. Für den das stabile Risswachstum kennzeichnenden Bruchspiegel wurden für den Ausgangswerkstoff $a_{BS} = 0{,}4$ mm und für $\phi_v = 0{,}28$ $a_{BS} = 1$ mm ermittelt, so dass die Bedingung einer kleinen plastischen Zone im Verhältnis zur Ausgangsrisslänge nicht erfüllt ist. Durch die Berücksichtigung des stabilen Risswachstums kann das mit zunehmendem Glasfasergehalt veränderte Zähigkeitsverhalten auch bei Anwendung der LEBM mit Kleinbereichsfließen nicht beschrieben werden. Von entscheidender Bedeutung ist die Abnahme der Ausgangsverformungsfähigkeit um 40 % (vgl. Bild 5.29b). Dieser Einfluss wird im Verlauf der J-Integralkenngröße widergespiegelt, wobei sich ein Maximum in den J-Werten für $\phi_v \approx 0{,}1$ einstellt.

5.5 Anwendungen in der Werkstoffentwicklung

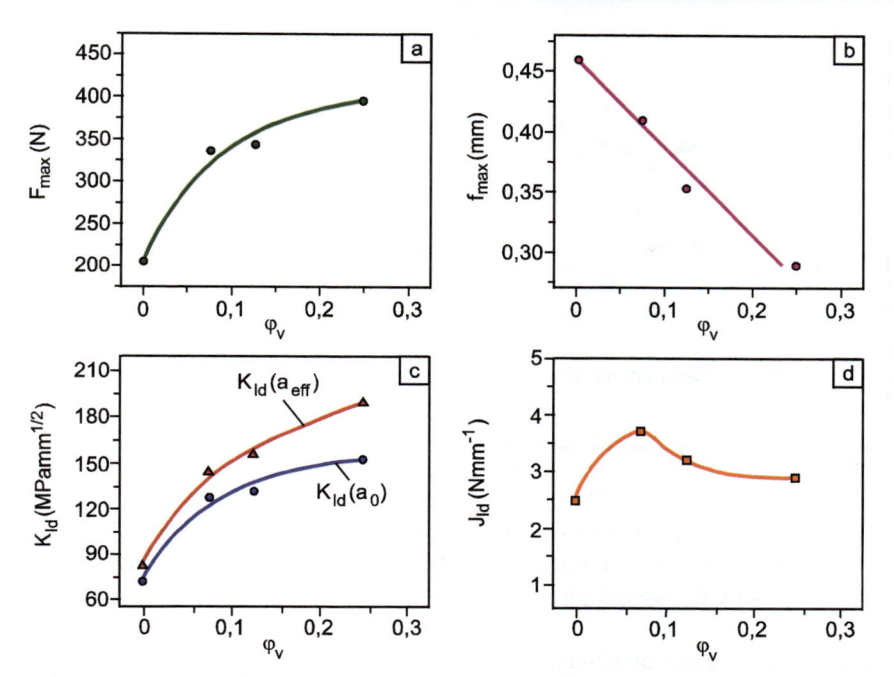

Bild 5.29 Grenzen der Bewertung der Zähigkeitseigenschaften von PE-HD-Glasfaserverbunden

Der Versagensprozess von kurzfaserverstärkten Kunststoffen ist durch verschiedene mikromechanische Bruchmoden, wie dem Aufreißen der Bindungen am Faserende und entlang der Faser/Matrix-Grenzfläche, dem Einsetzen von Gleitprozessen zwischen Faser und Matrix entlang einer werkstoffspezifischen Abgleitlänge, durch stabiles plastisches Matrixfließen ohne Pull-out der Fasern, sowie lokalen Sprödbruch der Matrix mit Pull-out der Fasern, gekennzeichnet.

Von *Lauke* [5.30] wurde ein derartiges Deformationsmodell für kurzfaserverstärkte Verbunde abgeleitet, mit dem eine Abschätzung der kritischen Energiefreisetzungsrate auf der Basis volumenspezifischer Energieanteile der einzelnen Bruchmoden und der daraus resultierenden Wechselwirkungsenergie sowie einer Energiedissipation innerhalb einer Prozesszone möglich ist. Der Anteil der einzelnen Bruchmoden an der Gesamtverformung wird sowohl durch die Beanspruchungsbedingungen, insbesondere durch die Geschwindigkeit [5.30], als auch durch die Verbundstruktur bestimmt. Dieses Modell wurde hinsichtlich seiner Anwendbarkeit zur Zähigkeitsbeschreibung untersucht.

Bild 5.30 zeigt die experimentellen Ergebnisse, ermittelt mit dem instrumentierten Kerbschlagbiegeversuch, im Vergleich zu dem oben erwähnten Modell für einen PE/GF- und einen PP/GF-Verbund [5.31]. Es zeigt sich, dass das Modell eine relativ gute Beschreibung der Zähigkeitseigenschaften ermöglicht und damit auch für eine quantitative Zähigkeitsvorausberechnung geeignet ist.

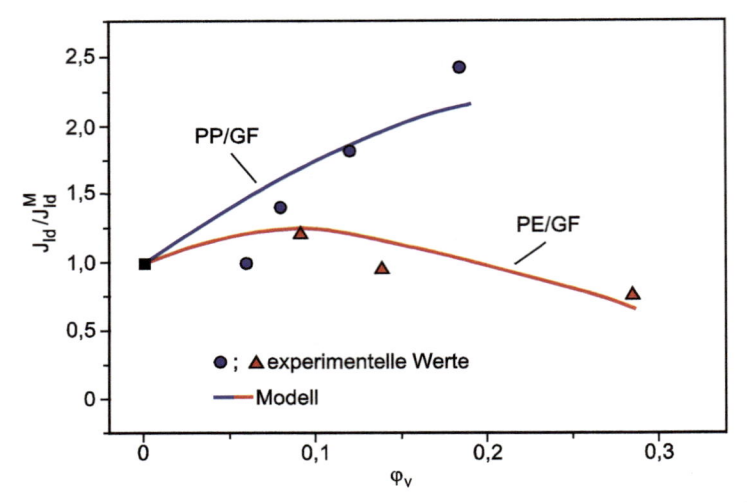

Bild 5.30 Gegenüberstellung von experimentell und mit dem Modell nach *Lauke* [5.30] ermittelten *J*-Werten von PP/GF- und PE/GF-Verbunden mit unterschiedlichem Faservolumengehalt

Eine Zusammenstellung von bruchmechanischen Kennwerten unterschiedlicher kurzfaserverstärkter Kunststoffe enthält Tabelle 5.2 (s. auch [1.51]).

Für das mechanische Verhalten von Faserverbundwerkstoffen ist die Struktur der Faser-Matrix-Grenzfläche von entscheidender Bedeutung. Zur Beeinflussung der Faser-Matrix-Grenzflächeneigenschaften werden Haftvermittler eingesetzt, die physikalische und/oder chemische Wechselwirkungen in der Grenzfläche induzieren. Die Folge sind Änderungen im *F-f*-Verhalten, die sich häufig durch Änderungen in der Rissverzögerungsenergie dokumentieren.

Tabelle 5.2 Bruchmechanische Kennwerte kurzfaserverstärkter Kunststoffe

	T (°C)	K_{Id} (MPa mm$^{1/2}$)	J_{Id} (N mm^{-1})	δ_{Id} (10^{-3} mm)
PE-HD 1	20	44	1,4	132
PE-HD 1 + 20 M.-% BW	20	68	2,8	156
PE-HD 1 + 20 M.-% BW	−40 … 20	60 … 68	2,2 … 2,8	112 … 156
PE-HD 2	−40 … 20	70	2,5	83
PE-HD 2 + 20 M.-% GF	RT	125	3,7	80
PP 1 + 30 M.-% GF	RT	201	6,0	96
PP 2 + 30 M.-% GF	RT	225	13,6	161
PP 3 + 30 M.-% GF	RT	234	17,7	197
PP 4	RT	78	5,1	159
PP 4 + 30 M.-% GF	RT	194	12,9	185

5.5 Anwendungen in der Werkstoffentwicklung

	T (°C)	K_{Id} (MPa mm$^{1/2}$)	J_{Id} (N mm^{-1})	δ_{Id} (10^{-3} mm)
PP + 20 M.-% GF	RT	170	7,8	142
PE-HD + 20 M.-% GF	RT	127	9,2	182
PB-1 + 20 M.-% GF	RT	98	9,0	225
PBT + 30 M.-% GF	RT	327	11,9	152
PA 1	RT	39	1,4	104
PA 1 + 40 M.-% GF	RT	140	10,3	150
PA 2 + 30 M.-% GF (trocken)	RT	297	19,0	186
PA 2 + 30 M.-% GF (normalfeucht)	RT	294	20,7	205
PA 2 + 30 M.-% GF (wassergelagert)	RT	220	23,4	270
PA 3 + 30 M.-% CF	−20 … 80	260 … 151	5,3 … 22,8	100 … 380

Das in Bild 5.31 dargestellte Beispiel zeigt bei einem Haftvermittlergehalt von 0,2 M.-% ein Maximum in der Rissverzögerungsenergie. Unabhängig vom Haftvermittlergehalt ist der dominierende Versagensmechanismus in diesen Verbunden Faser-pull-out. Gleichzeitig führt die Zunahme des Haftvermittlers zu einer Matrixmodifizierung. Die Abnahme der A_R bei Haftvermittlergehalten > 0,2 M.-% ist mit einer Zunahme der Rissöffnungsverschiebungsgeschwindigkeit verbunden. Die J_{Id}-Werte erreichen ihr Optimum bei 0,5 % Haftvermittler, δ_{Id} nimmt kontinuierlich zu [5.31, 5.32].

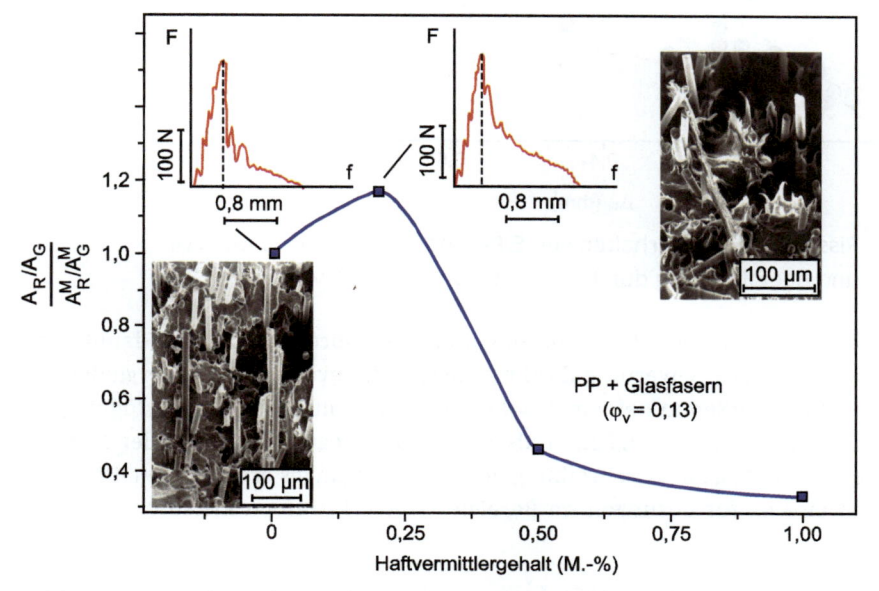

Bild 5.31 Darstellung des Einflusses des Haftvermittlergehalts auf die normierte Rissverzögerungsenergie, das Schlagkraft-Durchbiegungs-Verhalten und die Bruchflächenmorphologie von PP/GF-Verbunden mit $\varphi_V = 0{,}13$

Aufgrund der unterschiedlichen Schlussfolgerungen, die sich aus der Betrachtung des Werkstoffverhaltens vor und nach Erreichen der maximalen Schlagkraft ableiten lassen, ist eine bruchmechanische Bewertung ohne Risswiderstandskurven nicht mehr gegeben.

Die Berücksichtigung des stabilen Risswachstums zur Quantifizierung des Haftvermittlereinflusses mithilfe von J-Δa-Kurven ist in Bild 5.32 am Beispiel eines E/P-Copolymeren mit 10 M.-% GF dargestellt. Während im Bereich der Rissinitiierung kaum Unterschiede durch den Einsatz des Haftvermittlers nachweisbar sind, wird das Rissausbreitungsverhalten nachhaltig beeinflusst. Die Quantifizierung des Rissausbreitungsverhaltens erfolgt über den Tearing Modul (Formel 5.21), der aus dem Anstieg der R-Kurve berechnet wird und für den Verbund mit 0,4 M.-% Haftvermittler einen signifikant höheren Wert annimmt.

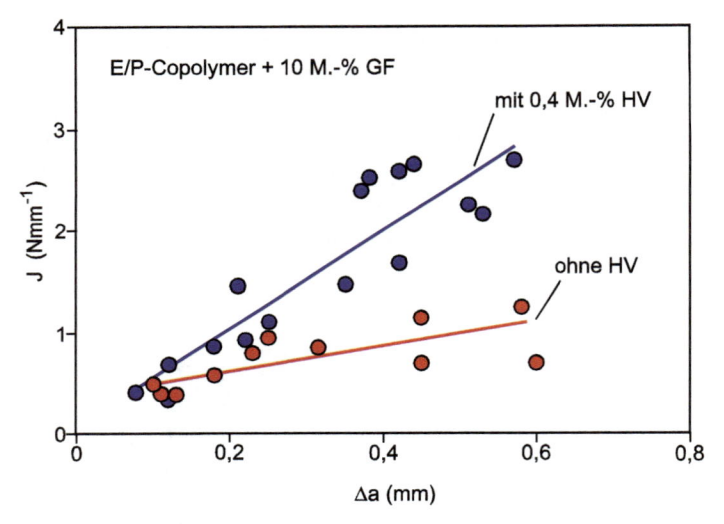

Bild 5.32 Risswiderstandsverhalten von E/P-Copolymeren mit 10 M.-% GF und Beeinflussung durch einen Haftvermittler (HV)

Mit der Quantifizierung von Rissinitiierung und Rissausbreitung und der damit gegebenen Möglichkeit zur Bewertung des Energieaufnahmevermögens (Energiedissipation) stehen Kenngrößen mit einem erhöhten Informationsgehalt zur Verfügung, die unabhängig von den Risszähigkeiten als Widerstand gegenüber instabiler Rissausbreitung einen Zugang zur Beschreibung des Bruchvorganges ermöglichen. Diese Betrachtungsweise ist für Lösungen im Bereich der Werkstoffoptimierung vorteilhaft nutzbar.

5.5.1.3 Blends und Copolymere

Durch die Kombination von zwei oder mehr verschiedenen Thermoplasten und/oder Elastomeren können Zähigkeitswerte realisiert werden, die mit den bekannten Homopolymeren nicht erreichbar sind. Handelsübliche PE-HD- und PP-Werkstoffe lassen sich z. B. unter Verwendung spezieller Haftvermittlersysteme so mischen, dass sich bei einer Konzentration von 50 M.-% PE-HD und 50 M.-% PP die Kerbschlagzähigkeit nahezu um das 5fache erhöht (Bild 5.33) [5.33].

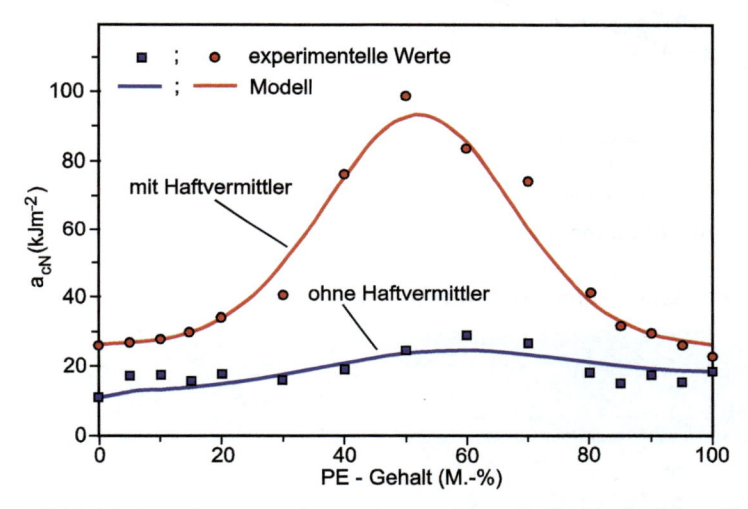

Bild 5.33 Berechnete und experimentell ermittelte Kerbschlagzähigkeit in Abhängigkeit von der Konzentration in PE/PP-Blends

Wie für die teilchengefüllten und faserverstärkten Thermoplaste gezeigt wurde, können die konventionellen Kerbschlagzähigkeitswerte mit dominierendem stabilen Risswachstum und damit hohen A_R verbunden sein. Dies kann zu einer Überbewertung des Zähigkeitsverhaltens führen. Damit rückt zur Charakterisierung des Werkstoffverhaltens die Bestimmung von R-Kurven in den Mittelpunkt der Betrachtungen. Für die Aufnahme von R-Kurven bei schlagartiger Beanspruchung hat sich die Stopp-Block-Methode bewährt [5.10, 5.11]. Die mit dieser Methode aufgenommenen J-Δa-Kurven von TPU/ABS-Blends sind in Bild 5.34 zusammengefasst. Die Festlegung des Gültigkeitsbereichs bezüglich der stabilen Rissverlängerung erfolgte auf der Grundlage der ESIS TC4 Prüfvorschrift mit Δa_{min} = 0,05 mm und Δa_{max} = 0,1 $(W-a)$ [5.34]. Die Anpassung der J-Δa-Wertepaare erfolgte mit einem Potenzgesetz entsprechend Formel 5.20, der technische Rissinitiierungswert $J_{0,2}$ wurde bei Δa = 0,2 mm onset bestimmt. Die Ermittlung des Tearing Moduls $T_J^{0,2}$ erfolgte ebenfalls bei Δa = 0,2 mm. Alle aus diesen R-Kurven ermittelbaren Kennwerte, ergänzt durch die Fließspannungswerte σ_y, sind in Tabelle 5.3 zusammengefasst.

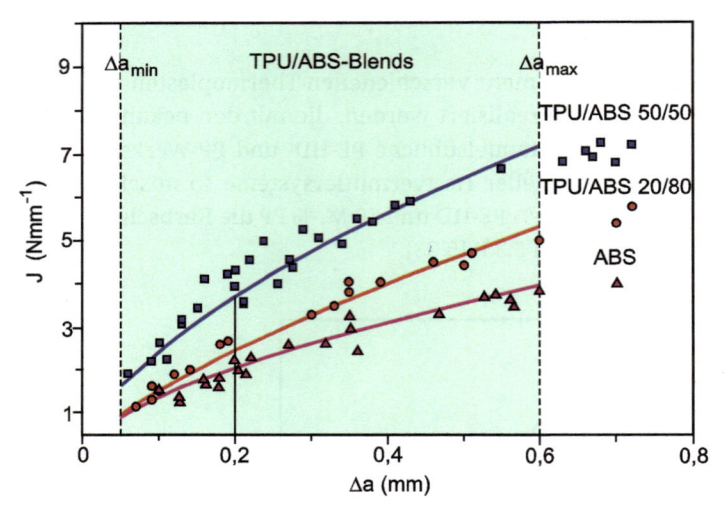

Bild 5.34 Risswiderstands-(R-)Kurven für ABS und TPU/ABS-Blends

Tabelle 5.3 Bruchmechanische Kennwerte von TPU/ABS-Blends

Werkstoff	σ_y (MPa)	ESIS TC 4		$J\,T_J$-Konzept
		$J_{0,2}$ (Nmm^{-1})	$T_J^{0,2}$	$J\,T_J$ (Nmm^{-1})
ABS	56,8	2,0	2,0	4,2
ABS + 20 M.-% TPU	51,7	2,8	2,4	5,4
ABS + 50 M.-% TPU	26,9	4,1	5,2	20,4

Der Kennwert $J\,T_J$ wurde unter Einbeziehung aller experimentell ermittelten Daten ohne Risslängenbegrenzung unter Verwendung von Formel 5.20 mit c_2 = 0,5 ermittelt.

Aus dem Vergleich der Kennwerte wird ersichtlich, dass die Kenngröße $J\,T_J$ einen empfindlichen Indikator für die höhere Energieaufnahmefähigkeit mit zunehmendem TPU-Anteil darstellt. Dies ist damit zu begründen, dass die Weichsegmente im TPU oberhalb ihrer Glastemperatur elastomere Eigenschaften besitzen, die sie befähigen, einen höheren Energiebetrag zu dissipieren und damit höhere Zähigkeitswerte bei gleicher Rissverlängerung zu erreichen.

Heterogene PP-Copolymerisate weisen gegenüber herkömmlichen PP-Polymerisaten deutlich verbesserte Zähigkeitseigenschaften auf. Zunehmende Bedeutung gewinnen dabei solche Werkstoffe, die eine disperse elastomere Phase in der Form kleiner Teilchen besitzen, wie z. B. PP/EPDM-Blends oder PP/EPR-Reaktorwerkstoffe. Die Zähigkeitseigenschaften dieser Werkstoffe hängen in starkem Maße von der Teilchengröße, dem Teilchenabstand und der Teilchenstruktur ab [5.35].

Bei pseudoduktilen Polymeren mit heterogener Phasenstruktur, mit in der Matrix eingelagerten dispersen Teilchen kann eine starke Erhöhung der Kerbschlagzähigkeit

5.5 Anwendungen in der Werkstoffentwicklung

beobachtet werden, wenn der Teilchenabstand gleich oder kleiner als ein kritischer, materialspezifischer Wert ist. Dieser meist als Spröd-Zäh-Übergang interpretierte Prozess wird mit dem Beginn intensiver dissipativer Scherfließprozesse in den Matrixstegen zwischen den Teilchen innerhalb der plastischen Zone vor der Rissspitze in Verbindung gebracht [5.36]. Der kritische Teilchenabstand erweist sich als temperaturabhängig. Die Lage des Spröd-Zäh-Überganges verschiebt sich zu geringeren Temperaturen, wenn der Teilchenabstand verringert wird. Hieraus resultiert eine Verbesserung der Zähigkeit bei niedrigen Temperaturen [5.35].

Strukturelle Veränderungen im polymeren Werkstoff wirken sich empfindlich auf die quantitative Größe bruchmechanischer Kenngrößen aus. Unter Einhaltung vorgegebener Geometriekriterien stellen sie geometrieunabhängige Kennwerte für die Zähigkeit des Werkstoffes dar. Daraus ergibt sich die Möglichkeit, werkstoffspezifische Aussagen zu Wechselwirkungen zwischen der Morphologie und dem Zähigkeitsverhalten abzuleiten.

Nachfolgend wird am Beispiel von PP/EPR/PE-Copolymeren der Einfluss des Teilchenabstandes und der Temperatur auf das Zähigkeitsverhalten dargestellt. Bild 5.35 zeigt die im IKBV ermittelten J-Δa-Kurven eines ternären Polymersystems (Copolymer 1), das auf der Basis eines heterophasischen Random-Copolymers hergestellt wurde. In diesem System sind in die teilkristalline PP-Random-Copolymer-Matrix EPR-Teilchen eingelagert, die aus kristallinen PE-Lamellen bestehende Inklusionen enthalten.

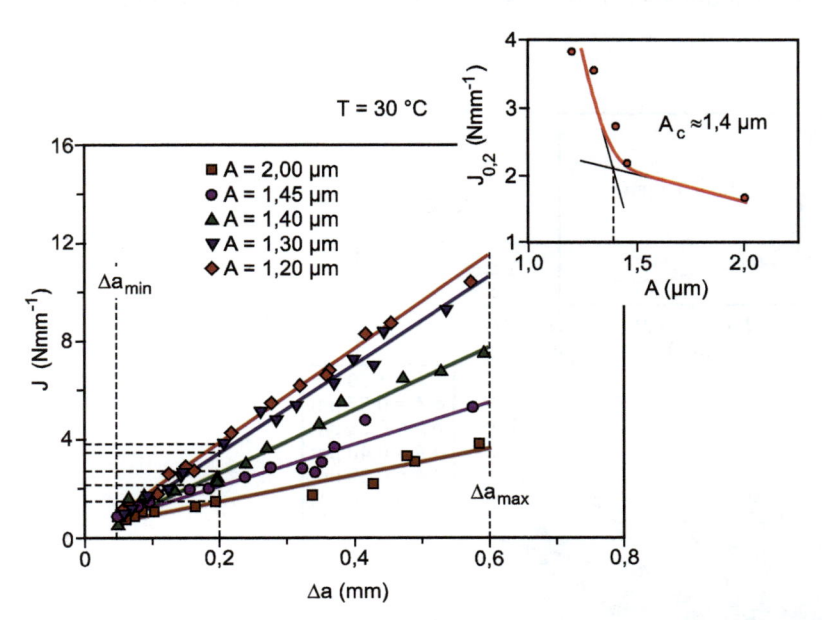

Bild 5.35 Risswiderstandskurven von Copolymer 1 bei unterschiedlichem Teilchenabstand und Ermittlung des kritischen Teilchenabstandes A_c aus der Abhängigkeit des technischen Rissinitiierungswertes vom Teilchenabstand

Diese Konfiguration entspricht annähernd einer Kern-Schale-Struktur. Die unterschiedlichen Teilchenabstände A wurden durch Verdünnung mit dem Matrixmaterial hergestellt.

Mit abnehmendem Teilchenabstand kann eine deutliche Zunahme des Anstiegs der R-Kurve und damit des Widerstandes gegenüber stabiler Rissausbreitung beobachtet werden. Die für eine Rissverlängerung Δa umzusetzende Energie nimmt zu und damit auch der Widerstand des Werkstoffes gegenüber stabiler Rissausbreitung. Die Verringerung der maximalen stabilen Rissverlängerung parallel zur Erhöhung der Zähigkeit mit abnehmendem Teilchenabstand ist Ausdruck der Verstärkung der Energiedissipation beim Risswachstum, die bei gleicher angebotener Energie zu einer Abnahme des Betrages an stabiler Rissverlängerung führt [5.6]. Um den Einfluss des Teilchenabstandes auf das Zähigkeitsverhalten bei stabiler Rissausbreitung zu verdeutlichen, ist im Teilbild die Abhängigkeit $J_{0,2} = f(A)$ dargestellt.

Mit abnehmendem Teilchenabstand nimmt $J_{0,2}$ bis zum kritischen Teilchenabstand A_c geringfügig zu. Unterhalb A_c wird eine starke Erhöhung von $J_{0,2}$ schon bei geringfügiger Abnahme des Teilchenabstandes beobachtet. Hierbei handelt es sich in Analogie zum Spröd-Zäh-Übergang bei instabilem Versagensverhalten um einen Übergang vom zähen zum hochschlagzähen Versagen. Dieser Übergang liegt für $T = 30\,°C$ bei $A_c \approx 1{,}4\,\mu m$. Qualitativ vergleichbare Ergebnisse wurden mit einem PP/EPR/PE-System (Copolymer 2) erreicht (Bild 5.36), dass sich von Copolymer 1 durch kleinere und feiner verteilte Teilchen unterscheidet. Desweiteren ist der Copolymerisationsgrad der Matrix höher.

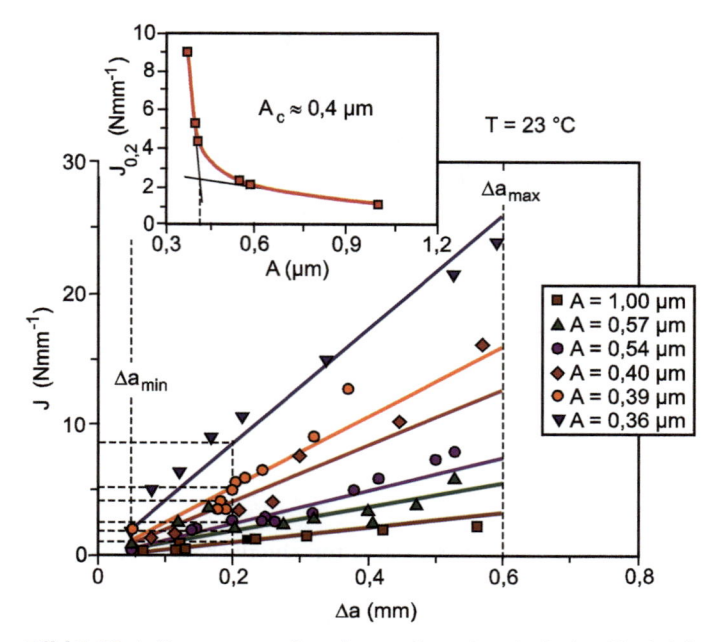

Bild 5.36 J_R-Kurven von Copolymer 2 und technische Rissinitiierungswerte in Abhängigkeit vom Teilchenabstand

Mit abnehmendem Teilchenabstand nimmt sowohl der Widerstand gegen Risseinleitung als auch gegenüber Rissausbreitung, verursacht durch einen zunehmenden plastischen Anteil am Gesamtverformungsprozess, zu. Im Copolymersystem 2 wird ein deutlich höheres Zähigkeitsniveau erreicht. Demgegenüber ist der kritische Teilchenabstand mit $A_c \approx 0{,}4\ \mu m$ geringer.

Das Zähigkeitsverhalten polymerer Mehrphasensysteme wird durch einen kritischen mittleren Teilchenabstand und einen kritischen mittleren Teilchendurchmesser bestimmt. Aus diesem Grund erweist es sich als zweckmäßig, zur Bewertung kritischer Morphologiegrößen das Verhältnis $(A/D)_c$ heranzuziehen, was u. a. auch die Möglichkeit eröffnet, verschiedene Werkstoffe direkt zu vergleichen. Bild 5.37 zeigt das Verhältnis $(A/D)_c$ für beide Copolymere in Abhängigkeit von der Temperatur, ermittelt aus dem Zusammenhang $J_{0,2}$ = f (A/D) für den Übergang im Bereich des stabilen Risswachstums und J_{Id}^{ST} = f (A/D) im Bereich des instabilen Risswachstums [5.37].

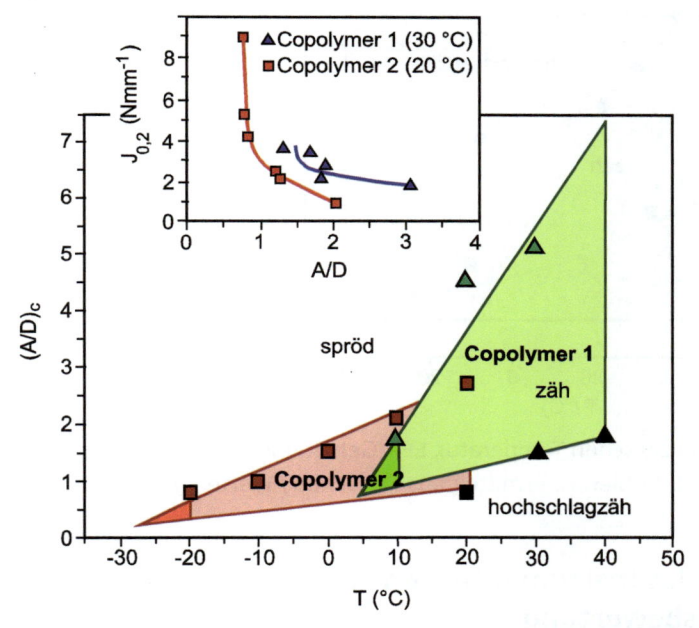

Bild 5.37 Abhängigkeit des kritischen A/D–Verhältnisses von der Temperatur im Bereich des instabilen und des stabilen Risswachstums

In beiden Copolymeren ist die Temperaturabhängigkeit des Spröd-Zäh-Übergangs stärker ausgeprägt als die des Zäh-Hochschlagzäh-Übergangs. Im Copolymer 2 beginnt der Zähigkeitsanstieg oberhalb T_g der EPR-Phase, im Copolymer 1 oberhalb T_g des PP. Die Induzierung des Wechsels im dominierenden Rissausbreitungsmechanismus von instabil zu stabil erfordert im Copolymer 1 eine deutlich stärkere Verringerung von $(A/D)_c$ als im Copolymer 2. Eine Zähigkeitsoptimierung im Bereich zwischen den Glastemperaturen von EPR und PP, d. h. im Bereich der Tieftemperaturzähigkeit, erfordert matrixspezifische optimale Teilchendurchmesser und -abstände.

Eine andere, stärker anwendungsbezogene Darstellung des komplexen Zusammenhangs zwischen der Morphologie und dem Rissausbreitungsverhalten zeigt Bild 5.38. Auf der Basis der Ermittlung von Risszähigkeiten als Widerstand gegenüber stabiler und instabiler Rissausbreitung in Abhängigkeit von Temperatur und Konzentration ist die Festlegung anwendungsbezogener Einsatzfenster möglich.

Solche Diagramme erlauben bei vorgegebenen Einsatztemperaturen eine Festlegung des erforderlichen EPR-Gehalts und damit die Vorausbestimmung des zu erwartenden Versagensverhaltens.

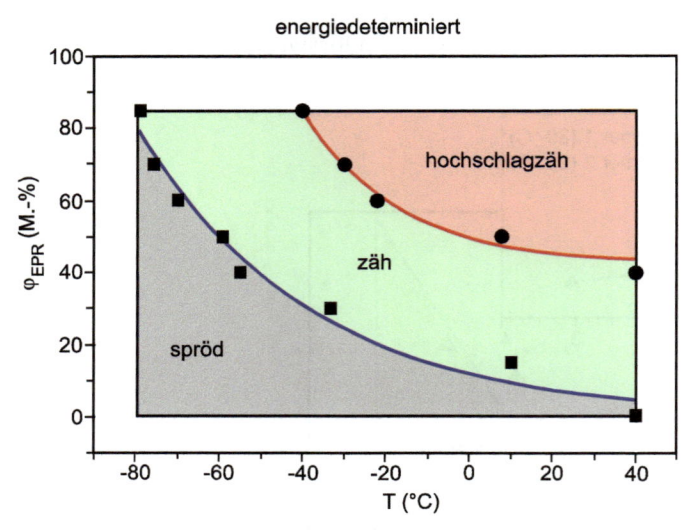

Bild 5.38 Zusammenhang zwischen Temperatur, EPR-Gehalt und Rissausbreitungsverhalten in PP/EPR-Blends, ermittelt aus kritischen J-Werten (J_{Id}^{ST}, $J_{0,2}$) [5.38]

5.5.2 Anwendung des instrumentierten Schlagzugversuchs zur Erzeugnisbewertung

Der instrumentierte Kerbschlagzugversuch wird zur Bestimmung der Zähigkeitseigenschaften von Kunststoffen verwendet, für die wegen ihrer Eigenschaften bzw. der Prüfkörperabmessungen, insbesondere der Dicke, die Durchführung des instrumentierten Kerbschlagbiegeversuches nicht möglich ist. Das Verfahren ist besonders für die Prüfung von Folien und Elastomerwerkstoffen geeignet. Im Vergleich zum instrumentierten Kerbschlagbiegeversuch werden instrumentierte Kerbschlagzugversuche in der Literatur relativ selten beschrieben. Prinzipiell stellt der instrumentierte Schlagzugversuch eine hilfreiche Möglichkeit dar, Werkstoffeigenschaften in Abhängigkeit von strukturellen Parametern und/oder experimentellen Bedingungen, wie Temperatur oder Beanspruchungsgeschwindigkeit, zu beschreiben. Er ist die messtechnische Erweiterung des konventionellen Kerbschlagzugversuches nach DIN EN ISO 8256 und wird an Prüfkörpern mit Metallklingenkerb durchgeführt. Die Zähigkeitsprüfung erfolgt mit handelsüblichen Pendelschlagwerken mit 2 J bis 50 J Arbeitsinhalt bei maximaler Fallhöhe. Beim Kerbschlagzugversuch handelt es sich um einen einachsigen Zugversuch mit relativ hoher Verformungsgeschwindigkeit. Für kurze Pendelhämmer (2 und 4 J Arbeitsinhalt bei maximaler Fallhöhe) beträgt die Prüfgeschwindigkeit im Moment des Auftreffens des Pendelhammers auf das Querjoch 2,6 bis 3,2 ms^{-1}, für lange Pendelhämmer (7,5 J, 15 J, 25 J oder 50 J Arbeitsinhalt) 3,4 bis 4,1 ms^{-1}. Zur Prüfung werden vorzugsweise doppelseitig mit einer Metallklinge gekerbte DENT-Prüfkörper verwendet. In Anlehnung an die DIN EN ISO 8256 betragen die Prüfkörperabmessungen Dicke B bis 4 mm, Breite W = 10 mm und Länge L = 80 mm bzw. 64 mm. Die Kerbeinbringung erfolgt mittels Metallklingen an den Schmalseiten der Prüfkörper, wobei auf jeder Seite des Prüfkörpers ein Kerb von 1 mm Tiefe eingebracht wird.

Die Aufnahme des Kraftsignals erfolgt über einen in der festen Einspannung angebrachten Kraftaufnehmer (z. B. Piezoquarz). Das Messsystem muss die Aufzeichnung von Kraft-Zeit-Diagrammen ermöglichen, aus denen Kraft-Verlängerungs-Diagramme ermittelt werden (s. Abschnitt 5.4.2.1). Die Messwerte werden über ein Datenerfassungssystem direkt in die nachgeordnete Aufzeichnungs- und Auswerteeinheit (PC mit Peripherie) geleitet. Zur Auswertung können die charakteristischen Messgrößen maximale Schlagkraft F_{max} und die Verlängerung l_{max} bei F_{max}, sowie die verbrauchte Schlagarbeit herangezogen werden. Diese wird in den Anteil bis zum Erreichen der maximalen Schlagkraft, A_{max} und den Rissausbreitungsenergieanteil A_p aufgespalten.

Zur Bewertung der Zähigkeit mit dem Kerbschlagzugversuch werden bevorzugt folgende Kennwerte angewandt:

1. Bruchzähigkeit K_{Id}:

$$K_{Id} = \frac{F_{max}}{B \cdot W^{1/2}} \, f(a/W) \tag{5.33}$$

mit

$$f(a/W) = \frac{\sqrt{\frac{\pi a}{2W}}}{\sqrt{1-\frac{a}{W}}} \left[1,122 - 0,561\left(\frac{a}{W}\right) - 0,205\left(\frac{a}{W}\right)^2 \right. \\ \left. + 0,471\left(\frac{a}{W}\right)^3 + 0,190\left(\frac{a}{W}\right)^4 \right] \tag{5.34}$$

2. *J*-Werte J_{Id}:

$$J_{Id} = \frac{\eta A_{max}}{B(W-a)} \qquad (5.35)$$

bzw. beim Auftreten der Rissausbreitungsenergie A_p:

$$J_{Id} = \frac{\eta (A_{max}+A_p)}{B(W-a)} \qquad (5.36)$$

mit

$$\eta = -0{,}06 + 5{,}99\left(\frac{a}{W}\right) - 7{,}42\left(\frac{a}{W}\right)^2 + 3{,}29\left(\frac{a}{W}\right)^3 \qquad (5.37)$$

In [5.39] wird ein Beispiel für die Abhängigkeit der im Schlagzugversuch ermittelten Bruchzähigkeit für zwei nach der Walz-Press-Technologie hergestellte PVC-Werkstoffe von der Walzzeit t_W gezeigt (Bild 5.39). Die beiden Werkstoffe bestehen jeweils aus 92 Teilen PVC und 8 Teilen Modifikator (EVA-Copolymerisat mit 14 M.-% VAC), wobei das PVC der Rezeptur 1 mit K = 63 den höheren K-Wert (Viskositätswert) gegenüber der Rezeptur 2 (K = 60) aufweist. Die Walztemperatur T_W betrug 170 °C.

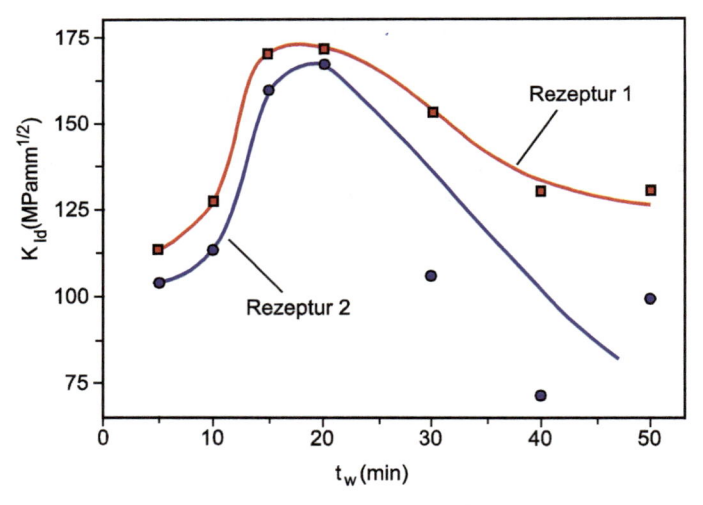

Bild 5.39 Abhängigkeit der Bruchzähigkeit K_{Id} von der Walzzeit t_W für zwei Rezepturen PVC-P, Walztemperatur T_W = 170 °C

Die Untersuchungen zum Einfluss der Walzzeit ergaben, dass ein Maximum der Zähigkeit bei Walzzeiten zwischen 15 und 20 min auftritt, das sich durch eine gleichsinnige Zu- und Abnahme sowohl von F_{max} als auch von t_B auszeichnet und eine Auswertung nach dem LEBM-Konzept zulässt.

Durch Morphologiebetrachtungen können die höheren Zähigkeitswerte der Rezeptur 1 bei höheren Walzzeiten auf die teilweise Erhaltung der für gutes Zähigkeitsverhalten typischen Netzwerkstruktur (PVC-Globulargerüst, vom Kautschuknetzwerk durchdrungen) zurückgeführt werden, wie in Bild 5.40 an einem Beispiel gezeigt wird [5.39]. Eine weitere Anwendungsmöglichkeit des instrumentierten Kerbschlagzugversuchs besteht in der bruchmechanischen Bewertung von Elastomerwerkstoffen. Als Beispiel dafür werden Untersuchungen an ungefüllten und gefüllten Styren-Butadien-Kautschuk (SBR)-Vulkanisaten dargestellt [5.40, 5.41]. Die Vernetzung erfolgte mit Schwefel.

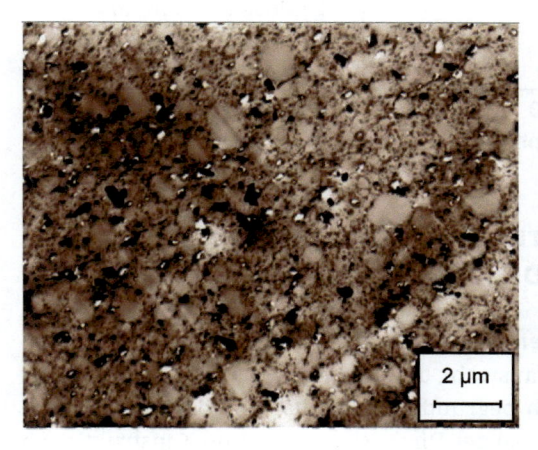

Bild 5.40
TEM-Aufnahme (kontrastierter Ultradünnschnitt) von PVC-P, Rezeptur 1, t_w = 15 min

Durch die Änderung des Gehaltes an Schwefel als Vernetzungsmittel ist es möglich, die Netzkettendichte des bei der Vulkanisation entstehenden Netzwerkes zu variieren und so die Eigenschaften des Gummis zu beeinflussen. Bei den gefüllten SBR-Vulkanisaten handelt es sich um Vulkanisate mit gleichem Schwefelanteil und unterschiedlichen Anteilen des Füllstoffs Ruß. In Bild 5.41 sind die J-Werte als Widerstand gegen instabile Rissausbreitung dargestellt.

Für die ungefüllten Vulkanisate zeigen die ermittelten J-Werte eine konstante Abnahme der Zähigkeit. Für die gefüllten Vulkanisate ergibt sich ein Maximum. Das Maximum [5.42, 5.44, 5.47] weist darauf hin, dass die Füllstoffzugabe nur bis 40 phr Ruß zur Verbesserung der Zähigkeitseigenschaften des betrachteten Werkstoffsystems unter den gegebenen Versuchsbedingungen führt.

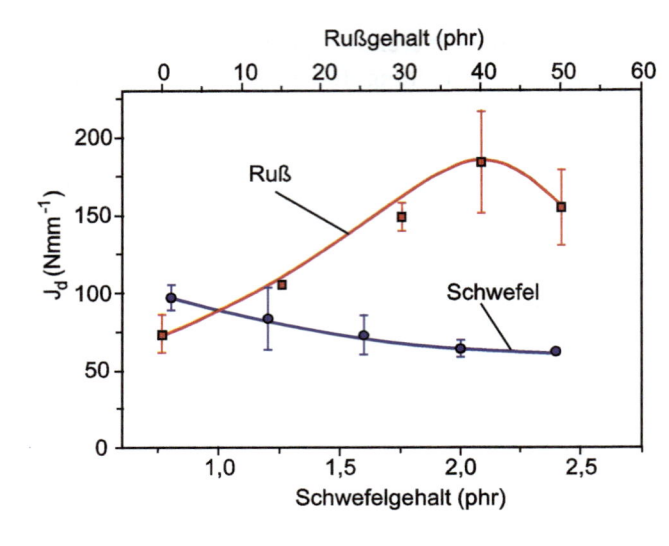

Bild 5.41
Einfluss von Ruß- und Schwefelgehalt auf die J-Werte von Gummi, ermittelt im instrumentierten Kerbschlagzugversuch

5.5.3 Berücksichtigung des Bruchverhaltens bei der Werkstoffauswahl und Dimensionierung

Für den Konstrukteur von Erzeugnissen aus Kunststoffen besteht in zunehmendem Maße die Aufgabe darin, die Werkstoffauswahl, die Dimensionierung und Gestaltung von Erzeugnissen mit wissenschaftlich begründeten Arbeitsmethoden durchzuführen. Die gegenwärtige Vorgehensweise bei der Dimensionierung von Konstruktionen aus Kunststoffen ist, wie im linken Teil von Bild 5.42 wiedergegeben, dadurch gekennzeichnet, dass bei der Festlegung der beanspruchten Querschnitte und ihrer Geometrie zulässige Spannungen σ_{zul} oder zulässige Dehnungen ε_{zul} als Entscheidungskriterien dienen [1.21, 1.22, 1.24]. Der in der Regel mehrachsige Spannungszustand der Konstruktion wird dabei mithilfe einer Vergleichsspannungshypothese mit einer zulässigen Spannung verglichen.

Diese ergibt sich z. B. bei der Dimensionierung gegenüber der Streckspannung σ_y zu:

$$\sigma_{zul} = \frac{\sigma_y}{p} \tag{5.38}$$

worin p einen Sicherheitsbeiwert darstellt, der Unsicherheiten in den Werkstoffeigenschaften, z. B. Chargeneinflüsse sowie Unzulänglichkeiten in den Berechnungsverfahren (Lastannahmen u. ä.), enthält. Bei der Dimensionierung gegenüber der Dehnung ist eine analoge Vorgehensweise möglich. Unter Berücksichtigung der bei der Konstruktion vorausgesetzten Anforderungen an die technologische Realisierung und ihre Kontrolle bei der Fertigungsüberwachung wird dann die Ausführung der Konstruktion möglich.

5.5 Anwendungen in der Werkstoffentwicklung

Die ersten Ansätze zur Berücksichtigung von Gesichtspunkten des Werkstoffversagens durch Sprödbruch bei der Dimensionierung existieren für die Zähigkeitsbewertung von Rohren [5.10, 5.15, 5.43, 5.45]. Dabei liefert die Verwendung der Kerbschlagzähigkeit a_{cN} zur Ermittlung der Bruchenergie keinen wesentlichen Fortschritt in der Aussagekraft [5.45]. In Abschnitt 5.5.1 wurde herausgestellt, dass insbesondere für modifizierte Kunststoffe die Verwendung von a_{cN} zu einer Überschätzung des Werkstoffverhaltens führen kann.

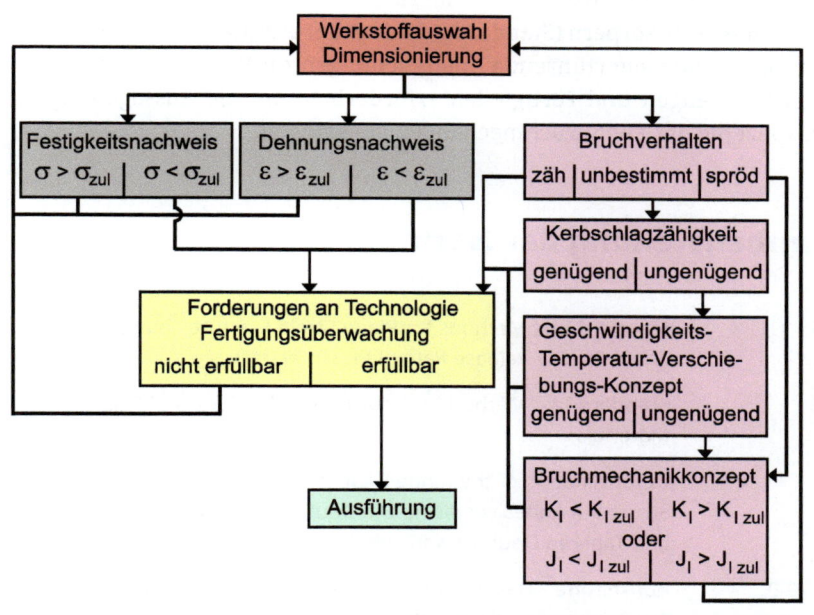

Bild 5.42 Schema zur Bewertung der Zähigkeitseigenschaften von Erzeugnissen aus Kunststoffen

In Analogie zum Festigkeits- oder Verformungsnachweis ist mithilfe der Konzepte der Bruchmechanik ein Sprödbruchsicherheitsnachweis durchführbar. Für die funktions- oder fertigungsbedingten Kerben (Nuten, Querschnittsänderungen usw.) im Formteil ist aus der zu erwartenden Belastung mithilfe der FEM [5.26] ein Spannungsintensitätsfaktor [5.13] bzw. bei größeren plastischen Verformungen, wie sie i. Allg. bei Kunststoffen auftreten, ein J-Wert durch numerische Integration zu berechnen. Dieser Spannungsintensitätsfaktor bzw. J-Wert muss kleiner sein als der zulässige Spannungsintensitätsfaktor K_{Izul} bzw. der zulässige J-Wert J_{Izul}. Die zulässigen Zähigkeitskennwerte berechnen sich nach den in Abschnitt 5.4.2.5 ermittelten geometrieunabhängigen Werkstoffkennwerten K_{Id} und J_{Id} nach den Formel 5.39 und Formel 5.40:

$$K_{Izul} = \frac{K_{Id}}{q_1} \tag{5.39}$$

$$J_{\text{Izul}} = \frac{J_{\text{Id}}}{q_2} \tag{5.40}$$

worin q_1 und q_2 Sicherheitsbeiwerte darstellen, die Unsicherheiten in der Modellbildung und in den Werkstoffeigenschaften berücksichtigen.

Zur Gewährleistung einer hohen technischen Sicherheit und Zuverlässigkeit werden bei der Werkstoffauswahl und Dimensionierung aufgrund des elastisch-plastischen Bruchverhaltens in verstärktem Maße Auswertemethoden der Fließbruchmechanik Anwendung finden. Trotz der weitgehend anerkannten Möglichkeit der Übertragbarkeit der an kleinen Prüfkörpern (Standardprüfkörpern) ermittelten Kennwerte auf das Bauteilverhalten sind weiterführende Untersuchungen zur Bewertung des Bruchverhaltens von Halbzeugen und Fertigteilen erforderlich, um die Aussagefähigkeit der Versagenskonzepte der Fließbruchmechanik zu bestätigen.

5.6 Zusammenstellung der Normen

ASTM D 5045 (2022)	Standard Test Methods for Plane-Strain Fracture Toughness and Strain Energy Release Rate of Plastic Materials
ASTM D 6068 (2018)	Standard Test Method for Determining J-R Curves of Plastic Materials
BS 7991 (2001)	Determination of the Mode I Adhesive Fracture Energy, G_{Ic}, of Structural Adhesives Using the Double Cantilever Beam (DCB) and Tapered Double Cantilever Beam (TDCB) Specimens
DIN EN ISO 179-2 (2020)	Kunststoffe – Bestimmung der Charpy-Schlageigenschaften – Teil 2: Instrumentierte Schlagzähigkeitsprüfung
DIN EN ISO 6603-2 (2023)	Kunststoffe – Bestimmung des Durchstoßverhaltens von festen Kunststoffen – Teil 2: Instrumentierter Schlagversuch
DIN EN ISO 8256 (2024)	Kunststoffe – Bestimmung der Schlagzugzähigkeit
ESIS TC 4 (2000)	J-Crack Growth Resistance Curve Tests for Plastics under Impact Conditions (s. [5.34])
ISO 13586 (2018)	Plastics – Determination of Fracture Toughness (G_{Ic} and K_{Ic}) – Linear Elastic Fracture Mechanics (LEFM)
ISO 15850 (2014)	Plastics – Determination of Tension-Tension Fatigue Crack Propagation – Linear Elastic Fracture Mechanics (LEFM) Approach
ISO 17281 (2018)	Plastics – Determination of Fracture Toughness (G_{Ic} and K_{Ic}) at Moderately High Loading Rates (1 m/s)

MPK-IFV (2011)	Prüfung von Kunststoffen – Instrumentierter Fallversuch, Prozedur zur Ermittlung des Zähigkeitsverhaltens aus dem instrumentierten Fallversuch *https://www.polymerservice-merseburg.de/fileadmin/inhalte/psm/ veroeffentlichungen/MPK_IFV_deutsch.pdf*
MPK-IKBV (2016)	Prüfung von Kunststoffen – Instrumentierter Kerbschlagbiegeversuch. Prozedur zur Ermittlung des Risswiderstandsverhaltens aus dem instrumentierten Kerbschlagbiegeversuch *https://www.polymerservice-merseburg.de/fileadmin/inhalte/psm/ veroeffentlichungen/MPK_IKBV_deutsch.pdf*
MPK-IKZV (2014)	Prüfung von Kunststoffen – Instrumentierter Kerbschlagzugversuch. Prozedur zur Ermittlung des Risswiderstandsverhaltens aus dem instrumentierten Kerbschlagzugversuch *https://www.polymerservice-merseburg.de/fileadmin/inhalte/psm/ veroeffentlichungen/MPK_IKZV_deutsch.pdf*
VDI 3822 Blatt 2.1.1 (2024)	Schadensanalyse – Schäden an thermoplastischen Kunststoffprodukten durch fehlerhafte Konstruktion
VDI 3822 Blatt 2.1.4 (2024)	Schadensanalyse – Schäden an thermoplastischen Kunststoffen durch mechanische Beanspruchung

Eine Zusammenstellung der Normen zur bruchmechanischen Prüfung von Faserverbundwerkstoffen ist in Kapitel 10 enthalten.

5.7 Literatur

[5.1] Francois, D.; Pineau, A. (Eds.): From Charpy to Present Impact Testing. *ESIS Publication* 30, Elsevier Science Ldt, Oxford (2002)

[5.2] Blumenauer, H. (Hrsg.): 100 Jahre Charpy-Versuch. Special Edition Materialwissenschaft und *Werkstofftechnik* 32 (2001) Heft 6

[5.3] Grellmann, W.: Bewertung der Zähigkeitseigenschaften durch bruchmechanische Kennwerte. In: Schmiedel, H. (Hrsg.): Handbuch der Kunststoffprüfung. Carl Hanser Verlag, München Wien (1992) 139 – 183

[5.4] Grellmann, W.; Seidler, S.; Lach, R.: Geometrieunabhängige bruchmechanische Werkstoffkenngrößen – Voraussetzung für die Zähigkeitscharakterisierung von Kunststoffen. *Materialwiss. Werkstofftech.* 32 (2001) 552 – 561. *https://doi.org/10.1002/1521-4052(200106)32:6<552::AID-MAWE552>3.0.CO;2-O*

[5.5] Williams, J. G.; Pavan, A. (Eds.): Impact and Dynamic Fracture of Polymers and Composites. *ESIS Publication* 19, Mechanical Engineering Publications Ltd, London (1993)

[5.6] Grellmann, W.; Seidler, S. (Hrsg.): Deformation und Bruchverhalten von Kunststoffen. Springer Verlag, Berlin (1998). *https://doi.org/10.1007/978-3-642-58766-5*

[5.7] Akay, M.: Fracture mechanics properties. In: Brown, R. (Ed.): Handbook of Polymer Testing. Marcel Dekker Inc., New York (1999) 533 – 588

[5.8]   Williams, J. G.; Pavan, A.; Blackmann, B. R. K. (Eds.): Fracture of Polymers, Composites and Adhesives II. *ESIS Publication* 32, Elsevier Science Ldt, Oxford (2003)

[5.9]   Reese, E. D.: Zur Anwendung des R-Kurven-Verfahrens der elastisch-plastischen Bruchmechanik auf Polymere. Herbert Utz Verlag Wissenschaft, München (1996)

[5.10] Grellmann, W.; Seidler, S. (Eds.): Deformation and Fracture Behaviour of Polymers. Springer Verlag, Berlin (2001). https://doi.org/10.1007/978-3-662-04556-5

[5.11] Seidler, S.: Anwendung des Risswiderstandskonzeptes zur Ermittlung strukturbezogener bruchmechanischer Werkstoffkenngrößen bei dynamischer Beanspruchung. VDI-Fortschr.-Ber., *VDI-Reihe* 18 Nr. 231, VDI Verlag, Düsseldorf (1998)

[5.12] Irwin, G. R.: Analysis of stress and strains near the end of a crack traversing a plate. *J. Appl. Mech.* 24 (1957) 361–364. https://doi.org/10.1115/1.4011547

[5.13] Tada, H.; Paris, P. C.; Irwin, G. R.: The Stress Analysis of Cracks Handbook. 3rd Ed., ASME Press, New York (2000)

[5.14] Wells, A. A.: Unstable crack propagation in metals-cleavage and fast fracture. In: Crack Propagation Symposium Proceedings Cranfield, College of Aeronautics (1961) 210–230

[5.15] Jungbluth, M.: Untersuchungen zum Verformungs- und Bruchverhalten von PVC-Werkstoffen. Dissertation, TH Leuna-Merseburg (1987)

[5.16] Grellmann, W.; Che, M.: Assessment of temperature-dependent fracture behaviour with different fracture mechanics concepts on example of unoriented and cold-rolled polypropylene. *J. Appl. Polym. Sci.* 66 (1997) 1237–1249. https://doi.org/10.1002/(SICI)1097-4628(19971114)66:7<1237::AID-APP4>3.0.CO;2-H

[5.17] Cherepanov, G. P.: On crack propagation in continuous media. *J. Appl. Mech. Math.* 31 (1967) 503–512. https://doi.org/10.1016/0021-8928(67)90034-2

[5.18] Rice, J. R.: A path independent integral and the approximate analysis of strain concentration by notches and cracks. *J. Appl. Mech.* 35 (1968) 379–386. https://doi.org/10.1115/1.3601206

[5.19] Will, P.; Michel, B.; Zerbst, U.: J_T-gesteuertes Risswachstum und die Energiebilanz am duktilen Riss. *Technische Mechanik* 7 (1986) 58–60

[5.20] Rice, J. R.; Paris, P. C.; Merkle, J. G.: Some further results of J-integral analysis and estimates. *ASTM STP* 536 (1973) 231–245. https://doi.org/10.1520/STP49643S

[5.21] Begley, J. A.; Landes, J. D.: A comparison of the J-integral fracture criterion with the equivalent energy concept. *ASTM STP* 536 (1973) 246–263. https://doi.org/10.1520/STP49644S

[5.22] Dong, X. Q.; Helms, R.: Ergänzende Untersuchungen zu den mechanischen Schwingungen beim Kerbschlagbiegeversuch. *Materialprüfung* 28 (1986) 61–65. https://doi.org/10.1515/mt-1986-280307

[5.23] Sumpter, J. G. D.; Turner, C. E.: Cracks and Fracture. *ASTM STP* 601 (1976) 3–18

[5.24] Merkle, J. G.; Corten, H. T.: A J-integral analysis for the compact specimen, considering axial force as well as bending effects. *J. Pressure Vessels Technol.* 96 (1974) 286–292. https://doi.org/10.1115/1.3454183

[5.25] Schwalbe, K. H.: Bruchmechanik metallischer Werkstoffe. Carl Hanser Verlag, München Wien (1980)

[5.26] Rossmanith, H. P. (Hrsg.): Finite Elemente in der Bruchmechanik. Springer Verlag, Berlin (1982)

[5.27] Grellmann, W.; Sommer, J.-P.: Beschreibung der Zähigkeitseigenschaften von Polymerwerkstoffen mit dem J-Integralkonzept. In: Fracture Mechanics, Micromechanics and Coupled Fields (*FMC Series*), Institut für Mechanik, Berlin Chemnitz Nr. 17 (1985) 48–72

[5.28] Grellmann, W.; Seidler, S.: Determination of geometry-independent fracture mechanics values of polymers. *Int. J. Fract.* 68 (1994) R19–R22. https://doi.org/10.1007/BF00032333

[5.29] Grellmann, W.; Seidler, S.; Bohse, J.: Zähigkeit und Morphologie von Thermoplast/Teilchen-Verbunden. *Kunststoffe* 81 (1991) 157–162

[5.30] Lauke, B.; Pompe, W.: Fracture toughness of short-fibre reinforced thermoplastics. *Comp. Sci. Technol.* 26 (1986) 37–57. https://doi.org/10.1016/0266-3538(86)90055-2

[5.31] Grellmann, W.; Seidler, S.: J-integral analysis of fibre-reinforced injection moulded thermoplastics. *J. Polym. Eng.* 11 (1992) 71–101. *https://doi.org/10.1515/POLYENG.1992.11.1-2.71*

[5.32] Seidler, S.; Grellmann, W.: Zähigkeit von teilchengefüllten und kurzfaserverstärkten Polymerwerkstoffen. VDI-Fortschr.-Ber., *VDI-Reihe* 18 Nr. 92, VDI Verlag, Düsseldorf (1991)

[5.33] Niebergall, U.; Bohse, J.; Schürmann, B. L.; Seidler, S.; Grellmann, W.: Relationship of fracture behaviour and morphology in polyolefin blends. *Polym. Eng. Sci.* 39 (1999) 1109–1118. *https://doi.org/10.1002/pen.11498*

[5.34] Hale, G. E.; Ramsteiner, F.: J-fracture toughness of polymers at slow speed. Appendix A: A testing protocol for conducting J-crack growth resistance curve tests on plastics. In: Moore, D. R.; Pavan, A.; Williams; J. G.: Fracture Mechanics Testing Methods for Polymers, Adhesives and Composites. *ESIS Publications* 28. Elsevier, Amsterdam (2001) 138–157

[5.35] Starke, J. U.; Michler, G. H.; Grellmann, W.; Seidler, S.; Gahleitner, M.; Fiebig, J.; Nezbedova, E.: Fracture toughness of polypropylene copolymers: influence of interparticle distance and temperature. *Polymer* 39 (1998) 75–82. *https://doi.org/10.1016/S0032-3861(97)00219-X*

[5.36] Wu, S.: Phase structure and adhesion in polymer blends: A criterion for rubber toughening. *Polymer* 26 (1985) 1855–1863. *https://doi.org/10.1016/0032-3861(85)90015-1*

[5.37] Grellmann, W.; Seidler, S.; Jung, K.; Kotter, I.: Crack resistance behaviour of polypropylene copolymers. *J. Appl. Polym. Sci.* 79 (2001) 2317–2325. *https://doi.org/10.1002/1097-4628(20010328)79:13<2317::AID-APP1039>3.0.CO;2-N*

[5.38] Kotter, I.; Grellmann, W.; Koch. T.; Seidler, S.: Morphology–toughness correlation of polypropylene/ethylene–propylene rubber blends. *J. Appl. Polym. Sci.* 100 (2006) 3364–3371. *https://doi.org/10.1002/app.23708*

[5.39] Hoffmann, H.; Leps, G.; Grellmann, W.; Stephan, R.; Hanisch, H.: Beurteilung der Zähigkeitseigenschaften von schlagzähem PVC. *Plaste Kautschuk* 32 (1985) 379–381

[5.40] Grellmann, W.; Reincke, K.; Lach, R.; Heinrich, G.: Characterization of crack toughness behaviour of unfilled and filled elastomers. *Kautsch. Gummi Kunstst.* 54 (2001) 397–402

[5.41] Grellmann, W.; Reincke, K.: Quality improvement of elastomers. Application of instrumented notched tensile-impact testing for assessment of toughness. *Materialprüfung* 46 (2004) 168–175. *https://doi.org/10.3139/120.100575*

[5.42] Reincke, K.; Grellmann, W.; Heinrich, G.: Investigation of mechanical and fracture mechanical properties of elastomers filled with precipitated silica and nanofillers based upon layered silicates. *Rubber Chem. Technol.* 77 (2004) 662–677. *https://doi.org/10.5254/1.3547843*

[5.43] Brown, N.; Lu, X.: The dependence of rapid crack propagation in polyethylene pipes on the plane stress fracture energy of the resin. *Polym. Eng. Sci.* 41 (2001) 1140–1145. *https://doi.org/10.1002/pen.10815*

[5.44] Reincke, K.; Klüppel, M.; Grellmann, W.: Investigation of fracture mechanical properties of filler-reinforced styrene-butadiene elastomers. *Kautsch. Gummi Kunstst.* 62 (2009) 246–251

[5.45] Sevcik, M.; Hutar, P.; Nahlik, L.; Lach, R.; Knesl, Z.; Grellmann, W.: Crack propagation in welded polyolefin pipe. *Int. J. Struct. Integr.* 3 (2012) 148–157. *https://doi.org/10.1108/17579861211235174*

[5.46] Grellmann, W.; Langer, B.: Methods for polymer diagnostics for the automotive industry. *Materialprüfung* 55 (2013) 17–22. *https://doi.org/10.3139/120.110403*

[5.47] Grellmann, W.; Reincke, K.: Technical material diagnostics – Fracture mechanics of filled Elastomer blends. In: Grellmann, W.; Heinrich, G.; Kaliske, M.; Klüppel, M.; Schneider, K.; Vilgis, T. (Eds.): Fracture Mechanics and Statistical Mechanics of Reinforced Elastomeric Blends. Springer, Berlin (2013) 227–268. *https://doi.org/10.1007/978-3-642-37910-9_6*

6 Prüfung physikalischer Eigenschaften

6.1 Thermische Eigenschaften

6.1.1 Einleitung

Die thermischen Eigenschaften von Polymeren sind weitgehend durch ihren makromolekularen Aufbau und die daraus resultierenden Bindungsverhältnisse bestimmt. Die Beweglichkeit von Atomen, Molekülsegmenten und Molekülen bei Einwirkung thermischer Energie ist vom chemischen und physikalischen Aufbau des Polymers abhängig. In Thermoplasten bestimmt das Verhältnis der Hauptvalenzbindungen zu den Nebenvalenzbindungen zwischen benachbarten Molekülen den Ordnungszustand und das Bewegungsverhalten, in vernetzten Polymeren letztlich der Vernetzungsgrad. Verhältnis, Art und räumliche Anordnung der Bindungen werden primär durch die Polymersynthese festgelegt, können sich jedoch durch Verarbeitung und Einsatz ändern. In teilkristallinen Polymeren bestimmen die Verarbeitungsbedingungen und die Bauteilgeometrie wesentlich das Kristallisationsverhalten und damit insbesondere die Verhältnisse der Nebenvalenzbindungen. Der Einsatz bei erhöhten Temperaturen oder im Freien kann zu Schädigungen im makromolekularen Aufbau z. B. durch Radikalbildung führen, die wiederum eine Vernetzung oder Abbau zur Folge haben kann.

Thermoplaste und Duromere dehnen sich bei Erwärmung aus, infolge erhöhter Beweglichkeit von Atomen, Seitenketten und Molekülsegmenten nimmt der Anteil an Nebenvalenzbindungen ab, Thermoplaste verlieren ihren stofflichen Zusammenhalt, sie schmelzen. Die Bewegungsfähigkeit der Moleküle in Duromeren wird durch das dreidimensionale Netzwerk bestimmt. Die Vernetzung hat zur Folge, dass in Duromeren eine Wärmezufuhr zu einem Erweichen, aber nicht zum Schmelzen führt. Die Zerstörung des Netzwerkes erfolgt auf der Basis von Zersetzungsvorgängen, d. h. der Aufspaltung der Hauptvalenzbindungen.

An die Bewegungsfähigkeit der Moleküle bzw. Molekülbestandteile sind eine Vielzahl anderer Eigenschaften gebunden, insbesondere die mechanischen Eigenschaften (s. Kapitel 4). Aus diesem Grund kommt der Bestimmung thermischer Eigenschaften der Kunststoffe eine besondere Bedeutung zu.

In der modernen Kunststoffprüfung werden die Verfahren zur Bestimmung thermischer Eigenschaften von Kunststoffen unter dem Begriff „Thermische Analyseverfahren" zusammengefasst. Mit Hilfe dieser Methoden werden physikalische und/oder chemische Eigenschaften als Funktion von Temperatur und Zeit gemessen. Die Prüfkörper werden dazu in speziellen Öfen mit definierter Gasatmosphäre (z. B. Luft, inerte Gase) einem bestimmten Temperaturprogramm unterzogen und dabei entsprechende Aufheiz- oder Abkühlkurven aufgenommen. Diese Aufheiz- oder Abkühlkurven zeigen werkstoffspezifische Abhängigkeiten, aus denen z. B. die Glasübergangstemperatur, die Kristallitschmelztemperatur, Schmelzenthalpien aber auch die Temperaturlage von Nebenrelaxationsgebieten, thermische Abbaueffekte, Aushärtungseffekte und der Kristallinitätsgrad bestimmt werden können. Mittels thermischer Analyseverfahren können u. a.:

- Strukturänderungen (Glasumwandlung, Schmelzen/Kristallisieren, Vernetzung, Verdampfung, Sublimierung, Phasenumwandlungen im festen und flüssigen Zustand),
- mechanische Eigenschaften (elastisches Verhalten, Dämpfung),
- thermische Eigenschaften (Ausdehnung/Schrumpfung, spezifische Wärme, Schmelztemperatur/Kristallisationstemperatur, Ausdehnungskoeffizient) und
- chemische Reaktionen (Zersetzung und thermische Stabilität in verschiedenen Gasatmosphären, Reaktionen in Lösung bzw. flüssiger Phase, Reaktion mit dem Spülgas, Dehydratisierung)

nachgewiesen werden.

Die wichtigsten thermischen Analyseverfahren sind die:

- **DSC – Differential Scanning Calorimetry, Dynamische Differenz-Thermoanalyse:** im deutschen Sprachgebrauch auch DDK: Dynamische Differenz Kalorimetrie, zur Ermittlung charakteristischer Temperaturen wie Kristallitschmelztemperatur T_m und Glasübergangstemperatur T_g und kalorischer Größen wie spezifischer Wärmekapazität c_p, Morphologiegrößen wie Kristallinität und Kristallinitätsgrad K sowie zum Nachweis von Temper- und Aushärtungsvorgängen. Als Messgröße dient der Wärmestrom dQ/dt zu einem Prüfkörper im Vergleich zu einer Referenz.

- **TGA – Thermogravimetrische Analyse:** zur Ermittlung der Oxidationsstabilität, der Wirksamkeit von Alterungsschutzmitteln, des Gehaltes an anorganischen Füllstoffen, Ausgasungen und zum Nachweis von Zersetzungen. Dies geschieht durch Bestimmung der Masseänderung Δm als Funktion von Temperatur und/oder Zeit, weshalb die verwendeten Geräte häufig auch als „Thermowaage" bezeichnet werden.

- **TMA – Thermomechanische Analyse:** zur Bestimmung von Dimensionsänderungen, der Glasübergangstemperatur T_g und des linearen Wärmeausdehnungskoeffizienten α.

- **DMTA – Dynamisch-Mechanische Thermische Analyse:** als eine Form der dynamisch-mechanischen Analyse zur Bestimmung dynamischer Moduli und des Verlustfaktors tan δ in Abhängigkeit von der Prüftemperatur und zur Ermittlung von Übergangstemperaturen (s. Abschnitt 4.2: Mechanische Spektroskopie).

- **TOA – Thermooptische Analyse:** zur Bestimmung von Gefügeänderungen, meist mithilfe eines Mikroskop-Heiztisches.

6.1.2 Wärmeleitfähigkeitsbestimmung

In der Regel enthalten Polymere keine frei beweglichen Elektronen. Der Wärmetransport kann somit nur über elastische Wellen im Festkörper (Phononen) und den Energieaustausch beim Zusammenstoß von Molekülteilen erfolgen. Die Wärmeleitfähigkeit als Maß für den Energietransport in einem Werkstoff ist daher als mit Schallgeschwindigkeit ablaufender quantisierter Transportprozess vorstellbar. Es gilt die auf *Debye* zurückgehende Beziehung:

$$\lambda \approx c_p \cdot \rho \cdot c \cdot l \tag{6.1}$$

c_p spezifische Wärmekapazität
ρ Dichte
c Schallgeschwindigkeit
l Abstand der Moleküle

Die Wärmeleitfähigkeit oder Wärmeleitzahl λ entspricht derjenigen Wärmemenge in Joule, die im stationären Zustand in einer bestimmten Zeiteinheit durch einen Körper bestimmten Querschnittes hindurchgeleitet wird, wobei der Temperaturgradient 1 K beträgt. Die physikalische Einheit dieser Größe ist W (m K)$^{-1}$.

Die empirische Grundgleichung für alle Wärmeleitungsvorgänge ist:

$$\frac{Q}{t} = -\lambda A_0 \frac{\partial T}{\partial x} \tag{6.2}$$

Q Wärmemenge
t Zeit
λ Wärmeleitfähigkeit
T Temperatur
x Länge in Wärmetransportrichtung
A_0 Querschnitt des Prüfobjektes

Das Minuszeichen bedeutet, dass die Wärmemenge in entgegengesetzter Richtung zum Temperaturgradienten fließt. Aus der Differenz der in das Volumenelement A_0 dx eintretenden und austretenden Wärmemenge ist die Wärmeleitungsgleichung ableitbar:

$$dQ_1 - dQ_2 = \lambda\, A_0\, dx\, \frac{\partial^2 T}{\partial x^2}\, dt \tag{6.3}$$

Für den instationären Fall, z. B. bei Aufheiz- und Abkühlvorgängen, d. h.:

$$\frac{\partial T}{\partial t} \neq 0$$

und unter Berücksichtigung aller drei Raumrichtungen, ergibt sich die vollständige Wärmeleitungsgleichung:

$$\frac{\partial T}{\partial t} = \frac{\lambda}{c_p\, \rho} \left(\frac{\partial^2 T}{\partial x^2} + \frac{\partial^2 T}{\partial y^2} + \frac{\partial^2 T}{\partial z^2} \right) \tag{6.4}$$

Die Größe $\lambda/(c_p\, \rho)$ wird als Temperaturleitzahl oder Temperaturleitfähigkeit α bezeichnet. Sie bestimmt den zeitlichen Ablauf von Wärmeausbreitungsvorgängen und dient zur Beurteilung der Wärmespeicherung sowie Feuersicherheit von Werkstoffen.

Für den stationären Fall:

$$\frac{\partial T}{\partial t} = 0$$

führt die Lösung der allgemeinen Beziehung zu:

$$\frac{Q}{t} = \lambda\, A_0\, \frac{T_1 - T_2}{x} \tag{6.5}$$

Die Wärmeeindringzahl b ist definiert als:

$$b = \sqrt{c\, \lambda\, \rho} \tag{6.6}$$

Sie wird zur Bestimmung der Kontakttemperatur T_K bei Berührung zweier Körper (Formel 6.7) verwendet.

$$T_K = \frac{b_A T_A + b_B T_B}{b_A + b_B} \tag{6.7}$$

$b_{A,B}$ Wärmeeindringzahl des Körpers A bzw. B
$T_{A,B}$ Temperatur an der Oberfläche des Körpers A bzw. B

Die Wärmeübergangszahl kennzeichnet einen Übergangswiderstand an den Grenzflächen zwischen Prüfkörper und Wärme- bzw. Kühlmedium. Sie kennzeichnet die Wärmemenge je Zeiteinheit bei gegebener Temperaturdifferenz zwischen einer bestimmten Körperoberfläche und dem sie berührenden Medium. Da es kaum möglich ist, alle Grenzbedingungen des Wärmeüberganges in eine mathematische Formulierung aufzunehmen, wird die Wärmeübergangszahl als empirischer Faktor angesehen und experimentell bestimmt.

Für die in der Isoliertechnik erforderliche quantitative Bewertung des Wärmedurchganges durch einzelne Schichten einer Werkstoffkombination zum Zwecke der Wärmedämmung wird die Wärmedurchgangszahl U, früher mit k oder als k-Wert bezeichnet, definiert:

$$\frac{Q}{t} = U A_0 (T_i - T_a) \tag{6.8}$$

$T_{i,a}$ Temperatur des umgebenden Mediums innen bzw. außen

Die praktische Anwendung der definierten Kenngrößen Wärmeleitfähigkeit λ, Temperaturleitzahl α, Wärmeeindringzahl b und Wärmedurchgangszahl U findet sich bei vielen Gegenständen des täglichen Gebrauchs, wie Griffen von beheizten Gebrauchsgütern, Wärmeschutzschilden, aber auch bei der Berechnung von Werkzeugen für die Kunststoffverarbeitung.

Die Wärmeleitfähigkeit fester Stoffe ermittelt man in der Mehrzahl der Fälle in symmetrischen Prüfkörperanordnungen mittels Plattenapparaturen. Der Prüfkörper wird zwischen zwei Plattenpaare gebracht, von denen eines geheizt und das andere gekühlt wird, wodurch ein definiertes Temperaturgefälle entsteht. Zur Verhinderung seitlicher Wärmeverluste ist die Heizplatte von einem Heizring umgeben. Damit erreicht man, dass die in der Heizplatte je Zeiteinheit elektrisch erzeugte Wärmemenge durch die Probenplatte geht und nicht abfließen kann. Die Temperaturdifferenz wird in der Regel mit Thermoelementen zwischen Heiz- und Kühlplatte gemessen. Wichtig ist ein sehr guter Wärmekontakt zwischen den einzelnen Platten und damit ein einwandfreier Wärmeübergang. Dies erreicht man z. B., wenn die gesamte Prüfanordnung zusammengepresst wird oder die Prüfkörperoberflächen mit einer Metallschicht versehen werden. Eine ausführliche Darstellung der Anforderungen an die Messtechnik ist in [1.42] und [1.44] enthalten.

Prinzipiell unterscheidet man stationäre, quasistationäre und instationäre Prüfverfahren. Bild 6.1 zeigt am Beispiel des Wärmeleitfähigkeitsmessgerätes „*Heat Flow Meter 6891/000*" der Fa. Ceast den schematischen Aufbau eines stationären Prüfsystems.

Ein großer Nachteil dieser Messtechnik ist der relativ große Zeitaufwand. Schnell aber mit geringerer Genauigkeit arbeiten die nichtstationären Verfahren, bei denen eine Seite des Prüfkörpers einem Wärmestoß oder einer periodischen Temperaturänderung ausgesetzt ist und diese auf der anderen Seite gemessen wird [1.50]. Auf der Basis der Anregung mit Laserpulsen wurden in den letzten Jahren verschiedene Geräte entwickelt. Bild 6.2 zeigt den Aufbau eines solchen Systems am Beispiel des Netzsch LFA 427.

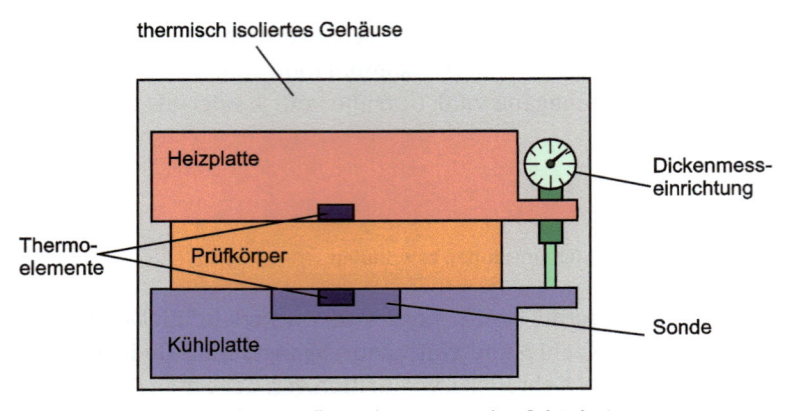

Bild 6.1 Schematischer Aufbau des Wärmeleitfähigkeitsmesssystems „Heat Flow Meter 6891/000" der Fa. Ceast, Italien

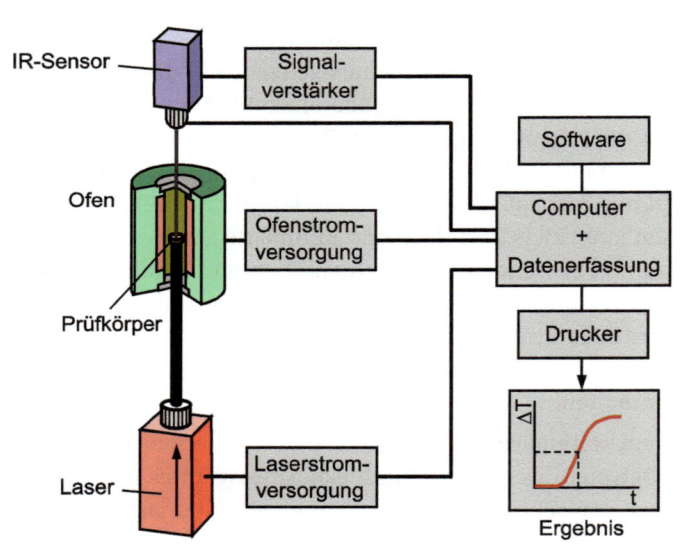

Bild 6.2 Funktionsprinzip zur Ermittlung der Temperaturleitfähigkeit mittels Laser-Flash-Methode am Beispiel des Netzsch LFA 427

Mit diesem Messsystem können Temperaturleitfähigkeiten im Temperaturbereich von $-40\,°C \leq T \leq 2000\,°C$ gemessen werden. Auf der Prüfkörperunterseite wird ein Wärmepuls erzeugt und gleichzeitig misst ein IR-Detektor auf der Prüfkörperoberseite den Temperaturanstieg. Aus der zeitlichen Änderung der Temperatur kann die Temperaturleitfähigkeit ermittelt werden. Die Wärmeleitfähigkeit ergibt sich aus dem Zusammenhang (s. auch Formel 6.4):

$$\lambda = \alpha \cdot \rho \cdot c_p \tag{6.9}$$

α Temperaturleitfähigkeit
ρ Dichte
c_p spezifische Wärme

Die Ermittlung der spezifischen Wärme c_p erfolgt entweder mittels DSC (vgl. Abschnitt 6.1.3) oder direkt während der Temperaturleitfähigkeitsmessung durch den Vergleich des Temperaturverlaufs im Prüfkörper mit dem eines Referenzmaterials bekannter spezifischer Wärme.

Aufgrund der Abhängigkeit der Wärmeleitfähigkeit von zahlreichen molekularstrukturellen Parametern können Wärmeleitfähigkeitsmessungen genutzt werden, Rückschlüsse auf das Verhalten der Kettenmoleküle und der übermolekularen Struktur bei Einwirkung thermischer Energie zu ziehen. Die Ausbreitung der Wärmequellen, elastische Wellen nach Art der Schallwellen, reagiert besonders auf Inhomogenitäten im Makromolekülverbund, wie z. B. geordnete Bereiche, Defektstellen, Risse u. a. und wird in der modernen zerstörungsfreien Werkstoffprüfung genutzt (vgl. Kapitel 8).

Amorphe Thermoplaste verhalten sich bis zur Glastemperatur wie anorganisch unterkühlt eingefrorene Gläser und danach wie eine organische Flüssigkeit. Aufgrund der niedrigen Dichte und des großen Molekülabstandes sollte die Wärmeleitfähigkeit niedrig sein. Teilkristalline Thermoplaste haben infolge der höheren Dichte und des geringeren Molekülabstandes eine um Größenordnungen bessere Wärmeleitfähigkeit, die sich im schmelzflüssigen Zustand derjenigen der amorphen Polymere annähert. Ungefüllte oder unverstärkte Duromere unterscheiden sich nicht von den amorphen Thermoplasten. In einem heterogenen gefüllten oder verstärkten Kunststoff wird die Wärmeleitfähigkeit in erster Linie durch den Volumenanteil der einzelnen Bestandteile und ihrer Wärmeleitungskoeffizienten bestimmt. Bewitterung, Einwirkung von Lösungsmitteln und mechanische Beanspruchung können das Polymer angreifen. Irreversible Veränderungen durch chemischen oder physikalischen Abbau bewirken besonders dann eine Verschlechterung der Wärmeleitung, wenn sich Mikrorisse bilden oder wie bei Verbundwerkstoffen Delaminationen auftreten.

6.1.3 Dynamische Differenz-Thermoanalyse (DSC)

Die Grundlagen der DSC sind sowohl unter polymerphysikalischen als auch unter anwendungstechnischen Gesichtspunkten in einer Vielzahl von Lehrbüchern zusammengefasst [1.7, 1.10, 1.43, 6.1 – 6.8].

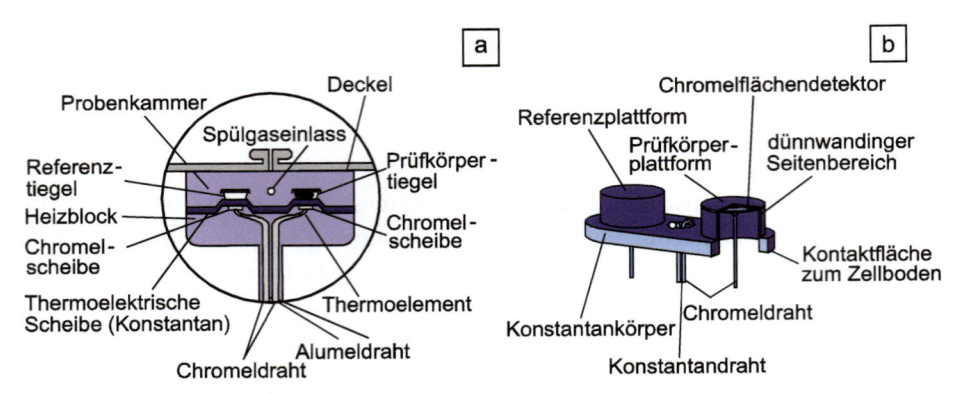

Bild 6.3 Aufbau einer DSC-Messzelle (Wärmestromprinzip) mit Scheibenmesssystem (a) und Aufbau eines Tzero™-Sensors (TA Instruments, USA)

DSC-Geräte werden nach zwei grundsätzlichen Messprinzipien gebaut, dem Wärmestromprinzip und dem Leistungskompensationsprinzip. Zwei linsengroße Tiegel („Pfännchen", „Näpfchen") mit Probe und inertem Referenzmaterial werden simultan nach einem gewählten linearen Temperaturprogramm erwärmt. Als Referenzmaterial wird häufig Luft verwendet. Probe und Vergleichsprobe befinden sich beim *Wärmestromverfahren* in einem zylindrischen Ofen. Bei thermischer Symmetrie der Anordnung tritt beim Heizen des Ofens keine Temperaturdifferenz zwischen den Tiegeln auf. Ändert sich jedoch die spezifische Wärmekapazität der Probe beim Erhitzen, bildet sich eine Temperaturdifferenz aus, die im Idealfall der Änderung der spezifischen Wärmekapazität proportional ist. Die Anordnung (Bild 6.3a) ist kalibrierbar und kann zum Messen der spezifischen Wärmekapazität verwendet werden. Einer Verbesserung des Auflösungsvermögens im Wärmestromverfahren dient die Einführung der sogenannten Tzero™-Technologie, bei der im Vergleich zum konventionellen Wärmestromverfahren mit Scheibenmesssystem (Bild 6.3a), bei dem die Temperaturen von Probe und Referenz gemessen werden, ein Sensor eingesetzt wird, der u. a. ein zusätzliches Thermoelement enthält (Bild 6.3b). Dieser zusätzliche Temperatursensor misst die sogenannte Basistemperatur und ermöglicht eine bessere Korrektur thermischer Asymmetrien im Ofen [6.10]. Bei der *Leistungskompensations-DSC* sind Probe und Referenz vollständig getrennt. Proben- und Vergleichstiegel haben ein eigenes Heizelement und einen eigenen Temperaturfühler. Mit Hilfe einer Regeleinrichtung werden Probe und Vergleichssubstanz mit gleicher Geschwindigkeit aufgeheizt, und zwar so, dass zwischen beiden keine Temperaturdifferenz entsteht. Bei Änderungen der spezifischen Wärmekapazität der Probe wird mehr (bei endothermen Vorgängen) oder weniger (bei exothermen Vorgängen) Probenheizleistung zugeführt, um eine Temperaturdifferenz zu vermeiden. In DIN EN ISO 11357 werden beide Verfahren unter dem Begriff Dynamische Differenz-Thermoanalyse (DSC) zusammengefasst.

6.1 Thermische Eigenschaften

Aus der zugeführten Wärmemenge lassen sich über:

$$dQ = m \cdot c_p(T) dT \tag{6.10}$$

und

$$Q = m \cdot \Delta H = m \int_{T_1}^{T_2} c_p(T) dT \tag{6.11}$$

- Q Wärmemenge
- M Probeneinwaage
- T Temperatur
- c_P spezifische Wärme
- H Enthalpie

Enthalpie und spezifische Wärme in Abhängigkeit von der Temperatur ermitteln.

Bei Phasenumwandlungen zeigen die Temperaturabhängigkeiten von spezifischer Wärme bzw. Enthalpie charakteristische Änderungen im Kurvenverlauf, wie in Bild 6.4 schematisch dargestellt. In der Abhängigkeit der spezifischen Wärme von der Temperatur zeigt sich im Glasübergangsbereich eine Stufe (Bild 6.4 links), im Schmelzbereich ein Peak (Bild 6.4 rechts). Eine allgemeine Übersicht über physikalische und chemische Ursachen für DSC-Peaks ist Tabelle 6.1 zusammengefasst.

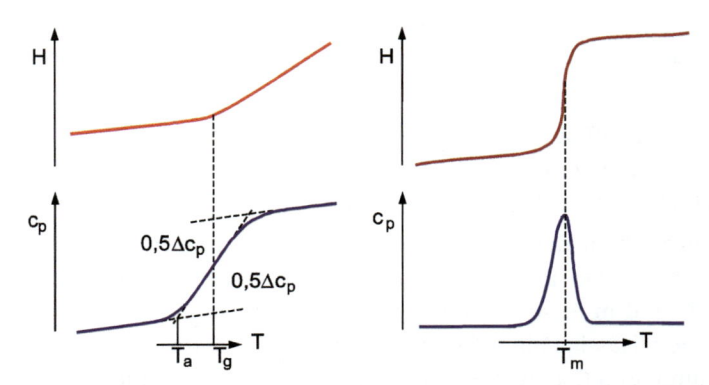

Bild 6.4 Glasübergang mit T_g-Bestimmung (links) und Schmelzbereich (rechts)

Die Ermittlung der Glastemperatur T_g nach DIN EN ISO 11357 erfolgt aus der Abhängigkeit der spezifischen Wärme von der Temperatur wie in Bild 6.4 links schematisch dargestellt. Im Gegensatz zu metallischen Werkstoffen tritt in teilkristallinen Kunststoffen ein relativ breiter Schmelzbereich auf. Der Schmelzvorgang und damit der Verlauf der Schmelzkurve hängen sehr stark von der thermischen und mechanischen Vorgeschichte des Kunststoffes ab.

Tabelle 6.1 Physikalische und chemische Ursachen für die Ausbildung von Peaks während einer DSC-Messung [6.11]

Physikalische Ursachen			Chemische Ursachen		
	endotherm	exotherm		endotherm	exotherm
Schmelzen	o		Chemisorption		o
Kristallisieren		o	Desolvation	o	
Verdampfen	o		Dehydratation	o	
Sublimation	o		Zersetzung	o	o
Adsorption		o	Oxidativer Abbau		o
Absorption	o		Redox-Reaktionen	o	o
Desorption	o		Festphasen-Reaktionen	o	o
Curie-Punkt-Übergänge	o		Verbrennung		o
Flüssig-Kristall-Übergänge	o		Polymerisation		o
Glasübergang	kein Peak, nur Versatz		Härtung, Vernetzung		o

Als Schmelzpunkt ist in Kunststoffen die Temperatur definiert, bei der die meisten Kristallite schmelzen, d. h. die Temperatur T_m des endothermen Maximums in der Abhängigkeit c_p = f(T) bzw. (dQ/dt)/m = f(T) (Bild 6.4 rechts).

Eines der Hauptanwendungsgebiete der DSC in der Qualitätssicherung ist die Identifizierung von Kunststoffen, die i. Allg. über die Übergangstemperaturen, d. h. in amorphen Kunststoffen über T_g und in teilkristallinen Kunststoffen über T_m, erfolgt. Auf diese Art ist vielfach eine zuverlässige Identifizierung, wie in Bild 6.5 am Beispiel von POM gezeigt, möglich. Homo- und Copolymer sind aufgrund ihrer unterschiedlichen Schmelztemperatur eindeutig differenzierbar.

Ein spezielles Verfahren der Dynamischen Differenz-Thermoanalyse stellt die temperaturmodulierte DSC (TMDSC) dar [1.43, 6.1, 6.2 – 6.5, 6.9]. Mit Hilfe dieser Methode können reversible Effekte (Glasübergang, Schmelzen) von irreversiblen Effekten (Vernetzung, Zersetzung, Abdampfen, usw.) unterschieden werden. Dies ermöglicht eine Trennung sich überlagernder oder kurz aufeinanderfolgender Vorgänge sowie eine signifikante Auswertung schlecht ausgeprägter Glasübergänge, z. B. bei teilkristallinen Thermoplasten. Zusätzlich wird die spezifische Wärmekapazität in einer einzigen Messung ermittelt. Das Gesamtwärmestromsignal, welches dem Wärmestromsignal einer konventionellen DSC-Messung (Summenkurve) entspricht, wird in ein reversibles und irreversibles Wärmestromsignal aufgeteilt.

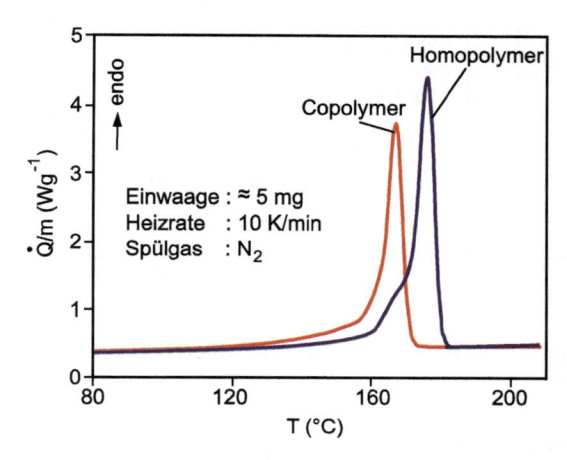

Bild 6.5
Schmelzpeaks von POM-Homo- und Copolymer

Der reversible Anteil kann bei mehrfachem Aufheizen reproduziert werden und ist wärmekapazitätsbedingt und heizratenabhängig. Der irreversible Anteil kann nach Ablauf nicht reproduziert werden. Der grundsätzliche Unterschied zum Standardmessverfahren mit linearer Heizrate liegt im periodischen Aufheizen der Probe, die je nach Gerätetyp sinusförmig, dreieckig oder sägezahnförmig erfolgen kann. Die periodische Schwingung steigt im Mittel linear an [1.43].

Aus anwendungstechnischer Sicht stellt die TMDSC insbesondere bei sich überlagernden Effekten ein wesentliches Hilfsmittel dar, wie in Bild 6.6 am Beispiel von Bitumen gezeigt wird. Im Bereich von −50 bis 90 °C zeigt der irreversible Wärmestrom einen Verlauf (Bild 6.6 rechts), dessen Ursachen recht komplexer Natur sind. Über den genannten Temperaturbereich erstreckt sich ein sogenannter endothermer Untergrund, welcher die Energie beschreibt, die zur Auflösung der sich beim Abkühlen gebildeten Ordnungszustände der einzelnen Bitumenbestandteile nötig ist. Diesem Prozess sind eine Kaltkristallisation von niedermolekularen gesättigten Kohlenwasserstoffen bei ca. 5 °C und eine Kaltkristallisation von hochmolekularen gesättigten Segmenten bei ca. 25 °C überlagert. Der endotherme Peak bei ca. 40 °C resultiert aus der Auflösung der Ordnung von Asphaltenen und Harzen und dem Schmelzen der zuvor kaltkristallisierten hochmolekularen gesättigten Segmente [6.12].

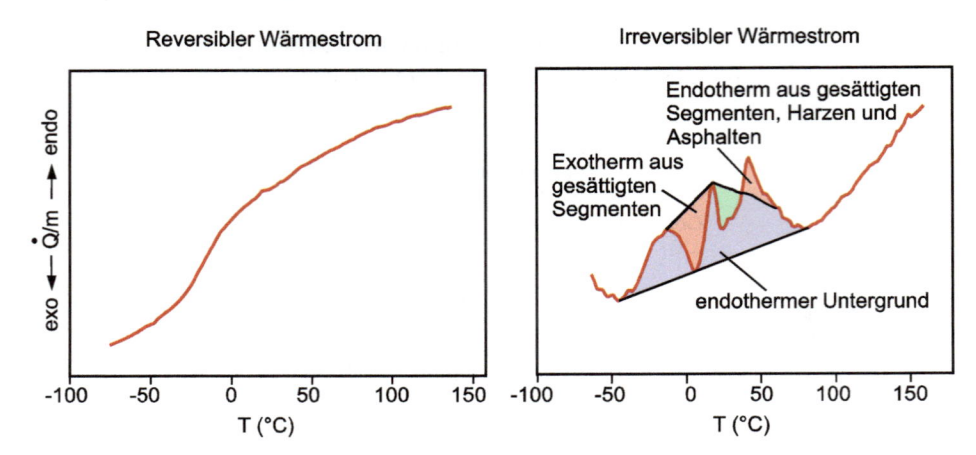

Bild 6.6 Einsatz der temperaturmodulierten DSC (TMDSC) zur Charakterisierung von Bitumen

Eine weitere Anwendungsmöglichkeit der DSC besteht in der vergleichenden Bewertung der Beständigkeit von Kunststoffen gegenüber thermooxidativem Abbau durch Bestimmung der Oxidativen Induktionszeit bzw. -temperatur (OIT). Man unterscheidet dabei zwei Verfahren, die dynamische Messung mit einer vergleichsweise geringen Empfindlichkeit, bei der die DSC-Messung in Sauerstoff- oder Luftatmosphäre durchgeführt und die Temperatur bestimmt wird, bei der die exotherme Oxidation beginnt und das sogenannte statische Verfahren, bei dem die Probe unter Inertgasbedingungen bis zu einer definierten Temperatur oberhalb T_m aufgeheizt wird. Diese Temperatur wird gehalten und nach Einstellung eines Gleichgewichtszustandes wird auf oxidative Atmosphäre umgeschaltet. Gemessen wird bei diesem Verfahren die Zeit bis zum Auftreten der Oxidationsreaktion. Das statische OIT-Verfahren ist in ASTM D 3895 genormt. Bild 6.7 zeigt den Einfluss einer Ofenauslagerung auf die Oxidative Induktionszeit, ermittelt bei 190 °C und einem Druck von 3,4 MPa an POM-Homopolymergranulaten. Die Ofenauslagerung zur Einstellung definierter Alterungszustände erfolgte bei 140 °C. Der Einsatz einer Druck-DSC-Zelle erwies sich für die Untersuchungen an POM-Werkstoffen als notwendig, um die Oxidation einzuleiten. Unter Standardbedingungen dominiert in diesem Werkstoff die Depolymerisation. Eine zunehmende Auslagerungszeit führt zu einem zunehmenden Stabilisatorverbrauch, der eine sich verringernde Induktionszeit zur Folge hat. Dass ausschließlich Stabilisatorverbrauch stattfindet und keine thermischen Schädigungen an den Ketten auftreten wurde an Hand von TGA-Messungen verifiziert [6.13]. Obwohl dieses Verfahren lediglich als Vergleichsverfahren bei gleichen Stabilisatoren einsetzbar ist und Rückschlüsse auf das Langzeitverhalten nicht gezogen werden können, hat es sich insbesondere in der Qualitätssicherung von Polyolefin-Kabelummantelungen in der Praxis bewährt.

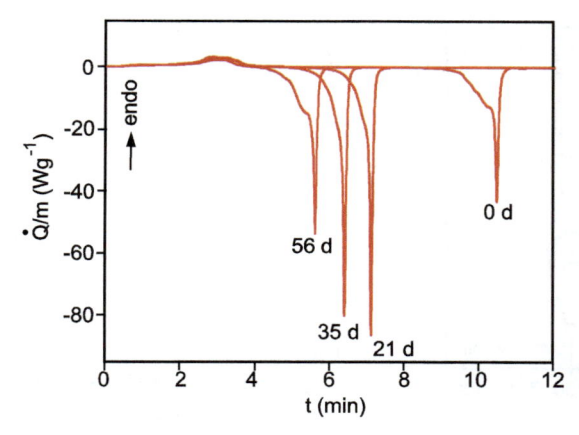

Bild 6.7
Einfluss der Ofenauslagerungszeit auf die Oxidative Induktionszeit in POM-Homopolymergranulaten [6.13]

6.1.4 Thermogravimetrische Analyse (TGA)

Die Thermogravimetrische Analyse dient der Messung von Masseänderungen einer Probe in Abhängigkeit von Zeit und/oder Temperatur. Masseänderungen sind die Folge von Verdampfung und Zersetzung, aber auch von chemischen Reaktionen und magnetischen oder elektrischen Umwandlungen. Messbare Masseänderungen treten ebenfalls bei Aufnahme von Gasen (Sauerstoff, Luftfeuchtigkeit usw.) auf [1.10, 1.43, 6.4, 6.6, 6.8]. Für Kunststoffe ist dieses Verfahren in der DIN EN ISO 11358 genormt. Eine Kopplung mit FTIR (s. Abschnitt 6.2) oder Massenspektroskopen (MS) (Bild 6.8) ermöglicht zusätzlich die Detektion der Stoffe, die einem bestimmten Masseverlust zuordenbar sind und ermöglicht damit die Lösung von Aufgabenstellungen der Kunststoffanalytik.

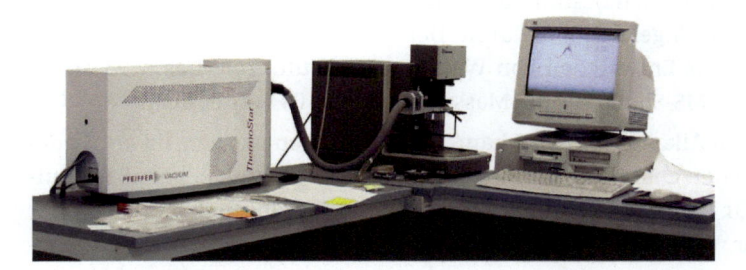

Bild 6.8 Thermogravimetrische Analyse (Fa. TA Instruments, USA), gekoppelt mit einem Quadrupol Massenspektrometer der Fa. Pfeiffer Vacuum, Deutschland

In Abhängigkeit von der Messaufgabe werden verschiedene Spülgase eingesetzt und die Masseänderung in Abhängigkeit von der Temperatur und/oder der Zeit aufgezeichnet (Bild 6.9). Häufig wird zur Interpretation und Trennung von Effekten zusätzlich das differentielle Messsignal dm/dt, das als DTG-Kurve bezeichnet wird, herangezogen. Das DTG-Signal liefert zusätzlich Informationen zur Abbaukinetik.

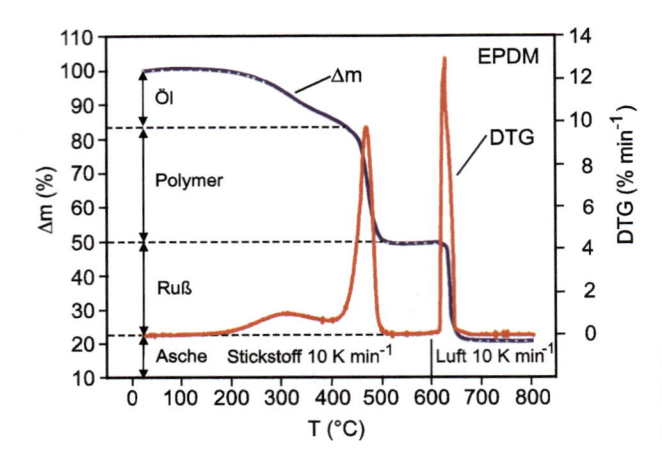

Bild 6.9 Degradationsverhalten eines gefüllten EPDM-Kautschuks

Zur Untersuchung des Degradationsverhaltens gefüllter Werkstoffe, wie z. B. des in Bild 6.9 dargestellten EPDM verwendet man häufig verschiedene Spülgase. Damit ist eine eindeutige Trennung der Zersetzung von Kunststoff und Ruß bzw. anderen Füllstoffen möglich. Unter inerten Bedingungen, d. h. z. B. in Stickstoffatmoshäre, zersetzen sich die meisten Kunststoffe im Temperaturbereich zwischen 400 °C und 600 °C. In diesem Temperaturbereich ist jedoch der Ruß beständig (vgl. Bild 6.9). Ein erstes Zersetzungsmaximum tritt bei ca. 300 °C auf. Im Temperaturbereich bis ca. 400 °C entweichen Weichmacher und niedermolekulare Bestandteile. Zwischen 400 °C und 500 °C kommt es zur Zersetzung der Polymerkomponente EPDM. Bei 600 °C wird von Stickstoff- auf Sauerstoffatmosphäre umgeschalten, der Ruß verbrennt. Es verbleibt ein anorganischer Rückstand (Asche).

Bild 6.10 zeigt die Ergebnisse der mit MS gekoppelten TGA an einem PA 6-Formteil. Im Bild sind die Massenänderung und der Ionenstrom für ausgewählte Massenzahlen dargestellt. Gesucht wurde nach bestimmten Verbindungen, die während des Einsatzes in Kontakt mit dem PA gekommen waren. Der Masseverlust im Anfangsbereich der TGA-Kurve ist auf das Entweichen von Wasser zurückzuführen. Das wird durch einen geringen Peak im MS-Signal für die Massenzahl 18 (H_2O) verdeutlicht.

Das Vorhandensein von Alkohol (C_2H_5OH) kann ausgeschlossen werden, da am Siedepunkt (T = 78,5 °C) bei den charakteristischen Massenzahlen 31 und 45 kein Peak auftritt. Gleiches gilt für Ether (Siedepunkt 35 °C) und Dibutylphthalat (Siedepunkt 340 °C). Außer Wasser war keine der angenommenen Verbindungen in der Probe enthalten.

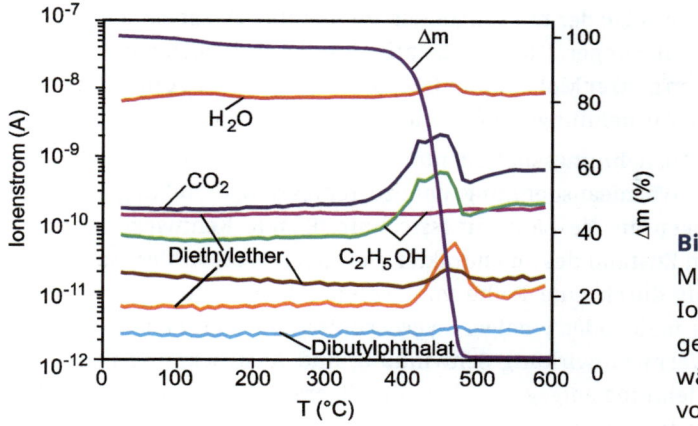

Bild 6.10 Masseänderung und Ionenstrom für ausgewählte Verbindungen während der Zersetzung von PA

6.1.5 Thermomechanische Analyse (TMA)

Mit steigender Temperatur dehnen sich Polymere aus. Die Messung der Wärmeausdehnung gibt Auskunft über den mittleren linearen (α) bzw. kubischen (β) Wärmeausdehnungskoeffizienten des jeweiligen Werkstoffes sowie über wichtige Umwandlungserscheinungen beim Erwärmen.

Der Wärmeausdehnungskoeffizient α, auch Wärmedehnzahl genannt, beschreibt die Längenänderung L_1 bzw. Volumenänderung V_1 eines Körpers bei 1 K Temperaturerhöhung und wird in K^{-1} angegeben.

In einem begrenzten Temperaturintervall ergibt sich bei einer eindimensionalen Betrachtung für die Längenänderung:

$$L_1 = L_0 + \alpha L_0 (T_1 - T_0) \tag{6.12}$$

und für die räumliche Ausdehnung:

$$V_1 = V_0 + \beta V_0 (T_1 - T_0) \tag{6.13}$$

wobei für den isotropen Körper gilt:

$$\beta = 3\alpha \tag{6.14}$$

Da die Koeffizienten α bzw. β temperaturabhängig sind, ist jedoch mit nichtlinearen Abhängigkeiten zu rechnen und es gilt:

$$\alpha = \frac{1}{L_0}\left(\frac{\partial L}{\partial T}\right)_p$$

bzw. (6.15)

$$\beta = \frac{1}{V_0}\left(\frac{\partial V}{\partial T}\right)_p$$

Die Nichtlinearität ist eine Folge der mit steigender Temperatur einsetzenden lokalen Bewegung kleiner Molekülgruppen (Nebenrelaxation) und der danach einsetzenden kooperativen Bewegungen ganzer Molekülteile (Hauptrelaxationen). In Umwandlungsgebieten ändern sich die Ausdehnungskoeffizienten sprunghaft.

Die Bestimmung der Ausdehnungskoeffizienten ist auf Temperaturbereiche beschränkt, in denen die Wärmeausdehnung nahezu temperaturunabhängig ist. Sie stellt hohe Anforderungen an die Längenmesstechnik. Exakte Kennwerte ergeben sich dabei nur im festen Zustand des zu charakterisierenden Werkstoffes, da bei der Ermittlung das Ergebnis durch eine Reihe von wesentlichen Faktoren beeinflusst wird. So sind Polymere mehr oder weniger hygroskopisch oder enthalten flüchtige Bestandteile, die bei Wärmeeinwirkung Schwindung und Austrocknung nach sich ziehen und der Wärmedehnung entgegenwirken. Im Allgemeinen sollten deshalb Verfahren angewendet werden, die Nebeneinflüsse ausschalten, jedoch den Bedingungen des praktischen Einsatzes entsprechen. Bei *optischen Ausdehnungsmessgeräten* erfolgt die Ausdehnungsmessung visuell durch ein Messmikroskop. Als Messmarkierung klebt man auf den Prüfköper Blattzinnstreifen auf. Die Erwärmung der Prüfkörper erfolgt in heißer Luft mittels geeigneten Heiztischs. Über einen speziellen Regelkreis sind die Thermosensoren bzw. störenden Sollwertpendlungen zu kontrollieren und zu unterdrücken. Der Temperaturanstieg sollte in der Größenordnung von $5\,\text{K}\,\text{h}^{-1}$ liegen. Geringste Krümmungen oder Schrumpfungen des Prüfkörpers bei Annäherung an den Erweichungsbereich können das Ergebnis verfälschen. Bei Messungen mit dem *Quarzrohrdilatometer* wird die Längenänderung nach einer Temperatur T über eine Messuhr oder einen induktiven Wegaufnehmer erfasst. Damit tritt eine Verformungsbehinderung auf, die gegen die Ausdehnung wirkt. Die Erwärmung kann in Luft oder im Flüssigkeitsbad erfolgen, wobei eine Genauigkeit von $0{,}2\,\text{K}$ für die einzelnen Stufen anzustreben ist.

Verdrängungsdilatometer stellen im Prinzip Pyknometer dar, in denen die Änderung der Standhöhe der Flüssigkeit durch Erwärmen eines Messraumes, in dem sich der Prüfkörper befindet, an einer kalibrierten Kapillare abgelesen wird. Als Messflüssigkeiten haben sich Quecksilber und Methanol bewährt. Die Erwärmung des Messraumes erfolgt im Flüssigkeitsbad, wobei ebenfalls eine Genauigkeit von $0{,}2\,\text{K}$ vorliegt. Diese Methode ist geeignet, die Volumenausdehnung direkt, ohne Unterbrechung bis in den Flüssigkeitsbereich zu messen. Der interessierende Temperaturbereich wird in kleinen Schritten durchfahren.

Für Kunststoffe hat sich zur Messung des linearen thermischen Ausdehnungskoeffizienten die Thermomechanische Analyse (TMA) bewährt. Im Gegensatz zum kraftfreien Dilatometerverfahren wird bei der TMA mit einer konstanten, geringen Auflast gemessen. Zum Einsatz kommen zylindrische oder quaderförmige Prüfkörper mit planparallelen Messflächen. Über einen Quarzstempel erfolgt die Aufbringung der geringen Last (0,1 bis 5 g) und gleichzeitig über ein induktives Messsystem die Messung der Wärmeausdehnung. Der Versuchsaufbau befindet sich in einem Ofen, der mit geringer Heizrate aufgeheizt wird. Auf der Grundlage der DIN 53752 können ein mittlerer (Formel 6.16) oder ein differentieller thermischer Längenausdehnungskoeffizient (Formel 6.17) ermittelt werden.

$$\bar{\alpha}(T) = \frac{1}{L_0} \cdot \frac{L_2 - L_1}{T_2 - T_1} = \frac{1}{L_0} \cdot \frac{\Delta L}{\Delta T} \tag{6.16}$$

$$\alpha(T) = \frac{1}{L_0} \cdot \frac{dL}{dT} \tag{6.17}$$

Der differentielle thermische Längenausdehnungskoeffizient wird durch den Anstieg der Tangente an die Abhängigkeit $\Delta L/L_0$ bestimmt. Er ist zu Beginn des Versuches immer „0". Ebenso wie bei der DSC liefert die erste Heizlauf einer TMA immer Informationen zur thermischen und mechanischen Vorgeschichte. Durch die Erwärmung können nicht nur flüchtige Bestandteile entweichen, es kann auch zum Abbau von Orientierungen und Eigenspannung kommen und es können Nachkristallisationsprozesse einsetzen. Alle diese Prozesse sind mit einer Schrumpfung verbunden und wirken der Wärmeausdehnung entgegen. In Duromeren bewirken Nachhärtungsprozesse den gleichen Effekt. Außerdem sind in Spritzguss- und Extrusionsteilen Anisotropieeffekte zu berücksichtigen. Dies gilt auch für gefüllte und verstärkte Werkstoffe.

Bei teilkristallinen Polymeren tritt beim Erwärmen eine mehr oder weniger ausgeprägte Kontraktion auf, der lineare Ausdehnungskoeffizient in Kettenrichtung kann negative Werte annehmen. Die Ursache liegt in der ungestörten gummielastischen Rückstellung der tie-Moleküle in den amorphen Bereichen. Da eine Volumenmessung positive Werte liefert, muss senkrecht zur Orientierungsrichtung ein entsprechend stärkerer Anstieg des Ausdehnungskoeffizienten vorliegen. Für PE wurde bei Raumtemperatur für $\alpha_\parallel = -2{,}4 \times 10^{-5}\,K^{-1}$ und $\alpha_\perp = 19 \times 10^{-5}\,K^{-1}$ gefunden. Umgekehrt sollte es demzufolge möglich sein, durch Messung der Richtungsabhängigkeit des linearen Ausdehnungskoeffizienten Aussagen über den Orientierungszustand zu erhalten [1.44].

Analog zu den teilkristallinen Polymeren hängt die Wärmedehnzahl bei den amorphen mehrphasigen Systemen erwartungsgemäß vom Anteil der Komponenten und der Verträglichkeit der Phasen ab. Oberhalb der Glastemperatur beider Komponenten folgt der Ausdehnungskoeffizient meist einem einfachen Additivgesetz. Im Bereich zwischen den Glasumwandlungstemperaturen der beteiligten Polymere gilt dies nur noch teilweise. Darüber hinaus kann das unterschiedliche Ausdehnungsverhalten der Phasen zur Ausbildung von thermisch induzierten Spannungen führen, welche die Makroeigenschaften des Polymerblends negativ beeinflussen.

Verbundsysteme von Polymeren mit anorganischen Füllstoffen zeigen in Abhängigkeit vom Füllstoffanteil, der Partikelform und dem herstellungsbedingten Ordnungszustand i. Allg. eine geringere Wärmeausdehnung, da sich der Matrixwerkstoff stärker ausdehnt als die Füllstoffe. Infolgedessen sind auch die zu erwartenden inneren Spannungen, insbesondere an den Grenzflächen Polymer/Füllstoff ausgeprägter. Der Anwendung der Mischungsregel zur analytischen Bewertung des Ausdehnungskoeffizienten eines Verbundes sind Grenzen gesetzt. Solange die Bestimmungsgleichungen die Wechselwirkung Matrix-Füllstoffoberfläche, Veränderungen des freien Volumens, Perkolationseffekte und Teilchengröße nicht erfassen, können nur Richtwerte angegeben werden.

Der Einfluss einer Faserverstärkung auf das Wärmeausdehnungsverhalten einer kreisrunden Platte zeigt Bild 6.11. Während sich in Radial- und Tangentialrichtung nur geringe Unterschiede im Wärmeausdehnungsverhalten ergeben, ist in Dickenrichtung eine deutlich stärkere Wärmeausdehnung nachweisbar, die wesentlich durch das Wärmeausdehnungsverhalten der unverstärkten Matrix bestimmt wird. Aus der Anisotropie des Wärmeausdehnungsverhaltens können Schlussfolgerungen zur Faserorientierung abgeleitet werden.

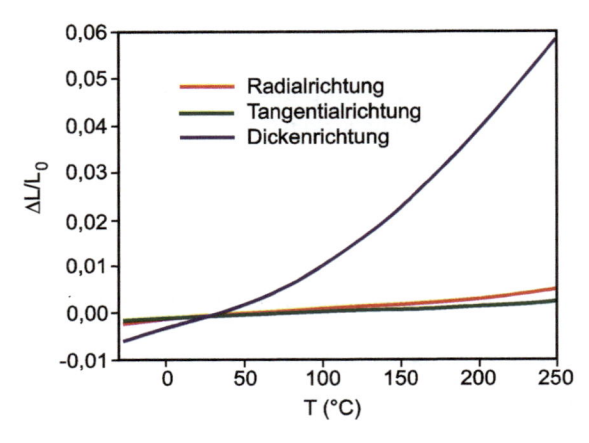

Bild 6.11 Wärmeausdehnungsverhalten einer faserverstärkten PPS-Platte in Radial-, Tangential- und Dickenrichtung

Ein wesentlicher Beitrag der Entstehung von inneren Spannungen resultiert aus dem Wärmeausdehnungsverhalten. Desweiteren ist in diesem Zusammenhang zu berücksichtigen, dass der Wärmeausdehnungskoeffizient mit zunehmendem E-Modul abnimmt. Eine Behinderung der thermischen Ausdehnung führt zu einem Spannungsaufbau im Werkstoff, zu sogenannten Wärmespannungen. Dies gilt sowohl für den Fall der kraftschlüssigen Kombination von Werkstoffen unterschiedlicher thermischer und elastischer Eigenschaften als auch für den Fall unterschiedlicher Temperaturen in einem Erzeugnis. Im Werkstoff bzw. Werkstoffbereichen mit geringeren Wärmeausdehnungskoeffizienten bauen sich Zugspannungen, in den anderen Druckspannungen auf. Entfallen die Ursachen der Wärmespannungen, verschwinden die inneren Spannungen unter der Voraussetzung, dass keine plastischen Deformationen auftreten vollständig. Andernfalls kommt es zur Entstehung von Eigenspannungen.

6.2 Optische Eigenschaften

6.2.1 Einführung

Die Prüfung der optischen Eigenschaften von Kunststoffen ist einerseits aus Gründen der Produktästhetik und andererseits zur Charakterisierung der vielfältigsten Gebrauchseigenschaften der Werkstoffe und der daraus gefertigten Formteile erforderlich. So entscheiden die Oberflächeneigenschaften eines Produktes ganz entscheidend über den Marktwert. Zu den bestimmenden optischen Kennwerten opaker oder transluzenter Formteile zählen Farbe, Glanz und Oberflächenbeschaffenheit. Bei transparenten Werkstoffen kommen noch Deckvermögen, Durchsichtigkeit, Transparenz, Trübung und Lasur hinzu. Ein Teil der Messungen zu den optischen Eigenschaften der Kunststoffe stützt sich auf die grundlegenden optischen Gesetzmäßigkeiten, wie z. B. Reflexion und Brechung, Dispersion, Beugung, Interferenz und Polarisation. Vertiefende Zusammenhänge zu diesen Grundlagen können Optiklehrbüchern entnommen werden [6.14 – 6.16].

Die Prüfung von Farbe, Trübung und Transparenz sowie des Deckvermögens und der Durchsichtigkeit ist dagegen wesentlich komplexerer Natur. In diese Werte gehen neben den Werkstoffeigenschaften immer noch zusätzlich die Oberflächeneigenschaften der Formteile ein. Daher werden gerade diese Kennwerte vom Anwender oft sehr subjektiv beurteilt.

6.2.2 Reflexion und Brechung

Sind Werkstoffe optisch transparent oder transluzent, wird das einfallende Licht an der Grenzfläche teilweise reflektiert und zum anderen Teil gebrochen. Die Lichtstrahlen, welche die Grenzfläche passieren und das zweite Medium durchlaufen, werden bei schrägem Einfall auf die Grenzfläche in ihrer Richtung abgelenkt, was als Lichtbrechung oder Refraktion bezeichnet wird.

Als Beugung oder Diffraktion werden die Erscheinungen der Lichtausbreitung bezeichnet, welche von den Gesetzen der geometrischen Optik abweichen. Damit lassen sich die Erscheinungen der nicht geradlinigen Lichtausbreitung erklären, d. h. es gelangt Licht in das geometrische Schattengebiet hinter einem undurchlässigen Objekt. Die Beugung, welche auf der Interferenz der Lichtwellen nach dem Prinzip von *Huygens* beruht, begrenzt z. B. das Auflösungsvermögen optischer Instrumente.

6.2.2.1 Gerichtete und diffuse Reflexion

Das Licht breitet sich nur dann geradlinig aus, wenn in Ausbreitungsrichtung keine Unregelmäßigkeiten auftreten, welche die Strahlen ablenken. Trifft das Licht auf die

Oberfläche eines Gegenstandes auf, wird es in Abhängigkeit von den Werkstoff- und Oberflächeneigenschaften teilweise oder vollständig reflektiert, d. h. aus seiner bisherigen Richtung abgelenkt. Bei Oberflächenrauigkeiten, die gegenüber der Lichtwellenlänge klein sind, tritt gerichtete Reflexion auf. Sind die Rauigkeiten dagegen größer, wird das einfallende Licht diffus, also scheinbar ungerichtet reflektiert. Die geometrische Optik beschreibt die Gesetze der gerichteten oder regulären Reflexion.

Bei der diffusen Reflexion wird das Licht nicht in einem Strahl zurückgeworfen, sondern nach allen Seiten gestreut. Dies kann durch zwei unterschiedliche Vorgänge verursacht werden. Bei relativ großen Rauigkeiten reflektieren diese jeweils wie eine ebene Fläche. Die Lichtstrahlen werden von den gegeneinander geneigten Flächen in verschiedene Richtungen abgelenkt. Bei Unebenheiten < 1 µm wird das Licht durch Beugung in alle Richtungen zerstreut. Diffuse Reflexionen sind die Ursache für nicht spiegelnde, d. h. stumpfe Oberflächen.

6.2.2.2 Brechzahlbestimmung

Eine Richtungsänderung des Lichtes tritt auch beim Übergang von einem Medium in ein zweites mit abweichender Brechzahl bei nicht senkrechtem Lichteinfall auf. Im Fall eines scharfen Brechzahlüberganges entsteht ein Knick, bei kontinuierlichen Änderungen wird das Licht stetig gekrümmt. Einfallender, reflektierter und gebrochener Strahl liegen in einer Ebene. Das Verhältnis des Sinus des Einfallswinkels ε zum Sinus des Brechungswinkels ε' ist die Konstante n (Formel 6.18), welche den durchstrahlten Stoff kennzeichnet und als Brechzahl, Brechungsindex oder Brechungsquotient bezeichnet wird.

$$\frac{\sin \varepsilon}{\sin \varepsilon'} = n \tag{6.18}$$

Die Brechungsindizes sind für die verschiedensten Medien in Tabellen erfasst [6.17, 6.18]. Durchsetzt ein Lichtstrahl eine planparallele transparente Platte, wird das Licht an beiden Grenzflächen in der oben beschriebenen Weise gebrochen. An planparallelen Platten tritt keine Lichtablenkung auf, sondern eine parallele Versetzung. Tritt der Lichtstrahl durch eine Grenzfläche zweier Medien mit den Brechungsindices n und n', so gilt das allgemeine Brechungsgesetz von *Snellius*:

$$n \cdot \sin \varepsilon = n' \cdot \sin \varepsilon' \tag{6.19}$$

Bei der Brechung bleibt das Produkt $n \times \sin \varepsilon$ konstant, dieses Produkt wird als Invariante der Brechung bezeichnet.

Für die Prüfung von Kunststoffen an Pulvern und kompakten Prüfkörpern haben sich aus der Vielzahl von Messverfahren zur Brechzahlbestimmung folgende als besonders geeignet erwiesen:

- Brechzahlbestimmung *durch Bestimmung des Winkels der Totalreflexion* mit einem *Refraktometer* an flüssigen oder kompakten festen Medien,

- Brechzahlbestimmung *an Pulvern* nach der *Immersionsmethode* durch Wechsel der Einbettflüssigkeit,
- Brechzahlbestimmung mittels *Temperatur-* und/oder *Wellenlängenvariationsmethode* an Kunststoffpulvern mit einem Einbettmittel sowie
- *Brechzahlbestimmung planparalleler Prüfkörper* (Folien, Platten, Dünnschliffe, Dünnschnitte) bei genauer Kenntnis der Dicke.

Brechzahlbestimmung mit einem Refraktometer

Ein für die Kunststoffprüfung gut geeignetes Refraktometer ist das temperierbare Zweiprismengerät nach *Abbe*. Zur Brechzahlbestimmung von Flüssigkeiten wird eine dünne Lamelle zwischen die Prismen gegeben, wobei eines der Prismen als Beleuchtungs- und das andere als Messprisma dient. Die Beleuchtung erfolgt mit dem monochromatischen Licht einer Natriumdampflampe bei einer Messtemperatur von 20 °C. Für vergleichende Messungen mit geringeren Genauigkeitsanforderungen oder zur Dispersionsbestimmung kann auch im weißen Licht (z. B. Tageslicht) gearbeitet werden. Der dabei auftretende farbige Dispersionssaum am Hell-Dunkel-Übergang kann meist am Gerät beseitigt werden. Durch Neigen des Prismenpaares gegen den Beleuchtungsstrahl wird in einem Okular der Hell-Dunkel-Übergang der Totalreflexion, wie in Bild 6.12 gezeigt, eingestellt und im anderen Okular die genau diesem Winkel entsprechende Brechzahl bis zur vierten Dezimale abgelesen.

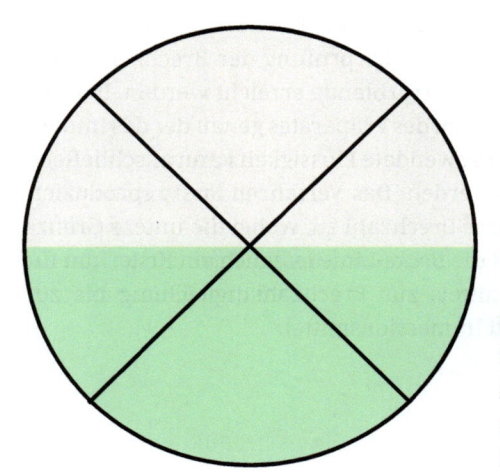

Bild 6.12
Schattengrenze der Totalreflexion im Abbe-Refraktometer bei der Anwendung monochromatischen Lichtes einer Natriumdampflampe

Feste Stoffe müssen nur auf einer ebenen Fläche in etwa der Messprismengröße poliert werden. Diese Fläche wird mit einer Immersionsflüssigkeit auf dem Messprisma positioniert (Bild 6.13). Die Brechzahl der verwendeten Flüssigkeit muss kleiner sein als die des Prismas, aber größer als die des Prüfkörpers und darf die begrenzenden Materialien nicht angreifen. Der Pfeil gibt die Richtung des Lichteinfalls an.

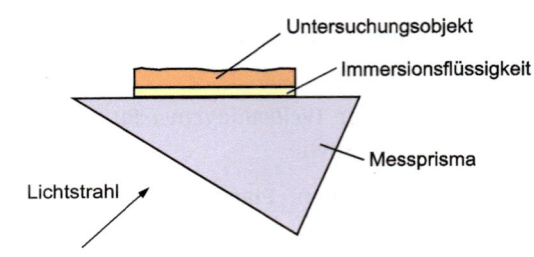

Bild 6.13
Anordnung zur Brechzahlbestimmung an festen Stoffen mittels Refraktometer

Brechzahlbestimmung nach der Immersionsmethode

Bei der mikroskopischen Brechzahlbestimmung an Pulverpräparaten wird mit hoher Vergrößerung, zugezogener Aperturblende und eingeschaltetem unterem Polarisator gearbeitet. Dabei erfolgt eine schrittweise Angleichung der Brechzahl der Immersionsmittel an die unbekannte Brechzahl des Präparates durch wiederholtes Wechseln der Einbettflüssigkeiten. Die *Becke*-Linie, die als feiner, heller Lichtsaum am Kornrand (Bild 6.14) bei einer Defokussierung des Kornsaums entsteht, dient als Kriterium für die noch vorhandene Brechzahldifferenz. Beim Vergrößern des Abstandes zwischen Präparat und Objektiv wandert dieser helle Saum in das höher brechende Medium. Bei der Verschiebung der Linie in das Korn ist der Saum oft schlecht erkennbar. Hier sollte der Abstand zwischen Präparat und Objektiv verringert werden. Damit wandert die Linie in das geringer brechende Medium (in diesem Fall in die Flüssigkeit) und kann leichter verfolgt werden. Durch mehrfachen Wechsel des Immersionsmittels und Brechzahlüberprüfung unter Anwendung der *Becke*-Linie wird schließlich Brechzahlgleichheit erreicht, das nun sehr kontrastarme Korn hebt sich fast nicht mehr vom Untergrund ab. Eine stärkere Kontrastierung zur Überprüfung der Brechzahlgleichheit kann durch vollständiges Schließen der Aperturblende erreicht werden. Im Kontrastminimum entspricht die gesuchte Brechzahl des Präparates genau der des Immersionsmittels. Die speziell für diese Messung verwendete Flüssigkeit kann anschließend leicht mit einem Refraktometer gemessen werden. Das Verfahren lässt reproduzierbare Messungen bis zur vierten Dezimale der Brechzahl zu, wobei die untere Grenze der Korngröße bei etwa 5 µm liegt. Dabei ist die *Becke*-Linie lediglich ein Kriterium für die Auswahl des folgenden Immersionsmittels zur Brechzahlangleichung bis zur Gleichheit der Brechzahlen von Pulver und Immersionsmittel.

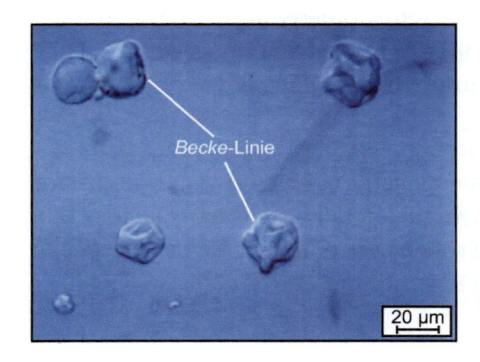

Bild 6.14
Becke-Linien an PVC-Körnern

Brechzahlbestimmung mittels Temperatur- und Wellenlängenvariationsmethode

Für gebräuchliche flüssige Immersionsmittel zur Durchführung der Temperaturvariationsmethode liegt der Temperaturkoeffizient β im Bereich von 5 bis 7 × 10^{-4}. Für Kunststoffe ist β unterhalb der Glasübergangstemperatur deutlich geringer. Damit kann β in diesem Bereich für viele Untersuchungen als konstant angenommen werden. Das trifft vor allem für die vergleichenden Brechzahluntersuchungen in Polymermischungen zur Bestimmung der Phasenart zu. Für Messungen mit höheren Genauigkeitsanforderungen kann die Brechzahl in einem temperierbaren Refraktometer in Abhängigkeit von der Temperatur bestimmt werden.

Zur Durchführung der Brechzahlbestimmung wird das zu untersuchende Kunststoffpulver in ein Immersionsmittel mit einer etwas höheren Brechzahl eingebettet (Prüfung mit der *Becke*-Linie) und in einer verschlossenen Glasküvette unter mikroskopischer Beobachtung im Mikroskopheiztisch leicht erwärmt. Dadurch wird die Brechzahl der Flüssigkeit so lange verringert, bis die *Becke*-Linie um die immergierten Pulverkörner vollständig verschwindet und der Probenkontrast ein Minimum erreicht. Bei der folgenden Berechnung ist n_f die Brechzahl der Flüssigkeit bei der gemessenen Temperatur, bei welcher die *Becke*-Linie des Korns verschwindet. Die Brechzahl des Immersionsmittels bei Raumtemperatur x wird als n_x bezeichnet. Die Brechzahl der untersuchten Probe n_f erhält man bei der im Kontrastminimum gemessenen Temperatur T aus Formel 6.20:

$$n_f = n_x - \beta (T - x) \tag{6.20}$$

Die erforderlichen Werte für β können der Literatur entnommen werden [6.18]. Wichtig ist im Zusammenhang mit der Temperaturabhängigkeit der Brechzahl bei Kunststoffen die Temperaturdifferenz von Raumtemperatur bis zum Verschwinden der *Becke*-Linie gering zu halten und daher Flüssigkeiten mit besonders hohem β-Wert zu verwenden.

Analog zur Brechzahlangleichung durch Variation der Temperatur kann diese Angleichung auch über die Änderung der verwendeten Lichtwellenlänge vorgenommen werden. Dabei wird die Temperaturbelastung des Kunststoffes sehr gering gehalten. Eine Kombination der beiden Methoden ist zur Messung empfindlicher Proben günstig. Die Messungen werden von *Burri* [6.19] und *Freund* [6.20] ausführlich beschrieben.

Auf der Grundlage dieser Variationsverfahren zur Brechzahlbestimmung werden in [6.21] Verfahren zur automatischen Messung vorgestellt. Dabei wird das Kontrastminimum im Mikroskop über eine Bildverarbeitung erfasst und entsprechend ausgewertet.

Brechzahl- und Dickenbestimmung planparalleler Prüfobjekte

Betrachtet man ein planparalleles Prüfobjekt im Mikroskop, so kann mit dem Mikroskopfeintrieb die Plattendicke ermittelt werden. Dazu wird bei möglichst hoher Objektivvergrößerung und damit sehr geringer Schärfentiefe zuerst auf die Unter- und durch Betätigen des Feintriebes anschließend auf die Oberseite scharf eingestellt. Die am Mikroskopfeintrieb abgelesene scheinbare Plattendicke wird mit der Brechzahl des Prüfobjektes multipliziert. Der erhaltene Wert muss durch die Brechzahl des Mediums zwischen Prüfobjekt und Objektivfrontlinse dividiert werden. Dieser ist mit ausreichender Genauigkeit für Luft gleich eins und für Immersionsöl bei Immersionsobjektiven $n = 1{,}515$. Werden Trockenobjektive eingesetzt, sollte diese Messung möglichst an einem nicht immergierten, uneingedeckten Prüfobjekt durchgeführt werden. Ist die Plattendicke bekannt, kann mit dieser Methode auch die Brechzahl bestimmt werden. Bedingt durch die geringe Genauigkeit des Verfahrens wird es sehr selten zur Brechzahlbestimmung angewendet. Demgegenüber werden Objektdicken häufig mit dieser Methode bestimmt.

6.2.3 Dispersion

In anisotropen Werkstoffen ist die Brechzahl n und alle mit dieser zusammenhängenden optischen Werte (z. B. die Doppelbrechung oder der optische Achsenwinkel) von der Wellenlänge λ des eingestrahlten Lichtes abhängig. Bei Kunststoffen und anorganischen Gläsern nimmt die Brechzahl mit steigender Wellenlänge und damit sinkender Frequenz des Lichtes ab. Diese Erscheinung wird als normale Dispersion bezeichnet. Nimmt dagegen die Brechzahl des Mediums mit steigender Wellenlänge zu, so liegt anomale Dispersion vor. Beim Durchgang weißen Lichtes durch ein Dispersionsprisma erfolgt eine Aufspaltung in die einzelnen Wellenlängen bzw. Farben des Spektrums. Die unterschiedlichen Medien unterscheiden sich durch die Größe des Ablenkwinkels für die einzelnen Farben. Zur Charakterisierung wird die Grunddispersion GD für den mittleren Teil des Spektrums bestimmt. Dazu werden die Brechzahlen n_F und n_C gemessen.

$$GD = n_F - n_C \tag{6.21}$$

Die ausgewählten Wellenlängen der Fraunhoferschen Linien F (λ_F = 486 nm), C (λ_C = 656 nm) und D (λ_D = 589 nm) werden am einfachsten mit Metallinterferenzfiltern der entsprechenden Wellenlängen oder mit optischen Monochromatoren eingestellt. Damit lässt sich die *Abbe*'sche Zahl v im Mikroskop leicht bestimmen:

$$v = \frac{n_D - 1}{n_F - n_C} \tag{6.22}$$

Eine große *Abbe*'sche Zahl bedeutet bei normaler Dispersion eine geringe Wellenlängenabhängigkeit der Brechzahl und umgekehrt.

Bestimmung der Dispersion von Kunststoffen mit dem *Abbe*-Refraktometer

Neben der Brechzahl kann im *Abbe*-Refraktometer die Dispersion gemessen werden. Die wie zur Brechzahlmessung vorbereitete kompakte Probe wird mit dem Immersionsmittel auf dem Messprisma befestigt. Die Probendispersion wird stets in weißem Licht bestimmt. Dabei tritt an der Grenzlinie der Totalreflexion ein breiter Interferenzfarbsaum auf, welcher durch Drehen des im Refraktometer integrierten *Amici*-Prismas kompensiert werden kann. Der zur Kompensation (scharf begrenzte Totalreflexionslinie) notwendige Prismendrehwinkel kann an der Teilung als Trommelzahl abgelesen und mittels der zum Gerät mitgelieferten Tabellen in die Grunddispersionswerte und die *Abbe*'sche Zahl umgerechnet werden.

6.2.4 Polarisation

Polarisation ist die Eigenschaft einer Transversalwelle, bestimmte, ausgezeichnete Schwingungszustände zu enthalten. Dabei steht die schwingende Größe, der Licht- oder Feldstärkevektor, senkrecht auf der Fortpflanzungsrichtung. Bei unpolarisiertem Licht steht dieser Lichtvektor in allen möglichen senkrechten Lagen auf der Fortpflanzungsrichtung. Ist das Licht dagegen polarisiert, nimmt der Vektor in allen Raumpunkten eine parallele Lage zu einer genau definierten Richtung ein. Diese ausgezeichnete Schwingungsrichtung wird als Polarisationsrichtung bezeichnet. Stehen zwei polarisierte Lichtwellen mit ihren Schwingungsrichtungen senkrecht aufeinander, so führt die Überlagerung nicht zu Intensitätsinterferenzen, sondern zu einer Änderung des Schwingungszustandes der polarisierten Welle. Die Bewegung des resultierenden Feldvektors hängt von den Amplituden der beiden Wellen und ihrer Phasendifferenz ab. Bei einer Phasendifferenz von 0° oder 180° ergibt sich durch die Überlagerung linear polarisiertes, in allen anderen Fällen elliptisch polarisiertes Licht. Für den Fall, dass die Phasendifferenz 90° oder 270° beträgt, entsteht zirkular polarisiertes Licht.

6.2.4.1 Optische Aktivität

Optisch aktive Materialien drehen die Polarisationsebene des einfallenden linear polarisierten Lichtes. Dabei ist der Drehwinkel proportional zur durchstrahlten Schichtdicke und bei Lösungen auch zur Lösungskonzentration und nimmt mit zunehmender Wellenlänge ab, was als Rotationsdispersion bezeichnet wird. Chemisch gleiche Materialien können eine unterschiedliche optische Aktivität aufweisen. Blickt man entgegen der Lichtausbreitungsrichtung, so treten rechtsdrehende (Drehung im Uhrzeigersinn) und linksdrehende optische Stereo-Isomere auf. Diese Erscheinung hängt vom räumlichen molekularen Aufbau der Kristalle ab. Beim Quarz tritt sowohl bei der äußeren Kristallform als auch bei der optischen Aktivität diese Symmetrie auf. Geschmolzene Kristalle besitzen keine kristalline Raumgitterstruktur mehr und weisen daher auch keine optische Aktivität auf. Optische Aktivität kann in isotropen und anisotropen Materialien auftreten. Bei optisch nicht aktiven Stoffen (Glas) kann durch ein äußeres, in Lichtrichtung wirkendes Magnetfeld eine Drehung der Polarisationsebene hervorgerufen werden (*Faraday*-Effekt).

6.2.4.2 Polarisationsoptische Bauelemente

Polarisationsoptische Erscheinungen und Bauelemente nach dem Prinzip der Reflexion und Brechung

Bei der Reflexion und Brechung an nichtmetallischen Oberflächen kommt es zu einer teilweisen linearen Polarisation des natürlichen Lichtes. Lässt man einen Lichtstrahl unter dem Polarisationswinkel von 55° auf eine transparente Glasplatte fallen, so wird das reflektierte Licht senkrecht zur Einfallsebene polarisiert, das gebrochene Licht parallel zu dieser Ebene. Diese Eigenschaft kann zur Prüfung von Polarisatoren mit unbekannter Schwingungsrichtung angewendet werden. Dreht man diesen Polarisator gegen das reflektierte polarisierte Licht einer glänzenden nichtmetallischen Werkstofffläche, so tritt ein Reflexionsminimum bei paralleler Stellung der Schwingungsrichtung des Polarisators zur reflektierenden Fläche auf. Diese Prüfung kann nur mit dem linear polarisierten Licht nichtmetallischer Oberflächen und einem linear polarisierenden Polarisator durchgeführt werden.

Ein Glasplattensatz von etwa 10 bis 20 Platten (z. B. Deckgläschen), welche mit geringem Abstand zueinander angeordnet werden und auf die der Lichtstrahl unter einem Winkel von 55° auftrifft, erzeugt ein nahezu vollständig linear polarisiertes Licht, allerdings geringer Intensität. Im Gegensatz zu den später beschriebenen Filterpolarisatoren kann diese Prüfanordnung mit geeigneten Gläsern auch noch bei höheren Temperaturen und kurzwelligem ultraviolettem Licht eingesetzt werden.

Polarisationsoptische Erscheinungen und Bauelemente nach dem Prinzip der Doppelbrechung

Tritt ein Lichtstrahl senkrecht zur Plattenoberfläche durch eine anisotrope und damit optisch doppelbrechende Platte hindurch, wird er aufgespalten. Die Hälfte des Lichtes durchstrahlt die Platte entsprechend dem Brechungsgesetz senkrecht ohne Veränderung. Dieser Lichtstrahl wird als *ordentlicher Strahl* bezeichnet. Die andere Hälfte wird für jedes doppelbrechende Medium spezifisch gebrochen. Dieser *außerordentliche Strahl* schließt mit dem ordentlichen einen Winkel ein. Durch den längeren Laufweg des außerordentlichen Lichtstrahls gegenüber dem ordentlichen entsteht ein Gangunterschied Γ, der ein Maß für die Doppelbrechung, also die Anisotropie der Materialien, ist. Während für alle anisotropen Kristalle dieser Wert konstant ist, nimmt er bei Kunststoffen Werte zwischen Null und einem Maximum an. Die Größe dieser Anisotropie ist von dem Grad der Molekülausrichtung in eine Vorzugsrichtung, der Maschinenrichtung, abhängig. Damit wird durch die Verarbeitung der schmelzflüssigen Kunststoffe die immer vorhandene Anisotropie der Kunststoffmoleküle auch makroskopisch wirksam.

Die Lichtaufspaltung in zwei senkrecht zueinander vollständig polarisierte, gleichgroße Anteile wird bei der Herstellung von *Nicol*'schen Prismen angewendet. Beim Lichtdurchgang durch einen Kalkspatkristall wird das Licht vollständig in zwei senkrecht zueinander polarisierte Wellen zerlegt. Durch dieses Kristallprisma wird ein Schnitt gelegt, der dem Winkel der Totalreflexion des außerordentlichen Strahles entspricht, wodurch dieser seitlich aus dem Prisma austritt. Der vollständig polarisierte ordentliche Strahl kann in der entsprechenden Apparatur genutzt werden. Neben dem *Nicol*'schen Prisma sind noch weitere Typen, wie der *Glan-Thompson*- und der *Glan-Taylor*-Polarisator, welche sich in der Verkittung der Schnittebenen, den Schnittwinkeln und der Nutzung des ordentlichen oder außerordentlichen Strahls im Gebrauch unterscheiden, in Verwendung. Diese Polarisatoren werden aus Kosten- und Baugrößengründen nur für wenige Sonderverfahren genutzt.

Flächenpolarisatoren

Für die sehr großflächig herstellbaren Folienpolarisatoren wird die dichroitische Wirkung von Kristallen oder Kunststofffolien ausgenutzt. Darunter versteht man die Richtungsabhängigkeit der Absorption des außerordentlichen Strahls anisotroper Materialien. Durch die gleichzeitige Wellenlängenabhängigkeit der Absorption kommt es zur Färbung des Lichtes. Flächenpolarisatoren können aus dichroitischen Kristallen, wie Turmalin oder Herapathit bzw. aus stark verstreckten polymeren Folien, in welche meist noch Farbstoffe eingelagert werden, bestehen. Diese Folienpolarisatoren sind temperaturempfindlich (Einsatzbereich bis ca. 50 °C) und werden durch die intensive UV-Strahlung der Fluoreszenzleuchten im Mikroskop zerstört. Bei der Verwendung von Quecksilberhöchstdrucklampen und Lichtquellen hoher Leuchtdichte sind daher unbedingt entsprechende Wärmeschutz- und UV-Filter zu verwenden. Trotz dieser Einschränkungen werden diese Polarisatoren in fast allen modernen polarisationsoptischen Geräten eingesetzt.

6.2.4.3 Polarisationsoptische Untersuchungsverfahren

Bestimmung mechanischer Spannungen in einem Polarimeter

Transparente Modellkörper z. B. aus Epoxidharz oder PMMA werden anisotropiearm gegossen. Damit erscheinen sie zwischen gekreuzten Polarisatoren im unbelasteten Zustand weitgehend schwarz. Die Prüfkörper werden im Polarimeter entsprechend des späteren Einsatzes belastet, die dadurch entstehende optische Spannungsdoppelbrechung wird digital erfasst und ausgewertet. Damit können Spannungs- und Verformungsanalysen unter statischer und dynamischer Belastung durchgeführt werden. Bild 6.15 zeigt die spannungsoptische Aufnahme eines Modellkörpers. Im Bild sind farbige Isochromaten und schwarze Isoklinen zu erkennen. Aus dem Netz der Isoklinen kann durch eine geometrische Konstruktion ein isostatisches Liniennetz gewonnen werden, welches direkt den Verlauf der im Modellkörper auftretenden Hauptspannungen darstellt [6.22].

Zur Trennung von Isochromaten und Isoklinen werden Polarisator und Analysator schnell synchron gegenüber dem Modellkörper gedreht, wobei das Isoklinennetz wandert und bei hohen Geschwindigkeiten vom Auge nicht mehr wahrgenommen werden kann. Im Bild bleibt dann lediglich das stationäre Isochromatenbild sichtbar.

Zur Ausschaltung der Isochromaten wird ein Kunststoff mit möglichst geringer spannungsoptischer Konstante, wie z. B. PMMA verwendet. Trotz hoher Belastung erscheinen nur die Isoklinen. Zur Durchführung dieser spannungsoptischen Untersuchungen wird auf die Literatur verwiesen [6.23].

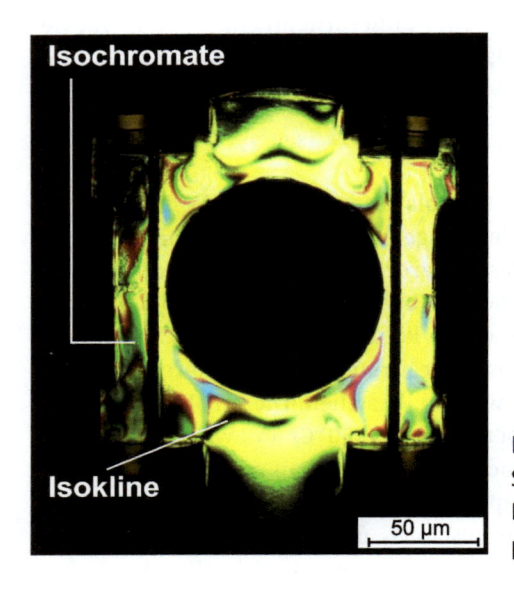

Bild 6.15
Spannungsoptische Aufnahme eines Modellkörpers unter Belastung im linear polarisierten Durchlicht

Ohne einen absoluten Zahlenwert der Spannung bestimmen zu müssen, gestatten die spannungsoptischen Bilder die Richtung der Hauptspannungen, spannungsarme Bereiche sowie Gebiete mit örtlichen Spannungsüberhöhungen sofort zu erkennen und durch Änderung der Werkzeuggeometrie und Variation der Temperaturführung im Verarbeitungszyklus wesentliche Produktverbesserungen herbeizuführen.

Zerstörungsfreie Prüfung transparenter Kunststoffformteile

Die Orientierung der Kunststoffmoleküle durch die Verarbeitung wird zwischen gekreuzten Polarisatoren als schwarze (Isoklinen) und farbige (Isochromaten) Linien und Bereiche sichtbar. Während die Isoklinen Aussagen über die Vorzugsrichtung der Moleküle erlauben, geben die Isochromaten Auskunft über die Anisotropieverhältnisse innerhalb des Formteils. Bild 6.16 zeigt eine PS-Kreisscheibe mit Zentralanguss im linear polarisierten Durchlicht ohne äußere Belastungen. Das schwarze Kreuz, welches durch die Isoklinen gebildet wird, gibt die symmetrische, sternförmige Hauptorientierungsrichtung der Moleküle an, aus den Isochromaten kann durch die Bestimmung der örtlichen Lage der Isochromaten und Zuordnung zu der jeweiligen Farbordnung, ausgehend von der schwarzen Isochromate Nullter Ordnung, die Formteilanisotropie nach Bild 6.17 und Formel 6.23 bestimmt werden. Die Farbordnungen entstehen durch Interferenz der den anisotropen Kunststoff durchlaufenden Lichtwellen. Ist keine Anisotropie vorhanden, werden die Lichtstrahlen nicht aufgespalten. Damit entsteht kein Gangunterschied, bei gekreuzten Polarisatoren herrscht Dunkelheit, die Isochromate Nullter Ordnung liegt vor. Mit stetig anwachsender Anisotropie werden durch Interferenz aus dem weißen Licht definierte Wellenlängen ausgelöscht, der Restlichtanteil wird farbig. Diese Farben werden in Interferenzfarbtafeln [6.24] dargestellt und sind aufgrund der periodischen, wenn auch immer schwächer werdenden Farbwiederkehr in Ordnungen eingeteilt.

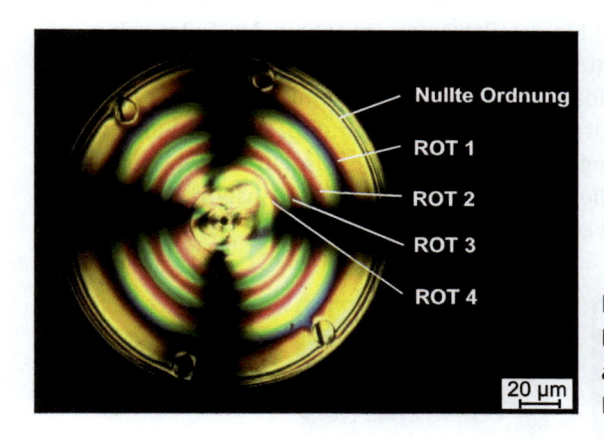

Bild 6.16
PS-Spritzgussscheibe mit Zentralanguss im linear polarisierten Durchlicht

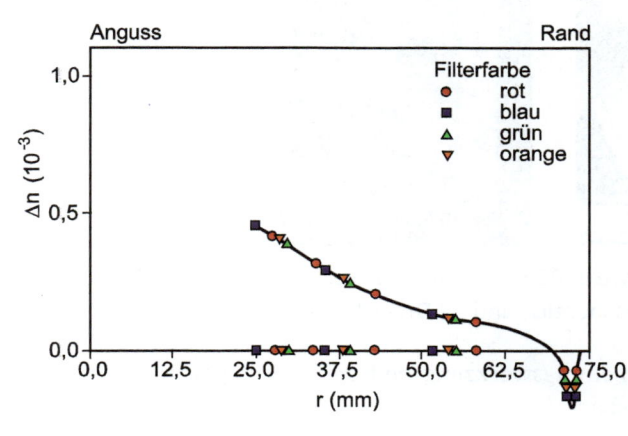

Bild 6.17
Anisotropieänderung in der PS-Spritzgussscheibe von Bild 6.16 entlang des Fließweges

Dabei umfasst eine Ordnung immer einen Gangunterschiedsbereich von genau einer Wellenlänge mit 551 nm.

Die Doppelbrechung entlang des Fließweges in der in Bild 6.16 dargestellten Kreisscheibe mit Zentralanguss lässt sich nach folgender Gleichung berechnen:

$$\Delta n = \frac{k \cdot \lambda}{d} \tag{6.23}$$

Darin ist Δn die Doppelbrechung, k die Zahl der Farbordnung, ausgehend von der in der vorliegenden Kreisscheibe außen liegenden, immer schwarzen Isochromate Nullter Ordnung, λ die Wellenlänge der zur Auswertung genutzten Isochromate und d die Dicke oder genauer ausgedrückt, der wirksame Lichtweg durch die Probe. Der Wert $k \times \lambda$ ergibt den optischen Gangunterschied Γ. Die Anisotropieänderung über den Fließweg der in Bild 6.16 gezeigten Kreisscheibe ist in Bild 6.17 dargestellt.

Neben diesen Auswertungen kann die makroskopische Durchstrahlung transparenter Kunststoffformteile schnell und zerstörungsfrei Aufschluss einerseits über Fließfehler und Anisotropieverhältnisse im Angussbereich und andererseits über Bindenähte beim Zusammentreffen von Masseteilströmen innerhalb des Teiles geben, wie Bild 6.18 an zwei Beispielen zeigt. Diese sehr einfache und schnelle Prüfmethode kann leicht durch Einsatz von Bildauswertesystemen automatisiert werden und gestattet so eine vollständige, zerstörungsfreie online-Produktprüfung. Analog zu den spannungsoptischen Untersuchungen deuten sehr enge Isochromatenscharen auf starke örtliche Orientierungsgradienten hin, welche negative Auswirkungen besonders auf die mechanischen Kennwerte des Bauteils haben können.

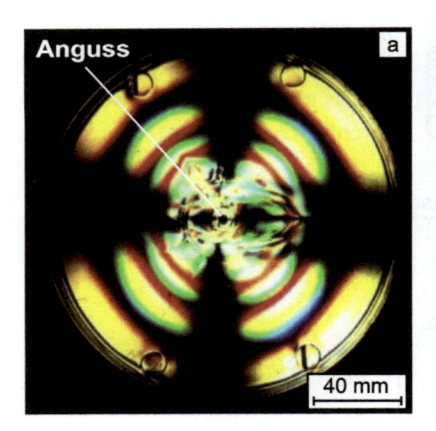

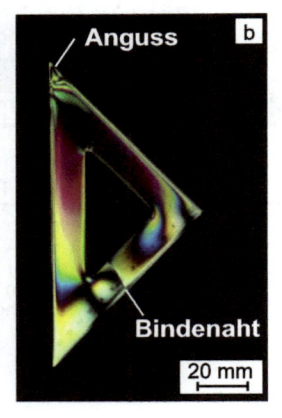

Bild 6.18 Anisotropieverhältnisse in PS-Formteilen (a) Kreisscheibe mit starken Fließfehlern im Angussbereich und (b) Dreieck mit Bindenaht

Durch Änderungen am Verarbeitungswerkzeug und der Prozessparameter sind lokale Orientierungen beeinflussbar.

Mikroskopische polarisationsoptische Untersuchungsverfahren an amorphen Kunststoffen

Ungefüllte amorphe Polymere bilden kein lichtmikroskopisch erfassbares Gefüge aus. Mit den Mitteln der Polarisationsmikroskopie können jedoch Anisotropieänderungen oder Heterogenitäten im mikroskopischen Bereich nachgewiesen werden. Der Einsatz von polarisationsoptischen Kipp- und Drehkompensatoren gestattet die punktgenaue Messung von Gangunterschieden im Bereich von wenigen Nanometern bis zu etwa 80 µm. Die große Bedeutung der mikroskopischen Verfahren liegt darin, dass in dem Kunststoffformteil keine Isochromatengradienten über mehrere Ordnungen für die Durchführung der Messung vorhanden sein müssen. Damit lassen sich einerseits Folienanisotropien mit weitgehend konstanten Gangunterschieden und andererseits Anisotropieänderungen und -unterschiede innerhalb kleinster Bereiche (≥ 4 µm) wie z. B. den Phasen von Polymermischungen erfassen. Zum Gebrauch der Kompensatoren wird auf die Literatur verwiesen [6.25]. Mit den Kompensatorverfahren lässt sich ebenfalls eine automatische Online-Qualitätsüberwachung aufbauen, die in [6.26] beschrieben ist. Dazu wird ein motorisiertes Polarisationsmikroskop benötigt, mit welchem die im Formteil auftretenden Anisotropieänderungen kontinuierlich erfasst und registriert werden. Liegen diese Werte außerhalb der vorgegebenen technologischen Grenzdaten, kann die Anlage gestoppt werden. Eine automatische Korrektur der Prozesssteuerung ist nach dem heutigen Stand der Untersuchungen noch nicht möglich.

Polarisationsoptische Untersuchungsverfahren an Kunststoffen im konoskopischen Strahlengang des Polarisationsmikroskops

Eine weitere Möglichkeit der polarisationsoptischen Bestimmung von Anisotropiezuständen in Kunststoffen ist die Auswertung der in der hinteren Objektivbrennebene entstehenden Achseninterferenzbilder. Zur Beobachtung dieser kurz „Achsenbilder" genannten Interferenzfiguren wird ein Polarisationsobjektiv möglichst hoher numerischer Apertur, ein darauf abgestimmter Kondensor und eine zentrierbare *Amici-Bertrand*-Linse zur Betrachtung der in der hinteren Objektivbrennebene entstehenden Bilder benötigt. In diesen Achsenbildern ist der räumliche Anisotropiezustand in dem durch den stark divergenten Beleuchtungskegel durchsetzten Prüfkörpervolumen dargestellt. Bild 6.19 zeigt als Beispiel dafür das Achsenbild einer biaxial verstreckten PET-Folie.

Aus solchen Bildern können das optische Vorzeichen, die Hauptorientierungsrichtung, die Doppelbrechung bei Kenntnis der Prüfkörperdicke und mit entsprechendem Aufwand auch die Prüfkörperdicke bestimmt werden. Bei Verbundfolien, die aus mehreren im Winkel der Hauptorientierung abweichend übereinanderliegenden Folien bestehen, können die unterschiedlich ausgerichteten Hauptorientierungsrichtungen im Mikroskop deutlich festgestellt und oftmals für die einzelnen Materialschichten getrennt bestimmt werden. Damit lassen sich bei ausreichender Foliendicke der einzelnen Schichten, sowie ausreichender Transparenz die Anzahl dieser Folien und der Winkel der Hauptorientierungsrichtungen der einzelnen Proben zu einer gegebenen Richtung bestimmen.

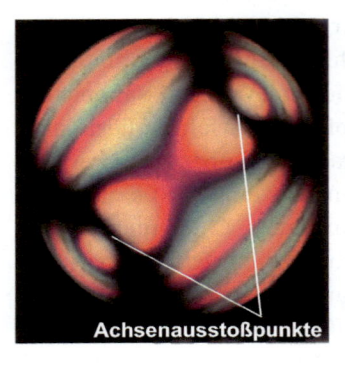

Bild 6.19
Achseninterferenzbild einer biaxial verstreckten PET-Folie in Diagonalstellung

Mikroskopische polarisationsoptische Untersuchungsverfahren an teilkristallinen Kunststoffen

Teilkristalline Kunststoffe bilden häufig ein im Lichtmikroskop sichtbares sphärolithisches Gefüge aus. Die aus Fibrillen räumlich aufgebauten Sphärolithe können in dünnen Schnitten (Schichtdicke bis 10 µm) bis zu einer Minimalgröße der Gefügebestandteile von 1 µm im polarisierten Durchlicht untersucht werden. In Bild 6.20 ist das sphärolithische Gefüge einer PP-Folie zu sehen, die direkt aus der Schmelze durch Kristallisation auf einer Flüssigkeit hergestellt wurde. An den Sphärolithgrenzen sind infolge des Herstellungsverfahrens Löcher entstanden.

Bild 6.20
Sphärolithisches Gefüge einer PP-Folie in linear polarisiertem Licht

An Formteilen können aus kritischen Bereichen Proben entnommen, mit den in [6.27] dargestellten Verfahren präpariert und anschließend lichtmikroskopisch ausgewertet werden. Bei dieser Bewertung sind stets:

- Art,
- Form,
- Verteilung,
- Größe und
- Menge der auftretenden Phasen

zu beachten. Daraus können Rückschlüsse auf die gewählten Verarbeitungsbedingungen gezogen werden. In Bild 6.21 ist ein typisches mehrphasiges Gefüge eines PP-Formteiles dargestellt, welches aus Granulat gepresst wurde. Deutlich sind die unterschiedlichen PP-Modifikationen an den Granulengrenzen sichtbar, welche sich in den optischen und mechanischen Eigenschaften unterscheiden. Zur Bestimmung dieser Modifikationen müssen an den Sphärolithen optische Daten, wie z. B. der Wert der Doppelbrechung und das optische Vorzeichen gemessen werden.

Bild 6.21
Gefügeausschnitt aus einem gepresstem PP-Formteil

Während die Doppelbrechung innerhalb der Sphärolithe mit den oben genannten Kompensatoren bestimmt wird, kann das optische Vorzeichen durch Überlagerung des Gefügebildes im linear polarisierten Licht (Bild 6.22a) mit einem Kompensator ROT I und den dadurch entstehenden Farbverteilungen im Sphärolith (Bild 6.22b) dargestellt werden.

Entsteht bei dieser Überlagerung von links unten nach rechts oben die Farbe gelb, bzw. von rechts unten nach links oben die Farbe blau, so ist das optische Vorzeichen negativ, bei vertauschten Farben positiv (Bild 6.22b).

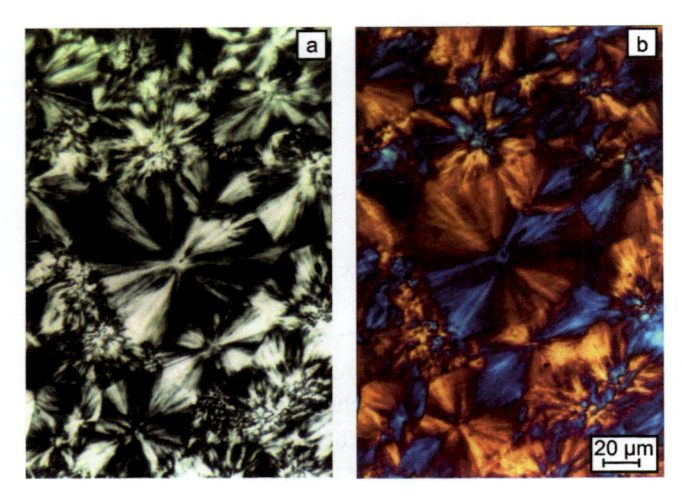

Bild 6.22 PP-Dünnschnitte im linear polarisierten Licht (a) und im linear polarisierten Licht mit Kompensator ROT I (optisch positiv) (b)

6.2.5 Transmission, Absorption und Reflexion

Optische Eigenschaften wie Farbe, Transparenz, Trübung sowie Deckvermögen hängen im Wesentlichen von zwei Erscheinungen des eingestrahlten Lichtes ab:

1. Durch die Absorption wird das eingestrahlte Licht innerhalb des Mediums in Wärme umgesetzt. Dieser Wert kann nur durch die Bestimmung des Reflexions- und Transmissionsgrades bestimmt werden.
2. Durch die Streuung wird das eingestrahlte Licht aus seiner ursprünglichen Richtung innerhalb des Mediums abgelenkt.

Bei der Betrachtung dieser optischen Eigenschaften wird nur die Energieaufteilung des Lichtes betrachtet. Da diese Aufteilung wellenlängenabhängig ist, wird sie durch spektrale Stoffkennzahlen beschrieben. Der *spektrale Transmissionsgrad* $\tau(\lambda)$ wird als das Verhältnis aus durchgelassenem $(\Phi_{e\lambda})_\tau$ und auffallendem spektralen Strahlungsfluss $\Phi_{e\lambda}$ nach Formel 6.24:

$$\tau(\lambda) = \frac{(\Phi_{e\lambda})_\tau}{\Phi_{e\lambda}} \qquad (6.24)$$

definiert. Damit wird die Durchlässigkeit eines Mediums gekennzeichnet. Ein spektraler Transmissionsgrad von $\tau(551\,\text{nm}) = 0{,}7$ bedeutet, dass eine Lichtstrahlung mit $\lambda = 551$ nm beim Durchgang durch die vorliegende Probe einen Verlust von 30 % in Form von Absorption und Reflexion erfährt.

Der *Absorptionsgrad* $\alpha(\lambda)$ berechnet sich nach Formel 6.25. Darin ist $(\Phi_e\lambda)_a$ der gesamte im Medium absorbierte spektrale Strahlungsfluss.

$$\alpha(\lambda) = \frac{(\Phi_{e\lambda})_a}{\Phi_{e\lambda}} \tag{6.25}$$

Entsprechend kann nach Formel 6.26 der *spektrale Reflexionsgrad p(λ)* bestimmt werden. Dabei ist $(\Phi_{e\lambda})_p$ der gesamte an der Grenzfläche des Mediums reflektierte spektrale Strahlenfluss. Dieser kann an einem Spiegel an nur einer Fläche oder an transparenten Medien an mehreren Flächen entstehen:

$$p(\lambda) = \frac{(\Phi_{e\lambda})_p}{\Phi_{e\lambda}} \tag{6.26}$$

Tritt die Transmission an nicht spiegelnden Flächen auf, so wird sie als Remission bezeichnet. Zur Bestimmung des Remissionsgrades wird die Leuchtdichte der reflektierenden Oberfläche mit der Leuchtdichte eines vollkommen mattweißen Körpers unter gleichen Beleuchtungs- und Beobachtungsbedingungen in Beziehung gesetzt.

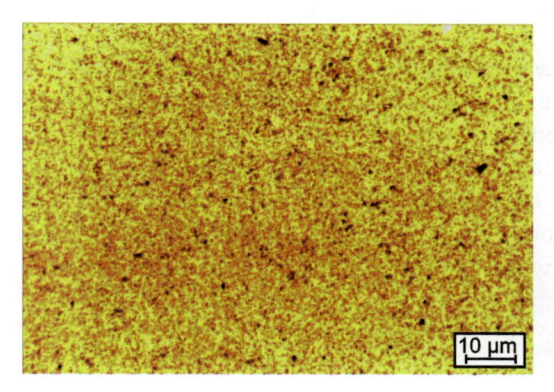

Bild 6.23
Rußverteilung in einem PE-Dünnschnitt im Durchlicht

Remissions- und Transmissionsgrade werden mit Spektralphotometern, wie z. B. dem Gerät CR-400 der Firma MINOLTA, Deutschland, gemessen. Die meisten ungefüllten amorphen Kunststoffe sind im sichtbaren Licht transparent, d. h. sie haben keine oder nur eine sehr geringe Absorption. Durch Zusatz von Farben, fertigungsbedingten Zusätzen wie z. B. Wärmestabilisatoren und UV-Stabilisatoren ändert sich die Transmission erheblich. Meist können diese Zusätze aufgrund ihrer geringen Größe nur elektronenmikroskopisch nachgewiesen werden. Die relativ großen Partikel der oft angewendeten Rußstabilisierung können dagegen im Lichtmikroskop gut sichtbar gemacht werden. Aus den Bildern können Rückschlüsse über Agglomeratbildung und Verteilung der Teilchen gezogen werden. Bild 6.23 zeigt in einem 2 µm dicken Dünnschnitt eine fast agglomeratfreie, sehr gleichmäßige Rußverteilung in der PE-Matrix eines Hochspannungskabels.

6.2.6 Glanz, Innere Remission und Trübung

Technische Werkstoffoberflächen weisen immer eine Rauigkeit auf. Damit erfolgt bei einer gerichteten Beleuchtung immer eine nur teilweise gerichtete Reflexion, wie in Bild 6.24 schematisch dargestellt.

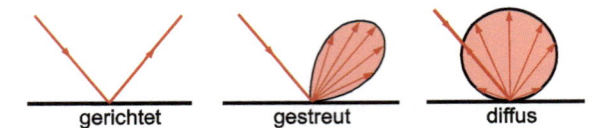

Bild 6.24 Arten der Oberflächenreflexion: gerichtete (reguläre) Reflexion bei glatten Oberflächen mit hohem Glanz, gestreute (gemischte) Reflexion an Oberflächen mit geringer Rauigkeit und mittlerem Glanz sowie diffuse (vollkommen gestreute) Reflexion an rauen, matten Oberflächen

Die Verteilung des reflektierten Lichtes richtet sich nach der Größe der Oberflächenrauigkeit. Wird die entstehende Reflexion aus verschiedenen Betrachtungswinkeln ausgewertet, ergeben sich unterschiedliche Intensitäten. Diese Eigenschaft wird als Glanz bezeichnet. Der verminderte Glanz, den diese Oberflächenrauigkeiten hervorrufen, wird als Oberflächentrübung bezeichnet. Trifft das eindringende Licht auf Streuzentren wie z. B. Pigmente oder bei teilkristallinen Kunststoffen auf Sphärolithe, tritt innere Remission (Bild 6.25) auf, welche eine innere Trübung zur Folge hat.

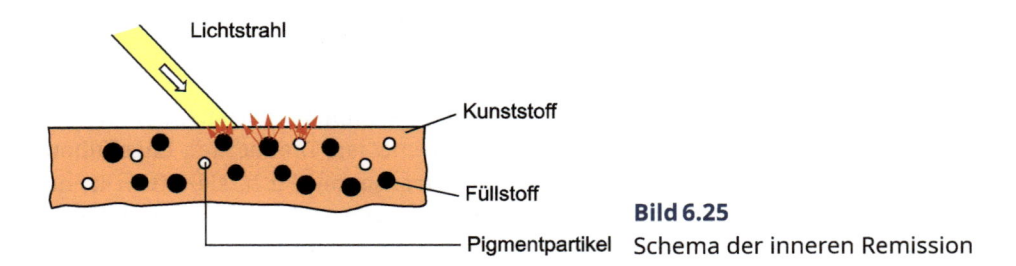

Bild 6.25 Schema der inneren Remission

Das gesamte von der Probe reflektierte Licht setzt sich aus dem von der Oberfläche und dem aus dem Inneren reflektierten Licht zusammen. Damit tragen auch die im Volumen vorhandenen Pigmente zum Farbeindruck bei. Die Glanzentstehung und Bewertung hängt bei Polymeren von objektiven und subjektiven Faktoren ab:

- den von Struktur, Rauigkeit, Krümmung und Planlage abhängigen Reflexions- und Streueigenschaften der Prüfkörperoberfläche;
- der spektralen Verteilung, Intensität und räumlichen Verteilung des einfallenden Lichtstrahls;
- dem Betrachtungswinkel und der Entfernung des Beobachters;

- der Farbe und Transparenz des Prüfkörpers sowie
- den Farb-, Helligkeits- und Reflexionseigenschaften der Umgebung der zu prüfenden Oberfläche.

Eine alle diese Faktoren berücksichtigende Prüfmethode zur Glanzmessung gibt es nicht. In [6.28] wird eine Vielzahl von Methoden zur Bestimmung des Glanzes vorgestellt. Davon haben sich vorwiegend zwei Vorgehensweisen durchgesetzt:

- die Glanzhöhenbestimmung h aus der reflektierten Streulichtverteilung und
- die Messung des Reflektometerwertes.

Die räumliche Verteilung des Streulichtes ist für die Beurteilung des von einer Oberfläche hervorgerufenen Glanzes von entscheidender Bedeutung. Aus der Messung dieser Streulichtverteilung wird die Glanzhöhe h bestimmt (Formel 6.27).

$$h = \frac{I_p}{I_{sw}} - \frac{I_{po}}{I_{swo}} \qquad (6.27)$$

I_p Photometerstrom bei aufliegendem Prüfkörper und $\alpha_2 = \alpha_1$
I_{po} Photometerstrom bei aufliegendem Prüfkörper und $\alpha_2 = 0$
I_{sw} Photometerstrom bei aufliegendem matten Weißstandard und $\alpha_2 = \alpha_1$
I_{swo} Photometerstrom bei aufliegendem matten Weißstandard und $\alpha_2 = 0$

Mit dem zur Messung benötigten Goniophotometer (Bild 6.26) wird unter dem Winkel α_2 der Photometerstrom I_p bestimmt. Aus der ermittelten Glanzhöhe wird eine Glanzskala gebildet, bei der der Weißstandard (Bariumsulfat) einen Glanz $G = 0$ und der aus einer polierten schwarzen Glasplatte mit der Brechzahl $n = 1{,}57$ bestehende Schwarzstandard einen Glanz von $G = 100$ hat. Liegen der Beleuchtungswinkel α_1 zwischen 60° und 70°, so entspricht die Glanzzahl bei glatten Oberflächen gut dem visuellen Empfinden. Korrekturfaktoren werden nach [6.29] immer dann angewendet, wenn Prüfkörper mit unterschiedlichen Farben verglichen werden sollen oder strukturierte Oberflächen vorliegen.

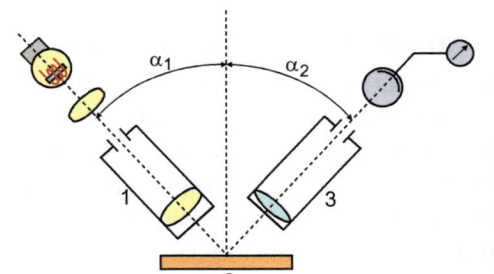

Bild 6.26
Schema eines Goniophotometers zur Glanzhöhenbestimmung
(1 – Beleuchtungseinrichtung; 2 – Probe; 3 – Messeinrichtung)

Bei der Glanzmessung nach dem Reflektometerverfahren geht man von einer Glanzdefinition aus, die den Glanzgrad g als Verhältnis der Intensität des direkt von der

Probe reflektierten Lichtes zur Intensität eines optischen Spiegels definiert. Die erhaltenen Werte werden wieder auf einen Hochglanzstandard wie den oben genannten Schwarzstandard bezogen.

Bestimmung der Oberflächenrauigkeit mittels der Glanzmessung

Der Glanzwert hängt wesentlich von der Oberflächenrauigkeit der Prüfkörper ab und ist zur Charakterisierung dieser Oberflächen gut geeignet. Damit lässt sich dieses Verfahren z. B. zur Oberflächenbewertung nach Verschleiß- und Kratzfestigkeitsprüfungen einsetzen. Bild 6.27 zeigt den Einfluss der verwendeten Sandmenge auf den Glanzwert G, bezogen auf den Ausgangsglanzwert G_0, von PP-Werkstoffen unterschiedlicher Kratzfestigkeit nach der Sandrieselprüfung. In Abhängigkeit von der Werkstoffzusammensetzung ergeben sich unterschiedliche Glanzwertänderungen. Ein Werkstoff erweist sich als umso kratzfester, je geringer die Abnahme des Glanzwertes G mit zunehmender Beanspruchung (Sandmenge) ist.

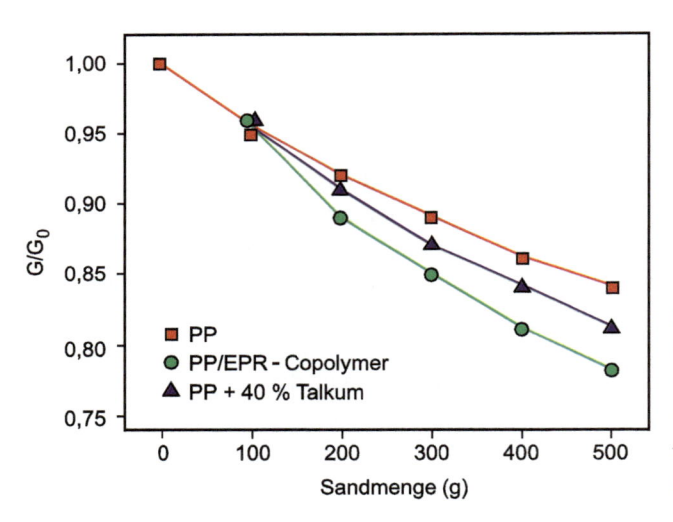

Bild 6.27 Einfluss der Berieselung mit Sand scharfkantiger Geometrie auf Oberflächenrauigkeit und Glanzwert

Bestimmung der Oberflächenrauigkeit mittels der Interferenzmikroskopie

Unter Interferenz ist die Überlagerung zweier kohärenter Lichtwellen zu verstehen. Dabei entstehen je nach der Größe des vorhandenen Phasenunterschiedes Maxima und Minima. Die erforderlichen Gangunterschiede können an reflektierenden Oberflächen durch geringste Höhenunterschiede und an transparenten Materialien durch Inhomogenitäten bzw. Doppelbrechung an anisotropen Phasen auftreten. Bei der Interferenzanordnung nach *Tolansky* wird im monochromatischen Licht einer definierten Wellenlänge λ im Mikroskop zwischen Oberfläche und einem halbdurchlässigen Spiegel ein sehr feiner Luftkeil eingestellt. Die dadurch entstehenden Interferenzstreifen folgen mit hoher Genauigkeit dem Oberflächenprofil. Kratzer oder Erhebungen werden als Interferenzstreifenauslenkung sichtbar. Je nach verwendeter

Anordnung sind Höhenunterschiede von minimal 30 nm messbar. Bild 6.28a zeigt das Interferenzbild der zerkratzten Oberfläche eines PS-Prüfkörpers, welcher zur besseren Kontrastierung vor der Messung im Vakuum mit Gold bedampft wurde. Für die Erfassung müssen die Mikroskopapertur klein und die Oberfläche unbedeckt sein. Das erforderliche monochromatische Licht der Wellenlänge λ wird mit Metallinterferenzfiltern eingestellt.

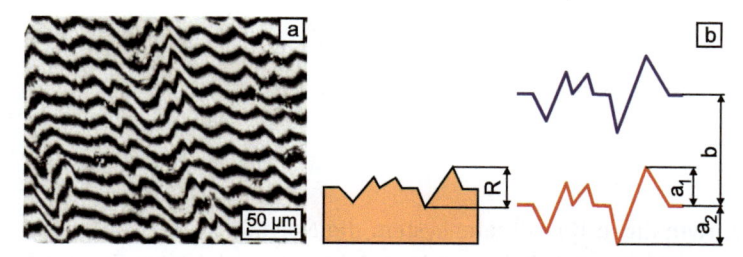

Bild 6.28 Oberflächenkratzer im Interferenzbild (a) und Oberflächenprofil mit der Rautiefe R (links) sowie resultierender Verlauf der Interferenzstreifen (rechts) (b)

Der Streifenabstand b kann durch Kippung der Interferenzspiegel eingestellt werden und hat Einfluss auf die Messgenauigkeit. Die Streifenauslenkungen a_1 und a_2 können im Mikroskop oder an einem Foto gemessen werden (Bild 6.28b).

Aus den in Bild 6.28b gezeigten Zusammenhängen zwischen Oberflächenprofil und Interferenzstreifenauslenkung lässt sich die Rautiefe R nach Formel 6.28 bestimmen:

$$R = \frac{a_1 + a_2}{b} \frac{\lambda}{2} \tag{6.28}$$

Eine sehr gute plastische Kontrastierung von geringen Höhenunterschieden auf der Oberfläche wird mit dem in polarisiertem Licht durchgeführten differentiellen Interferenzkontrast im Mikroskop erzielt. Die geringen Höhenunterschiede der Oberfläche werden in Schwarzweiß- oder Farbunterschiede umgesetzt. Bei der Verwendung linear polarisierten Lichtes tritt eine Richtungsabhängigkeit auf, d. h. in Aufspaltungsrichtung des *Wollaston*-Prismas werden linienförmige Strukturen im Bild unterdrückt. Die Verwendung von zirkular polarisiertem Licht beseitigt diese Erscheinung vollständig.

6.2.7 Farbe

Die meisten Kunststoffe sind transparent oder transluzent (über 30 % Trübung) und lassen sich daher gut mit Pigmenten von transluzent über opak bis hin zu deckend einfärben. Die Farbgüte des Fertigteiles hängt dabei stark von der Dicke, der Pigmentgröße und -verteilung sowie von der Verarbeitung ab. Neben der beschriebenen Rauigkeit und dem Glanz wird der visuelle Eindruck von der Oberfläche wesentlich durch ihre Farbe geprägt. Farbmessungen werden durch Lichtzerlegung in die drei Grundfarben Rot, Grün und Blau und Bestimmung der Einzelintensitäten durchgeführt. Durch eine innen mattweiß ausgekleidete Kugel wird die Oberfläche allseitig diffus beleuchtet und das diffus reflektierte Licht wird über ein mit Filter und Graukeil ausgerüstetes optisches System auf eine Photozelle fokussiert. Die ermittelten Intensitäten werden den Farben ROT = X, GRÜN = Y und BLAU = Z zugeordnet. Aus diesen Werten werden anschließend die Normfarbwerte x und y nach Formel 6.29 und Formel 6.30 ermittelt.

$$x = \frac{X}{X+Y+Z} \qquad (6.29)$$

$$y = \frac{Y}{X+Y+Z} \qquad (6.30)$$

Werden in einem rechtwinkligen Koordinatensystem die Normfarbwerte x als Abszisse und y als Ordinate eingetragen, erhält man das CIE-Farbdreieck (Norm-Farbtafel nach DIN 5033), welches Bild 6.29 zeigt. Vorbereitung und Art der Prüfkörper sind von entscheidendem Einfluss auf die Reproduzierbarkeit und Genauigkeit der Messung. Das für die Messung ausgewählte repräsentative Objekt sollte möglichst fest und kompakt sein. Inhomogenitäten in Farbe und Struktur sowie Staub, Flecken und Schmutz werden bei der Messung erfasst und führen zu Verfälschungen der Messwerte.

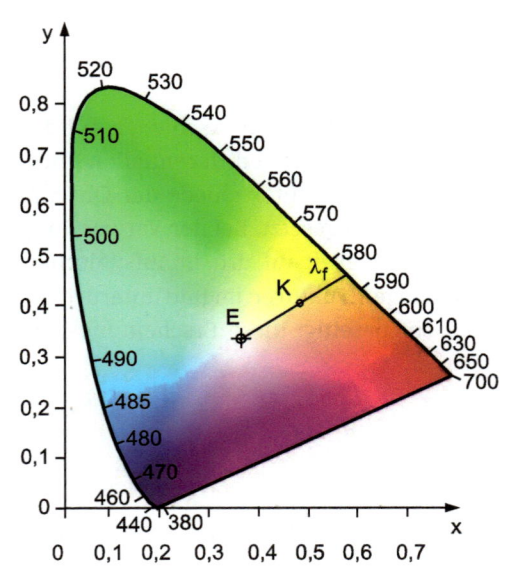

Bild 6.29
CIE-Farbtafel nach DIN 5033
(E = Unbuntpunkt des intensitätsgleichen Spektrums mit $x = y = 0{,}33$;
K = Farbort; λ_F = Farbtongleiche Wellenlänge)

Weisen die Prüfkörper Orientierungen auf, so können diese zu Dichroismus führen. Die Richtung dieser Orientierungen ist im Messgerät zu definieren und reproduzierbar festzulegen. Werden die Messungen an vollständig opaken Prüfkörpern durchgeführt, wird die Aufsichtfarbbestimmung angewendet. Wendet man dieses Verfahren bei transluzenten Prüfkörpern an, ergeben sich in Abhängigkeit von der gewählten Unterlage Farbverfälschungen. In diesem Fall können zwei Verfahren angewendet werden:

1. Erfassung der Farbwerte auf einem glatten, weißen Untergrund unter Verwendung eines Kontaktmittels und

2. Erfassung der Farbwerte ohne optischen Kontakt einer Flüssigkeit auf einer rauen Oberfläche.

Transparente, nicht zu stark streuende Prüfkörper werden im Durchlicht, stark streuende im Aufsichtmodus mit weißem oder schwarzen Untergrund sowohl mit, als auch ohne Kontaktmittel gemessen.

Pulver, Körner oder Fasern werden in Schalen gepresst und danach erfolgt die Farbwertermittlung. Die Farbwerte von Flüssigkeiten werden in Küvetten bestimmt. Problematisch sind die Glasabdeckungen von festen, porösen oder flüssigen Proben. Die Höhe der entstehenden Messwertverfälschung hängt von der Glasdicke, der Eigenabsorption und der Brechzahl des Abdeckmaterials ab. Weitere Fehler ergeben sich aus dem oft nicht definierten optischen Kontakt zwischen Probe und Abdeckung.

Weitere Informationen zur Farbmessung, zu Farbmessgeräten sowie zur Farbrezeptberechnung wurden von *Kämpf* in [1.7] zusammenfassend dargestellt.

Farbbestimmung an gefüllten Kunststoffen und Kunststoffmischungen

Besonders bei mehrphasigen Prüfkörpern können die einzelnen Gefügebestandteile oft nur über unterschiedliche Farben zugeordnet werden. Zur Prüfung der optischen Eigenschaften gefüllter und verstärkter Kunststoffe stehen sowohl aus werkstoffwissenschaftlicher als auch anwendungstechnischer Sicht folgende Gefügemerkmale im Mittelpunkt des Interesses:

- Orientierung der Füll- und Verstärkungsstoffe,
- Füllstoff- bzw. Faserverteilung und Agglomeratbildung sowie
- Einfluss auf die Gefügeausbildung in der Matrix.

Dazu werden unterschiedliche Methoden der Lichtmikroskopie herangezogen [6.30]. Beispielhaft werden in Bild 6.30 Fehler in der Glasfaserverteilung in einem gefärbten EP-Harz gezeigt, die durch einen Anschliff senkrecht zur Faserorientierungsrichtung sichtbar gemacht wurden.

Hier wird durch die Eigenfarbe des Matrixmaterials und die angewendete Dunkelfeldbeleuchtung des Mikroskops eine gute Kontrastierung erreicht.

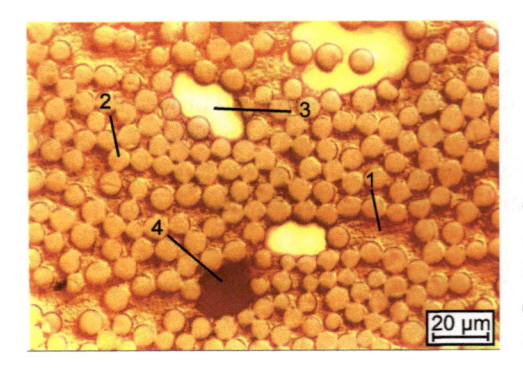

Bild 6.30
Gefüge eines EP/GF-Verbundes senkrecht zur Faserorientierung, ermittelt im Auflicht bei Dunkelfeldbeleuchtung (1 – Matrix, 2 – Glasfaser, 3 – Fremdeinschlüsse, 4 – Lunker)

Bei Untersuchungen im Auflicht mit Hellfeldbeleuchtung werden durch die Änderung der spektralen Zusammensetzung des zur Beleuchtung verwendeten Lichtes im Mikroskop grundsätzlich nicht die tatsächlichen Farben der Prüfkörperbestandteile widergegeben.

Im Dunkelfeld erfolgt die Beleuchtung über Oberflächenspiegel, welche keine spektrale Änderung des Lichtes hervorrufen. Damit werden im mikroskopischen Bild die wahren Objektfarben dargestellt Bild 6.31a und b zeigen am Beispiel eines ungeätzten Anschliffs einer holzmehlgefüllten Polyolefinmischung aus Recyclingmaterial die Unterschiede in der Farbwiedergabe bei Hell- und Dunkelfeldbeleuchtung. Die mikroskopische Beleuchtung kann demzufolge als reine Kontrastierungsmethode und als Mittel zur Farberkennung genutzt werden.

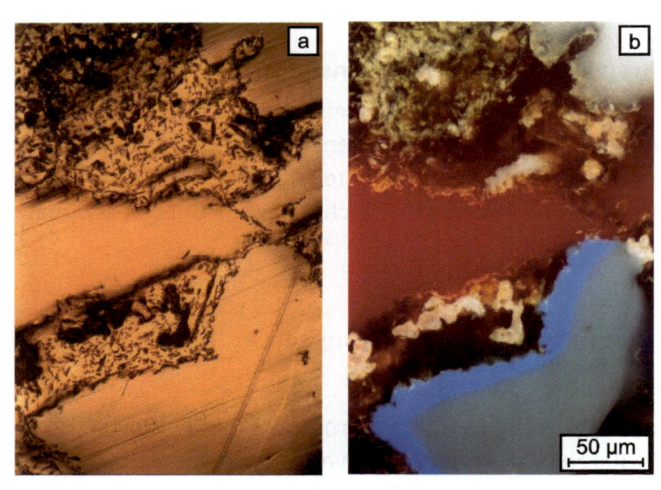

Bild 6.31 Anschliff eines holzmehlgefüllten Polyolefinmaterials im Auflicht bei Hellfeld- (a) und Dunkelfeldbeleuchtung (b)

Deckvermögen

Deckvermögen kennzeichnet die Fähigkeit von Beschichtungen, die farblichen Unterschiede eines Untergrundes vollständig zu verdecken. Zur Messung werden über einem weiß/schwarzen oder grau/braunen Untergrund unterschiedlich dicke Schichten der zu messenden Probe aufgebracht und die Normfarbwerte über den einzelnen Untergrundfarben bestimmt. Die Schichten werden entweder mit einem Kontaktmittel oder durch Kaschierung aufgebracht. Der berechnete Deckvermögenswert gibt die Untergrundfläche in Quadratmetern an, welche mit einem Liter oder einem Kilogramm Abdeckmaterial deckend beschichtet wird. Probleme bereitet die exakte Bestimmung der Schichtdicke von aufkaschierten Folien und Filmen auf die Kontrastunterlagen. Folien und Filme ohne Kontrastuntergrund werden nacheinander in einem schwarzen und weißen Hohlkörper gemessen. Hier ist die Bestimmung der Materialdicke wesentlich präziser möglich.

6.2.8 Transparenz und Durchsichtigkeit

Transparenz

Physikalisch wird als Transparenz die ohne Absorption oder Streuung durch eine Probe durchgelassene Lichtmenge prozentual im Verhältnis zur Intensität des einfallenden Lichtes bezeichnet. Transparenz kann nicht als die Umkehrung des Deckvermögens betrachtet werden. Daher können keine Werte für die Transparenz aus dem Deckvermögen abgeleitet werden. Die Transparenz T_p hängt umgekehrt proportional vom Streukoeffizienten S ab (Formel 6.31).

$$T_p \sim \frac{1}{S} \tag{6.31}$$

Die Ermittlung des Streukoeffizienten erfolgt aus der Remission der optisch dichten Schicht R_∞, der Schichtdicke D und der Remission der Schicht über einem schwarzen Untergrund R_S (Formel 6.32):

$$S = \frac{2{,}3026}{D} \frac{R_\infty}{1 - R_\infty^2} \cdot \log \frac{1 - R_S \cdot R_\infty}{1 - R_S / R_\infty} \tag{6.32}$$

Eine photometrische Definition der Transparenz, basierend auf Formel 6.31 und Formel 6.32, führt jedoch zu einem Problem, für das es keine exakte Lösung gibt, da diese Gleichungen nur für monochromatisches Licht gelten, die visuelle Transparenzprüfung aber mit polychromatischem weißem Licht erfolgt. Für die praktische Bestimmung der Transparenz hat sich trotz einiger Unzulänglichkeiten folgendes Verfahren durchgesetzt: Der mit schwarzem Samt (Remissionsgrad 0,02) unterlegte Prüfkörper wird mit weißem Licht gerichtet unter 0° zur Oberflächennormalen beleuchtet, das unter 45° remittierte Licht gelangt zur Messung. Vor der Messung wird das Gerät so kalibriert, dass der Remissionsgrad eines Barytoxidweißstandards 100 beträgt. Gemessen wird der Remissionsgrad R_s der Schicht auf schwarzem Untergrund, der als direktes Maß für die Transparenz verwendet wird. Voraussetzung dafür ist, dass die zu vergleichenden Prüfkörper etwa gleiche Helligkeit, d. h. gleiches R_∞ besitzen. Die Messmethode liefert also keine absoluten T_P-Werte, sondern ermöglicht nur relative Vergleichswerte.

Durchsichtigkeit

Die Durchsichtigkeit gibt darüber Auskunft, wie scharf das Muster (z. B. Schrift, Strichcode) eines in einem bestimmten Abstand hinter einer Prüfkörperfolie, Platte oder Schicht angeordneten Gegenstandes durch die Schicht hindurch gesehen werden kann. *Webber* [6.31] schlägt zur Bewertung der Durchsichtigkeit eine Reihe von abgestuften Diagrammkarten vor, welche mit einem Satz paralleler Linien versehen sind. Diese Linien sind in Gruppen unterschiedlichen Abstandes angeordnet. Die Liniengruppen werden mit und ohne Prüfkörper betrachtet. Das Kriterium der Bewertung ist die gerade noch mögliche optische Auflösung der Linien mit unbewaffnetem Auge. Die Differenz zwischen den beiden Werten ist ein Maß für die Durchsichtigkeit. Die Abbildungsschärfe eines Musters durch eine Schicht wird einerseits durch die Intensität des geradlinig transmittierten Lichtes und andererseits durch die Intensitätsverteilung des gestreuten Lichtes bestimmt. Das Streulicht wird in einen um kleine Winkel gestreuten Anteil (Kleinwinkellichtstreuung) Φ_{ds}^{KW} und in einen um große Winkel gestreuten Lichtanteil (Weitwinkellichtstreuung) Φ_{ds}^{WW} eingeteilt. Die Durchsichtigkeit wird umso größer, je stärker die Streulichtintensität bei einer Vergrößerung des Streuungswinkels abnimmt. Die Maßzahl T_D für die Durchsichtigkeit setzt sich aus dem geradlinig transmittierten Lichtanteil Φ_{dp} dem Kleinwinkellichtstreuungsanteil Φ_{ds}^{KW} und dem auf die Schicht auftreffenden Lichtstrahl Φ (Formel 6.33) zusammen.

$$T_D = \frac{\Phi_{dp} + \Phi_{ds}^{KW}}{\Phi} \qquad (6.33)$$

Trübung

Die physikalisch nicht genau definierte Trübung geht ebenfalls von den geradlinig transmittierten und den gestreuten Anteilen eines durch den Prüfkörper hindurchgelassenen Lichtstrahles aus. Die um kleine Winkel um die optische Achse gestreuten Lichtanteile sind für die Schärfe, also die Durchsichtigkeit maßgebend. Die um größere Winkel abgelenkten Streulichtanteile überlagern sich und gelangen dann ins Auge. Diese Überlagerung bewirkt einen Helligkeits- und damit einen Kontrastausgleich. Weiterhin tritt eine Farbänderung der durch die Probe beobachteten Objekte ein. Vereinfachend kann das Verhältnis des gestreuten Lichtes Φ_{ds} zum durch die Probe gelassenen Lichtes Φ_D als Trübungsmaß T_g nach Formel 6.34 angenommen werden. Analog dazu kann T_g aus dem Verhältnis des Transmissionsgrades des gestreuten Lichtes T_s zur Gesamttransmission T berechnet werden.

$$T_g = \frac{\Phi_{ds}}{\Phi_d} = \frac{T_s}{T} \qquad (6.34)$$

Darin ist nach Formel 6.35 der Transmissionsgrad des gestreuten Lichtes T_s das Verhältnis des gestreuten Lichtes Φ_{ds} zum auf die Probe auftreffenden Licht Φ:

$$T_s = \frac{\Phi_{ds}}{\Phi} \qquad (6.35)$$

Während z. B. Verpackungsfolien, optische Bauelemente und Sichtfenster eine möglichst geringe Trübung aufweisen sollen, wird von Lampen und Gewächshausfolien neben einem hohen Transmissionsgrad auch eine hohe Trübung erwartet. Die Messung der Trübung erfolgt in einer *Ulbricht*'schen Kugel, die die Trennung zwischen transmittiertem und gestreutem Licht ermöglicht [1.7].

Lichtstreuungseffekte in mehrphasigen Kunststoffen

Besitzen verschiedene Phasen in Kunststoffen gleiche optische Eigenschaften, sind diese nicht mit optischen Methoden identifizierbar. Bei geringen Unterschieden in den optischen Eigenschaften einzelner Phasen können optische Methoden zum Nachweis von Phasenverteilungen und -grenzen angewendet werden. Auf diesem Weg sind u. a. Füll- und Verstärkungsstoffe, Sphärolithe und Kautschukpartikel nachweisbar. Ist die eingelagerte Phase kleiner als die verwendete Lichtwellenlänge, erscheinen mehrphasige Kunststoffe transparent. Mit zunehmender Größe der eingelagerten Phase erfolgt ein Übergang von transparent über transluzent zu opak. Damit sind z. B. für teilkristalline opake Kunststoffe mit lichtmikroskopischen Verfahren Aussagen zum sphärolithischen Gefüge, aber nicht zum Kristallinitätsgrad möglich. Werden Sphärolithe beim Warmverstrecken zerstört, wird das Formteil transparenter, ohne dass sich der Kristallinitätsgrad wesentlich ändert. Ähnliches ist bei der schnellen Abkühlung von teilkristallinen Kunststoffen z. B. an einer kalten Werkzeugwand zu beobachten. In der Randschicht bildet sich ein sehr feines teilkristallines Gefüge aus, welches im Lichtmikroskop oft nicht mehr aufgelöst werden kann. Derartige Erscheinungen sind in Abhängigkeit von der Abkühlgeschwindigkeit in einer Vielzahl teilkristalliner Kunststoffe wie PE, PP, PA und POM beobachtbar. Sind die Abkühlraten extrem groß, kann es zur Unterdrückung der Ausbildung sphärolithischer Strukturen in der Randschicht kommen. Der Nachweis der Struktur der Randschicht bei Gefügegrößen < 0,4 µm kann nicht mehr im Lichtmikroskop erfolgen. Transmissionselektronenmikroskopie, DSC oder Röntgenuntersuchungen gestatten eine eindeutige Zuordnung.

Der Nachweis von Partikeln unterhalb der Auflösungsgrenze von 0,4 µm ist durch Ausnutzung von Lichtstreueffekten im Durchlicht bei Dunkelfeldbeleuchtung möglich. Hierbei wird der direkte Lichtanteil vollständig ausgeblendet und nur das an den Phasengrenzen gestreute und gebeugte Licht mit einem hochauflösenden Objektiv aufgenommen. Mit dieser Methode werden nur der Ort und die Häufigkeit, jedoch nicht die Größe der Partikel bestimmt. Bild 6.32 zeigt die Calciumstearatablagerungen an den Korngrenzen einer gesinterten PE-UHMW-Hüftgelenkspfanne im Durchlicht bei Dunkelfeldbeleuchtung. Die Partikelgrößen betragen etwa 0,3 µm.

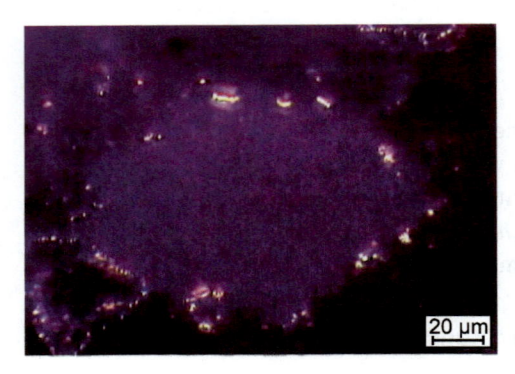

Bild 6.32
Calciumstearatablagerungen an den Korngrenzen von gesintertem PE-UHMW im Durchlicht bei Dunkelfeldbeleuchtung

6.2.9 Infrarotspektroskopie

Das Hauptanwendungsgebiet der Infrarotspektroskopie (IR-Spektroskopie) liegt in der Identifizierung von Kunststoffen. Die IR-Spektroskopie ist ein absorptionsspektroskopisches Verfahren, das im Wellenlängenbereich von etwa 780 nm bis 1 mm arbeitet. Der wichtigste Spektralbereich für die Analyse von Kunststoffen ist das mittlere Infrarot mit Wellenlängen im Bereich von 2,5 bis 25 µm.

Der Spektralbereich wird häufig durch die reziproke Wellenlänge in cm^{-1} angegeben, die als Wellenzahl n bezeichnet wird, d.h. das mittlere IR entspricht Wellenzahlen von ca. 4000 bis 400 cm^{-1}. Die in den IR-Spektren auftretenden Absorptionsbanden können den Schwingungen bestimmter Valenzen innerhalb der Polymermoleküle oder ganzen Atomgruppen (funktionellen Gruppen) zugeordnet werden. Die Identifizierung dieser Banden erfolgt mit IR-Spektrendatenbanken. Damit ist die IR-Spektroskopie ein geeignetes Verfahren zur Analyse von Polymeren und deren Additiven. Qualitative und quantitative Analytik mittels IR-Spektroskopie beruhen auf der wellenlängenabhängigen Wechselwirkung zwischen IR-Strahlung und Molekülen oder Molekülgruppen. Aufgrund dieser Wechselwirkung werden Absorptionsspektren mit charakteristischen Banden erzeugt. Zur Gewinnung von IR-Spektren werden verschieden instrumentelle Verfahren eingesetzt. In der Praxis wird eine Unterteilung der IR-Spektroskope nach der Methode der Wellenlängenselektion vorgenommen. Bevorzugt eingesetzt werden dispersive IR-Spektroskope und *Fourier*-Transformations-Spektroskope (FTIR). Bild 6.33 zeigt das Funktionsprinzip eines FTIR-Spektroskpos.

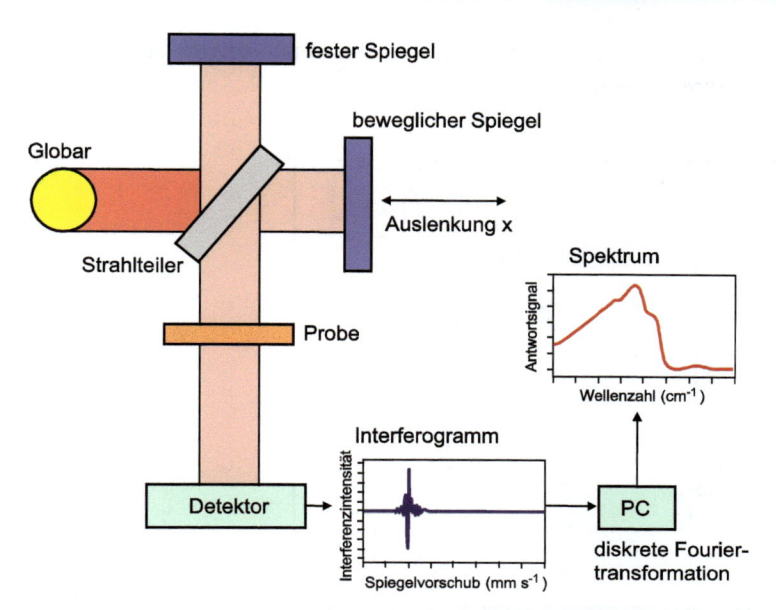

Bild 6.33 Schematischer Aufbau eines FTIR-Spektroskops nach [6.32]

Für Kunststoffe hat sich der Einsatz von speziellen FTIR-Mikroskopen besonders bewährt, da hiermit Einschlüsse bis etwa zu einer Größe von 10 bis 20 µm ausgewertet werden können. Diese Grenze ist durch das Auflösungsvermögen der mittleren IR-Strahlung (25 µm) gegeben. Die Prüfkörper können in Transmission, Reflexion und ATR-Reflexion (Abgeschwächte Totalreflexion) gemessen werden. Für Transmissionsmessungen liegen die Prüfkörperdicken je nach der IR-Transparenz im Bereich von 5 bis 50 µm, womit diese Methode für viele Folien anwendbar wird. Zu dünne oder zu dicke Prüfkörper ergeben ein für die Auswertung zu schwaches Signal. Füll- und Farbstoffe können nur bestimmt werden, wenn entweder die Partikelgröße über der Auflösungsgrenze liegt und das Teilchen in das Messfenster des FTIR-Mikroskops gebracht werden kann oder das sehr feinverteilte Material durch Vergleichsmessungen an reinen, identischen Substanzen bekannt ist. Neben der direkten Durchstrahlung der Prüfkörper kann von dem zu messenden Material unter Stickstoffkühlung Pulver hergestellt werden, welches zusammen mit KBr- oder NaCl-Pulver als gegenüber der IR-Strahlung neutralem Einbettmittel gepresst wird. Werden zur Probenfixierung Objektträger benötigt, müssen diese über entsprechende Aussparungen verfügen oder aus einem für die IR-Strahlung durchlässigen und neutralen Material gefertigt sein.

Dicke oder für die Transmissionsmessung ungeeignete Prüfkörper wie z. B. faserverstärkte Polymere werden mittels der Reflexionsspektroskopie oder der ATR gemessen. Dabei wird nur die Oberfläche des Prüfkörpers gemessen, womit die Änderung durch Alterung oder chemische Einflüsse usw. verfolgt werden kann. Für die ATR-Messung wird ein IR-neutrales, optisch hochbrechendes, kristallines Material (Diamant) in die Oberfläche leicht eingedrückt. An der Grenzfläche tritt unter geeigneten

Winkeln Totalreflexion auf. Mit dieser Methode können ohne aufwendige Präparation Oberflächen charakterisiert werden.

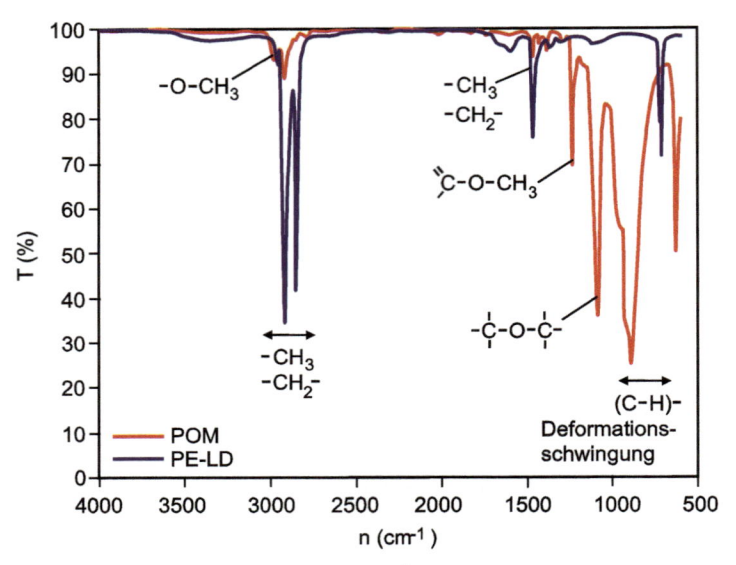

Bild 6.34 IR-Spektren von POM und PE-LD

Bild 6.34 zeigt mittels ATR an einem POM und an einem PE-LD ermittelte charakteristische Spektren. Aufgrund der Unterschiede in der chemischen Struktur treten im Spektrum unterschiedliche Banden auf, die auch als sogenannte Fingerprints bezeichnet werden. In POM treten charakteristische Banden bei den Wellenzahlen $n \approx 1100, 1200, 2900$ cm^{-1} und in PE-LD bei $n \approx 1500, 2800, 2900$ cm^{-1} auf. Chemisch-physikalische Prozesse beeinflussen diese charakteristischen Banden bzw. sie verschwinden oder es treten neue Banden auf.

6.2.10 Lasertechnik

An feinsphärolithischen teilkristallinen Kunststoffen mit Partikelgrößen von 100 nm bis fünf Mikrometer lassen sich mit lichtmikroskopischen Mitteln nur sehr beschränkt exakte Messungen von Größe, Form, Verteilung sowie Anisotropie durchführen. Diese Werte können mit der optischen Diffraktion im linear polarisierten Licht an Gefügebestandteilen von 100 nm bis 10 μm ermittelt werden. Die Messung erfolgt entweder mit einer separaten Laserstreulichtapparatur oder mit einem Lichtmikroskop unter Verwendung eines Lasers bzw. dem linear polarisierten Licht einer lichtstarken kommerziellen Mikroskopbeleuchtung bei stark eingeengter Beleuchtungsapertur. Die Streubilder entstehen in der hinteren Objektivbrennebene und können im konoskopischen Strahlengang mithilfe der *Amici-Bertrand*-Linse aufgenommen und anschließend in einem Photometer ausgewertet werden. Die sehr hohe optische Auflösung der Methode gestattet Messungen während der Sphärolithentstehung aus der Schmelze unter Verwendung eines Mikroskopheiztisches und damit Aussagen zu Keimbildung und Wachstum bei unterschiedlichen Abkühlungsgradienten [6.33]. Bild 6.35 zeigt die schematischen Streubilder bei unterschiedlichen Gefügeausbildungen in polymeren Materialien [1.7].

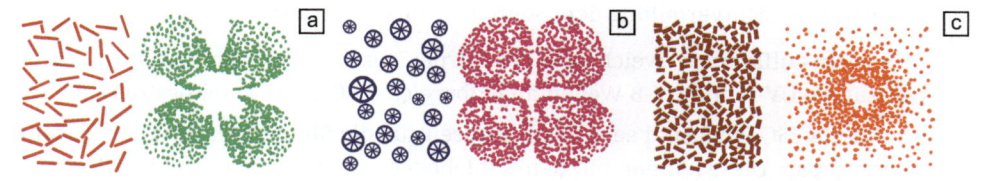

Bild 6.35 Lichtstreuerscheinungen in unterschiedlichen Polymergefügen: Stäbchen (a), Scheiben (b) und unstrukturierte Streuer (c) [1.7]

Die Anwendung eines Lichtmikroskops für die Kleinwinkellichtstreuung hat den Vorteil, dass von den zu untersuchenden Probenstellen sowohl Streubilder als auch mikrofotografische Aufnahmen angefertigt werden können. Bild 6.36a zeigt das Gefüge von PE-ND und Bild 6.36b das dazugehörige Streubild.

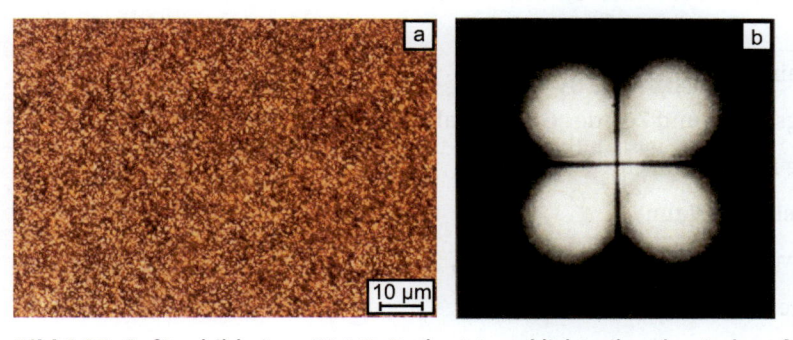

Bild 6.36 Gefügebild einer PE-ND-Probe (a) und lichtmikroskopisch aufgenommenes Streubild (b)

6.2.11 Prüfung auf die Konstanz optischer Werte

Zu den Belastungsprüfungen, bei denen die Veränderung optischer Kennwerte unter Beanspruchungsbedingungen aufgenommen wird, gehört die Prüfung auf Klimabeständigkeit. Geprüft werden vor allem Veränderungen von Farbe und Glanz unter der Einwirkung des Freiluftklimas. Dabei kommt der Globalstrahlung eine entscheidende Rolle zu.

Witterungsbeständigkeit schließt die Lichtechtheit ein. Zur Lichtechtheitsprüfung haben sich international standardisierte Prüfbedingungen, die künstliche Lichtquellen verwenden, durchgesetzt. Dazu gibt es vier Hauptverfahren:

- das Weather-Ometer, welches mit einer offenen Kohlebogenlampe;
- das Fade-Ometer, welches mit einer geschlossenen Kohlebogenlampe und zusätzlichem UV-Filter arbeitet;
- das Xenontestgerät, welches mit einer Xenonbogenlampe arbeitet, und bei dem die spektrale Lichtverteilung dem Sonnenspektrum am ähnlichsten ist sowie
- UV-Leuchtstofflampen, welche die Prüfkörper ausschließlich mit Licht im hochwirksamen UV-A und UV-B Wellenlängenbereich (280 bis 380 nm) bestrahlen.

In der DIN EN ISO 7892 sind sehr enge Grenzen für die Simulation der Globalstrahlung vorgegeben. Diese können mit den Kohlebogenlampen nicht erfüllt werden. Daher sind die Kohlebogenlampen trotz des hohen UV-Anteils an emittierter Strahlung nicht mehr zugelassen.

Neben der Lichtechtheit zählen zur Witterungsbeständigkeit die Beständigkeit gegenüber Wasser, Luftsauerstoff, Schwefelwasserstoff, Ozon, Kohlendioxid, Schwefeldioxid und Temperatur. Zur Prüfung der Auswirkung dieser Faktoren in ihrer Gesamtheit auf den Kunststoff werden die Prüfkörper freihängend in nach Süden ausgerichteten Lattenrosten unter 45° positioniert. Um Relationen zwischen ausgewählten Expositionsorten und -arten herstellen zu können werden wichtige Expositionsparameter wie

- Sonnenscheinstunden,
- Bestrahlungsstärke und Zeit der Globalstrahlung,
- Bestrahlung im UV-Bereich,
- Schwarztafeltemperatur,
- Temperatur und relative Feuchte der Luft,
- Regenmenge und -dauer sowie
- Feuchtedauer

ständig überwacht und registriert. Die Festlegung von zuverlässigen und reproduzierbaren Bewitterungsdaten erfordert eine Prüfung unter extremen klimatischen Bedingungen wie Gebirgs-, Meeres- und Industrieklima. Werden die Formteile speziellen Witterungseinflüssen wie z. B. Wüste oder feuchtwarmer Regenwald ausgesetzt, sind diese Klimabereiche zusätzlich mit in die Prüfung aufzunehmen. Aus Kostengründen werden diese klimatischen Bedingungen heute vorzugsweise im Labor simuliert.

Die exakte Bewertung von Farbänderungen während der Bewitterung erfolgt mit farbmetrischen Methoden. Für die Messung des Farbunterschiedes der bewitterten

Prüfkörper zum unbewitterten Ausgangsmuster gibt es zwei prinzipielle Vorgehensweisen:

- Die Prüfkörper werden vor und nach der Bewitterung gemessen. In Abhängigkeit von der Prüfzeit ist eine entsprechende gute Langzeitwiederholbarkeit der Farbmesswerte erforderlich. Für die meisten verfügbaren Remissions- und Farbmessgeräte ist die Wiederholbarkeit innerhalb einiger Wochen gut, liegen zwischen den Messungen jedoch viele Monate, spielen Ermüdungserscheinungen in Optik und Elektronik des Messgerätes sowie Veränderungen des Weißstandards, die große Messwertverfälschungen bedingen können, eine Rolle.
- Unbewitterte und bewitterte Prüfkörper werden unmittelbar hintereinander gemessen. Für diese Methode muss gewährleistet sein, dass die unbewitterten Prüfkörper sich innerhalb des Prüfzeitraumes nicht verändern.

In der Anfangsphase der Bewitterung ändern sich die Eigenschaften relativ schnell, während die Kennwertänderung mit der Zeit abnimmt und zum Ende des Untersuchungszeitraumes am geringsten ist. Langzeitbewitterungen ergaben auch nach zwei Jahren noch keine konstanten Endwerte der optischen Eigenschaften.

6.3 Elektrische und dielektrische Eigenschaften

6.3.1 Einleitung

Polymere Werkstoffe können heute in vielfältigen chemischen Strukturen und Kettenarchitekturen synthetisiert werden [1.2, 6.34]. Neben dem unterschiedlichen chemischen Kettenaufbau können makromolekulare Stoffe im festen Zustand sehr differenzierte Morphologien ausbilden, die amorph, teilkristallin oder flüssigkristallin sein können [6.35, 6.36]. Diese Tatsache bedingt, dass auch die elektrischen und dielektrischen Eigenschaften von Kunststoffen abhängig vom Kettenaufbau und von der Morphologie sehr verschieden sein können. In Bild 6.37 ist ein Überblick über unterschiedliche Polymerstrukturen und ihre spezifische Leitfähigkeit im Vergleich zu ausgewählten metallischen Werkstoffen dargestellt. Es wird deutlich, dass konjugierte Polymere in Anhängigkeit von ihrer chemischen Struktur und Dotierung sowohl isolierende, halbleitende als auch leitende Eigenschaften haben können.

Der überwiegende Anteil der bekannten technischen Kunststoffe ist elektrisch nichtleitend. Dies ist physikalisch durch die meist ungeordnete, amorphe Struktur dieser Werkstoffe bedingt. Aus dieser Eigenschaft leitet sich ein klassisches Einsatzgebiet von Kunststoffen als Isolierungsmaterial in der Elektrotechnik und Elektronik ab. Häufige Anwendungen sind z. B. Kabelisolierungen in Form von Kunststoffschläuchen oder Lacken und Kunststoffformteile zur Abdeckung von stromführenden Bereichen. Auch bei modernen Anwendungen in der Elektronik spielen die Isolationseigenschaften von Kunststoffen eine herausragende Rolle. Neben Applikationen als Leiterplattenbasismaterial bilden sie den Grundstoff für flexible, faltbare Leiterplatten, die in Fotoapparaten, Pocketcomputern oder mobilen Telefonen eingesetzt werden. Auf der Ebene des Computerchips selbst nutzt man ihre isolierenden Eigenschaften nicht nur bei Anwendungen als Verkappungsmassen. Siliziumdioxid SiO_2 als Isolierungsmaterial zwischen den Leiterbahnen eines Mikrochips kann durch geeignete Kunststoffe ersetzt werden, die eine weit niedrige dielektrische Permittivität als SiO_2 haben. Dadurch können die Abmessungen eines Mikroprozessors bei steigender Arbeitsfrequenz und sinkender Energieaufnahme wesentlich verringert werden.

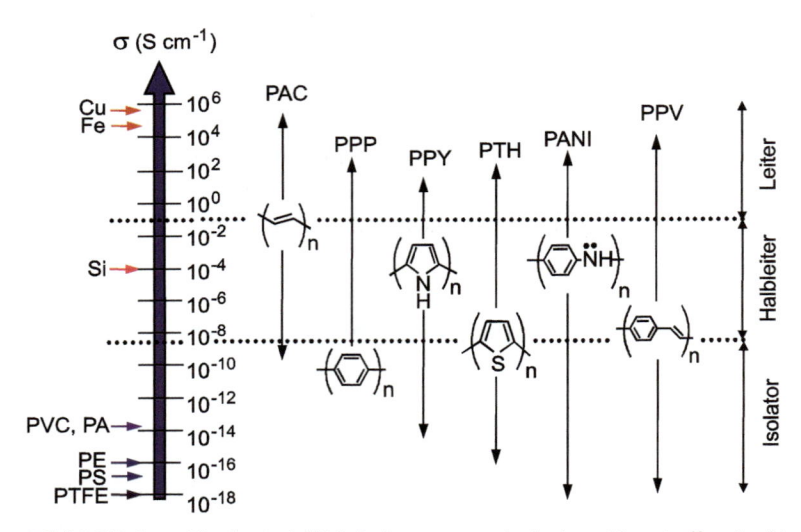

Bild 6.37 Spezifische Leitfähigkeit σ von technischen Kunstoffen im Vergleich zu konjugierten Polymeren, Halbleitern und Metallen (PAC – Polyacetylen, PPP – Poly(p-phenylen), PPY – Polypyrrol, PTH – Polythiophen, PANI – Polyanilin, PPV – Polyphenylenvinylen)

Neben diesen klassischen Anwendungen als isolierende Werkstoffe tritt, bedingt durch Fortschritte in der Synthesechemie, ihre Applikation als Halbleiter oder elektrischer Leiter immer mehr in den Vordergrund. Ein Beispiel hierfür sind Elektrolyte für Anwendungen in Batterien. Auch polymere Verbundwerkstoffe, die eine gewisse elektrische Leitfähigkeit besitzen können, z. B. mit Ruß oder mit Metallpulver gefüllte Kunststoffe, haben eine breite praktische Anwendung u. a. als Gehäusematerial für Computer und mobile Telefone zur Vermeidung von Elektrosmog.

Die elektrischen und dielektrischen Eigenschaften spiegeln die chemische Struktur des Makromoleküls und auch die Morphologie des polymeren Festkörpers wider. Das bedeutet, dass sich jede Veränderung sowohl im chemischen Aufbau als auch in der Morphologie und im Zustand des Polymeren in einer Änderung der elektrischen und dielektrischen Eigenschaften zeigt. Derartige Eigenschaftsänderungen können durch Temperaturänderungen, chemische oder physikalische Alterung, Verunreinigungen, das Einwirken energiereicher Strahlung (UV, radioaktive Strahlung) oder aufgrund anderer Ursachen bewirkt werden. Deshalb wird die Bestimmung der elektrischen und dielektrischen Eigenschaften auch intensiv als analytische Methode in der Polymerwissenschaft eingesetzt [6.36 – 6.39]. Dabei wird die molekulare Dynamik von Polymeren als Sonde für Strukturen verwendet. Eine technische Nutzung erfolgt bei der Prozesskontrolle, z. B. bei der Vernetzung von Vulkanisaten und der Aushärtung von Harzen durch die Messung elektrischer und dielektrischer Eigenschaften [6.40 – 6.43].

Die sehr verschiedenen elektrischen und dielektrischen Eigenschaften von Kunststoffen bedingen unterschiedliche Mess- und Prüfverfahren. Tabelle 6.2 stellt die wesentlichen Kenngrößen und Prüfmethoden zusammen. Entsprechende Normen sind ebenfalls in der Tabelle aufgeführt. Die möglichen Unterschiede im Eigenschaftsbild von Prüfkörper und realem Anwendungsprodukt (Formteil) haben dabei auch zur Entwicklung von formteil- und anwendungsspezifischen Prüfmethoden geführt. Einige Prüfverfahren orientieren sich an physikalischen Prinzipien, während andere aus konkreten Anwendungsaspekten heraus entwickelt wurden.

Tabelle 6.2 Übersicht über Kenngrößen und Prüfmethoden zur Bestimmung der elektrischen und dielektrischen Eigenschaften von Kunststoffen

Größe	Einheit	Norm
Elektrische Leitfähigkeit, Widerstand		
Durchgangswiderstand R_D *Volume Resistivity*	Ω	DIN IEC 60093
Spezifischer Durchgangswiderstand ρ_D *Specifiv Volume Resistivity*	Ωm	DIN IEC 60093
Oberflächenwiderstand R_O *Surface Resistivity*	Ω	ISO 1853
Spezifischer Oberflächenwiderstand ρ_O *Specific Surface Resistivity*	Ωm	ISO 2878
Isolationswiderstand *Insulation Resistance*	Ω	ISO 2951

Tabelle 6.2 Übersicht über Kenngrößen und Prüfmethoden zur Bestimmung der elektrischen und dielektrischen Eigenschaften von Kunststoffen *(Fortsetzung)*

Größe	Einheit	Norm
Dielektrische Eigenschaften		
Komplexe Permittivität $\varepsilon^* = \varepsilon' - i\varepsilon''$ (Komplexe Dielektrizitätszahl) *Complex Permittivity*		
Permittivität (Dielektrizitätszahl) ε' *Permittivity*		DIN 53483-1 DIN 53483-2 DIN 53483-3 DIN VDE 0303-13
Dielektrischer Verlust ε'' (Dielektrische Verlustzahl) *Dielectric Loss*		
Dielektrischer Verlustfaktor tan $\delta = \varepsilon''/\varepsilon'$ *Dissipation Factor*		
Elektrostatische Aufladung		
Elektrostatische Aufladung *Electrostatic Charge*	V cm^{-1}	
Grenzaufladung *Charge Limit*	V cm^{-1}	DIN VDE 0303-8 DIN 53486
Endaufladung *Final Charge*	V cm^{-1}	
Elektrische Festigkeit		
Durchschlagspannung U_d *Breakdown Voltage*	kV	DIN EN 60243-1 DIN EN 60243-2 DIN EN 60343
Elektrische Durchschlagfestigkeit E_d *Electric Strength*	kV mm^{-1}	
Kriechstromfestigkeit *Creep Current Resistance* Prüfzahl der Kriechwegbildung *Proof Tracking Index*	V	DIN VDE 0303-1 DIN EN 60112
Vergleichszahl der Kriechwegbildung *Comparative Tracking Index*	V	
Lichtbogenfestigkeit *Electric Arc Resistance*		DIN VDE 0303-5

6.3.2 Physikalische Grundlagen

Die Einwirkung eines elektrischen Feldes mit der elektrischen Feldstärke E auf ein Polymer kann verschiedene Effekte hervorrufen. Vorhandene permanente Dipole können durch das elektrische Feld orientiert werden und führen zu einer Polarisation des Dielektrikums (Orientierungspolarisation). Ein genügend starkes elektrisches Feld kann auch Dipole durch Verschiebung der Elektronenwolke eines Atoms gegenüber dem Kern induzieren (Deformationspolarisation). Diese Prozesse können mit der Schwingungsspektroskopie untersucht werden. Die Driftbewegung von Ladungsträgern (Elektronen, Ionen, Löcher, elektrisch geladene Defekte) im elektrischen Feld verursacht eine elektrische Leitfähigkeit des Polymeren. Der Ladungstransport in Polymeren unterscheidet sich grundsätzlich von dem der Metalle [6.44, 6.45]. Diese Unterschiede führen zu speziellen Effekten, z. B. der Zeitabhängigkeit der elektrischen Leitfähigkeit von Polymeren. Die Höhe der Leitfähigkeit von Polymeren wird dabei durch verschiedene Faktoren, wie die Art der Ladungsträger und ihre Beweglichkeit, bestimmt. Letztlich können Ladungsträger auch an inneren Grenzflächen (z. B. Interfaces in polymeren Verbundwerkstoffen) oder an äußeren Grenzflächen blockiert werden. Dieses führt zur Ladungstrennung und damit ebenfalls zu einer Polarisation, die als *Maxwell/Wagner/Sillars*-Polarisation [6.46, 6.47] (innere Grenzflächen) oder Elektrodenpolarisation (äußere Grenzflächen) in der Literatur bekannt ist.

Vom physikalischen Standpunkt aus können die elektrischen und dielektrischen Eigenschaften von Polymeren durch verschiedene Kenngrößen charakterisiert werden, die ineinander umgerechnet werden können, aber jeweils spezielle Aspekte wie Leitfähigkeit oder Polarisation betonen. Eine ausführliche Diskussion findet sich z. B. in [6.48]. Die dielektrischen und elektrischen Eigenschaften von Materie lassen sich formal durch die *Maxwell*'schen Gleichungen unabhängig von der Art des Leitungsmechanismus und der Natur der Ladungsträger beschreiben. Für kleine elektrische Feldstärken ($< 10^6$ Vm^{-1}) gilt eine lineare Beziehung zwischen E und der dielektrischen Verschiebung D:

$$D = \varepsilon^* \varepsilon_0 E \tag{6.36}$$

In Formel 6.36 bezeichnet ε_0 die Dielektrizitätskonstante des Vakuums ($\varepsilon_0 = 8{,}854 \cdot 10^{-12}$ AsV^{-1}m^{-1}) und ε^* die komplexe dielektrische Funktion oder Permittivität des untersuchten Materials. ε^* ist damit eine relative materialspezifische Größe, die auf die Dielektrizitätskonstante des Vakuums bezogen ist. Häufig wird ε^* auch als Dielektrizitätskonstante oder -zahl des untersuchten Werkstoffs bezeichnet.

Der Wert der Feldstärke, bei der das elektrische und dielektrische Verhalten nichtlinear wird, hängt von dem zu untersuchenden Material ab. Zum Beispiel wird für PTFE ein Wert von $> 5 \cdot 10^6$ Vm^{-1} gemessen, während ferroelektrische Flüssigkristalle schon bei Feldstärken von 10^3 Vm^{-1} nichtlineare Effekte zeigen.

Im Allgemeinen hängen die elektrischen und dielektrischen Eigenschaften von vielen verschiedenen Faktoren wie Temperatur, Druck usw. ab, sodass ihre Angabe als Zahl oder Konstante nicht ausreichend ist und eine Darstellung in Form von Kennwertfunktionen erforderlich wird.

Formel 6.36 ist eine Erweiterung des *Ohm*'schen Gesetzes. Der Anteil der dielektrischen Reaktion auf eine Änderung des elektrischen Feldes, der nur auf das Material zurückzuführen ist, wird durch die Polarisation P:

$$P = D - D_0 = (\varepsilon^* - 1)\varepsilon_0 E = \chi^* \varepsilon_0 E$$

mit (6.37)

$$\chi^* = \varepsilon^* - 1$$

beschrieben. χ^* ist die komplexe dielektrische Suszeptibilität (dielektrische Aufnahmefähigkeit) des untersuchten Materials.

Im Rahmen der *Maxwell*'schen Theorie ist ε^* zeit- oder frequenzabhängig, wenn zeitabhängige Prozesse im Material ablaufen. Dies führt zu verschiedenen Zeitabhängigkeiten von E und D. Für den Fall einer stationären periodischen Zeitabhängigkeit des elektrischen Feldes:

$$E(t) = E_0 \exp(-i\omega t) \tag{6.38}$$

ω Kreisfrequenz, s. Gl. 4.52 (rad s^{-1})

ist dieser Unterschied eine Phasenverschiebung δ (Bild 6.38) mit:

$$D(t) = D_0 \exp(-i(\omega - \delta)t) \tag{6.39}$$

Für diesen Fall ist die komplexe dielektrische Funktion als:

$$\varepsilon^*(\omega) = \varepsilon'(\omega) - i\varepsilon''(\omega) \tag{6.40}$$

gegeben. ε' wird als Realteil der komplexen dielektrischen Funktion oder Permittivität, ε'' als Imaginär- oder Verlustteil bezeichnet. ε' ist proportional zu der Energie, die pro Periode im Material reversibel gespeichert wird, während ε'' proportional zu der pro Periode dissipierten (umgesetzten) Energie ist. Für die umgesetzte Wärmeleistung gilt:

$$N \sim U^2 \omega \varepsilon''$$

bzw. (6.41)

$$N \sim U^2 \omega \varepsilon' \tan\delta$$

U Spannung

Der Tangens des Phasenwinkels δ, der auch als dielektrischer Verlustfaktor bezeichnet wird, ergibt sich aus:

$$\tan\delta = \frac{\varepsilon''}{\varepsilon'} \tag{6.42}$$

Für wissenschaftliche Untersuchungen sollten die dielektrischen Eigenschaften jedoch durch ε' und ε'' charakterisiert werden, da sie definierte physikalische Bedeutungen haben. Der reziproke Wert von tan δ wird in der Elektrotechnik als Gütefaktor $Q = 1/\tan\delta$ bezeichnet.

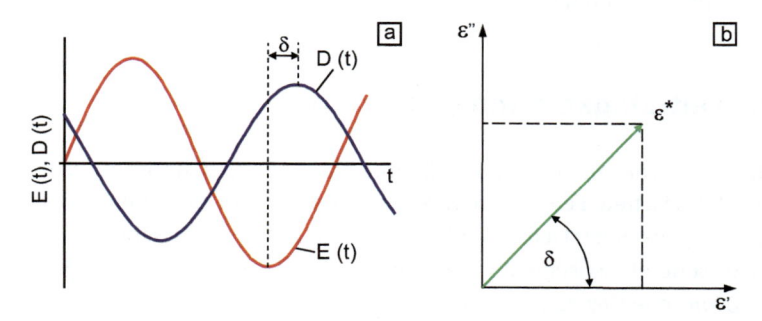

Bild 6.38 Phasenverschiebung zwischen elektrischem Feld $E(t)$ und dielektrischer Verschiebung $D(t)$ (a) und Beziehung zwischen der komplexen dielektrischen Permittivität ε^*, ihrem Realteil ε' und Imaginärteil ε'' sowie dem Phasenwinkel δ (b)

Analog zu Formel 6.36 wird die Stromdichte j definiert als:

$$j = \sigma^* E \tag{6.43}$$

wobei:

$$\sigma^*(\omega) = \sigma'(\omega) + i\sigma''(\omega) \tag{6.44}$$

σ' Realteil der komplexen spezifischen Leitfähigkeit
σ'' Imaginärteil der komplexen spezifischen Leitfähigkeit

die komplexe spezifische Leitfähigkeit ist. Für den Grenzfall $\omega \to 0$, d. h. $t \to \infty$, wird die spezifische Gleichstromleitfähigkeit erhalten. In der *Maxwell*'schen Theorie sind, wenn Magnetfelder vernachlässigt werden können, die Stromdichte und die Zeitableitung der dielektrischen Verschiebung equivalente Größen, d. h. $j = \partial D/\partial t$. Daraus folgt für eine stationäre periodische Zeitabhängigkeit des elektrischen Feldes:

$$\sigma^* = i\omega\varepsilon_0\varepsilon^* \tag{6.45}$$

Formel 6.45 zeigt, dass die elektrischen und dielektrischen Eigenschaften von Materialien durch verschiedene Größen ausgedrückt werden können. Die komplexe dielektrische Funktion ist auch mit dem komplexen Brechungsindex:

$$n^*(\omega) = n'(\omega) + in''(\omega) \qquad (6.46)$$

über:

$$\varepsilon^* = (n^*)^2 \qquad (6.47)$$

verbunden. In diesem Zusammenhang kann die dielektrische Spektroskopie als Erweiterung der optischen Spektroskopie zu niedrigen Frequenzen verstanden werden.

Im Folgenden werden die Messung und Prüfung von Gleichstromleitfähigkeit und der entsprechenden Widerstände, die Eigenschaften von Polymeren im elektrischen Wechselfeld und spezielle Prüfverfahren dargestellt.

6.3.3 Elektrische Leitfähigkeit und Widerstand

Die elektrische Leitfähigkeit charakterisiert die Fähigkeit eines Stoffes, unter der Wirkung eines äußeren elektrischen Feldes einen elektrischen Strom zu leiten. Diese Größe stellt den Kehrwert des elektrischen Widerstandes dar. Der elektrische Widerstand R bzw. der spezifische elektrische Widerstand ρ und die spezifische Leitfähigkeit σ sind durch das *Ohm*'sche Gesetz definiert:

$$R = \frac{U}{I} \quad \text{und} \quad \rho = \frac{1}{\sigma} = \frac{E}{j} \qquad (6.48)$$

I Stromstärke
U Spannung
E elektrische Feldstärke

Die elektrischen Gleichstromeigenschaften von isolierenden Kunstoffen werden durch die Kenngrößen Durchgangswiderstand R_D bzw. spezifischer Durchgangswiderstand ρ_D, Oberflächenwiderstand R_O bzw. spezifischer Oberflächenwiderstand ρ_O und den Isolationswiderstand charakterisiert. Als entsprechende Kenngröße ist der Widerstandswert definiert, der nach einer festgelegten Zeit nach dem Anlegen einer äußeren Gleichspannung gemessen wird, wobei die Höhe der Spannung in den entsprechenden Normen festgelegt ist (DIN IEC 60093, ISO 1853, DIN EN ISO 3915). Diese Festlegung entspricht einer Minimalangabe, ermöglicht aber den direkten Vergleich der elektrischen Eigenschaften von unterschiedlichen Kunststoffen. Aufgrund der Zeitabhängigkeit der elektrischen Eigenschaften von Kunststoffen können alle Widerstandskennwerte mit der Messzeit noch um mehrere Größenordnungen ansteigen. Für wissenschaftlich-technische Untersuchungen ist deshalb die Aufnahme des funktionellen Zusammenhangs zwischen Widerstand und Zeit zu empfehlen.

6.3.3.1 Durchgangswiderstand

Entsprechend dem *Ohm*'schen Gesetz ist der Durchgangswiderstand R_D als Verhältnis einer zwischen zwei Elektroden angelegten Gleichspannung und des resultierenden Stromes durch den Prüfkörper definiert. Dabei befinden sich die Elektroden auf sich gegenüberliegenden Oberflächen des Prüfkörpers. Als Momentandurchgangswiderstand R_V wird der Wert von R_D verstanden, der nach einer definierten Zeit nach Anlegen der Spannung gemessen wird.

Als Prüfkörper werden üblicherweise Platten oder Zylinder verwendet. Das Prinzipschaltbild für ebene Prüfkörper ist in Bild 6.39 dargestellt. Zur Vermeidung von Messfehlern wird mit Schutzringelektrodenanordnungen gearbeitet. Die Schutzringelektrode unterbindet einerseits den Stromfluss von der Spannungselektrode über die Oberfläche zur Messelektrode. Auf der anderen Seite werden Feldinhomogenitäten unterdrückt. Die Breite des Spaltes zwischen Schutzring- und Messelektrode beträgt entsprechend den Normen 1 mm. Ist das Verhältnis des Durchmessers der Messelektrode zur Prüfkörperdicke groß, kann auf die Schutzringelektrode verzichtet werden.

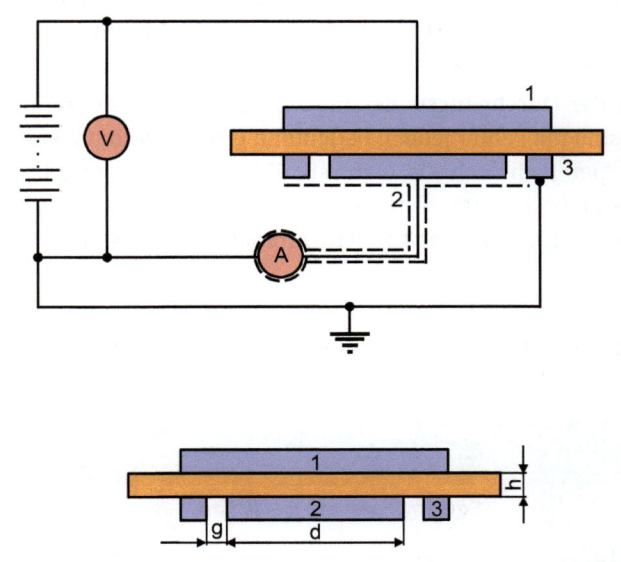

Bild 6.39 Prinzipschaltbild zur Messung des Durchgangswiderstandes
(1 – Spannungselektrode, 2 – Messelektrode, 3 – Schutzringelektrode,
d – Durchmesser der Messelektrode, *g* – Breite des Schutzspaltes und
h – Dicke des Prüfkörpers)

Für den Fall von Prüfkörpern mit einfacher Geometrie kann aus dem Durchgangswiderstand der spezifische Durchgangswiderstand ρ_D berechnet werden, der einen Kennwert darstellt, der unabhängig von der Prüfkörpergeometrie ist. Für ebene Prüfkörper mit kreisförmigen Elektroden gilt:

$$\rho_D = \frac{\pi(d+g)^2}{4h} R_D \tag{6.49}$$

Für zylinderförmige Prüfkörper berechnet sich der spezifische Durchgangswiderstand aus:

$$\rho_D = \frac{2\pi(l+g)}{\ln(10)\lg\frac{d_A}{d_i}} R_D = \frac{2{,}73(l+g)}{\lg\frac{d_A}{d_I}} R_D \tag{6.50}$$

l Länge der Messelektrode
d_A Außendurchmesser des zylinderförmigen Prüfkörpers
d_I Innendurchmesser des zylinderförmigen Prüfkörpers

Der spezifische Durchgangswiderstand der meisten als Isolierstoffe eingesetzten Kunststoffe beträgt 10^8 bis 10^{18} Ωcm, d.h. variiert über 8 Dekaden. Bei üblichen Prüfkörperabmessungen entspricht dies Durchgangswiderständen von 10^6 bis 10^{16} Ω, wobei für unpolare Kunststoffe wie PTFE, den Polyolefinen oder PS die höchsten Werte erreicht werden (s. auch Bild 6.37). Aufgrund der Zeitabhängigkeit von R_D sind die entsprechenden Messungen sehr aufwendig. Deshalb ist für viele technischen Anwendungen die Aussage $\rho_D > 10^6$ Ωcm als Hinweis ausreichend.

Der minimale Fehler, mit dem der Durchgangswiderstand bestimmt werden kann, beträgt ± 10 %. In vielen Fällen sind die Fehler jedoch bedeutend größer. Deshalb werden in der Regel zwei Prüfkörper technisch als nicht signifikant verschieden betrachtet, wenn sich ihre Widerstandswerte um weniger als eine Zehnerpotenz unterscheiden. Tabelle 6.3 gibt Beispiele für den spezifischen Durchgangswiderstand für ausgewählte Kunststoffe an.

Tabelle 6.3 Spezifischer Durchgangswiderstand bei 23 °C für ausgewählte Kunststoffe [1.48]

Thermoplaste	ρ_D (Ω cm)	Duromere	ρ_D (Ω cm)
Unverstärkt		**Formmassen auf Basis von**	
Fluorpolymere	≈ 10^{18}	Phenolharz	$10^8 - 10^{13}$
Polyolefine	≈ 10^{18}	Harnstoffharz	$10^{11} - 10^{12}$
PS	> 10^{16}	Melaminharz	$10^8 - 10^{11}$
PA (trocken)	$10^{14} - 10^{15}$	UP-Harz	$10^{11} - 10^{13}$
Polycarbonat	≈ 10^{18}	EP-Harz	$10^{13} - 10^{15}$
PMMA	> 10^{15}	Silikonharz	10^{14}

Thermoplaste	ρ_D (Ω cm)	Duromere	ρ_D (Ω cm)
PVC-U	$10^{15} - 10^{16}$	**Gießharze auf Basis von**	
PVC-P	$10^{12} - 10^{15}$	UP-Harz	$10^{16} - 10^{17}$
verstärkt		EP-Harz	$10^{16} - 10^{17}$
ABS + 15 % CF	10^4	PUR	$10^{11} - 10^{16}$
PA 6 + 30 % GF	$3 \cdot 10^{14}$		
PA 66 + 40 % CF	70 – 80		

Bild 6.40 zeigt die Temperaturabhängigkeit des spezifischen Durchgangswiderstandes ρ_D von PP in einem Temperaturbereich von 80 K und die Abhängigkeit des Durchgangswiderstandes von der Messzeit für PE.

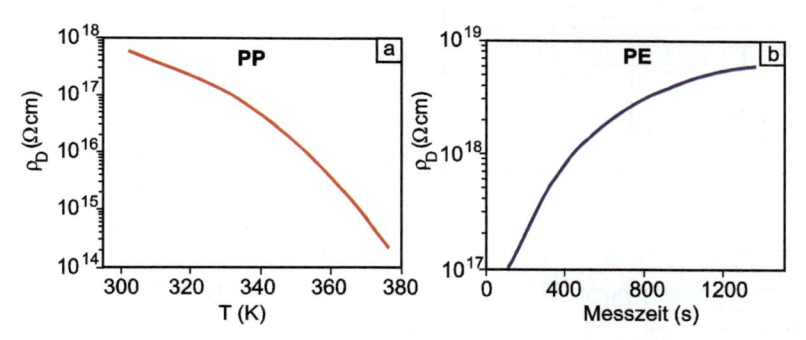

Bild 6.40 Spezifischer Durchgangswiderstand ρ_D in Abhängigkeit von der Temperatur für PP (a) und von der Messzeit bei einer Messspannung von 1000 V Gleichspannung für PE (b) [1.48]

6.3.3.2 Oberflächenwiderstand

Die Grundschaltung zur Messung des Oberflächenwiderstandes R_O ist in Bild 6.41 skizziert. R_O ist als Verhältnis einer zwischen zwei Elektroden angelegten Gleichspannung und des resultierenden Stromes durch den Prüfkörper definiert, wobei sich die Elektroden nebeneinander auf der Oberfläche des Prüfkörpers befinden. Diese Prüfgröße gibt Aufschluss über die Isolationsverhältnisse an der Oberfläche eines Kunststoffes. Dabei ist zu beachten, dass der Oberflächenwiderstand eine technische vergleichende Prüfgröße darstellt, die physikalisch nicht exakt definiert ist. Das ist darin begründet, dass der Strom nicht allein über die Oberfläche des Prüfkörpers fließt, sondern, abhängig von dem zu untersuchenden Werkstoff, auch durch das Volumen. Dieser Stromfluss durch das Volumen hängt von der Eindringtiefe des elektrischen Feldes in den Prüfkörper ab. Diese wiederum wird sowohl von der Prüfspannung und von Form und Abstand der Elektroden, als auch von der Dicke des Prüfkörpers beeinflusst. Ein Vergleich des Oberflächenwiderstandes von unterschiedlichen Werkstoffen ist nur möglich, wenn all diese Faktoren vorgegeben sind und während der Prüfserie konstant gehalten werden. Desweiteren hängt der Wert von R_O auch von den äußeren Bedingungen (z. B. Feuchtigkeit), die an der Oberfläche herrschen, ab. Zur reproduzierbaren Messung des Oberflächenwiderstandes ist eine exakte Prüfkörperpräparation notwendig, was auch konstante klimatischen Bedingungen bei Vergleichsmessungen einschließt. Bezüglich der Fehler, die bei der Messung des Oberflächenwiderstandes auftreten, gelten ähnliche Aussagen wie für den Durchgangswiderstand R_D (s. Abschnitt 6.3.4.1). Zwei Werkstoffe sind auch hier nur als signifikant verschieden anzusehen, wenn sie sich in ihrem Oberflächenwiderstand um mehr als eine Größenordnung unterscheiden.

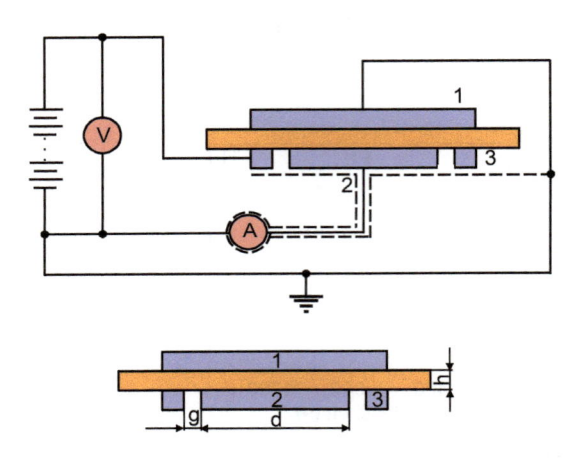

Bild 6.41
Prinzipschaltbild zur Messung des Oberflächenwiederstandes für kreisförmige Elektrodenanordnung (1 – Schutzelektrode, 2 – Messelektrode, 3 – Spannungselektrode, d – Durchmesser der Messelektrode, g – Abstand der Elektroden und h – Dicke des Prüfkörpers)

Für geometrisch einfache Prüfkörper wie ebene Platten kann neben dem Oberflächenwiderstand R_O der spezifische Oberflächenwiderstand ρ_O bestimmt werden. Für die in Bild 6.41 angegebene Anordnung gilt:

$$\rho_O = \frac{2\pi}{\ln\left(1+\frac{2g}{d}\right)} R_O \approx \frac{\pi(d+g)}{g} R_O \tag{6.51}$$

In der Praxis, besonders bei vergleichenden Untersuchungen, wird der Oberflächenwiderstand häufig durch das Aufbringen von Band- oder Streifenelektroden bestimmt, die sowohl für ebene als auch zylinderförmige Prüfkörper geeignet sind. Bei Strichelektroden ist eine Elektrodenbreite von 1 mm und bei Bandelektroden (Metall- oder Gummiaufsatzelektroden) eine Breite von 10 mm vorgeschrieben. Die Elektrodenlänge beträgt 100 mm bei großen oder 25 mm bei kleinen Prüfkörpern.

6.3.3.3 Isolationswiderstand

Der Isolationswiderstand ist das Verhältnis einer zwischen zwei Elektroden, in Kontakt mit einem Prüfkörper, angelegten Gleichspannung zu der Gesamtstromstärke. Dabei können die Elektroden entweder im Werkstoff eingebettet sein oder ihn durchdringen. Eine Vergleichbarkeit des Isolationswiderstandes von unterschiedlichen Werkstoffen ist deshalb nur gegeben, wenn die Prüfkörpergestalt, die Elektrodenart, die Elektrodenanordnung und die Prüfbedingungen (Prüfspannung, Prüfzeit, klimatische Bedingungen usw.) übereinstimmen. Der Isolationswiderstand hängt sowohl vom Durchgangswiderstand als auch vom Oberflächenwiderstand ab.

Die Isolationswiderstandsmessung ist prüftechnisch außer zur Funktionsprüfung von elektrotechnischen Erzeugnissen und Eignungsprüfung bei der Werkstoffauswahl für Untersuchungen von Erscheinungen im Inneren des Formstoffes, wie beispielsweise Eigenschaftsänderungen durch Umwelt- und funktionsbedingte Alterungserscheinungen sowie Homogenität von Duromeren und Schichtpressstoffen geeignet.

Die Bestimmung von relativ niedrigen Widerständen ($R \leq 200$ MΩ) stellt technisch gesehen kein Problem dar. Dazu ist in der Regel nur ein digitales Multimeter erforderlich. Zur Bestimmung von höheren Widerständen, wie sie typischerweise für polymere Isolierstoffe auftreten, sind empfindlichere Messgeräte und ein größerer Aufwand erforderlich. Die prinzipielle obere Messgrenze ist physikalisch durch thermisch induzierte Schwankungen von Ladungen bedingt (*Nyquist*-Rauschen). Diese absolute obere Messgrenze liegt für Prüfspannungen von 1 V bis 1000 V zwischen 10^{20} Ω und 10^{26} Ω. Die praktische Messgrenze liegt durch das Auftreten von Ableitungsströmen, durch Effekte in den Zuleitungen (tribologische und piezoelektrische Effekte), Kontaktprobleme (Übergangswiderstände) und Rauschen in der Elektronik weit niedriger. Praktisch können Werte zwischen 10^{18} Ω und 10^{21} Ω gemessen werden, die etwa in der Größenordnung des Durchgangswiderstandes von polymeren Isolierstoffen liegen.

Historisch wurden zur Messung von hohen Widerständen eine Reihe von Verfahren entwickelt. Dabei können direkte Verfahren (gleichzeitige Messung von Spannung und Strom), vergleichende Methoden (z. B. Brückenverfahren) oder spezielle Messeinrichtungen (z. B. Kondensatorlade- oder Entladeverfahren) unterschieden werden. Moderne Verfahren zur Bestimmung von hohen Widerständen basieren heute ausschließlich auf Elektrometern, die sehr niedrige Ströme bei einer hohen Eingangsspannung messen können. Die grundlegenden Messprinzipien sind in [6.49, 6.50] beschrieben.

Abhängig von der angewandten Methode können Widerstände von bis 10^{21} Ω bestimmt werden [6.51]. Dabei werden ausschließlich direkte Verfahren wie die konstante Spannungs- oder die konstante Strommethode angewandt (Bild 6.42).

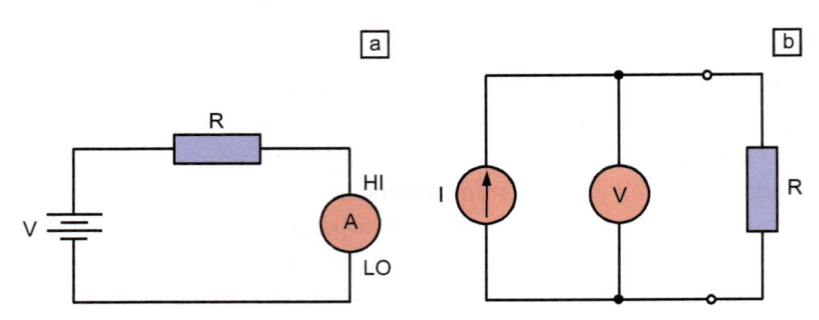

Bild 6.42 Prinzipschaltbilder für die konstante Spannungsmethode (a) und die konstante Strommethode (b) (R – zu bestimmender Widerstand)

Das Prinzip der konstanten Spannungsmethode ist in Bild 6.42a dargestellt. Eine Spannungsquelle V, die eine konstante Spannung U liefert, ist in Reihe mit dem zu bestimmenden Widerstand R geschaltet. Der resultierende Stromfluss I durch R wird mittels des ebenfalls in Reihe geschalteten Elektrometers oder Picoamperemeters A gemessen. Der Innenwiderstand des Elektrometers ist i. Allg. um Größenordnungen kleiner als der zu bestimmende Widerstand R und dieser kann deshalb über das *Ohm*'sche Gesetz (Formel 6.48) errechnet werden. Die Empfindlichkeit des Elektrometers oder Picoamperemeters sollte für derartige Messungen besser als 1 pA sein. Dieses ist für moderne Messinstrumente auf der Basis von integrierten Schaltkreisen gegeben. In vielen Fällen ist die Spannungsquelle Bestandteil des Messinstrumentes [6.50, 6.52].

Die konstante Spannungsmethode ist eine typische Zweidrahtanordnung. Aus diesem Grund muss der hochohmige Eingang des Elektrometers stets direkt mit dem hochohmigen Widerstand, der gemessen werden soll, verbunden werden. Ist dieses nicht der Fall, können die Messungen mit enormen Fehlern behaftet sein.

Bei der konstanten Strommethode fließt ein Strom I durch den zu bestimmenden Widerstand R und der resultierende Spannungsabfall U wird durch ein hochohmiges Elektrometervoltmeter gemessen. Die grundsätzliche Anordnung ist in Bild 6.42b dargestellt. Mit dieser Methode können Widerstände bis $10^{14}\,\Omega$ bestimmt werden. Obwohl die Vorgehensweise sehr einfach erscheint, müssen bei der praktischen Durchführung der Messung einige Bedingungen beachtet werden. Um Ladeströme im Elektrometer zu vermeiden, muss z. B. der Eingangswiderstand des Elektrometervoltmeters mindestens hundert mal größer sein als der zu bestimmende Widerstand. Moderne Elektrometervoltmeter haben Eingangswiderstände größer als $10^{14}\,\Omega$. Da der Spannungsabfall vom Widerstand des Prüfkörpers bestimmt werden soll, muss auch der Ausgangswiderstand der Stromquelle größer sein als der zu bestimmende Widerstand, um Messungen im linearen Bereich sicherzustellen. Die konstante Strommethode ist eine typische Vierdrahtanordnung, bei der der Einfluss der Widerstände der Zuleitungen minimiert ist. Eine Variante der Vierdrahtanordnung ist die *van der Pauw*-Technik, bei der die Geometrie des Prüfkörpers nicht in das Messergebnis eingeht [6.51].

Die Genauigkeit bei der Bestimmung von hohen Widerständen kann durch eine Reihe von Faktoren negativ beeinflusst werden. Einige dieser Fehlerquellen können jedoch durch geeignete Schaltungsmaßnahmen reduziert werden. Ein Problem sind elektrostatische Interferenzen bzw. elektrostatische Aufladungen, die auftreten, wenn ein elektrisch geladenes Objekt in die Nähe eines elektrisch nicht geladenen Objektes gebracht wird. Für niedrige Widerstände werden diese Effekte aufgrund der kurzen Zeitkonstanten nicht beobachtet. Die Zeitkonstante τ mit der ein Kondensator C über einen Widerstand R geladen wird ist durch $\tau = R \cdot C$ gegeben. Für hohe Widerstände sind die Zeitkonstanten jedoch lang und elektrostatische Aufladungseffekte können zu nicht reproduzierbaren Messungen führen. Die elektrostatischen Interferenzen können sowohl durch elektrische Gleichspannungsfelder (z. B. die Bewegung von Menschen in der Nähe der Messanordnung) als auch durch elektrische Wechselfelder hervorgerufen werden. Ein Beispiel für Letzteres sind elektrische Stromversorgungen. Der Einfluss der elektrostatischen Interferenzen kann durch elektrische Abschirmungen erheblich reduziert werden [6.49]. Die Abschirmung besteht aus einem elektrisch leitfähigen Gehäuse, in dem sich der zu untersuchende Widerstand befindet. Dieses Gehäuse wird mit dem niederohmigen Eingang des Elektrometers elektrisch verbunden.

Eine zweite Fehlerquelle sind Fehl- oder Leckströme. Sie können die Genauigkeit bei der Bestimmung von hohen Widerständen erheblich reduzieren. Fehlströme sind Ausgleichsströme zwischen isolierenden Teilen einer Messanordnung und elektrischen Leitern bzw. Spannungsquellen. Sie werden durch Potenzialunterschiede hervorgerufen und können durch eine Reduktion der Luftfeuchtigkeit, durch Schutzschaltungen und durch die Verwendung von hoch isolierenden Werkstoffen minimiert werden. Der Widerstand der verwendeten Isolatoren in einer Messanordnung sollte um einige Größenordnungen höher sein als der zu bestimmende Widerstand. Gute Isolatoren sind z. B. PTFE, PE und Saphir. Der Widerstand von Isolatoren kann durch die Luftfeuchtigkeit sehr beeinflusst werden. Wasser kann absorbiert werden oder auf der Oberfläche einen dünnen Film bilden. Aus diesen Gründen sollte die Bestimmung von Hochohmwiderständen in klimatisierten Räumen durchgeführt werden.

Eine wirkungsvolle Maßnahme zur Minimierung von Fehlströmen sind Schutzschaltungen. Bei diesen Schaltungen wird versucht, Potenzialunterschiede in einer Messschaltung auszugleichen. Ein Schutzleiter ist eine elektrische Verbindung zwischen einem Punkt mit einem niedrigen Widerstand und einem zu schützenden hochohmigen Punkt in einer Schaltung. Dabei liegen beide Punkte auf nahezu gleichem elektrischem Potenzial. Schutzschaltungen können auch den hochohmigen Eingang des Elektrometers vor Fehlströmen schützen, die durch die Spannungsquelle verursacht werden.

Eine Quelle für Leckströme bilden die verwendeten Kabel, wenn ihr Isolationswiderstand nicht genügend hoch ist. Derartige Fehlströme können ebenfalls durch geeignete Schutzschaltungen minimiert werden. Für eine vertiefende Diskussion wird auf [6.51] verwiesen.

Zusätzliche Einflussgrößen auf die Genauigkeit bei der Bestimmung von hohen Widerständen sind tribologische Effekte (Reibungseffekte zwischen Leiter und Isolator), piezoelektrische Effekte (Stromflüsse, die durch mechanische Spannungen ausgelöst werden) und elektrochemische Effekte.

Möglichkeiten, die beschriebenen Gleichstrommethoden auf Wechselstromuntersuchungen auszudehnen, werden z. B. in [6.53] diskutiert.

6.3.3.4 Kontaktierung und Prüfkörpervorbereitung

Zur Einbindung des Prüfkörpers in die elektrische Prüfstrecke muss dieser auf der Oberfläche elektrisch kontaktiert werden. Dabei ist ein guter elektrischer Kontakt zwischen den Elektroden und der Oberfläche des Prüfkörpers Vorbedingung für zuverlässige und reproduzierbare Messergebnisse. In der Praxis werden meistens elektrisch leitfähige Schichten auf die Prüfkörperoberfläche aufgebracht (Haftelektroden), die mit Abnahmeelektroden weiter kontaktiert werden. Diese Abnahmeelektroden können zylindrische Metallkörper, Federkontakte oder ähnliches sein. Um Übergangswiderstände zwischen Abnahmeelektrode und Haftelektrode zu vermeiden, sollten beide aus dem gleichen Metall bestehen.

Zur Aufbringung von leitfähigen Schichten auf die Prüfkörperoberfläche werden verschiedene Methoden angewandt, die sowohl Vor- als auch Nachteile besitzen bzw. nicht für alle Kunststoffe in gleicher Weise geeignet sind. Die sicherste Methode, feste Kunststoffe elektrisch zu kontaktieren, besteht im Aufdampfen von metallischen Schichten im Hochvakuum. Als Metalle werden dabei Gold, Silber, Kupfer oder Aluminium benutzt. Dabei sollte zweierlei beachtet werden. Beim Aufdampfen besitzen die Metallatome eine hohe thermische Energie. Dadurch können die untersuchten Kunststoffe in einer Oberflächenschicht thermisch geschädigt werden. Deshalb sollte diese Methode nur angewandt werden, wenn die Prüfkörperdicke groß genug ist. Desweiteren bilden außer Gold alle Metalle an Luft bei Raumtemperatur Oxidschichten, deren Widerstand in der Regel größer ist als der des reinen Metalls. Werden Prüfkörper für vergleichende Untersuchungen längere Zeit mit den aufgedampften Elektroden gelagert, sollte zum Bedampfen möglichst Gold verwendet werden. Eine dem Aufdampfen verwandte Methode ist das Aufsputtern (Kathodenzerstäubung). Dabei entstehen rauere Oberflächen als beim Bedampfen.

Eine weitere Möglichkeit zur Kontaktierung besteht im Aufbringen von dünnen Metallfolien. Dazu bieten sich Blattgold bzw. -silber oder Kupfer-, Zinn-, Blei- und Aluminiumfolien an. Ist die Metallfolie dünn genug (Blattgold), haftet sie in der Regel durch die wirkenden Kapillarkräfte gut auf dem Prüfkörper. Für dickere Folien sind Haftvermittler notwendig, die zu einer Beeinflussung der Messung führen können. Beim Aufbringen von dünnen Metallfolien besteht die Gefahr der Bildung von Luftspalten, die sowohl eine unvollständige Kontaktierung des Prüfkörpers als auch zusätzliche in Reihe geschaltete Kapazitäten bedeuten.

Als dritte Kontaktierungsmöglichkeit, ist das Aufbringen (z. B. Aufpinseln) von leitfähigen Suspensionen weit verbreitet. Diese Suspensionen bestehen aus Silber- oder Graphitpartikeln, die in einem entsprechenden Lösungsmittel gelöst und stabilisiert sind. Nach dem Auftragen der Suspensionen verdampft das Lösungsmittel, und man erhält eine kontaktierbare Elektrode. Dabei ist zu berücksichtigen, dass das Lösungsmittel der Suspension nicht gleichzeitig ein Lösungsmittel für den Kunststoff darstellt. Andernfalls dringt es in das Polymer ein und kann so die elektrischen Eigenschaften beeinflussen. Das „Trocknen" der aufgepinselten Elektroden erfordert manchmal Konditionierungsprozesse wie Tempern im Trockenschrank.

6.3.4 Dielektrische Eigenschaften und dielektrische Spektroskopie

Die Grundlagen des Verhaltens von Polymeren im elektrischen Wechselfeld wurden in Abschnitt 6.3.2 erläutert. Die Reaktion auf ein elektrisches Wechselfeld ist dabei durch verschiedene Prozesse bedingt:

- Permanente Dipole werden durch das äußere elektrische Feld orientiert und führen zu charakteristischen Relaxationsprozessen, die mit molekularen Fluktuationen verbunden sind.
- Die Driftbewegung von mobilen Ladungsträgern führt zu Leitfähigkeitsbeiträgen in der komplexen dielektrischen Funktion, die mit der Gleichstromleitfähigkeit des untersuchten Polymeren verbunden ist.
- Die Separation von Ladungsträgern an Grenzflächen führt zu zusätzlichen Beiträgen in der Polarisation. Diese Separation kann an inneren Phasengrenzen auftreten, wie sie für polymere Mischungen, Verbundwerkstoffe oder teilkristalline Polymere kennzeichnend sind und wird als *Maxwell/Wagner/Sillars*-Polarisation [6.46, 6.47] bezeichnet. Darüber hinaus können die Ladungsträger auch an äußeren Phasengrenzen wie den Elektroden auftreten. In diesem Fall spricht man von Elektrodenpolarisation. Ihr Beitrag zur komplexen dielektrischen Funktion kann die molekularer Fluktuationen um Größenordnungen übersteigen.

Jeder der genannten Prozesse führt zu einer charakteristischen Frequenz- und Temperaturabhängigkeit des Real- (ε') und des Imaginärteils (ε'') der komplexen dielektrischen Funktion. Darüber soll im Folgenden detaillierter diskutiert werden.

6.3.4.1 Relaxationsprozesse

Für Relaxationsprozesse nimmt der Realteil der komplexen dielektrischen Funktion ε' mit wachsender Frequenz stufenförmig ab, während der Imaginärteil ε'' sowie der Verlustfaktor $\tan \delta$ ein Maximum durchlaufen (Bild 6.43). Als ein Beispiel für die dielektrischen Eigenschaften von Kunststoffen zeigt Bild 6.44 die komplexe dielektrische Funktion für PMMA in einer 3D-Darstellung als Funktion der Messfrequenz und der Temperatur. Verschiedene charakteristische Merkmale der dielektrischen Eigenschaften von Kunststoffen sind schon in diesem Bild zu erkennen. Die Permittivität ε' von Kunststoffen liegt in der Regel im Bereich von $\varepsilon' = 2 \ldots 15$. Tabelle 6.4 vergleicht ε'-Werte für verschiedene Thermoplaste im Glaszustand. Der dielektrische Verlust ε'' nimmt Werte zwischen 10^{-4} und 10 an. Daraus resultieren Werte für tan δ im Bereich von 10^{-5} bis 1. Sowohl ε'' als auch ε' hängen stark von der Frequenz und von der Temperatur ab. In der Regel werden mehrere Relaxationsgebiete, gekennzeichnet durch Maxima in ε'' und durch Stufen in ε', beobachtet. Diese werden mit griechischen Buchstaben bezeichnet, wobei die Nomenklatur nicht eindeutig geregelt ist (s. z. B. [6.39]). Auf die molekulare Interpretation der Relaxationsgebiete wird nachfolgend eingegangen. Bild 6.44 zeigt darüber hinaus den Einfluss der Elektrodenpolarisation auf ε'.

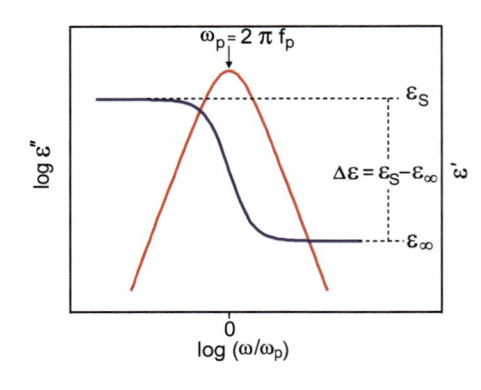

Bild 6.43 Schematische Darstellung der Frequenzabhängigkeit des Real- und Imaginärteils der komplexen dielektrischen Funktion für Relaxationsprozesse

Tabelle 6.4 Übersicht über Permittivitäten ε' von verschiedenen Thermoplasten [1.48]

Thermoplast	ε' (1 kHz, 23 °C)
ABS	2,4 … 2,9
PA 66 (trocken)	3,5
PE	2,28 … 2,34
PS	2,5
PS-HI	3,4
PVC	3,2 … 3,7

Ausgehend von der in Bild 6.44 gezeigten 3D-Darstellung, kann das dielektrische Verhalten von Kunststoffen sowohl in der Frequenz- (dielektrische Größen in Abhängigkeit von der Frequenz bei konstanter Temperatur) als auch in der Temperaturdomäne (dielektrische Größen in Abhängigkeit von der Temperatur bei konstanter Frequenz) diskutiert werden. Ein Beispiel für den letzteren Fall gibt Bild 6.45, in dem der Verlustfaktor tan δ und die Permittivität ε' für teilkristallines Polyethylennaphthalat (PEN) bei einer Frequenz von 1 kHz als Funktion der Temperatur dargestellt sind. Wie der dielektrische Verlust ε'' zeigt tan δ generell für jedes Relaxationsgebiet ein Maximum, während ε' mit steigender Temperatur stufenförmig ansteigt. Eine ausführliche Darstellung der dielektrischen Eigenschaften von PEN sowie des mechanischen Verhaltens ist in [6.54, 6.55] enthalten.

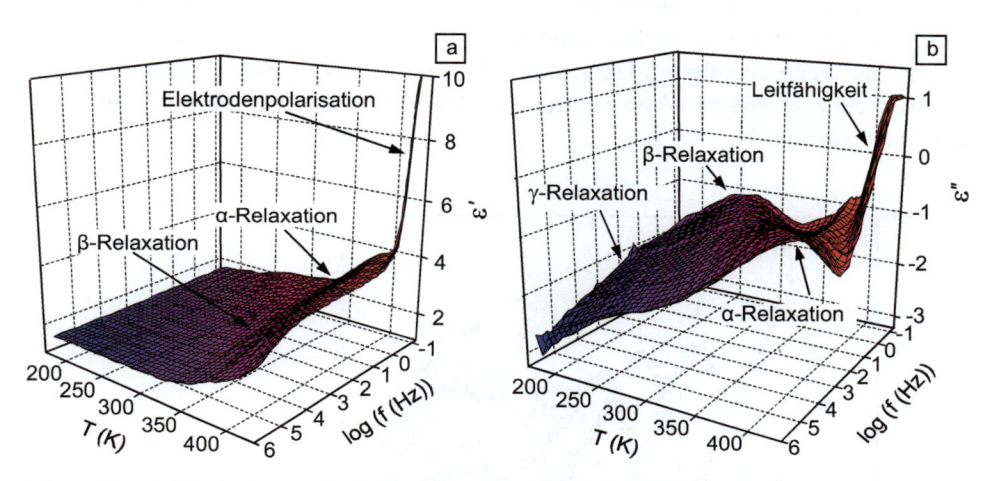

Bild 6.44 Dielektrisches Verhalten von PMMA in Abhängigkeit von Frequenz und Temperatur: dielektrische Permittivität ε' (a) und dielektrischer Verlust ε'' (b)

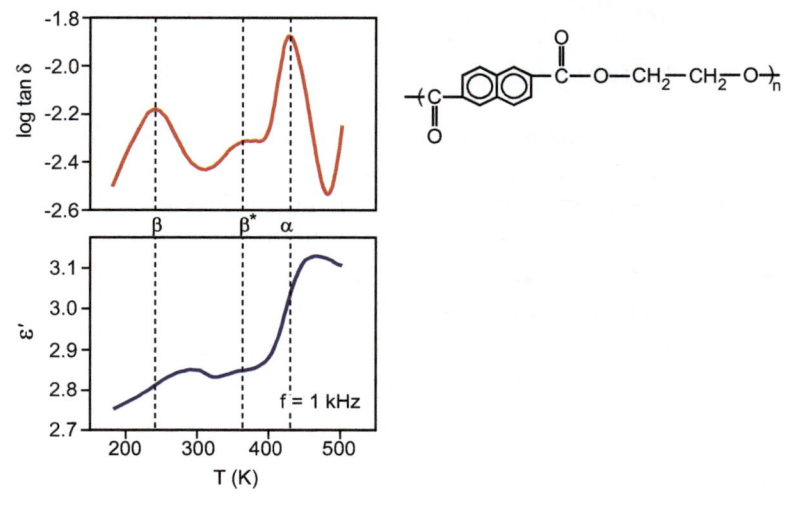

Bild 6.45 Temperaturabhängigkeit des Verlustfaktors tan δ und der Permittivität ε' für PEN bei einer Frequenz von 1 kHz

Das für PEN dargestellte Verhalten ist für alle Kunststoffe charakteristisch, wobei nicht immer alle Relaxationsgebiete auftreten müssen. Morphologieänderungen wie Kristallisieren oder Schmelzen können die dielektrischen Kenngrößen ebenfalls beeinflussen.

Als Beispiel für die Messung einer Frequenzabhängigkeit gibt Bild 6.46 den dielektrischen Verlust für Polymethylacrylat (PMA) im Frequenzbereich von 10^{-1} Hz bis 10^9 Hz für verschiedene Temperaturen an. Zwei Relaxationprozesse können in diesem Frequenz- und Temperaturbereich beobachtet werden, ein α-Prozess bei tiefen Frequenzen und eine β-Relaxation bei hohen Frequenzen. Mit steigender Temperatur verschiebt sich die Frequenz des maximalen Verlustes f_p für beide Prozesse in charakteristischer Weise zu höheren Frequenzen. Drei wesentliche Größen, die Relaxationsprozesse charakterisieren, können aus den Messdaten für jedes Relaxationsgebiet abgeleitet werden:

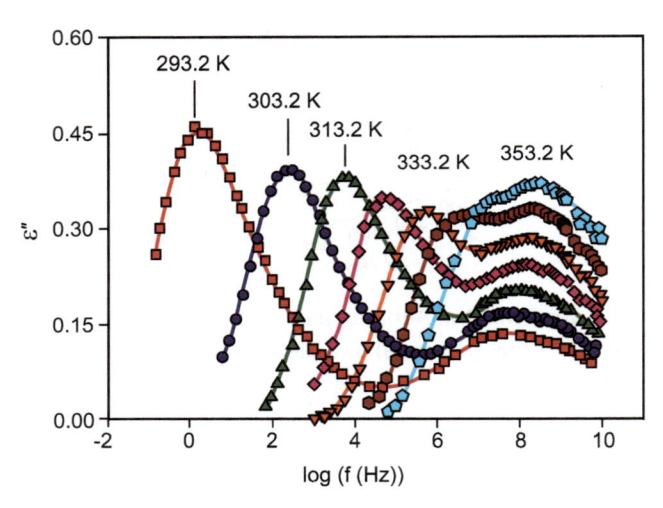

Bild 6.46 Dielektrischer Verlust als Funktion der Frequenz für PMA [6.56]

Erstens korespendiert die Frequenz des maximalen Verlustes f_p zur charakteristischen Relaxationsrate $\omega_p = 2\pi f_p$ bzw. zur Relaxationszeit $\tau_p = 1/\omega_p$ der fluktuierenden Dipole. Diese Dipole korrespondieren mit charakteristischen molekularen Gruppen des Polymers oder sind dem gesamten Makromolekül zuzuordnen.

Aus der Form des Verlustmaximums können zweitens Rückschlüsse auf die Verteilung der Relaxationszeiten des betrachteten Relaxationsprozesses gezogen werden.

Die dielektrische Intensität (dielektrische Relaxationsstärke) eines Relaxationsprozesses $\Delta\varepsilon$ entspricht drittens der Stufenhöhe in ε' (s. Bild 6.43) oder der Fläche des Verlustpeaks:

$$\Delta\varepsilon = \frac{2}{\pi}\int_0^\infty \varepsilon''(\omega) d\ln\omega \qquad (6.52)$$

Die Relaxationszeit τ_p, die Verteilung der Relaxationszeiten und auch die dielektrische Relaxationsstärke $\Delta\varepsilon$ können durch Analyse der dielektrischen Spektren mittels Modellfunktionen bestimmt werden. Ausgehend von der theoretisch fundierten *Debye*-Funktion wurden verschiedene Modellfunktionen entwickelt [6.57].

Die Frequenzabhängigkeit der *Debye*-Funktion ist durch:

$$\varepsilon^*(\omega) = \varepsilon_\infty + \frac{\Delta\varepsilon}{1+i\omega\tau_D} \tag{6.53}$$

gegeben, worin τ_D eine charakteristische Zeitkonstante mit $\tau_D = \tau_P$ ist. $\Delta\varepsilon = \varepsilon_S - \varepsilon_\infty$ ist die dielektrische Relaxationsstärke mit:

$$\varepsilon_S = \lim_{\omega\to 0} \varepsilon'(\omega)$$

und

$$\varepsilon_\infty = \lim_{\omega\to\infty} \varepsilon'(\omega) \tag{6.54}$$

Die Aufspaltung in Real- und Imaginärteil ergibt:

$$\varepsilon'(\omega) = \varepsilon_\infty + \frac{\Delta\varepsilon}{1+(\omega\tau_D)^2} \tag{6.55}$$

und

$$\varepsilon''(\omega) = \Delta\varepsilon \frac{\omega\tau_D}{1+(\omega\tau_D)^2} \tag{6.56}$$

Der Verlustpeak, der durch die *Debye*-Funktion beschrieben wird, ist symmetrisch mit einer Halbwertsbreite von 1,14 Dekaden. In der Praxis sind für die meisten Kunststoffe die Relaxationsgebiete erstens breiter, als die *Debye*-Funktion vorgibt, und zweitens asymmetrisch. Dies wird in verallgemeinerten Modellfunktionen wie der *Cole/Cole*-Funktion [6.58] oder der *Cole/Davidson*-Funktion [6.59] berücksichtigt. Eine ausführliche Diskussion dieser Ansätze findet sich in [6.57]. Die flexibelste Modellfunktion zur Auswertung von dielektrischen Relaxationsprozessen wurde von *Havriliak* und *Negami* vorgeschlagen [6.60, 6.61] und hat die folgende Form (HN-Modellfunktion)

$$\varepsilon^*_{HN}(\omega) = \varepsilon_\infty + \frac{\Delta\varepsilon}{(1+(i\omega\tau_{HN})^\beta)^\gamma} \tag{6.57}$$

Die Formparameter β und γ beschreiben die symmetrische (β) und die asymmetrische (γ) Verbreiterung der komplexen dielektrischen Funktion ($0 < \beta\,;\beta\cdot\gamma \leq 1$) gegenüber der *Debye*-Funktion ($\beta = \gamma = 1$). τ_{HN} ist eine charakteristische Zeitkonstante, die mit der Relaxationszeit τ_p zusammenhängt, aber von den Formparametern β und γ abhängt [6.62 – 6.64]. Die Aufspaltung in Real- und Imaginärteil ergibt:

$$\varepsilon'(\omega) = \varepsilon_\infty + \Delta\varepsilon\, r(\omega)\cos[\gamma\psi(\omega)] \tag{6.58}$$

und

$$\varepsilon''(\omega) = \Delta\varepsilon\, r(\omega)\sin[\gamma\psi(\omega)] \tag{6.59}$$

mit

$$r(\omega) = [1 + 2(\omega\tau_{HN})^{\beta}\cos(\frac{\beta\pi}{2}) + (\omega\tau_{HN})^{2\beta}]^{-\gamma/2} \tag{6.60}$$

und

$$\psi(\omega) = \arctan\left[\frac{\sin(\beta\pi/2)}{(\omega\tau_{HN})^{-\beta} + \cos(\beta\pi/2)}\right] \tag{6.61}$$

Die charakteristischen Größen wie Relaxationrate, Relaxationzeitverteilung und dielektrische Relaxationsstärke können durch Anpassung der HN-Funktion an die Messdaten gewonnen werden. Bild 6.47 zeigt eine Anpassung der HN-Funktion an dielektrische Daten von PMMA.

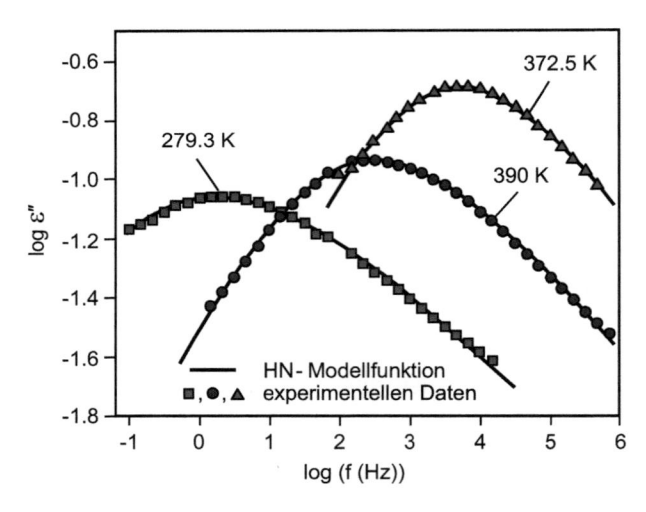

Bild 6.47
Anpassung der HN-Modellfunktion an PMMA-Daten (β-Relaxation)

Die Zeitabhängigkeit der *Debye*-Funktion wird durch den in Formel 6.62 dargestellten exponentiellen Zusammenhang beschrieben.

$$\varepsilon(t) - \varepsilon_{\infty} = \Delta\varepsilon\left[1 - \exp(-\frac{t}{\tau_D})\right] \tag{6.62}$$

Um verbreiterte und asymmetrische Relaxationsprozesse zu beschreiben wird häufig die *Kohlrausch/Williams/Watts* (KWW)-Funktion [6.65, 6.66]

$$\varepsilon(t) - \varepsilon_{\infty} = \Delta\varepsilon\left[1 - \exp(-\frac{t}{\tau_{KWW}})^{\beta_{KWW}}\right] \tag{6.63}$$

benutzt, wobei τ_{KWW} die entsprechende charakteristische Relaxationszeit ist. Der „Stretching"-Parameter β_{KWW} ($0 < \beta_{KWW} \leq 1$) führt im Vergleich zur *Debye*-Funktion

($\beta_{KWW} = 1$) zu einer asymmetrischen Verbreiterung der Relaxationsfunktion bei kurzen Zeiten ($t \leq \tau_{KWW}$).

Die Relaxationsstärke $\Delta\varepsilon$ ist mit dem mittleren quadratischen Dipolmoment μ^2 der entsprechenden molekularen Fluktuationen verbunden. Für isolierte nicht miteinander wechselwirkende Dipole gilt Formel 6.64 [6.48, 6.67]. Mittels Formel 6.64 kann im Prinzip das Dipolmoment bestimmt werden. Bei der praktischen Anwendung sind jedoch zwei zusätzliche Effekte zu beachten. Einerseits kann das äußere elektrische Feld durch innere, d. h. die Moleküle erzeugte, Felder abgeschirmt werden.

$$\Delta\varepsilon = \frac{1}{3\varepsilon_0} \frac{\rho N_A}{M} \frac{\mu^2}{kT} \tag{6.64}$$

k   Boltzmannkonstante (k = 1,381 10^{-23} J K^{-1})
N_A Avogadrozahl (N_A = 6,022 10^{-23} mol^{-1})
R   allgemeine Gaskonstante (R = k/N_A = 8,314 J K^{-1} mol^{-1})
ρ Dichte
M   Masse der fluktuierenden Gruppe

Dies wird durch den durch den *Onsager*- oder inneren Feldfaktor F beschrieben, der je nach untersuchtem Kunststoff zwischen eins und zwei variieren kann. Andererseits können sich statische Korrelationen zwischen den Segmenten und/oder Molekülen ausbilden, die durch den *Kirkwood/Fröhlich*-Korrelationsfaktor g beschrieben werden, der Werte größer oder kleiner eins annehmen [6.48] kann, je nachdem, ob die statischen Korrelationen zwischen den Segmenten oder Molekülen zu einer Erhöhung oder Erniedrigung des effektiven Dipolmoments führen. Eine theoretische Betrachtung von g erfordert molekular-statistische Vorgehensweisen und ist in der Regel schwierig. Für die dielektrische Relaxationsstärke gilt allgemein:

$$\Delta\varepsilon = \frac{1}{3\varepsilon_0} F g \frac{\rho N_A}{M} \frac{\mu^2}{k_B T} \tag{6.65}$$

Die meisten Kunststoffe zeigen im dielektrischen Wechselfeld mehrere Relaxationsgebiete, die unterschiedlichen Fluktuationen molekular zugeordnet werden können, je nachdem welches Dipolmoment beteiligt ist. Nachfolgend werden die zwei für alle Kunststoffe typischen α- und β-Relaxationsgebiete betrachtet.

In der Literatur besteht weitgehende Übereinstimmung darin, dass die *β-Relaxation* von lokalisierten molekularen Bewegungsvorgängen verursacht wird, obwohl der molekulare Mechanismus nicht immer vollständig verstanden ist. Auf der einen Seite hat *Heijboer* eine Nomenklatur entwickelt [6.68], nach der der β-Prozess lokalisierten Fluktuationen der Hauptkette, Rotationsfluktuationen vonseitenketten oder Teilen von diesen, molekular zugeordnet wird. Untersuchungen an Modellsystemen wie an Poly(n-alkylmethacrylaten) in Abhängigkeit von der Länge der Seitengruppe und anderen Polymeren unterstützen diese Interpretation [6.39]. Auf der anderen Seite wird durch *Goldstein* und *Johari* [6.69, 6.70] argumentiert, dass die β-Relaxation eine intrinsische Eigenschaft des Glaszustandes ist, da sie neben Kunststoffen auch für viele andere Materialklassen wie glasbildende Flüssigkeiten oder Gläser gefunden wird.

Experimentell wird gefunden, dass die Temperaturabhängigkeit der Relaxationsrate des β-Prozesses $f_{p\beta}$ durch eine *Arrhenius*-Gleichung:

$$f_{p\beta} = f_{\infty\beta} \exp\left[-\frac{E_A}{RT}\right] \tag{6.66}$$

$f_{\infty\beta}$ Präexponentialfaktor ($f_{\infty\beta}$ = 10^{12} bis 10^{13} Hz)
E_A Aktivierungsenergie (E_A = 20 bis 50 kJ mol^{-1})

beschrieben wird. Der Verlustpeak des β-Prozesses ist breit (4 bis 6 Dekaden), aber meistens symmetrisch. Die Relaxationsstärke nimmt im Gegensatz zu dem in Formel 6.65 gezeigten Zusammenhang mit steigender Temperatur zu, was mit einer Erhöhung der Zahl der fluktuierenden Einheiten mit zunehmender Temperatur erklärt werden kann [6.39].

Die *α-Relaxation* ist direkt mit der Segmentbeweglichkeit der Hauptkette verbunden. Dies ist aber nur ein Aspekt dieses Prozesses. Für niedrige Messfrequenzen (10^{-2} Hz –1 Hz) korrespondiert die Temperaturabhängigkeit der Relaxationsrate $f_{p\alpha}$ mit der Glasübergangs- oder Erweichungstemperatur T_g, wie sie typischer Weise mit der DSC gemessen wird (s. Abschnitt 6.1). Aus diesem Grund wird die α-Relaxation auch als dynamischer Glasübergang bezeichnet [6.71, 6.72]. Daraus ergibt sich die Möglichkeit, durch die Untersuchung des dielektrischen Verhaltens von Kunststoffen im elektrischen Wechselfeld eine Glasübergangstemperatur als die Temperatur zu bestimmen, bei der der α-Prozess in der Temperaturabhängigkeit bei konstanter Frequenz ein Maximum aufweist.

Die Temperaturabhängigkeit der Relaxationsrate des α-Prozesses $f_{p\alpha}$ kann nicht durch eine *Arrhenius*-Gleichung beschrieben werden, sondern zeigt eine gekrümmte Abhängigkeit bei einem Auftrag über der reziproken Temperatur 1/T. Dieses Verhalten kann durch die Gleichung nach *Vogel/Fulcher/Tammann* und *Hesse* (VFT-Gleichung) [6.73–6.75]:

$$\log f_{p\alpha} = \log f_{\infty\alpha} - \frac{A}{T-T_0} \tag{6.67}$$

$f_{\infty\alpha}$ Präexponentialfaktor ($f_{\infty\alpha}$ = 10^{10} bis 10^{13} Hz)
A Konstante

beschrieben werden. T_0 wird als *Vogel*- oder ideale Glastemperatur bezeichnet und wird im Allgemeinen 50 – 70 K unterhalb der konventionell ermittelten Glastemperatur T_g gefunden. Die VFT-Gleichung kann z. B. im Rahmen des Modells des freien Volumens [6.76] theoretisch verstanden werden.

Formel 6.67 kann in die *Williams/Landel/Ferry*-Beziehung (WLF-Gleichung):

$$\log \frac{f_{p\alpha}(T)}{f_{p\alpha}(T_{\text{Ref}})} = -\frac{c_1(T - T_{\text{Ref}})}{c_2 + T - T_{\text{Ref}}} \qquad (6.68)$$

umgeformt werden, worin T_{Ref} eine Referenztemperatur und $f_{p\alpha}(T_{\text{Ref}})$ die Relaxationsrate bei dieser Temperatur sind. c_1 und $c_2 = T_{\text{Ref}} - T_0$ werden als WLF-Parameter bezeichnet. In der Literatur wird oft argumentiert, dass c_1 und c_2 universelle vom Kunststoffsystem unabhängige Werte besitzen sollten, wenn als Referenztemperatur die Glastemperatur T_g gewählt wird [6.71]. Die Praxis zeigt aber, dass dies nur eine ungefähre Approximation ist. Bild 6.48 gibt die Temperaturabhängigkeit von $f_{p\alpha}$ für Polydimethlysiloxan (viskoses Silikonöl) an. Aus diesem Bild wird deutlich, dass die VFT-Gleichung nur in einem Temperaturbereich von T_g bis $T_g + 100\,\text{K}$ Gültigkeit besitzt. Bild 6.48b zeigt die Temperaturabhängigkeit der Relaxationraten für die β- und α-Relaxation von amorphem und teilkristallinem PET [6.77].

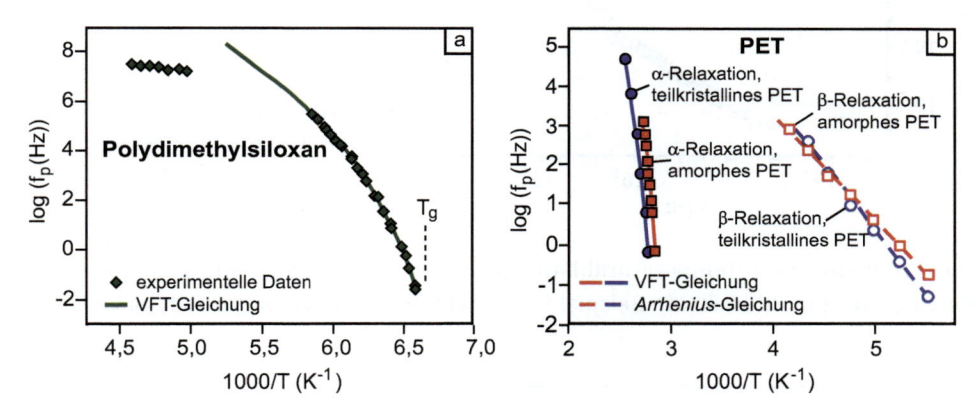

Bild 6.48 Temperaturabhängigkeit der Relaxationsrate der α-Relaxation für Polydimethylsiloxan (a) und Temperaturabhängigkeit der Relaxationsraten für die α- und die β -Relaxation für teilkristallines und amorphes PET [6.77]

Der Verlustpeak des α-Prozesses ist in der Regel um 2 bis 4 Dekaden schmaler als der der β-Relaxation und meistens unsymmetrisch. Für vernetzte Kunststoffe wie Epoxidharze kann der Verlustpeak des dynamischen Glasübergangs sehr breit sein. Die Relaxationsstärke nimmt mit steigender Temperatur ab.

6.3.4.2 Wechselstromleitfähigkeit

Formel 6.45 gibt den Zusammenhang zwischen der komplexen Permittivität ε^* und der komplexen Wechselstromleitfähigkeit σ^* an. Eine Diskussion von σ^* bietet sich für leitfähige Systeme an, da σ^* genau wie ε^* ein charakteristisches Verhalten als Funktion der Messfrequenz aufweist. In Bild 6.49 ist der Realteil der komplexen Wechselstromleitfähigkeit σ' in Abhängigkeit von der Frequenz für amorphes, mit hochstrukturiertem Ruß gefülltes, PET dargestellt [6.78]. Für niedrige Frequenzen besitzt σ' (f) ein Plateau σ_0, dass als spezifische Gleichstromleitfähigkeit $\sigma_0 = 1/\rho_D$ des untersuchten PET bezeichnet wird. Bei einer bestimmten Frequenz f_c geht dieses Plateau in ein Potenzgesetz über, $\sigma' \sim f^s$ für $f > f_c$. Bild 6.49 zeigt die Zunahme der Leitfähigkeit mit steigender Rußkonzentration. Das in Bild 6.49 dargestellte Verhalten ist für alle Kunststoffsysteme, einschließlich Polymerelektrolyte, halbleitende und leitende konjugierte Polymere typisch.

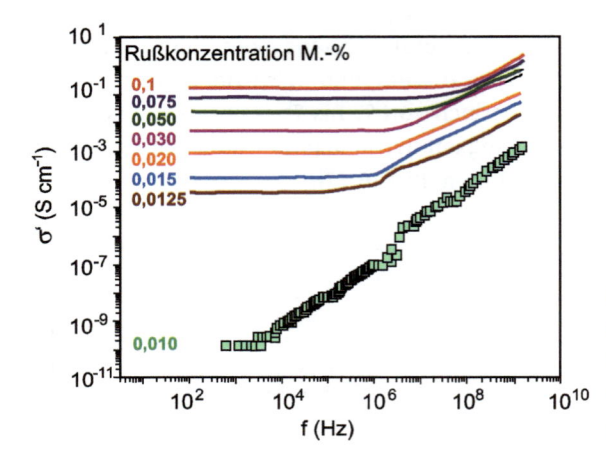

Bild 6.49
Realteil der Wechselstromleitfähigkeit σ' in Abhängigkeit von der Frequenz f für rußgefülltes amorphes PET [6.78]

Die Frequenz- und Temperaturabhängigkeit der Leitfähigkeit eines konjugierten Polymeren ist in Bild 6.50 am Beispiel von Polythiophen (PTH) dargestellt [6.79].

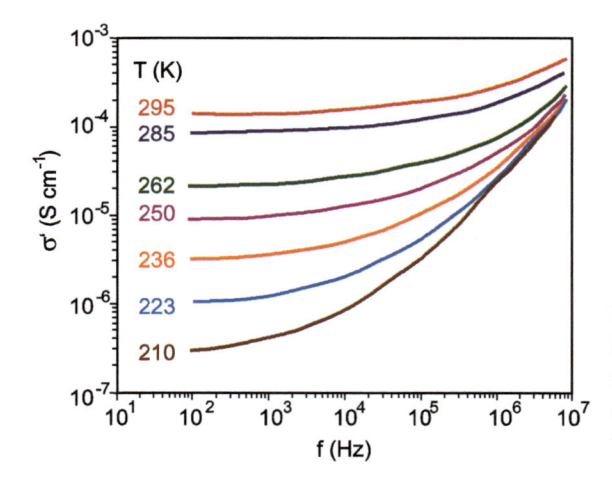

Bild 6.50
Realteil der Wechselstromleitfähigkeit σ' in Abhängigkeit von der Frequenz f von PTH bei Variation der Temperatur [6.79]

6.3.4.3 Breitbandige dielektrische Messtechnik

Gegenüber den Verfahren der mechanischen Spektroskopie (s. Abschnitt 4.2) besteht ein wesentlicher Vorteil der modernen dielektrischen Spektroskopie darin, dass ein extrem breiter Frequenzbereich von 10^{-5} Hz bis 10^{12} Hz (Wellenlängenbereich $3 \cdot 10^{16}$ cm bis 0,03 cm) lückenlos überstrichen werden kann [6.80]. Für den Frequenzbereich von 10^{-3} Hz bis $1{,}8 \cdot 10^{9}$ Hz sind kommerzielle Messgeräte verfügbar [6.81].

In Abhängigkeit von der Messfrequenz unterscheidet man zwei auf unterschiedlichen Prüfkörpergeometrien beruhende Messarten:

- die „distributed circuit"-Methoden und die
- „lumped circuit"-Methoden [6.80].

Bei den *„lumped circuit"*-Verfahren wird der Prüfkörper als Dielektrikum in einem Kondensator vermessen, der bei einer konstanten Frequenz als Parallel- oder Reihenschaltung von einem idealen Kondensator mit einem *Ohm*'schen Widerstand modelliert wird (Bild 6.51).

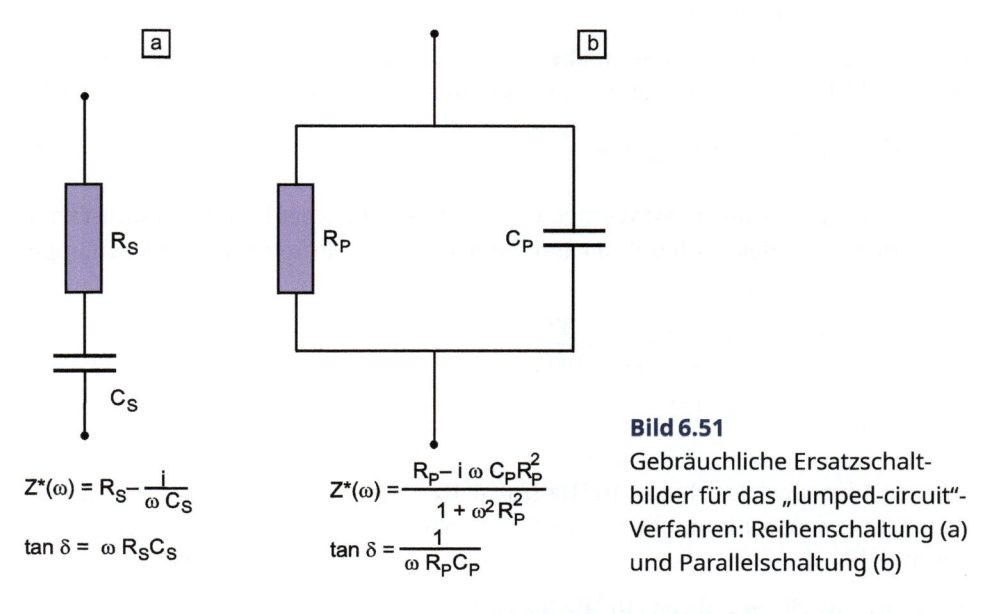

$$Z^*(\omega) = R_S - \frac{i}{\omega C_S}$$

$$\tan \delta = \omega R_S C_S$$

$$Z^*(\omega) = \frac{R_P - i \omega C_P R_P^2}{1 + \omega^2 R_P^2}$$

$$\tan \delta = \frac{1}{\omega R_P C_P}$$

Bild 6.51
Gebräuchliche Ersatzschaltbilder für das „lumped-circuit"-Verfahren: Reihenschaltung (a) und Parallelschaltung (b)

Die Auswirkung der räumlichen Ausdehnung des Messkondensators auf die Ausbreitung des elektrischen Feldes wird vernachlässigt. Mit zunehmender Frequenz führen einerseits die Induktivitäten der Leitungen, der Messzelle und der Prüfkörperhalterung zu einer Verfälschung der Messergebnisse. Auf der anderen Seite kommen die geometrischen Abmessungen des Messkondensators bei hohen Frequenzen in die Größenordnung der Wellenlänge λ des elektrischen Feldes. Durch Kalibrierungsverfahren können diese Effekte ermittelt und berücksichtigt werden. Ab ca. 10 GHz ($\lambda \approx 3$ cm im Vakuum) versagt jedoch das „lumped circuit"-Verfahren.

Bei den „*distributed circuit*"-Methoden, die bei höheren Frequenzen angewendet werden ($f > 1$ GHz), wird die komplexe dielektrische Funktion über die Messung des komplexen Ausbreitungsfaktors bestimmt. Dazu werden sowohl Hohlleitertechniken (wave guides) als auch Resonatormethoden (cavity resonators) angewandt.

Die zeitliche Änderung des elektrischen Feldes kann auf zwei Arten realisiert werden:

1. durch sprunghafte, stufenförmige Änderung der Feldstärke des externen elektrischen Feldes und direkte Messung der Polarisation sowie
2. durch Anlegen eines periodischen Wechselfeldes an den Prüfkörper und Registrierung der Polarisation relativ zu diesem Feld im stationären Zustand.

Der Zusammenhang zwischen beiden experimentellen Vorgehensweisen, d. h. Zeit- und Frequenzabhängigkeit, wird über eine *Fourier*-Transformation vermittelt [6.48]:

$$\varepsilon^*(\omega) - \varepsilon_\infty = \int_{-\infty}^{+\infty} \dot{\varepsilon}(t)\, e^{-i\omega t} dt \qquad (6.69)$$

wobei $\dot{\varepsilon}(t) = d\varepsilon(t)/dt$ die Zeitableitung der zeitabhängigen dielektrischen Funktion und $\varepsilon_\infty = \varepsilon'(f \approx 10^{11}\,\text{Hz})$ ist.

Im Folgenden wird nur auf die „lumped circuit"-Methode näher eingegangen. Die komplexe dielektrische Funktion ergibt sich für einen Kondensator mit Prüfkörper nach:

$$\varepsilon^*(\omega) = \varepsilon'(\omega) - i\varepsilon''(\omega) = \frac{C^*(\omega)}{C_0} \qquad (6.70)$$

wobei C_0 die Kapazität des Messkondensators ohne Prüfkörper ist. Für ein sinusförmiges periodisches elektrisches Feld kann $\varepsilon^*(\omega)$ durch das Messen der komplexen Impedanz $Z^*(\omega)$ erhalten werden:

$$\varepsilon^*(\omega) = \frac{j(\omega)}{i\omega\varepsilon_0 E(\omega)} = \frac{1}{i\omega Z^*(\omega) C_0} = \frac{Y^*}{i\omega C_0} \qquad (6.71)$$

j komplexe Stromdichte
Y^* Admittanz

Um den Frequenzbereich von 10^{-6} Hz bis 10^9 Hz zu überstreichen, werden verschiedene Messsysteme, die auf unterschiedlichen physikalischen Prinzipien beruhen, angewandt [6.80]:

- Quasistatische Verfahren (10^{-5} Hz bis 10^4 Hz),
- *Fourier*-Korrelationsanalyse (Frequenzganganalyse) in Verbindung mit dielektrischen Konvertern (10^{-3} Hz bis 10^7 Hz),
- Impedanzanalyse mit automatischen Messbrücken (10^1 Hz bis 10^7 Hz),
- RF-Reflektometrie (10^6 Hz bis 10^9 Hz) und die
- Netzwerkanalyse für Frequenzen von 10^7 Hz bis 10^{11} Hz.

Quasistatische Verfahren (10^{-5} Hz bis 10^4 Hz)

Soll das Verhalten von Kunststoffen bei sehr niedrigen Frequenzen bestimmt werden, bieten sich quasistatische Experimente an. In Analogie zu Formel 6.70 gelten für die zeitabhängige dielektrische Funktion:

$$\varepsilon(t) = \frac{C(t)}{C_0}$$

und (6.72)

$$\frac{d\varepsilon(t)}{dt} = \frac{I(t)}{C_0 U_{\text{Pol}}}$$

$I(t)$ Polarisations- bzw. Depolarisationsstrom
U_{Pol} Polarisationsspannung

Zur Bestimmung von $\varepsilon(t)$ muss nach Formel 6.72 der Ladestrom während einer Polarisation bzw. der Depolarisationsstrom nach einer Polarisation des Messkondensators als Funktion der Zeit gemessen werden. Polarisationsexperimente enthalten einen Beitrag der Gleichstromleitfähigkeit des untersuchten Systems. Bei Depolarisationsexperimenten ist dieser Leitfähigkeitsbeitrag unterdrückt.

Ein prinzipielles Schaltbild für quasistatische Untersuchungen zeigt Bild 6.52. Kernstück der Anordnung ist ein hochempfindliches Elektrometer (z. B. Keithley 617 oder Keithley 6517, Keithly Instruments, Cleveland, USA) mit einem weiten dynamischen Bereich von 10^{-15} A bis 10^{-3} A. Für Frequenzen unter 100 Hz können mechanische Schalter, für höhere Frequenzen bis 10^4 Hz müssen elektronische Schalter verwendet werden. Stromflüsse in Erdschleifen, die durch unterschiedliche Erdungspunkte entstehen, müssen vermieden werden [6.49]. Desweiteren sind hochisolierende Triaxialkabel zu verwenden. Sie haben einen hohen Isolationswiderstand ($\geq 10^{15}$ Ω) und unterdrücken triboelektrische Effekte.

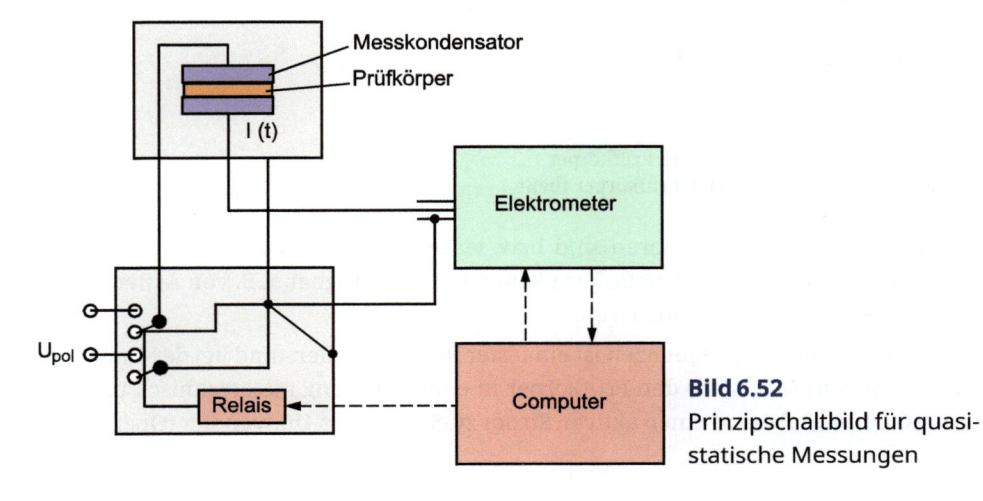

Bild 6.52 Prinzipschaltbild für quasistatische Messungen

Um aus der zeitabhängigen dielektrischen Funktion $\varepsilon(t)$ die komplexe dielektrische Funktion $\varepsilon^*(\omega)$ zu erhalten, ist nach Formel 6.69 eine *Fourier*-Transformation notwendig. Als eine ungefähre, erste Abschätzung für $\varepsilon''(\omega)$ kann jedoch nach *Hamon* [6.82] die Funktion $\pi/2 \cdot t \cdot d\varepsilon/dt$ mit der Zuordnung $\omega = 0{,}2\,\pi\,t^{-1}$ verwendet werden, die als *Hamon*-Transformation bezeichnet wird.

Fourier-Korrelationsanalyse (10^{-3} Hz bis 10^7 Hz)

Das Prinzip der *Fourier*-Korrelationsanalyse ist in Bild 6.53a schematisch dargestellt. Eine i. Allg. sinusförmige Generatorspannung $U_1(t)$ mit der Kreisfrequenz ω erzeugt einen Stromfluss $I_S(t)$ durch den Prüfkörper mit der Impedanz $Z_S^*(\omega)$. Durch den Widerstand R wird $I_S(t)$ in eine Spannung $U_2(t)$ umgeformt. Beide Spannungen $U_1(t)$ und $U_2(t)$ werden in ihrer Amplitude und Phase bezüglich der harmonischen Basisfrequenz ω mittels des *Fourier*-Verfahrens analysiert. Technisch wird dieses mit zwei sensitiven Korrelatoren realisiert. Im Ergebnis werden zwei komplexe Spannungen $U_j^*(\omega)$ (j = 1; 2) mit:

$$U_j'(\omega) = \frac{1}{NT} \int_0^{NT} U_j(t)\sin(\omega t)dt \tag{6.73}$$

und

$$U_j''(\omega) = \frac{1}{NT} \int_0^{NT} U_j(t)\cos in(\omega t)dt \tag{6.74}$$

N   Anzahl der Perioden mit der Dauer $T = 2\pi/\omega$
$U_j'(\omega)$ Anteil der komplexen Spannung $U_j^*(\omega)$, der sich in Phase mit dem Generatorsignal befindet
$U_j''(\omega)$ der zum Generatorsignal um 90° verschobene Anteil

erhalten.
Die komplexe Impedanz des Prüfkörpers berechnet sich aus:

$$Z_S^* = \frac{U_S^*(\omega)}{I_S^*(\omega)} = R\left(\frac{U_1^*(\omega)}{U_2^*(\omega)} - 1\right) \tag{6.75}$$

$U_S^*(\omega)$ komplexe Spannung am Prüfkörper
$I_S^*(\omega)$ Strom, der durch den Prüfkörper fließt

Fourier-Korrelationsanalysatoren sind bzw. waren in der Form von Frequenzganganalysatoren oder Lock-In-Verstärkern kommerziell verfügbar, z. B. von Agilent Technologies, Novocontrol und Solartron.

Speziell bei niedrigen Frequenzen ist ein fester Referenzwiderstand bei der Umwandlung des Stroms $I_S(t)$ durch den Prüfkörper in eine Spannung messtechnisch ungünstig. Deshalb wird R durch einen aktiven Strom-zu-Spannungs-Umwandler (Operationsverstärker mit hohem Eingangswiderstand) ersetzt, dessen Verstärkungsgrad durch eine in Widerstand und Kapazität variable Impedanz $Z_X^*(\omega)$ dem Stromfluss durch den Prüfkörper angepasst werden kann (Bild 6.53b) [6.80, 6.83]. Die Impedanz des Prüfkörpers ergibt sich zu:

$$Z_S^* = \frac{U_{1S}^*(\omega)}{I_S^*(\omega)} = \frac{U_{1S}^*(\omega)}{U_{2S}^*(\omega)} Z_X^* \qquad (6.76)$$

Die Genauigkeit der Bestimmung von $Z_S^*(\omega)$ nach Formel 6.76 ist durch Amplituden- und Phasenfehler im Operationsverstärker und den Korrelatoren sowie durch Einflüsse der Kabel begrenzt. Diese Fehler können durch das Ausmessen eines bekannten Referenzkondensators mit der Impedanz $Z_R^*(\omega)$ unter Prüfbedingungen minimiert werden.

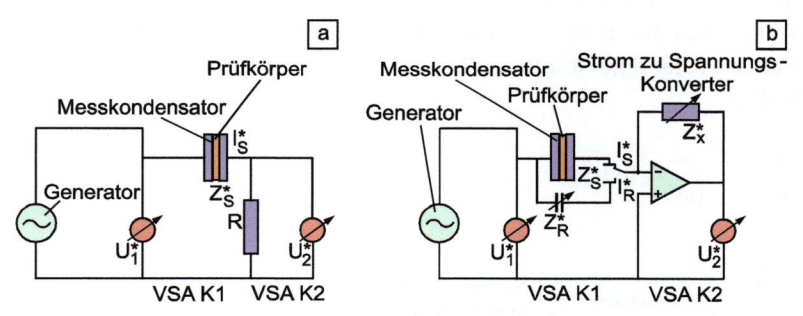

Bild 6.53 Prinzipschaltbild der *Fourier*-Korrelationsanalyse: mit einem festen Referenzwiderstand (a) und mit einem dielektrischen Konverter für den Niederfrequenzbereich und einem variablen Referenzkondensator (b)

Für die Referenzimpedanz gilt:

$$Z_R^* = \frac{U_{1R}^*(\omega)}{I_R^*(\omega)} = \frac{U_{1R}^*(\omega)}{U_{2R}^*(\omega)} Z_X^* \qquad (6.77)$$

Durch Ersetzen von $Z_X^*(\omega)$ in den Formel 6.76 und Formel 6.77 folgt für die Impedanz des Prüfkörpers:

$$Z_S^* = \frac{U_{1S}^*(\omega)}{U_{2S}^*(\omega)} \cdot \frac{U_{2R}^*(\omega)}{U_{1R}^*(\omega)} \cdot Z_R^* \qquad (6.78)$$

Da die zur Strom-Spannungs-Wandlung benutzten Operationsverstärker, die einen hohen Eingangswiderstand haben, in ihrem Einsatzbereich auf niedrige Frequenzen beschränkt sind, wurden andere Messtechniken entwickelt, bei denen der Prüfkörper durch einen Operationsverstärker vom Generator entkoppelt wird. Diese Techniken sind in [6.80, 6.84] beschrieben.

Fourier-Korrelationsanalysatoren in Verbindung mit dielektrischen Konvertern wurden jahrelang von den Firmen Novocontrol und Solartron angeboten. Ähnliche Systeme, die auf Elektrometerverstärkern basieren, aber ohne die Referenztechnik arbeiten, waren über Micromet, Seiko und TA Instruments verfügbar.

Impedanzmessbrücken (10 Hz bis 10^7 Hz)

Impedanzmessbrücken stellen eine Erweiterung der *Wheatstone*'schen Widerstandsbrücke für komplexe Widerstände (Impedanzen) dar. Historische Vorläufer moderner vollautomatisch arbeitender Brücken sind z. B. die *Schering*-Brücke oder die Brücke nach *Giebe* und *Zickner* mit *Wagner*'schem Hilfszweig [6.85].

Das Prinzip moderner Impedanzanalysatoren ist in Bild 6.54 dargestellt. Ein Wechselspannungsgenerator liefert die Spannung $U_S^*(\omega)$ mit bekannter Kreisfrequenz ω, die einen Strom $I_S^*(\omega)$ durch den Prüfkörper mit der Impedanz $Z_S^*(\omega)$ im Punkt P_1 verursacht. Im Vergleichszweig der Brücke wird die Amplitude und die Phasenlage eines sekundären Generators VAPG (Variabler Amplituden-Phasen Generator) so eingestellt, dass der Stromfluss $I_C^*(\omega)$ durch eine Kompensationsimpedanz $Z_C^*(\omega)$ gleich $-I_S^*(\omega)$ ist. Im abgeglichenen Zustand gilt am Punkt P_1 $I_0^* = I_S^* - I_C^* = 0$ und für die Impedanz des Prüfkörpers folgt:

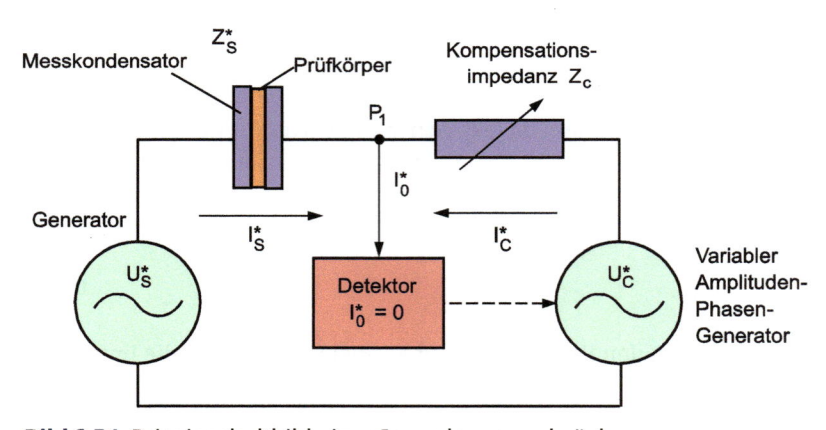

$$Z_S^*(\omega) = \frac{U_S^*(\omega)}{I_S^*(\omega)} = -\frac{U_S^*(\omega)}{U_C^*(\omega)} Z_C^*(\omega) \tag{6.79}$$

Bild 6.54 Prinzipschaltbild einer Impedanzmessbrücke

Vollautomatisch arbeitende Impedanzmessbrücken sind von verschiedenen Anbietern erhältlich. Diese kommerziell verfügbaren Geräte sind in der Regel nicht speziell dafür ausgelegt, elektrische Isolierstoffe wie Kunststoffe mit niedrigen (ca. 10 mΩ) bis mittleren Impedanzen (ca. 10 MΩ) zu vermessen. Für einen typischen Prüfkörper mit einer Kapazität von 100 pF und einem Verlustfaktor tan δ = 0,01 wird der Wert von 10 MΩ bei einer Frequenz von 1 kHz erreicht.

Darüber hinaus sind Geräte erhältlich, welche die Vorteile der *Fourier*-Korrelationsanalyse mit dielektrischen Konvertern mit denen der Impedanzmessbrücken verbinden. Diese integrierten dielektrischen Analysatoren (Integrated Dielectric Analyzers) können in einem Impedanzbereich von 0,01 mΩ bis 10^{14} Ω eingesetzt werden [6.80].

Hochfrequenzverfahren (10^6 Hz bis 10^9 Hz)

Für Frequenzen > 10^6 Hz – 10^7 Hz müssen die elektromagnetischen Wellen in Koaxial- oder Hohlleitern geführt werden, da sonst die Leitungsverluste sehr groß sind. Ein modernes Verfahren, die dielektrischen Eigenschaften im Frequenzbereich von 10^6 Hz – 10^9 Hz zu bestimmen, ist die koaxiale Reflektometrie [6.80, 6.86 – 6.88]. Bei diesem Verfahren wird der Prüfkörper als Teil des inneren Leiters eines koaxialen Kurzschlusses behandelt. Das Prinzip ist in Bild 6.55 dargestellt. Die Impedanz Z^* des Prüfkörpers wird aus dem komplexen Reflektionskoeffizienten Γ^* über das Verhältnis der Spannungen der reflektierten (V_{Ref}) zur einfallenden (V_{Ein}) Welle ermittelt:

$$\Gamma^* = \Gamma_x - i\Gamma_y = \frac{V_{Ref}}{V_{Ein}} \qquad Z^* = Z_0 \frac{1+\Gamma^*}{1-\Gamma^*} \tag{6.80}$$

Z_0 Wellenwiderstand des Koaxialleiters

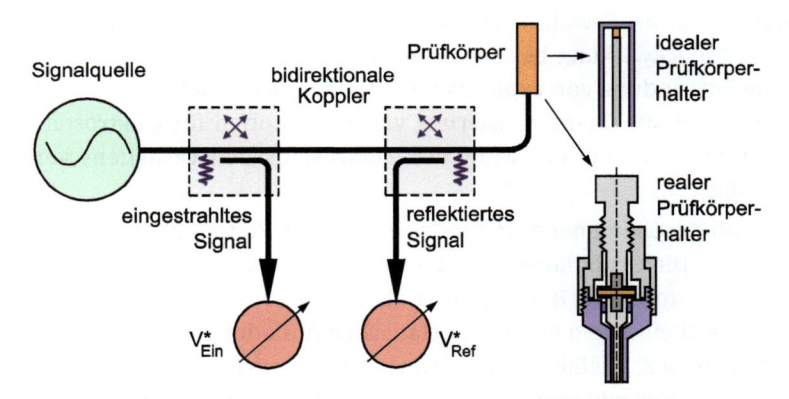

Bild 6.55 Prinzipschaltbild eines koaxialen Reflektometers

Bei diesem Messverfahren muss durch Kalibrierungsmessungen erstens der Einfluss des realen Messkondensators auf die gemessene Impedanz ermittelt und bei der Berechnung der Prüfkörperdaten berücksichtigt werden. Zweitens muss der richtungsabhängige Widerstand der Signalleitung bestimmt werden, da er nicht im Rahmen eines Ersatzschaltbildes ermittelbar ist.

Koaxiale Reflektometer inklusive Prüfkörperhalterungen und Temperierung waren auf Basis der Agilent Technologies Impedanzanalysatoren [6.88] im Frequenzbereich 1 MHz bis 3 GHz z. B. von Novocontrol verfügbar.

Im Frequenzbereich über 1 GHz bietet sich die Netzwerkanalyse an, bei der nicht nur das reflektierte Signal, sondern die Ausbreitung der elektromagnetischen Welle durch den Prüfkörper nach Phase und Amplitude analysiert wird [6.80].

6.3.5 Spezielle technische Prüfverfahren

6.3.5.1 Elektrostatische Aufladung

Die elektrostatische Aufladung von Kunststoffen ist durch Trennen von Ladungen auf ihrer Oberfläche bedingt. Ursache dieser Ladungstrennung können verschiedene Prozesse wie mechanisches Reiben, elektrolytische, piezo- oder pyroelektrische Effekte sein. Reibprozessen, wie sie z. B. beim Trennen von verschiedenen Werkstoffen auftreten, kommt dabei eine Sonderstellung zu. Aufgrund des i. Allg. hohen Isolations- und Oberflächenwiderstandes von Kunststoffen bleiben die Ladungen lange Zeit auf der Oberfläche getrennt und können zu negativen Effekten sowohl in der Produktion als auch bei der Anwendung führen. Elektrostatische Aufladungen bewirken Verklebungen oder Abstoßungen bei der Verarbeitung von Kunststofffolien und Fasern und damit Qualitätsmängel [6.89]. Auch die durch elektrostatische Aufladungen bedingte Verschmutzung von Kunststoffoberflächen stellt ein anwendungstechnisches Problem dar. Darüber hinaus können elektrostatische Aufladungen zu direkten Gefährdungen führen. Erwähnenswert sind hier die Unfallgefahr durch Reflexbewegungen und Schockwirkung bei der Berührung von geladenen Kunststoffoberflächen oder die Entzündung von explosiven Gemischen bei Entladungen [6.90]. Diese Tatsachen, aber auch die Charakterisierung von Kunststoffen für elektrostatische Beschichtungen, machen eine Erfassung des elektrostatischen Verhaltens von Kunststoffen notwendig.

Elektrostatische Aufladungsphänomene sind bis zum heutigen Zeitpunkt theoretisch nur schlecht verstanden. Die Grundlagen wurden allerdings schon durch *Helmholtz* 1879 [6.91] gelegt, der sie durch die Bildung einer elektrischen Doppelschicht zu erklären versuchte. Die Erscheinungen der elektrostatischen Aufladung von polymeren Dielektrika sind sehr komplex, vielfältig und teilweise widersprüchlich. Darüber hinaus werden sie von einer Vielzahl von Faktoren wie der Stoffkombination, der Beschaffenheit der Oberfläche (Rauigkeit, Sauberkeit, Feuchtigkeit, Kontaktabstände usw.) sowie von Umgebungseigenschaften wie z. B. der Luftfeuchtigkeit in unterschiedlicher Weise bestimmt. Eine wesentliche Größe ist die Oberflächenladungsdichte ζ_0. Wird angenommen, dass die Ladungen homogen auf einer unendlich großen Platte verteilt sind, ergibt sich die elektrische Feldstärke E zwischen zwei entgegengesetzt geladenen parallelen Platten nach:

$$E = \frac{\zeta_0}{\varepsilon_0 \varepsilon'} \tag{6.81}$$

ε' \quad Permittivität des umgebenden Mediums

Die prinzipielle Aufladbarkeit ist durch die Durchbruchfeldstärke der Luft begrenzt. Unter Normalbedingungen beträgt diese für ein homogenes Feld $3 \cdot 10^6 \, \text{Vm}^{-1}$. Daraus ergibt sich eine Grenzladungsdichte von $2{,}65 \cdot 10^{-5} \, \text{Asm}^{-2}$.

Formel 6.81 legt die Grundlage zur Bestimmung der elektrostatischen Aufladung von Kunststoffen, da die elektrostatische Aufladung über die von den Ladungen ausgehenden Felder messtechnisch erfassbar ist. Die Verfahren zur Untersuchung der elektrostatischen Aufladung von Kunststoffen sind noch nicht vollständig vereinheitlicht. Die Grundlagen sind in der DIN VDE 0303-8 enthalten. Entsprechende Prüfverfahren sind in [6.89] ausführlich dargestellt. Wesentliche Prüfgröße ist die elektrostatische Aufladung selbst, die als Betrag der Feldstärke im Abstand von 10 mm von der Oberfläche eines Prüfkörpers gemessen wird. Weiter haben die Grenzaufladung, d. h. der Grenzwert der Feldstärke E_0, dem die Aufladung zustrebt, und die Endaufladung eine praktische Bedeutung. Die Endaufladung ist dabei als die Aufladung definiert, die bei vorzeitig abgebrochenem Reiben erreicht wird.

Eine gebräuchliche Methode zur Bestimmung der elektrostatischen Aufladung von Kunststoffen sind Reibversuche. Entsprechende Vorrichtungen für Platten, Folien oder Gewirke sind z. B. in [6.92, 6.93] beschrieben. Für Pulver geeignete Verfahren werden in [6.94] diskutiert. Bei diesen Experimenten wird die Aufladung eines Prüfkörpers beim Reiben mit einem Feldstärkemessgerät so lange gemessen, bis die Grenzaufladung erreicht ist. Danach wird der Entladevorgang analysiert, wobei die Halbwertszeit der Entladung sowie die Restwerte der Feldstärke nach 15, 30 und 60 min bestimmt werden. Auch das Produkt aus Halbwertszeit der Entladung und Grenzaufladung ist eine gebräuchliche Größe zur Beschreibung des Aufladeverhaltens [6.92].

Probleme bei der Bestimmung des Aufladeverhaltens von Kunststoffen bestehen in der möglichst definierten und reproduzierbaren Aufbringung der Ladungen und der fehlerfreien Messung der Feldstärken. Die Stärke der Aufladung wird von den dielektrischen Eigenschaften der Reibpartner, ihrer Oberflächenbeschaffenheit (Kontaktbedingungen) sowie der Luftfeuchtigkeit und der Temperatur bestimmt. Bei vergleichenden und reproduzierbaren Untersuchungen ist deshalb aufgrund der Vielfältigkeit der Einflussbedingungen streng auf deren Konstanz zu achten.

Neben Reibuntersuchungen werden zur Bestimmung des Aufladeverhaltens von Kunststoffen auch das Aufsprühen von Ladungen in einer Koronarentladung [6.89] und Aufladungen im Hochspannungsfeld angewandt [6.95]. Das Aufladeverhalten von Kunststoffen wird vom Durchgangswiderstand und in höherem Maße vom Oberflächenwiderstand bestimmt. Deshalb wird zur Beurteilung des elektrostatischen Verhaltens auch häufig der Oberflächenwiderstand herangezogen, obwohl ein eindeutiger Zusammenhang nicht immer hergestellt werden kann. Bei Oberflächenwiderständen $< 10^{10} \, \Omega$ klingen erfahrungsgemäß elektrostatische Aufladungserscheinungen relativ schnell ab.

Qualitativ können elektrostatische Aufladungen recht einfach durch Einstäubtests charakterisiert werden. Dies hat Bedeutung für die Beurteilung des Verschmutzungsverhaltens von Formteilen sowie für die Visualisierung der Ladungsverteilung auf der Kunststoffoberfläche. Experimentelle Methoden sind z. B. in [6.96] beschrieben.

6.3.5.2 Elektrische Festigkeit

Ein polymeres Isolationsmaterial kann dem Einfluss einer hohen Spannung nicht unbegrenzt widerstehen. Bei einer bestimmten Spannung oder nach einer gewissen Zeit nach dem Anlegen einer hohen Spannung verliert es seine isolierenden Eigenschaften irreversibel. Dies ist mit einer strukturellen Schädigung des Kunststoffes verbunden. Wird die an einem Prüfkörper anliegende Spannung kontinuierlich erhöht, steigt der Stromfluss zunächst proportional, dann nichtlinear, um schließlich beim Erreichen einer bestimmten Spannung extrem stark anzusteigen. Diese Spannung wird als Durchschlagspannung U_d bezeichnet. Die Leitfähigkeit erhöht sich um viele Größenordnungen und der Kunststoff verliert unter Funken- und Lichtbogenbildung seine isolierenden Eigenschaften. Dieses Verhalten wird als elektrischer Durchschlag bezeichnet. Ein analoges Phänomen wird beobachtet, wenn eine genügend hohe Spannung eine genügend lange Zeit am Prüfkörper anliegt.

Die Kenngröße, die das Verhalten eines polymeren Isolierstoffes hinsichtlich elektrischer Spannungsbeanspruchungen charakterisiert, ist die elektrische Durchschlagfestigkeit E_d:

$$E_d = \frac{U_d}{d} \tag{6.82}$$

wobei d der kleinste Abstand zwischen den Elektroden ist und auch als Schlagweite bezeichnet wird. Die elektrische Durchschlagfestigkeit ist keine Materialkonstante. Neben der chemischen Struktur des Kunststoffes ist sie stark von der Dicke des Prüfkörpers, der Art der Spannungsbeanspruchung und den Umgebungsbedingungen abhängig. Als Beispiel sind in Tabelle 6.5 Kurzzeitwerte der Durchschlagfestigkeit für ausgewählte Kunststoffe zusammen gestellt.

Tabelle 6.5 Kurzzeitwerte der Durchschlagfestigkeit für ausgewählte Kunststoffe [1.48]

Kunststoff Folien, Dicke 40 μm	E_d (kV mm^{-1}) T = 23 °C
PP	≈ 200
Polyester	≈ 160
PC	≈ 150
Cellulose – Acetobutyrat	≈ 130

Kunststoff Folien, Dicke 40 µm	E_d (kV mm^{-1}) T = 23 °C
Cellulose – Triacetat	≈ 120
PE	≈ 110
PE, Dicke 1 mm	≈ 40

Der Mechanismus des elektrischen Durchschlages in festen Dielektrika ist bis heute theoretisch nur schlecht verstanden. Generell werden zwei Stadien des elektrischen Durchschlages unterschieden. Das durchschlagvorbereitende Stadium, in dem der Kunststoff seine elektrische Festigkeit verliert, und das Stadium, in dem der Kunststoff zerstört und der Durchschlag vollendet wird [6.97, 6.98]. Weiters können je nach Mechanismus drei Grundformen des elektrischen Durchschlages unterschieden werden:

- der rein elektrische Durchschlag (Felddurchschlag, innerer Durchschlag),
- der Wärme- oder thermische Durchschlag und
- der Langzeitdurchschlag (teilladungsinduzierter Durchschlag, elektrische Alterung).

Rein elektrischer Durchschlag

Für den rein elektrischen Durchschlag ist der Spitzenwert der wirkenden Feldstärke maßgebend, und er ist deshalb durch sehr kurze Einwirkzeiten der Spannung gekennzeichnet. Es tritt keine Wärmeentwicklung auf. Strukturell ist der rein elektrische Durchschlag durch ein mehr oder weniger verästeltes Durchschlagkanalsystem gekennzeichnet. Die für den Durchschlag verantwortliche sehr hohe Ladungsträgerkonzentration entsteht sehr wahrscheinlich durch elektronische Prozesse in Verbindung mit Stoßionisation. Die Durchschlagfestigkeit hat eine ausgeprägte Temperaturabhängigkeit. Im Glasübergangsbereich nimmt E_d stark ab.

Wärmedurchschlag

Der Wärmedurchschlag ist durch eine lokale Erwärmung des Prüfkörpers gekennzeichnet, die dem eigentlichen Durchschlaggeschehen vorausgeht. Dieser Durchschlag ist für Kunststoffe typisch, die eine höhere elektrische Leitfähigkeit besitzen bzw. die bei höheren Temperaturen eingesetzt werden, wobei die Einwirkungszeit bedeutend länger ist als beim rein elektrischen Durchschlag. Strukturell ist der Wärmedurchschlag durch einen unverzweigten, relativ breiten Kanal gekennzeichnet. Theoretisch wird der Wärmedurchschlag durch die unterschiedlichen Temperaturabhängigkeiten von Energieumsatz und der werkstoffspezifischen Wärmeleitfähigkeit verstanden. Der Energieumsatz hat eine stärkere Temperaturabhängigkeit als die Wärmeleitfähigkeit. Durch die Einwirkung eines elektrischen Wechselfeldes wird der Werkstoff lokal erwärmt (Formel 6.41). Der Durchschlag tritt ein, wenn die Wärmeentstehung innerhalb eines Volumenelementes des Prüfkörpers die Wärmeabgabe an die Umgebung übertrifft. Aus Formel 6.41 folgt auch, dass für die Auslösung des Wärmedurchschlags der Effektivwert der wirkenden elektrischen Feldstärke maßgebend ist.

Langzeitdurchschlag

Kennzeichnend für diese Durchschlagart ist, dass der Kunststoff nach längeren Belastungszeiten im elektrischen Feld plötzlich und ohne erkennbaren Grund seine elektrischen Isolationseigenschaften verliert. Die Durchschlagfeldstärken sind bedeutend niedriger als beim rein elektrischen oder Wärmedurchschlag. Als Beispiel dafür ist in Bild 6.56 die Zeitabhängigkeit der elektrischen Durchschlagfestigkeit E_d für eine PS- und eine Polyesterfolie dargestellt. Das Bild zeigt die Abnahme der elektrischen Festigkeit mit zunehmender Beanspruchungszeit. Verantwortlich für den Langzeitdurchschlag ist eine elektrische Alterung des Kunststoffes, die durch das elektrische Feld hervorgerufen wird. Wesentlich dafür sind wahrscheinlich Teilentladungsvorgänge im Inneren des Prüfkörpers. Unter Teilentladungsvorgängen werden alle selbständigen, aber unvollkommenen Entladungen verstanden, die durch eine lokal erhöhte Feldstärke auftreten. Als Teilentladungseinsatzspannung wird die Spannung verstanden, bei der die ersten Teilentladungen beobachtet werden. Bei Feldstärken unterhalb der Teilentladungseinsatzspannung ist der Kunststoff elektrisch dauerfest. Strukturell sind für den Langzeitdurchschlag Erosionen an den den Teilentladungen ausgesetzten Oberflächen sowie chemische Veränderungen im Prüfkörper kennzeichnend.

Die Vorschriften zur Bestimmung der elektrischen Festigkeit sind in der DIN EN 60243-1 und der DIN EN 60243-2 festgelegt. Aufgrund des konstruktiven Einsatzes von Kunststoffen in der Elektrotechnik kommt der Prüfung an Formteilen und unter anwendungstypischen Bedingungen eine besondere Bedeutung zu.

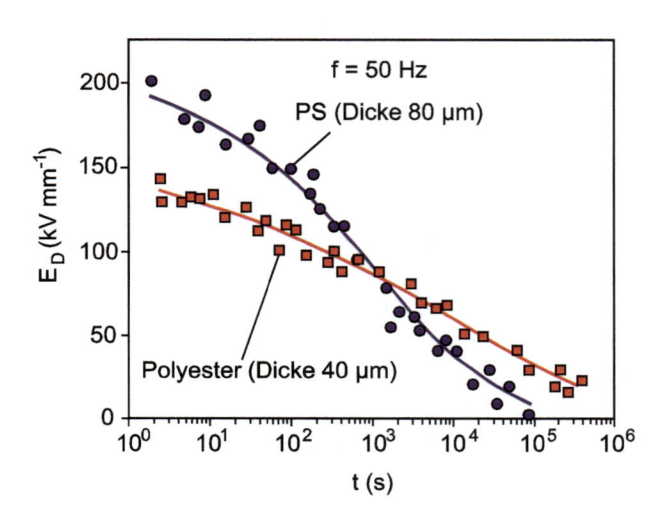

Bild 6.56 Zeitabhängigkeit der elektrischen Durchschlagfestigkeit E_d für eine PS- und eine Polyesterfolie [1.48]

Generell werden zwei verschiedene Untersuchungsmethoden, die Vergleichsmessung und die Kennwertermittlung, unterschieden. Beide unterscheiden sich in der Art der verwendeten Elektroden und wesentlich in ihrem Aussagegehalt.

Vergleichsmessungen

Die Vorgehensweise besteht in der Ermittlung von Vergleichswerten der elektrischen Festigkeit von Kunststoffen. Dies schließt eine Qualitätskontrolle der elektrischen Festigkeitseigenschaften während der Produktion ein. Aufgrund der Vergleichbarkeit muss die Prüfung unter identischen Bedingungen durchgeführt werden. Das betrifft sowohl die Form der Elektroden als auch die Feldverteilung. Bei Vergleichsmessungen wird bevorzugt mit einer inhomogenen Feldverteilung gearbeitet. Gebräuchliche Elektrodenanordnungen sind z. B. Kugel-Kugel, Kugel-Platte, Zylinder-Platte, Kegelspitze-Platte, Stöpsel oder Leistenelektroden. Als Elektroden werden auch Metalldorne benutzt. Alle Elektroden müssen einen guten Kontakt mit dem Prüfkörper haben. Sie werden mit einem vorgegebenen Druck aufgepresst bzw. eingebettet. Es ist darauf zu achten, dass Überschläge durch die Luft oder längs des Prüfkörpers vermieden werden, was durch die Verwendung eines Isolieröls erreicht werden kann.

Kennwertermittlung

Im Gegensatz zur Vergleichsmessung ist das Ziel der Kennwertermittlung die Charakterisierung der elektrischen Festigkeit mit physikalisch eindeutig definierten Kenngrößen. Deshalb wird mit einer homogenen Feldverteilung gearbeitet. Auch müssen Teilentladungen, die das Messfeld verzerren können, vermieden werden. Die Forderung nach einer homogenen Feldverteilung erfordert besondere Elektrodenformen. Bei einem konventionellen Plattenkondensator sind die Feldlinien an den Rändern verzerrt. Deshalb wird mit Elektroden mit aufgehobenem Randeffekt gearbeitet. Diese Elektroden entsprechen einem Plattenkondensator mit einem Grenzwinkel von 90°. Bei einer derartigen Anordnung nimmt das elektrische Feld zum Rand hin stetig ab, ist aber im Inneren homogen.

Kugelelektroden können angewandt werden, wenn für den Kugeldurchmesser D die Beziehung $d \ll 0{,}2\,D$ erfüllt ist, worin d die Schlagweite bezeichnet. Unter dieser Bedingung ist das elektrische Feld in der Nähe der Linie, die die Kugelmittelpunkte verbindet, homogen. Die elektrische Festigkeit ergibt sich aus Formel 6.82, wobei η ein vom Kugeldurchmesser abhängiger Faktor ist, der den entsprechenden Normen entnommen werden kann.

$$E_\mathrm{d} = \frac{U_\mathrm{d}}{d\,\eta} \tag{6.83}$$

Die Vermeidung von Teilentladungen kann durch Einbetten des zu charakterisierenden Kunststoffs erreicht werden, wobei die Permittivität des Einbettmaterials wesentlich größer als die des Prüfkörpers sein muss. Geeignete Einbettmaterialien sind Harze, Paraffine oder flüssige Isolierstoffe wie Silikonöl.

Die Untersuchungen zur elektrischen Festigkeit werden in verschiedener Art und Weise ausgeführt. Bei der Stoßspannungsprüfung wird der Prüfkörper mit definierten Hochspannungsimpulsen belastet. Diese Vorgehensweise hat für die Kunststoffe Bedeutung, die in der Praxis Stoßspannungsbelastungen ausgesetzt sind. Die am häufigsten angewandte Methode ist die Kurzzeitprüfung mit sehr kurzen Belastungszeiten gegenüber den realen, praktisch vorkommenden. In der Praxis wird die Prüfspannung stufenförmig oder kontinuierlich bis zum Durchschlag erhöht. Eine Form der Kurzzeitprüfung ist die Stehspannungsprüfung. Bei diesem Verfahren muss der Kunststoff einem vorgegebenen Spannungsniveau (Stehspannung) einer definierten Zeitspanne widerstehen. Die Langzeitprüfung kommt den realen Einsatzbedingungen von Kunststoffen am nächsten, ist jedoch aufgrund der langen Messzeiten sehr kostenaufwändig. Deshalb wird oft mit erhöhten Messspannungen bzw. -temperaturen gearbeitet, um die Messzeiten zu verkürzen.

Aussagen über das Verhalten eines Kunststoffs gegenüber Teilentladungen können mittels Oberflächenglimmentladungen erhalten werden. Dabei werden auf die Prüfkörperoberfläche eine Plattenelektrode und eine Stabelektrode aufgesetzt. Ein niederfrequentes Wechselfeld mit einer Spannung höher als die Teilentladungseinsatzspannung wird angelegt und die Zeit bis zum Durchbruch gemessen. Aus diesem Zeitwert können Rückschlüsse über Teilentladungen gezogen werden.

6.3.5.3 Kriechstromfestigkeit und Lichtbogenfestigkeit

Zwei spezielle Kenngrößen, die ebenfalls die elektrische Festigkeit von Kunststoffen charakterisieren, sind die Kriechstromfestigkeit und die Lichtbogenfestigkeit. Wird eine Kunststoffoberfläche durch Staub, Chemikalien bzw. andere Verunreinigungen verschmutzt oder befindet sich ein Feuchtigkeitsfilm auf der Oberfläche, kann es zu einem Stromfluss zwischen Elektroden schon bei einer Spannung kommen, die weit niedriger ist als die, die an einem sauberen, trockenen Prüfkörper gemessen wird. Man spricht von der Kriechstromleitfähigkeit, die zu einer erheblichen Schädigung des Kunststoffs führen kann. Die Zerstörung auf der Oberfläche ist in Form von sogenannten Kriechspuren sichtbar. Zwei Erscheinungsformen können dabei unterschieden werden: Verkohlungen und die Bildung leitfähiger Schichten. Durch die lückenlose Aneinanderreihung von Kriechspuren wird der sogenannte „Kriechweg" gebildet. Da der Kunststoff auch thermisch belastet wird, kann ein Kriechstrom sogar zu seiner Entzündung führen. Gasentladungsvorgänge bzw. Lichtbögen treten bei höheren Spannungsbelastungen bzw. höheren Temperaturen auf, die zum thermischen Durchschlag führen können. Alle diese Effekte bewirken, dass der Kunststoff nach und nach durch die Kriechstromleitfähigkeit seine isolierenden Eigenschaften verliert und Abbauprozesse auftreten. Für den Einsatz eines Kunststoffes in der Elektrotechnik als Konstruktionsmaterial ist deshalb neben einer hohen elektrischen Festigkeit auch eine hohe Kriechstromfestigkeit außerordentlich wichtig.

Die Widerstandsfähigkeit eines Kunststoffs gegenüber Kriechströmen wird mit der Kenngröße Kriechstromfestigkeit charakterisiert. Die Kriechstromfestigkeit eines Kunststoffes hängt neben der chemischen und physikalischen Struktur von der Höhe der angelegten Spannung, der Art der Elektroden und der Verschmutzung der Oberfläche ab. Daraus wird ersichtlich, dass die Kriechstromfestigkeit keine physikalisch exakt definierte Werkstoffeigenschaft darstellt. Auch eine theoretische Betrachtung bzw. eine Vorhersage ist nicht möglich.

In der Praxis hat sich das Tropfverfahren zur Bestimmung der Kriechstromfestigkeit durchgesetzt. Die experimentelle Technik und Vorgehensweise ist in den Normen DIN EN IEC 60587 und DIN EN 60112 festgelegt. Grundlage des Experimentes ist eine spezielle Elektrodenanordnung. Zwei schränkkantig bearbeitete Platinelektroden (5 mm breit, 2 mm dick) stehen sich mit einem Öffnungswinkel von 30° auf der Kunststoffoberfläche gegenüber. Der Winkel zur Oberfläche beträgt 60° (Bild 6.57).

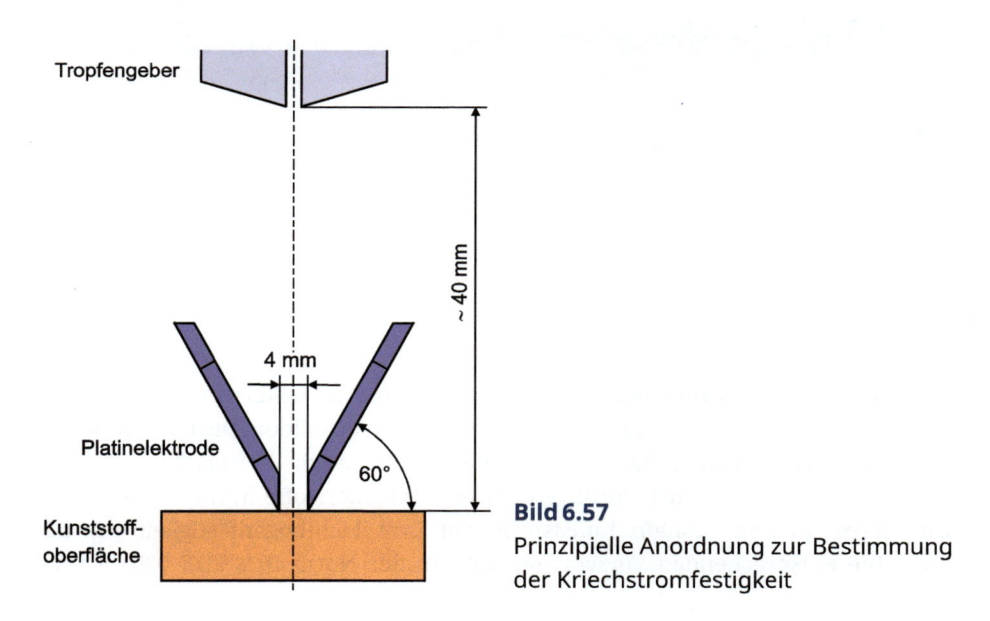

Bild 6.57
Prinzipielle Anordnung zur Bestimmung der Kriechstromfestigkeit

Etwa 40 mm über der Kunststoffoberfläche befindet sich ein Tropfengeber, aus dem alle 30 s ein Tropfen mit einem Volumen von 20–23 mm^3 auf den Prüfkörper fällt. Als Prüflösungen werden

- 0,1 M.-% Ammoniumchlorid (NH_4Cl) in destilliertem Wasser und

- 0,1 M.-% Ammoniumchlorid und 0,5 M.-% Natriumsalz einer kernalkylierten Naphthalinsulfonsäure in destilliertem Wasser

verwendet. Wesentlich für die Messanordnung ist ein Überstromauslöser, der bei einer Stromstärke von 0,5 A nach 2 s auslöst. An die Elektroden wird eine Prüfspannung zwischen 100 und 600 V angelegt. Als Kriechstromfestigkeit wird die Spannung ermittelt, bei der nach 50 Tropfen gerade noch kein Überstrom ausgelöst wird. Dazu wird empfohlen, die Spannung stufenförmig um 20 V zu erhöhen. Es ist darauf zu achten, dass bei Mehrfachprüfungen am gleichen Prüfkörper keine Verschmutzung der Oberfläche, z. B. durch weglaufende Prüflösung, entsteht.

Als weitere Kenngrößen zur Charakterisierung der Kriechstromfestigkeit werden die Vergleichszahl der Kriechwegbildung (CTI – Comparative Tracking Index) und die Prüfzahl der Kriechwegbildung (PTI – Proof Tracking Index) verwendet.

Der PTI gibt die Spannung an, bei der nach 50 Tropfen gerade noch kein Kriechweg entsteht, während der CTI die ganze Zahl ist, die der durch 25 geteilten Spannung entspricht, der der Werkstoff bei 50 Auftropfungen widersteht. Kriechstromfestigkeiten ausgewählter Kunststoffe sind in Tabelle 6.6 zusammengefasst.

Tabelle 6.6 Kriechstromfestigkeiten ausgewählter Kunststoffe

Kunststoff	Kriechstromfestigkeit (V)
PE-HD	> 600
PE-LD	> 600
PP	> 600
PVC	600
PC	120/160
PI	300

Bei Hochspannungsanordnungen können sich zwischen zwei Leitern mit unterschiedlichem Potenzial neben Kriechströmen auch Lichtbögen ausbilden. Durch Lichtbögen werden die Isolationseigenschaften eines Kunststoffes durch thermische und thermooxidative Prozesse zerstört. Für ihren Einsatz als Isolierstoffe in Hochspannungsanordnungen müssen deshalb Kunststoffe auf ihre Lichtbogenfestigkeit geprüft werden. Die entsprechenden Vorschriften sind in der Norm DIN VDE 0303-5 festgehalten.

6.4 Zusammenstellung der Normen

Abschnitt 6.1

ASTM C 177 (2019)	Standard Test Method for Strady-State Heat Flux Measurements and Thermal Transmission by Means of the Guarded-Hot-Plate Apparatus
ASTM D 3418 (2021)	Standard Test Method for Transition Temperatures and Enthalpies of Fusion and Crystallization of Polymers by Differential Scanning Calorimetry
ASTM D 3895 (2019)	Standard Test Method for Oxidative-Induction Time of Polyolefins by Differential Scanning Calorimetry
ASTM E 793 (2018)	Standard Test Method for Enthalpies of Fusion and Crystallization by Differential Scanning Calorimetry
ASTM E 794 (2018)	Standard Test Method for Melting and Crystallization Temperatures by Thermal Analysis
ASTM E 831 (2024)	Standard Test Method for Linear Thermal Expansion of Solid Materials by Thermomechanical Analysis
ASTM E 1269 (2024)	Standard Test Method for Determining Specific Heat Capacity by Differential Scanning Calorimetry
ASTM E 1582 (2021)	Standard Test Method for Temperature Calibration of Thermogravimetric Analyzers
ASTM E 1858 (2023)	Standard Test Method for Determining Oxidation Induction Time of Hydrocarbons by Differential Scanning Calorimetry
ASTM E 2070 (2023)	Standard Test Method for Kinetic Parameters by Differential Scanning Calorimetry Using Isothermal Methods
DIN 51006 (2024)	Thermische Analyse (TA) – Thermogravimetrie (TG) – Grundlagen
DIN 52616 (1977)	Wärmeschutztechnische Prüfungen – Bestimmung der Wärmeleitfähigkeit mit dem Wärmestrommeßplatten-Gerät (zurückgezogen)
DIN 53752 (1980)	Prüfung von Kunststoffen – Bestimmung des thermischen Längenausdehnungskoeffizienten (zurückgezogen, empfohlen ISO 11359-2:1999)
DIN 53765 (1994)	Prüfung von Kunststoffen und Elastomeren – Thermische Analyse – Dynamische Differenzkalorimetrie (DDK) (zurückgezogen, ersetzt durch DIN EN ISO 11357)

DIN EN ISO 11357	Kunststoffe – Dynamische Differenzkalorimetrie (DSC) • Teil 1 (2023): Allgemeine Grundlagen • Teil 2 (2020): Bestimmung der Glasübergangstemperatur und der Glasübergangsstufenhöhe • Teil 3 (2024): Bestimmung der Schmelz- und Kristallisationstemperatur und der Schmelz- und Kristallisationsenthalpie (Entwurf) • Teil 4 (2021): Bestimmung der spezifischen Wärmekapazität • Teil 5 (2024): Bestimmung von charakteristischen Reaktionstemperaturen und -zeiten, Reaktionsenthalpie und Umsatz (Entwurf) • Teil 6 (2024): Bestimmung der Oxidations-Induktionszeit (isothermische OIT) und Oxidations-Induktionstemperatur (dynamische OIT) (Entwurf) • Teil 7 (2022): Bestimmung der Kristallisationskinetik • Teil 8 (2021): Bestimmung der Wärmeleitfähigkeit
DIN EN ISO 11358-1 (2022)	Kunststoffe – Thermogravimetrie (TG) von Polymeren – Teil 1: Allgemeine Grundlagen
DIN EN ISO 11409 (1998)	Kunststoffe – Phenolharze – Bestimmung der Reaktionswärmen und -temperaturen durch dynamische Differenzkalorimetrie
ISO 8302 (1991)	Thermal Insulation – Determination of Steady-State Thermal Resistance and Related Properties – Guarded Hot Plate Apparatus
ISO 11359	Plastics – Thermomechanical Analysis (TMA) • Part 1 (2023): General Principles • Part 2 (2021): Determination of Coefficient of Linear Expansion and Glass Transition Temperature • Part 3 (2019): Determination of Penetration Temperature

Abschnitt 6.2

ASTM D 2565 (2023)	Standard Practice for Xenon-Arc Exposure of Plastics Intended for Outdoor Applications
DIN 1349	Durchgang optischer Strahlung durch Medien • Teil 1 (1972): Optisch klare Stoffe, Größen, Formelzeichen und Einheiten • Teil 2 (1975): Optisch trübe Stoffe, Begriffe
DIN 5030	Spektrale Strahlungsmessung • Teil 1 (2024): Begriffe, Größen, Kennzahlen • Teil 2 (1982): Strahler für spektrale Strahlungsmessungen – Auswahlkriterien • Teil 3 (2021): Spektrale Aussonderung – Begriffe und Kennzeichnungsmerkmale • Teil 5 (2019): Physikalische Empfänger für spektrale Strahlungsmessungen – Begriffe, Kenngrößen, Auswahlkriterien

6.4 Zusammenstellung der Normen

DIN 5031	Strahlungsphysik im optischen Bereich und Lichttechnik Beiblatt 1 (2017): Inhaltsverzeichnis über Größen, Formelzeichen und Einheiten sowie Stichwortverzeichnis zu DIN 5031 Teil 1 bis Teil 11 - Teil 1 (1982): Größen, Formelzeichen und Einheiten der Strahlungsphysik - Teil 2 (1982): Strahlungsbewertung durch Empfänger - Teil 3 (1982): Größen, Formelzeichen und Einheiten der Lichttechnik - Teil 4 (1982): Wirkungsgrade - Teil 5 (1982): Temperaturbegriffe - Teil 6 (1982): Pupillen-Lichtstärke als Maß für die Netzhautbeleuchtung - Teil 7 (1984): Benennung der Wellenlängenbereiche (zurückgezogen) - Teil 8 (1982): Strahlungsphysikalische Begriffe und Konstanten - Teil 9 (1982): Lumineszenz-Begriffe - Teil 10 (2018): Photobiologisch wirksame Strahlung, Größen, Kurzzeichen und Wirkungsspektren - Teil 11 (2011): Radiometer zur Messung aktinischer Strahlungsgrößen – Begriffe, Eigenschaften und deren Kennzeichnung
DIN 5032	Lichtmessung - Teil 1 (1999): Photometrische Verfahren (zurückgezogen) - Teil 2 (1992): Betrieb elektrischer Lampen und Messung der zugehörigen Größen (zurückgezogen) - Teil 3 (1976): Meßbedingungen für Gasleuchten - Teil 4 (1999): Messungen an Leuchten (zurückgezogen) - Teil 7 (2024): Klasseneinteilung von Beleuchtungsstärke- und Leuchtdichtemessgeräten (Entwurf) - Teil 8 (2017): Datenblatt für Beleuchtungsstärkemessgeräte - Teil 9 (2015): Messung der lichttechnischen Größen von inkohärent strahlenden Halbleiterlichtquellen - Teil 10 (2020): Leuchtdichtemesskamera, Begriffe, Eigenschaften und deren Kennzeichnung - Teil 11 (2020): Nahfeldgoniophotometer, Begriffe, Eigenschaften und deren Kennzeichnung
DIN 5033	Farbmessung - Teil 1 (2017): Grundbegriffe der Farbmetrik - Teil 2 (1992): Normvalenz-Systeme (zurückgezogen) - Teil 3 (1992): Farbmeßzahlen (zurückgezogen) - Teil 4 (1992): Spektralverfahren (zurückgezogen) - Teil 5 (1981): Gleichheitsverfahren (zurückgezogen) - Teil 6 (1976): Dreibereichsverfahren (zurückgezogen) - Teil 7 (2014): Messbedingungen für Körperfarben - Teil 8 (1982): Meßbedingungen für Lichtquellen - Teil 9 (2024): Weißstandard zur Kalibrierung in Farbmessungen und Photometrie - Teil 10 (2022): Kalibrierung in Farbmessung und Photometrie mittels Schwarzstandard

DIN 5036	Strahlungsphysikalische und lichttechnische Eigenschaften von Materialien • Beiblatt 1 (1980): Inhaltsverzeichnis und Stichwortverzeichnis • Teil 1 (1978): Begriffe, Kennzahlen • Teil 3 (1979): Meßverfahren für lichtechnische uns spektrale strahlungsphysikalische Kennzahlen • Teil 4 (1977): Klasseneinteilung (zurückgezogen)
DIN 5496 (1991)	Temperaturstrahlung von Volumenstrahlern
DIN 6164 (1980)	DIN-Farbenkarte • Teil 1: System der DIN-Farbenkarte für den 2°-Normalbeobachter • Teil 2: Festlegung der Farbmuster • Teil 3: System der DIN-Farbenkarte für den 10°-Normalbeobachter (zurückgezogen)
DIN 6169 (1976)	Farbwiedergabe • Teil 1: Allgemeine Begriffe • Teil 2: Farbwiedergabe-Eigenschaften von Lichtquellen in der Beleuchtungstechnik
DIN 16536	Prüfung von Drucken und Druckfarben der Drucktechnik – Farbdichtemessung von Drucken • Teil 1 (1997): Begriffe und Durchführung der Messung (zurückgezogen) • Teil 2 (1995): Anforderungen an die Messanordnung von Farbdichtemessgeräten und ihre Prüfung (zurückgezogen)
DIN 52305 (1995)	Bestimmung des Ablenkwinkels und des Brechwertes von Sicherheitsscheiben für Fahrzeugverglasung
DIN 55987 (1981)	Prüfung von Pigmenten – Bestimmung eines Deckvermögenswertes pigmentierter Medien – Farbmetrisches Verfahren (zurückgezogen)
DIN 55988 (2019)	Bestimmung von Maßzahlen für die Transparenz (Lasur) von pigmentierten und unpigmentierten Systemen – Farbmetrisches Verfahren
DIN 58889 (1986)	Objektive und Okulare für Mikroskope – Kennzeichnung (zurückgezogen)
DIN EN ISO 489 (2022)	Kunststoffe – Bestimmung des Brechungsindex
DIN EN ISO 4892	Kunststoffe – Künstliches Bestrahlen oder Bewittern in Geräten: • Teil 1 (2023): Allgemeine Anleitung (Entwurf) • Teil 2 (2021): Xenonbogenlampen • Teil 3 (2023): UV-Leuchtstofflampen (Entwurf)
DIN ISO 8039 (2001)	Optik und optische Instrumente – Mikroskope – Vergrößerungen (zurückgezogen, empfohlen ISO 8039)

DIN ISO 8576 (2002)	Optik und optische Instrumente – Mikroskope – Bezugssysteme der Polarisationsmikroskopie
ISO 14782 (2021)	Plastics – Determination of Haze for Transparent Materials
ISO 80000-7 (2019)	Quantities and Units – Part 7: Light and Radiation

Abschnitt 6.3

ASTM D 149 (2020)	Standard Test Method for Dielectric Breakdown Voltage and Dielectric Strength of Solid Electrical Insulating Materials at Commercial Power Frequencies
DIN 53483	Prüfung von Isolierstoffen – Bestimmung der dielektrischen Eigenschaften ■ Teil 1 (1969): Begriffe, Allgemeine Angaben (zurückgezogen) ■ Teil 2 (1970): Prüfung bei festgelegten Frequenzen 50 Hz, 1 kHz, 1 MHz (zurückgezogen) ■ Teil 3 (1969): Messzellen für Flüssigkeiten für Frequenzen bis 100 MHz (zurückgezogen)
DIN 53486 (1975)	VDE-Bestimmungen für elektrische Prüfungen von Isolierstoffen – Beurteilung des elektrostatischen Verhaltens (identisch mit VDE 0303 Teil 8) (zurückgezogen)
DIN EN IEC 60112 (2022)	Verfahren zur Bestimmung der Prüfzahl und der Vergleichszahl der Kriechwegbildung von festen, isolierenden Werkstoffen (identisch mit VDE 0303 Teil 11)
DIN EN 60243 (2014)	Elektrische Durchschlagfestigkeit von isolierenden Werkstoffen – Prüfverfahren ■ Teil 1: Prüfung bei technischen Frequenzen (identisch mit VDE 0303 Teil 21) ■ Teil 2: Zusätzliche Anforderungen für Prüfung mit Gleichspannung (identisch mit VDE 0303 Teil 22)
DIN EN 60343 (1994)	Empfohlene Prüfverfahren zur Bestimmung der relativen Beständigkeit isolierender Werkstoffe gegen Durchschlag infolge Oberflächenteilentladung (identisch mit VDE 0303 Teil 70)
DIN EN IEC 60587 (2022)	Elektroisolierstoffe, die unter erschwerten Bedingungen eingesetzt werden – Prüfverfahren zur Bestimmung der Beständigkeit gegen Kriechwegbildung und Erosion (identisch mit VDE 0303 Teil 10)
DIN EN ISO 3915 (2022)	Kunststoffe – Messung des spezifischen elektrischen Widerstands von leitfähigen Kunststoffen

DIN IEC 60093 (1993)	Prüfverfahren für Elektroisolierstoffe – Spezifischer Durchgangswiderstand und spezifischer Oberflächenwiderstand von festen elektrisch isolierenden Werkstoffen (identisch mit VDE 0303 Teil 30) (zurückgezogen)
DIN VDE 0303-5 (1990)	Prüfung von Isolierstoffen – Niederspannungs-Hochstrom-Lichtbogenprüfung, Berichtigung 1 (2018)
DIN VDE 0303-8 (1975)	VDE-Bestimmungen für elektrische Prüfungen von Isolierstoffen – Beurteilung des elektrostatischen Verhaltens (zurückgezogen)
DIN VDE 0303-11 (2012)	Prüfung von Isolierstoffen – Verfahren zur Bestimmung der Prüfzahl und der Vergleichszahl der Kriechwegbildung von festen, isolierenden Werkstoffen (identisch mit DIN EN 60112) (zurückgezogen)
DIN VDE 0303-13 (1986)	Prüfung von Isolierstoffen – Dielektrische Eigenschaften fester Isolierstoffe im Frequenzbereich von 8,2 bis 12,5 GHz
DIN VDE 0303-30 (1993)	Prüfverfahren für Elektroisolierstoffe – Spezifischer Durchgangswiderstand und spezifischer Oberflächenwiderstand von festen, elektrisch isolierenden Werkstoffen (zurückgezogen, ersetzt durch DIN IEC 62631-3-1)
DIN VDE 0303-31 (1993)	Prüfverfahren für Elektroisolierstoffe – Isolationswiderstand von festen, isolierenden Werkstoffen (zurückgezogen) (identisch mit DIN IEC 60167, zurückgezogen)
ISO 1853 (2018)	Conducting and Dissipative Rubbers, Vulcanized or Thermoplastic – Measurement of Resistivity
ISO 2878 (2017)	Rubber, Vulcanized or Thermoplastic – Antistatic and Conductive Products – Determination of Electrical Resistance
ISO 2951 (2019)	Vulcanized Rubber – Determination of Insulation Resistance

6.5 Literatur

[6.1] Höhne, G. W. H.; Hemminger, W. F.; Flammersheim, H.-J.: Differential Scanning Calorimetry. Springer Verlag, Berlin Heidelberg (2004)

[6.2] Brown, M. E.: Introduction to Thermal Analysis – Techniques and Applications. Springer Verlag, Berlin Heidelberg (2002)

[6.3] Wunderlich, B.: Thermal Analysis of Polymeric Materials. Springer Verlag, Berlin Heidelberg (2005)

[6.4] Hatakeyama, T.; Quinn, F. X.: Thermal Analysis: Fundamentals and Applications to Polymer Science. John Wiley & Sons, Inc., Indianapolis (1999)

[6.5] Sorai, M. (Ed.): Comprehensive Handbook of Calorimetry and Thermal Analysis. John Wiley & Sons, Inc., Indianapolis (2004)

[6.6] Hatakeyama, T.; Zhenhai, L. (Eds.): Handbook of Thermal Analysis. John Wiley & Sons, Inc., Indianapolis (1999)

[6.7] Haines, P.: Principles of Thermal Analysis and Calorimetry. Royal Society of Chemistry (2002)

[6.8] Groenewoud, G. W.: Characterisation of Polymers by Thermal Analysis. Elsevier Science, Amsterdam (2001)

[6.9] Androsch, R.: Reversibles Kristallisieren und Schmelzen von Polymeren. Habilitation, Martin-Luther-Universität Halle-Wittenberg (2005)

[6.10] Höhne, G. W. H.; Kunze, W.: Ein Quantensprung in der DSC. *LaborPraxis* Ausgabe Dezember (2001) 38 – 42

[6.11] Vogel, J.: Erfahrungen bei der Nutzung der Thermischen Analyse in der Kunststoffforschung. Tagungsband: Thermische Analyse an polymeren Werkstoffen im Rahmen der Qualitätssicherung. Beiträge zum LabTalk-Seminar von Mettler Toledo (1996) 79 – 90

[6.12] Masson, J.-F.; Polomark, G. M.; Collins, P.: Time-dependent microstructure of bitumen and its fractions by modulated differential scanning calorimetry. *Energy Fuels* 16 (2002) 470 – 476. https://doi.org/10.1021/ef010233r

[6.13] Archodoulaki, V.-M.: Eigenschaftsänderungen von Polyoxymethylenen induziert durch Verarbeitung, Alterung und Recycling. Fortschrittberichte VDI Reihe 5: Grund- und Werkstoffe/Kunststoffe. VDI-Verlag, Düsseldorf (2005)

[6.14] Schröder, G.: Technische Optik. Vogel Buchverlag, Würzburg (1998)

[6.15] Recknagel, A.: Physik – Optik. Verlag Technik, Berlin (1975)

[6.16] Pedrotti, F.; Pedrotti, L.; Bausch, W.; Schmidt, H.: Optik für Ingenieure. Grundlagen. Springer Verlag, Berlin Heidelberg (2002)

[6.17] Knerr, R.: Lexikon der Physik. Bertelsmann Lexikon Verlag GmbH, Gütersloh München (2000)

[6.18] Emons, H. H.; Keune, H.; Seyfarth, H. H.: Chemische Mikroskopie. Deutscher Verlag für Grundstoffindustrie, Leipzig (1972)

[6.19] Burri, C.: Das Polarisationsmikroskop. Verlag Birkhäuser, Basel (1950)

[6.20] Freund, H.: Handbuch der Mikroskopie in der Technik. Umschau Verlag, Frankfurt/Main (1957)

[6.21] Bergner, J.; Hoeisel, K.; Lies, U.; May, M.; Nicolai, N.; Trempler, J.: Anordnung zur Bestimmung der Brechzahl fester Medien. Patentschrift DD 227521 A 1 (1985)

[6.22] Wolf, H.: Spannungsoptik. Springer Verlag, Berlin (1976)

[6.23] Heymann, J.; Lingener, A.: Experimentelle Festkörpermechanik. Fachbuchverlag Leipzig, Leipzig (1986)

[6.24] Tröger, W. E.: Interferenzfarbtafel nach Michel-Lévy, E. Schweizerbart'sche Verlagsbuchhandlung, Stuttgart (1986)

[6.25] Beyer, H.: Handbuch der Mikroskopie. Verlag Technik, Berlin (1988)

[6.26] Bergner, J.; Hoeisel, K.; Lies, U.; May, M.; Nicolai, N.; Trempler, J.: Verfahren und Vorrichtung örtlich und zeitlich veränderlicher Doppelbrechung. Patentschrift DD227807 A 1 (1985)

[6.27] Trempler, J.: Materialmikroskopie unter besonderer Berücksichtigung der Kunststoffe, Teil I: Präparation der Kunststoffe für die Lichtmikroskopie. *Praktische Metallographie* 38 (2001) 5, S. 231 – 269

[6.28] König, W.: Glanz und seine Messung. *Plaste Kautsch.* 33 (1986) 366 – 379

[6.29] Schreckenbach, U.: Zur Glanzmessung und Glanzbewertung an strukturierten Plastoberflächen. *Plaste Kautsch.* 26 (1979) 461 – 463

[6.30] Trempler, J.: Materialmikroskopie unter besonderer Berücksichtigung der Kunststoffe, Teil II Beobachtende Lichtmikroskopie an Kunststoffen. *Praktische Metallographie* 40 (2003) 481 – 531. https://doi.org/10.1515/pm-2003-401002

[6.31] Webber, A. C.; Billmeyer, F. W.: Application of a color-difference index to highly selective transparent specimens. *J. Opt. Soc. Am.* 47 (1953) 1127 – 1136. https://doi.org/10.1364/JOSA.43.001127

[6.32] http://www.prodi.rub.de/biospektroskopie

[6.33] Moritz, P.; Pietsch, H. R.: Kleinwinkellichtstreuung an Polyethylensphärolithen mit dem Polarisationsmikroskop. *Jenaer Rundschau* 5 (1985) 216–219

[6.34] Vogel, O.; Jaycox, G. D.: Trends in polymer Science: Polymer science in the 21st century. *Prog. Polym. Sci.* 24 (1999) 3–6. https://doi.org/10.1016/S0079-6700(98)00019-7

[6.35] Cowie, J. M. G.: Polymers: Chemistry and Physics of Modern Materials. Chapman and Hall, London (1991)

[6.36] Strobl, G. R.: The Physics of Polymers. Springer Verlag, Heidelberg (1996)

[6.37] Runt, J. P.; Fitzgerald, J. J. (Eds.): Dielectric Spectroscopy of Polymeric Materials. American Chemical Society, Washington, DC (1997)

[6.38] Blythe, A. R.: Electrical Properties of Polymers. Cambridge University Press, Cambridge (1979)

[6.39] Schönhals, A.: Molecular dynamics in polymer model systems. In: Kremer, F.; Schönhals, A. (Eds.): Broadband Dielectric Spectroscopy. Springer Verlag, Berlin (2003) 225–293

[6.40] Sheppard, N. F.; Garverick, S. L.; Day, D. R.; Senturia, S. D.: Microdielectrometry: a new method for in situ cure monitoring. *SAMPE Int. Symp.* 26 (1981) 65–76

[6.41] Kranbuehl, D. E.; Delos, S. E.; Jue, P. K.: Dielectric properties of the polymerization of an aromatic polyimide. *Polymer* 27 (1986) 11–18. https://doi.org/10.1016/0032-3861(86)90350-2

[6.42] Ulanski, J.; Friedrich, K.; Boiteux, G.; Seytre, G.: Evolution of ion mobility in cured epoxy-amine system as determined by time-of-flight method. *J. Appl. Polym. Sci.* 65 (1997) 1143–1150. https://doi.org/10.1002/(SICI)1097-4628(19970808)65:6<1143::AID-APP10>3.0.CO;2-V

[6.43] Mijovic, J.: Dielectric spectroscopy of reactive network-forming polymers. In: Kremer, F.; Schönhals, A. (Eds.): Broadband Dielectric Spectroscopy. Springer Verlag, Berlin (2003) 349–384

[6.44] Dyre, J. C.; Schrøder, T. B.: Universality of ac conduction in disordered solids. *Rev. Mod. Physics* 72 (2000) 873–892. https://doi.org/10.1103/RevModPhys.72.873

[6.45] Kremer, F.; Rózanski, S. A.: The dielectric properties of semiconducting disordered materials. In: Kremer, F.; Schönhals, A. (Eds.): Broadband Dielectric Spectroscopy. Springer Verlag, Berlin (2003) 475–494

[6.46] Wagner, R. W.: Erklärung der dielektrischen Nachwirkungsvorgänge auf Grund der Maxwellscher Vorstellungen. *Arch. Elektrotech.* 2 (1914) 371–387. https://doi.org/10.1007/BF01657322

[6.47] Sillars, R. W.: The properties of a dielectric containing semiconductive particles of various shapes. *J. Inst. Elect. Eng.* 80 (1937) 378–394. https://doi.org/10.1049/jiee-1.1937.0058

[6.48] Schönhals, A.; Kremer, F.: Theory of dielectric relaxation. In: Kremer, F.; Schönhals, A. (Eds.): Broadband Dielectric Spectroscopy. Springer Verlag, Berlin (2003) 1–33

[6.49] Low Level Measurements. Keithley Instruments, Cleveland Ohio (1998)

[6.50] Low Current Measurements. Application Note 100, Keithley Instruments, Cleveland Ohio (2001)

[6.51] High Resistance Measurements. Application Note 312, Keithley Instruments, Cleveland Ohio (2001)

[6.52] Volume and Surface Resistivity Measurements of Insulating Materials Using the Model 6517A Electrometer/High Resistance Meter. Application Note 314, Keithley Instruments, Cleveland Ohio (2001)

[6.53] Schaumburg, G.; Stahl, M.: Dielektrische Analyse. *Kunststoffe* 85 (1995) 11–13

[6.54] Hardy, L.; Stevenson, I.; Boiteux, G.; Seytre, G.; Schönhals, A: Dielectric and dynamic mechanical relaxation behaviour of poly(ethylene 2,6 naphthalene dicarboxylate). I. Amorphous films. *Polymer* 42 (2001) 5679–5687. https://doi.org/10.1016/S0032-3861(01)00028-3

[6.55] Hardy, L.; Fritz, A.; Stevenson, I.; Boiteux, G.; Seytre, G.; Schönhals, A.: Dielectric and dynamic mechanical relaxation behaviour of poly(ethylene 2,6-naphthalene dicarboxylate). II. Semicrystalline oriented films. *Polymer* 44 (2003) 4311–4323. https://doi.org/10.1016/S0032-3861(03)00332-X

[6.56] Schönhals, A.: Dielectric properties of amorphous polymers. In: Runt, J. P.; Fitzgerald, J. J. (Eds.): Dielectric Spectroscopy of Polymeric Materials. ACS-Books, Washington DC (1997) 81–106

[6.57] Schönhals, A.; Kremer, F.: Analysis of dielectric spectra. In: Kremer, F.; Schönhals, A. (Eds.): Broadband Dielectric Spectroscopy. Springer Verlag, Berlin (2003) 59–98

[6.58] Cole, K. S.; Cole, R. H.: Dispersion and absorption in dielectrics I. Alternating current characteristics. *J. Chem. Phys.* 9 (1941) 341–351. *https://doi.org/10.1063/1.1750906*

[6.59] Davidson, D. W.; Cole, R. H.: Dielectric relaxation in glycerol, propylene glycol, and n-propanol. *J. Chem. Phys.* 19 (1951) 1480–1484. *https://doi.org/10.1063/1.1748105*

[6.60] Havriliak, S.; Negami, S.: A complex plane analysis of alpha-dispersions in some polymer systems. *J. Polym. Sci.* Part C 16 (1966) 99–117. *https://doi.org/10.1002/polc.5070140111*

[6.61] Havriliak, S.; Negami, S.: A complex plane representation of dielectric and mechanical relaxation processes in some polymers. *Polymer* 8 (1967) 161–210. *https://doi.org/10.1016/0032-3861(67)90021-3*

[6.62] Diaz-Calleja, R.: Comment on the maximum in the loss permittivity for the Havriliak-Negami equation. *Macromolecules* 33 (2000) 8924–8924. *https://doi.org/10.1021/ma991082i*

[6.63] Boersema, A.; van Turnhout, J.; Wübbenhorst, M.: Dielectric characterization of a thermotropic liquid crystalline copolyesteramide: 1. Relaxation peak assignment. *Macromolecules* 31 (1998) 7453–7460. *https://doi.org/10.1021/ma9716138*

[6.64] Schröter, K.; Unger, R.; Reissig, S.; Garwe, F.; Kahle, S.; Beiner, M.; Donth, E.: Dielectric spectroscopy in the splitting region of glass transition in poly(ethyl methacrylate) and poly(n-butyl methacrylate): Different evaluation methods and experimental conditions. *Macromolecules* 31 (1998) 8966–8972. *https://doi.org/10.1021/ma9713318*

[6.65] Kohlrausch, R.: II. Zur Theorie des elektrischen Rückstandes in der Leidner Flasche. *Pogg. Ann. Phys.* 91 (1854) 56–82 und 179–213. *https://doi.org/10.1002/andp.18541670203*

[6.66] Williams, G.; Watts, D. C.: Non-symmetrical dielectric relaxation behaviour arising from a simple empirical decay function. Trans. Faraday Soc. 66 (1970) 80–85. *https://doi.org/10.1039/TF9706600080*

[6.67] Debye, P.: Polar Molecules. Chemical Catalog, reprinted by Dover (1929)

[6.68] Heijboer, J.: Secondary Loss Peaks in Glassy Amorphous Polymers. In: Meier, D. J. (Ed.): Molecular Basis of Transitions and Relaxations. Gordon and Branch, New York (1978) 75–102

[6.69] Johari, G. P.; Goldstein, M. J.: Viscous liquids and the glass transition. II Secondary relaxations in glasses of rigid molecules. *J. Chem. Phys.* 53 (1970) 2372–2388. *https://doi.org/10.1063/1.1674335*

[6.70] Johari, G. P.: Intrinsic mobility of molecular glasses. *J. Chem. Phys.* 28 (1973) 1766–1770. *https://doi.org/10.1063/1.1679421*

[6.71] Ferry, J. D.: Viscoeleastic Properties of Polymers. John Wiley & Sons, New York (1980)

[6.72] Donth, E. J.: Relaxation and Thermodynamics in Polymers. Glass Transition. Akademie-Verlag, Berlin (1992)

[6.73] Vogel, H.: Das Temperaturabhängigkeitsgesetz der Viskosität von Flüssigkeiten. *Phys. Z.* 22 (1921) 645

[6.74] Fulcher, G. S.: Analysis of recent measurements of the viscosity of glasses. *J. Am. Ceram. Soc.* 8 (1925) 339–355. *https://doi.org/10.1111/j.1151-2916.1925.tb16731.x*

[6.75] Tammann, G.; Hesse, W.: Die Abhängigkeit der Viskosität von der Temperatur bei unterkühlten Flüssigkeiten. *Z. Anorg. Allg. Chem.* 156 (1926) 245–257. *https://doi.org/10.1002/zaac.19261560121*

[6.76] Sperling, L. H.: Introduction to Physical Polymer Science. John Wiley & Sons, New York (1986)

[6.77] Boyd, R. H.; Liu, F.: Dielectric properties of semicrystalline polymers. In: Runt, J. P.; Fitzgerald, J. J. (Eds.): Dielectric Spectroscopy of Polymeric Materials. ACS-Books, Washington DC (1997) 107–136

[6.78] Connor, M. T.; Roy, S.; Ezquerra, T. A.; Baltá-Calleja, F. J.: Broadband ac conductivity of conductor-polymer composites. *Phys. Rev.* B 57 (1998) 2286–2294. *https://doi.org/10.1103/PhysRevB.57.2286*

[6.79] Rehwald, W.; Kiess, H.; Binggeli, B.: Frequency dependent conductivity in polymers and other disordered materials. *Z. Phys.* B 68 (1987) 143. *https://doi.org/10.1007/BF01304219*

[6.80] Kremer, F.; Schönhals, A.: Broadband dielectric measurement techniques (10–6 Hz to 1012 Hz). In: Kremer, F.; Schönhals, A. (Eds.): Broadband Dielectric Spectroscopy. Springer Verlag, Berlin (2003) 35–57

[6.81] Agilent Application Note 1369-1: Solutions for Measuring Permittivity and Permeability with LCR Meters and Impedance Analyzers. Agilent Technologies (2003)

[6.82] Hamon, B. V.: An approximative method for deducing dielectric loss factor from direct current measurements. *Proc. Inst. Elect. Engr.* 99 (1952) 27–155. *https://doi.org/10.1049/PI-4.1952.0016*

[6.83] Pugh, J.; Ryan, T.: Automated digital dielectric measurements. IEE Conf. on Dielectric Materials, Measurements and Applications 177 (1979) 404–407

[6.84] Schaumburg, G.: Overview: Modern measurement techniques in broadband dielectric spectroscopy. *Dielectric Newsletter of Novocontrol*, issue March (1994) 4–7. *www.novocontrol.de/html/index_info.htm*

[6.85] McCrum, N. G.; Read, B. E.; Williams, G.: Anelastic and Dielectric Effects in Polymeric Solids. John Wiley & Sons, London (1967), Dover Publications, New York (1991)

[6.86] Böhmer, R.; Maglione, M.; Lunkenheimer, P.; Loidl, A.: Radio-frequency dielectric measurements at temperatures from 10 to 450 K. *J. Appl. Phys.* 65 (1989) 901–904. *https://doi.org/10.1063/1.342990*

[6.87] Jiang, G. Q.; Wong, W. H.; Raskovich, E. Y.; Clark, W. G.; Hines, W. A.; Sanny, J.: Open-ended coaxial-line technique for the measurement of the microwave dielectric constant for low-loss solids and liquids. *Review Scientific Instruments* 64 (1993) 1614–1621. *https://doi.org/10.1063/1.1144035*

[6.88] Agilent Application Note 4291-1: New Technologies for Wide Impedance Range Measurements to 1.8 GHz. Agilent Technologies (2000)

[6.89] Statische Elektrizität bei der Verarbeitung von Chemiefasern. Fachbuchverlag Leipzig, Leipzig (1963)

[6.90] Haase, H.: Statische Elektrizität als Gefahr. Verlag Chemie, Weinheim (1972)

[6.91] Helmholtz, H.: Studien über electrische Grenzschichten. *Annalen Physik Che*mie 7 (1879) 337–382. *https://doi.org/10.1002/andp.18792430702*

[6.92] Heyl, G.; Lüttgens, H.: Prüfapparatur für das elektrostatische Aufladungsverhalten von Kunststoff-Platten, -Folien und -Geweben. *Kunststoffe* 56 (1966) 51–54

[6.93] Koldewei, A.: Elektrostatische Aufladung an Isolierstoffen. Kunststoffberater 12 (1966) 983–986

[6.94] Dövener, D.; Maurer, B.: Eine neue Methode zum Bestimmen der elektrostatischen Aufladbarkeit von Kunststoffpulvern. *Kunststoffe* 60 (1969) 571–574

[6.95] Biedermann, W.; Richter, K.: *Elektropraktiker* 8 (1969) 254

[6.96] Heyl, G.: Zur Messung der Ladungsverteilung auf der Oberfläche und im Inneren von hochisolierenden Kunststoffen. *Kunststoffe* 60 (1970) 45–52

[6.97] Ku, C. C.; Liepins, R.: Electrical Properties of Polymers. Carl Hanser Verlag, München Wien (1987)

[6.98] Whitehead, S.: Dielectric Breakdown of Solids. Clarendon Press, Oxford (1953)

7 Bewertung der Spannungsrissbeständigkeit

7.1 Allgemeine Bemerkungen zum Versagen von Kunststoffen in aggressiven Medien

Bei der Entwicklung und Anwendung von Kunststoffen stellt der Nachweis einer ausreichenden Widerstandsfähigkeit gegenüber medialer Beanspruchung eine wichtige Ziel- und Entscheidungsgröße dar. In verschiedenen Industriezweigen wie dem Chemischen Apparatebau, der Verpackungsindustrie, dem Bauwesen, der Medizintechnik und der Mikroelektronik ist das Medienverhalten häufig sogar allein ausschlaggebend für den praktischen Einsatz von Erzeugnissen aus Kunststoffen. Die durch Medienkontakt initiierten physikalischen und/oder chemischen Wechselwirkungen führen in der Regel zur Verschlechterung des Gebrauchswertes und häufig zum vorzeitigen Ausfall von Bauteilen und Schutzschichten.

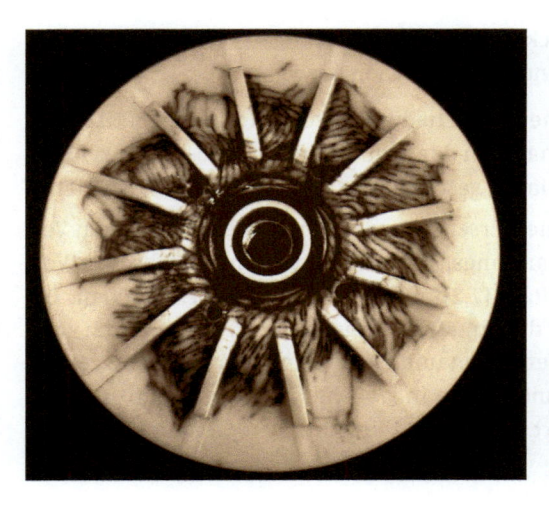

Bild 7.1
PE-Pumpenrad nach Gebrauch in chlorhaltigem Abgas; Risse sind durch eingedrungenen Ruß markiert

Derartige Wechselwirkungen verschlechtern die mechanischen Eigenschaften und sind häufig mit einer Rissbildung verbunden, die nachfolgend an zwei Beispielen veranschaulicht werden soll. Bild 7.1 zeigt durch Korrosion verursachte Risse in einem Pumpenrad aus PE, das in einer Pumpe zum Absaugen chlorhaltiger Rauchgase eingesetzt war.

Bild 7.2
Risse in einer PE-Flasche nach Gebrauch

Die Risse sind durch den eingedrungenen Ruß schwarz gefärbt. In mit Aceton gefüllten PE-Flaschen bilden sich während des Gebrauchs Spannungsrisse (Bild 7.2), die durch die Streuung des Lichts in den entstandenen Hohlräumen optisch weiß markiert sind. Zur Vermeidung von Einsatzfehlentscheidungen durch gezielte Werkstoffauswahl sowie zur vollständigen Ausschöpfung der Werkstoffeigenschaften bedarf es spezieller Prüfverfahren, die

- die Entwicklung und Weiterentwicklung medial beständiger Werkstoffe und Erzeugnisse mit hoher Langzeitbeständigkeit erlauben sowie

- die Aufklärung der Ursachen für mediale Schädigungsvorgänge unter Betriebsbedingungen mit Ableitung von Maßnahmen der technischen Diagnostik, einschließlich der Festlegung der Restlebensdauer geschädigter Erzeugnisse, ermöglichen.

Erste Erkenntnisse zu den verschiedenen Erscheinungsformen und speziell zum Verständnis der beim Versagen durch Spannungsrisse ablaufenden physikalischen Vorgänge wurden von *Stuart* [7.1], *Morbitzer* [7.2] und *Kambour* [7.3] beschrieben. Die Bedeutung dieser Problemstellung für die Kunststoffindustrie wird außer durch zahlreiche Internetseiten von Firmen zu Verfahren und Daten zum Spannungsrissverhalten von Kunststoffen auch von Cruz und Jansen in [7.4] für zahlreiche amorphe und teilkristalline Kunststoffe dokumentiert. Der Angriff eines aktiven Mediums auf einen

7.1 Allgemeine Bemerkungen zum Versagen von Kunststoffen in aggressiven Medien

Kunststoff kann chemische und/oder physikalische Veränderungen bewirken. Wird ein Kunststoff durch eine chemische Reaktion mit seiner Umgebung verändert, so spricht man in Anlehnung an das entsprechende Verhalten bei Metallen von Korrosion. Ein Beispiel dafür ist der Auf- oder Abbau der molaren Masse von Polykondensaten bei Kontakt mit dem Medium Wasser. Neben der Feuchtigkeit ist die Temperatur der Umgebung bei der Verarbeitung und Lagerung für diesen Prozess von Bedeutung. Auf diese Weise kann das Kondensationsgleichgewicht verschoben werden, das für diese Werkstoffgruppe bestimmend ist. Zunehmende Temperatur und Feuchtigkeit führen zur Depolymerisation, die eine Abnahme der Festigkeit und eine zunehmende Versprödung zur Folge hat. In Bild 7.3 ist diese Abhängigkeit von der Vorgeschichte an Hand von Veränderungen in den Kraft-Durchbiegungs-Diagrammen von PET im instrumentierten Schlagbiegeversuch quantifiziert. Nach dem Verpressen von feuchtem Ausgangsmaterial wird sprödes Werkstoffverhalten nachgewiesen, wie an Hand der geringen Durchbiegung deutlich wird (Bild 7.3a). Ein Trocknen des Ausgangsmaterials vor dem Verpressen führt zu deutlich zäherem Werkstoffverhalten (Bild 7.3b). Nochmaliges Lagern in Wasser und anschließendes Verpressen führt wieder zu einer Versprödung (Bild 7.3c). Durch Trocknen des feuchten Ausgangsmaterials und anschließendes Verpressen wird die molare Masse erhöht, Festigkeit und Zähigkeit steigen an. Die Wasserlagerung des getrockneten Materials mit nachfolgendem erneutem Verpressen führt zu einer Verringerung der molaren Masse und folglich zu einer erneuten Abnahme von Festigkeit und Schlagzähigkeit. Bereits bei der thermoplastischen Verarbeitung dieser Kunststoffe muss daher die Ausgangsfeuchte berücksichtigt werden, was eine entsprechende Vorbehandlung oder Lagerung bedingt und u. a. in der Faserindustrie bei der Produktion von PET-Fäden [7.5] Berücksichtigung findet.

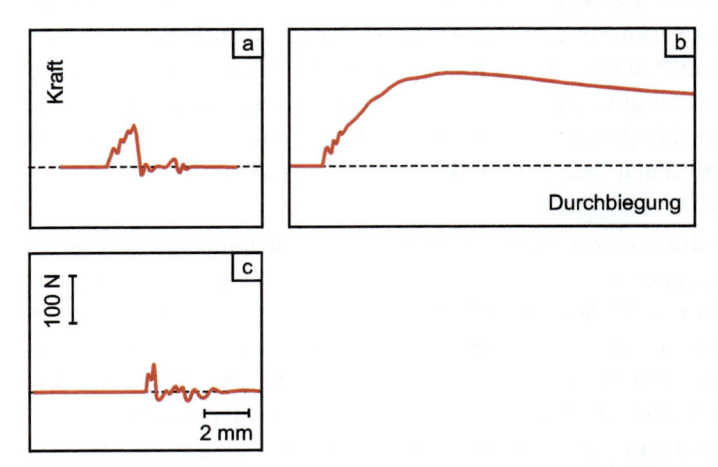

Bild 7.3 Kraft-Durchbiegungs-Diagramme im instrumentierten Schlagbiegeversuch bei 23 °C von gepressten PET-Prüfkörpern nach verschiedenen Vorbehandlungen des Granulats im angelieferten Zustand (a), nach Trocknung (b) und nach Lagerung in Wasser (c)

Weitere bekannte chemische Veränderungen werden in Kunststoffen durch Oxidation, energiereiche Strahlung und biologischen Abbau hervorgerufen, die ebenfalls zu einer Verschlechterung der Eigenschaften führen. Eine gezielte Einstellung der biologischen Abbaubarkeit erfolgt in polymeren Fertigprodukten, z. B. Verpackungsmaterialien, die nach Gebrauch durch Kompostieren entsorgt werden sollen. Darüber hinaus können Kunststoffe durch chemisch aktive Medien wie Säuren angegriffen werden. So ist die Ursache für die in Bild 7.1. gezeigten Spannungsrisse in der durch das aggressive Chlor hervorgerufenen Kettenspaltung im PE zu sehen. Dieser Abbau durch ein aktiv chemisch wirkendes Medium wird häufig umgekehrt in der Analytik genutzt, wo selektive Ätzmittel zur besseren Darstellung des heterogenen strukturellen Aufbaus von Polymeren eingesetzt werden. Die chemische Beständigkeit von Polymeren, die aus asymmetrisch einbaubaren Monomeren bestehen, kann bereits durch deren Konfiguration beeinflusst werden [7.6].

Bei kombinierter Beanspruchung durch mechanische Spannungen und physikalisch und/oder chemisch aktive Medien ergeben sich Werkstoffverhaltensweisen, die nicht mehr mit denen bei einer ausschließlich mechanischen bzw. medialen Belastung identisch sind. Dies begründet sich darauf, dass mechanische Spannungen eine Aktivierung des Polymers bewirken können, die chemische Reaktionen mit dem umgebenden Medium bereits bei Temperaturen weit unter denen des mechanisch unbeanspruchten Polymers ermöglichen. Andererseits führen die in aktiven Medien ablaufenden Wechselwirkungen mit dem Werkstoff zur homogenen oder inhomogenen Schwächung der Bindungskräfte, so dass bereits vergleichsweise geringe mechanische Spannungen ausgeprägte Deformationsvorgänge bis zur Werkstofftrennung in mikroskopischen bzw. makroskopischen Größenordnungen hervorrufen. Besondere anwendungstechnische Bedeutung kommt dabei dem medial aktivierten Spannungsrissbildungs- und Bruchvorgang zu, der zur Verkürzung der Lebensdauer der Kunststoffe bei statischer oder wechselnder mechanischer Belastung führt. In physikalisch aktiver Umgebung hat sich für diesen Schädigungsvorgang der Begriff *Spannungsrissbildung* oder *ESC* (environmental stress cracking), in chemisch aktiven Medien dagegen in Analogie zu den Vorgängen bei metallischen Werkstoffen die Bezeichnung „Spannungsrisskorrosion" durchgesetzt [7.7].

Die Wechselwirkung Medium/innere Spannungen kann u. a. auch dazu benutzt werden, innere Spannungen über die Spannungsrisse optisch nachzuweisen [7.8]. Ein Beispiel hierfür ist die in Bild 7.2 gezeigte Flasche, bei der durch Aceton und innere Spannungen Spannungsrisse ausgelöst wurden. Da es sich bei der Spannungsrissbildung um einen physikalischen Vorgang handelt [7.9], unterscheiden sich medial beanspruchte von unbeanspruchten Kunststoffen nach einer Wiederverarbeitung in ihren Eigenschaftswerten nicht, wenn das eindiffundierte spannungsrissauslösende Agens vorher wieder entfernt wurde.

Den physikalisch verursachten Spannungsrisserscheinungen können umweltbedingt auch korrosive Einflüsse überlagert sein. Besonders kritisch ist das zusätzliche Einwirken energiereicher Strahlung, so führt z. B. UV-Strahlung zur Versprödung durch Radikalbildung und dadurch ausgelöste Kettenspaltung. Durch Zugabe spezieller UV-Stabilisatoren wird dieser Prozess verzögert. Zur Erreichung einer hohen Langzeitbeständigkeit muss gewährleistet sein, dass der UV-Stabilisator nicht durch das Umgebungsmedium herausgelöst bzw. durch Wechselwirkungen mit dem Medium verändert wird [7.10].

Im Folgenden werden die Spannungsrissbildung und der dem Versagen entgegen wirkende Spannungsrisswiderstand (environmental stress cracking resistance) behandelt, die für die Bewertung des Langzeitverhaltens von Kunststoffen für Behälter oder Rohre, aber auch von Klebstoffen, Korrosionsschutzschichten, Kabelummantelungen und in der Medizintechnik, hier insbesondere durch die kombinierte Beanspruchung durch Körperflüssigkeiten, Temperatur und energiereiche Strahlung (z. B. Sterilisation) [7.11], von Bedeutung sind.

7.2 Prüfung der Spannungsrissbeständigkeit

7.2.1 Prüfmethoden zur Bestimmung der umgebungsbedingten Spannungsrissbildung

Die Spannungsrissbeständigkeit eines Kunststoffs ist eine komplexe Eigenschaft, deren Einflussfaktoren sich hinsichtlich:

- des Werkstoffs
  - chemischer Aufbau und Zusammensetzung
  - Morphologie
  - Eigenspannungszustand
- der Umgebung
  - physikalische und chemische Eigenschaften des Mediums (inkl. Luftfeuchte)
  - Temperatur
- der Beanspruchung
  - Beanspruchungsart
  - Geschwindigkeit bzw. Zeit
- der Geometrie
  - Bauteilform
  - Abmessungen
  - Heterogenitäten, Risse

differenzieren lassen.

Entsprechend dieser Vielzahl von sich überlagernden Einflüssen und der praktischen Bedeutung des Spannungsrissverhaltens existieren zahlreiche genormte Prüfverfahren, von denen die wichtigsten am Ende des Kapitels zusammengestellt sind. Dabei handelt es sich vorwiegend um Normen für Prüfverfahren an Fertigteilen, wie z. B. an Rohren und Behältern. Für den Bereich der Werkstoffentwicklung wurden neben diesen Bauteilprüfmethoden Verfahren entwickelt, die eine Kennwertermittlung an Prüfkörpern gestatten. Die drei wichtigsten Verfahren sind

- der Zeitstandzugversuch,
- das Biegestreifenverfahren und
- das Kugel- bzw. Stifteindrückverfahren.

Weitere experimentelle Verfahren und Ergebnisse sind in [7.7, 7.12, 7.13] beschrieben.

Der Zeitstandzugversuch

Im Zeitstandzugversuch nach DIN EN ISO 22088-2 (Bild 7.4) werden die Prüfkörper, vorzugsweise Vielzweckprüfkörper nach DIN EN ISO 3167, mit einer konstanten Zugkraft beansprucht, die einer Belastung unterhalb der Streckspannung entspricht, während ein bestimmtes Medium mit einer ausgewählten Prüftemperatur einwirkt. Die Zeit und/oder Spannung, bei der der Prüfkörper bricht, wird aufgezeichnet.

Zur Bewertung des Spannungsrissverhaltens werden drei Verfahren angewendet:

- Bestimmung der Zugspannung, die nach 100 h zum Bruch führt,
- Bestimmung der Bruchzeit bei konstanter vorgegebener Beanspruchung und
- Bestimmung der Abhängigkeit der Zugspannung von der Bruchzeit.

Auf diese Weise erhält man die Zeitstandzugfestigkeit (Bruchspannung) σ_B als Funktion der Standzeit (Bruchzeit) t_B.

Bei einer weiteren Variante wird der Prüfkörper bei steigender Kraft verformt, es wird also eine einfache Verformungskurve im aggressiven Medium aufgenommen.

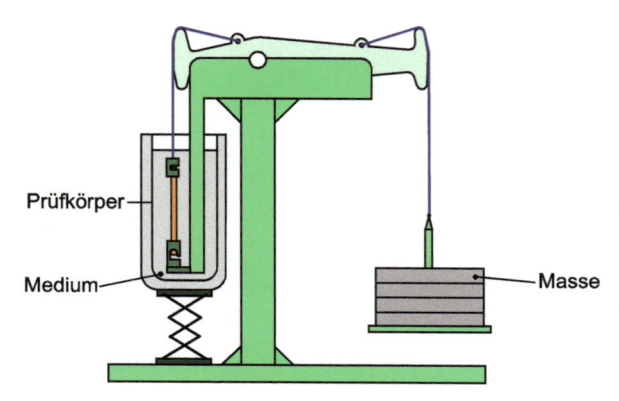

Bild 7.4 Prüfeinrichtung zur Messung der umgebungsbedingten Spannungsrissbildung im Zeitstandzugversuch nach DIN EN ISO 22088-2

Das Biegestreifenverfahren

Beim Biegestreifenverfahren nach DIN EN ISO 22088-3 wird der Prüfkörper auf eine Schablone mit konstantem Krümmungsradius gespannt und in Kontakt mit dem Prüfmedium auf Biegung beansprucht (Bild 7.5). Durch die Anwendung von Schablonen mit verschiedenen Krümmungsradien erhält man Prüfkörper mit unterschiedlichen Biegedehnungen ε_x (Randfaserdehnungen). Nach der vereinbarten Kontaktzeit mit dem Prüfmedium werden die Prüfkörper visuell begutachtet, ausgespannt und mechanischen oder anderen Prüfverfahren zugeführt.

Häufig wird die Restfestigkeit oder Restdehnung der Prüfkörper bestimmt und als Indikator für die Spannungsrissempfindlichkeit angegeben. Die Ermittlung der Biegedehnung (Randfaserdehnung) eines prismatischen Prüfkörpers der Dicke B, der über einem Kreissegment vom Radius r gebogen wird, erfolgt nach Formel 7.1. Alternativ kann in diesem Test auch die Standzeit bis zum totalen Versagen bestimmt werden.

$$\varepsilon_x = \frac{B}{(2r + B)} \cdot 100\ \% \tag{7.1}$$

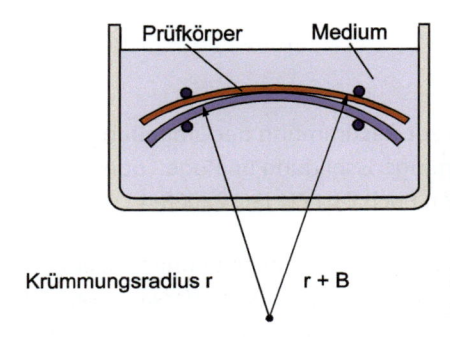

Bild 7.5
Messanordnung zur Bestimmung der Beständigkeit gegen umgebungsbedingte Spannungsrissbildung im Biegestreifenverfahren nach DIN EN ISO 22088-3

In einer modifizierten Version werden die Prüfkörper über eine Schablone mit parabolisch veränderter Krümmung gebogen („Dow-Säbel-Test"). Die Oberflächendehnung der aufgespannten Prüfkörper ändert sich kontinuierlich in Prüfkörperlängsrichtung und ist abhängig von der jeweiligen Krümmung der Unterlage. In Abhängigkeit von der Beanspruchungszeit bilden sich auf der Oberfläche, beginnend im Bereich starker Biegung, Spannungsrisse senkrecht zur Prüfkörperlängsachse aus. Zur Charakterisierung der Empfindlichkeit gegenüber Spannungsrissbildung wird in diesem Test die kritische Dehnung (Formel 7.1) an der geringsten lokalen Krümmung, an der nach einer definierten Versuchszeit optisch sichtbar Spannungsrisse (Crazes) gebildet werden, bestimmt. Bei dem für PE entwickelten Bell-Test (Telefon-Test) nach ASTM D 1693 werden zehn mittig längs gekerbte Prüfkörper um 180° U-förmig gebogen, in eine Schiene eingeklemmt und in das Testmedium eingetaucht. Gemessen wird z. B. die Zeit, bei der 50 % der Prüfkörper Risse zeigen. Bei allen Verfahren mit gebogenen Prüfkörpern wird von einer konstanten Anfangsdehnung ausgegangen. Bei dieser

Beanspruchungsart verringert sich in Abhängigkeit von der Beanspruchungszeit die anfängliche Kraft durch Relaxation.

Das Kugel- bzw. Stifteindrückverfahren

Bei diesem Verfahren wird in den Prüfkörper ein Loch mit einem definierten Durchmesser gebohrt, in das eine Kugel oder ein Stift mit einem Übermaß gedrückt wird. Dieser Prüfkörper wird in einem Medium gelagert (Bild 7.6). Dieses Vorgehen wird mit Kugeln oder Rundstiften mit schrittweise größerem Durchmesser wiederholt. Das Übermaß ist als die Differenz zwischen dem Durchmesser der eingedrückten Stahlkugel bzw. des Rundstiftes und dem Lochdurchmesser definiert. Durch das Übermaß der Kugel oder des Stifts wird ein zeitlich konstanter mehrachsiger Verformungszustand in Lochnähe erzeugt. Bei dünnen Prüfkörpern von ca. 1 mm werden Stifte, bei dickeren Prüfkörpern im Bereich von 3–4 mm Kugeln bevorzugt. Nach einer festgelegten Zeit kann der Einfluss der Einwirkung des Mediums durch visuelle Beurteilung oder die Bestimmung von Restfestigkeit oder Restdehnung charakterisiert werden.

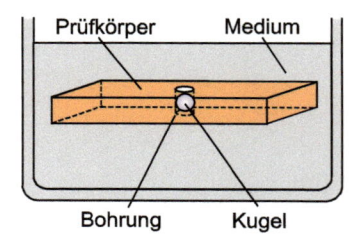

Bild 7.6
Messanordnung zur Bestimmung der umgebungsbedingten Spannungsrissbildung im Kugel- oder Stifteindrückverfahren nach DIN EN ISO 22088-4

Durch vergleichende Untersuchungen an Luft kann als zusätzliche Kenngröße ein relativer Spannungsrissfaktor bestimmt werden, der das Verhältnis der Versagensgröße in der Prüfanordnung zu der in Luft beschreibt. Aufgrund der unterschiedlichen Verformungszustände können die Ergebnisse von Kugel- und Stiftprüfung verschieden sein und sind auch nicht auf andere Beanspruchungsarten umrechenbar. Bei dieser Methode sind ebenfalls Relaxationsprozesse zu berücksichtigen.

Vor- und Nachteile der drei beschriebenen wichtigsten genormten Labormessverfahren sind in Tabelle 7.1 zusammengestellt [5.15, 7.13] und werden im Folgenden an Hand ausgewählter Beispiele erläutert.

Tabelle 7.1 Vor- und Nachteile von Normprüfverfahren für die Spannungsrissprüfung an Kunststoffen

Methode	Zeitstandzugversuch DIN EN ISO 22088-2	Biegestreifenverfahren DIN EN ISO 22088-3	Kugel- oder Stifteindrückverfahren DIN EN ISO 22088-4
Vorteile	▪ eindeutiger Belastungszustand ▪ definierte Kennwertermittlung durch Registrierung funktioneller Abhängigkeiten	▪ einfacher Versuchsaufbau	▪ einfacher Versuchsaufbau ▪ auch auf weniger definierte Prüfkörper anwendbar ▪ geringer Oberflächeneinfluss ▪ mehrachsige Beanspruchung
Nachteile	▪ zeitaufwändig ▪ apparativer Aufwand	▪ nur am Anfang definierte Beanspruchung wegen Relaxation	▪ kein eindeutiger Belastungszustand ▪ kleine Prüffläche ▪ hohe Anforderungen an die Qualität der Bohrung

7.2.2 Beispiele zur Bewertung der Spannungsrissbeständigkeit mit standardisierten Prüfverfahren

Im ersten Anwendungsbeispiel wird die Aussagefähigkeit des Kugeleindrückverfahrens zur Bewertung der Spannungsrissbeständigkeit von ABS gegenüber Isopropanol/Wasser-Gemischen erläutert. Dazu wurden zwei verschiedene Prüfkörpertypen (Prüfkörper 1: 50 × 6 × 4 mm^3; Prüfkörper 2: 80 × 10 × 4 mm^3) mit einer 3 mm Ausgangsbohrung versehen, in die Kugeln mit Übermaßen zwischen 0,03 mm und 0,5 mm eingedrückt wurden. Danach erfolgte eine Auslagerung über einen Zeitraum von 1 h bei 23 °C in Gemischen Isopropanol/Wasser 35/65, 60/40 und 100/0. Anschließend wurden die Restfestigkeit und Restdehnung im Zugversuch bestimmt. Für Vergleichszwecke wurde der Versuch zusätzlich an Luft durchgeführt. Die Schädigung nimmt mit zunehmendem Isopropanolgehalt zu, d. h. die hier für die Schädigung durch Spannungsrisse gewählten Indikatoren Restfestigkeit (Zugfestigkeit) und Restdehnung (Bruchdehnung) nehmen ab (Bild 7.7). Der Umfang der Schädigung ist nicht nur von dem System Polymer/Medium abhängig, sondern auch vom Prüfkörpertyp und vom Übermaß. In Abhängigkeit vom Übermaß weisen Restfestigkeit und -dehnung ein Minimum auf. Der erneute Anstieg der Kennwerte ist die Folge einer lokal erhöhten Molekülorientierung und der damit verbundenen Verfestigung, die mit zunehmendem Übermaß zunehmen.

Die Abhängigkeit von der Prüfkörpergeometrie zeigt, dass mit dem Kugeleindrückverfahren quantitative Aussagen zur Spannungsrissbeständigkeit nur unter der Voraussetzung gleicher geometrischer Bedingungen getroffen werden können.

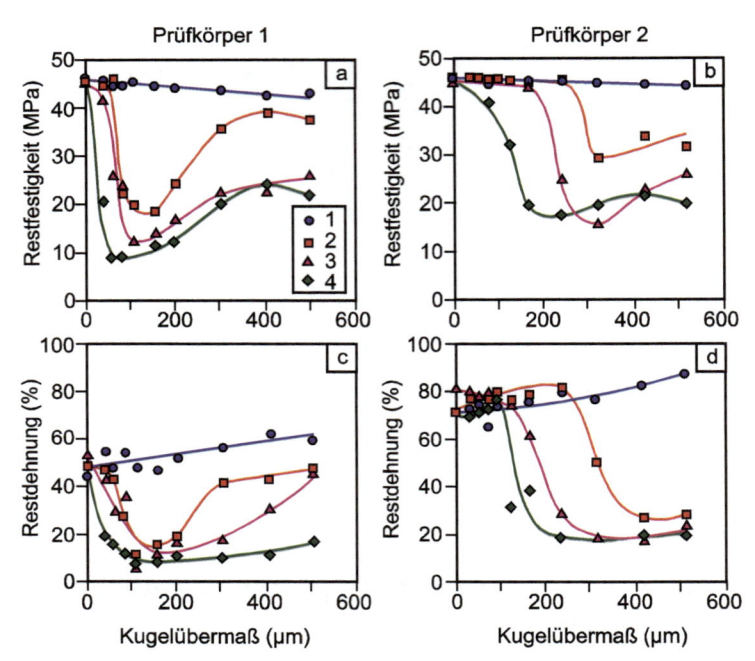

Bild 7.7 Restfestigkeit (a, b) und Restdehnung (c, d) nach dem Kugeleindrückverfahren mit einstündiger Lagerung bei 23 °C in Isopropanol/Wasser-Gemischen [7.14]: (1) – Luft, (2) – 35/65, (3) – 60/40, (4) – 100/0

Im zweiten Beispiel werden Ergebnisse zum Einfluss der Dichte von PE auf die Spannungsrissbeständigkeit, ermittelt im Bell-Test nach ASTM D 1693 und im Zeitstandzugversuch dargestellt [7.15]. Als Prüfmedium diente ein Netzmittel, die Prüftemperatur betrug 50 °C. Im Biegetest ist das Spannungsrissverhalten von der Steifigkeit des Kunststoffs abhängig, da eine Anfangsdehnung vorgegeben wird. Die zur Einstellung der Anfangsdehnung erforderliche Kraft steigt mit zunehmender Steifigkeit an, woraus höhere Spannungen an der Zugseite des Prüfkörpers resultieren. Bei Lagerung unterschiedlicher PE-Typen in Netzmittel bei erhöhter Temperatur führt eine zunehmende Dichte, d. h. Kristallinität und damit E-Modul, zu einer Abnahme der Standzeit (Tabelle 7.2). Die Schmelze-Massefließrate (MFR) als Maß für die molare Masse ist bei den hier untersuchten PE-Werkstoffen nahezu konstant, um den Einfluss der molaren Masse vernachlässigen zu können.

Im Gegensatz zum Biegetest wird im Zeitstandzugversuch eine konstante Spannung vorgegeben, die eine Dehnung des Prüfkörpers bewirkt. Mit zunehmender Dichte, d. h. Steifigkeit, werden diese Dehnungen geringer, was zu einer Verlängerung der Standzeiten führt. Die im vorliegenden Beispiel (Tabelle 7.2) für die PE-Werkstoffe angegebene Zunahme der MFR-Werte kann nicht als alleinige Ursache für die deutliche Abnahme der Standzeiten angesehen werden. Vielmehr scheint eine relative Unabhängigkeit der kritischen Dehnung vom Medium vorzuliegen und der Einfluss der Dichte zu dominieren. Folglich werden für PE-Werkstoffe mit höherer Steifigkeit bei konstanter Spannung längere Standzeiten ermittelt. Dabei ist zu berücksichtigen, dass auch andere Einflussgrößen, insbesondere strukturelle Parameter, die Spannungsrissbeständigkeit beeinflussen. Das dargestellte Beispiel zeigt, dass die Beanspruchungsarten Biegung und Zug entgegengesetzte Auswirkungen auf die Standzeiten bei der Lagerung in einem aktiven Medium haben. Deshalb ist bei der Simulation des Einsatzgebietes eines Kunststoffes mit standardisierten Prüfverfahren der Einfluss der Beanspruchungsart je nach Zustand im Fertigteil unter Betriebsbedingungen zu berücksichtigen.

Tabelle 7.2 Spannungsrissbildung in PE bei Lagerung in einem Netzmittel bei 50 °C [7.15]

Biegetest nach ASTM D 1693		
MFR (g (10 min)$^{-1}$)	Dichte (g cm^{-3})	Standzeit (h)
0,6	0,922	>1000
0,7	0,94	>1000
0,6	0,95	130
0,5	0,95	200
0,7	0,96	72
0,7	0,96	12
Zeitstandzugversuch		
MFR (g (10 min)$^{-1}$)	Dichte (g cm^{-3})	Standzeit (h) bei 4,2 MPa
1,8	0,914	0,2
1,6	0,918	0,7
1,4	0,927	120
1,0	0,960	250

Das dritte Beispiel zeigt den Vergleich zwischen Biegestreifenverfahren und Zeitstandzugversuch für 10 verschiedene PS-HI-Entwicklungsprodukte mit unterschiedlichen Kautschukkonzentrationen und -morphologien. Für die Experimente wurden Vielzweckprüfkörper nach DIN EN ISO 3167 mit einer Dicke von 4 mm verwendet, als Prüfmedium diente Methanol. Die Ergebnisse sind in Bild 7.8 und Bild 7.9 dargestellt, worin aus Gründen der Zuordnung für gleiche Entwicklungsprodukte gleiche Symbole verwendet wurden. Im Biegestreifenverfahren wurde als Schädigungsmaß die normierte reziproke Restbruchdehnung (Anfangsbruchdehnung ε_0 bezogen auf die Restbruchdehnung nach Lagerung $\varepsilon_{gelagert}$) nach einstündiger Lagerung in Methanol (Biegeradius 24,8 cm) eingeführt. Diese Kenngröße nimmt mit zunehmendem E-Modul deutlich zu. Für die Entwicklungsprodukte mit hohem Kautschukgehalt und damit geringem E-Modul erhöht sich demzufolge die Spannungsrissbeständigkeit. Im Zeitstandzugversuch wird als Schädigungsmaß die Bruchzeit (Standzeit) t_B für die verschiedenen kautschukmodifizierten PS-Werkstoffe unter einer vorgegebenen Prüfspannung von 8 MPa ermittelt, die in Abhängigkeit von der Ausgangsbruchfestigkeit zunimmt.

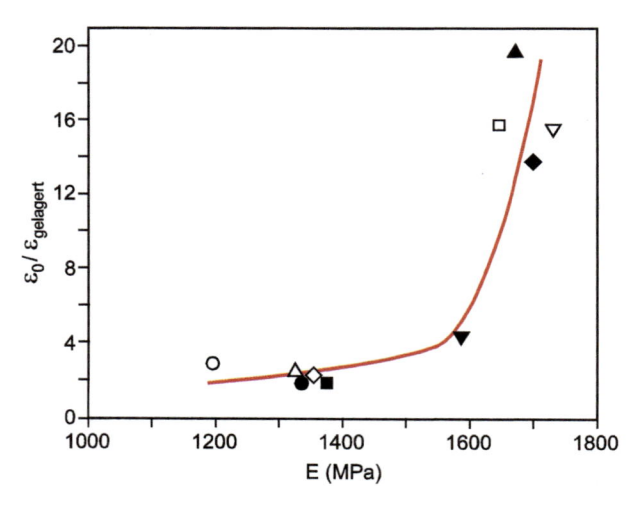

Bild 7.8
Zunahme der Schädigung in Form der normierten reziproken Restbruchdehnung als Funktion des E-Moduls von PS-HI-Entwicklungsprodukten nach einstündiger Lagerung in Methanol im Biegestreifenverfahren

Eine Korrelation zum E-Modul kann nicht nachgewiesen werden. Bei der Einspannung der Prüfkörper im Zeitstandzugversuch ist darauf zu achten, dass keine Vorschädigungen durch plastische Deformation erzeugt werden. Vorschädigungen können in crazebildenden Werkstoffen zu einer Verringerung der Standzeiten (Bruchzeiten) führen, während bei scherbandbildenden Werkstoffen eine Erhöhung von t_B registriert wird.

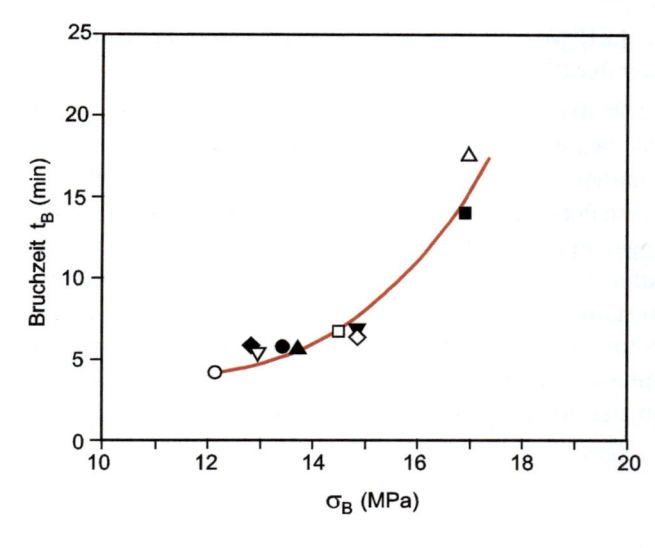

Bild 7.9
Bruchzeiten (Standzeiten) von PS-HI-Entwicklungsprodukten in Methanol bei 8 MPa Zugspannung (gleiche Symbole wie in Bild 7.8) als Funktion der Ausgangsbruchfestigkeit

Insgesamt erscheint der uniaxiale Zeitstandzugversuch am geeignetsten, die prinzipielle Spannungsrissbeständigkeit polymerer Werkstoffe ohne Rücksicht auf ihre Steifigkeit, Prüfkörpergeometrie oder Relaxation systematisch zu untersuchen. In Bezug auf die Übertragbarkeit der Ergebnisse in die Praxis ist allerdings das Biegestreifenverfahren vorzuziehen, wenn durch den Anwendungsfall die Dehnung im Fertigteil vorgegeben ist. Dagegen ist der Zeitstandzugversuch vorteilhaft, wenn bei Beanspruchung des Fertigteils die Spannungen vorgegeben sind. Erste Hinweise auf das Spannungsrissverhalten bei mehrachsiger Beanspruchung liefert das Kugel- bzw. Stift-Eindrückverfahren.

7.2.3 Bruchmechanische Prüfmethoden

Die bruchmechanischen Methoden zur Bewertung der Spannungsrissbeständigkeit basieren, im Unterschied zu den konventionellen Prüfverfahren, auf der Ermittlung des Werkstoffwiderstandes gegenüber Rissausbreitung. Grundlage dieser Verfahren ist die Ermittlung der Abhängigkeit der Rissausbreitungsgeschwindigkeit von einem Beanspruchungsparameter, aus der Schwellwerte für den Beginn der stabilen (unterkritischen) Rissausbreitung abgeleitet werden können. Aus der Abhängigkeit der Rissausbreitungsgeschwindigkeit da/dt vom Spannungsintensitätsfaktor K_I lässt sich als kritische Werkstoffkenngröße der Widerstand gegen stabile Rissausbreitung K_{Iscc} (scc – stress corrosion cracking) bestimmen. Durch Anwendung weiterer Konzepte der Bruchmechanik (vgl. Kapitel 5) gelingt es dabei zunehmend, das Werkstoff- und Rissverhalten mit morphologischen Daten oder makroskopischen Verhaltensweisen zu verbinden. Als bruchmechanischer Beanspruchungsparameter wurde hier das

Kriech-*J*-Integral *J** eingeführt [5.1]. Von den in Kapitel 5 vorgestellten Bruchmechanikprüfkörpern wird bevorzugt der CT-Prüfkörper angewendet.

Für die Messung wird der CT-Prüfkörper mit seiner Kerbspitze in das Medium getaucht und mit konstanter Last beansprucht (Bild 7.10). Neben der in Bild 7.10 schematisch dargestellten horizontalen Prüfanordnung ist auch die Verwendung vertikaler Prüfanordnungen mit geschlossenen Medienkammern möglich. Die Belastung kann für beide Prüfanordnungen entweder durch Massestücke [7.16] oder durch die Kopplung mit einer Universalprüfmaschine [7.17] erfolgen. Durch die Nutzung der Funktionssteuerung der Materialprüfmaschine wird ein zusätzlicher Informationsgewinn bei der Kennwertermittlung ermöglicht. Unabhängig von der Prüfanordnung und der verwendeten Belastungseinrichtung werden die Zeit bis zum Einsetzen der stabilen Rissausbreitung und der Rissfortschritt während der Beanspruchung gemessen.

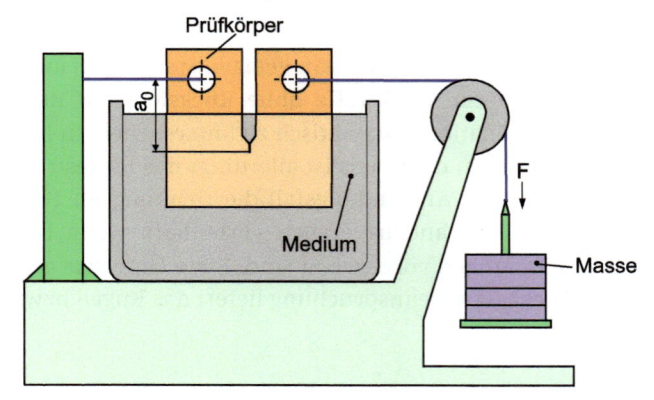

Bild 7.10 Schematischer Versuchsaufbau zur bruchmechanischen Prüfung der Spannungsrissbildung in einem CT-Prüfkörper [7.16]

Bild 7.11 und Bild 7.12 zeigen als Beispiel die Ergebnisse bruchmechanischer Rissausbreitungsuntersuchungen für PMMA und PE. Dabei wird der Einfluss unterschiedlicher Medien und unterschiedlicher molarer Massen auf die Schwellwerte K_{Iscc} ersichtlich.

Von *Marshall* und *Williams* [7.18] wurden für zwei PE-Werkstoffe mit unterschiedlicher molare Masse bei Spannungsrissbeanspruchung in Methanol unterschiedliche Schwellwerte K_{Iscc} und gleichartiges Rissausbreitungsverhalten gefunden (Bild 7.12 a). Demgegenüber konnte *Rufke* [7.7] nach Lagerung in einer 5 %igen Dispergatorlösung (Alkylphenylpolyglykoläther-Lösung) eine unterschiedliche Spannungsrissneigung nachweisen, die sich sowohl in unterschiedlichen Schwellwerten als auch in unterschiedlichem Risswachstumsverhalten ausdrückt (Bild 7.12b). Höhermolekulare PE-Werkstoffe zeigen eine größere Beständigkeit gegenüber Spannungsrissbildung.

7.2 Prüfung der Spannungsrissbeständigkeit

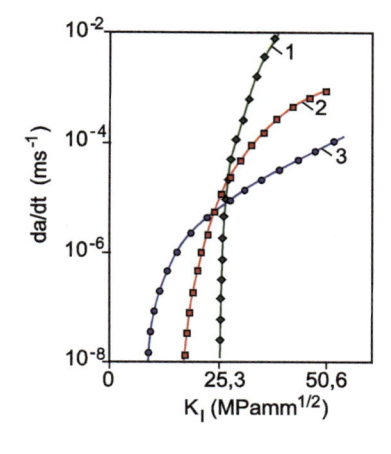

Bild 7.11
Abhängigkeit der Risswachstumsgeschwindigkeit da/dt vom Spannungsintensitätsfaktor K_I für PMMA in verschiedenen Medien: (1) – Luft, (2) – CCl_4 und (3) – Ethanol [7.19]

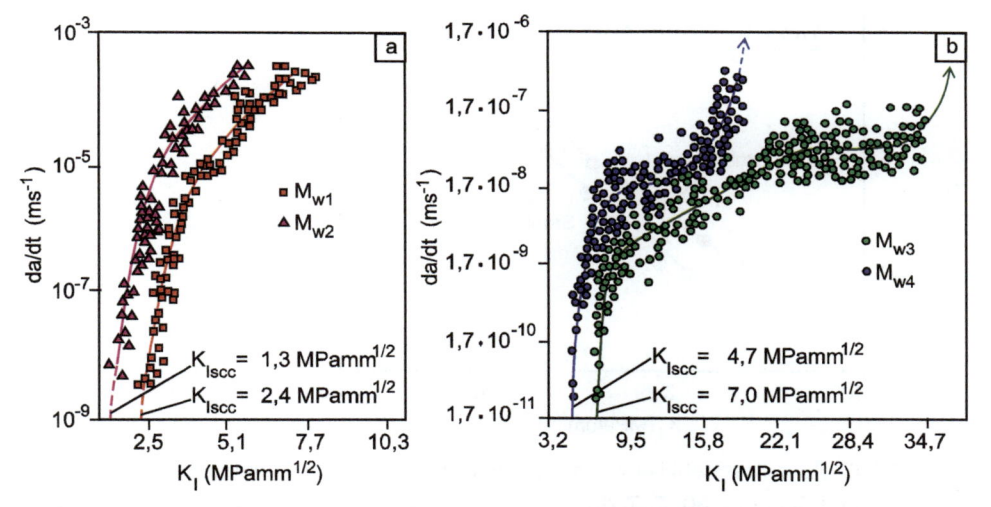

Bild 7.12 Abhängigkeit der Risswachstumsgeschwindigkeit da/dt vom Spannungsintensitätsfaktor K_I für PE-HD in Methanol; $M_{w1} > M_{w2}$; $T = 22\,°C$ (a) [7.18] und PE-HD in 5 %iger Dispergatorlösung; $M_{w3} > M_{w4}$; $T = 25\,°C$ (b) [7.7]

Der Verlauf der Abhängigkeit da/dt = f (K_I) kann durch drei charakteristische Bereiche beschrieben werden. Nach Überschreiten des Schwellwertes wird bereits bei einer geringen Zunahme des Spannungsintensitätsfaktors K_I ein Anwachsen von da/dt um mehrere Größenordnungen beobachtet. An diesen Bereich I schließt sich ein als Bereich II bezeichnetes Gebiet an, in dem sich da/dt mit steigendem K_I nur wenig ändert. In diesem Bereich kann der Zusammenhang zwischen Risswachstumsgeschwindigkeit da/dt und Spannungsintensitätsfaktor K_I (Gl. 5.3) durch:

$$\frac{da}{dt} = A\, K_I^m \tag{7.2}$$

beschrieben werden. A und m sind hierin Konstanten, die vom Werkstoffverhalten und den Prüfbedingungen abhängig sind.

Der häufig nur schwach ausgeprägte Bereich III weist auf den Beginn der instabilen Rissausbreitung hin. Aufgrund der im Bereich III vorhandenen hohen Rissausbreitungsgeschwindigkeit ist der Einfluss des Umgebungsmediums überwiegend auf die Bereiche I und II begrenzt. Der in Bild 7.13 gezeigte Einfluss des Stabilisators auf das Risswachstumsverhalten im Bereich II belegt die Sensitivität des Prüfverfahrens gegenüber lokalen Alterungsprozessen an der Rissspitze, verursacht durch die kombinierte Einwirkung von erhöhter Temperatur (T = 80 °C), Sauerstoff, Wasser und mechanischer Beanspruchung bei langen Beanspruchungszeiten.

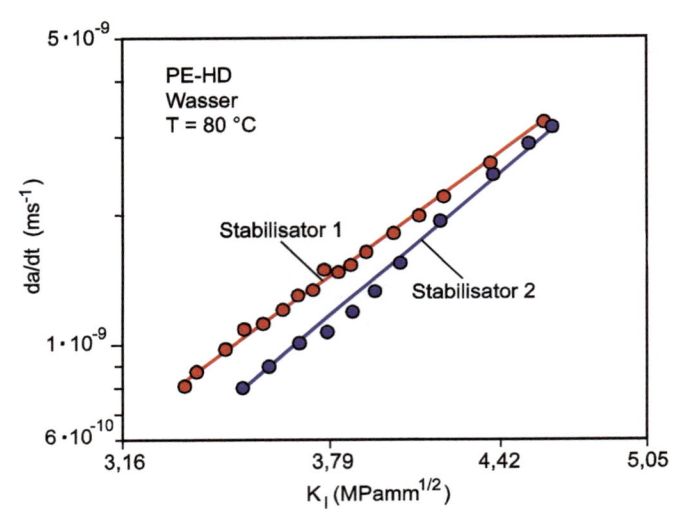

Bild 7.13 Einfluss des Stabilisators auf die Risswachstumsgeschwindigkeit in PE-HD bei T = 80 °C [7.20]

Ein weiteres Beispiel (Bild 7.14) zeigt die Spannungsrissbeständigkeit von kreidegefüllten PE-HD-Werkstoffen, wobei die Rissausbreitungsgeschwindigkeit mit dem Beanspruchungsparameter Kriech-J-Integral J^* korreliert wurde, der die im Werkstoff ablaufenden Kriechprozesse bei der Rissausbreitung quantifiziert. Der sich ergebende Zusammenhang kann durch Regressionsgeraden beschrieben werden.

Die erkennbaren Unterschiede im Anstieg und in der Lage derartiger Korrelationsgeraden sind auf mikrostrukturelle Einflüsse zurückzuführen [7.7].

Für eine bruchmechanische Lebensdauerberechnung wird der Schwellwert K_{Iscc} herangezogen. Er gestattet eine bruchsichere Dimensionierung medial beanspruchter Bauteile bzw. die Festlegung zulässiger Fehlertiefen oder Bauteilbelastungen. Voraussetzung dafür ist der Nachweis der Geometrieunabhängigkeit, die nur unter den Bedingungen eines Diffusionsgleichgewichtes erreichbar ist [7.7].

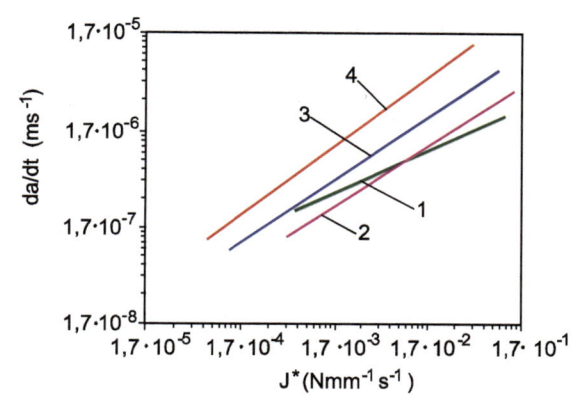

Bild 7.14 Abhängigkeit von da/dt vom Kriech-J-Integral J^* für kreidegefülltes PE-HD bei T = 60 °C in 5 %iger Dispergatorlösung mit (1) – PE-HD, (2) – PE-HD + 5 Vol.-% Kreide, (3) – PE-HD + 20 Vol.-% Kreide und (4) – PE-HD + 40 Vol.-% Kreide [7.7]

7.3 Modellbetrachtungen zum Versagen von Kunststoffen in Medien durch Spannungsrisse

Das typische Versagen von Kunststoffen durch Spannungsrisse im uniaxialen Zeitstandzugversuch ist in Bild 7.15 für gepresste Schulterstäbe aus SAN wiedergegeben. Dargestellt ist die Korrelation zwischen Bruchspannung und Bruchzeit für verschiedene flüssige Medien. Die Bruchzeiten nehmen mit abnehmender Belastung zu. Diese Zunahme der Bruchzeiten mit abnehmender Spannung erfolgt in drei Stufen. Im Bereich III bei hohen Belastungen und damit kurzen Bruchzeiten beeinflusst das Umgebungsmedium im Vergleich zu Luft die Bruchzeiten wenig. Im mittleren Spannungsbereich II nehmen infolge des Medieneinflusses die Bruchzeiten mit abnehmender Belastung zu. Der Bereich I ist gekennzeichnet durch lange Bruchzeiten bei niedrigen Spannungen. Bei Beanspruchung mit verschiedenen Medien sind die experimentell ermittelten Bruchzeiten immer klein im Vergleich zu Luft. Prinzipiell gleichartiges Verhalten wurde für ein Standardpolystyrol gefunden (Bild 7.16). Es treten jedoch Unterschiede in der Wirksamkeit der Medien in den beiden Styrolpolymeren auf. So schädigt z. B. Methanol SAN relativ rasch und Decan langsamer. Bei PS ist die Wirkungsweise umgekehrt, Decan löst in PS schneller Spannungsrisse aus als Methanol.

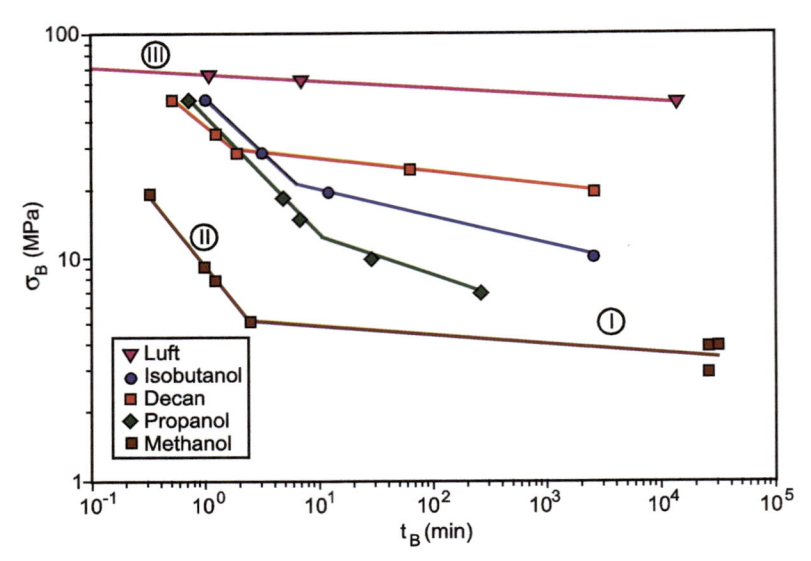

Bild 7.15 Bruchspannung als Funktion der Bruchzeit im Zeitstandzugversuch von SAN (gepresst) in verschiedenen Medien bei 23 °C

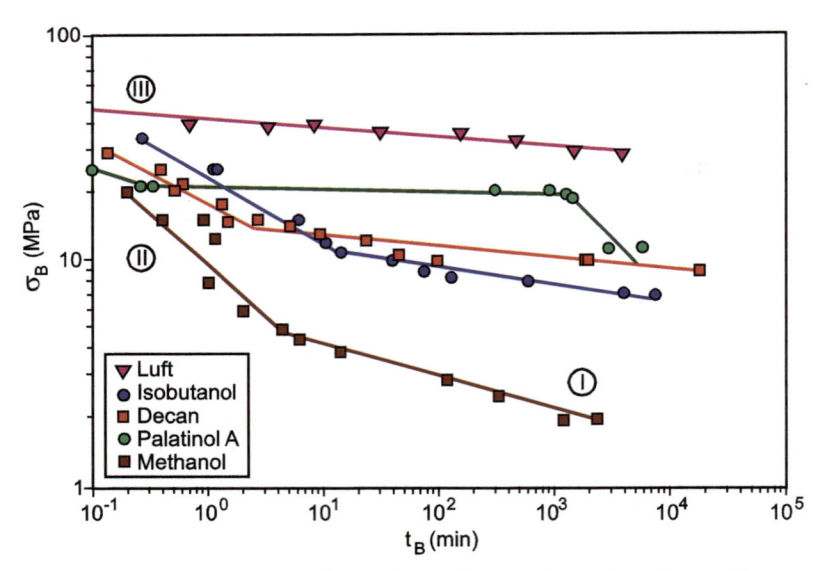

Bild 7.16 Bruchspannung als Funktion der Bruchzeit im Zeitstandzugversuch von PS (gepresst) in verschiedenen Medien (Prüfkörperdicke 3 mm) bei 23 °C [7.9]

Als Modell zur Beschreibung des Spannungsrissverhaltens hat sich die spannungsinduzierte beschleunigte Entschlaufung der Molekülketten durch die Weichmacherwirkung des Umgebungsmediums an der Rissspitze bewährt [7.9].

Bei Belastung entstehen zunächst an der Prüfkörperoberfläche oder an der Kerbspitze Crazes. Diese Crazes dehnen sich während der Belastung in das restliche Material senkrecht zur Zugspannung aus. Crazes bestehen aus in Zugrichtung orientierten Molekülbündeln, den Fibrillen, mit dazwischenliegenden Hohlräumen. Durch diese Hohlräume diffundiert das Umgebungsmedium fortlaufend an die Rissspitze, wo es als Weichmacher wirkt und somit die Kettenentschlaufung im mechanisch beanspruchten Craze beschleunigt. Die Beschleunigung der Kettenentschlaufung wird durch eine lokale Absenkung der Glastemperatur verursacht [7.3], die eine Verringerung des Widerstandes der Moleküle gegen Gleitreibung bewirkt. Die Aktivierungsenergie für die Gleitprozesse nimmt folglich ebenfalls deutlich ab [7.21]. Zusätzlich verändert sich das wirkende Spannungsfeld durch das Abstumpfen der Kerbspitze. Schematisch ist dieser Vorgang der Kettenentschlaufung in Bild 7.17 für eine Molekülkette verdeutlicht, die den fortschreitenden Riss überbrückt. Dem Modell liegt die einfache Annahme zugrunde, dass die Entschlaufung durch eine reine viskose Reibung der Moleküle untereinander bestimmt wird. Die Nachbarschaft des entschlaufenden Moleküls wird im Gegensatz zu den Modellen für die Scherprozesse beim Fließen in der Schmelze nicht verändert und bleibt starr.

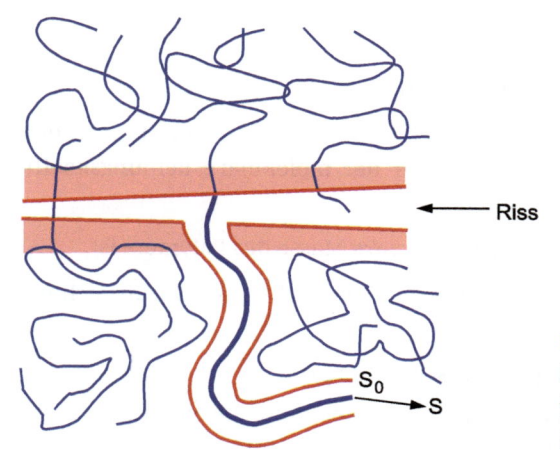

Bild 7.17
Modellbetrachtung zum Entschlaufen von Polymermolekülen in einer Rissebene

Das entschlaufende Molekül gleitet also aus einer stabilen „Röhre" heraus, welche von den umgebenden Molekülen geformt wird. Aus der Gleichgewichtsbetrachtung folgt für die einzelne Kette oder die Fibrille die Proportionalität:

$$\frac{\sigma}{N} \sim \eta_\xi \, s \, \frac{ds}{dt} \tag{7.3}$$

σ/N Spannung pro den Riss überspannendes Molekül/Fibrille
N Anzahl der den Riss überbrückenden Moleküle/Fibrillen
ds/dt Ausziehgeschwindigkeit
s Linienkoordinate längs der Ausziehlänge
η_ξ molekularer Reibungskoeffizient

Nach der Integration von Formel 7.3 folgt für die Bruchzeit t_B

$$t_B \sim \eta_\xi \, s_b^2 \, \frac{N}{\sigma_B} \qquad (7.4)$$

s_b Ausziehlänge
σ_B Bruchspannung

Nimmt man die Ausziehlänge proportional zur molaren Masse an, ergibt sich bei vollständiger Weichmacherwirkung ein relaxationsgesteuertes Risswachstum mit der Bruchzeit:

$$t_B \sim \eta_\xi \, \frac{M_w^2 \, N}{\sigma_B} \qquad (7.5)$$

Entsprechend diesem einfachen Modell sind die Bruchzeiten (Standzeiten) umso länger, also der Risswiderstand umso höher,

- je weniger das Medium den molekularen Reibungskoeffizienten durch Weichmacherwirkung erniedrigt,
- je höherviskos das Medium und je größer dessen Moleküle sind, d. h. je langsamer das Medium entlang der Hohlräume in den Crazes zur Rissspitze diffundieren kann, um dort weichmachend zu wirken,
- je biegesteifer, d. h. je starrer die Polymerketten sind,
- je stärker das Gleiten der Polymerketten durch kurze Seitengruppen (Kurzkettenverzweigungen) erschwert wird, also je höher der molekulare Reibungskoeffizient ist,
- je höher die für die Gleitlänge bestimmende molare Masse des Polymers ist,
- je höher die Anzahl der überbrückenden Moleküle/Fibrillen ist, auf die sich die äußere Belastung verteilt und
- je geringer die angelegte Spannung zur Entschlaufung ist.

Somit erhöhen alle Maßnahmen den Spannungsrisswiderstand, die ein Entschlaufen der Moleküle erschweren. Daraus ergeben sich für die Spannungsrissbeständigkeit von Kunststoffen folgende werkstoffspezifische Einflussparameter:

- Chemischer Aufbau und Vernetzung des Polymers,
- Molare Masse und Verzweigungen,
- Molekülorientierung und Kristallinität,
- Art und Viskosität des Umgebungsmediums sowie
- Wechselwirkung zwischen Polymer und aktivem Medium.

Der im Zeitstandzugversuch beobachtete charakteristische dreistufige Abfall der Bruchspannung in Abhängigkeit von der Bruchzeit, wie er in Bild 7.15 für SAN und in

Bild 7.16 für PS gezeigt ist, wird durch die Wechselwirkung des Polymers mit dem Medium verursacht. Im experimentell schwer erfassbaren Bereich III führen hohe Beanspruchungen zu kurzen Bruchzeiten. In diesem Bereich ist die Verformungsgeschwindigkeit so hoch, dass kaum Wechselwirkungen zwischen Medium und Polymer stattfinden. Die Bruchzeiten sind daher von den Eigenschaften des Kunststoffs, jedoch kaum von medienunterstützter Rissbildung, abhängig. Im mittleren Bereich II ist der Abfall der Bruchspannungen durch die Wirksamkeit des Mediums und dessen Diffusionsfähigkeit an die Rissspitze bestimmt. Es dringt in die entstandenen Risse ein, diffundiert durch sie und die ihnen vorgelagerten Crazes an die Crazespitze und übt dort seine entschlaufende Wirkung aus. In einer vereinfachten Betrachtung kann man davon ausgehen, dass die Zeit, bei der der Übergang von Bereich III zu Bereich II stattfindet, in etwa proportional der Viskosität des spannungsrissauslösenden Mediums ist. Bei geringen Beanspruchungen im Bereich I liegen so geringe Rissgeschwindigkeiten vor, dass die Diffusionsgeschwindigkeit des Mediums in den Crazes für die Spannungsrissbildung vernachlässigt werden kann. In diesem Bereich wird das Versagen durch Spannungsrisse nur durch die Wirksamkeit des Mediums beeinflusst.

7.4 Einflussgrößen auf das Spannungsrissverhalten

7.4.1 Vernetzung

Die Vernetzung von thermoplastischen Kunststoffen durch chemische Zusätze oder energiereiche Strahlung bewirkt Änderungen im Spannungsrissverhalten. Dies soll im Folgenden am Beispiel des Zusammenhangs zwischen Bruchspannung und Bruchzeit von unvernetztem und strahlenvernetztem PE-HD bei Lagerung in dem Netzmittel Nekanil® bei 50 °C erläutert werden (Bild 7.18). Die Prüfkörper für die Zeitstandzugprüfung hatten eine Dicke von 3 mm und eine Kerbtiefe von 0,7 mm. Während für das unbestrahlte PE in Luft ein kontinuierlicher Zusammenhang ermittelt wurde, bildet sich bei Kontakt mit dem Netzmittel der schon beschriebene dreistufige Prozess aus. Die Strahlenvernetzung bewirkt in Abhängigkeit von der Dosis eine deutliche Erhöhung der Bruchzeiten, sowohl im Vergleich mit unbestrahltem PE in Luft als auch im Medium. Die Spannungsrissbeständigkeit wird in zunehmendem Maße von der durch die Strahlung erzeugten chemischen Vernetzung bestimmt, wodurch die im unbestrahlten PE dominierenden, auf der Molekülbeweglichkeit beruhenden Prozesse (Entschlaufung, Gleitprozesse), behindert werden.

Neben der Erhöhung der Spannungsrissbeständigkeit führt die Vernetzung zur Zunahme von Festigkeit, Steifigkeit, Härte, Verschleißbeständigkeit und Gebrauchstemperatur bei gleichzeitiger Verminderung der Zähigkeit [1.20].

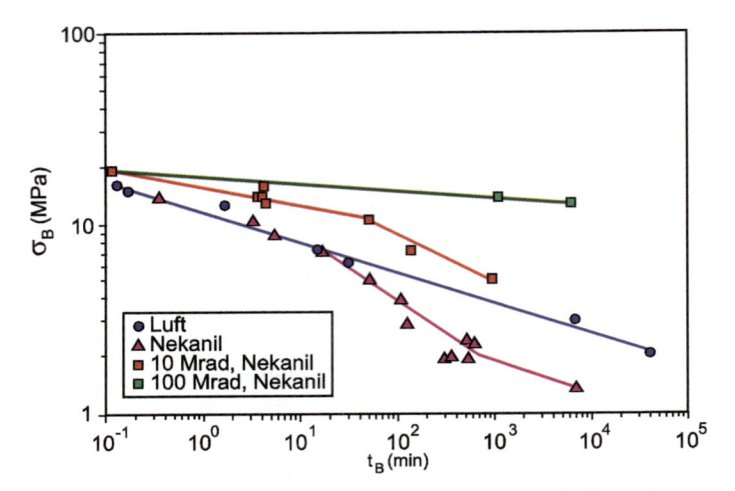

Bild 7.18 Zeitstandzugfestigkeit von unterschiedlich stark vernetzten PE-HD-Prüfkörpern (gepresst) bei Lagerung in 5 % Nekanil®-Lösung bei 50 °C

7.4.2 Molare Masse und deren Verteilung

Ein wichtiger Einflussparameter auf die Spannungsrissbeständigkeit thermoplastischer Kunststoffe ist die molare Masse und ihre Verteilung. Entsprechend dem in Abschnitt 7.3 vorgestellten Modell erhöht sich mit zunehmender molare Masse die Spannungsrissbeständigkeit infolge der Zunahme der Ausziehlänge s_b (Formel 7.4 und Formel 7.5). In Bild 7.19a sind für lineare PE-HD-Werkstoffe mit verschiedenen molaren Massen die Standzeiten bei 50 °C in dem Netzmittel Nekanil® bei verschiedenen Belastungen aufgetragen. Im Bereich III, bei hohen Spannungen, ist das Zeitstandverhalten relativ unabhängig von der molaren Masse, während im Bereich II eine deutliche Zunahme der Bruchzeit mit steigender molarer Masse sichtbar wird. Wird für eine Belastung von 2 MPa die Bruchzeit ermittelt und in Abhängigkeit von der Lösungsviskosität [η] als Maß für die molare Masse in doppelt-logarithmischem Maßstab aufgetragen, ergibt sich der in Bild 7.19b dargestellte Zusammenhang. Dieser kann mit der empirischen Beziehung:

$$t_B = \text{const.} \, [\eta]^{2,75} \tag{7.6}$$

beschrieben werden.

Unter Verwendung des Zusammenhangs zwischen Lösungsviskosität und molare Masse für PE:

$$[\eta] = \text{const.} \, M_w^{0,73} \tag{7.7}$$

ergibt sich zwischen Bruchzeit und molarer Masse eine quadratische Abhängigkeit, die der Modellbetrachtung in Formel 7.5 entspricht.

Qualitativ vergleichbare Aussagen ergeben sich nicht nur für die mit konventionellen Verfahren ermittelbaren kritischen Versagenswerte, sondern für den gesamten Risswachstumsprozess, wie die Ergebnisse bruchmechanischer Untersuchungen belegen (Bild 7.12). Im gesamten Beanspruchungsbereich nimmt mit abnehmender molarer Masse die Rissausbreitungsgeschwindigkeit zu.

Eine Verbreiterung der Verteilung der molaren Masse wirkt sich insbesondere im mittleren Bereich der molaren Massen i. Allg. ungünstig auf den Spannungsrisswiderstand aus [7.22], da bei vergleichbarer mittlerer molarer Masse die durch die niedermolekularen Anteile erzeugten Schwachstellen nicht von dem höher molekularen Anteil kompensiert werden können.

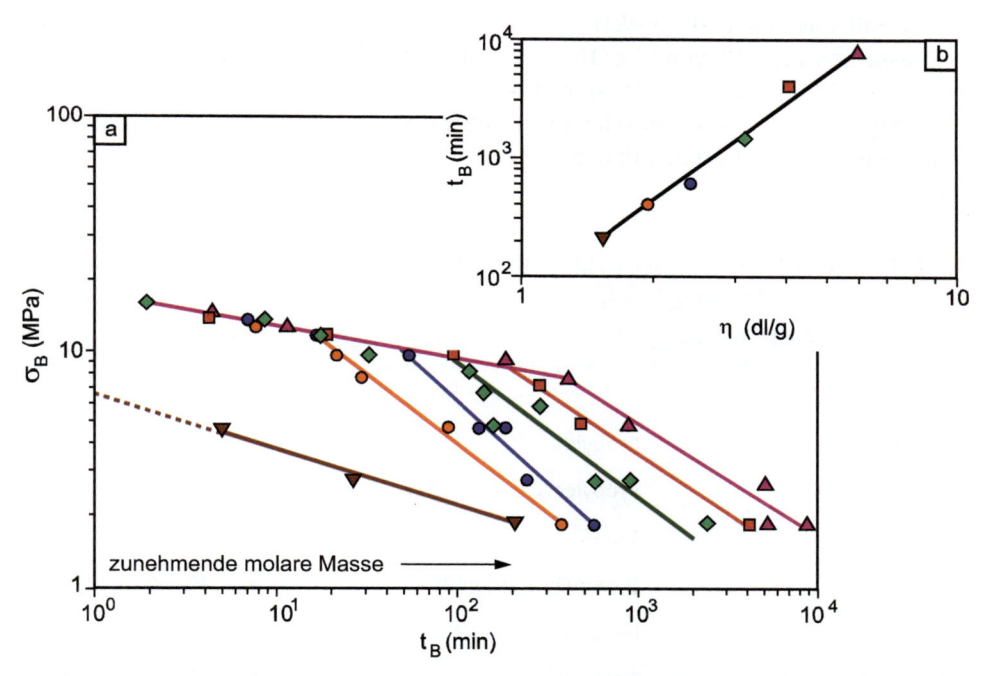

Bild 7.19 Zusammenhang zwischen molarer Masse und Spannungsrissbeständigkeit: Zeitstandverhalten von PE-HD-Werkstoffen in 5 % Nekanil®-Lösung bei 50 °C (a) und Bruchzeiten bei 2 MPa Belastung in Abhängigkeit von der Lösungsviskosität (b)

Eine Veränderung der Verteilung der molaren Massen durch Erhöhung der hochmolekularen Anteile bewirkt demgegenüber eine Erhöhung des Spannungsrisswiderstandes [7.23]. Somit wird die Änderung der Spannungsrissbeständigkeit durch die Art und Weise der Verschiebung der Verteilung der molaren Massen bestimmt.

7.4.3 Verzweigungen

Neben dem Einfluss der molaren Masse und deren Verteilung bewirken auch Verzweigungen der Molekülketten Änderungen im Spannungsrissverhalten. Dies soll am Beispiel von lang- und kurzkettenverzweigten PE-Werkstoffen erläutert werden. Untersucht wurden ein langkettenverzweigtes PE-LD und kurzkettenverzweigte PE-LLD-Werkstoffe, die sich in Konzentration und Länge der Verzweigungen unterscheiden [7.24]. Die Herstellung dieser Werkstoffe erfolgte durch Copolymerisation, wobei als Seitenketten Ethan bei Copolymerisation mit Buten, Butan bei Copolymerisation mit Hexen, Hexan bei Copolymerisation mit Octen und eine Methylgruppe bei Copolymerisation mit Propylen entstehen. Art und Konzentration der Copolymere wurden so gewählt, dass alle PE-LLD-Werkstoffe eine Dichte von 0,920 gcm^{-3} und eine Schmelze-Massefließrate MFR von 25 g (10 min)$^{-1}$ aufwiesen. Zur Bewertung der Spannungsrissbeständigkeit wurde der Zeitstandzugversuch an gekerbten Prüfkörpern bei 50 °C in 10 %iger Igepal®-Lösung durchgeführt. Die in Tabelle 7.3 aufgeführten Bruchzeiten wurden bei einer Belastung mit dem Spannungsintensitätsfaktor K = 3,2 MPamm$^{1/2}$ ermittelt.

Tabelle 7.3 Bruchzeit von verzweigten Polyethylenen bei 50 °C in 10 %iger Igepal® CA-630-Lösung [7.24]

Polymer	Copolymer	Bruchzeit (s)
PE-LD		1200
PE-LLD	Propylen	4000
	Propylen/Octen (45/55)	6000
	Buten	10 000
	Buten/Octen (40/60)	19 000
	Hexen/Octen (60/40)	38 000
	Octen	58 000

Im PE-LLD nimmt mit Konzentration und Länge der Verzweigungen die Spannungsrissbeständigkeit zu. Vergleichbare Ergebnisse wurden auch an Mischungen aus PE-HD und PE-LLD (Copolymer Octen) von *Schellenberg* [7.25] erzielt.

Für langkettenverzweigtes PE-LD wird eine deutlich geringere Bruchzeit ermittelt. Langkettenverzweigungen werden in die sich ausbildende Morphologie offenbar so eingebaut, dass sie im Gegensatz zu kurzen Ketten kein größeres Hindernis für die Entschlaufung darstellen.

Bei der Diskussion dieser Ergebnisse ist zu berücksichtigen, dass im teilkristallinen PE Änderungen in der Verzweigung zu Änderungen im Kristallinitätsgrad führen können, die z. B. bei hohen Anteilen an Verzweigungen eine Verringerung der Spannungsrissbeständigkeit hervorrufen. Weiterhin sind in diesem Zusammenhang Wechselwirkungen zwischen Verteilung der molaren Masse und Verzweigungen in die Betrachtungen einzubeziehen. Zur Erhöhung des Widerstandes gegen Spannungsrissbildung im PE hat es sich z. B. als vorteilhaft erwiesen, die hochmolekularen Anteile mit Verzweigungen zu versehen [7.26].

7.4.4 Kristalline Bereiche

Die Spannungsrissbeständigkeit teilkristalliner Kunststoffe ist in hohem Maße von der Größe und Anordnung der kristallinen Bereiche abhängig. Besondere Bedeutung haben die sich ausbildenden Grenzflächen zwischen den einzelnen Strukturbestandteilen, wie z. B. die Grenzflächen Lamelle/Lamelle, Sphärolith/Sphärolith und Lamelle bzw. Sphärolith und amorphe Phase. Diese Grenzflächen bilden Schwachstellen, deren Auswirkungen auf die Spannungsrissbeständigkeit durch die tie-Moleküldichte (tie-Molekül: Verbindungsmolekül zwischen zwei Kristallitblöcken) bestimmt werden. Eine hohe Spannungsrissbeständigkeit wird nur erreicht, wenn eine hinreichend hohe tie-Moleküldichte vorliegt. Bei zu geringer tie-Moleküldichte bilden sich Mikrorisse in den Grenzflächen aus. Ein Beispiel für die Ausbildung von radialen Spannungsrissen an Grenzflächen zeigt Bild 7.20. Nach Auslagerung in einem Netzmittel bei 50 °C tritt in einem niedermolekularen PE-HD bevorzugt interlamellare Rissausbreitung auf.

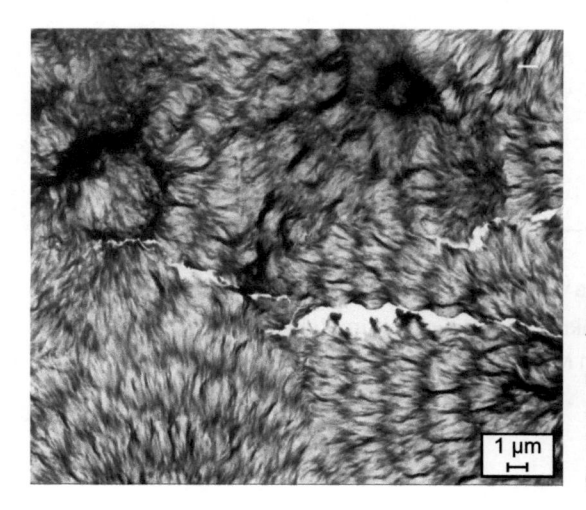

Bild 7.20
TEM-Aufnahme von Spannungsrissen zwischen den Kristalllamellen in PE-HD nach Zugbeanspruchung in einem Netzmittel bei 50 °C (nach *Hendus*)

Ein Vergleich des Spannungsrissverhaltens eines amorphen und eines teilkristallinen Kunststoffs gleicher chemischer Zusammensetzung wird in Bild 7.21 am Beispiel von amorphem ataktischen und teilkristallinem syndiotaktischen PS gezeigt. Ermittelt wurde die Bruchzeit bei Lagerung in Methanol. Zu Vergleichszwecken dient das Zeitstandzugverhalten von ataktischem PS an Luft. Methanol wirkt sowohl in amorphem PS als auch im teilkristallinen syndiotaktischen PS (sPS) spannungsrissauslösend. Obwohl das teilkristalline sPS eine deutlich geringere molare Masse hat (M_w = 190 000 gmol^{-1}), weist es eine höhere Spannungsrissbeständigkeit als das amorphe PS (M_w = 325 000 gmol^{-1}) auf. Ursache für den erhöhten Spannungsrisswiderstand des sPS ist eine Behinderung der Entschlaufung von in den kristallinen Bereichen verankerten Molekülen.

Bei hohen Spannungen nähern sich die Festigkeiten als Folge des in diesem Bereich vorherrschenden Kettenbruchs unabhängig vom Medium und der Kristallinität aneinander an. Durch Variation der Dicke der Kristalllamellen kann der Spannungsrisswiderstand in Verbindung mit der Kristallinität gesteuert werden [7.27], da bei gleicher molarer Masse die Anzahl der tie-Moleküle bei dünnen Lamellen i. Allg. höher ist als bei dicken.

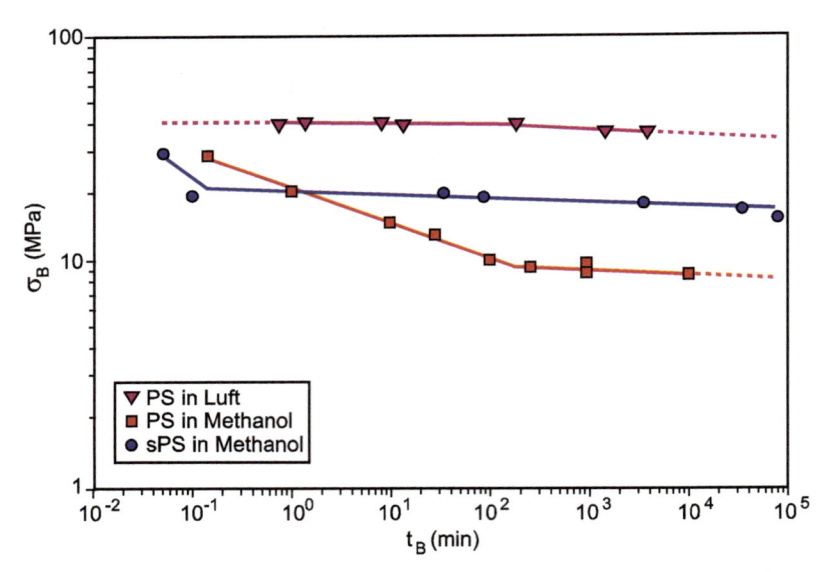

Bild 7.21 Bruchspannungen als Funktion der Bruchzeit im Zeitstandzugversuch eines teilkristallinen sPS in Methanol und eines ataktischen amorphen PS in Methanol und Luft

7.4.5 Molekülorientierung

Der Einfluss der Molekülorientierung soll an Hand von gepresstem und spritzgegossenem PS erläutert werden. Das gespritzte PS dient hierbei als Beispiel für einen orientierten Kunststoff, das gepresste für einen unorientierten Vergleichszustand. Die Zeitstandzugfestigkeit des PS im gespritzten Zustand ist deutlich höher als im gepressten (Bild 7.22). Eine Lagerung im spannungsrissauslösenden Medium führt in beiden Zuständen jeweils zu einer Abnahme der Bruchzeit bei vergleichbaren Spannungen. Der Vergleich von gespritztem und gepresstem Zustand zeigt eine deutlich höhere Spannungsrissbeständigkeit für die gespritzten Prüfkörper. Auch hier verliert bei hohen Spannungen im Bereich III der Einfluss des Umgebungsmediums an Bedeutung. In Bild 7.23 sind Aufnahmen von PS-Prüfkörpern wiedergegeben, die bei verschiedenen Belastungen und damit Bruchzeiten in Propanol durch Spannungsrisse versagten. Die Crazes wachsen von außen in das Werkstoffinnere, in den gepressten Prüfkörpern diffuser als in den gespritzten. Bei erhöhter Orientierung muss die Oberfläche durch das Medium erweichen, damit sich dort erste Crazes bilden können. Der lokal am leichtesten fortschreitende Craze bestimmt dann letztlich die Bruchzeit.

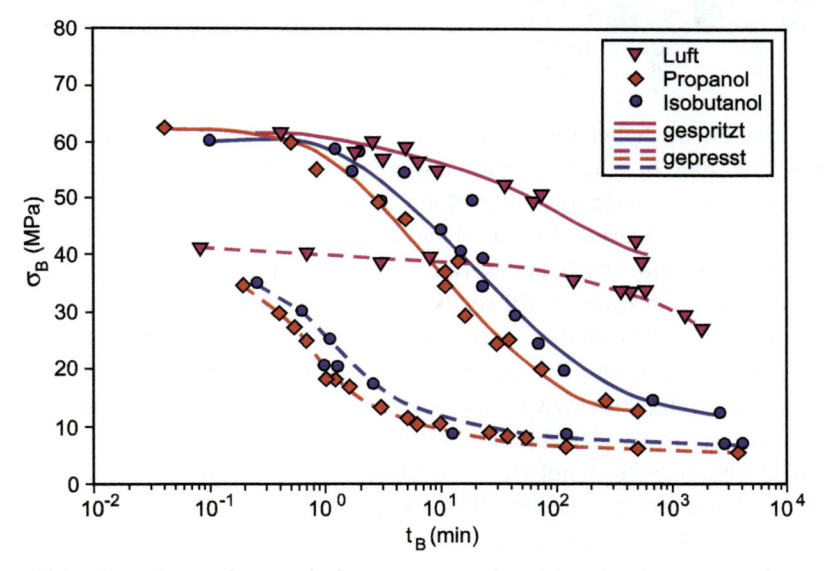

Bild 7.22 Zeitstandzugverhalten von gespritztem (orientiertem) und gepresstem (unorientiertem) PS in verschiedenen Medien bei 23 °C und an Luft

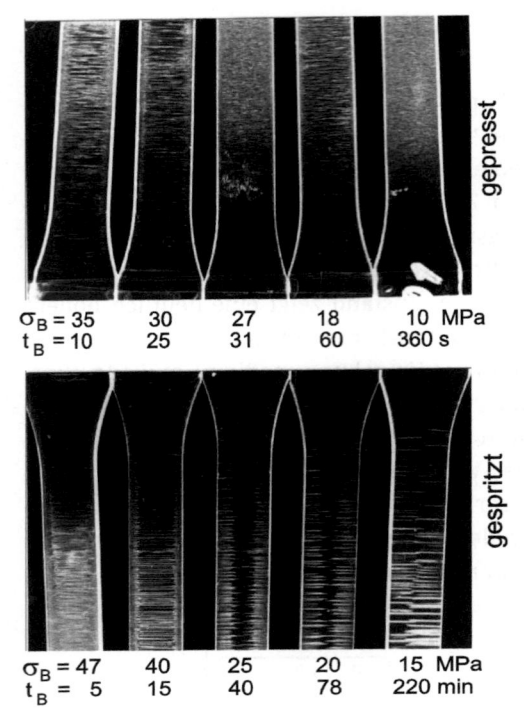

					gepresst
σ_B = 35	30	27	18	10 MPa	
t_B = 10	25	31	60	360 s	

					gespritzt
σ_B = 47	40	25	20	15 MPa	
t_B = 5	15	40	78	220 min	

Bild 7.23
Crazes in gepressten und gespritzten PS-Schulterstäben nach Bruch in Propanol

Orientierungen können auch bei uniaxialer Beanspruchung entstehen und spannungsrisswirksam werden. In Bild 7.24 ist ein derartiges Verhalten für Polycarbonat in Palatinol (Diethylphthalat) wiedergegeben. Generell werden die Bruchzeiten durch Palatinol im Vergleich zur Lagerung in Luft abgesenkt. Bei Belastungen zwischen 40 und 25 MPa verlängert sich die Bruchzeit, was auf die Ausbildung von Orientierungen während der Beanspruchung zurückzuführen ist. Unterhalb von ca. 25 MPa wird das PC weniger orientiert. Die Bruchzeiten werden daher mit abnehmender Beanspruchung sogar verkürzt. Bei geringer Beanspruchung unterhalb von etwa 15 MPa entschlaufen die Moleküle weitgehend wie im unorientierten Zustand, da das PC bei diesen geringen Spannungen nicht oder nur noch wenig vororientiert wird. Zunehmende Bruchzeiten sind in diesem Bereich mit abnehmenden Bruchspannungen verbunden. Bei langsam abgekühlten Prüfkörpern ist die Verkürzung der Bruchzeiten im mittleren Spannungsbereich stärker ausgeprägt als bei rasch abgekühlten.

Bei der Herstellung mehrachsig beanspruchter Fertigteile sind für einen hohen Spannungsrisswiderstand gezielt Orientierungen in den Beanspruchungsrichtungen zu erzeugen.

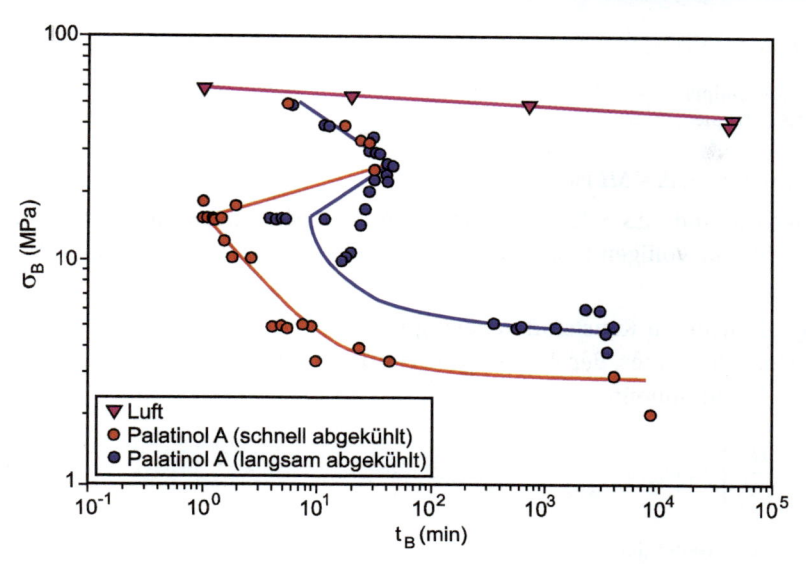

Bild 7.24 Zeitstandzugfestigkeiten von PC (gepresst) in Palatinol und Luft bei 23 °C nach schneller und langsamer Abkühlung aus der Schmelze (Prüfkörperdicke 3 mm)

7.4.6 Physikalisch-chemische Wechselwirkungsvorgänge

Neben den strukturellen Einflussgrößen auf das Spannungsrissverhalten ist die Wechselwirkung eines Kunststoffs mit dem umgebenden Medium unter dem Gesichtspunkt der Löslichkeit zu betrachten. Der Grenzfall höchster Wechselwirkung mit einem Medium ist die Auflösung des Kunststoffs, die Löslichkeit kann als Maß für die Neigung zum Versagen durch Spannungsrisse aufgefasst werden [7.3]. Die Löslichkeit beschreibt einen Zustand, in dem der Kunststoff seine Festkörpereigenschaften durch Einwirkung eines physikalisch aktiven Mediums verändert. Diese Eigenschaftsänderungen werden durch die teilweise (begrenzte) oder völlige (unbegrenzte) Überwindung zwischenmolekularer Bindungskräfte hervorgerufen. Die völlige Überwindung zwischenmolekularer Bindungskräfte, die als unbegrenzte Quellung bezeichnet wird, führt zur Auflösung des Kunststoffs, er verliert seine Eigenschaften als Festkörper.

Das Ausmaß der Quellbarkeit bzw. Löslichkeit wird von zahlreichen Faktoren bestimmt. Dazu gehören z. B. die chemische Zusammensetzung und Struktur des Kunststoffs, die Art und Größe der wirkenden zwischenmolekularen Bindungskräfte, die Art des Mediums und die Einwirkungsbedingungen.

Mit zunehmender Ähnlichkeit der Grundstruktur von Polymer und Medium erhöht sich im Allgemeinen die Löslichkeit. Ein Quellgleichgewicht stellt sich dann ein, wenn die freie Quellungsenergie ΔG, die sich gemäß Formel 7.8 zu:

$$\Delta G = \Delta H - T\Delta S \tag{7.8}$$

ΔH Quellungsenthalpie
ΔS Quellungsentropie

ergibt, gleich Null und $T\Delta S = \Delta H$ ist.

So lange ΔG negativ und $T\Delta S > \Delta H$ ist, findet spontan starke und weiter fortschreitende Quellung bis zur völligen Dispergierung des Kunststoffs im einwirkenden Medium statt.

Durch Lösungsversuche an Kunststoffen gelang es, Beziehungen zwischen der Lage des Quellungsgleichgewichtes, der Art des Kunststoffs und der des physikalisch aktiven Mediums [7.28] zu finden:

$$\Delta H = \left(\sqrt{\frac{E_1}{V_1}} - \sqrt{\frac{E_2}{V_2}}\right)^2 \varphi_1 \varphi_2 \tag{7.9}$$

E_1, E_2 molare Kohäsionsenergien
V_1, V_2 molare Volumina
φ_1, φ_2 Volumenanteile der Einzelkomponenten

Der Quotient E/V wird als Kohäsionsenergiedichte bezeichnet und steht mit dem Löslichkeitsparameter δ in folgendem Zusammenhang:

$$\delta = \sqrt{\frac{E}{V}} \tag{7.10}$$

Die Löslichkeitsparameter sind für zahlreiche Kunststoffe und Medien bekannt [7.28], wobei allgemein gilt, je kleiner der Unterschied im Wert der Löslichkeitsparameter Kunststoff/Medium, desto stärker die Quellung. In Tabelle 7.4 sind die Löslichkeitsparameter verschiedener Kunststoffe zusammengefasst. Außer über die Löslichkeit können die Löslichkeitsparameter auch aus anderen Wechselwirkungen zwischen Polymer und Medium hergeleitet werden. Hierzu zählen z. B. Grenzflächenspannungen, Viskosität der Lösung, Dampfdrücke und osmotische Drücke. Eine genauere Betrachtung müsste noch die Einzelkomponenten des Löslichkeitsparameters (Dispersions-, Dipol- und Wasserstoffbrückenkräfte) berücksichtigen, hierzu fehlen jedoch derzeit verlässliche Daten.

Tabelle 7.4 Löslichkeitsparameter ausgewählter Kunststoffe [7.28]

Polymer	Löslichkeitsparameter δ ($J^{1/2}cm^{-3/2}$)
PAN	25,5 … 31,5
PB	16,5 … 19
PC	19,7

Polymer	Löslichkeitsparameter δ ($J^{1/2}cm^{-3/2}$)
PE	16 … 17
PET	20 … 22
PIB	16 … 17,5
PMMA	18,5 … 26
PP	17 … 19
PPO	16,6
PS	17,5 … 20
PSU	22
PVAC	20 … 21,5
PVC	19 … 22,5

Korrelieren die Löslichkeitsparameter mit der Neigung zur Spannungsrissbildung zwischen Polymer und Medium, so ist dies eine Bestätigung für die Vorstellung der Weichmacherwirkung. Der Nachweis für diese Korrelation kann durch die Ermittlung von Abhängigkeiten zwischen Zeitstandzugfestigkeit bei definierten Bruchzeiten und Löslichkeitsparameter des Mediums erfolgen. In Tabelle 7.5 sind physikalische Daten von verschiedenen spannungsrissauslösenden Medien zusammengefasst.

Tabelle 7.5 Löslichkeitsparameter δ, Viskosität η und Oberflächenspannung γ verschiedener Medien

Abk.	Medium	δ ($J^{1/2} cm^{-3/2}$)	η (23 °C) (mPas)	η (50 °C) (mPas)	γ (mN m^{-1})
H	Hexamethylendisiloxan	12,3	0,5	0,4	15,4
D	Decan	15,8	0,85	0,6	23,4
T	Toluol	18,2	0,56	0,5	28,2
iB	Isobutanol	22,7	3,2	1,9	23,0
nB	n-Butanol	23,1	2,6	1,5	24,0
P	Propanol	24,6	1,9	1,2	23,4
C	Propylencarbonat	26,6	2,4	1,6	42,4
M	Methanol	29,9	0,7	0,6	22,4
PD	Propandiol	30,7	44,0	12,0	35,8
E	Ethylenglykol	32,8	16,0	5,4	47,5

Tabelle 7.5 Löslichkeitsparameter δ, Viskosität η und Oberflächenspannung γ verschiedener Medien *(Fortsetzung)*

Abk.	Medium	δ ($J^{1/2}$ cm$^{-3/2}$)	η (23 °C) (mPas)	η (50 °C) (mPas)	γ (mN m^{-1})
F	Formamid	36,0	3,2	1,9	58,0
A	Aceton	20,3	0,4		23,2
MEK	Methylethylketon	19,0	0,4	0,3	
N	5 %Necanil® in H$_2$O		1,6	3,5	31,8
Pa	Palatinol A (Diethylphthalat)	20,5	11,0	4,0	36,7
W	Destilliertes Wasser	47,9	1,0	0,6	72,0

In Bild 7.25 ist die Abhängigkeit der Zeitstandzugfestigkeit nach 1000 min für SAN (vgl. Bild 7.15) und PS (vgl. Bild 7.16) vom Löslichkeitsparameter der spannungsrissauslösenden Medien aufgetragen. Die Betrachtung der Abhängigkeit von PS (δ = 17,5 ... 20 $J^{1/2}$ cm$^{-3/2}$) zeigt, dass nach Lagerung in dem Medium T (Toluol) mit einem Löslichkeitsparameter von 18,2 $J^{1/2}$ cm$^{-3/2}$ aufgrund der vergleichbaren Löslichkeiten die geringste Spannungsrissbeständigkeit vorliegt. Eine Auslagerung in Medien mit Löslichkeitsparametern größer oder kleiner dem des Toluols, wie z. B. iB (Isobutanol) und D (Decan), führt zu höheren Zeitstandzugfestigkeiten. Für SAN mit einem Acrylnitrilgehalt von 35 M.-% verschiebt sich die geringste Spannungsrissbeständigkeit zu einem höheren Löslichkeitsparameter von ca. 26 $J^{1/2}$ cm$^{-3/2}$ (Bild 7.25), also in Richtung des Wertes für reines PAN von etwa 25,5 bis 31,5 $J^{1/2}$ cm$^{-3/2}$ (Tabelle 7.5).

Diese beiden Beispiele, auf die auch schon *Kambour* [7.3] hinwies, zeigen deutlich, dass eine geringe Differenz der Löslichkeitsparameter von Polymer und Medium einen geringen Spannungsrisswiderstand zur Folge haben kann.

Empirische Zusammenhänge, wie in Bild 7.25 gezeigt, können für eine Vielzahl von Polymer/Medien-Kombinationen ermittelt werden. Es treten jedoch auch Abweichungen davon auf. Ein Beispiel dafür ist die Auslagerung von PS in Palatinol-A (δ = 20,5 $J^{1/2}$ cm$^{-3/2}$), die nach 1000 min zu einer Zeitstandzugfestigkeit von 19 MPa führt (vgl. Bild 7.16). Der erhöhte Spannungsrisswiderstand bei vergleichbaren Löslichkeitsparametern Polymer/Medium wird durch das Auftreten lokaler Fließprozesse, die zu einer Verringerung des lokalen Spannungsfeldes an der Rissspitze führen, erklärt.

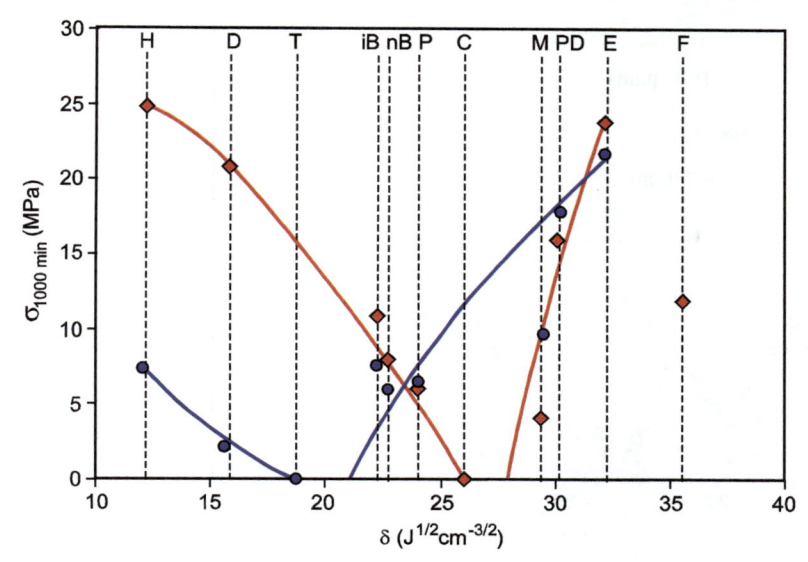

Bild 7.25 Zeitstandzugfestigkeiten von PS (●) und SAN (♦) bei 1000 min als Funktion der Löslichkeitsparameter verschiedener Medien bei 23 °C (Abkürzungen für die Medien s. Tabelle 7.5)

Die in Gegenwart physikalisch aktiver Medien auftretende Schädigung ist auch durch die Verknüpfung von kritischen Dehnungen mit dem Löslichkeitsparameter beschreibbar. Die kritische Dehnung für Crazing und Bruch von PSU, PC und PPO ist abhängig vom Löslichkeitsparameter des einwirkenden Mediums (Bild 7.26). Die geringsten kritischen Dehnungen ergeben sich, wenn die Löslichkeitsparameter von Polymer und Medium übereinstimmen (PPO) bzw. bestimmte Löslichkeitsverhältnisse vorliegen (PSU, PC), was auch für andere Polymer/Medium-Kombinationen gilt. Wie bereits für die Zeitstandzugfestigkeit gezeigt, treten auch bei Korrelationen kritische Dehnung/Löslichkeitsparameter Abweichungen auf (PC, PSU), die auf den gleichen Mechanismus zurückgeführt werden können. Die gezeigten Beispiele belegen, dass die Spannungsrissbeständigkeit immer von der Kombination Polymer/Medium abhängt und nicht nur die Eigenschaften einer der beiden Komponenten widerspiegelt. Die Differenz der Löslichkeitsparameter gibt einen ersten deutlichen Hinweis, aber keine absolut quantifizierbare Relation für die Neigung zum Spannungsrissversagen. Eine quantitativ vorhersagbare eindeutige Beziehung ist aufgrund der Komplexität der Eigenschaften der Einzelkomponenten und deren Wechselwirkung nicht zu erwarten [7.29]. Im Zusammenhang mit den vielfältigen morphologischen Änderungen bei der Verarbeitung von Kunststoffen sind zahlreiche verschiedenartige Tests an Fertigteilen erforderlich, wie aus der Zusammenstellung der Normen ersichtlich, bevor in einem konkreten Anwendungsfall eine zuverlässige Aussage zum Spannungsrissverhalten gemacht werden kann.

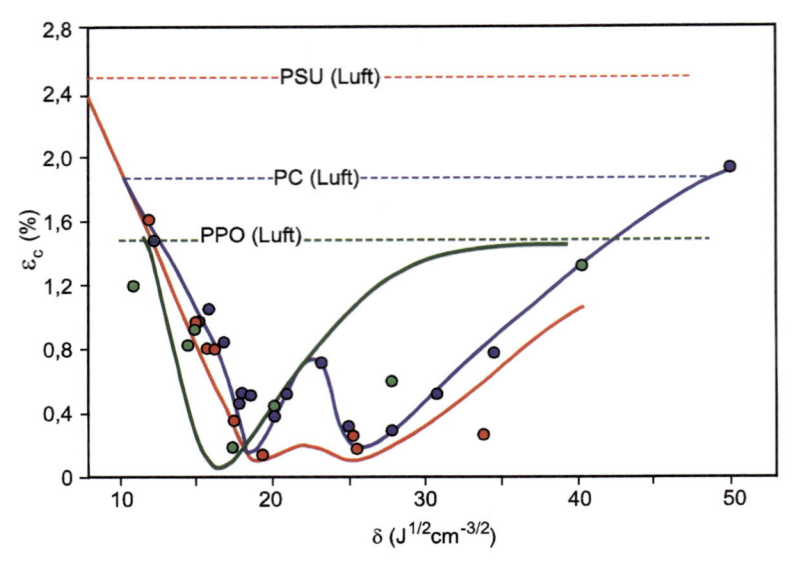

Bild 7.26 Kritische Dehnung ε_c für Crazing und Bruch von PSU, PC und PPO in Abhängigkeit vom Löslichkeitsparameter des Mediums [7.2, 7.7] auf der Basis der Ergebnisse von [7.3]

Die Beständigkeit eines Kunststoffs gegenüber einem Medium bei unbekannten Löslichkeitsparametern kann in einem ersten Screeningtest durch Lagerung in dem interessierenden Medium überprüft werden. Zur Verkürzung der Prüfzeit können erhöhte Temperaturen angewendet werden. Die Masseveränderung der Prüfkörper ist messtechnisch zu erfassen. Bei einer Masseerhöhung kann auf eine Neigung zum Spannungsrissversagen geschlossen werden. Bleibt dagegen die Masse konstant, ist eine hohe Spannungsrissbeständigkeit zu erwarten. Wird das Polymer stark an- oder aufgelöst, ist die Kombination Polymer/Medium unbrauchbar. Diese Korrelation von Quellen und Spannungsrisswiderstand ist möglich, da die Quellung mit der Annäherung der Löslichkeitsparameter von Polymer und Medium zunimmt, so dass ihr Verlauf mit dem Löslichkeitsparameter das Spiegelbild zur kritischen Dehnung oder Bruchspannung bildet. Hohe Quellung entspricht somit geringem Spannungsrisswiderstand und umgekehrt.

Die mit der Quellung einhergehende Absenkung der Glastemperatur verringert die kritische Dehnung durch Spannungsrissversagen, wie eine vereinfachte Darstellung auf der Basis von Literaturdaten [7.3] (Bild 7.27) dokumentiert. Aktive Medien und klassische Weichmacher zeigen in PS den gleichen Zusammenhang zwischen kritischer Dehnung und Glasübergangstemperatur (s. Bild 7.28 [7.2]), womit eine Analogie beider Effekte deutlich wird.

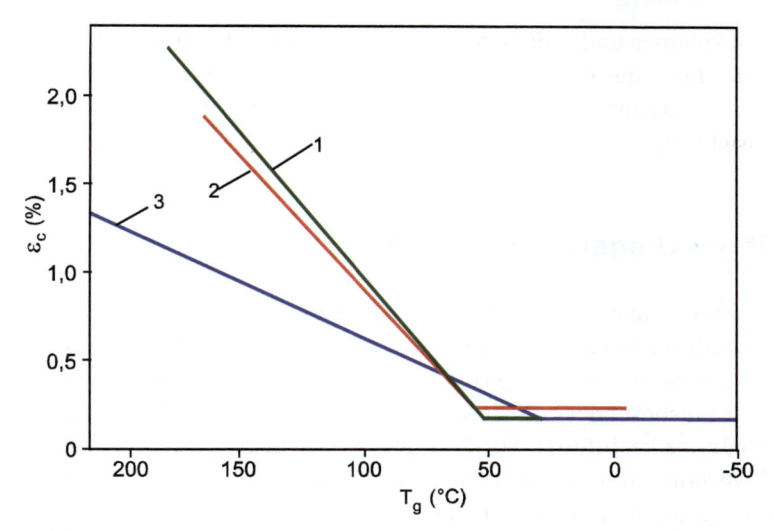

7.4 Einflussgrößen auf das Spannungsrissverhalten

Bild 7.27 Kritische Dehnung ε_c für Crazing und Bruch von PC (1), PSU (2) und PPO (3) als Funktion des Glasüberganges nach erfolgter Gleichgewichtsquellung [7.2, 7.3]

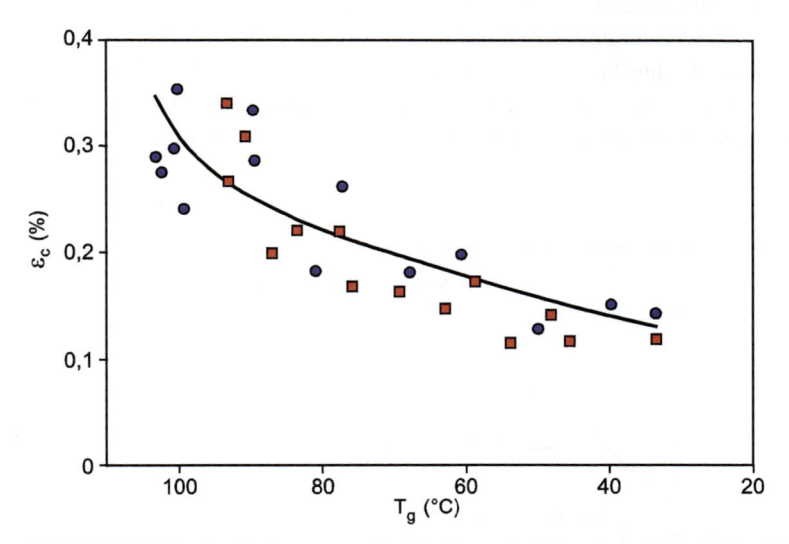

Bild 7.28 Kritische Dehnung ε_c für Crazing und Bruch bei PS als Funktion der Glasübergangstemperatur bei Gleichgewichtsquellung in verschiedenen Medien und unterschiedlichen Weichmacheranteilen (● verschiedenartige Medien, ■ verschiedene Weichmacheranteile [7.2])

Neben der Weichmacherwirkung von Medien in Polymeren treten Veränderungen der Grenzflächenspannungen zwischen den Komponenten auf, die Festigkeit von Fibrillen wird durch eine geringere Grenzflächenspannung zwischen Polymer und

Medium als zwischen Polymer und Luft abgesenkt. Deshalb kann das Spannungsrissverhalten auch auf der Basis der Grenzflächenspannung diskutiert werden. Eine geringe Grenzflächenspannung zwischen Polymer und Medium begünstigt das Versagen durch Spannungsrisse [7.30].

7.4.7 Viskosität des Umgebungsmediums

Im Bereich II der Zeitstandzugkurve wirkt sich entsprechend der dargestellten Modellvorstellung eine Änderung von Viskosität und Wirksamkeit des Mediums gegenüber dem Polymer in Form einer verzögerten oder beschleunigten Spannungsrissbildung aus. Dabei wird insbesondere die Geschwindigkeit der Rissausbreitung durch die Viskosität des Mediums beeinflusst. Zur Erläuterung des prinzipiellen Einflusses zeigt Bild 7.29 Kraft-Verlängerungs-Kurven von PS in Abhängigkeit vom Prüfmedium und der Beanspruchungsgeschwindigkeit. Bei einer Beanspruchungsgeschwindigkeit von 100 mm min^{-1} ergeben sich keine Unterschiede im Kraft-Verlängerungs-Verhalten für die Umgebungsmedien Luft und Isobutanol. Das Medium fließt bzw. diffundiert bei kurzen Beanspruchungszeiten nicht bis zur fortschreitenden Rissspitze und kann somit auch nicht beschleunigend auf das Risswachstum wirken. Das Kraft-Verlängerungs-Verhalten wird weitgehend durch die mechanischen Eigenschaften des Ausgangsmaterials bestimmt, das Werkstoffverhalten ist mit dem im Bereich III des Zeitstandzugversuches vergleichbar. Wird dagegen PS mit 1 mm min^{-1} in Isobutanol beansprucht, wird das Kraft-Verlängerungs-Verhalten durch das Medium entscheidend beeinflusst.

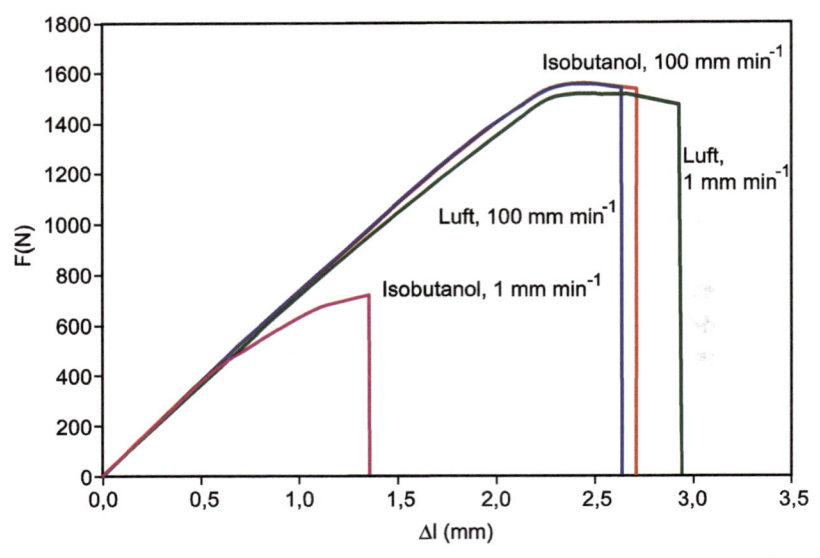

Bild 7.29 Kraft-Verlängerungs-Kurven von PS bei 1 und 100 mm min^{-1} Beanspruchungsgeschwindigkeit in Luft und Isobutanol bei 23 °C

In Isobutanol erfolgt das Versagen bei einer Beanspruchungsgeschwindigkeit von 1 mm min^{-1} bereits bei 1,3 mm Verlängerung, d. h. das Umgebungsmedium Isobutanol beschleunigt bei geringer Verformungsgeschwindigkeit signifikant das Versagen im Vergleich zur Beanspruchung in Luft. Isobutanol kann bei langsamer Verformungsgeschwindigkeit der Rissfront folgen und wirkt dort schädigend.

Der Einfluss der Viskosität kann nicht unabhängig vom Einfluss der molaren Masse bzw. deren Verteilung betrachtet werden. Hochmolekulare Polymerwerkstoffe besitzen im Vergleich zu niedermolekularen eine erhöhte Fibrillendichte vor der Rissspitze, wodurch Diffusions- und Fließgeschwindigkeit reduziert werden. Demzufolge erhöhen sich die Standzeiten bei höhermolekularen Polymeren nicht nur durch die erhöhte Zahl von tie-Molekülen und die größere Auszugslänge der zu entschlaufenden Moleküle (vgl. Abschnitt 7.4.2), sondern zusätzlich auch durch die geringere Fließ- und Diffusionsgeschwindigkeit [7.31]. Diese verringern sich auch bei Erhöhung der Viskosität des Mediums. Der viskositätsabhängige Widerstand gegen Spannungsrisse wurde am Beispiel von amorphem PS mit verschieden viskosen Silikonölen bestätigt [7.32]. Hochviskose Silikonöle initiieren langsameres Risswachstum.

Als quantitatives Maß zur Beschreibung des Einflusses der Viskosität des Mediums kann die Übergangszeit t_{II} verwendet werden, die am Übergang von Bereich III (hohe Beanspruchung) zum Bereich II (mittlere Beanspruchung) bestimmt wird. Der Bereich II ist durch eine Zunahme der Spannungsrissbeständigkeit mit abnehmendem Beanspruchungsniveau charakterisiert, die sich in einer Zunahme der Bruchzeiten äußert. Diese wird durch die Diffusion bzw. das Fließen des Mediums an die Rissspitze verursacht. In Bild 7.30 sind für vier verschiedene Kunststoffe die Übergangszeiten t_{II} als Funktion der Viskosität verschiedener Medien doppelt-logarithmisch aufgetragen. Im Bereich geringer Viskositäten verlängern sich die Übergangszeiten näherungsweise linear mit steigender Viskosität der Medien. In diesem Bereich wird der Zusammenhang zwischen Übergangszeit t_{II} und Viskosität mit der Fließgleichung [7.31] nach *Darcy* (Formel 7.11) beschrieben.

$$t_{II} \sim \frac{1}{v}$$

mit (7.11)

$$v = \left(\frac{A}{\eta}\right)\frac{dp}{dx}$$

v Fließgeschwindigkeit
η Viskosität
A Geometriefaktor
dp/dx Druckgradient

Abweichungen der experimentell ermittelten Werte von dem linearen Zusammenhang (Bild 7.30) sind neben der Ungenauigkeit bei der experimentellen Bestimmung der Übergangszeiten von Bereich III nach II zusätzlich auf Crazestrukturen und damit den Strömungswiderstand des Mediums zurückzuführen.

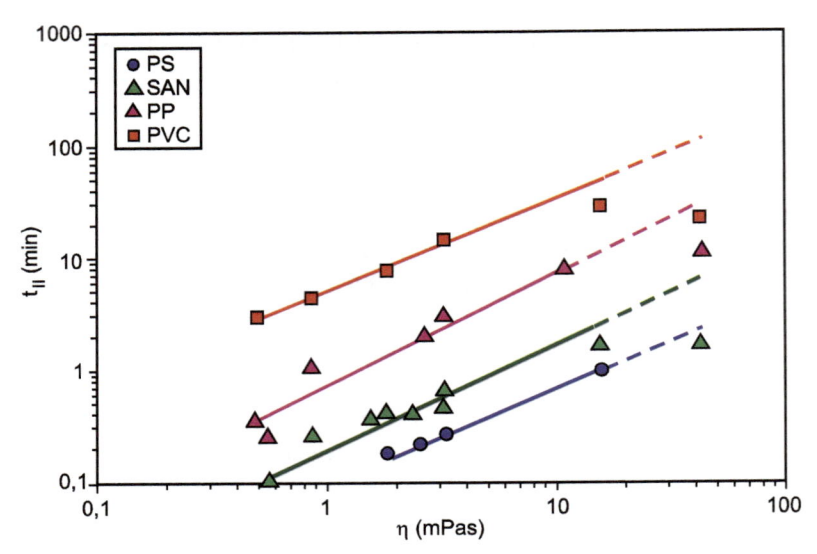

Bild 7.30 Abhängigkeit der Übergangszeiten t_{II} für verschiedene Kunststoffe von der Viskosität verschiedener spannungsrissauslösender Medien

Für den in Formel 7.11 aufgeführten Geometriefaktor A leitet *Happel* [7.33] bei Vorliegen kreisförmiger Zylinder mit dem Durchmesser D und dem Volumenanteil φ_v folgende Beziehung her:

$$A = \frac{D^2}{32\,\varphi_v}\left(\ln\frac{1}{\varphi_v} - \frac{1-\varphi_v^2}{1+\varphi_v^2}\right) \qquad (7.12)$$

Demnach setzen viele dünne Fibrillen dem durchströmenden Medium einen größeren Fließwiderstand entgegen als wenige dicke.

Die Zunahme der Bruchzeiten im Bereich II des Zeitstandzugversuchs mit abnehmender Belastung hängt als kinetischer Vorgang neben der Viskosität auch von der Wirksamkeit des Mediums ab, d. h. von den Löslichkeitsparametern der beiden Komponenten des Systems. Zur Darstellung dieses Zusammenhangs kann die in Bild 7.31 dargestellte Abhängigkeit des Abfalls der Bruchspannung mit zunehmender Bruchzeit (m) vom Löslichkeitsparameter δ für PC herangezogen werden. Die Ermittlung von m erfolgt nach Formel 7.13.

$$m = -\frac{d\log\sigma_B}{d\log t_B} \qquad (7.13)$$

Die Spannungsänderungsgeschwindigkeit und damit die Geschwindigkeit der Schädigung ist bei einem Löslichkeitsparameter von etwa $20\,J^{1/2}\,cm^{-3/2}$, der dem Löslichkeitsparameter für PC von $20{,}2\,J^{1/2}\,cm^{-3/2}$ entspricht, am größten. Mit dem funktionellen Zusammenhang $m = f(\delta)$ kann die erhöhte Neigung zur Spannungsrissbildung bei Annäherung der Löslichkeitsparameter von Polymer und Medium, wie in vorangegangenen Darstellungen (vgl. Bild 7.25 und Bild 7.26) gezeigt, verdeutlicht werden. Maximale Wirksamkeit wird in PC durch Palatinol (Pa) und Aceton (A) erreicht. Abweichungen von dem angenommenen Kurvenverlauf lassen sich u. a. durch unterschiedliche Viskositäten begründen. Ethylenglykol (E) löst im Bereich II langsamer Spannungsrisse aus, als allein aufgrund seines Löslichkeitsparameters zu erwarten wäre, was auf die relativ hohe Viskosität dieses Mediums zurückgeführt werden kann.

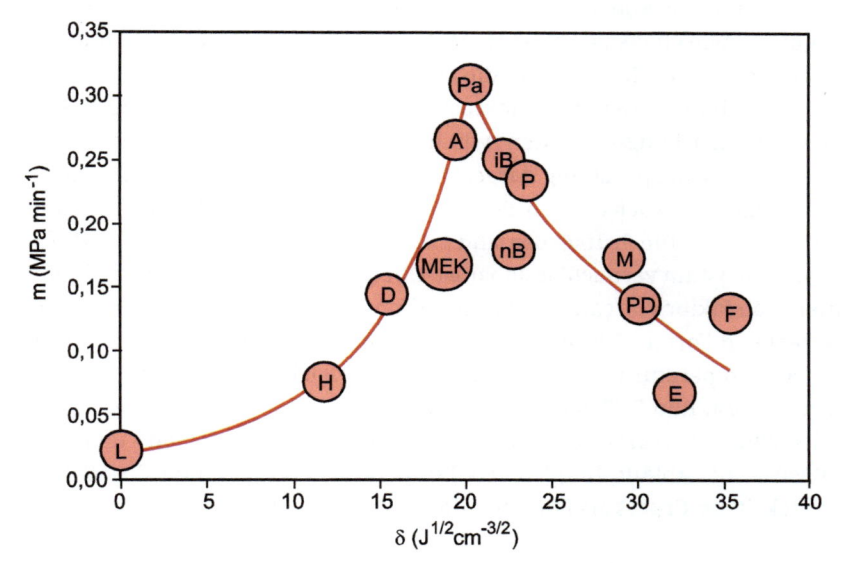

Bild 7.31 Spannungsänderungsgeschwindigkeit im Bereich II in Abhängigkeit vom Löslichkeitsparameter des Umgebungsmediums (Abkürzungen für die angegebenen Medien s. Tabelle 7.5; L = Luft)

Im Bereich II wird die Neigung zur Spannungsrissbildung entscheidend vom Löslichkeitsparameterverhältnis bestimmt. Desweiteren müssen Einflussgrößen wie molare Masse bzw. deren Verteilung und Viskosität sowie Fibrillen- und Crazestrukturen berücksichtigt werden. *Hansen* [7.34] beurteilt daher die Empfindlichkeit eines Polymers gegenüber einem Medium nicht nur über die Differenz der Löslichkeitsparameter. Er berücksichtigt zusätzlich die Molekülgröße des aggressiven Mediums.

Zur Bestimmung der Wirksamkeit der Crazes im Zusammenhang mit den ablaufenden Diffusionsprozessen ist die Ermittlung einer Crazelänge erforderlich. Hierzu werden bruchmechanische Methoden verwendet, die es erlauben, einen Zusammenhang zwischen Crazelänge (Risslänge) und äußerer Beanspruchung herzustellen. Zwischen Crazelänge, Spannungsintensitätsfaktor und Zeit besteht die einfache Korrelation [7.31, 7.35]:

$$x = C \cdot K \sqrt{t} \qquad (7.14)$$

- x Crazelänge
- t Zeit
- C Konstante
- K Spannungsintensitätsfaktor

Der Spannungsintensitätsfaktor wird in Formel 7.14 als Differenz zwischen den Spannungsintensitätsfaktoren der äußeren Beanspruchung und des minimalen Wertes für Crazebildung aufgefasst. Die Konstante C enthält modellabhängige Parameter der Umgebungsbedingungen wie Fließspannung der Matrix, Fibrillenabstände, Viskosität des Mediums und äußerer Druck. In [7.7] wird die bruchmechanische Ermittlung des Crazewachstums als Verbindung zwischen makroskopischer Bruchmechanik und mikromechanischen Wechselwirkungsprozessen zwischen Kunststoff und Medium bei gleichzeitiger mechanischer Beanspruchung dargestellt. Bild 7.32 zeigt ein entsprechendes Beispiel [7.35] für das Risswachstum in PC bei 8, 15 und 25 °C. Als Kontaktmedium wurde n-Butanol gewählt. Die Prüfkörper sind 12 mm dick, so dass die seitliche Diffusion für das Crazewachstum vernachlässigbar ist. Oberhalb eines Grenzwertes für den Spannungsintensitätsfaktor von ca. 20 MPamm$^{1/2}$ nimmt die Länge der Crazes dividiert durch $\sqrt{t}$ entsprechend Formel 7.14 linear zu. Dieser Anstieg ist temperaturabhängig. Mit steigender Prüftemperatur wird die Entschlaufung erleichtert und damit die Rissgeschwindigkeit erhöht. Bild 7.32 zeigt auch, dass der kritische Grenzwert des Spannungsintensitätsfaktors für Crazewachstum im Temperaturbereich zwischen 8 und 25 °C von 25 auf 16 MPamm$^{1/2}$ abfällt. Im gleichen Temperaturbereich nimmt die Wachstumsgeschwindigkeit des Crazes als Funktion des Spannungsintensitätsfaktors zu.

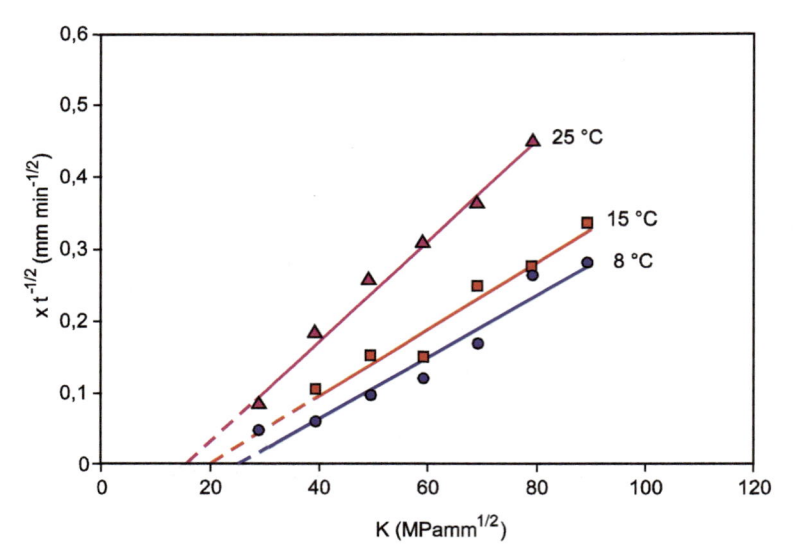

Bild 7.32 Crazewachstumsgeschwindigkeit in PC bei 8, 15 und 25 °C als Funktion des wirksamen Spannungsintensitätsfaktors K in n-Butanol [7.35]

Insgesamt erweist sich die Viskosität des Mediums bei nahezu allen kinetischen Vorgängen des Spannungsrissverhaltens als wichtige Einflussgröße. Im konkreten Anwendungsfall sind genaue quantitative Aussagen über die Zeitabhängigkeit des Versagens durch Spannungsrisse allein auf der Basis der Viskosität nicht möglich, da zahlreiche andere Faktoren den Versagensprozess überlagern. Mit der Kenntnis von Löslichkeitsparameter und Viskosität kann aber die notwendige Zahl an Bauteilprüfungen begrenzt werden, wenn die Beanspruchungshöhe im mittleren oder unteren Spannungsbereich liegt.

7.4.8 Einfluss der Prüfkörperdicke

Der Einfluss der Prüfkörperdicke ist bei mittleren Spannungen im Übergangsbereich II, in dem die Geschwindigkeit der Diffusionsprozesse das Versagen bestimmt, zu berücksichtigen. In Bild 7.33 sind die im Zeitstandzugversuch ermittelten Bruchspannungen als Funktion der entsprechenden Bruchzeiten für PS-Prüfkörper mit den Dicken 2,3 mm, 3,3 mm und 4,3 mm, ausgelagert in Propanol, aufgetragen. Die ungekerbten Prüfkörper haben eine Breite von 10 mm, das Versagen wird demzufolge bevorzugt in Dickenrichtung ausgelöst. Entlang dieser Richtung ist die Diffusion des Mediums entscheidend. Bei hohen Beanspruchungen im Bereich III hat die Prüfkörperdicke keinen Einfluss auf das Versagen durch Spannungsrisse, da in diesem Bereich die Abhängigkeit der Bruchspannung von der Bruchzeit dominierend von den mechanischen Eigenschaften des Kunststoffs bestimmt wird. Das Polymer versagt ohne Spannungsrisse. Bei geringen Beanspruchungen im Bereich I ist ebenfalls kein Einfluss der Prüfkörperdicke nachweisbar, da in diesem Bereich die Neigung zur Spannungsrissbildung durch die Wirksamkeit des Mediums bestimmt wird. Der Einfluss der Prüfkörperdicke im mittleren Spannungsbereich II ist deutlich sichtbar. Insbesondere nimmt mit zunehmender Prüfkörperdicke die Übergangszeit t_{II} zu. Diese Übergangszeiten kennzeichnen die beginnende Wirksamkeit des spannungsrissauslösenden Mediums. Im Teilbild sind die Übergangszeiten t_{II} bei einer Spannung von 40 MPa als Funktion der Prüfkörperdicke aufgetragen.

Damit lässt sich der im Teilbild angegebene empirische Zusammenhang zwischen Bruchzeit bei $\sigma_B = 40$ MPa und Prüfkörperdicke B ermitteln. Die Abweichung dieses empirischen Zusammenhangs von einer quadratischen Abhängigkeit der Übergangszeit von der Prüfkörperdicke begründet sich in der Wechselwirkung der Diffusionsprozesse von Prüfkörperoberfläche und Riss- bzw. Crazefront. Das Medium diffundiert nicht nur längs des Risses, sondern auch seitlich in den Riss ein. Bei der experimentellen Bestimmung der Spannungsrissbeständigkeit ist im mittleren Spannungsbereich der Einfluss der Prüfkörperdicke zu berücksichtigen, da, wie in Bild 7.33 gezeigt, bei nicht zu hohen Spannungen dicke Prüfkörper widerstandfähiger gegen Spannungsrissversagen sind als dünne. Dies wird durch das Diffusionsverhalten des Mediums und nicht durch dessen Wirksamkeit bestimmt.

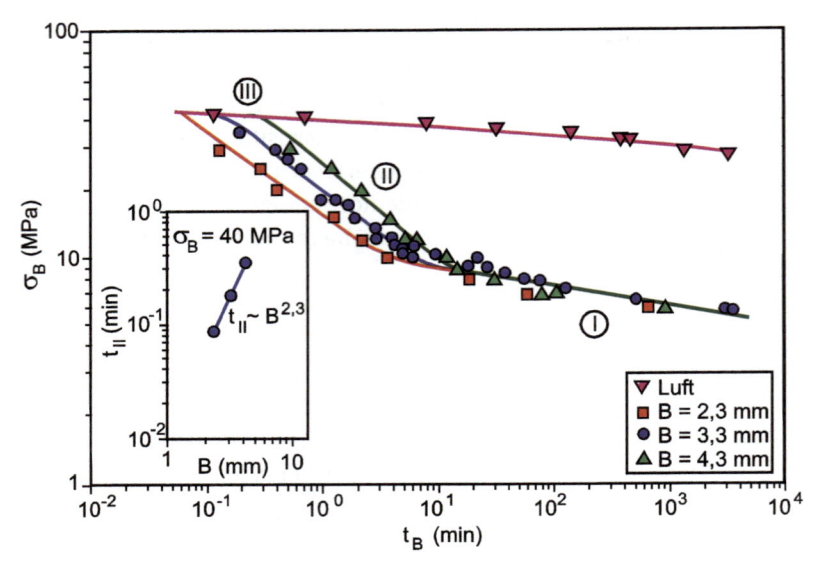

Bild 7.33 Zeitstandzugverhalten von PS in Propanol bei verschiedenen Prüfkörperdicken; Das Teilbild zeigt die Abhängigkeit der Bruchzeit t_{II} bei 40 MPa als Funktion der Prüfkörperdicke

Neben dem Einfluss der Diffusionsprozesse ist der Spannungszustand der Prüfkörper zu berücksichtigen. Die Prüfkörperdicke wirkt sich auf den Verformungsmechanismus aus, und zwar abhängig davon, ob in dem Prüfkörper ein ebener Dehnungszustand (dicke Prüfkörper) mit bevorzugter Crazeverformung oder ein ebener Spannungszustand (dünne Prüfkörper) mit überwiegender Scherverformung vorliegt. Unterschiedliche Verformungsmechanismen bewirken ein unterschiedliches Spannungsrissverhalten. Daraus ergibt sich die Notwendigkeit, das Spannungsrissverhalten an dünnen Prüfkörpern (z. B. Folien) und an dicken Prüfkörpern getrennt zu untersuchen.

7.4.9 Einfluss der Temperatur

Die Temperaturabhängigkeit der Beweglichkeit der Molekülketten im Polymer beeinflusst, wie an Hand des Entschlaufungsmodells deutlich wird, die Neigung zum Spannungsrissversagen. Dies wird im Folgenden am Beispiel des Versagens von PP im Zeitstandzugversuch in verschiedenen Medien dargestellt. In Bild 7.34a sind die an gekerbten PP-Prüfkörpern bei drei verschiedenen Temperaturen in verschiedenen Medien ermittelten Zeitstandzugfestigkeiten nach 1000 min (σ_{1000}) in Abhängigkeit vom Löslichkeitsparameter aufgetragen. Dies entspricht vorzugsweise Belastungen im Bereich I. Die Abkürzungen für die Medien ergeben sich aus Tabelle 7.5. Die mögliche Temperaturabhängigkeit der Löslichkeitsparameter wurde nicht berücksichtigt, da der untersuchte Temperaturbereich von 50 °C relativ gering ist. Die Spannungswerte σ_{1000} nehmen mit steigender Temperatur ab. Werden diese Spannungen auf die Streckspannung σ_y des PP an Luft bei den entsprechenden Temperaturen bezogen, kann für die verschiedenen Medien kein Temperatureinfluss nachgewiesen werden (Bild 7.34b). Die Temperaturabhängigkeiten der Fließspannung σ_y und der Zeitstandzugfestigkeit σ_{1000} an Luft sind qualitativ ähnlich.

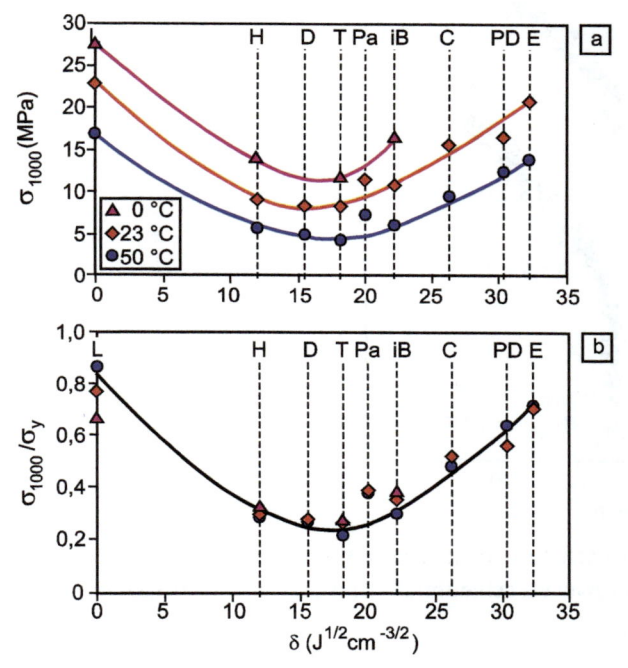

Bild 7.34 Zeitstandzugfestigkeit bei 1000 min von PP in verschiedenen Umgebungsmedien (Abkürzung s. Tabelle 7.5) bei drei verschiedenen Temperaturen (a) und bezogen auf die Streckspannung σ_y des PP bei der entsprechenden Prüftemperatur (b)

Dabei ist jedoch zu berücksichtigen, dass an Luft die Beanspruchung nicht wie im Medium im Bereich I, sondern im Bereich III erfolgt.

Aus Bild 7.34b kann geschlussfolgert werden, dass bei den im Bereich I vorliegenden geringen Spannungen die Temperaturabhängigkeit der Fließspannung des Polymers entscheidend für die Bildung und das Versagen durch Spannungsrisse in Medien ist. Im Bereich I erleichtern erhöhte Temperaturen das Entschlaufen der Molekülketten und verkürzen damit bei vorgegebener Belastung die Versagenszeiten. Bei höheren Belastungen ohne Medium müssen zusätzlich Effekte wie z. B. Kettenbruch, fehlendes Abstumpfen der Rissspitze und Höhe des Dilatationsfeldes vor dem Riss berücksichtigt werden, so dass die Zeitstandfestigkeiten bei 1000 min ohne Medium nicht nur von der Temperaturabhängigkeit der Fließspannung abhängen.

Bild 7.35 [7.7] zeigt das Risswachstum in einem PE-HD bei 25 und 60 °C in einer 5 %igen Dispergatorlösung.

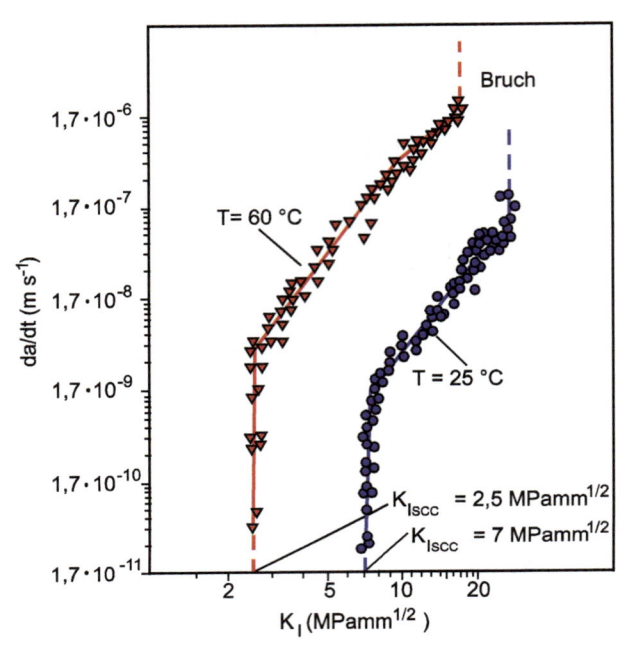

Bild 7.35 Abhängigkeit der Risswachstumsgeschwindigkeit in PE-HD in einer 5 %igen Dispergatorlösung bei zwei verschiedenen Temperaturen vom Spannungsintensitätsfaktor [7.7]

Eine Erhöhung der Prüftemperatur führt zu einer Verringerung der Spannungsrissbeständigkeit, die sich in reduzierten K_{Iscc}-Werten und leicht erhöhten Rissgeschwindigkeiten (vgl. Bild 7.36) äußert. Für die Wechselwirkungen zwischen Abstumpfung der Rissspitze und dem Versagen bei Temperatur- und Medieneinfluss liegen in der Literatur Ergebnisse vor [7.7, 7.36]. In dem in Bild 7.35 gezeigten Beispiel verringert sich der K_{Iscc}-Wert von 7 MPamm$^{1/2}$ bei Raumtemperatur auf 2,5 MPamm$^{1/2}$ bei 60 °C. Die Verringerung der Aktivierungsenergie für Fließprozesse mit zunehmender Temperatur ist in Bild 7.36 [7.7] am Beispiel des PE-HD dokumentiert. Aufgetragen ist die Rissgeschwindigkeit bei konstantem Spannungsintensitätsfaktor K_I = 9,5 MPamm$^{1/2}$ als Funktion der reziproken Temperatur. Diese Auftragung entspricht der grafischen Darstellung der *Arrhenius*-Gleichung:

$$\frac{da}{dt} = A\, e^{-\frac{Q}{kT}} \tag{7.15}$$

Hierin sind A eine Konstante, in die u. a. die molare Masse eingeht, Q die Aktivierungsenergie und k die *Boltzmann*'sche Konstante.

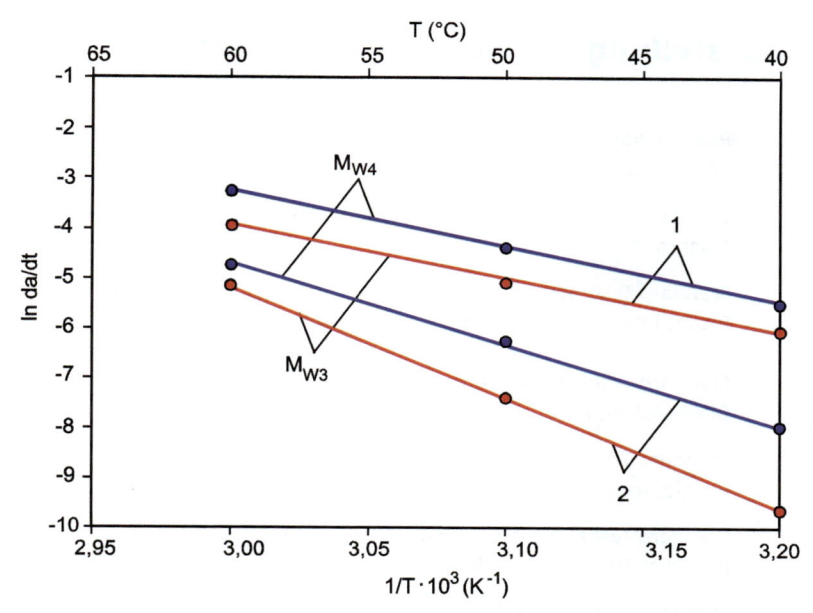

7.4 Einflussgrößen auf das Spannungsrissverhalten

Bild 7.36 *Arrhenius*-Geraden für zwei PE-HD-Werkstoffe unterschiedlicher molarer Masse in (1) – 5 %iger Dispergatorlösung und an (2) – Luft bei $K_I = 9,5$ MPamm$^{1/2}$ [7.7]; $M_{W3} > M_{W4}$; da/dt in mm min^{-1}

Aus der in Bild 7.36 dargestellten Abhängigkeit kann die Aktivierungsenergie für den Mechanismus der stabilen Rissausbreitung berechnet werden, wobei auf die K_I-Abhängigkeit der Aktivierungsenergie hinzuweisen ist. Diese Darstellung der Ergebnisse bei verschiedenen Temperaturen ermöglicht einen Vergleich und die Vorhersage von Temperaturabhängigkeiten. Im vorliegenden Beispiel ist im Vergleich zu den Messungen an Luft die Aktivierungsenergie durch das Netzmittel deutlich abgesenkt, beim höhermolekularen PE-HD stärker als beim niedermolekularen.

Die bruchmechanischen Stabilitäts- und Risswachstumsuntersuchungen haben sich wegen der möglichen Erfassung von Werkstoff- und Medieneinflüssen, der Wirkung von Temperatur, Beanspruchungsart und -höhe sowie des Einflusses der Prüfkörpergeometrie zu einer wesentlichen Stütze der technologischen Spannungsrissverfahren entwickelt.

7.5 Zusammenstellung der Normen und Richtlinien

AGK 31 (1970)	Prüfung von thermoplastischen Kunststoffen – Prüfung auf Spannungsrissanfälligkeit
ASTM D 1693 (2021)	Standard Test Method for Environmental Stress-Cracking of Ethylene Plastics
ASTM D 1975 (2021)	Standard Test Method for Environmental Stress Crack Resistance of Plastic Injection Molded Open Head Pails
ASTM D 2561 (2023)	Standard Test Method for Environmental Stress-Crack Resistance of Blow-Molded Polyethylene Containers
ASTM D 2951 (2000)	Standard Test Method for Resistance of Types III and IV Polyethylene Plastics to Thermal Stress-Cracking (zurückgezogen)
ASTM D 5419 (2021)	Standard Test Method for Environmental Stress Crack Resistance (ESCR) of Threaded Plastic Closures
ASTM D 5571 (2022)	Standard Test Method for Environmental Stress Crack Resistance (ESCR) of Plastic Tight-head Drums Not Exceeding 60 Gal (227 l) in Rated Capacity
ASTM F 1248 (2002)e1	Standard Test Method for Determination of Environmental Stress Crack Resistance (ESCR) of Polyethylene Pipes (zurückgezogen)
ASTM F 1473 (2024)	Standard Test Method for Notch Tensile Test to Measure the Resistance to Slow Crack Growth of Polyethylene Pipes and Resins
BS 2782-11, 1108A (1989)	Methods of Testing Plastics – Thermoplastic Pipes, Fittings and Valves – Resistance to Environmental Stress Cracking of Polyethylene Pipes and Fittings for Non-Pressure Applications
BS 4618-1.3.3. (1976)	Recommendations for the Presentation of Plastics Design Data – Mechanical Properties – Environmental Stress Cracking (zurückgezogen)
DIN 55457	Verpackungsprüfung – Behältnisse aus Polyolefinen (FNCT) - Teil 1 (2000): Beständigkeit gegenüber Spannungsrissbildung – Temperaturverfahren (zurückgezogen, empfohlen DIN EN ISO 16495) - Teil 2 (2000): Beständigkeit gegenüber Spannungsrissbildung – Druck-Temperaturverfahren – Ausführungsbeispiele für Prüfeinrichtung (zurückgezogen, empfohlen DIN EN ISO 16495)
DIN EN 2155	Luft- und Raumfahrt – Prüfverfahren für transparente Werkstoffe zur Verglasung von Luftfahrzeugen - Teil 14 (1993): Bestimmung der 1/10-Vicat Erweichungstemperatur - Teil 19 (1996): Bestimmung der Spannungsrissfestbeständigkeit - Teil 21 (1989): Bestimmung des Rissfortpflanzungswiderstandes (K-Faktor)

DIN EN 60811-4-1 (2005)	Isolier- und Mantelwerkstoffe für Kabel und isolierte Leitungen – Allgemeine Prüfverfahren Teil 4–1: Besondere Verfahren für Polyethylen- und Polypropylen-Verbindungen – Spannungsrissbeständigkeit – Messung des Schmelzindexes – Bestimmung des Ruß- und/oder Füllstoffgehaltes durch direkte Verbrennung – Bestimmung des Rußgehaltes durch thermogravimetrische Analyse (TGA) – Bewertung der Rußverteilung in Polyethylen unter Verwendung eines Mikroskops (zurückgezogen, identisch mit VDE 0473-811-4-1, ersetzt durch DIN EN 60811-100)
DIN EN ISO 22088	Kunststoffe – Bestimmung der Beständigkeit gegen umgebungsbedingte Spannungsrissbildung (ESC) - Teil 1 (2006): Allgemeine Anleitung - Teil 2 (2006): Zeitstandzugversuch - Teil 3 (2006): Biegestreifenverfahren - Teil 4 (2006): Kugel- oder Stifteindrückverfahren - Teil 5 (2009): Verfahren mit konstanter Zugverformung - Teil 6 (2009): Verfahren mit langsamer Dehnrate
ISO 8779 (2020)	Plastic Piping Systems – Polyethylene (PE) Pipes for Irrigation – Specifications
ISO 8796 (2004)	Polyethylene PE 32 and PE 40 Pipes for Irrigation Laterals – Susceptibility to Environmental Stress Cracking Induced by Insert-Type Fittings – Test Method and Requirements
ISO 16770 (2019)	Kunststoffe – Bestimmung der Spannungsrissbeständigkeit von Polyethylenen unter Medieneinfluss (ESC) – Kriechversuch an Probekörpern mit umlaufender Kerbe (FNCT)
SAE J2016–200802 (2008)	Chemical Stress Resistance of Polymers (cancelled, supersed by ISO 11403-3)

7.6 Literatur

[7.1] Stuart, H. A.; Markowski, G.; Jeschke, D.: Physikalische Ursachen der Spannungsrisskorrosion in hochpolymeren organischen Kunststoffen. Kunststoffe 54 (1964) 618–625

[7.2] Morbitzer, L.: „Spannungsrisskorrosion" in Polymeren. Colloid Polym. Sci. 259 (1981) 832–851. https://doi.org/10.1007/BF01388088

[7.3] Kambour, R. P.; Gruner, C. L.; Romagosa, E. E.: Solvent crazing of „dry" polystyrene and „dry" crazing of plasticized polystyrene. J. Polym. Sci., Polym. Phys. 11 (1973) 1879–1890. https://doi.org/10.1002/pol.1973.180111003

[7.4] Cruz, J. C.; Jansen, J. A.: Environmental Stress Cracking. In: Menna, T. J. (Ed.): Characterization and Failure Analysis of Plastics. ASM Handbook, Volume 11B, ASM International, Materials Park (2022). https://doi.org/10.31399/asm.hb.v11B.a0006917

[7.5] Hinrichsen, G.; Iburg, A.; Eberhardt, A.; Springer, H.; Wolbring, P.: Hydrolytical cracking of poly(ethylene terephthalate) fibres. Colloid Polym. Sci. 257 (1979) 1251–1252. https://doi.org/10.1007/BF01517253

[7.6] Maccone, F.; Brinati, G; Arcella, V.: Environmental stress cracking of poly(vinylidene fluoride) in sodium hydroxide. Effect of chain regularity. Polym. Eng. Sci. 40 (2000) 761–767. https://doi.org/10.1002/pen.11205

[7.7] Rufke, B.: Prüfung des Medienverhaltens. In: Schmiedel, H. (Hrsg.) Handbuch der Kunststoffprüfung. Carl Hanser Verlag, München Wien (1992) 303–363

[7.8] Tirosh, J.; Kambour, R. P.: Dependence of crack trajectories on stress distribution in the surfaces of injection moldings produced under high packing pressure. Polym. Eng. Sci. 36 (1996) 2875–2880. https://doi.org/10.1002/pen.10688

[7.9] Ramsteiner, F.: Zur Spannungsrissbildung in Thermoplasten durch flüssige Umgebungsmedien. Kunststoffe 80 (1990) 695–700

[7.10] Hennig, J.: Spannungsrissverhalten von PMMA nach Freibewitterung. Angew. Makromol. Chemie, 114 (1983) 131–139. https://doi.org/10.1002/apmc.1983.051140115

[7.11] Portnoy, R. C.: Medical Plastics. Degradation Resistance and Failure Analysis. Plastics Design Library, Norwich (1998)

[7.12] Brown, R. P.: Testing plastics for resistance to environmental-stress cracking. Polym. Test. 1 (1980) 267–282. https://doi.org/10.1016/0142-9418(80)90010-0

[7.13] Bledzki, A. K.; Barth, C.: Spannungsrissbeständigkeit von Polycarbonaten messen. Materialprüfung 40 (1998) 404–410

[7.14] Maurer, G.: Spannungsrissverhalten. In: Gausepohl, H.; Gellert, R. (Hrsg.) Kunststoff Handbuch 4, Polystyrol. Carl Hanser Verlag, München Wien (1996) 276–286

[7.15] Mark, H. F. (Ed.): Encyclopedia of Polymer Science and Technology: Plastics, Resins, Rubbers, Fibers. Vol. 7: Fire Retardancy to Isotopic Labeling. Interscience Publ., New York u. a. (1967)

[7.16] Moskala, E. J.: A fracture mechanics approach to environmental stress cracking in poly(ethyleneterephthalate). Polymer 39 (1998) 675–680. https://doi.org/10.1016/S0032-3861(97)00312-1

[7.17] Stern, A.; Novotny, M.; Lang, R. W.: Creep crack growth testing of plastics – I. Test configurations and test system design. Polym. Test. 17 (1998) 403–422. https://doi.org/10.1016/S0142-9418(97)00067-6

[7.18] Marshall, G. R.; Williams, J. G.; Culver, L. E.; Linkins, N. H.: Environmental stress cracking in polyolefins. SPE Journal 28 (1972) 26–31

[7.19] Mai, Y. W.: On the environmental fracture of polymethylmethacrylate. J. Mat. Sci. 10 (1975) 943–954. https://doi.org/10.1007/BF00823210

[7.20] Pinter, G.; Lang, R. W.: Fracture mechanics characterisation of effects of stabilisers on creep crack growth in polyethylene pipes. Plast. Rubber Compos. 30 (2001) 94–100. https://doi.org/10.1179/146580101101541499

[7.21] Kirloskar, M. A.; Donovan, J. A.: Thermally activated, alcohol assisted craze growth in polycarbonate. Polym. Prepr. 26 (1985) 128–129

[7.22] Fiedler, P.; Braun, D.; Weber, G.; Michler, G. H.: Einfluss von molekularer Struktur und Morphologie auf die Spannungsrissbeständigkeit von Polyethylen. Acta Polymerica 39 (1988) 481–487. https://doi.org/10.1002/actp.1988.010390904

[7.23] Aiba, M.; Osawa, Z.: The role of ultra-high molecular weight species in high-density polyethylenes in creep failure by a surface active agent. Polym. Degrad. Stab. 61 (1998) 389–398. https://doi.org/10.1016/S0141-3910(97)00224-3

[7.24] Bubeck, R. A.; Baker, H. M.: The influence of branch length on the deformation and microstructure of polyethylene. Polymer 23 (1982) 1680–1684. https://doi.org/10.1016/0032-3861(82)90193-8

[7.25] Schellenberg, J.; Fienhold, G.: Environmental stress cracking resistance of blends of high-density polyethylene with other polyethylenes. Polym. Eng. Sci. 38 (1998) 1413–1419. https://doi.org/10.1002/pen.10311

[7.26] Hubert, L.; David, L.; Seguela, R.; Vigier, G.; Degoulet, C.; Germain, Y.: Physical and mechanical properties of polyethylene for pipes in relation to molecular architecture. I. Microstructure and crystallisation kinetics. Polymer 42 (2001) 8425–8434. *https://doi.org/10.1016/S0032-3861 (01)00351-2*

[7.27] Soares, J. B. P.; Abbott, R. F.; Kim, J. D.: Enviromental stress cracking resistance of polyethylene. The use of CRYSTAF and SEC to establish structure-property relationships. J. Polym. Sci., Polym. Phys. 38 (2000) 1267–1275. *https://doi.org/10.1002/(SICI)1099-0488(20000515)38:10<1267:: AID-POLB10>3.0.CO;2-5*

[7.28] v. Krevelen, D. W.: Properties of Polymers. Elsevier-Verlag, Amsterdam, Oxford, New York, Tokyo (1994)

[7.29] Mai, Y. W.: Environmental stress cracking of glassy polymers and solubility parameters. J. Mat. Sci. 21 (1986) 904–916. *https://doi.org/10.1007/BF01117371*

[7.30] Chou, C. J.; Hiltner, A.; Baer, E.: The role of surface stresses in the deformation of hard elastic polypropylene. Polymer 27 (1986) 369–376. *https://doi.org/10.1016/0032-3861(86)90152-7*

[7.31] Kramer, E. J.; Bubeck, R. A.: Growth kinetics of solvent crazes in glassy polymers. J. Polym. Sci., Polym. Phys. 16 (1978) 1195–1217. *https://doi.org/10.1002/pol.1978.180160705*

[7.32] Chen, C. C.; Morrow, D. R.; Sauer, J. A.: Environmental effects of silicone oil on tensile and fatigue properties of polystyrene. Polym. Eng. Sci. 22 (1982) 451–456. *https://doi.org/10.1002/ pen.760220710*

[7.33] Happel, J.; Brenner, H.: Low Reynolds Number Hydrodynamics with Special Applications to Particulate Media. In: Amundson, N. R. (Hrsg.) Prentice Hall Intern. Series in the Phys. and Chem. Engng. Sci., Prentice Hall Inc., Uppen Saddle River (New Jersey) (1965) 391

[7.34] Hansen, C. M.: On predicting environmental stress cracking in polymers. Polym. Degrad. Stab. 77 (2002) 43–53. *https://doi.org/10.1016/S0141-3910(02)00078-2*

[7.35] Di Benedetto, A. T.; Bellusci, P.; Iannone, M.; Nicolais, L.: Kinetics of craze propagation in polymethylmethacrylate and polycarbonate in n-butyl alcohol. J. Mat. Sci. Lett. 16 (1981) 2310–2313

[7.36] Lu, X.; Brown, N.: The ductile-brittle transition in a polyethylene copolymer. J. Mat. Sci. 25 (1990) 29–34. *https://doi.org/10.1007/BF00544180*

8 Zerstörungsfreie Kunststoffprüfung

8.1 Einleitung

Verbundwerkstoffe mit polymerer Matrix zeichnen sich durch ihre hohe spezifische Festigkeit, die sie nicht nur für Luft- und Raumfahrt interessant macht, sondern z. B. auch für Sportgeräte und Fahrzeuge aus. Neben der Gewichtsersparnis spielen die geringe Korrosionsneigung und die erhöhte Lebensdauer eine entscheidende Rolle. Dieser Einsatz in anspruchsvollen Anwendungen bestätigt die erfolgreiche Entwicklung zum „High-Tech-Werkstoff". Damit können die durch Bauteilversagen verursachten Kosten um Größenordnungen über den Bauteilkosten liegen. Hierbei muss man nicht gleich an Flugzeugabstürze denken, auch im Bereich des Bauwesens und der Medizintechnik gibt es kostenintensives Versagen.

Aus diesem Grund hat die zerstörungsfreie Prüfung (ZfP) das Ziel, Informationen über den Werkstoff- oder Bauteilzustand zu erhalten: Schäden rückwirkungsfrei zu erkennen und zu charakterisieren, um Komponenten rechtzeitig auszutauschen und unnötigen vorbeugenden Austausch funktionstüchtiger Komponenten zu vermeiden [8.1, 8.2]. Um gebrauchsrelevante Eigenschaften von Werkstoffen oder aus ihnen gefertigten Bauteilen ohne eine Qualitätseinbuße intakter Teile prüfen und bewerten zu können, muss die ZfP auf indirektem Wege Informationen liefern, die sonst nur mit zerstörender Prüfung erhältlich sind. Die ZfP zielt damit primär auf eine Charakterisierung ab, also die Ermittlung einer physikalischen Eigenschaft; insofern ist sie hinsichtlich ihrer Methodik ein Bereich der Messtechnik. Die Aussagegenauigkeit hängt von der „Ansprechempfindlichkeit" der Messgröße auf das eigentlich interessierende Merkmal ab und davon, wie groß die Fehlerbreite der ZfP-Messung ist. Eine größere Fehlerbreite bedeutet höhere Sicherheitsfaktoren und damit größere Wanddicken, wodurch hohe Folgekosten entstehen können, z. B. durch erhöhten Treibstoffaufwand im Bereich der Luft- und Raumfahrt. Hierfür werden ZfP-Methoden mit hoher Aussagesicherheit benötigt, die nicht nur unter Laborbedingungen funktionieren. Anpressdruck einer Messsonde und Umgebungslärm sollten z. B. das Messergebnis nicht beeinflussen.

Die zerstörungsfreie Charakterisierung beruht prinzipiell darauf, dass das zu untersuchende Bauteil in irgendeiner Weise angeregt und sein „Antwortverhalten" zur Charakterisierung verwendet wird (Bild 8.1). Die Beschreibung des Antwortverhaltens wird besonders einfach, wenn man das Bauteil abstrahierend z. B. als „ein schwingungsfähiges System" charakterisiert, das integral durch nur wenige Kenngrößen beschrieben wird, z. B. Eigenfrequenzen oder Dämpfung. Die Charakterisierung kann aber auch beim Beaufschlagen des Bauteils mit unterschiedlichen Wellen lokal oder an vielen Punkten rasterartig erfolgen, wobei die lokalen Messwerte über den Prüfobjektkoordinaten als Bild dargestellt werden.

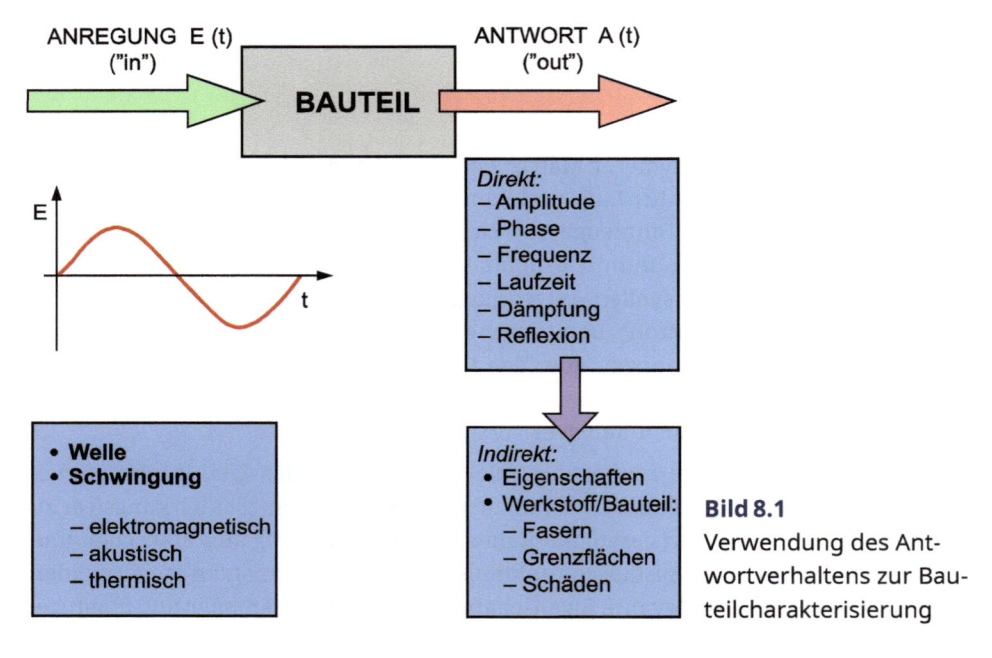

Bild 8.1 Verwendung des Antwortverhaltens zur Bauteilcharakterisierung

Die Eigenschaften von Wellen und ihren Wechselwirkungen, die zu solchen Messwerten führen, werden hier nicht weiter behandelt. Es sei nur darauf hingewiesen, dass sich in Formel 8.1, die z. B. die Ausbreitung einer ebenen Welle in x-Richtung beschreibt:

$$A(x,t) = A_0 e^{-\alpha x} e^{i(\omega t - kx)} \tag{8.1}$$

- t Zeit
- A Amplitude
- ω Kreisfrequenz
- k Wellenzahl

die Werkstoffeigenschaften in dem Schwächungskoeffizienten α, der durch Absorption und Streuung bestimmt ist, und in der Dispersionsrelation $\omega(k)$ widerspiegeln. Die Phasengeschwindigkeit ist $v_p = \omega/k$, die Gruppengeschwindigkeit $v_g = d\omega/dk$.

Gemessene Laufzeiten ermöglichen entweder eine Bestimmung der werkstoffspezifischen Geschwindigkeit oder der Bauteildicke entlang des Laufweges. Eine große Rolle spielen dabei Reflexionen. Die Kenntnis der physikalischen Grundlagen wird im Folgenden vorausgesetzt.

Jede Prüfmethode zeigt das Prüfobjekt und seine Fehler in seiner Wechselwirkung mit bestimmten Schwingungen oder Wellen. Da Verbundwerkstoffe mit polymerer Matrix mehr Einflussgrößen als Metalle und daher auch neue Versagensarten haben, ist das erforderliche Spektrum der ZfP-Methoden sehr breit. Jede Prüfmethode zeigt das Prüfobjekt und seine Fehler in seiner Wechselwirkung mit bestimmten Schwingungen oder Wellen. Da Verbundwerkstoffe mit polymerer Matrix mehr Einflussgrößen als Metalle und daher auch neue Versagensarten haben, ist das erforderliche Spektrum der ZfP-Methoden sehr breit, wobei nicht alle Methoden denselben Reifegrad erreicht haben. Die Gliederung orientiert sich an den verschiedenen Wellenarten.

8.2 Zerstörungsfreie Prüfung mit elektromagnetischen Wellen

Elektromagnetische Wellen sind Transversalwellen, deren Geschwindigkeit im Vakuum etwa $3 \cdot 10^8$ m s^{-1} beträgt. Im Werkstoff reduziert sich die Geschwindigkeit und damit auch die Wellenlänge um den Brechungsindex n, der wiederum von der Wellenlänge und vom Werkstoff abhängt. Bei senkrechtem Einfall auf eine Grenzfläche zwischen zwei Medien 1 und 2 ist der Reflexionskoeffizient der Wellenamplitude:

$$R_{12} = \frac{n_2 - n_1}{n_2 + n_1} \tag{8.2}$$

mit den Brechungsindizes n_1 und n_2 der beiden Werkstoffe, die die Grenzfläche bilden. Der Einsatz elektromagnetischer Wellen in der ZfP wird im Folgenden in der Reihenfolge wachsender Wellenlängen beschrieben, und zwar jeweils Prinzip und Anwendungen.

8.2.1 Röntgenstrahlung

Röntgenstrahlung entsteht, wenn durch Hochspannung beschleunigte Elektronen im Anodenmaterial abgebremst werden. Dabei wird die Energie entweder als kontinuierliche Bremsstrahlung freigesetzt oder zum Ionisieren von Atomen der Anode verwendet. Nachrückende Elektronen der äußeren Hülle emittieren dabei das charakteristische Röntgenspektrum. Das Röntgenspektrum enthält also Linien auf einem breiten Untergrund.

8.2.1.1 Projektionsverfahren mittels Absorption

Bei der Durchstrahlungsprüfung wird die Röntgenstrahlabsorption zur Bildgebung verwendet [8.3]. Der Kontrastmechanismus im Bild ist eine Intensitätsschwächung, die von der örtlichen Strahlweglänge im Prüfobjekt und dem dichte- und ordnungszahlabhängigen Absorptionskoeffizienten α_a entlang dieses Weges gemäß:

$$I = I_0 e^{-\alpha_a d}$$

mit (8.3)

$$\alpha_a \sim \rho \cdot \lambda^3 \cdot Z^3$$

I_0, I Intensität vor bzw. hinter dem Prüfobjekt
d Strahlweg im Prüfobjekt
ρ Dichte
λ Wellenlänge
Z Ordnungszahl

abhängt. Neben dieser Strahlschwächung durch Absorption spielt auch Streuung eine Rolle, bei der Strahlung aus allen Richtungen zum Bild beiträgt, wodurch die Kontraste reduziert werden, ähnlich wie Nebel die optischen Kontraste schwächt. Die Obergrenze der sinnvollen Beschleunigungsspannung ist deswegen durch die Streuverluste gegeben (Bild 8.2). Damit der Absorptionskoeffizient nicht wesentlich kleiner ist als der Streukoeffizient α_s, ergibt sich für Kunststoffe eine sinnvolle Obergrenze der Beschleunigungsspannung im Bereich von 20 kV.

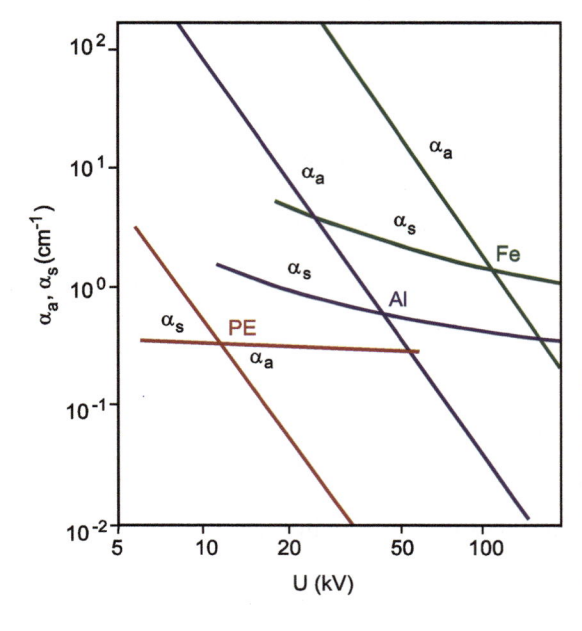

Bild 8.2
Gegenüberstellung der Absorptionskoeffizienten α_a und Streukoeffizienten α_s von Eisen, Aluminium und PE in Abhängigkeit von der Beschleunigungsspannung U [8.4]

Ein Röntgenfilm oder ein Bildwandler mit nachgeschalteter Videokamera (Bild 8.3) zeigt bildlich das lokale Antwortverhalten des Prüfobjektes, entlang der jeweiligen Strahlenwege entsprechend der Ordnungszahl gewichtet gemittelt. Die beobachtete Struktur ist die Zentralprojektion absorbierender Objektstrukturen in die Filmebene. Über den Abstand Röntgenquelle – Prüfobjekt ist die Vergrößerung einstellbar. Bei dieser Projektion gibt es einen Halbschattenbereich, der von der Größe des Röntgenflecks abhängt. Kleinere Strukturen werden aufgrund der Halbschattenwirkung unscharf abgebildet, zwei kleine getrennte Objekte erscheinen mit zunehmender Röntgenfleckgröße als ein großes Objekt (Bild 8.3). Zur Darstellung feiner Details benötigt man daher einen Röntgenfleck von einigen µm Durchmesser, den man dadurch erzeugt, dass der Elektronenstrahl wie beim Elektronenmikroskop auf einen kleinen Bereich der Anode fokussiert wird. In diesem Bereich der Anode wird Röntgenstrahlung erzeugt und fast punktförmig abgestrahlt.

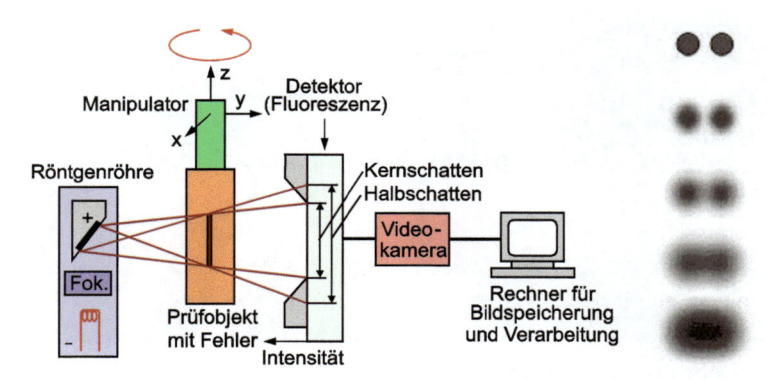

Bild 8.3 Röntgenanlage zur Bildaufnahme im Videotakt und Zusammenhang zwischen Halbschattenbereich und Größe des Röntgenfokus (links); Einfluss der Größe des Röntgenflecks auf das Auflösungsvermögen; zunehmende Verwaschung ursprünglich getrennter Objekte mit Verlust von Details (rechts)

Polymere, bestehend aus Elementen mit niedrigen Ordnungszahlen Z (H: $Z=1$; C: $Z=6$; O: $Z=8$), absorbieren Röntgenstrahlen weitaus schwächer als Metalle (Fe: $Z=26$). Metallische Einschlüsse in Polymerwerkstoffen sind deswegen gut erkennbar. Ein typisches Anwendungsbeispiel ist der Nachweis von Verarbeitungsfehlern in einem Chip (Bild 8.4). Bei der Herstellung werden die Anschlüsse des integrierten Schaltkreises mit den nach außen geführten Kontaktstiften durch dünne Bondingdrähte verbunden, anschließend erfolgt die Einbettung im Polymer mittels Spritzgießen, wodurch der Chip das kästchenähnliche schwarze Aussehen erhält. Im Röntgenbild zeigt das Polymer einen vergleichsweise schwachen Schatten, während insbesondere der Halbleiter und die metallischen Strukturen hervortreten. Beim Spritzgießen entstehen parabelartige „Verwehungen" der Bondingdrähte, wobei sich im gezeigten Beispiel (Bild 8.4 rechts) zwei der 20 µm dicken Golddrähte kreuzen, mit dem unerwünschten Effekt induktiver oder kapazitiver Kopplung (Übersprechen). Da der Brechungsindex von Werkstoffen bei Röntgenwellenlängen fast eins ist, tritt an Rissen oder Delaminationen praktisch keine Reflexion auf. Offene Risse werden erst sichtbar, wenn man auf die Oberfläche des Prüfobjektes Kontrastflüssigkeit aufträgt, die Elemente hoher Ordnungszahlen (z. B. Brom oder Jod) enthält. Die Kontrastflüssigkeit dringt durch Kapillarwirkung in den Riss ein und markiert ihn durch erhöhte Absorption. So wird der Rissverlauf auch im Inneren des Bauteils sichtbar. In Bild 8.3 wurde bereits angedeutet, dass sich das Bauteil während des Betrachtens drehen lässt, um Strukturen von allen Seiten betrachten und ihre räumliche Lage erfassen zu können. Aus Bildern, die während solcher Drehbewegungen entstehen, lassen sich Röntgentomogramme errechnen. Bei großen Bauteilen stört das Durchstrahlungsprinzip, also die Anordnung des Bauteils zwischen Röntgenröhre und Detektor.

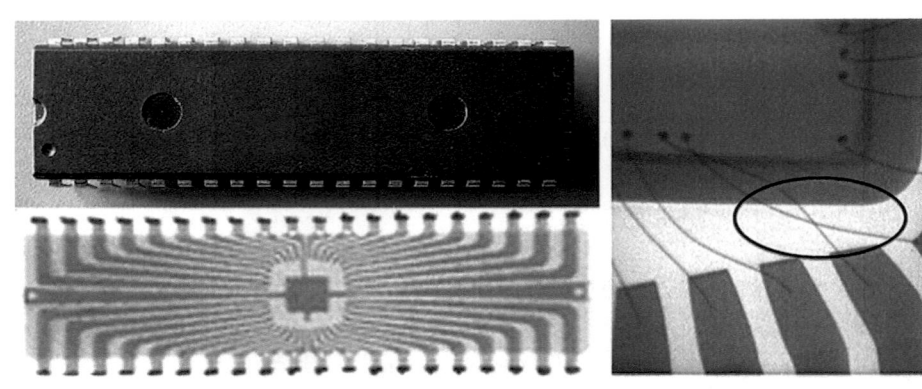

Bild 8.4 Röntgenbild eines Chips, ermittelt mit einer Fokusgröße von ≈ 8 µm: Optisches Bild (links oben), Röntgenbild als Schattenprojektion absorbierender Bauteilbereiche (links unten) und Überkreuzung zweier Bondingdrähte mit 20 µm Durchmesser (rechts)

8.2.1.2 Compton-Rückstreuung

Die Streuung von Röntgenstrahlung erfolgt auch rückwärts. Daher ist die Streustrahlung, die in der Durchstrahlungstechnik stört, für die Bildgebung nutzbar, wenn die Streustrahlung gemäß Bild 8.5 mit einem geeigneten Lochblendensystem und mittels eines röntgenempfindlichen Detektorarrays tiefenaufgelöst erfasst wird.

Damit ist nur noch ein einseitiger Zugang zum Prüfobjekt erforderlich und die Struktur im Prüfobjekt wird schichtweise parallel zur Oberfläche erfasst (3D-Information). Da dieses Verfahren nur die von einer Linie, dem „Nadelstrahl" mit $0{,}4 \times 0{,}4\,\text{mm}^2$ Querschnitt, ausgehende Streuung erfasst, bedingt es eine 2D-rasterartige Abtastung des Prüfobjektes, die zeitaufwändiger ist als ein übliches Durchstrahlungsbild [8.5].

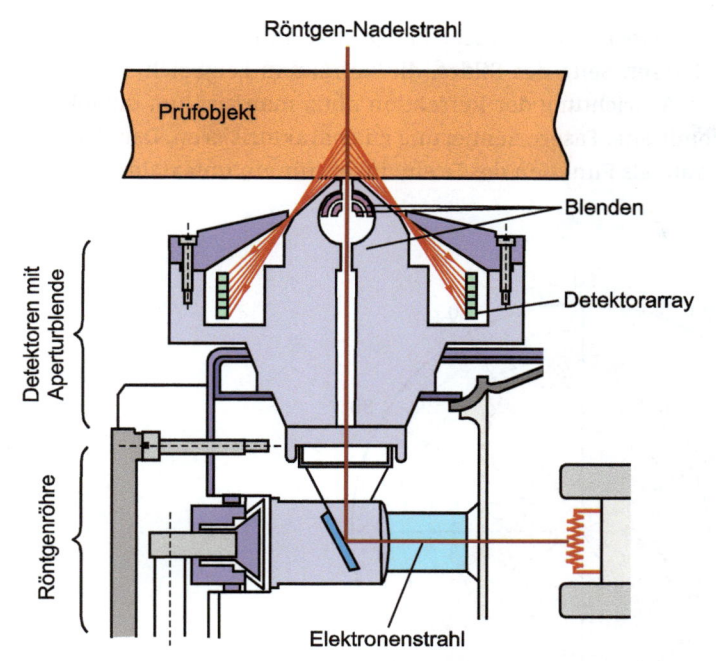

Bild 8.5 Röntgenrückstreuverfahren (Quelle: XYLON International)

8.2.1.3 Röntgen-Refraktometrie

Reflexionen wirken sich bei den bisher genannten Verfahren kaum aus, weil der Brechungsindex im Bereich der Röntgenstrahlung praktisch derselbe ist wie von Luft. In der Röntgen-Refraktometrie (Bild 8.6 links) wird die geringe Abweichung von etwa 10^{-5} zur zerstörungsfreien Prüfung genutzt.

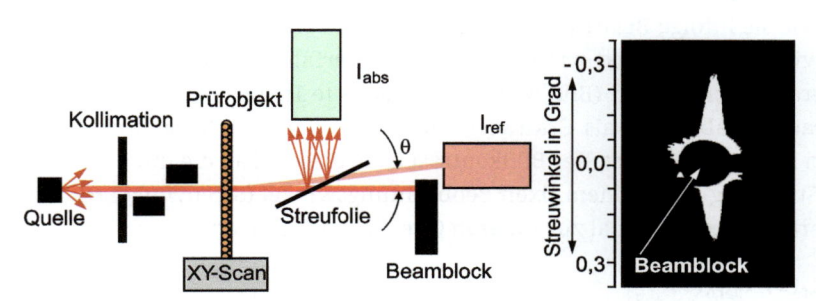

Bild 8.6 Schematische Darstellung des Messaufbaues zur Röntgen-Refraktometrie (links) und Refraktion an einem waagerecht stehenden Faserbündel (Röntgenbild); Kreis in der Mitte: Blockierung Primärstrahl (rechts) [8.6]

Eine Faser wirkt wie eine Zylinderlinse und lenkt den Strahl in einer Ebene ab, deren Normale die Faserachse ist. Wenn der Werkstoff uniaxial orientierte Fasern enthält, wird die Strahlung nur senkrecht zu den Fasern abgelenkt. In Bild 8.6 rechts liegen die Fasern parallel zur kurzen Seite des Bildes, die Refraktion zeigt sich senkrecht dazu (helle Fläche). Diese Ausrichtung der Refraktion nutzt man aus, um die lokale, über die Schichtdicke gemittelte, Faserorientierung zu charakterisieren. Das Beispiel in Bild 8.7 zeigt die Zählrate als Funktion des Drehwinkels für ein uniaxiales CFK-Laminat.

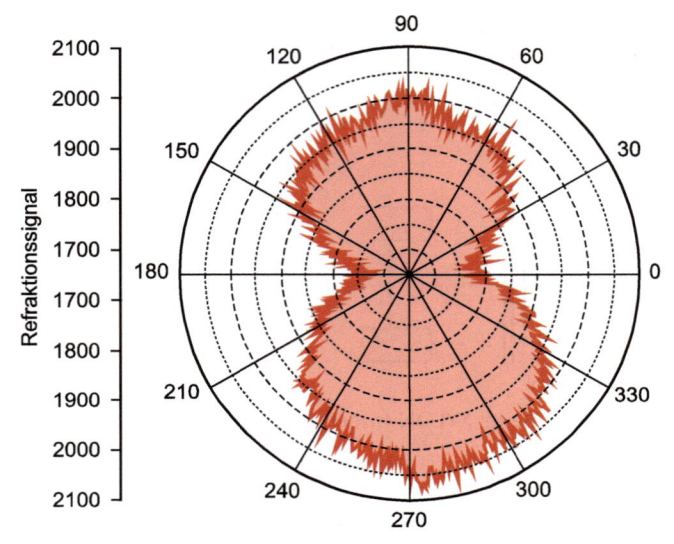

Bild 8.7 Rotation eines unidirektionalen CFK-Laminates (Dicke: 2,5 mm) um den Hauptstrahl [8.7]

Neben der Orientierung lassen sich auch Veränderungen der Faser/Matrix-Grenzfläche erfassen, wie sie infolge Belastung oder Alterung auftreten. Um größere Flächen abzurastern, wird das Prüfobjekt wie beim Rückstreuverfahren mittels Verschiebeschlitten rasterartig verschoben (Bild 8.6), die refraktierte Intensität jeweils erfasst und die Zählrate ortsabhängig als Grauwert dargestellt (Röntgen-Refraktions-Topogramm), wie in Bild 8.8 gezeigt ist. Der Bildkontrast ist in diesem Fall die Intensität der gebrochenen Strahlung unter einem fixen Beobachtungswinkel (Streuwinkel Θ). Der Refraktionswert C ist proportional zur inneren Oberfläche des Prüfobjektes:

$$C(\Theta) = \frac{1}{d}\left[\frac{I_{\text{Ref}}(\Theta)/I_{\text{Ref},0}(\Theta)}{I_{\text{Abs}}/I_{\text{Abs},0}} - 1\right] \tag{8.4}$$

$I_{\text{Ref}}(\Theta)$ Messsignal mit Prüfobjekt im Refraktionskanal; über Streufolie
$I_{\text{Ref},0}(\Theta)$ Messsignal ohne Prüfobjekt im Refraktionskanal; über Streufolie
I_{Abs} Messsignal mit Prüfobjekt im Absorptionskanal; über Streufolie
$I_{\text{Abs},0}$ Messsignal ohne Prüfobjekt im Absorptionskanal; über Streufolie

Bild 8.8 Messungen an einem Impactschaden im CFK-Laminat (Dicke: 1 mm): Absorptionsmessung (links), Refraktionsmessung (Mitte) und Refraktionswert (rechts) [8.7]

Der Refraktionswert ist mithilfe eines Messstandards bekannter innerer Oberfläche (z. B. Faserroving oder Referenzkeramik) in eine absolute innere Oberflächendichte umrechenbar. Darüber hinaus eignet sich das Verfahren zur Erfassung von Mikrorissen im Werkstoffinneren (Bild 8.9), die mit Röntgenstrahlabsorption (Abschnitt 8.2.1.1) wenig aussichtsreich ist, weil die Risse nicht weit genug geöffnet sind und die Länge der absorbierenden Strecke im Werkstoff durch die Risse nicht verändert wird.

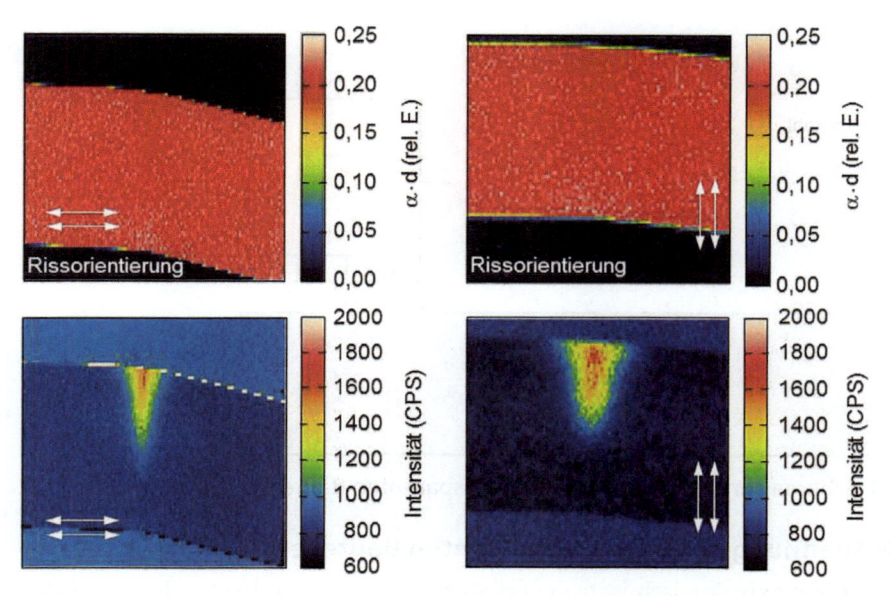

Bild 8.9 Messung der Absorption ($a \times d$) (oben) und Refraktion (unten) für horizontale (links) und vertikale (rechts) Position eines geschädigten Polymerstabes (Dicke: 3 mm); die Pfeile zeigen die Rissorientierung an, für die der Aufbau empfindlich ist

8.2.2 Spektralbereich des sichtbaren Lichts

Fehler in transparenten Bauteilen können z. B. Einlagerungen oder Risse sein. Da der Brechungsindex deutlich größer als eins ist, tritt an Grenzflächen Reflexion auf, die z. B. Risse unmittelbar sichtbar macht. Bei transparenten Werkstoffen können zwei weitere Fragestellungen interessieren, die im Folgenden kurz behandelt werden:

- Wie dick ist das plattenartige Bauteil bzw. die Folie?
- Gibt es Eigenspannungszustände?

8.2.2.1 Dickenmessung an transparenten Bauteilen

Bei schräg einfallender Beleuchtung auf eine transparente Platte oder Folie z. B. durch einen Laserstrahl tritt zwischen front- und rückseitig reflektiertem Strahl ein seitlicher Versatz auf, der von einem Diodenzeilenarray unmittelbar erfasst und bei bekanntem Brechungsindex in die Platten- oder Foliendicke umgerechnet wird (Bild 8.10).

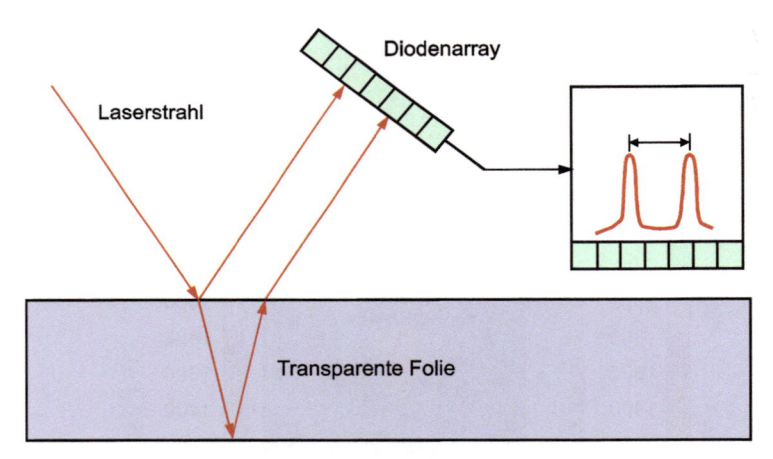

Bild 8.10 Schema zur Dickenmessung an transparenten Bauteilen

8.2.2.2 Spannungsoptik an transparenten Bauteilen

Moleküle, die makroskopisch isotrop verteilt sind, bekommen bei mechanischer Belastung (z. B. durch Dehnung oder Eigenspannungen) eine Vorzugsorientierung, die dazu führen kann, dass die Lichtgeschwindigkeit für verschiedene Polarisationsrichtungen unterschiedlich ist. Bringt man ein solches transparentes plattenartiges Bauteil zwischen gekreuzte Polarisatoren, d. h. ohne Prüfobjekt gelangt kein Licht durch die Apparatur (Dunkelfeldaufbau), bilden sich Hell-Dunkel-Muster, die die Spannungsverteilung qualitativ wiedergeben. Das Zusammenlaufen der Linien zeigt Bereiche an, in denen sich die Spannung stark ändert (s. Abschnitt 6.2.4.3). Das Ergebnis dieser spannungsoptischen Untersuchung ist die lokal über die Plattendicke gemittelte Spannung, aufgetragen über dem Ort, also eine Projektion, ähnlich wie das Röntgenbild eine räumliche Struktur in die Betrachtungsebene projiziert. Dieses Verfahren ermöglicht eine einfache Visualisierung von Spannungen [8.8]. Zur Untersuchung von Modellfaserverbunden (Bild 8.11) eignet sich ein mit Polarisatoren ausgestattetes Laser-Scanning-Mikroskop (s. Abschnitt 8.2.2.3), mit dem die Spannungsumlagerungen beim Bruch einer einzelnen Faser verfolgbar sind, wenn eine definierte Beanspruchung mit einer Materialprüfmaschine aufgebracht wird [8.9, 8.10].

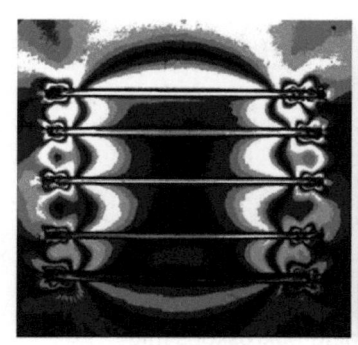

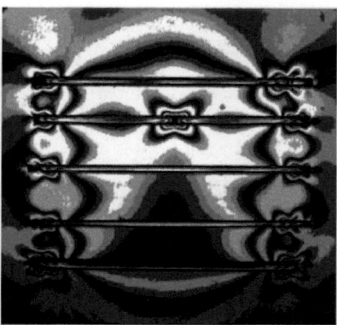

Bild 8.11 Spannungsoptischer Nachweis des Versagens im Faser-Matrix-Bereich (5 parallele Glasfasern in einer PP-Matrix): Vor (links) und nach (rechts) dem Bruch der 2. Faser von oben [8.11]

8.2.2.3 Konfokale Laser-Scanning-Mikroskopie

Die Funktionsweise des konfokalen Laser-Scanning-Mikroskops (LSM) wird anhand von Bild 8.12 erläutert. Ein Laserstrahl wird auf einen kleinen Objektbereich fokussiert. Danach erfolgt die Fokussierung des vom Objektbereich zurückkommenden Streulichts auf eine als Pinhole bezeichnete Blende, an die sich ein optischer Detektor anschließt. Wegen dieses konfokalen Prinzips wird praktisch nur das vom Laserfokus kommende Licht detektiert und zum Rasterbildaufbau genutzt. Das gilt auch für die Tiefenempfindlichkeit, die eine vertikale Auflösung im Bereich von 0,1 µm erlaubt. Im Unterschied zu einer Kamera muss der Laserpunkt zur Aufnahme eines solchen Bildes (Höhenschnitt) rasterartig im Scan-Verfahren über das Objekt bewegt werden, um ein Bild zu erzeugen, das jeweils nur einen bestimmten Höhenschnitt zeigt.

Eine Serie solcher Einzelbilder mit verschiedenen Abständen zwischen Objektiv und Objektoberfläche (Bilderstapel) wird zu einer tiefenscharfen Abbildung der Oberfläche zusammengesetzt, die hochaufgelöste optische Schnitte der Oberflächentopografie oder auch von Strukturen unterhalb der Oberfläche (3D-Mikroskopie) erlaubt. Das Ergebnis einer solchen Untersuchung ist in Bild 8.13 dargestellt.

Das Laser-Scanning-Mikroskop eignet sich nicht nur zur berührungslosen Vermessung sehr feiner Oberflächenstrukturen, sondern auch zur Bestimmung des Brechungsindex und zur Durchführung spannungsoptischer Untersuchungen (Bild 8.11).

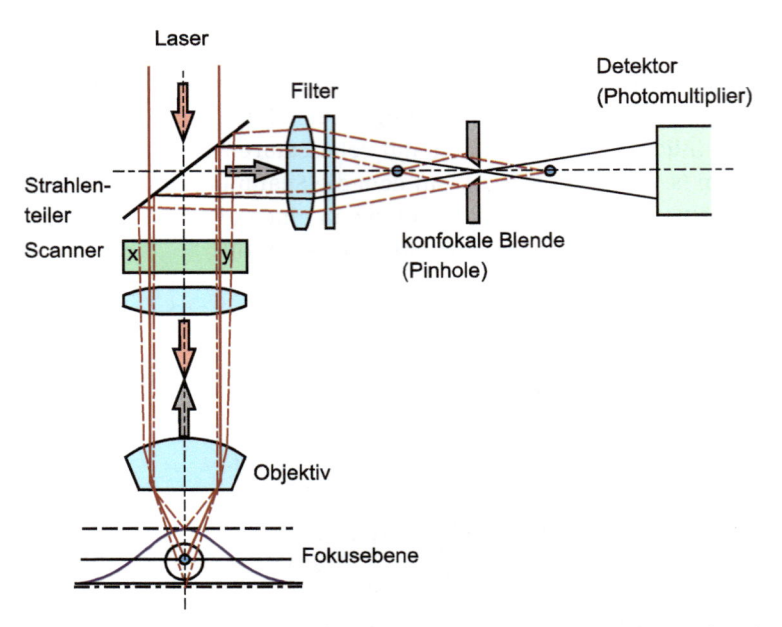

Bild 8.12 Optischer Aufbau des konfokalen Laser-Scanning-Mikroskops mit scharfer Abbildung der Focusebene in die Pinhole-Ebene

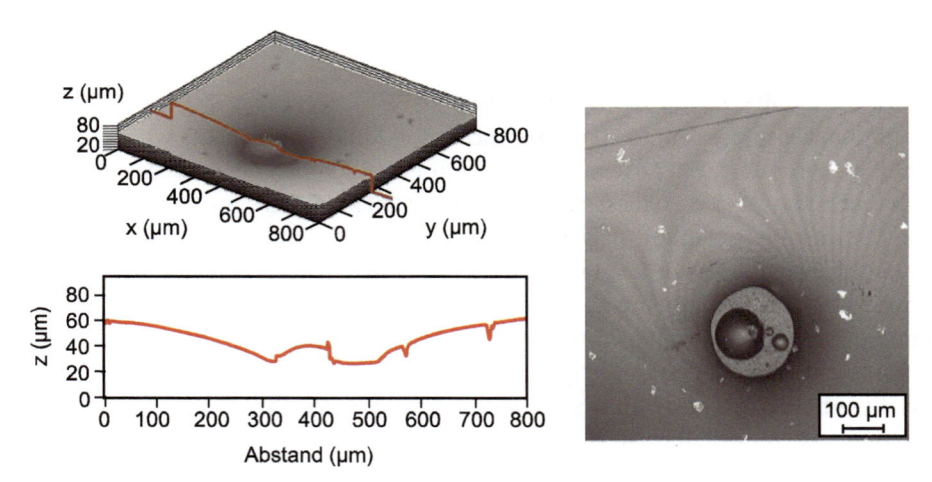

Bild 8.13 Einsatz des LSM zur Erfassung der Topografie kleiner Strukturen: Fehler in einer Kunststofflackierung („Pickel") eines Stoßfängers in Relief, Profil und Draufsicht

8.2.2.4 Streifenprojektion zur Konturerfassung

Auf der Basis von Streifenprojektion und Aufnahme der Streifen mit einer Kamera aus einer anderen Blickrichtung lässt sich eine Methode zur schnellen berührungslosen Höhencodierung von Oberflächenkonturen ableiten. Bei der Überlagerung zweier sehr ähnlicher Gitter führen periodische Abschattungen zu einem „Schwebungseffekt". Es entstehen *Moiré*-Streifen, die Höhenlinien der Oberfläche darstellen (Bild 8.14).

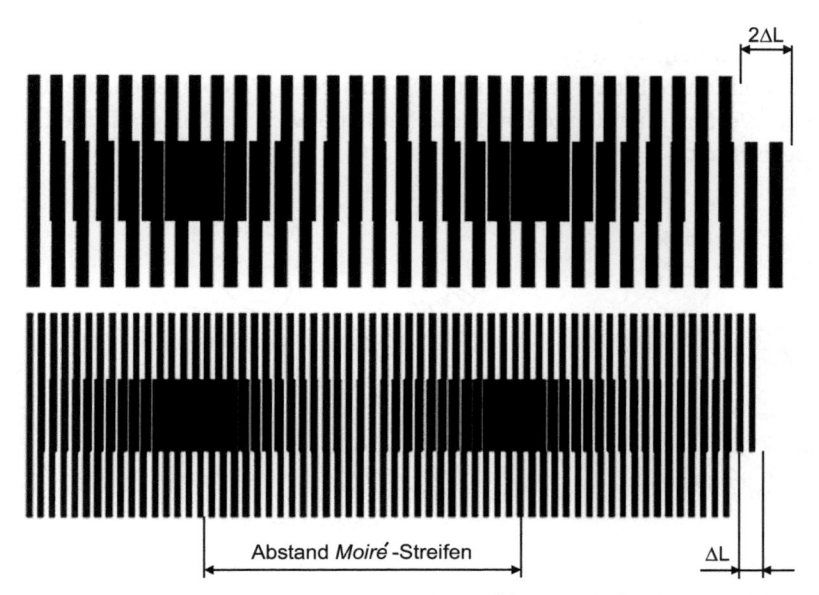

Bild 8.14 Entstehung des *Moiré*-Effekts bei Überlagerung von zwei Gittern mit geringfügig verschiedenen Strichabständen; bei einem feineren Gitter entspricht derselbe Abstand der *Moiré*-Streifen einer kleineren Längenänderung ΔL

Diese Methode zeichnet sich durch einen geringen apparativen Aufwand aus. Die Empfindlichkeit hängt von der Liniendichte des projizierten Gitters ab. Die besten Auflösungen lassen sich erreichen, wenn man durch Interferenz erzeugte feine Strukturen verwendet.

Darauf beruhen die im Folgenden vorgestellten Interferometriemethoden, die aber nicht die Höhenlinien selbst erfassen, sondern deren Veränderungen zwischen Verformungszuständen.

8.2.2.5 Interferometrische Verfahren

Holografie

Das Prinzip der Holografie wird in Bild 8.15 dargestellt [8.12]. Der Strahl eines Lasers wird aufgespalten. Der eine Teilstrahl beleuchtet das darzustellende Objekt, dessen Streustrahlung auf eine Fotoplatte fällt. Der andere Teilstrahl (Referenzstrahl) wird aufgeweitet und trifft die Fotoschicht breitflächig. Dabei kommt es interferenzbedingt zu unregelmäßigen feinen Strukturen, die als Hologramm bezeichnet werden. Nach dem Entwickeln der Fotoplatte sieht ein Beobachter, der durch das vom Referenzstrahl beleuchtete Hologramm blickt, das Objekt aufgrund der Beugungseffekte an den feinen Strukturen räumlich so rekonstruiert, als wenn das Hologramm ein Fenster wäre, durch das er das Objekt betrachtet. Wenn man bei der Rekonstruktion das ursprüngliche Objekt an seinem Platz belässt, fällt das aktuell erzeugte Interferenzfeld mit dem ursprünglichen zusammen. Wird das Objekt verformt, überlagern sich die momentane und die zuvor erzeugte Interferenzstruktur. Es entstehen *Moiré*-Streifen, die Höhenlinien gleicher Verformung darstellen. Diese Methode wird als holografische Interferometrie bezeichnet.

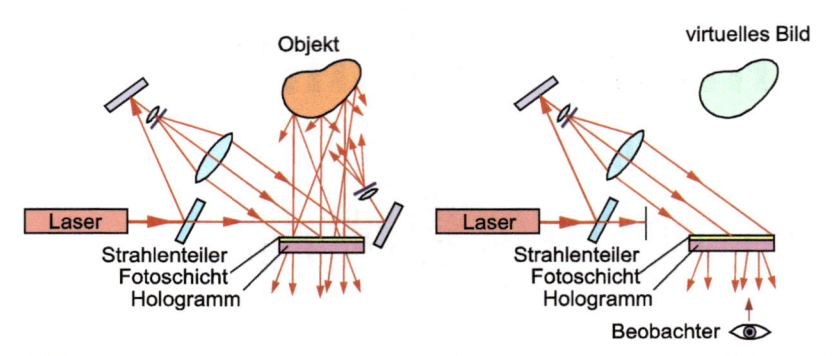

Bild 8.15 Prinzip der Holografie: Aufnahme eines Hologramms (links) und räumliche Rekonstruktion des nicht mehr vorhandenen Objektes (rechts)

Dieses berührungslose Verfahren zeigt also nicht die Oberflächenkontur selbst, sondern nur ihre Veränderung. Da der Film zwischen Hologrammerstellung, Entwicklung und anschließender Durchsichtanordnung nicht bewegt werden darf, ist die Praxistauglichkeit durch die Erschütterungsempfindlichkeit begrenzt.

Elektronische Speckle-Pattern-Interferometrie (ESPI)

Das Prinzip ist in Bild 8.16 so dargestellt, dass man den Unterschied zur Holografie leicht erkennt. Die Fotoplatte wird durch ein CCD (charge coupled device)-Array ersetzt, das man als rechnergekoppelte Fotoplatte auffassen kann. Die Verwendung einer zusätzlichen Linse (Linse 1) im Unterschied zum Aufbau in Bild 8.15 bewirkt, dass das CCD-Array nicht das Streulicht des Objektes registriert, sondern dessen Abbildung. Auf dem Rechnermonitor erscheint das Rasterbild des Objektes in dem Laserlicht, mit dem es durch Linse 2 beleuchtet wurde. Der wie bei der Holografie überlagerte Referenzstrahl mit Teleskopanordnung zur Strahlaufweitung durch die Linsen 3 und 4 bewirkt, dass das Rasterbild nun „körniger" ist, aus kleinen „Fleckchen" (engl. speckle) zusammengesetzt erscheint. Solche interferenzeffektbedingten Strukturen sprechen empfindlich auf Geometrieänderungen an, die im Bereich der verwendeten Lichtwellenlänge liegen. Nimmt man das Objekt in zwei leicht veränderten Zuständen auf, zeigt die im Rechner vollzogene Überlagerung der beiden Speckle-Muster einen *Moiré*-Effekt (daher elektronische Speckle-Pattern-Interferometrie, ESPI), der sich dem Bild streifenartig überlagert. Diese Streifen sind ebenfalls Höhenlinien gleicher Verformung, wobei nur die Verformungskomponente senkrecht zur Oberfläche erfasst wird (out-of-plane). Das Verfahren ist robuster als die holografische Interferometrie, da die zwischenzeitliche Filmentwicklung entfällt.

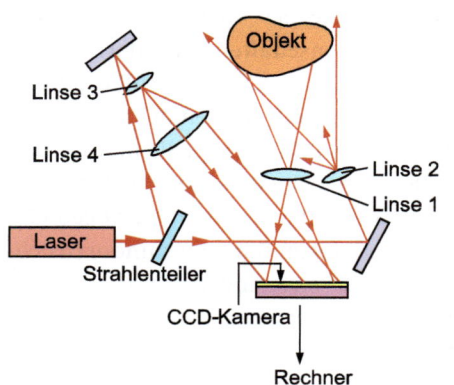

Bild 8.16
Prinzip der elektronischen Speckle-Pattern-Interferometrie (ESPI)

Mit dem in Bild 8.17 gezeigten Strahlengang, bei dem Referenz- und Beleuchtungsstrahl symmetrisch zur optischen Achse verlaufen, wird die in-plane-Komponente der Verformung erfasst. Der Streifenabstand ist dann nicht mehr $\lambda/2$, sondern $\lambda/(2 \sin \Theta)$. Drei durch Verwendung verschiedener Wellenlängen codierte Strahlengänge lassen sich innerhalb derselben optischen Anordnung benutzen und nach Durchqueren der gemeinsamen Abbildungsoptik über wellenlängenselektive Spiegel jeweils einem CCD-Array zuleiten. Eine solche ESPI-Anlage kann die out-of-plane- und die beiden in-plane-Verformungskomponenten im Videotakt simultan erfassen. Die simultane Erfassung der beiden in-plane-Komponenten ermöglicht z. B. die Ermittlung der Querkontraktion während der Belastung.

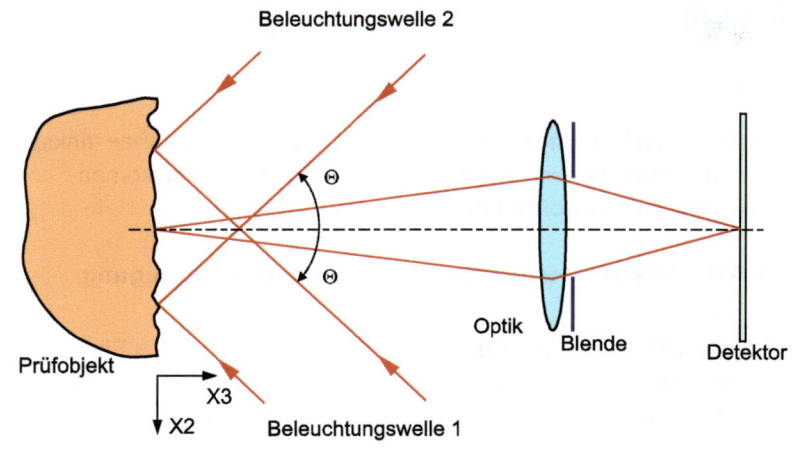

Bild 8.17 In-plane-Interferometeraufbau

Bild 8.18 links zeigt den Verformungszustand eines Zugprüfkörpers einmal mit dem Streifenmuster der Y-Verformungskomponente entlang der Kraft F, einmal senkrecht dazu. Im Bereich der Krafteinleitung wandern die Streifen seitlich aus, einspannungsbedingt entsteht eine Verzerrung. Aus der Streifendichte in den beiden Bildern lässt sich die Querkontraktionszahl ermitteln. Weil die Methode die mechanisch relevante Größe – nämlich die lokale Dehnung – erfasst, eignet sie sich auch zur Darstellung verborgener Defekte, die die lokalen mechanischen Eigenschaften verändern, wie in der rechten Hälfte von Bild 8.18 modellhaft für eine Bohrung im Zugprüfkörper gezeigt wird. Hier ist deutlich zu erkennen, dass eine erhöhte Liniendichte auf eine Spannungskonzentration hinweist. Insofern erinnert das Bild auch an die in Abschnitt 6.2 dargestellten polarisationsoptischen Bilder. Der Unterschied liegt darin, dass nicht Brechungsunterschiede quer durch optisch transparente flächige Bauteile abgebildet werden, sondern eine Komponente der Oberflächendeformation eines undurchsichtigen Bauteils, dessen Oberfläche hell genug und diffus streuend sein muss. Die Erkennung kleiner Defekte kann schwierig sein, wenn die geringen Verformungsänderungen von der großflächigen Verformung überdeckt werden. Im Folgenden werden zwei Möglichkeiten beschrieben, dieses Problem zu lösen. Sie zeigen auch das Potenzial, das in hybriden Verfahren (s. Kapitel 9) steckt.

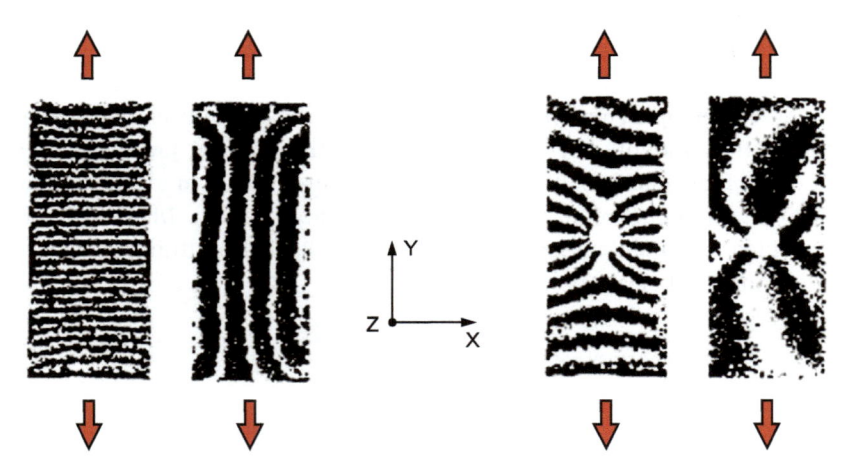

Bild 8.18 3D-ESPI: Bild des Verformungszustandes eines Zugprüfkörpers ohne (links) und mit (rechts) Loch; dargestellt sind jeweils die Y-Verformungskomponente (links) und die X-Verformungskomponente (rechts)

Elektronische Speckle-Pattern-Interferometrie mit modulierter Anregung (Lockin-ESPI)

Nach dem Prinzip der Effektcodierung wird der Einfluss einer bestimmten Eingangsgröße untersucht, indem diese moduliert und das Ausgangssignal nur auf diesen Frequenzanteil untersucht wird. Die unmodulierten Störeffekte fallen bei der *Fourier-*

Transformation bzw. Schmalbandfilterung weg. Insgesamt wird also das Signal/Rausch-Verhältnis verbessert, zugleich erhält man aus der *Fourier*-Transformation eine Phaseninformation.

Für die ESPI-Technik mit optischer Anregung bedeutet das: Die Beanspruchung, z. B. die thermische Expansion aufgrund einer Beleuchtung, wird periodisch aufgebracht und währenddessen werden die resultierenden Streifenbilder aufgenommen. Diese werden demoduliert, d. h. die Höhenlinien werden in wirkliche Höhen umgesetzt, und die Höhenänderungen an jedem Bildelement (Pixel) bei der Modulationsfrequenz *Fourier* transformiert, woraus sich jeweils Amplitude und Phase der modulierten Deformation ergeben. Aus dem Bilderstapel resultiert ein Bild, das die lokale Amplitude zeigt, und entsprechend ein Phasenbild, das darstellt, mit welcher Verzögerung die Oberflächendeformation der modulierten Belastung folgt [8.13, 8.14]. Den Vorteil des Phasenbildes zeigt anschaulich Bild 8.19, in dem es um die Erkennung eines Rasters rückseitiger Sacklöcher in Holz ging. Die einzelnen Bilder des Stapels geben keinerlei Hinweis auf das Raster, auch nicht das resultierende Amplitudenbild, aber das Phasenbild. Bei dieser Messung spielen der modulierte Wärmetransport und seine Störung eine Rolle, die letztlich eine Störung der thermischen Ausdehnung bewirken und auch ihrer Verzögerung. Die Phase als Laufzeiteffekt ist unempfindlich gegen Störungen wie inhomogene Einbringung der Belastung und optische Oberflächenstrukturen [8.15]. Dieses Prinzip lässt sich generell auch auf die abbildende Interferometrie anwenden, z. B. auf die Shearografie, die das Gradientenfeld der Verformungen abbildet. Das Prüfobjekt darf sich während der Messung nicht bewegen, seine Oberfläche sollte diffus streuend sein.

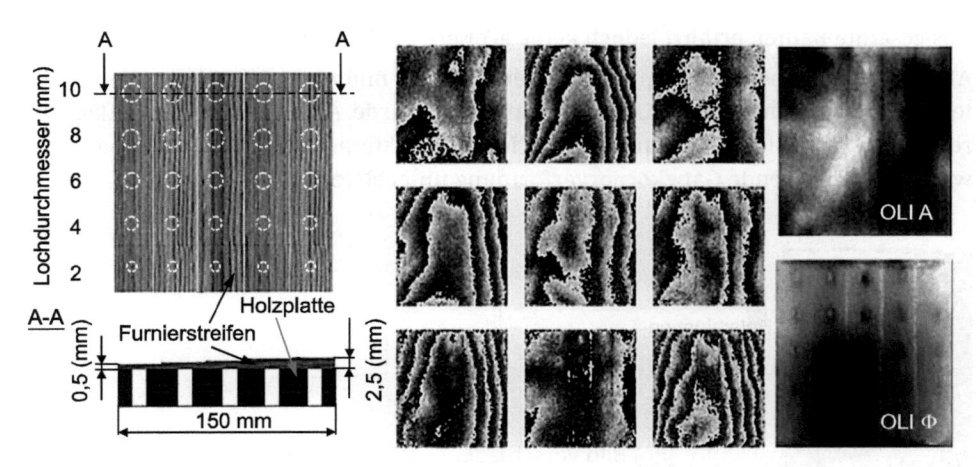

Bild 8.19 Demonstration des Prinzips der optisch angeregten Lockin-Interferometrie (OLI) am Beispiel der ESPI: Prüfobjekt (links), Einzelbilder aus dem Bildstapel (Mitte) und Amplituden- (rechts oben) bzw. Phasenbild (rechts unten); das Phasenbild zeigt die verborgene Struktur aufgrund der von ihr verursachten Verzögerungen des Deformationsfeldes

Elektronische Speckle-Pattern-Interferometrie mit Ultraschall-Anregung (US-ESPI)

Mechanische Defekte erzeugen im Allgemeinen eine Erhöhung der Spannungskonzentration und einen Anstieg der mechanischen Verluste infolge Grenzflächenreibung und Zunahme der Hysterese. Wenn das Prüfobjekt nichtresonant mit Ultraschallwellen angeregt wird, wirken Hysterese behaftete Defekte als Wärmequellen. Der Defektbereich dehnt sich dabei thermisch aus und erzeugt an der Oberfläche eine lokale Ausdehnung, die ihn markiert und die mit ESPI erfasst wird (Bild 8.20).

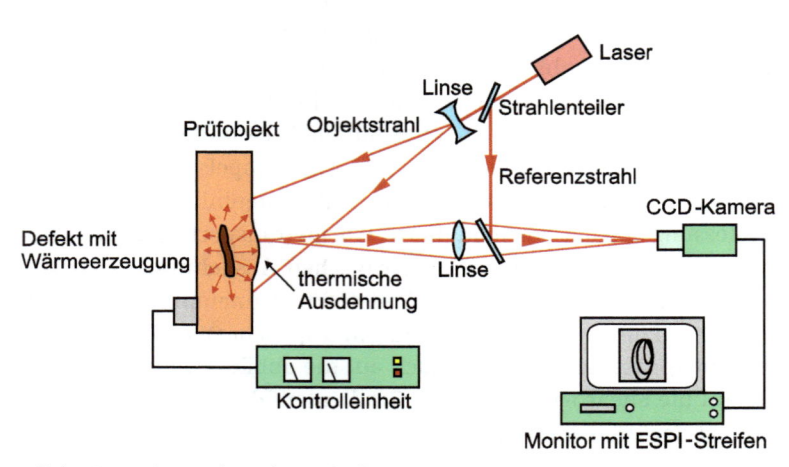

Bild 8.20 Prinzip der Ultraschall-ESPI [8.14]

Das gesamte Bauteil erfährt jedoch keine größere Verformung [8.13].

Als Anwendungsbeispiel zeigt Bild 8.21 ein US-ESPI-Bild einer CFK-Platte, die unmittelbar vor der Aufnahme mit Ultraschall angeregt wurde. Aufgrund von Grenzflächenreibungen sind die beiden unterschiedlichen Defekte an der Oberfläche markiert, während die störende Ganzkörperverformung unterbleibt.

Bild 8.21
Bild verschiedener Defekte in einer CFK-Platte mit US-ESPI

Der Unterschied zwischen konventioneller ESPI und US-ESPI wird in Bild 8.22 deutlich. US-ESPI zeigt den Defekt als Ursache der Verformung, die mit optischer Beleuchtung erzeugte Erwärmung der Oberfläche hingegen die Verformungsstörung des ganzen CFK-Bauteils.

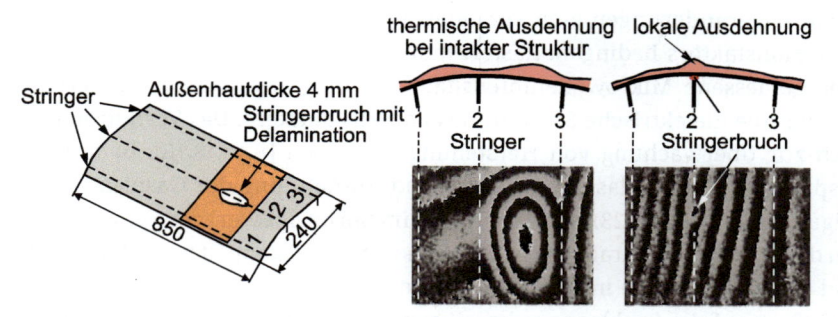

Bild 8.22 Defekterkennung im CFK-Landeklappensegment eines Flugzeugs (links) mit konventioneller ESPI (Mitte) und US-ESPI (rechts)

8.2.3 Thermographie

Bei dieser ZfP-Methode wird das Prüfobjekt nicht mit einer Anregung beaufschlagt, sondern das Objekt selbst sendet Wellen aus. Thermographie ist die Darstellung von Objekten unter Ausnutzung der von ihnen emittierten spezifischen Strahlung, deren kontinuierliches Spektrum bei Raumtemperatur sein Maximum im infraroten Spektralbereich bei einer Wellenlänge von ca. 10 µm hat (*Wien*'sches Gesetz). Ein Thermographiebild ist nur dann ein Bild des Temperaturfeldes, wenn der Emissionskoeffizient ε überall im Bildbereich konstant ist. Wenn hingegen die Temperatur im ganzen Bildbereich gleich wäre, würde das Thermographiebild die Größe ε auf der Oberfläche darstellen. Im allgemeinen Fall ist das Temperaturbild mit dem ε-Bild multipliziert. Thermographie findet in der zerstörungsfreien Prüfung immer dann Anwendung, wenn Schäden mit Temperaturveränderungen verbunden sind, z. B. bei der berührungslosen Erkennung von Isolierungsschäden im Bauwesen oder von defekten Heizvorrichtungen. Die in Abschnitt 6.1 beschriebenen Wärmetransportverfahren, bei denen die Thermographie zur Detektion eingesetzt wird, sprechen empfindlich auf Defekte an.

8.2.4 Mikrowellen

Mikrowellen mit ihren Frequenzen im GHz-Bereich eignen sich besonders zur Untersuchung von Dielektrika wie Kunststoffen, Keramiken oder Verbundwerkstoffen, weil diese wegen ihrer geringen elektrischen Leitfähigkeit für Mikrowellen gut durchlässig sind. Das gilt aber nicht für CFK. Mikrowellen ermöglichen die zerstörungsfreie und rasche Erkennung von Defekten oder Delaminationen im Werkstoff sowie die Bestimmung des Fasergehaltes in verstärkten Kunststoffen [8.16]. Ausgewertet wird dabei, wie die Reflexion am Messobjekt das Stehwellenfeld im Hohlleiter beeinflusst, da lokale Materialveränderungen eine Veränderung des Brechungsindex und somit auch des Reflexionsfaktors bedingen. Rastert man das zu untersuchende Bauteil ab und trägt die gemessene Mikrowellenintensität über der Messposition auf, erhält man ein Bild, das die dielektrische Struktur des Bauteils darstellt. Das Verfahren eignet sich auch zur Überwachung von Herstellungsprozessen [8.17, 8.18]. Beim Gasinnendruckspritzgießen (GIT) lassen sich Lage und Ausdehnung der Gasblase nicht nur am fertigen Bauteil (Bild 8.23), sondern direkt im Spritzgießwerkzeug charakterisieren, wenn die Mikrowellenstrahlung in das Werkzeug eingekoppelt wird (Bild 8.24). Das während der Abkühlphase im Spritzgießprozess gemessene Reflexionssignal erlaubt Rückschlüsse auf die Gasblase am jeweiligen Messpunkt sowie auf die verbleibende Restwanddicke.

Wenn Fasern im Werkstoff eine Vorzugsorientierung haben, wird der Brechungsindex anisotrop und es treten wie bei der Spannungsoptik im optischen Spektralbereich polarisationsabhängige Effekte auf [8.19, 8.20], die sich über Stehwellen nachweisen lassen.

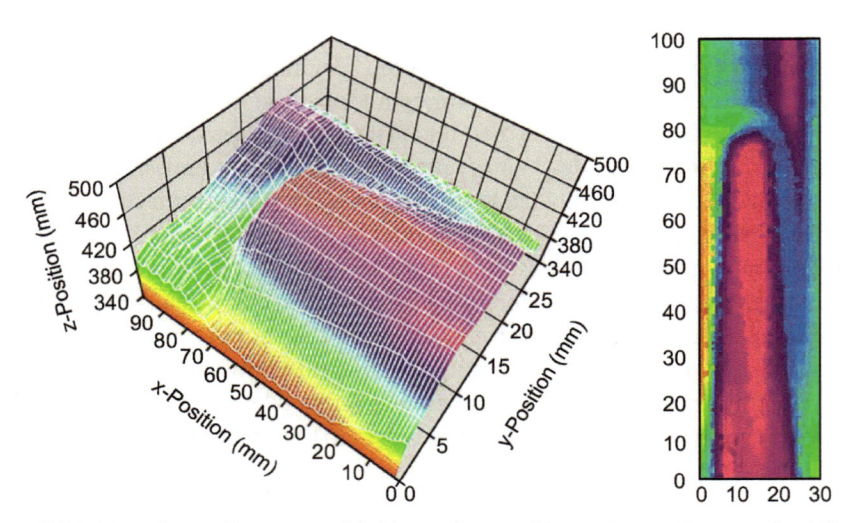

Bild 8.23 Mikrowellenrasterabbildung der Gasblase eines GIT-Bauteils: Mikrowellenintensität, aufgetragen über der Rasterfläche als 3D-Plot (links) und 2D-Plot (rechts) [8.18]

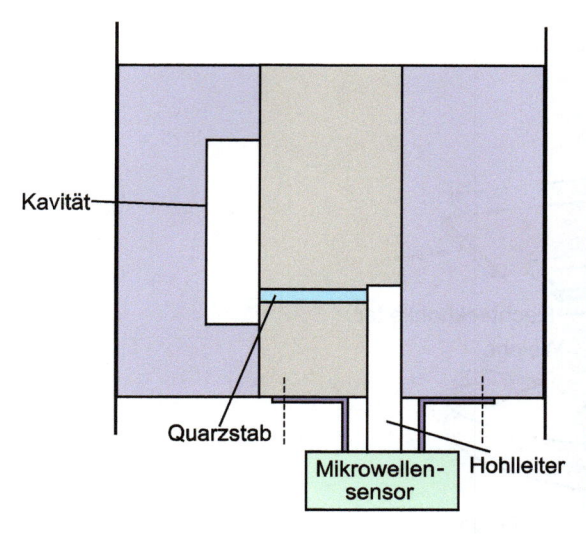

Bild 8.24
Anwendung von Mikrowellen zum Erkennen einer Gasblase beim GIT-Verfahren durch Einkopplung der Mikrowellenstrahlung mit einem Quarzstab in die Kavität, in der der Kunststoff beim Spritzgießen unter hohem Druck und hoher Temperatur steht [8.18]

Wird in einen Mikrowellenresonator eine Platte mit dem Brechungsindex n eingebracht, verändert sich die Resonatorlänge scheinbar, sie muss zum Wiederherstellen der Resonanz verändert werden. Hängt der Brechungsindex von der Polarisationsrichtung, der Richtung des elektrischen Feldstärkevektors E, ab, verändert sich L_0 zwischen $L_\perp$ und $L_\parallel$ abhängig von der relativen Orientierung von Platte und Vektor. Da sich die Längenabstimmung automatisieren lässt, ist die Resonatorlänge die Messgröße (Bild 8.25). Der Ort des oberen Spiegels zeigt abhängig vom Drehwinkel β eine Doppelperiodizität, weil die Richtungen 0° und 180° äquivalent sind. Die Amplitude des Spiegelortes ist dabei ein Maß für den Ausrichtungsgrad der Fasern (Bild 8.26 und Bild 8.27).

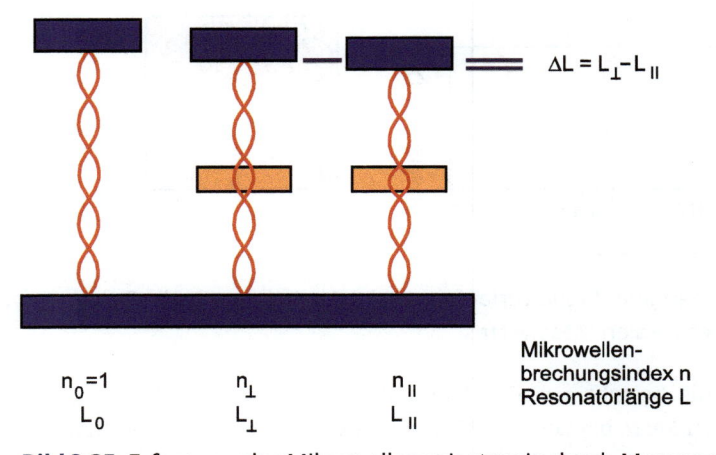

Bild 8.25 Erfassung der Mikrowellenanisotropie durch Messung des Verfahrweges $L_\perp - L_\parallel$ des oberen Resonatorspiegels beim Wiederherstellen der Resonanz während der Plattendrehung

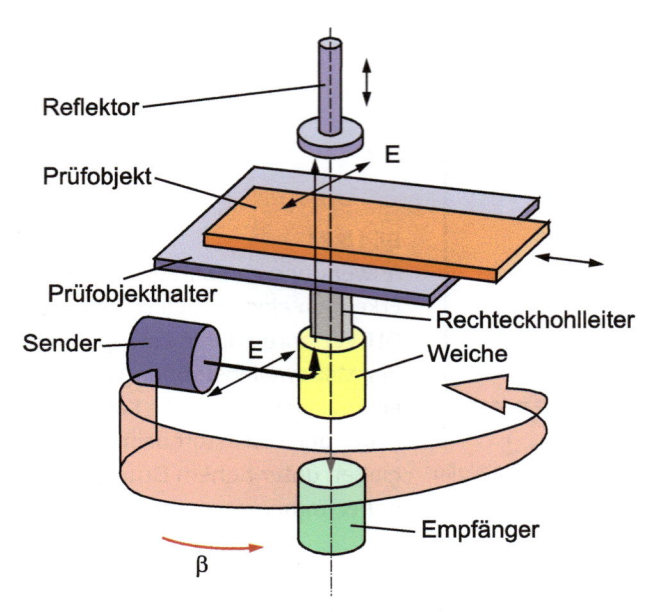

Bild 8.26 Mikrowellenresonanz zur Erfassung lokaler Anisotropie; bei Senderrotation (Winkel β) ändert sich die Richtung des Feldstärkevektors E relativ zum Prüfobjekt und den Fasern

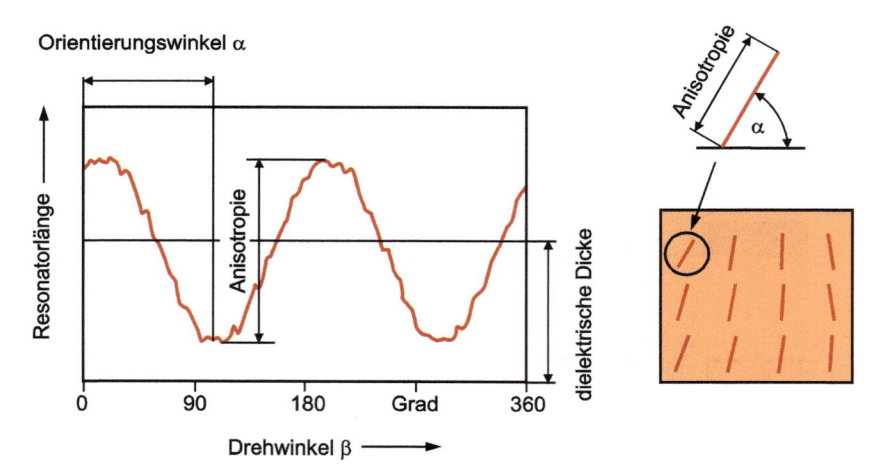

Bild 8.27 Drehwinkelabhängiger Signalverlauf und seine Umsetzung in die Strichdarstellung des lokalen Messwertes

Das lokale Messergebnis besteht aus der Modulationsamplitude als Maß für die Anisotropie und dem Winkel α, bei dem das Minimum der Resonatorlänge auftritt, als Indikator für die Faserorientierung. Es lässt sich grafisch durch einen orientierten Strich darstellen. Wird das Prüfobjekt während der Messung rasterartig bewegt, erhält man ein Bild der Faserorientierung wie in Bild 8.28 am Beispiel eines Spritzgussteils dargestellt. Der Bindenahtbereich, in dem die Schmelzeströme aufeinandertreffen, zeichnet sich durch eine veränderte und bauteilschwächende Orientierung aus. Das Mikrowellenrasterbildverfahren, das die faserbedingte Anisotropie darstellt, lässt demzufolge unmittelbar Rückschlüsse auf den Spritzgussprozess und gefährdete Bauteilbereiche zu.

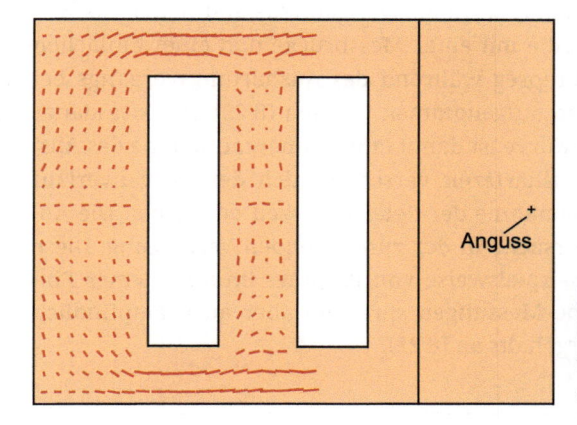

Bild 8.28
Rasterbild der Mikrowellenanisotropie in einem spritzgegossenen GFK-Formteil [8.20]

Obwohl die Modulationseffekte bei diesen Messungen meist nur einen geringen Anteil am Gesamtsignal haben, sind sie so empfindlich messbar, dass selbst die Faserausrichtung in LCP, bei denen Faser und Matrix nur verschiedene Phasen desselben Werkstoffs sind, erfassbar ist. Andere Untersuchungen haben ergeben, dass sogar die dehnungsbedingte Ausrichtung der Makromoleküle in verformten Polymerplatten erkennbar ist. Aufgrund der Transmissionsanordnung sind die gefundenen Anisotropien stets über die Bauteildicke gemittelte Größen, ähnlich wie bei der Röntgendurchstrahlungsprüfung. Einschränkend ist anzumerken, dass nur plattenartige elektrisch nichtleitende Teile untersuchbar sind.

8.2.5 Dielektrische Spektroskopie

Das Messgerät für die dielektrische Spektroskopie ist eine Messbrücke, die in einem bestimmten Frequenzintervall (Obergrenze etwa 1 MHz) eine Wechselspannung an das Prüfobjekt anlegt und den dabei erzeugten Strom erfasst. Der aufgezeichnete Frequenzgang von Amplitude und Phase ist für die zerstörungsfreie Werkstoffprüfung wichtig, weil er in einfacher Weise prozessbedingte Veränderungen der komplexen Dielektrizitätszahl ε:

$$\varepsilon(\omega) = \varepsilon'(\omega) - i\varepsilon''(\omega) \tag{8.5}$$

zeigt, die mit dem dielektrischen Verlustwinkel δ, bzw. dem Verlustfaktor tan δ zusammenhängt:

$$\tan \delta = \frac{\varepsilon''}{\varepsilon'} \tag{8.6}$$

Die Frequenzabhängigkeit wird im einfachsten Fall des *Debye*-Modells mit nur einem einzigen Parameter beschrieben, der Relaxationszeit τ, die ein Molekül zum Ausrichten benötigt. Diese Messgröße charakterisiert den Werkstoffzustand [8.21]. Als Beispiel zeigt Bild 8.29 Messergebnisse, die mit einer Messbrücke und einer einfachen Kondensatoranordnung an einem Prepreg während des Aushärtungsvorgangs bei 150 °C im Abstand von jeweils 10 min aufgenommen wurden [8.22]. Die Messdauer für eine Kurve beträgt etwa 10 s, die Kurve ist damit eine Momentaufnahme des Aushärtezustands. Mit zunehmender Aushärtezeit verschiebt sich der Kurvenverlauf zu tieferen Frequenzen, was einer Zunahme der Relaxationszeit entspricht. Die Abnahme der Beweglichkeit hat ihre Ursache in der zunehmenden Vernetzung. Diese Aussage ist zur Qualitätskontrolle beispielsweise von Prepregs im Sinne einer Eingangskontrolle nutzbar. Dielektrische Messungen sprechen aber auch empfindlich auf eine Änderung z. B. des Glasfasergehalts an [8.23].

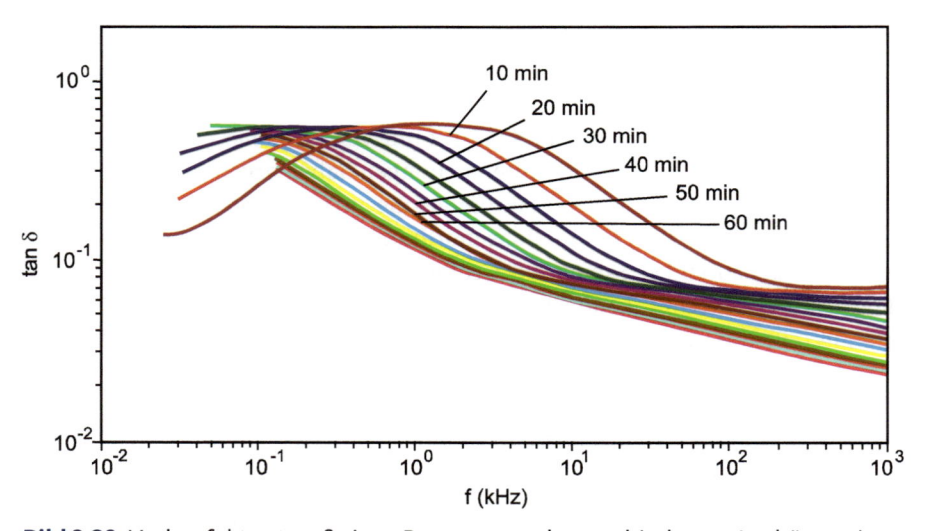

Bild 8.29 Verlustfaktor tan δ eines Prepregs nach verschiedenen Aushärtezeiten bei 150 °C [8.22]

Diese ZfP-Methode eignet sich nur für elektrisch nichtleitende Werkstoffe und ist deshalb für CFK nicht anwendbar. Eine plattenartige Geometrie ist nicht unbedingt erforderlich, es müssen aber flächenhafte Elektroden angebracht werden können. Die Anwendung der dielektrischen Spektroskopie auf praxisrelevante Bauteile ist dadurch eingeschränkt.

Eine völlig andere Anwendung mit derselben Messtechnik ist die Vibrometrie adaptiver, d. h. mittels piezoelektrischer Komponenten verstellbarer, Strukturen. In diesem Fall wird der piezoelektrische Aktor an die Messbrücke angeschlossen. Bei Resonanzen der Struktur erhöht sich die Leistungsaufnahme und damit der Verlustwinkel. Veränderungen im spektralen Verlauf des Verlustwinkels weisen auf Schädigungen hin (z. B. Impact). Die dielektrische Messmethode ermöglicht indirekte Aussagen über den Schädigungszustand moderner Bauteile (Bild 8.48).

8.2.6 Wirbelstrom

Dieses Verfahren setzt elektrische Leitfähigkeit voraus. Es beruht darauf, dass sich ein von außen mit einer Spule eingebrachter modulierter Magnetfluss in den Werkstoff fortsetzt, der dort je nach Werkstoffleitfähigkeit einen modulierten Stromfluss, den Wirbelstrom, erzeugt, der über die Leistungsaufnahme der Spule nachweisbar ist. Der induzierte Wirbelstrom charakterisiert berührungslos den Werkstoff und verborgene Störungen der elektrischen Leitfähigkeit, z. B. durch Risse. Die Leitfähigkeit des Werkstoffs braucht nicht unbedingt so hoch zu sein wie bei Metallen, es reicht auch die von Kohlenstofffasern aus. Bei uniaxialen CFK-Strukturen und rotierenden Wirbelstromsonden lässt sich sogar die Faserrichtung erkennen. Damit ist auch für die elektrisch leitenden CFK, für die Mikrowellen zur Untersuchung nicht eingesetzt werden können, die experimentelle Möglichkeit zum Nachweis von Faserorientierungen gegeben [8.24]. In Bild 8.30 ist das Ergebnis von Wirbelstrommessungen an einem CFK-Laminat, bei dem verschiedene Orientierungen unter einer UD-Lage verborgen waren, dargestellt. In den vertikal orientierten Bereichen ist die Inhomogenität der Faserverteilung erkennbar.

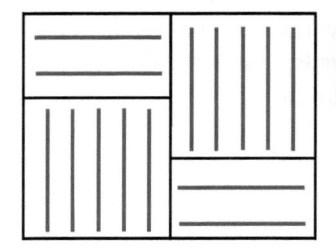

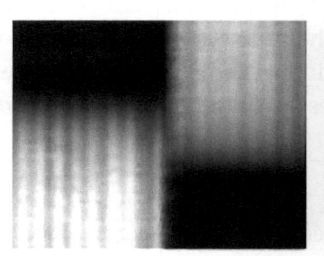

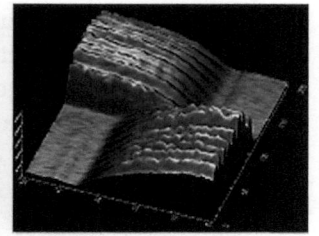

Bild 8.30 Testanordnung zur Richtungsabbildung in einer Struktur aus UD-CFK-Laminat: Faserorientierungen schematisch (links) und visualisierte Wirbelstromsignale (Mitte und rechts) (nach [8.24])

Die Tiefenreichweite von Wirbelstrommessungen ist durch den Skin-Effekt begrenzt, der von der Modulationsfrequenz ω und der elektrischen Leitfähigkeit σ abhängt:

$$\delta \sim \frac{1}{\sqrt{\sigma \cdot \omega}} \tag{8.7}$$

Die Wechselströme fließen praktisch nur oberhalb der Skin-Tiefe δ, in der die Stromdichte auf 1/e des Wertes abnimmt, den sie an der Oberfläche hat.

Hier ist auf eine Analogie zu den in Abschnitt 8.4 behandelten thermischen Wellen hinzuweisen, deren Tiefenreichweite in derselben Weise von der Frequenz abhängt. Beide Phänomene werden durch denselben Differentialgleichungstyp (parabolisch) beschrieben.

Völlig neue Empfindlichkeitsbereiche von Magnetflussverfahren werden möglicherweise durch die Hochtemperatursupraleiter erschlossen, die schon bei der Temperatur des flüssigen Stickstoffs (77 K $\approx$ -196 °C) ihren elektrischen Widerstand praktisch verlieren. Die supraleitenden Flussquanteninterferometriesensoren – dieses unhandliche Wort wird mit SQUID (superconducting quantum interference device) abgekürzt – erreichen eine Nachweisempfindlichkeit, die z. B. um zwei Größenordnungen über den Maximalamplituden der magnetischen Signale liegt, die das menschliche Herz aussendet [8.25]. Wegen dieser hohen Empfindlichkeit ist die Anwendbarkeit nicht auf metallische oder CFK-Werkstoffe eingeschränkt, so dass interessante ZfP-Anwendungen zu erwarten sind.

8.3 Zerstörungsfreie Prüfung mit elastischen Wellen

Elastische Wellen sind mechanische Dehnungsvorgänge, die sich räumlich und zeitlich periodisch ausbreiten. Wenn man sich eine Welle aus Schwingungen zusammengesetzt vorstellt, kann die Schwingung entlang der Wellenausbreitungsrichtung (Longitudinalwelle) oder senkrecht dazu (Transversalwelle) erfolgen. Die schwingende Rückkehr in eine Ruhelage setzt Rückstellkräfte voraus, daher treten nur in Festkörpern neben Longitudinalwellen auch Transversalwellen auf. Im schlanken Stab ist die Longitudinalwellengeschwindigkeit v_{long} gegeben durch:

$$v_{\text{long}} = \sqrt{\frac{E}{\rho}} \tag{8.8}$$

und die Transversalwellengeschwindigkeit v_{trans} durch:

$$v_{\text{trans}} = \sqrt{\frac{G}{\rho}} \tag{8.9}$$

wobei stets gilt: $v_{\text{long}} > v_{\text{trans}}$. In Epoxidharz ist $v_{\text{long}} \approx 2{,}8$ kms^{-1} und $v_{\text{trans}} \approx 1{,}1$ kms^{-1}, diese Werte sind bei anderen polymeren Matrixwerkstoffen ähnlich. Die entsprechenden Werte für Quarzglas sind $v_{\text{long}} \approx 5{,}6$ km s^{-1} und $v_{\text{trans}} \approx 2{,}8$ km s^{-1} [8.26]. Der Amplitudenreflexionskoeffizient für den Übergang von Material 1 zu Material 2 ergibt sich bei senkrechtem Einfall zu:

$$R_{12} = \frac{\rho_2 v_2 - \rho_1 v_1}{\rho_2 v_2 + \rho_1 v_1} \tag{8.10}$$

ρ, ρ_1, ρ_2 Dichte
v, v_1, v_2 Wellenausbreitungsgeschwindigkeit

wobei die Impedanz $Z = \rho \cdot v$ im jeweiligen Werkstoff und für die jeweilige Wellenart relevant ist. Ultraschallwellen werden an jeder Faser/Matrix-Grenzfläche zu einem erheblichen Anteil reflektiert. In Faserverbundwerkstoffen ist die Steifigkeit in Faserrichtung höher als quer dazu. Daher lässt sich die Faserorientierung über die Richtungsabhängigkeit der Geschwindigkeit ermitteln. Der Bereich der klassischen Akustik, deren Anwendung in der ZfP zunächst vorgestellt wird, setzt die Gültigkeit des *Hooke*'schen Gesetzes voraus. Später werden die Möglichkeiten erläutert, die die Ausnutzung von Nichtlinearitäten zur schnellen Fehlererkennung bietet.

8.3.1 Elastische Wellen bei linearem Werkstoffverhalten

8.3.1.1 Ultraschall

Berührende Verfahren

Puls-Echo-Verfahren: In der ZfP von Kunststoffen sind Ultraschallfrequenzen im Bereich von 0,4 bis 5 MHz von Interesse. Diese hochfrequenten mechanischen Schwingungen werden von piezoelektrischen Sensoren (z. B. Bariumtitanat) bei Anlegen einer hochfrequenten Wechselspannung ausgesendet. Ultraschallverfahren beruhen auf der Analyse der Echolaufzeit, es wird also neben dem Sender auch ein Ultraschallempfänger benötigt. Der piezoelektrische Effekt ist umkehrbar: eine Ultraschallwelle, die das piezoelektrische Element erreicht, erzeugt an dessen Elektroden eine Wechselspannung gleicher Frequenz. Ein Wellenzug, der für das Puls-Echo-Verfahren verwendet wird, enthält nur wenige Schwingungen. Damit ist gewährleistet, dass sich das Echo auch bei kurzen Laufwegen vom ursprünglichen Puls trennen lässt. Die Elektronik wird so gesteuert, dass der Ultraschallsender sofort nach dem Absenden des Schallpulses als Empfänger betrieben wird. Somit nimmt derselbe Sensor das eintreffende Schallecho auf. Der zeitabhängige Verlauf des Signals (A-Bild = zeitlicher Amplitudenverlauf) liefert die Echolaufzeit des Ultraschallpulses, also den Quotienten aus Laufstrecke und Geschwindigkeit des Ultraschalls. Ist die eine Größe bekannt, lässt sich die andere errechnen. Zwischen Sender und Prüfobjekt wird ein Koppelmedium benötigt, üblicherweise eine Flüssigkeit, z. B. Glycerin oder Wasser, um hohe Reflexionsverluste zu vermeiden. Meistens erfolgt die Messung unmittelbar in einem Wasserbad in Tauchtechnik (Bild 8.31). Wenn das Prüfobjekt einen Fehler enthält, zeigt die zeitliche Darstellung der Spannung des Ultraschallkopfes neben dem Eintrittsecho EE von der Oberseite des Prüfobjektes und dem Rückwandecho RWE von der Unterseite zusätzlich ein Fehlerecho FE mit entsprechender Absenkung des Rückwandechos auf. Seine Lage bezüglich EE und RWE lässt auf die Defekttiefe rückschließen [8.26].

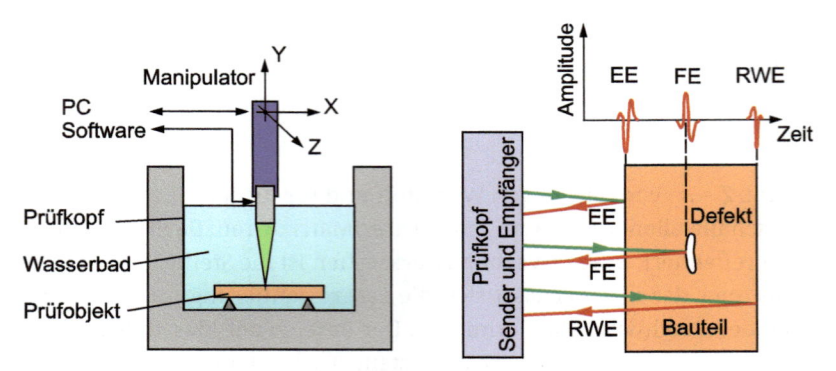

Bild 8.31 Prinzipaufbau einer Ultraschallanlage (EE: Eintrittsecho, FE: Fehlerecho, RWE: Rückwandecho)

Im Hinblick auf eine genaue Fehlerortung ist es günstig, wenn der Sender einen eng gebündelten Schallstrahl in das Prüfobjekt schickt. Die Prüfköpfe sind daher im Allgemeinen so konstruiert, dass sich das Schallbündel zunächst verjüngt und seinen minimalen Durchmesser im Abstand der Nahfeldlänge N:

$$N = \frac{D^2}{4\lambda} \tag{8.11}$$

D Prüfkopfdurchmesser
λ Wellenlänge im Prüfmedium

erreicht. Die Tauchtechnik kann bei großen Bauteilen fast Schwimmbad große Wasserbecken erfordern. Die Wasserankopplung mit der Squirter-Technik, die den Ultraschallkopf mit einem rasterartig bewegten Wasserstrahl kombiniert, ist bei großen Bauteilen häufig leichter realisierbar. Bei allen Werkstoffen nimmt die Dämpfung mit der Frequenz zu. Die Dämpfung reduziert die Reichweite. Darum wird für Kunststoffe relativ tieffrequenter Ultraschall eingesetzt, außer bei geringen Wanddicken. Wenn mit Ultraschallmessungen örtliche Unterschiede erfasst werden sollen, führt man einen B-Scan durch, der eine Folge von A-Scans auf der Bauteiloberfläche aufnimmt. Über dieser Weg-Zeit-Ebene wird die Echohöhe grau- oder farbcodiert dargestellt. Solche Bilder zeigen anschaulich akustische Querschnitte, wie bei dem impactgeschädigten CFK-Laminat (Bild 8.32). Das Fehlerecho ist eine verfrühte Reflexion am geschädigten Bereich, dahinter entsteht ein Ultraschallschatten, der sich im Verlauf des Rückwandechos zeigt und der weitere Schäden verdeckt. Nimmt man durch ein geeignet gesetztes Zeitfenster nur die Höhe des Rückwandechos abhängig von den beiden Ortskoordinaten auf, findet man alle Strukturen, die Ultraschall reflektieren, in Form ihres akustischen Schattens, einem reduzierten Rückwandecho, wieder.

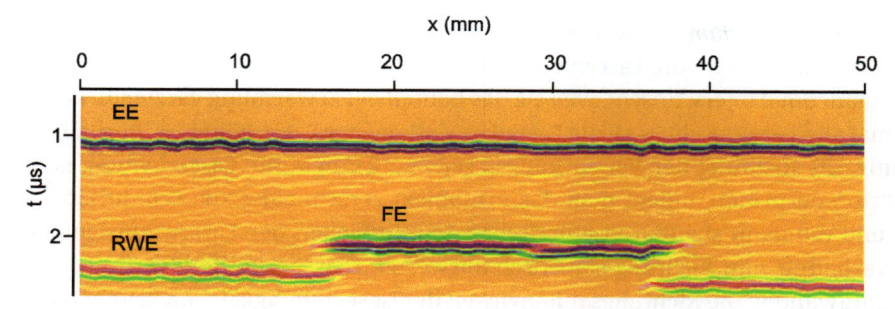

Bild 8.32 B-Scan eines 2 mm dicken CFK-Laminates mit Impact (Ultraschallfrequenz 10 MHz)

Sie werden quasi in die Ebene des Rückwandechos projiziert, wobei die Tiefeninformation verloren geht (C-Bild). Insofern ist dieser Vorgang dem der Röntgenbilderzeugung, d. h. der Schattenprojektion absorbierender Strukturen, ähnlich. Beim Puls-Echo-Verfahren ist die Wechselwirkung mit elastischen Strukturen, insbesondere die Reflexion an Grenzflächen, entscheidend. Der Zusammenhang zwischen A-, B- und C-Scan ist in Bild 8.33 veranschaulicht.

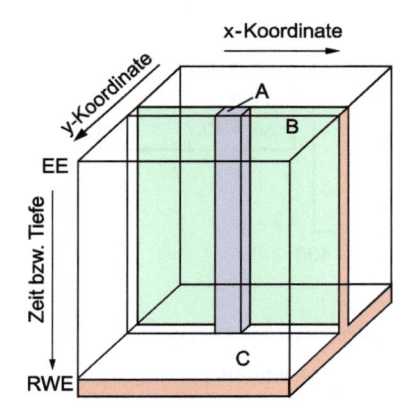

Bild 8.33 Schematische Darstellung von A-, B- und C-Scan

Der C-Scan ist ein horizontaler Schnitt zu dem Zeitpunkt, zu dem das Rückwandecho eintrifft. Die Amplitudenhöhen werden innerhalb des zeitlichen Schnittfensters integriert und der Wert graucodiert dargestellt. Der D-Scan entspricht dem ganzen Quader. Im C-Scan einer mit einem Loch versehenen Laminatplatte (Bild 8.34) sind Delaminationen, die vom Lochbereich ausgehen, als helle Bereiche zu erkennen.

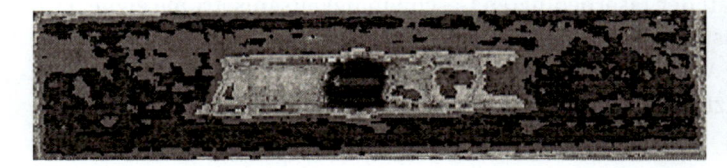

Bild 8.34 Delamination in einem CFK-Laminat, die von einer Schwachstelle (Loch) ausgeht

Ultraschalldoppelbrechung: Faserverstärkte Werkstoffe zeigen akustische Anisotropie (Doppelbrechung), wenn die Fasern eine Vorzugsorientierung haben. Diese Orientierung ist manchmal unerwünscht, weil sie das Bauteil bei Erwärmung verziehen kann, manchmal auch erwünscht, weil die Festigkeit entlang der Faser höher ist. Deshalb ist es wichtig, die Richtung der Verstärkungsfasern zu kennen. Die Faserrichtung lässt sich zerstörend prüfen, indem man das Prüfobjekt zerschneidet, die Schnittflächen poliert und die dann sichtbaren elliptischen Schnittflächen der Fasern hinsichtlich Achsenverhältnis und Richtung statistisch auswertet. Dieses Schliffbildverfahren ist sehr zeitaufwändig. Die Richtungsabhängigkeit der Geschwindigkeit von Scherwellen entlang der Oberfläche eignet sich zur zerstörungsfreien Ermittlung der Faserorientierung. Das Verfahren ähnelt der Anisotropiemessung mit Mikrowellen, insbesondere wenn die berührend gemessene Geschwindigkeit über dem Drehwinkel aufgetragen wird (Bild 8.35).

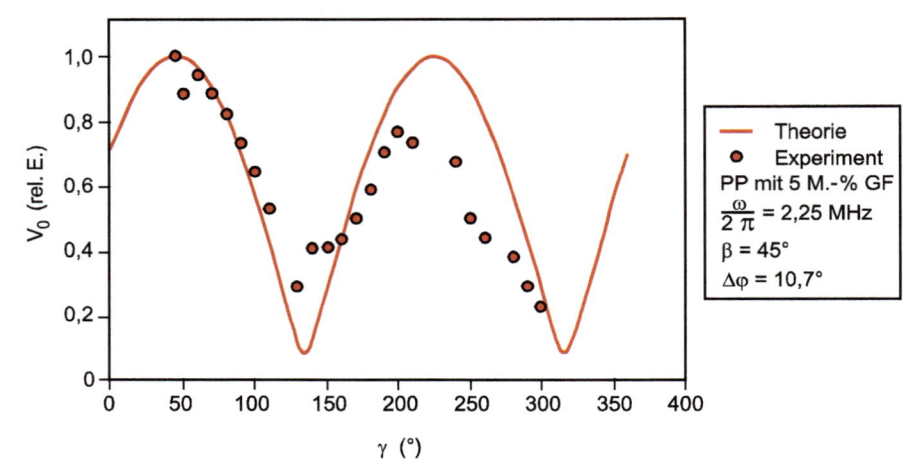

Bild 8.35 Akustische Anisotropie einer 4 mm dicken PP/GF-Platte (Spritzguss): Ultraschallamplitude V_0 als Funktion des Empfängerwinkels γ

Ein Vergleich der Ergebnisse von Mikrowellenmessungen und Ultraschalldoppelbrechungsmessungen liegt nahe (Bild 8.36), wobei die Orientierungsrichtungen sehr gute Übereinstimmung zeigen. Die laterale Auflösung ist, bedingt durch die Sensorkopfgröße bei berührender Messung, etwa 1 cm².

Diese akustische Messung ist wesentlich zeitaufwändiger, sie lässt sich aber im Unterschied zur Mikrowellenmessung auch an elektrisch leitenden Fasern durchführen.

Schrägeinschallung: Statt der faserbedingten Geschwindigkeitsanisotropie eignet sich auch die Reflexion elastischer Wellen als Sonde für Orientierungen. Wenn die Ausbreitungsrichtung der Welle senkrecht auf einer Mantellinie der Faser steht, wird der Strahl an der Grenzfläche Faser/Matrix zurückgeworfen [8.28] (Bild 8.37 links).

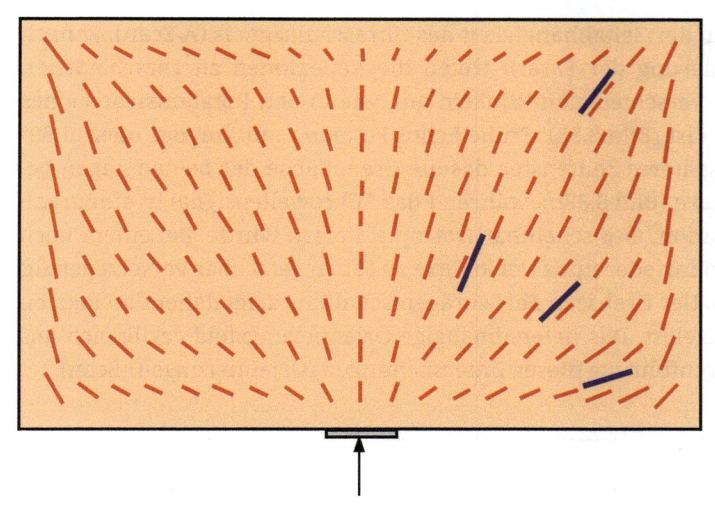

Bild 8.36 Faserorientierungsfeld in einem PC/GF-Verbund mit 40 M.-% GF: Ergebnis von Mikrowellenmessung (rot) [8.27] und akustischer Polarisationsmethode (blau)

Die Bauteiloberfläche selbst liefert kein Echo. Ein Ultraschalldrehscan (Bild 8.37 rechts) liefert für eine Faser zwei scharfe Reflexe, wobei das Signal ein Maximum erreicht, wenn die Einschallung senkrecht zur Faser erfolgt. Insofern erinnert auch dieses Prinzip der Schrägeinschallung an das Mikrowellenverfahren.

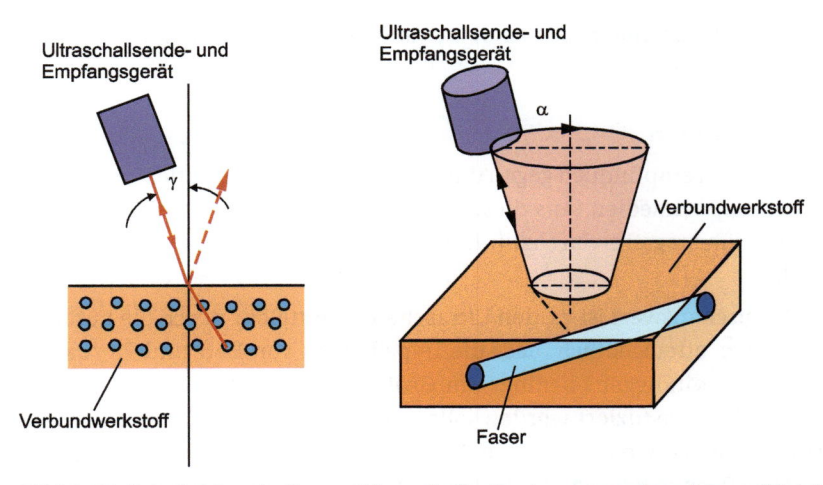

Bild 8.37 Schrägeinschallung: Ultraschallreflexion an senkrecht zur Bildebene stehenden Fasern im Prüfobjektinneren (links) und Ultraschalldrehscan bei Schrägeinschallung (rechts)

Der Unterschied liegt in der Zeitabhängigkeit des Ultraschallsignals (A-Scan). Je nach Tiefenlage und Orientierung der Fasern treten die Reflexionen zu verschiedenen Pulslaufzeiten und bei verschiedenen Winkeln auf, wie in den Rotationsscans eines 0/90 Laminats zu sehen ist (Bild 8.38). Frühe Echos kommen nur von der oberen 90° Lage (Bild 8.38a). Ein späteres Zeitfenster, das die Grenzfläche der beiden Lagen beinhaltet, zeigt vier Reflexe (Bild 8.38b), während das Mikrowellensignal in einem solchen Fall keine Modulation, also scheinbar Isotropie, liefern würde. Bei einem noch späteren Zeitfenster sind wieder nur zwei Reflexe zu sehen, jetzt aber versetzt gemäß der 0° Lage (Bild 8.38c). Der Drehscan bei Schrägeinschallung zeigt daher den lokalen Lagenaufbau tiefenaufgelöst. Das tiefenabhängige Orientierungsfeld ergibt sich aus einer rasterartigen Durchführung dieser Untersuchungen (Orientierungs-D-Scan).

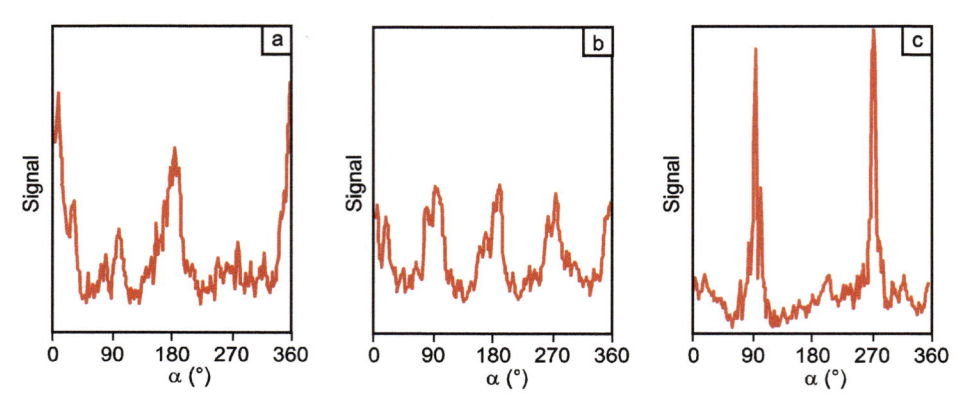

Bild 8.38 Rotationsscans an einem GFK-Laminat mit 0/90 Lagen bei drei verschiedenen Zeitfenstern

Berührungslose Verfahren

Manche Werkstoffe sind empfindlich gegen die zur Vermeidung von Reflexionsverlusten erforderlichen Koppelmedien. Aus diesem Grund sucht man nach Wegen, Ultraschallmessungen berührungsfrei durchzuführen. Im Folgenden werden zwei Möglichkeiten vorgestellt.

Luftultraschall: Wünschenswert ist es, den Ultraschall unmittelbar durch die Luft einzukoppeln. Es ist aber offensichtlich, dass die Impedanzen von Luft und Piezokeramik dichte- und geschwindigkeits-bedingt um Größenordnungen verschieden sind. Wenn Reflexionsverluste reduziert werden sollen, müssen für Luftultraschall leichte und weiche Transducer verwendet werden. Messungen mit Luftultraschall sind wegen des hohen Oberflächenechos zurzeit noch auf Transmission beschränkt, wobei die Tiefeninformation über den Defekt verloren geht. Daher entsprechen solche Bilder eher den Ergebnissen von C-Scans. Bild 8.39 (Mitte) zeigt als Beispiel das Ergebnis einer Luftultraschallmessung an einer adaptiven Struktur bei 450 kHz, bei der Piezokeramik als Aktor in GFK eingebettet wurde. Solche Strukturen sind von hohem Anwendungsinteresse, weil sie ohne mechanische Komponenten Verformungsänderungen faserverstärkter Kunststoffe erzeugen. Mittels ZfP kann die Lage der Aktoren und die Güte der Einbettung überprüft werden. Wegen der verwendeten Hochspannung ist Luftultraschall besonders vorteilhaft. Bei der Transmissionsuntersuchung ist der Aktor zu erkennen (Bild 8.39, Mitte). Man kann aber auch den Aktor selbst mit hochfrequenter Wechselspannung ansteuern und ihn so als eingebauten Ultraschallsender betreiben, dessen Schall von dem scannenden Luftultraschallempfänger ortsaufgelöst aufgenommen wird (Bild 8.39, rechts). In dem Fall wird nur der Aktor und seine unmittelbare Nachbarschaft abgebildet, wobei in beiden Fällen der ringförmige Klebefehler erkannt wird (dunkle Ellipse) [8.29].

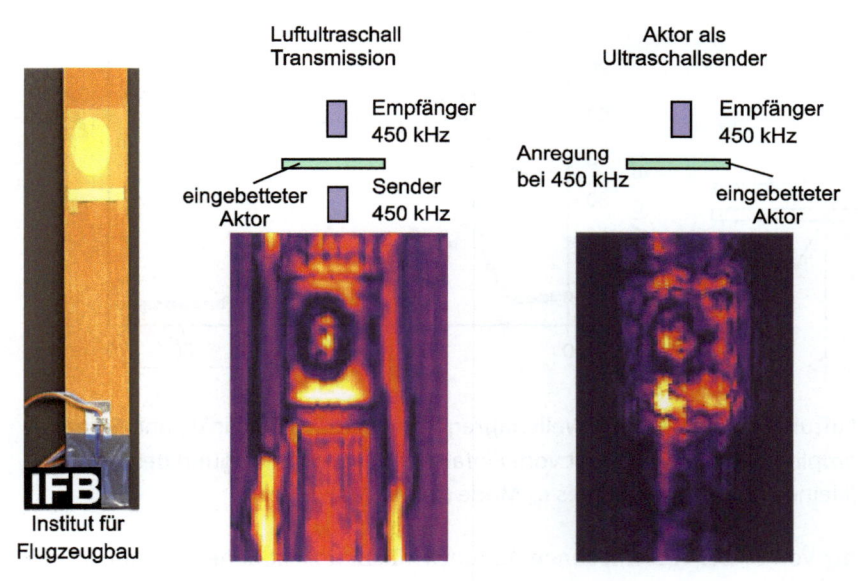

Bild 8.39 Darstellung eines elliptischen Klebefehlers einer adaptiven Struktur: Optisches Bild (links) Luftultraschalltransmission mit externem Sender (Mitte) und Aktor, betrieben als Ultraschallsender mit 450 kHz und scannendem Luftultraschallempfänger (rechts)

Luftgekoppelte Schrägeinschallung: Üblicherweise erfolgen Untersuchungen mit Luftultraschall bei senkrechter Einschallung (normal transmission mode, NTM), wobei die Signalhöhe bedingt durch die Impedanzfehlanpassung sehr gering ist. Eine resonanzartige Signalerhöhung um beinahe eine Größenordnung lässt sich bei luftgekoppelter Schrägeinschallung (Focused Slanted Transmission Mode, FSTM [8.29]) unter einem bestimmten Winkel Θ_0 erzielen:

$$\sin \Theta_0 = \frac{v_{\text{Luft}}}{v_{\text{Lamb}}} \tag{8.12}$$

die darauf beruht, dass Plattenwellen (*Lamb*-Wellen) erzeugt werden, deren Geschwindigkeit v_{Lamb} generell höher ist als die Schallgeschwindigkeit v_{Luft} in Luft. Für die Materialcharakterisierung ergibt sich damit neben der Verbesserung des Signal/Rausch-Verhältnisses der Vorteil, dass aus einer Winkelmessung die Phasengeschwindigkeit der *Lamb*-Welle und daraus die Steifigkeit in der Plattenebene zu ermitteln ist [8.29]. Bild 8.40 zeigt das Messprinzip mit fokussierten Transducern und die Bestimmung der beiden Winkel Θ_0 für den s_0-Mode (kleines Maximum) und den a_0-Mode (hohes Maximum) der *Lamb*-Wellen, deren Wellenform jeweils bei den Maxima skizziert ist. Die Maxima kennzeichnen die Θ_0-Werte für den jeweiligen *Lamb*-Wellenmode nach Formel 8.12.

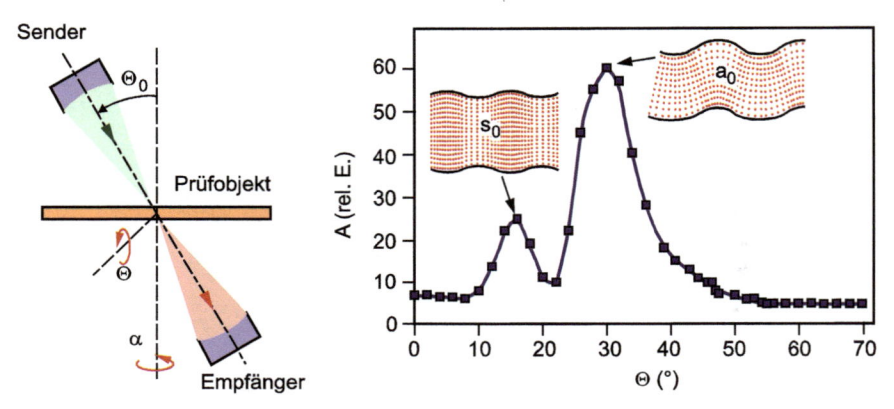

Bild 8.40 Luftultraschall mit *Lamb*-Wellenanregung an PS: Prinzip (links) und Signalamplitude in Abhängigkeit vom Einfallswinkel Θ mit Anregung des s_0-Mode (kleines Maximum) und des a_0-Mode (hohes Maximum)

Die Messung von Θ_0 bei verschiedenen Azimutwinkeln α zeigt daher die Anisotropie in der Ebene (Bild 8.41). Die faserorientierungsbedingte elastische Anisotropie ist gut zu erkennen, auch ihre Richtung. Die hohe Ansprechempfindlichkeit dieser Messungen erlaubt die Erkennung der prozessbedingten Ausrichtung der Kettenmoleküle in unverstärktem PP (Bild 8.41, Mitte). Bild 8.41 rechts ist das Ergebnis einer Messung an einem dünnen GFK-Laminat 0/90 aus insgesamt 5 Lagen. Die beiden orthogonalen Richtungen äußern sich in der Symmetrie; zu erkennen ist auch die durch die zusätzliche 0-Lage verursachte stärkere Anisotropie. Hier wird der Vorteil gegenüber der Messung mit Mikrowellen deutlich, die nur die resultierende Anisotropie zeigen würde. Diese Ultraschallmessungen sind auch an Kohlenstofffasern möglich. Die Messgeschwindigkeit ist derzeit aber noch wesentlich niedriger [8.29].

Wenn man Θ_0 nicht bei jedem Azimutwinkel α optimiert, sondern bei fest eingestelltem Θ_0 nur das Signal als Funktion von α verfolgt, erhält man bereits die Anisotropierichtung mit wesentlich höherer Empfindlichkeit und kürzerer Messdauer.

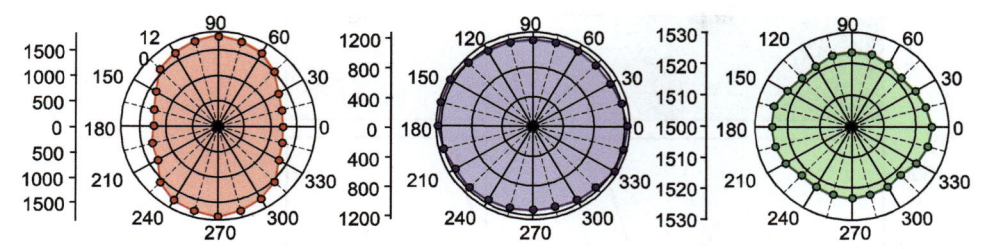

Bild 8.41 Phasengeschwindigkeit des a_0-Mode in ms^{-1} als Funktion des Azimutswinkels a: 2 mm dicke PP/GF-Platte mit 30 M.-% GF (links), PP (Mitte) und GFK-Laminat [[0°90°]$_2$ 0°] (rechts)

Mit diesem Verfahren lassen sich auch Rasterbilder aufnehmen. Wegen der Streuung von *Lamb*-Wellen an Defekten ist der Kontrast in diesen FSTM-Bildern wesentlich höher als in üblichen Luftultraschall-Bildern mit senkrechter Einschallung (Bild 8.42).

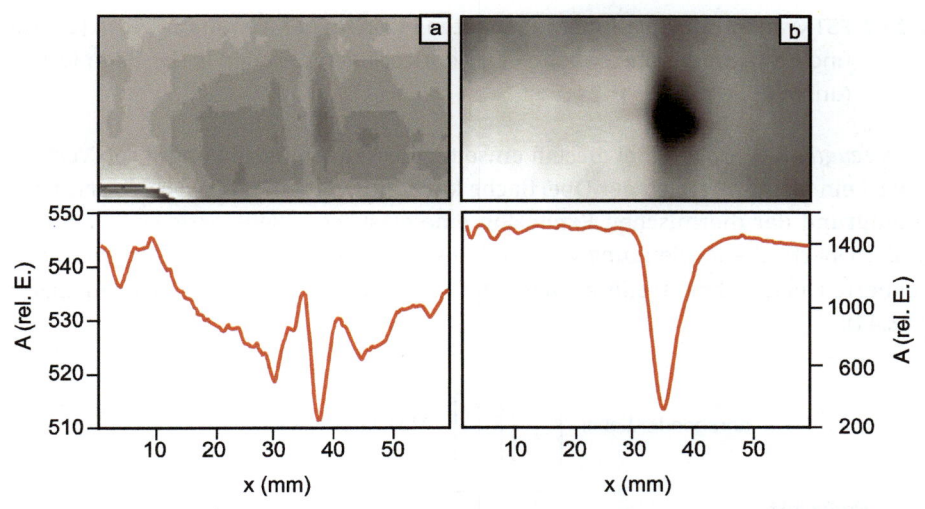

Bild 8.42 Vergleich von NTM- (a) und FSTM-Bild (b) eines 60 × 30 mm^2 Bereiches einer PMMA-Platte mit einem kleinen geschlossenen Riss (oben) und Amplitudenhöhe entlang einer horizontalen Geraden in der Bildmitte (unten)

Die Richtungsabhängigkeit der Lambwellengeschwindigkeit in CFK eignet sich zur Erkennung von Bereichen mit falscher Orientierung, wie an einer UD-CFK-Platte gezeigt wird, bei der die beiden obersten Schichten im Prepregzustand kreisförmig ausgestanzt, gedreht wieder eingesetzt und dann ausgehärtet wurden (Bild 8.43). Der rechte Kreis ist um 15° aus der uniaxialen Richtung gedreht und die nächsten drei Kreise um jeweils weitere 15°.

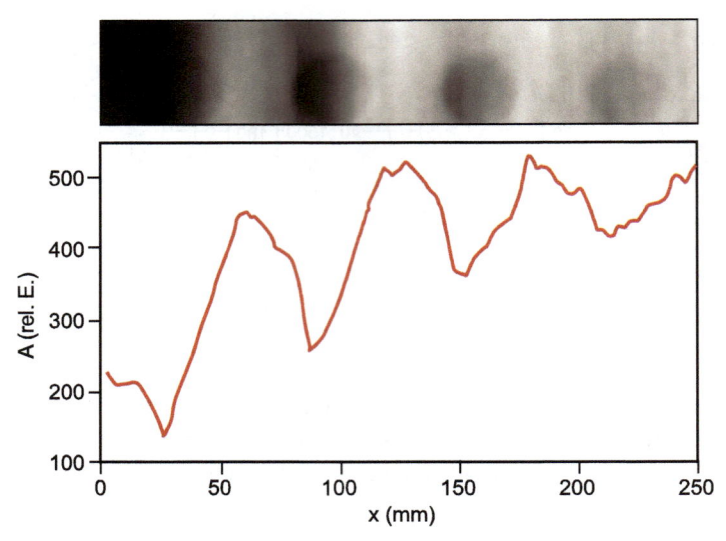

Bild 8.43 FSTM an Anisotropie-Inhomogenitäten in einem CFK-Laminat: C-Scan (oben) und Amplitudenhöhe entlang einer horizontalen Geraden in der Bildmitte (unten)

Lasererzeugter Ultraschall: Bei diesem einseitig messenden berührungslosen Verfahren wird ein kleiner Bereich der Oberfläche kurzzeitig mit einem Laserpuls erwärmt und aufgrund der thermischen Expansion eine elastische Welle erzeugt. Der Nachweis der Oberflächenauslenkung während des Laserpulses und später aufgrund der reflektierten elastischen Welle erfolgt interferometrisch mit einem zweiten Laser (Bild 8.44).

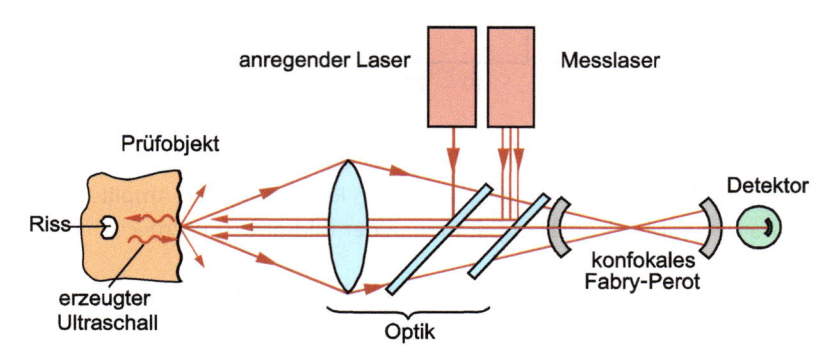

Bild 8.44 Aufbau für berührungslose Messung mit lasererzeugtem Ultraschall [8.30]

Als Anwendung ist ein berührungsloser D-Scan an einer CFK-Platte mit den Abmessungen $30 \times 200 \times 5$ mm^3 mit vier simulierten Delaminationen gezeigt (Bild 8.45), die sich in Tiefen von 1/8, 1/4, 1/2 und 3/4 der Plattendicke befinden. Die ortsabhängigen Echolaufzeiten sind hier perspektivisch dargestellt. Das untere Rechteck zeigt die

Rückseite. Auf die Darstellung der Vorderseite wurde wegen der besseren Übersicht verzichtet. Die Defekte werfen auf der Fläche des Rückseitenechos (C-Scan) einen akustischen Schatten. Bei solchen Messungen wird das Prüfobjekt kurzzeitig einer hohen Leistungsdichte ausgesetzt. Deswegen ist darauf zu achten, dass das Material nicht geschädigt wird.

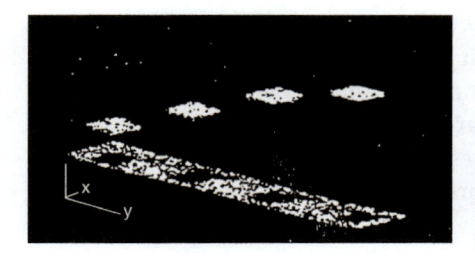

Bild 8.45
Die räumliche Echoanordnung entspricht dem D-Scan, die Unterseite mit Echoschatten dem C-Scan [8.30]

Schallemission (SE)

Bei Belastung polymerer Verbundwerkstoffe kommt es vor allem im Grenzflächenbereich zu Spannungsgradienten. Beim Überschreiten lokaler Festigkeitsgrenzen tritt Mikroversagen ein, wobei sich die gespeicherte Energie als elastische Welle, d. h. als Schall, vom Versagensort wegbewegt und schließlich den Detektor an der Bauteiloberfläche erreicht. Ein Beispiel für eine Werkstoffuntersuchung ist der Nachweis des Mikroversagens in Bindenähten von Spritzgussteilen aus GFK. Die Ortung der SE-Quellen erfolgte in einem speziellen Zugprüfkörper mit mittig angeordneter Bindenaht. Dazu kann man zwei Sensoren verwenden (Bild 8.46a) und ihre Laufzeitdifferenzen erfassen. Sind die Laufzeiten gleich, fand das Mikroversagen in der Mitte zwischen den beiden Sensoren statt. Entsprechend liefern Zeitdifferenzen der beiden Signale den Versagensort. Das Ergebnis für die Bindenahtmessung (Bild 8.46b) bestätigt, dass die registrierten SE-Ereignisse tatsächlich aus der Naht stammen. Ein Prüfkörper ohne Bindenaht zeigt hingegen Emissionen aus allen Bereichen (Bild 8.46c).

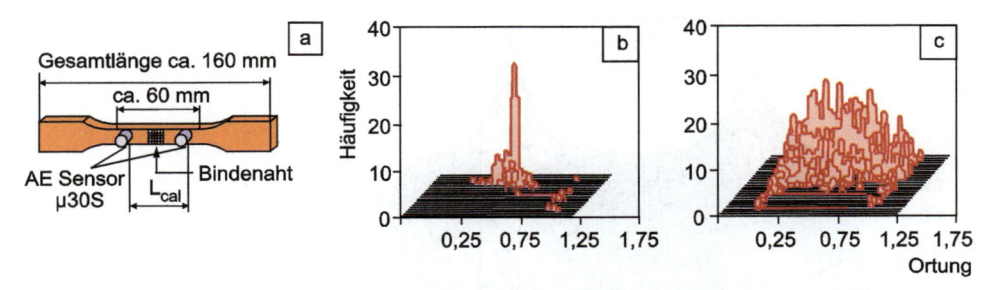

Bild 8.46 Lineare Ortung von SE-Quellen am Beispiel eines PBT/GF-Verbundes (30 M.-% GF): Schematische Darstellung der Anordnung von zwei SE-Sensoren (a), Verteilungen der Ortungen mit (b) und ohne (c) Bindenaht, dargestellt für eine zunehmende Dehnung [8.31]

8.3.1.2 Mechanische Vibrometrie

Mechanische Vibrometrie erfasst Eigenfrequenzen eines Bauteils, d.h. Frequenzen, bei denen sich stehende elastische Wellen ausbilden. Solche Spektren liefern in kurzer Zeit integrale bauteilspezifische Informationen, die sich insbesondere zur Erkennung von Abweichungen im Produktionsablauf oder von gebrauchsbedingten Veränderungen eignen, deren Art und Relevanz in nachgeschalteten separaten Tests zu untersuchen ist [8.32]. Wenn man die beobachteten Veränderungen mit der Betriebsdauer und insbesondere mit der Restfestigkeit korreliert, kann man zumindest empirische Bauteilvorhersagen treffen. Zur Aufnahme der Amplitudenspektren $A_0(\omega)$ oder Phasenspektren $\varphi(\omega)$ eignen sich eine sinusartige Anregung bei verschiedenen Frequenzen oder eine Pulsanregung mit nachgeschalteter *Fourier*-Transformation des zeitlichen Abklingvorgangs, die sofortige Informationen über einen breiten Spektralbereich liefern.

Berührende Verfahren

Kleberakustik: Mit elastischen Wellen sind Fügeabläufe verfolgbar [8.33]. Die vibrometrische Charakterisierung des Ablaufs eignet sich besonders, weil beim Fügen von Bauteilen das Spektrum des neuen Bauteils entsteht. Ein Messbeispiel ist die Klebung zweier Stahlstäbe (Bild 8.47). Ein Netzwerkanalysator erzeugt Sinusschwingungen im Bereich von 30–130 kHz und bestimmt die Änderung der Übertragungsfunktion. Da Bauteile beim Fügen i. Allg. größer werden, liegen die Resonanzen nach der Klebung dichter. Es entstehen also neue Resonanzen, wie das Beispiel des zeitlichen Verlaufs der Aushärtung von flüssigem Epoxidharzklebstoff bis zum fertigen Bauteil zeigt. Der zeitliche Verlauf der Resonanzentstehung lässt sich durch Parameter beschreiben. Trägt man diese Parameter jeweils gegen die zerstörend gemessene Festigkeit der Klebeverbindung auf, findet man einen empirischen Zusammenhang zwischen Klebungsablauf und erreichter Festigkeit, der eine Festigkeitsabschätzung mit hinreichend hoher Genauigkeit erlaubt.

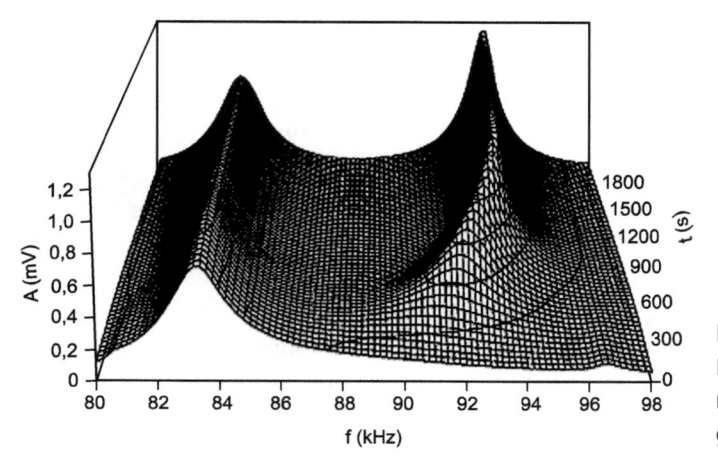

Bild 8.47 Entstehung einer neuen Eigenschwingung beim Aushärten

Intern angeregte Vibrometrie an adaptiven Strukturen: Das Anbringen von Schwingungsgebern erübrigt sich bei den adaptiven Strukturen, wenn der bereits eingebaute Aktor als Schwingungsgeber eingesetzt wird (Bild 8.39), der sich unmittelbar mit einem Impedanzanalysator oder einer Messbrücke koppeln lässt. Eigenschwingungen zeigen sich an der erhöhten Leistungsaufnahme und der Zunahme des Verlustwinkels. Frequenzgangmessungen unter Ausnutzung des Aktors (interne Vibrometrie) lassen sich auch zur empfindlichen integralen Erkennung von Schäden, z. B. durch Impact, verwenden [8.23, 8.34]. Als Modellprüfkörper wurde eine CFK-Platte mit aufgeklebtem Aktor eingesetzt. Mit dem Impedanzanalysator wurde das Frequenzspektrum nach sukzessiver Schädigung gemessen, die durch zunehmende Impactenergie erzeugt wurde. Die spektralen Veränderungen in Bild 8.48a sind visuell nicht sehr auffallend, sie lassen sich aber sehr empfindlich mit dem Korrelationskoeffizienten k beschreiben, der die Ähnlichkeit zweier Kurvenverläufe angibt. Bei identischen Verläufen erhält man den Maximalwert 1. Wendet man dieses Verfahren auf die obigen Daten an und korreliert nach jedem neuen Impactschaden die erhaltene Messkurve mit dem Spektrum des ungeschädigten Neuteils als Referenz bzw. „Fingerprint" zur Erkennung von Veränderungen, ergibt sich der Verlauf in Bild 8.48b. Der erste Wert bei einer Impactenergie Null stammt aus einer Wiederholungsmessung und ist somit ein Maß für die Reproduzierbarkeit der Messung. Der Abfall des Korrelationskoeffizienten bei einer Impactenergie von 2 J ist mit der aktorbetriebenen internen Vibrometrie zuverlässig erkennbar. Die zweite Kurve ist eine Wiederholungsmessung an einer anderen Stelle des Prüfkörpers. Die Reproduzierbarkeit ist ein Hinweis darauf, dass schadensbedingte Veränderungen an Strukturen mit angekoppeltem Schwingungsgeber durch die veränderten Resonanzeigenschaften kumulativ gut detektierbar sind. Die Bewertung der Schädigung hinsichtlich ihrer Relevanz für den weiteren Betrieb erfordert jedoch zusätzliche Untersuchungen.

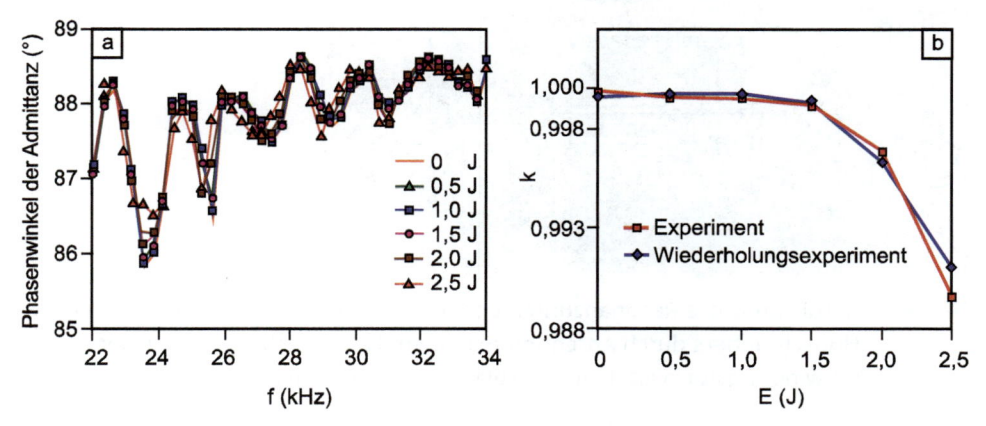

Bild 8.48 Vibrometrie an einer CFK-Platte mit aufgeklebtem Aktor: Spektren vor und nach Impactschädigungen mit zunehmender Energie (a) und Einfluss wachsender Impactenergie auf den Korrelationskoeffizienten der Spektren (b) [8.23]

Berührungslose Verfahren

Wenn das Bauteil keinen eingebauten Schwingungsgeber enthält und auch kein Schwingungsgeber angekoppelt werden kann, z. B. weil das Bauteil sehr klein oder klebrig ist, stellt sich wie beim Ultraschall die Frage nach berührungsloser Anregung und Detektion von Schwingungen. Die berührungsfreie Vibrometrie hat den Vorteil, dass das zu untersuchende System nicht verändert wird, dadurch wachsen Messgenauigkeit und Aussagesicherheit. Bei metallischen Bauteilen ist die Schwingung durch einen wechselstromgespeisten Elektromagneten anregbar. Bei Kunststoffen könnte man ein kleines Metallstück befestigen und über dieses die Kraft berührungslos einleiten, wobei durch die Zusatzmasse die Schwingungseigenschaften verfälscht werden.

Vibrometrie durch Lautsprecheranregung und interferometrische Schwingungsdetektion: Wenn die Schwingungsuntersuchung nicht im Vakuum oder bei hohen Temperaturen durchgeführt werden muss, eignet sich ein Lautsprecher zur berührungslosen Anregung und ein Laservibrometer zur berührungslosen Erfassung der Schwingung. Die Untersuchung der Eigenschwingungsformen (Moden) bei den jeweiligen Eigenfrequenzen erfolgt mit einem scannenden Laservibrometer, das die Amplituden an den verschiedenen Stellen des schwingenden Bauteils erfasst und farbcodiert darstellt. Im einfachsten Fall handelt es sich um ein näherungsweise lineares Gebilde, wie bei dem Hubschrauberblatt (Bild 8.49), das mit einem Lautsprecher mit einer Schwingungsamplitude von 1 μm bei 50 Hz angeregt wurde.

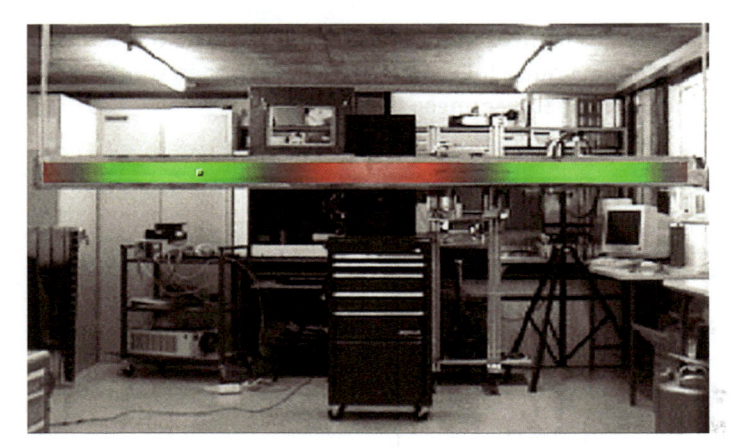

Bild 8.49 Berührungslose Resonanzuntersuchung am 3,50 m langen Rotorblatt eines Hubschraubers durch Anregung mit einem Lautsprecher (1); die Eigenschwingungsform ist dem Rotorblatt farbig überlagert

Flächenhafte Gebilde haben kompliziertere Schwingungsformen. Die Informationen über Eigenschwingungsformen und die zugehörigen Frequenzen werden zur Zuordnung und Simulation der Schwingungen benötigt, z. B. wenn man mit dem Ziel der Geräuschreduzierung Schwingungsformen beeinflussen oder aus der Verzerrung von Eigenschwingungen auf verborgene Fehler rückschließen will. Besonders interessant ist hier die Vibrometrie rotationssymmetrischer Bauteile. Beim fehlerfreien Bauteil haben Biegeschwingungen in verschiedene Richtungen dieselbe Frequenz. Ein Fehler führt jedoch zu Unterschieden, die sich als Resonanzkurvenaufspaltung oder als Verbreiterung äußern [8.35] und als integrales Messverfahren auf den Fehler hinweisen. Die besonders einfache Anregung von Schwingungen mit einem Lautsprecher setzt Luftkopplung voraus. Das Bauteil darf nicht zu klein sein, damit seine Eigenfrequenzen nicht oberhalb des Lautsprecherbereichs von ca. 50 kHz liegen.

Vibrometrie mit Anregung durch intensitätsmodulierte Laserstrahlung: Die Schwingung lässt sich auch durch Absorption von modulierter Laserstrahlung anregen, weil, ähnlich wie bei Laserultraschall (Bild 8.44), eine entsprechend modulierte Verformung eintritt. Es ist anschaulich klar, dass bei der Eigenfrequenz des Bauteils eine besonders große Amplitude erreicht wird. Resonanzen lassen sich dadurch kontaktfrei anregen und mit einem Laservibrometer ohne Berührung des Bauteils messen. Die Empfindlichkeit des Verfahrens ermöglicht die Verfolgung der Wasserdampfdiffusion in einem getrockneten PA 6-Plättchen (Bild 8.50), d. h. die berührungslose optische Erfassung von Eigenschaftsänderungen.

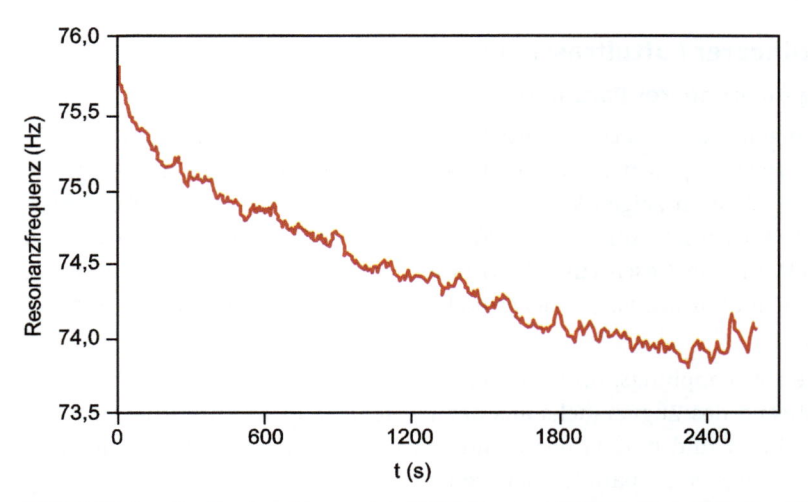

Bild 8.50 In-situ Beobachtung der Diffusion von Wasserdampf (Laborklima) in ein getrocknetes PA 6-Plättchen [8.35]

8.3.2 Elastische Wellen bei nichtlinearem Werkstoffverhalten

8.3.2.1 Grundlegendes zu elastischen Wellen im nichtlinearen Werkstoff

Wenn der Zusammenhang zwischen Spannung und Dehnung nicht mehr linear ist, ändert sich die Geschwindigkeit elastischer Wellen mit der Spannung, außerdem erzeugt eine sinusartige Anregung keine reine Sinusschwingung mehr. Die Abweichung vom Sinus ist dann ein Maß für die Nichtlinearität, die in Versetzungen, Rissen und Delaminationen erhöht ist [8.36]. Auf beiden Effekten beruhen erfolgreiche neue ZfP-Verfahren.

Der nichtlineare Spannungs-Dehnungs-Verlauf bewirkt in der Differentialgleichung der Welle eine Dehnungsabhängigkeit der Geschwindigkeit:

$$\frac{\partial^2 U}{\partial t^2} = c_0^2 (1 - 2\beta_2 \varepsilon - 3\beta_3 \varepsilon^2 - ...) \frac{\partial^2 U}{\partial x^2} \qquad (8.13)$$

Da der Term 2. Ordnung dominiert, ist die Größe:

$$\beta_2 = -\frac{\partial c(\varepsilon)}{\partial \varepsilon} / c_0 \qquad (8.14)$$

die sich aus der Abhängigkeit der Schallwellengeschwindigkeit von der statischen Belastung ergibt, von besonderem Interesse. Positive Werte entsprechen einer Werkstofferweichung, negative einer Verfestigung.

8.3.2.2 Nichtlinearer Luftultraschall

Untersuchung nichtlinearer Parameter

Die Untersuchungen nichtlinearer Eigenschaften wurden an Zugprüfkörpern durchgeführt, die aus spritzgegossenen Platten aus glasfaserverstärktem PP und PC gefertigt wurden. Diese Platten zeigen herstellungsbedingt (vgl. Kapitel 2) die für Spritzgießteile typische Vorzugsorientierung der Kurzfasern. Der GF-Anteil betrug zwischen 0 M.-% und 30 M.-%. Die Geschwindigkeitsmessungen erfolgten berührungslos an *Lamb*-Wellen, die mit Luftultraschall bei f = 450 kHz in Schrägeinschallung (FSTM) angeregt wurden.

Dadurch werden Ankopplungsprobleme vermieden. Die *Lamb*-Wellengeschwindigkeit wurde während des Zugversuchs aus der Phasenlage des transmittierten Luftultraschalls bestimmt und daraus der nichtlineare Parameter errechnet. Die Glasfasern waren vorzugsweise parallel bzw. senkrecht zur Beanspruchungsrichtung orientiert. Die *Lamb*-Wellengeschwindigkeit als Funktion der Dehnung senkrecht zur Faserorientierung ist in Bild 8.51 für verschiedene GF-Anteile dargestellt. Statt der monotonen Geschwindigkeitsabnahme, die man bei Dehnung parallel zur Faserorientierung findet, treten hier Maxima auf. Bei einem linearen System wären die Messkurven horizontale Geraden, die in der Höhe wegen der faserbedingt unterschiedlichen elastischen Eigenschaften versetzt sind. Aus den Kurven in Bild 8.51 ergeben sich die dehnungsabhängigen Verläufe des nichtlinearen Parameters, der ein empfindlicher Indikator für strukturelle Veränderungen ist.

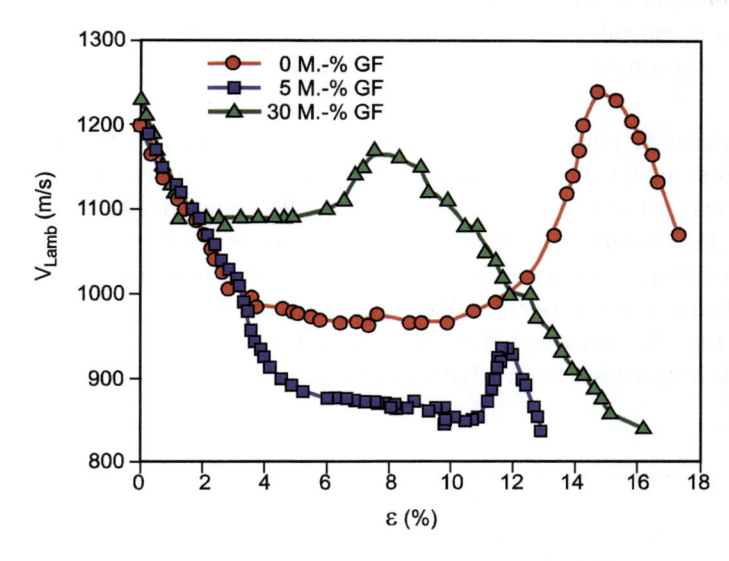

Bild 8.51
Nichtlineare FSTM an spritzgegossenen PP/GF-Verbunden: Dehnungsabhängigkeit der Lamb-Wellengeschwindigkeiten v_{Lamb} (a_0-Mode) als Funktion der Dehnung ε senkrecht zur Faserorientierung

Beim unverstärkten PP zeigt der Verlauf dieses Parameters vier Bereiche (Bild 8.52), die abwechselnde Erweichung und Verfestigung des Werkstoffs beschreiben. Im Bereich III spielt z. B. die Molekülstreckung eine Rolle.

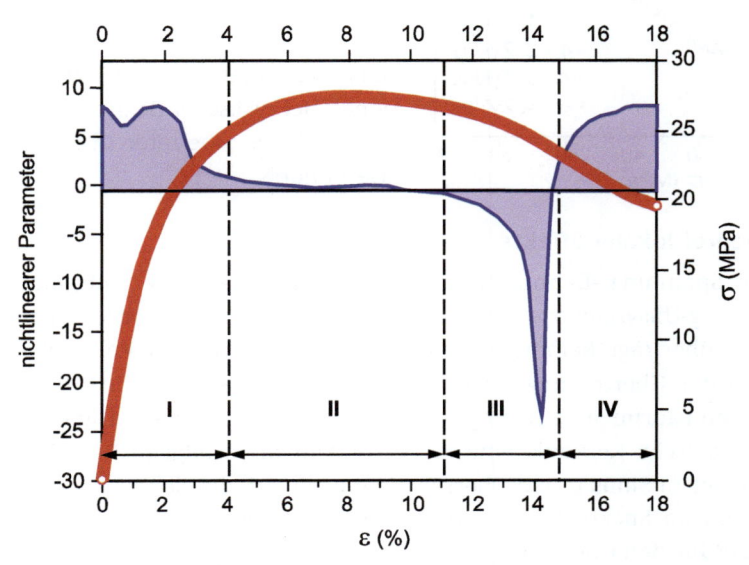

Bild 8.52 Spannung und aus FSTM abgeleiteter nichtlinearer Parameter als Funktionen der Dehnung an unverstärkter PP-Matrix zur Charakterisierung der Lastbereiche mit unterschiedlichem Schädigungsverhalten

Für glasfaserverstärkte PP/GF-Werkstoffe sind ähnliche Bereiche bzw. Schädigungsabläufe nachweisbar, wenn die Fasern bevorzugt senkrecht zur Beanspruchungsrichtung orientiert sind. Bei einer Faserorientierung parallel zur Beanspruchungsrichtung treten nur positive Werte auf, d. h. matrixspezifische Schädigungsvorgänge, die z. B. zu einer Festigkeitssteigerung führen können, treten unter diesen Beanspruchungsbedingungen nicht auf.

Da der nichtlineare Parameter ein Indikator für im Werkstoff ablaufende Schädigungsvorgänge ist, zeigt er auch nach der Entlastung bleibende Schäden auf. Als Beispiel wurde unidirektional mit Glasfaserbündeln verstärktes PC verwendet. Der Verlauf des nichtlinearen Parameters wurde bei zyklischer Belastung mit steigender Beanspruchungshöhe verfolgt. Nach Entlastung beginnt der Parameter im neuen Zugversuch praktisch beim zuletzt erreichten Wert und zeigt damit die kumulative Schädigung (Bild 8.53). Der nichtlineare Parameter ist nicht nur ein Indikator für die unterschiedlichen Werkstoffprozesse beim Schädigungsablauf, sondern auch für Vorschädigung.

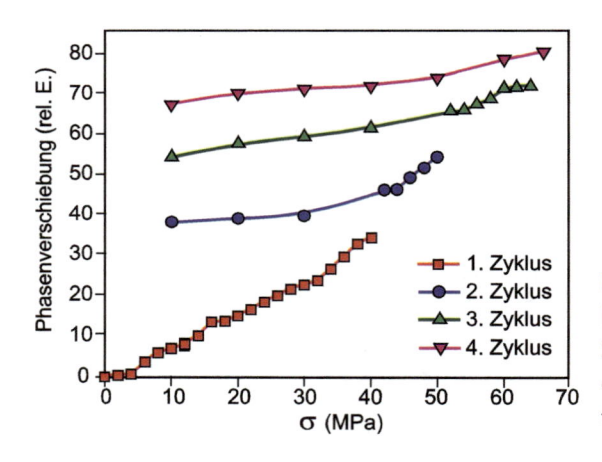

Bild 8.53
Phasenverschiebung des FSTM-Signals bei zyklischer Belastung eines in PC eingebetteten Glasfaserbündels

Abbildung nichtlinearer lokaler Effekte

Die Abweichung des Spannungs-Dehnungs-Diagramms vom linearen Verlauf kann auch in einer Druck-Zug-Unsymmetrie bestehen, z. B. weil ein Riss nur Druck- und keine Zugspannungen überträgt. Reibungseinflüsse können ebenfalls eine Rolle spielen. Die Abweichung der Übertragungsfunktion vom linearen Verlauf führt dann dazu, dass auf eine sinusförmige Anregung, beispielsweise durch eine am Bauteil angebrachte piezoelektrische Keramik, eine verzerrte Antwort erfolgt [8.36–8.38]. Neben dem ursprünglichen Sinus treten Oberschwingungen auf, die sich nach einer *Fourier*-Transformation im Spektrum als ganzzahlige Vielfache der Anregungsfrequenz zeigen. Als Maß für den Oberwellenanteil verwendet man in der Elektrotechnik den Klirrfaktor. Analog dazu wird der mechanische Klirrfaktor als Indikator für Nichtlinearitäten und als lokale bildgebende Größe verwendet. Piezogeber können in adaptiven Strukturen so hochfrequent betrieben werden, dass der fokussierte rasternde Luftultraschallempfänger die lokale Amplitude bildhaft darstellt (s. Bild 8.39). Dieser Empfänger ist schmalbandig mit einer Mittenfrequenz von 450 kHz. Betreibt man den eingebauten Aktor mit der halben Frequenz (225 kHz), spricht der Empfänger im linearen Fall nicht an, aber bei Werkstoffnichtlinearität erfasst er die erste Oberschwingung, die in ellipsenförmigen Klebefehlern und Harznestern am Rand entsteht (Bild 8.54). Dies bewirkt eine defektselektive Abbildung aufgrund nichtlinearer Effekte.

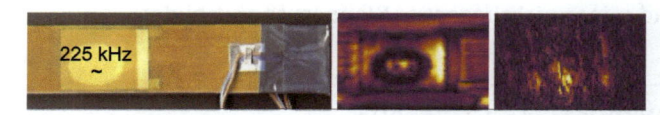

Bild 8.54 Adaptive Struktur von Bild 8.39: Optisches Bild (links), konventionelle Luftultraschallabbildung mit Sender und Empfänger bei 450 kHz (Mitte) und defektselektiver Oberton-Luftultraschall mit Aktor bei 225 kHz und Empfänger bei 450 kHz (rechts) [8.29]

8.3.2.3 Nichtlineare Vibrometrie

Die in Abschnitt 8.3.2.2 beschriebenen Untersuchungen sind auch im niederfrequenten Bereich möglich, in dem die Wellenlänge der elastischen Welle nicht mehr sehr klein gegen das Bauteil ist. Trotzdem sind nicht nur integrale, sondern auch ortsaufgelöste Messungen möglich, die den Oberton erzeugenden Defekt unmittelbar abbilden. Wenn die Schwingung mit einem Mikrofon erfasst wird, fehlt die Ortsauflösung. Diese integrale Messung informiert nur darüber, ob im Bauteil ein Oberton entsteht. Sie erlaubt eine Gut/Schlecht-Selektion als schnelle Vorsortierung, die das zeitaufwändige Abrastern intakter Bauteile erübrigt. Falls Oberschwingungen auftreten, wird die Bauteiloberfläche mit einem scannenden Laservibrometer berührungslos abgerastert und an jedem Punkt das Schwingungsspektrum ermittelt (Bild 8.55). Die Amplituden in auswählbaren Frequenzbereichen werden ortsabhängig farbcodiert dargestellt. Dabei lässt sich auch die Anregungsfrequenz ausblenden und das Prüfobjekt nur im Licht bestimmter Oberschwingungen darstellen (defektselektive Abbildung).

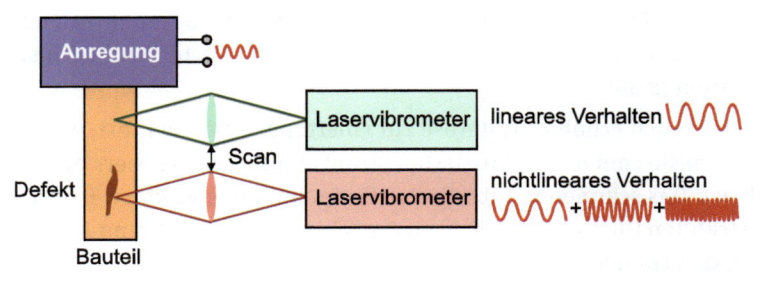

Bild 8.55 Rasternde Oberton-Laservibrometrie zur ortsaufgelösten Erfassung nichtlinearer Defekte [8.39]

Im Unterschied zur üblichen Vibrometrie, die Bauteilresonanzen (Stehwellen) z. B. für eine schnelle Identitätsprüfung ausnutzt, benutzt die rasternde Oberton-Vibrometrie nur eine Frequenz, die außerhalb der Resonanzen liegt, damit nicht durch Stehwellen Erkennbarkeitslücken von Defekten auftreten. Außerhalb der Resonanzfrequenzen sind die laufenden Wellen reflexionsbedingt praktisch überall. Ein Beispiel für rasternde Oberton-Laservibrometrie ist die Messung an einem simulierten kreisförmigen Defekt im CFK-Laminat einer Smart Structure (Bild 8.56) [8.40]. Verwendet man die Schwingungsamplitude bei 40 kHz zum Abbilden, sieht man den ganzen angeregten Bereich (links). Bei den Oberwellen (Mitte und rechts) wird nur der kreisförmige Defekt aufgrund seines nichtlinearen „Klapperns" abgebildet.

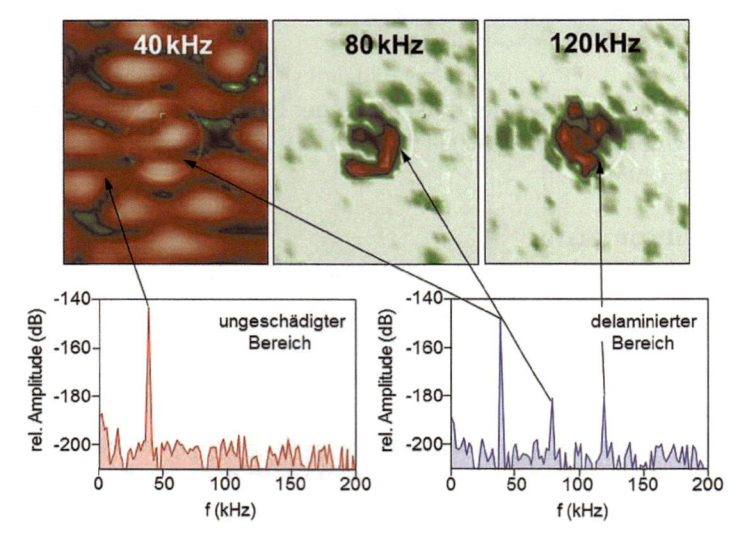

Bild 8.56 Oberton-Vibrometrie im Defektbereich einer Smart Structure: Spektren der Delamination (unten rechts) und der Umgebung (unten links) sowie die Bilder, die die Amplitudenhöhe bei der Anregungsfrequenz und den beiden ersten Obertönen darstellen (oben); akustische Anregung durch eingebauten Aktor bei 40 kHz

Die Art, wie die Höhe der Oberschwingungen mit der Frequenz abnimmt, erlaubt Rückschlüsse auf die Defektart, z. B. die Unterscheidung zwischen erhöhtem Verlustwinkel und Delamination [8.36].

Um zu verifizieren, dass auch erhöhte Hysterese zur Obertonerzeugung führt, wurde PVC lokal und berührungslos mit dem fokussierten Strahl eines starken Lasers bis zur Erweichung aufgeheizt. Das scannende Vibrometer findet im aufgeweichten Bereich Obertöne des eingestrahlten Ultraschalls, die nach Ausschalten des Lasers und Abkühlen wieder verschwinden (Bild 8.57), der Vorgang ist reversibel.

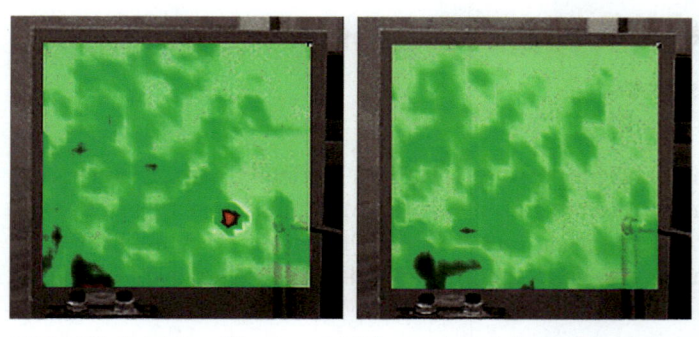

Bild 8.57 Selektive Obertonabbildung einer lokalen Erweichung in einer PVC-Platte; Darstellung der 2. Harmonischen (Anregung bei 20 kHz, 200 W): während (links) und nach (rechts) dem Heizvorgang [8.39]

Neben Harmonischen, also ganzzahligen Vielfachen der eingebrachten Schwingung, können auch Subharmonische als Folge von Nichtlinearitäten auftreten [8.41]. Das ist in Bild 8.58 an einem Impactschaden in einem CFK-Laminat gezeigt. Das Vibrometer rasterte die intakte Frontseite ab. Neben der Anregungsfrequenz bei 20 kHz findet das Laservibrometer z. B. die 1. Harmonische bei 40 kHz, außerdem die Subharmonischen 20/2 kHz, 20/3 kHz, 20/4 kHz ... (Bild 8.58). Bei 20 kHz zeigt das scannende Laservibrometer nichtresonante Schwingungen auf der ganzen CFK-Platte.

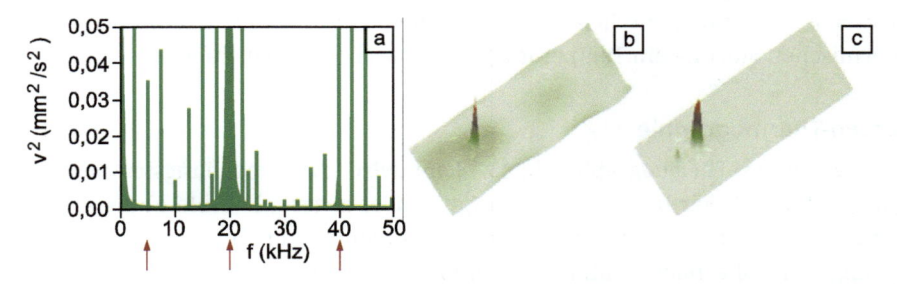

Bild 8.58 Defektselektive Abbildung eines Impactschadens in einem CFK-Laminat mittels harmonischer und subharmonischer scannender Laservibrometrie: Spektrum (a), Pfeile markieren die Anregungsfrequenz (20 kHz), die 3. Subharmonische (5 kHz) (b) und die 1. Harmonische (40 kHz) (c)

Bei den anderen Maxima des Spektrums ist eine hohe und örtlich eng begrenzte Schwingung im Impactbereich nachweisbar. Bild 8.58 zeigt bei 5 kHz (1/4 der Anregungsfrequenz) zusammen mit einer Plattenschwingung und bei 40 kHz (1. Harmonische) die defektselektive Abbildung.

8.4 Zerstörungsfreie Prüfung mit dynamischem Wärmetransport

Thermographie wird nicht nur als passives Verfahren betrieben, sondern auch aktiv mit verschiedenen Anregungsarten und zeitlichen Anregungsmustern [8.42–8.44], wobei die thermische Anregung von außen in das Prüfobjekt eingebracht werden oder auch vom Inneren her erfolgen kann. Die Besonderheiten werden an Beispielen vorgestellt.

8.4.1 Externe Anregung

Wärmetransport setzt Temperaturgradienten voraus, die bei externer Anregung über eine Veränderung der Oberflächentemperatur erzeugt werden, beispielsweise durch Veränderung der Umgebungstemperatur oder durch Beleuchtung, die die Oberflächentemperatur aufgrund von Absorption verändert.

8.4.1.1 Wärmeflussthermographie mit nichtperiodischem Wärmetransport

Transienten-Thermographie und Puls-Thermographie mit optischer Anregung werden eingesetzt, um das thermische Antwortverhalten eines Bauteils, in dem sich nach einer thermischen Störung ein Temperaturgleichgewicht einstellt, zu untersuchen.

Transienten-Thermographie

Bei der Transienten-Thermographie [8.45, 8.46] wird die Umgebungstemperatur sprungartig erhöht (Erwärmungs-Thermographie) oder abgesenkt (Abkühlungs-Thermographie) und die dadurch an der Oberfläche erzeugte Temperaturfeldveränderung verfolgt. Die Oberfläche kühlt sich ab, Wärme fließt vom Bauteilinneren zur Oberfläche. Ein Fehler, typischerweise eine Delamination oder ein Hohlraum, verhält sich wie eine thermische Barriere und behindert den Wärmefluss. Dadurch entsteht an der Oberfläche eine inhomogene Temperaturverteilung, die von der Infrarotkamera erfasst wird. Bild 8.59 zeigt den gemessenen Kontrast für eine 12 mm dicke PVC-Platte mit simulierten Fehlern in verschiedenen Tiefen. Die Platte wurde auf 60 °C aufgeheizt und die Temperaturverteilung der Oberfläche während der Abkühlung erfasst. Der Zeitpunkt, zu dem der Kontrast maximal wird, hängt von der Defekttiefe ab und ermöglicht somit eine Tiefenbestimmung. Bild 8.59d zeigt, dass auch tief liegende Fehler nachweisbar sind. Wenn eine natürliche Wärmequelle im Produktionsprozess zu Verfügung steht, also z. B. die Produkte am Ende der Produktionslinie aufgeheizt sind, ermöglicht die Abkühlungs-Thermographie eine schnelle Qualitätsüberprüfung.

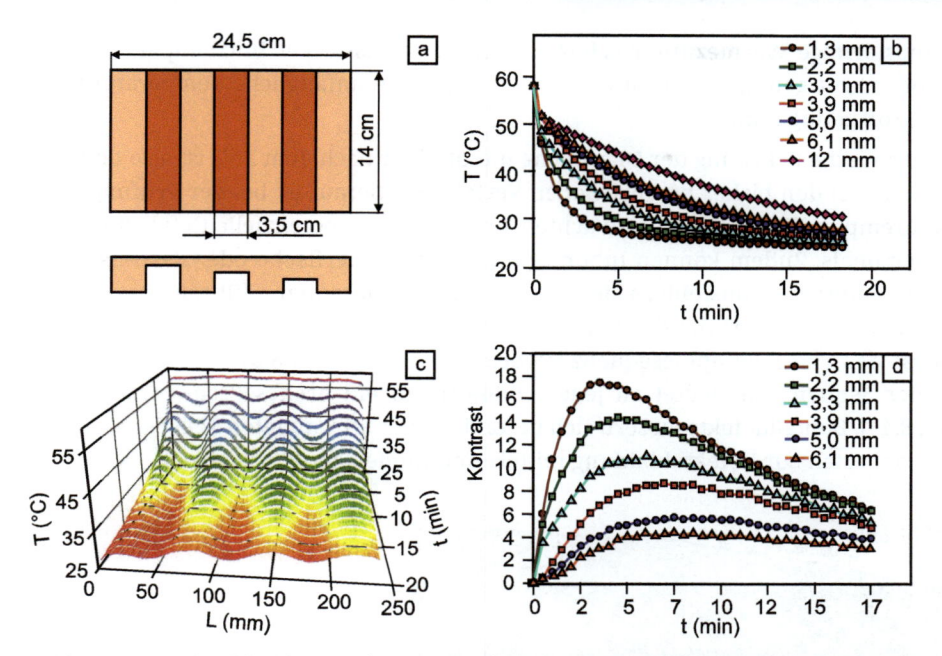

8.4 Zerstörungsfreie Prüfung mit dynamischem Wärmetransport

Bild 8.59 Mittels Abkühlungs-Thermographie gemessener thermischer Kontrast an simulierten Fehlern mit Tiefenlagen zwischen 1,3 bis 6,1 mm in einer 12 mm dicken PVC-Platte [8.47]

Puls-Thermographie mit optischer Anregung

Bei der Puls-Thermographie wird das Gleichgewicht nur während einer kurzen Zeit, typischerweise einige ms, gestört und untersucht, wie schnell diese Störung wärmeleitungsbedingt abklingt oder wie schnell sich die Temperatur an der Vorder- oder Rückseite des Bauteils verändert. Die Thermographiekamera nimmt Bildfolgen nach dem Puls auf, die pixelweise analysiert werden, wobei z. B. der Temperaturverlauf an der Plattenrückseite die Bestimmung der Plattendicke L oder der Temperaturleitfähigkeit (Formel 6.9) ermöglicht (Bild 8.60) [8.48].

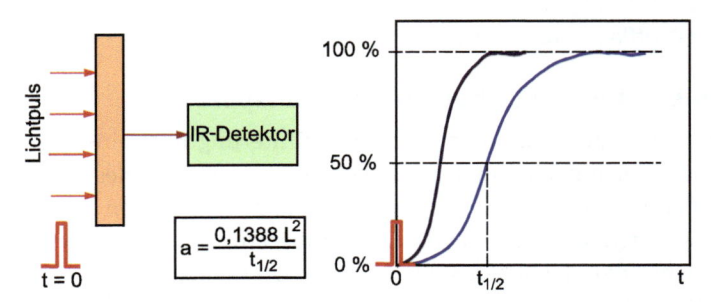

$$a = \frac{0{,}1388\, L^2}{t_{1/2}}$$

Bild 8.60 Puls-Thermographie (kurzer Puls bei $t = 0$): Zusammenhang zwischen Temperaturleitfähigkeit a, Plattendicke L und Zeit bis zum Temperaturanstieg auf den halben Endwert $t_{1/2}$

Die pulsförmige Wärmezufuhr erfolgt mittels leistungsstarker Blitzlampen. Um das Abklingen gut genug verfolgen zu können, muss die anfängliche Temperaturerhöhung groß genug sein.

Die thermische Belastung der Oberfläche unmittelbar nach dem Puls ist also deutlich höher als bei den bisher beschriebenen Verfahren. Hierauf ist bei der Prüfung temperaturempfindlicher Bauteile zu achten, ebenso auf die potenzielle Gefährdung des Prüfpersonals. Zudem können Inhomogenitäten der Oberfläche oder der Ausleuchtung zu Interpretationsfehlern der Thermographiebildsequenz führen. Das Signal/Rausch-Verhältnis, das die Qualität einer Messung beschreibt, kann durch *Fourier*-Analyse der Thermographiesequenz verbessert werden (Bild 8.61). Die *Fourier*-Analyse der Sequenz beinhaltet an jedem Bildelement ein breites Frequenzspektrum [8.44, 8.49]. Bauteildefekte äußern sich besonders im tieffrequenten Teil, der sich deshalb am besten zur Defektabbildung mittels Amplitude oder Phase eignet.

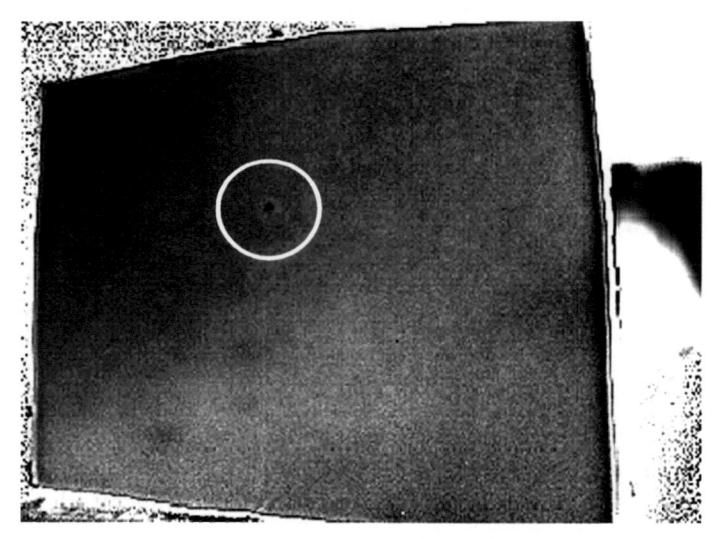

Bild 8.61 Puls-Thermographie mit Phasenanalyse (Pulsdauer 0,5 ms, Phasenbild bei 1 Hz) zur Charakterisierung eines Fehlers in einem lackierten Kunststoffstoßfänger auf einer Prüffläche von 25 × 50 mm^2 (s. Bild 8.13)

8.4.1.2 Thermographie mit periodischem Wärmetransport

Im Hinblick auf die Rauschreduzierung durch Schmalbandfilterung liegt eine zeitliche Codierung der Wärmeeinbringung und damit auch des Temperaturfeldes nahe, die mit *Fourier*-Transformation analysiert wird. Eine sinusartige Modulation ist für diesen Zweck besonders günstig. Wird die Oberflächentemperatur des Prüfobjektes moduliert, setzt sich diese periodische Störung des thermischen Gleichgewichts wellenartig als thermische Welle in das Innere fort:

$$T(x,t) = T_0\, e^{-x/\mu}\, e^{i(\omega t - x/\mu)} \tag{8.15}$$

wobei der einzige Parameter die frequenzabhängige Tiefe μ ist, auf der die Amplitude auf 1/e ≈ 37 % ihres ursprünglichen Wertes abfällt und die Phasenverschiebung um 1 rad = 360°/2π zunimmt [8.50, 8.51]. Hier ist zu erwähnen, dass der Skin-Effekt (Abschnitt 8.2.6), der das Eindringen elektromagnetischer Wellen in elektrisch leitende Werkstoffe beschreibt, mathematisch sehr ähnlich ist. An die Stelle der Temperaturleitfähigkeit tritt die elektrische Leitfähigkeit, und die Frequenzabhängigkeit ist in beiden Fällen gleich. Die Impedanz Z, die die Reflexion bestimmt, ist die Amplitude der Anregung bezogen auf die Amplitude der Antwort, also Temperaturamplitude pro Wärmestromdichteamplitude:

$$Z = \frac{\mu}{\lambda(1-i)} \tag{8.16}$$

Aufgrund der starken Dämpfung wird die Amplitude der Oberflächentemperatur von der zurückkommenden reflektierten Welle nur dann beeinflusst, wenn die Reflektierende höchstens in der Tiefe μ liegt, ebenfalls in Analogie zur Wirbelstromprüfung. Insofern kann man μ auch als thermische Skin-Tiefe auffassen. Die Phase der Oberflächentemperatur wird noch beeinflusst, wenn die Grenzfläche etwa in der doppelten Tiefe liegt [8.52]. Für einige Werkstoffe sind in Tabelle 8.1 [8.53] die Temperaturleitfähigkeiten sowie die zugehörigen thermischen Eindringtiefen bei zwei Modulationsfrequenzen zusammengestellt. Die Werkstoffuntersuchung mit thermischen Wellen ist umso langsamer, je tiefer der zu erkennende Fehler liegt. Will man ein CFK-Laminat mit 5 mm Dicke untersuchen, ist eine Modulationsperiode beinahe im Minutenbereich erforderlich.

Tabelle 8.1 Thermische Eigenschaften ausgewählter Werkstoffe

Werkstoff		Wärmeleitfähigkeit λ (Wcm^{-1}K^{-1})	Temperaturleitfähigkeit a (cm^{2}s^{-1})	Thermische Eindringtiefe μ bei 1 Hz (mm)	Thermische Eindringtiefe μ bei 0,03 Hz (mm)
Luft		0,00026	0,31	3,14	18,1
Wasser		0,0061	0,00146	0,216	1,25
PVC		0,0014…0,0017	0,0011…0,0016	0,185…0,226	1,08…1,24
PMMA		0,0061	0,00113	0,19	1,09
PTFE		0,0016…0,0023	0,0007…0,001	0,149…0,178	0,86…1,03
Epoxidharz		0,002	0,0009	0,096	0,55
GFK	||	0,0038	0,0017	0,232	1,34
	⊥	0,003	0,0013	0,203	1,17
CFK	||	0,04	0,02	0,81	4,62
	⊥	0,0063	0,004	0,357	2,06

Tabelle 8.1 Thermische Eigenschaften ausgewählter Werkstoffe *(Fortsetzung)*

Werkstoff	Wärmeleitfähigkeit λ (Wcm^{-1}K^{-1})	Temperaturleitfähigkeit α (cm^{2}s^{-1})	Thermische Eindringtiefe μ bei 1 Hz (mm)	Thermische Eindringtiefe μ bei 0,03 Hz (mm)
SiC	0,63…0,9	0,28…0,42	3,0…3,66	17,3…21,1
Aluminium	2,37	0,98	5,59	32,3
Stahl	0,639	0,188	2,45	14,12
Edelstahl	0,142	0,037	1,08	6,27

Lockin-Thermographie mit optischer Anregung

Das Messprinzip zeigt Bild 8.62. Die thermische Welle wird durch die periodische Erwärmung der Bauteiloberfläche mit intensitätsmodulierten Lampen eingebracht, zugleich wird mit einer Thermographiekamera an jedem Bildelement der zeitliche Verlauf der Oberflächentemperatur verfolgt [8.54–8.57]. Das vom Rechner aus bis zu etwa 1000 Thermographiebildern ermittelte Messergebnis sind Amplitude und Phase der Temperaturmodulation an jedem Bildpunkt, der Bilderstapel wird auf nur zwei Bilder reduziert. Diese „Phasenempfindliche Modulations-Thermographie", die nur auf Temperaturänderungen bei der Anregungsfrequenz anspricht, wird nach dem Messgerät „Lockin-Verstärker", dessen phasenempfindliche Schmalbandfilterung simuliert wird, als „Lockin-Thermographie" bezeichnet. Die Phasenverschiebung zwischen Wärmezufuhr und Temperatur ist ein Laufzeiteffekt, der nicht auf inhomogene Ausleuchtung oder lokale Unterschiede im Absorptions- oder Emissionskoeffizienten anspricht [8.58].

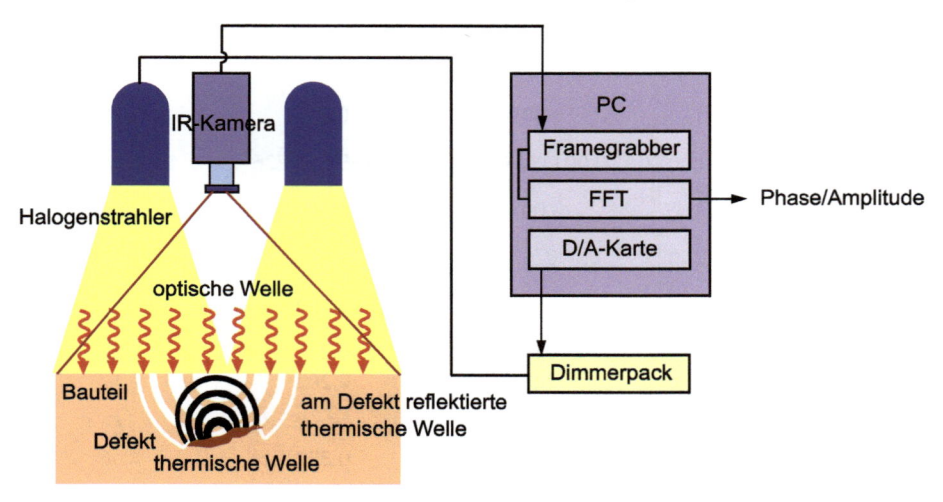

Bild 8.62 Prinzip der Lockin-Thermographie

8.4 Zerstörungsfreie Prüfung mit dynamischem Wärmetransport

Der Zusammenhang mit dem beschriebenen Lockin-ESPI-Verfahren (Abschnitt 8.2.2.5) ist offensichtlich. Beide Verfahren haben den Vorteil der einseitigen berührungslosen Messung und der optischen Anregung. Bei der Lockin-ESPI werden thermische Wellen durch periodische Beleuchtung erzeugt, die an der Oberfläche aber nicht aufgrund ihrer Temperatur mit einer Thermographiekamera nachgewiesen werden, sondern aufgrund der modulierten thermischen Expansion mit abbildender Interferometrie.

Die berührungslose Inspektion großflächiger Strukturen, die im Fahr- und Flugzeugbau eine Rolle spielen, ist mit der Lockin-Thermographie möglich. Bild 8.63 zeigt einen etwa 3 m² großen Heckbereich des Passagierflugzeugs Fairchild Dornier Do 328, der von der glatten Außenseite her innerhalb von nur 3 Minuten untersucht wurde. Die verdeckten Spanten und Stringer dieser CFK-Struktur sind klar erkennbar. Eine Stringerablösung würde sich als Linienunterbrechung äußern [8.59]. Die Frequenzabhängigkeit der Tiefenreichweite lässt thermische Tomographie zu, wie die beiden Phasenbilder eines Impactschadens in Bild 8.64 belegen.

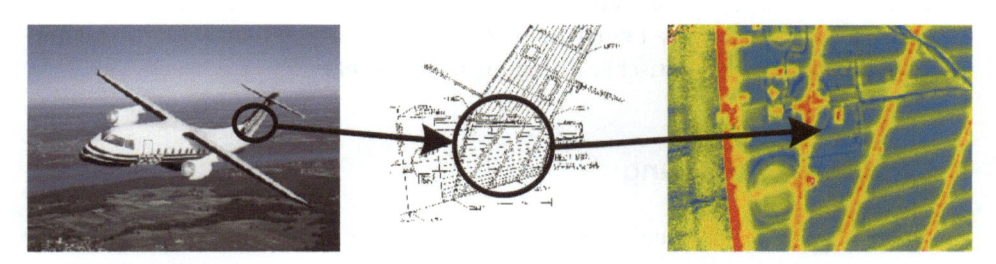

Bild 8.63 Zerstörungsfreie Prüfung des CFK-Heck-Konus der Do 328 mittels Lockin-Thermographie

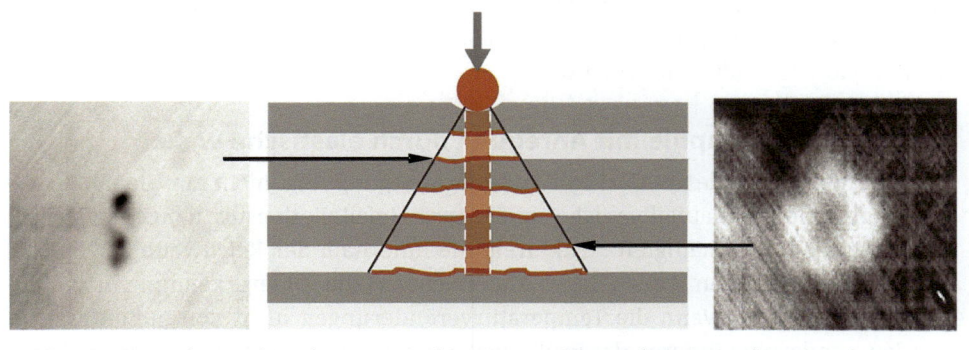

Bild 8.64 Optische Lockin-Thermographie: Frontseitige Erkennung der von einem Impact erzeugten kegelartigen Schadensstruktur in CFK mittels Tiefenprofilaufnahme durch frequenzabhängige Reichweite

Konusstruktur der Schubbelastung und ungeschädigter zentraler Kompressionsbereich sind klar erkennbar. In manchen Fällen ist keine homogene Ausleuchtung des Prüfobjektes erwünscht. Wird ein Laser auf das Prüfobjekt fokussiert und moduliert, pulsiert ein halbkugelartiges Wärmewellenfeld um diesen Punkt. Bei Werkstoffanisotropie ist dieses Feld elliptisch, die Ellipsenachsen sind z. B. mit Faserorientierungen korreliert.

Über die Modulationsfrequenz ist eine tiefenaufgelöste Bestimmung der Anisotropie möglich [8.60, 8.61].

Lockin-Thermographie mit anderen externen Anregungsarten

Ein modulierter Wärmestrom lässt sich auch durch ein Warmluftgebläse mit periodisch geschalteter Heizung einbringen. Geeignet zur berührungslosen Wärmeeinbringung in Werkstoffe mit elektrischer Leitfähigkeit (Metalle, CFK) ist auch Wirbelstrom, dessen Amplitude gesteuert wird (Puls oder Modulation) [8.13, 8.62]. Die Verwendung von *Peltier*-Elementen hat den Vorteil, dass ein alternierendes Heizen und Kühlen möglich ist, so dass der Temperaturmittelwert z. B. bei Raumtemperatur bleibt [8.63]. Damit ist jedoch der Nachteil einer schwer reproduzierbaren thermischen Einkopplung verbunden, der bei optischer Anregung nicht besteht.

8.4.2 Interne Anregung

Im Unterschied zur externen Anregung ist hier nicht die Oberfläche die Quelle der Temperaturveränderungen, sondern das Bauteilinnere. Die an der Oberfläche ankommenden thermischen Wellen werden als Informationsträger verborgener Strukturen genutzt. Die beobachteten Effekte kommen nicht mehr durch Überlagerung hin- und herlaufender Wellen zustande, sondern durch einfache Laufzeiten stark gedämpfter Wellen, ähnlich wie bei der Schallemission, aber mit dem Unterschied, dass die Emission von außen angeregt wird.

8.4.2.1 Thermographie mit Anregung durch elastische Wellen

Lockin-Thermographie mit flächiger äußerer Anregung zeigt nicht nur die interessierenden geschädigten Bauteilbereiche, sondern prinzipiell alle thermischen Grenzflächen, also auch die ungeschädigten Strukturen, die innerhalb der Reichweite der optisch erzeugten thermischen Wellen liegen. Das erschwert die Fehlererkennung in komplizierten Strukturen. Wenn die Temperaturveränderungen nicht von außen erzeugt werden, sondern im Inneren des Prüfobjektes, lässt sich dieser Nachteil vermeiden.

Thermoelastische Spannungsanalyse

Beim thermoelastischen Effekt ist die Temperaturänderung proportional zur Spur des Spannungstensors. Eine Dehnung bewirkt eine Temperaturabsenkung und die

Kompression entsprechend eine Erhöhung. Der Effekt wird daher in der Mechanik zur Analyse von Spannungsfeldern verwendet [8.64, 8.65]. Im Unterschied zu fotoelastischen Untersuchungen, die Transparenz voraussetzen, eignet sich diese Methode für lichtundurchlässige Bauteile. Das Prüfobjekt wird in eine Zugprüfmaschine eingespannt, die zyklische Belastung einbringt, und bei dieser Frequenz wird die Temperaturmodulation der Bauteiloberfläche analysiert, wobei lokale Spannungsspitzen sichtbar werden.

Ultraschallthermographie

Temperaturerhöhungen können auch durch Hysterese verursacht werden, d. h. durch irreversible Umsetzung mechanischer Energie in Wärme. Diesen Effekt nutzt die Vibro-Thermographie [8.66] zur Erkennung von Spannungskonzentrationen und Defekten. Dazu wird das Bauteil in Schwingung versetzt und mit einer Thermographiekamera die ortsabhängige stationäre Erwärmung, also der zeitliche Mittelwert, erfasst. Schwingungsbäuche und Knoten erzeugen eine überlagerte Empfindlichkeitsstruktur. Da sich diese lokal kontinuierlich erzeugte Wärme diffusionsartig ausbreitet, gehen Ortsauflösung und Tiefeninformation weitgehend verloren. Es liegt jedoch nahe, die Wärmeerzeugung zu modulieren und dadurch thermische Wellen zu erzeugen, die mit Lockin-Technik ortsaufgelöst nachzuweisen sind. Da es bei der Erwärmung letztlich nur um die pro Zeiteinheit überstrichene Hysteresefläche geht, nimmt die verlustwinkelbedingte Erwärmung mit der Frequenz zu. Bei Frequenzerhöhung ist die Spannungsamplitude entsprechend reduzierbar, so dass man die für die meisten Bauteile ungeeignete Zugprüfmaschine durch einen am Prüfobjekt angebrachten Ultraschallgeber ersetzen kann [8.67, 8.68], wobei die Ultraschallamplitude je nach der gewünschten Frequenz der thermischen Welle tieffrequent amplitudenmoduliert wird. Dadurch erwärmen sich Hysterese behaftete Bereiche im Bauteil periodisch und emittieren thermische Wellen, die vom Lockin-System, das auf die Modulationsfrequenz abgestimmt ist, hinsichtlich Amplitude und Phase analysiert werden, sobald sie die Oberfläche erreichen. Der Grundgedanke der Ultraschall-Lockin-Thermographie ist in Bild 8.65 veranschaulicht [8.69 – 8.71].

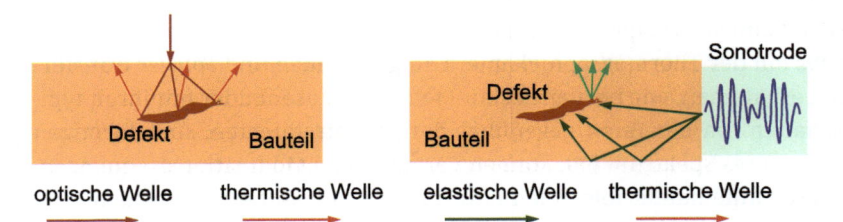

Bild 8.65 Vergleich unterschiedlicher Anregungsarten: bei optischer Anregung (links) werden thermische Wellen in der ganzen Oberfläche erzeugt, bei Ultraschallanregung (rechts) emittiert der Defekt bei der Frequenz der Amplitudenmodulation eine thermische Welle, die ihn wie ein Kontrastmittel hervorhebt

Der Ultraschallgeber wird an dem Prüfobjekt angeklemmt. Die Ähnlichkeit zur Ultraschall-ESPI (Abschnitt 8.2.2.5) ist offensichtlich, bei der die Defekterwärmung aufgrund der lokalen thermischen Ausdehnung oberhalb des selektiv erwärmten Defektes nachgewiesen wird, während bei der Ultraschallthermographie der warme Fleck oberhalb des Defektes betrachtet wird. Der Unterschied zwischen den Ergebnissen optisch bzw. akustisch betriebener Lockin-Thermographie wird anhand des folgenden Beispiels besonders deutlich. Optisch angeregte Thermographie zeigt thermische Strukturen, Ultraschallthermographie den lokalen Verlustwinkel, gewichtet mit der Defekttiefe (Bild 8.66).

Es sollte erwähnt werden, dass der Nachteil der Methode, wie bei den anderen defektselektiven Verfahren, die mechanische Einkopplung des Leistungsultraschalls ist, der auch die inspizierbare Bauteilgröße begrenzt.

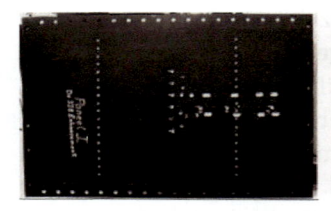

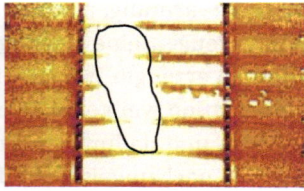

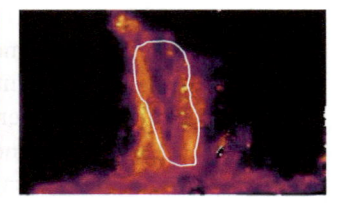

Bild 8.66 CFK-Panel des Flugzeuges Do 328: Foto des Bauteils (links), Phasenbild bei 0,03 Hz, aufgenommen mit optischer Lockin-Thermographie (Mitte) und Phasenbild bei 0,3 Hz, aufgenommen mit Ultraschschall-Lockin-Thermographie am selben Bauteil (rechts) [8.72]

Ultraschall-Burst-Phasen-Thermographie

Die Anregung mit Ultraschall kann auch gepulst erfolgen [8.67, 8.73]. Mit deutlich längeren Einschalldauern arbeitet die Ultraschall-Burst-Phasen-Thermographie, die auf die Puls-Phasen-Thermographie zurückgeht [8.44] und die die Vorteile der Lockin- und der Puls-Thermographie verbindet [8.72, 8.74]. Bei demselben Versuchsaufbau wird zur Anregung des Prüfobjektes ein Wellenzug mit einer Frequenz von 20–100 kHz und einer Länge von einigen Hundertstelsekunden bis zu wenigen Sekunden in das Bauteil eingeleitet und der Temperaturverlauf der Aufheizung und des nachfolgenden Abkühlvorgangs mit der Thermographiekamera aufgenommen und *Fourier* transformiert. Dadurch erhält man, wie bei der Lockin-Methode, Phasenbilder mit ihren typischen Eigenschaften. Da der Burst gegenüber der monofrequenten, sinusförmigen Anregung ein breiteres Spektrum hat, können verschiedene Modulationsfrequenzen, statt mit mehreren aufeinanderfolgenden Einzelmessungen, mit einer einzigen Messung ausgewertet werden. Hohe Frequenzen zeigen dabei den oberflächennahen Bereich, tiefe Frequenzen Defekte im Bauteilinneren. Daher wird die aufgezeichnete Temperatursequenz bei einzelnen Frequenzen ausgewertet, um die Defekte bestimmten Tiefenlagen zuzuordnen.

8.4 Zerstörungsfreie Prüfung mit dynamischem Wärmetransport

Bei der Messung an einer monolithischen CFK-Platte (80 × 38 × 5 mm³) mit vier Delaminationen in einem Tiefenbereich von 0,2 mm bis 2,2 mm (Bild 8.67) dauerte der Ultraschallburst 0,3 s bei einer elektrischen Leistung von 1,1 kW.

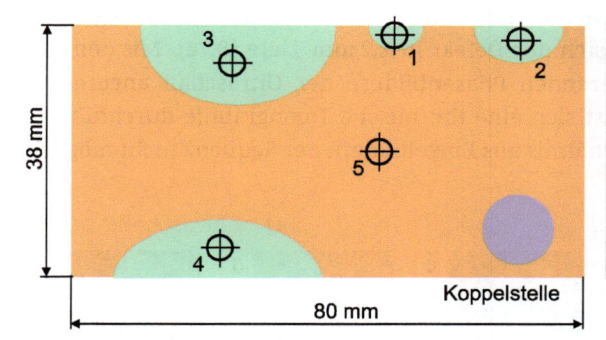

Pos.	Defekt	Tiefe
1	Delamination	0,2 mm
2	Delamination	0,9 mm
3	Delamination	1,5 mm
4	Delamination	2,2 mm
5	intakt	d = 5 mm

Bild 8.67 Fehlerplan: Position und Tiefenlage der Delaminationen in einer CFK-Platte

Die Temperaturverläufe über den im Fehlerplan markierten Positionen 2–5 sind in Bild 8.68a über der Zeit aufgetragen. Der ungeschädigte Bereich zeigt, vom Rauschen abgesehen, einen zeitlich konstanten Verlauf der Temperatur. Dagegen weisen die Delaminationen einen deutlichen Temperaturanstieg mit anschließender langsamer Abkühlung auf. Man erkennt, dass die auftretenden Maxima mit der Tiefenlage der Defekte korrelieren. Je tiefer der Defekt liegt, desto später erreicht die von ihm ausgesandte thermische Antwort die Bauteiloberfläche (s. auch Bild 8.59d). Wertet man das Antwortsignal pixelweise durch *Fourier*-Transformation bei verschiedenen Frequenzen aus, findet man bevorzugt im Defektbereich tiefe Frequenzanteile (Bild 8.68b), die sich zur defektselektiven Darstellung eignen [8.75].

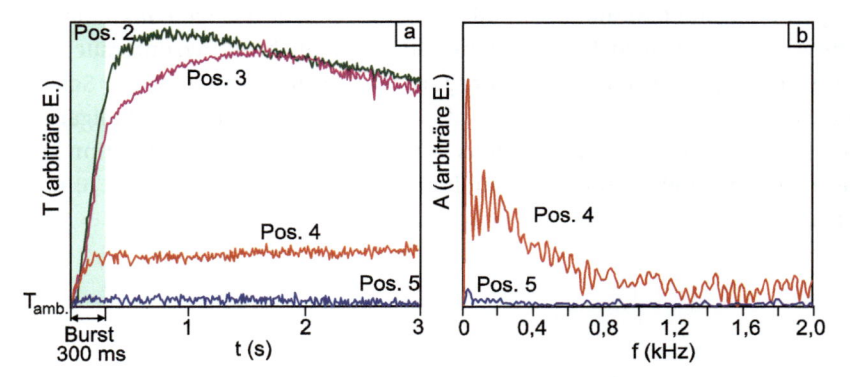

Bild 8.68 Messergebnisse an der CFK-Platte aus Bild 8.67: Temperatur in Abhängigkeit von der Zeit für die Pos. 2–5 (a) und Vergleich der Amplitudenspektren von geschädigtem (Pos. 4) und intaktem Bereich (Pos. 5) (b)

In Bild 8.69 sind die Phasenbilder für verschiedene Auswertefrequenzen dargestellt. Bei 5 Hz (Bild 8.69a) ist der hochfrequente Anteil der von den Delaminationen ausgehenden thermischen Wellen an der Bauteiloberfläche so schwach, dass er unterhalb des thermischen Auflösungsvermögens des Thermographiesystems liegt. Bei den tieferen Frequenzen erscheinen nacheinander die Defekte, je nach ihrer Tiefenlage, und erst bei 0,5 Hz (Bild 8.69e) zeigt sich der Defekt in 2,2 mm Tiefe [8.76]. Mit den aus einer einzigen Messung resultierenden Phasenbildern der Ultraschall angeregten Burst-Phasen-Thermographie lässt sich eine thermische Tomographie durchführen, die mit diesem Signal/Rausch-Verhältnis aus Einzelbildern der Sequenz nicht möglich wäre.

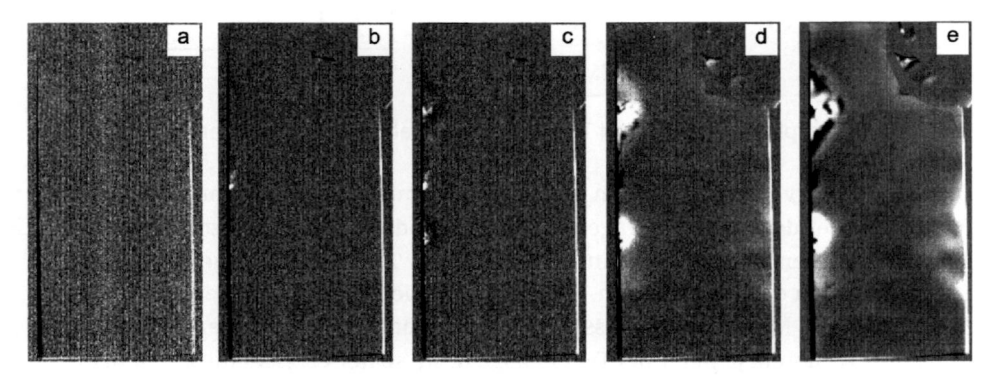

Bild 8.69 Phasenbilder der Ultraschall-Burst-Phasen-Thermographie der CFK-Platte aus Bild 8.67 (Leistung 1,1 kW, Ultraschallfrequenz 20 kHz, Burstdauer 200 ms, Sequenzlänge 3 s) 5 Hz (a), 4 Hz (b), 2,5 Hz (c), 1 Hz (d) und 0,5 Hz (e)

Zur Verdeutlichung des Qualitätsgewinns werden die Bilder anderer Messungen unmittelbar gegenübergestellt. Resonanzen sollen vermieden werden, weil das Stehwellenmuster, dessen thermische Sichtbarmachung für Schallausbreitungsuntersuchungen sicher reizvoll ist, lateralen Wärmetransport und Artefakte verursacht. Solche Störeffekte akustischer Stehwellen können zufällig auftreten, wenn die Schallgeberfrequenz zu einer Eigenfrequenz des Bauteils passt. Durch Frequenzmodulation lassen sich diese Störungen erfolgreich ausschalten, wie die Beispiele in Bild 8.70 und Bild 8.71 zeigen.

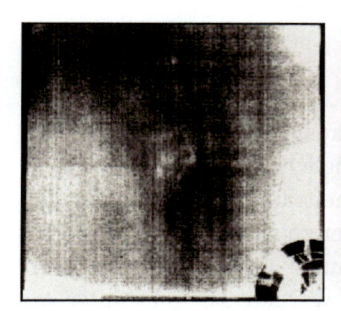

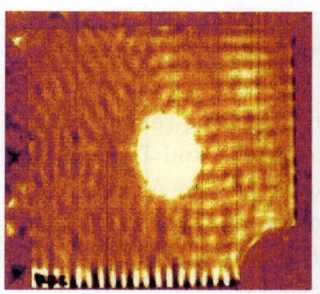

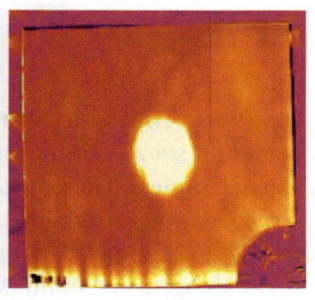

Bild 8.70 Vorteil eines Frequenz modulierten Ultraschall-Bursts am Beispiel einer thermisch geschädigten CFK-Platte: Bild des maximalen thermischen Kontrasts 0,52 s nach einem monofrequenten Ultraschall-Burst (links), Phasenauswertung der Temperatursequenz bei 0,06 Hz (Mitte) und Phasenauswertung einer aufgezeichneten Temperatursequenz nach einem Frequenz modulierten Ultraschall-Burst (f_R = 17 … 23 kHz, f_{mod} = 25 Hz) bei 0,06 Hz (rechts)

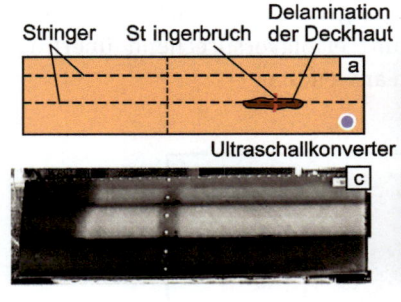

Bild 8.71 Detektion eines Stringerbruchs in einer CFK-Landeklappe: Fehlerplan (a), Phasenbild der Ultraschall-Lockin-Thermographie bei 0,05 Hz (b), Phasenbild der optischen Lockin-Thermographie bei 0,05 Hz (c) und Elimination der Stehwellen mittels Frequenzmodulation, Phasensignatur bei einer Lockin-Frequenz von 0,05 Hz (d) [8.72]

8.4.2.2 Thermographie mit anderen internen Anregungsarten

Neben der Wärmeerzeugung durch Absorption elastischer Wellen, die den mechanischen Verlustwinkel abbildet, ist auch jeder andere Prozess geeignet, der interne Wärmequellen aktiviert, beispielsweise der elektrische Verlustwinkel, der eine elektrische Komponente über lokale elektrische Wärmeerzeugung darstellt [8.53, 8.77]. Auch dielektrische Verluste, die z. B. unausgehärtete Polymerbereiche beschreiben, lassen sich möglicherweise bildgebend darstellen. Im medizinischen Bereich ist eine Ausnutzung der Temperaturmodulation denkbar, die durch den pulsierenden Blutfluss bedingt ist, wobei die geringe Temperaturleitfähigkeit des Körpers nur im oberflächennahen Bereich die Aufnahme von Phasenbildern erlaubt, die eine Überlagerung von Blutgefäßtiefe und Fließgeschwindigkeit zeigen [8.78].

8.5 Ausblick

Unter dem Aspekt der Produkthaftung reicht es nicht aus, Defekte sichtbar zu machen und sie z. B. durch ihre Größe und Tiefenlage möglichst genau zu charakterisieren, sondern es ist erforderlich, die Aussagesicherheit durch Kombination verschiedener ZfP-Methoden in der „Merkmalsebene" weiter zu steigern [8.79]. Dies soll in Bild 8.72 am Beispiel der Unterscheidbarkeit von „guten" und „schlechten" Klebverbindungen in Gummi-Metall-Bauteilen verdeutlicht werden. Bei getrennter Anwendung der dielektrischen Spektroskopie und der Vibrometrie sind keine Qualitätsunterschiede nachweisbar. Werden die jeweiligen Messwerte eines jeden Bauteils als Messwertpaare aufgefasst, lassen sie sich als Koordinaten eines Punktes in der „Merkmalsebene" darstellen. Daraus ergibt sich entsprechend der Bauteilanzahl in dieser Ebene eine Punktwolke, die unter zusätzlicher Einbeziehung der Ergebnisse von quasistatischen Prüfverfahren (Abschnitt 4.3) eine klare Trennbarkeit von „guten" und „schlechten" Klebverbindungen ermöglicht, obwohl jedes Verfahren für sich diese Unterscheidung nicht liefert. Mit diesem hybriden Verfahren kann die Trennschärfe wesentlich verbessert werden. Dieser Grundgedanke lässt sich auf die Datenanalyse im mehrdimensionalen „Merkmalsraum" erfolgversprechend übertragen und ist auf eine Vielzahl bildgebender Verfahren anwendbar.

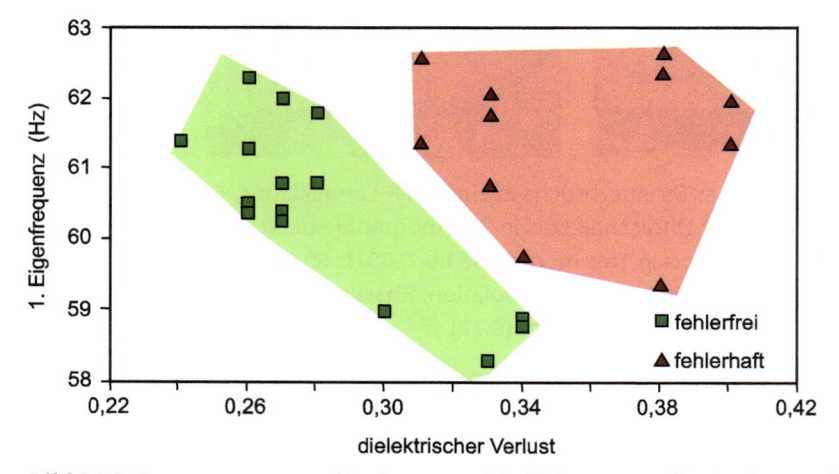

Bild 8.72 Trennung von qualitativ unterschiedlichen Bauteilen in der Merkmalsebene

Ein wesentliches Ziel der ZfP besteht darin, auf der Basis von Defekterkennung, -ortung und -größenbestimmung, über die Beurteilung der Relevanz bezüglich der Betriebssicherheit, der Bewertung der Defektentwicklung und von Schädigungsmechanismen eine sichere Vorhersage der Lebensdauer abzuleiten (Bild 8.73). Damit leistet die ZfP einen wesentlichen Beitrag zur Vermeidung schadensrelevanter Defekte im

Herstellungsprozess und bei Beanspruchung im Betrieb. Eine exakte Analyse dieser Zusammenhänge wird durch tomografische Abbildungsverfahren mit verbessertem Signal/Rausch-Verhältnis, erhöhtem Auflösungsvermögen und entsprechender Ortungsgenauigkeit ermöglicht.

Unter Berücksichtigung wirtschaftlicher Aspekte ergibt sich für qualitativ hochwertige Produkte die Notwendigkeit des Übergangs von der Offline-ZfP zur Online-Qualitätsüberwachung.

Die Vorhersage der Versagenswahrscheinlichkeit belasteter Strukturen in Verkehrsmitteln, Verpackungen, mikroelektronischen Bauteilen, der Medizintechnik usw. stützt sich primär auf die Bruchmechanik, deren Aufgabe in der Verbindung von Belastung, Werkstoffeigenschaften und Defekten besteht (Kapitel 5).

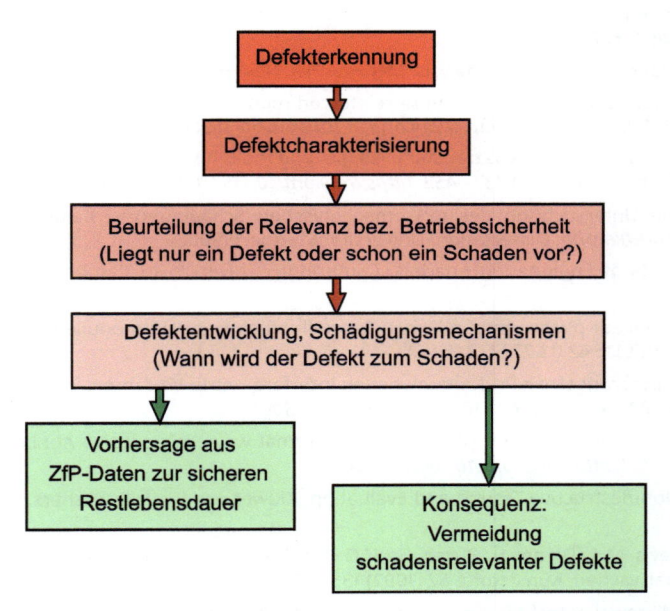

Bild 8.73 Beitrag der zerstörungsfreien Prüfung zur Qualitätssicherung von Werkstoffen, Verbunden und Bauteilen

Die Sicherheit in der Aussagekraft einer quantitativen zerstörungsfreien Prüfung wird durch die Verknüpfung mit zerstörenden Methoden der Bruchmechanik erhöht und gestattet die Vorhersage der Versagenswahrscheinlichkeit eines technischen Produktes.

Neue Arbeitsgebiete ergeben sich aus der Weiterentwicklung der ZfP und den Trends in der modernen Werkstoffentwicklung, wie z. B. der Schaffung funktioneller nanostrukturierter Polymere und der Beschreibung des Versagensverhaltens dieser Werkstoffe durch die Nanomechanik.

8.6 Literatur

[8.1] Summerscales, J.: Non-destructive Testing of Fibre-Reinforced Plastics Composites. Elsevier Appl. Science, London New York I (1987), II (1990)
[8.2] Shull, P. J. (Ed.): Nondestructive Evaluation. Marcel Dekker, Inc. (2002)
[8.3] Glocker, R.: Materialprüfung mit Röntgenstrahlen. Springer Verlag, Berlin (1971)
[8.4] Roye, W.: The compton backscatter technique – A new method of X-ray inspection. Proc. of the 12th World Conference on Nondestructive Testing, Amsterdam (1989) 31–36
[8.5] Kosanetzky, J.; Harding; G.: Materialprüfung mit Röntgen-Rückstreustrahlung. Materialprüfung 29 (1987) 217–221
[8.6] Hentschel, M. P.; Harbich, K. W.: Einzelfaserhaftung in Kompositen. Materialprüfung 35 (1993) 63–67
[8.7] Bullinger, O.: Röntgenrefraktometrie für die zerstörungsfreie Prüfung von Faserverbundwerkstoffen – Möglichkeiten und Grenzen. Dissertation, Universität Stuttgart (2004). https://elib.uni-stuttgart.de/handle/11682/1684
[8.8] Dally, J. W.; Riley, W. F.: Experimental Stress Analysis. McGraw-Hill, New York (1985)
[8.9] Fiedler, B.; Schulte, K.: Photo-elastic analysis of fibre-reinforced model composite materials. Compos. Sci. Technol. 57 (1997) 859–867. https://doi.org/10.1016/S0266-3538(96)00177-7
[8.10] Fu, S.-Y.; Lauke, B.: Comparison of the stress transfer in single- and multi-fiber composite pull-out tests. J. Adhes. Sci. Technol. 14 (2000) 437–452. https://doi.org/10.1163/156856100742690
[8.11] Lütze, S.: Experimentelle Untersuchung des mikromechanischen Schädigungsverhaltens polymerer Faserverbundwerkstoffe. Dissertation, Universität Stuttgart (2002)
[8.12] Cloud, G.: Optical Methods of Engineering Analysis. Cambridge, University of Cambridge (1995)
[8.13] Busse, G.; Wu, D.: Verfahren zur phasenempfindlichen Darstellung eines effekt-modulierten Gegenstandes. Patentschrift DE 42 03 272 C 2 (1992)
[8.14] Gerhard, H.; Busse, G.: Zerstörungsfreie Prüfung mit neuen Interferometrie-Verfahren. Materialprüfung 45 (2003) 78–84. https://doi.org/10.1515/mt-2003-450306
[8.15] Rosencwaig, A.; Busse, G.: High resolution photoacoustic thermal wave microscopy. Appl. Phys. Lett. 36 (1980) 725–727. https://doi.org/10.1063/1.91646
[8.16] Zoughi, R.: Microwave Non-destructive Testing and Evaluation. Kluwer Academic Publishers, Dordrecht (2000)
[8.17] Holden, A.; Allan, P. S.; Bevis, M. J.; Diener, L.; Busse, G.: SCORTEC-Prozeß mit Mikrowellen-Orientierungsabbildung überwachen. Kunststoffe 82 (1992) 135–138
[8.18] Diener, L.; Märtins, R.: Mikrowellentechnik für Gasinnendruck: Möglichkeiten zur werkzeugintegrierten Qualitätssicherung. Kunststoffe 85 (1995) 616–618
[8.19] Urabe, K.; Yomoda, S.: Non-Destructive Testing Method of Fiber Orientation and Fiber Content in FRP Using Microwave. Proceedings of the 4th International Conference on Composite Materials (ICCM IV), Japan Society for Composite Materials and North-Holland, Tokyo, (1982) 1543–1550
[8.20] Wisinger, G.; Diener, L.; Steegmüller, R.: Kurzfaserorientierungen in RRIM-Formteilen. Kunststoffe 85 (1995) 518–520
[8.21] Senturia, S. D.: Dielectric analysis of thermoset cure. In: Dusek, K. (Ed.) Advances in Polymer Science 80 (1986) 2–47
[8.22] Elsner, P.: Dielektrische Charakterisierung des Aushärteverlaufs polymerer Harze. Dissertation. Universität Stuttgart (1992)
[8.23] Nixdorf, K.: Korrelation elektrischer und mechanischer Eigenschaften zur Charakterisierung der Aushärtung und der Schädigung von Polymerwerkstoffen und adaptiven Strukturen. Dissertation, Universität Stuttgart (2002)

[8.24] Mook, G.; Köser, O.; Lange, R.: Non-Destructive evaluation of carbon fibre-reinforced structures using high frequency Eddy current methods. In: Shiota, I.; Miyamoto, Y. (Eds.): Functionally Graded Materials. Proc. of 4th International Symposium, Tsukuba/Japan (1996) 433–438

[8.25] Clarke, J.: SQUIDs. Spektrum der Wissenschaft (1994) 10, 58–69

[8.26] Krautkrämer, J.; Krautkrämer, H.: Werkstoffprüfung mit Ultraschall. Springer Verlag, Berlin (1986)

[8.27] Steegmüller, R.; Diener, L.: New developments of microwave near-field imaging with open-ended waveguides. Nondestruct. Test. Eval. 13 (1997) 203–213. https://doi.org/10.1080/10589759708953030

[8.28] Pfeifer, T.; Wachter, F. K.; Schuster, J.: Backscattering: Neues Ultraschall-Prüfverfahren für Faserverbundbauteile. Ingenieur-Werkstoffe 2/9 (1990) 46–49

[8.29] Stoessel, R.; Predak, S.; Pfaff, H.; Solodov, I. Y.; Busse, G.: Air-coupled ultrasound inspection for material characterisation in linear, non-linear, and focused slanted — Transmission mode. In: Green, R. E. Jr.; Djordjevic, B. B.; Hentschel, M. P. (Eds.): Nondestructive Characterisation of Materials XI. Advances in the Statistical Sciences, Vol. 6, Springer Verlag, Berlin (2003) 117–127. https://doi.org/10.1007/978-3-642-55859-7_19

[8.30] Monchalin, J. P.; Aussel, J. D.; Bouchard, P.; Héon, R.: Laser-Ultraschallverfahren für industrielle Anwendungen. 14. Annual Review of Progress in Quantitative Nondestructive Evaluation, Plenum Press, New York (1988) 1607–1614

[8.31] Brühl, B.: Schallemissionsanalyse (SEA) an Spritzgußteilen aus kurzglasfaserverstärkten Thermoplasten mit Bindenaht. Dissertation, Universität Stuttgart (1993)

[8.32] Deobling, S. W.; Farrar, C. R.; Prime, M. B.: A summary review of vibration-based damage identification methods. The Shock and Vibration Digest 30 (1998) 91–105

[8.33] Alig, I.; Häusler, K. G.; Tänzer, W.; Unger, S.: Verfolgung der Vernetzung und Charakterisierung von modifizierten Epoxidharzen. Acta Polymerica 39 (1988) 269–275. https://doi.org/10.1002/actp.1988.010390601

[8.34] Islam, A. S.; Craig, K. C.: Damage detection in composite structures using piezoelectric materials. Smart Mater. Struct. 3 (1994) 318–328. https://doi.org/10.1088/0964-1726/3/3/008

[8.35] Döttinger, C.: Zerstörungsfreie Prüfung von Keramikbauteilen mittels Schwingungsanalyse. Dissertation, Universität Stuttgart (2001)

[8.36] Zheng, Y.; Maev, R.; Solodov, I.: Nonlinear acoustic applications for material characterization; a review. Can. J. Phys. 77 (2000) 927–967. https://doi.org/10.1139/p99-059

[8.37] Richardson, J. M.: Harmonic generation at an unbonded interface – I. Planar interface between semi-infinite elastic media. Int. J. Eng. Sci. 17 (1979) 73–85. https://doi.org/10.1016/0020-7225(79)90008-9

[8.38] Faßbender, S. U.; Arnold, W.: Measurement of adhesion strength of bonds using non-linear acoustics. In: Thompson, D. O.; Chimenti, D. E. (Eds.): Rev. Prog. QNDE 15, Plenum Press New York (1996) 1321–1328

[8.39] Krohn, N.: Nichtlineares dynamisches Materialverhalten zur defektselektiven zerstörungsfreien Prüfung. Dissertation, Universität Stuttgart (2002). https://elib.uni-stuttgart.de/handle/11682/1595

[8.40] Stößel, R.; Dillenz, A.; Krohn, N.; Busse, G.: Defektselektives Bild-Verfahren. Materialprüfung 42 (2000) 38–44

[8.41] Kneubühl, F. K.: Lineare und nichtlineare Schwingungen und Wellen. Teubner Verlag Stuttgart (1995)

[8.42] Gaussorgues, G.: Infrared Thermography. Chapman & Hall, London (1994)

[8.43] Almond, D. P.; Patel, P. M.: Photothermal Science and Techniques. Chappman & Hall, Kluwer Academic Publishers, Dordrecht (1996)

[8.44] Maldague, X. P. V.: Theory and Practice of Infrared Technology for Nondestructive Testing. John Wiley & Sons, New York (2001)

[8.45] Ball, R. J.; Almond, D. P.: The detection and measurement of impact damage in thick carbon fibre reinforced laminates by transient thermography. NDT Int. 31 (1998) 165–173. https://doi.org/10.1016/S0963-8695(97)00052-2

[8.46] Hobbs, C. P.; Temple, A.: The inspection of aerospace structures using transient thermography. British Journal of Non-Destructive Testing 35 (4) (1993) 183–189

[8.47] Danesi, S.: Cooling down thermography (CDT). Sviluppo, applicazioni e confronto con termografia lockin quali techniche di controllo non distruttivo. Diplomarbeit. Politechnico di Milano/Italien (1997)

[8.48] Parker, W. J., Jenkins, W., Abott, J.: Flash method of determining thermal diffusivity, heat capacity and thermal conductivity. J. Appl. Phys. 32 (1961) 1679–1684. https://doi.org/10.1063/1.1728417

[8.49] Maldague, X.; Marinetti, S.: Pulse phase infrared thermography. J. Appl. Phys. 79 (1996) 2694–2698. https://doi.org/10.1063/1.362662

[8.50] White, R. M.: Generation of elastic waves by transient surface heating. J. Appl. Phys. 34 (1963) 3559–3567. https://doi.org/10.1063/1.1729258

[8.51] Rosencwaig A.; Gersho A.: Theory of the photoacoustic effect with solids. J. Appl. Phys. 47 (1976) 64–69. https://doi.org/10.1063/1.322296

[8.52] Busse G.: Optoacoustic phase angle measurement for probing a metal. Appl. Phys. Lett. 35 (1979) 759–760. https://doi.org/10.1063/1.90960

[8.53] Wu, D.: Lockin-Thermographie für die zerstörungsfreie Werkstoffprüfung und Werkstoffcharakterisierung. Dissertation, Universität Stuttgart (1996)

[8.54] Carlomagno, G. M.; Berardi, P. G.: Unsteady thermotopography in non-destructive testing. Proc. 3rd Biannual Exchange, St. Louis/USA (1976) 33–39

[8.55] Beaudoin J. L.; Merienne E.; Danjoux R.; Egee M.: Numerical system for infrared scanners and application to the subsurface control of materials by photothermal radiometry. Infrared Technology and Applications, SPIE 590 (1985) 287 ff. https://doi.org/10.1117/12.951996

[8.56] Kuo, P. K.; Feng, Z. J.; Ahmed, T.; Favro, L. D.; Thomas, R. L.; Hartikainen, J.: Parallel thermal wave imaging using a vector lock-in video technique. In: Hess, P. and Pelzl, J. (Eds.): Photoacoustic and Photothermal Phenomena, Springer Verlag, Berlin (1987) 415–418. https://citations.springernature.com/item?doi=10.1007/978-3-540-48181-2_109

[8.57] Busse, G.; Wu, D.; Karpen, W.: Thermal wave imaging with phase sensitive modulated thermography. J. Appl. Phys. 71 (1992) 3962–3965. https://doi.org/10.1063/1.351366

[8.58] Rosencwaig A.; Busse G.: High resolution photoacoustic thermal wave microscopy. Appl. Phys. Lett. 36 (1980) 725–727. https://doi.org/10.1063/1.91646

[8.59] Wu, D.; Salerno A.; Malter U.; Aoki R.: Kochendörfer, R.; Kächele, P. K.; Woithe, K.; Pfister, K.; Busse, G.: Inspection of aircraft structural components using lockin-thermography. In: Balageas, D.; Busse, G.; Carlomagno, G. M. (Eds.): Quantitative InfraRed Thermography. QIRT 96, Stuttgart, Edizione ETS, Pisa (1997) 251–256. https://doi.org/10.21611/QIRT.1996.041

[8.60] Krapez, J. C.: Analyse de la distribution superficielle de température produite par une source concentrée de chaleur a la surface d'un matériau composite formé de couches orthotropes. Application a la mesure de l'épaisseur de ces couches. Report RT 91–010-121-02, IMI, Nat. res. Council, Canada, 1991

[8.61] Wu, D.; Karpen, W.; Busse, G.: Measurement of fibre orientation with thermal waves. Res. Nondestr. Eval. 11 (1999) 179–197

[8.62] Bamberg, J.; Erbeck, G.; Zenzinger, G.: EddyTherm: Ein Verfahren zur bildgebenden Rißprüfung metallischer Bauteile. ZfP-Zeitung 68 (1999) 60–62

[8.63] Busse, G.; Fercher, A.: Wärmewellengeber für die Abbildung thermischer Strukturen. Patentschrift P 32 17 906 (1982)

[8.64] Ju, S. H.; Lesniak; J. R.; Sandor, B. L.: Numerical simulation of stress intensity factors via the thermoelastic technique. Exp. Mech. 37 (1997) 278–284. https://doi.org/10.1007/BF02317419

[8.65] Lin, S. T.; Feng, Z.; Rowlands, R. E.: Thermoelastic determination of stress intensity factors in orthotropic composites using the J-integral. Eng. Fract. Mech. 56 (1997) 579–592. *https://doi. org/10.1016/S0013-7944(96)00062-8*

[8.66] Henneke E. G.; Reifsnider K. L.; Stinchcomb, W. W.: Thermography – an NDT method for damage detection. J. Metals 9 (1979) 11–15. *https://doi.org/10.1007/BF03354475*

[8.67] Mignogna, R. B.; Green, R. E.; Duke, J.; Henneke, E. G.; Reifsnider, K. L.: Thermographic investigations of high-power ultrasonic heating in materials. Ultrasonics 19 (1981) 159–163. *https://doi.org/10.1016/0041-624X(81)90095-0*

[8.68] Stärk, K. F.: Temperaturmessungen an schwingend beanspruchten Werkstoffen. Materialwiss. Werkstofftech. 13 (1982) 333–338. *https://doi.org/10.1002/mawe.19820131003*

[8.69] Rantala, J.; Wu, D.; Busse, G.: Amplitude modulated lock-in vibrothermography for NDE of polymers and composites. Res. Nondestr. Eval. 7 (1996) 215–228. *https://doi.org/10.1007/BF01606389*

[8.70] Bates, D.; Lu, D.; Smith, G.; Hewitt, J.: Rapid NDT of composite aircraft components using lock-in ultrasonic and halogen lamp thermography. SPIE Nondestructive Evaluation 2000, Newport Beach, Cal. (2000)

[8.71] Krapez, J.-C.; Taillade, F.; Gardette, G.; Fenou, B.; Gouyon, R.; Balageas, G.: Vibrothermographie par ondes de Lamb: vers une nouvelle méthode de CND? Journée „Thermographie quantitative" de la Soc. Fr. des Thermiciens, Châtillon (France), (1999)

[8.72] Zweschper, Th.; Dillenz, A.; Busse, G.: Ultrasound Lock-in Thermography – a defect selective NDT method for the inspection of aerospace components. Insight – Non-Destructive Testing & Condition Monitoring 43 (2001) 173–179. *https://doi.org/10.21611/QIRT.2000.046*

[8.73] Favro, L. D.; Han, Xiaoyan; Ouyang, Zhong; Sun, Gang; Sui, Hua; Thomas, R. L.: Infrared imaging of defects heated by a sonic pulse. Rev. Sci. Instr. 71 (2000) 2418–2421. *https://doi.org/10.1063/1.1150630*

[8.74] Ultraschall Burst Phasen Patent: Patent DE 100 59 854.4

[8.75] Dillenz, A.; Zweschper, Th.; Busse, G.: Elastic wave burst thermography for NDE of subsurface features. Insight – Non-Destructive Testing & Condition Monitoring 42 (2000) 815–817

[8.76] Zweschper, Th.; Dillenz, A.; Riegert, G.; Scherling, D.; Busse, G.: Ultrasound excited thermography using frequency modulated elastic waves. Insight – Non-Destructive Testing & Condition Monitoring 45 (2003) 178–182. *https://doi.org/10.1784/INSI.45.3.178.53162*

[8.77] Breitenstein, O.; Konovalov, I.; Langenkamp, M.: Highly-sensitive Lockin-thermography of local heat sources using 2-dimensional spatial deconvolution. In: Balageas, D.; Beaudoin, J.-L.; Busse G.; Carlomagno, G. M. (Eds.): Quantitative Infrared Thermography 5. Lodart S. A.: Akademickie Centrum Graficzno – Marketingowe (2001) 218–223

[8.78] Wu, D.; Hamann, H.; Salerno, A.; Busse, G.: Lockin thermography for imaging of modulated flow in blood vessels. In: Busse, G.; Balageas, D.; Carlomagno, G. M. (Eds.): Quantitative Infrared Thermography. QIRT 96, Stuttgart: Edizione ETS, Pisa (1997) 343–347

[8.79] Busse, G.; Brühl, B.; Diener, L.; Elsner, P.; Ota, M.: Neuere Methoden der zerstörungsfreien Prüfung für Polymerwerkstoffe. Berichtsband der 14. Vortragsveranstaltung des DVM Mikrostrukturelle und mikroanalytische Charakterisierung in Werkstoffentwicklung und Qualitätssicherung, Berlin (1990) 261–276

9 Hybride Verfahren der Kunststoffdiagnostik

9.1 Zielstellung

Für die Dimensionierung von Kunststoffbauteilen und den praktischen Einsatz von Kunststoffen ist neben geeigneten konstruktiv nutzbaren Werkstoffkennwerten die Kenntnis der belastungsinduzierten Werkstoffschädigungen eine wesentliche Voraussetzung. Speziell unter dem Aspekt einer konsequenten Leichtbauweise und der optimalen Nutzung von Werkstoffressourcen sind tiefergehende Informationen über ablaufende Schädigungsprozesse und -mechanismen erforderlich. Dem Werkstoffentwickler und dem Konstrukteur geben die unter mechanischer, medialer und thermischer Beanspruchung ermittelten schädigungsspezifischen Kenngrößen Aussagen über relevante Beanspruchungsgrenzen und dem Anwender über die bestehende Restlebensdauer oder Funktionalität eines Bauteils. Andererseits belegen Schadensfälle und Havarien, die auf das Versagen von Kunststoffbauteilen zurückführbar sind, dass oftmals eine zu einseitige Werkstoffcharakterisierung durchgeführt wird und die bisher verwendeten Sicherheits- und Qualitätsmerkmale noch nicht ausreichend sind [9.1]. Unter dem Gesichtspunkt einer modernen Werkstoffentwicklung sind deshalb stoffbeschreibende, strukturell oder morphologisch begründete Kenngrößen gefragt, die über Beanspruchungsgrenzen in Abhängigkeit von den komplexen Belastungsbedingungen informieren und in Verbindung mit geeigneten Materialgesetzen eine werkstoffgerechte Auswahl und Dimensionierung von Kunststoffen erlauben [9.2]. Diesen Anforderungen können konventionelle Prüfverfahren wie der Zug- oder Biegeversuch nicht gerecht werden, da die ermittelten Kennwerte nicht in jedem Fall strukturell oder werkstoffphysikalisch begründbar sind. Ein Beispiel dafür sind Mikroschädigungen, die im nichtlinear-viskoelastischen Deformationsbereich einsetzen und aus den ermittelten Spannungs-Dehnungs-Diagrammen nicht abgeleitet werden können. Die Entwicklung innovativer neuer Kunststoffe und Kunststoffverbunde, die den jeweiligen konkreten Erfordernissen angepasst sind, lässt derzeitig folgende Entwicklungstrends bei der Anwendung konventioneller mechanischer Prüfmethoden erkennen:

- Qualifizierung der mechanischen Grundversuche der Kunststoffprüfung zur Darstellung belastungsinduzierter Eigenschaftsänderungen, welche zu Verlusten an Duktilität oder zu einer Festigkeitsabnahme führen können [9.3, 9.4],
- Ermittlung von Werkstoffschädigungen als Vorstufe des ultimativen Versagens von Kunststoffbauteilen [9.5] sowie
- Darstellung der Schädigungskinetik und dominanter strukturell beeinflussbarer Schädigungsmechanismen zur Beschreibung von Werkstoffgrenzzuständen [4.43, 9.6] oder Diagnosefunktionen für die Schädigungsmechanik [9.7].

Methodisch unterscheidet man dabei zwei wesentliche Vorgehensweisen, die teilweise auch in Kombination verwendet werden:

- Anwendung hybrider experimenteller Methoden, d. h. die In-situ-Kopplung von mechanischen oder bruchmechanischen Grundversuchen mit zerstörungsfreien Prüfmethoden zur Erhöhung der Aussagefähigkeit von Werkstoffkennwerten sowie zur Formulierung von Schädigungsfunktionen oder -grenzwerten z. B. mittels Mechanodielektrometrie, Schallemissionsanalyse, Thermographie oder Ultraschall [9.8 – 9.11] und
- Qualifizierung der mechanischen Grundexperimente durch Instrumentierung und Anwendung verbesserter Mess- und Auswertetechniken wie z. B. Videoextensometrie, Laserextensometrie oder Feldmesstechniken in Verbindung mit einer ereignis- und strukturbezogenen Interpretation der Deformationsphasen der Kunststoffe [9.12], woraus gleichzeitig erhöhte Anforderungen an die experimentelle Regelung dieser Versuche resultieren [9.13, 9.14].

Die Übersicht in Bild 9.1 belegt, dass unabhängig von der gewählten Beanspruchungsart für derartige hybride experimentelle Untersuchungen eine kontinuierliche Registrierung der Belastungsparameter erforderlich ist. Die im Sensorblock beispielhaft dargestellten Prüfmethoden müssen folgende Forderungen erfüllen:

- hinreichende Sensibilität und Applizierbarkeit der Prüfmethode für den zu untersuchenden Kunststoff,
- ausreichende Strukturempfindlichkeit bzw. Selektivität für die dominanten Schädigungsmechanismen und
- das Deformationsverhalten des Kunststoffes sollte durch die verwendeten Sensoren möglichst nicht beeinflusst werden.

Obwohl prinzipiell viele zerstörungsfreie Prüfverfahren diesen Ansprüchen genügen, sollten wenn möglich berührungs- und trägheitslos arbeitende Sensortechniken bevorzugt werden. Im Nachfolgenden werden anhand verschiedener Beispiele die Vorteile und Aussagemöglichkeiten derartiger hybrider Prüfmethoden der Kunststoffprüfung und Kunststoffdiagnostik dargestellt [9.15, 1.44, 1.5].

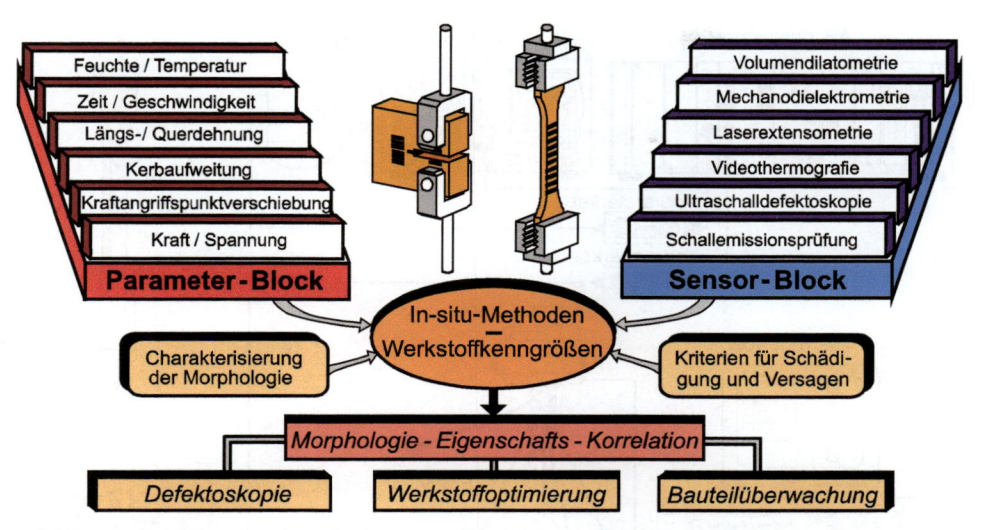

Bild 9.1 Hybride Methoden der Kunststoffprüfung und Kunststoffdiagnostik

9.2 Zugversuch, Schallemissionsprüfung und Videothermographie

Unter der Schallemissionsanalyse oder Schallemissionsprüfung versteht man ein zerstörungsfreies akustisches Prüfverfahren, welches zur Charakterisierung von ersten Schädigungen im Deformations- und Bruchprozess, der Beobachtung der Schädigungskinetik und der Bauteilüberwachung eingesetzt wird. Als Ursachen für die infolge von Spannungskonzentrationen und nachfolgendem Überschreiten werkstoffspezifischer Grenzzustände auftretenden elastischen Spannungswellen oder akustischen Emissionen (SE) sind i. Allg. Rissbildung und Rissfortschrittsprozesse sowie Phasenumwandlungen anzusehen [9.16].

Speziell bei gefüllten und verstärkten Kunststoffen treten insbesondere im Interfacebereich zwischen den Einlagerungen und der Matrix Schädigungen in den Grenzflächen auf, die als Schallquellen wirken und mit geeigneten Methoden detektiert werden [9.17 – 9.21]. Für die Durchführung der Schallemissionsanalyse werden ein resonanter oder breitbandiger Sensor, ein Vorverstärker und ein Schallemissionsanalysator benötigt (Bild 9.2). Zur visuellen Beurteilung der sich einstellenden Signalcharakteristik ist zudem die Ankopplung eines geeigneten Oszilloskops zu empfehlen. Je nach Beanspruchungsart und verwendetem Prüfkörper sollte der Sensor in hinreichender Entfernung zum aktiven Deformationsbereich mit einem geeigneten Koppelmittel (Wachs, Öl) angebracht werden, wobei eine ausreichende Signalempfindlichkeit gesichert werden muss.

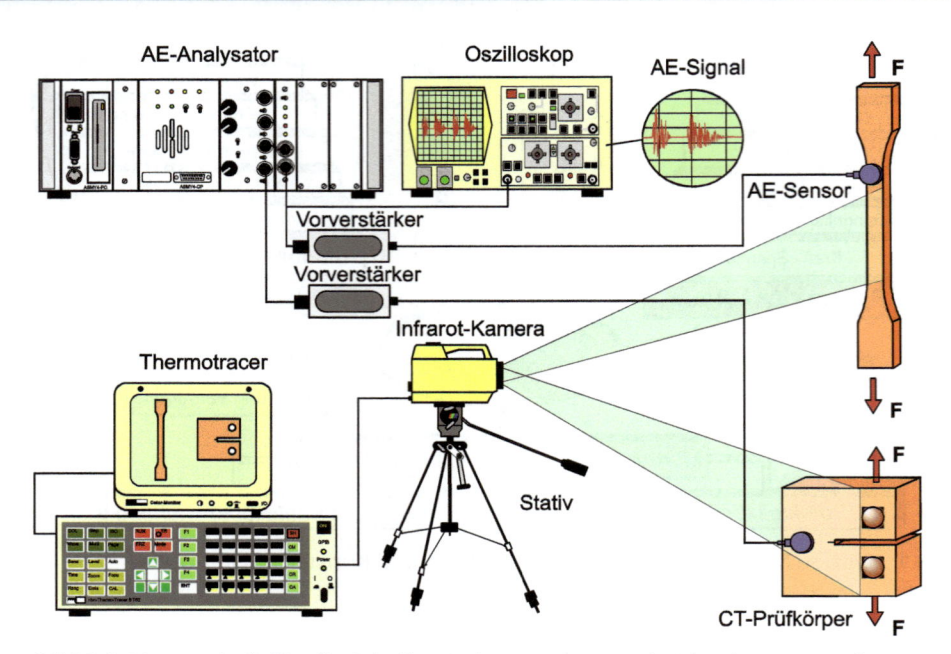

Bild 9.2 Messtechnik für die Schallemissionsanalyse und Videothermographie an Kunststoffen

Thermographische Prüfverfahren, wie Wärmeflussverfahren oder Vibrothermographie, beruhen auf der Tatsache, dass Fehlstellen oder Inhomogenitäten im Werkstoff lokale Änderungen der Wärmeleitfähigkeit darstellen. Die verringerte Wärmeleitung im Umfeld von entstehenden oder vorhandenen Defekten bewirkt einen Wärmestau, der eine Temperatursteigerung oder thermische Emission (TE) verursacht. Aufgrund der Tatsache, dass bei der plastischen Deformation von Kunststoffen der größte Teil der geleisteten Deformationsarbeit in Wärme umgesetzt wird, können mit dieser Prüfmethode insbesondere energiedissipative Schädigungsmechanismen von Matrixwerkstoffen beobachtet werden. Für das vergleichsweise einfach zu realisierende Verfahren der Videothermographie werden eine Infrarot-Kamera mit hinreichender Zeit- und Temperaturauflösung und ein Thermotracer (Bild 9.2) zur Darstellung von Temperaturfeldern oder Isothermen benötigt. Die erforderliche Referenztemperatur kann durch Kühlung des Detektorelementes mit flüssigem Stickstoff oder durch Peltierelemente erreicht werden. Zur Sicherung einer hohen Temperaturempfindlichkeit und Emissivität sollte die zu untersuchende Prüfkörperoberfläche schwarz mattiert werden, wobei die verwendete Farbe keine Werkstoffveränderungen verursachen darf. Tiefergehende Informationen zu diesen beiden Prüfmethoden und weiterführende Mess- und Auswertetechniken sind unter anderem in [9.16] und [9.17] enthalten.

In Bild 9.3 ist ein Beispiel zur simultanen Nutzung von Schallemissionsanalyse und Thermographie zur Untersuchung des mechanischen Schädigungsverhaltens von Polyamid 6 mit 5 M.-% Kurzglasfasern im Zugversuch dargestellt.

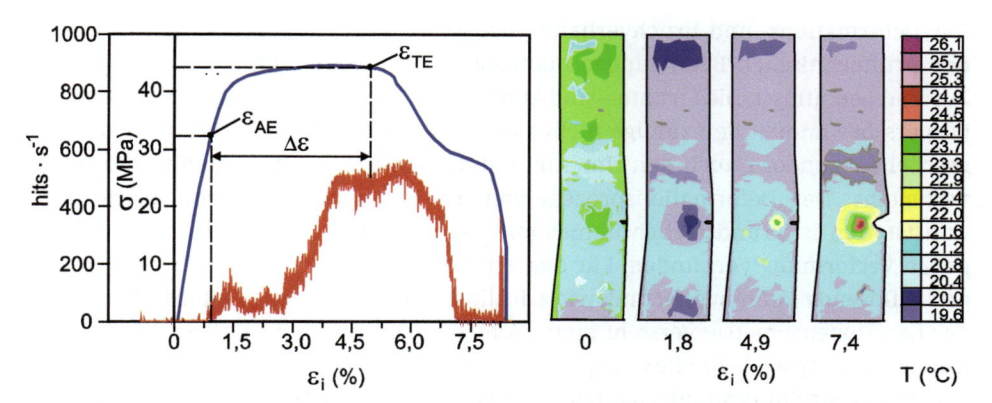

Bild 9.3 Akustische und thermische Emission von glasfaserverstärktem PA 6 im Kurzzeitzugversuch

Zur Sicherung einer hohen messtechnischen Auflösung wurde bei den mittig gekerbten Vielzweckprüfkörpern eine Prüfgeschwindigkeit von 5 mm min^{-1} gewählt. Die notwendige Synchronisation der verschiedenen Messtechniken kann dabei über die Zeit oder ausgewählte Belastungsparameter (Dehnung, Spannung) erfolgen. Während aus der kontinuierlichen Spannungs-Dehnungs-Kurve (blaue Linie) keine Informationen über ablaufende Schädigungsprozesse erhalten werden, zeigen die registrierten Schallemissionen aktive Mikroschädigungen an (rote Linie). Der als Onset ε_{AE} oder kritische Dehnung bezeichnete überproportionale Anstieg der Emissionen bzw. Hits oder Ereignisse indiziert dabei die beginnenden irreversiblen Schädigungen im Grenzflächenbereich zwischen Faser und Matrix. Das bei der integralen Dehnung $\varepsilon_i = 1{,}8\,\%$ dargestellte Thermogramm zeigt aufgrund des sogenannten thermo-elastischen Effekts im Vergleich zum Ausgangszustand eine Abkühlung der Oberfläche um ca. 4 °C. Beim Erreichen der maximalen Schallaktivität wird simultan das Auftreten des thermischen Onsets ε_{TE} bei einer Dehnung von 4,9 % beobachtet. Der Abfall der Schallemissionen ab ca. 6,3 % ist insbesondere auf Rissuferreibung im Interfacebereich zurückführbar und die zunehmende Erwärmung belegt die Dominanz plastischer Deformationen der Polyamidmatrix im Kerbumfeld. Unter ingenieurtechnischen Gesichtspunkten ist dabei im Wesentlichen nur das Werkstoffverhalten bis zum Einsetzen des akustischen Onsets und das Intervall $\Delta\varepsilon$ von Interesse, da in diesem Deformationsbereich in den Kunststoffverbunden vorrangig festigkeitsbeeinflussende irreversible Schädigungsprozesse ablaufen. In Abhängigkeit von den Belastungs- und damit den Relaxationsbedingungen werden speziell für unterschiedliche Prüftemperaturen und Prüfgeschwindigkeiten andere Funktionalitäten ermittelt.

9.3 Zugversuch und Laserextensometrie

Laserextensometer zur Ermittlung des lokalen Verformungsverhaltens

Das Deformations- und Bruchverhalten der Kunststoffe im Zugversuch wird neben den prüftechnischen Bedingungen maßgeblich vom herstellungsbedingten inneren Zustand beeinflusst. Die Struktur- und Morphologieparameter des untersuchten Prüfkörpers bestimmen demzufolge nicht nur das zeitliche und örtliche Deformationsgeschehen, sondern auch den Umfang und die Art des vorgelagerten Schädigungsverhaltens. Der Deformationsprozess von heterogen und anisotrop aufgebauten Kunststoffen ist grundsätzlich immer mit einer Lokalisierung der äußerlich homogenen Verformung verbunden. Für das Verständnis dieser Prozesse ist deshalb eine ortsauflösende Dehnmesstechnik wie z. B. die Laserextensometrie erforderlich. Unter der Laserextensometrie versteht man i. Allg. scannende Messtechniken, die auf dem Durchstrahlungs- oder Reflexionsprinzip beruhen und dabei den verwendeten Prüfkörper als Strahlungshindernis oder Reflektor benutzen (Bild 9.4) [9.11]. Die Verformungsmessung mit einer maximalen Auflösung von 0,1 µm basiert dabei auf der Ermittlung der Zeit, die sich auf die Scangeschwindigkeit eines rotierenden Spiegels oder Prismas bezieht. Für die Erfassung der lokalen Dehnung müssen die Prüfkörper mit Messmarken oder Reflektoren versehen sein, wobei der minimale Abstand üblicherweise 1 mm beträgt. Die Marken können als Folienmaske im Sieb- oder Tampondruckverfahren oder auch durch einfache Hell-Dunkel-Kontrastierung mittels Spray oder Pinsel aufgebracht werden. Vor Versuchsbeginn werden zur Positionsbestimmung der Reflektoren 20 Scans im belastungsfreien Zustand aufgenommen, wodurch gleichzeitig eine Selbstkalibrierung des Systems gegeben ist.

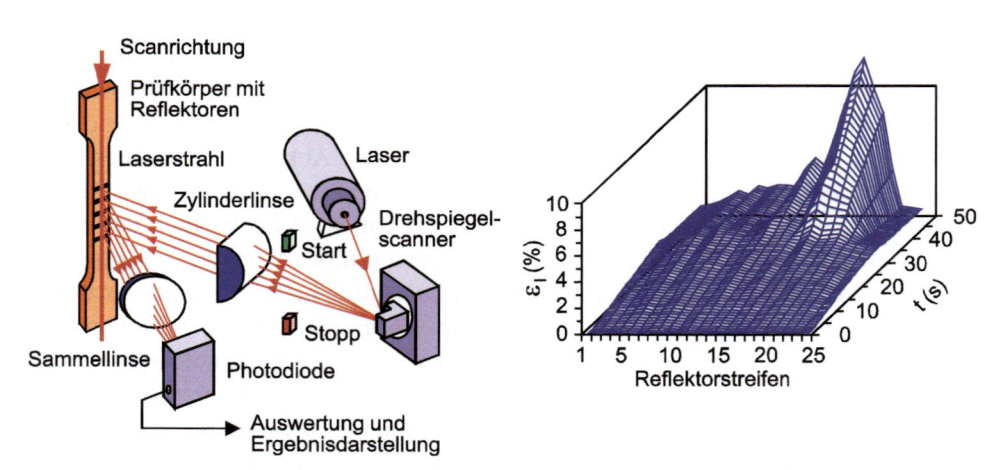

Bild 9.4 Funktionsprinzip eines Laserextensometers (nach [9.18]) und lokale Deformationsverteilung von ABS

9.3 Zugversuch und Laserextensometrie

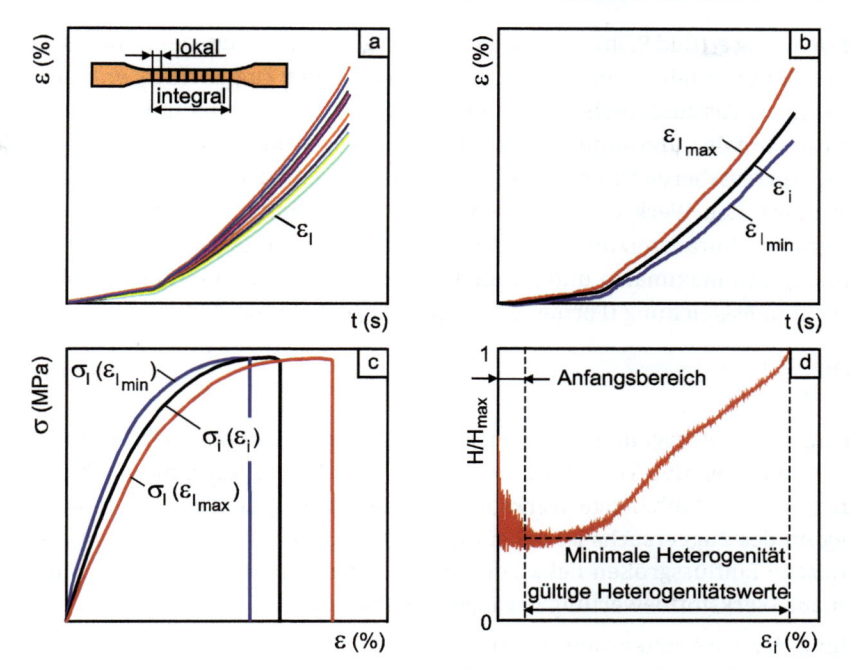

Bild 9.5 Ermittlung der Heterogenität aus der lokalen Dehnung im Messintervall: lokales Dehnungsverhalten (a); lokale und integrale Dehnungs-Zeit-Funktionen (b); maximale, minimale und integrale Spannungs-Dehnungs-Diagramme (c) und normierte Heterogenität (d) in Abhängigkeit von der integralen Dehnung

Die fixierten Start- und Stoppdioden dienen zur Kompensation von Motorgleichlaufschwankungen und zur Synchronisation mit dem Zeitsignal der Universalprüfmaschine. Die vom Prüfkörper reflektierten Laserstrahlen werden fokussiert und mittels einer Flächenphotodiode für die Auswertung und Ergebnisdarstellung aufbereitet. Mit den registrierten lokalen und integralen Dehnungen können unterschiedliche grafische Darstellungen generiert und Kennwerte des Zugversuches berechnet werden. Die in Bild 9.4 für einen Prüfkörper aus ABS mit 26 Reflektoren dargestellte Dehnungsverteilung beinhaltet 25 lokale Dehnungs-Zeit-Diagramme über der Prüfkörperlänge. Bis zum Auftreten der makroskopischen Einschnürung existiert eine relativ homogene Verteilung der lokalen Dehnung, die sich umgekehrt proportional zur Orientierung des Prüfkörpers verhält. Die ab ca. 35 s auftretende starke Dehnungsüberhöhung wird durch die lokale Fließfront verursacht, wobei gleichzeitig eine Konstanz der Dehnungen in den benachbarten Prüfkörperbereichen auftritt. Die hohe Empfindlichkeit derartiger Messtechniken erlaubt neben der Registrierung des lokalen Deformationsverhaltens speziell bei gefüllten und verstärkten Kunststoffen auch die Detektierung materialspezifischer Schädigungsprozesse [9.19]. Aus den in Bild 9.5a dargestellten Zeitabhängigkeiten der lokalen Dehnungen ε_l im untersuchten Prüfkörperabschnitt sind die Extremwerte der lokalen Dehnung $\varepsilon_\mathrm{lmax}$ und $\varepsilon_\mathrm{lmin}$ sowie die integrale Dehnung ε_i (Bild 9.5b) und die dazugehörigen Spannungs-Dehnungs-Diagramme (Bild 9.5c) ermittelbar, aus denen die Kennwerte des Zugversuchs entnommen werden können. Als zusätzliche Kenngröße wird die Heterogenität (Bild 9.5d) als Differenz von maximaler und minimaler Dehnung, bezogen auf die integrale Dehnung (Bild 9.5c), im Messbereich herangezogen. Die Heterogenitätsfunktion (Bild 9.5d) widerspiegelt durch den Werkstoff und die Herstellung bedingte sowie prüftechnische Einflussgrößen. Voraussetzung zur Angabe der Heterogenität ist die Kenntnis der ortsunabhängigen maximalen und minimalen Dehnungs-Zeit-Funktionen, wobei folgende Berechnungsgleichung (Formel 9.1) zugrunde gelegt wird [9.20]:

$$H(\varepsilon_i) = \frac{\varepsilon_{lmax} - \varepsilon_{lmin}}{\varepsilon_i} \qquad (9.1)$$

Bei Normierung der Heterogenität $H(\varepsilon_i)$ auf den maximal auftretenden Wert $H(\varepsilon_i)/H_{max}$ erhält man eine relative Verteilung zwischen 0 und 1 (Bild 9.5d), die Auskunft über dehnungs- oder zeitabhängige Werkstoffveränderungen gibt. Die hohe Heterogenität zu Beginn des Zugversuchs ist dabei nicht auf strukturelle Prozesse, sondern auf prüftechnische Einflussgrößen bei kleinen Dehnungen zurückführbar und kann deshalb nicht zur Werkstoffbewertung herangezogen werden.

Die Anwendung der Laserextensometrie zur Untersuchung des Einflusses der Wirkung von Haftvermittlern auf das lokale Verformungsverhalten von PA mit 30 M.-% Glasfasern bei Nutzung von 32 Reflektoren zeigt Bild 9.6. Aus der Dehnungsverteilung in Bild 9.6 links ist zu erkennen, dass bei einer effizienten Faser-Matrix-Kopplung eine relativ homogene Verteilung der Dehnung im untersuchten Messintervall erhalten wird. Im Gegensatz dazu zeigt die Dehnungsverteilung in Bild 9.6 rechts einen heterogenen Habitus, der durch das Fehlen des erforderlichen Haftvermittlers verursacht wird. Eine schlechte Faser-Matrix-Ankopplung bewirkt demzufolge nicht nur ein wesentlich geringeres Niveau der Zugfestigkeit, sondern auch ein extrem unterschiedliches Verformungsverhalten.

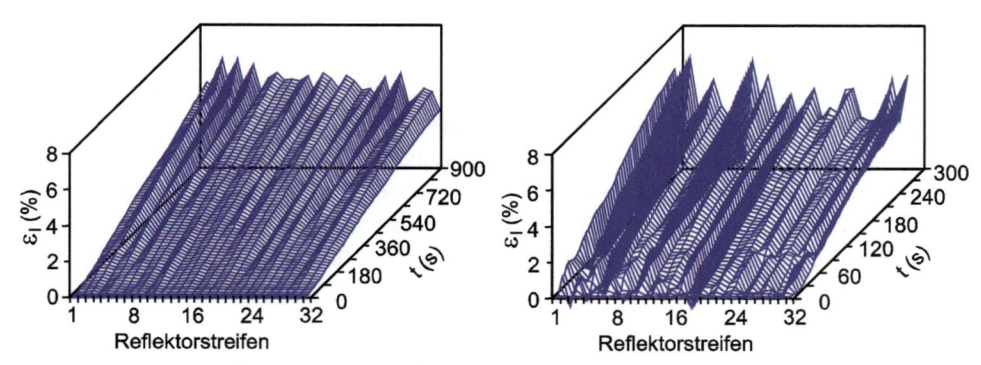

Bild 9.6 Dehnungsverteilung für PA 66/30 M.-% GF in Abhängigkeit von der Glasfaserhaftung [9.18]

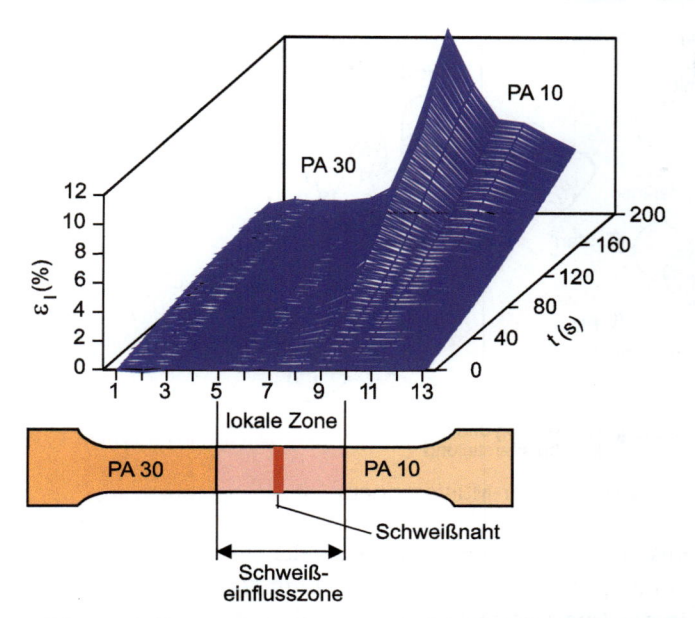

Bild 9.7 Einfluss von Fügenähten auf das lokale Verformungsverhalten von glasfaserverstärkten Polyamiden [PA 10 (PA 6/10 M.-% GF); PA 30 (PA 6/30 M.-% GF)]

Da, neben derartigen mikrostrukturellen Einflussfaktoren, auch herstellungsbedingte Diskontinuitäten das Dehnungsverhalten von Kunststoffen beeinflussen, ist die Laserextensometrie auch für die Untersuchung von Schweiß- und Bindenähten grundsätzlich geeignet (Bild 9.7). Beim Fügen von 4 mm dicken PA 6-Platten mit 10 und 30 M.-% Kurzglasfasern mittels Heizelement-Stumpfschweißen entsteht eine ca. 1 mm breite Schweißnaht, wie in Bild 9.7 schematisch dargestellt [9.21, 9.22]. Bei der Untersuchung von aus den geschweißten Platten präparierten Prüfkörpern ist mittels Laserextensometrie eine etwa 10 mm breite Schweißeinflusszone nachweisbar, die aufgrund der veränderten Orientierung eine deutliche Dehnungsüberhöhung aufweist. Die vom Fügeprozess unbeeinflussten Bereiche zeigen dagegen ein Verformungsverhalten entsprechend der unterschiedlichen Glasfasergehalte der ursprünglichen Platten. Für die Beurteilung der Schweißgüte reicht entsprechend dieser Resultate die Angabe des Schweißfaktors als Verhältnis zwischen Schweißnahtfestigkeit und Festigkeit des Basismaterials nicht aus, zumal dieses Verfahren infolge unterschiedlicher verschweißter Kunststoffe hier nicht anwendbar ist.

Laser-Multiscanner zur Ermittlung lokaler Verformungsfelder

Bei Prüfkörpergeometrien abweichend von den Standardprüfkörpern des Zugversuches soll in der Praxis oftmals der Einfluss unterschiedlicher Breiten oder Sollbruchstellen auf das Verformungsverhalten von Kunststoffen simuliert werden.

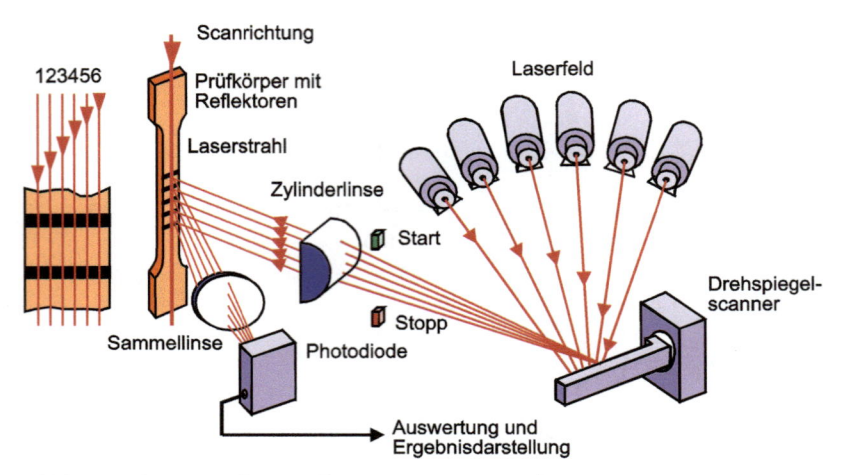

Bild 9.8 Schematischer Aufbau eines Laser-Multiscanners

Da mit zunehmender Breite eine Verformungsbehinderung der Querdehnung auftritt (Übergang vom ebenen Spannungszustand zum ebenen Dehnungszustand), entstehen gleichzeitig Spannungen in der Querrichtung, und die lokale Deformation über der Prüfkörperbreite ist uneinheitlich. Für solche experimentellen Untersuchungen kann man einen Laser-Multiscanner nutzen (Bild 9.8), der zusätzlich zur lokalen Längsdehnung eine Breiteninformation des Prüfkörpers als Ergebnis anbietet. Dieser Multiscanner basiert messtechnisch auf dem Grundprinzip der lokalen Dehnungsmessung wie beim Laserextensometer, arbeitet jedoch mit einem Laserfeld, welches aus 6 verschiedenen Halbleiter-Laserdioden besteht. Die in einem Bereich bis 50 mm justierbaren Laserstrahlen scannen den Prüfkörper mit einem geringfügigen zeitlichen Versatz an unterschiedlichen Positionen.

Das dargestellte Messsystem arbeitet ebenfalls selbstkalibrierend und erreicht bei einer Scanrate von 40 ms und einem Objektabstand von 200 mm eine Auflösung von ca. 1 µm. Ein Anwendungsbeispiel ist die Untersuchung des lokalen Verformungsverhaltens einer Polyesterfolie (Bild 9.9). Die 0,35 mm dicke Folie enthält innerhalb des Messfensters von 65 mm 32 Reflektoren im Abstand von jeweils 1 mm. Bei dem mit 10 mm min^{-1} durchgeführten Zugversuch ist schon bei einer integralen Dehnung von 6 % eine deutliche Dehnungsüberhöhung im Bereich der Laserstrahlen 1 und 2 feststellbar (Bild 9.9b). Dieses lokale Deformationsmaximum wird durch einen Dickenunterschied der Folie von 0,1 mm bezüglich der Normdicke von 0,35 mm verursacht. Mit den induzierten Fließprozessen im Bereich dieser Fehlstellen treten gleichzeitig in anderen Bereichen der Polyesterfolie Entlastungen auf, die mithilfe des Laser-Multiscanners empfindlich erfasst werden. Weitere Anwendungsbeispiele und Laserextensometer für den Hochtemperatur- und Hochgeschwindigkeitsbereich in der Kunststoffprüfung sind in [9.23] und [9.24] aufgeführt.

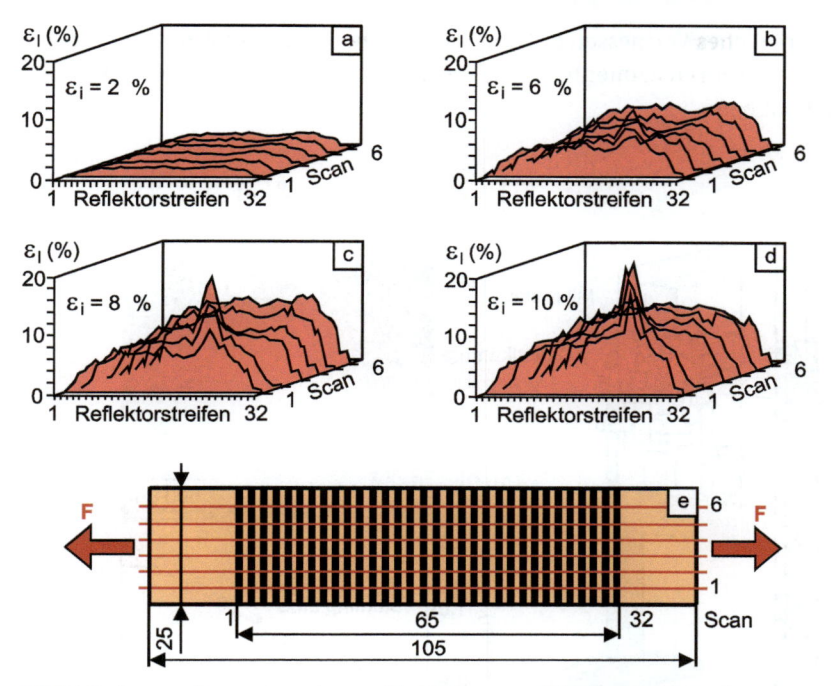

Bild 9.9 Anwendung eines Laser-Multiscanners für die Untersuchung von Kunststofffolien

9.4 Bruchmechanik und Zerstörungsfreie Prüfung

Biegeversuch und Mikroskopie

Zur Einbeziehung der physikalischen Rissinitiierung in die Beschreibung des Verformungs- und Bruchverhaltens polymerer Werkstoffe durch bruchmechanische Kennwerte ist die In-situ-Beobachtung der Rissspitze während des Belastungsvorganges im Bruchmechanikexperiment erforderlich. Eine Möglichkeit dazu stellt die Kopplung quasistatischer Bruchmechanikexperimente mit der Lichtmikroskopie dar (Bild 9.10). Dies hat verschiedene Vorteile. Risswiderstandskurven können berührungslos in Einprobenmesstechnik aufgenommen werden, da jedem Belastungszustand die jeweils wirkende Kraft und die dazugehörigen Rissöffnungs- und Rissverlängerungswerte zugeordnet werden können. Anhand der mikroskopischen Aufnahmen ist es möglich, qualitative und quantitative Angaben zur jeweiligen Form der Rissspitze im Abstumpfungs- und Ausbreitungszustand zu treffen und einen physikalischen Rissinitiierungswert anzugeben. Zusätzlich sind auch Aussagen zu den ablaufenden Deformationsprozessen möglich. Ein besonderer Vorteil besteht in der direkten Erfassung der Stretchzonenhöhe, d. h. der viskoelastischen und plastischen Anteile. Demgegenüber führt ein nachträgliches Vermessen auf der Bruchfläche in der Regel zu einer starken Unterbewertung der Stretchzonenhöhe, da elastische und viskoelastische Anteile unberücksichtigt bleiben.

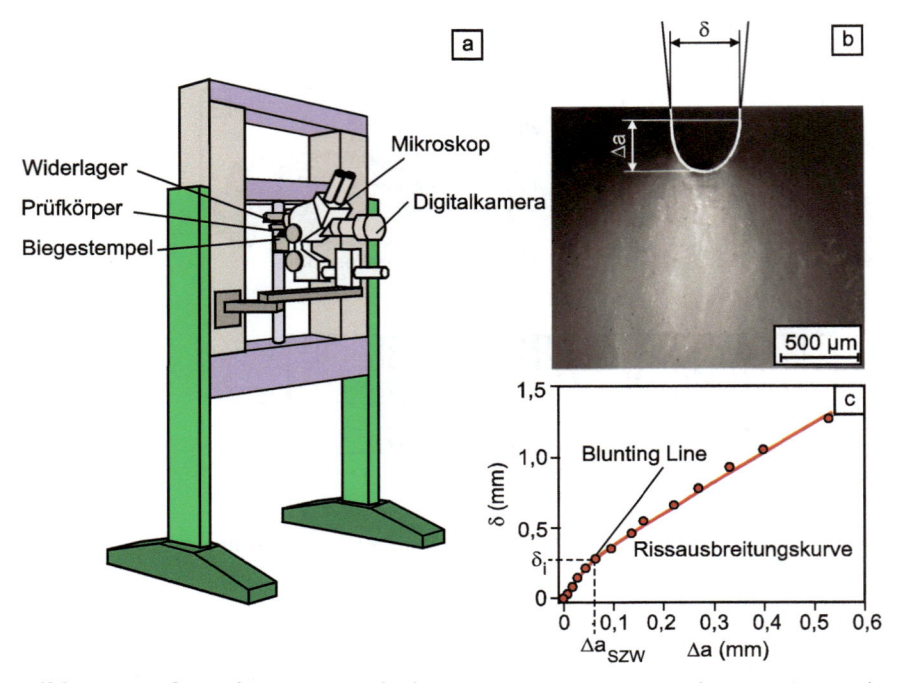

Bild 9.10 Prüfanordnung zur Aufnahme von In-situ-R-Kurven bei quasistatischer Beanspruchung (a), Rissspitze von iPP während der Belastung mit schematischer Darstellung der direkten Messgrößen (b) und In-situ-δ-Δa-Kurve (c)

Um zu gewährleisten, dass sich der interessierende Rissspitzenbereich nicht aus dem Mikroskopgesichtsfeld bewegt, ist bei der Biegeprüfung eine spezielle Anordnung zweckmäßig, die als „inverse" Biegeprüfung bezeichnet wird [9.25]. Dabei bewegen sich die Auflager in Richtung des feststehenden Biegestempels. Diese Versuchsanordnung erlaubt die Aufzeichnung von Kraft-Zeit- und Durchbiegungs-Zeit-Signalen sowie, nach Auswertung der parallelen Videoaufzeichnung, die Zuordnung von Rissöffnungsverschiebung δ und stabiler Rissverlängerung Δa (Bild 9.10a). Aus diesen Messwertepaaren ist die Konstruktion von J-Δa- und δ-Δa-Kurven möglich, wobei für eine Zuordnung zu den Verformungsvorgängen an der Rissspitze δ-Δa-Kurven zu bevorzugen sind (Bild 9.10c). Zur Untersuchung der Rissspitze können neben Lichtmikroskopen auch Rasterelektronenmikroskope herangezogen werden. Die Anwendung von Lichtmikroskopen zur Onlinebeobachtung von Rissinitiierungs- und Rissausbreitungsvorgängen bei quasistatischer und statischer Beanspruchung ist aufgrund der vergleichsweise einfachen und kostengünstigen Durchführbarkeit relativ weit verbreitet. Hierzu können entweder gebräuchliche Universalprüfmaschinen mit appliziertem Mikroskop (Bild 9.10) oder spezielle miniaturisierte Prüfeinrichtungen in waagerechter Position unter einem Mikroskop verwendet werden, wobei in beiden Fällen in der Regel ein Stereomikroskop zum Einsatz kommt. Der Geschwindigkeitsbereich der Prüfungen ist in erster Linie durch die Bildaufnahmerate der angeschlossenen Kamera und durch die Geschwindigkeit der Schärfenachregelung limitiert. In-situ-Untersuchungen zum Bruchverhalten in Elektronenmikroskopen erlauben die Beobachtung mikromechanischer Prozesse wie Lochbildung, Fibrillierung oder Crazing vor der Rissspitze, sind jedoch auf kleine Prüfkörpervolumina und geringe Belastungsgeschwindigkeiten beschränkt. Desweiteren bedingt die In-situ-Untersuchung spezielle REM-Verfahren (Atmosphärische REM oder Niederspannungs-REM), bei denen die Aufbringung dünner leitfähiger Schichten nicht erforderlich ist.

Ein nicht zu unterschätzendes Problem stellt die Tatsache dar, dass mit dem Mikroskop jeweils nur die Oberfläche, also der Bereich des ebenen Spannungszustandes beobachtet wird. Bei zähen Werkstoffen mit starkem Einschnürverhalten unterscheidet sich das Deformationsverhalten der Oberfläche deutlich von dem des Prüfkörperinneren, so dass es zu Fehlinterpretationen kommen kann. In diesem Fall ist das Einbringen vonseitenkerben dringend erforderlich.

Zugversuch und Videoextensometrie

Elastomere Werkstoffe weisen auch unter der Anwesenheit von definiert scharfen Anrissen sehr große Dehnungen bei Zugbeanspruchung auf, so dass konventionelle mechanische COD-Aufnehmer für die bruchmechanische Charakterisierung der Zähigkeit nicht verwendet werden können. Andererseits sind fundierte Kenntnisse über das Rissinitiierungs- und -ausbreitungsverhalten speziell unter dem Aspekt des praktischen Einsatzes von elastomeren Werkstoffen in der Transport- und Reifenindustrie dringend erforderlich.

Zur Ermittlung von R-Kurven an diesen Werkstoffen werden mit Metallklingen gekerbte Prüfkörper im quasistatischen Zugversuch mit $10\,\text{mm}\,\text{min}^{-1}$ beansprucht und das Deformationsfeld online registriert. Dies kann im einfachsten Fall durch eine Videokamera erfolgen. Die unterschiedlichen Deformationszustände und registrierten Rissöffnungsverschiebungen zeigen das komplizierte Verformungsverhalten dieser Werkstoffe (Bild 9.11a). Der Vorteil dieser Messmethode besteht darin, dass die R-Kurve (Bild 9.11b) unter Verwendung von nur einem Prüfkörper ermittelt werden kann (Einprobenmesstechnik).

Bild 9.11c zeigt die erhaltenen R-Kurven in Abhängigkeit vom Rußgehalt des Elastomers. Der Risswiderstand, ausgedrückt durch das energiedeterminierte J-Integral als Funktion der Rissöffnung, steigt mit der Zunahme des Rußgehaltes deutlich an [5.41].

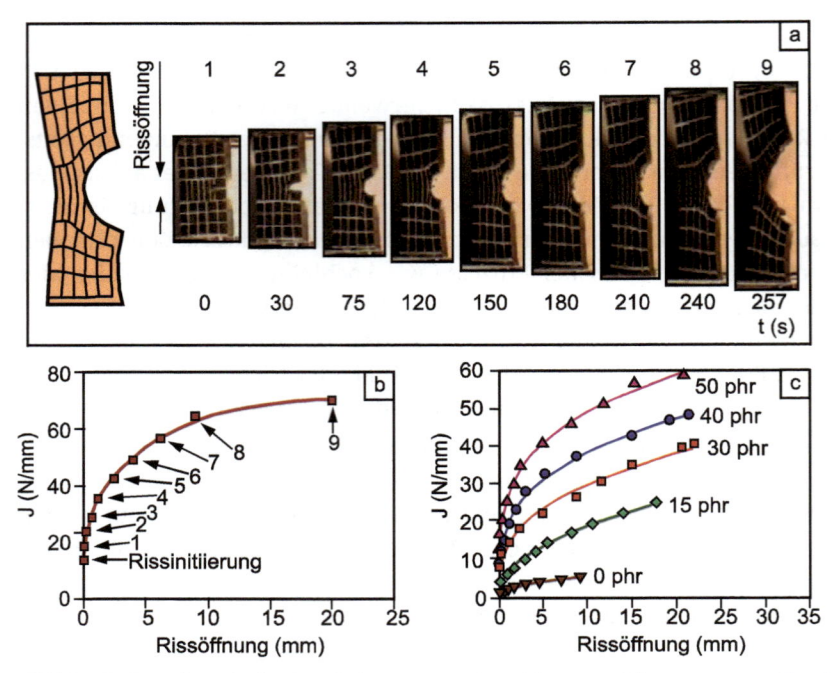

Bild 9.11 Quasistatische Ermittlung von Risswiderstandskurven an rußgefüllten Elastomeren

Kerbschlagbiegeversuch und Schallemissionsanalyse

Die Kopplung der Schallemissionsanlyse mit mechanischen Grundversuchen kann auch bei schlagartiger Beanspruchung zur Erhöhung des Aussagegehaltes derartiger experimenteller Untersuchungen führen. Im Unterschied zu unverstärkten Kunststoffen treten bei der mikroskopischen oder rasterelektronenmikroskopischen Auswertung der Bruchflächenmorphologie (Stretchzonencharakterisierung) von verstärkten oder gefüllten Werkstoffen erhebliche Probleme auf, da die Füll- oder Verstärkungsstoffe die Ausbildung der Stretchzone behindern und damit die Ermittlung physikalischer Rissinitiierungswerte erschweren. Mit der Kopplung von Instrumentiertem Kerbschlagbiegeversuch und Schallemissionsanalyse (Bild 9.12) wird die Angabe physikalisch begründeter stabiler Rissinitiierungswerte bei schlagartiger Beanspruchung verstärkter und gefüllter Kunststoffe ermöglicht. Voraussetzung ist im Unterschied zu quasistatischen Prüfmethoden die Aufnahme von transienten Schallemissionssignalen, d. h. die Registrierung der Schallemissions-Wellenform innerhalb des sehr kurzen Schlagvorganges von ca. 1 ms. Zur Trennung der interessierenden Informationen vom Aufschlagimpuls und unerwünschten Schwingungen (s. Abschnitt 5.4.2.1 bis 5.4.2.3) sollte die Messung zumindest zweikanalig am Prüfkörper erfolgen, wobei die simultane Applizierung eines dritten Sensors am Pendelhammer empfehlenswert ist.

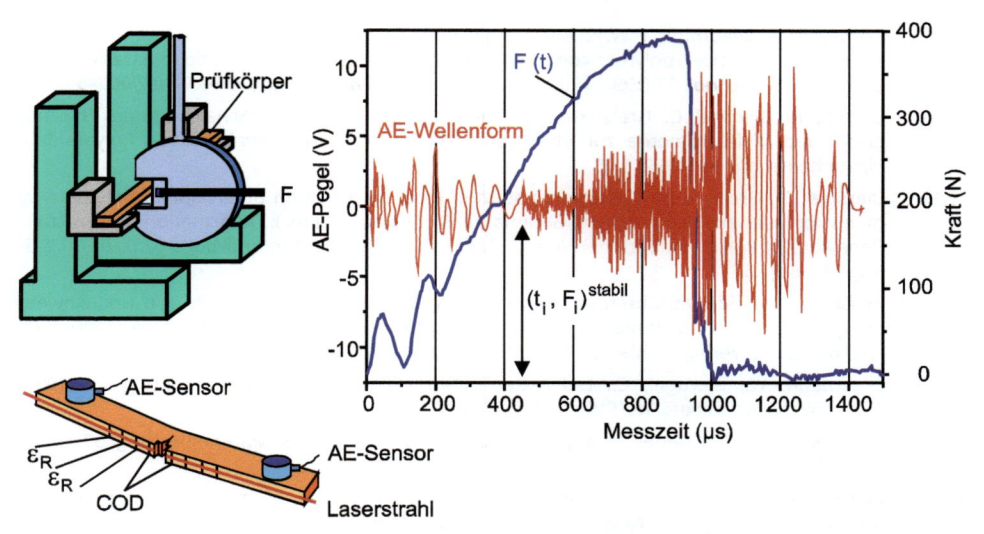

Bild 9.12 Kopplung des instrumentierten Kerbschlagbiegeversuchs mit der Schallemissionsanalyse

Ein Beispiel für ein PP-Copolymer mit 10 M.-% Glasfasern ist in Bild 9.12 dargestellt. Es zeigt den zeitlichen Verlauf der Schlagkraft sowie die SE-Wellenform, die von einem auf dem Prüfkörper befestigten Sensor aufgezeichnet wurde. Der Aufschlagimpuls ist zeitlich und frequenzmäßig von rissinduzierten Schallemissionen separierbar. Das Auftreten von höherfrequenten, zeitlich dichteren Signalanteilen kann dabei als stabile Rissinitiierung interpretiert werden.

9.5 Literatur

[9.1] Grellmann, W.: Neue Entwicklungen bei der bruchmechanischen Zähigkeitsbewertung von Kunststoffen und Verbunden. In: Grellmann, W.; Seidler, S. (Hrsg.): Deformation und Bruchverhalten von Kunststoffen. Springer Verlag, Berlin (1998) 3–26. https://doi.org/10.1007/978-3-642-58766-5_1

[9.2] Menges, G.; Osswald, T. A.: Materials Science of Polymers for Engineers. Carl Hanser Verlag, München Wien (2012)

[9.3] Roberts, J.: A critical strain design limit for thermoplastics. Mater.Des. 4 (1983) 791–793. https://doi.org/10.1016/0261-3069(83)90204-2

[9.4] Menges, G.; Wiegand, E.; Pütz, D.; Maurer, F.: Ermittlung der kritischen Dehnung teilkristalliner Thermoplaste. Kunststoffe 65 (1975) 368–371

[9.5] Schreyer, G. W.; Bartnig, K.; Sander, M.: Bewertung von Schädigungserscheinungen in Thermoplasten durch simultane Messung der Spannungs-Dehnungs-Charakteristik und der dielektrischen Eigenschaften. Teil 1: Schädigungseffekte während der mechanischen Belastung und Möglichkeiten der experimentellen Bewertung. Materialwiss. Werksttech. 27 (1996) 90–95. https://doi.org/10.1002/MAWE.19960270210

[9.6] Flament, C.; Salvia, M.; Berthel, B.; Crosland, G.: Local strain and damage measurements on a composite with digital image correlation and acoustic emission. J. Compos. Mater. 50 (2016) 1989–1996. https://doi.org/10.1177/0021998315597993

[9.7] Cowley, K. D.; Beaumont, P. W. R.: Modeling problems of damage at notches and the fracture stress of carbon-fiber/polymer composites: matrix, temperature and residual stress effects. Compos. Sci. Technol. 57 (1997) 1309–1329. https://doi.org/10.1016/S0266-3538(97)00046-8

[9.8] Bartnig, K.; Bierögel, C.; Grellmann, W.; Rufke, B.: Anwendung der Schallemission, Thermografie und Dielektrometrie zur Bewertung des Deformationsverhaltens von Polyamiden. Plaste Kautschuk 39 (1992) 1–8

[9.9] Bierögel, C.; Grellmann, W.: Determination of local deformation behaviour of polymers by means of laser extensometry. In: Grellmann, W.; Seidler, S. (Eds.): Deformation and Fracture Behaviour of Polymers. Springer Verlag, Berlin (2001) 365–384. https://doi.org/10.1007/978-3-662-04556-5_25

[9.10] Busse, G.: Hybride Verfahren in der zerstörungsfreien Prüfung (ZfP): Prinzip und Anwendungsbeispiele. In: Buchholz, O. W.; Geisler, S. (Hrsg.): Herausforderung durch den industriellen Fortschritt. Verlag Stahleisen GmbH, Düsseldorf (2003) 18–25

[9.11] Grellmann, W.; Bierögel, C.: Laserextensometrie anwenden. Materialprüfung 40 (1998) 452–459. https://doi.org/10.1515/mt-1998-4011-1206

[9.12] Markowski, W.: Ein neues Prinzip der Werkstoffprüfmaschine. Materialprüfung 32 (1990) 144–148

[9.13] Bierögel, C.; Fahnert, T.; Grellmann, W.: Deformation behaviour of reinforced polyamide materials evaluated by laser extensometry and acoustic emission analysis. Strain Measurement in the 21st Century, Lancaster (UK) 5.–6. September 2001, Proceedings (2001) 56–59

[9.14] Grellmann, W.; Langer, B.: Methods for polymer diagnostics for the automotive industry. Materialprüfung 55 (2013) 17–22. https://doi.org/10.3139/120.110403

[9.15] Grellmann, W.; Bierögel, C.; Reincke, K. (Hrsg.): Wiki-Lexikon Kunststoffprüfung und Diagnostik, Version 14.0 (2024) https://wiki.polymerservice-merseburg.de (05. 09. 2024)

[9.16] Surgeon, M.; Buelens, C.; Wevers, M.; De Meester, P.: Waveform based analysis techniques for the reliable acoustic emission testing of composite structures. J. Acoust. Emiss. 18 (2000) 34–40

[9.17] Balageas, D.; Busse, G.; Carlomagno, G. M. (Eds.): Quantitative InfraRed Thermography. QIRT 96, Proceedings of Eurotherm Seminar No 50, Stuttgart (1996)

[9.18] Kugler, H. P. et al.: Method and apparatus for investigating a sample under tension. US-Patent, 4, 719, 347 (1988). https://patents.google.com/patent/US4719347A/en

[9.19] Bierögel, C.; Grellmann, W.: Ermittlung des lokalen Deformationsverhaltens von Kunststoffen mittels Laserextensometrie. In: Grellmann, W.; Seidler, S. (Hrsg.): Deformation und Bruchverhalten von Kunststoffen. Springer Verlag, Berlin (1998) 331–344. https://doi.org/10.1007/978-3-642-58766-5_25

[9.20] Grellmann, W.; Bierögel, C.; König, S.: Evaluation of deformation behaviour of polyamide using laserextensometry. Polym. Test. 16 (1997) 225–240. https://doi.org/10.1016/S0142-9418(96)00044-X

[9.21] Bierögel, C.; Fahnert, T.; Lach, R.; Grellmann, W.: Bewertung von Kunststoffschweißnähten mittels laseroptischer Dehnmesstechniken. In: Frenz, H.; Wehrstedt, A. (Hrsg.): Kennwertermittlung für die Praxis. Tagungsband Werkstoffprüfung 2002, Wiley-VCH, Weinheim (2003) 334–339

[9.22] Bierögel, C.; Grellmann, W.; Lach, R.; Fahnert, T.: Material parameters for evaluation of PA welds using laser extensometry. Polym. Test. 25 (2006) 1024–1037. https://doi.org/10.1016/j.polymertesting.2006.07.001

[9.23] Koch, D.; Grathwohl, G.: Long term properties of ceramic matrix composites under high temperature mechanical loading. In: Krenkel, W.; Naslain, R.; Schneider, H. (Eds.): High-Temperature Ceramic Matrix Composites. Wiley-VCH Verlag, Weinheim (2001) 686–691

[9.24] Apitz, O.; Bückle, R.; Drude, H.; Hoffrichter, W.; Kugler, H. P.; Schwarze, R.: Laser extensometers for application in static, cyclic and high strain rate experiments. Strain Measurement in the 21st Century, Lancaster (UK) 5.–6. September 2001, Proceedings (2001) 52–55

[9.25] Seidler, S.; Koch, T.; Kotter, I.; Grellmann, W.: Crack tip deformation of PP-materials. In: Miannay, D.; Cost, P.; Francois, D.; Pineau, A. (Eds.): Advances in Mechanical Behaviour, Plasticity and Damage. Volume 1. Elsevier Science Ltd, Oxford (2000) 255–260

10 Prüfung von Verbundwerkstoffen

10.1 Einführung

Faserverbundwerkstoffe (FVW) bestehen aus Fasern und Matrix. Die Fasern dienen zur Verstärkung der Matrix. Im Falle von polymeren FVW kann die Matrix aus einem thermoplastischen oder duroplastischen Kunststoff bestehen. Die mechanischen Eigenschaften sind in erster Linie von dem Matrixmaterial, der Faserart und dem Faservolumengehalt abhängig. Die Vorteile der FVW gegenüber konventionellen Werkstoffen liegen in der erhöhten Funktionalität, die auf der Kombination von Fasern und Matrix und deren Struktur beruht.

Die Eigenschaftswerte der Verstärkungs- und Matrixwerkstoffe setzen sich in den wenigsten Fällen additiv zusammen. Da FVW einen heterogenen Aufbau besitzen, sind bei einer äußeren Belastung die Spannungen und Dehnungen orts- und richtungsabhängig. Zur Vereinfachung wird der heterogene Aufbau der FVW durch ein homogenes, anisotropes Kontinuum ersetzt.

Die Anisotropie bedeutet eine Erschwernis bei der Berechnung von Bauteilen aus FVW, so dass spezielle Prüfverfahren nötig sind, gestattet jedoch andererseits durch eine gezielte Anordnung der Fasern eine bessere Anpassung der Werkstoffe an die Hauptbelastungsrichtungen, als dies mit optimalen, isotropen Kunststoffen möglich ist. Um das Leistungspotenzial der Fasern auszunutzen, werden sie unidirektional (UD), d. h. parallel in Schichten zu den Hauptbelastungsrichtungen gelegt. Die unidirektionalen Faserverbundschichten zeigen von allen denkbaren Faseranordnungen den geringsten Anisotropiegrad. Wegen der drei Symmetrieebenen spricht man von einem orthotropen Werkstoff. Isotrope Werkstoffe zeichnen sich durch zwei voneinander unabhängige Werkstoffkonstanten aus. Sind Elastizitätsmodul E und Querkontraktion ν bekannt, so kann der Schubmodul G berechnet werden. Im orthotropen FVW bestehen diese Abhängigkeiten nicht mehr. Für die Berechnung wird grundsätzlich eine rissfreie Matrix mit optimaler Faser/Matrix-Haftung vorausgesetzt, die kein Gleiten zwischen den Werkstoffkomponenten zulässt.

Aufgrund der Anisotropie der Fasern und den besonderen Anforderungen in den verschiedenen Industriezweigen können konventionelle Prüfverfahren für Kunststoffe nur bedingt auf FVW übertragen werden. Zusätzlich gibt es Prüfverfahren, die speziell für FVW entwickelt wurden.

Bei der Prüfung von mechanischen Eigenschaften von FVW ist zu berücksichtigen, dass die FVW schon herstellungsbedingt Schäden enthalten können. Für eine ausreichende Reproduzierbarkeit und Zuverlässigkeit in der Kennwertermittlung ist daher eine umfassende Qualitätskontrolle der FVW erforderlich.

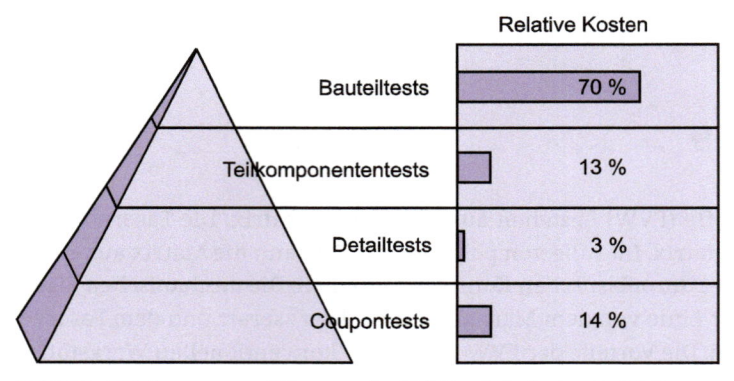

Bild 10.1 Zulassungsprüfungen in Abhängigkeit der Prüfkörperanzahl und der relativen Kosten [10.1]

Neben der werkstoffbezogenen Qualitätsprüfung sind für die Zulassung als Bauteil Teilkomponenten- bzw. vollständige Bauteiltests erforderlich. In der Luftfahrtindustrie erfolgt die Zulassung eines neuen Bauteils aus FVW über vier Stufen. Bild 10.1 zeigt die Gegenüberstellung der Zahl der erforderlichen Prüfungen in Form einer Pyramide und der auftretenden relativen Kosten. Von unten nach oben reduziert sich die Anzahl der Prüfkörper von über 1000 auf Coupontestniveau auf ein oder zwei Prüfkörper bei der Bauteilprüfung. Rechts sind die dabei entstehenden relativen Kosten aufgeführt. Auf dem Coupontestniveau werden mit Abstand die meisten Prüfungen durchgeführt, z. B. Zug-, Druck- und Biegeprüfungen im trockenen und feuchten Zustand. Wenn die Werkstoffe den geforderten Anforderungen entsprechen, werden in der nächsten Stufe Detailtests, wie Open-Hole Compression, Edge-Delamination Test (EDT) und Compression After Impact (CAI) Tests durchgeführt, bevor die ersten Teilkomponenten gebaut und geprüft werden. Die Bauteilprüfung, die zu einem neuen Bauteil aus FVW führt, ist die teuerste Prüfung und verbraucht etwa 70 % der Kosten einer Entwicklung.

10.2 Theoretischer Hintergrund

10.2.1 Anisotropie

Aufgrund der Anisotropie von FVW sind im Vergleich zu isotropen Materialien besondere Berechnungsgleichungen anzuwenden. Für einen linear-elastischen orthotropen Werkstoff gilt die grundlegende Beziehung:

$$\begin{bmatrix} \varepsilon_1 \\ \varepsilon_2 \\ \varepsilon_3 \\ \gamma_{23} \\ \gamma_{31} \\ \gamma_{12} \end{bmatrix} = \begin{bmatrix} S_{11} & S_{12} & S_{13} & 0 & 0 & 0 \\ S_{12} & S_{22} & S_{23} & 0 & 0 & 0 \\ S_{13} & S_{23} & S_{33} & 0 & 0 & 0 \\ 0 & 0 & 0 & S_{44} & 0 & 0 \\ 0 & 0 & 0 & 0 & S_{55} & 0 \\ 0 & 0 & 0 & 0 & 0 & S_{66} \end{bmatrix} \begin{bmatrix} \sigma_1 \\ \sigma_2 \\ \sigma_3 \\ \tau_{23} \\ \tau_{31} \\ \tau_{12} \end{bmatrix} \tag{10.1}$$

Laminate sind aus orthotropen Schichten (Lagen) aufgebaut, die unidirektionale Fasern oder Gewebe beinhalten. Unter der Voraussetzung, dass sich die Laminatschicht wie ein homogener, orthotroper Werkstoff verhält, wird in einer dünnen Laminatlage ein ebener Spannungszustand angenommen. Es gilt:

$$\sigma_3 = \tau_{23} = \tau_{31} = 0 \tag{10.2}$$

Somit ist ε_3 keine unabhängige Dehnungskomponente und damit reduziert sich Formel 10.1 zu:

$$\begin{bmatrix} \varepsilon_1 \\ \varepsilon_2 \\ \gamma_{12} \end{bmatrix} = \begin{bmatrix} S_{11} & S_{12} & 0 \\ S_{21} & S_{22} & 0 \\ 0 & 0 & S_{66} \end{bmatrix} \begin{bmatrix} \sigma_1 \\ \sigma_2 \\ \tau_{12} \end{bmatrix} \tag{10.3}$$

Durch Invertierung der Beziehung in Formel 10.3 erhält man die Spannungskomponenten aus den Dehnungskomponenten, wobei Q_{ij} als reduzierte Steifigkeiten bezeichnet werden:

$$\begin{aligned} Q_{11} &= \frac{E_1}{1 - v_{12}v_{21}} & Q_{12} &= \frac{v_{12}E_2}{1 - v_{12}v_{21}} = \frac{v_{21}E_1}{1 - v_{12}v_{21}} \\ Q_{22} &= \frac{E_1}{1 - v_{12}v_{21}} & Q_{66} &= G_{12} \end{aligned} \tag{10.4}$$

Die Querkontraktionszahlen v_{12} und v_{21} sind mit der Dehnung in Faserrichtung ε_1 und quer zur Faserrichtung ε_2 definiert als:

$$v_{12} = -\frac{\varepsilon_1}{\varepsilon_2}$$

und $\tag{10.5}$

$$v_{21} = -\frac{\varepsilon_2}{\varepsilon_1}$$

Nimmt man weiterhin an, dass das betrachtete Volumenelement aus einer unidirektionalen Faser/Matrix-Lage besteht, folgt, dass sich die Steifigkeitsmatrix der unidirektionalen Faserlage durch vier unabhängige elastische Kennwerte z. B. E_1, E_2, v_{12}, und v_{21} (oder G_{12} anstatt v_{21}) beschreiben lässt.

10.2.2 Elastische Eigenschaften von Laminaten

Beim Zusammenfügen von n-Schichten der Dicke d_k (k = 1, 2, 3 ... n) wird angenommen, dass keine Verschiebungen der einzelnen Schichten gegeneinander auftreten. Die Dehnungen in den einzelnen Schichten müssen alle gleich groß über dem Querschnitt der gesamten Verbundschicht sein.

Um mögliche Versagensmechanismen im Laminat vorauszusagen, ist die Kenntnis der wirkenden Spannungen in den einzelnen Lagen erforderlich. Bei Überschreitung der kritischen Größe (Spannung oder Dehnung) kann in den jeweiligen Lagen durch Faserbruch, infolge von Normalspannungen, durch Bruch senkrecht zur Faserrichtung oder durch Scherbruch parallel zu den Fasern Versagen eintreten.

Bei der klassischen Laminattheorie geht man von einer unendlich ausgedehnten Platte aus. Diskontinuitäten im Spannungszustand an den Laminatkanten werden nicht berücksichtigt. Mit Hilfe verschiedener Ansätze können die Randspannungen mathematisch zugänglich gemacht werden. Erst ab einer Entfernung von dem Plattenrand, die der zweifachen Prüfkörperdicke entspricht, existiert eine gleichmäßige Spannungsverteilung.

Für multidirektionale Laminate gelten folgende Aussagen: Das Versagen wird insgesamt durch die makroskopische und mikroskopische Spannungsverteilung kontrolliert, wobei die klassische Laminattheorie nur eindeutige Vorhersagen des Spannungszustandes im Platteninneren liefert. Zur Bestimmung der Randspannungen sind wiederum spezielle Methoden, wie z. B. FEM, anzuwenden, da diese zu komplizierten Verformungen führen, die Delaminationen verursachen können.

10.2.3 Einfluss von Feuchtigkeit und Temperatur

Bei der Verarbeitung von FVW im Autoklaven führen die Unterschiede in den thermischen Ausdehnungskoeffizienten bei der Abkühlung von erhöhter Temperatur auf Raumtemperatur zu Restspannungen und Dimensionsänderungen. Dabei muss berücksichtigt werden, dass unterhalb von ca. 180 °C Kohlenstofffasern einen negativen, oberhalb einen positiven Ausdehnungskoeffizienten besitzen, während die Matrix generell einen positiven Ausdehnungskoeffizienten aufweist. Duroplastische Matrizes nehmen je nach chemischer Zusammensetzung in unterschiedlichem Maße Feuchtigkeit auf, was zu Volumenänderungen und Eigenschaftsänderungen in der Matrix führen kann. Der Einfluss von Temperatur und Feuchtigkeit kann durch Modifikation von Formel 10.3 berücksichtigt werden:

$$\begin{bmatrix} \varepsilon_x \\ \varepsilon_y \\ \gamma_{xy} \end{bmatrix} = \begin{bmatrix} \overline{S}_{11} & \overline{S}_{12} & \overline{S}_{16} \\ \overline{S}_{12} & \overline{S}_{22} & \overline{S}_{26} \\ \overline{S}_{16} & \overline{S}_{26} & \overline{S}_{66} \end{bmatrix} \begin{bmatrix} \sigma_x \\ \sigma_y \\ \tau_{xy} \end{bmatrix} + \begin{bmatrix} \varepsilon_x^T \\ \varepsilon_y^T \\ \gamma_{xy}^T \end{bmatrix} + \begin{bmatrix} \varepsilon_x^S \\ \varepsilon_y^S \\ \gamma_{xy}^S \end{bmatrix} \qquad (10.6)$$

Die hochgestellten Indizes T und S kennzeichnen jeweils die temperatur- und quellinduzierten Dehnungen.

In der Praxis sind oft nur stationäre Zustände der Temperatur und der Feuchtekonzentration im Verbund von Interesse. In diesem Fall sind die Temperatur- bzw. Feuchtekonzentrationsänderungen über die Materialdimensionen konstant. Im nichtstationären Zustand müssen jedoch die Wärmeleitung und die Feuchtediffusion im Werkstoff berücksichtigt werden.

10.2.4 Laminattheorie und Hauptsatz nach *St. Venant*

Laminattheorie

Um die mechanischen Eigenschaften eines Faserverbundlaminates berechnen zu können, muss dessen innere Komplexität berücksichtigt werden. Dies kann durch folgende Annahmen erfolgen: Ein Laminat besteht aus einer Anzahl von Schichten mit einer definierten ebenen Faserorientierung, wobei die Einzellagen als homogene, orthotrope Platten betrachtet werden. Vereinfacht kann angenommen werden, dass ein linear-elastischer Spannungs-Dehnungs-Zustand herrscht, und die Ausdehnung in Dickenrichtung vernachlässigbar ist. Diese Näherung nach der *Kirchhoff*'schen Plattenhypothese reduziert die Anzahl der Dehnungskomponenten auf:

$$\begin{bmatrix} \varepsilon_x \\ \varepsilon_y \\ \gamma_{xy} \end{bmatrix} = \begin{bmatrix} \varepsilon_x^0 \\ \varepsilon_y^0 \\ \gamma_{xy}^0 \end{bmatrix} + z \begin{bmatrix} K_x \\ K_y \\ K_{xy} \end{bmatrix} \qquad (10.7)$$

wobei K_x, K_y, K_{xy} die Plattenkrümmungen, ε_x, ε_y, γ_{xy} die Dehnungen in der Mittelebene und z der Abstand zu dieser ist. Da die Spannungen nicht in jeder Lage kontinuierlich sind, werden die resultierenden Kräfte und Momente durch Integration der Spannungen in jeder Schicht über die Laminatdicke erfasst.

$$\begin{bmatrix} N_x \\ N_y \\ N_{xy} \end{bmatrix} = \int_{-\frac{d}{2}}^{\frac{d}{2}} \begin{bmatrix} \sigma_x \\ \sigma_y \\ \tau_{xy} \end{bmatrix}_k dz$$

und (10.8)

$$\begin{bmatrix} M_x \\ M_y \\ M_{xy} \end{bmatrix} = \int_{-\frac{d}{2}}^{\frac{d}{2}} \begin{bmatrix} \sigma_x \\ \sigma_y \\ \tau_{xy} \end{bmatrix}_k z\, dz$$

z Abstand zur Mittelebene
N, M resultierende Kräft bzw. Momente
d Laminatdicke
k die k-te Schicht im Laminat

Hauptsatz nach St. Venant

Der Hauptsatz nach *St. Venant* beschreibt den Bereich des Prüfkörpers, in dem ein gleichförmiger Belastungszustand gegeben ist.

In einem an den Enden belasteten, prismatischen Prüfkörper sind die Spannungen nur bis zu einem bestimmten Abstand zum Rand gleichförmig. Zum Rand klingen die Spannungen exponentiell ab. Die charakteristische Abklinglänge ist abhängig vom Verhältnis des E-Moduls zum Schubmodel. Bei anisotropen FVW ist die Beschreibung der Randeffekte noch sehr viel komplizierter [10.2].

10.2.5 Anwendung Bruchmechanischer Konzepte für FVW

Bruchmechanische Prüfmethoden können eingesetzt werden, um die Bruchzähigkeit der Matrix, z. B. sprödes Epoxidharz (EP) und die interlaminare Bruchzähigkeit der daraus hergestellten Verbundwerkstoffe zu bestimmen. Zusammenhänge zwischen der Matrixbruchzähigkeit und der interlaminaren Bruchzähigkeit im Verbund sind hilfreich bei der Werkstoffentwicklung.

Die linear-elastische Bruchmechanik (LEBM) kann für bestimmte Rissausbreitungsarten in Verbundwerkstoffen angewendet werden, insbesondere für interlaminare Risse oder in Faserrichtung verlaufende Risse in einem UD-Verbund. Für multidirektionale Verbundlaminate mit Rissen oder Kerben, die intralaminar verlaufen, muss gegebenenfalls die Theorie der nichtlinear-elastischen Bruchmechanik angewendet werden.

Betrachtungen der elastischen Spannungsfelder in isotropen und anisotropen Werkstoffen zeigen, dass Spannungssingularitäten in Verbindung mit intralaminar verlaufenden Rissen mit $r^{-1/2}$ abklingen, wobei r der Abstand von der Rissspitze ist.

Für die Werkstoffentwicklung sind Korrelationen zwischen Verbundeigenschaften und Eigenschaften der Komponenten des Verbundes von grundlegender Bedeutung. Anforderungen an die Verbundeigenschaften können mithilfe dieser Korrelationen direkt in Forderungen an die Komponenten des Verbundes transformiert werden. Die Korrelationen sollen dabei helfen, ein grundlegendes Verständnis für das Zusammenwirken von Faser, Harz und Faser/Matrix-Grenzfläche zu erhalten. Erst das aufeinander abgestimmte Zusammenspiel der einzelnen Komponenten führt im Verbundwerkstoff zu dem angestrebten positiven Synergismus.

Geringe Zähigkeiten und geringe Schadenstoleranzen waren in der Vergangenheit oftmals ein Nachteil der Verbundwerkstoffe gegenüber Metallen. Korrelationen zwischen Matrixbruchzähigkeit sowie Verbundbruchzähigkeit und Schadenstoleranz sind Voraussetzungen für eine gezielte Entwicklung zäher und schadenstoleranter Verbundwerkstoffe.

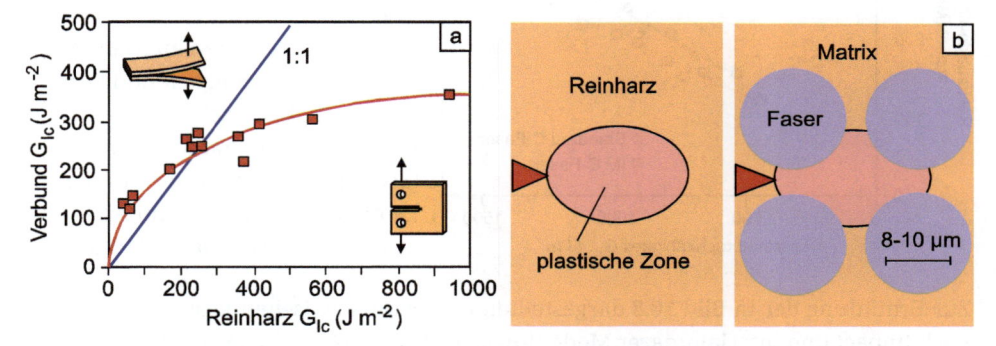

Bild 10.2 Zusammenfassende Darstellung der Korrelation zwischen Reinharz- und Verbundzähigkeiten unter Mode I-Belastung (a) und geometrische Beeinflussung der plastischen Zone vor einer Rissspitze durch Fasern (b)

Wie in Bild 10.2a gezeigt wird, gibt es eine Korrelation zwischen der Bruchzähigkeit im Reinharz und der Bruchzähigkeit im Verbund, ausgedrückt durch die kritische Energiefreisetzungsrate G_{Ic}. Bei niedrigen Reinharzbruchzähigkeiten findet man eine überproportionale Transformation der Reinharzzähigkeit im Verbund; oberhalb von ca. 200 J m^{-2} ist die Übertragung dagegen unterproportional. Bei der Diskussion des Zusammenhangs zwischen Reinharz- und Verbundzähigkeit ist zu berücksichtigen, dass sich vor jeder scharfen Rissspitze in einem Werkstoff bei mechanischer Belastung eine Deformationszone ausbildet, deren Abmessungen mit zunehmender Risszähigkeit zunehmen. In einer Reinharzplatte kann sich diese Zone ungehindert ausbilden (Bild 10.2b links), so dass sehr hohe Bruchzähigkeiten erzielt werden können, im Verbundwerkstoff kommt es jedoch zu Wechselwirkungen mit den Fasern. Durch die räumliche Behinderung und den zunehmenden Einfluss der Faser/Matrix-Grenzschicht ist nur noch eine unterproportionale Zähigkeitssteigerung möglich (Bild 10.2b rechts).

Grundsätzlich ist zu beachten, dass die Übertragung der Reinharzbruchzähigkeit auch von der Faserart abhängig ist, da durch „Fibre Bridging"-Effekte je nach Kohlenstofffaserart (Standard C-Faser, High Modulus: HM C-Faser, Intermediate Modulus: IM C-Faser) bei gleicher Reinharzzähigkeit die Übertragung unterschiedlich hoch ist.

Die Mode II-Bruchzähigkeit eines Reinharzes ist um ein Vielfaches höher als die Mode I-Bruchzähigkeit und kann experimentell nur sehr aufwendig bestimmt werden. Zwischen einer interlaminaren Mode II-Bruchzähigkeit und der Restdruckfestigkeit nach Schlagbeanspruchung als Maß für die Schadenstoleranz für einen FVW können empirische Korrelationen aufgestellt werden (Bild 10.3), die eine Abschätzung von G_{IIc} im untersuchten Bereich ohne die aufwendige G_{IIc}-Bestimmung erlauben.

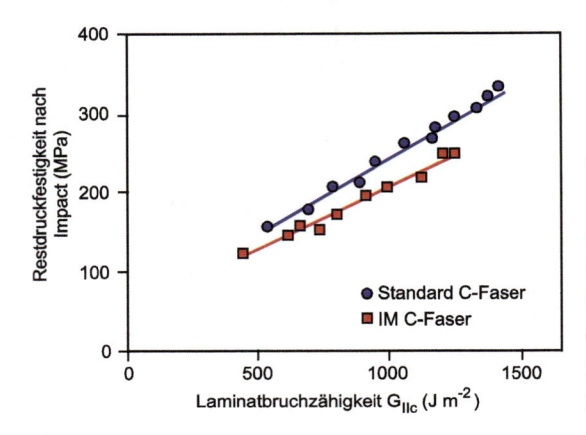

Bild 10.3
Korrelation zwischen interlaminarer Mode II-Bruchzähigkeit und Restdruckfestigkeit nach Schlagbeanspruchung mit 6,7 J mm^{-1} (Schlagenergie, bezogen auf die Laminatdicke) für zwei unterschiedliche C-Faserarten [10.3]

Zur Ermittlung der in Bild 10.3 dargestellten Korrelation zwischen Restdruckfestigkeit nach Impact und interlaminarer Mode II-Bruchzähigkeit G_{IIc} erfolgte eine Variation der Matrixwerkstoffe hinsichtlich ihrer Funktionalität und der verwendeten Additive.

Bei der Schlagbeanspruchung treten als Folge der Durchbiegung des Prüfkörpers interlaminare Schubbelastungen auf. Das Ausmaß der Schädigungen wird bei diesem Versuch daher wesentlich von der interlaminaren Mode II-Risszähigkeit des Werkstoffes beeinflusst.

10.3 Prüfkörperherstellung

10.3.1 Laminatherstellung

Für die Herstellung von Laminaten gibt es eine Vielzahl von Herstellungsmethoden. Ausgangspunkt können Prepregs sein, die aus oberflächenbehandelten Glas-, Kohlenstoff- bzw. Aramidfasern bestehen, welche mit 28 bis 60 M.-% eines reaktiven EP oder einer thermoplastischen Matrix vorimprägniert sind.

Die Prepregs werden vor der Weiterverarbeitung zu Laminaten schichtweise aufeinandergelegt. Zur rationellen Fertigung von flächigen Bauteilen werden zunehmend Harzinjektionsverfahren wie Vakuuminjektion, Resin Transfer Moulding (RTM) und Structural Reaction Injection Moulding (SRIM) verwendet, bei denen Faservorformlinge in einem Formhohlraum mit Harz injiziert werden. Bei beiden Technologien zur Laminatherstellung werden Druck und Temperatur zur Konsolidierung aufgebracht. Bei teilkristallinen Thermoplasten als Matrix geht man oftmals von Organoblechen oder Hybridgeweben aus, die im Autoklaven oder in einer Presse konsolidiert werden. Für die Laminate ist eine kontrollierte Abkühlung erforderlich, um eine gleichmäßige Kristallisation zu erzielen. Bei FVW mit amorpher Matrix bestimmt die Abkühlrate die Höhe der eingefrorenen Eigenspannungen.

Bei der Verarbeitung von Prepregs kann durch die Schichtung von Faserlagen unterschiedlicher Ausrichtung entsprechend Bild 10.4 ein Laminat mit multidirektionaler Faserorientierung, z. B. ein symmetrisches 8-lagiges Laminat, hergestellt werden. Die Lagen werden nach gewünschter Orientierung aufeinandergelegt. Bei der Bezeichnung wird die oberste Lage zuerst genannt, die einzelnen Lagen unterschiedlicher Orientierung sind durch einen Schrägstrich voneinander getrennt. Bei mehreren gleichen Lagen wird deren Anzahl tiefgestellt; der gesamte Lagenaufbau wird in eckige Klammern gesetzt. Ein sich anschließendes, tiefgestelltes „T" kennzeichnet den vollständigen Lagenaufbau, ein tiefgestelltes „S" den an der Mittellinie gespiegelten (vgl. Bild 10.4). Laminate können im Hinblick auf ihren Lagenaufbau in vier Gruppen unterteilt werden:

- Symmetrische Laminate haben zu jedem Pregpreg ein Pendant in gleicher Entfernung von der Mittellinie, das aus dem gleichen Material und gleicher Orientierung besteht.
- Ausbalancierte Laminate besitzen zu jeder positiven Orientierung auch eine negative.
- Cross-ply Laminate bestehen nur aus 0° und 90° Faserorientierungen.
- Quasiisotrope Laminate weisen mindestens drei verschiedene Faserorientierungen auf.

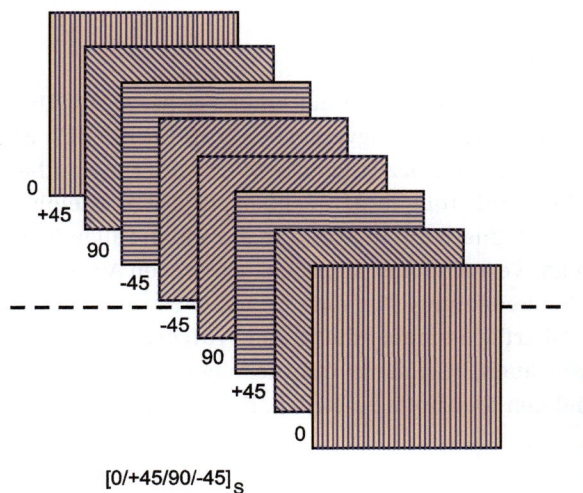

Bild 10.4
Schematische Darstellung eines symmetrischen 8-lagigen Laminataufbaus

Neben der Laminattechnologie ist zur Herstellung von FVW die Wickeltechnologie weit verbreitet. Aus den laminierten bzw. gewickelten Halbzeugen werden Prüfkörper unterschiedlicher Geometrie hergestellt. Bild 10.5 zeigt beispielhaft die Belastungsarten wie Zug, Druck, Schub und Biegung zur Bestimmung der charakteristischen Verbundeigenschaften.

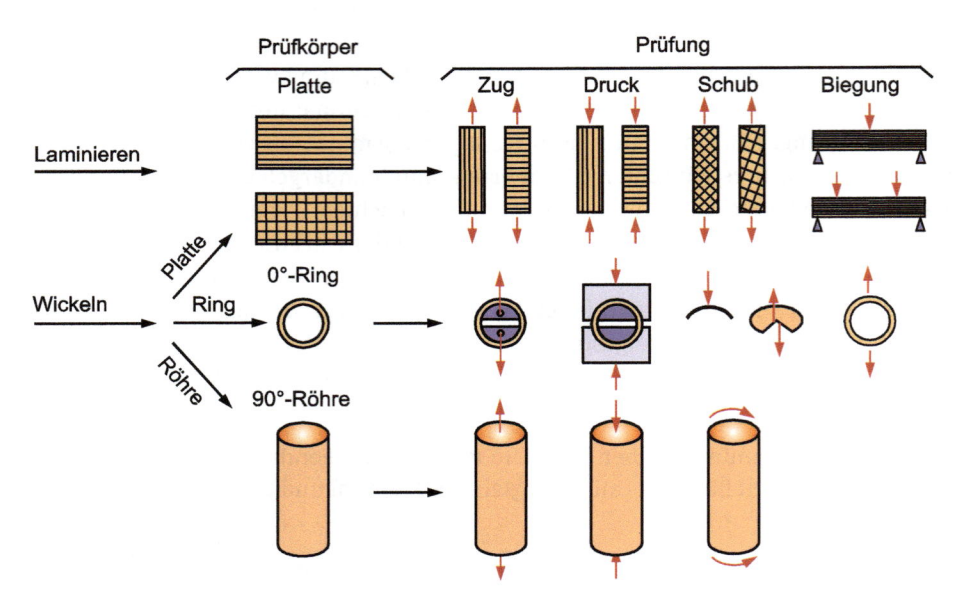

Bild 10.5 Typische Prüfkörperformen zur Bestimmung mechanischer Eigenschaften von FVW bei unterschiedlicher Belastung [10.4]

10.3.2 Prüfkörpervorbereitung für unidirektionale Beanspruchung

Krafteinleitung

Allgemein werden die Prüfkörper aus Laminatplatten auf einer Tischsäge mit Diamantsägeblatt herausgearbeitet. Besonders bei 0°-Zugversuchen (DIN EN ISO 527) ist eine hohe Anforderung an die Planparallelität bezüglich der 0°-Orientierung zu beachten. Besonders kritisch ist die Krafteinleitung in den Prüfkörper. Die Krafteinleitung erfolgt meist mit der Hilfe von Aufleimern durch Schub, in einzelnen Fällen über Druck auf die Stirnfläche. Dabei ist das Verhalten der Klebschicht zwischen Aufleimer und Prüfkörper von entscheidender Bedeutung. Für eine optimale Krafteinleitung sind, neben einer entsprechenden Oberflächenbehandlung von Prüfkörper und Aufleimer in Form von Säubern und Aufrauen, besondere Anforderungen an die mechanischen Eigenschaften des verwendeten Klebstoffs zu stellen. Entsprechend DIN EN

ISO 527-5 sind Mindestanforderungen bezüglich der Scherfestigkeit zu erfüllen und die Bruchdehnung des Klebstoffs sollte größer sein als die des zu untersuchenden FVW. Zusätzlich sind die Feuchtigkeitsaufnahme der Klebschicht, die Klebschichtdicke und die Eigenschaften des Trägermaterials zu berücksichtigen. Der Klebstoff wird auf beide Klebeflächen aufgebracht, die Aufleimer fixiert und die Klebung unter Druck ausgehärtet. Wird die Kraft über die Stirnfläche (Bild 10.6 links) eingeleitet, wird eine 0°-Faserorientierung der Aufleimer bevorzugt. Wenn die Kräfte über Schub (Bild 10.6 rechts) eingeleitet werden, sind Aufleimer mit einem Lagenaufbau von $[\pm 45]_n$ zu empfehlen.

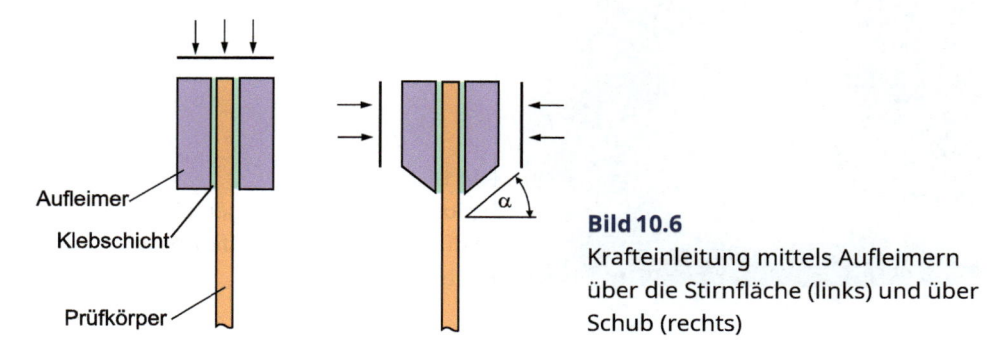

Bild 10.6 Krafteinleitung mittels Aufleimern über die Stirnfläche (links) und über Schub (rechts)

Dehnungsmesssysteme

Zur Dehnungsmessung werden Dehnmessstreifen (DMS), Ansetzdehnungsaufnehmer, induktive Aufnehmer und berührungslose Dehnungsaufnehmer (optische Extensometer) eingesetzt. Die Verwendung der verschiedenen Dehnungsmesssysteme ist mit Vor- und Nachteilen verbunden. Eine unsachgemäße Anbringung von DMS führt z. B. zu hohen Kontaktspannungen, die die äußeren Fasern beschädigen und zum vorzeitigen Versagen führen können.

Ansetzdehnungsaufnehmer müssen vor dem Versagen durch Bruch vom Prüfkörper entfernt werden, da sie sonst durch die plötzliche, explosionsartige Entfaltung der gespeicherten elastischen Energie, zerstört werden. Die explosive Wirkung, der plötzlich freiwerdenden, im Prüfkörper bis zum Bruch gespeicherten elastischen Energie verdeutlicht Bild 10.7. Die Elektronik und die mechanischen Komponenten von Prüfmaschine und Dehnungsmesssystem sind vor dem Kohlenstoffstaub unbedingt zu schützen.

Bild 10.7
Explosionsartiges Versagen eines unidirektionalen CFK-Prüfkörpers im Zugversuch [10.5]

10.4 Bestimmung des Faservolumengehalts

Bei Faserverbunden bestimmen die Packungsgeometrie der Fasern und der Faservolumengehalt maßgeblich die Steifigkeits- und Festigkeitskennwerte. Die Volumenanteile der Komponenten eines Verbundwerkstoffes können durch quantitative Gefügeanalyse, Veraschung oder chemisches Auflösen der Matrix bestimmt werden.

Beim Verfahren zum chemischen Lösen der Matrix aus dem Verbund, dass bevorzugt bei kohlenstofffaserverstärkten Kunststoffen eingesetzt wird, werden die Volumengehalte der Komponenten aus ihren Massen und Dichten berechnet. Der erste Arbeitsschritt besteht in der Entnahme einer Verbundprobe und ihrer Wägung. Anschließend erfolgt das Auflösen der Matrix in heißer Salpetersäure. Bei Verwendung der Salpetersäure müssen besondere arbeitsschutztechnische Maßnahmen berücksichtigt werden. Nach dem Waschen der Fasern mit der Salpetersäure und dem Trocknen (100 °C für 90 min) werden die Fasern gewogen. Aus der Masse der Fasern und der Matrix (w_f und w_m) sowie den bekannten Dichten ρ_f, ρ_m wird der Faservolumengehalt (V_f) wie folgt bestimmt:

$$V_f = \frac{\rho_m w_f}{\rho_f w_m + \rho_m w_f} \cdot 100 \quad (\text{Vol.-\%}) \tag{10.9}$$

Für die quantitative Bildanalyse ist die Herstellung eines Prüfkörpers mit der zu untersuchenden Schnittfläche erforderlich. Dieser wird in EP Harz eingebettet, poliert und lichtmikroskopisch untersucht (Bild 10.8a). Anhand des Schliffbildes kann mittels Flächen- oder Linearanalyse (Bild 10.8b) der Faservolumengehalt berechnet werden. Bei der Flächenmethode erfolgt dies durch:

$$V_f = \frac{A_f}{A} \cdot 100 \text{ (Vol.-\%)} \tag{10.10}$$

A_f Fasergesamtfläche
A Testfläche

Eine Alternative ist die Linearanalyse, bei der der Faservolumengehalt aus dem Verhältnis der aufaddierten Längen der Linienanteile durch die Faserquerschnitte und der Gesamtlänge der Linie besteht. Für ein repräsentatives Ergebnis sollte ein Mittelwert von Messungen entlang mehrerer Linien bestimmt werden.

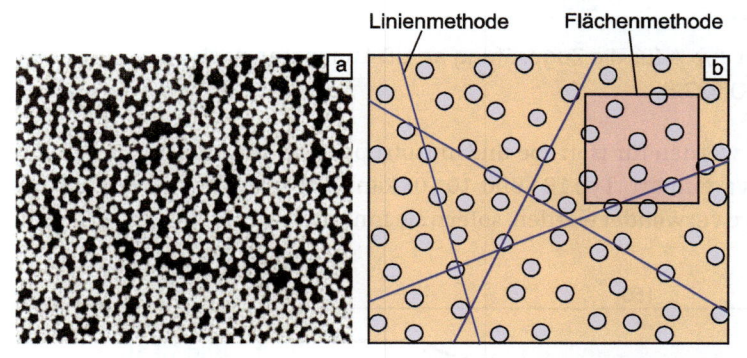

Bild 10.8 Schliffbild eines FVW (a) und grafische Darstellung der Linear- und Flächenanalyse (b)

10.5 Mechanische Prüfmethoden

10.5.1 Zugversuche

Der Zugversuch wird zur Charakterisierung des σ-ε-Verhaltens von multidirektionalen FVW, sowie der Grenzzustände 0°- und 90°-Orientierung mit dem Ziel, Kennwerte wie E-Modul, Querkontraktionszahl ν, Zugfestigkeit σ_M und Bruchdehnung ε_M zu ermitteln, durchgeführt. Bei der Verwendung 0°-Prüfkörpern dominiert die Festigkeit der Fasern die ermittelte Verbundfestigkeit, hingegen beeinflussen bei der Prüfung senkrecht zur Faserorientierung (90°-Prüfkörper) die Matrixfestigkeit, Faser/Matrix-Grenzflächenfestigkeiten sowie auch innere Spannungen und Poren das Prüfergebnis.

DIN EN ISO 527-4 und DIN EN ISO 527-5 sind die relevanten europäischen Standards für die Zugversuche an FVW. Je nach Aufbau der Laminate werden verschiedene Prüfkörper verwendet. In ISO 527-5 (Bild 10.9) ist der Prüfkörpertyp für unidirektionale FVW festgelegt.

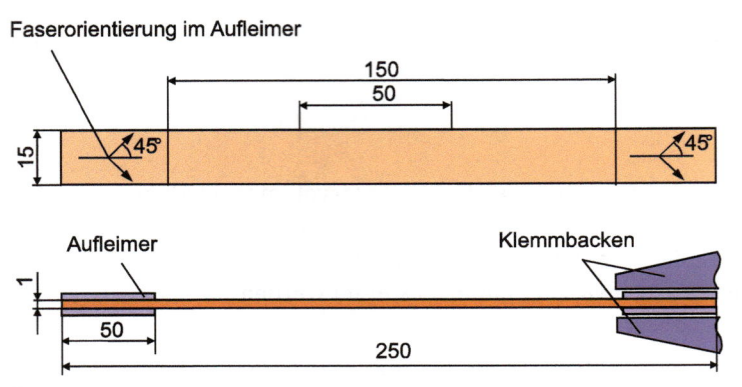

Bild 10.9 Prüfkörper Typ A für die Zugprüfung an UD-Laminaten nach DIN EN ISO 527-5

In DIN EN ISO 527-4 werden für isotrope und anisotrope FVW drei verschiedene Prüfkörpergeometrien vereinbart. Typ 1B (Bild 10.10) kann für faserverstärkte Thermoplaste und Duromere verwendet werden, sofern sie innerhalb der Messlänge brechen.

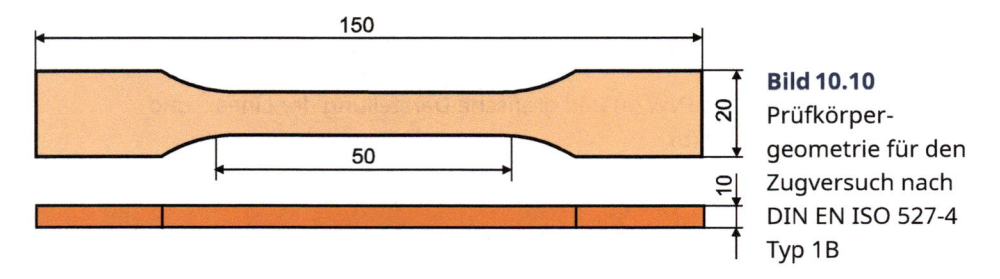

Bild 10.10 Prüfkörpergeometrie für den Zugversuch nach DIN EN ISO 527-4 Typ 1B

Für multidirektionale Verbunde sollten Prüfkörper vom Typ 2 (prismatisch ohne Krafteinleitungselemente, Bild 10.12) oder Typ 3 (prismatisch mit verklebten Krafteinleitungselementen, Bild 10.11) verwendet werden.

Im 0°-Zugversuch versagen FVW prinzipiell spröd mit zwei charakteristischen Bruchbildern, die aufgrund ihres makroskopischen Erscheinungsbildes als glatt oder pinselförmig bezeichnet werden (Bild 10.13). Das Versagen ist unter anderem davon abhängig, wie gut die Faser/Matrix-Haftung und die Zähigkeit der Matrix sind. Zusätzlich sind lokale Spannungskonzentrationen infolge der Wechselwirkung zwischen Fasern und Matrixheterogenitäten zu berücksichtigen. Bei guter Faser/Matrix-Anbindung

10.5 Mechanische Prüfmethoden

und einer zähen Matrix kommt es zu einer Lokalisierung des Versagens und damit zu makroskopischer Rissbildung mit glattem Bruchbild. Bei spröder Matrix und schlechter Faser/Matrix-Haftung entsteht ein pinselförmiges Bruchbild.

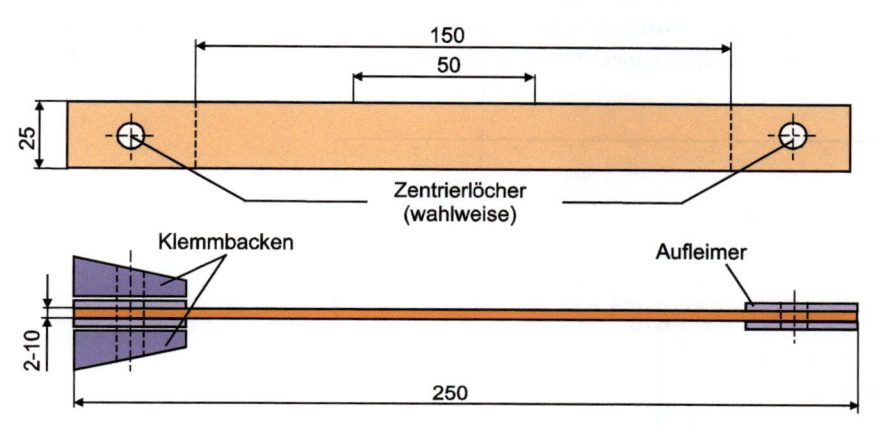

Bild 10.11 Prüfkörpergeometrie für den Zugversuch nach DIN EN ISO 527-4 Typ 3

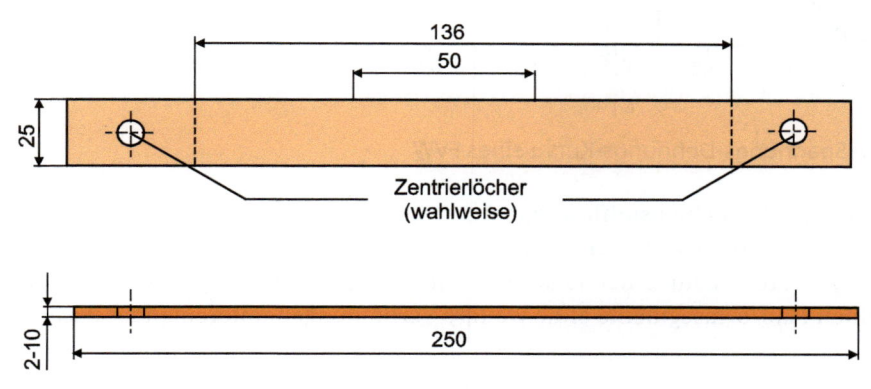

Bild 10.12 Prüfkörpergeometrie für den Zugversuch nach DIN EN ISO 527-4 Typ 2

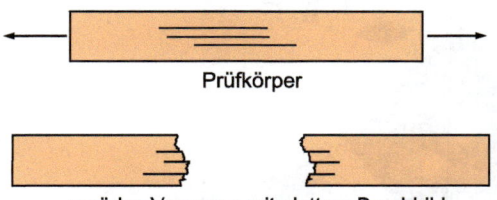

Bild 10.13 Versagensarten von FVW im 0°-Zugversuch

Verbundwerkstoffe zeigen in Abhängigkeit vom Faservolumengehalt eine mehr oder weniger stark ausgeprägte nichtlineare Spannungs-Dehnungs-Charakteristik (Bild 10.14). Nach DIN EN ISO 527-1 wird der E-Modul aus der Sekante zwischen 0,05 % (A) und 0,25 % Dehnung (B) berechnet. Der Spannungsabfall in Punkt C wird durch eine Akkumulation von Zwischenfaserbrüchen verursacht, während bei Punkt D ein komplettes Versagen des Prüfkörpers eintritt.

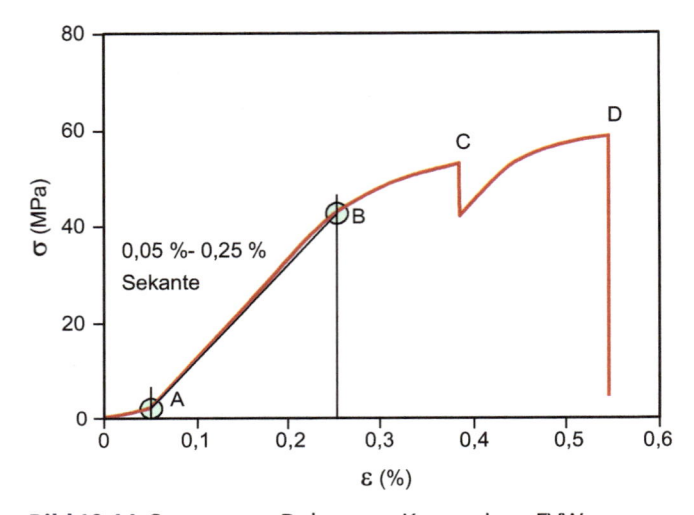

Bild 10.14 Spannungs-Dehnungs-Kurve eines FVW

In der Praxis werden Kohlenstofffaserkabel z. B. als Zugkabel für schwimmende Plattformen verwendet (Bild 10.15). Dafür werden 8 CFK-Stränge miteinander verdreht. Diese Stränge werden beim Einbau bis zu 60 % ihrer Zugfestigkeit belastet und halten die einzelnen Plattformsegmente ohne weitere Verbindungen untereinander zusammen.

Bild 10.15 Zugkabel aus CFK für eine schwimmende Plattform [10.6]

10.5.2 Druckversuche

Bei Druckbeanspruchung von FVW treten als dominante Versagensformen Ausbeulen und Knicken auf. Dünnwandige Bauteile neigen eher zu einem Stabilitätsversagen aufgrund von Beulen als zu einem echten Druckversagen. In dickwandigen Bauteilen kann es zu einem frühzeitigen Druckversagen als Folge von lokalem Knicken der Fasern kommen. Daher sind die Druckfestigkeiten in FVW häufig geringer als die Zugfestigkeiten. Im Druckversuch beeinflusst eine Vielzahl von Faktoren die gemessene Druckfestigkeit. Bereits kleine Ungleichheiten in den Prüfkörperdimensionen oder Fluchtungsfehler verursachen eine exzentrische Belastung, die bei großen Messlängen zu geometrischen Instabilitäten und damit zum frühzeitigen Versagen führen können. Kleine Messlängen hingegen können zu Fehlern als Ergebnis des Einspannungseinflusses führen. Um mögliche Effekte durch Exzentrizitäten oder Ausbeulen festzustellen, ist es üblich, zwei DMS auf beiden Seiten des Prüfkörpers anzubringen.

In Bild 10.16 werden als dominante Versagensformen lokales Ausbeulen (brooming) und Knicken (buckling) der Fasern in einem kleinen Bereich der Prüflänge dargestellt. Nach dem Ausknicken einer Faser wird, bei weiterer Druckbelastung an der Zugseite der Faser, der Bruch über einen dort entstehenden Riss eingeleitet. Wird der Prüfkörper senkrecht zur Faserrichtung druckbelastet, erfolgt bevorzugt ein Scherversagen der parallel liegenden Schichten unter 45° zur Belastungsrichtung.

Eine große Anzahl relativ komplexer Belastungseinrichtungen und Prüfkörperkonfigurationen wurden entwickelt, um die Druckfestigkeit von Verbundwerkstoffen zu messen. Unabhängig von der Methode ist es unerlässlich, dass die Prüfvorrichtung und die Prüfkörper gut ausgerichtet sind. Besonders auf die Parallelität der Aufleimer sollte geachtet werden. Zur Bestimmung eines Druckspannungs-Stauchungs-Diagramms eines unidirektionalen Verbundes muss die Dehnung mit DMS bestimmt werden. Eine direkte Belastung auf das Prüfkörperende, wie in ASTM D 695 beschrieben, ist für hochfeste FVW nicht geeignet, da es zu lokalem Ausbeulen und/oder Splittern kommen kann.

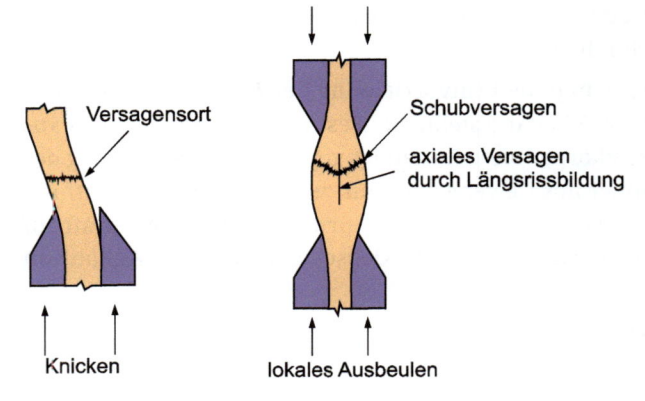

Bild 10.16 Versagensmechanismen bei Druckbelastung

Die Druckspannung beim Bruch σ_B ist von der Einspannlänge, die durch das g/h-Verhältnis ausgedrückt wird, abhängig (Bild 10.17). Hierbei bezeichnet g die Messlänge und h die Dicke des Prüfkörpers (DIN EN 2850). Im Bereich A, bei einer kleinen freien Einspannlänge wie z. B. bei der Boeing Druck-Prüfmethode, wird die Druckfestigkeit von Einspannungseffekten beeinflusst.

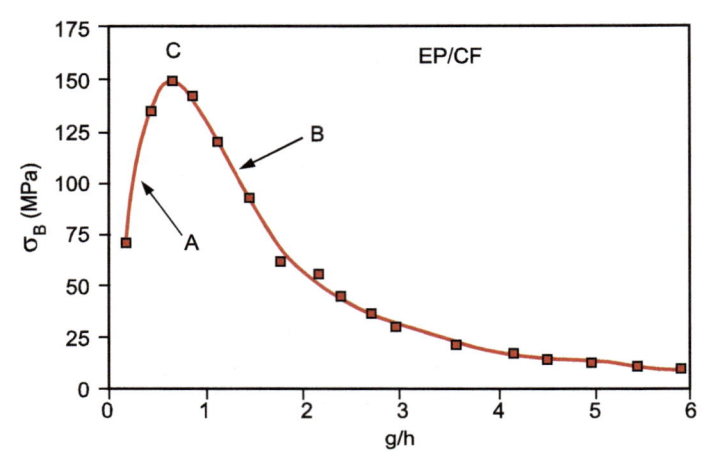

Bild 10.17 Druckspannung beim Bruch σ_B als Funktion des Längen- zu Dickenverhältnisses für einen nicht gestützten, an beiden Enden eingespannten UD-Prüfkörper

Bei einer großen freien Einspannlänge (Bereich B) tritt Knicken auf, so dass mit zunehmender freier Einspannlänge die Druckfestigkeit abnimmt. Im Bereich C liegt ein optimales g/h-Verhältnis vor, bei dem die Einflüsse durch Knicken und Einspannen am geringsten sind. Daraus lässt sich ableiten, dass eine exakte Bestimmung der Druckfestigkeit problembehaftet ist, da die ermittelten Werte immer von geometrischen Einflussgrößen beeinflusst sind.

In der Prüfpraxis werden zwei unterschiedliche Methoden angewandt, die Boeing Druck-Prüfmethode mit Krafteinleitung über die Stirnseite und die Celanese-Prüfmethode mit Krafteinleitung durch Schub.

In Bild 10.18 sind die Prüfkörper und die Prüfvorrichtung der *Boeing Druck-Prüfmethode* nach BSS 7260 bzw. DIN 65 375 dargestellt. Zur Bestimmung des *E*-Moduls aus dem Druckversuch wird ein Prüfkörper ohne Aufleimer geprüft, zur Bestimmung der Druckfestigkeit werden Aufleimer aus Gewebe oder aus dem gleichen Werkstoff mit 0°-Faserorientierung eingesetzt, wodurch die über die Stirnseite eingeleitete Kraft auf eine größere Oberfläche verteilt wird. Eine flexible Klebschicht dient zum Abbau von Spannungskonzentrationen.

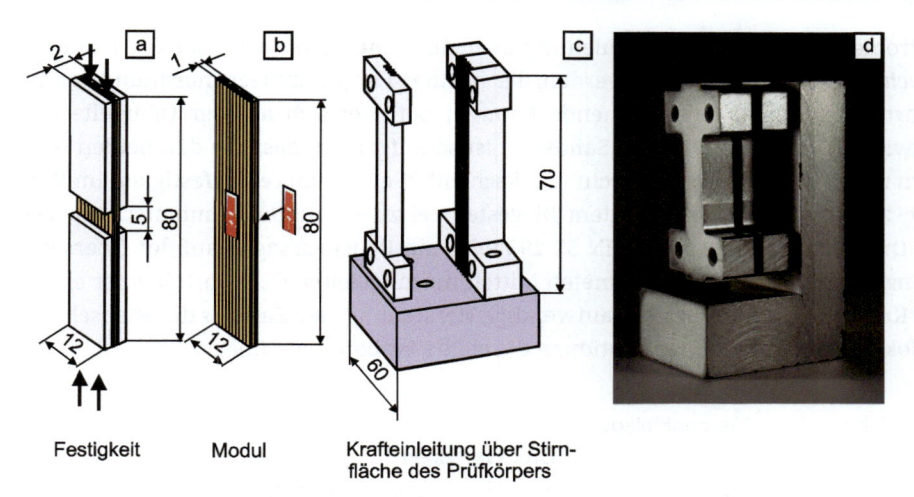

Bild 10.18 Boeing Druck-Prüfmethode: Prüfkörper mit Aufleimer zur Festigkeitsbestimmung (a) und ohne Aufleimer zur Bestimmung des *E*-Moduls (b); schematische Prüfvorrichtung (c) und zusammengebaute Prüfvorrichtung (d)

Bei der *Celanese-Prüfmethode* nach ASTM D 3410 bzw. DIN 65 380 werden die Prüfkörper in konischen Halterungen befestigt (Bild 10.19a) und biegungsfrei mit einer Prüfgeschwindigkeit von 1 mm min^{-1} bis zum Bruch belastet, um die Krafteinleitung über Schub zu gewährleisten.

Eine grundlegende Modifikation der Celanese-Prüfmethode wurde am Illinois Institute of Technology Research Institute (IITRI) entwickelt. Bei der *IITRI-Methode* werden statt konischer flache Halterungen benutzt, so dass auch Prüfkörper mit unterschiedlicher Dicke geprüft werden können und die Prüfkörper eine bessere Kontaktfläche haben (Bild 10.19c). Lineare Führungen vermindern die Reibkräfte zwischen den beiden Hälften der Prüfvorrichtung.

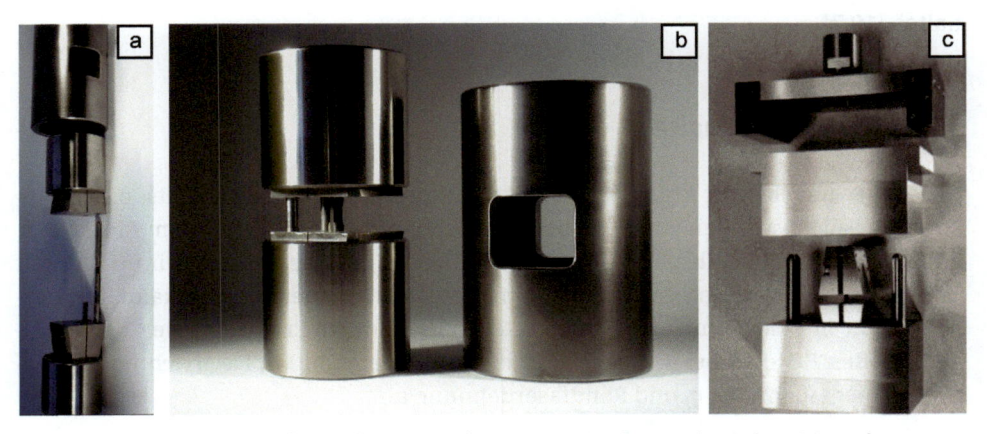

Bild 10.19 Celanese-Prüfvorrichtung nach ASTM D 3410: auseinander- (a) und zusammengebaut (b) sowie Prüfvorrichtung zur IITRI-Druckprüfung (c)

Die Problematik bei der Krafteinleitung über Aufleimer kann beim *Sandwich-Druckversuch* (Bild 10.20) umgangen werden, der in einer Vierpunktbiegeanordnung durchgeführt wird. Das zu untersuchende Laminat befindet sich auf der Oberseite des Sandwichs (Deckschicht 1). Der Sandwich ist so aufgebaut, dass die den beiden Auflagern zugewandte Laminatschicht (Deckschicht 2) eine höhere Zugfestigkeit im Vergleich zur Druckfestigkeit der dem Biegestempel zugewandten Laminatschicht besitzt. Durch den Aufbau nach DIN 53 293 wird ein Druckversagen auf der Oberseite entlang der im Bild gekennzeichneten Mittellinie eingeleitet. Dem Vorteil einer einfachen Krafteinleitung stehen die aufwendige Herstellung, der Einfluss der Klebschicht und lokale Spannungskonzentrationen durch die Waben gegenüber.

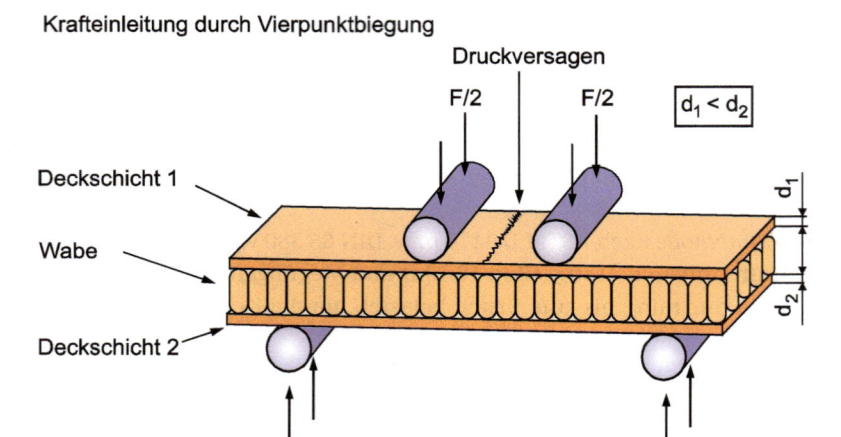

Bild 10.20 Schematische Darstellung des Sandwich-Druckversuches

In der Praxis werden FVW häufig auf Druck belastet. Langfaserverstärktes PTFE wird z. B. als Dichtungsring bei Kolben eingesetzt und kann Drücken bis 5000 bar standhalten [10.7].

10.5.3 Biegeversuche

Der Biegeversuch nach ASTM D 790 dient zur Bestimmung der Festigkeits- und Formänderungseigenschaften von FVW bei Biegebeanspruchung. Es treten im Prüfkörper Zug-, Druck- und Schubspannungen auf, wobei der Schubspannungseinfluss durch Wahl eines genügend großen L/d-Verhältnisses klein gehalten werden kann. Der Versuch dient in erster Linie der Qualitätskontrolle und der Ermittlung der Werkstoffkenngrößen E-Modul bei Biegebeanspruchung (Biegemodul) in Faserrichtung E_f, maximale Biegespannung σ_f und Randfaserdehnung ε_f.

Es kommen der Dreipunktbiegeversuch und der Vierpunktbiegeversuch zur Anwendung, die in Abschnitt 4.4 beschrieben sind. Der Vierpunktbiegeversuch hat gegenüber dem Dreipunktbiegeversuch den Vorteil, dass im mittleren Bereich keine Schubspannungen, jedoch ein konstantes Biegemoment auftritt.

Dreipunktbiegeversuch

Im Dreipunktbiegeversuch wird auf der Grundlage der Balkentheorie die maximale Biegespannung σ_f aus Bruchkraft F ermittelt:

$$\sigma_f = \frac{6M}{Bd^2} = \frac{3FL}{2Bd^2} \tag{10.11}$$

M maximales Biegemoment
F Kraft
B Prüfkörperbreite
d Prüfkörperdicke
L Auflagerabstand

Die Randfaserdehnung ε_f kann mittels eines DMS auf der Prüfkörperunterseite (platziert gegenüber dem Biegestempel) oder direkt mittels induktivem Wegaufnehmer aus der Durchbiegung des Prüfkörpers ermittelt werden. Die Ermittlung des Biegemoduls E_f erfolgt nach Formel 10.12:

$$E_f = \frac{3FL}{2Bd^2} \cdot \frac{1}{\varepsilon_x} \tag{10.12}$$

worin ε_x die Biegedehnung bei $L/2$ ist, die aus dem Anfangsteil des Biegespannungs-Biegedehnungs-Verlaufes bestimmt wird. Mit Hilfe eines induktiven Wegaufnehmers wird der Biegemodul nach Formel 10.13 berechnet.

$$E_f = \frac{FL^3}{4Bd^3} \cdot \frac{1}{f} \cdot (1+S) \tag{10.13}$$

$$S = \frac{3d^2}{2L^2} \cdot \frac{E_x^b}{G_{xz}} \tag{10.14}$$

f Durchbiegung bei $L/2$ aus dem Anfangsteil des Kraft-Dehnungs-Verlaufs
S Korrekturfaktor für den Schubanteil

Vierpunktbiegeversuch

Für den Vierpunktbiegeversuch ergibt sich die Biegefestigkeit aus Formel 10.15:

$$\sigma_f = \frac{6M}{Bd^2} = \frac{3FL}{4Bd^2} \tag{10.15}$$

Für die Berechnung des Biegemoduls können auch hier wieder zwei Wege benutzt werden. Bei der Verwendung eines DMS, der auf der Oberseite des Prüfkörpers befestigt wird, berechnet sich der Biegemodul nach:

$$E_f = \frac{3FL}{4Bd^2} \cdot \frac{1}{\varepsilon_x} \tag{10.16}$$

ε_x Biegedehnung bei $L/2$

Für die Berechnung aus der Durchbiegung des Prüfkörpers gilt:

$$E_f = \frac{FL^3}{64Bd^3} \cdot \frac{1}{f} \cdot (11 + 8S) \tag{10.17}$$

f Durchbiegung bei $L/2$ aus dem Anfangsteil des Kraft-Dehnungs-Verlaufs
S Korrekturfaktor für den Schubanteil (s. Formel 10.14)

Die Kennwerte im Biegeversuch werden zusätzlich von der Wahl des Durchmessers von Auflager und Biegestempel sowie vom Auflagerabstand zu Prüfkörperdickenverhältnis (L/d) beeinflusst. Hierin unterscheiden sich die Festlegungen in den Standards ASTM D 790 und BS 2782 Methode 1005 sowie dem Vorschlag der Composites Research Advisory Group (CRAG) (Prüfkörperabmessungen s. Tabelle 10.1). Der CRAG-Normenvorschlag 403 ist sehr speziell und benötigt genaue Informationen über das Werkstoffverhalten.

Tabelle 10.1 Prüfkörperabmessungen für den Vierpunktbiegeversuch in verschiedenen Normen

Norm	Dicke d (mm)	Breite B (mm)	Prüfkörperlänge (mm)
ASTM D790	1 bis 25	10 bis 25	50 bis 1800
CRAG 403	2	10	100

Das Versagensverhalten ist vom Werkstoff abhängig, wird aber auch von der Prüfeinrichtung beeinflusst. Werden die in den Prüfnormen geforderten Stahlauflager benutzt, kann sprödes Versagen mit glattem Bruchbild auftreten, während bei Kunststoffauflagern wegen der weichen Krafteinleitung ein pinselförmiges Versagensbild entsteht (Bild 10.21).

Bild 10.21 Versagen mit pinselförmigem Bruch von CFK nach dem Vierpunktbiegeversuch, durchgeführt mit Kunststoff-Auflagern [10.8]

Sandwichlaminate

Wie bereits in Abschnitt 10.5.2 dargestellt, gibt es besondere Prüfvorschriften für Vierpunktbiegeversuche an Sandwichlaminaten, die in der DIN 53 293 zusammengefasst sind. Sandwichlaminate werden in drei verschiedene Kernverbundgruppen eingeteilt:

- KVA: symmetrische Kernverbunde mit Deckschichten gleicher Dicke aus dem gleichen Werkstoff,
- KVB: unsymmetrische Kernverbunde mit Deckschichten unterschiedlicher Dicken aus dem gleichen Werkstoff und
- KVC: symmetrische und unsymmetrische Kernverbunde mit unterschiedlichen Deckschichtwerkstoffen.

Die Kenngrößen, die aus diesem Versuch ermittelt werden können, wie E-Modul bei Biegebeanspruchung, Zug- und Druckspannungen in den Deckschichten, sowie die effektiven Schub- und Biegesteifigkeiten, sind für die einzelnen Kernverbundgruppen in der DIN 53 293 aufgeführt.

Sandwichlaminate mit Phenolharz getränkten Deckschichten werden z. B. in der Luftfahrtindustrie im Interieurbereich eingesetzt. Um die Beanspruchung durch das Gepäck zu simulieren, werden diese auch unter Biegebeanspruchung geprüft.

10.5.4 Interlaminare Scherfestigkeit

Der Kurzbiegeversuch (Bild 10.22) zur Bestimmung der interlaminaren Scherfestigkeit ist eine typische Prüfung zur Qualitätssicherung. Die hiermit bestimmte scheinbare Scherfestigkeit ist die in der neutralen Faser des Prüfkörpers vorliegende maximale Schubspannung im Augenblick des ersten Versagens. Es wird der Widerstand gegen interlaminare Scherbeanspruchung parallel zu den Lagen des Laminates bestimmt, der Aussagen über die Faser/Matrix-Anbindung liefert. Die Durchführung der Prüfung kann nach ASTM D 2344 oder nach DIN EN 2563 erfolgen, die sich im geforderten L/d-Verhältnis, der Prüfkörperlänge, den Auflagerabmessungen und den Prüfgeschwindigkeiten unterscheiden. Die schematische Darstellung der Prüfanordnungen und die Prüfkörpergeometrien sind in Bild 10.23a und Bild 10.23b dargestellt.

Bild 10.22
Kurzbiegeprüfvorrichtung mit Prüfkörper

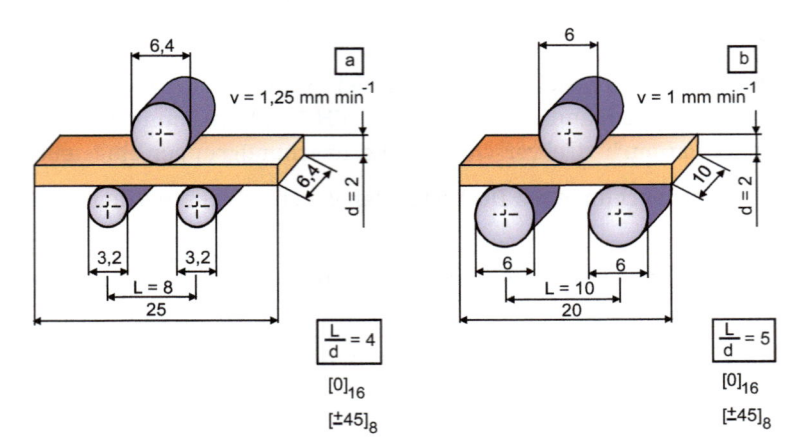

Bild 10.23 Schematische Darstellung des Kurzbiegeversuches nach ASTM D 2344 (a) und DIN EN 2563 (b)

Die interlaminare Scherfestigkeit wird nach Formel 10.18 berechnet.

$$\tau_{12} = \frac{3}{4} \frac{F}{B \cdot d} \tag{10.18}$$

- F Druckkraft
- B Breite
- d Dicke

Diese Prüfung eignet sich für die Qualitätsüberwachung scherbeanspruchter Bauteile, da nur kleine Prüfkörper herausgearbeitet werden müssen.

10.5.5 Schubversuche

Neben Zug-, Druck- und Biegebelastungen treten bei Bauteilen in der Praxis auch Schubbelastungen in der Laminatebene auf. Mit Hilfe geeigneter Prüfkörper werden als Werkstoffkenngrößen der Schubmodul G_{12} und die Scherfestigkeit τ_{12} bestimmt. Zusätzlich zur Scherung γ_{xy} treten axiale und transversale Dehnungen (ε_x und ε_y) auf. Zur Messung werden Dehnmessstreifen oder -rosetten verwendet, die Dehnungen in 0°, 90°, +45° und −45° zur Belastungsrichtung messen.

Zu den am meisten eingesetzten „in-plane" Prüfverfahren gehören der „off-axis" Zugversuch, der „Iosipescu" Schubversuch sowie der „two-rail" und „three-rail" Scherversuch (Bild 10.24), die aufgrund unterschiedlicher Spannungszustände zu stark unterschiedlichen Ergebnissen führen.

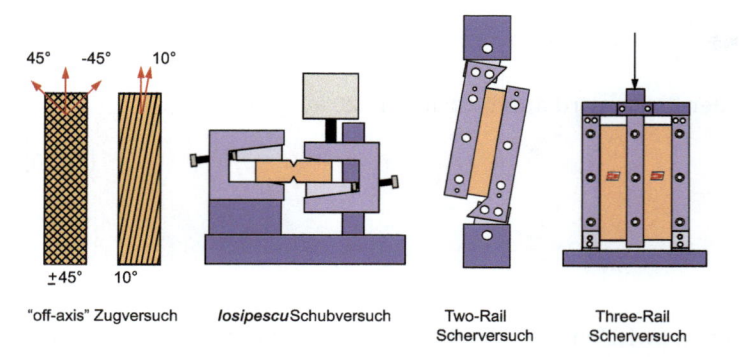

Bild 10.24 Prüfanordnungen zur Ermittlung von Kennwerten bei Schubbeanspruchung

10.5.5.1 ± 45° Off-Axis Zugversuch

Dieser Versuch wird oft in der Luftfahrtindustrie benutzt, da er keine spezielle Prüfvorrichtung benötigt. Er ist standardisiert in BS EN ISO 14 129 und ASTM D 3518 und dient zur Bestimmung der Schubspannungs-Scherungs-Kurve, des Schubmoduls G_{12} und der Scherfestigkeit τ_{12} von FVW im Zugversuch an 45°-Laminaten in der Lagenebene. Die Prüfkörpergeometrie ist in Bild 10.25 dargestellt. Bei Einzelschichtdicken von mehr als 0,125 mm sollten 16 Schichten (z. B. $[\pm 45]_{4S}$) verwendet werden. Die Prüfkörper können mit und ohne Aufleimer verwendet werden, wobei zur Vermeidung von Einspannfehlern Prüfkörper mit Aufleimern zu bevorzugen sind. Die Krafteinleitung sollte über Aufleimer erfolgen, die aus EP/GF-Gewebe oder ± 45° UD-Lagen bestehen.

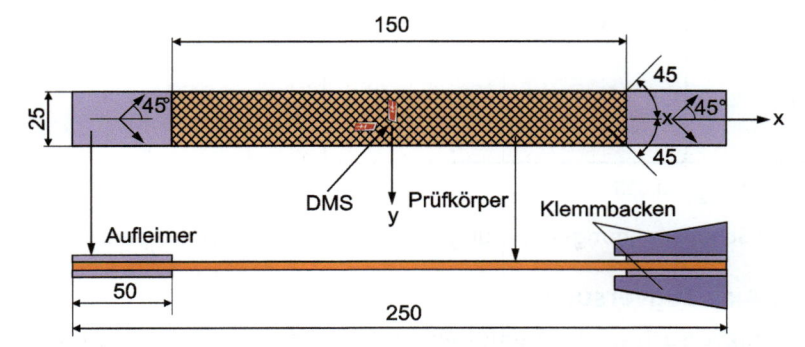

Bild 10.25 Abmessungen eines ± 45°-Zugprüfkörpers nach DIN EN ISO 14 129 mit applizierten DMS

Bei einer uniaxialen Zugbelastung entsteht in jeder + 45° und − 45° Schicht ein biaxialer Spannungszustand. Die Normalspannungen σ_{11} und σ_{22} im Laminat-Koordinatensystem sind von der angewandten Zugspannung σ_{xx} und der verursachten Schubspannung τ_{12} abhängig, wobei die Schubspannung τ_{12} nur von σ_{xx} abhängt:

$$\sigma_{11} = \frac{\sigma_{xx}}{2} + \tau_{xy} \quad \sigma_{22} = \frac{\sigma_{xx}}{2} - \tau_{xy} \quad \tau_{12} = \pm \frac{\sigma_{xx}}{2} \tag{10.19}$$

Die Scherfestigkeit in der Ebene wird durch Formel 10.20 ausgedrückt:

$$\tau_{12} = \frac{F_{max}}{2Bd} \tag{10.20}$$

F_{max} Bruchkraft
d Prüfkörperdicke
B Prüfkörperbreite

Aus dem linearen Bereich zwischen 0,1 % und 0,5 % Scherung der Schubspannungs-Scherungs-Kurve (Bild 10.26), wird der Schubmodul nach Formel 10.21 bestimmt.

$$G_{12} = \frac{\sigma_{xx}}{2(\varepsilon_{xx} - \varepsilon_{yy})} = \frac{\tau_{12}'' - \tau_{12}'}{\gamma_{12}'' - \gamma_{12}'} \tag{10.21}$$

τ_{12}' Schubspannung bei einer Scherung von $\gamma_{12}' = 0{,}001$
τ_{12}'' Schubspannung bei einer Scherung von $\gamma_{12}'' = 0{,}005$

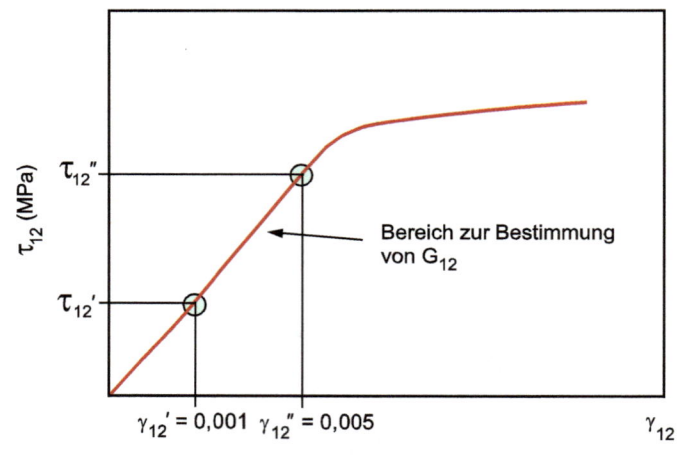

Bild 10.26 Typische Schubspannungs-Scherungs-Kurve eines ± 45°-Prüfkörpers

10.5.5.2 10° Off-Axis Zugversuch

Beim 10° Off-Axis Zugversuch wird ein unidirektionales Laminat mit einer Faserorientierung 10° zur Belastungsrichtung im Zugversuch geprüft. Bei dieser Faserorientierung erreicht das Scherkopplungsverhältnis sein Maximum und die Quer- und Längsspannungen, die als Antwort auf die Scherung im Material auftreten, werden minimiert. In Anlehnung an die DIN EN ISO 527-5 werden Prüfkörper mit den Abmessungen 2 × 25 × 250 mm³ verwendet (Bild 10.27). Die Abzugsgeschwindigkeit beträgt 1 mm min⁻¹. Es werden die gleichen Aufleimer wie bei der ± 45°-Prüfung verwendet.

10.5 Mechanische Prüfmethoden

Unter diesen Bedingungen ist eine reproduzierbare Kennwertermittlung möglich. Bei Anwendung von Dehnmessstreifen in 0°-, 45°- und 90°-Orientierung zur Belastungsrichtung ergibt sich für die Scherung γ_{12}:

$$\gamma_{12} = 1{,}879\,\varepsilon_2 - 1{,}282\,\varepsilon_1 - 0{,}598\,\varepsilon_3 \tag{10.22}$$

ε_1 Dehnung in 0° zur Belastungsrichtung
ε_2 Dehnung in 45° zur Belastungsrichtung
ε_3 Dehnung in 90° zur Belastungsrichtung

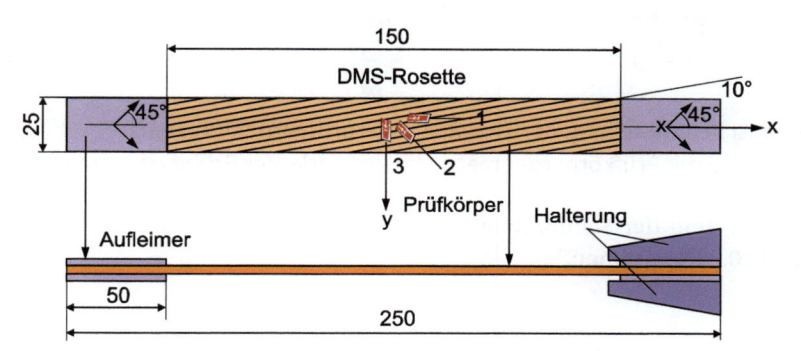

Bild 10.27 Geometrie eines 10° Off-Axis Zugprüfkörpers mit DMS-Anordnung zur Bestimmung von ε_1, ε_2 und ε_3

Durch die Einspannung, die eine Scherung verhindert, kommt es zu Spannungen und Momenten, die eine S-förmige Ausdrehung des Prüfkörpers verursachen können. Beim Auftreten derartiger Effekte ist eine reproduzierbare Kennwertermittlung nicht mehr gewährleistet.

10.5.5.3 Two- und Three-Rail Scherversuche

Rail Scherversuche können mit zwei Prüfanordnungen, der Two- und der Three-Rail Scherprüfung durchgeführt werden, die in der ASTM D 4255 standardisiert sind. Diese Norm beinhaltet Prüfungen für UD-Laminate und Gewebelaminate mit 0° und 90° Orientierung. Die Prüfung wird auch bei Verbundwerkstoffen mit Wirrfasern bzw. Kurzfasern eingesetzt. Prüfvorrichtung und Prüfkörpergeometrien für die Two-Rail Scherprüfung sind in Bild 10.28 zu sehen. Für die Two-Rail Scherprüfung wird ein prismatischer Prüfkörper auf zwei Stahlschienen geschraubt. Eine Zug- oder Druckkraft erzeugt einen in-plane Schubspannungszustand im Prüfkörper.

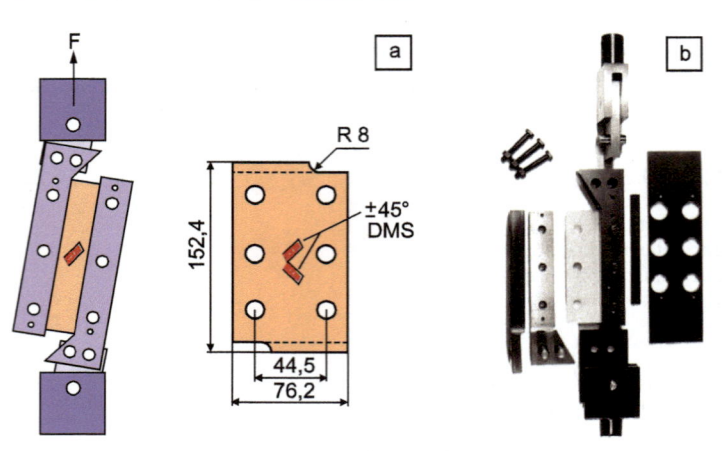

Bild 10.28 Schematische Darstellung der Two-Rail Scherprüfvorrichtung nach ASTM D 4255 mit Prüfkörpergeometrie (a) und zerlegter Prüfvorrichtung (b)

Die Scherfestigkeit τ_{12} und der Schubmodul G_{12} werden bei der Two-Rail Schermethode nach Formel 10.23 berechnet:

$$\tau_{12} = \frac{F_{max}}{Bd}$$

und (10.23)

$$G_{12} = \frac{\Delta \tau_{12}}{\Delta \gamma_{12}} = \frac{\Delta F}{2Ld\Delta\varepsilon_{45}}$$

F_{max} Bruchkraft
d Prüfkörperdicke
B Prüfkörperbreite
L Prüfkörperlänge
ΔF Laständerung im linearen Bereich der Schubspannungs-Scherungs-Kurve
$\Delta\varepsilon_{45}$ Dehnungsänderung im linearen Bereich der Schubspannungs-Scherungs-Kurve

Beim Three-Rail Scherversuch wirkt eine fast reine Schubspannung auf den Prüfkörper ein. Die Prüfvorrichtung (Bild 10.29) besteht aus zwei mit einer Basisplatte fest verbundenen Trägern und einem dritten Mittelträger, auf den Druck oder Zug ausgeübt wird. Der Abstand des mittleren Trägers zum Boden muss groß genug sein, damit kein Bodenkontakt bei Belastung auftritt. Der plattenförmige Prüfkörper hat eine Breite von 137 mm und eine Länge von 152,4 mm. Die Laminate sollten eine Dicke von 1,27 mm bis 3,17 mm haben, um ein optimales Ergebnis zu erzielen.

Zur Bestimmung des Schubmoduls und der Scherfestigkeit werden die unter Formel 10.24 zusammengefassten Gleichungen herangezogen, die sich von den unter Formel 10.23 zusammengefassten Gleichungen um den Faktor ½ unterscheiden:

$$\tau_{12} = \frac{F_{\max}}{2Bd}$$

und   (10.24)

$$G_{12} = \frac{\Delta \tau_{12}}{\Delta \gamma_{12}} = \frac{\Delta F}{wd\Delta(\varepsilon_{45} - \varepsilon_{-45})}$$

Der Vorteil des Three-Rail Scherversuchs liegt in der symmetrischen Belastung des Prüfkörpers, als Nachteil erweisen sich die größeren Prüfkörperabmessungen.

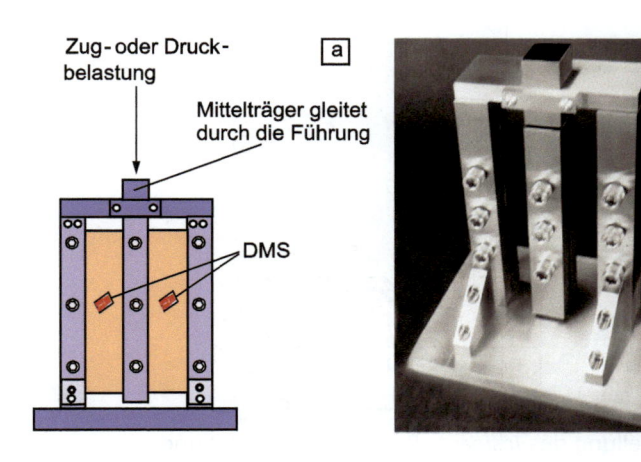

Bild 10.29 Schematische Darstellung (a) und Ansicht der Three-Rail Scherprüfvorrichtung nach ASTM D 4255 (b)

Fehlerquellen beider Prüfmethoden liegen in den Toleranzen der Bohrungen zur Befestigung der Platten. Während des Bohrens der Löcher ist darauf zu achten, dass keine Delaminationen auftreten. Weiterhin muss berücksichtigt werden, dass in Folge der Löcher Spannungskonzentrationen auftreten, die zum vorzeitigen Versagen führen können.

10.5.5.4 *Iosipescu* Schubversuch

Um Schubeigenschaften in unterschiedlichen Orientierungsebenen zu bestimmen, wird der *Iosipescu* Versuch (auch „Wyoming Test" genannt) nach ASTM D 5379 angewendet. Wie in Bild 10.30 schematisch dargestellt, werden zwei rechtwinklige V-Kerben mit einem Kerbradius von 1,3 mm mittig bis zu einer Tiefe von 20 % der Prüfkörperbreite herausgeschnitten. Die Schubspannungen sind nicht gleichmäßig im Prüfkörper verteilt, sondern vom orthotropen Verhältnis E_{xx}/E_{yy}, der Kerbgeometrie und den Belastungsbedingungen abhängig. Die Scherungen können mit biaxialen DMS, auf beiden Seiten des Prüfkörpers angebracht, gemessen werden. Die DMS befinden sich mittig zwischen den Kerben mit ± 45° Orientierung zur Längsachse des Prüfkörpers.

Die mittlere Scherfestigkeit τ_{12} und der Schubmodul G_{12} werden nach folgenden Gleichungen berechnet:

$$\tau_{12} = \frac{F_{\max}}{wd} \tag{10.25}$$

und

$$G_{12} = \frac{\Delta \tau_{12}}{\Delta \gamma_{12}} = \frac{\Delta F}{wd\Delta(\varepsilon_{45} - \varepsilon_{-45})} \tag{10.26}$$

$F_{\max}$ Bruchkraft
d Prüfkörperdicke
w Abstand zwischen den Kerben

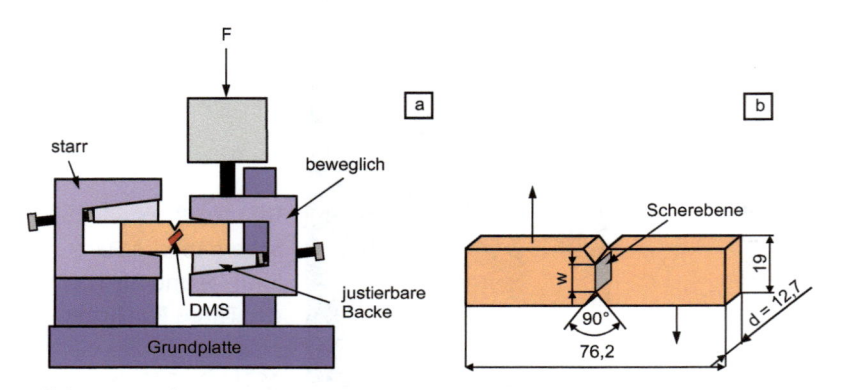

Bild 10.30 Schematische Darstellung des *Iosipescu* Schubversuches (a) und Prüfkörpergeometrie (b) nach ASTM D 5379

Die Variablen ΔF, $\Delta(\varepsilon_{45} - \varepsilon_{-45})$ entsprechen Kraft- und Dehnungsänderungen im linearen Bereich der Schubspannungs-Scherungs-Kurve. Typische Versagensarten beim *Iosipescu* Versuch werden in [10.9] diskutiert, wo auch deutlich wird, dass die Mikrostruktur des Werkstoffs großen Einfluss auf die Versagensart hat.

10.5.5.5 Plate-Twist Schubversuch

Um die Spannungen in einem torsionsbeanspruchten Laminat zu simulieren, wird der Plate-Twist Versuch nach ASTM D 3044 durchgeführt. Der Vorteil dieses Versuches besteht darin, dass die Scherbelastung über einen relativ großen Bereich des Prüfkörpers erfolgt. Dadurch wird der Einfluss von einzelnen lokalen Mikroinhomogenitäten minimiert.

Wie in Bild 10.31 gezeigt, wird eine rechteckige Platte an zwei gegenüberliegenden Ecken von oben belastet und die anderen beiden Ecken werden von unten gestützt. Die von oben aufgebrachte Kraft induziert eine reine Schubspannung in der Platte. Der Prüfkörper sollte ein L/d-Verhältnis von ≥ 35 besitzen, um Dickeneffekte zu minimieren. Bevorzugt wird der Schubmodul und nicht die interlaminare Scherfestigkeit bestimmt. Der Schubmodul G_{12} kann nach zwei Methoden, die abhängig von der Lage der Messpunkte sind, berechnet werden:

10.5 Mechanische Prüfmethoden

$$G_{12} = \frac{3\Delta F L^2}{8\Delta\delta_\text{P} d^3} \cdot K \tag{10.27}$$

bzw.

$$G_{12} = \frac{3\Delta F u^2}{2\Delta\delta_\text{C} d^3} \cdot K \tag{10.28}$$

$\Delta\delta_\text{P}$ Vertikale Verschiebung der Belastungspunkte
$\Delta\delta_\text{C}$ Vertikale Verlagerung des Plattenzentrums
L Plattendiagonallänge
u Abstand Mittelpunkt zum Messpunkt
ΔF Kraftänderung bei der Verschiebungsänderung $\Delta\delta$
d Plattendicke
K Korrekturfaktor (0,25 ≤ K ≤ 0,4) [10.10]

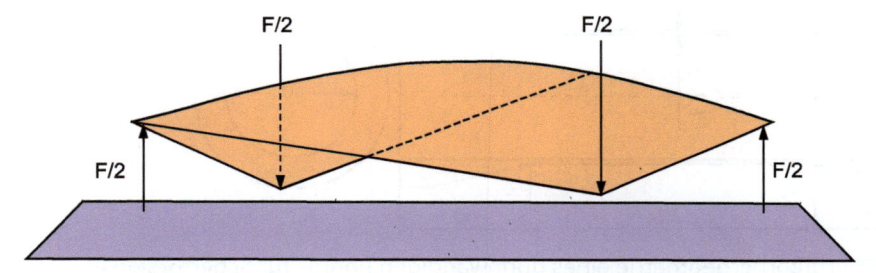

Bild 10.31 Schematische Darstellung eines Plate-Twist Schubversuchs

Plate-Twist Beanspruchungen treten bevorzugt an großflächigen Bauteilen auf, wie sie im Brücken- und Flugzeugbau eingesetzt werden.

10.5.5.6 Torsion dünnwandiger Rohre

Dünnwandige Rohre werden zur Drehmomentübertragung (z. B. Antriebswelle), bzw. als tragende Stützwerke (z. B. Motordrachen) eingesetzt. Diese Rohre werden üblicherweise in einem Torsionsversuch geprüft. Beim Torsionsversuch wird, bezogen auf die Faserorientierung im Rohr, zwischen 0°, ± 45° und 90° Torsionsversuchen unterschieden. Die Schubspannung ist gleichmäßig über den Umfang des Rohres verteilt, da die Wandstärke im Vergleich zum Gesamtdurchmesser des Rohres klein und somit der Wanddickenschergradient vernachlässigbar ist.

Die Prüfkörperabmessungen sind in ASTM D 5448 festgelegt (Bild 10.32). Die Enden sind zur Krafteinleitung mit zusätzlichem Material beaufschlagt, werden konzentrisch eingespannt und gleichmäßig tordiert. Schubdehnungen werden mit biaxialen DMS (± 45°) auf den gegenüberliegenden Seiten gemessen. Scherfestigkeit τ_{12} und Schubmodul G_{12} werden aus dem aufgebrachten Drehmoment T nach Formel 10.29 bzw. Formel 10.30 berechnet.

$$\tau_{12} = \frac{2TR_0}{\pi(R_0^4 - R_i^4)} \tag{10.29}$$

R_0, R_i Außen- bzw. Innenradius des Rohres
T aufgebrachtes Drehmoment

$$G_{12} = \frac{\Delta\tau_{12}}{\Delta\gamma_{12}} = \frac{\Delta\tau_{12}}{\Delta(\varepsilon_{45} - \varepsilon_{-45})} \tag{10.30}$$

Für die Dehnungen werden die Mittelwerte aus den + 45° und − 45° Dehnungsmessungen eingesetzt, $\Delta\tau_{12}$ ist die Scherfestigkeitsänderung. Der Hauptnachteil dieser Methode besteht in der aufwendigen Herstellung der Prüfkörper.

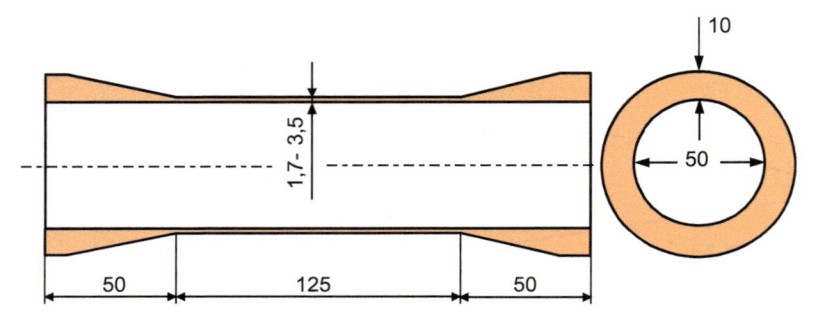

Bild 10.32 Prüfkörpergeometrie eines dünnwandigen Rohres für Schertorsionsversuche

Anwendungen dünnwandiger Rohre sind z. B. in Tennisschlägern, Golfschlägern und Masten von Hochseejachten zu finden, d. h. überall dort, wo es auf Steifigkeit bei gleichzeitig geringem Gewicht ankommt. Ein typisches Beispiel ist ein Fahrradrahmen, bei dem CFK-Rohrsegmente zum Einsatz kommen, die auch unter Torsionsbeanspruchung stehen (Bild 10.33).

Bild 10.33
Fahrradrahmen aus CFK [10.11]

10.6 Bruchmechanische Prüfmethoden

10.6.1 Experimentelle Prüfung von FVW

Zur Bewertung des Bruchverhaltens von FVW sind aufgrund der Besonderheiten im Rissinitiierungs- und Rissausbreitungsverhalten spezielle Prüfmethoden und Prüfkörperformen erforderlich. Von besonderem Interesse ist in diesem Zusammenhang die experimentelle Bestimmung der interlaminaren Risszähigkeit. Diese Kenngröße kennzeichnet den Werkstoffwiderstand eines FVW gegenüber interlaminarer Rissausbreitung, indem sie die zur Vergrößerung einer im Prüfkörper vorhandenen Rissfläche benötigte Gesamtenergie angibt. Zur quantitativen Beschreibung wird die Energiefreisetzungsrate nach DIN 65563 an UD-Laminaten bzw. Gewebelaminaten bestimmt. Entsprechend der möglichen Relativbewegungen von Rissoberflächen (Bild 10.34) in einem FVW unterscheidet man in Abhängigkeit von der äußeren Beanspruchung zwischen:

- Mode I: einfache Rissöffnung; symmetrisches Abheben der Rissufer,
- Mode II: Längsscherung; Abgleiten der Rissoberflächen in der Rissebene und
- Mode III: Querscherung; Verschiebung der Rissoberflächen quer zur Rissrichtung,

wobei Mode I, Mode II und eine gemischte Beanspruchung (Mixed Mode) die größte praktische Bedeutung besitzen. Mode III-Prüfungen sind in der Praxis von geringerer Bedeutung.

Basierend auf der Beschreibung der in Bild 10.34 dargestellten interlaminaren Bruchmoden für FVW wurden spezielle Bruchmechanikprüfkörper entwickelt, die für die Ermittlung geometrieunabhängiger Kennwerte herangezogen werden.

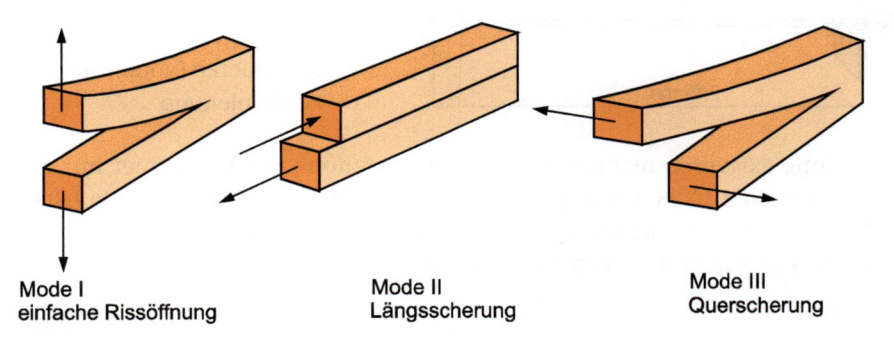

Bild 10.34 Bruchmoden für interlaminare Brüche

Die Anwendung der Bruchmechanik zur Bewertung von Bauteilen aus FVW setzt die Verfügbarkeit dieser Kennwerte voraus, deren Ermittlung mit der in Abschnitt 5.4.1 beschriebenen Vorgehensweise erfolgen kann.

10.6.2 Spezielle Prüfkörperformen

10.6.2.1 Prüfkörper für Mode I-Beanspruchung

Double-Cantilever Beam (DCB)-Prüfkörper

Der DCB-Prüfkörper wurde ursprünglich für bruchmechanische Untersuchungen an Klebverbindungen entwickelt, dann aber auf UD-Laminate übertragen. Die zugehörige Prüfmethode ist in der ASTM D 5528 sowie der ISO 15024 festgehalten. Die Prüfkörperabmessungen sind in Bild 10.35 dargestellt. Um einen definierten Anfangsriss a_0 zu erhalten, wird eine 50 mm lange Folie eingelegt. Charakteristisch für diese Prüfmethode ist eine stabile Rissausbreitung, d. h. der Rissfortschritt kann während des Versuches kontrolliert werden. Es werden entweder Aluminiumblöcke oder Scharniere (Klavierbänder) zur Krafteinleitung verwendet. Der DCB-Prüfkörper wird in einer Universalprüfmaschine kontinuierlich belastet. In Intervallschritten von ca. 10 mm wird die Rissöffnung und nach Entlastung die Risslänge registriert. Dazu wird der Prüfkörper am Rand mit Korrekturflüssigkeit weiß angestrichen. Der Versuch wird solange wiederholt, bis die Risslänge ungefähr 150 mm beträgt.

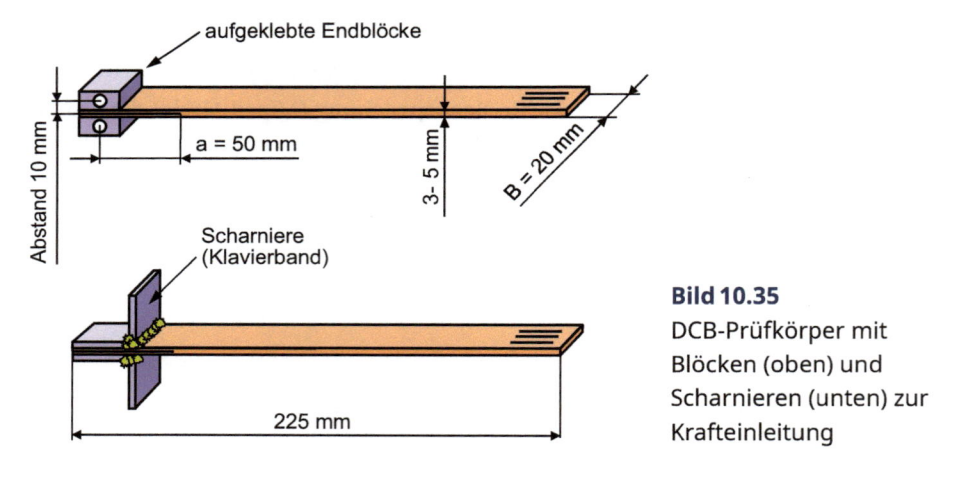

Bild 10.35
DCB-Prüfkörper mit Blöcken (oben) und Scharnieren (unten) zur Krafteinleitung

Zur Auswertung existieren mehrere eingeführte Verfahren, von denen hier nur die Flächenmethode (Bild 10.36) vorgestellt werden soll. Andere Verfahren sind in [10.8] beschrieben. Die kritische Energiefreisetzungsrate G_{Ic} wird mithilfe einer Belastungs-Entlastungs-Kurve gemäß Bild 10.36 unter Verwendung von Formel 10.31 ermittelt.

$$G_{Ic} = \frac{\Delta A}{B(a_2 - a_1)} \tag{10.31}$$

ΔA eingeschlossene Fläche
$(a_2 - a_1)$ Rissverlängerung
B Prüfkörperbreite

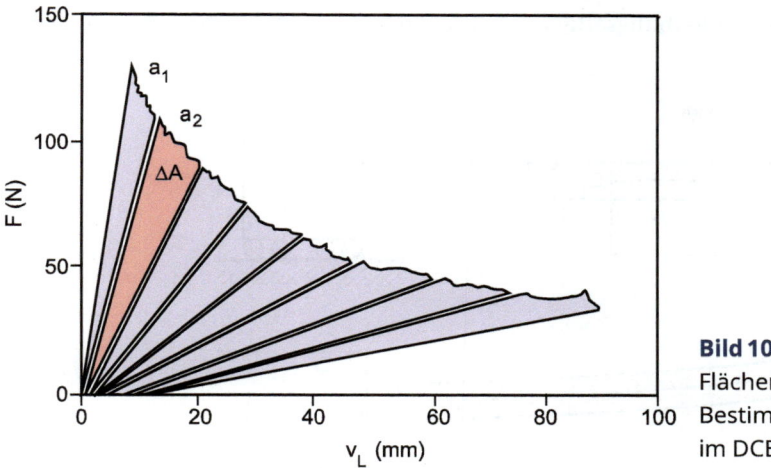

Bild 10.36
Flächenmethode zur Bestimmung von G_{Ic} im DCB-Versuch

10.6.2.2 Prüfkörper für Mode II-Beanspruchung

End-Loaded Split (ELS)-Prüfkörper

Der ELS-Prüfkörper wird zur Bestimmung der interlaminaren Risszähigkeit in Mode II-Belastung verwendet. Wie beim DCB-Versuch wird eine 50 mm lange Folie eingelegt. Die Abmessungen betragen 170 × 20 mm². Für CFK-Laminate wird eine Prüfkörperdicke von 3 mm verwendet, bei GFK-Laminaten beträgt die Dicke 5 mm, um das Delaminationswachstum bei unterschiedlich steifen Prüfkörpern zu berücksichtigen. Bei zu dünnen Prüfkörpern besteht die Gefahr eines vorzeitigen Bruches im Anrissbereich. Um das Risswachstum reproduzierbar messen zu können, ist eine CCD-Kamera zur optischen Beobachtung hilfreich.

Über einen Belastungsblock wird die Kraft gleichförmig eingeleitet (Bild 10.37) und der Prüfkörper bei Traversengeschwindigkeiten von 1 bis 5 mm min^{-1} belastet. Gleichzeitig wird mit einem geeigneten Messsystem die Durchbiegung bestimmt. Durch das Risswachstum in der Mittelschicht verändert sich die Nachgiebigkeit des Prüfkörpers. Aus dem aufgezeichneten Kraft-Durchbiegungs-Verlauf wird die Energiefreisetzungsrate berechnet [10.12]:

$$G_{IIc} = \frac{18F^2 a^2}{B^2 d^3 E_f} \tag{10.32}$$

F	Kraft
B	Prüfkörperbreite
a	Delaminationslänge
d	Prüfkörperdicke
E_f	Biegemodul

Voraussetzung für die Anwendung von Formel 10.32 ist, dass Belastungs- und Entlastungs-Kurve übereinstimmen. Ansonsten müssen die in der ESIS TC 4-Prüfvorschrift für diesen Versuch beschriebenen Korrekturfaktoren ermittelt werden. Nichtlinearitäten sind z. B. durch Reibungseffekte zwischen den gegenüberliegenden Rissflächen begründet.

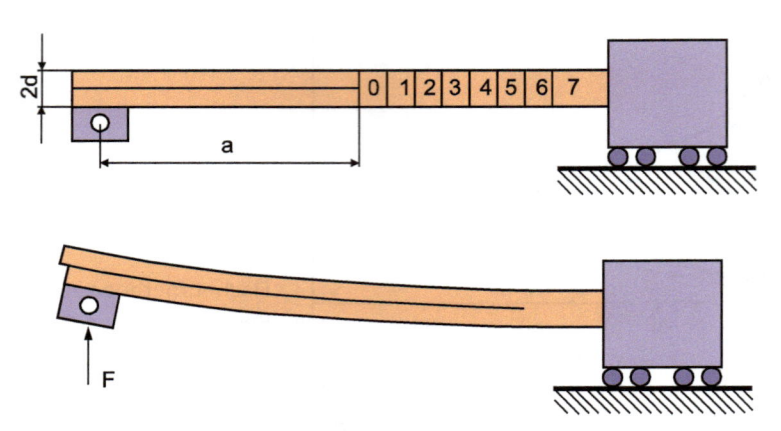

Bild 10.37 ELS-Prüfung nach ESIS TC 4

End-Notched Flexure (ENF)-Prüfkörper

Eine Abwandlung der ELS-Prüfung ist der ENF-Test nach JIS K 7086. Die Belastung erfolgt wie in einem Dreipunktbiegeversuch. Der ENF-Test dient zur Bestimmung der kritischen Energiefreisetzungsrate in ebener Dehnung unter Mode II-Belastung. Es wird eine Scherbelastung an der Rissspitze ohne Reibung zwischen den Rissoberflächen vorausgesetzt. Schubspannungen und -dehnungen vor der Rissspitze können Einfluss auf die Berechnung der Energiefreisetzungsrate haben. Zur Berechnung von G_{IIc} für EDZ dient Formel 10.33.

$$G_{IIc} = \frac{9F^2 C a^2}{2B(2L^3 + 3a^3)} \tag{10.33}$$

- L halber Auflagerabstand
- C Nachgiebigkeit

Als konservative Abschätzung der Nachgiebigkeit ist in vielen Fällen die einfache Balkentheorie ausreichend. Der Versuch wird mit einer Dreipunktbiegevorrichtung und einem definierten Anfangsriss von 25 mm (Bild 10.38) durchgeführt. Die Nachgiebigkeit kann experimentell bestimmt oder berechnet werden (Formel 10.34):

$$C = \frac{2L^3 + 3a^3}{8 E f d^3} \tag{10.34}$$

- E Biegemodul in axialer Richtung
- d halbe Balkenhöhe
- f Durchbiegung
- L halber Auflagerabstand

Durch Einsetzen von Formel 10.34 in Formel 10.33 erhält man eine berechnete Energiefreisetzungsrate:

$$G_{\text{IIc}} = \frac{9F^2 a^2}{16B\,fd^3 E} \tag{10.35}$$

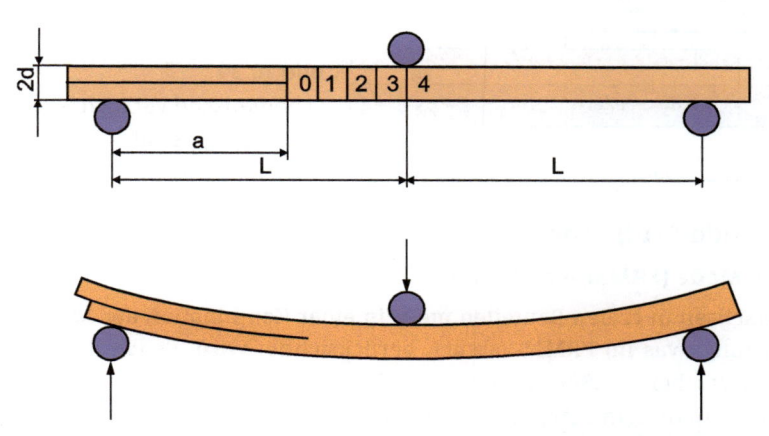

Bild 10.38 ENF-Prüfkörper im unbelasteten und belasteten Zustand nach JIS K 7086

4 End-Notched Flexure (4ENF)-Prüfkörper

Für die Entwicklung der 4ENF-Prüfung wurde die Prüfanordnung des Vierpunktbiegeversuchs zugrunde gelegt (Bild 10.39). Die Delaminationsfront liegt innerhalb des Bereiches mit konstantem Biegemoment, in dem keine Schubspannungen auftreten. Dies reduziert Reibungseffekte zwischen oberer und unterer Rissfläche. Zur Bestimmung der Energiefreisetzungsrate wird die Nachgiebigkeit in Abhängigkeit von der Delaminationslänge (Risslänge) aufgetragen und der Anstieg dieser Kurve ermittelt. Bei zu großer Durchbiegung müssen Korrekturfaktoren bestimmt werden. Die Energiefreisetzungsrate wird nach Formel 10.36 berechnet.

$$G_{\text{IIc}} = \frac{F^2}{2B}\frac{\Delta C}{\Delta a} \tag{10.36}$$

F Kraft
B Prüfkörperbreite
$\Delta C/\Delta a$ Anstieg aus der Abhängigkeit der Nachgiebigkeit von der Risslänge

Bild 10.39 Schematische Versuchsanordnung der 4ENF-Biegeprüfung [10.13]

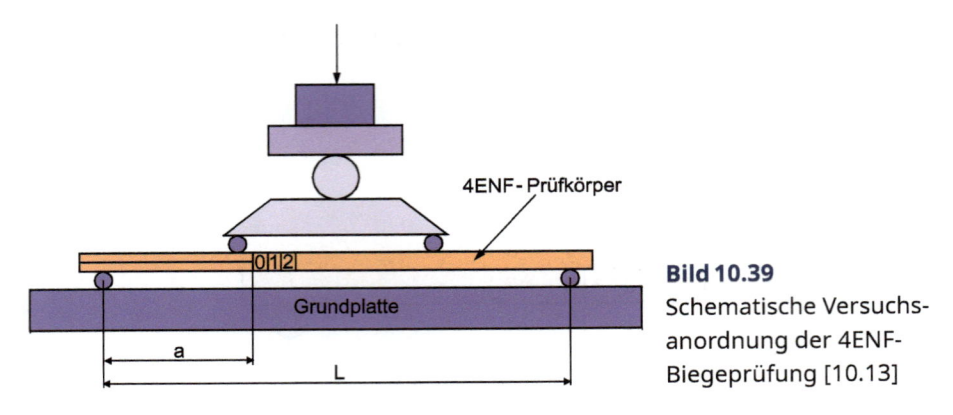

10.6.2.3 Mixed Mode-Prüfkörper

Fixed-Ratio Mixed Mode (FRMM)-Prüfkörper

Delaminationen wachsen in realen Bauteilen meist in einer Kombination aus Mode I und Mode II Belastung, was im FRMM-Versuch berücksichtigt wird. Es werden die gleichen Prüfkörper wie beim ELS-Versuch verwendet, nur dass der Belastungsblock oben angebracht und an diesem gezogen wird, während das andere Ende fest eingespannt ist (Bild 10.40). Das Verhältnis von Mode I zu Mode II bleibt bei dieser Prüfanordnung mit zunehmender Risslänge annähernd im Verhältnis 4:3 konstant. Die kritische Energiefreisetzungsrate (Formel 10.37) setzt sich aus den Freisetzungsraten der beiden Moden zusammen [10.13].

$$G_{I/II_c} = \frac{3KF^2}{B^2 d^3 E}\left[(a+\Delta_I)^2 + \frac{3}{4}(a+\Delta_{II})^2\right] \tag{10.37}$$

- F Kraft
- B, d Prüfkörperbreite und -dicke
- a Anfangsrisslänge
- E E-Modul aus Dreipunktbiegeversuch
- K Korrekturfaktor für Einspannungseffekte
- Δ_I, Δ_{II} Korrekturfaktor für Rissspitzenrotation

Das Mode I zu Mode II Verhältnis kann über die Lage der Anfangsdelamination variiert werden.

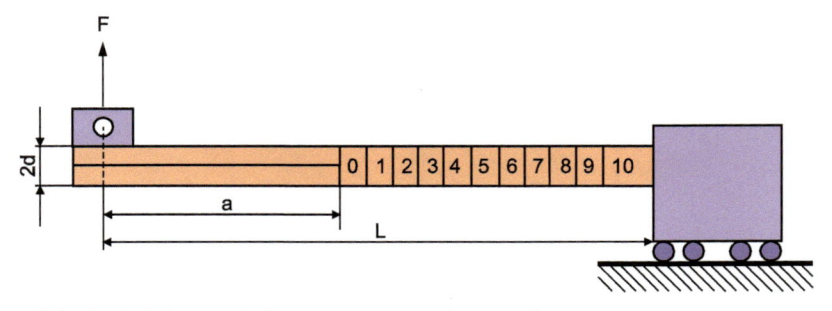

Bild 10.40 Schematische FRMM-Versuchsanordnung [10.13]

Mixed Mode Bend (MMB)-Prüfkörper

Für diese Prüfanordnung wird ein DCB-Prüfkörper verwendet, wobei im Unterschied zur DCB-Prüfung eine Verschiebung des Drehpunktes zugelassen wird (Bild 10.41), wodurch ein kontinuierlicher Übergang von Mode I zu Mode II Belastung simuliert werden kann. Es werden Kraft-Durchbiegungs-Kurven aufgenommen und bei bekanntem Abstand zwischen Drehpunkt und Bügel c können daraus die interlaminaren Energiefreisetzungsraten für Mode I und Mode II getrennt berechnet werden [10.13]:

$$G_{Ic} = \frac{F^2(3c-L)^2(a+K)^2}{16BL^2EI} \quad \text{für} \quad c > \frac{L}{3} \tag{10.38}$$

und

$$G_{IIc} = \frac{3F^2(c+L)^2(a+0{,}42K)^2}{16BL^2EI} \quad \text{für} \quad c < \frac{L}{3} \quad \text{mit} \quad G_{Ic} = 0 \tag{10.39}$$

I Flächenträgheitsmoment
c Abstand vom Drehpunkt zum Bügel
L Abstand vom Drehpunkt zum Auflager

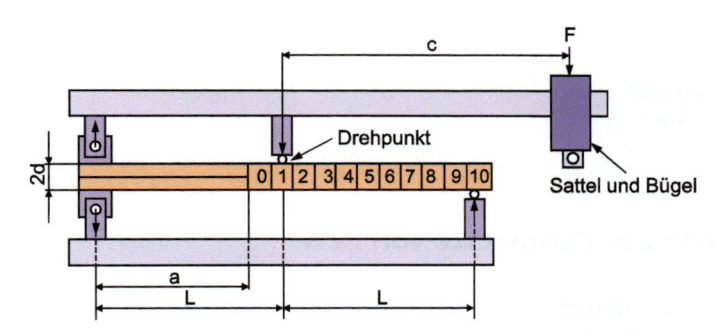

Bild 10.41 Versuchsanordnung zur Mixed Mode Bend-Prüfung [10.13]

Crack-Lap Shear (CLS)-Prüfkörper

Der CLS-Prüfkörper wurde ursprünglich für die Untersuchung des scherdominierten Versagens an Klebverbindungen konzipiert. Der Versuch wird in einer ESIS TC 4 Prüfvorschrift beschrieben. Da an der Rissspitze keine alleinige Mode II-Beanspruchung vorhanden ist, handelt es sich um eine Mixed-Mode-Beanspruchung. Um einen natürlichen Anfangsriss zu erhalten, wird der Riss zunächst geöffnet und bis zu einer bestimmten Länge verlängert. Die Traversengeschwindigkeit beträgt vorzugsweise 0,5 mm min^{-1}, wobei nur die Einspannungslage beansprucht wird, nicht die freie Scherlage (Bild 10.42). Zwischen Be- und Entlastung wird die Risslänge zur Bestimmung der Nachgiebigkeit erfasst.

Bild 10.42
CLS-Prüfkörpers nach
ESIS TC 4

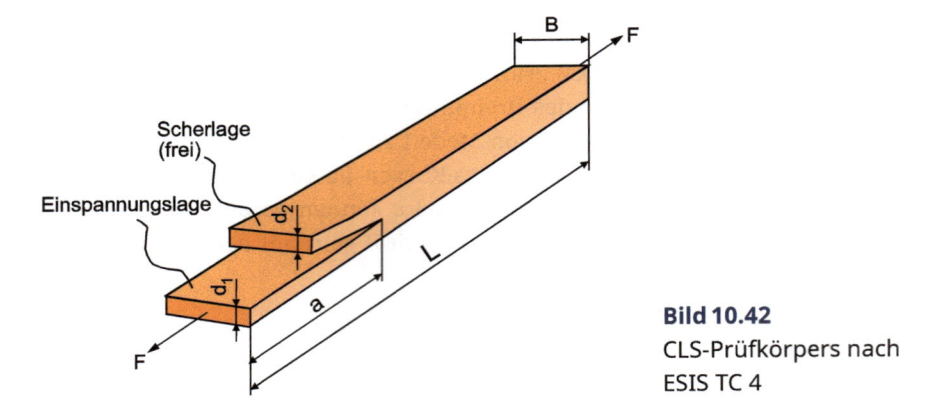

Auf Grundlage einer Festigkeitsanalyse können die Nachgiebigkeit C und die Energiefreisetzungsrate G für EDZ bestimmt werden:

$$C = \frac{L}{BEd_1} + \frac{a(d_1 - d_2)}{BEd_1 d_2} \tag{10.40}$$

$$G_{\text{I/IIc}} = \frac{F^2(d_1 - d_2)}{2B^2 E d_1 d_2} \tag{10.41}$$

d_1 Dicke der Einspannungslage
d_2 Dicke der freien Scherlage

10.6.3 Bruchmechanische Kennwerte von FVW

Der Einsatz von FVW als Bauteil und in komplexen Systemen setzt zur Gewährleistung einer ausreichenden Bruchsicherheit die Verfügbarkeit von bruchmechanischen Werkstoffkennwerten voraus, die mit den in Abschnitt 10.6.2 beschriebenen Methoden ermittelt wurden. Nachfolgend wird, basierend auf Literaturdaten und eigenen experimentellen Ergebnissen, eine Zusammenstellung ausgewählter bruchmechanischer Werkstoffkennwerte gegeben, die mit Ergebnissen aus den in Abschnitt 10.5.5.5 dargestellten verschiedenartigen Schubversuchen ergänzt wurden (Tabelle 10.2). Dabei ist allerdings zu beachten, dass in Folge der komplexen Wirkung verschiedener Morphologieparameter die systematische Bewertung des Zusammenhangs zwischen Mikrostruktur und makroskopischen Eigenschaften im Sinne einer Werkstoffkonstruktion noch erheblich eingeschränkt ist und die Übernahme von Kennwerten aus der Literatur auch bei gleichem Werkstoff und Festigkeitsbereich nur mit großer Vorsicht erfolgen sollte [1.39]. Insbesondere bei FVW kann davon ausgegangen werden, dass bruchmechanische Kennwerte empfindlicher auf strukturelle Unterschiede reagieren, als dies bei konventionellen Festigkeits- und Zähigkeitskennwerten der Fall ist. Aufgrund der Komplexität im Verbundaufbau sowie der beim Einsatz häufig auftretenden komplexen Beanspruchungen ist für FVW die Bewertung des Risseinleitungs- und -ausbreitungsverhaltens bezüglich der interlaminaren Bruchmoden (Mode I, Mode II und Mixed Mode) erforderlich.

Tabelle 10.2 Mechanische Werkstoffkennwerte von FVW (in Anlehnung an AKAY [10.14])

Werkstoff	Prüfmethode	G_{12} (GPa)	G_{Ic} (N mm^{-1})	G_{IIc} (N mm^{-1})	Quelle
EP/CF	10°	5,1			
	+45°	4,8			[10.9]
	Two-rail	4,8			[10.9]
	Iosipescu	4,3			[10.9]
	4ENF			1,1	[10.15]
EP/CF	DCB		0,31		[10.16]
	ELS			0,76	[10.16]
EP/CF	DCB		0,12		[10.17]
	ENF			0,44	[10.17]
EP/GF	+45°	5,6			
	Two-rail	5,2			
	Iosipescu	5,9			
	ENF			1,4	
PEEK/CF	DCB		1,4	2	[10.17]
PEEK/CF (APC2)	+45°	6,6			[10.9]
	+45°	5,8			[10.18]
	Iosipescu	5,7			[10.9]
	Plate-Twist	5,8			[10.9]
	DCB		1,8		[10.13]
PEEK/CF (AS4)	DCB		1,7		[10.13]
	ENF			1,8	[10.9]
	ELS			1,7	[10.9]
	ELS			2,3	[10.12]
PEEK/CF (AS4/APC2)	DCB		1,2		[10.19]
	ELS			2,1	[10.19]

AS4, APC2 Standard C-Fasern

10.7 Spezifische Prüfmethoden

10.7.1 Edge-Delamination Test (EDT)

Diese Methode dient zur Bestimmung der Randdelaminationszähigkeit eines Laminatverbundes. Aufgrund der unterschiedlichen Poissonzahlen in verschieden orientierten Lagen können hohe Spannungen zwischen den Schichten entstehen (Bild 10.43). Die stärksten interlaminaren Spannungen befinden sich zwischen den – 30° und den 90° Lagen. Bei Zugbelastung tritt daher zwischen diesen Schichten eine Delamination auf. Die EDT-Prüfkörper werden mit einem [± 30, ± 30, 90, 90]$_s$ Lagenaufbau hergestellt. Der Prüfkörper (Bild 10.43 rechts) wird in einer Universalprüfmaschine mit einer Traversengeschwindigkeit von 1 mm min^{-1} auf Zug belastet. Bei der Abweichung des linearen Anstiegs der Spannungs-Dehnungs-Kurve ist ein Delaminationsbeginn zu verzeichnen.

Aufgrund der axialen Steifigkeitsabnahme infolge der Delaminationsausbreitung, kann die Energiefreisetzungsrate G nach *O'Brien* [10.20] wie folgt bestimmt werden:

$$G = \frac{\varepsilon^2 d (E_x - E^*)}{2} \qquad (10.42)$$

ε axiale Dehnung
d Prüfkörperdicke
E_x axialer Anfangsmodul
E^* axialer Modul der totalen Delamination

Zur Ermittlung von E^* wird i. Allg. die Mischungsregel angewandt:

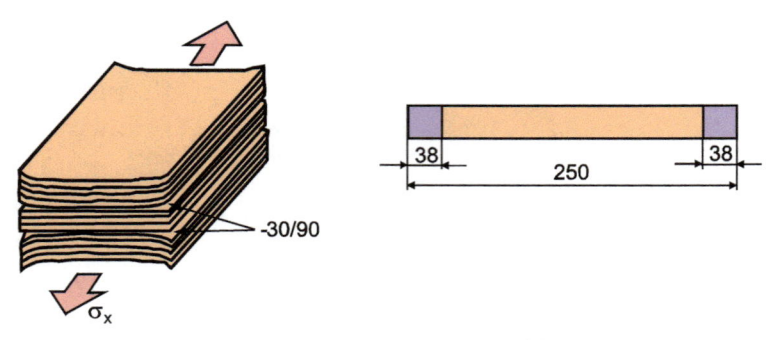

$$E^* = \frac{\left[8 E_x (\pm 30)_2 + 3 E_x (90) \right]}{11} \qquad (10.43)$$

Bild 10.43 Angenommene Delamination für einen [± 30, ± 30, 90, 90]$_s$ EDT-Prüfkörper, sowie deren Geometrie [10.20]

In diesem Zusammenhang ist zu berücksichtigen, dass die Energiefreisetzungsrate unabhängig von der Delaminationsausbreitung ist, für unterschiedlichen Lagenaufbau aber variieren kann.

10.7.2 Boeing Open-Hole Compression Prüfung

Die Boeing Open-Hole Compression-Prüfmethode unterscheidet sich vom klassischen Druckversuch im Wesentlichen durch die Lasteinleitung und die Prüfkörpergeometrie.

Dieser Versuch wird für scher- und kantenbelastete Druckversuche an gelochten quasiisotropen Laminaten verwendet. Er ist in der SACMA SRM 3R und ASTM D 6484 beschrieben. Die Prüfkörperdimensionen betragen $38{,}1 \times 304{,}8 \times 0{,}254\,\text{mm}^3$. Das Loch in der Prüfkörpermitte hat einen Durchmesser von 6,35 mm. Die Prüfeinrichtung wird in eine Universalprüfmaschine eingespannt, um eine Scher- und Druckbeanspruchung zu realisieren (Bild 10.44). Bei einer Druckbeanspruchung muss die Prüfvorrichtung so geführt werden, dass sie nicht wegrutscht.

Bild 10.44
Boeing Open-Hole Compression Prüfvorrichtung: offen (a) und geschlossen (b)

Beim Northrop Open-Hole Compression Test (NAI-1504C) werden kleinere Prüfkörper verwendet ($25{,}4 \times 76{,}2\,\text{mm}^2$). Der Lochdurchmesser in der Prüfkörpermitte ist ebenfalls 6,35 mm. Der Prüfkörper wird mit Druck auf die Prüfkörperkante belastet. Durch die vollflächige Halterung wird das Ausknicken verhindert. Die Ergebnisse dieser Prüfmethode können aufgrund der unterschiedlichen geometrischen Verhältnisse nicht direkt mit der Boeing Open-Hole Prüfmethode verglichen werden.

10.8 Schälfestigkeit biegeweicher Laminate

Flexible Laminate spielen z. B. bei Verpackungsanwendungen eine große Rolle. Durch Schälversuche werden die adhäsiven Festigkeiten zwischen zwei Schichten im Laminat bestimmt. Es kann zwischen dem Schälversuch nach ASTM D 1876 (Bild 10.45), dem Trommelschälversuch (Bild 10.46) nach ASTM D 1781 und dem Bandrollenschälversuch (Bild 10.47) nach ASTM D 3167 unterschieden werden, womit die Schälfestigkeiten bzw. die kritische Energiefreisetzungsraten G ermittelt werden. Die Kennwerte geben nur geringe Informationen über die Energieaufteilung in den Schub- und Schälbelastungsanteil an der Gesamtdeformation.

Der Standardprüfkörper beim Schälversuch ist 12,7 mm breit, 254 mm lang und mit einem 50,8 mm langen Anriss versehen. Zur Vermeidung unzulässiger Durchbiegungen muss das Laminat eine ausreichende Steifigkeit besitzen. Bild 10.45 zeigt den Versuchsaufbau.

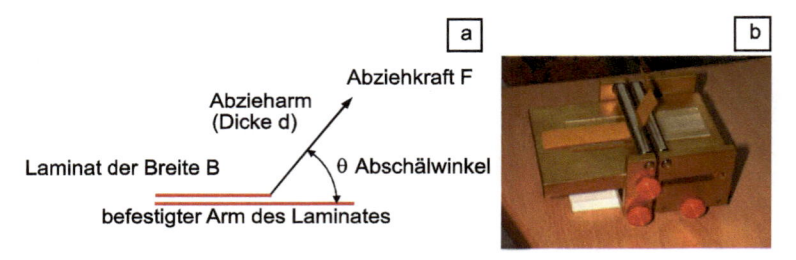

Bild 10.45 Darstellung der Schälprüfmethode nach ASTM D 1876: schematisch (a) und Vorrichtung (b)

Aus der Messung der Peel-Kraft (Abziehkraft) kann die adhäsive Energiefreisetzungsrate G anhand der ASTM D 1876 wie folgt berechnet werden:

$$G = \frac{F}{B}(1+\cos\theta) + \frac{F}{B}(1-\cos\theta) \tag{10.44}$$

F Abziehkraft
B Prüfkörperbreite
θ Abschälwinkel

Für eine reproduzierbare Kennwertermittlung ist die exakte Einhaltung der Prüfbedingungen von besonderer Bedeutung, da Änderungen im Abschälwinkel die Messergebnisse maßgeblich beeinflussen.

Der Trommelschälversuch (Bild 10.46) kann sowohl für Sandwichplatten als auch für Laminate verwendet werden. Der Prüfkörper mit einer Breite von 76,2 mm und einer Länge von 304,8 mm besitzt im Unterschied zum Schälprüfkörper einen Überhang von 25,4 mm an beiden Enden der Deckschicht. Es wird mit einer Traversengeschwindigkeit von 25,4 mm min^{-1} geprüft. Zur Bestimmung der durchschnittlichen Abziehkraft wird das Kraft-Traversenweg-Diagramm herangezogen.

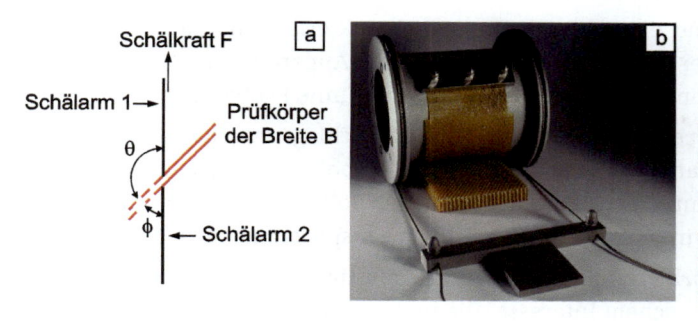

Bild 10.46 Darstellung des Trommelschälversuches nach ASTM D 1781: schematisch (a) und mit abgeschälter Deckschicht

Der Bandrollenschälversuch (Bild 10.47) als Alternative zum Trommelschälversuch wird benutzt, um mit einem größeren Winkel abzuziehen.

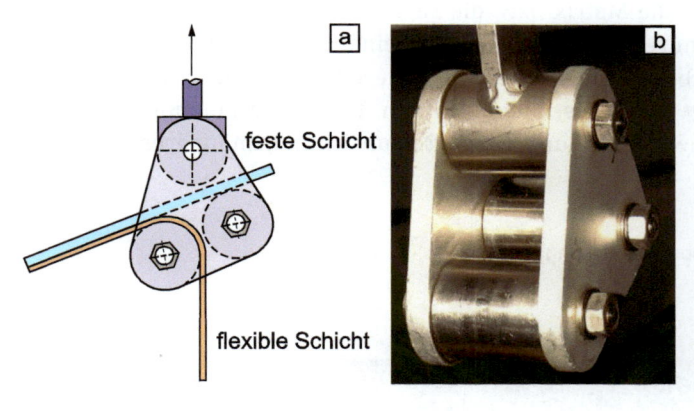

Bild 10.47 Bandrollenschälversuch nach ASTM D 3167: schematische Darstellung (a) und Prüfvorrichtung (b)

Die Prüfkörper haben eine Breite von maximal 25,4 mm, eine Länge von 254 mm und einen 50,8 mm Überhang an einem Ende der Deckschicht. Die Traversengeschwindigkeit beträgt 152 mm min^{-1}; auch hier wird die Abziehkraft aus dem Kraft-Traversenweg-Diagramm ermittelt.

10.9 Schlagbeanspruchung und Schadenstoleranz

Faserverstärkte Werkstoffe reagieren empfindlich auf Schäden als Folge einer Schlagbelastung. Diese Belastungen können sehr unterschiedlich in Hinblick auf Geschwindigkeit, Spannungszustand und lokaler Intensität sein, so dass keine einheitliche Prüfmethode die verschiedenen Schlagbeanspruchungen wiedergeben kann. Einige, für die Praxis relevanten Schlagversuche werden nachfolgend dargestellt. Insbesondere bei duroplastischen Matrixwerkstoffen kommt es infolge von Schubverformungen bei der Schlagbeanspruchung zu Matrixrissen und Delaminationen. Thermoplastische Verbunde verhalten sich dagegen häufig schadenstoleranter.

Um den Schlagwiderstand eines Werkstoffes zu charakterisieren, können in-plane Schockwellen z. B. mit der sogenannten *Hopkinson*-Bar-Apparatur [10.21] durch den Verbund geschickt werden. Dieses Verfahren wird für dünne Prüfkörper eingesetzt.

Für dickere Laminate gibt es verschiedene out-of-plane Schlagversuche. Am gebräuchlichsten ist die Schlagbeanspruchung durch einen Fallbolzen mit genau definierter Energie. Die Apparatur muss gewährleisten, dass der Bolzen nach einem möglichen Rückprall aufgefangen wird, um mehrfache Schlagbeanspruchungen zu vermeiden.

Neben der Höhe der absorbierten Energie ist die Restfestigkeit des Verbundes in Folge der Schädigung von praktischem Interesse. Die in das Laminat eingebrachte Energie wird dabei über ein großes Volumen im Inneren dissipiert. Es entstehen Delaminationen zwischen den Schichten unterschiedlicher Faserorientierung (Bild 10.48), zusätzlich werden die Schichten diagonal von Rissen durchzogen. In den meisten Fällen wird dabei hauptsächlich die Matrix bzw. die Faser/Matrix-Grenzfläche geschädigt, während Faserschäden nur lokal auftreten. Nach einer Schlagbeanspruchung sind die äußerlich nicht sichtbaren Schäden, die im Inneren des Laminates große Delaminationsflächen erzeugt haben, besonders kritisch. Diese Delaminationen können dann z. B. unter einer Schwingbelastung, von außen unsichtbar, im Inneren des Laminates wachsen.

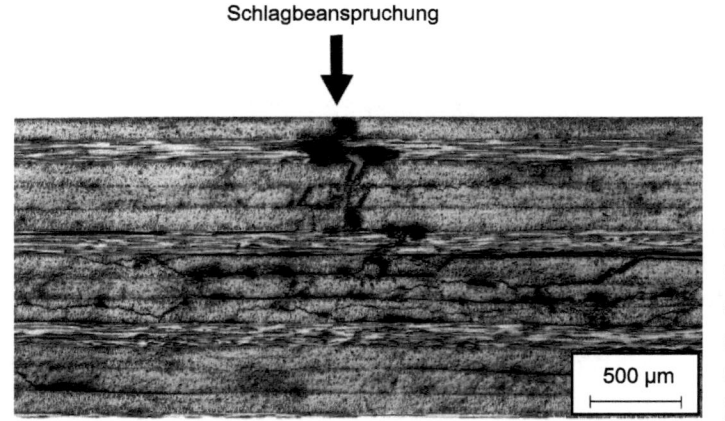

Bild 10.48 Querschnitt eines durch Schlagbeanspruchung geschädigten Laminates [10.3]

Der Compression After Impact Test (CAI) dient zur Charakterisierung der Schadenstoleranz von FVW. Er ist z. B. in SACMA SRM 2 als Boeing Compression After Impact Test und in der DIN 65561 beschrieben. Es werden jeweils drei Prüfkörper hergestellt und mit verschieden hohen Schlagenergien belastet. Die Prüfkörperdimensionen betragen $101{,}6 \times 152{,}4$ mm^2 und besitzen üblicherweise einen multi-direktionalen Schichtaufbau. Je nach Flächengewicht besteht das Laminat aus 24 bis 48 Prepreglagen. Von allen Prüfkörpern wird nach der Schlagbeanspruchung die innere Schädigungsfläche mittels C-Scan (Ultraschallprüfung) zerstörungsfrei bestimmt. Aus der Schädigungsfläche A_S in Abhängigkeit von der Schlagenergie A_H (Bild 10.49) lässt sich der Schädigungswiderstand des Verbundwerkstoffes bestimmen. Dabei muss jedoch berücksichtigt werden, dass für geringe Schlagenergien die innere Schädigungsfläche mit Ultraschall C-Scan nicht mehr zuverlässig bestimmt werden kann [10.22].

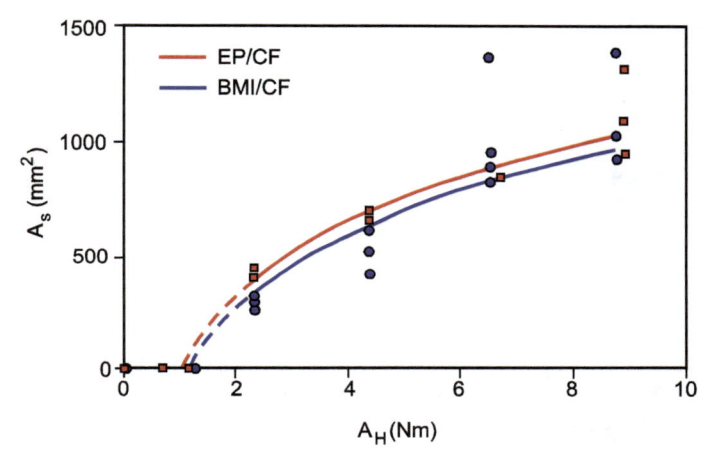

Bild 10.49 Schädigungsfläche, durch C-Scan ermittelt, als Funktion der Schlagbeanspruchungsenergien (BMI – Bismaleimid) [10.3]

Aus den US-gescannten Schlagproben werden für den Druckversuch angepasste Prüfkörper (Bild 10.50a) herausgearbeitet. Die Konstruktion der Druckprüfeinrichtung (Bild 10.50b) erlaubt eine reproduzierbare Kennwertermittlung an quasi-isotropen Laminaten auch mit geringer Eigenfestigkeit. Der Prüfkörper wird mit einer Geschwindigkeit von 1,3 mm min^{-1} auf Druck beansprucht. Die dabei ermittelte Druckfestigkeit wird als Restdruckfestigkeit nach Schlagbeanspruchung bezeichnet.

Bild 10.50 Compression After Impact (CAI)-Test: Prüfkörpergeometrie (a) und Prüfanordnung (b)

Zur Bestimmung des Schädigungswiderstandes wird die im Druckversuch ermittelte Restdruckfestigkeit in Abhängigkeit von der Schlagenergie A_H aufgetragen (Bild 10.51). Aus der Kenntnis des Zusammenhangs zwischen Restdruckfestigkeit und Schädigungsfläche kann die Schadenstoleranz eines FVW ermittelt werden. Als schadenstolerant wird der FVW angesehen, der bei gleicher Schädigungsfläche eine höhere Restdruckfestigkeit aufweist (Bild 10.52).

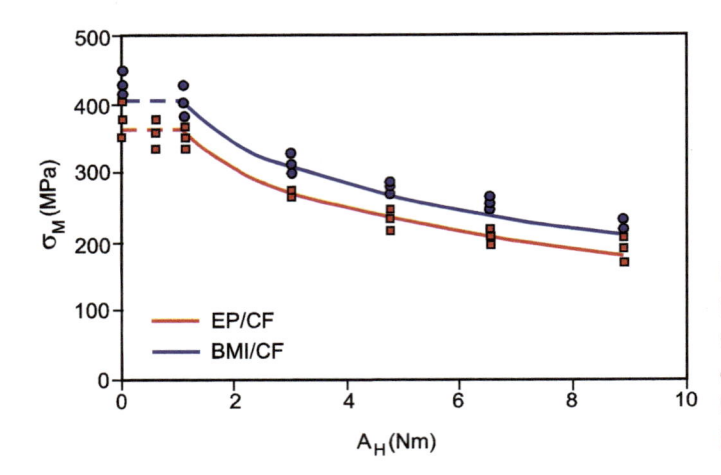

Bild 10.51 Restdruckfestigkeit σ_M nach Schlagbeanspruchung bei unterschiedlichen Schlagenergien [10.3]

Für den zähmodifizierte Bismaleimid (BMI)/CF-Verbund werden geringere Schädigungsflächen als für den spröderen EP/CF-Verbund ermittelt (Bild 10.49). Die Streuungen in den ermittelten Schädigungsflächen sind bei höheren Energien bei beiden Systemen relativ groß, bei der Bestimmung der Restdruckfestigkeiten hingegen erwartungsgemäß gering. Die Abhängigkeit der Restdruckfestigkeit von der Schlagenergie zeigt eine höhere Restdruckfestigkeit für den BMI/CF-Verbund (Bild 10.51). Von den beiden untersuchten FVW erweist sich der BMI/CF-Verbund als der schadenstolerantere.

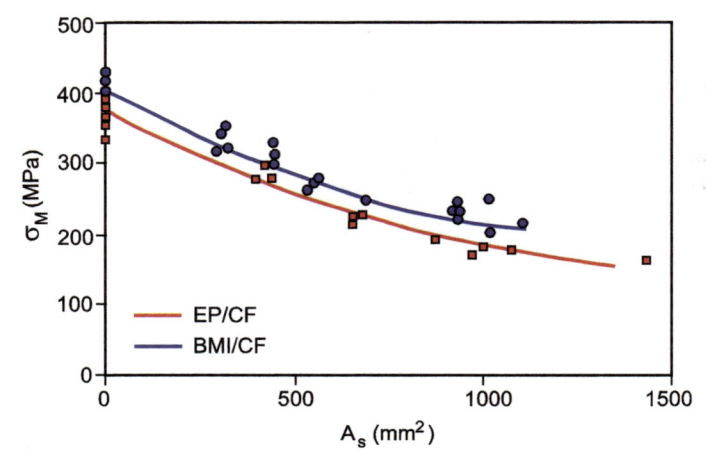

Bild 10.52 Restdruckfestigkeit σ_M in Abhängigkeit von der Schädigungsfläche [10.3]

10.10 Zusammenstellung der Normen und Richtlinien

ASTM C 273/C 273 M (2020)	Standard Test Method for Shear Properties of Sandwich Core Materials
ASTM C 297/C 297 M (2016)	Standard Test Method for Flatwise Tensile Strength of Sandwich Constructions
ASTM C 393/C 393 M (2020)	Standard Test Method for Core Shear Properties of Sandwich Constructions by Beam Flexure
ASTM D 695 (2023)	Standard Test Method for Compressive Properties of Rigid Plastics
ASTM D 790 (2017)	Standard Test Method for Flexure Properties of Unreinforced and Reinforced Plastics and Electrical Insulating Materials
ASTM D 1781 (2021)	Standard Test Method for Climbing Drum Peel for Adhesives
ASTM D 1876 (2023)	Standard Test Method for Peel Resistance of Adhesives (T-Peel Test)
ASTM D 2344/D 2344 M (2022)	Standard Test Method for Short-Beam Strength of Polymer Matrix Composite Materials and their Laminates
ASTM D 3039/D 3039 M (2017)	Standard Test Method for Tensile Properties of Polymer Matrix Composite Materials
ASTM D 3044 (2023)	Standard Test Method for Shear Modulus of Wood-Based Structural Panels
ASTM D 3167 (2017)	Standard Test Method for Floating Roller Peel Resistance of Adhesives
ASTM D 3410/D 3410 M (2016)	Standard Test Method for Compressive Properties of Polymer Matrix Composite Materials with Unsupported Gage Section by Shear Loading
ASTM D 3518/D 3518 M (2018)	Standard Test Method for In-Plane Shear Response of Polymer Matrix Composite Materials by Tensile Test of a ±45° Laminate
ASTM D 4255/D 4255 M (2020)	Standard Test Method for In-Plane Shear Properties of Polymer Matrix Composite Materials by the Rail Shear Method
ASTM D 5379/D 5379 M (2019)	Standard Test Method for Shear Properties of Composite Materials by the V-Notched Beam Method
ASTM D 5448/D 5448 (2022)	Standard Test Method for Inplane Shear Properties of Hoop Wound Polymer Matrix Composite Cylinders

ASTM D 5528/D 5528 M (2021)	Standard Test Method for Mode I Interlaminar Fracture Toughness of Unidirectional Fiber-Reinforced Polymer Matrix Composites
ASTM D 6272 (2017)	Standard Test Method for Flexural Properties of Unreinforced and Reinforced Plastics and Electrical Insulating Materials by Four-Point Bending
ASTM D 7264/D 7264 M (2021)	Standard Test Method for Flexural Properties of Polymer Matrix Composite Materials
ASTM D 6484/D 6484 M (2023)	Standard Test Method for Open-Hole Compressive Strength of Polymer Matrix Composite Laminates
ASTM D 6671/D 6671 M (2022)	Standard Test Method for Mixed Mode I–Mode II Interlaminar Fracture Toughness of Unidirectional Fiber Reinforced Polymer Matrix Composites
ASTM E 1922/E 1922 M (2022)	Standard Test Method for Translaminar Fracture Toughness of Laminated and Pultrudet Polymer Matrix Composite Materials
BS 2782-10 Method 1005 (1977)	Methods of Testing Plastics – Glass Reinforced Plastics – Determination of Flexural Properties – Three Point Method
BSS 7260 (2009)	Compressive Strength of Impact Damaged Composite Laminates (Boeing BSS 7260)
DIN 29971 (1991)	Luft- und Raumfahrt – Unidirektionalgelege-Prepreg aus Kohlenstofffasern und Epoxidharz – Technische Lieferbedingungen
DIN 53293 (1982)	Prüfung von Kernverbunden; Biegeversuch
DIN 53294 (1982)	Prüfung von Kernverbunden; Schubversuch
DIN 65375 (1989)	Luft- und Raumfahrt – Faserverstärkte Kunststoffe; Prüfung von unidirektionalen Laminaten; Druckversuch quer zur Faserrichtung
DIN V 65380 (1987)	Luft- und Raumfahrt – Faserverstärkte Kunststoffe; Prüfung von unidirektionalen Laminaten und Gewebelaminaten; Druckversuch parallel und quer zur Faserrichtung (zurückgezogen)
DIN 65561 (1991)	Luft- und Raumfahrt – Faserverstärkte Kunststoffe; Prüfung von multidirektionalen Laminaten; Bestimmung der Druckfestigkeit nach Schlagbeanspruchung (zurückgezogen)
DIN 65563 (1992)	Luft- und Raumfahrt – Faserverstärkte Kunststoffe; Bestimmung der interlaminaren Energiefreisetzungsrate (Entwurf zurückgezogen)

10.10 Zusammenstellung der Normen und Richtlinien

DIN EN 2563 (1997)	Luft- und Raumfahrt – Kohlenstofffaserverstärkte Kunststoffe – Unidirektionale Laminate; Bestimmung der scheinbaren interlaminaren Scherfestigkeit
DIN EN 2850 (2018)	Luft- und Raumfahrt – Unidirektionale Laminate aus Kohlenstofffasern und Reaktionsharz – Druckversuch parallel zur Faserrichtung
DIN EN ISO 178 (2019)	Kunststoffe – Bestimmung der Biegeeigenschaften
DIN EN ISO 527	Kunststoffe – Bestimmung der Zugeigenschaften • Teil 4 (2023): Prüfbedingungen für isotrop und anisotrop faserverstärkte Kunststoffverbundwerkstoffe • Teil 5 (2022): Prüfbedingungen für unidirektional faserverstärkte Kunststoffverbundwerkstoffe
DIN EN ISO 14125 (2011)	Faserverstärkte Kunststoffe – Bestimmung der Biegeeigenschaften
DIN EN ISO 14126 (2024)	Faserverstärkte Kunststoffe – Bestimmung der Druckeigenschaften in der Laminatebene
DIN EN ISO 14129 (1998)	Faserverstärkte Kunststoffe – Zugversuch an 45°-Laminaten zur Bestimmung der Schubspannungs/Schubverformungs-Kurve des Schubmoduls in der Lagenebene
DIN EN ISO 14130 (1998)	Faserverstärkte Kunststoffe – Bestimmung der scheinbaren interlaminaren Scherfestigkeit nach den Dreipunktverfahren mit kurzem Balken
DIN EN ISO 15310 (2005)	Faserverstärkte Kunststoffe – Bestimmung des Schermoduls nach dem Verfahren der drehbaren Platte
DIN ISO 18352 (2017)	Kohlenstofffaserverstärkte Kunststoffe – Ermittlung der Compression-After-Impact-Eigenschaften bei spezifischer Aufprallenergie
ESIS TC 4 (1995)	Protocol for Interlaminar Fracture Testing of Composites (Mode I DCB – ISO 15 024 and Mode II ELS – ESIS TC4)
ISO 15024 (2023)	Fibre-Reinforced Plastic Composites – Determination of Mode I Interlaminar Fracture Toughness, G_{Ic}, for Unidirectionally Reinforced Materials
JIS K 7086 (1993)	Testing Methods for Interlaminar Fracture Toughness of Carbon Fiber Reinforced Plastics
NAI-1504C (1988)	Open-Hole Compression Test Method

NASA 1092 (1983)	Compression after Impact and Open-Hole Compression Fixture
SACMA SRM 1R (1994)	Compressive Properties of Oriented Fiber-Resin Composites
SACMA SRM 2R (1994)	Compression After Impact Properties of Oriented Fiber-Resin Composites
SACMA SRM 3R (1994)	Open-Hole Compression Properties of Oriented Fiber-Resin Composites
SACMA SRM 7R (1988)	Inplane Shear Stress-Strain Properties of Oriented Fiber-Resin Composites

10.11 Literatur

[10.1] Lang, R. W.; Tesch, H.; Hermann, G. H.: Material development and 2nd source qualified of carbon fibre/epoxy prepregs. Proc. 9th Intern. SAMPE Conf., Milano, Italy (1988)

[10.2] Carlsson, L. A.; Pipes, R. B.: Hochleistungsverbundwerkstoffe. Teubner Studienbücher: Werkstoffe, Kap. 2.3. Teubner Verlag, Stuttgart (1989)

[10.3] Altstädt, V.; Heym, M.: Einfluss des Matrixtyps auf die statischen und dynamischen Eigenschaften von Polymeren Hochleistungsverbundwerkstoffen. Forschungsbericht BASF AG (1990)

[10.4] Skudra, A. M.; Sih, G. C.: Handbook of Composites: Failure mechanics of Composites. Vol. 3 (1985)

[10.5] Godwin, E. W.: Tension. In: Hodgkinson, J. M. (Ed.): Mechanical Testing of Advanced Fibre Composites. Woodhead Publishing, Cambridge (2000)

[10.6] Karbhari, V. M.: Use of Composite Materials in Civil Infrastructure in Japan. International Technology Research Institute, World Technology (WTEC) Division, Japan (1998)

[10.7] Büche, G.; Bock, S.: Verbund trotzt Hochdruck. Chemie Technik 10 (2001) 52–53

[10.8] Hodgkinson, J. M.: Flexure. In: Hodgkinson, J. M. (Ed.): Mechanical Testing of Advanced Fibre Composites. Woodhead Publishing, Cambridge (2000)

[10.9] Broughton, W. R.: Shear. In: Hodgkinson, J. M. (Ed.): Mechanical Testing of Advanced Fibre Composites. Woodhead Publishing, Cambridge (2000)

[10.10] Sims, G. D.; Nimmo, W.; Johnson, A. F.; Ferris, D. H.: Analysis of Plate-twist Test for In-plane Shear Modulus of Composite Materials, NPL Report DMM (1) 54 (1992)

[10.11] Storck Bicycle GmbH: Patentschrift DE 200 11 358 U1, Bad Camberg (2001)

[10.12] Wang, H.; Vu-Khanh, T.: Use of end-loaded-split (ELS) test to study stable fracture behaviour of composites under mode II loading. Compos. Struct. 36 (1996) 71–79. *https://doi.org/10.1016/ S0263-8223(96)00066-9*

[10.13] Robinson, P.; Hodgkinson, J. M.: Interlaminar fracture toughness. In: Hodgkinson, J. M. (Ed.): Mechanical Testing of Advanced Fibre Composites. Woodhead Publishing, Cambridge (2000)

[10.14] Akay, M.: Fracture mechanics properties. In: Brown, R. (Ed.): Handbook of Polymer Testing. Marcel Decker Inc., New York (1999) 533–588

[10.15] Schuecker, C.; Davidson, B. D.: Evaluation of the accuracy of the four-point bend end-notched flexure test for mode II delamination toughness determination. Compos. Sci. Technol. 60 (2000) 2137–2146. https://doi.org/10.1016/S0266-3538(00)00113-5

[10.16] Hashemi, S.; Kinloch, A. H.; Williams, J. G.: Interlaminar fracture of composite materials. Proceedings of the 6th ICCM and the 2nd ECCM, I. C. London, Vol. 3 (1987) 254

[10.17] Davies, P. et al: Round-robin interlaminar fracture testing of carbon-fibre-reinforced epoxy and PEEK composites. Compos. Sci. Technol. 43 (1992) 129–136. https://doi.org/10.1016/0266-3538(92)90003-L

[10.18] Kawai, M.; Masuko, Y.; Kawase, Y.; Negishi, R.: Micromechanical analysis of the off-axis rate-dependent inelastic behavior of unidirectional AS4/PEEK at high temperature. Int. J. Mech. Sci. 43 (2001) 2069–2090. https://doi.org/10.1016/S0020-7403(01)00029-7

[10.19] Dyson, N.; Kinloch, A. J.; Okada, A.: The interlaminar failure behaviour of carbon fibre/polyetheretherketone composites. Composites 25 (1994) 189–196. https://doi.org/10.1016/0010-4361(94)90016-7

[10.20] O'Brien, T. K.; Johnston, N. J.; Morris, D. H.; Simonds, R. A.: A simple test for the interlaminar fracture toughness of composites. Proc. 18th Intern. SAMPE Symposium (1982)

[10.21] Parry, D. J.: The Hopkinson Bar. In: Swallowe, G. M. (Ed.): Mechanical Properties and Testing of Polymers. Kluwer Academic Publishers, Dordrecht (1999)

[10.22] Walter, H.; Bierögel, C.; Grellmann, W.; Rufke, B.: Influence of exposure on the impact behaviour of glass-fibre-reinforced polymer composites. In: Grellmann, W.; Seidler, S. (Eds.): Deformation and Fracture Behaviour of Polymers. Springer Verlag, Berlin (2001) 571–580. https://doi.org/10.1007/978-3-662-04556-5_41

11 Technologische Prüfverfahren

11.1 Wärmeformbeständigkeit

11.1.1 Grundlagen und Definitionen

Das mechanische Verhalten von Kunststoffen bei erhöhten Temperaturen ist unter anwendungstechnischen Gesichtspunkten von besonderer Bedeutung. Zur Beurteilung des Temperaturanwendungsbereiches werden zumeist standardisierte physikalisch-technologische oder rein technologische Methoden verwendet.

Unter Formbeständigkeit in der Wärme versteht man die Fähigkeit eines Prüfkörpers unter einer bestimmten Belastungsbedingung seine Form bis zu einer bestimmten Temperatur beizubehalten bzw. bei festgelegter Prüftemperatur einen vorgegebenen Verformungsbetrag nicht zu überschreiten.

Die Methoden zur Bestimmung der thermischen Belastbarkeit von Kunststoffen lassen sich auch in die Gruppe der thermomechanischen Prüfverfahren einordnen (s. Abschnitt 6.1).

Die theoretischen Vorstellungen zu den molekularen Vorgängen wurden bereits in Abschnitt 4.2 behandelt. Danach ist die Formbeständigkeit unmittelbar mit der bei höherer Temperatur einsetzenden Molekularbewegung verbunden. Im Wesentlichen begrenzen zwei Übergangsbereiche die Wärmeformbeständigkeit und damit die praktische Anwendbarkeit von Kunststoffen:

- bei amorphen Kunststoffen der Glasübergang mit der charakteristischen Temperatur T_g und
- bei teilkristallinen Kunststoffen der Kristallitschmelzbereich mit der Schmelztemperatur T_m.

Die Wärmeformbeständigkeit kann nach verschiedenen genormten Messmethoden bestimmt werden. Die wichtigsten sind die folgenden:

- Wärmeformbeständigkeit nach *Martens* [1.44],
- *Vicat*-Erweichungstemperatur (*Vicat* Softening Temperature, *VST*) nach DIN EN ISO 306 und
- Wärmeformbeständigkeitstemperatur (Heat Distorsion Temperature, *HDT*) nach DIN EN ISO 75-1 bis 75-3.

Entsprechend ihrer Bedeutung in der Prüfpraxis werden im nächsten Abschnitt die Wärmeformbeständigkeitsmethoden nach *Vicat* und *HDT* dargestellt. Beide Prüfverfahren führen methodisch bedingt zu unterschiedlichen Ergebnissen die zusätzlich von der außerordentlichen Verarbeitungsempfindlichkeit der Kunststoffe beeinflusst werden.

11.1.2 Bestimmung der Wärmeformbeständigkeitstemperatur *HDT* und der *Vicat*-Erweichungstemperatur

Allen bekannten Verfahren liegt das gleiche Messprinzip zugrunde. Ein definiert belasteter Prüfkörper wird mit konstanter Aufheizgeschwindigkeit erwärmt. Die Erwärmung kann in einem Heizbad oder in einem Heizschrank erfolgen. Die Temperaturmessung erfolgt in der Flüssigkeit oder in eingebauten Temperaturfühlern am Belastungsort.

Vicat-Erweichungstemperatur

Die Norm DIN EN ISO 306 legt vier Verfahren zur Bestimmung der *Vicat*-Erweichungstemperatur fest, die nach der gewählten Heizrate bezeichnet werden:

- Verfahren
    - A50: mit einer Kraft von 10 N und eine Heizrate von 50 °C/h
    - A120: mit einer Kraft von 10 N und eine Heizrate von 120 °C/h
    - B50: mit einer Kraft von 50 N und eine Heizrate von 50 °C/h
    - B120: mit einer Kraft von 50 N und eine Heizrate von 120 °C/h

Das Ziel dieses Versuches besteht in der Bestimmung der Temperatur in °C, bei der eine Eindringspitze 1 mm tief in die Oberfläche des Prüfkörpers eingedrungen ist. Die Eindringspitze hat einen kreisförmigen Querschnitt von 1 mm^2 Fläche. Die gemessene Temperatur wird als *Vicat* Softening Temperature *VST* bezeichnet. Für die Prüfung werden quadratische (Grundfläche 10×10 mm^2) oder runde (Mindestdurchmesser 10 mm) Prüfkörper mit einer Dicke von 3 mm bis 6,5 mm verwendet. Die Oberflächen müssen eben und parallel sowie gratfrei sein.

Das *Vicat*-Prüfgerät besteht aus einem Stab mit Auflageteller für die Prüfgewichte und einer Aufnahmevorrichtung für die Eindringspitze sowie einer kalibrierten Messuhr zur Eindringtiefenbestimmung. Die beschriebenen Prüfkörper werden auf einer Prüfkörperauflage positioniert (Bild 11.1a). Da die *Vicat*-Temperatur auf eine Änderung der Molekülgröße anspricht, kann durch die Messung auf verarbeitungsbedingte thermische Schädigung geschlossen werden.

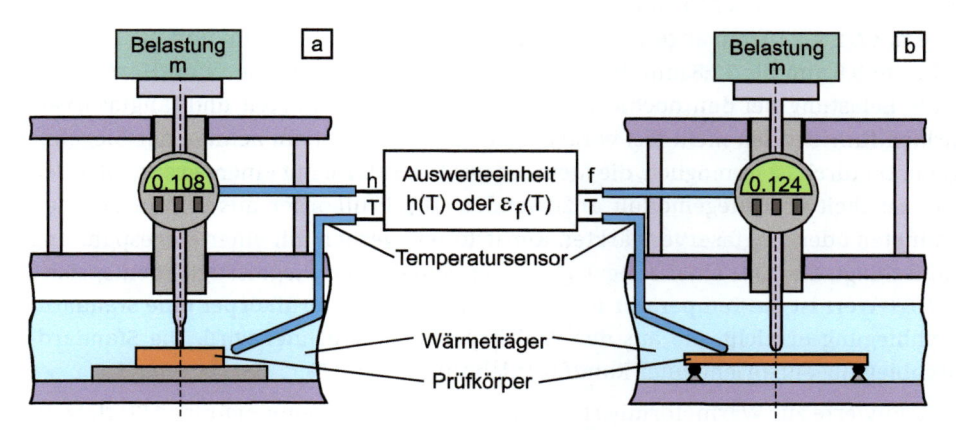

Bild 11.1 Messanordnung zur Bestimmung der *Vicat*-Erweichungstemperatur (a) und der Wärmeformbeständigkeitstemperatur *HDT* (b)

Wärmeformbeständigkeitstemperatur *HDT*

Bei der Heat-Distortion-Temperature-(*HDT*-) Prüfung nach DIN EN ISO 75 Teil 1–3 (Bild 11.1b) wird der Prüfkörper nach dem Dreipunktbiegeprinzip belastet, wodurch das Biegemoment über die beanspruchte Prüfkörperlänge nicht konstant ist, sondern von den Auflagepunkten bis zum Angriffspunkt der Einzellast zunimmt. Dabei ist bei Kunststoffen und Hartgummi die Einzellast so bemessen, dass im Prüfkörper eine maximale Biegespannung von 1,80 MPa (Verfahren A), 0,45 MPa (Verfahren B) oder 8,0 MPa (Verfahren C) vorliegt. Die Erwärmung erfolgt mit einer Aufheizgeschwindigkeit von 2 °C min^{-1}.

Die Prüfung nach DIN EN ISO 75-2 kann flachkant oder hochkant erfolgen. Dazu werden unterschiedliche Prüfkörpergeometrien und -anordnungen verwendet. Bei der flachkanten Prüfung werden Prüfkörper der Abmessungen 80 × 10 × 4 mm^3 eingesetzt. Die Stützweite beträgt in diesem Fall 64 mm. Die hochkante Prüfung erfolgt bei einer Stützweite von 100 mm mit Prüfkörpern von 120 mm Länge, 9,8 mm bis 15 mm Breite und 3 mm bis 4,2 mm Dicke.

Die aufzubringende Prüfgesamtkraft kann für das entsprechende Verfahren nach Gl. 4.128 berechnet werden, wobei jeweils die Anordnung des Prüfkörpers auf dem Widerlager (flachkant oder hochkant) zu berücksichtigen ist. Zur Berechnung der Masse von zusätzlichen Gewichtsstücken zur Erreichung der Prüfgesamtkraft müssen gerätespezifische Faktoren Berücksichtigung finden. Als *HDT*-Wert ist die Temperatur festzuhalten, bei der der Prüfkörper eine in der Norm tabellarisch vorgegebene Standarddurchbiegung erreicht. Diese Standarddurchbiegung entspricht einer Randfaserdehnung von 0,2 %.

Die Prüfung von hochfesten duroplastischen Laminaten und langfaserverstärkten Kunststoffen nach DIN EN ISO 75-3 erfolgt ausschließlich flachkant mit einer Stützweite s von 60 mm bis 210 mm ($s = 30 \times b$). Aus der Stützweite s wird die Prüfkörperlänge mit $L \geq s + 10$ mm abgeleitet. Die Dicke beträgt 2 mm bis 7 mm und die Prüfkörperbreite 9,8 mm bis 12,8 mm. Im Unterschied zu den Kunststoffen und Hartgummi ist die Belastung bei den hochfesten duroplastischen Laminaten und langfaserverstärkten Kunststoffen nicht fest vorgegeben, sondern sie ist ein Zehntel der Biegefestigkeit. Dadurch ist es möglich, die Methode auf Werkstoffe mit einem großen Bereich von Festigkeit und Biegemoduli anzuwenden. Die Prüfkörper aus duroplastischen Laminaten oder langfaserverstärkten Kunststoffen werden mit einer Biegespannung beaufschlagt, die 10 % einer festgelegten oder gemessenen Biegefestigkeit entspricht. Als *HDT*-Wert ist die Temperatur festzuhalten, bei der der Prüfkörper eine Standarddurchbiegung erreicht, die aus der Prüfkörperhöhe errechnet wird. Die Standarddurchbiegung entspricht einer Randfaserdehnung von 0,1 %.

Die Kennwerte zur Wärmeformbeständigkeit sind keine allgemeingültigen Stoffeigenschaften wie die in Abschnitt 6.1 beschriebenen thermischen Kennwerte. Tabelle 11.1 liefert eine Zusammenstellung von Wärmeformbeständigkeitstemperaturen unterschiedlicher Kunststoffe.

Tabelle 11.1 Vergleich von *Vicat*-Erweichungstemperatur *VST* und Wärmeformbeständigkeiten *HDT* an verschiedenen Kunststoffen [1.48, 1.51]

Werkstoff	VST (°C)		HDT (°C)		
	A50	B50	A	B	C
Thermoplaste unverstärkt					
PE-HD		75	45		
PE-LD	52				
PE-UHMW	130	74			
PP	150	90	55	85	
POM		150	100		
PA 6		200	70	170	65
PET			70	75	
PBT		190	60	150	

11.1 Wärmeformbeständigkeit

Werkstoff	VST (°C)		HDT (°C)		
	A50	B50	A	B	C
PEEK			152		
PC		145	128	136	
PMMA		103	95	100	
PVC-U	83	77			
PVC-P		42			
PS		84	68	80	
SAN		106	98	103	
ABS		87	90	93	
PUR			47	86	
Thermoplaste verstärkt					
PET + 15 M.-% GF			192	231	
PET + 30 M.-% GF			210	240	
PET + 40 M.-% GF			220	242	
PBT + 15 M.-% GF			205	220	
PBT + 30 M.-% GF			210	220	
PP + 20 M.-% Talkum	153	95	70	120	
PP + 40 M.-% Talkum	153	98	75	125	
Duromere					
Phenolharz			165	215	145
Melaminharz			160	200	125
UP-Harz (Standardtyp)			55		
EP-Harz			100		

11.1.3 Anwendungsbeispiele zur Aussagefähigkeit der *Vicat*- und *HDT*-Prüfung

Die Verfahren zur *Vicat*- und *HDT*-Prüfung eignen sich hauptsächlich zur Charakterisierung thermoplastischer Werkstoffe. Bei Duroplasten verwendet man sie z. B. zur Kontrolle von Aushärtungsvorgängen, womit die Verfahren zur Wareneingang- bzw.

zur Fertigungskontrolle geeignet sind. Bei der Untersuchung von glasfaserverstärkten Werkstoffen ist das temperaturunabhängige mechanische Verhalten der Glasfasern im untersuchten Temperaturbereich in Relation zum Erweichen des Harzes zu betrachten [1.42].

Bei dem Einsatz der erläuterten Methoden als Betriebsprüfverfahren zur Routineüberwachung ist auf die exakte Einhaltung aller in den Normen vereinbarten Prüfbedingungen zu achten, um die Vergleichbarkeit zu gewährleisten. Dies ist auch bei der vergleichenden Bewertung der Wärmeformbeständigkeiten von thermo- und duroplastischen Werkstoffen nach Tabelle 11.1 zu berücksichtigen.

In praktischen Anwendungsfällen können die ermittelten Kennwerte zur Wärmeformbeständigkeit dem Konstrukteur nur Anhaltswerte zur Formstabilität von Bauteilen und Konstruktionen liefern; keinesfalls können die ermittelten Temperaturen als maximale Gebrauchstemperaturen angesehen werden.

Die Frage nach der maximalen Gebrauchstemperatur lässt sich i. Allg. nicht in einer einparametrigen Beschreibung beantworten. Neben der Dauer der Temperatureinwirkung sind nach *Gohl* [11.1] drei wesentliche Aspekte zu berücksichtigen, die sich gegenseitig bedingen:

1. Bei mechanisch beanspruchten Bauteilen aus Kunststoffen dürfen maximal zulässige Spannungen und Verformungen infolge der Abnahme des Elastizitätsmoduls und der Festigkeit mit steigender Beanspruchungstemperatur und -zeit nicht überschritten werden.

2. Verarbeitungsbedingte Molekülorientierungen dürfen in Fertigteilen keine schrumpfungsbedingten Gestaltsänderungen hervorrufen.

3. Die Festigkeitseigenschaften dürfen infolge thermischer Werkstoffschädigung ein bestimmtes Grenzwertniveau nicht unterschreiten.

Die so ermittelte niedrigste Einsatztemperatur kann als maximale Gebrauchstemperatur angesehen werden.

Eine generelle werkstoffwissenschaftliche Zielstellung bei der Entwicklung von Verbundwerkstoffen besteht in der Optimierung des Faser- bzw. Füllstoffgehaltes sowohl hinsichtlich mechanischer als auch thermischer Eigenschaften. Bild 11.2 zeigt den Einfluss des Gehaltes an Talkum und Glasfaser auf die *Vicat*-Erweichungstemperatur von PP-Verbundwerkstoffen. Während für PP/Talkum-Verbunde im untersuchten Konzentrationsbereich bis 40 M.-% nur ein geringer Anstieg der *Vicat*-Erweichungstemperatur festgestellt werden kann, führt die Zugabe von Glasfasern bis 30 M.-% zu einer Erhöhung um $\Delta T = 45\,°C$. Eine weitere Erhöhung des Fasergehaltes bewirkt keine Änderung in der VST mehr. Daraus wird ersichtlich, dass das Erweichungsverhalten der PP/Talkum-Verbunde im Wesentlichen matrixbestimmt ist, während für PP/GF-Verbunde bis zu einer Grenzkonzentration mit steigendem Fasergehalt eine zunehmende Behinderung der Fließfähigkeit der Matrix erfolgt.

11.1 Wärmeformbeständigkeit

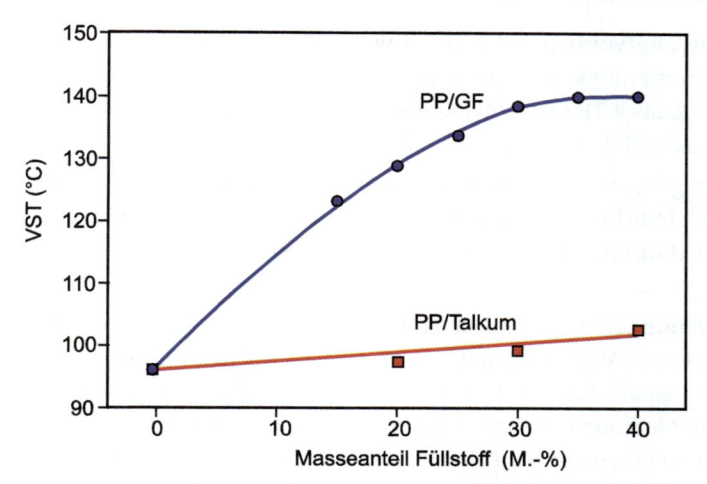

Bild 11.2 Einfluss des Talkum- bzw. Glasfasergehaltes auf die *Vicat*-Erweichungstemperatur in PP-Verbundwerkstoffen [11.2]

Ein Beispiel zum Einsatz des *Vicat*-Verfahrens zur Werkstoffvorauswahl für den Einsatz bei erhöhten Dauergebrauchstemperaturen bei gleichzeitiger medialer Beanspruchung zeigt Bild 11.3. Verglichen werden PP/GF-Verbunde mit jeweils 30 M.-% Glasfaser in verschiedenen Stabilisierungszuständen und mit unterschiedlichen Matrixeigenschaften. Die Auslagerung erfolgte bei $T = 95\,°C$ in Wasserdampf und 1 %iger Waschlauge bis zu 1000 h. Die experimentellen Bedingungen ergeben sich aus dem Anforderungsprofil an den Werkstoff, der zur Substitution eines Edelstahllaugenbottichs eingesetzt werden soll, bezüglich thermischer Stabilität und Laugenbeständigkeit bei einer kalkulierten Lebensdauer von 1000 h.

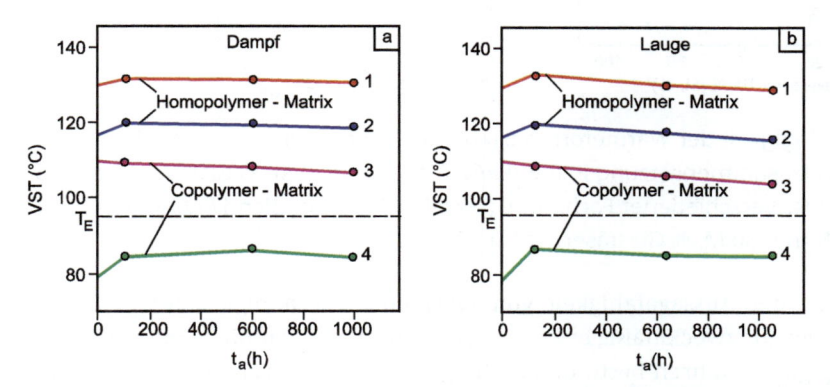

Bild 11.3 Einfluss der Auslagerungszeit t_a auf die *Vicat*-Erweichungstemperatur *VST* in Wasserdampf (a) und in 1 %iger Waschlauge (b) für PP/GF-Verbunde mit 30 M.-% GF und Homopolymermatrix (Werkstoffe 1 und 2) sowie Copolymermatrix (Werkstoffe 3 und 4)

Auf der Basis dieser Werkstoffvorauswahl können weiterführende Untersuchungen zur medial-thermischen Beständigkeit (s. Abschnitt 6.1), mechanischen Grundcharakterisierung (Abschnitte 4.2 bis 4.7), bruchmechanischen Zähigkeitsbewertung (s. Kapitel 5), Spannungsrissbeständigkeit (s. Kapitel 7) eingesetzt werden.

Zur Aufklärung der Schädigungskinetik und versagensrelevanter Deformationsmechanismen können zusätzlich hybride Methoden der Kunststoffdiagnostik (s. Kapitel 9) in Verbindung mit mikrostrukturellen Charakterisierungsmethoden (Abschnitte 6.1 und 6.2) Anwendung finden.

In einem weiteren Anwendungsbeispiel (Bild 11.4) wird die Wärmeformbeständigkeit von glasfaserverstärkten PA6/PA66-Blends mit unterschiedlichen Mischungsverhältnissen der PA-Matrix sowie der Einfluss verschiedener Farbmittel untersucht, wobei als experimentelle Methode die *HDT*-Prüfung nach dem Verfahren C verwendet wird. Derartige Untersuchungen stellen eine Einsatzvoraussetzung für Kunststoffe z. B. im Automobilbau dar. Für das in Bild 11.4 angegebene Werkstoffbeispiel nimmt die Wärmeformbeständigkeit mit zunehmendem PA66-Gehalt zu. Aus Bild 11.4b wird der Einfluss von jeweils 1 M.-% Ruß, Nigrosin, Spinell und Eisenoxid, die zur Schwarzfärbung verwendet werden können, auf die *HDT* des handelsüblichen Werkstoffs PA6/PA66 50/50 ersichtlich. Mit Ausnahme von Ruß führen alle Farbmittel zu einer Herabsetzung der Wärmeformbeständigkeit.

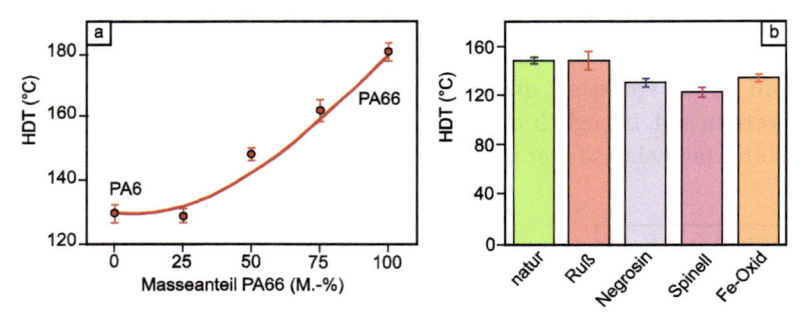

Bild 11.4 Abhängigkeit der Wärmeformbeständigkeitstemperatur *HDT* von der Blendzusammensetzung in PA6/PA66-Blends mit 30 M.-% Glasfasern (a) und Einfluss verschiedener Farbmittel (jeweils 1 M.-%) im Blend PA6/PA66 50/50 mit 30 M.-% Glasfasern (b) [11.3]

Zur Bewertung der Aussagefähigkeit von Wärmeformbeständigkeitstemperaturen *HDT* kann es sich als zweckmäßig erweisen, deren Lage in Relation zu mithilfe anderer unabhängiger Verfahren bestimmter Übergangstemperaturen (T_m, T_g) zu setzen. In Bild 11.5 werden am Beispiel eines Epoxidharzes

- Speicher- und Verlustmodul (E' und E'') sowie tan δ in Abhängigkeit von der Temperatur, ermittelt in der DMA bei Dreipunktbiegebeanspruchung,

- der Biegemodul E_f in Abhängigkeit von der Temperatur sowie
- die Wärmeformbeständigkeitstemperatur HDT

dargestellt.

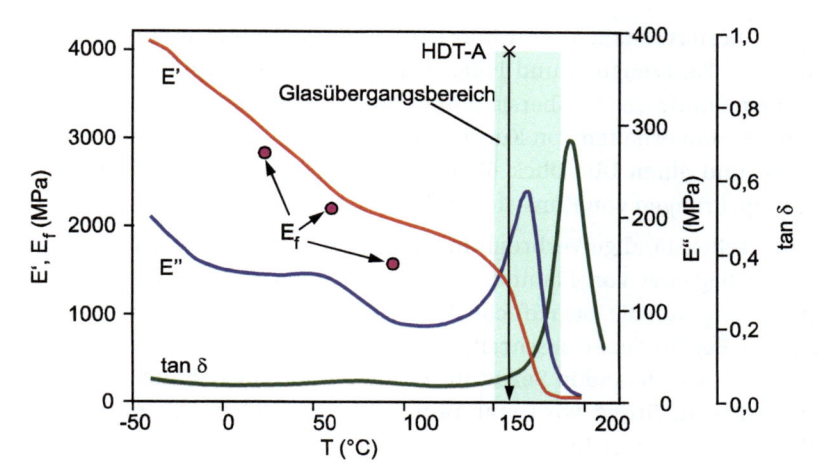

Bild 11.5 Beispiel für vergleichende Untersuchungen mittels DMA (Dreipunktbiegebelastung), quasistatischer Dreipunktbiegeprüfung und HDT-Prüfung an einem Epoxidharz

Mithilfe der DMA wird die Abnahme des dynamischen E-Moduls E' mit zunehmender Prüftemperatur beschrieben und die Lage des Glasübergangstemperaturbereiches definiert. Für das untersuchte EP-Harz ergibt sich ein T_g-Bereich von ≈ 150 °C bis ≈ 180 °C, der in Anlehnung an [6.1] aus $E' = f(T)$ mithilfe der Stufenauswertung ermittelt wurde. Vergleichende Messungen des Biegemoduls E_f bei quasistatischer Beanspruchung in Abhängigkeit von der Temperatur zeigen einerseits den Einfluss der Prüfgeschwindigkeit und belegen andererseits die Tendenz zur Modulabnahme mit zunehmender Prüftemperatur. Eine Übergangstemperatur ist aufgrund der wenigen Messpunkte nicht bestimmbar. Die DMA bietet die zusätzliche Option, über die Temperaturabhängigkeit von E'' bzw. tan δ die energiedissipativen Vorgänge während der Erweichung zu quantifizieren. Diese Temperaturabhängigkeiten können ebenfalls zur Ermittlung des Glasübergangsbereiches herangezogen werden. Für den Vergleich mit Wärmeformbeständigkeitstemperaturen ist jedoch die Temperaturabhängigkeit der elastischen Eigenschaften, d. h. $E' = f(T)$, heranzuziehen. Dieser Vergleich macht deutlich, dass die einfach durchzuführende HDT-Einpunktmessung bereits eine sinnvolle Abschätzung zur beginnenden Erweichung liefern kann.

11.2 Brandverhalten

11.2.1 Einleitung

Für die Prüfung des Brandverhaltens von Kunststoffen bei ihrer Anwendung insbesondere im Bauwesen, Fahrzeugbau und Flugzeugbau existieren zwei ausführliche Darstellungen, die eine umfassende Übersicht über länder- und branchenspezifische Prüfverfahren zum Brandverhalten von Kunststoffen mit detaillierten Verfahrensbeschreibungen [11.4] und einen Überblick über die aktuellen amerikanischen Standards bei den Brandprüfungen von Kunststoffen bieten [11.5].

Als Brand wird eine selbstständige Verbrennung mit Freisetzung von Wärme, Rauch und Brandgasen, oft begleitet von Flammen und/oder Glimmen bezeichnet. Dabei wird zur Vereinfachung auf die begriffliche Differenzierung zwischen Feuer und Brand verzichtet. Der Begriff Feuer beschreibt eine selbstständige Verbrennung, die bewusst in Gang gesetzt wurde und in Bezug auf Zeitdauer und Ausdehnung kontrolliert wird. Mit dem Begriff Brand wird eine räumlich und zeitlich unkontrollierte selbstständige Verbrennung bezeichnet.

Für die Entstehung eines Brandes sind drei Komponenten unabdingbar: Brennmaterial, Luft und Energie (Wärme). Ein Brand ist ein außerordentlich komplexes Geschehen, welches durch eine Vielzahl von Faktoren bestimmt wird (Form, Dicke, Oberflächeneigenschaften, Verteilung, Dichte, Entzündungstemperatur, spezifische Wärme, thermische Leitfähigkeit, Anordnung des Brennmaterials, Entfernung zur Zündquelle, Art und Dauer der Entzündung usw.). Eine quantitative Beschreibung eines Brandes oder die umfassende Vorhersage seines Verlaufs ist daher nicht möglich. Das Verhalten eines Werkstoffs beim Brand ist keine intrinsische Eigenschaft; es kann nur teilweise durch chemische und physikalische Eigenschaften charakterisiert werden.

Der Verlauf eines Brandes lässt sich in drei Phasen unterteilen: Entstehungsbrand, Vollbrand und abklingender Brand. Als „flash over" wird der Moment bezeichnet, an dem die meisten brennbaren Materialien eines Systems ihre Entzündungstemperatur erreicht haben und nahezu simultan in Brand geraten. Der „flash over" kennzeichnet den Übergang vom Entstehungsbrand zum Vollbrand.

Bis zum „flash over" ist eine effektive Brandbekämpfung und das Löschen des Feuers möglich. Danach ist das Feuer nicht mehr kontrollierbar. Um die Brandgefahr von Materialien einzuschätzen, müssen daher die frühen Stadien einer Verbrennung bis zum „flash over" betrachtet werden.

Die Verbrennung eines Kunststoffes ist ein mehrstufiger Prozess. Durch eine externe Wärmequelle oder durch thermische Rückkopplung bereits entzündeter Stoffe wird der Kunststoff aufgeheizt. Thermoplaste beginnen wegen ihrer linearen Kettenstruktur zu erweichen, zu schmelzen und zu fließen. Duroplaste besitzen eine dreidimensionale vernetzte Molekülstruktur, die das Erweichen und Schmelzen verhindert. Die

Polymermoleküle gehen bei weiterer Energiezufuhr nicht als solche in die Gasphase über, sondern zersetzen sich vor dem Verdampfen. Bedingt durch unterschiedliche Strukturen variiert die Zersetzungstemperatur verschiedener Kunststoffe über einen weiten Bereich.

In den meisten Fällen erfolgt die Zersetzung durch Kettenreaktionen, die durch freie Radikale ausgelöst werden. Die Zersetzung erfolgt in mehreren Phasen:

- Radikalbildung durch Aufbrechen von Bindungen

  $RH \rightarrow R\cdot + H\cdot$

- Reaktion mit Sauerstoff (Peroxidradikalbildung) und mit der Polymermatrix

  $R\cdot + O_2 \rightarrow ROO\cdot$

  $ROO\cdot + RH \rightarrow ROOH + R\cdot$

- Zerfall unter Bildung hochreaktiver OH-Radikale, die den Abbau verursachen und zur Bildung einer Reihe verschiedener Zersetzungsprodukte beitragen

  $ROOH \rightarrow RO\cdot + \cdot OH$

In Abhängigkeit von der Konstitution der Polymere und von Zusätzen bilden sich in Folge des Abbaus verschiedene Zersetzungsprodukte:

- gasförmige Monomere infolge von Depolymerisationsprozessen (z. B. Methylmethacrylat, α-Methylstyrol [1.1]),
- Gemische von Gasen durch thermischen und/oder oxidativen Abbau (Kohlenmonoxide, Kohlendioxid, flüchtige Kohlenwasserstoffe, Stickoxide u. a.),
- feste Rückstände durch Verkohlung (z. B. Kohleschicht) oder Oxidation zu anorganischen Materialien (z. B. Polyphosphate, Siliziumdioxid, Ruß).

Die entzündlichen Gase, die bei der Pyrolyse, d. h. der thermischen Zersetzung des Kunststoffs entstehen, mischen sich mit atmosphärischem Sauerstoff und entzünden sich durch Funken, Flammen bzw. Selbstentzündung bei ausreichender Temperatur. Die Reaktion der brennbaren Gase mit Sauerstoff ist exotherm. Wird bei diesem Prozess genügend Energie frei, kann die Endothermie der pyrolytischen Reaktion ausgeglichen werden und es kommt zur Flammenausbreitung. Die exotherme Verbrennungsreaktion wird durch thermische Rückkopplung im Verbrennungszyklus weiter gefördert. In Bild 11.6 ist der beschriebene Verbrennungszyklus eines Kunststoffs schematisch dargestellt.

In Konkurrenz zur sehr schnellen Gasphasenreaktion, kontrolliert durch die Diffusionsflamme, finden verschiedene langsamere, sauerstoffabhängige Reaktionen in einer kondensierten Phase (Glimmen oder Glühen) statt. Diese führen zu Rauch, Ruß, kohleartigen und gegebenenfalls anderen festen Rückständen.

Das Brandausmaß wird somit durch die Menge und die Geschwindigkeit der Bildung brennbarer Gase sowie der nichtbrennbaren, brandunterdrückenden Gase bestimmt.

Bild 11.6
Verbrennungszyklus eines Kunststoffes

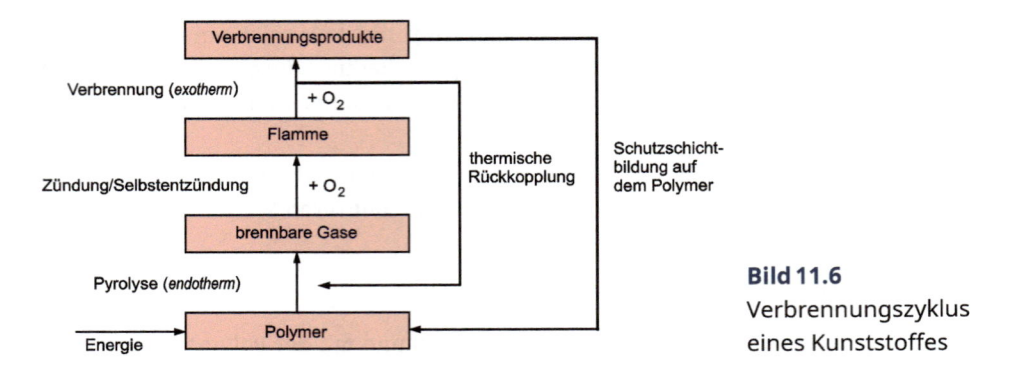

Flammschutzmittel beeinflussen diese Faktoren. Sie greifen an verschiedenen Stellen in den Verbrennungsvorgang ein, erzeugen nichtbrennbare Gase (NO_2, CO_2, H_2O) und erniedrigen damit den Anteil brennbarer Gase, bilden Halogenradikale (Hal·), die die Flammreaktion unterbrechen oder bilden eine Schutzschicht, die als Hitzeschild und Sauerstoffbarriere wirkt [11.6].

11.2.2 Stufen eines Brandes und Brandparameter

Betrachtet wird hierbei der Brand auf makroskopischer Ebene, d. h. das Brennen eines realen Kunststoffes mit Additiven und Zusätzen wie Füllstoffe, Treibmittel, usw..

Erwärmen

Dem Kunststoff wird durch eine externe Quelle Wärme zugeführt; dabei steigt seine Temperatur. Die Wärmezuführung kann an exponierten Oberflächen erfolgen, in dem die Oberfläche direkt einer Flamme ausgesetzt wird (mittels Strahlung und Konvektion), durch Wärmeübergang von heißen Verbrennungsgasen (durch Wärmeleitung und Konvektion) oder durch Wärmeleitung von einem angrenzenden heißen Festkörper.

Die Geschwindigkeit des Temperaturanstiegs ist eine Funktion des Wärmeflusses pro Zeiteinheit, des anliegenden Temperaturdifferentials und der spezifischen Wärme, der thermischen Leitfähigkeit sowie der latenten Schmelzwärme, der Verdampfungswärme oder anderen durch physikalische Übergänge bedingten Umwandlungswärmen (s. Abschnitt 6.1).

Zersetzung

Der Kunststoff erreicht seine Zersetzungstemperatur und gibt ein oder mehrere der nachfolgend genannten Zersetzungsprodukte ab:

- brennbare Gase wie z. B. Methan, Ethan, Ethylen, Formaldehyd, Aceton und Kohlenmonoxid,

- nicht brennbare Gase wie z. B. Kohlendioxid, Chlorwasserstoff, Bromwasserstoff und Wasserdampf,
- nicht brennbare Flüssigkeiten, i.Allg. partiell zersetztes Polymer und organische Verbindungen höherer molare Masse,
- Festkörper wie z. B. Verkohlungsrückstände und Asche sowie
- in bewegten Gasen mitgeführte feste Partikel oder Polymerfragmente, die als Rauch in Erscheinung treten.

Zur Beschreibung der thermischen Zersetzung werden die Zersetzungstemperatur, die latente Zersetzungswärme und das Zersetzungsverhalten (Bildung brennbarer/ nichtbrennbarer Gase, Flüssigkeiten, fester Rückstände und Partikel, Sequenz der Phasenübergänge) herangezogen (s. Abschnitt 6.1).

Entzündung

Brennbare Gase entzünden sich in Gegenwart von ausreichend Sauerstoff oder anderen oxidierenden Mitteln und die Verbrennung beginnt. Die Entzündung kann durch Anwesenheit einer externen Zündquelle wie Flammen oder Funken bzw. Selbstentzündung erfolgen. Als Fremdentzündungstemperatur wird die Temperatur bezeichnet, bei der die abgegebenen Gase durch einen Funken oder eine Flamme entzündet werden können.

Bei der Selbstentzündungstemperatur, die i. Allg. höher liegt als die Fremdentzündungstemperatur, da für die Selbstentzündung mehr Energie benötigt wird, beginnen Reaktionen im Kunststoff, die zu einer Selbstentzündung führen.

Die Sauerstoff-Grenzkonzentration LOI (Limited Oxygen Index) beschreibt die Mindestkonzentration von Sauerstoff, die für die Entzündung und die Aufrechterhaltung der Verbrennung eines Kunststoffs notwendig ist (Angabe in %). Kunststoffe mit LOI-Werten über 30 bis 40 % sind selbstverlöschend, bei LOI-Werten zwischen 16 und 30 % empfiehlt sich der Einsatz von Flammschutzadditiven [11.6].

Verbrennung

Bei der Verbrennung wird eine bestimmte Wärmemenge frei (Verbrennungswärme), die einen Temperaturanstieg und damit die verstärkte Wärmeübertragung im System bewirkt. Die reine Verbrennungswärme ergibt sich aus der Differenz von freiwerdender Wärmemenge bei der Verbrennungsreaktion und zugeführter Wärmemenge zur Erreichung des Verbrennungszustandes. Ist der Betrag der reinen Verbrennungswärme negativ, muss aus einer externen Wärmequelle Energie zugeführt werden, um die Verbrennung aufrecht zu erhalten. Ist die reine Verbrennungswärme positiv, entsteht ein Überschuss an Wärme.

Brandausbreitung

Damit sich ein Brand ausbreiten kann, muss die Netto-Verbrennungswärme einer Masseeinheit genügend groß sein, um die angrenzende Masseeinheit in das Verbrennungsstadium zu überführen. Die Netto-Verbrennungswärme ergibt sich aus der lokalen Verbrennungswärme, reduziert um den Wärmeverlust an die Umgebung und erhöht um die Wärme von externen Quellen wie z. B. benachbartem Feuer.

Befindet sich die anfänglich brennende Masseeinheit an der Oberfläche, sind benachbarte Masseeinheiten an der äußeren Oberfläche schneller in das Verbrennungsstadium gebracht, da das Material dort der externen Feuerquelle ausgesetzt ist. Das Material im Inneren wird dagegen durch die festen Verbrennungsrückstände der anfänglich brennenden Masseeinheit abgeschirmt und dissipiert Wärme in tiefer gelegene Schichten. Aus diesem Grund wird die Brandausbreitung vielfach als Oberflächenphänomen behandelt. Für Kunststoffe, die großflächig als exponierte Oberflächen angewendet werden, stellt die Flammenausbreitung auf der Oberfläche ein realistisches Maß für die Brandausbreitung dar. Bei nicht auf oder als Oberflächen verwendeten Kunststoffen sind andere Entflammbarkeitskriterien wie der Wärmebeitrag, die Verbrennungsprodukte und die Entzündbarkeit von Umgebungsmaterialien für die Brandausbreitung relevant.

11.2.3 Brandprüfungen

Kunststoffe werden in allen Branchen eingesetzt, woraus die unterschiedlichsten Anforderungen an die Brandfestigkeit und die Prüfung der Brandfestigkeit resultieren [11.7]. Das Brandverhalten von Kunststoffen ist für folgende Anwendungsgebiete von besonderer Bedeutung: Im Bauwesen bestehen für Baustoffe besondere Vorschriften für den Brandschutz [11.8, 11.9]. Im Verkehrswesen bei Kraftfahrzeugen (FMVSS 302, EU-Richtlinie 95/28/EG), Schienenfahrzeugen (DIN EN 45545; FIRESTARR-Programm), Flugzeugen (FAR-Tests [11.10]; Airbus Industrie Spezifikationen) und Schiffen (Fire Test Procedures Code – FTP Code), insbesondere beim Transport gefährlicher Stoffe, gelten besondere Sicherheitsvorschriften. In der Elektrotechnik [11.4] muss beim Einsatz von Kunststoffen sichergestellt sein, dass im Betrieb oder beim fehlerhaften Ausfall ein Brand nicht unzulässig begünstigt wird. Für Flugzeuge sind brandschutztechnische Anforderungen und Prüfungen in den US-Federal Aviations Regulations (FAR) festgelegt, die von den meisten Staaten ganz oder teilweise übernommen wurden.

In den USA ist die Vorschrift für eine Brennbarkeitsprüfung von Kunststoffen, bei der die Neigung zum Verlöschen bzw. Ausbreiten der Flammen eines zuvor entzündeten Prüfkörpers eingeschätzt wird, in der Norm UL 94 zusammengestellt. Sie gilt für alle Anwendungsbereiche, insbesondere für die Elektrotechnik, mit Ausnahme der Verwendung von Kunststoffen im Bauwesen und bei Beschichtungen.

Weltweit wurden durch verschiedenste Organisationen und Einrichtungen Prüfverfahren und Prüfnormen zur Ermittlung brandbestimmender Einflussgrößen entwickelt

[11.11]. Diese Verfahren sind werkstoff- oder systembezogen bzw. branchen- oder anwendungsbezogen und lassen sich i. d. R. nach Prüfschärfe (Einwirkung geringer, mittlerer oder großer Wärmemengen) sowie nach den Abmessungen der Prüfkörper (Kleinbrandversuch = Brandprüfung an einem Gegenstand mit Abmessungen ≤ 1 m, Brandversuch im mittleren Maßstab = Abmessungen 1 bis 3 m und Großbrandversuch = Abmessungen > 3 m) unterscheiden. Die Ergebnisse dieser meist völlig verschiedenen, manchmal sich aber nur in Prüfkörperanordnung und -abmessungen oder eingebrachten Wärmemengen unterscheidenden Prüfverfahren sind in der Regel nicht vergleichbar. Die unter kontrollierten Testbedingungen ermittelten Einflussgrößen lassen keine Rückschlüsse auf die von Werkstoffen, Bauteilen und Systemen ausgehende Brandgefahr bei einem realen Brand zu. Die Ergebnisse können lediglich als ein Teilaspekt für die Abschätzung des Brandrisikos dienen.

Der Anwender ist gezwungen, sich in der Vielfalt der Prüfverfahren und Prüfnormen zu orientieren und in Abhängigkeit von den zu ermittelnden Einflussgrößen, von Branchen, Werkstoff, Bauteil und System den für ihn geeigneten Test zu finden. Eine Anleitung hierzu bildet die ISO 10840 „Plastics – Guidance for the Use of Standard Fire Tests".

Nachfolgend sind beispielhaft deutsche, amerikanische, europäische und international gültige Normen zum Brandverhalten dargestellt.

11.2.3.1 Neigung zu Schwelbrand

Schwelen ist das Verbrennen ohne Flammen und Lichterscheinung, wobei sich die Verbrennungswelle sehr langsam im meist porösen Brennmaterial ausbreitet. Charakteristisch dafür sind relativ niedrige Temperaturen und eine unvollständige Oxidation, kontrolliert durch die Diffusionsgeschwindigkeit des Sauerstoffs. Unter bestimmten Bedingungen kann ein schwelendes Material sich selbst oder benachbarte Materialien entzünden.

Im Allgemeinen wird bei der Prüfung auf Schwelbrandneigung eine angezündete Zigarette auf eine bestimmte Stelle eines kleineren oder größeren Modells des zu untersuchenden Produkts platziert.

Normen zur Prüfung der Schwelbrandneigung	
DIN EN 1021	Möbel; Bewertung der Entzündbarkeit von Polstermöbeln
ASTM E 1352	Standard Test Method for Cigarette Ignition Resistance of Mock-Up Upholstered Furniture Assemblies (zurückgezogen)
ASTM E 1353	Standard Test Methods for Cigarette Ignition Resistance of Components of Upholstered Furniture (zurückgezogen)
NFPA 260	Standard Methods of Tests and Classification System for Cigarette Ignition Resistance of Components of Upholstered Furniture
NFPA 261	Standard Method of Test for Determining Resistance of Mock-Up Upholstered Furniture Material Assemblies to Ignition by Smoldering Cigarettes

11.2.3.2 Entzündbarkeit

Die Entzündbarkeit beschreibt die Leichtigkeit, mit der ein Material oder seine Pyrolyseprodukte unter den gegebenen Bedingungen (Temperatur, Druck, Sauerstoffkonzentration) entzündet werden können. Die thermische Belastung, die eine Entzündung des Materials hervorruft, ist eine Kombination aus Wärmestrom und Zeit. Umso höher der Wärmestrom, desto kürzer ist die Zeit bis zur Entzündung.

Fast jedes Material kann durch genügend Wärme, einer entsprechenden Sauerstoffkonzentration und bei ausreichend langer Zeit entzündet werden. Die Entzündbarkeit lässt sich messen, indem zwei der genannten Parameter (Wärme, Sauerstoffkonzentration, Zeit) vorgegeben werden und der Betrag des dritten Parameters bestimmt wird. Im einfachsten Fall werden alle drei Parameter fest vorgegeben und überprüft, ob sich der Prüfkörper unter diesen Bedingungen entzündet.

Eine Entzündung kann hervorgerufen werden durch:

- eine chemische Wärmequelle, z. B. Verbrennungswärme, Reaktionswärme bei chemischen Umsetzungen,
- eine elektrische Wärmequelle, z. B. Wärme von Widerständen oder Lichtbögen,
- eine mechanische Wärmequelle, z. B. Reibungswärme oder
- eine nukleare Wärmequelle, z. B. Spaltungswärme.

In der Regel werden nur zwei Wärmequellen zur Prüfung der Entzündbarkeit verwendet: chemische Wärmequellen in Form von direkten Flammen oder erwärmten Objekten und elektrische Wärmequellen in Form von Widerständen oder Lichtbögen (siehe DIN EN ISO 10093: Kunststoffe – Brandprüfungen – Standard-Zündquellen).

Die wichtigsten Prüfmethoden der Entzündbarkeit sind:

- Prüfung der Entzündbarkeit durch Strahlungswärme und erhitzte Luft,
- Prüfung der Entzündbarkeit durch heiße Oberflächen, heiße Drähte und Lichtbögen,
- Prüfung der Entzündbarkeit mittels Brennerflamme sowie
- Prüfung der Entzündbarkeit mit brennenden Flüssigkeiten.

Prüfung der Entzündbarkeit durch Strahlungswärme und erhitzte Luft

Die Entzündbarkeitsprüfungen mit elektrischen Wärmequellen sind am präzisesten steuer- und regelbar. Dabei wird entweder auf bestimmte Temperaturen erhitzte Luft oder ein Strahlungswärmestrom mit definierter Leistung zugeführt.

DIN EN ISO 1182 (Prüfungen zum Brandverhalten von Bauprodukten – Nichtbrennbarkeitsprüfung) beschreibt einen Prüfofen, der aus einem feuerfesten Aluminiumoxidrohr mit einer Höhe von 150 mm und einem Innendurchmesser von 75 mm besteht und eine Wanddicke von 10 mm aufweist. Das Rohr wird von einer elektrischen

Heizwicklung eingeschlossen, die eine Ofentemperatur von 750 °C erzeugt. Eine zylindrische Probe (d = 45 mm, h = 50 mm) wird für 30 Minuten in dem Ofenrohr platziert. Der Test von fünf Prüfkörpern gilt als bestanden, wenn keine Temperaturerhöhung um mehr als 50 Kelvin auftritt, sowie eine etwaige Entflammung des Materials nicht länger als 20 Sekunden anhält. Weiterhin darf der Masseverlust der Probe nicht mehr als 50 Prozent betragen.

DIN 4102-1 (Brandverhalten von Baustoffen und Bauteilen – Teil 1: Baustoffe; Begriffe, Anforderungen und Prüfungen) beschreibt eine Prüfung für die Baustoffklasse A, die sich in Ofenaufbau und Probengeometrie unterscheidet.

Neben reinen (Nicht-)Entzündbarkeitstests, existieren weitere Prüfverfahren, bei denen zusätzliche Parameter des Brandverhaltens, z. B. die Wärmefreisetzungsrate, bestimmt werden können. Im Cone Calorimeter nach ISO 5660-1 (Reaction-to-fire tests – Heat release, smoke production and mass loss rate – Part 1: Heat release rate (cone calorimeter method)) wirkt die Wärmestrahlung eines Heizkegels auf die Probe ein. Ein Zündfunke unterstützt die Entzündung der entweichenden Zersetzungsprodukte. In der OSU-Kammer nach ASTM E 906/E 906M (Standard Test Method for Heat and Visible Smoke Release Rates for Materials and Products Using a Thermopile Method) sind die Proben der Wärmestrahlung von vier Glühstäben ausgesetzt. Der Entzündungsprozess wird durch Zündbrenner beschleunigt.

Normen zur Prüfung der Entzündbarkeit durch Strahlungswärme und erhitzte Luft	
ASTM E 136	Standard Test Method for Behavior of Materials in a Vertical Tube Furnace at 750 °C
ASTM E 648	Standard Test Method for Critical Radiant Flux of Floor-Covering Systems Using a Radiant Heat Energy Source
ASTM E 662	Standard Test Method for Specific Optical Density of Smoke Generated by Solid Materials
ASTM E 906/E 906M	Standard Test Method for Heat and Visible Smoke Release Rates for Materials and Products Using a Thermopile Method
ASTM E 1354	Standard Test Method for Heat and Visible Smoke Release Rates for Materials and Products Using an Oxygen Consumption Calorimeter
DIN 4102-1	Brandverhalten von Baustoffen und Bauteilen – Teil 1: Baustoffe; Begriffe, Anforderungen und Prüfungen
DIN EN ISO 1182	Prüfungen zum Brandverhalten von Produkten – Nichtbrennbarkeitsprüfung
ISO 5657	Reaction to Fire Tests – Ignitability of Building Products Using a Radiant Heat Source
ISO 5660-1	Reaction-to-Fire Tests – Heat Release, Smoke Production and Mass Loss Rate – Part 1: Heat Release Rate (Cone Calorimeter Method)

Prüfung der Entzündbarkeit durch heiße Oberflächen, heiße Drähte und Lichtbögen

Im Hot-Wire-Ignition Test wird ein stabförmiger Prüfkörper mit einem stromdurchflossenen Widerstandsdraht umwickelt und die Zeit bis zur Entzündung des Materials gemessen. Bei der Glühdrahtprüfung wird ein beheizter Draht bestimmter Temperatur mit der Probe in Kontakt gebracht und festgestellt, ob innerhalb eines definierten Zeitraums eine Entzündung im Material erfolgt.

Normen zur Prüfung der Entzündbarkeit durch heiße Oberflächen und heiße Drähte	
ASTM D 229	Standard Test Methods for Rigid Sheet and Plate Materials Used for Electrical Insulation
ASTM D 3874	Standard Test Method for Ignition of Materials by Hot Wire Sources
DIN EN IEC 60695-2-10	Prüfungen zur Beurteilung der Brandgefahr – Teil 2-10: Prüfverfahren mit dem Glühdraht – Glühdrahtprüfeinrichtung und allgemeines Prüfverfahren
UL 746 A, Sec. 31	Polymeric Materials – Short Term Property Evaluations (Hot Wire Ignition)
UL 746 A, Sec. 34	Polymeric Materials – Short Term Property Evaluations (Glow-Wire Ignitability Test)

Die Anzahl der bis zur Zündung eines Materials benötigten Lichtbogenexpositionen (Lichtbogenunterbrechungen) an der Oberfläche ist das Maß für den Widerstand gegen die Zündung durch einen Starkstrom-Lichtbogen (High-Current Arc Ignition, UL 746 A Sec. 32). Der Widerstand gegen die Zündung durch einen Hochspannungs-Lichtbogen wird durch die bis zur Zündung benötigten Sekunden bei wiederholter Einwirkung eines Hochspannungs-Lichtbogens auf die Oberfläche unter definierten Bedingungen beschrieben.

Normen zur Prüfung der Entzündbarkeit durch Lichtbögen	
UL 746 A Sec. 32	Resistance to Ignition of Polymeric Materials: High Current Arc Ignition
UL 746 A Sec. 33	Resistance to Ignition of Polymeric Materials: High Voltage Arc Resistance to Ignition

Aus der Kombination von UL94-Brennertest, der Heißdrahtprüfung und der Lichtbogenprüfung ergeben sich Zulassungskriterien für Werkstoffe in der Elektrotechnik [11.12].

Prüfung der Entzündbarkeit mittels Brennerflamme

Brandprüfungen, die auf der Zündung eines Materials durch direkten Flammenkontakt basieren, führen nicht notwendigerweise zu denselben relativen Ergebnissen oder demselben Ranking der Materialien beim Brandverhalten, verglichen mit der Einwirkung anderer Zündquellen.

Im Allgemeinen erfordern Brandprüfungen, die eine Brennerflamme benutzen, längere und größere Prüfkörper, da die Zündflamme einen Teil des Prüfkörpers bedeckt. Die größeren Abmessungen ermöglichen nach erfolgter Zündung die Bestimmung der Strecke, über die sich die Flammen ausgebreitet haben. Horizontal aufgehängte Prüfkörper werden an einer Seite mit einer definierten Flamme kurzzeitig (10 s bis 30 s) beflammt und das Selbstverlöschen bzw. das Fortschreiten der Flammenfront festgestellt. Aus der Zeit, die bis zum Erreichen einer Messmarke benötigt wird, kann die Ausbreitungsgeschwindigkeit der Flammen in mm min^{-1} bestimmt werden, die über die Materialeignung, etwa zum Einsatz in Kraftfahrzeugen, entscheidet. Brandprüfungen, die eine Brennerflamme benutzen, stellen für Materialien, die sich schwer entzünden lassen, eine Entzündbarkeitsprüfung dar. Für Materialien, die sich leicht entzünden lassen, können sie zugleich eine Flammenausbreitungsprüfung sein. Die wichtigsten Prüfungen sind nachfolgend zusammengefasst, wobei nach Anordnung von Prüfkörper und Zündflamme unterschieden wurde.

Normen zur Prüfung der Entzündbarkeit mittels Brennerflamme: Horizontale Prüfkörperanordnung, Zündflamme an einem Prüfkörperende	
ASTM D 635	Standard Test Method for Rate of Burning and/or Extent and Time of Burning of Plastics in a Horizontal Position
ASTM D 4804	Standard Test Method for Determining the Flammability Characteristics of Nonrigid Solid Plastics
ASTM D 4986	Standard Test Method for Horizontal Burning Characteristics of Cellular Polymeric Materials
DIN 75200	Bestimmung des Brennverhaltens von Werkstoffen der Kraftfahrzeuginnenausstattung
FMVSS 302	Flammability of Interior Materials – Passenger Cars, Multipurpose Passenger Vehicles, Trucks and Buses
ISO 3795	Road Vehicles, and Tractors and Machinery for Agriculture and Forestry – Determination of Burning Behaviour of Interior Materials
ISO 9772	Cellular Plastics – Determination of Horizontal Burning Characteristics of Small Specimens Subjected to a Small Flame
DIN EN 60695-11-10	Prüfungen zur Beurteilung der Brandgefahr – Teil 11–10: Prüfflammen – Prüfverfahren mit 50-W-Prüfflamme horizontal und vertikal

UL 94, Sec. 7	Standard for Tests for Flammability of Plastic Materials for Parts in Devices and Appliances (Horizontal Burning Test; HB)
UL 94, Sec. 12	Standard for Tests for Flammability of Plastic Materials for Parts in Devices and Appliances (Horizontal Burning Foamed Material Test; HBF, HF-1, or HF-2 …)
Vertikale Prüfkörperanordnung, Zündflamme am unteren Prüfkörperende	
ASTM D 2633	Standard Test Methods for Thermoplastic Insulations and Jackets for Wire and Cable
ASTM D 3801a	Standard Test Method for Measuring the Comparative Burning Characteristics of Solid Plastics in a Vertical Position
ASTM D 4804	Standard Test Method for Determining the Flammability Characteristics of Nonrigid Solid Plastics
ASTM D 5048a	Standard Test Method for Measuring the Comparative Burning Characteristics and Resistance to Burn-Through of Solid Plastics Using 125-mm Flame
DIN EN ISO 9773	Kunststoffe – Bestimmung des Brandverhaltens von dünnen, biegsamen, vertikal ausgerichteten Probekörpern in Kontakt mit einer kleinen Zündquelle
DIN EN 60695-11-10	Prüfungen zur Beurteilung der Brandgefahr – Teil 11 – 10: Prüfflammen – Prüfverfahren mit 50-W-Prüfflamme horizontal und vertikal
DIN EN 60695-11-20	Prüfungen zur Beurteilung der Brandgefahr – Teil 11 – 20: Prüfflammen – Prüfverfahren mit einer 500-W-Prüfflamme
UL 94 Sec. 8	Standards for Tests for Flammability of Plastic Materials for Parts in Devices and Appliances (Vertical Burning Test, V-0, V-1, or V-2)
UL 94 Sec. 9	Standard for Tests for Flammability of Plastic Materials for Parts in Devices and Appliances (500 W (125 mm) Vertical Burning Test; 5VA or 5VB)
UL 94 Sec. 11	Standard for Tests for Flammability of Plastic Materials for Parts in Devices and Appliances (Thin Material Vertical Burning Test; VTM-0, VTM-1, or VTM-2 …)

11.2.3.3 Flammenausbreitung

Die Flammenausbreitung ist ein Oberflächenphänomen und kann als Ausbreitungsgeschwindigkeit der Flammenfront unter gegebenen Brandbedingungen definiert werden. Dazu müssen sukzessive Oberflächenabschnitte durch den Wärmestrom der fortschreitenden Flamme auf Entzündungstemperatur gebracht werden.

Die Prüfverfahren für die Flammenausbreitung werden anhand des Winkels, den die exponierte Prüfkörperoberfläche mit der Horizontalen bildet, klassifiziert. Dieser Winkel wird Oberflächenwinkel Θ genannt. Der Winkel Θ bestimmt das Ausmaß, in welchem heiße Verbrennungsgase die Oberfläche vor der fortschreitenden Verbrennungsfront aufheizen können. Beim Vorhandensein erzwungener Luftströmungen ist der Vorheizfaktor jedoch stärker eine Funktion der Richtung der erzwungenen Luftströmung als des Oberflächenwinkels.

Brennen entlang der Oberseite eines horizontalen Prüfkörpers

Die wichtigsten Prüfverfahren für die Flammenausbreitung sind nachfolgend zusammengestellt.

Neben den im vorstehenden Abschnitt benannten Kleinbrennerprüfungen mit horizontaler Prüfkörperanordnung wird die Flammausbreitung an Prüfkörpern im mittleren Maßstab durch weitere Testverfahren bestimmt.

Normen zur Prüfung der Flammenausbreitung: Brennen entlang der Oberfläche eines horizontalen Prüfkörpers	
Brandversuche im mittleren Maßstab	
ASTM E 648	Standard Test Method for Critical Radiant Flux of Floor-Covering Systems Using a Radiant Heat Energy Source
ASTM E 970	Standard Test Method for Critical Radiant Flux of Exposed Attic Floor Insulation Using a Radiant Heat Energy Source
ASTM E 1321	Standard Test Method for Determining Material Ignition and Flame Spread Properties

Brennen aufwärts entlang der Oberseite einer geneigten Prüfkörperfläche (0° < Θ ≤ 45°)

Der Flammenausbreitung auf der Oberseite einer geneigten Prüfkörperfläche kommt insbesondere bei der Bewertung von Materialien, die für Bedachungen eingesetzt werden, eine besondere Bedeutung zu.

Normen zur Prüfung der Flammenausbreitung: Brennen entlang der Oberfläche eines horizontalen Prüfkörpers	
ASTM E 108	Standard Test Methods for Fire Tests of Roof Coverings
DIN CEN/TS 1187	Prüfverfahren zur Beanspruchung von Bedachungen durch Feuer von außen
UL 790	Standard Test Methods for Fire Tests of Roof Coverings

Brennen aufwärts entlang einer vertikalen Prüfkörperfläche: Entzündung mit Brennerflamme, längere Prüfkörper

Neben den im vorstehenden Abschnitt benannten Kleinbrennerprüfungen mit vertikaler Prüfkörperanordnung kann die Flammausbreitung an Prüfkörpern in vertikaler Ausrichtung durch weitere Testverfahren bestimmt werden:

Kleinbrandversuche	
ASTM D 3014a	Standard Test Method for Flame Height, Time of Burning, and Loss of Mass of Rigid Thermoset Cellular Plastics in a Vertical Position
ASTM E 69	Standard Test Method for Combustible Properties of Treated Wood by the Fire-Tube Apparatus
UL 44	Thermoset-Insulated Wires and Cables
UL 83	Thermoplastic-Insulated Wires and Cables
Brandversuche im mittleren Maßstab	
DIN 4102-15	Brandverhalten von Baustoffen und Bauteilen; Brandschacht
UL 1666	Test for Flame Propagation Height of Electrical and Optical-Fiber Cables Installed Vertically in Shafts

Brennen entlang der Seite einer vertikalen Fläche

Für diese Brandprüfung wird in den Standards ASTM E 1317 und ASTM E 1321 der LIFT-Apparat (Lateral Ignition and Flame Spread Test Apparatus) verwendet. Die Prüfkörperdimensionen betragen $155 \times 800 \text{ mm}^2$. Der vertikal befestigte Prüfkörper wird durch eine vertikale, mit einem Luft-Gas-Gemisch betriebene, poröse, feuerfeste Flächenheizung von der Seite erwärmt. Die Flächenheizung mit den Abmessungen $280 \times 483 \text{ mm}^2$ ist gegenüber dem Prüfkörper um 15° geneigt. Erfasst werden die Zeit bis zur Entzündung des Prüfkörpers, die Flammenausbreitung und das Verlöschen der Flammen entlang der Prüfkörperlänge sowie die Temperatur der Verbrennungsgase. Als resultierende Parameter lassen sich die für die Entzündung und selbstständiges Brennen benötigten Wärmemengen, der kritische Wärmefluss beim Verlöschen und die Wärmefreisetzungsrate ermitteln. Der LIFT-Apparat kann bei horizontal befestigten Prüfkörpern auch für Untersuchungen der Flammenausbreitung auf der Oberseite einer horizontalen Fläche eingesetzt werden.

Normen zur Prüfung der Flammenausbreitung: Brennen entlang der Seite einer vertikalen Fläche	
ASTM E 1317	Standard Test Method for Flammability of Marine Surface Finishes
ASTM E 1321	Standard Test Method for Determining Material Ignition and Flame Spread Properties
ISO 5658-2	Reaction to Fire Tests – Spread of Flame – Part 2: Lateral Spread on Building and Transport Products in Vertical Configuration
ISO 5658-4	Reaction to Fire Tests – Spread of Flame – Part 4: Intermediate-Scale Test of Vertical Spread of Flame With Vertically Oriented Specimen

Brennen abwärts entlang der Unterseite einer geneigten Prüfkörperfläche ($\Theta = 60°$)

In der Prüfvorschrift ASTM E 162 wird eine vertikale, poröse und feuerfeste Flächenheizung mit den Abmessungen $305 \times 457\,mm^2$ bei einer Temperatur von $670 \pm 4\,°C$ benutzt. Der Prüfkörper ($152 \times 457\,mm^2$), mit seiner langen Dimension um 30° aus der Vertikalen gekippt, wird an dem oberen Ende, welches sich 121 mm von der Flächenheizung entfernt befindet, mit einer Pilotflamme entzündet. Die Flammenfront breitet sich abwärts entlang der zur Flächenheizung weisenden Unterseite aus.

Norm zur Prüfung der Flammenausbreitung: Brennen abwärts entlang der Unterseite einer geneigten Prüfkörperfläche ($\Theta = 60°$)	
ASTM E 162	Standard Test Method for Surface Flammability of Materials Using a Radiant Heat Energy Source
ASTM D 3675	Standard Test Method for Surface Flammability of Flexible Cellular Materials Using a Radiant Heat Energy Source
DIN EN ISO 9239-1	Prüfungen zum Brandverhalten von Bodenbelägen – Teil 1: Bestimmung des Brandverhaltens bei Beanspruchung mit einem Wärmestrahler

11.2.3.4 Wärmefreisetzung

Zur Quantifizierung der Wärmefreisetzung wird i. d. R. die Wärmefreisetzungsrate herangezogen, definiert als freiwerdende Wärmemenge in einer bestimmten Zeiteinheit.

In solchen Prüfungen wird die von einer definierten Masse brennenden Materials freigesetzte Wärmemenge ermittelt. Materialien, die bei ihrer Verbrennung weniger Wärme freisetzen, tragen auch entsprechend weniger zu einem Feuer bei. Informationen über die Wärmefreisetzung von Materialien können zur Berechnung anderer Brenncharakteristika und für die Einschätzung des Brandrisikos verwendet werden.

Die Bestimmung der Wärmefreisetzungsrate erfolgt nach verschiedenen Prinzipien. Bestimmt man die Masseabnahme eines Materials bei der Pyrolyse hinreichend genau, kann die freigesetzte Wärme bei bekannter Verbrennungswärme berechnet werden. Bei unvollständiger Verbrennung, d. h. der Bildung von CO, wird ein Effektivitätsparameter hinzugefügt. Dieses Verfahren ist als Massenverlustkalorimetrie bekannt. Weiterhin besteht die Möglichkeit zur Bestimmung der Wärmefreisetzungsrate durch Temperaturmessung der Verbrennungsgase. Die freigesetzte Wärmemenge kann über die Enthalpieänderung der Verbrennungsgase berechnet werden. Dieses Verfahren wird als Thermoelement-Methode bezeichnet. Bei der Sauerstoffverbrauchs-Methode wird die Wärmefreisetzungsrate über den bei der Verbrennung verbrauchten Sauerstoff durch Messung des Volumenstroms der Abgase und des Sauerstoffgehaltes berechnet.

Für die Ermittlung der Wärmefreisetzungsrate mittels Thermoelement-Methode kann die Brandprüfung nach ASTM E 906 eingesetzt werden. Dazu wird die Ohio State University (OSU)-Kammer benutzt. Das Gerät besteht aus drei Hauptbestandteilen: einer Vorkammer, einer Verbrennungskammer mit den Abmessungen $890 \times 410 \times 200$ mm^3 und einem pyramidenförmigen Abzug (395 mm). Der Prüfkörper (150×150 mm^2) wird in die Verbrennungskammer gebracht, die von einem konstanten Luftstrom ($0{,}04$ m^3 s^{-1}) durchflossen wird. Dort wird der Prüfkörper vertikal dem Wärmefluss von 35 kW m^{-2} einer Strahlungsquelle, bestehend aus 4 SiC-Elementen, ausgesetzt. Die Verbrennung wird durch die Entzündung der ausgestoßenen Gase durch Wärmestrahlung oder durch Punktentzündung der Oberfläche mittels Zündbrennern ausgelöst. Die Temperaturdifferenz der Luft, die in die Kammer eintritt und der Gase, die die Kammer verlassen, wird mit fünf Chromel (NiCr)-Alumel (AlCr)-Thermoelementen aufgezeichnet und dient als Grundlage für die Berechnung der Wärmefreisetzung.

Das Cone-Kalorimeter, verwendet in den Brandprüfungen nach ASTM E 1354 und ISO 5660-1, basiert auf der Sauerstoffverbrauchs-Methode. Damit können Wärmeabgaberate, Entzündungszeit und Raucherzeugung von 100×100 mm^2 großen Prüfkörpern mit einer Dicke bis zu 50 mm ermittelt werden (vgl. auch Abschnitt 11.2.4). Mit diesem Kalorimeter können verschiedene Brandszenarien simuliert werden. Der Sauerstoffgehalt der Abgase wird mit einem paramagnetischen Sauerstoffanalysator gemessen.

Ein weiteres Prüfgerät, das Intermediate Scale Calorimeter (ICAL), beschrieben durch den Standard ASTM E 1623, besteht aus einer vertikalen Flächenheizung (dreireihige Erdgasbrenner) und einem vertikal montierten Prüfkörper, deren Abstand verstellbar ist. Die Prüfkörper mit einer Fläche von 1000×1000 mm^2 können mit einem Wärmestrom bis zu 50 kW m^{-2} beaufschlagt werden. Die Wärmefreisetzungsrate wird bei diesem Prüfverfahren aus der Messung der Sauerstoffkonzentration der Abgase berechnet. Zusätzlich werden die Rauch- und die Kohlenmonoxidentwicklung erfasst.

Normen zur Prüfung der Wärmefreisetzung	
ASTM E 906/E 906M	Standard Test Method for Heat and Visible Smoke Release Rates for Materials and Products Using a Thermopile Method (OSU-Kammer)
ASTM E 1354	Standard Test Method for Heat and Visible Smoke Release Rates for Materials and Products Using an Oxygen Consumption Calorimeter (Cone-Kalorimeter)
ASTM E 1474	Standard Test Method for Determining the Heat Release Rate of Upholstered Furniture and Mattress Components or Composites Using a Bench Scale Oxygen Consumption Calorimeter
ASTM E 1623a	Standard Test Method for Determination of Fire and Thermal Parameters of Materials, Products, and Systems Using an Intermediate Scale Calorimeter (ICAL)
ASTM E 1740	Test Method for Determining the Heat Release Rate and Other Fire-Test-Response Characteristics of Wall Covering or Ceiling Covering Composites Using a Cone Calorimeter
ASTM F 1550	Standard Test Method for Determination of Fire-Test-Response Characteristics of Components or Composites of Mattresses or Furniture for Use in Correctional Facilities after Exposure to Vandalism, by Employing a Bench Scale Oxygen Consumption Calorimeter
ISO 5660-1	Reaction-to-Fire Tests – Heat Release, Smoke Production and Mass Loss Rate – Part 1: Heat Release Rate (Cone Calorimeter Method) and Smoke Production Rate (Dynamic Measurement)

11.2.3.5 Feuerwiderstand

Der Feuerwiderstand beschreibt die Zeitdauer, in der ein Bauteil unter gegebenen Prüfbedingungen seine Funktionen behält. Dazu zählen die Tragfähigkeit, der Raumabschluss, die Wärmeisolierung und die Rauchdichtigkeit.

Norm zur Prüfung der Feuerbeständigkeit	
ASTM E 119	Standard Test Methods for Fire Tests of Building Construction and Materials
DIN EN 1363-1	Feuerwiderstandsprüfungen – Teil 1: Allgemeine Anforderungen
DIN EN 1634-1	Feuerwiderstandsprüfungen und Rauchschutzprüfungen für Türen, Tore, Abschlüsse, Fenster und Baubeschläge – Teil 1: Feuerwiderstandsprüfungen für Türen, Tore, Abschlüsse und Fenster

Norm zur Prüfung der Feuerbeständigkeit	
DIN 4102-2	Brandverhalten von Baustoffen und Bauteilen; Bauteile, Begriffe, Anforderungen und Prüfungen
DIN 4102-3	Brandverhalten von Baustoffen und Bauteilen; Brandwände und nichttragende Außenwände, Begriffe, Anforderungen und Prüfungen
DIN EN 13501-1	Klassifizierung von Bauprodukten und Bauarten zu ihrem Brandverhalten – Teil 1: Klassifizierung mit den Ergebnissen aus den Prüfungen zum Brandverhalten von Bauprodukten
DIN EN 13501-2	Klassifizierung von Bauprodukten und Bauarten zu ihrem Brandverhalten – Teil 2: Klassifizierung mit den Ergebnissen aus den Feuerwiderstandsprüfungen, mit Ausnahme von Lüftungsanlagen

11.2.3.6 Löschbarkeit

Mit dem Begriff Löschbarkeit wird die Leichtigkeit bezeichnet, mit der sich der Brand eines bestimmten Materials löschen lässt. Ein Maß für die Löschbarkeit ist die für den Unterhalt eines Brandes benötigte Sauerstoffkonzentration (Sauerstoffindex).

Normen zur Bestimmung des Sauerstoffindexes	
ASTM D 2863	Standard Test Method for Measuring the Minimum Oxygen Concentration to Support Candle-Like Combustion of Plastics (Oxygen Index)
DIN EN ISO 4589-2	Kunststoffe – Bestimmung des Brennverhaltens durch den Sauerstoff-Index – Teil 2: Prüfung bei Umgebungstemperatur

11.2.3.7 Rauchentwicklung

Rauch ist eine sichtbare, nichtleuchtende, in der Luft befindliche Suspension fester Partikel, die ihren Ursprung in einer Verbrennung oder Sublimation haben. Unter Rauchdichte versteht man den bei definierten Zersetzungs- und Verbrennungsbedingungen auftretenden Grad der Licht- bzw. Sichtverdunkelung, hervorgerufen durch den entstehenden Rauch. Die Rauchentwicklung wird meistens durch die optische Dichte des Rauchs beschrieben.

Die Prüfung der Rauchentwicklung umfasst im Allgemeinen die Messung der Lichtabsorption durch den bei der Verbrennung eines Materials entwickelten Rauch. Der Grad der Lichtschwächung ist eine Funktion von Anzahl und Größe der Partikel, vom Brechungsindex, von der Lichtstreuung, von der Partikelbewegung, von der Ventilation und von der Strecke, die das Licht passieren muss.

Bei der optischen Messmethode wird mittels Photometer die Lichtabsorption durch den Rauch gemessen.

Man unterscheidet statische Prüfverfahren und dynamische Rauchmessverfahren. Beim statischen Prüfverfahren wird die Rauchdichte einer verschwelenden oder verbrennenden Probe in einer geschlossenen Messkammer erfasst, in der eine optische Messstrecke zwischen einer Weißlichtquelle oder einem Laser und Photodioden aufgebaut ist.

Normen zur Rauchmessung mittels Absorption von Licht Statische Prüfverfahren	
ASTM D 2843	Standard Test Method for Density of Smoke from the Burning or Decomposition of Plastics
ASTM E 662	Standard Test Method for Specific Optical Density of Smoke Generated by Solid Materials
DIN EN ISO 5659-2	Kunststoffe – Rauchentwicklung – Teil 2: Bestimmung der optischen Dichte durch Einkammerprüfung

Beim dynamischen Prüfverfahren passiert Rauch im Abgasstrom eine Messstelle, an der ein Weißlicht- oder Laserstrahl den Abzug durchquert und auf einen Photodetektor trifft.

Normen zur Rauchmessung mittels Absorption von Licht Dynamische Prüfverfahren	
ASTM E 84	Standard Test Method for Surface Burning Characteristics of Building Materials
ASTM E 906/E 906M	Standard Test Method for Heat and Visible Smoke Release Rates for Materials and Products Using a Thermopile Method
ASTM E 1354	Standard Test Method for Heat and Visible Smoke Release Rates for Materials and Products Using an Oxygen Consumption Calorimeter
DIN 4102-15	Brandverhalten von Baustoffen und Bauteilen; Brandschacht
ISO 5660-2	Reaction-to-Fire Tests – Heat Release, Smoke Production and Mass Loss Rate – Part 2: Smoke Production Rate (Dynamic Measurement) (zurückgezogen)

11.2.4 Die Anwendung des Cone-Kalorimeters zur Charakterisierung des Brandverhaltens

Das Cone-Kalorimeter (Bild 11.7) ermöglicht eine gleichzeitige Bestimmung der Wärmefreisetzung, der Bildung von Verbrennungsprodukten (CO, CO_2, optional weitere toxische Verbrennungsgase, Ruß), des Masseverlustes und der Rauchentwicklung. Es vereint damit die Möglichkeiten verschiedener anderer Prüfmethoden, mit denen einzelne dieser Parameter bestimmt werden können.

Bild 11.7
Cone-Kalorimeter; Standort: Fraunhofer PYCO Teltow

Mit einem kegelförmigen IR-Strahler wird der Prüfkörper (100×100 mm^2, Dicke ≤ 50 mm) bestrahlt, der 25 mm unterhalb des Kegels in einem Halter auf einer Waage platziert ist (Bild 11.8). Damit ist eine kontinuierliche Darstellung der Masseabnahme während der Verbrennung möglich. Die Temperatur des Heizkegels kann elektronisch reguliert werden und wird mit drei NiCr-AlCr-Thermoelementen überwacht. Auf der Prüfkörperoberfläche sind definierte Wärmeflüsse bis etwa 100 kW m^{-2} einstellbar. Die durch Zersetzung unter Wärmeeinwirkung gebildeten Pyrolysegase mischen sich mit der Umgebungsluft und werden mit einem elektrischen Funkenzünder gezündet.

Mit dem Cone-Kalorimeter sind Messungen sowohl im horizontalen als auch im vertikalen Aufbau möglich, wobei letzterer i. Allg. nur für besondere Forschungszwecke verwendet wird und nicht für Standardprüfungen.

In Abhängigkeit vom zu simulierenden Brandszenario können verschiedene Wärmeflüsse eingestellt werden. In Tabelle 11.2 sind die Wärmeflüsse Brandszenarien und zu testenden Materialien, Bauteilen und Systemen zugeordnet [11.15].

11.2 Brandverhalten

Die Wärmefreisetzungsrate gilt als wichtigster Parameter zur Beschreibung der Ausbreitung eines Brandes [11.17, 11.18]. Das Maximum der Wärmefreisetzungsrate wird erreicht, wenn das Material am intensivsten brennt. Für die Bestimmung der Wärmefreisetzungsrate wurden verschiedene Methoden entwickelt.

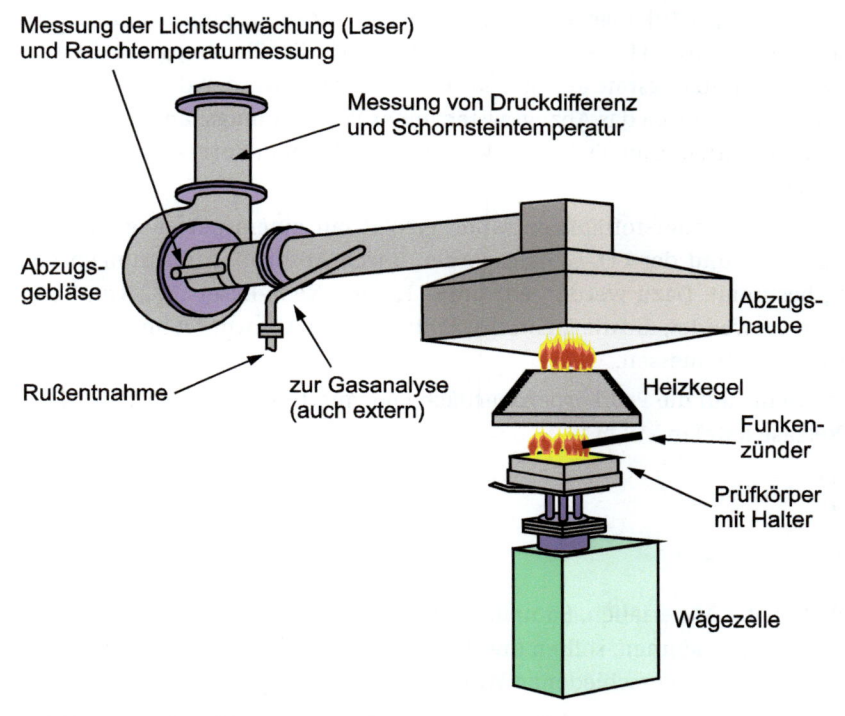

Bild 11.8 Prinzipskizze Cone-Kalorimeter [11.13]

Tabelle 11.2 Übersicht zur Simulation von Brandszenarien mit dem Cone-Kalorimeter

Wärmefluss	Brandszenario; Materialien, Bauteile und Systeme
25 kW m^{-2}	kleines Feuer der Brandklasse A feste glutbildende Stoffe (Holz, Kohle, Stroh, Textilien)
35 kW m^{-2}	Brand in früher Entstehungsphase (wird auch im OSU-Test verwendet)
50 kW m^{-2}	großer (Abfall-)Containerbrand Realfall für Luftfahrzeuge (600 °C) [11.16]; angemessen für den Test von Fassaden-Elementen
75 kW m^{-2}	bedeutender Großbrand
100 kW m^{-2}	Erdölbrand; Test von Materialien für Militäranwendungen

Die Sauerstoffverbrauchsmessung zur Bestimmung der Wärmefreisetzungsrate ist das zurzeit gebräuchlichste und modernste Verfahren. Es beruht darauf, dass die effektive Verbrennungswärme für organische Materialien direkt mit dem Sauerstoffverbrauch gekoppelt ist. Etwa 13,1 MJ Wärme werden bei gebräuchlichen Stoffen je verbrauchtem Kilogramm Sauerstoff freigesetzt. Diese Beziehung wurde erstmals 1917 durch *Thornton* [11.19] angegeben und 1980 von *Hugett* an zahlreichen organischen Substanzen bestätigt [11.20]. In der ISO 5660-1 ist die Gleichung zur Bestimmung der Wärmefreisetzungsrate angegeben. Als Messgrößen werden der Massestrom der Verbrennungsgase durch das Abzugssystem einer Verbrennungskammer und der Sauerstoffgehalt ermittelt. Unvollständige Verbrennung kann in Korrekturtermen berücksichtigt werden.

Die Bestimmung der Sauerstoffkonzentration erfolgt mit einem paramagnetischen Analysator. Der CO- und der CO_2-Gehalt werden durch Absorptionsmessungen von IR-Strahlung bestimmt. Dazu werden ein 1 mW Helium-Neon-Laser (632,8 nm) und Si-Photodioden verwendet, die die Lichtschwächung durch Absorption und Streuung an den Rauchpartikeln messen.

Angegeben wird die auf die Prüfkörperoberfläche normierte Wärmefreisetzungsrate HRR (Heat Release Rate) in kW m^{-2}:

$$\dot{q}''(t) = \frac{\dot{q}(t)}{A} \equiv HRR \tag{11.1}$$

$\dot{q}$ Wärmefreisetzungsrate

Um das Verhalten der Materialien, Bauteile und Systeme unter verschiedenen Bedingungen einschätzen zu können, sollten die Untersuchungen zur Ermittlung der Wärmefreisetzungsrate unter verschiedenen Wärmeflüssen durchgeführt werden.

Im Folgenden sind Ergebnisse von Branduntersuchungen an ausgewählten Materialien zusammengestellt.

Bild 11.9 zeigt den zeitlichen Verlauf der Wärmefreisetzungsrate für Holz, GFK und Sandwichstrukturen [11.14]. Ein Maximum der Wärmefreisetzungsrate tritt kurz nach der Entzündung des Prüfkörpers auf. Die Höhe des Maximums ist ein Maß für die Flammenausbreitung. Je besser ein Material flammgeschützt ist, desto später tritt das Maximum auf und desto geringer fällt es aus. Die Ausbildung einer verkohlenden oder intumeszierenden Schutzschicht auf der Oberfläche schirmt diese von der Wärmestrahlung des Heizkegels ab und verringert die Freisetzung von Pyrolysegasen, wodurch die Wärmefreisetzungsrate sinkt. Ansteigende Temperaturen an der Rückseite treiben die Gasfreisetzung wieder an. Vor dem Verlöschen der Flammen ist daher ein erneutes Ansteigen der Wärmefreisetzungsrate zu verzeichnen.

Die Masseabnahme der Prüfkörper wird während der Verbrennung kontinuierlich aufgezeichnet (Bild 11.10). Kiefernholz (1) zeigt eine lineare Masseabnahme. Für die Sandwichprobe (3) ist ein starker Abfall der Masse bei der Verbrennung der oberen Deckschicht zu erkennen, während der anschließende weitere Masseverlust durch die Verkohlung und die Rauchfreisetzung aus der Wabenstruktur bedingt ist.

11.2 Brandverhalten

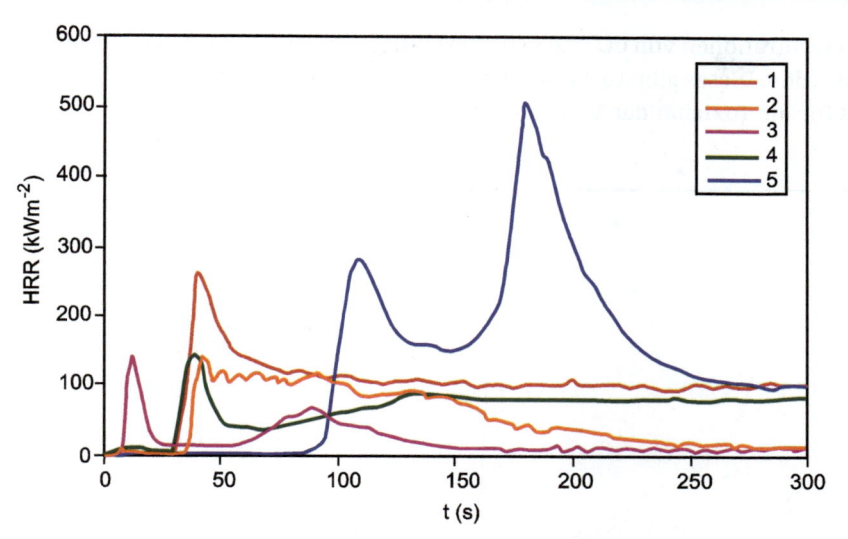

Bild 11.9 Zeitlicher Verlauf der Wärmefreisetzungsrate *HRR* bei einem Wärmeeintrag von 50 kW m^{-2} durch den Heizkegel: (1) – Kiefernholz, B = 17 mm; (2) – mehrlagiges Glasfaser-Epoxidharz-Laminat, B = 2,5 mm; (3) – Sandwich-Panel mit Deck- und Bodenschicht aus Glasfaser-Expoxidharz-Laminat und Nomex-Wabenkern, B = 10 mm; (4) – flammgeschütztes Hanf-Epoxidharz-Laminat, B = 4 mm und (5) – Harzplatte Primaset PT30, B = 6 mm

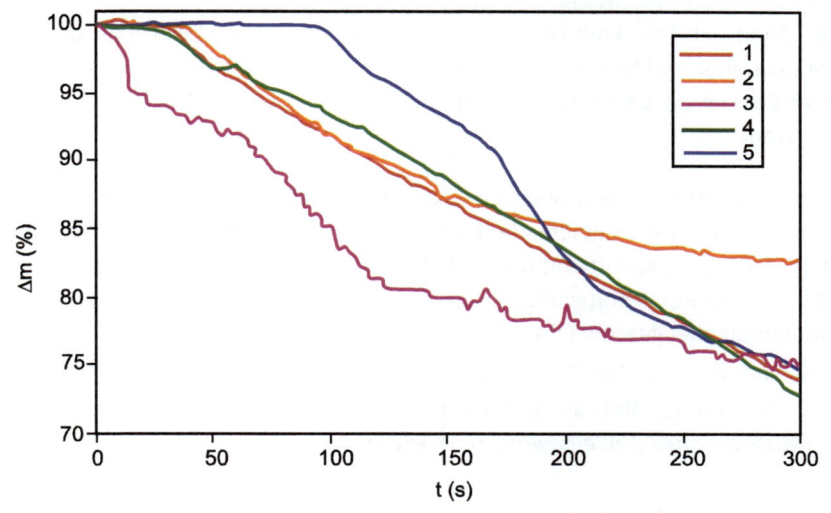

Bild 11.10 Masseabnahme Δm bei einem Wärmeeintrag von 50 kW m^{-2} durch den Heizkegel: (1) – Kiefernholz, m = 95 g; (2) – mehrlagiges Glasfaser-Epoxidharz-Laminat, m = 50 g; (3) – Sandwich-Panel mit Deck- und Bodenschicht aus Glasfaser-Expoxidharz-Laminat und Nomex-Wabenkern, m = 13 g; (4) – flammgeschütztes Hanf-Epoxidharz-Laminat, m = 45 g und (5) – Harzplatte Primaset PT30, m = 89 g

Aus den Konzentrationen von CO und CO_2 im Abluftstrom kann das CO/CO_2-Verhältnis bestimmt werden. Dieses gibt Auskunft über die Vollständigkeit der Verbrennung und ist ein Maß für die Toxizität der Verbrennungsgase (Bild 11.11).

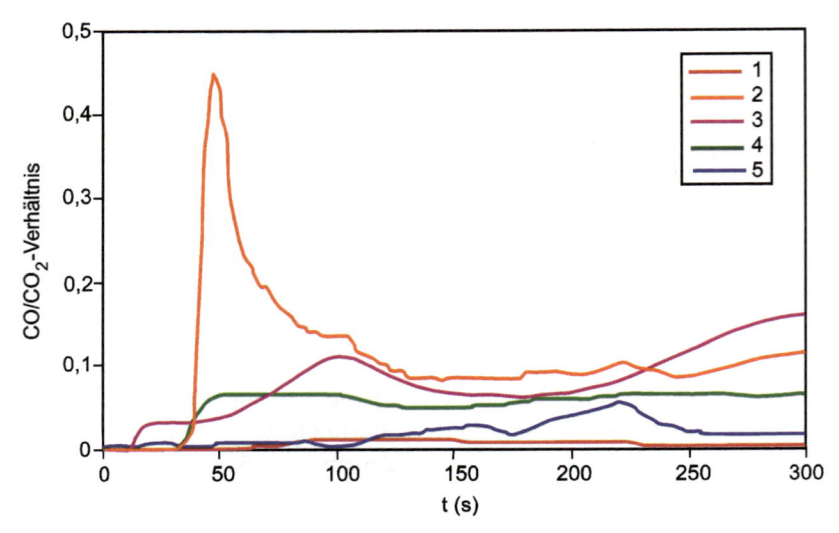

Bild 11.11 CO/CO_2-Verhältnis bei der Verbrennung im Cone-Kalorimeter bei einem Wärmeeintrag von 50 kW m^{-2} durch den Heizkegel: (1) – Kiefernholz, B = 17 mm; (2) – mehrlagiges Glasfaser-Epoxidharz-Laminat, B = 2,5 mm; (3) – Sandwich-Panel mit Deck- und Bodenschicht aus Glasfaser-Expoxidharz-Laminat und Nomex-Wabenkern, B = 10 mm; (4) – flammgeschütztes Hanf-Epoxidharz-Laminat, B = 4 mm und (5) – Harzplatte Primaset PT30, B = 6 mm

Bild 11.12 stellt die Lichtschwächung durch Absorption und Streuung an den frei gesetzten Rauchpartikeln für die verschiedenen Materialien dar. Angegeben ist der zeitliche Verlauf des Extinktionskoeffizienten. Das Maximum gilt als wichtiger Parameter für die Einsatzfähigkeit eines Materials. Je geringer dieses ist, desto weniger wird das Licht durch Rauchpartikel geschwächt.

Eine Zusammenstellung von Veröffentlichungen zum Thema Brandprüfung, Flammfestigkeit, Flammhemmung, Brandsicherheit, Cone-Kalorimeter, Komposite usw. finden sich unter *http://fire.nist.gov/bfrlpubs/fireall/key/key1941.html*.

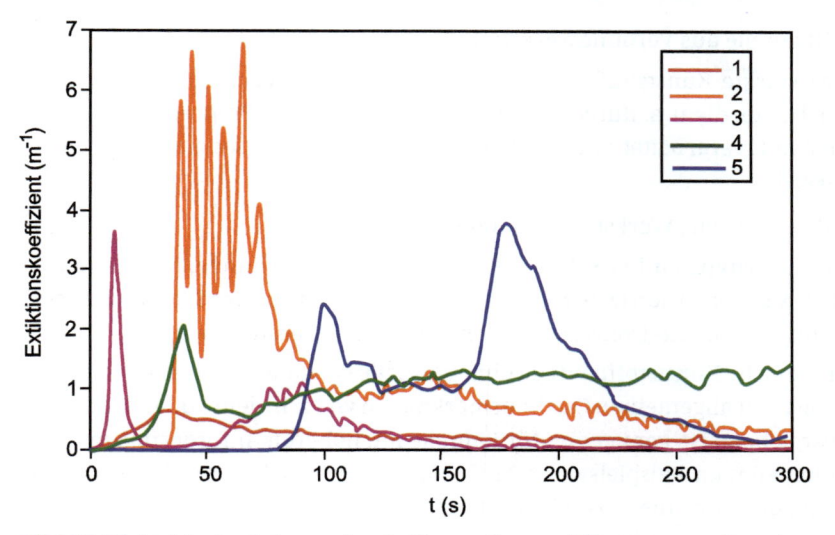

Bild 11.12 Lichtschwächung durch Absorption und Streuung an Rauchpartikeln mittels dynamischer Messung am Cone-Kalorimeter: (1) – Kiefernholz, $B = 17$ mm; (2) – mehrlagiges Glasfaser-Epoxidharz-Laminat, $B = 2,5$ mm; (3) – Sandwich-Panel mit Deck- und Bodenschicht aus Glasfaser-Expoxidharz-Laminat und Nomex-Wabenkern, $B = 10$ mm; (4) – flammgeschütztes Hanf-Epoxidharz-Laminat, $B = 4$ mm und (5) – Harzplatte Primaset PT30, $B = 6$ mm

11.3 Bauteilprüfung

11.3.1 Einführung

Die Prüfung von Kunststoffbauteilen im Entwicklungs- und Produktionsprozess ist eine grundlegende Notwendigkeit zur Sicherung der Qualität. Sie dient dem zweifelsfreien Nachweis von Funktionsfähigkeit, Gebrauchstauglichkeit, Betriebssicherheit bzw. Lebensdauer bei bestimmungsgemäßer Nutzung.

Unter Berücksichtigung werkstofflicher Aspekte lassen sich Kunststoffbauteile in die folgenden drei Gruppen einteilen:

- Klassische Kunststoffbauteile
    - Kunststoffformteile (einschließlich Halbzeuge), die durch Formgebungsverfahren wie Spritzgießen, Pressen, Spritzpressen, Extrusion oder Thermoformung hergestellt werden; Ausgangsprodukte dafür sind genormte Formmassen, überwiegend Thermoplaste

- Kunststoffbauteile aus Verbundwerkstoffen
  - faserverstärkte Kunststoffe (GF, CF), hergestellt unter Verwendung duroplastischer Harze, die u. a. durch Laminieren, Pressen (SMC, Prepreg), Harz-Injektionstechnik verarbeitet und zur Realisierung von tragenden Bauteilen eingesetzt werden
- Kunststoffbauteile aus Werkstoffverbunden
  - als Hybridstrukturen bezeichnete Kunststoff-Metall-Verbunde, die u. a. durch Spritzgießen, Extrusion (z. B. Mehrschichtverbundrohre) oder Schäumprozesse (z. B. Kunststoffmantelrohre, Sandwichelemente) hergestellt werden

Während für einfache Kunststoffbauteile ohne spezielle Qualitätsanforderungen meist die Beurteilung nach allgemeinen Qualitätsmerkmalen wie z. B. dem äußeren Erscheinungsbild ausreichend ist, genügt dies für Bauteile mit höheren Anforderungen nicht. In diesen Fällen können beispielsweise Maßprüfungen, Festigkeitsprüfungen unterschiedlicher Art und verschiedenste Funktionsprüfungen notwendig werden.

Die wesentlichen Einflussgrößen, die das Eigenschaftsbild eines Kunststofferzeugnisses bestimmen, liegen außer in den Formmasseeigenschaften selbst, in der Fertigteil- und Werkzeuggestaltung und den Verarbeitungsbedingungen begründet. Werkstoffliche Anwendungsgrenzen für Kunststoffbauteile leiten sich aus den Besonderheiten der makromolekularen Struktur der einzelnen Kunststoffe sowie den physikalischen und chemischen Veränderungen während ihrer Nutzungsdauer ab.

Zielstellung einer Bauteilprüfung ist eine möglichst komplexe Erfassung der Funktionsfähigkeit und Gebrauchstauglichkeit, um die Eignung des Erzeugnisses für den vorgesehenen Verwendungszweck unter Berücksichtigung der geforderten Lebensdauer anhand objektiv messbarer Eigenschaften und subjektiver Bewertungsmerkmale absichern zu können. Die Prüfungen können nach verschiedensten Methoden unter definierten, möglichst praxisnah simulierten, ggf. auch verschärften, zeitraffenden Beanspruchungen und definierten Vorbehandlungen und Umgebungseinflüssen im Kurzzeit- oder Langzeitversuch durchgeführt werden.

11.3.2 Basisprüfmethoden

11.3.2.1 Allgemeines

Aus der Tradition heraus ist die Branche der Kunststoff verarbeitenden Industrie breit gefächert. In vielen Fällen ist der Kunststoffverarbeiter Zulieferer von Kunststoffformteilen oder kompletten Baugruppen für einen nachfolgenden Anwender. Um den vielfältigen Anforderungen der Praxis hersteller- und anwendungsseitig gerecht zu werden, wurden schon frühzeitig [11.21, 11.22] für die verschiedenen Erzeugnisgruppen sog. Basisprüfmethoden entwickelt und genormt. Diese gestatten es, erzeugnisspezifische Erfordernisse zu berücksichtigen, aber auch als Gebrauchs- und Anwendungs-

11.3 Bauteilprüfung

prüfung unter Berücksichtigung der für die Fertigungskontrolle und Qualitätsprüfung notwendigen Einschränkungen in Aufwand und Schärfe eingesetzt zu werden.

Als eine Prüfgrundlage dafür kann z. B. die seit langem gültige Norm DIN 53 760 dienen, die für Kunststofffertigteile folgende Bewertungskriterien benennt:

- äußere Merkmale,
- Eigenschaften des Werkstoffes (Formstoffes) und
- Gebrauchstauglichkeit.

Eine Untersetzung mit speziellen Prüfanforderungen und daraus ableitbaren orientierenden Prüfverfahren bzw. -vereinbarungen enthält die Zusammenstellung in Tabelle 11.3. Die verschiedenen Prüfkriterien ergänzen bzw. ersetzen sich teilweise gegenseitig. Diese Prüfnorm kann somit für Kunststofffertigteile (z. B. Spritzgussteile) in verallgemeinerter Form als „Checkliste" fungieren.

Tabelle 11.3 Prüfkriterien und Prüfmöglichkeiten für Kunststofffertigteile nach DIN 53 760 (F – Fertigteil, Pk – Prüfkörper)

Einteilungsprinzip	Prüfkriterium	Fertigteil/ Prüfkörper	Prüfgerät (Beispiel)
äußere Merkmale	Aussehen	F	visuell, Optik
	Farbe	F/Pk	visuell, Fotometer
	Oberflächenstruktur	F/Pk	visuell, Tastschnittgerät
	Abmessungen	F	Längenmesstechnik
	Maß- und Gestaltsänderungen	F	Längenmesstechnik, Lehren
Werkstoffeigenschaften im Formteil	Masse	F	Waage
	Abgabe flüchtiger bzw. extrahierbarer Bestandteile	F/Pk	Wärmeschrank, Waage
	Glührückstand	Pk	Ofen, Waage
	Dichte	F/Pk	hydrostatische Waage
	Werkstoffzustand, Werkstoffgefüge	Pk	Viskosimeter, Schmelzindexprüfgerät
	Eigenspannungen, Orientierungen	F	Mikroskop, Wärmeschrank, Prüfmedium
	mechanische Kennwerte des Formstoffes	Pk	mechanische Prüfgräte
Gebrauchstauglichkeit	Montierbarkeit, Passfähigkeit	F	Funktionsprüfung
	Verhalten bei Beanspruchung	F	spezielle Prüftechnik
	• mechanisch	F	
	• Temperatur und Klima	F	
	• Medien		

11.3.2.2 Prüfung äußerer Merkmale

Bekanntermaßen stellen die äußeren Merkmale von Kunststoffformteilen bereits aussagefähige Indikatoren zur Qualitätsbeurteilung dar. In [11.23] wird darauf hingewiesen, dass die Freiheit von Lunkern, Einfallstellen, Gratbildung, Bindenähten (Bild 11.13a) und Oberflächenfehlern für die Beurteilung einer Vielzahl von Kunststoffanwendungen entscheidend und ausreichend ist.

Die Palette der Oberflächenmerkmale z. B. für Spritzgusserzeugnisse ist aber durchaus erweiterbar durch Erscheinungen wie Wolkenbildung, Schlieren, Brandstellen (Bild 11.13b), Haarrisse, Kratzer, Verschmutzungen, Farb- und Glanzunterschiede, Orangenschaleneffekte oder Abdrücke von Werkzeugelementen (z. B. Auswerfmarkierungen). Die Ursachen für diese Fehlerausbildungen liegen im komplexen Verarbeitungsprozess. Fehleranalysen und Abhilfen werden den Kunststoffverarbeitern u. a. in entsprechenden Software-Programmen angeboten [11.24].

Bild 11.13 Verarbeitungsfehler an Spritzgussteilen nach [11.24]: Bindenähte (a) und Brandstelle (b)

Zu den bei Fertigteilen am häufigsten auftretenden Fehlern zählen Abweichungen von den konstruktiv vorgeschriebenen Maßen und Konturen (vgl. DIN 16901). Auch die Ursachen für das Eintreten von Maß-, Form- und Lageabweichungen an Formteilen sind vordergründig im Verarbeitungsschwindungs- und Nachschwindungsverhalten sowie in der Ausbildung innerer Spannungszustände während des Herstellungsprozesses zu suchen [1.2]. Dabei wird unter den Begriffen Verarbeitungsschwindung und Nachschwindung die Gesamtheit der Vorgänge verstanden, die infolge der Abkühlung der urgeformten Erzeugnisse und der Ausbildung stabiler Struktur- und Ordnungszustände zu Volumen- bzw. Maßänderungen führen.

Vorgänge, die das Schwindungsverhalten und/oder die Relaxation von Eigenspannungen eines Kunststoffbauteils bestimmen, sind bei Raumtemperatur kaum wirksam, zumal konstruktive Elemente wie z. B. Rippen oder Randgestaltung diese zusätzlich behindern. Zur Ermittlung potenzieller Maßverschiebungen und Verzugserscheinungen an Fertigteilen eignet sich der einfach durchführbare Warmauslagerungsversuch. Damit können zum einen die normalerweise zeitabhängigen Veränderungen am Formteil während der Nutzungsdauer und zum anderen die Reproduzierbarkeit verarbeitungsabhängiger Qualitätsmerkmale wirksam überprüft werden.

11.3.2.3 Prüfung von Werkstoffeigenschaften

Wie bereits in den Kapiteln 3 und 5 erläutert, bestehen Probleme hinsichtlich der Übertragbarkeit von an Prüfkörpern ermittelten Kennwerten auf die tatsächlichen Eigenschaften eines Kunststoffbauteils. Deshalb ist insbesondere für technisch höherwertige Kunststofferzeugnisse eine Überprüfung der Werkstoffeigenschaften direkt am Bauteil notwendig und sinnvoll, zumal damit gleichzeitig Ableitungen für den vorgesehenen Einsatzzweck getroffen werden können.

Die Masse eines Kunststoffformteils ist aus technologischer und wirtschaftlicher Sicht ein erster und sehr interessanter Indikator für die Qualität. Sie erweist sich als wertvolle Kontrollgröße zur Überwachung und Steuerung der Stabilität des Produktionsprozesses sowohl für Spritzgusserzeugnisse als auch für flächige Halbzeuge wie Platten, Profile oder Folien. Massebestimmungen sind einfach zu realisieren und können online im Fertigungsprozess als Steuergröße fungieren. Die Masseangabe als summerische Größe gestattet jedoch keine weitergehenden Rückschlüsse auf die Erzeugnisqualität.

Quantifizierbare Aussagen, die vor allem die stoffliche Zusammensetzung und den strukturellen Aufbau in einem Fertigteil beschreiben, sind gemäß Tabelle 11.3 anhand mehrerer Prüfkriterien möglich. Im Normalfall werden dazu bei gegebener Bauteilgröße die benötigten Prüfkörper z. B. durch Spanen oder Stanzen aus dem Formteil entnommen, wobei kleine Bauteile auch komplett für eine Prüfung verwendet werden können. Wesentliche Werkstoff- bzw. Bauteileigenschaften werden u. a. durch Bestimmung der Dichte, Ermittlung des Glührückstandes (Zusatzstoffanteil), Überprüfung des molekularen Aufbaus (Viskosität, Schmelzindex) oder durch Nachweis flüchtiger bzw. extrahierbarer Bestandteile (wie Wassergehalt, niedermolekulare Komponenten, Reaktionsprodukte) gewonnen. Dabei kommen die entsprechenden genormten Prüfverfahren zur Anwendung.

Für thermoplastische und duroplastische Formmassen ist mit den vorgenannten Prüfungen ein direkter Kennwertvergleich zwischen dem Ausgangszustand (z. B. Spritzgussgranulat) und dem Strukturzustand im Formteil möglich. Zusätzlich können Rückschlüsse auf die realisierten Verarbeitungsbedingungen, auf Chargenschwankungen und auf die Reproduzierbarkeit der Prozessbedingungen gezogen werden. Qualitative und in zunehmendem Maße quantitative Strukturangaben lassen sich durch die Anwendung mikroskopischer Techniken gewinnen [1.33]. Mit Hilfe von Schliffbildern, Bruchflächenaufnahmen oder Mikrotomschnitten können unterschiedliche Gefügebestandteile (z. B. die Phasen in Polymerblends, Füll- und Verstärkungsstoffen), die Homogenität von Formmassen (z. B. Farbpigmente, Zusatzstoffe) oder die Ausbildung von Mikrostrukturen (z. B. amorphe und teilkristalline Bereiche, Faser- und

Füllstofforientierung) dokumentiert werden (siehe Abschnitt 6.2). Ein Nachweis struktureller Bestandteile im Bauteil ist besonders bei duroplastischen FVK-Werkstoffen von Bedeutung, weil in der Regel während des Fertigungsprozesses gleichzeitig mit dem Verbundwerkstoff auch das Bauteil entsteht.

Bewertungskriterien für die Qualität von FVK-Bauteilen sind:

- Faservolumenanteil und Orientierung (Bild 11.14a),
- Lagen- bzw. Schichtaufbau,
- Lunker, Fehlstellen (Bild 11.14b) und
- Aushärtungsgrad der Matrix.

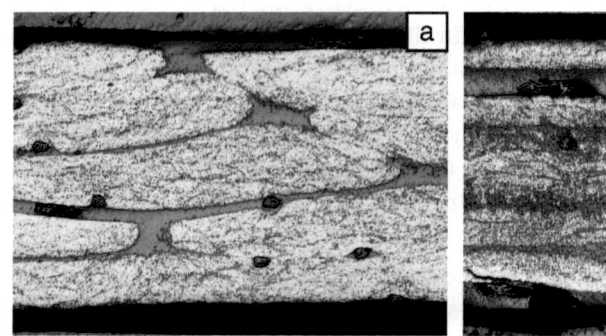

Bild 11.14 Schliffbilder von CFK-Strukturen: Roving-Gewebe mit Nähfaden (a) und Schichtaufbau mit Lunkern im Randbereich (b) (Maßstab 1 : 20)

Die Bestimmung des Faservolumenanteils erfolgt bei GFK durch Veraschung im Muffelofen bei Temperaturen zwischen 500 °C und 600 °C über 2 bis 3 h und anschließende Massebestimmung (DIN EN ISO 1172). Bei CFK wird eine Harzextraktion durch ein nasschemisches Aufschlussverfahren mit Schwefelsäure unter Verwendung von Wasserstoffperoxidlösung vorgenommen (DIN EN 2564).

Bei hinreichend großen GFK-Proben kann die Veraschung auch mit dem Nachweis des Schichtaufbaus in der Verstärkungsstruktur verbunden werden. Dazu wird nach der Veraschung eine manuelle Trennung der einzelnen Faserlagen vorgenommen und anschließend die Flächenmasse bestimmt.

Zum Nachweis des Aushärtungszustands der FVK-Matrix eignen sich verschiedene Verfahren [11.25]:

- Thermische Analyseverfahren (DSC, DMTA, TMA),
- Gaschromatografie,
- Dielektrometrie sowie
- Mechanische Prüfungen (Zugversuch, *Barcol*-Härte).

Die so ermittelten qualitativen bzw. quantitativen Aussagen zum Aushärtungsgrad sind verfahrensbedingt, so dass abgeleitete Tendenzen durch eine zweite unabhängige Methode zusätzlich abgesichert werden sollten.

Als orientierende Prüfungen werden in der betrieblichen Praxis auch ein Kochtest und Warmlagerungsversuche angewendet.

Die Ermittlung von mechanischen Kennwerten an aus Bauteilen herausgearbeiteten Prüfkörpern kann sich auf das gesamte Spektrum der Prüfungen zur Beschreibung des mechanischen Verhaltens von Kunststoffen erstrecken. Von besonderer praktischer Bedeutung sind in diesem Zusammenhang quasistatische Prüfverfahren, Methoden zur Zähigkeitsprüfung und Härtemessung (siehe Kapitel 4 und Kapitel 10).

Ziel ist dabei die Erfassung der bauteilspezifischen Eigenschaften im Vergleich zu den an speziell gefertigten Prüfkörpern ermittelten Kennwerten. Die Schwankungsbreite der Werkstoffeigenschaften im Kunststoffbauteil wird, wie vorangehend dargestellt, von einer Vielzahl herstellungsbedingter Einflüsse (Anisotropie, Eigenspannungen, Bindenähte u. a. m.) bestimmt.

11.3.2.4 Prüfung der Gebrauchstauglichkeit

Da Kunststoffbauteile unter Anwendungsbedingungen vielfältigen statischen, dynamischen und schlagartigen Beanspruchungen bei gleichzeitiger Temperatur- und Medienbeanspruchung ausgesetzt sein können, müssen sie zum Nachweis der Funktionsfähigkeit und Gebrauchstauglichkeit mittels spezieller Prüfverfahren getestet werden [11.23].

Während die Funktionsfähigkeit im Kurzzeitversuch überprüft werden kann, erfolgt die Prüfung der Gebrauchstauglichkeit in Langzeitversuchen bei zeitraffender Versuchsdurchführung. Eine Zeitraffung kann durch Verschärfung signifikanter Beanspruchungsparameter wie mechanische Belastung, Temperatur, Prüffrequenz oder alterungsfördernde Umgebungsmedien erreicht werden. Zur Abschätzung des thermischen Langzeitverhaltens von Kunststoffen und Kunststoffbauteilen hat sich die Ermittlung von Temperatur-Zeit-Grenzen nach DIN EN ISO 2578 bewährt (Bild 11.15).

In Warmauslagerungsversuchen wird in Abhängigkeit von der Zeit die Veränderung einer bestimmten Eigenschaft (z. B. mechanischer Kennwert) bis zum Erreichen eines vereinbarten Eigenschaftsgrenzwertes erfasst. Durch Temperaturerhöhung oder -verringerung kann die erreichbare Ausfallzeit verlängert bzw. reduziert werden. Es wird empfohlen, Ausfallzeiten für 3 bis 4 Temperaturen zu ermitteln.

Die Ausfallzeiten werden in ein *Arrhenius*-Diagramm mit den Koordinaten Logarithmus der Warmauslagerungszeit und reziproke absolute Prüftemperatur übertragen. Der Schnittpunkt der erhaltenen Kurve mit der Dauergebrauchsgrenze ergibt den zu bestimmenden Temperaturindex *TI* (Grenztemperatur). Für die rechnerische Bestimmung von *TI* anhand der Einzelwerte der Ausfallzeiten sollte der für eine lineare Regression verwendete Korrelationskoeffizient $r > 0{,}95$ sein.

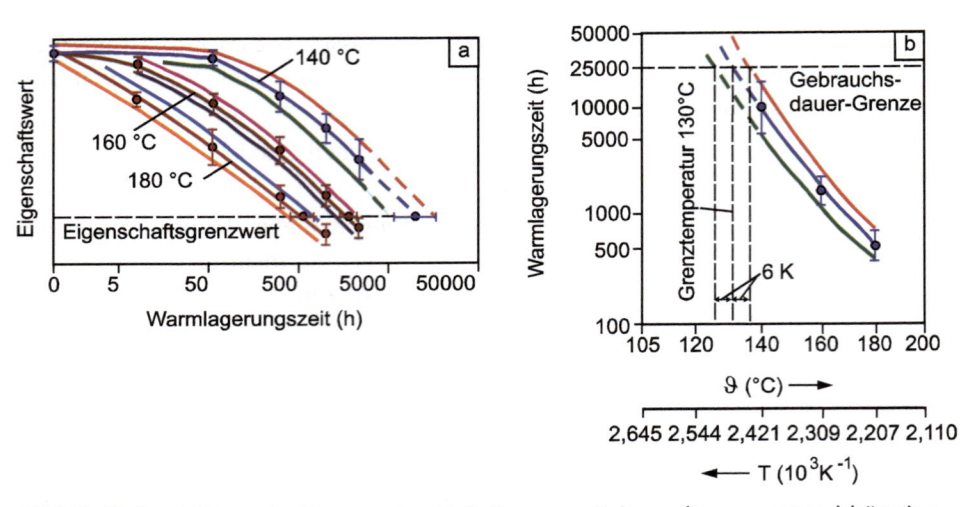

Bild 11.15 Ermittlung der Temperatur-Zeit-Grenzen: Zeit- und temperaturabhängige Eigenschaftsänderungen (a) und Extrapolation der zulässigen Grenztemperatur (b)

Wesentlich für die Anwendung dieses Prognoseverfahrens ist, dass sichergestellt werden muss, dass sowohl unter realen als auch unter zeitraffenden Bedingungen bezüglich der interessierenden Eigenschaften identische (vergleichbare) Alterungsprozesse stattfinden. In anderen Fällen sind statische und/oder dynamische Langzeituntersuchungen erforderlich (vgl. Abschnitt 4.5 und 4.6). In Ausnahmefällen werden Langzeitanwendungen von Kunststoffbauteilen über die gesamte Nutzungsdauer (Jahre) durch zeit- und kostenaufwändige Werkstoffuntersuchungen begleitet [11.26]. Weitere Angaben zu Funktions- und Gebrauchstauglichkeitsprüfungen an Kunststoffbauteilen sind anhand ausgewählter Praxisbeispiele in den nachfolgenden Abschnitten dieses Kapitels aufgeführt.

11.3.3 Prüfung von Kunststoffrohren

11.3.3.1 Qualitätssicherung bei Kunststoffrohren

Der Kunststoffrohrsektor ist eines der technischen Hauptanwendungsgebiete von Kunststoffhalbzeugen. Bereits seit mehr als 50 Jahren werden Kunststoffrohre im großtechnischen Maßstab eingesetzt, wobei erste Anwendungen mit weichmacherfreien PVC-Rohren in der chemischen Industrie und der Trinkwasserversorgung aus den 30er Jahren des vergangenen Jahrhunderts in Deutschland bekannt sind [11.27].

Im Sortiment der eingesetzten Kunststoffe dominieren einerseits PE und PVC, aber je nach Betriebsanforderungen und Einsatzgebiet sind gleichzeitig als repräsentative Rohrwerkstoffe auch PP, PB, vernetztes PE (PE-X), PVC-C, ABS und GFK sowie der Einsatz von Kunststoff-Metall-Verbundrohren (z. B. PE-X/Al/PE) zu benennen [11.28].

Kunststoffrohre kommen vor allem in den Bereichen Trinkwasserversorgung, Abwassertechnik, Sanitär- und Heizungstechnik sowie als Industrierohrsysteme zur Anwendung. Als Rohrdimensionen sind z. B. bei PE-Typen Durchmesser von ≥ 800 mm und bei GFK von bis zu 2400 mm möglich.

Für die Prüfung und Qualitätssicherung von Kunststoffrohren existiert, u. a. begründet in dem vorhandenen Erfahrungspotenzial und dem Wettbewerb mit traditionellen Rohrwerkstoffen (z. B. Gusseisen, Steinzeug, Beton), ein gut entwickeltes Normensystem (DIN, ISO, EN). Dieses wird in Deutschland durch weitere technische Regelwerke in Form von Prüfrichtlinien, Arbeitsblättern [11.29, 11.30] oder bauaufsichtlichen Zulassungsvorschriften komplettiert.

Der erreichte Stand in der Qualitätssicherung bei Kunststoffrohren ist maßgeblich durch Fachgremien des Deutschen Instituts für Bautechnik (DIBt), der Deutschen Vereinigung des Gas- und Wasserfachs (DVGW) und der DIN CERTO Zertifizierungsgesellschaft der TÜV Rheinland Gruppe und des DIN Deutsches Institut für Normung e. V. erarbeitet worden. Wie bei anderen zulassungs- und überwachungspflichtigen Bauprodukten (s. Abschnitt 11.3.5) ist in das Qualitätssicherungssystem bei Kunststoffrohren die Qualitätsüberwachung nach DIN 18 200 integriert. Danach erfolgen:

- eine werkseigene, fertigungsbegleitende Produktionskontrolle beim Rohrhersteller und
- eine Fremdüberwachung durch anerkannte, akkreditierte Prüfstellen (Anerkennungsgrundlage DIN EN ISO/IEC 17 025).

Die zu verarbeitenden Kunststoffe werden in der Regel durch unterschiedliche Prüfbescheinigungen auf der Basis der DIN EN 10 204 seitens der Rohstofflieferanten qualitätsmäßig abgesichert.

Im Rahmen der Produktionsüberwachung durch den Rohrhersteller werden im Wesentlichen ausgewählte Kurzzeitprüfungen bzw. die Kontrolle qualitativer Produktmerkmale vorgenommen. Dazu gehören vordergründig alle technologischen Maßnahmen der Prozessüberwachung, -steuerung und -dokumentation sowie die produktspezifischen Überprüfungen. So sind z. B. an einem PE-Druckrohr folgende Prüfungen vorzunehmen:

- Aussehen und Oberflächenqualität,
- Farbe,
- Rohrabmessungen/Maße,
- Schmelzindex,
- Schwindung nach Warmauslagerungsversuch,
- Homogenität des Rohrwerkstoffes (Mikroskopie) und
- Nachweis der Zeitstandinnendruckfestigkeit, z. B. für PE 80 bei $T = 80\,°C$, einer Vergleichsspannung $\sigma_V = 4{,}6$ MPa und 165 Stunden Beanspruchungszeit.

11.3.3.2 Prüfung des Zeitstandinnendrucks von Kunststoffrohren

Der in der Regel stationäre Einsatz von Kunststoffrohren stellt besondere Anforderungen an die Langzeitfestigkeit bei Gewährleistung einer Gebrauchsdauer von mindestens 50 Jahren. Die Gebrauchsfähigkeit eines Kunststoffdruckrohres ist dabei abhängig von den jeweiligen Betriebsbedingungen, d. h. von der mechanischen Beanspruchung durch Innendruck und ggf. zusätzlicher Temperaturbeanspruchung.

Das Festigkeitsniveau eines Kunststoffrohres wird üblicherweise durch die Innendruckfestigkeit charakterisiert. Es gilt folgende Beziehung:

$$\sigma_V = \frac{p(\bar{d}_a - s_{min})}{2 \cdot s_{min}} \quad (\text{MPa}) \tag{11.2}$$

$\bar{d}_a$ mittlerer Rohraußendurchmesser
s_{min} minimale Rohrwanddicke
σ_V Vergleichsspannung/Umfangsspannung
p Rohrinnendruck

Experimentell wird die Innendruckfestigkeit als Kurzzeitprüfung nach DIN EN 921 bestimmt. Dazu wird das Prüfrohr mit Endverschlüssen abgedichtet, mit Wasser gefüllt und kontinuierlich bis zum Versagen durch Bersten mit Druck beaufschlagt (Bild 11.16).

Die Zeitstandinnendruckfestigkeit wird in analoger Weise ermittelt, wobei die Standzeit bei konstanter Innendruckbeaufschlagung eines Rohres als Variable erfasst wird.

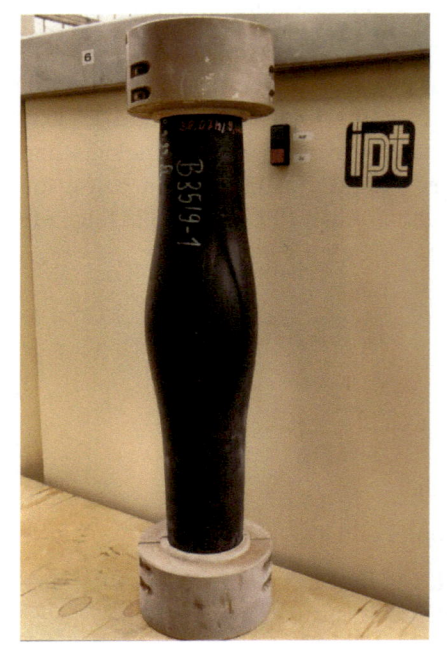

Bild 11.16
Rohrprobe PE 80 mit ausgeprägter Fließzone im duktilen Versagensbereich

Üblicherweise werden als Lebensdauernachweis die Vergleichsspannungen angegeben, die für 50 Jahre bei 20 °C unter Verwendung von Wasser als Prüfmedium zuverlässig garantiert werden können. Dieser Bewertungsmodus wird z. B. speziell im Fall der PE-HD-Rohrwerkstoffe zu einer zwischenzeitlich gebräuchlichen Werkstoffklassifizierung angewendet (vgl. DIN 8075). Danach werden PE-Rohrwerkstoffe unterteilt in:

- PE 63   mit 6,3 MPa
- PE 80   mit 8,0 MPa
- PE 100 mit 10,0 MPa

als Mindest-Vergleichsspannung für 50 Jahre Innendruckbeanspruchung mit Wasser bei 20 °C.

Für diese unterschiedlichen PE-Typen sind ebenso wie für die anderen thermoplastischen Rohrwerkstoffe verbindliche Zeitstanddiagramme in den jeweiligen Rohrnormen verankert. Grundsätzlich existieren dabei zwei Formen von Zeitstandinnendruck-Diagrammen (Bild 11.17). Ein durchgängig linearer Verlauf der Zeitstandkurven (Bild 11.17a) ist u. a. für PVC, PVC-C, PE-X und Mehrschichtverbundrohre unter Verwendung von PE-X nachgewiesen, während im Fall der teilkristallinen Polyolefin-Werkstoffe (PE 63, PE 80, PE 100, PB, PP) in der Regel bei höheren Prüftemperaturen und längeren Prüfzeiten ein steiler Festigkeitsabfall auftritt (Bild 11.17b, Kurvenabschnitt II).

Die mit erheblichem prüftechnischem Aufwand verbundene Erstellung von temperaturabhängigen Zeitstandinnendruck-Diagrammen ist im Besonderen bei der Neuzulassung von Rohrwerkstoffen notwendig. Prüfgrundlagen sind die DIN 16 887 bzw. DIN EN ISO 9080, worin u. a. festgelegt ist:

- Prüfung bei 4 verschiedenen Prüftemperaturen,
- ≥ 30 Prüfergebnisse je Temperaturstufe auf mindestens 5 Spannungshorizonten im Zeitbereich bis 10^4 h und
- Extrapolationsgrenze bis zu 100 Jahre, je nach verfügbarem Datenmaterial.

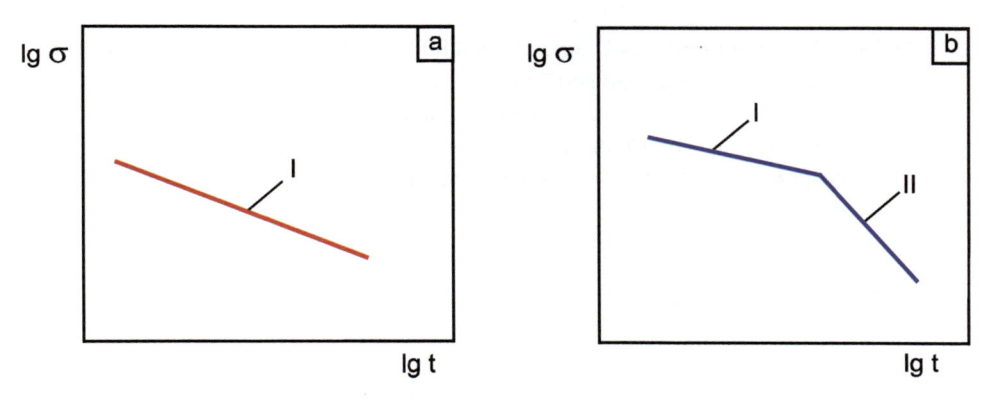

Bild 11.17 Zeitstandinnendruck-Diagramme (schematisch)

Die ermittelten Zeitstandprüfergebnisse werden mittels Standardextrapolationsmethode (SEM) nach DIN EN ISO 9080 ausgewertet. Grundlage dafür ist die Berechnung der Zeitstandkurven mithilfe eines Vierparameteransatzes:

$$\log t = c_1 + c_2/T + c_3 \log\sigma_v + c_4 (\log\sigma_v)/T + e \tag{11.3}$$

t	Standzeit (h)
T	Temperatur (K)
σ_v	Vergleichsspannung (MPa)
c_1 bis c_4	Modellparameter
e	Fehlervariable nach *Laplace-Gauß*-Verteilung

Für jede Prüftemperatur wird mittels Regressionsanalyse die Mittelwertkurve (LTHS) der Zeitstandfestigkeit bestimmt und daraus die geschätzte untere Vertrauensgrenze (LPL) bei 97,5 % abgeleitet (Bild 11.18).

Die rechnerische Gesamtauswertung der Zeitstandinnendruck-Versuche basiert auf einer multiplen Regressionsanalyse, mit deren Hilfe auch der Knickpunkt in den Zeitstandkurven statistisch gesichert nachgewiesen werden kann.

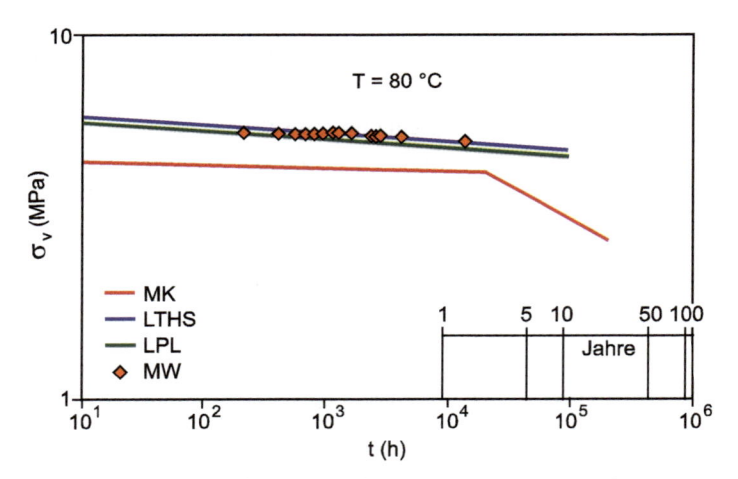

Bild 11.18 Zeitstandinnendruck-Diagramm bei 80 °C für PE-RT (PE erhöhter Temperaturbeständigkeit: Raised Temperature Resistance nach DIN 16833); Abkürzungen im Bild: MK – Mindestkurve für 80 °C nach DIN 16833, MW – Messwerte, LTHS – Mittelwertkurve der Zeitstandfestigkeit nach DIN EN ISO 9080, LPL – untere Vertrauensgrenze bei 97,5 % nach DIN EN ISO 9080

11.3.4 Prüfung von Kunststoffbauteilen für Anwendungen im Automobilbau

11.3.4.1 Anforderungen an die Prüfung

Zur Durchführung von Bauteilprüfungen für die Automobilindustrie existiert ein umfangreiches Regelwerk aus öffentlichen Normen (DIN, EN, ISO, IEC), Fachbereichsnormen (SAE, VDA, VDE) und Werksprüfnormen der Kraftfahrzeughersteller und Zulieferer (Technische Lieferbedingungen, Qualitätssicherungsanweisungen usw.). Bei sicherheitsrelevanten Bauteilen sind zusätzlich Aspekte der Typgenehmigungsverfahren bzw. der Bauartzulassung zu berücksichtigen.

Prüfungen an Fahrzeugbauteilen dienen grundsätzlich dem Nachweis der Funktions- und Gebrauchseigenschaften über die gesamte Fahrzeugnutzungsdauer (Pkw: 10 Jahre, 160 000 Fahrkilometer; Lkw bis zu 5 000 000 Fahrkilometer). Aufgrund der normalerweise hohen Produktionsmengen und der hohen drohenden Kosten infolge mangelhafter Bauteile (Rückrufaktionen, Garantiereparaturen, Pannenstatistik) werden zur Validierung von Konstruktionen umfangreiche Versuchsprogramme durchgeführt.

Bei den Bauteilprüfungen werden typischerweise die Grenzeinsatzbedingungen im Fahrzeug experimentell nachgebildet. Durch eine Überhöhung besonders kritischer Beanspruchungen oder durch eine erhöhte Frequenz der Beanspruchungszyklen soll in den Prüfungen eine Verkürzung der Prüfzeit im Vergleich zum realen Fahrzeugleben erreicht werden.

11.3.4.2 Mechanische Prüfungen

Mechanische Beanspruchungen entstehen aus Betriebslasten, Missbrauchslasten (Überlastungen), Montagekräften und aus dem Fahrbetrieb (z. B. Beschleunigungskräfte, Schwingungen).

Die mechanischen Belastungen können folgende negative Wirkungen hervorrufen:

- Bruch infolge statischer Überlastung (Gewaltbruch),
- Bruch infolge zyklischer Überbelastung (Ermüdungsbruch),
- unzulässige bleibende oder elastische Verformungen,
- Materialabtrag (Verschleiß) und
- Geräuschentwicklung (Resonanzen, Klappern, Knarren usw.).

Das Prüfprogramm muss sicherstellen, dass die kritischen Belastungen entsprechend ihrer Auftretenswahrscheinlichkeit in den Prüfungen erfasst werden und dass die Wirkungen auf geeignete Weise detektiert werden können.

Typische Prüfungsarten im Fahrzeugbereich sind:

- Lebensdauerprüfungen (wiederholte Betätigungen bzw. Beanspruchungen),
- statische Belastungsprüfungen (ggf. mehrachsig),
- Fluidprüfungen (Druckpulsationen, Berstdruckversuche, Durchfluss usw.),
- Schwingungs- und Schockprüfungen sowie
- Schlagprüfungen (Steinschlagprüfung, Falltests).

Bei Kunststoffbauteilen werden mechanische Prüfungen häufig mit besonderen klimatischen Umgebungsbedingungen, meist Einsatzgrenzbedingungen kombiniert oder an Bauteilen durchgeführt, die vor den Prüfungen konditioniert oder in speziellen Medien ausgelagert werden (Bild 11.19). Tritt an Fahrzeugbauteilen erst durch das Zusammentreffen von mehreren Einzelbelastungen in Kombination ein kritischer Betriebszustand ein, werden aufwendige kombinierte Prüfungen durchgeführt.

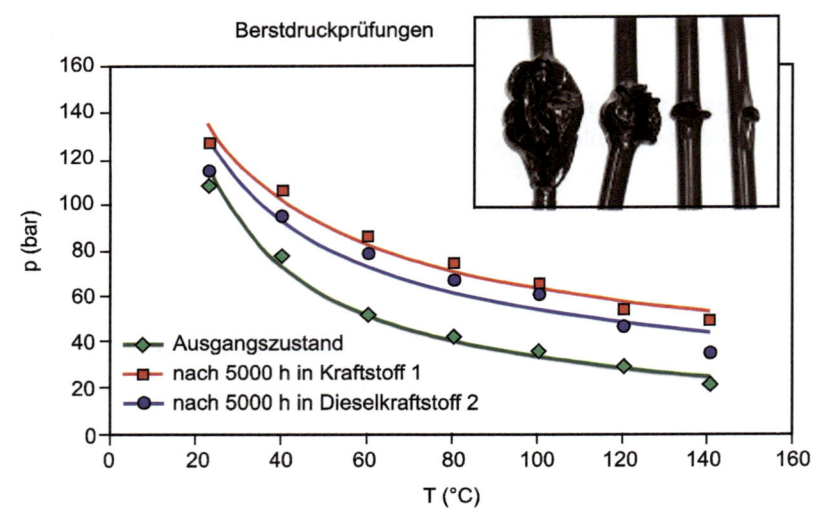

Bild 11.19 Temperaturabhängige Berstdruckversuche an Bremsleitungen aus einem PA-Blend und geborstene Rohre nach der Prüfung im Ausgangszustand (links) sowie Materialversprödung nach der Auslagerung (rechts)

Ein Beispiel dafür ist die Prüfung von Kraftstoffleitungsverbindern gemäß der Prüfvorschrift SAE J 2044. In diesem Lebensdauertest wird das gleichzeitige Auftreten von Innendruckwechseln, Temperaturschwankungen im Medium, Klimazyklen der Umgebungsluft und Schwingungen simuliert (Bild 11.20). Diese Bedingungen treten im Fahrzeug bei der Verwendung der Komponenten im Motorraum auf, wenn die Leitungen Komponenten der elastischen Lagerung der Motorbaugruppe mit Komponenten an der Karosserie verbinden.

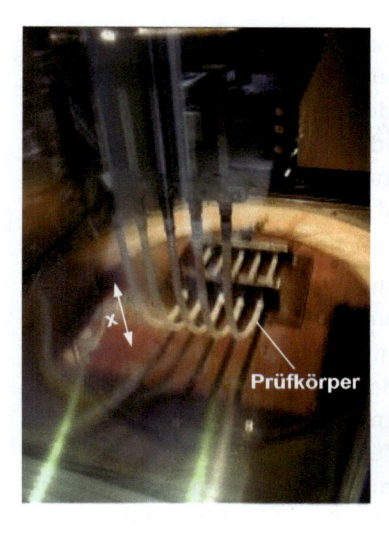

Bild 11.20
Kraftstoffleitungen im kombinierten Klima-Schwingungs-Innendruck-Test

Darüber hinaus sind Fahrzeugbauteile einer Vielzahl von medialen Einflüssen ausgesetzt. Je nach Einsatzort des Bauteils kommen Kraft- und Schmierstoffe, Frostschutzmittel, Akkusäure, Reinigungsmittel, Lösungsmittel und sogar Getränke in Betracht. In vielen Fällen wird die Chemikalienbeständigkeit durch Immersionsversuche an Werkstoffproben abgesichert, wobei die während der Medienlagerung aufgetretenen Eigenschaftsänderungen (z. B. Festigkeit, Dichte) erfasst werden.

11.3.4.3 Permeations- und Emissionsprüfungen

Aus Gründen des Umwelt- und Gesundheitsschutzes müssen die von einem Kraftfahrzeug verursachten Emissionen ständig minimiert werden. Dies betrifft nicht nur den Schadstoffausstoß der Verbrennungsmotoren, sondern auch die Kohlenwasserstoff (HC)-Emission Kraftstoff führender Bauteile, sowie die Emissionen nicht Kraftstoff führender Bauteile und von Kunststoff in anderen Bereichen eines Fahrzeuges (z. B. Unterbodenbereich, Fahrzeuginnenraum).

Mit Normen und international gültigen Vorschriften und Vereinbarungen wird speziell auf die zulässigen HC-Emissionsraten Einfluss genommen. Nach [11.31] war ab 2004 in den USA die CARB-Vorschrift LEV II in der Umsetzungsphase, welche die Menge von 0,5 g/24 h HC-Emission als Obergrenze für das Gesamtfahrzeug festschrieb. Eine weitere Verschärfung erfolgte mit PZEV (Partial Zero Emission Vehicle) durch die Herabsetzung des zulässigen Grenzwertes der HC-Emission auf 0,054 g/24 h für alle Kraftstoff führenden Bauteile.

Diese Vorgaben stellen hohe Anforderungen sowohl an die Werkstoffauswahl der Kunststoffe und die Bauteilkonstruktion als auch an die verfügbare Nachweis- und Prüftechnik.

Zur Bestimmung der HC-Emission infolge von Permeation durch die Wandung Kraftstoff führender Kunststoffbauteile (z. B. Tanks, Kraftstoffleitungen) bzw. aufgrund von Emissionsvorgängen (Ausgasung) entsprechender Inhaltsstoffe ist in der Automobilindustrie die sogenannte SHED-Prüfung (Sealed Housing for Evaporative Emissions Determination) vorgeschrieben. Unter Bezug auf CARB bzw. EPA (Environment Protection Agency) wurde von BMW in Deutschland der Werksstandard GS 97014-1 erarbeitet, der für Automobilhersteller und die Zulieferindustrie verbindlich ist.

Das Prinzip der SHED-Prüfung beruht darauf, dass ein mit Kraftstoff gefüllter Prüfling (z. B. ein Tank) bzw. ein HC-emittierendes Bauteil in einer luftdicht abgeschlossenen kalibrierten Prüfkammer eingelagert und mindestens einem 24-stündigen Temperaturzyklus unterworfen wird. Über die gesamte Prüfdauer werden kontinuierlich Gasproben aus der Prüfkammer entnommen, die einem Flammenionisations-Detektor (FID) zur Bestimmung der HC-Konzentration zugeführt werden. Aus der Differenz der zu Beginn und am Versuchsende in der Prüfkammer gemessenen HC-Konzentration kann unter Berücksichtigung weiterer Einflussgrößen (Luftdruck, Temperatur, Kammervolumen) die permeierte bzw. emittierte HC-Menge nach Formel 11.4 berechnet werden.

$$M_{HC} = k \cdot (V_{Pr} - V_{Pk}) \cdot 10^{-4} \cdot \left(\frac{C_{HCe} \cdot P_e}{T_e} - \frac{C_{HCa} \cdot P_a}{T_a} \right) \cdot m \qquad (11.4)$$

M_{HC} Emissionsmasse als Kohlenstoff-Äquivalent (g)
V_{Pr} Temperaturabhängiges SHED-Kammer-Nettovolumen (m³)
V_{Pk} Bruttovolumen des Prüfkörpers (m³)
C_{HCa} HC-Anfangskonzentration als Propan-Äquivalent (ppm)
C_{HCe} HC-Endkonzentration als Propan-Äquivalent (ppm)
T_a SHED-Anfangstemperatur (K)
T_e SHED-Endtemperatur (K)
P_a SHED-Anfangsdruck (kPa)
P_e SHED-Enddruck (kPa)
m Umwandlungsfaktor von Propan-Äquivalent in Kohlenstoff-Äquivalent ($m = 3$)
k Faktor, abhängig vom Medium (1,2 · (12 + H/C))
 – CARB- und EPA-Test: 17,16 (H/C = 2,3)
 – EU III-Test Diurnal: 17,196 (H/C = 2,33)
 – Kalibrierung mit n-Propan: 17,6 (H/C = 2,66)
H Anzahl der Wasserstoffatome im Molekül des Mediums
C Anzahl der Kohlenstoffatome im Molekül des Mediums

Bild 11.21 zeigt eine Permeationsprüfanlage, bestehend aus Schaltschrank mit integriertem FID, einer Mini-SHED-Kammer (Rauminhalt 4 m³) und zwei Micro-SHED-Kammern (mit jeweils 0,5 m³ Rauminhalt). Beide Prüfsysteme unterscheiden sich aufgrund ihrer Größe in der Messgenauigkeit, diese wird im Fall der Mini-SHED-Kammer mit 10 mg/24 h und für die Micro-SHED-Kammern mit 1 mg/24 h ausgewiesen. Aufgrund der geringen Permeationsraten von kleinvolumigen Kunststoffformteilen (z. B. Tankdeckel, Leitungsverbinder) werden diese Prüfungen in der Micro-SHED-Kammer durchgeführt (Bild 11.22), wobei die Prüfobjekte meist als Messketten, bestehend aus mehreren Einzelkomponenten angeordnet sind.

11.3 Bauteilprüfung

Bild 11.21 Permeationsprüfanlage

Bild 11.22 Micro-SHED-Kammer mit Messkette

Für die Permeationsprüfungen werden unterschiedliche Referenzkraftstoffe (CARB, EPA, EU) verwendet und in Abhängigkeit davon unterschiedliche Temperaturprofile während der 24-stündigen Prüfzeit angewendet.

- CARB: 18,3 °C ... 40,6 °C ... 18,3 °C
- EPA: 22,2 °C ... 35,6 °C ... 22,2 °C
- EU: 20,0 °C ... 35,0 °C ... 20,0 °C

Die Permetationsprüfungen können zur Qualitätskontrolle direkt nach der Fertigung erfolgen oder als Messung nach simulierten Gebrauchsbeanspruchungen, im sog. Durabilitytest durchgeführt werden (Bild 11.23).

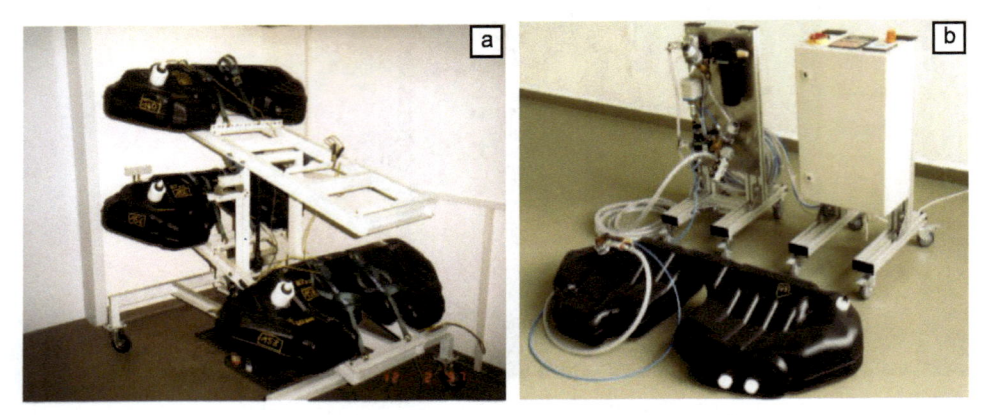

Bild 11.23 Durabilitytests: Slosh-Test (a) und Druck-Vakuumtest (b)

Zu den Beanspruchungen gehören u. a.

- Slosh-Test 10^6 Zyklen, Zyklusdauer 5 s, Neigewinkel ± 15°, Temperatur 40 °C, wöchentlicher Kraftstoffwechsel

- Druck-Vakuumtest 10^4 Zyklen, + 0,15 bar/− 0,04 bar; Zyklusdauer 60 s, Temperatur 40 °C

- Wechseltemperaturtests
  - Heißtemperaturzyklen (18,3 °C bis 40,6 °C bzw. 71,1 °C)
  - Kalttemperaturzyklen (− 6,7 °C bis − 28,8 °C bzw. bis − 40 °C)

In der Regel werden an kompletten Tanksystemen Permeationsraten kleiner 0,1 g/24 h nachgewiesen [11.32], was den Zulassungsanforderungen in [11.31] entspricht.

11.3.5 Prüfung von Kunststoffbauteilen für Anwendungen im Bauwesen

11.3.5.1 Einleitung

Bauteile mit Sandwichstrukturen, sog. Kernverbunde, stellen typische Leichtbauanwendungen mit Kunststoffen im Bauwesen dar. Bekannte Produktgruppen sind Sandwichbauelemente und Kunststoffmantelrohre (KMR). In beiden Fällen werden vornehmlich PUR-Hartschaumstoffe (PUR-HS) als Kernwerkstoffe eingesetzt. Dabei übernehmen die PUR-Schaumstoffe vordergründig die Funktion der Wärmedämmung, haben aber gleichzeitig Anteil an den multifunktionellen Anforderungen, die die Werkstoffverbunde unter den jeweiligen Einsatzbedingungen zu erfüllen haben.

Obwohl Sandwichelemente und KMR unterschiedlichen erzeugnisspezifischen Nutzungsanforderungen unterliegen, haben beide Erzeugnisgruppen gleichermaßen eine zuverlässige Verbundsicherheit zu gewährleisten, d. h. die Haftung zwischen Deckschicht und Kernwerkstoff ist über einen Nutzungszeitraum von $\geq$ 30 Jahren zu garantieren.

11.3.5.2 Prüfung von Sandwichelementen

Die Sandwichbauweise wird seit mehr als 50 Jahren großtechnisch angewandt. Ihre Haupteinsatzbereiche sind der Hallenbau, Industriebau, Kühl- und Tiefkühlhäuser, aber auch der Bau von Verwaltungsgebäuden sowie der Wohnungsbau [11.33]. Daraus leiten sich hohe Anforderungen an die Bauteilgestaltung, die Reproduzierbarkeit der Verarbeitungsprozesse und an die Sicherung eines Mindestqualitätsniveaus der Bauteile ab.

Als Bauprodukte sind Sandwichelemente zulassungs- und überwachungspflichtig. Dies erfolgt auf der Grundlage einer allgemeinen bauaufsichtlichen Zulassung [11.34]. Die Zulassungsanforderungen wurden bisher in einem speziellen Prüfprogramm des DIBt [11.35] geregelt, das zwischenzeitlich in eine europäische Norm (pr EN 14 509) übergeleitet wird.

Sandwichelemente werden als Wand- und Deckenelemente mit unterschiedlichen Deckschichtgeometrien im Dickenbereich von 40 mm bis 200 mm auf Doppelband-Schäumanlagen kontinuierlich mit einer Bauteilbreite von ca. 1000 mm gefertigt. Für die PUR-HS-Systeme werden FCKW-freie Treibmittel (CO_2, Cyclopentan) eingesetzt. Die typische Rohdichte des PUR-HS liegt bei 40 kg m^{-3}.

Grundlegende Qualitätsanforderungen gelten gemäß allgemeiner bauaufsichtlicher Zulassung sowohl für die eingesetzten Werkstoffe (Metalldeckschichten, PUR-HS) als auch für die Gesamtbauteile. Die Werkstoffprüfungen an Metalldeckschichten z. B. aus Stahl beinhalten u. a. die Ermittlung von Streckgrenze, Zugfestigkeit und Bruchdehnung sowie den Nachweis des Schichtaufbaus (Zink-, Stahlkern-, Kunststoffschichtdicke). An PUR-HS sind u. a. zu ermitteln: Dichte, Druck- und Scherfestigkeit sowie Moduli und die Haftfestigkeit (Zug) zwischen PUR-HS und Deckschicht. Für die vorgenannten Prüfungen kommen die bekannten Prüfnormen zur Anwendung.

Zum Nachweis der mechanischen Bauteileigenschaften kompletter Sandwichelemente sind im Rahmen der Zulassung bzw. bei turnusmäßiger Fremdüberwachung u. a. folgende Prüfungen durchzuführen:

- Einfeldträgerversuch (Bild 11.24),
- Ersatzträgerversuch (Bild 11.25),
- Kriechversuch (Bild 11.26) und
- Schraubenauszugsversuch (Bild 11.27).

Im Einfeldträgerversuch und im Ersatzträgerversuch wird in Simulation praktischer Beanspruchungsfälle (z. B. Schneelast, Wind, Innendruck) durch Belastung mittels Flächen- oder Einzellast die Tragfähigkeit eines Bauelementes bestimmt. Die angewandten Stützweiten liegen je nach Elementdicke zwischen 3 m und 6 m.

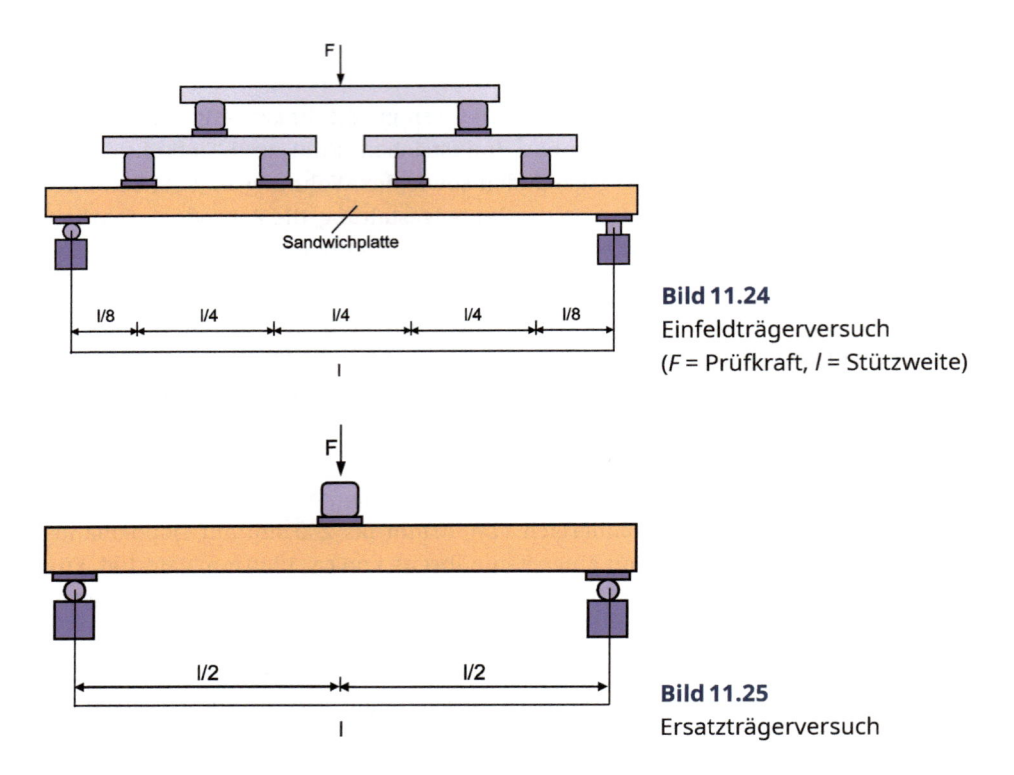

Bild 11.24
Einfeldträgerversuch
(F = Prüfkraft, l = Stützweite)

Bild 11.25
Ersatzträgerversuch

Aus dem Einfeldträgerversuch können mittels folgender Beziehungen die Knitterspannung σ_K und der Schubmodul G des Schaumstoffkerns bestimmt werden:

$$\sigma_K = \frac{F_{max} \cdot l}{8 \cdot e \cdot t \cdot b} \quad (\text{MPa}) \tag{11.5}$$

F_{max} max. Kraft (N)
l Stützweite (mm)
t Deckblechdicke in der Druckzone (mm)
b Plattenbreite (mm)
e Abstand der Schwerelinien der Deckschicht

$$G = \frac{\Delta F \cdot l}{8 \cdot b \cdot a \left(\Delta f - \dfrac{\Delta F \cdot l^3}{74,9 \cdot B_s} \right)} \quad (\text{MPa}) \tag{11.6}$$

ΔF Kraftänderung im linearen Bereich (N)
Δf Weg bei ΔF (mm)
a Schaumdicke (mm)
B_s Biegefestigkeit der Sandwichplatte (MPa)

11.3 Bauteilprüfung

Kriechversuche an Sandwichelementen werden als Biegeversuch unter Flächenlast (Bild 11.26) durchgeführt und orientieren sich am Zeitstandbiegeversuch nach DIN EN ISO 899-2 (vgl. Abschnitt 4.6). Prüfkriterien sind dabei:

- Belastung bei 30 % der im Kurzzeitversuch ermittelten Schubfestigkeit,
- Erfassung der zeitabhängigen Durchbiegung f_t,
- Prüfzeitraum $t \geq 1000\,\text{h}$.

Bild 11.26 Prüfstand zur Durchführung von Kriechversuchen mit konstanter Flächenbelastung

Bestimmt wird der Kriechfaktor φ_t:

$$\varphi_t = \frac{f_t - f_0}{f_0} \tag{11.7}$$

f_t Durchbiegung zum Zeitpunkt t
f_0 Anfangsdurchbiegung zum Zeitpunkt $t = 0$

Die Ermittlung des Kriechfaktors soll eine Abschätzung des Kriechverhaltens für $10^5\,\text{h}$ bzw. für 50 Jahre ermöglichen. Zur experimentellen Nachweisführung für die rechnerische Auslegung von Befestigungselementen für Sandwichplatten dienen Schraubenauszugsversuche (Bild 11.27).

In unterschiedlichen Baulagen werden statische Schraubenauszugsprüfungen vorgenommen, zum einen im unvorbeanspruchten Einbauzustand und zum anderen nach dynamischer Vorbeanspruchung (5000 Lastwechsel bei vorgegebener Belastung, z. B. obere Lastgrenze: $0{,}5 \times F_M$; untere Lastgrenze: $0{,}1 \times F_M$; F_M = Mittelwert der Traglast aus statischen Versuchen). Erfasst wird das Kraft-Weg-Diagramm bis zum Versagen der Verbindung (z. B. Durchziehen der Schraube mit Unterlegscheibe oder Schraubenbruch).

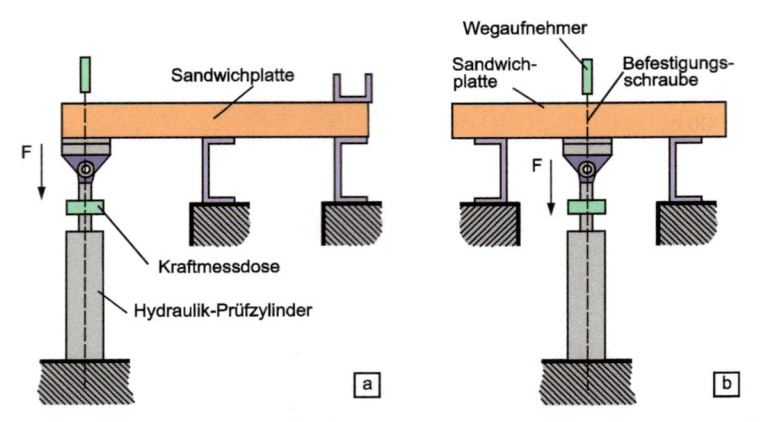

Bild 11.27 Schraubenauszugsversuch: Endauflage (a) und Mittenauflage (b)

11.3.5.3 Prüfung von Kunststoffmantelrohren

KMR-Systeme erfüllen die Transport- und Wärmedämmanforderungen an das Heizmedium in erdverlegten Fernwärmenetzen. Sie bestehen aus werksmäßig gedämmten Rohrleitungsbauteilen. Starre verbundisolierte KMR weisen einen Dreischichtverbundaufbau, bestehend aus einem Stahlmediumrohr (innen), das kraftschlüssig über einen PUR-HS-Kern mit dem äußeren PE-Mantelrohr verbunden ist, auf. Ausgehend vom Verwendungszweck und den Betriebsbedingungen können die KMR als Verbundsystem in Fernwärmenetzen folgenden Beanspruchungen unterliegen:

- Innendruck (Betriebs- und Prüfdruck, Druckstöße),
- Außendruck (Grundwasser),
- Temperaturspannungen (Spannungen und Dehnungen infolge Temperaturwechsel des Heizmediums) und
- Reibungskräfte infolge Dilatation im Erdreich.

Bei KMR-Systemen, d. h. bei KMR-Leitungen, -Formstücken und -Verbindungselementen, handelt es sich praktisch um geregelte Bauprodukte, für die mit DIN EN 253, DIN EN 448 und DIN EN 489 seit langem europäische Produktnormen existieren. KMR-Systeme sind gegenwärtig für eine Mindestlebensdauer (Nutzungsdauer) von 30 Jahren ausgelegt. Die Qualitätsanforderungen an KMR-Systeme nach der Norm EN 253 basieren auf dem Nachweis des gesicherten Langzeitverhaltens für die Polymerkomponenten PE (Mantelrohr) und PUR-HS (Kernwerkstoff), sowie für den kompletten Werkstoffverbund. Beim Langzeitnachweis für PE wird Bezug genommen auf das Zeitstandverhalten von PE-Druckrohren bei Innendruckbeanspruchung (vgl. Abschnitt 11.3.3). Im Normalfall kommen PE 80-Typen zur Anwendung. An den Kernwerkstoff PUR-HS werden zwei grundlegende Forderungen gestellt, die einerseits die thermischen Isolationseigenschaften (Wärmedämmverhalten, das vom verwendeten Treibmittel abhängt [11.36]) und andererseits die mechanische Mindestbelastbarkeit beinhalten. Das Wärmedämmverhalten von KMR wird signifikant durch die Wärmeleitfähigkeit des PUR-HS bestimmt. Die Ermittlung der Wärmeleitfähigkeit erfolgt direkt am kompletten Kunststoffmantelrohr. Prüfgrundlage ist DIN EN ISO 8497. Das Prüfprinzip ist in Bild 11.28 dargestellt.

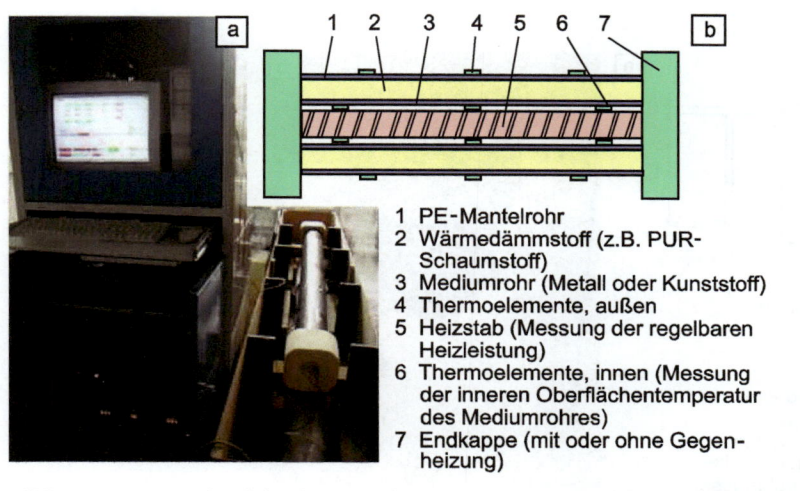

1 PE-Mantelrohr
2 Wärmedämmstoff (z.B. PUR-Schaumstoff)
3 Mediumrohr (Metall oder Kunststoff)
4 Thermoelemente, außen
5 Heizstab (Messung der regelbaren Heizleistung)
6 Thermoelemente, innen (Messung der inneren Oberflächentemperatur des Mediumrohres)
7 Endkappe (mit oder ohne Gegenheizung)

Bild 11.28 Wärmeleitfähigkeitsprüfung an KMR: Messplatz mit vorbereitetem Prüfobjekt (a) und Prinzipdarstellung (b)

Die Wärmeleitfähigkeit λ_i für den PUR-HS-Dämmstoff wird nach DIN EN 253 über folgende Gleichung bestimmt:

$$\lambda_i = \frac{\ln\left(\frac{D_{c3}}{D_{s2}}\right)}{\frac{2\cdot\pi\cdot(T_1-T_4)\cdot L}{\varphi} - \frac{1}{\lambda_c}\ln\left(\frac{D_{c4}}{D_{c3}}\right) - \frac{1}{\lambda_s}\ln\left(\frac{D_{s2}}{D_{s1}}\right)} \quad \left(\mathrm{Wm^{-1}K^{-1}}\right) \tag{11.8}$$

φ Wärmestrom (W)
L Länge der Messstrecke (m)
T_1 Temperatur der inneren Oberfläche des Mediumrohres (K)
T_4 Temperatur der äußeren Oberfläche der Ummantelung (K)
D_{s1} Mediumrohrinnendurchmesser (m)
D_{s2} Innendurchmesser der Rohrdämmung (m)
D_{c3} Außendurchmesser der Rohrdämmung (m)
D_{c4} Außendurchmesser der Ummantelung (m)
λ_i Wärmeleitfähigkeit des Dämmstoffes (Wm⁻¹K⁻¹)
λ_c Wärmeleitfähigkeit der Ummantelung (Wm⁻¹K⁻¹)
λ_s Wärmeleitfähigkeit des Mediumrohres (Wm⁻¹K⁻¹)

Als Grenzwert für ein ungealtertes Verbundrohr wird in der DIN EN 253 $\lambda_{KMR} \leq 0{,}033$ Wm^{-1}K^{-1} angegeben. Die mechanische Belastbarkeit wird u. a. mittels Prüfung von Dichte, Zellstruktur und Druckfestigkeit nachgewiesen; ggf. werden spezielle Überprüfungen zum zeit- und temperaturabhängigen Kriechverhalten von PUR-HS vorgenommen. Der entscheidende Indikator für die mechanische und thermische Belastbarkeit von KMR ist jedoch die Scherfestigkeit zwischen PUR-Kernwerkstoff und dem Mediumrohr. Sie wird in axialer oder tangentialer Richtung am KMR als τ_{ax} bzw. τ_{tan} ermittelt (Bild 11.29).

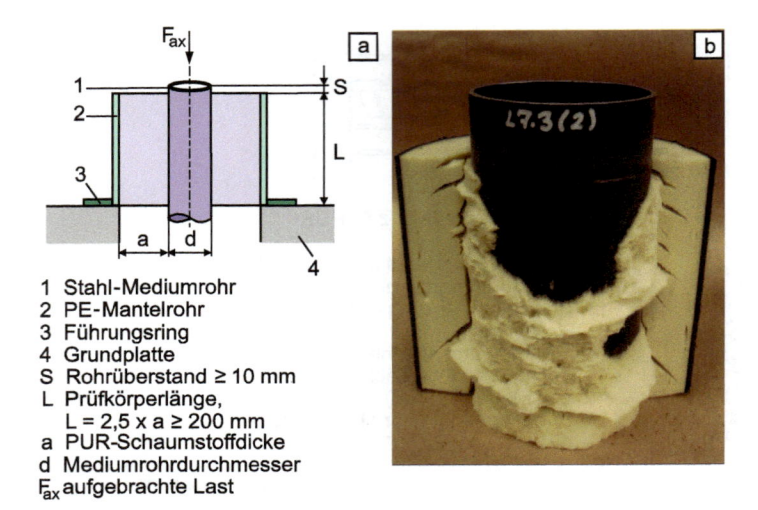

1 Stahl-Mediumrohr
2 PE-Mantelrohr
3 Führungsring
4 Grundplatte
S Rohrüberstand ≥ 10 mm
L Prüfkörperlänge,
  L = 2,5 x a ≥ 200 mm
a PUR-Schaumstoffdicke
d Mediumrohrdurchmesser
F_{ax} aufgebrachte Last

Bild 11.29 Ermittlung der axialen Scherfestigkeit τ_{ax}: Prinzipdarstellung (a) und Bruchbild nach Scherfestigkeitsprüfung bei optimaler Haftung (b)

Nach EN 253 sind folgende Mindestscherfestigkeitswerte gefordert:

Prüftemperatur (°C)	τ_{ax} (MPa)	τ_{tan} (MPa)
23	0,12	0,20
140	0,08	0,13

Die Scherfestigkeit zwischen Mediumrohr und PUR-Dämmstoff wird auch als Indikator zur experimentellen Abschätzung der Dauergebrauchstemperatur für eine Nutzungsdauer von 30 Jahren angewendet. Unter Annahme der Gültigkeit einer *Arrhenius*-Beziehung (vgl. Abschnitt 11.3.2.4) werden thermische Alterungsversuche in Form von Zeitstandversuchen an 6 m langen Rohrstangen bei mindestens drei verschiedenen Prüftemperaturen durchgeführt (Bild 11.30), wobei bei der höchsten Alterungstemperatur eine Mindeststandzeit von ≥ 1000 h erreicht werden soll.

Bild 11.30 Prüfstand zur thermischen Alterung von KMR

Die Bewertung der Standzeit erfolgt durch Bestimmung der tangentialen Scherfestigkeit nach vorgegebenen Prüfzeiten bei 140 °C. Die für die Auswertung benötigte Ausfallzeit wird durch das Absinken der Scherfestigkeit auf $\tau_{tan} \leq 0{,}13$ MPa bestimmt (Bild 11.31).

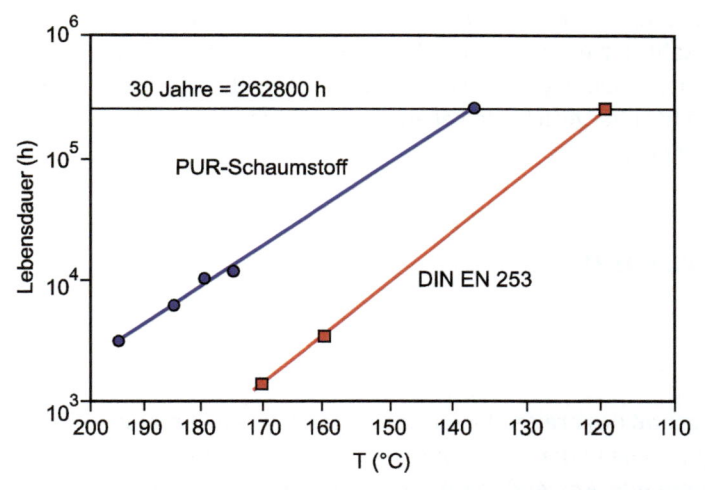

Bild 11.31 Ableitung der Dauerbetriebstemperatur eines KMR für 30 Jahre (Mindestanforderung nach DIN EN 253 und experimentell bestimmte Messwertkurve)

Im KMR-Leitungssystem sind bei normaler Rohrstangenlänge von 12 m in diesem Abstand Rohrverbindungen als sog. Muffenverbindungen hergestellt. Diese Verbindungen, die überwiegend in Form von Schrumpfmuffen ausgeführt sind, stellen durch die Vergrößerung des Außendurchmessers eine Rohraufdickung im KMR-System dar.

Bei betriebsbedingten Veränderungen der Heiztemperatur und besonders bei Systemabschaltungen treten infolge Dilatation Verschiebungen der KMR-Systeme im Erdreich auf. Dabei wirken die Muffenverbindungen zwangsläufig als lokale Behinderungen der Gleitvorgänge. Infolge dessen sind die häufigsten Schäden in Fernwärmenetzen an den Muffenverbindungen zu verzeichnen. Die Prüfung an Muffenverbindungen wird im Sandkastenversuch nach DIN EN 489 durchgeführt (Bild 11.32).

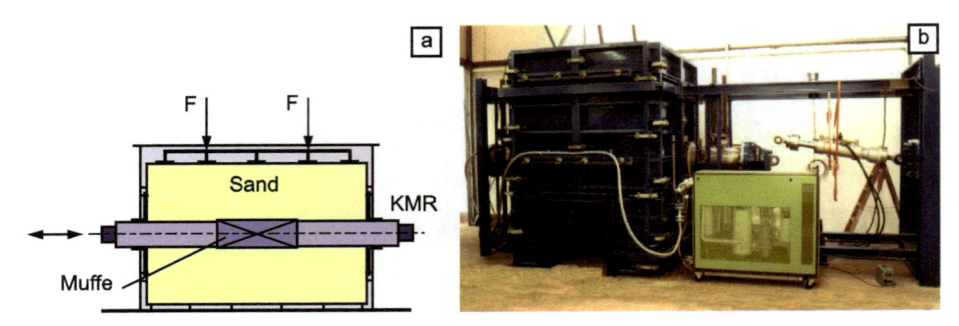

Bild 11.32 Erddruckprüfung von Muffenverbindungen im KMR-System im Sandkastenversuch: Prinzipdarstellung (a) und Versuchsstand mit servohydraulischem Prüfzylinder und Thermostat (b)

Wesentliche Einflussgrößen beim Sandkastenversuch sind der statische Pressdruck durch die Bodenüberdeckung bzw. zusätzliche dynamische Verkehrslasten, die Gleitgeschwindigkeit, die Anzahl der oszillierenden Hübe, sowie die Beschaffenheit des Bettungsmaterials (Feuchte, Körnung u. ä.). Gegenwärtig ist noch kein hinreichend genauer Erkenntnisstand für eine gesicherte Lebensdauervorhersage von Muffenverbindungen in KMR-Systemen erreicht.

11.4 Implantatprüfung

11.4.1 Einführung

Kunststoffe besitzen aufgrund des breiten Eigenschaftsspektrums in der Medizin und der Medizintechnik, ebenso wie in der Automobil- und Flugzeugindustrie, ein großes Einsatzgebiet. Die zunehmende Anwendung dieser Werkstoffe ist einerseits in der ausgezeichneten Anpassbarkeit des Eigenschaftsprofils und die Realisierung von geometrischen Erfordernissen und andererseits durch die Möglichkeit der Kombination mit oder Substitution von metallischen Biomaterialien, wie Titan und Stahllegierungen (CrNi, CoCrMo u. a.) oder keramischen Werkstoffen begründet.

In der Medizintechnik und im Verpackungsbereich werden elastomere und thermoplastische Kunststoffe sehr häufig z. B. als Behältnisse für Pharmazeutika, Spritzen

(PE, PP), Einwegartikel (PVC, PP), Schläuche (PET, PC, PA), Katheter (Polysiloxane, Gummi) oder für Endoskope (PE, PP) eingesetzt, wobei die teilweise erforderliche Sterilisation unter dem Blickpunkt von Biofunktionalität und Biokompatibilität bei derartigen thermolabilen Instrumenten und Geräten oftmals ein Problem darstellt. Andererseits werden thermoplastische Werkstoffe wie z. B. PMMA als Knochenzement z. B. in der Gelenkendoprothetik oder der Dentalchirurgie angewendet, während bei Knochenbrüchen teilweise schon resorbierbare Faserverbundkunststoffe als Überbrückungsimplantate eingesetzt werden. Kunststoffe auf thermoplastischer Basis werden z. B. als Ersatz für Hüftgelenkpfannen in der Orthopädie (PE-UHMW), in der Gefäßchirurgie (PTFE, PET, PUR oder Polysiloxane) und der Augenheilkunde (PMMA, Polysiloxane) genutzt. Im HNO-Bereich sowie für die Gefäß- als auch die rekonstruktive Chirurgie werden neben thermoplastischen Kunststoffen (PE) häufig auch Silikon- oder PUR-Elastomere verwendet, wobei diese Aufzählung der Anwendungsbereiche keinen Anspruch auf Vollständigkeit erhebt.

Unter medizinischen Implantaten versteht man sinngemäß in den Körper eingebrachte Bauteile oder Bauteilsysteme, die der Unterstützung oder dem Ersatz von Zell- oder Gewebesystemen dienen, wobei man entsprechend der vorgesehenen Implantationsdauer in Ultrakurzzeit-, Kurzzeit- und Langzeitimplantate unterscheidet. Je nach der Art des Implantates und des zu ersetzenden Gewebes sowie seiner Funktionalität im Organismus soll dabei eine feste, lastübertragende (Endoprothese) oder bewegliche, lösbare Verbindung (z. B. Gelenkpfanne oder Knochenschraube) entstehen. Das bedeutet, dass im Sinne einer guten Lastübertragung werkstoffseitig eine hinreichende Steifigkeit, Festigkeit und Zähigkeit garantiert werden muss und gestaltungsseitig keine Kerben oder unzulässig hohe Spannungskonzentrationen existieren dürfen. Bei Kombination unterschiedlicher Werkstoffe soll zudem eine möglichst geringe Reibung und Veränderung der Oberflächenstruktur des Implantats auftreten. Im Hinblick auf die angestrebte Oberflächenkompatibilität sollen die Einflüsse infolge Biokorrosion oder entstehende Biofilme im Sinne der erwünschten klinischen Wechselwirkung gering sein. Entsprechend dieser Zielstellung unterscheidet man deshalb bei den eingesetzten Werkstoffen in bioinerte, bioaktive und biokompatible Werkstoffe. Das optimale Implantat ist demzufolge so gestaltet, dass seine physikalischen und chemischen Eigenschaften (Körperverträglichkeit) sowie seine Funktionalität mit denen des Empfängergewebes weitestgehend übereinstimmen [11.37–11.39].

Die Verwendung von Kunststoffen als Implantate bedingt neben den Vorteilen bei der ökonomischen Herstellung von komplexen und geometrisch komplizierten Bauteilen z. B. mittels Lasersinter- oder Stereolithografietechniken [11.40] auch Nachteile, die in der Spezifik des Festigkeits- und Deformationsverhaltens dieser Werkstoffe begründet sind. Dies betrifft insbesondere die Viskoelastizität und die ausgeprägte Temperaturabhängigkeit der Werkstoffeigenschaften (s. Kapitel 4), die eine sichere Prognose des Langzeitverhaltens unter in vivo-Einsatzbedingungen erheblich erschweren. Hinzu kommt, dass bei der Implantation eine hinreichende Sterilität, d. h. Abwesenheit aller lebensfähigen Organismen inklusive ihrer Dauerformen oder Sporen gewährleistet sein muss. Aus diesem Grund ist speziell bei Kunststoffen die Auswahl des Sterilisationsverfahrens von entscheidender Bedeutung, da sowohl hohe Temperaturen als auch Strahlungsdosen zur Schädigung oder Degradation und damit zu signifikanten Veränderungen des Eigenschaftsniveaus führen können. Weitergehende ausführliche Informationen zu Einsatz, Auswahl und Charakterisierung biomedizinischer Werkstoffe auf der Basis von Kunststoffen sind in [11.41–11.43] enthalten.

Die Beschreibung des Einsatzverhaltens, die Simulation der Funktionalität und die Vorhersage der Lebensdauer von Implantaten kann z. B. mit der Hilfe von biomechanischen Modellen und Betrachtungsweisen erfolgen [11.44, 11.45]. Die entscheidende Grundvoraussetzung ist in diesem Zusammenhang jedoch die genaue Kenntnis der Eigenschaften der eingesetzten Materialien im Ausgangszustand sowie in Wechselwirkung mit dem biomedizinischen Milieu (in vitro-Prüfung). Die Prüfung und Zulassung von orthopädischen, traumatologischen und kieferchirugischen Implantatwerkstoffen erfolgt dabei generell in Konformität mit den zutreffenden EU-Richtlinien und dem Medizinproduktegesetz MPG sowie den einschlägigen internationalen Normenwerken durch akkreditierte Prüflaboratorien. Entsprechend der Häufigkeit des Einsatzes und der Bedeutung in Chirurgie und Orthopädie beziehen sich diese Prüfnormen im Wesentlichen auf die Biokompatibilität, die Biomechanik der unteren Extremitäten wie Knie- oder Hüftgelenk sowie Bandscheibenimplantate unter statischen und dynamischen Belastungen und die Verschleißprüfung. Für Kunststoffe mit ihrem spezifischen mechanischen Deformations- und Festigkeitsverhalten liegen jedoch keine speziellen Normen vor.

Die Implantatprüfung für Kunststoffbauteile entspricht deshalb technologischen Prüfverfahren oder anwendungsnahen Bauteiltests, die oftmals Unikatlösungen darstellen, und erfordert hohe Kreativität bei der Entwicklung der Prüfmethoden und Bewertung der Ergebnisse, die zumeist die Charakterisierung des Einsatzverhaltens zum Ziel haben. Zur Simulation von kritischen Grenzwerten der Belastung oder Deformation werden derartige statische oder dynamische Versuche oftmals im einsatznahen Prüfmedium (37 °C, isotonische Lösung) vorgenommen.

Zur Verdeutlichung der Problematik sollen nachfolgend drei Beispiele zur Untersuchung des Einsatzverhaltens und der Prüfung von Implantaten, Prothesen und menschlichem Gewebe vorgestellt werden.

11.4.2 Push-out Test an Implantaten

Für die Bewertung der Eignung von Implantatwerkstoffen, die Entwicklung neuer Biomaterialien und die gezielte Oberflächenmodifikation von Implantaten, die fest im Skelettsystem verankert werden sollen, ist die quantitative Untersuchung der Belastungsfähigkeit des Interface zwischen dem jeweiligen Implantatwerkstoff und dem Knochen von grundlegender Bedeutung. Eine wesentliche Voraussetzung für die dauerhafte Lastübertragung zwischen dem Implantat und dem Knochen ist ein unmittelbarer Kontakt ohne bindegewebeseitige Zwischenschichten, was auch als Osteointegration [11.46] bezeichnet wird. Über die Beschaffenheit und Funktionalität des Interface, also die Biomechanik, existiert bis heute keine einheitliche Theorie, da unterschiedliche Autoren afibrilläre Zwischenschichten mit einer Dicke von ca. 0,1 µm nachweisen konnten [11.47] und andere einen direkten Kontakt zum mineralisierten Knochen feststellten [11.48]. Unabhängig von diesen Aussagen hängt die realisierbare Lastübertragung maßgeblich von dem verwendeten Implantatwerkstoff, der Geometrie und Oberflächenstruktur des Implantats sowie der eventuellen Anwesenheit bioaktiver Oberflächenschichten ab.

Zur quantitativen Charakterisierung des Grenzflächenverhaltens und Bewertung der Interfacefestigkeit hat sich die experimentelle Untersuchung der Grenzfläche mittels Modellimplantaten im Tierversuch (zumeist Kaninchen) [11.49] bewährt. Die am häufigsten in der Prüfpraxis verwendeten Versuche sind dabei der pull-out Test [11.50] und der push-out Test [11.51], bei denen in der Regel die erreichte Maximalkraft bzw. Scherfestigkeit mit dem ultimativen Versagen des Implantat-Knochen-Verbundes gleichgesetzt wird. Entgegen diesen Aussagen wird jedoch in der klinischen Praxis oftmals kein abruptes Versagen beobachtet, sondern eine allmähliche Lockerung des Implantats mit schrittweisem Grenzflächenversagen und einem folgenden Nachsinken der Endoprothese. Dieses konsekutive Abreißen der Knochenbälkchen bzw. partielle Debonding des Interface zwischen Knochen und Implantat führt zu lokalen Spannungsspitzen an den verbleibenden Kontaktstellen und letztendlich zur instabilen Rissausbreitung mit makroskopisch und klinisch evidenter Lockerung.

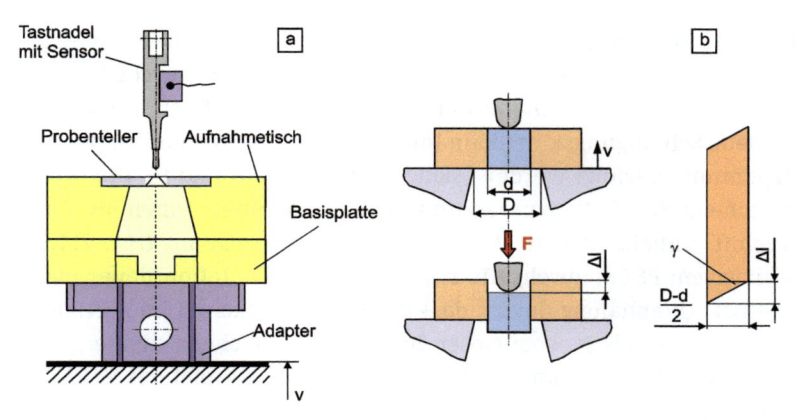

Bild 11.33 Erweiterter push-out Test mit angeschlossenem Schallemissionsaufnehmer (a) und schematische Darstellung des Durchstoßversuches (b)

Aus diesem Grund wurde der konventionell durchgeführte push-out Test mit einer schädigungssensitiven, zerstörungsfreien Prüfmethode, der Schallemissionsprüfung, erweitert (Bild 11.33). Die als Wellenleiter ausgelegte Tastnadel (Bild 11.33a) drückt das grau dargestellte Implantat (Bild 11.33b) aus dem Implantat-Knochen-Verbund. Das Implantat besitzt eine Länge von ca. 5 bis 10 mm und einen Durchmesser von 5 mm, wobei auswechselbare Tellergeometrien auch andere Implantatgeometrien zulassen. Mit Versuchsbeginn werden zeitsynchron das Last-Verformungs-Diagramm und die ausgesandte akustische Emission mittels des angeschlossenen SE-Empfängers registriert. Im Regelfall wählt man kleine Prüfgeschwindigkeiten im Bereich von 1 bis 5 mm min^{-1}, um eine hohe akustische Signalauflösung zu erreichen und eine zu große Ereignisdichte der Schallsignale zu vermeiden.

Aus dem F-Δl-Diagramm können die Scherspannung τ und die Scherung γ, wie nachfolgend dargestellt, berechnet werden:

$$\tau = \frac{F}{A_M} \tag{11.9}$$

$$\gamma = \arctan \frac{2\Delta l}{D-d} \tag{11.10}$$

wobei A_M die Mantelfläche des Implantats ist, die allerdings nachträglich histologisch verifiziert werden sollte.

$$A_M = \pi d h \tag{11.11}$$

Im linearen Bereich der Scherspannungs-Scherungs-Kurve kann nach Eliminierung eventueller Anfahreffekte der Schermodul G nach Formel 11.12 berechnet werden:

$$G = \frac{\tau}{\gamma} \tag{11.12}$$

Das Maximum der Kurve entspricht dabei der Scherfestigkeit des Interfaces zwischen dem Implantat und dem umgebenden Knochen. Mit der simultan durchgeführten Schallemissionsanalyse kann z. B. anhand der Kenngrößen Hits, Energie oder der Amplitude die aktuelle Schädigungskinetik im Interface in Abhängigkeit von der aufgebrachten Lastspannung verfolgt werden (siehe auch Kapitel 8 und 9). Die Untersuchungen entsprechend Bild 11.34 wurden an zwei Implantatmaterialien mit Titan als Referenzwerkstoff, unbehandeltem PEEK und mit Hydroxylapatit (HA) [11.52] oberflächenmodifiziertem PEEK, durchgeführt, wobei die Implantationsdauer maximal 12 Wochen betrug. Unabhängig davon, dass die Scherfestigkeiten im kortikalen Bereich grundsätzlich höher als im spongiösen Bereich des Knochens sind, ergeben sich auch andere funktionale Zusammenhänge, wie man am Beispiel des PEEK/HA deutlich erkennen kann.

Das Bioreferenzmaterial Titan, welches speziell in der Knochenchirurgie allgemein gebräuchlich ist, zeigt im Vergleich mit dem unbehandelten PEEK deutlich bessere Interfacefestigkeiten. Erst die Beschichtung mit dem Hydroxylapatit befähigt das vorher auf niedrigem Niveau liegende PEEK zu höheren Werten als das Referenzmaterial, was die Wirkung bioaktiver Materialien eindeutig bestätigt.

11.4 Implantatprüfung

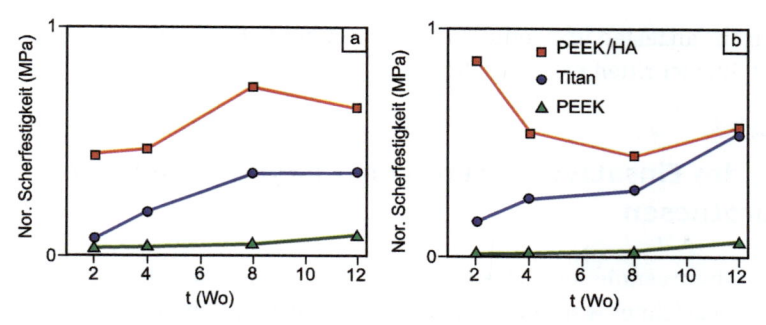

Bild 11.34 Normierte Scherfestigkeit in Abhängigkeit von der Implantationsdauer für das Interface zwischen kortikalem Knochen und Implantat (a) und spongiösen Knochen und Implantat (b)

Die hier dargestellten Ergebnisse lassen somit den Vergleich unterschiedlicher Implantatwerkstoffe anhand der ermittelten Scherfestigkeiten zu, geben aber keine Information über die vorgelagerte Schadensentwicklung im Interface. Betrachtet man dagegen die akustischen Emissionen vom Referenzmaterial Titan zu unterschiedlichen Zeitpunkten der Reimplantation, dann erkennt man deutliche Unterschiede im Schädigungsverhalten des Interface in Abhängigkeit von der realisierten Implantationsdauer (Bild 11.35).

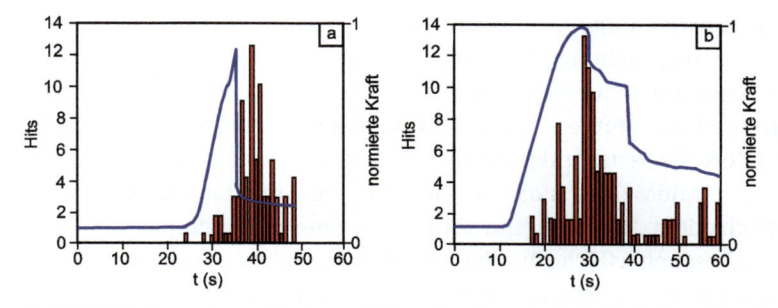

Bild 11.35 Normierte Kraft und Hits der akustischen Emission für das Referenzmaterial Titan nach 4 Wochen (a) und 12 Wochen Implantationsdauer (b)

Bei zwei Wochen ist die Verbindung zwischen dem Knochen und dem Implantat nur gering ausgebildet, so dass keine Emissionen registriert werden. Bei dem Vergleich zwischen 4 und 12 Wochen ist zu erkennen, dass bei 4 Wochen höhere Hitzahlen erst nach dem abrupten Absinken der Kraft registriert werden, d.h. vorrangig auf Reibungseffekte zurückgeführt werden können. Gleiche Hitzahlen, also akustische Ereignisse, werden bei 12 Wochen wesentlich früher hinsichtlich der Versuchszeit und Belastung als auch in größerer Intensität beobachtet, d.h. hier tritt ein schrittweises Versagen des offensichtlich voll ausgebildeten Interface mit partieller Energieabgabe auf. Mit diesem erweiterten push-out Test kann man demzufolge quantitativ erfassen, wann kritische Scherspannungen τ_c auftreten, die den Beginn des konsekutiven

Grenzflächenversagens anzeigen und somit die Last definieren, die im klinischen Anwendungsfall nicht überschritten werden sollte.

11.4.3 Prüfung des Einsatzverhaltens von pharyngo-trachealen Stimmprothesen

Pharyngo-tracheale Shuntventile, die im allgemeinen Sprachgebrauch häufig auch als Stimmprothesen bezeichnet werden, dienen der stimmlichen Rehabilitation von Patienten, denen der Kehlkopf komplett entfernt werden musste. Derartige Ventilprothesen, die aus biokompatiblen Materialien hergestellt werden, bestehen zumeist aus einem Rohrkörper unterschiedlicher Länge mit beidseitigen Flanschen, die für einen festen Sitz des Ventils im Shuntbereich sorgen. In dem ösophagusseitigen Flansch ist dabei ein Ventil eingearbeitet, welches nach der Applikation der Prothese den Luftdurchtritt von der Luft- zur Speiseröhre gestattet, aber umgekehrt für Nahrung undurchlässig ist. Handelsübliche Stimmprothesen der Typen „Provox®" oder „ESKA-Herrmann" werden meistens aus Elastomeren, wie Silikonkautschuk, speziellen Silikonkautschukmischungen oder Polyurethanen hergestellt. Der Vorteil dieser Werkstoffe ergibt sich aus der sehr guten chemischen und physikalischen Resistenz, der Biokompatibilität, der hohen Elastizität und der hinreichenden Haltbarkeit. Der größte Nachteil derartiger Ventilprothesen ist die beschränkte Nutzungsdauer in der feuchten, enzymatisch aktiven und unsterilen Umgebung des Shunts bei gleichzeitig hoher mechanischer Beanspruchung. Dies wird insbesondere durch die Einwirkung der Mikroflora, d. h. Besiedlung mit Pilzen und Bakterien, verursacht, die nach relativ kurzer Zeit die Fähigkeit der Prothese zur Selbstreinigung entscheidend vermindert und damit insbesondere die Ventilfunktionalität nicht mehr gewährleistet ist [11.53]. Zur Minimierung der Einflüsse von Biokorrosion und Biodegradation existieren unterschiedliche Möglichkeiten. Dies sind einerseits die gezielte chemisch-physikalische Modifikation der Prothesenoberfläche durch bioinerte oder nanostrukturierte (Lotos-Effekt) Beschichtungen sowie andererseits die häufige Reinigung der Prothese durch den Patienten, um anhaftende Biofilme frühzeitig zu entfernen. Das Problem der Biokorrosion wird damit nicht grundsätzlich gelöst, aber eine längere Funktionsdauer des Ventils bzw. Standdauer der Stimmprothese erreicht [11.54].

Dieser häufigere Wechsel der Stimmprothese, der vom Patienten vorgenommen werden muss, sollte dabei möglichst einfach realisierbar sein, d. h. die pharyngo-tracheale Prothese sollte ohne größeren Widerstand auswechselbar sein. Damit ergibt sich ein generelles Problem, d. h. bei leichter Wechselbarkeit, also geringer Formsteifigkeit der Prothese, wird das Ventil eine hohe Funktionalität infolge Leichtgängigkeit aufweisen, es kann aber kein fester Sitz im Shunt gewährleistet werden. Wird dagegen eine optimale Verbindung zwischen dem Shunt und der Stimmprothese angestrebt, dann funktioniert das Ventil eventuell zu schwergängig und neigt bei Besiedlung mit Organismen schneller zu Undichtigkeiten.

Entscheidende Kriterien für die Auswahl von biokompatiblen Werkstoffen für diesen Anwendungszweck sind demzufolge neben den chemischen Eigenschaften die materialspezifische Steifigkeit, ausgedrückt durch den Elastizitätsmodul, die Härte, speziell die Oberflächenhärte des Werkstoffes, der aerodynamische Strömungswiderstand der Prothese, insbesondere der Ventilklappe, und das Langzeitverhalten unter dynamischer Beanspruchung. Hinzu kommt, dass derartige Kunststoffe in der Regel ein ausgeprägtes viskoelastisches Deformationsverhalten aufweisen, so dass dem Kriechen und der Spannungsrelaxation bei statischer oder dynamischer Langzeitbeanspruchung für die Bewertung der Funktionalität ebenfalls eine große Bedeutung zukommt.

Zur Charakterisierung der Werkstoffeigenschaften stehen hierbei unterschiedliche Prüfverfahren der Kunststoffprüfung zur Verfügung, die aber keine konkrete Aussage über das Bauteilverhalten, d. h. Ventilwiderstand oder Widerstand des Flansches beim Auswechseln und Einsetzen der Prothese geben. Als physikalische Prüfmethode kann die Aufnahme von Druckfluss-Widerstands-Kurven dienen, wogegen für die mechanische Charakterisierung der Oberflächenhärte und des Kriechverhaltens der für Shuntventile eingesetzten Materialien die registrierende Mikrohärtemessung geeignet ist [11.55].

Zur Beurteilung des Widerstands des Ventils bzw. der Ventilklappe wurden als technologische Versuche, der Klappenauslenkungstest und der Durchzugversuch, entwickelt (Bild 11.36). Bei dem Auslenkungstest wird mit einem Stift mit einem Durchmesser von 4 bis 5 mm die Klappe der fixierten Prothese zentrisch ausgelenkt und das Kraft-Verformungs-Verhalten mit einer Universalprüfmaschine registriert. Die interessierenden Kennwerte sind dabei die erreichte Maximalkraft und der Anstieg der Kurve im Anfangsbereich, der als Maß der Steifigkeit in $N\,mm^{-1}$ dient.

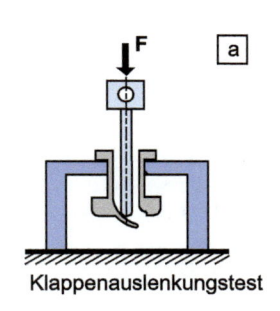

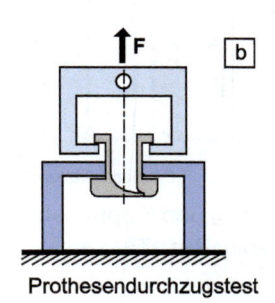

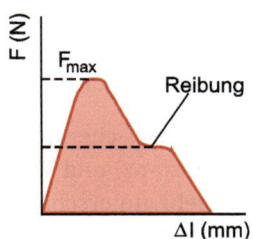

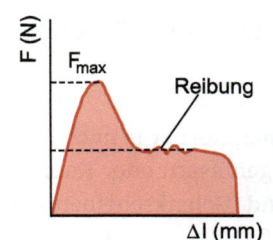

Bild 11.36
Klappenauslenkungstest für Ventilklappen (a) und Durchzugversuch (b) mit schematischen Belastungs-Deformations-Diagrammen

Bei dem Prothesendurchzugtest, der den Wechsel durch den Patienten simuliert, wird der Widerstand gemessen, den die ventilabgewandte Seite dem Durchzug entgegensetzt. Die Kennwerte sind hier identisch mit dem Klappenauslenkungstest. Im Gegensatz zu dynamischen Untersuchungen werden bei diesen Prüfverfahren die Belastungsgeschwindigkeiten mit maximal 10 mm min^{-1} ebenfalls relativ niedrig angesetzt, um eine optimale Aussage über das Festigkeits-, Steifigkeits- und Verformungsverhalten zu erhalten. Aus Bild 11.37 ist anhand der Maximalkräfte zu erkennen, dass die drei untersuchten Implantatmaterialien in diesen technologischen Tests ein deutlich unterschiedliches Verhalten aufweisen. Im Prothesendurchzugtest als auch im Klappenauslegungstest werden für das PUR-Elastomer die geringsten Kräfte registriert, was für die Klappenauslenkung durchaus positiv ist, aber keinen festen Sitz der Prothese garantiert.

Für den Prothesendurchzugstest wird bei dem reinen Silikonkautschuk ein sehr hoher Widerstand gemessen, der für den Patienten durchaus ein Problem darstellen kann. Da für die Klappenauslenkung bei der Silikonkautschuk-Mischung nahezu identische Werte wie bei dem Silikonkautschuk ermittelt werden, stellt die Silikonkautschuk-Mischung für die praktische klinische Applikation somit die beste Kompromisslösung dar.

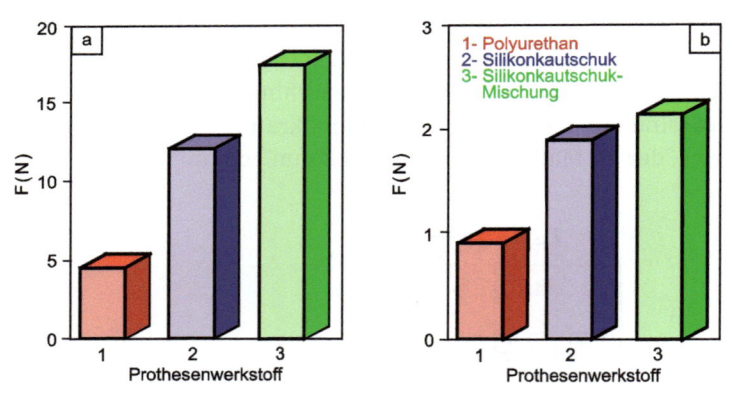

Bild 11.37 Prothesendurchzugversuch (a) und Klappenauslenkungstest (b) für verschiedene Prothesenwerkstoffe

11.4.4 Ermittlung der mechanischen Eigenschaften von humanem Knorpel

Knorpelgewebe weist im menschlichen Körper je nach Art (hyaliner, elastischer oder Faserknorpel), Funktionalität (Kollagenfasern oder Knorpelgrundsubstanz) und Vorkommen (Rippen, Nasenscheidewand, Gelenkscheiben oder Ohr) sehr unterschiedliche mechanische Eigenschaften auf. In der rekonstruktiven bzw. plastischen Chirurgie wird als Ersatz für zerstörtes körpereigenes Gewebe im Bereich der Ohrmuschel, der Nase, der Trachea und in Teilen des Gesichtsskelettes oftmals ein künstliches Stützgerüst eingesetzt. Dieses Stützgerüst muss sich zwangsläufig an die anatomischen Anforderungen möglichst optimal anpassen lassen. Die eingesetzten Implantate sollen dabei eine hohe Formbeständigkeit, eine geringe Resorptionsquote und hohe Gewebeverträglichkeit bzw. Biokompatibilität aufweisen. Eine der wichtigsten Eigenschaften dieser Implantate muss die Fähigkeit zur Reliefbildung sein, um eine gute Adaption an die Haut oder das Gewebe zu gewährleisten [11.56]. In der chirurgischen Praxis wird bisher weitgehend autogener Knorpel (d. h. vom Patienten selbst) aus der Rippe, der Ohrmuschel oder der Nasenscheidewand verwendet. Aufgrund verschiedener Knorpelmorphologie, Anisotropien, der teilweise ausgeprägten viskoelastischen Eigenschaften und variabler Belastungszustände (Zug, Druck, Biegung) kann nach der Implantation allerdings eine unerwünschte Resorption oder Schrumpfung einsetzen. Der nachfolgende Implantataustausch stellt infolge möglicher Komplikationen beim Eingriff immer ein Risiko für den Patienten dar. Ursachen dieser Belastungs- und Materialinkompatibilitäten sind die Unkenntnis über den bei unterschiedlichen Knorpelarten vorherrschenden relevanten Beanspruchungszustand, fehlende strukturell-morphologisch begründete Kennwerte des Humanknorpel als auch verifizierbare Werkstoffkennwerte der Implantatmaterialien [11.57].

Für die Implantation und Rekonstruktion steht autogener oder autologer Knorpel aber nur in begrenzten Mengen zur Verfügung. Bei der Verwendung von Knorpel aus Knorpeldatenbanken existiert jedoch das grundsätzliche Problem einer möglichen Infektion oder Abstoßungsreaktion. Ein Ausweg stellt hier das sogenannte „tissue engineering", d. h. das Züchten von autologem Knorpel aus körpereigenen Stammzellen, oder der Einsatz von Kunststoffimplantaten dar [11.58]. Kunststoffimplantate lassen sich relativ leicht an die gewünschte Form anpassen und die individuellen Eigenschaften sind gezielt einstellbar, wobei die Eigenschaften im Vergleich zum natürlichen Gewebe möglichst identisch sein sollen.

Unabhängig von der Knorpelart müssen die Eigenschaften des zu ersetzenden Gewebes als auch der des Implantats demzufolge genauestens bekannt sein, um eine biomechanische Inkompatibilität grundsätzlich zu vermeiden. Für die Herstellung von Implantatwerkstoffen mit definierten Materialeigenschaften ist es deshalb zwingend notwendig, Kennwerte zum statischen und dynamischen Festigkeits- und Deformationsverhalten von natürlichem Gewebe zu ermitteln.

In Abhängigkeit von der Art des Knorpels, des in vivo-Belastungsmodus und Größe als auch Geometrie ist zunächst eine Überprüfung der Anwendbarkeit konventioneller Methoden der Werkstoffprüfung (wie Zugversuch oder Mikrohärtemessung u. a.) hinsichtlich der Ermittlung eigenschaftsrelevanter Kennwerte an Knorpelgewebe erforderlich, um speziell angepasste Prüfeinrichtungen und Auswerteverfahren zu entwickeln, wobei auf diese Problematik hier nicht näher eingegangen werden soll.

Eine häufige Beanspruchungsart stellt speziell bei Rippenknorpel die Schlag- oder Stoßbeanspruchung dar. Da mit der konventionellen Schlagprüfung nur integrale Kennwerte der Zähigkeit erhalten werden, sollte zur Erforschung des Schlagkraft-Deformationsverhalten in diesem Fall immer der instrumentierte Schlagversuch verwendet werden (siehe Abschnitt 4.4 und 5.4.2). Unabhängig davon, dass bei diesen Prüfergebnissen sowohl Geschlecht und Alter einen signifikanten Einfluss ausüben, kann man deutliche Unterschiede in den Diagrammen feststellen (Bild 11.38). Es ist zu erkennen, dass das Schlagkraftniveau bei älterem Rippenknorpel wesentlich geringer ist und ein dominant elastisches Verhalten vorliegt. Im Gegensatz dazu wird bei dem jüngeren männlichen Patienten ein elastisch-plastisches Deformationsverhalten registriert.

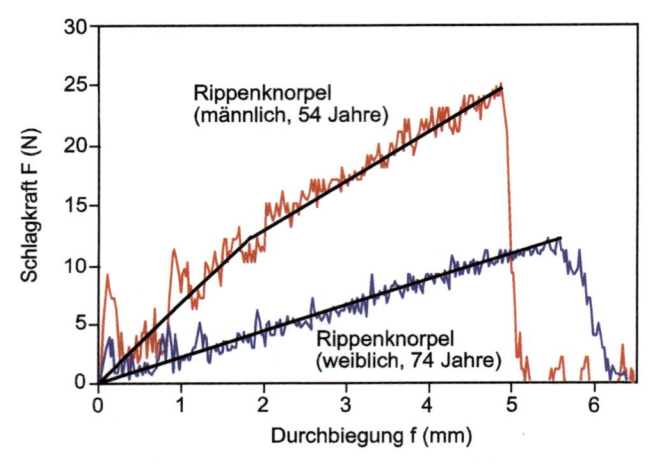

Bild 11.38 Vergleich der Schlagkraft-Durchbiegungs-Diagramme eines 54-jährigen männlichen Probanden und einer 74-jährigen weiblichen Probandin

Obwohl hier zwei Einflussgrößen vorliegen und eine sichere Aussage zu den Ursachen der unterschiedlichen Diagramme und Schlagkraftniveaus derzeitig nicht möglich ist, erscheint dieser Versuch durchaus geeignet, um das Zähigkeitsverhalten von Humanknorpel, als Basis für die Auslegung von Implantaten in diesem Bereich, charakterisieren zu können.

Eine genaue Anpassung der Materialeigenschaften von Kunststoffen an die natürlichen Gegebenheiten und die Simulation des Einsatzverhaltens der entwickelten Implantate kann neben verbesserter Funktionalität und Formstabilität zu einer geringeren Abstoßungsrate von Implantaten führen, wodurch sich auch die Anzahl wiederholter Eingriffe deutlich verringern wird.

11.5 Zusammenstellung der Normen

Abschnitt 11.1

ASTM D 648 (2018)	Standard Test Method for Deflection Temperature of Plastics Under Flexural Load in the Edgewise Position
ASTM D 1525 (2017)	Standard Test Method for Vicat Softening Temperature of Plastics
DIN EN ISO 75	Kunststoffe – Bestimmung der Wärmeformbeständigkeitstemperatur • Teil 1 (2020): Allgemeines Prüfverfahren • Teil 2 (2013): Kunststoffe und Hartgummi • Teil 3 (2024): Hochbeständige härtbare Schichtstoffe und langfaserverstärkte Kunststoffe (Entwurf)
DIN EN ISO 306 (2023)	Kunststoffe – Thermoplaste – Bestimmung der Vicat-Erweichungstemperatur (VST)

Abschnitt 11.3

ASTM D 2444 (2021)	Standard Practise for Determination of the Impact Resistance of Thermoplastic Pipe and Fittings by Means of a Tup (Falling Weight)
DIN 8075 (2018)	Rohre aus Polyethylen (PE) – PE 80, PE 100 – Allgemeine Güteanforderungen, Prüfungen
DIN 16833 (2024)	Rohre aus Polyethylen erhöhter Temperaturbeständigkeit (PE-RT) – PE-RT Typ I und PE-RT Typ II – Allgemeine Güteanforderungen, Prüfung
DIN 16887 (1990)	Prüfung von Rohren aus thermoplastischen Kunststoffen – Bestimmung des Zeitstand-Innendruckverhaltens
DIN 16901 (1982)	Kunststoff-Formteile – Toleranzen und Abnahmebedingungen für Längenmaße (zurückgezogen; empfohlen DIN ISO 20457: 2021)
DIN 18200 (2021)	Übereinstimmungsnachweis für Bauprodukte – Werkseigene Produktionskontrolle, Fremdüberwachung und Zertifizierung
DIN 53760 (1977)	Prüfung von Kunststoff-Fertigteilen – Prüfmöglichkeiten, Prüfkriterien (zurückgezogen)
DIN EN 253 (2020)	Fernwärmerohre – Einzelrohr-Verbundsysteme für direkt erdverlegte Fernwärmenetze – Werkmäßig gefertigte Verbundrohrsysteme, bestehend aus Stahl-Mediumrohr, einer Wärmedämmung aus Polyurethan und einer Ummantelung aus Polyethylen

DIN EN 448 (2023)	Fernwärmerohre – Einrohr-Verbundsysteme für direkt erdverlegte Fernwärmenetze – Werkmäßig gefertigte Formstückbaueinheiten, bestehend aus Stahl-Mediumrohren, einer Wärmedämmung aus Polyurethan und einer Ummantelung aus Polyethylen (Entwurf)
DIN EN 489-1 (2022)	Fernwärmerohre – Einzel- und Doppelrohr-Verbundsysteme für erdverlegte Fernwärmenetze – Teil 1: Mantelrohrverbindungen und Wärmedämmung für Fernwärmenetze nach EN 13941-1
DIN EN 2564 (2019)	Luft- und Raumfahrt – Kunststofffaser-Laminate – Bestimmung der Faser-, Harz- und Porenanteile
DIN EN 10204 (2005)	Metallische Erzeugnisse – Arten von Prüfbescheinigungen
DIN EN 14509 (2013)	Selbsttragende Sandwich-Elemente mit beidseitigen Metalldeckschichten – Werkmäßig hergestellte Produkte – Spezifikationen
DIN EN ISO 899-2 (2023)	Kunststoffe – Bestimmung des Kriechverhaltens – Teil 2: Zeitstand-Biegeversuch bei Dreipunkt-Belastung (Entwurf)
DIN EN ISO 1167-1 (2006)	Rohre, Formstücke und Bauteilkombinationen aus thermoplastischen Kunststoffen für den Transport von Flüssigkeiten – Bestimmung der Widerstandsfähigkeit gegen inneren Überdruck – Teil 1: Allgemeines Prüfverfahren
DIN EN ISO 1172 (2023)	Textilglasverstärkte Kunststoffe – Prepregs, Formmassen und Laminate – Bestimmung des Textilglas- und Mineralfüllstoffgehalts – Kalzinierungsverfahren
DIN EN ISO 2578 (1998)	Kunststoffe – Bestimmung der Temperatur-Zeit-Grenzen bei lang anhaltender Wärmeeinwirkung
DIN EN ISO 8497 (1996)	Wärmeschutz – Bestimmung der Wärmetransporteigenschaften im stationären Zustand von Wärmedämmungen für Rohrleitungen
DIN EN ISO 9080 (2013)	Kunststoff-Rohrleitungs- und Schutzrohrsysteme – Bestimmung des Zeitstand-Innendruckverhaltens von thermoplastischen Rohrwerkstoffen durch Extrapolation
DIN EN ISO/IEC 17025 (2018)	Allgemeine Anforderungen an die Kompetenz von Prüf- und Kalibrierlaboratorien
DIN ISO 20457 (2021)	Kunststoff-Formteile – Toleranzen und Abnahmebedingungen
GS 97014-1 (2000)	BMW Group Standard: Emissionsmessungen in SHED-Kammern
SAE J 2044 (2009)	Quick Connector Specification for Liquid Fuel and Vapor/Emissions Systems

Abschnitt 11.4

DIN EN ISO 10993	Biologische Beurteilung von Medizinprodukten – - Teil 1 (2024): Beurteilung und Prüfung im Rahmen eines Risikomanagementsystems (Entwurf) - Teil 2 (2023): Tierschutzbestimmungen - Teil 3 (2015): Prüfungen auf Genotoxizität, Karzinogenität und Reproduktionstoxizität - Teil 4 (2017): Auswahl von Prüfungen zur Wechselwirkung mit Blut (Änderung A1: 2024 – Entwurf) - Teil 5 (2009): Prüfungen auf in-vitro-Zytotoxizität - Teil 6 (2024): Prüfungen auf lokale Effekte nach Implantationen (Entwurf) - Teil 7 (2024): Ethylenoxid-Sterilisationsrückstände (Entwurf) - Teil 9 (2022): Rahmen zur Identifizierung und Quantifizierung von möglichen Abbauprodukten - Teil 10 (2023): Prüfungen auf Hautsensibilisierung - Teil 11 (2018): Prüfungen auf systemische Toxizität - Teil 12 (2021): Probenvorbereitung und Referenzmaterialien (Änderung A1: 2024 – Entwurf) - Teil 13 (2010): Qualitativer und quantitativer Nachweis von Abbauprodukten in Medizinprodukten aus Polymeren - Teil 14 (2009): Qualitativer und quantitativer Nachweis von keramischen Abbauprodukten - Teil 15 (2023): Qualitativer und quantitativer Nachweis von Abbauprodukten aus Metallen und Legierungen - Teil 16 (2018): Entwurf und Auslegung toxikokinetischer Untersuchungen hinsichtlich Abbauprodukten und herauslösbaren Substanzen - Teil 17 (2024): Toxikologische Risikobewertung von Medizinproduktbestandteilen - Teil 18 (2023): Chemische Charakterisierung von Werkstoffen für Medizinprodukte im Rahmen eines Risikomanagementsystems
DIN EN ISO 13485 (2021)	Medizinprodukte – Qualitätsmanagementsystem – Anforderungen für regulatorische Zwecke
DIN EN ISO 14971 (2022)	Medizinprodukte – Anwendung des Risikomanagements auf Medizinprodukte

ISO 7206	Chirurgische Implantate – Partieller und totaler Hüftgelenkersatz - Teil 1 (2008): Klassifikation und Bezeichnung der Maße - Teil 2 (2011): Artikulierende Oberfläche aus Metall, Keramik und Kunststoff (AMD 1: 2016) - Teil 4 (2010): Bestimmung der Dauerwechselfestigkeit und Leistungsanforderungen an Hüftendoprothesenschäfte (AMD 1: 2016) - Teil 6 (2013): Dauerschwingprüfung und Leistungsanforderungen für den Halsbereich von Prothesenschäften - Teil 8 (1995): Belastbarkeit von Prothesenschäften mit Torsionsbeanspruchung (zurückgezogen) - Teil 10 (2018): Bestimmung des Widerstandes gegen statische Belastung von modularen Prothesenköpfen (AMD 1: 2021) - Teil 12 (2016): Deformationsprüfung von Hüftgelenkspfannen - Teil 13 (2016): Bestimmung der Torsionsfestigkeit der Verbindung zwischen Kugelkopf und Femurschaftkomponente (AMD 1: 2022)
ISO 7207	Chirurgische Implantate – Komponenten für partiellen und totalen Kniegelenkersatz - Teil 1 (2007): Klassifikation, Definitionen und Bezeichnung der Abmessungen - Teil 2 (2023): Artikulierende Oberflächen aus Metall, Keramik und Kunststoff (Entwurf)
ISO 14242	Chirurgische Implantate – Verschleißverhalten totaler Hüftendoprothesen - Teil 1 (2014): Belastungs- und Bewegungsparameter für Verschleißprüfmaschinen und zugeordnete Prüfbedingungen (AMD 1: 2018) - Teil 2 (2016): Messmethode - Teil 3 (2009): Belastungs- und Bewegungsparameter für orbital bearing Verschleißprüfmaschinen und zugeordnete Prüfbedingungen (AMD 1: 2019) - Teil 4 (2018): Prüfung von Hüftprothesen unter Variation der Komponentenpositionierung für eine direkte Kantenbelastung: Variation von Pfannen-Inklination und mediolateralem Versatz
ISO 14243	Chirurgische Implantate – Verschleißverhalten totaler Knieendoprothesen - Teil 1 (2009): Belastungs- und Bewegungsparameter für lastgesteuerte Verschleißprüfmaschinen und zugeordnete Prüfbedingungen (AMD 1: 2020) - Teil 2 (2016): Messmethoden - Teil 3 (2014): Belastungs- und Verschiebungsparameter für Verschleißprüfmaschinen mit Wegregelung und entsprechenden Umgebungsbedingungen für die Prüfung (AMD 1: 2020) - Teil 5 (2019): Dauerhaftigkeitsverhalten des patellofemoralen Gelenks

ISO/TR 9325 (1989)	Chirurgische Implantate – Partieller und totaler Hüftgelenkersatz – Empfehlungen für die Hüftgelenk-Simulator-Prüfung (zurückgezogen)
ISO/TR 9326 (1989)	Chirurgische Implantate – Partieller und totaler Hüftgelenkersatz – Richtlinie für die labormäßige Beurteilung der Formänderung tragender Oberflächen (zurückgezogen)

11.6 Literatur

[11.1] Gohl, W.: Zur Messung der Formbeständigkeit in der Wärme. Kunststoffe 49 (1959) 228 – 229
[11.2] Werkstoffdatenblätter P-Group Deutschland GmbH: http://www.p-group.biz (nicht mehr verfügbar)
[11.3] Nase, M.; Langer, B.; Schumacher, S.; Grellmann, W.: Zähigkeitsoptimierung von glasfaserverstärkten PA6/PA66-Blends durch Variation der Zusammensetzung unter Berücksichtigung des Einflusses von Farbpigmenten. 10. Tagung Problemseminar „Deformations- und Bruchverhalten von Kunststoffen", Merseburg, 15. – 17. 06. 2005, Tagungsband S. 330 – 342
[11.4] Troitzsch, J.: Plastics Flammability Handbook – Principles, Regulations, Testing and Approval. Hanser Verlag, München Wien (2004)
[11.5] Hilado, C. J.: Flammability Handbook for Plastics. Technomic, Lancaster Basel (1998)
[11.6] Gareiß, B.: Halogenfreier Flammschutz für technische Kunststoffe. In: BASF (Hrsg.): Polymere – Neue Strategien in der Polymerforschung. (1995) 58 – 63
[11.7] Briggs, P.; Hunter, J.: Review of UK, European and International Fire Tests for Composites. Warrington Fire Research Center, Qinetiq Ltd. (2004)
[11.8] DIN-Taschenbuch 300: Brandschutz in Europa – Prüfverfahren und Klassifizierungen zur Beurteilung des Brandverhaltens von Baustoffen. Beuth-Verlag, Berlin Wien Zürich (2002)
[11.9] White, R. H.: Fire testing of recycled materials for building applications. Forest Products Society, Conf. Proceedings No. 7286, Madison, Wisconsin (1996) 198 – 200
[11.10] Federal Aviation Administration: Aircraft Materials Fire Test Handbook. https://www.fire.tc.faa.gov/Handbook (2024) (05. 09. 2024)
[11.11] Kashiwagi, T.: Polymer combustion and flammability – role of the condensed phase. 25. Symposium on Combustion, The Combustion Institute (1994) 1423 – 1437
[11.12] Reinfrank, K. M.; Neuhaus R.: Kunststoff unter Strom. Kunststoffe 8 (2004) 91 – 96
[11.13] Babranskas, V.: http://www.doctorfire.com/cone.html
[11.14] Mühlenberg, T.: Vergleichende Untersuchungen zum Brandverhalten von Verbundwerkstoffen mittels Cone-Kalorimeter. Diplomarbeit, Brandenburgische Technische Universität, Cottbus (2005)
[11.15] Lyon, R. E.: Fire-safe aircraft materials. In: Nelson, G. L. (Ed.): Fire and Polymers II. Materials and Tests for Hazard Prevention. American Chemical Society, Washington (1995) 618 – 638
[11.16] Sorathia, U.; Beck, C.: Fire screening results of polymers and composites. In: National Research Council (Ed.): Improved Fire and Smoke Resistant Materials for Commercial Aircraft Interiors. Proceedings, The National Academy of Sciences, USA (1995) 93 – 114
[11.17] Babrauskas, V.: Heat release rate: The single most important variable in fire hazard. Fire Safety Journal 18 (1992) 252 – 272. https://doi.org/10.1016/0379-7112(92)90019-9
[11.18] Babrauskas, V.: Specimen heat fluxes for bench-scale heat release testing. Fire Mater. 19 (1995) 243 – 252. https://doi.org/10.1002/fam.810190602

[11.19] Thornton, W.: The role of oxygen to the heat of combustion of organic compounds. Philosophical Magazine and Journal of Science 33 (1917) 196–203

[11.20] Huggett, C.: Estimation of rate of heat release by means of oxygen consumption measurements. Fire and Materials 4 (1980) 61–65. *https://doi.org/10.1002/fam.810040202*

[11.21] Nitsche, R.; Nowak, P.: Praktische Kunststoffprüfung, Band 2. In: Nitsche, R.; Wolf, K. A. (Hrsg.): Kunststoffe. Springer Verlag, Berlin (1961)

[11.22] TGL Taschenbuch: Plastverarbeitung, TGL 34087/01 bis 18, Prüfung von Plastformteilen. Deutscher Verlag für Grundstoffindustrie, Leipzig (1979)

[11.23] Oberbach, K.; Müller, W.: Prüfung von Kunststoff-Formteilen. Carl Hanser Verlag, München Wien (1986)

[11.24] DIAG BES: Diagnose von Fehlern an Spritzgussteilen und Beseitigungsstrategie. *www.kuz-leipzig.de*

[11.25] Ehrenstein, G. W.; Bittmann, E.: Duroplaste – Aushärtung, Prüfung, Eigenschaften. Carl Hanser Verlag, München Wien (1997)

[11.26] Höninger, H.; Schmarje, W.; Friebel, G.: Werkstoffuntersuchungen zum Lebensdauernachweis von GFK-Antennenträgern auf Fernsehtürmen. Tagungspreprint 2. AVK-TV Tagung, Baden-Baden (1999)

[11.27] Barth, E.: Das Langzeitverhalten von Rohren aus PVC-U. 3R International, Bd. 31 (1992) 5, 271–278

[11.28] Ant, E.; Wehage, C.: Kunststoffrohr Handbuch. Vulkan Verlag Essen (2000)

[11.29] DVGW-Regelwerk: *www.dvgw.de*

[11.30] Gütegemeinschaft Kunststoffrohre e. V. – Produktübersicht. *www.krv.de*

[11.31] CARB (California Air Resource Board): LEV II (Low Emission Vehicle II) – Regulation (1998)

[11.32] Büttner, I.; Höninger, H.: Entwicklung und Erprobung einer verbesserten Prüftechnik zur Untersuchung des Permeationsverhaltens von Kraftstoff führenden Bauteilen in der Automobilindustrie. BMWi-Projekt, Reg.-Nr. 1188/00 Forschungsbericht B159.3/0 (2002)

[11.33] Koschade, R.: Die Sandwichbauweise. Verlag Ernst & Sohn, Berlin (2000)

[11.34] Bauregelliste, Ausgabe 2003/1, DIBt-Mitteilungen 34 (2003) Sonderheft 28

[11.35] Prüfprogramm für Sandwichkonstruktionen mit einem Stützkern aus PUR-Hartschaum. Fassung 3.93, DIBt Berlin

[11.36] Höninger, H.; Friebel, G.; Just, M.: Zeitstandverhalten von PUR-Schäumen in praxis-gealterten Kunststoffmantelrohren hinsichtlich Wärmedämmung und Festigkeit. Forschungsvorhaben 0327272 B, PTJ (BMBF/BMWi) (2003)

[11.37] Wintermantel, E.; Ha, S.-W.: Biokompatible Werkstoffe und Bauweisen. Implantate für Medizin und Umwelt. Springer Verlag, Berlin (1998)

[11.38] Stallforth, H.; Revell, P. A.: Materials for medical engineering. Wiley-VCH-Verlag, Weinheim (2000)

[11.39] Bronzino, J. D.: The Biomedical Engineering Handbook. Springer Verlag, Berlin Heidelberg (1996)

[11.40] Poprawe, R.: Lasertechnik für die Fertigung. Springer Verlag, Berlin Heidelberg (2005)

[11.41] Planck, H.: Kunststoffe und Elastomere in der Medizin. Kohlhammer-Verlag, Stuttgart (1997)

[11.42] Klee, D.; Höcker, H.; Eastmond, G. C.: Biomedical Applications/Polymer Blends. Springer Verlag, Berlin Heidelberg (1999)

[11.43] Chiellini, E.; Sunamto, J.; Migliaresi, C.; Ottenbrite, R. M.; Cohn, D.: Biomedical Polymers and Polymer Therapeutics. Springer Verlag, Berlin Heidelberg (2001)

[11.44] Nachtigall, W.: Biomechanik. Vieweg-Verlag, Wiesbaden (2001)

[11.45] Morecki, A.: Biomechanics of Engineering, Modelling, Simulation, Control. Springer Verlag, Berlin Heidelberg (1998)

11.6 Literatur

[11.46] Brånemark, R.; Öhrnell, L.-O.; Skalak, R.; Carlsson, L.; Brånemark, P.-I.: Biomechanical characterization of osseointegration: an experimental in vivo investigation in the beagle dog. J. Orthop. Res. 16 (1998) 61–69. *https://doi.org/10.1002/jor.1100160111*

[11.47] Nanci, A.; Mc Carthy, G. F.; Zalzai, S.; Clockie, C. M. L.; Warshawsky, H.; Mc Kee, M. D.: Tissue response to titanium implants in the rat tibia: Ultrastructural, immunocytochemical, and lectin-cytochemical characterization of the bone-titanium-interface. Cell Materials 4 (1994) 1–30

[11.48] Serre, C. M.; Boivin, G.; Obrant, K. J.; Linder, L.: Osseointegration of titanium implants in the tibia: electron microscopy of biopsies from 4 patients. Acta Orthop. Scand. 65 (1994) 323–327. *https://doi.org/10.3109/17453679408995462*

[11.49] Kettunen, J.; Makela, A.; Miettinen, H.; Nevalainen, T.; Pohjonen, T.; Suokas, E.; Rokkanen, P.: The fixation properties of carbon fiber-reinforced liquid crystalline polymer implant in bone: an experimental study in rabbits. J. Biomed. Mater. Res. 56 (2001) 137–143. *https://doi.org/10.1002/1097-4636(200107)56:1<137::AID-JBM1078>3.0.CO;2-G*

[11.50] Berzins, A.; Shah, B.; Weinans, H.; Sumner, D. R.: Nondestructive measurements of implant-bone interface shear modulus and effects of implant geometry in pull-out tests. J. Biomed. Mater. Res. 34 (1997) 337–340. *https://doi.org/10.1002/(SICI)1097-4636(19970305)34:3<337::AID-JBM8>3.0.CO;2-L*

[11.51] Lopes, M. A.; Santos, J. D.; Monteiro, F. J.; Ohtsuki, C.; Osaka, A.; Kaneko, S.; Inoue, H.: Push-out testing and histological evaluation of glass reinforced hydroxyapatite composites implanted in the tibia of rabbits. J. Biomed. Mater. Res. 54 (2001) 463–469. *https://doi.org/10.1002/1097-4636(20010315)54:4<463::AID-JBM10>3.0.CO;2-Y*

[11.52] Ozeki, K.; Yuhta, T.; Aoki, H.; Nishimura, I.; Fukui, Y.: Push-out strength of hydroxyapatite coated by sputtering technique in bone. Biomed. Mater. Eng. 11 (2001) 63–68

[11.53] Šebova, I.; Haberland, E.-J.; Stiefel, A.: Mikrobielle Korrosion von pharyngo-trachealen Shuntventilen („Stimmprothesen"). In: Grellmann, W.; Seidler, S.: (Hrsg.): Deformation und Bruchverhalten von Kunststoffen. Springer Verlag, Berlin (1998) 401–410. *https://doi.org/10.1007/978-3-642-58766-5_31*

[11.54] Haberland, E.-J.; Neumann, K.; Berghaus, A.; Zwanzig, I.; Jung, K: Werkstoffparameter von funktionellen Prothesen im HNO-Bereich bei fortschreitender Degradation. In: Grellmann, W.; Seidler, S.: (Hrsg.): Deformation und Bruchverhalten von Kunststoffen. Springer Verlag, Berlin (1998) 393–400. *https://doi.org/10.1007/978-3-642-58766-5_30*

[11.55] Bierögel, C.; Bethge, I.; Grellmann, W.; Haberland, E.-J.: Deformation Behaviour of Voice Prostheses-Sensitivity of Mechanical Test Methods. In: Grellmann, W.; Seidler, S.: (Hrsg.): Deformation and Fracture Behaviour of Polymers. Springer Verlag, Berlin (2001) 471–476. *https://doi.org/10.1007/978-3-662-04556-5_33*

[11.56] Burkart, A.; Imhoff, A. B.: Therapie des Knorpelschadens-Heute und Morgen. Arthroskopie 12 (1999) 279–288

[11.57] Fritz, J.; Aicher, W. K.; Eichhorn, H.-J.: Praxisleitfaden der Knorpelreparatur. Springer Verlag, Berlin Heidelberg (2003)

[11.58] Griffith, L. G.; Naughton, G.: Tissue Engineering-current challenges and expanding opportunities. Science 295 (2002) 1009–1014. *https://doi.org/10.1126/science.1069210*

12 Folienprüfung

12.1 Grundlagen

Kunststofffolien sind Produkte mit sehr unterschiedlichen Anwendungen, z. B. für flexible oder starre Verpackungen, für Dekorfolien im Bereich der Automobil- oder Möbelindustrie, Folien im Bausektor, Agrarfolien usw. Daraus ergeben sich sehr unterschiedliche Anforderungen an die jeweiligen Folienprodukte. Neben bestimmten mechanischen Eigenschaften können Barriereeigenschaften, Alterungs- und UV-Beständigkeit, Sterilisierbarkeit, Lebensmittelsicherheit oder definierte Oberflächeneigenschaften gefordert sein. Das daraus resultierende Eigenschaftsniveau der jeweiligen Folienprodukte wird im Wesentlichen durch die Auswahl der Rohstoffe, durch die Zusammensetzung des oder der Werkstoffe (Polymer, Füll- und Verstärkungsstoffe, sonstige Additive) und durch die im Herstellungsprozess einzustellende Struktur und Morphologie bestimmt. Bei Mehrschichtfolien spielt auch der Schichtaufbau eine entscheidende Rolle, insbesondere im Hinblick auf Barriere- und mechanische Eigenschaften. Für die Verpackung von Lebensmitteln oder medizinischen Produkten ist die Bedruckbarkeit der gewählten Folien ein weiterer wichtiger Aspekt. Die Siegeleigenschaften in Kombination mit den Siegelparametern sind von großer Bedeutung für die Herstellung bzw. das Verschließen von Verpackungen. Um eine feste Verbindung oder auch eine definierte Öffnungsfähigkeit der Verpackung zu erreichen, müssen die Folieneigenschaften und die Siegelparameter sorgfältig aufeinander abgestimmt werden.

Folien sind oft Halbzeuge, die zur Herstellung von Endprodukten verwendet werden. Ein Beispiel hierfür sind Dekorfolien für Kunststoff-Fensterprofile, mit denen sich nahezu jeder Verbraucherwunsch hinsichtlich des Aussehens eines Fensterrahmens realisieren lässt. Derartige Dekorfolien werden in einem Kaschierverfahren auf das Fensterprofil aufgebracht. Verpackungsfolien bestehen oftmals aus mehreren, unterschiedlichen Einzelschichten, die als Halbzeuge zu Mehrschichtfolien verarbeitet werden. Die verschiedenen Funktionsschichten (z. B. festigkeitsgebende Schicht, Sperrschicht, Siegelschicht) werden dabei in einem Kaschierprozess über Klebstoffschichten fest miteinander verbunden. Anschließend müssen sie gegebenenfalls bedruckt, zugeschnitten und versiegelt werden, um verschiedenste Verpackungen wie z. B. Standbeutel, Rollen oder Tüten herzustellen. Zuschneiden und Versiegeln werden dabei häufig direkt vom Hersteller des Packguts realisiert.

Aufgrund der vielfältigen Anforderungen an die verschiedenen Folien kann dieses Kapitel kein vollständiges Bild aller bekannten Methoden und Verfahren zur Prüfung und Charakterisierung von Folien vermitteln. Es werden die wichtigsten Methoden der mechanischen und bruchmechanischen Prüfung beschrieben. Angesichts der großen Menge an Kunststoffverpackungen und der gleichzeitig steigenden Anforderungen von Industrie und Verbrauchern liegt der Schwerpunkt des Kapitels insbesondere auf der Beschreibung des Siegel- und Öffnungsverhaltens.

12.2 Bestimmung der mechanischen Eigenschaften von Folien

12.2.1 Zugversuch

Standard-Zugversuche zur Charakterisierung der Festigkeit und des Verformungsverhaltens von Kunststofffolien werden nach DIN EN ISO 527-3 „Kunststoffe – Bestimmung der Zugeigenschaften – Teil 3: Prüfbedingungen für Folien und Tafeln" bzw. ASTM D 882 durchgeführt. Für weitere, allgemeine Informationen zur Zugprüfung wird auf Abschnitt 4.3.2 verwiesen. Grundsätzlich dienen mithilfe von Universalprüfmaschinen durchgeführte Zugversuche der Aufzeichnung von Spannungs-Dehnungs-Diagrammen. Beispiele solcher Diagramme sind in Bild 12.1 gezeigt. Aus diesen Diagrammen können verschiedene Werkstoffkenngrößen ermittelt werden, welche unterschiedliche Werkstoffeigenschaften beschreiben:

- Festigkeit:
  - Fließspannung σ_y (MPa)
  - Zugfestigkeit σ_{max} (MPa)
- Verformbarkeit:
  - Dehnung bei der Fließspannung ε_y (%)
  - Dehnung bei der Zugfestigkeit ε_B (%)

Im Gegensatz zur Zugprüfung von Thermoplasten mit dicken/kompakten Prüfkörpern ist die Bestimmung des Elastizitätsmoduls E_t von Folien in der oben genannten Norm DIN EN ISO 527-3 nicht geregelt.

12.2 Bestimmung der mechanischen Eigenschaften von Folien

In Bild 12.1 sind beispielhaft Spannungs-Dehnungs-Diagramme einer Polyethylenfolie (PE) dargestellt, wobei die Prüfkörper aus zwei unterschiedlichen Richtungen (längs und quer zur Maschinenrichtung MR) entnommen wurden. Das Deformationsverhalten in den beiden Prüfrichtungen ist unterschiedlich. Das Diagramm für die „Quer"-Richtung (senkrecht zur Maschinenrichtung) zeigt ein ausgeprägtes Fließen, bei dem die Streckgrenze σ_y bestimmt wird: Nach dem Erreichen eines lokalen Maximums (σ_y) wird die Spannung abgebaut. Im weiteren Verlauf des Versuches kommt es dann zu einer Verstreckung, zunächst ohne größeren Spannungsanstieg. Ein solcher Effekt ist in der anderen, „längs" verlaufenden Prüfrichtung parallel zur Maschinenrichtung nicht zu beobachten, weshalb hier auch keine Streckgrenze bestimmt werden kann. Neben der Form der Diagramme sind in den beiden Prüfrichtungen auch die maximale Spannung (= Zugfestigkeit σ_{max}) und die maximale Verformbarkeit sehr unterschiedlich. Parallel zur Maschinenrichtung sind im Vergleich zur Querrichtung eine höhere maximale Spannung und eine geringere maximale Verformung gegeben. Derartige Unterschiede in zwei Prüfrichtungen kennzeichnen eine Vorzugsrichtung/Orientierung der Eigenschaften, welche insbesondere für Blasfolienprodukte typisch ist. Eine Ursache ist die Orientierung der Polymermoleküle und der Lamellen der kristallinen Strukturen in Maschinenrichtung. Der Grad dieser Orientierung hängt stark von den Verarbeitungsbedingungen ab. Das heißt, die Orientierung kann durch Variation z. B. der Abzugsgeschwindigkeit in bestimmtem Umfang gezielt beeinflusst werden. Produktionsbedingte Vorzugsrichtungen/Orientierungen sind in vielen Kunststofffolien gegeben, weshalb im Rahmen der mechanischen Charakterisierung mittels Zugversuch Prüfkörper aus zwei, um 90° gegeneinander versetzten Richtungen entnommen werden sollten: senkrecht und parallel zur Maschinenrichtung.

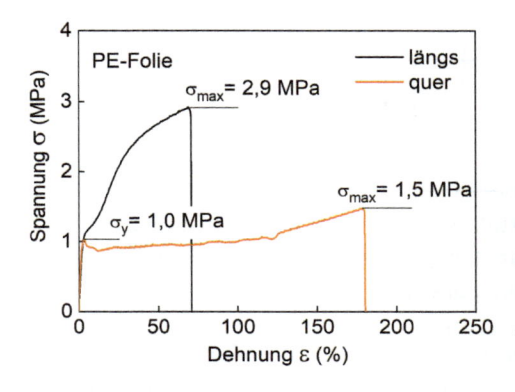

Bild 12.1
Beispiele von Spannungs-Dehnungs (σ-ε)-Diagrammen einer Polyethylenfolie mit einer Dicke von 15 µm; Prüfung „längs" und „quer" zur Maschinenrichtung (MR)

Für die Durchführung eines Zugversuchs an Folien stehen verschiedene Prüfkörpertypen zur Verfügung, die in DIN EN ISO 527-3 beschrieben sind. Die am häufigsten für die Zugprüfung von Folien eingesetzten Prüfkörpertypen sind dabei der Streifenprüfkörper mit einer Länge von 100 mm und einer Breite von 25 mm und der in Bild 12.2 dargestellte Prüfkörper in Form eines Schulterstabes. Letzterer sollte bevorzugt eingesetzt werden. Erfahrungsgemäß sind die Standardabweichungen der Kennwerte bei Verwendung dieses Prüfkörpers niedriger als bei Verwendung des Streifenprüfkörpers. Ein Grund dafür ist die bei den beiden Prüfkörpertypen unterschiedliche Länge der Kanten, an denen der Bruch initiiert werden kann. Aufgrund der Prüfkörpervorbereitung, die üblicherweise unter Verwendung von Schneidvorrichtungen mit Metallklingen oder mit Stanzwerkzeugen erfolgt, können an den Prüfkörperkanten Imperfektionen vorhanden sein. Hier tritt während der Belastung eine Kerbwirkung aufgrund von Spannungskonzentrationen auf, weshalb der Bruch an einer solchen Unstetigkeitsstelle initiiert wird. Daher sollte die Prüfkörpervorbereitung grundsätzlich sehr sorgfältig und mit Werkzeugen ohne Materialausbrüche und glatten, geraden und scharfen Kanten durchgeführt werden. Der Bruch tritt bei Streifenprüfkörpern oft in oder in der Nähe der Klemmen ein, was ein weiterer Grund ist, die Schulterstabform zu bevorzugen. Sofern allerdings kein separates Wegmesssystem für die Prüfung zur Verfügung steht und damit die Längenänderung des Schulterstabes nicht im parallelen Bereich des Prüfkörpers zwischen den beiden Markierungen (L_0) gemessen werden kann, sollte der Streifenprüfkörper mit konstanter Querschnittsfläche zur Anwendung kommen. In dem Fall kann der Traversenweg die Grundlage für die Berechnung der Dehnung ε bilden. Insbesondere bei sehr dünnen und transparenten Folien kann die Messung der Verlängerung mithilfe von Wegaufnehmern oder optischen Systemen problematisch sein. In solchen Fällen ermöglicht die Verwendung von Streifenprüfkörpern die exakte Bestimmung der Dehnung durch Nutzung des Traversenwegs.

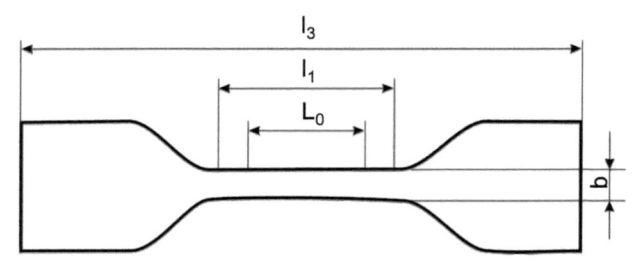

Bild 12.2 Schematische Darstellung des Prüfkörpertyps 5 nach DIN EN ISO 527-3 mit l_3 – Länge, l_1 – Länge des schmalen, parallelen Teils, L_0 – initiale Messlänge und b – Breite des schmalen, parallelen Teils

Bild 12.3 zeigt beispielhaft Ergebnisse der Zugprüfung für eine PE-Blasfolie. Die Foliendicke wurde durch Änderung der Prozessbedingungen variiert, um den Einfluss der Foliendicke auf die Zugeigenschaften zu bewerten. Die Prüfkörperentnahme erfolgte aus zwei Richtungen aus der Folie: „längs" und „quer" zur Maschinenrichtung. Es ist gut erkennbar, dass die Foliendicke und die Prüfkörperentnahmerichtung die Zugfestigkeit und die Dehnung bei Zugfestigkeit deutlich beeinflussen. Bei sehr geringen Dicken ist ein stärkerer Einfluss der Entnahmerichtung zu beobachten.

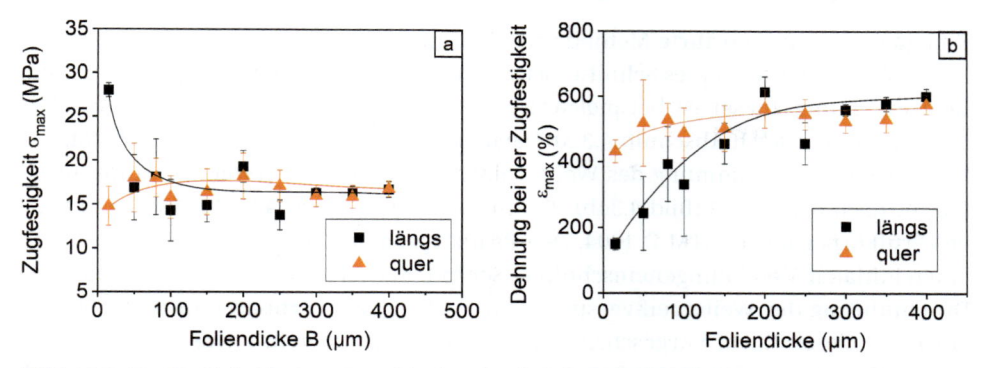

Bild 12.3 Zugfestigkeit σ_{max} (a) und Dehnung bei der Zugfestigkeit ε_{max} (b) für eine PE-Folie in Abhängigkeit von der Prüfkörperdicke, Prüfung „längs" und „quer" zur Maschinenrichtung [12.1]

Das heißt, hier ist von einem stärker ausgeprägten Orientierungseinfluss auszugehen als bei größeren Dicken. Bei Dicken oberhalb von 150 µm sind die Zugfestigkeit und die Verformbarkeit – ausgedrückt durch die Dehnung bei Zugfestigkeit – relativ konstant, d. h. unabhängig von der Dicke. Wie sich die Prüfkörperdicke oberhalb des hier untersuchten Bereiches auf die Eigenschaften auswirkt, kann anhand der gezeigten/vorliegenden Daten nicht bewertet werden.

12.2.2 Weiterreißversuch

Der Widerstand gegen das Weiterreißen eines vorhandenen Schnittes oder Risses ist eine Werkstoffeigenschaft, die für die praktische Anwendung von Folien, z. B. für Verpackungen, Transportbeutel oder Abdeckfolien, von großer Bedeutung ist. Bei vielen Anwendungen von Verpackungsfolien wird erwartet, dass während des Öffnens der Verpackung entlang der Siegelnaht kein ungerichtetes und ungewolltes Einreißen der Folie stattfindet, um eine Zerstörung der Verpackung zu verhindern. Hierfür ist eine Abstimmung von Siegelnahtfestigkeit, Zugfestigkeit des Werkstoffes und auch des Weiterreißwiderstandes erforderlich. Ein Praxisbeispiel für einen niedrigen Weiterreißwiderstand sind Folientüten, in denen Gummibärchen verpackt sind: Ist der Beutel einmal entlang der Kerbung im Bereich der Siegelnaht aufgerissen, kommt es sehr leicht und unter wenig Energieeintrag zur Fortführung des Risses. Bei einem hohen Weiterreißwiderstand wie z. B. bei einer Frischhaltefolie muss deutlich mehr Energie aufgewendet werden, um einen bereits vorhandenen Riss zu vergrößern. Dies bedeutet, dass für jede Anwendung eine sorgfältige Werkstoffauswahl unter Berücksichtigung der Festigkeitseigenschaften und des Weiterreißverhaltens erforderlich ist. Für die Bewertung der Weiterreißeigenschaften z. B. im Rahmen einer Werkstoffauswahl, Werkstoffentwicklung und -optimierung oder auch einer produktionsbegleitenden Qualitätskontrolle werden Weiterreißversuche angewendet.

Eine in der Praxis bewährte Methode zur Charakterisierung des Verhaltens einer Folie bei Vorhandensein eines Schnittes ist der Weiterreißversuch unter quasistatischer Beanspruchung. Dieser ist beispielsweise in DIN 53363, ASTM D 1938 oder ASTM D 1004 geregelt (s. auch Abschnitt 4.3.3). Nach diesen Normen werden unterschiedliche Prüfkörper zur Bestimmung des Weiterreißwiderstandes T_s verwendet: Trapezprüfkörper nach DIN 53363 (Bild 4.34b), Trouserprüfkörper nach ASTM D 1938 und Graves-Prüfkörper nach ASTM D 1004. Den Prüfkörpern ist gemeinsam, dass sie zentral einen initialen Metallklingeneinschnitt (= Schnitt, Kerbe) aufweisen. In Europa ist die Durchführung des Weiterreißversuches nach DIN 53363 verbreitet. In Bild 4.35a ist ein nach dieser Norm vorgeschriebener Trapezprüfkörper in eingespannter Form schematisch dargestellt. Entsprechend der besonderen Form dieses Prüfkörpers und der vorgeschriebenen Einspannung wird der initiale Einschnitt vor Beginn der Prüfung weit geöffnet. Dadurch kommt es zu einer Spannungskonzentration an der Spitze des Metallklingenschnittes, und die anschließende Belastung führt dann unmittelbar zu einem Reißen des Prüfkörpers. Aus den aufgezeichneten Kraft-Weg-Diagrammen wird die maximale Kraft ermittelt, und mithilfe von Formel 4.105 kann der Weiterreißwiderstand berechnet werden. Bild 12.4 zeigt als Beispiel den Weiterreißwiderstand verschiedener Lebensmittelverpackungsfolien. Die Versuchsdurchführung erfolgte nach DIN 53363. Die Prüfkörper wurden aus zwei Richtungen entnommen: „längs" und „quer" zur Maschinenrichtung. Die Zahlen in den Folienbezeichnungen beziehen sich auf die Dicke der Folie (in μm) und die Kurzzeichen der Polymere bezeichnen die Hauptkomponenten der mehrschichtigen Verbundfolien. Im Vergleich ist in der Grafik auch der Weiterreißwiderstand von zwei Monofolien als Halbzeuge für die Produktion der untersuchten Mehrschicht-Verbundfolien enthalten. Die PE-Monofolie wurde beispielsweise als Siegelschicht in den untersuchten Mehrschicht-Verbundfolien eingesetzt.

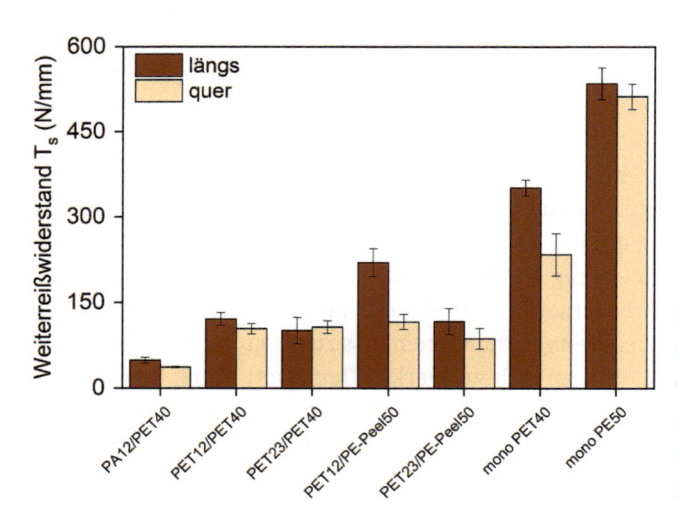

Bild 12.4
Weiterreißwiderstand T_s verschiedener Lebensmittelverpackungsfolien; Prüfung „längs" und „quer" zur Maschinenrichtung

Es ist ersichtlich, dass der Weiterreißwiderstand der Monofolien höher ist als der der Verbundfolien. Teilweise beeinflussen die Dicke der einzelnen Schichten und die Probenrichtung die Weiterreißfestigkeit, teilweise nicht. Es ist auch ersichtlich, dass die Art des Polymers der Trägerfolie (PA 12 oder PET) die Höhe des Weiterreißwiderstandes beeinflusst.

Um methodische Aspekte der Folienprüfung zu veranschaulichen, zeigt Tabelle 12.1 ein weiteres Beispiel aus dem Bereich der Weiterreißprüfung. Für ein Folienprodukt aus dem Bausektor sind die Ergebnisse von Weiterreiß- und Zugversuchen zusammengefasst. Mit der Zielstellung, das Produkt mit den besten Eigenschaften auszuwählen, wurden drei Abdeckfolien verschiedener Hersteller geprüft. Aus den Daten in Tabelle 12.1 geht hervor, dass zwei der untersuchten Folien einen Orientierungszustand aufweisen, was sich aus den unterschiedlichen Werten des Weiterreißwiderstandes der Entnahmerichtungen „längs" und „quer" ergibt. Auf der Grundlage der T_S-Werte erfolgte für die Folien das Ranking Folie 1 – Folie 3 – Folie 2, wobei Folie 1 eine hervorragende Weiterreißfestigkeit aufweist. Berücksichtigt man lediglich die Zugfestigkeitswerte, so ergibt sich kein Unterschied zwischen Folie 1 und Folie 3. Dies bedeutet, dass die Ergebnisse von Weiterreißtests eine hohe Strukturempfindlichkeit belegen und routinemäßig Teil der grundlegenden Materialcharakterisierung von Folien sein sollten.

Tabelle 12.1 Ergebnisse von Weiterreiß- und Zugversuchen für ein Baufolienprodukt

	Foliendicke (mm)	Weiterreißwiderstand (N/mm)		Zugfestigkeit (MPa)
		längs	quer	längs
Folie 1	0,077	403 ± 26	267 ± 16	28,0 ± 1,6
Folie 2	0,072	237 ± 10	222 ± 4	17,8 ± 2,4
Folie 3	0,077	286 ± 8	160 ± 4	28,1 ± 1,8

12.2.3 Schlag- und Stoßverhalten

12.2.3.1 Schlagzugversuch

Für die Untersuchung der Schlagbeanspruchung von Folienprüfkörpern sind verschiedene Prüfgeräte und Prüfkonfigurationen verfügbar. Wie bei der Untersuchung starrer Thermoplaste werden Fall- oder Stoßprüfgeräte und Pendelschlagwerke verwendet. Aufgrund der geringen Dicke von Folienprüfkörpern und/oder aufgrund des teilweise durch große Verformungen gekennzeichneten Deformationsverhaltens müssen bei der schlag- oder stoßartigen Prüfung einige Aspekte berücksichtigt werden. Aufgrund der geringen Prüfkörperdicke ist eine Schlagprüfung von Folien in einer Biegeanordnung, wie sie z. B. mit der Charpy-Schlagprüfung für starre Thermoplaste üblich ist, nicht möglich. Daher ist zur Durchführung von Schlagzugprüfungen eine spezielle Prüfkonfiguration für ein Pendelschlagwerk erforderlich. Die Durchführung des Schlagzugversuches bzw. des Kerbschlagzugversuches ist in der DIN EN ISO 8256 geregelt. Ziel dieser Prüfung ist es, das Verhalten von Prüfkörpern bei relativ hoher Prüfgeschwindigkeit zu untersuchen und die Zähigkeit bzw. Sprödigkeit von Folien zu bewerten, für die Charpy- oder Izod-Versuche nicht möglich sind. Die Experimente werden mit einer Pendelhammergeschwindigkeit zwischen 2,9 m s^{-1} und 3,8 m s^{-1} durchgeführt, je nachdem welcher Pendelhammer zum Einsatz kommt. Die Wahl des Pendelhammers richtet sich nach dem zu prüfenden Werkstoff bzw. dessen Eigenschaften. Entsprechend der genannten Norm muss die Energieaufnahme des Prüfkörpers während des Versuches für einen vollständigen Bruch im Bereich zwischen 20 % und 80 % der maximalen Pendelhammerenergie liegen.

Der (Kerb-)Schlagzugversuch eignet sich für Prüfkörper aus Formmassen, Halbzeugen oder Formteilen und wird im Zuge der Produktions- und Qualitätskontrolle, der Werkstoffentwicklung oder für Bauteildimensionierungszwecke eingesetzt. Mit dem (Kerb-)Schlagzugversuch ist es auch möglich, eine potenzielle Anisotropie zu charakterisieren, indem Prüfkörper aus Halbzeugen oder Bauteilen in unterschiedlichen Richtungen entnommen und geprüft werden. Bild 12.5a zeigt handelsübliche Pendelschlagwerke, mit denen der in Bild 12.5b dargestellte Versuchsaufbau für den (Kerb-)Schlagzugversuch realisiert werden kann. In Bild 12.5b ist der eingespannte Prüfkörper (rot markiert) durch einen Pfeil gekennzeichnet. Es ist zu erkennen, dass der Prüfkörper zwischen der feststehenden Einspannung (rechts vom gelben Pfeil im Bild) und dem lose aufgelegten Querjoch (links von der Pfeilmarkierung im Bild) fixiert ist. Damit wird eine Zug- anstelle einer Biegebeanspruchung wie im Charpy-Versuch realisiert. Der Schlag erfolgt beim Versuch auf das Querjoch, welches dadurch in Richtung der Hammerbewegung beschleunigt wird. Der Transfer der Bewegungsenergie des Pendelhammers auf den Prüfkörper erfolgt indirekt über das Querjoch und nicht direkt wie in der Biegeanordnung im Zuge des Charpy- oder Izod-Versuches. Der Prüfkörper wird beim Experiment in seiner Längsrichtung bis zum Bruch verformt. Sollte die maximal verfügbare Energie nicht ausreichen, muss ebenfalls wie bei (Kerb-)Schlagbiegeversuchen ein Hammer mit einem größeren Energieinhalt verwendet werden.

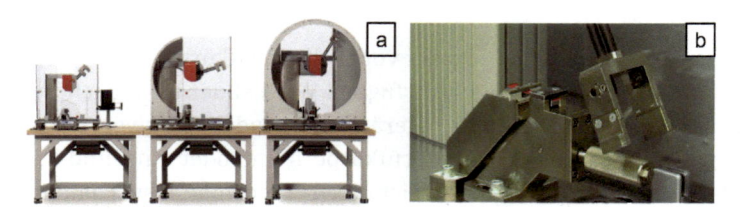

Bild 12.5 Kommerzielle Pendelschlagwerke (a) und Prüfanordnung für die Durchführung von (Kerb-)Schlagzugversuchen (b) [12.2]

Probleme bei der Versuchsdurchführung können bei Prüfkörpern mit besonders hoher Schlagenergie in Form von „Klemmenrutschen" auftreten, weil der mögliche Anpressdruck insbesondere in der feststehenden Einspannklemme zu gering ist.

Es können grundsätzlich verschiedene Arten und Formen der Prüfkörper verwendet werden. In der DIN EN ISO 8256 sind ein Streifenprüfkörper mit beidseitigen Kerben (Typ 1, s. Bild 12.6) und vier verschiedene Schulterprüfkörper definiert. Die Kerben des Prüfkörpers Typ 1 sind jeweils 2 mm tief und haben einen Durchmesser im Kerbgrund von 1 mm. Die Abmessungen des Streifenprüfkörpers sind: Länge $l = 80$ mm und Breite $b = 10$ mm. Die Dicke entspricht der Dicke des Halbzeuges bzw. der Bauteildicke. Der am häufigsten verwendete Prüfkörper im Bereich der Folienprüfung ist der Typ 3, welcher ebenfalls in Bild 12.6 dargestellt ist.

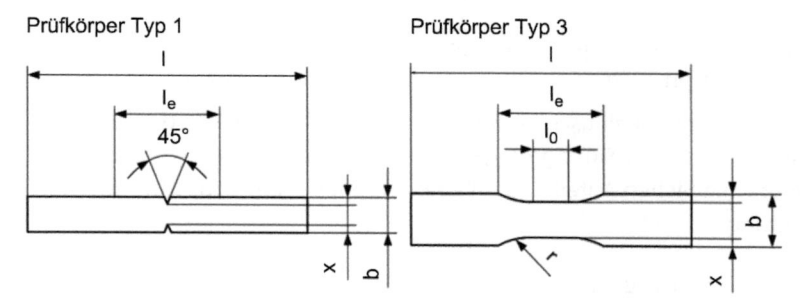

Bild 12.6 Bevorzugte Prüfkörpertypen für (Kerb-)Schlagzugversuche nach DIN EN ISO 8256 mit l – Länge, l_e – Einspannlänge, l_0 – Länge des planparallelen Teils des Prüfkörpertyps 3, b – Breite des Prüfkörpers, x – Breite zwischen den Kerben (Typ 1) bzw. Breite des planparallelen Bereiches des Typs 3

Während des Versuchs wird die Arbeit E bestimmt, die erforderlich ist, um a) das Querjoch zu beschleunigen und zu bewegen sowie b) den Prüfkörper bis zum Bruch zu verformen. Nach der Korrektur der Arbeit E um den Beitrag der Arbeit zur Beschleunigung und Bewegung des Querjochs wird die korrigierte Arbeit E_c zur Berechnung der Schlagzugzähigkeit a_{tN} oder a_{tU} nach Formel 12.1 verwendet:

$$a_{tN} = \frac{E_c}{x \cdot h}$$

oder (12.1)

$$a_{tU} = \frac{E_c}{x \cdot h}$$

In dieser Gleichung ist x der Abstand zwischen den Kerben (Typ 1) bzw. die Breite im mittleren Teil des Prüfkörpers vom Typ 3 (s. Bild 12.6) und h ist die Dicke des Prüfkörpers. Die Indizes des Formelzeichens a beschreiben die Art der Schlagprüfung: „t" bedeutet Zugbelastung (**t**ension), „N" und „U" bedeuten, dass gekerbte (**N**otched) bzw. ungekerbte (**U**nnotched) Prüfkörper verwendet wurden.

Für jede(n) Werkstoff/Probenrichtung/Serie müssen 10 Einzelmessungen durchgeführt werden. Abschließend werden der Mittelwert und die Standardabweichung dieser 10 Einzelergebnisse berechnet.

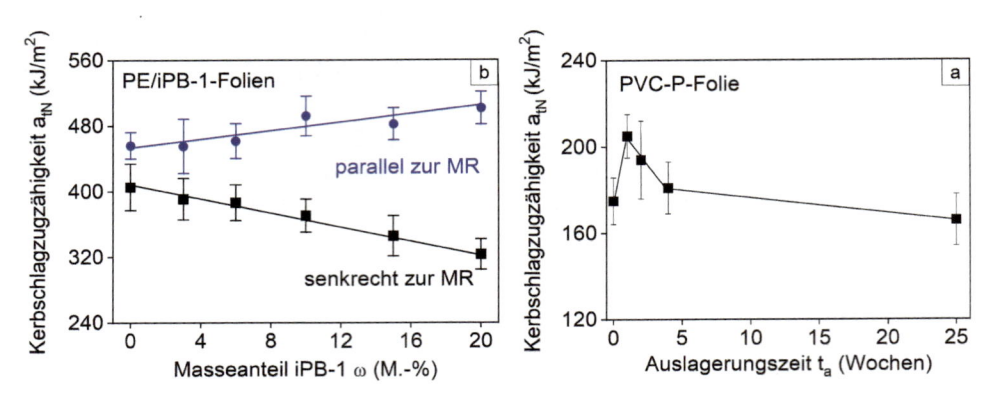

Bild 12.7 Kerbschlagzugzähigkeit a_{tN} einer PVC-P-Folie in Abhängigkeit von der Auslagerungszeit in einer Flüssigdüngerlösung (a) und von PE/iPB-1-Blasfolien mit unterschiedlichen Anteilen der Peelkomponente iPB-1 (b); MR – Maschinenrichtung

Bild 12.7 zeigt beispielhaft Ergebnisse von Kerbschlagzugversuchen an zwei Folientypen nach DIN EN ISO 8256. Bild 12.7a zeigt die Kerbschlagzugzähigkeit a_{tN} einer PVC-P-Folie nach Lagerung in einer Kunstdüngerlösung. Es ist zu erkennen, dass bereits nach sehr kurzer Einwirkungszeit ein Anstieg von a_{tN} zu verzeichnen ist und im weiteren Verlauf der Auslagerung nach 25 Wochen wieder das Ausgangsniveau erreicht wird. Dies bedeutet, dass die Zähigkeit des Werkstoffes auch nach langer Auslagerungsdauer nicht abnimmt und das Material somit als Innenauskleidung für Flüssigdüngerbehälter verwendet werden kann. Das zweite Beispiel in Bild 12.7b zeigt die Kerbschlagzugzähigkeit einer PE-Blasfolie mit unterschiedlichen Mengen an iPB-1 als Peelkomponente. Zunächst kann festgestellt werden, dass es einen Einfluss der Prüfkörperentnahmerichtung gibt, der auf einen verarbeitungsbedingten Orientierungseinfluss zurückzuführen ist und mit zunehmendem iPB-1-Gehalt stärker hervortritt. Der steigende iPB-1-Anteil führt zu einem Anstieg der Kerbschlagzugzähigkeit a_{tN} in Maschinenrichtung (MR) und einer Abnahme von a_{tN} in der Querrichtung.

12.2.3.2 Dynamische Weiterreißprüfung

Für die Prüfung des (Weiter-)Reißverhaltens thermoplastischer Folien unter dynamischer Belastung wurde ein in der Papierindustrie etablierter Weiterreißversuch – der „Elmendorf-Test" – übernommen. Dazu ist ein spezielles Pendelschlagwerk erforderlich, ein Beispiel eines kommerziell erhältlichen Gerätes ist in Bild 12.8a gezeigt. Der Versuch wird nach DIN EN ISO 6383-2 oder ASTM D 1922 durchgeführt. Der Prüfkörper für den Elmendorf-Test ist in Bild 12.8b dargestellt. Alternativ können auch rechteckige Prüfkörper von 75 mm × 63 mm Größe verwendet werden. Unmittelbar vor Beginn der Prüfung wird in der Mitte des Prüfkörpers mit einem zum Pendelschlagwerk gehörenden Messer ein 20 mm langer Metallklingenschnitt eingebracht.

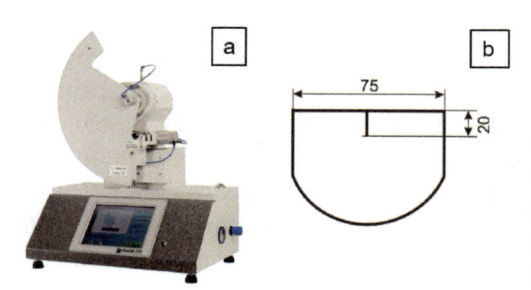

Bild 12.8 Gerät für die Elmendorf-Weiterreißprüfung [12.4] (a) und schematische Darstellung des Prüfkörpers mit den Hauptabmessungen (b)

Die Energie des Pendelhammers kann durch den Einsatz von Zusatzmassen variiert werden. Für die Prüfung wird ein Prüfkörper manuell oder pneumatisch auf einer Seite in eine feste Klemme und auf der anderen Seite in eine Klemme eingespannt, die mit dem Pendel verbunden ist. Wenn das Pendel ausgelöst wird, reißt der Prüfkörper, beginnend an der Spitze des Schnitts. Als Ergebnis der Prüfung wird die Reißkraft ermittelt, die als Elmendorf-Reißwiderstand (ETR) bezeichnet wird. Mit diesem Versuch kann z. B. der Einfluss von Polymerisationsprozessparametern, des Katalysatortyps, des Comonomertyps und der Comonomermenge oder der Molekülmasse für Folien im Hinblick auf deren möglichen Anwendungsbereich charakterisiert werden [12.3]. Darüber hinaus kann der Versuch in der Qualitätskontrolle eingesetzt werden, um die konstante Produktqualität zu überprüfen und zu gewährleisten.

Bild 12.9 zeigt Ergebnisse des Elmendorf-Weiterreißversuches an Folien aus recyceltem PE-LD (rPE-LD). Es sollte bewertet werden, wie sich die Variation des Anteils eines PE-Plastomers auf den Elmendorf-Weiterreißwiderstand für zwei Typen an rPE-LD auswirkt. Wie bei der Folienprüfung üblich, wurden die Prüfkörper parallel zur Maschinenrichtung (MR) und im rechten Winkel dazu aus der Querrichtung (QR) entnommen.

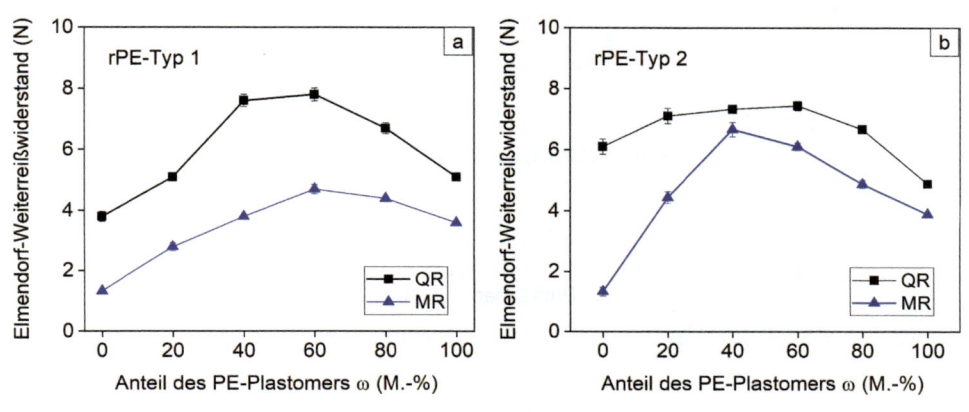

Bild 12.9 Beispielhafte Ergebnisse von Elmendorf-Weiterreißversuchen an rPE-LD-Blasfolien mit verschiedenen Anteilen eines PE-Plastomers [12.5]

Zunächst kann aus den Ergebnissen abgeleitet werden, dass bei beiden rPE-LD-Typen ein Orientierungseinfluss vorliegt, der aber unterschiedlich ausgeprägt ist. Durch die steigende Zugabe des PE-Plastomers durchläuft der Weiterreißwiderstand bei beiden rPE-LD-Typen ein Maximum. Bei dem Blend rPE-LD 1/PE-Plastomer wurden jeweils bei 60 M.-% PE-Plastomer die höchsten Werte des Elmendorf-Weiterreißwiderstandes ermittelt (Bild 12.9a). Für den zweiten rPR-LD-Typen tritt in der Maschinenrichtung bis 40 M.-% Plastomer ein starker Anstieg des Weiterreißwiderstandes auf, danach verringern sich die Werte wieder. Im Vergleich dazu ist der Anstieg in der Maschinenrichtung deutlich geringer ausgeprägt, und das Maximum liegt bei 60 M.-% PE-Plastomer. Das heißt, im Vergleich zu rPE-LD-Typ 1 kann ein ähnliches Niveau des Weiterreißwiderstandes für rPE-LD Typ 2 mit einem PE-Plastomeranteil von nur 20 bis 40 % erreicht werden (Bild 12.9b). Diese Ergebnisse deuten darauf hin, dass es in den beiden Blendsystemen zu Unterschieden in der Morphologie kommt, welche die Eigenschaftsunterschiede begründen können.

12.2.3.3 Stoßversuche

Häufiger als der vorher beschriebene (Kerb-)Schlagzugversuch oder der Elmendorf-Test werden in der Folienprüfung Durchstoßversuche mit frei fallenden Stoßkörpern eingesetzt. Eine übliche Auftreffgeschwindigkeit des Stoßkörpers bei solch einem Versuch ist 4,4 m s^{-1}. Die grundsätzliche Versuchsanordnung bei derartigen Prüfungen ist in Bild 12.10 dargestellt. Beim Auftreffen der Stoßkörperspitze auf den Prüfkörper wird ein mehrachsiger Spannungszustand im Prüfkörper erzeugt. Diese Prüfungen dienen daher dazu, das Werkstoffverhalten unter dynamischen Beanspruchungsbedingungen mit sehr kurzer Prüfzeit (d. h. hoher Frequenz) und mehrachsiger Belastung zu bewerten. Solche Prüfungen können im Allgemeinen als „konventionelle" Prüfung oder als „instrumentierte" Prüfung durchgeführt werden. DIN EN ISO 7765-1 für die konventionelle Prüfung (Eingrenzungsmethode) und DIN ISO 7765-2 (instrumentierte Prüfung mit elektronischer Aufzeichnung der Messwerte) regeln die beiden Durchführungsarten der Prüfung. Die ASTM D 1709 regelt den im Folienbereich weit verbreiteten Dart-Drop-Test, der ähnlich wie die DIN EN ISO 7765-1 eine Stufenmethode ist.

Bild 12.10 Schematische Darstellung der Prüfanordnung in Stoßversuchen mit frei fallenden Stoßkörpern

Im Allgemeinen werden für Durchstoßversuche plattenförmige Prüfkörper verwendet, welche rechteckig oder kreisförmig sein können. Wegen des Einflusses der Prüfkörperdicke d auf die Ergebnisse sind vergleichende Untersuchungen nur an Prüfkörpern gleicher Dicke (± 10 %) möglich. Darüber hinaus ist ein direkter Vergleich der Prüfergebnisse nur unter gleichen Prüfbedingungen inklusive der Oberflächenqualität der zu untersuchenden Werkstoffe/Halbzeuge möglich. Die Größe der für die Experimente zu verwendenden Prüfkörper wird in den jeweiligen Normen beschrieben. Für den konventionellen Durchstoßversuch (Fallversuch) nach DIN EN ISO 7795-1 oder ASTM D 1709 beträgt die zu empfehlende Mindestkantenlänge oder der Mindestdurchmesser eines Prüfkörpers 150 mm. Im Vergleich dazu erfordern Prüfungen im instrumentierten Durchstoßversuch nach DIN EN ISO 7795-2 eine Mindestkantenlänge bzw. einen Mindestdurchmesser von 65 mm. Bei der Durchstoßprüfung wird der Prüfkörper in der Regel geklemmt, um eine Relativbewegung in Form eines Rutschens des Prüfkörpers während der Prüfung in horizontaler Richtung zu verhindern. Bei sehr dünnen Folien kann die Fixierung problematisch sein, da sie mit einer Kerbwirkung verbunden ist und damit zur Rissbildung an den Kanten der Einspanneinheit führen kann. Durch die Abdeckung der Einspanneinheit mit einer geeigneten Elastomerplatte kann der Kanteneinfluss und damit ein Aufreißen des Folienprüfkörpers an der Kante der Einspannplatten reduziert werden.

DIN EN ISO 7765-1 und ASTM D 1709 beschreiben eine Methode zur Bestimmung der 50 %-Schädigungsmasse für Folien. Diese Kenngröße wird häufig auf Datenblättern von Folienmaterialien/-produkten angegeben und enthält Informationen über die Masse (Arbeit/Energie), bei der 50 % der Prüfkörper beschädigt werden. Die Versuchsanordnung ist in Bild 12.10 schematisch dargestellt: Ein frei fallender Stoßkörper mit definierter Geometrie fällt aus der entsprechend der Norm vorgegebenen Höhe (0,66 m bei Methode A und 1,50 m bei Methode B) und trifft senkrecht auf die Oberfläche des zu untersuchenden Prüfkörpers. Der Stoßkörper weist eine halbkugelförmige Spitze auf, welche einen Durchmesser von 38 mm bei Methode A und 50 mm bei Methode B aufweist. Der Schaft des Stoßkörpers für die Durchführung des konventionellen Versuches muss die Anbringung unterschiedlicher Massen ermöglichen, um die Variation der äußeren Arbeit am Prüfkörper während der Prüfung zu gewährleisten. Die Prüfung beginnt mit einer bestimmten Masse und der Prüfkörper wird auf mögliche Schäden untersucht. Eine Beschädigung ist hier definiert als das Vorhandensein eines Risses/Durchstoßes. Zeigt sich keine Beschädigung, wird die Masse um ein bestimmtes Inkrement Δm erhöht und die Prüfung wird wiederholt. Wird eine Beschädigung festgestellt, wird die Masse um Δm verringert. Nach der Prüfung von 20 einzelnen Prüfkörpern wird die Anzahl der beschädigten Prüfkörper N ermittelt. Beträgt $N = 10$, ist die Prüfung beendet. Ist $N < 10$, werden weitere 10 Prüfkörper untersucht. Ist $N > 10$, wird die Prüfung fortgesetzt, bis 10 Prüfkörper ohne Beschädigung vorliegen. Die kritische Masse, bei der 50 % der Prüfkörper versagen (50 %-Schädigungsmasse), wird wie folgt berechnet:

$$m_\text{f} = m_0 + \Delta m\left(\frac{A}{N} - 0{,}5\right) \tag{12.2}$$

m_0 geringste Masse des Stoßkörpers
Δm verwendetes Inkrement der Masse in g

$$A = \sum_{I=1}^{k} n_i z_i \tag{12.3}$$

n_i Anzahl der Prüfkörper mit einer Schädigung bei der Masse m_i
z_i Anzahl der Masseninkremente von m_0 bis m_i (z für m_0 ist 0)
N Anzahl der geschädigten Prüfkörper

$$N = \sum_{i=1}^{k} n_i \tag{12.4}$$

Tabelle 12.2 beinhaltet die Ergebnisse einer konventionellen Durchstoßprüfung nach DIN EN ISO 7765-1 für verschiedene Haushaltsprodukte wie Müllbeutel, Gefrierbeutel und Frischhaltefolie für Lebensmittel. Da zu einer vergleichenden Beurteilung derartiger Werte die Kenntnis der Produktdicke erforderlich ist, wurde diese ebenfalls in Tabelle 12.2 angegeben. Es zeigt sich, dass nicht alle vergleichbaren Produkte auch die gleiche Dicke haben, was einen direkten Vergleich verhindert. Dennoch kann die Produktqualität hinsichtlich einer potenziellen Anwendung im Haushalt anhand einer Kombination aus Dicke und Höhe der 50 %-Schädigungsmasse grundlegend beurteilt werden. Es ist zu erwarten, dass ein Müllbeutel mit einer Foliendicke von 70 µm und einer 50 %-Schädigungsmasse von 173 g höher belastet werden kann, ehe es zum Aufreißen kommt, als ein Müllbeutel mit einer Dicke von 40 µm und einer 50 %-Schädigungsmasse von 76 g. Solche Vergleichsmessungen ermöglichen demzufolge eine Unterscheidung zwischen hoher und niedriger Belastbarkeit, was letztlich durch die Produktqualität (Foliendicke, Folieneigenschaften) bestimmt wird.

Tabelle 12.2 Ergebnisse von konventionellen Durchstoßversuchen nach DIN EN ISO 7765-1 für verschiedene Haushaltsfolienprodukte

Produkt	Dicke (µm)	50 %-Schädigungsmasse (g)
Typ 1 Müllbeutel 60 l	34	78
Typ 2 Müllbeutel 60 l	34	48
Typ 3 Müllbeutel 60 l	45	60
Typ 1 Müllbeutel 120 l	40	76
Typ 2 Müllbeutel 120 l	70	173
Typ 1 Frischhaltefolie	10	< 35

12.2 Bestimmung der mechanischen Eigenschaften von Folien

Produkt	Dicke (µm)	50%-Schädigungsmasse (g)
Typ 2 Frischhaltefolie	11	< 35
Typ 3 Frischhaltefolie	6	< 35
Typ 1 Zip-Gefrierbeutel 1 l	60	106
Typ 2 Zip-Gefrierbeutel 1 l	72	119
Typ 3 Zip-Gefrierbeutel 1 l	50	82

Der instrumentierte Durchstoßversuch nach DIN ISO 7765-2 ist eine messtechnische Erweiterung des konventionellen Durchstoßversuches mit der Eingrenzungsmethode und wird eingesetzt, wenn ein Kraft-Durchbiegungs-Diagramm (F-s-Diagramm) oder Messwerte aus diesem Diagramm zur Werkstoff- oder Produktcharakterisierung benötigt werden. Die Aufnahme der Kraft-Durchbiegungs-Diagramme wird in der Regel durch die Instrumentierung des Stoßkörpers realisiert. Nach DIN ISO 7795-2 hat der frei fallende Stoßkörper eine polierte, kugelförmige Stahlspitze (Kalotte) mit einem Vorzugsdurchmesser von 20 mm ± 0,2 mm und ist an einem Schlitten befestigt, der sowohl zum Auffangen des Stoßkörpers nach dem ersten Auftreffen auf den Prüfkörper als auch zum Anbringen von Zusatzmassen zur Erhöhung der Stoßenergie dient. Wie bei der Versuchsanordnung des konventionellen Versuchs (s. Bild 12.10) wird beim instrumentierten Durchstoßversuch der eingespannte Prüfkörper vom frei fallenden Stoßkörper senkrecht zu seiner Oberfläche beansprucht und durchstoßen. Die in der Norm festgelegte Fallhöhe beträgt 1 m, woraus eine Geschwindigkeit des Stoßkörpers im Moment des Auftreffens auf die Prüfkörperoberfläche von 4,4 m s^{-1} resultiert. Während des Durchstoßvorgangs ist eine maximale Abnahme der Geschwindigkeit des Stoßkörpers von 20 % der Anfangsgeschwindigkeit zulässig. Dies kann z. B. durch Erhöhung der angebotenen Energie durch zusätzliche Massen auf dem Stoßkörper erreicht werden. Während des Verformungsprozesses wird das Kraft-Durchbiegungs-(F-s-)-Diagramm aufgezeichnet. Die Form dieser Diagramme ist vom Werkstoffverhalten der untersuchten Folie abhängig, s. Bild 12.11.

Sehr zähe Folien zeigen Diagramme wie in Bild 12.11a, zähe Folien wie in Bild 12.11b, und spröde Folien weisen ein charakteristisches Kraft-Durchbiegungs-Verhalten wie in Bild 12.11c gezeigt auf. Die Farben in den Diagrammen stellen die verschiedenen Anteile der am Prüfkörper verrichteten Arbeit dar, die charakteristisch für das jeweilige Werkstoffverhalten sind. In den Diagrammen in Bild 12.11 ist neben der Maximalkraft F_M, der zugehörigen Verformung s_M und Energie W_M je nach Werkstoffverhalten ein Schädigungspunkt bestimmbar, bei dem zusätzlich die Schädigungskraft F_F und die Schädigungsdurchbiegung s_F sowie die Schädigungsarbeit W_F ermittelt werden. Die Fläche unter der Kurve entspricht der Gesamtarbeit W_T und stellt eine Summe der Arbeitswerte W_M und W_F sowie der in Bild 12.11 blau gekennzeichneten

Arbeit dar. Beim sehr zähen und zähen Werkstoffverhalten ist der Anstieg des Kraft-Durchbiegungs-Verlaufes im Gegensatz zum spröden Verhalten aufgrund plastischer Deformation des Prüfkörpers weitgehend nichtlinear und der Anteil der Arbeit bis zur Maximalkraft F_M ist meist durch einen größeren Verformungsanteil als bei sprödem Werkstoffverhalten gekennzeichnet. Nach Überschreiten der Maximalkraft und vor Erreichen der Schädigungskraft F_F gibt es zudem bei sehr zähem und zähem Werkstoffverhalten einen in Bild 12.11a gelb gekennzeichneten Bereich, der sich aus der moderaten Abnahme der Kraft nach F_M ergibt und die Schädigungsarbeit W_F mitbestimmt.

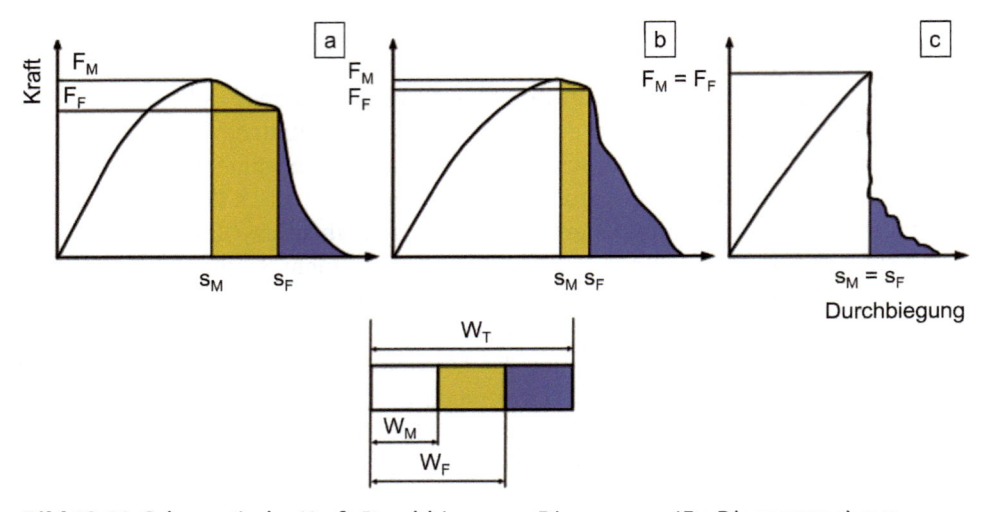

Bild 12.11 Schematische Kraft-Durchbiegungs-Diagramme (F-s-Diagramme) aus instrumentierten Durchstoßversuchen mit (a) sehr zähem, (b) zähem und (c) sprödem Werkstoffverhalten

Um einen Eindruck von der Größenordnung der Ergebnisse des instrumentierten Durchstoßversuches zu vermitteln, sind in Tabelle 12.3 Messwerte für die Dicke d, die Maximalkraft F_M und die Verformung bei Maximalkraft s_M sowie die Arbeit bis zur Maximalkraft W_M und die Gesamtarbeit W_T für verschiedene Folienprodukte aufgeführt. Bei der Wertung dieser Daten muss die Dicke der verschiedenen Folienprodukte berücksichtigt werden, die herstellungsbedingt stark variiert. Aus diesem Grund ist eine direkte Vergleichbarkeit der Werte nicht für alle Produkte möglich. Es zeigt sich, dass bei Produkten, die eine hohe Festigkeit erfordern, wie z. B. professionelle Bauplanen oder Säcke für schwere Güter, die Maximalkraft und damit auch die Arbeit W_M und W_T auf einem hohen Niveau liegen. Dies hängt eindeutig mit den Anforderungen an diese Anwendungen zusammen, bei denen hohe mechanische Belastungen durch die lokale Einwirkung von harten und schweren Körpern wie Steinen, Bauschutt oder durch scharfkantige Objekte auftreten können.

Tabelle 12.3 Ergebnisse instrumentierter Durchstoßversuche an unterschiedlichen Folienprodukten

Produkttyp	D (µm)	F_M (N)	s_M (mm)	W_M (J)	W_T (J)
Abdeckfolie	6	13,6 ± 1,6	16,0 ± 4,0	0,11 ± 0,04	0,16 ± 0,02
Allzweckplane	45	28,4 ± 2,6	10,9 ± 1,1	0,17 ± 0,02	0,35 ± 0,04
Bauplane	74	35,6 ± 1,1	7,5 ± 0,6	0,11 ± 0,02	0,40 ± 0,02
Profibauplane	95	51,2 ± 2,0	8,1 ± 0,5	0,17 ± 0,01	0,50 ± 0,03
Gewebeplane	116	279 ± 17,6	7,9 ± 0,3	0,68 ± 0,06	1,16 ± 0,09
Müllsack 120 l	45	33,3 ± 1,9	10,4 ± 0,9	0,17 ± 0,04	0,42 ± 0,02
Gefrierbeutel	24	23,0 ± 1,8	10,2 ± 1,8	0,12 ± 0,04	0,30 ± 0,03
Frischhaltefolie	8	11,8 ± 2,2	13,9 ± 4,4	0,08 ± 0,03	0,12 ± 0,03
Schwerlastsack	158	251 ± 29,0	9,8 ± 1,0	1,0 ± 0,19	2,00 ± 0,13

In anderen Anwendungsbereichen des täglichen Lebens, wie z. B. bei Müllsäcken oder Gefrierbeuteln, sind die Anforderungen an die mechanische Belastungsfähigkeit geringer. Interessanterweise variiert die Durchbiegung bei maximaler Belastung s_M nicht so stark wie die Werte von F_M, W_M oder W_T.

12.3 Charakterisierung des Trennverhaltens

12.3.1 Peeltests

Viele Folienanwendungen z. B. im Verpackungsbereich erfordern mehr oder weniger dauerhafte bzw. feste Verbindungen der Folie mit sich selbst oder mit anderen polymeren Halbzeugen. Diese Verbindungen werden durch das Versiegeln z. B. von Beuteln während des Produktionsprozesses oder während der Verpackung von Packgütern wie Lebensmitteln oder Non-Food-Produkten hergestellt. Die Zielstellung ist es, das Packgut vor äußeren Einflüssen wie Luft, Schmutz, Staub usw. sicher zu schützen, damit es transportiert werden kann und wie beispielsweise im Fall von Lebensmitteln vor dem Verderb bewahrt wird. Das Versiegeln erfolgt sehr häufig durch das Heißsiegelverfahren, bei dem Wärme und Druck aufgebracht werden, um eine dauerhafte Verbindung der Siegelpartner herzustellen. Ein Beispiel für eine dauerhafte Festversiegelung ist die Herstellung von Beuteln durch das Siegeln eines Folienschlauches oder die Verpackung von Gummibärchen. Viele Verpackungen werden verbraucherfreundlich als Easy-Opening-Verpackungen (auch als Easy-Peel-Verpackungen bezeichnet) konzipiert, wobei für das Öffnen nur geringe Öffnungskräfte aufgewendet werden müssen und die Verpackung trotzdem während der Lagerung und des Transportes hygienisch dicht verschlossen ist. Damit auch junge und ältere Verbraucher die Packungen leicht öffnen können, müssen viele Aspekte berücksichtigt werden: Neben der grundsätzlichen Folienauswahl spielen hinsichtlich der leichten Öffenbarkeit auch Siegelparameter und die Zeit eine Rolle. Ein Beispiel für eine Easy-Opening-Verpackung sind thermogeformte Behälter für Wurst oder Käse, welche mit einer Folie verschlossen werden. Diese Siegelpartner sind sehr unterschiedlich hinsichtlich ihrer Eigenschaften: Der Behälter ist aus einer vergleichsweise dicken und steifen Folie, die Abdeckung jedoch dünn und flexibel. Hersteller gestalten das Design solcher Verpackungen so, dass der Verbraucher den Deckel oder die Verschlussfolie von der angebrachten Lasche her abziehen kann. Dieser Vorgang stellt im Idealfall einen Schälvorgang in der Siegelnaht zwischen den beiden Siegelpartnern dar. Real treten oftmals Schwierigkeiten auf, die sich einerseits in einer zu geringen Größe oder in einer falschen Lage der Lasche und andererseits in einem unkontrollierten Abreißen der Abdeckfolie außerhalb der Siegelnaht äußern. Das heißt, wie gut oder wie schlecht sich eine Verpackung per Hand öffnen lässt, hängt nicht nur von werkstoffbedingten Faktoren seitens der Siegelpartner ab, sondern auch von der konstruktiven Gestaltung der Verpackung.

Allen Verpackungen oder versiegelten Produkten ist normalerweise gemeinsam, dass eine Bewertung der Öffnungskraft oder der Siegelnahtfestigkeit – oder allgemeiner des Trennverhaltens – aus verschiedenen Gründen notwendig ist oder sein kann. Für solche Prüfungen gibt es unterschiedliche experimentelle Methoden, die sich unter dem Begriff „Peeltest" (auch Trenn- oder Schälversuch) zusammenfassen lassen. Der weit verbreitete „T-Peeltest" wird vor allem zur Charakterisierung des Trennverhaltens von symmetrisch aufgebauten Folienkombinationen, wie z. B. mit sich selbst gesiegelten Folien oder unterschiedlichen Folien mit ähnlicher Dicke und Steifigkeit eingesetzt. Sollen unsymmetrische Kombinationen geprüft werden, ist der „Fixed-Arm-Peeltest" das geeignetere Verfahren. Für diese konventionellen Schälversuche gibt es eine Reihe an Normen, z. B. DIN 55529, DIN 55409-2, ASTM F 88/F 88M, ASTM F 1921/F 1921M oder ASTM F 2029. Ermittelt wird üblicherweise die Trennkraft (= Peelkraft oder auch Schälkraft) F_p aus den in den Schälversuchen aufgezeichneten Kraft-Weg-Diagrammen. Neben der konventionellen Auswertung der Kraft-Weg-Diagramme gemäß den genannten Normen ist auch eine bruchmechanische Analyse der Trennvorgänge nach dem ESIS-TC-4-Protokoll [12.6] möglich. Für Peeltests werden in der Regel mindestens zweikomponentige Streifenprüfkörper verwendet, um das Trennverhalten einer Naht oder die Adhäsion zwischen zwei Komponenten zu bestimmen. Um das Schälverhalten einer Siegelfolienkombination, wie sie beispielsweise an einem Beutel auftritt, zu charakterisieren, wird entweder eine Siegelnaht unter kontrollierten und reproduzierbaren Bedingungen extra für die Prüfung hergestellt oder der Streifenprüfkörper wird aus dem Halbzeug oder dem Endprodukt mit einer Siegelnaht entnommen (Beispiel Beutel). Die Breite des Streifenprüfkörpers beträgt meist

15 mm. Die Länge muss ausreichend sein, um bei der vorgeschriebenen Einspannlänge eine sichere Einspannung zu gewährleisten. Die Dicke des Prüfkörpers hängt von der Dicke des Halbzeugs oder des Endprodukts ab, allerdings wird diese Tatsache bei der Auswertung der Diagramme zur Ermittlung der Trennkraft nicht berücksichtigt.

Bild 12.12a zeigt ein schematisches Kraft-Weg-Diagramm aus einem Peeltest mit den wichtigsten zu ermittelnden Messwerten. Häufig sind in der initialen Deformationsphase und kurz vor dem Ende des Peelprozesses Kraftspitzen zu beobachten, die als Anreißkraft F_i und Abreißkraft F_{off} definiert sind. Dazwischen findet der eigentliche Peelvorgang statt, der durch einen mehr oder weniger konstanten Kraftverlauf gekennzeichnet ist. Die Trennkraft (Peelkraft) F_p wird als Mittelwert der Kraft in diesem Bereich bestimmt. Je nach Diagrammverlauf wird teilweise auch der Höchstwert der Kraft $F_{max/overall}$ bestimmt. In der schematischen Darstellung in Bild 12.12a ist $F_{max/overall}$ identisch mit F_{off}. Die Kraftspitzen F_i und F_{off} können auf eine Wulstbildung an den Enden des gesiegelten Bereichs (= Siegelnaht) zurückzuführen sein. In diesem Bereich kann die Verbunddicke wesentlich höher sein als im Bereich der Siegelnaht, da während des Heißsiegelvorgangs Material aus dem Siegelbereich herausfließen kann. Wenn die Siegelparameter wie Temperatur, Siegeldruck und/oder Zeit nicht optimal sind, kann sich eine Siegelwulst ausbilden, so wie es in Bild 12.12b dargestellt ist. Diese lichtmikroskopische Aufnahme zeigt den Querschnitt einer gesiegelten und nicht symmetrischen Folienkombination im Bereich eines Endes der Siegelnaht. Die Siegelwulst als breit ausgeformter Bereich ist in der Mitte des Bildes deutlich zu erkennen. Untersuchungen haben gezeigt, dass die Entwicklung der Wulst auch von der Richtung der Naht relativ zur Maschinenrichtung der Folie beeinflusst wird [12.7].

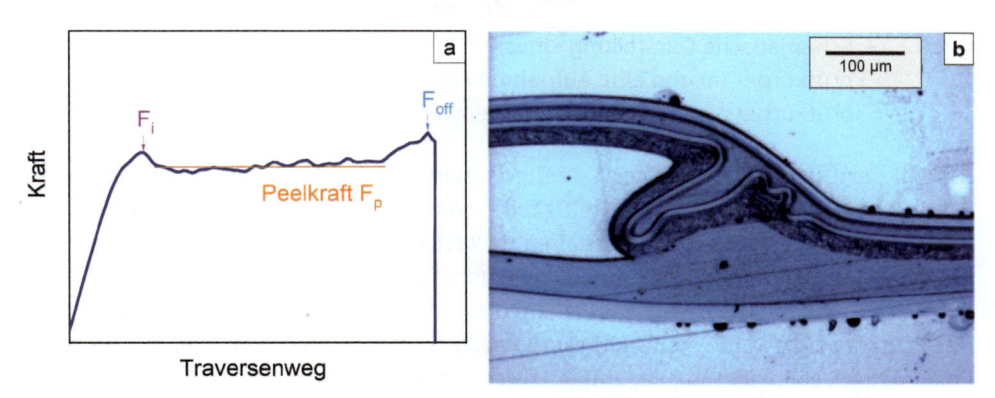

Bild 12.12 Schematisches Kraft-Weg-Diagramm aus einem Schälversuch (Peeltest) (a) und lichtmikroskopische Aufnahme eines Querschnittes eines gesiegelten Prüfkörpers aus dem Bereich des Siegelnahtendes mit Wulstbildung (b)

Die einfachste Möglichkeit, einen gesiegelten Streifenprüfkörper unter kontrollierten Bedingungen zu trennen, besteht darin, in einer Universalprüfmaschine die beiden „Peelarme" wie bei einem Zugversuch in den Klemmen zu fixieren und den Abstand zwischen den Klemmen kontinuierlich und mit gleichbleibender Geschwindigkeit zu vergrößern. Dies ist in Bild 12.13a schematisch anhand des T-Peeltests dargestellt. Die Bezeichnung „T-Peeltest" resultiert aus der (idealen) T-Form symmetrisch gesiegelter Prüfkörper, welche sich bei der Aufbringung der Zugbelastung ergibt bzw. ergeben sollte. Bei unsymmetrischen Folienkombinationen mit unterschiedlicher Foliendicke bzw. unterschiedlicher Steifigkeit der beiden Siegelpartner richtet sich das frei hängende Ende des Prüfkörpers bei der Prüfung oftmals nach oben oder unten aus (s. Bild 12.13b). Dies kann das Öffnungsverhalten beeinflussen, zumindest auf mikroskopischer Ebene, weshalb für derartige Folienkombinationen die Anwendung einer anderen Versuchsform, z. B. des Fixed-Arm-Peeltests, sinnvoll ist. T-Peeltests können z. B. nach ASTM D 1876 oder DIN 55529 durchgeführt werden, und es wird typischerweise eine Einspannlänge l_0 von 50 mm und eine Prüfgeschwindigkeit v_T von 100 mm min^{-1} realisiert.

Bild 12.13 Schematische Darstellung eines T-Peeltests an einem gesiegelten Folienprüfkörper (a) und eine Aufnahme eines unsymmetrisch aufgebauten Peelprüfkörpers im eingespannten/belasteten Zustand (b) [12.8]

Um bei der Durchführung eines T-Peeltests den Einfluss der Ausrichtung des freien Prüfkörperendes aufgrund von Steifigkeits- oder Dickenunterschieden (Bild 12.13b) auszuschließen und das Trennverhalten derartiger gesiegelter Folienkombinationen möglichst exakt zu prüfen, können Peelversuche angewendet werden, bei denen einer der Peelarme fixiert ist. Das Prinzip dieser Versuche ist in Bild 12.14 dargestellt. Der Prüfkörper bzw. der steifere/dickere Peelarm wird fest mit dem Probenhalter der Fixed-Arm-Peeleinrichtung verbunden. Diese ist an einer Universalprüfmaschine befestigt und erlaubt bei entsprechender Auslegung und Konstruktion auch die Variation des Peelwinkels θ. Für die Fixierung eines der Peelarme des Prüfkörpers werden üblicherweise Klebebänder mit hoher Haftkraft verwendet, damit ein Abheben des Peelarms vom Probenhalter während des Versuches vermieden wird. Das heißt, die Haftkraft zwischen Peelarm und Probenhalter muss größer sein als die Trennkraft. Kann dies nicht realisiert werden, ist mit einem Einfluss auf das Prüfergebnis zu rechnen. Eine zweite Herausforderung bei der Durchführung von Fixed-Arm-Peeltests besteht darin, permanent die Lage der Peelfront in der Kraftwirkungslinie sicherzustellen. Wenn die Peelfront sich durch die Trennung der Folienpartner (Peelen) seitlich aus der Kraftwirkungslinie herausbewegt, kommt es zunehmend zu Querkräften, die durch die Kraftmessdose nicht erfasst werden können. Wenn keine Korrektur der Peelfrontlage erfolgt, kommt es demzufolge zunehmend zu einer Verfälschung des Ergebnisses. Aus diesem Grund muss die Fixed-Arm-Peeltest-Vorrichtung eine horizontale Bewegung ermöglichen. Die bei diesem Versuch aufgezeichneten Kraft-Weg-Diagramme sind grundsätzlich mit denen aus T-Peeltests vergleichbar und werden auf die gleiche Weise ausgewertet (s. Bild 12.12).

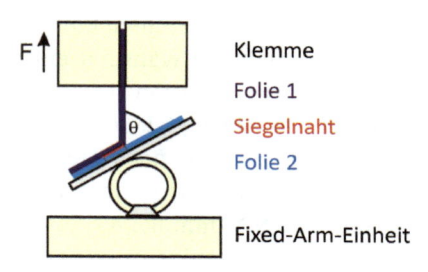

Bild 12.14
Schematische Darstellung des Fixed-Arm-Peeltests an einem gesiegelten Prüfkörper mit zwei Folien mit einem definierten Peelwinkel θ

Schwierigkeiten bei der Durchführung von Peelversuchen können z. B. bei sehr dünnen Folien entstehen, weil wegen der sehr geringen Kräfte der Einsatz von Kraftmessdosen mit entsprechend kleinem Messbereich erforderlich ist. Außerdem müssen die streifenförmigen Prüfkörper eine Mindestlänge haben, damit das Einspannen eines oder beider Peelarme in die obere und/oder untere Klemme problemlos möglich ist.

Der Einsatz von Peelversuchen erfolgt in der industriellen Praxis häufig dort, wo Siegelparameter für eine bestimmte Anwendung oder für eine bestimmte Folienkombination durch den Anwender festgelegt werden müssen. Dies gilt insbesondere für die Siegeltemperatur. Es wird meist so vorgegangen, dass Prüfkörper mit Variation der Siegelparameter wie Siegeltemperatur, -zeit und -druck gesiegelt werden und dann die Bestimmung der Schälkraft für jeden Siegelparametersatz erfolgt. So werden „Siegelkurven" erstellt, die dann wichtige Informationen über das Siegelverhalten der untersuchten Folienkombination enthalten. Die Kenntnis der passenden Siegelparameter stellt z. B. die Grundvoraussetzung für einen optimalen Verpackungsprozess dar.

Für bestimmte Anwendungen gibt es eine Reihe von speziellen Peelversuchen. Ein Beispiel ist ein in der DIN 55409-2 geregelter Trennversuch an kompletten, formstabilen Verpackungen, wie z. B. Bechern. Dieser Versuch stellt eine Sonderform des Fixed-Arm-Peeltests dar: Der Becher ist der feststehende „Peelarm", von dem die dünne und flexible Folie unter definierten Bedingungen und unter Aufzeichnung der Kraft getrennt wird. Die Festlegung entscheidender Versuchsparameter wie Peelwinkel (135°) und Abzugsgeschwindigkeit (600 mm min^{-1}) resultiert aus der Kenntnis der an realen Verpackungen auftretenden Bedingungen bei deren Öffnung. Somit stellt dieser Versuch eine sehr praxisnahe und praxisrelevante Methode dar, um das Öffnungsverhalten formstabiler Verpackungen zu charakterisieren. Gerade bei eckigen und mehrteiligen Bechern kann die Anbringung der Öffnungslasche das Öffnungsverhalten beeinflussen, was im Idealfall durch Laborversuche vorab geprüft werden sollte.

Ein weiterer Aspekt bei der Prüfung von flexiblen Verpackungen ist die Ausrichtung der Siegelnaht im Verhältnis zur Maschinenrichtung. Ein Beispiel für eine derartige Verpackung ist die Folienhülle von backfertigem Pizzateig, bei der es eine Längsnaht und zwei Quernähte gibt. Die Siegelnaht liegt also in einem Fall längs und in dem anderen quer zur Maschinenrichtung. Da es durch die Orientierung zu Vorzugsrichtungen in Bezug auf die mechanischen Eigenschaften kommt, ist auch mit einem Einfluss auf das Siegelverhalten zu rechnen. Die Aufnahmen der Peelfront während eines Trennversuches in einem atmosphärischen Rasterelektronenmikroskop (ESEM) in Bild 12.15 zeigen ein unterschiedliches Erscheinungsbild in Abhängigkeit von der Orientierung der Siegelnaht relativ zur Maschinenrichtung [12.9]. Je nach Ausmaß der mikromechanischen Deformationsprozesse variiert die Peelkraft F_p der untersuchten Folienkombination von 6,9 N/15 mm bei 0° über 7,7 N/15 mm bei 45° bis zu 8,0 N/15 mm bei 90°. Diese Unterschiede können für eine Easy-Opening-Anwendung entscheidend sein, was die Bedeutung der Prüfung des Siegelverhaltens auch in unterschiedlichen Siegelrichtungen unterstreicht.

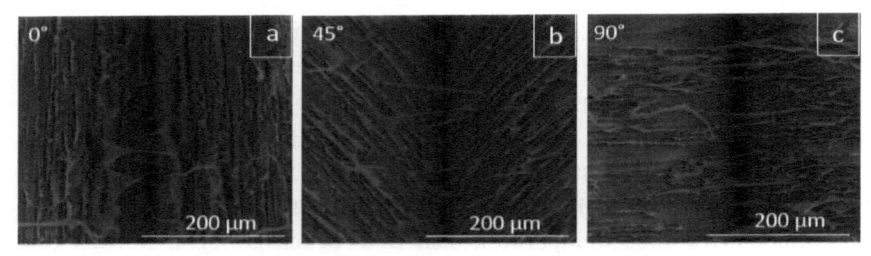

Bild 12.15 ESEM-Bilder der Draufsicht auf die Peelfront während Peeltests an Prüfkörpern mit unterschiedlicher Ausrichtung der Siegelnaht in Bezug auf die Maschinenrichtung MR: 0° bzw. Naht parallel zur MR (a), Naht im Winkel von 45° zur MR (b) und 90° bzw. Naht senkrecht zur MR (c)

Ausgewählte experimentelle Ergebnisse von Peeltests in Form von „Siegelkurven" sind in Bild 12.16 dargestellt. Aus solchen Siegelkurven lässt sich die Siegeltemperatur bestimmen, die erforderlich ist, um eine bestimmte Nahtfestigkeit zu erreichen, d. h., durch Erhöhen der Siegeltemperatur und anschließende Peelversuche kann die Siegelfähigkeit der Folienkombination beurteilt werden. In dem in Bild 12.16 gezeigten Beispiel wurden eine symmetrische und eine unsymmetrische, kohäsive Peelfolienkombination auf der Basis von TET/PE-Mehrschichtfolien untersucht.

12.3 Charakterisierung des Trennverhaltens

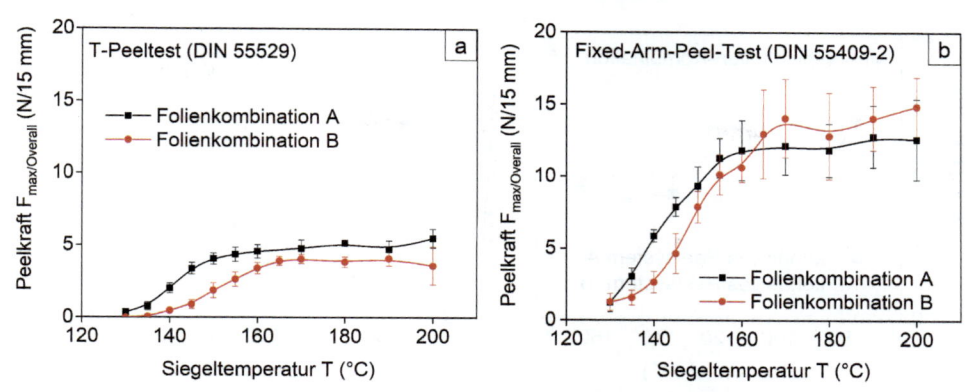

Bild 12.16 Siegelkurven von zwei PET/PE-Mehrschichtfolien-Kombinationen als Ergebnis von T-Peeltests nach DIN 55529 (a) und Fixed-Arm-Peeltests in Anlehnung an DIN 55409-2 mit einem Peelwinkel von 135° (b); Dicke der PE- und PE_{Peel}-Schichten = 50 µm; Schichtaufbau der Folienkombination A: PET 12 µm/PE Peel + PET 23 µm/PE und der Folienkombination B: PET 23 µm/PE Peel + PET 23 µm/PE

Die Siegelkurven in Bild 12.16 weisen zwei Bereiche auf, einen Anfangsbereich mit ansteigender Peelkraft $F_{max/overall}$ und einen Siegelbereich mit mehr oder weniger konstanter Peelkraft $F_{max/overall}$. Die T-Peeltests (Bild 12.16a) wurden nach DIN 55529 mit einer Prüfgeschwindigkeit von 100 mm min^{-1} durchgeführt. Um die Öffnungsbedingungen von Verpackungen praxisnäher experimentell darzustellen, wurden die Folienkombinationen zusätzlich mittels Fixed-Arm-Peeltest untersucht (Bild 12.16b). Hier wurden mit dem Peelwinkel von 135° und einer Prüfgeschwindigkeit von 600 mm min^{-1} die wichtigsten Prüfparameter aus der DIN 55409-2 übernommen. Der Verlauf der Siegelkurven zeigt, dass das Kraftniveau bei den Fixed-Arm-Peeltests deutlich höher ist. Ein möglicher Grund dafür ist der Einfluss der wesentlich größeren Prüfgeschwindigkeit im Hinblick auf das viskoelastische Werkstoffverhalten der geprüften Folien. Allerdings wird davon ausgegangen, dass der Beitrag durch die scheinbare Steifigkeit des fixierten Peelarms wesentlich größer als beim T-Peeltest ist. Zusätzlich sind die geometrischen Bedingungen an der Peelfront bei den hier untersuchten kohäsiven Schälsystemen für T-Peel- und Fixed-Arm-Peeltest nicht exakt vergleichbar, was ebenfalls einen Einfluss auf den unterschiedlichen Verlauf der Siegelkurve bzw. die resultierenden Peelkräfte haben kann. Diese Ergebnisse zeigen deutlich, dass eine gut durchdachte Prüfstrategie bei der Folienentwicklung und Qualitätskontrolle notwendig ist.

Bild 12.17 zeigt Ergebnisse von Fixed-Arm-Peeltests mit Variation des Peelwinkels θ und dessen Einfluss auf das Öffnungsverhalten. Sowohl für die beiden kohäsiven Mehrschichtfolienkombinationen (Bild 12.17a) als auch die mit sich selbst gesiegelten Monofolien aus PE/iPB-1-Blends mit unterschiedlichen iPB-1-Anteilen (Bild 12.17b) ist eine starke Abhängigkeit vom Peelwinkel gegeben.

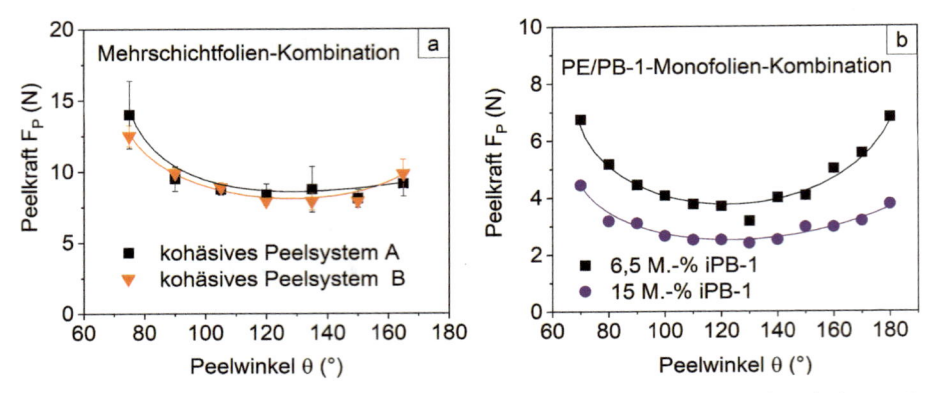

Bild 12.17 Ergebnisse von Fixed-Arm-Peeltests zum Einfluss des Peelwinkels (a) eines kohäsiven, mehrschichtfolienbasierten Peelsystems und (b) für PE-Folien mit iPB-1 als Peelkomponente (Daten aus [12.10])

Minimale Werte der Peelkraft F_P werden in beiden Fällen zwischen 120° und 150° beobachtet. In beiden Fällen ist eine typische Form des Verlaufes der Peelkraft in Abhängigkeit vom Peelwinkel zu beobachten, wobei allerdings der Anstieg von F_p nach dem Minimum bei der Monofolien-Kombination (Bild 12.17b) stärker ausgeprägt ist. Bild 12.17b zeigt zudem den Einfluss des iPB-1-Anteils in der PE-Peelfolie auf das Siegelverhalten. Das Niveau von F_p wird durch eine Zunahme des iPB-1-Gehalts verringert [12.10] und der Anstieg von F_p bei großen Winkeln ist nicht so deutlich ausgeprägt.

Eine spezielle Variante des Peeltests ist der sogenannte „Hot-Tack"-Test, der eine Bewertung des Öffnungsverhaltens einer Siegelnaht direkt im Anschluss an das Siegeln ermöglicht. Hintergrund für diese spezielle Methode der Folienprüfung sind schnelle industrielle Verpackungsprozesse, z. B. beim Einsatz von vertikalen Schlauchbeutelmaschinen, bei denen meist eine gewisse Festigkeit der Siegelnaht nach dem Siegeln gefordert wird, weil auch das Packgut sofort nach dem Siegeln eine mechanische Beanspruchung auf die Siegelnaht ausübt. Das bedeutet, dass die Folie direkt nach dem Siegeln eine bestimmte Peelkraft gewährleisten muss. Die Kenntnis der Peelkraft aus Hot-Tack-Tests ermöglicht es zudem, die Geschwindigkeit einer Verpackungslinie und/oder die verwendete Folie zu optimieren. Für derartige Versuche sind verschiedene Prüfgeräte im Handel erhältlich. Ein Gerät ist beispielhaft in Bild 12.18 dargestellt. Dieses Gerät besteht aus dem Steuerteil (links), der Heißsiegeleinheit (Mitte) und der „Hot-Tack"-Einheit (rechte Seite). Die Prüfanordnung entspricht im Prinzip einem T-Peeltest. Die vorbereiteten Folienstreifen werden zwischen zwei Klemmen eingespannt und ein Motor schiebt sie zwischen die Siegelschienen. Nach der Versiegelung werden die Klemmen mit konstanter Geschwindigkeit auseinandergezogen. Zugleich wird die Kraft gemessen, ähnlich wie bei ASTM D 1876 und DIN 55529. Die Durchführung solcher Prüfungen ist in ASTM F 1921/F 1921M oder ASTM F 2029 geregelt.

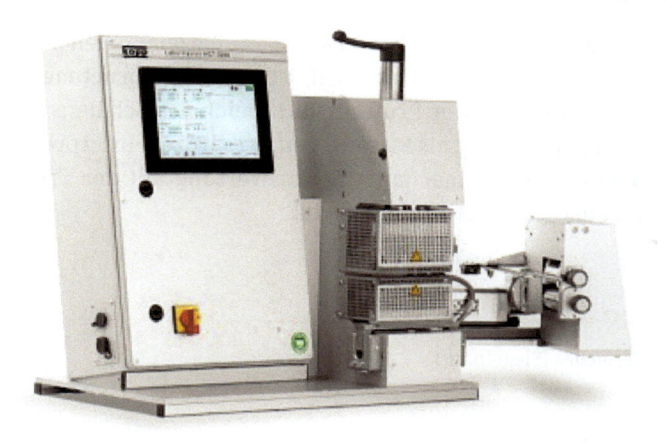

Bild 12.18 Laborsiegelgerät („Labormaster" der Fa. Willi Kopp e. K. Verpackungssysteme) ausgerüstet mit einer „Hot-Tack-Einheit" (rechts im Bild) [12.11]

Die DIN SPEC 91441 beschreibt einen weiteren speziellen Peeltest, der zur Ermittlung eines Peel-Kraftwertes, insbesondere von siegelbaren, leicht zu öffnenden Folienkombinationen (Easy Opening), durchgeführt werden kann. Ein Ziel der Prüfung ist die zuverlässige Reproduktion von charakteristischen Fehlermustern, die bei typischen Folienkombinationen beim Öffnen von Verpackungen auftreten. Der Versuch ist ein Fixed-Arm-Peeltest, bei dem einer der Peelarme des gesiegelten Streifenprüfkörpers auf der Halterung befestigt ist. Wie bei der Durchführung nach der DIN 55409-2 beträgt der Peelwinkel 135°. Die Prüfgeschwindigkeit beträgt 800 mm min^{-1}. Der Prüfaufbau (s. Bild 12.19) ermöglicht die Trennung unter einem konstant bleibenden Peelwinkel von 135°.

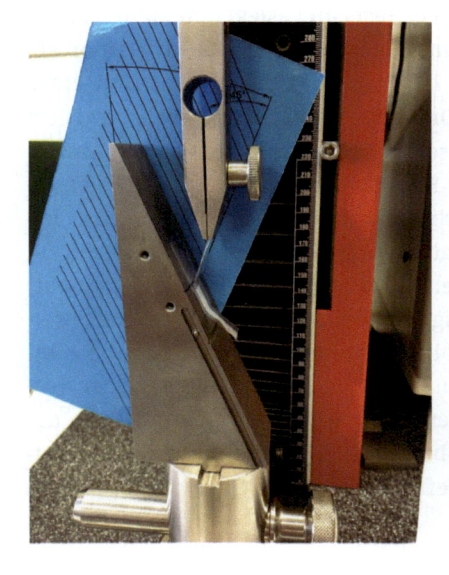

Bild 12.19
Prüfaufbau für Peeltests nach DIN SPEC 91441, adaptiert an eine Universalprüfmaschine [12.12]

Neben der „konventionellen" Auswertung der bei Peeltests aufgezeichneten Kraft-Weg-Diagramme, bei der die Peelkraft F_p ermittelt wird, ist auch eine bruchmechanische Auswertung möglich. Da während der Prüfung im Bereich des Schälens eine neue Oberfläche entsteht, kann der Vorgang als Rissausbreitungsprozess interpretiert werden. Aus diesem Grund ist eine bruchmechanische Auswertung mit der Ermittlung der Energiefreisetzungsrate G_{Ic} (Formel 12.5) sinnvoll.

$$G_{Ic} = \frac{F_p}{W}(1-\cos\theta) \tag{12.5}$$

F_p Peelkraft
W Breite des gesiegelten Bereiches (Siegelnaht)
θ Peelwinkel

Im Rahmen einer erweiterten Auswertung ist die Bestimmung verschiedener Energiewerte aus den Kraft-Weg-Diagrammen möglich, was dann weiterführend die Bestimmung der geometrieunabhängigen adhäsiven Energiefreisetzungsrate G_{aIc} gemäß Formel 12.6 erlaubt, wobei U_a die direkte Adhäsionsenergie, da die infinitesimale Risslänge, dU_{ext} die von außen aufgebrachte Arbeit, dU_s die gespeicherte elastische Energie im Peelarm, dU_{dt} die dissipierte Energie während der Zugbeanspruchung des Peelarms und dU_{db} die dissipierte Energie während des Biegevorgangs des Peelarms sind [12.10] [12.13].

$$G_{aIc} = \frac{dU_a}{W\,da} = \frac{dU_{ext} - dU_s - dU_{dt} - dU_{db}}{W\,da} \tag{12.6}$$

Die adhäsive Energiefreisetzungsrate G_{aIc} stellt die Energie dar, die erforderlich ist, um die Grenzfläche zwischen zwei versiegelten Folienschichten zu trennen. Der Unterschied zwischen der „integralen" Energiefreisetzungsrate G_{Ic} und der adhäsiven Energiefreisetzungsrate G_{aIc} ist in Bild 12.20 anhand von zwei Beispielen dargestellt. Bild 12.20a zeigt die Ergebnisse von Fixed-Arm-Peeltests an gesiegelten Mehrschichtfolien mit dem typischen Aufbau einer Lebensmittelverpackungsfolie, d. h. einer PE-Siegelschicht (mit und ohne Peelkomponente iPB-1), einer Sperrschicht und einer PET-Folie als Festigkeits-/Steifigkeitsträger. Die Dicke der Folien wurde ebenso variiert wie die Kombination der verschiedenen Mehrschichtfolien, woraus sich die Anzahl der untersuchten „Peelsysteme" ergab. Wie in Bild 12.20a erkennbar ist, gibt es geringe Unterschiede zwischen G_{Ic} und G_{aIc} für die Mehrschicht-Peelsysteme. Das bedeutet, dass der Wert der Energiefreisetzungsrate sehr gut die Energie widerspiegelt, die tatsächlich zur Trennung der beiden gesiegelten Folien (= Öffnung der Siegelnaht) erforderlich ist. Bild 12.20b zeigt die Abhängigkeit der (adhäsiven) Energiefreisetzungsrate vom iPB-1-Gehalt von PE/iPB-1-Peelfolien, ermittelt in einem T-Peeltest. Im Gegensatz zur Schälkraft F_p [12.13], bei der keinerlei Berücksichtigung jeglicher Verformung während des Verformungs- und Trennprozesses erfolgt, ermöglicht die bruchmechanische Analyse nach Formel 12.5 bzw. Formel 12.6 eine mehrparametrige Analyse. Die Werte der (adhäsiven) Energiefreisetzungsrate G_{Ic} und G_{aIc} nehmen mit zunehmendem iPB-1-Gehalt exponentiell ab, wobei die Abnahme bei G_{aIc} geringer ist. Ein Grund dafür ist die unterschiedliche Verformbarkeit mit zunehmendem iPB-1-Gehalt. Bei geringen Mengen der Peelkomponente iPB-1 weisen die Peelarme höhere Dehnungen auf, was mit entsprechend höherer Verformungsenergie verbunden ist und damit zu höheren G_{Ic}-Werten führt. Ein zweiter Aspekt der Ergebnisse, der in diesem Zusammenhang diskutiert werden muss, ist die Werkstoffsteifigkeit. Aufgrund des Aufbaus der Mehrschichtfolien mit einer vergleichsweise steifen PET- oder PA-Folie ist die Verformbarkeit der Peelarme begrenzt. Infolgedessen ist der Unterschied zwischen G_{Ic} und G_{aIc} weniger ausgeprägt (s. Bild 12.20a) im Vergleich zu einer deutlich flexibleren Folie, wie es beispielsweise eine einschichtige PE-Folie mit geringem iPB-1-Gehalt ist (s. Bild 12.20b).

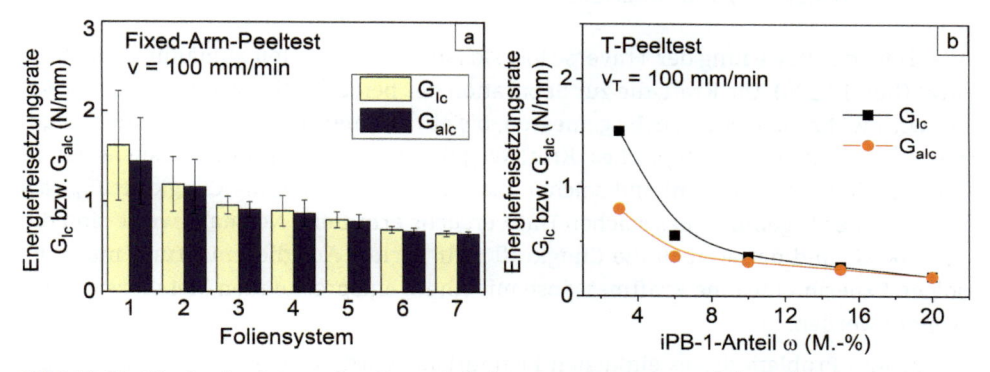

Bild 12.20 Werte der integralen Energiefreisetzungsrate G_{Ic} und der adhäsiven Energiefreisetzungsrate G_{aIc} aus Fixed-Arm-Peeltests mit einem Peelwinkel von 135° (a) und aus T-Peeltests von gesiegelten, einschichtigen PE/iPB-1-Peelfolien als Funktion des iPB-1-Gehalts (Daten aus [12.10]) (b)

Generell können die Ergebnisse von Peelversuchen in Form der Peelkraft F_p sowie der (adhäsiven) Energiefreisetzungsrate G_{Ic} und G_{aIc} sinnvoll im Zuge der Herstellung von Folienprodukten mit definiertem Trennverhalten eingesetzt werden.

12.3.2 Clingtest

Die quantitative Bewertung der Haftung von Stretchfolien auf sich selbst ist mit dem sogenannten „Clingtest" nach ASTM D 5458 möglich. Bei dem Versuch wird die Kraft gemessen, die erforderlich ist, um einen Streifen einer Folie abzulösen, der unter einer definierten Kraft auf dieselbe Folie aufgebracht wurde. Bild 12.21 zeigt schematisch den Prüfaufbau und die Prüfeinrichtung, welche über einen Adapter an eine Universalprüfmaschine angeschlossen wird. Die Traversenbewegung der Universalprüfmaschine wird beim Versuch über Umlenkrollen auf den abzuziehenden Folienstreifen übertragen.

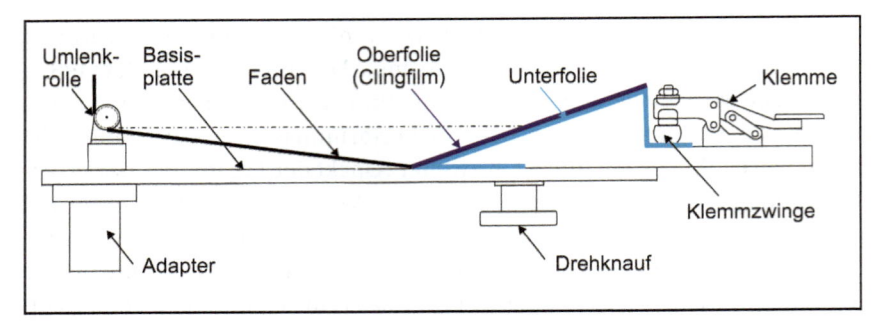

Bild 12.21 Schematische Darstellung einer an eine Universalprüfmaschine anzukoppelnden Clingtest-Vorrichtung; farbig dargestellt sind Prüfkörper (Oberfolie) und Unterfolie [12.14]

Während der Bewegung der Traverse löst sich der Folienstreifen allmählich vom Substrat (Bild 12.22a). Die Kraft, die zur Separation der beiden Folienstreifen erforderlich ist, wird während des Versuchs gemessen, bis ein definierter Grenzwert – die Clinglinie – erreicht ist. Ein typisches Kraft-Weg-Diagramm eines Clingversuchs ist in Bild 12.22b dargestellt. Anhand solcher Diagramme lässt sich die Clingkraft F_{cling} als wesentliches Ergebnis eines solchen Haftversuchs ermitteln. Normalerweise sind die Trennkraft und damit auch die Clingkraft sehr gering. Aus diesem Grund muss für solche Experimente eine Kraftmessdose mit einem entsprechenden Messbereich verwendet werden.

Ein großes Problem dieses einfachen Prüfaufbaus wird aus der schematischen Darstellung in Bild 12.22 deutlich: Durch die feste Position der Umlenkrolle kann während des Versuchs kein konstanter Winkel zwischen Umlenkrolle und abzuziehendem Folienstreifen eingehalten werden. Aus diesem Grund weicht die gemessene (reale) Kraft von der idealen Kraft ab (s. Bild 12.22b). Dieses Problem kann durch die Entwicklung von Prüfeinrichtungen mit automatischer Anhebung der Umlenkrolle behoben werden.

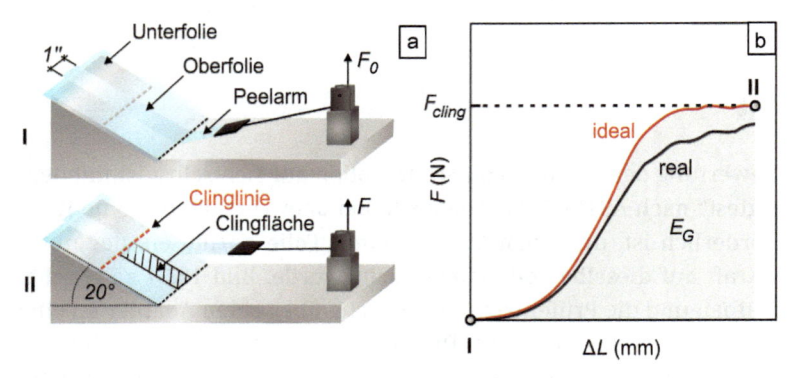

Bild 12.22 Schematische Darstellung der Durchführung des Clingversuches (a) und schematische Kraft-Weg-Diagramme „ideal" und „real" (b) [12.15]

In Bild 12.23 sind Daten aus Clingtests an zwei unterschiedlichen Stretchfolien gezeigt. Es wurde der Einfluss der Abzugsgeschwindigkeit und der Breite des abzuziehenden Folienstreifens untersucht. Die beiden Stretchfolien enthielten unterschiedliche Anteile eines Ethylen/1-Hexen-Copolymers, welches als Haftkomponente (Clingkomponente) eingesetzt wird [12.14]. Der 1-Hexen-Gehalt im Copolymer wurde variiert, um die Haftkräfte und/oder die Selbsthaftung der Folie zu beeinflussen. Es ist in Bild 12.23 zu sehen, dass die Clingkräfte bei einem geringeren Gehalt an 1-Hexen tendenziell etwas geringer sind. Allerdings spielt der 1-Hexen-Gehalt der Clingkomponente erst bei höheren Abzugsgeschwindigkeiten eine signifikante Rolle (Bild 12.23a), was von praktischer Bedeutung ist. Hinsichtlich des Einflusses der Breite des abzuziehenden Folienstreifens besteht – ähnlich wie bei Schälversuchen an gesiegelten Prüfkörpern – auch für die Clingkraft F_{cling} eine lineare Abhängigkeit von der Streifenbreite W (Bild 12.23b).

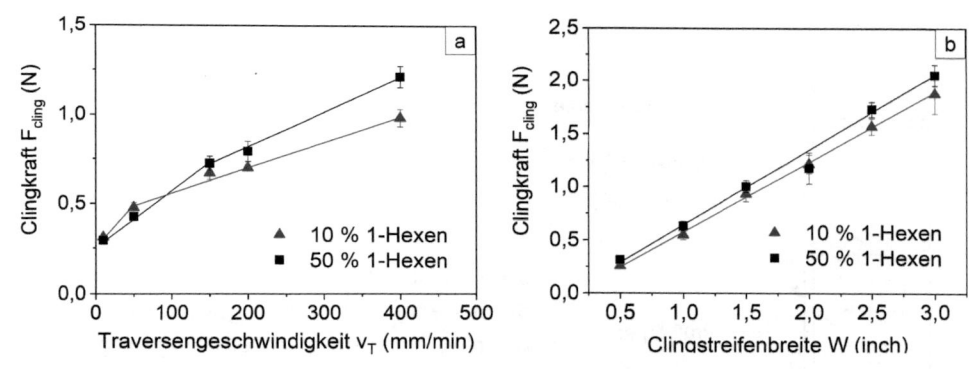

Bild 12.23 Einfluss der Prüfgeschwindigkeit (a) und der Breite des Prüfstreifens (b) auf die Clingkraft, bestimmt in einem Clingtest nach ASTM D 5458 an zwei Typen von Stretchfolien

12.4 Bruchmechanische Werkstoffbewertung

Für Kunststofffolien wird häufig ein hoher Widerstand gegen Rissinitiierung und -ausbreitung gefordert. Bruchmechanische Werkstoffkenngrößen der linear-elastischen Bruchmechanik (LEBM, s. auch Abschnitt 5.3.1), wie die Energiefreisetzungsrate G_{Ic} oder der kritische Spannungsintensitätsfaktor K_{Ic}, können bestimmt werden, um die Risszähigkeit von mehr oder weniger spröden Werkstoffen zu charakterisieren. Da viele Kunststoffprodukte eine hohe Verformbarkeit/Dehnbarkeit aufweisen, werden für diese duktilen Werkstoffe Konzepte der elastisch-plastischen Bruchmechanik oder Fließbruchmechanik (FBM) angewendet. Im Bereich der Kunststofffolien stellt die geringe Dicke eine Herausforderung bei der bruchmechanischen Charakterisierung dar. Zur Bestimmung geometrieunabhängiger bruchmechanischer Werkstoffkennwerte ist das Auftreten eines ebenen Dehnungszustandes (EDZ) Voraussetzung. Bei geringer Prüfkörperdicke kommt es zur Ausbildung eines ebenen Spannungszustandes (ESZ), bei dem die Verformung in allen Raumrichtungen möglich ist. Dies setzt die EWF-Methode (Methode der essenziellen Brucharbeit; Essential Work of Fracture) allerdings voraus, sodass sie ein geeignetes Verfahren ist, um eine quantitative Bewertung des Bruchverhaltens duktiler Kunststofffolien vorzunehmen. Das EWF-Konzept wurde erstmals von Broberg [12.16] im Jahr 1968 erwähnt und später weiterentwickelt [12.17] [12.18] [12.19]. Es beruht auf der Annahme, dass eine große Anzahl von Werkstoffen, insbesondere Kunststoffe und deren Modifikationen, in der Lage sind, auch bei großen Verformungen Kräfte zu übertragen, und geht davon aus, dass der inelastische Bereich an der Rissspitze in einen inneren Bereich (Prozesszone), in dem der eigentliche Bruchvorgang stattfindet, und einen äußeren Bereich (plastische Zone), in dem Energiedissipation durch plastische Verformung stattfindet, unterteilt werden kann (s. Bild 12.24).

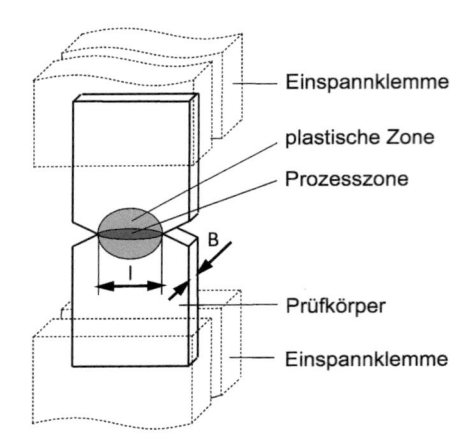

Bild 12.24
Schematische Darstellung eines duktilen, doppelseitig gekerbten Zugprüfkörpers während einer äußeren Belastung mit den sich im Ligament zwischen den Kerben entwickelnden Zonen; B – Prüfkörperdicke und l – Ligamentbreite [12.20]

Die Gesamtbrucharbeit W_f, die erforderlich ist, um eine gekerbte Probe zu trennen, hat entsprechend den beiden Zonen vor den Rissspitzen bzw. zwischen den Kerben zwei Komponenten: W_e und W_p. W_f beschreibt quantitativ mit der Summe aus W_e (Bildung neuer Oberflächen; Rissinitiierung) und W_p (Rissausbreitung) den gesamten Trennprozess (Formel 12.7). Dabei ist W_e die wesentliche Brucharbeit (essential work of fracture) und W_p die nicht-essenzielle Brucharbeit, die die Energiedissipation aufgrund der plastischen Verformung in der Bruchprozesszone beschreibt.

$$W_f = W_e + W_p = (w_e \cdot B \cdot l) + (\beta \cdot w_p \cdot B \cdot l^2) \tag{12.7}$$

B Prüfkörperdicke im Bereich des Ligaments
l Ligamentbreite
β werkstoffabhängiger Formfaktor
w_e spezifische wesentliche Brucharbeit
w_p spezifische nicht-wesentliche Brucharbeit

12.4 Bruchmechanische Werkstoffbewertung

Die Summe von w_e und w_p ergibt die spezifische Gesamtbrucharbeit w_f, d. h. die Gesamtbrucharbeit, bezogen auf den Querschnitt zwischen den Kerben $B \times l$, wie in Formel 12.8 dargestellt.

$$w_f = w_e + w_p = w_e + \beta \cdot w_p \cdot l \tag{12.8}$$

Diese einfache Umsetzung erfordert methodische Voraussetzungen und stellt Anforderungen an die Prüfkörpergeometrie (s. Bild 12.24), die für die Anwendung der EWF-Methode erfüllt sein müssen [12.21] [12.22]:

- Die Prozesse der Rissinitiierung und -ausbreitung nach der plastischen Verformung des Ligaments (Kollaps) erscheinen wie in Bild 12.25a beschrieben.
- Die Ligamentbreite ist begrenzt, damit der Prüfkörper während der Prüfung die Bedingungen des ebenen Spannungszustandes aufrechterhalten werden.
- Die aufgezeichneten Kraft-Verlängerungs-Diagramme der Prüfkörper mit verschiedenen Ligamentbreiten müssen selbstähnlich sein (s. Beispiel in Bild 12.25b: blau gekennzeichnete Diagramme sind selbstähnlich).

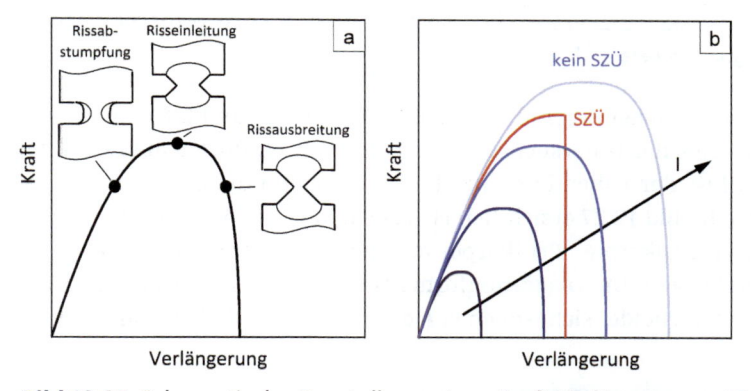

Bild 12.25 Schematische Darstellung eines Kraft-Verlängerungs-Diagramms eines doppelseitig gekerbten Folienprüfkörpers während eines EWF-Experiments mit den verschiedenen Phasen des Deformations- und Bruchprozesses (a) und selbstähnliche Kraft-Verlängerungs-Diagramme von Prüfkörpern mit ansteigender Ligamentbreite *l* (SZÜ = Spröd-Zäh-Übergang) (b) [12.1] [12.20]

Sofern alle Bedingungen für gültige/auswertbare Kraft-Verlängerungs-Diagramme erfüllt sind, sollte sich im Bereich zwischen minimaler und maximaler Ligamentbreite l_{min} und l_{max} ein linearer Zusammenhang zwischen der spezifischen Gesamtbrucharbeit w_f und der Ligamentbreite ergeben, so wie es schematisch in Bild 12.26 dargestellt ist. Die blau markierten Datenpunkte stellen jeweils das Ergebnis von Einzelversuchen mit Prüfkörpern mit unterschiedlicher Ligamentbreite dar, für die alle Gültigkeitsbedingungen erfüllt sind. Somit kann aus dem Schnittpunkt der linearen Funktion des gültigen Ligamentbreitenbereiches mit der y-Achse die spezifische wesentliche Brucharbeit w_e ermittelt werden. Der Anstieg der linearen Funktion $\beta\,w_p$ ist ein Maß für die Behinderung der plastischen Deformation. Die beiden Größen w_e und $\beta\,w_p$ können als Widerstand des Werkstoffes gegen stabile Rissinitiierung (w_e) und -ausbreitung ($\beta\,w_p$) interpretiert werden. Tritt während des Versuchs ein instabiler Bruch bei einem Prüfkörper auf, zeigt das Kraft-Verlängerungs-Diagramm eine plötzliche Abnahme wie in Bild 12.25b dargestellt. In diesem Fall ergeben sich aus den W-l-Diagrammen sehr niedrige Werte für die spezifische Brucharbeit, die nicht Teil der werkstoffbezogenen Funktion sind (rote Datenpunkte in Bild 12.26).

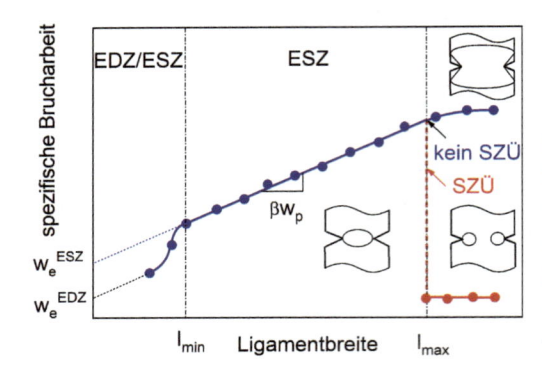

Bild 12.26 Schematische Darstellung des Endergebnisses der EWF-Versuche an Prüfkörpern mit unterschiedlicher Ligamentbreite unter der Voraussetzung gültiger/auswertbarer Einzelversuche, nach [12.20]

Bild 12.27 und Bild 12.28 zeigen Ergebnisse von EWF-Versuchen an PE-Folien mit unterschiedlicher Dicke. Ziel der Untersuchungen in [12.1] war es, für ein ausgewähltes Polyethylen den Einfluss der Foliendicke auf die Struktur und die Eigenschaften zu charakterisieren. Wie in Bild 12.27 ersichtlich ist, zeigen die Kraft-Verlängerungs-Diagramme der doppelseitig gekerbten Prüfkörper mit steigender Ligamentbreite die erforderliche Selbstähnlichkeit. Die Diagrammform für die sehr dünne Folie mit 15 µm Dicke (Bild 12.27a) unterscheidet sich jedoch von der der 400 µm dicken Folie.

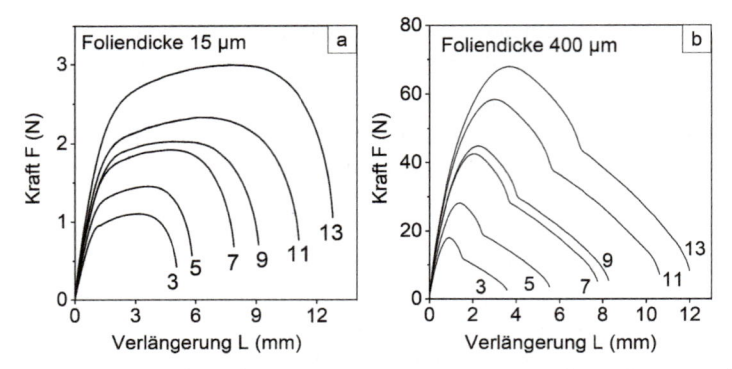

Bild 12.27 Kraft-Verlängerungs-Diagramme von doppelseitig gekerbten Zugprüfkörpern (**D**ouble **E**dge-**n**otched **T**ension, DENT) aus einer PE-Folie mit unterschiedlichen Ligamentbreiten und Foliendicken von 15 µm (a) und 400 µm (b) [12.1]; Zahlen in den Diagrammen → jeweilige Ligamentbreite

12.4 Bruchmechanische Werkstoffbewertung

Die Diagramme für die 400 µm dicke Folie weisen einen Knick nach dem Kraftmaximum auf (s. Bild 12.27b). Die Kraftwerte der 15 µm dicken Prüfkörper sind im Vergleich zu denen der 400 µm dicken Prüfkörper sehr niedrig, die Verlängerung ist etwas größer. Um den Widerstand gegen Rissinitiierung und (stabile) Rissausbreitung der Folien zu quantifizieren, wurden die spezifische essenzielle Brucharbeit w_e und der Anstieg $\beta\,w_p$ bestimmt. Dies ist in Bild 12.28 beispielhaft für die beiden unterschiedlich dicken PE-Folien dargestellt.

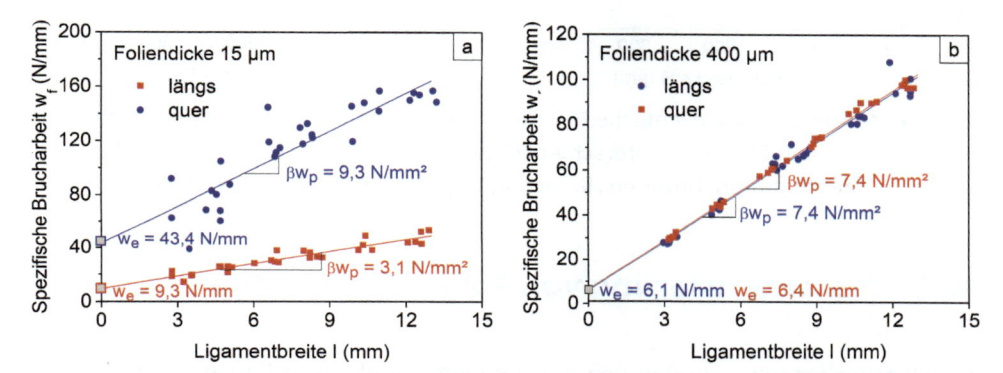

Bild 12.28 Spezifische Gesamtbrucharbeit für PE-Folien mit 15 µm (a) und 400 µm (b) Foliendicke; Entnahme der Prüfkörper längs und quer zur Maschinenrichtung [12.1]

Ein deutlicher Einfluss der Prüfkörperentnahmerichtung auf das Risszähigkeitsverhalten ist im Vergleich der beiden Foliendicken von 15 µm und 400 µm nur bei der 15 µm dicken Folie nachweisbar (Bild 12.28a). Im gesamten untersuchten Dickenbereich zeigt sich eine weitgehende Unabhängigkeit der wesentlichen und nicht-wesentlichen Brucharbeit von der Foliendicke ab 100 bzw. 150 µm. Dies kann aus Bild 12.29 geschlussfolgert werden, in dem die spezifische wesentliche und nicht-wesentliche Brucharbeit für die untersuchten PE-Folien in Abhängigkeit von der Foliendicke dargestellt ist. Bis zu einer Foliendicke von ca. 150 µm zeigt sich ein ausgeprägter Einfluss der Prüfkörperentnahmerichtung sowohl für w_e als auch $\beta\,w_p$. Bei geringen Foliendicken werden deutlich größere Werte für w_e und $\beta\,w_p$ erreicht. Dies bedeutet, dass der Widerstand gegen stabile Rissinitiierung und -ausbreitung des untersuchten teilkristallinen PE-Typs von der Foliendicke und dem Grad der molekularen Orientierung abhängt [12.1].

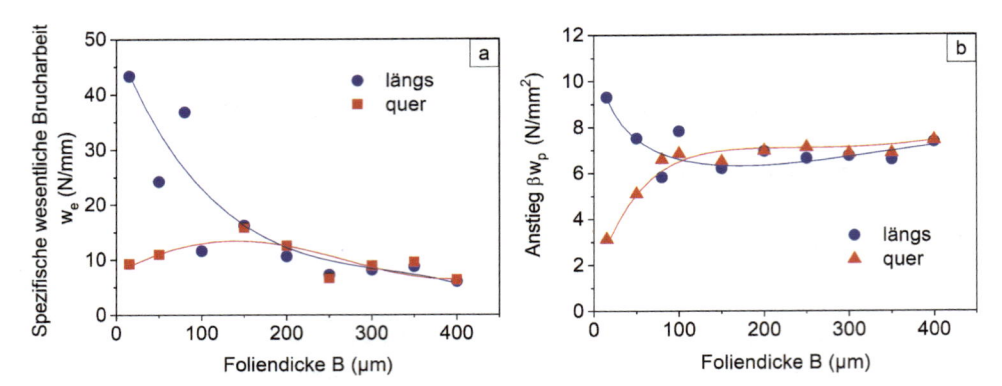

Bild 12.29 Spezifische wesentliche Brucharbeit (a) und nicht-wesentliche Brucharbeit (b) von PE-Folien unterschiedlicher Dicke jeweils für die beiden Prüfkörperentnahmerichtungen „längs" und „quer" zur Maschinenrichtung [12.1]

12.5 Charakterisierung von Folienoberflächen

Die Oberflächeneigenschaften von Konsumgütern und Verpackungen gewinnen zunehmend an Bedeutung, was mit einer zunehmenden Forschungsaktivität in diesem Bereich einhergeht. Aus diesem Grund spielt auch die Oberflächenmodifikation von Folien eine wichtige Rolle in der aktuellen Forschung und Produktentwicklung, z. B. hinsichtlich beschichteter, funktionalisierter oder mikro- bzw. nanostrukturierter Oberflächen. Da die Qualität einer Werkstoffentwicklung und -optimierung immer auch von den zur Verfügung stehenden Methoden der Werkstoffdiagnostik und -prüfung mitbestimmt wird, besteht ein zunehmender Bedarf an innovativen Methoden zur Oberflächencharakterisierung von Kunststofffolien. Wie bereits erwähnt, handelt es sich bei diesen Halbzeugen/Produkten oft um mehrschichtige Systeme, wobei die einzelnen Schichten innerhalb des Systems unterschiedliche Aufgaben haben. Bei Verpackungsfolien stellt die äußere Schicht die optische und haptische Schnittstelle einer Verpackung zum Verbraucher dar und übernimmt darüber hinaus oft die Funktion des Festigkeitsträgers. Es werden oftmals auch beschichtete Kunststofffolien eingesetzt, um gewünschte oder individuelle Designs von Konsumgütern wie Möbeln, Fenstern oder Autos zu realisieren. Aus diesem Grund besteht ein hoher Bedarf, die Eigenschaften der Deckschichten bzw. deren Haftfestigkeit und/oder das Ablöseverhalten quantitativ zu bewerten.

Tabelle 12.4 fasst verschiedene Details und technische Möglichkeiten für die Oberflächenprüfung nach den genannten Normen und die Verwendung von „IKP"-Geräten für die Prüfung der mechanischen Eigenschaften von Oberflächen zusammen. Die Abkürzung IKP steht für „instrumentierte Kratzprüfung". Die verfügbare Anzahl an Normen ist grundsätzlich recht gering. Neben sehr einfachen Methoden, wie der Git-

12.5 Charakterisierung von Folienoberflächen

terschnittprüfung nach ISO 2409, gibt es eine Reihe von Normen zur Bestimmung von Oberflächeneigenschaften im Sinne der Kratzfestigkeit, z. B. ISO 19252, ASTM D 7027 oder ISO 1518.

Tabelle 12.4 Merkmale der bestehenden Normen für die Kratzprüfung von Kunststoffen und Lacken

		ISO 19252	ASTM D 7027	ISO 1518	IKP
Ritzmodus	konstante Normallast	×	×	×	×
	linear ansteigende Last	×	×	×	×
	konstante Eindringtiefe				×
	linear ansteigende Eindringtiefe				×
	Eindringtiefe nach dem Versuch				×
Wertebereich	Ritzlänge (mm)*	≥ 100	100	40 – 100	≤ 100
	Ritzgeschwindigkeit (mm/s)*	1 – 200	100	10 – 40	≤ 3,33
	Lastbereich (N)*	1 – 50	2 – 50	1 – 20	0,1 – 50
Messgrößen	Tangentialkraft	×	×		×
	Eindringtiefe	×	×		×
	elastische und plastische Eindringtiefe				×
	Breite der Ritzspur				×
	Ritzweg (Zeit)	×	×		×
Werkstoffkenngrößen	Ritzhärte und andere Härtewerte, wie z. B. die Pflughärte				×
	Reibungskoeffizient**		×		×
	Erholung				×
	kritische Normalspannung***	×	×	×	×
	bruchmechanische Kenngrößen				×

* hängt teilweise vom gewählten Ritzmodus ab
** wie der scheinbare Reibungskoeffizient
*** bei Schadenseintritt, Änderung des Kratzmechanismus oder Schichtablösung

Aufgrund der steigenden Anforderungen an Oberflächen von Kunststoffprodukten ist auch die Entwicklung oder Anpassung aussagekräftiger Prüfmethoden erforderlich, was die Entwicklung entsprechender Prüfgeräte für die quantitative Charakterisierung von Oberflächen- und Haftungseigenschaften nach sich zieht. Ein Beispiel ist der Prüfstand zur Durchführung einer instrumentierten Kratzprüfung (IKP), der von der Firma Coesfeld GmbH, Dortmund (Deutschland) entwickelt wurde (s. letzte Spalte in Tabelle 12.4 und Bild 12.30a). Bild 12.30b zeigt das Messprinzip. Die zu untersuchende Oberfläche wird mit einer voreingestellten Last beaufschlagt, und dann erfolgt eine Relativbewegung parallel zur Oberfläche (= kratzen/ritzen) über eine bestimmte, voreingestellte Länge. Das Prüfsystem eröffnet erweiterte Möglichkeiten, wie z. B. Lastrampen, um die Ablösekraft zwischen Schichten zu ermitteln, oder auch eine bruchmechanische Oberflächencharakterisierung.

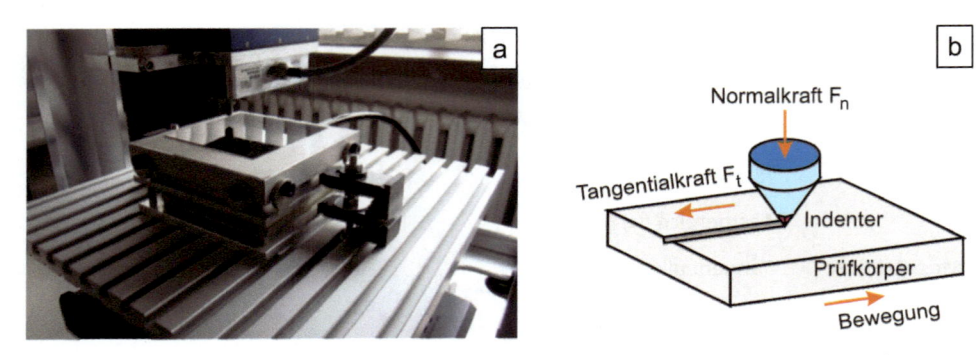

Bild 12.30 Instrumentierter Kratzprüfer der Fa. Coesfeld zur Bewertung von Oberflächeneigenschaften von Folien (a) und schematische Darstellung des Messprinzips (b)

Ein Beispiel der optischen Charakterisierung definiert eingebrachter Kratzer zeigt Bild 12.31. Durch die Wahl unterschiedlicher Normalbelastungen sind die entstandenen Kratzer in der Oberfläche unterschiedlich groß. Mit dem angepassten chromatisch-konfokalen Abstandsmesssystem des instrumentierten Prüfstandes können die Kratzer quantitativ analysiert werden, z. B. hinsichtlich ihrer Breite oder Tiefe oder auch in Bezug auf die Ausdehnung des herausgedrückten Materials (s. Bild 12.31a). Bild 12.31b zeigt eine lichtmikroskopische Aufnahme zweier definiert eingebrachter Kratzer in einer transparenten Folie in der Draufsicht. Die Laststufen während der Prüfung waren in beiden Fällen unterschiedlich, woraus eine unterschiedliche Größe der Kratzer resultierte. In dem Fall erfolgte die Bestimmung der Kratz- oder Ritzbreite.

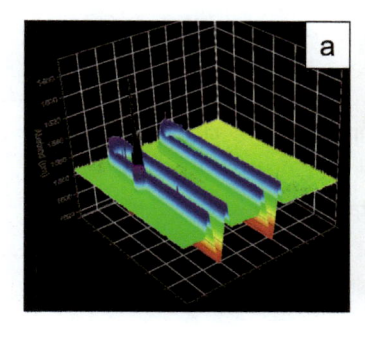

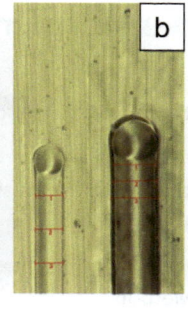

12.5 Charakterisierung von Folienoberflächen

Bild 12.31 Beispiel für Oberflächenprofile einer thermoplastischen Folie mit zwei Kratzern (a) und Draufsicht auf zwei Kratzer in einer transparenten Folie (b) [12.20]

Die Möglichkeit, den gesamten Kratz-/Ritzvorgang in Form eines vollständigen Kraft-Weg-Diagramms aufzuzeichnen, erlaubt eine umfassende Werkstoffcharakterisierung und liefert damit die Grundlage für detaillierte Erkenntnisse und ein besseres Verständnis des Werkstoffverhaltens. Als Beispiel für solche experimentellen Untersuchungen zeigt Bild 12.32 Kraft-Weg-Diagramme aus einer instrumentierten Kratzprüfung an beschichteten thermoplastischen Folien.

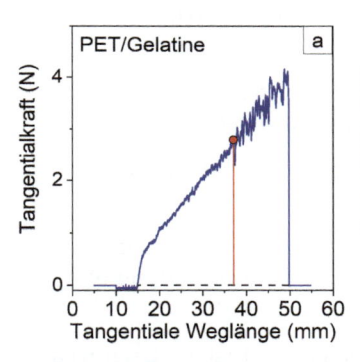

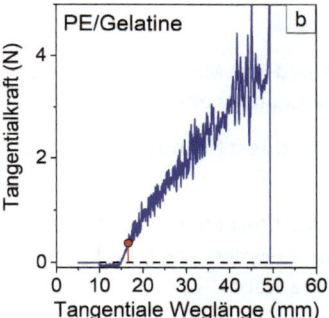

Bild 12.32 Darstellung der tangentialen Belastung in Abhängigkeit vom tangentialen Weg aus instrumentierten Kratzprüfungsmessungen an einer gelatinebeschichteten PET-Folie (a) und einer PE-Folie (b); Kennzeichnung des Ablösungspunktes durch einen roten Punkt [12.20]

Bei den untersuchten Polymerfolien handelte es sich um PET und PE, die jeweils mit der gleichen Art von Gelatine beschichtet waren. Ziel des Versuches war es, das Trennverhalten in Abhängigkeit vom Polymersubstrat zu charakterisieren. Die Auswertung der Kraft-Weg-Diagramme für die beiden Proben zeigt, dass die Haftung der Gelatineschicht auf dem PE-Substrat wesentlich geringer ist als auf dem PET-Substrat. Der Versagenspunkt, an dem die Ablösung der Gelatine-Deckschicht stattfindet, ist in den Diagrammen durch einen roten Punkt gekennzeichnet.

12.6 Zusammenstellung der Normen

ASTM D 882 (2018)	Standard Test Method for Tensile Properties of Thin Plastic Sheeting
ASTM D 1004 (2021)	Standard Test Method for Tear Resistance (Graves Tear) of Plastic Film and Sheeting
ASTM D 1709 (2022)	Standard Test Method for Impact Resistance of Plastic Film by the Free-Falling Dart Method
ASTM D 1822 (2021)	Standard Test Method for Determining the Tensile-Impact Resistance of Plastics
ASTM D 1922 (2023)	Standard Test Method for Propagation Tear Resistance of Plastic Film and Thin Sheeting by Pendulum Method
ASTM D 1938 (2019)	Standard Test Method for Tear-Propagation Resistance (Trouser Tear) of Plastic Film and Thin Sheeting by a Single-Tear Method
ASTM D 5458 (2020)	Standard Test Method for Peel Cling of Strech Wrap Film
ASTM D 7027 (2020)	Standard Test Method for Evaluation of Scratch Resistance of Polymeric Coatings and Plastics Using an Instrumented Scratch Machine
ASTM F 88/F 88M (2023)	Standard Test Method for Seal Strength of Flexible Barrier Material
ASTM F 1921/ F 1921M (2023)	Standard Test Method for Hot Seal Strength (Hot Tack) of Thermoplastic Polymers and Blends Comprising the Sealing Surfaces of Flexible Webs
ASTM F 2029 (2021)	Standard Practices for Making Laboratory Heat Seals for Determination of Heat Sealability of Flexible Barrier Materials as Measured by Seal Strength
DIN 53363 (2003)	Prüfung von Kunststoff-Folien – Weiterreißversuch von trapezförmigen Proben mit Einschnitt (zurückgezogen)
DIN 55409-2 (2013)	Verpackung – Prüfverfahren zur Bestimmung von Öffnungskräften von peelbaren Verpackungen – Teil 2: Formstabile Packmittel
DIN 55529 (2012)	Verpackung – Bestimmung der Siegelnahtfestigkeit von Siegelungen aus flexiblen Packstoffen
DIN SPEC 91441 (2019)	Verpackung – Prüfverfahren zur Ermittlung der Peelkraft von siegelbaren Packstoffkombinationen
ESIS-TC4 protocol (2010)	A Protocol for Determination of the Adhesive Fracture Toughness of Flexible Laminates by Peel Testing: Fixed-Arm and T-Peel Methods

DIN EN ISO 527-3 (2019)	Kunststoffe – Bestimmung der Zugeigenschaften – Teil 3: Prüfbedingungen für Folien und Tafeln
DIN EN ISO 1518	Beschichtungsstoffe – Bestimmung der Kratzbeständigkeit – Teil 1 (2023): Verfahren mit konstanter Last Teil 2 (2019): Verfahren mit kontinuierlich ansteigender Last
DIN EN ISO 2409 (2020)	Beschichtungsstoffe – Gitterschnittprüfung
DIN EN ISO 6383-2 (2004)	Kunststoffe – Folien und Bahnen – Bestimmung der Reißfestigkeit – Teil 2: Elmendorf-Verfahren
DIN EN ISO 7765-1 (2004)	Kunststofffolien und -bahnen – Bestimmung der Schlagfestigkeit nach dem Fallhammerverfahren – Teil 1: Eingrenzungsverfahren
DIN ISO 7765-2 (2023)	Kunststofffolien und -bahnen – Bestimmung der Schlagfestigkeit nach dem Fallhammerverfahren – Teil 2: Durchstoßversuch mit elektronischer Messwerterfassung
DIN EN ISO 8256 (2024)	Kunststoffe – Bestimmung der Schlagzugzähigkeit
ISO/DIS 19252 (2024)	Plastics – Determination of Scratch Properties (Entwurf)

12.7 Literatur

[12.1] Rennert, M.; Nase, M.; Lach, R.; Reincke, K.; Arndt, S.; Androsch, R.; Grellmann, W.: Influence of low-density polyethylene blown film thickness on the mechanical properties and fracture toughness. J. Plast. Film Sheet. 29 (2013) 327 – 346. DOI: https://doi.org/10.1177/8756087913483751

[12.2] Pendelschlagwerke für Prüfungen an Kunststoffen. Homepage of Zwick/Roell company. https://www.zwickroell.com/de-de/produkte-zur-schlagpruefung/pendelschlagwerke-bis-50j

[12.3] Kissin, Y. V.: Elmendorf tear test of polyethylene films: Mechanical interpretation and model. Macromol. Mater. Eng. 296 (2011) 729 – 743. DOI: https://doi.org/10.1002/mame.201000419

[12.4] Elmendorf Weiterreißprüfgerät vollautomatisch/manuell. Homepage of FRANK-PTI company. https://www.frankpti.com/papierprfgerte/elmendorf-weiterreissprfgert-vollautomatisch-manuell-ds81.html

[12.5] Eisewicht, L.: Untersuchung des Einflusses variierender Gehalte verschiedener PCR-Materialien auf die Eigenschaften von PE-Folien für Nonfood-Verpackungsanwendungen. Master Thesis, Hochschule für Technik, Wirtschaft und Kultur (HTWK) Leipzig and POLIFILM EXTRUSION GmbH (2020), unpublished

[12.6] ESIS-TC 4: A Protocol for Determination of the Adhesive Fracture Toughness of Flexible Laminates by Peel Testing: Fixed-Arm and T-peel Methods (2010). https://www.imperial.ac.uk/media/imperial-college/research-centres-and-groups/adhesion-and-adhesives-group/ESIS-peel-protocol-(June-07)-revised-Nov-2010.pdf

[12.7] Schreib, I.; Reincke, K.: Vorausberechnung der Öffnungskraft von peelbaren Verpackungen und Beschreibung von material- und siegelprozessseitigen Einflussgrößen auf die

[12.8] ASTM D 1876 Schälfestigkeit von Klebstoffen, T-Schälprüfung. Homepage of Instron company. https://www.instron.de/de-de/testing-solutions/by-test-type/peel-tear--friction/astm-d1876

[12.9] Heuser, M.; Zankel, A.; Mayrhofer, C.; Reincke, K.; Langer, B.; Grellmann, W.: Characterisation of the opening behaviour of multilayer films with cohesive failure mechanism by In situ peel tests in the ESEM. *J. Plast. Film Sheet.* (2021), published online at June, 18th, 2021. DOI: https://doi.org/10.1177%2F87560879211025572

[12.10] Nase, M.; Langer, B.; Grellmann, W.: Fracture mechanics on polyethylene/polybutene-1 peel films. *Polym. Test.* 27 (2008) 1017–1025. DOI: https://doi.org/10.1016/j.polymertesting.2008.09.002

[12.11] Hot-Tack-Prüfgerät Labormaster. Homepage of Willi Kopp Verpackungssysteme company. https://www.kopp-online.de/verpackungssysteme/geraete-fuer-die-folienpruefung/labormaster-hot-tack-tester.html

[12.12] Schreib, I.; Reincke, K.: Entwicklung und Standardisierung eines praxisnahen Prüfverfahrens zur Ermittlung der Peelnahtfestigkeit an Verpackungsfolien (PeelStrength). Schlussbericht WIPANO-Vorhaben Nr. 03TNG005(B), Dresden (2020)

[12.13] Nase, M.: Zusammenhang zwischen Herstellungsbedingungen, übermolekularer Struktur und Eigenschaften von Peelfolien. Shaker, Herzogenrath (2010)

[12.14] Rennert, M.: Fracture Mechanics Investigation of Autohesive Interfacial Interactions of Polyethylene Stretch Wrap Films. Shaker, Herzogenrath (2019)

[12.15] Peel-Clingtest. In: Grellmann, W.; Bierögel, C.; Reincke, K.: Wiki Lexikon Kunststoffprüfung und Diagnostik. Version 14 (2024). https://wiki.polymerservice-merseburg.de/index.php/Peel-Clingtest

[12.16] Broberg, K. B.: Critical review of some theories in fracture mechanics. *Int. J. Fract. Mech.* 4 (1968) 11–19

[12.17] Broberg, K. B.: Crack growth criteria and non-linear fracture mechanics. *J. Mech. Phys. Solids* 19 (1971) 407–418

[12.18] Broberg, K. B.: On stable crack growth. *J. Mech. Phys. Solids* 23 (1975) 215–237

[12.19] Clutton, E.: Essential work of fracture. In: Moore, D. R.; Pavan, A.; Williams, J. G. (Eds.): Fracture Mechanics Testing Methods for Polymers. *ESIS publication* 28, Elsevier, Amsterdam (2001), 177–195

[12.20] Lach, R.: Entwicklung funktionaler Polymerfolien und Polymerbeschichtungen unter Verwendung von Lignin-Zwischenprodukten für innovative Anwendungen (LignoFol), Teilprojekt G: Mechanische Einsatzbewertung. Schlussbericht BioEconomy-Cluster, Projekt Nr. 3.4, Förderkennzeichen: 031A572G (Teilprojekt), Merseburg (2018)

[12.21] Lach, R.; Schneider, K.; Weidisch, R.; Janke, A.; Knoll, K.: Application of the essential work of fracture concept to nanostructured polymer materials. *Eur. Polym. J.* 41 (2005) 383–392. DOI: https://doi.org/10.1016/j.eurpolymj.2004.09.021

[12.22] Duan, K.; Hu, X.; Stachowiak, G.: Modified essential work of fracture model for polymer fracture. *Compos. Sci. Technol.* 66 (2006) 3172–3178. DOI: https://doi.org/10.1016/j.compscitech.2005.02.020

13 Mikroprüftechnik

13.1 Einführung

Für die volle Funktionsfähigkeit von Mikrokomponenten und -systemen und eine geeignete Werkstoffauswahl ist eine umfassende und genaue Kenntnis der Werkstoffeigenschaften von großer Bedeutung. Dabei tritt in zunehmendem Maße das Schädigungsverhalten (z. B. Bruch- und Rissverhalten) unter thermo-mechanischer Belastung in den Vordergrund. Durch die unterschiedlichen thermo-mechanischen Werkstoffeigenschaften in einem werkstofflichen Gesamtverbund (z. B. hochintegrierte elektronische Bauteile) entstehen sehr komplexe Verhältnisse, die die gesamte mechanisch-thermische Zuverlässigkeit beeinträchtigen können. Zusätzlich wirken sich, bedingt durch den Trend zur Miniaturisierung von Bauteilen (Mikrosysteme), Temperatureinflüsse auf die Gesamtbauteileigenschaften zunehmend negativ aus.

Infolge von Materialinhomogenitäten im Werkstoffverbund, den herstellungsbedingten Eigenspannungen und den thermischen Fehlanpassungen können in diesen Verbundsystemen lokale Defekte auftreten, die zum Versagen führen [13.1]. Zur Bewertung der mechanischen und thermischen Zuverlässigkeit mikroelektronischer Bauteile werden häufig die Methoden der Finiten Elemente (FEM) herangezogen. Als Eingangsparameter für die jeweilige Eigenschaftsmatrix sind hierzu Materialkenndaten notwendig, die durch entsprechende experimentelle Untersuchungen zu ermitteln sind.

Auch bei der Dimensionierung von Mikrobauteilen sollten die eingesetzten Kennwerte geometrieunabhängig sein, um für diese Anwendungen ein Optimum an Zuverlässigkeit und Betriebssicherheit gewährleisten zu können. Häufig sind dafür jedoch die Normprüfkörper der klassischen Werkstoffprüfung oder Bruchmechanik zur Beschreibung der Materialeigenschaften ungeeignet, da diese das reale Festigkeits- und Verformungsverhalten von Mikrokomponenten nur ungenau wiedergeben können. Desweiteren sind Normprüfkörper sehr materialintensiv und deshalb für die Entwicklung neuer, optimierter Werkstoffsysteme häufig nicht verfügbar. Weiterhin stehen zur Bewertung von Schadensfällen für die Entnahme von Prüfkörpern meist nur sehr geringe Mengen an Material zur Verfügung, so dass die Ermittlung der Eigenschaften bei Anwendung miniaturisierter Prüfkörper (Bild 13.1, rechts) notwendig wird.

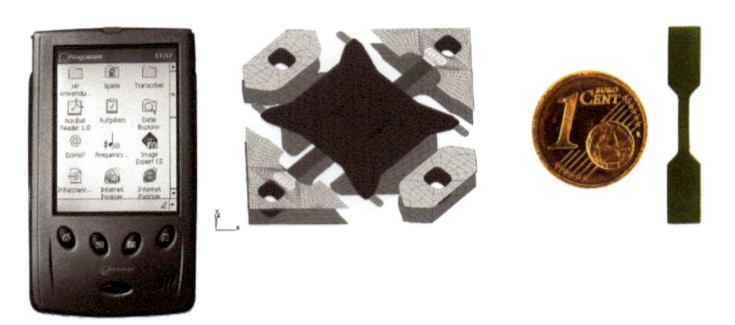

Bild 13.1 Anwendungsbeispiel Mikrotechnik (links), schematische Darstellung eines Mikrobauteils (Mitte) und miniaturisierter Prüfkörper (rechts)

Für die Bestimmung von Kennwerten an kleinen Prüfkörpern werden sehr hohe Anforderungen sowohl an die Präparation der Prüfkörper als auch an deren Handhabung gestellt. Darüber hinaus sind zur Bestimmung und Bewertung der Eigenschaften, ermittelt an miniaturisierten Prüfkörpern, neuartige, werkstoffspezifische Messmethoden notwendig.

Beim Übergang vom Makro- in den Mikrobereich kommt den werkstofflichen Aspekten eine besondere Bedeutung zu. Mit zunehmender Miniaturisierung steigt das Verhältnis zwischen Prüfkörperoberfläche und -volumen sehr stark an. Die ermittelten Werkstoffeigenschaften wie Festigkeit, Steifigkeit und Verformungsfähigkeit werden in erheblichem Maße von der Güte der Oberfläche bestimmt. Ebenso können Variationen des Prüfkörperquerschnittes Auswirkungen auf das mechanische Eigenschaftsniveau zeigen. Mit abnehmender Prüfkörpergröße kann eine Zunahme von Festigkeit und Bruchdehnung nachgewiesen werden [13.2, 13.3]. Dies ist darauf zurückzuführen, dass mit zunehmender Prüfkörpergröße die Wahrscheinlichkeit des Auftretens von Inhomogenitäten mit geringen Festigkeiten (Mikrorisse, Fehlstellen) zunimmt [13.4]. Im Zusammenhang mit der Miniaturisierung nehmen die Bedeutung von Eigenspannungen und die Konzentration von Fehlstellen innerhalb des Prüfkörpers deutlich zu [13.5]. Makroskopisch homogen erscheinende Werkstoffe weisen auf mikroskopischer Ebene z. T. eine Vielzahl von Heterogenitäten in Form von Defekten wie Rissen, Hohlräumen, Schichten, Fasern und Korngrenzen auf, so dass sich die an miniaturisierten Prüfkörpern gemessenen Eigenschaften deutlich von den an Normprüfkörpern bestimmten unterscheiden. Durch diese Heterogenitäten treten lokale Spannungskonzentrationen auf, die Ausgangspunkt für Versagenserscheinungen sind.

Da die einzelnen Defekte in unterschiedlichen geometrischen Abmessungen vorliegen, lassen sich die Anforderungen an die Mikroprüftechnik nur schwer ableiten.

Das Ziel bei der Anwendung der Mikroprüftechnik besteht in der Charakterisierung typischer Defekte und ihrer lokalen Wertung, um effektive Werkstoffeigenschaften aus einer gegebenen Mikrostruktur abzuleiten [13.6].

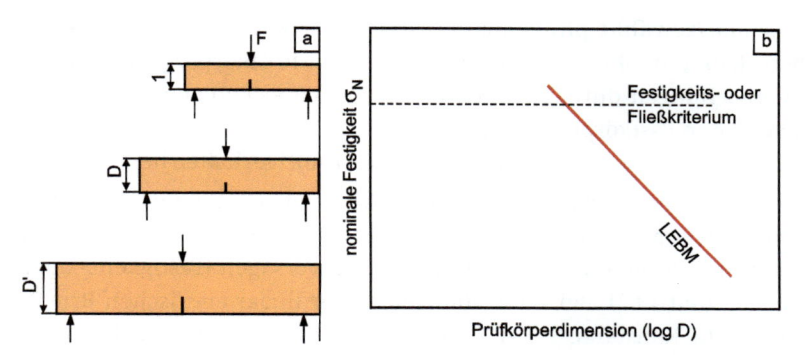

Bild 13.2 Geometrisch ähnliche Prüfkörper mit unterschiedlicher Größe und Einfluss auf mechanische Eigenschaften

Eine Beschreibung der Bauteil- bzw. Werkstoffeigenschaften erfolgt durch die Anwendung entsprechender Materialgesetze bzw. theoretischer Werkstoffmodelle, durch Kenngrößen und Kennwerte. Der Einfluss der Prüfkörperabmessungen auf die Werkstoffeigenschaften ist ein zentrales Problem, da bewährte Konzepte wie die Kontinuumsmechanik und die Bruchmechanik im Mikrobereich ihre Gültigkeitsgrenzen erreichen.

Der Einfluss der Prüfkörperdimensionen auf das mechanische Werkstoffverhalten soll am Beispiel eines Biegebalkens dargestellt werden (Bild 13.2). In der Festkörpermechanik kann der Einfluss der Geometriegröße auf die mechanischen Eigenschaften Y (Spannung, Dehnung) nur dann durch eine charakteristische Prüfkörperdimension D (Dicke, Länge, Breite, Risslänge) beschrieben werden, wenn bei geometrisch ähnlichen Prüfkörpern folgender funktioneller Zusammenhang besteht:

$$Y = Y_0\, f(D) \tag{13.1}$$

Für unterschiedliche Prüfkörperdimensionen D und D' mit D als Referenzgröße folgt:

$$\frac{f(D')}{f(D)} = f\left(\frac{D'}{D}\right) \tag{13.2}$$

Dieser funktionelle Zusammenhang besitzt für geometrisch ähnliche Prüfkörper bei einer unbekannten Skalierungsfunktion f(D) durch den Potenzansatz in Formel 13.3 eine Lösung [13.4].

$$f(D) = \left(\frac{D}{C_N}\right)^S \tag{13.3}$$

C_N, S Konstanten

Dadurch lassen sich ausgewählte physikalische Zusammenhänge auf entsprechende Prüfkörpergrößen skalieren, ohne bei der entsprechenden Prüfkörpergeometrie experimentelle Untersuchungen durchführen zu müssen. Die erhaltenen Zusammenhänge lassen sich in der Festkörpermechanik zur Beschreibung des Versagens bei elastischem, elastisch-plastischem, viskoplastischem Werkstoffverhalten heranziehen.

Für S = 0 besteht bei allen geometrisch ähnlichen Prüfkörpern kein Geometrieeinfluss auf die ermittelten Eigenschaften (z. B. σ_N). Trotz unterschiedlicher Prüfkörpergröße kommt es z. B. bei gleichen nominalen Spannungen zum Versagen (Festigkeits- oder Fließkriterium) (siehe Bild 13.2). Bei Anwendungen in der linear-elastischen Bruchmechanik wird durch die Konstante S = (–1/2) bei geometrisch ähnlichen Prüfkörpern der Einfluss der Rissgeometrie auf das Zähigkeitsverhalten berücksichtigt.

Verschiedene Modellansätze (*Griffith*, *Peterson*) beschreiben den Einfluss der Prüfkörpergröße auf das Versagensverhalten [13.7, 13.8]. Bei dem in der Literatur häufig verwendeten statistischen Ansatz nach *Weibull* wird vom schwächsten Glied in einer (Struktur-)Kette ausgegangen: Je größer das Volumen eines Prüfkörpers ist, desto höher ist die Wahrscheinlichkeit des Zusammentreffens der einzelnen Elemente mit geringen Festigkeiten (Defekte, Mikrorisse), die zum makroskopischen Versagen führen [13.9]. Daraus lässt sich ableiten, dass die Mikrostruktur (Mikrogefüge, Mikrorisse, Defekte, Voids und Fehlstellen) signifikant das makroskopische Versagensverhalten beeinflussen kann und demzufolge bei der Betrachtung kritischer makroskopischer Schädigungen (Ermüdung, Bruch) berücksichtigt werden muss.

Die Mikroprüftechnik ist dahingehend weiterzuentwickeln, dass die ermittelten Kennwerte repräsentativ für das jeweilige Werkstoffverhalten sind und damit die Übertragbarkeit auf Mikrokomponenten und die Abschätzung von deren Funktionsfähigkeit möglich wird. Zur Bestimmung der mechanischen Kennwerte an Mikrobauteilen müssen neuartige bzw. modifizierte Prüfmethoden und Messeinrichtungen eingesetzt werden. In diesem Zusammenhang häufig verwendete Testmethoden sind die uniaxiale Mikrozugprüfung, die Mikrobiegebalkenprüfung, die Mikrobruchmechanik, die Nano-Eindringprüfung sowie die biaxiale Bulge-Prüfung [13.10].

13.2 Kennwertermittlung an Mikroprüfkörpern

13.2.1 Mikrozugprüfung

Der Zugversuch an Mikroprüfkörpern unter Verwendung konventioneller Prüfeinrichtungen ist aufgrund des dominanten Auftretens von Einspanneffekten (Querkräfte, Biegeeinflüsse) schwierig zu realisieren. Desweiteren ist eine perfekte axiale Positionierung nur mit erheblichem Aufwand zu bewerkstelligen [13.10]. Um diese Probleme zu umgehen, kann für die Bestimmung mechanischer Eigenschaften die Biegeprüfung eingesetzt werden. In Bild 13.3 sind eine Mikroprüfeinrichtung und Belastungsvorrichtungen für die Zug- und Biegeprüfung dargestellt.

Bei der Entwicklung und dem Einsatz neuartiger Belastungsvorrichtungen kommt der präzisen Kraftmessung und der Erfassung des lokalen und integralen Verformungsverhaltens eine herausragende Bedeutung zu. Zur experimentellen Aufnahme der unter Last auftretenden Verformungen sind konventionelle mechanische Messwertaufnehmer aufgrund ihrer Abmessungen und ihres Gewichtes häufig ungeeignet und ihre Messwertauflösung ist zu gering. Aus diesem Grund wurden für die Mikroprüfung spezielle Messvorrichtungen entwickelt und eingesetzt.

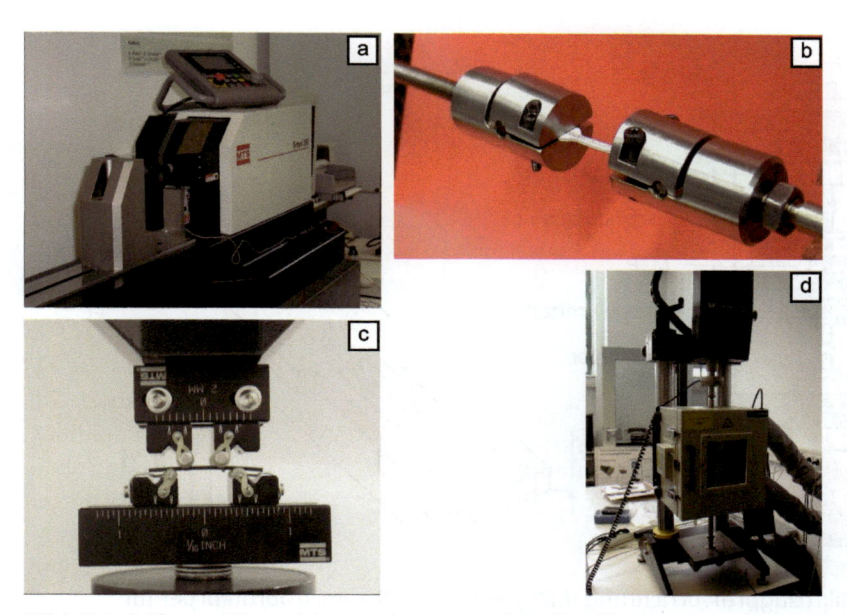

Bild 13.3 Mikroprüfmaschinen mit entsprechenden Einspannvorrichtungen: Mikroprüfkraftsystem Tytron™ 250 (Fa. MTS Systems) mit Kraftmessdosen für Maximalkräfte von ± 5 N bis ± 250 N und Temperierkammer (a), Einspannvorrichtung für die Mikrozugprüfung (b), Vierpunktbiegevorrichtung (c) und Microtester 5848 (Fa. Instron) mit Kraftmessdosen von ± 10 N bis ± 2000 N und Klimakammer (d)

Mit den in Bild 13.3 dargestellten Mikroprüfmaschinen können, neben geringen Kräften von 0,1 N bis 50 N mithilfe induktiver Wegaufnehmer auch geringe Dehnungswerte (10 nm) exakt ermittelt werden. Diese Messsysteme erlauben sowohl bei quasistatischer als auch bei schwingender Beanspruchung für unterschiedliche Prüftemperaturen eine präzise und reproduzierbare kraft- und dehnungsgeregelte Versuchsdurchführung.

Für den Einsatz in konventionellen Universalprüfmaschinen wurde eine Mikrozugprüfvorrichtung (MZP) verwendet (Fa. Dr. G. Wazau, Mess- und Prüfsysteme, Berlin), die eine Kraftmessung im mN-Bereich und eine Wegmessung im µm-Bereich ermöglicht (Bild 13.4). Damit lassen sich an Mikroprüfkörpern, die z. B. aus Bauteilen der Mikrosystemtechnik, Mikroelektronik, Mechatronik, Bio- und Chemosensorik entnommen werden, zuverlässige Werkstoffkennwerte ermitteln.

Zur Dehnungsmessung von Mikroprüfkörpern bzw. Mikrobauteilen haben sich vorwiegend berührungslose Messverfahren durchgesetzt. Es kommen akustische und optische Verfahren zum Einsatz, die eine exakte Wegmessung mit hoher Auflösung ermöglichen, sehr kleine, lokale Verformungen reproduzierbar erfassen und dadurch eine sorgfältige Interpretation der experimentellen Ergebnisse zulassen. Als berührungslose optische Verfahren werden die Laser-Speckle-Interferometrie, das Micro-*Moiré*-Verfahren, die Videoextensometrie (s. Bild 13.6) sowie die Laserextensometrie genutzt (s. Kapitel 9).

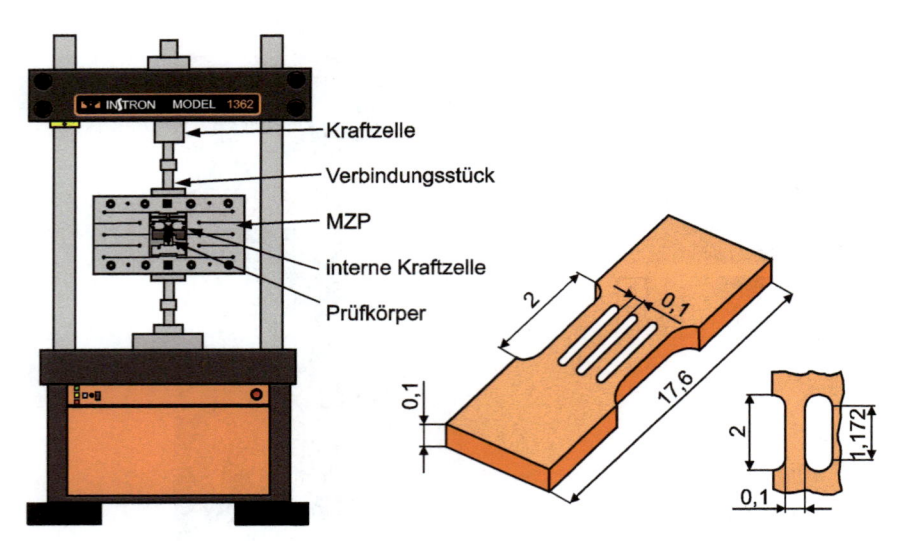

Bild 13.4 Mikrozugprüfvorrichtung (MZP) und Vierbalkenmikroprüfkörper für uniaxiale Zugbeanspruchung (Prüfkörper nicht maßstabsgerecht, alle Maßangaben in mm) [13.10]

13.2 Kennwertermittlung an Mikroprüfkörpern

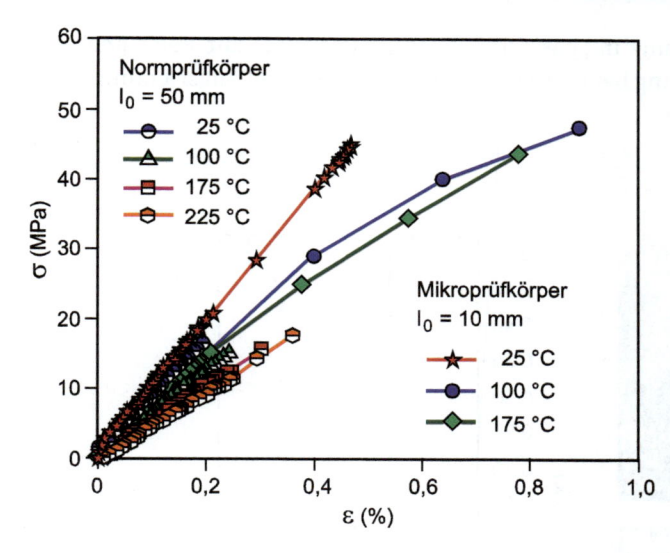

Bild 13.5
Vergleich des Spannungs-Dehnungs-Verhaltens zwischen Normprüfkörpern und Mikroprüfkörpern bei unterschiedlichen Prüftemperaturen

In Bild 13.5 sind die Ergebnisse eines unaxialen Zugversuchs an hochgefüllten Epoxidharzen für unterschiedliche Prüfkörpergeometrien (Mikroprüfkörper mit L_0 = 10 mm und Normprüfkörper nach DIN EN ISO 527, Typ 1 A mit L_0 = 50 mm) dargestellt. Die Werte für den E-Modul werden durch die Prüfkörpergröße wenig beeinflusst. Hingegen ist deutlich zu erkennen, dass bei den Mikroprüfkörpern im Vergleich zu den Normprüfkörpern höhere Werte für die Festigkeit und Bruchdehnung gemessen wurden. Dabei weisen die an den Mikroprüfkörpern ermittelten Kennwerte größere Streuungen auf.

Zur Erfassung der Messgröße bei gleichem Auflösungsverhalten des Messgerätes vergrößert sich mit zunehmender Miniaturisierung des Prüfkörpers der systematische Fehler bezüglich des Erwartungswertes. Die Möglichkeiten der Messdatenerfassung müssen bei der Miniaturisierung den jeweiligen Prüfkörperdimensionen angepasst werden.

Mit dem uniaxialen Zugversuch kann sowohl das elastische als auch das elastisch-plastische Werkstoffverhalten reproduzierbar ermittelt und interpretiert werden. Dies erfordert jedoch für die Prüfkörper mit zunehmender Miniaturisierung sowohl eine sorgfältigere Prüfkörperpräparation als auch ein sorgfältigeres Handling, um den Einfluss von Prüfkörperkanteneffekten zu minimieren.

Mit Hilfe der berührungslosen Verschiebungsfeldbestimmung durch digitale Bildkorrelation wird die Ermittlung der Querkontraktionszahl ν an miniaturisierten Prüfkörpern ermöglicht (Bild 13.6). Die Querkontraktionszahl stellt als entscheidender Werkstoffkennwert ein wichtiges Bindeglied zwischen ein- und mehraxialer Beanspruchung dar und ist für eine zuverlässige FE-Modellierung zahlreicher komplexer Bauteilgeometrien erforderlich. Definiert wird die Querkontraktionszahl als das negative Verhältnis der Dehnung in „passiver" Richtung (Normale zur Belastung) zur Dehnung in „aktiver" Richtung bei einer uniaxialen Belastung in Längsrichtung:

$$v = -\frac{\varepsilon_q}{\varepsilon_l} \tag{13.4}$$

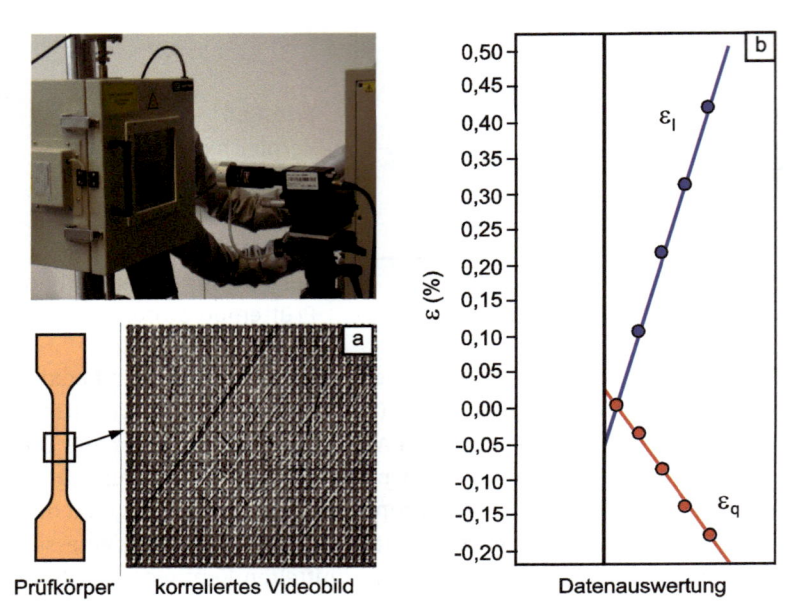

Bild 13.6 Einsatz eines Videomesssystems zur Erfassung von Verformungsfeldern am Microtester 5848 (Fa. Instron): Prüfkörper mit Bildausschnitt und korreliertem Videobild (a) sowie Datenauswertung (b)

Die dafür angewandte Grauwertkorrelationsanalyse an digitalen Bildern (Digital Image Correlation, DIC) ist ein Verfahren der digitalen Bildverarbeitung. Die zu untersuchenden Bauteile, Mikrokomponenten sowie Materialgrenzschichten werden unter verschiedenen mechanischen und/oder thermischen Belastungszuständen mit einem geeigneten Verfahren abgebildet. Anschließend werden auf der Grundlage eines Korrelationsalgorithmus lokale Verschiebungen und Verschiebungsfelder ermittelt, so dass qualitative und quantitative Aussagen über das Verformungsverhalten getroffen werden können. Zur Bestimmung der Querkontraktionszahl ist folgende Vorgehensweise erforderlich:

- Ermittlung der Verschiebungen längs und quer zur Zugrichtung (s. Abschnitt 13.4.1),
- Ableitung der Dehnungsfelder aus den Verschiebungsfeldern,
- Berechnung der Querkontraktionszahl aus:

- dem Verhältnis der mittleren Dehnungen zweier senkrecht zueinander liegenden Richtungen oder
- dem Verhältnis von Querdehnung zu Längsdehnung bei der aktuellen Belastung zur Bestimmung der Abhängigkeit der Querkontraktionszahl von der Längsdehnung.

Mit zunehmender Längsdehnung nimmt die Querkontraktionszahl ab (Bild 13.7). Bei kleinen Dehnungen ist dieser Zusammenhang mit Messungenauigkeiten verbunden, die im Mittelwert zu erhöhten Querkontraktionszahlen führen können [13.11].

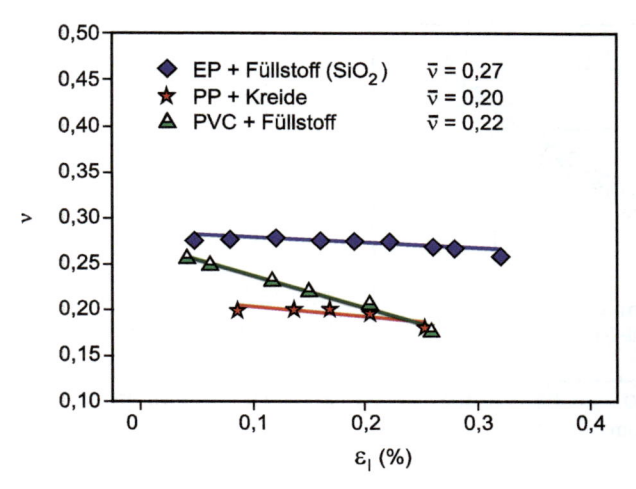

Bild 13.7 Querkontraktionszahl in Abhängigkeit von der Längsdehnung für gefüllte Kunststoffe

13.2.2 Bruchmechanische Untersuchungen mithilfe von miniaturisierten Compact Tension (CT)-Prüfkörpern

Grundvoraussetzung für die Anwendbarkeit bruchmechanischer Kenngrößen zur Zähigkeitsbewertung realer Strukturen ist die Geometrieunabhängigkeit der auch an miniaturisierten Prüfkörpern ermittelten Kennwerte. Eine Aufgabe der hier verwendeten Bruchkriterien ist es, eine von der Belastung und der Riss- und Bauteilgeometrie abhängige charakteristische Werkstoffkenngröße einem entsprechenden Werkstoffkennwert gegenüberzustellen, um so Aussagen über kritische Belastungen zu erhalten. In zahlreichen Untersuchungen an Kunststoffen wurde bei entsprechenden Versuchsbedingungen eine Abhängigkeit der im Kraftmaximum der Kraft-Verschiebungs- bzw. Kraft-Durchbiegungs-Diagramme bestimmten Zähigkeitskennwerte von der Prüfkörperdicke B nachgewiesen. Für Epoxidharze erfolgte mithilfe miniaturisierter Prüfkörper eine Abschätzung kritischer Werte für das Zähigkeitsverhalten [13.13]. Dabei wurden die Geometrie der Prüfkörper minimiert und die Gültigkeit der Geometriekriterien der bruchmechanischen Kennwerte und deren Dickenabhängigkeit überprüft. Die Kraft-Kraftangriffspunktverschiebungs-Kurven in Bild 13.8 zeigen, dass die erreichten Maximalkräfte und maximalen Verschiebungen für die Normprüfkörper größer sind als für die Miniaturprüfkörper. Die Ergebnisse in [13.13] belegen, dass bei den bruchmechanischen Untersuchungen sowohl an den Normprüfkörpern als auch an den Miniaturprüfkörpern ein nahezu gleiches Niveau für die Bruchzähigkeit erzielt wurde, so dass eine Bewertung der Bruchzähigkeit mit miniaturisierten Prüfkörpern in Abhängigkeit von der Prüftemperatur und Prüfgeschwindigkeit vorgenommen werden kann.

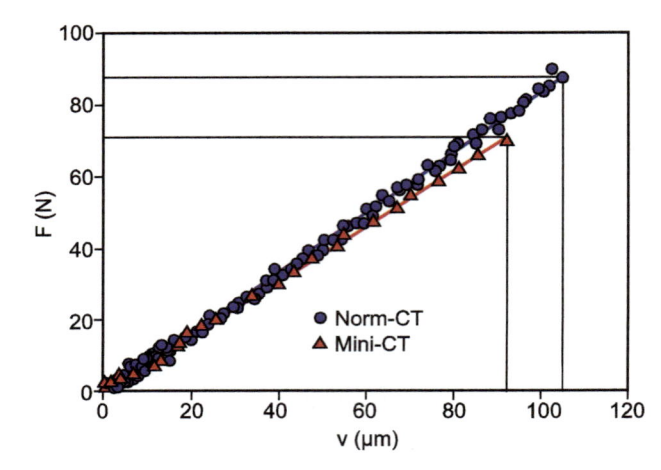

Bild 13.8 Kraft-Kraftangriffspunktverschiebungs-Kurven an Norm- und Miniaturprüfkörpern

In Bild 13.9 ist ein Vergleich der Bruchzähigkeitswerte von Norm-CT-Prüfkörpern (W = 48 mm) gegenüber Miniatur-CT-Prüfkörpern (W = 20 mm) aus den experimentell ermittelten Zähigkeitswerten und Literaturdaten aufgetragen [13.13, 13.14], wobei für die untersuchten Kunststoffe die Geometrieunabhängigkeit der an Norm-Prüfkörpern ermittelten K_Q-Kennwerte angenommen wird. Da die dargestellte Funktionalität einen Anstieg von nahezu 1 für die unterschiedlichen Werkstoffe aufweist, kann geschlussfolgert werden, dass grundsätzlich eine experimentelle Bewertung des Zähigkeitsverhaltens durch die Miniaturprüfkörper erfolgen kann.

Mit der Möglichkeit der Verwendung dieses Miniaturprüfkörpers zur Ermittlung geometrieunabhängiger bruchmechanischer Werkstoffkennwerte kann die für die Herstellung der Prüfkörper erforderliche Werkstoffmenge auf ein Viertel reduziert werden.

Für einen Vergleich von Kennwerten unterschiedlicher Prüfkörpergrößen wird in der Literatur die Forderung nach einem konstanten a/W-Verhältnis erhoben. Für PEI wurden zwischen 0,3 < a/W < 0,8 [13.13] und für Epoxidharze zwischen 0,4 < a/W < 0,9 [13.15] vom a/W-Verhältnis unabhängige K_Q-Werte ermittelt. Die durch den Standard ISO 13586 für Normprüfkörper festgelegte Einschränkung für das a/W-Verhältnis mit 0,2 < a/W < 0,8 kann auch auf die Miniaturprüfkörper übertragen werden.

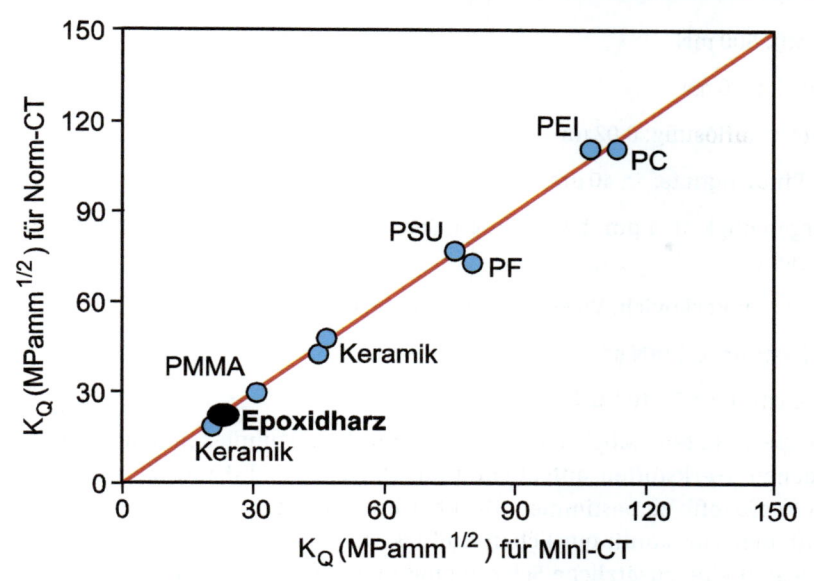

Bild 13.9 Vergleich der K_Q-Werte an Miniatur- und Norm-Prüfkörpern nach [13.13, 13.14]

Die Abschätzung der Mindestprüfkörpergeometrie muss auf der Grundlage einer detaillierten Analyse der Dickenabhängigkeit (s. Abschnitt 5.4.2.5) durchgeführt werden. Aus den funktionellen Zusammenhängen $\beta = f(K)$ bzw. $\varepsilon = f(J)$ können die für Epoxidharze erforderlichen Mindestprüfkörperabmessungen der Miniaturprüfkörper abgeschätzt werden. Die experimentelle Überprüfung der Dickenabhängigkeiten $K = f(B)$ bzw. $J = f(B)$ zeigt, dass für miniaturisierte Prüfkörper mit den Abmessungen $25{,}4 \times 25{,}4\,\text{mm}^2$ für diese Werkstoffgruppe ab einer Prüfkörperdicke von $B = 4\,\text{mm}$ geometrieunabhängige Werkstoffkennwerte ermittelt werden [13.16]. Damit wird der Nachweis erbracht, dass auch für kleine Prüfkörper eine ingenieurmäßige Abschätzung der minimalen Prüfkörperdicke durch die in Abschnitt 5.4.2.5 dargestellten empirischen Geometriefunktionen möglich ist.

13.3 Nano-Eindringprüfung

In der Prüfung von Miniaturbauteilen nimmt die Nano-Eindringprüfung eine herausragende Rolle ein. Die Nano-Eindringprüfung gehört zu den Verfahren der instrumentierten Härteprüfung (s. Abschnitt 4.7), d. h., es lassen sich Härtewerte, E-Moduli und bruchmechanische Kennwerte ermitteln. Die Besonderheit dieses Verfahrens liegt in der hohen Kraft- und Eindringtiefenauflösung. Als Beispiel sind nachfolgend die technischen Daten für den Nano Indenter® XP der Fa. MTS Systems Corporation, USA angegeben:

- Maximalkraft: 500 mN
- Kraftauflösung: 50 nN
- Eindringtiefenauflösung: 0,02 nm
- Maximale Eindringtiefe: >> 40 µm
- Positioniergenauigkeit: 1 µm, bei anderen Geräten werden Genauigkeiten bis zu 0,2 µm erreicht
- Indenterformen: Berkovich, Vickers, Kegel, Sonderformen
- Minimale Lastrate: $\leq 1\,\text{mN s}^{-1}$
- Maximale Lastrate: $\geq 7 \cdot 10^{10}\,\text{µN s}^{-1}$

Damit ist die experimentelle Möglichkeit gegeben, direkt in komplexen Bauteilen, die aus verschiedenen Werkstoffen aufgebaut sind, Härte, E-Modul und z. T. auch K_{Ic} der einzelnen Werkstoffe zu bestimmen. Darüber hinaus bieten diese Gerätesysteme Zusatzapplikationen zur kontinuierlichen Steifigkeitsmessung, bei der dem Kraft-Eindringtiefe-Signal eine zusätzliche Schwingung überlagert ist, Ritzfunktionen und Messung von Normal- und Tangentialkräften.

Neben der Ermittlung der Werkstoffeigenschaften von Einzelkomponenten im Bauteil kann dieses Verfahren zur Ermittlung von Grenzflächeneigenschaften eingesetzt werden. Hierzu hat sich die Anwendung der Methode der Eindringbruchmechanik bzw. bei geringen Lasten der Nanobruchmechanik bewährt.

Die klassische Vorgehensweise unter Ausnutzung des Ausmessens der unter dem Indenter entstehenden radialen Risse stößt jedoch an ihre Grenzen, da bestimmte kritische Lasten notwendig sind, um radiale Risse zu erzeugen. Bei Verwendung von Vickers- oder Berkovich-Eindringkörpern sind diese Lasten abhängig vom Werkstoff und der Indentergeometrie. Die dabei entstehenden Eindringtiefen sind jedoch für die Prüfung dünner und ultradünner Schichten zu hoch, so dass die elastisch-plastische Zone das Substrat erreichen kann. Ebenso ist es sehr schwierig, die radialen Risse bei sehr kleinen Eindringtiefen im REM zu messen. Die Bruchzähigkeit K_{Ic} kann nach Formel 13.5 ermittelt werden.

$$K_{Ic} = 0{,}016 \left(\frac{E}{HV}\right)^{1/2} \frac{F}{c^{3/2}} \tag{13.5}$$

HV Vickershärte
c Risslänge (vom Eindruckmittelpunkt aus gemessen)

Für die Bestimmung der Bruchzähigkeit dünner und ultradünner Schichten wird in [13.17] und [13.18] eine Methode beschrieben, die die bei der Ermittlung ringförmiger Risse in der Schicht auftretenden Stufen bzw. Sprünge in der Belastungskurve zur Bewertung heranzieht.

Bild 13.10a zeigt die schematische Darstellung eines aufgebrachten PMMA-Superlayers, um mittels Eindringprüfung die Phasenhaftung zwischen PS und Glas ermitteln zu können. Diese Vorgehensweise ist notwendig, da es bei Vorliegen einer duktilen Schicht auf einem spröden Substrat sehr schwierig bzw. unmöglich ist, eine Schichtablösung zu erreichen, da nicht genügend elastische Dehnungsenergie in der Schicht entwickelt wird. Die Verwendung eines konischen Indenters (90°) mit einem Spitzenradius von 1 µm führt im System PS/Glas zu der gewünschten Grenzflächenseparation.

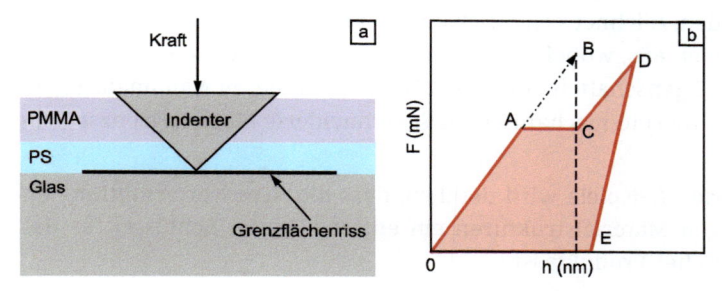

Bild 13.10 Prinzipieller Schichtaufbau zum Nachweis der Phasenhaftung an einer Grenzfläche PS/Glas mit einem PMMA-Superlayer (a) und schematische Kraft-Eindringtiefe-Kurve mit den Stadien des Bruchprozesses zur Ermittlung der freigesetzten Energie (b)

Der Bruchprozess in einem Mehrschichtsystem läuft in drei Stadien ab, die in einer Kraft-Eindringtiefen-Kurve nachweisbar sind. Im Stadium 1 werden erste ringförmige Risse durch die Schicht aufgrund der hohen Spannungen in der Kontaktzone beobachtet. Das Stadium 2 ist durch die Ablösung und Ausbeulung der Schicht aufgrund der hohen lateralen Druckspannungen charakterisiert. Stadium 3 wird durch den Schichtdurchbruch verursacht und führt zu einem Sprung in der Belastungskurve. Für das Stadium 3 lässt sich die Bruchzähigkeit nach Formel 13.6 berechnen, wobei die Risslänge c_R bei sehr dünnen Schichten in der Regel mit dem REM zu bestimmen ist und sich die freigesetzte Energie U entsprechend Bild 13.10b als von A, B und C eingeschlossene Fläche ergibt.

$$K_{Ic} = \left[\left(\frac{E}{(1-\nu^2)\, 2\,\pi\, c_R}\right)\left(\frac{U}{h}\right)\right]^{1/2} \tag{13.6}$$

13.4 Prüfmethoden auf dem Weg in die Nanowelt

Eine einfache Skalierung sämtlicher Materialparameter bis zur Nanoebene ist nicht ohne weiteres möglich. Beispielsweise können bei der numerischen Modellierung von dünnen Schichten mit Dicken von wenigen Nanometern, die heute bereits Einzug in die Mikrosystemtechnik gehalten haben, keine Materialkennwerte aus makroskopischen Versuchen verwendet werden.

Die Gruppe der Nanomaterialien, die z. B. durch Mischen von Nanopartikeln in einer Matrix hergestellt werden, zeichnet sich durch das große Verhältnis von Partikeloberfläche zu Partikelvolumen aus, wobei gezielt Verbesserungen mechanischer, thermischer und elektrischer Eigenschaften angestrebt werden. In diesen Nanomaterialien kommt es demnach auf thermo-mechanisch maßgeschneiderte Materialgrenzschichten an.

Anhand der aufgeführten Beispiele wird deutlich, dass die Kennwertermittlung an mikro- und nanoskaligen Materialstrukturen ein entscheidender Schlüssel für das Design nanotechnologischer Produkte ist.

13.4.1 Berührungslose Verschiebungsfeldbestimmung durch digitale Bildkorrelation (Grauwertkorrelationsanalyse)

Für die Grauwertkorrelationsanalyse an digitalen Bildern besteht die Möglichkeit, die digitalen Aufnahmen sowohl durch Belichtung von CCD-Sensoren aber auch durch Detektoren von scannenden Abbildungsverfahren zu erzeugen. So können beispielsweise Bilder einer Videokamera, aber auch REM-, LSM (Laser-Scanning-Mikroskopie)- und SPM (Scanning Probe Microscopy, Rastersondenmikroskopie)-Aufnahmen eingesetzt werden.

Die Korrelationsanalyse ermöglicht die vollständige Beschreibung eines zweidimensionalen Verschiebungs- bzw. Dehnungsfeldes und eignet sich daher hervorragend zur Materialcharakterisierung. Beispiele hierfür sind die Bestimmung der Querkontraktionszahl oder des thermischen Ausdehnungskoeffizienten [13.19].

Verglichen mit anderen Feldmessverfahren wie z. B. dem *Moiré*-Verfahren oder der Laser-Interferometrie bietet die Grauwertkorrelationsanalyse einige Vorteile:

- Zur Bildgenerierung kann jedes optische System, das digitale Graustufenbilder erzeugt, genutzt werden.

- Bei dieser optischen Aufnahmetechnik bedarf es keiner zusätzlichen Oberflächenpräparation. Bei geringen Vergrößerungen sind die Anforderungen an Vibrationsreduzierung und Temperaturkonstanz geringer als bei den Methoden, die auf Laseranwendungen basieren.

- Aufgrund der auf digitalen Bildern basierenden Auswertemethode bietet die Grauwertkorrelation hervorragende Skalierungseigenschaften bis in kleinste Messbereiche und eignet sich somit zur thermo-mechanischen Analyse sowohl von Komponenten der Mikrosystemtechnik als auch zur Charakterisierung von Nanomaterialien.

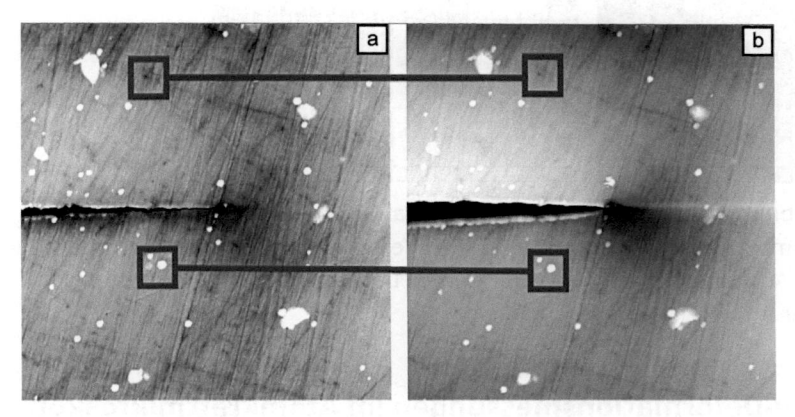

Bild 13.11 AFM-Topografie-Abbildung der Rissöffnung eines CT-Prüfkörpers aus Cyanatester Reaktivharz (Scanbereich 15 µm × 15 µm): unbelasteter Zustand (a) und belasteter Zustand (b); lokale Muster innerhalb einer Abbildung eines Objekts bleiben unabhängig vom Belastungszustand erhalten

Bei der Verformungsanalyse mittels Grauwertkorrelation wird die Tatsache genutzt, dass Bilder eines zu untersuchenden Objektes typische Grauwertmuster bzw. Strukturen aufweisen, die sich auch bei plastischer Deformation nicht grundlegend verändern (Bild 13.11). Die Ergebnisse der Grauwertkorrelationsanalyse sind zweidimensionale Verschiebungsvektoren eines Punktes. Angewendet auf einen Satz von Messpunkten (i. Allg. repräsentiert durch ein rechteckiges „virtuelles" Gitter mit benutzerdefiniertem Gitterlinienabstand) ergibt sich ein komplettes Verschiebungsfeld. Die Ergebnisausgabe kann im einfachsten Fall durch einen numerischen Datensatz im ASCII-Format erfolgen, wodurch eine Weiterverarbeitbarkeit der Ergebnisse gewährleistet ist. Mit der verwendeten Software [13.20] lassen sich auch überlagerte Darstellungen von Bildern und Vektorfeldern bzw. deformierte Netzstrukturen erzeugen (Bild 13.12).

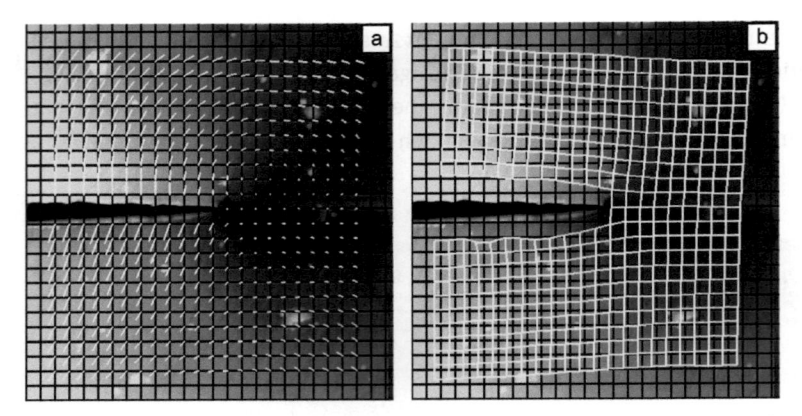

Bild 13.12 Ergebnisdarstellung der Grauwertkorrelation am Beispiel von AFM-Scans (15 µm × 15 µm): Vektordarstellung der Verschiebungen mit entsprechendem Ausgangskorrelationsgitter (a) und Darstellung als deformiertes Gitter (b)

13.4.2 In-situ-Deformationsmessungen im Atomkraftmikroskop (AFM)

Eine leistungsfähige diagnostische Prüfmethode zur Erfassung thermo-mechanischer Prozesse auf der Nanoskala bildet die Kopplung der In-situ-Atomkraftmikroskopie mit der Grauwertkorrelationsanalyse. Bei der Anwendung eines AFM zur Generierung digitaler Bilder, die durch Grauwertkorrelation miteinander verglichen werden sollen, sind folgende experimentelle Problemstellungen zu berücksichtigen:

- Drift des AFM-Scanners, aufgrund des zeitabhängigen Verhaltens des Scanner-Piezos (Kriechen) und
- Relativverschiebungen des Scannerkopfes zum Prüfkörper durch Temperaturschwankungen innerhalb des Messaufbaus,

die bei konventionellen Bildaufnahmeverfahren nicht auftreten [13.21, 13.22]. Diese Phänomene verursachen insbesondere bei langen Aufnahmezeiten systematische Abbildungsfehler in Form von Bildverzerrungen.

Ein anschauliches Beispiel einer Deformationsmessung im AFM bietet die Belastung eines CT-Prüfkörpers aus Cyanatester. Bei dem mit einem Anriss versehenen CT-Prüfkörper wird die Prüfkörperoberfläche poliert und in ein speziell für REM- und AFM-Untersuchungen angefertigtes Belastungsmodul eingesetzt (Bild 13.13).

Der CT-Prüfkörper wird schrittweise auf Zug belastet, so dass der Riss symmetrisch im Modus I öffnet. Nach jedem Belastungsschritt werden AFM-Topografie-Scans im Non-Contact-Modus durchgeführt. Dieser Scan-Modus ist bei Kunststoffen zu bevorzugen, um die Oberfläche nicht durch die harte Cantilever-Spitze zu beschädigen.

13.4 Prüfmethoden auf dem Weg in die Nanowelt

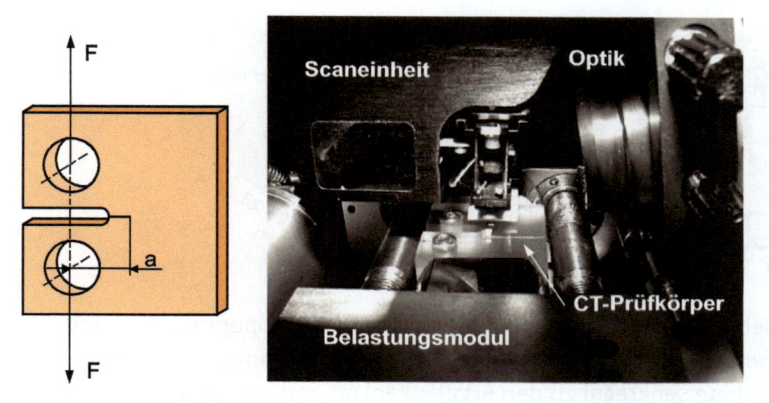

Bild 13.13 CT-Prüfkörper mit Anriss (links) und In-situ-Belastungsmodul im AFM, AFM-Scankopf und optische Einheit (rechts)

Die Topografie-Scans werden im Abstand von ca. 50 µm hinter der Rissspitze im Bereich der Rissflanken durchgeführt. Dabei wird der Prüfkörper so belastet, dass sich die beiden Rissflanken nur wenig voneinander entfernen. Bild 13.14 zeigt die untersuchten 33 µm × 33 µm großen Oberflächenbereiche des CT-Prüfkörpers vor und nach der Belastung in einer 3D-Darstellung.

Vergleicht man die vor und nach der Belastung aufgenommenen Scans, ist keine Rissöffnung erkennbar, es ist sogar schwierig, den Riss von den Polierspuren zu unterscheiden, die eine dem Riss vergleichbare Topografie aufweisen.

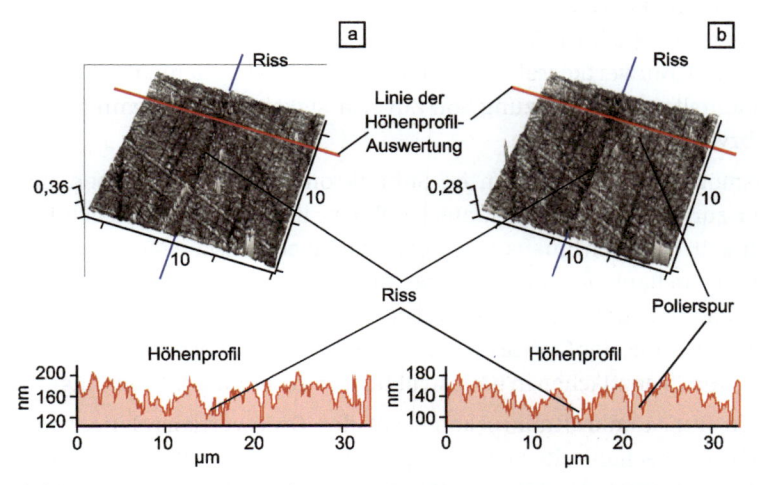

Bild 13.14 AFM-Topografie-Scans in der Nähe der Rissspitze eines CT-Prüfkörpers aus Cyanatester Reaktivharz (33 µm × 33 µm Scan): unbelastet (a) und belastet (b)

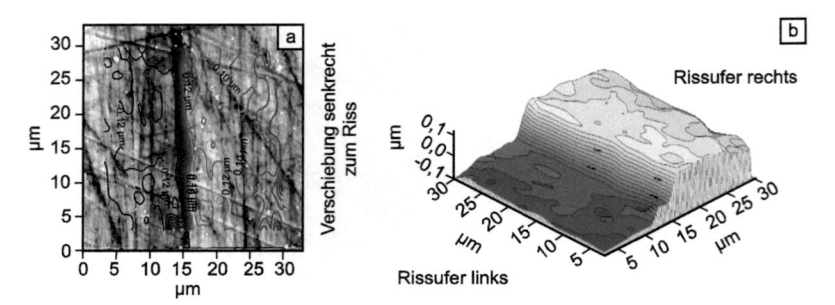

Bild 13.15 Verschiebungsfeld in der Nähe der Rissspitze: AFM-Topografie-Scan mit überlagerter Konturdarstellung des Verschiebungsfeldes in y-Richtung u_y (Komponente senkrecht zu den Rissflanken) (a) und 3D-Darstellung des Verschiebungsfeldes in y-Richtung (b)

Wendet man die Digitale Grauwertanalyse auf diese Bilder an, wird die Rissöffnung anhand des berechneten Verschiebungsfeldes deutlich erkennbar. In Bild 13.15 sind die Verschiebungen senkrecht zur Rissflanke dargestellt und es ergibt sich daraus eine Rissöffnung von etwa 200 nm.

Offensichtlich kann die Rissöffnung nicht durch die AFM-Scans aufgelöst werden, die mit einer Abbildungsrasterung von 256 × 256 Pixel und einer Bildgröße von 33 µm × 33 µm eine Auflösung von etwa 130 nm/Pixel haben. Die ermittelte Rissöffnung liegt im Bereich von 1 bis 2 Pixeln und kann demnach nicht direkt aus der 3D-Darstellung in Bild 13.14b entnommen werden.

Die durchgeführten Versuche zeigen, dass es selbst bei relativ großen AFM-Scanfeldern (10 µm – 100 µm) möglich ist, Risse im Submikrometerbereich nachzuweisen und zu beurteilen. Die Grauwertkorrelationsmethode eignet sich demnach hervorragend zur experimentellen Unterstützung von Zuverlässigkeitsanalysen von Mikro- und Nanosysteme bzw. Nanomaterialien.

Aus der Detektionsmöglichkeit von Rissen im Submikrometerbereich ergeben sich neue Möglichkeiten zur Bewertung von Materialfehlern und Defekten hinsichtlich Größe und Wirksamkeit. Darüber hinaus sind über bruchmechanische Methoden Zuverlässigkeitsanalysen von Bauteilen durchführbar. Damit ist eine experimentelle Möglichkeit gegeben, vorhandene Defizite bei der Lebensdauerabschätzung unter thermomechanischer Beanspruchung, der Lokalisierung kritischer Versagensorte im Verbund sowie bei Bewertung von Grenzflächen in nanostrukturierten Bereichen zu verringern.

Die Kopplung der In-situ-Atomkraftmikroskopie mit der Grauwertkorrelationsanalyse ermöglicht die bruchmechanische Bewertung von Rissen auf der Basis des CTOD-Konzepts. Zur Ableitung des Spannungsintensitätsfaktors müssen folgende Voraussetzungen erfüllt sein:

- Es gilt die Linear-elastische Bruchmechanik (LEBM) und
- das Prüfkörpermaterial ist homogen.

Zur Berechnung des Spannungsintensitätsfaktors K_I aus der Öffnung des Risses in unmittelbarer Nähe der Rissspitze werden die Verschiebungen der oberen und unteren Rissflanken u_y^u und u_y^l ausgewertet (Bild 13.16):

$$u_y^u = \frac{K_I}{2\mu}\sqrt{\frac{x}{2\pi}}(k+1)$$

$$u_y^l = \frac{K_I}{2\mu}\sqrt{\frac{x}{2\pi}}(k+1) \quad \text{für } x \leq 0 \quad \text{und} \tag{13.7}$$

$$u_y^u = u_y^l = 0 \quad \text{für } x > 0$$

In Formel 13.7 ist μ der Schermodul und k ist eine Funktion der Poissonzahl v. An der Oberfläche des Prüfkörpers, wo idealisiert ein ebener Verzerrungszustand vorherrscht, wird k durch $k = (3–v)/(1+v)$ beschrieben [5.18].

Die Berechnung des Spannungsintensitätsfaktors erfolgt nach Formel 13.8:

$$K_I = \frac{E}{1+v}\frac{1}{k+1}\sqrt{2\pi C} \tag{13.8}$$

wobei C aus dem in Formel 13.9 dargestellten Zusammenhang zu ermitteln ist.

$$\left(\frac{u_y^u - u_y^l}{2}\right)^2 = C \cdot x \quad x \leq 0$$
$$= 0 \quad x > 0 \tag{13.9}$$

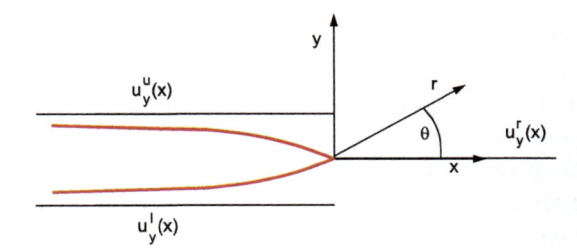

Bild 13.16
Rissöffnungsverschiebung für einen unendlich ausgedehnten Körper

Ein Beispiel für die Vorgehensweise ist in Bild 13.17 dargestellt. Die Rissspitze eines CT-Prüfkörpers aus Cyanatester Reaktivharz wurde in einem Scanbereich von 4,6 µm × 4,6 µm in zwei verschiedenen Belastungszuständen aufgenommen und anschließend mit der Grauwertkorrelationsmethode analysiert. Daraus ergibt sich das in Bild 13.17a dargestellte Verschiebungsfeld in y-Richtung.

Aus den Ergebnissen zur Verschiebung der Rissflanken u_y^u und u_y^l ergibt sich durch lineare Regression über Formel 13.9 die Steigung C (Bild 13.17b). Der daraus bestimmte Wert des Spannungsintensitätsfaktors K_I beträgt 1,04 MPa mm$^{1/2}$. Die Rissbelastung befindet sich demnach bei etwa 1/20 der Bruchzähigkeit des untersuchten Reaktivharzes. Damit ordnen sich die mit diesem Verfahren abgeschätzten Werte des Spannungsintensitätsfaktors in den in Bild 5.20 dargestellten β-K-Zusammenhang ein.

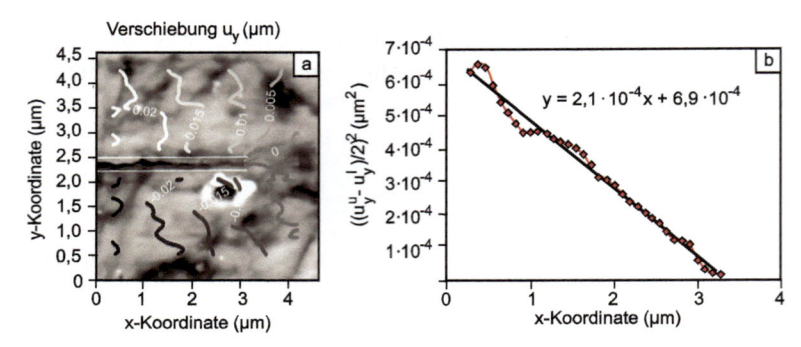

Bild 13.17 AFM-Scan an der Rissspitze eines CT-Prüfkörpers (4,6 μm × 4,6 μm Scan) mit ermitteltem Verschiebungsfeld in y-Richtung (a) und Bestimmung der Steigung C (b)

Die in diesem Kapitel vorgestellten Verfahren stellen nur eine Auswahl der derzeit angewendeten Mikroprüftechniken dar. In Abhängigkeit von dem zu charakterisierenden Werkstoff bzw. Bauteil und dem zu ermittelnden Kennwert werden neben der Mikrozugprüfung, Nanoeindringprüfung, den Verfahren der Verformungsfeldbestimmung und bruchmechanischen Methoden auch die nicht dargestellte Mikrobiegebalkenprüfung und spezielle Verfahren der zerstörungsfreien Werkstoffprüfung eingesetzt.

Mit Hilfe weiterentwickelter Riss- bzw. Schadenskonzepte (Versagenshypothesen, Lebensdauerhypothesen u. a.) lassen sich in vielen Fällen sehr detaillierte Bewertungen der Mikrokomponenten und letztlich des Mikrosystems erhalten. Diese Vorgehensweise ist in der Regel iterativ, d. h. es kommt zu einem komplizierten Zusammenspiel von Rechnung und Messung. Dabei gelangen nicht selten mehrere experimentelle Messtechniken parallel oder nacheinander zum Einsatz, wenn eine sehr anspruchsvolle Zuverlässigkeitsprognose zu erstellen ist und wenn insbesondere sehr wenige Vorkenntnisse über das Mikrosystem vorliegen. Es kann aber eingeschätzt werden, dass eine große Anzahl ausgereifter Messtechniken zur Verfügung steht, die direkt mit Simulationsmethoden gekoppelt werden können (i. d. R. mit FEM-Verfahren), so dass das Zuverlässigkeitsproblem nicht mehr nur auf die Versagenshypothesen abgestützt werden muss, sondern in starkem Maße auch durch konkrete Messungen mittels anspruchsvoller physikalischer Messtechniken abgesichert werden kann. Natürlich bleibt noch ein Restrisiko bestehen. Dieses resultiert nicht mehr in erster Linie aus einem Mangel an Berechnungsmethoden, sondern eher aus einer unvollständigen Kenntnis der lokalen Werkstoffkennwerte. Eine sinnvolle Kombination experimenteller Techniken (Lasermessverfahren, Akustomikroskopie, microDAC, Röntgenfeinfokus, DMA, TMA usw.) mit FEM-Simulationen ermöglicht so genaue Resultate in der Modellierung der Phänomene, dass sehr gute Lebensdauerprognosen bzw. Prognosen des Schädigungs- sowie letztlich des Schadensvermeidungsverhaltens abgegeben werden können. Damit gelingt es immer besser, wirksam zum Einsatz von Mikrosystemen in der Wirtschaft beizutragen [13.23].

13.5 Literatur

[13.1] Michel, B.: „Fracture Electronics"-Concept of fracture mechanics for reliability estimation in microelectronics and microsystem technology. Proceedings of MicroMat '97, Berlin, DDP Goldenbogen Verlag, Dresden (1997) 382–389

[13.2] Towse, A.; Potter, K.; Wisnom, M. R.; Adams, R. D.: Specimen size effect in the tensile failure strain of an epoxy adhesive. J. Mater. Sci. 33 (1998) 4307–4314. https://doi.org/10.1023/A:1004487505391

[13.3] Carpinteri, A. (Ed.): Size-Scale Effects in the failure mechanisms of materials and structure. Proceedings of IUTAM, 3–7 October, Turin, Chapman & Hall (1994)

[13.4] Bazant, Z. P.: Size effect on structural strength: a review. Arch. Appl. Mech. 69 (1999) 703–725. https://doi.org/10.1007/s004190050252

[13.5] Sommer, E.; Olaf, J.: Mechanische Eigenschaften von Mikrokomponenten bestimmen. Materialprüfung 36 (1994) 134–137

[13.6] Gross, D.: Bruchmechanik. Springer Verlag, Berlin Heidelberg New York (2001)

[13.7] Griffith, A. A.: The phenomenom of rupture and flow in solids. Philos. Trans. R. Soc. Lond. Ser. A-Math. Phys. Eng. Sci. 211 (1920) 163–198. https://doi.org/10.1098/rsta.1921.0006

[13.8] Peterson, R. E.: Model testing as applied to strength of materials. J. Appl. Mech. 1 (1933) 79–85. https://doi.org/10.1115/1.4012184

[13.9] Weibull, W.: A Statistical Theory for the Strength of Materials. Swedish Royal Institute for Engineering Research, Sweden (1939)

[13.10] Ilzhöfer, A.; Schneider, H.; Tsakmakis, Ch.: Tensile testing device for microstructural specimens. Microsyst. Technol. 4 (1997) 46–50. https://doi.org/10.1007/s005420050091

[13.11] Bierögel, C.; Grellmann, W.: Einsatzmöglichkeiten der Laserextensometrie in der Kunststoffdiagnostik und technischen Bruchmechanik. 1. Anwendersymposium Laserextensometrie, Merseburg, 21. 6. 2001, Tagungsband (2001) 477–501

[13.12] Walter, H.; Bierögel, C.; Grellmann, W.; Fedtke, M.; Michel, B.: Fracture mechanics testing of modified epoxy resins with mini-compact tension (CT-) specimens. In: Grellmann, W.; Seidler, S. (Eds.): Deformation and Fracture Behaviour of Polymers. Springer Verlag, Berlin Heidelberg (2001) 519–530

[13.13] Hinkley, J. A.: Small compact tension specimens for polymer toughness screening. J. Appl. Polym. Sci. 32 (1986) 5653–5655. https://doi.org/10.1002/APP.1986.070320631

[13.14] Hodgkinson, J. M.; Williams, J. G.: Crack-blunting mechanisms in impact tests on polymers. Proc. R. Soc. London Ser. A-Math. Phys. Eng. Sci. 375 (1981) 231–248. https://doi.org/10.1098/rspa.1981.0049

[13.15] Lee, C. Y. C.; Jones, W. B.: Fracture-toughness (K_Q) testing with a mini-compact tension (CT) specimen. Polym. Eng. Sci. 22 (1982) 1190–1198. https://doi.org/10.1002/pen.760221804

[13.16] Walter, H.; Michel, B.; Bierögel, C.; Grellmann, W.: Morphologie-Zähigkeits-Korrelationen an modifizierten Epoxidharzsystemen mittels bruchmechanischer Prüfmethoden an Miniaturprüfkörpern. In: Buchholz, O. W.; Geisler, S. (Hrsg.): Herausforderung durch den industriellen Fortschritt – Tagungsband Werkstoffprüfung 2003, Verlag Stahleisen GmbH Düsseldorf (2003) 365–371

[13.17] Li, X.; Bhushan, B.: Measurement of fracture toughness of ultra-thin amorphous carbon films. Thin Solid Films 315 (1998) 214–221. https://doi.org/10.1016/S0040-6090(97)00788-8

[13.18] Li, M.; Carter, C. B.; Hillmyer, M. A.; Gerberich, W. W.: Adhesion of polymer-inorganic interfaces by nanoindentation. J. Mater. Res. 16 (2001) 3378–3388. https://doi.org/10.1557/JMR.2001.0466

[13.19] Vogel, D.; Grosser, V.; Schubert, A.; Michel, B.: MicroDAC strain measurement for electronics packaging structures. Opt. Lasers Eng. 36 (2001) 195–211. https://doi.org/10.1016/S0143-8166(01)00034-3

[13.20] Vogel, D.; Auersperg, J.; Michel, B.: Characterization of electronic packaging materials and components by image correlation methods. Symp. on Advanced Photonic Sensors and Applications II, Singapore, 27-30 Nov. 2001, Proceedings of SPIE, Vol. 4596 (2001) 237-247

[13.21] Chasiotis, I.; Knauss, W.: A new microtensile tester for the study of MEMS materials with the aid of atomic force microscopy. Exp. Mech. 42 (2002) 51-57. *https://doi.org/10.1007/BF02411051*

[13.22] Vogel, D.; Keller, J.; Gollhardt, A.; Michel, B.: Displacement and strain field measurements for nanotechnology applications. 2nd IEEE Conference on Nanotechnology, IEEE-NANO 2002, August 26-28, Washington D.C, Proceedings (2002) 37-40

[13.23] Michel, B.; Kühnert, R.; Rümmler, N.; Dost, M.: Werkstoffprüfung und Zuverlässigkeitsbewertung in der Mikrosystemtechnik. Werkstoffprüfung 1999, Bad Nauheim 2.-3.13., Tagungsband (1999) 45-49

Index

Symbole

50 %-Schädigungsmasse *669*
δ-Δa-Kurven *251, 522*

A

Abbau
– oxidativ *591*
– thermisch *591*
Abbe-Refraktometer *313, 317*
Abbildungsschärfe *336*
A-Bild-Technik *471*
Abrasion *211*
Abrieb *186*
ABS/CF-Verbund *353*
Abschälwinkel *570*
Absorption *302, 326, 447f., 503, 613*
Absorptionsgrad *326*
Absorptionskoeffizient *448*
Abstumpfung der Rissspitze *247, 413, 438, 521*
Acrylnitril-Butadien-Styrol *23, 124, 151, 157, 193, 516, 585*
Adhäsion *160, 211, 218, 570, 674*
adhäsive Energiefreisetzungsrate *570, 682*
Admittanz *370*
AFM-Topografie *711, 714*

Akkreditierung *9*
Aktivierungsenergie *48, 366, 413, 438*
akustische Emission *515, 642f.*
akustische Impedanz *471*
Alterung *20, 37, 93, 112, 339, 345, 379, 452, 636*
Alterungsprozess *410, 620*
Amici-Bertrand-Linse *323, 341*
Amplitude *94, 100, 258, 317, 372, 446, 484, 489, 494ff., 501*
Amplitudenreflexionskoeffizient *470*
anisotrope Faserverbundwerkstoffe *540*
anisotrope Werkstoffe *316ff., 321, 532*
Anisotropie *32, 189, 310, 321, 340, 465, 474, 527ff., 532, 619*
Anisotropieänderung *321*
Anisotropiemessung *34, 474*
Anisotropieverhältnisse *320ff.*
Ansatz von Debye *295, 363*
Ansetzdehnungsaufnehmer *114, 122, 537*
Ansprechempfindlichkeit *445, 478*
Aramidfasern *213, 534*
Arrhenius-Gleichung *48, 84, 88, 104, 366, 438, 619, 636*
Aufheizgeschwindigkeit *582*
Aufladungserscheinung *357, 377*
Auflagerabstand *145, 257, 547, 562*
Aufleimer *28, 116, 536, 543, 551*
Aufschlagimpuls *256, 524*

Ausgangsrisslänge 244, 272
Ausgasung 294, 628
Aushärtung 345, 482
Aushärtungsgrad 619
Aushärtungsvorgang 294, 468, 585
Ausziehlänge 413, 416
Avogadrozahl 365
axiale Scherfestigkeit 636
axiales Versagen 543

B

Bagley-Diagramm 62
Bandrollenschälversuch 570
Barcol-Härte 188, 194, 618
Barus-Effekt 62
Basisprüfmethoden 614
Bauteildefekte 494, 500, 699
Bauteilfertigung 534
Bauteilprüfung 131, 186, 435, 528, 613, 625
B-Bild-Technik 472
Beanspruchung
– schwingende 164, 174, 702
– stoßartige 151
Beanspruchungsgeschwindigkeit 35, 63, 81, 91, 128, 155, 243, 283, 430, 515
Becke-Linie 314
Begley 255, 261
Belastungs-Deformations-Diagramm (Durchzugtest) 645
Belastungs-Entlastungs-Kurve 560
Bell-Telefon-Test 401, 404
Berstdruckversuch 622, 626
berührungslose Dehnungsaufnehmer 455, 512, 521, 537, 702
Beschleunigungsspannung 448
Betriebssicherheit 504, 613
Beugung 311, 458
biaxiale Bulge-Prüfung 700
Biegebeanspruchung 141, 148, 175, 183, 262, 536, 546
Biegedehnung
– bei Biegefestigkeit 149
– beim Bruch 150, 547

Biegefestigkeit 148 ff., 547, 584
Biegekriechmodul-Kurven 184
Biegemodul 145, 148, 546, 561, 584, 589
Biegemoment 142, 168, 547, 563, 583
Biegeschwingung 99, 168, 485
Biegeschwingversuch 99 f., 166, 239
Biegespannung
– beim Bruch 149, 547, 583
Biegespannungs-Randfaserdehnungs-Diagramm 148, 184
Biegesteifigkeit 143, 158, 549
Biegestreifenverfahren 401, 406
Biegeversuch 141, 147, 521, 546
Biegewechselbeanspruchung 166
Bindenahtqualität 322, 481, 519, 616
Bingham-Körper 47
Bitumen 303
Blunting Line 250
BMI/CF-Verbund 574
Boeing Druck-Prüfmethode 7, 544
Boeing Open-Hole Compression Prüfung 569
Boltzmann'sche Konstante 82, 365, 438
Boltzmann'sches Superpositionsprinzip 87
Brandparameter 592, 609
Brandprüfung 590, 594, 604, 612
Brandrisiko 595, 604
Brandstellen 616
Brandverhalten 590, 608
Brechung 311, 318
Brechungsgesetz von Snellius 312, 318
Brechungsindex 312, 349, 447, 451, 455, 464
Brechungswinkel 312
Brechzahl 312, 316, 333
Bremsstrahlung 447
Brennbarkeitsprüfung 594 ff.
Brooming 543
Bruch 126, 240, 286, 541, 560, 636
Bruchdehnung 21, 123, 140, 539, 703
Bruchflächenuntersuchung 244, 247
Bruchkriterium 243

bruchmechanische Kennwerte
- Faserverbundwerkstoffe 566
- Kunststoffe 274
- TPU/ABS-Blends 278
bruchmechanische Konzepte 240, 532
bruchmechanische Werkstoffprüfung
  239, 407, 505, 521, 559
Bruchmoden 240, 559
Bruchprozesszone 686
Bruchschwingspielzahl 166
Bruchsicherheit 243, 287, 566
Bruchspannung 107, 120, 400, 411
Bruchvorgang 244, 248, 254, 257, 398
Bruchzähigkeit 196, 264, 283, 533, 706
- dynamisch 256
- statisch 243
Bruchzähigkeit (Härte) 708
Bruchzeit 258, 400, 406, 411, 416, 431, 435
Brückenmessung 355
Buckling 543
Burst 500

C

CAMPUS-Datenbank 14 ff., 157
Carreau-Modell 47, 73
C-Bild-Technik 473, 573
Celanese-Prüfmethode 544
Cellulose-Acetobutyrat 378
Cellulose-Triacetat 379
C-Faser 533, 567, 573
CFK 169, 538, 542
CFK-Laminat 452, 463, 469, 480, 491, 495, 501, 561
Charpy-Anordnung 152
Charpy-Kerbschlagzähigkeit 154 ff.
Charpy-Schlagzähigkeit 154, 157
chemisch aktives Medium 398
chemische Beständigkeit 398
chemisches Recycling 2
Clingtest 683
closed-loop-Systeme 67, 129
Cole/Cole-Funktion 363
Cole/Davidson-Funktion 363

Compliance (Nachgiebigkeit) 80, 86, 93, 96, 113 f., 129, 561, 565
Compression-After-Impact-Test 528, 572
Compton-Rückstreuung 450
Cone-Kalorimeter 597, 604, 608, 612
Constraint-Faktor 247
Corten 261
Couette-Messsysteme 51, 56
Crazebildung 108, 434
Crazelänge 433
Craze-Mechanismus 140
Crazes 91, 140, 237, 401, 413, 421, 434, 523
Crazestruktur 431 ff.
Crazewachstum 434
Crazewachstumsgeschwindigkeit 434
CTOD-Konzept 244, 251, 265, 714
CT-Prüfkörper 242, 408, 514, 706, 711
Curie-Punkt 302

D

Dampfdruck 424
Dämpfung 446, 472, 495
Dämpfungsverhalten 96
Dart-Drop-Test 668
Dauerfestigkeit 166, 171
Dauergebrauchstemperatur 587, 619, 636
Dauerschwingversuch 164
Debye-Funktion 295, 363, 468
Deckvermögen 311, 326, 335
Deckvermögenswert 335
Defektdichte 126
Defektortung (Fehlerortung) 472, 504
Defektoskopie 513
defektselektive Abbildung 491
Deformation 78 ff.
Deformationsarbeit 201, 514
Deformationsfeld 127, 144, 461, 523
Deformationsgebiet 245
Deformationsgeschwindigkeit 48, 70, 83, 120
Deformationsmechanismus 91, 129, 140
Deformationsmodell 273

Deformationspolarisation 347
Deformationsprozess 82, 91, 112, 513, 516, 521
Deformationsverhalten 81, 90, 106, 109 ff., 119 ff., 126, 140, 144, 201, 204, 517, 523, 639, 645, 659, 663
Deformationszone 134, 533
Deformationszustand 79 ff., 523
Degradationsverhalten 306, 640
Dehngeschwindigkeit 48, 69 ff.
– nominelle 115
– wahre 128
Dehngeschwindigkeiten 106
Dehnmessstreifen 252, 256, 537, 543, 547, 550, 573
Dehnmessstreifenrosette 553
Dehnrate 115, 128 ff.
Dehnrheometer 51, 68
Dehnung 78, 82 ff., 90, 114
– bei der Fließspannung 658
– bei der Zugfestigkeit 658
Dehnung bei Streckspannung 121
Dehnungen
– zulässige 286
Dehnungsaufnehmer
– berührungslose 177, 252
Dehnungsnachweis 287
Dehnungs-Zeit-Diagramme 108, 517
Dehnungszustand
– ebener 243, 520
Dehnviskosität 45 ff., 69 ff., 83
Delamination 145, 163, 299, 464, 492, 501, 528, 555, 561, 564, 572
Delaminationslänge 561 ff.
DENT-Prüfkörper 283, 688
Depolymerisation 304, 397, 591
Desorption 302
Dichroismus 333
Dichte 295, 405, 448, 615
Dichtemessung 34, 119
Dielektrikum 347
dielektrische Eigenschaften 343, 359
dielektrische Messtechnik 369
dielektrische Permittivität 344, 361

dielektrischer Verlustfaktor 346, 349, 361, 504
dielektrische Spektroskopie 359, 467, 504
dielektrische Suszeptibilität 348
dielektrische Verlustwinkel 468
dielektrische Verlustzahl 346
Dielektrizitätszahl 346
Dielektrometrie 618
Differential Scanning Calorimetry 34, 294
– temperaturmodulierte 302
Diffusionsgeschwindigkeit 415, 431, 595
Diffusionsgleichgewicht 410
Diffusionskonstante 36
Diffusionsprozesse 433 ff.
digitale Bildverarbeitung 704
digitale Grauwertanalyse 714
Dilatationsanteil 78
Dimensionierung 110, 174, 286, 410, 511, 664, 697
Dipolmoment 365
Dispersion 311 ff., 316
distributed circuit-Methode 369
Doppelbrechung 34, 202, 316 ff., 322 f., 330
Dow-Säbel-Test 401
Dreipunktbiegeversuch 144, 547, 562 ff.
Druckbeanspruchung 133, 144, 169, 185, 204, 536, 543, 569
Druckfestigkeit 138 f., 543, 546, 573, 636
Druckfließspannung 137, 204
Druckfluss-Widerstands-Kurven 645
Druckkriechkurve 185
Druckschwellbereich 165
Druckspannung 134, 138, 185, 204, 310, 544, 549, 709
Druckspannungs-Stauchungs-Kurven 137, 185, 206, 543
Druck-Vakuumtest 630
Druckversuch 133, 139, 186, 543, 573
Druckwechselbeanspruchung 174
D-Scan-Technik 473, 481
Dugdale'sches Rissmodell 244
Dunkelfeldbeleuchtung 333, 337, 454
Durchbiegungs-Zeit-Diagramm 522

Index

Durchgangswiderstand 345, 351, 377
- spezifischer 345, 350 f.
Durchschlagfestigkeit 346, 378 ff.
Durchschlagspannung 346, 378
Durchsichtigkeit 311, 335
Durchstoßversuch 161, 641, 668 f.
- instrumentierter 162, 669 ff.
Durchstrahlungsprüfung 448
Durchzugversuch 645
Dynamische Differenz Kalorimetrie 104, 294
Dynamische Differenz-Thermoanalyse 294, 299
dynamische Viskosität 60
dynamische Weiterreißprüfung 666
Dynamisch-Mechanische Analyse 94, 295, 589
Dynstat-Anordnung 153

E

Easy-Opening-Verpackung 673
ebener Dehnungszustand 436, 686
ebener Spannungszustand 114, 520, 529, 686
Edge-Delamination Test 528, 568
Eichen 10
Eigenfrequenz 96, 446, 482 ff., 502
Eigenspannung 19, 30, 34, 109, 123, 152, 187, 196, 309, 454, 535, 616, 619, 697
Eigenspannungszustand 122, 147, 399, 454
Eindringarbeit
- elastischer und plastischer Anteil 201
Eindringhärte 199, 203 f.
Eindringkörper 186, 189, 194, 199
- nach Knoop 190
- nach Vickers 188 ff.
Eindringmodul 203
- elastischer 200
Eindringtiefe 6, 188, 192, 196, 199, 583, 707
Einfeldträgerversuch 632
Einprobenmesstechnik 521 ff.

Einsatztemperatur 208, 282, 586
Einschnürbereich 126
Einschnürdehnung 126
Einstufenschwingversuch 166
elastisches Verhalten 80, 294, 648
elastische Verformung 625
elastische Wellen 295, 299, 471, 482, 486, 498
Elastizitätsmodul 20, 80, 92, 109, 527
- Biegeversuch 145, 148, 589
- Druckversuch 136
- dynamisch 589
- statisch 109, 123, 542
- Zugversuch 111, 117, 124, 539
elastomere Werkstoffe 523
elektrische Durchschlagfestigkeit 346, 378 ff.
elektrische Feldstärke 347, 376, 465
elektrische Festigkeit 346, 378
elektrische Leitfähigkeit 345, 379, 469, 495
elektrischer Durchschlag 379
Elektrodenanordnung 354, 381
Elektrodenpolarisation 347, 359
elektromagnetische Welle 447, 495
elektronische Speckle-Pattern-Interferometrie 458
Elektro-Servohydraulische Prüftechnik 168
elektrostatische Aufladung 346, 357, 376
Elmendorf-Reißwiderstand (ETR) 667
Elmendorf-Weiterreißprüfung 667
Emission
- akustische 513 ff., 643
Emissionskoeffizient 463, 496
Emissionsprüfung 627
Emissivität 514
E-Modul (Härte) 201, 708
Endaufladung 346, 377
Energiebilanz 259
Energiedissipation 686
energiedissipative Schädigungsmechanismen 514
Energieelastizität 80 f.

Energiefreisetzungsrate 248, 273, 533, 559f., 564, 568ff., 682
Energie-Zeit-Diagramm (Durchstoßversuch) 162
Entflammbarkeit 594
Enthalpieänderung 301, 604
entropieelastische Dehnung 24
Entropieelastizität 80ff., 103
Entzündbarkeit 594ff., 599
Entzündung 376, 382, 590, 593, 597, 610
Entzündungstemperatur 590, 593, 601
Entzündungszeit 604
EP/CF-Faserverbundwerkstoffe 567, 574
E/P-Copolymere 205, 276
EPDM-Kautschuk 306
EP/GF-Faserverbundwerkstoffe 334, 551, 567, 611
Epoxidharz 124, 140, 319, 333, 352, 367, 470, 482, 495, 532, 588, 611, 703
Epoxidharz/Hanflaminat 611
E/P-SiO$_2$-Verbund 705
Erichsen-Prüfstab 194
Ermüdung 164
Ermüdungsbruch 625
Ersatzträgerversuch 631
Erzeugnisprüfung 617
Euler'sche Stabilität 135
EWF-Konzept 686
Extinktionskoeffizient 612
Extrusiometer 67
Eyring-Gleichung 83, 91

F

Fade-Ometer 342
Fallbolzenversuch 152, 161ff., 572
– instrumentierter 163
Falltest 626
Fallversuch 669
– instrumentierter 238, 266
Fallwerk 161, 267
– instrumentiertes 266
Faraday-Effekt 318
Farbänderung 336, 342
Farbe 331, 615
Farberkennung 334
Farbmessung 332
Farbtafel 332
Farbunterschiede 331, 342, 616
Faser-Matrix-Grenzfläche 274, 452, 471, 513, 533, 572
Faser-Matrix-Haftung 275, 518, 528, 540
Faserorientierung 209, 310, 333, 452, 474, 486, 539, 572
Faserverbundwerkstoffe 141, 172, 471, 527, 533, 551, 566
– anisotrope 113
faserverstärkte Kunststoffe 272, 477, 614
Faservolumengehalt 219, 272, 464, 527, 538
FEM-Netzwerk 263, 287
Fertigteil 586, 614f.
Fertigteilgestaltung 614
Fertigungskontrolle 615
Festigkeitsnachweis 181, 287
Festigkeitsprüfung 614, 636
Feuchteaufnahme 36, 537
Feuchtigkeit 305, 354, 376, 397, 530
Fibre Bridging-Effekt 533
Fibrillen 91, 324, 413, 433, 523
Finite Elemente Methode 239, 262, 287, 530, 697, 716
Fixed-Arm-Peeltest 676ff.
Flächenanalyse 539
Flächenpolarisator 319
Flächenträgheitsmoment 135, 144
Flachprüfkörper 110, 167
Flammenausbreitung 591, 594, 601f., 610
Flammenausbreitungsprüfung 599
Flammenionisations-Detektor 628
Flammfestigkeit 612
Flammschutz 592f., 653
Flash over 590
Fließbruchmechanik 239, 250, 288, 685
Fließfähigkeit 45, 586
Fließgeschwindigkeit 58, 431, 503
Fließkurve 46, 63
Fließspannung 91, 137, 206, 277, 434, 658

Fließstauchung 139, 144
Fließverhalten 44, 47, 50, 58
Fließzone 119, 622
Folienanisotropie 323
Foliendicke 688
Folienprüfung 657
Formabweichungen 616
Formbeständigkeit 581, 584, 647
Formgebung
– direkte 20
– indirekte 21, 30, 116
Formmasse 15, 27, 41, 115, 613, 617
Formmasseeigenschaften 17, 109, 115, 614
Formmasseprüfung 17
Formpressen 19, 23, 27
Formstoff 15, 44, 141, 181, 355, 615
Formteilanisotropie 321
Formteile 15, 23, 33, 175, 239, 311, 342, 380, 613, 616, 628
Fotometer 615
Fourier-Korrelationsanalyse 372, 494
Fourier-Transformation 370, 461, 482, 488, 501
Fourier-Transformations-Spektroskopie 338
Fremdentzündungstemperatur 593
Frequenz 94, 103, 350, 359, 371, 375, 446, 463, 468 ff., 482, 485, 490, 499, 502, 525, 625
Frequenzbereich 369, 375, 489
Frequenzganganalysator 372
Frequenzganganalyse 258, 370, 467, 483
Frequenzspektrum 483, 495
Füllfaktor 43
Füllstoffe 155, 218, 268, 294, 309, 592
Füllstoffgehalt 218, 586
Funktionsfähigkeit 212, 613, 619, 697, 700
Funktionsprüfung 355, 614 f.

G

Gangunterschied 318, 321, 330
Gaschromatografie 618
Gebrauchsfähigkeit 622

Gebrauchsprüfung 615
Gebrauchstauglichkeit 613 ff., 619
Gebrauchstemperatur 415, 586, 636
Geometriefunktion 241, 267
Geometriekriterien
– CTOD 247
– J-Integral 249
– LEBM 244, 699, 714
Geometrieunabhängigkeit 249, 264, 279, 287, 410, 705
Gesamtbrucharbeit 687
Gesamttransmission 336
Geschwindigkeits-Temperatur-Verschiebungs-Konzept 287
Gestaltsänderung 586, 615
Gewaltbruch 625
GFK 618
GFK-Formteil 467
GFK-Laminat 476, 479, 561
GFK-Rohr 620
Gießen von Prüfkörpern 27
Glanz 311, 328, 331, 341
Glanzhöhe 329
Glanzmessung 329
Glanzunterschiede 616
Glasfasergehalt 272 ff., 468, 487, 519, 586
Glastemperatur 25, 50, 82, 91, 104, 278, 282, 301, 366, 413, 428
Glasübergang 88, 102, 295, 301 f., 366, 429, 581, 589
Glaszustand 91, 102 ff., 110, 360
Gleichmaßdehnung 128
Gleitprozess 91, 273, 413 ff.
Glührückstand 615
Goniophotometer 329
Grauwertkorrelationsanalyse 704, 710, 714
Graves-Prüfkörper 662
Grenzaufladung 346, 377
Grenzflächenspannung 424, 429
Grenztemperatur 27, 169, 271, 620
Grunddispersion 316

H

Haarrisse 616
Haftvermittler 16, 275, 358, 518
Hagen-Poisseuille'sches Gesetz 59
Halbleiterdehnmessstreifen 252, 255, 266
Harnstoffharz 124, 140, 151, 157, 352
Härte 186
– plastische 199
Härtebereich (Mikro, Makro, Nano) 197
Härtemessverfahren nach Vickers 188, 204, 708
Härteprüfeinrichtung
– registrierende 197
Härteprüfung
– instrumentierte 196
– nach Shore 192
Harzinjektionsverfahren 534
Hauptrelaxationsprozess 102, 308, 366
Hauptsatz nach St. Venant 531
Hauptvalenzbindung 120, 293
Havriliak/Negami-Modellfunktion 363
Heat Distorsion Temperature 582 ff., 588
Heat Release Rate 597, 605, 610
Heizrate 303, 309, 582
Hellfeldbeleuchtung 334
Helligkeit 329, 336
Hencky-Dehnung 48, 78
Herstellung von Prüfkörpern 18
– Duroplaste 27
– Elastomere 28
– Thermoplaste 20
Hertz'sche Pressung 113
Heterogenität 127, 270, 323, 399, 517, 540
Hochdruckkapillarrheometer 57, 60, 63, 66
Höhenlinien 457 ff.
Holografie 457
Hooke'sche Gesetz 80, 118, 145, 471
Hopkinson-Bar-Apparatur 572
Hot-Tack-Test 680
hybride Methoden der Kunststoffdiagnostik 125, 512, 588

I

Identifizierung von Kunststoffen 15, 302, 338
IITRI-Methode 545
Immersionsmethode 314
Impactschäden 453, 472, 483, 491, 497, 572
Impedanz 258, 370, 374, 471, 495
Impedanzanalyse 370, 374, 483
Impedanzmessbrücke 374
Implantatprüfung 638
induktive Dehnungsaufnehmer 537
Infrarotkamera 492, 514
Infrarotspektroskopie 338
In-plane Schubspannungszustand 553, 572
In-situ-Atomkraftmikroskopie 712 ff.
In-situ-Belastungsmodul 713
In-situ Deformationsmessungen im AFM 712
In-situ Messverfahren 513
In-situ-R-Kurven 522
instabile Rissausbreitung 238, 257, 285
instrumentierte Kratzprüfung 690 f.
instrumentierter Durchstoßversuch 673
instrumentierter Kerbschlagzugversuch 282
Intensitätsschwächung 448
Interfacefestigkeit 641 f.
Interferenz 311, 321, 330, 357, 457
Interferenzmikroskopie 330
Interferometrie 459
interferometrische Verfahren 457, 484
interlaminare Bruchzähigkeit 532
interlaminare Risszähigkeit 559 ff.
IR-Spektren 338
IR-Strahler 608
Isochromaten 319, 322
Isoklinen 319
Isolationswiderstand 345, 355, 371
Isolationswiderstandmessung 355
Izod-Anordnung 152, 156

J

J-Integral *249*
J-Integral-Konzept *248*
J_R-Kurve *250*
J T_J-Konzept *251*
Justieren *10*
J-Werte *248, 254, 261, 284*
– dynamisch *265 ff., 272, 285*
– statisch *253, 264, 524*
J-Δa-Kurve *251, 276, 278 ff.*

K

Kalibrieren *10, 520*
Kapillarrheometer *51, 57, 65, 68, 71*
Kegel-Platte-Rheometer *53, 71*
Kennwertermittlung *5, 141, 256, 381, 408, 528, 701, 710*
Kerbaufweitung *245, 252, 513*
Kerbempfindlichkeit *155*
Kerbradius *155 f., 241, 555*
Kerbschlagbiegeversuch *152, 156 f., 255, 271, 524*
– instrumentierter *255, 258, 273*
Kerbschlagzähigkeit *154 ff., 271, 277, 287*
Kerbschlagzugversuch *158, 282*
Kerbschlagzugzähigkeit *159, 666*
Kerbspitze *246, 408, 413*
Kerbwirkung *660*
Kern-Schale-Struktur *33, 280*
Kirchhoff'sche Plattenhypothese *531*
Kirkwood/Fröhlich-Korrelationsfaktor *365*
Klappenauslenkungstest *645*
Kleberakustik *482*
Klebverbindung *504, 560, 565*
Kleinbereichsfließen *244, 272*
Kleinwinkellichtstreuung *336*
Klimabeständigkeit *341, 626*
Klima-Schwingungs-Innendruck-Test *627*
Knoop-Härte *34, 189*
koaxiales Reflektometer *375*
koaxiales Zylinderrheometer *53, 56*
Kohäsionsenergiedichte *424*

Kohlebogenlampen *342*
kohlefaserverstärkte Kunststoffe *169, 538*
Kohlenstofffaser *213, 469, 478, 530, 534*
Kohlrausch/Williams/Watts-Funktion *364*
komplexe Dielektrizitätszahl *346, 467*
komplexe Permittivität *346*
komplexer Schermodul *95*
Kompressionsmodul *81*
Konditionierung *35, 359*
konstante Spannungsmethode *356*
konstante Strommethode *356*
Korrespondenzprinzip *89*
Korrosion *211, 396 f., 445*
Kraft-Durchbiegungs-Diagramme *158, 254, 259, 397, 648, 705*
Kraft-Eindringtiefe-Kurve
– Beispiele *201*
– Nanohärte *709*
– schematisch *198*
Kraft-Kerbaufweitung *251*
Kraft-Kraftangriffspunktverschiebungs-Kurven *248, 251, 706*
Kraft-Verlängerungs-Diagramm *687*
Kraft-Weg-Diagramm (Durchstoßversuch) *162*
Kraft-Weg-Diagramm (Kratzprüfung) *693*
Kraft-Weg-Diagramm (Kriechversuch) *633*
Kraft-Zeit-Diagramm *157, 258, 266, 283, 522*
Kratzfestigkeit *330, 691*
Kreisfrequenz *71, 94, 348, 372 ff., 446*
Kriechfaktor *633*
Kriechgeschwindigkeit *178*
Kriechkurven *175 ff., 180, 184*
Kriechmodul *178*
Kriechmodul-Kurven
– Biegung *184*
– Druck *185*
– Zug *178 ff., 183*
Kriechstromfestigkeit *346, 382 ff.*
Kriechverhalten *175, 179, 183, 189, 198, 633*

Kriechversuch   93, 175, 179 ff., 185, 631 ff., 636, 645
Kriechweg   382 ff.
Kriechwegbildung   346, 384
Kristallinität   223, 294, 404, 414
Kristallinitätsgrad   34, 105, 110, 209, 294, 337, 419
Kristallitschmelzbereich   581
kritische Dehnung   401, 427 ff., 515
kritische Rissöffnung   245 ff.
– dynamisch   265
– statisch   265
Kugeldruckhärte   191, 195
Kugeleindrückverfahren   403
Kunststoffbauteile   110 ff., 164, 175, 207, 239, 511, 613, 619, 625, 630, 640
Kunststoffdiagnostik
– hybride Verfahren   108, 125, 511
Kunststoffe
– faserverstärkte   272
Kunststofffertigteile   615
Kunststoffmantelrohre   614, 630, 634
Kunststoff-Metall-Verbundrohr   620
Kunststoffprüfung
– zerstörungsfreie   320, 445
Kunststoffrohrprüfung   620 ff.
Kunststoffverarbeitung   3, 42
Kurzbiegeversuch   549
kurzfaserverstärkte Kunststoffe   273 f., 553
Kurzkettenverzweigung   414, 418
Kurzzeitprüfung   382, 621, 633
K-Wert   60, 284, 297

L

Labormessextruder   67
Lageabweichungen   616
Lamb-Wellen   478 f., 486
Lamellen   202, 420
Lamellendicke   105, 202
Lamellendickenverteilung   202 f.
Laminatherstellung   534
Laminattheorie   530

Landes   255, 261
Längsscherung   559
Längsspannung   552
Langzeitfestigkeit   622
Langzeitverhalten
– statisch   175 f.
Laser-Doppelscanner   252
lasererzeugter Ultraschall   480
Laserextensometrie   125, 131, 512, 516, 702
Laser-Flash-Methode   298
Laserholografie   34
Laser-Interferometrie   127, 710
Laser-Multiscanner   519 ff.
Laser-Scanning-Mikroskopie   455, 710
Laser-Speckle-Interferometrie   702
Laserstrahl   252, 454, 457, 490, 498, 517, 520
Lasertechnik   340
Laservibrometer   485, 489 ff.
Last-Verformungs-Diagramm (Push-out-Test)   642
Lastwechsel   633
Laufzeit   447, 481, 498
Lebensdauer   108, 172, 175, 504, 587, 613, 623, 626, 638
LEBM   238 ff., 244, 247, 252, 264 ff., 272, 284, 532, 714
Leistungsdichte   481
Leistungskompensationsprinzip   300
Leitfähigkeit
– elektrische   350
– komplexe spezifische   349
Lichtbogenfestigkeit   346, 382 ff.
Lichtgeschwindigkeit   454
Lichtmikroskopie   34, 333, 337, 521
Lichtschwächung   606, 610 ff.
Lichtstreuungseffekte   337, 341
Ligament   244
Linearanalyse   539
linear-elastische Bruchmechanik (LEBM)   240, 247, 252, 532, 700, 714
linear-elastische Verformung   126, 175
linear-viskoelastische Verformung   84, 107

Liquid-Crystal-Polymer (LCP)   467
Lochbildung   523
Lockin-Thermographie   496 ff., 503
logarithmisches Dekrement   97, 100
lokale Deformation   127, 516, 520
Longitudinalwellen   100, 470
Löschbarkeit   606
Löslichkeitsparameter   424, 428, 435 f.
Luftfeuchtigkeit   36, 93, 214, 305, 342, 357, 377, 399
– relative   35 f.
Luftultraschall   477 f., 486, 489
Lumped circuit-Methode   369

M

Maleinsäureanhydrid   160
Martens-Härte   196
Maßabweichungen   175, 615 f.
Masseabnahme   604, 608 ff.
Massebestimmung   617
Massenverlustkalorimetrie   604
Masseverlust   305, 597, 608 ff.
Maßprüfung   614
Masterkurve   88, 104
Materialprüfmaschine   194, 197, 408, 455
Maxwell-Modell   85
Maxwell'sche Gleichungen   347
Maxwell/Wagner/Sillars-Polarisation   347, 359
mechanische Bearbeitung   32
mechanischer Klirrfaktor   488
mechanischer Verlustwinkel   503, 588 f.
mechanische Spektroskopie   295
Mechanodielektrometrie   512
Medienkammer   37, 408
Mehrschicht-Verbundfolien   662
Melaminharz   124, 140, 352, 585
Memory-Effekt   24
Merkle   254, 261
Merkmalsebene   504
Messbrücke   370, 467, 483
Metallklingenkerb   155, 253 f., 283
MFR-Wert   65, 405, 418

Micro-Moiré-Verfahren   702
Mikrobiegebalkenprüfung   700, 716
Mikrohärte   192, 197, 203, 645 ff.
Mikroinhomogenität   556
Mikroprüfkörper   701 ff.
Mikroprüftechnik   697 ff., 716
Mikrorisse   299, 419, 453, 479, 698 ff.
Mikroschädigungen   125 f., 511, 515
Mikrostruktur   6, 209, 245, 556, 566, 617, 699
Mikrowellenanalyse   34, 463, 469 f., 474
Mikrowellenanisotropie   465
Mikrowellenrasterbildverfahren   467
Mikrozugprüfung   700 f., 716
Miniaturbauteile   196, 707
miniaturisierte CT-Prüfkörper   697, 703 ff.
Mittelspannung   164 ff.
Mixed-Mode Beanspruchung   559, 565
Mode II-Bruchzähigkeit   534
Moiré-Effekt   457 f.
Moiré-Streifen   457
Moiré-Verfahren   702, 710
molare Masse   48, 60, 82, 105, 404, 408, 414 ff., 431, 438, 593
– Verteilung   416
Molekülkettenbeweglichkeit   415, 436, 581
Molekülkettenentschlaufung   415, 434 ff.
Molekülorientierung   421, 586
Morphologie   32 ff., 110, 152, 187, 196, 209, 239, 268, 282
Morphologieparameter   516, 566
MVR-Wert   65

N

nachchloriertes PVC   620, 623
Nachgiebigkeit   80, 86, 93, 96, 113, 129, 561, 566
Nachgiebigkeitstensor   81
Nachkristallisation   112, 309
Nachschwindung   616
Nano-Eindringprüfung   700, 707
Nanomechanik   505, 708
Nebenrelaxationsprozess   102, 365

Nebenvalenzbindung 293
Netzmittel 405, 415, 419, 439
neuronale Netze 221
Newton'sche Fluide 45 ff., 55, 58, 61
Newton'sche Gleichung 45
Newton'sches Verhalten 46, 83
nicht-Newton'sche Fluide 45, 56 ff.
nicht-wesentliche Brucharbeit 689
Nicol'sches Prisma 319
Niederdruckkapillarrheometer 57 ff.
Normalisierung 35 ff.
Normalspannung 54, 76, 96, 113, 134, 145, 530, 551
Normalspannungsbruch 243
Normalspannungsdifferenz 54, 71
Normalspannungskoeffizient 64
Norm-Biegespannung 148 ff.
Normfarbwerte 332, 335
normierte Scherfestigkeit 643
normierte Wärmefreisetzungsrate 610
Normklima 35

O

Oberflächendeformation 460
Oberflächenermüdung 211
Oberflächenladungsdichte 376
Oberflächenreflexion 328
Oberflächenspannung 425 f.
Oberflächentemperatur 167, 492 ff.
Oberflächentopografie 214, 217, 455
Oberflächenwiderstand 345, 350, 353 f., 377
– spezifischer 345
Oberschwingung 488 ff.
Oberspannung 165
Off-Axis Zugversuch 551
Ohm'scher Widerstand 356, 369
Ohm'sches Gesetz 348 ff., 356
Online-Qualitätsüberwachung 4, 323, 505
Online-Rheometer 67
Open Hole Compression Test 528, 569
optische Aktivität 317

optische Eigenschaften 311, 326, 337
optische Extensometer 537
optisches Ausdehnungsmessgerät 308
Orangenschaleneffekt 616
Ordnungszahl 99, 448 ff.
Orientierung 16, 21 ff., 26, 32 ff., 91, 105, 109 f., 119, 122, 126, 132, 147, 152, 187, 190, 196, 309, 320, 333, 421 f., 452, 465, 474, 479, 517, 535, 659
Orientierungspolarisation 347
osmotischer Druck 424
out-of-plane Schlagversuche 572
oxidative Induktionszeit 304

P

PA/CF-Verbund 124, 353
PA/GF-Verbund 21, 124, 140, 157, 169, 173, 193, 275, 353, 515, 519, 588
Paris 254, 261
PB-1/GF-Verbund 158, 275
PBT/GF-Verbund 151, 275, 481, 585
PC/GF-Verbund 475, 486
PE/BW-Verbund 269
PEEK 124, 585, 642
PEEK/CF-Verbund 220, 567
PEEK/GF-Verbund 220
PEEK/PTFE-Verbund 218 f.
Peel-Kraft 570
Peeltest 673
PE-HD/Kreide-Verbund 271
PE-HD/NBR-Blend 160
PE/HP-Verbund 269
Peltier-Elemente 498, 514
Pendelhammergeschwindigkeit 257, 260, 664
Pendelschlagwerk 152 ff., 158, 255, 283, 663
Pendelschlagwerke 664
PE/PP-Blends 277
Periode der Trägheitsschwingung 257
Permeation 628
Permeationsprüfung 627 ff.
Permittivität 346, 361, 376

Peroxidradikalbildung *591*
PE-RT *624*
PE/SiO$_2$-Verbund *269*
PET/GF-Verbund *151, 585*
PE-UHMW *338, 584, 639*
PE-X *163, 620, 623*
Pflughärte *691*
pharyngo-tracheale Stimmprothesen *644*
Phasengeschwindigkeit *447, 479*
Phasenverschiebung *95, 164, 348, 488, 495 f.*
Phenolharz *124, 140, 151, 352, 585*
Phenol (Verträglichkeitsvermittler) *160*
Photometerstrom *329*
piezoelektrischer Sensor *194, 471, 488*
Plastic-Hinge-Modell *246, 265*
plastische Verformung *237*
plastische Zone *252 ff., 272, 279, 533, 686*
Plate-Twist Schubversuch *556, 567*
Platte-Platte-Rheometer *53 f., 71*
PMMA *124, 138 ff., 148, 151, 157, 193, 319, 352, 361, 364, 408 f., 425, 479, 495, 585, 639*
PMMA-Superlayer *709*
Poisson'sche Querkontraktionszahl *80, 118, 194, 200*
Polarimeter *319*
Polarisation *317, 324, 348*
Polarisationsmikroskopie *34, 323*
Polyamid *124, 130, 151, 157, 193, 223, 268, 275, 352, 360, 515, 519, 584*
Polybutadien *105, 424, 620, 623*
Polybutylenterephthalat *124, 151, 584*
Polycarbonat *124, 151, 157, 193, 352, 378, 384, 423, 428, 434, 488, 585*
Polyester *378 ff., 520*
Polyesterharz
– ungesättigtes *124, 140, 151, 157*
Polyetheretherketon *124, 220, 585, 642*
Polyethylen
– hohe Dichte *63, 111, 124, 151, 157, 183, 193, 217, 270, 275, 353, 360, 379, 384, 404, 409, 415, 438, 584, 620 ff.*
– linear, niedrige Dichte *63, 70, 111, 124, 151, 157, 193, 340 f., 384, 584*
Polyethylennaphthalat *219, 361*
Polyethylentherephthalat *124, 157, 323, 367, 397, 425, 584*
Polyimid *384*
Polymerdispersion *41*
Polymethylmethacrylat *63, 140, 151, 157, 193, 319, 352, 479, 585, 639*
Polyoxymethylen *124, 151, 157, 193, 302, 305, 340, 584*
Polyphenylenoxid *425, 428*
Polyphenylensulfid *217, 310*
Polypropylen *26, 63, 124, 151, 157, 181, 193, 201, 243, 261, 324, 330, 353, 378, 384, 432, 437, 455, 487, 584, 620*
Polystyrol *23, 63, 111, 124, 151, 157, 193, 321, 352, 406, 412, 420, 427, 432, 436, 478, 585, 706*
Polysulfon *428*
Polytetrafluorethylen *140, 157, 185, 219, 495, 546, 639*
Polyurethan *124, 140, 151, 585, 646*
Polyvinylbutyrat *103 f.*
Polyvinylchlorid
– weichmacherfrei *124, 151, 157, 184, 193, 353, 361, 384, 425, 432, 491 ff., 585, 620, 623, 639*
– weichmacherhaltig *124, 151, 157, 284, 353, 585*
Potenzgesetz nach Ostwald und de Waele *46, 55*
PP-Copolymer/GF-Verbund *525*
PP/EPR Blends *254*
PP/EPR-Copolymer *330*
PP/EPR/PE-Copolymere *279*
PP/GF-Verbund *124, 140, 193, 275, 474, 479, 486, 587*
PP/Kreide-Verbund *124, 157, 269, 705*
PPS/GF-Verbund *310*
PP/Talkum-Verbund *124, 157, 330, 585 ff.*
Prepreg *468, 479, 534, 572*
Pressen von Formmassen *27*
Prinzip von Huygens *311*

Produkthaftung 10, 504
Prothesendurchzugtest 646
Prozesszone 686
Prüfklima 35
Prüfkörperanordnung 158, 255, 266, 297, 595
Prüfkörperdicke 37, 132, 243, 249, 264, 323, 339, 351, 412, 435, 548, 707
Prüfkörperformen für FVK
- 4ENF-Prüfkörper 563, 567
- CLS-Prüfkörper 565
- DCB-Prüfkörper 560, 565 ff.
- EDT-Prüfkörper 568
- ELS-Prüfkörper 561, 567
- ENF-Prüfkörper 562, 567
- FRMM-Prüfkörper 564
- MMB-Prüfkörper 565
Prüfkörperformen für Kunststoffe
- CT-Prüfkörper 242, 255, 408, 514, 706, 711 ff.
- DENT-Prüfkörper 283, 688
- Miniatur-CT-Prüfkörper 706
- SENB-Prüfkörper (3 PB-Prüfkörper) 153, 241, 246, 254, 263
- SENT-Prüfkörper 242
- Trapezprüfkörper 131
- Vielzweckprüfkörper (Zugprüfkörper) 22, 116, 136, 153, 400, 406, 515
- Winkelprüfkörper 131
Prüfkörpergeometrie 212, 241 ff., 247, 264, 351
Prüfkörperherstellung 15, 29, 110, 159, 534
Prüfkörpervorbereitung 35, 358, 536
Prüfkörperzustand 18, 23, 32 ff., 109, 115
Prüfverfahren
- quasistatische 106
- statische 93, 106
Pull-out 273 ff., 641
Puls-Echo-Verfahren 100, 471 ff.
Puls-Thermographie 492 f., 500
PUR-Elastomer 639, 646
PUR-Hartschaumstoff 630 f., 634 ff.
Push-out Test 640 ff.

PVC-C 263, 620, 623
PVC/Kreide-Verbund 124, 269, 272
PVC/SiO$_2$-Verbund 269
Pyrolyse 591, 596, 604, 608 ff.

Q

Qualitätskriterien 618
Qualitätsmanagementsystem 9
Qualitätsmerkmale 511, 614, 617
Qualitätssicherung 15, 106, 112, 133, 139, 152, 302, 505, 549, 613, 620
Qualitätsüberwachung 67, 186, 203, 505, 621
Quarzglas 470
Quarzrohrdilatometer 308
quasistatische Bruchmechanikexperimente 512, 521
quasistatische Prüfverfahren 619
Quellgleichgewicht 423
Quellung 423, 428
Querdehnungs-Längsdehnungs-Diagramm 118, 513
Querkontraktion 114, 128, 459, 527 ff.
Querkontraktionszahl 80, 118, 460, 539, 703, 710
Querscherung 559
Querspannung 552

R

radiografische Prüfmethoden 34
Randdelaminationszähigkeit 568
Randfaserdehnung 145, 148, 183, 401, 546, 584
Randfaserdehnung beim Bruch 150
Rastersondenmikroskopie 710
Rauigkeit 24, 211, 312, 328, 331, 376
räumlicher Spannungszustand 77
Reflektometerverfahren 329, 370, 375
Reflexion 311, 318, 326, 447, 451, 454, 464, 473, 495
Reflexionskoeffizient 447
Refraktion 311, 451 ff.

Refraktionswert   452
Refraktometer   313 f., 317
Reibung   92, 134, 146, 207 f., 211, 219, 223, 413, 563
Reibungsgesetz   209
Reibungskoeffizient   105, 207 ff., 217, 220 ff., 413, 691
Reibungsprozess   102, 209
Reibungswärme   31, 209, 596
Reißdehnung   181
Reißfestigkeit   121
Reißmodul (Tearing Modul)   251, 276 f.
relaxationsgesteuertes Risswachstum   414
Relaxationsmechanismus   102, 109, 123
Relaxationsmodul   85, 183
Relaxationsprozesse   92, 102, 105, 110, 147, 359, 362 ff., 402
Relaxationsverhalten   85, 109, 129, 182, 198
Relaxationszeit   85, 92, 102, 362, 468
Relaxationszeitspektrum   64, 85, 88, 92
Remission   327, 335
– innere   328
Remissionsgrad   327, 335
Resonanzfrequenz   96 ff., 485, 490
Resonanzschwingungen   94, 98
Restdehnung   402 ff.
Restdruckfestigkeit   534, 573
Restfestigkeit   402 ff., 572
Retardation   92, 109, 175
Retardationsmechanismus   109, 123
Retardationsverhalten   86, 109, 129
Retardationsversuch   182
Retardationszeitspektrum   86 ff.
rheologische Ansätze   45, 70, 83
Rheometer   51
Rheometrie   50
Rice   248, 254, 261
Rieselfähigkeit von Schüttgut   44
Rissabstumpfung   250, 254
Rissausbreitung   240, 245 ff., 251, 254, 560, 685
– instabil   205, 238, 242, 245, 257, 285, 410
– interlaminar   559
– stabil   244, 250, 272, 285, 407, 560, 689
Rissausbreitungsgeschwindigkeit   153, 407, 430, 438
Risseinleitung   281, 567
Rissfortschritt   247, 253, 408, 413, 513, 560
Rissinitiierung   685
– physikalische   246, 251, 521
– technische   251, 277, 280
Risslänge   241, 249, 272, 278, 560, 563, 699, 708
Rissmodell nach Dugdale   244
Rissöffnung   243 ff., 265, 521, 560, 711 ff.
– einfache   559
Rissöffnungsarten   240, 243, 559
Rissöffnungsverschiebung   244, 247, 272, 275, 522 f., 715
Rissorientierung   453
Rissspitze   132, 240, 243, 247, 250, 253, 263, 410, 414, 426, 430, 437, 521, 533, 562, 713 ff.
Rissspitzendeformationsprozess   254, 521
Rissverzögerungsenergie   256, 259, 275
Risswachstumsuntersuchungen   244, 254, 439, 522, 561
Risswiderstands-(R)-Kurven
– Elastomere   524
– E/P-Copolymer   276
– iPP-Blend   522
– PP/EPR/PE-Blends   280
– TPU/ABS-Blends   278
Risswiderstands-(R-)Kurven-Konzept   250
Risswiderstandsverhalten   251
Risszähigkeit   242, 250, 268, 276, 282, 533, 559
Ritzhärte   194, 691
Ritzhärteprüfung   194
Rockwell-Härte   190, 195
Röntgendurchstrahlungsprüfung   448, 467
röntgenografische Spannungsmessung   33
Röntgen-Refraktions-Topogramm   452
Röntgen-Refraktometrie   35, 451
Röntgenröhre   450
Röntgenrückstreuverfahren   451

Röntgentomogramm 450
Rotationsfaktor 246
Rotationsrheometer 51
Rückwandecho 471 ff.
Rußgehalt 286, 523
Rutschwinkel 44

S

Sandkastenversuch 638
Sandrieselprüfung 330
Sandwichbauelemente 614, 630, 634
Sandwich-Druckversuch 546
Sandwichlaminat 549, 570
Sauerstoff-Grenzkonzentration 593
Sauerstoffverbrauchs-Methode 604, 610
Schadenstoleranz 533, 571, 574
Schädigung 403, 469, 512, 515, 700, 716
Schädigungsarbeit 161, 238, 266, 671
Schädigungsfläche 573 f.
Schädigungskinetik 512, 515, 588, 642
Schädigungsmerkmale 162
Schädigungswiderstand 573
Schälfestigkeit von Laminaten 570
Schallemission 481, 498, 515, 525, 643
Schallemissionsanalyse 125, 512 ff., 524, 642
Schallemissionsaufnehmer 641
Schallemissionsprüfung 513, 641
Schallgeschwindigkeit 100, 295, 478
Schälversuch 570
Scherbandbildung 108, 406
Scherbänder 91, 114, 140, 237
Scherdeformation 46 f., 413
Scherfestigkeit 112, 145, 537, 549 ff., 554 ff., 631, 636, 641
– interlaminare 549
Schergeschwindigkeit 45 ff., 53 ff., 58, 71
Schermodul 81, 96, 100, 642
Scherspannung 76, 83, 642 f.
Scherung 642
Scherversagen 543
Scherviskosität 45, 48, 54, 70, 83
Scherwelle 474

Schlagarbeit 154 ff., 283
Schlagbeanspruchung 152, 157, 163, 534, 562, 571 ff.
Schlagbiegeversuch 152, 155 ff., 161, 255
Schlagenergie 154, 257, 266, 534, 573 f.
Schlagkraft 255, 258, 266, 269, 272, 276, 283
Schlagkraft-Deformations-Diagramm 267, 648
Schlagkraft-Durchbiegungs-Diagramme 255
– Humanknorpel 647 f.
– schematische 256, 260
– Werkstoffbeispiele 158, 275, 397, 525
Schlagprüfung 626, 648
Schlagversuch 116, 152, 238, 266, 571, 648
Schlagzähigkeit 154 ff.
– Charpy 154, 157
Schlagzugversuch 152, 158 ff., 282, 663
Schlagzugzähigkeit 159, 665
Schlankheitsgrad 135
Schliffbilder 539, 618
Schmelzeelastizität 64
Schmelze-Massefließrate 404, 418
Schmelzen 46, 49, 60, 63, 66, 84, 202, 302, 324, 341, 423, 590
Schmelzenthalpie 294, 301
Schmelze-Volumenfließrate 65
Schmelzindex 65 f., 617, 621
Schmelzindexmessung 65, 617
Schmelzpeak 303
Schmelztemperatur 294, 302, 581
Schockprüfung 626
Schraubenauszugsversuch 631 ff.
Schrumpfspannung 24
Schrumpfungsmessung 33
Schubbeanspruchung 536, 551
Schubdehnung 557, 562
Schubmodul 527, 550 ff., 556, 567, 632
Schubspannung 45, 50, 53, 56, 59 ff., 66, 71, 76, 114, 144, 240, 546, 549 ff., 562
Schubspannungs-Scherungs-Kurve 551 f., 556
Schubversagen 543

Schubversuche
- ± 45° Off-Axis Zugversuch   551, 567
- 10° Off-Axis Zugversuch   552, 567
- Iosipescu Schubversuch   555, 567
- Plate-Twist Schubversuch   556, 567
- Schertorsionsversuch dünnwandiger Rohre   557
- Two- und Three-Rail Scherversuche   553

Schüttdichte   43 f.
Schüttgut   43
Schüttwinkel   44
Schwächungskoeffizient   447
Schwefelgehalt   286
Schweißverbindung   163, 519
Schwelbrand   595
Schwindung   19, 27, 148, 308, 616, 621
schwingende Beanspruchung   572, 702
Schwingspielzahl   166 f., 171
Schwingung
- erzwungene   94, 98
- freie gedämpfte   96

Schwingungsamplitude   96, 99, 484, 490
Schwingungsanalyse   446
Schwingungserreger   101
Schwingungsprüfung   626
Schwingungsspektroskopie   347
Schwingversuch   166
Searle-Messsysteme   51, 56
Sekantenmodul   118, 137, 148
Selbstentzündung   591 ff.
Selbstentzündungstemperatur   593
SENB-Prüfkörper   241, 246, 254, 263
SENT-Prüfkörper   242
Shore-Härte   188, 192, 195
Siegelkurve   677
Siegelnahtfestigkeit   661
Signal/Rausch-Verhältnis   461, 478, 494, 502, 505
Silikonharz   124, 352
Silikonkautschuk   639, 644 ff.
Skin-Effekt   469, 495
Slosh-Test   630
spanende Formgebung   23, 27, 30
Spannung   75, 699, 709

Spannungsänderungsgeschwindigkeit   433
Spannungs-Dehnungs-Diagramm   21, 90, 118 ff., 125, 515 ff., 542, 568, 659, 703
- Einfluss der Prüfgeschwindigkeit   124
- Einfluss der Temperatur   124

Spannungsdoppelbrechung   319
spannungsgeregelter Dauerschwingversuch   165
Spannungsintensitätsfaktor   240 ff., 287, 407, 434, 715
Spannungskonzentration   132, 152, 159, 460 ff., 499, 513, 546, 699
Spannungsoptik   454 f., 464
Spannungsrelaxation   85, 88, 92, 107 ff., 175, 182
Spannungsrissbeständigkeit   181, 395, 399, 403, 407, 415, 421, 426, 431, 435, 438, 588
Spannungsrissbildungsvorgang   398
Spannungsrisse   396, 401, 411, 419 ff., 430, 435 ff.
Spannungsrisskorrosion   398
Spannungsrissprüfung   34, 399, 403
Spannungsrisswiderstand   399, 414, 417, 420
Spannungssingularität   532
Spannungstensor   78 ff., 248
Spannungsverteilung   135, 144, 454, 530
Spannungs-Zeit-Schaubild   165
Spannungszustand
- ebener   243, 436

Speichermodul   71, 95 ff., 104, 588
spektraler Transmissionsgrad   326
Spektralphotometer   327
Spektroskopie
- mechanische   92

spezifische Festigkeit   445
spezifische Gesamtbrucharbeit   687
spezifische Gleichstromleitfähigkeit   349
spezifische Leitfähigkeit   344, 349
spezifischer Durchgangswiderstand   351
spezifischer Oberflächenwiderstand   345, 350

spezifische Wärmekapazität 300
spezifische Wärmeleitfähigkeit 210
sphärolithisches Gefüge 324
Spröd-Zäh-Übergangstemperatur 155, 268, 281
– instabil 271, 281
– stabil 280 f.
stabile Rissausbreitung 244, 250, 272, 285, 407
stabile Rissinitiierung 525
stabile Rissverlängerung 522
Standzeit 181, 400, 404, 407, 414 ff., 431, 622 ff., 637
Stanzen 28, 617
Stanzpresse 29
stationäres plastisches Fließen 126
statische Prüfverfahren 607, 619
statischer Pressdruck 638
Stauchung 134 ff., 185
– bei Druckfestigkeit 139
Stearinsäuremodifizierung 270
Steifigkeitstensor 81
Stereomikroskopie 523
Stifteindrückverfahren 400 ff.
Stopfdichte 43
Strahlungswärme 596, 604, 610
Streckdehnung 123
Streckspannung 34, 90, 108, 120, 123 ff., 144, 244, 286
– dynamisch 261
– statisch 121, 204, 400, 437
Streifenprojektion 456
Streifenprüfkörper 659, 665, 674
Stretchzone 247, 250, 524
– Stretchzonenhöhe 247, 521
– Stretchzonenweite 247, 250 f.
Streukoeffizient 335, 448
Streulichtverteilung 329
Streuung 326, 335, 396, 447 f., 479, 610, 613
Streuwinkel 452
Strömungswiderstand 431, 645
Struktur 32
Stützweite 145, 148 f., 153, 246, 256 f., 260, 271, 584, 632

Styren-Butadien-Kautschuk-Vulkanisat 285
Styrol-Acrylnitril 23, 124, 151, 157, 411, 427, 432, 585
Styrol-Butadien-Copolymere 106
Sumpter 261

T

Tabor-Beziehung 203
tangentiale Scherfestigkeit 637
Tearing Modul 251, 276 f.
Teilchenabstand 160, 279
teilchengefüllte Kunststoffe 268, 277
Teilchengröße 278, 310
Temperaturabhängigkeit der Zähigkeit 256, 268, 272, 275, 281
Temperaturleitfähigkeit 296, 299, 493 ff., 503
Temperaturleitzahl 296
temperaturmodulierte DSC 304
Temperatursensor 300, 583
Temperaturspannungen 634
Temperaturvariationsmethode 315
Temperaturwechselbeanspruchungen 16, 634
Temperatur-Zeit-Grenzen 619
Temperatur-Zeit-Superpositionsprinzip 88, 103
thermische Alterung 637
thermische Ausdehnung 307, 310, 461 ff., 500
thermische Dehnungsanalyse 24
thermische Eindringtiefe 495
thermische Emission 514
thermischer Ausdehnungskoeffizient 50, 308, 530, 710
thermisches Langzeitverhalten 619
thermische Spannungsanalyse 24
thermische Tomographie 497, 502
thermische Zuverlässigkeit 697
thermo-elastischer Effekt 515
thermoelastische Spannungsanalyse 498
Thermoelement-Methode 604, 608

Thermographie 34, 125, 169, 463, 492 ff., 503, 512, 515
thermogravimetrische Analyse 294, 305
thermomechanische Analyse 295, 307 f.
thermooptische Analyse 295
Three-Rail Scherversuch 550, 553
tie-Moleküle 16, 309, 419, 431
Torsion dünnwandiger Rohre 557
Torsionspendel-Versuch 96 ff.
Torsionsschwingung 96
Torsionsschwingungsversuch 96, 239
Torsionsversuch 557
Totalreflexion 317
– abgeschwächte 312, 317, 339
T-Peeltest 676, 679
TPU/ABS-Blends 278
Trägheitshalbmesser 135
Trägheitskraft 54, 258 ff.
Transienten-Thermographie 492
Transmission 326, 339, 476
Transmissionsgrad 326, 337
Transparenz 311, 324 ff., 335
Transversalwellen 447, 470
Trapezprüfkörper 131, 662
Traversengeschwindigkeit 113, 125, 128, 133, 145, 148, 252, 561, 565, 568, 571 ff.
tribochemische Reaktion 211
Trommelschälversuch 570 f.
Trouserprüfkörper 662
Trouton'sche Viskosität 47, 83
Trübung 311, 326 ff., 331, 336
Trübungsmaß 336
Türangelmodell 246
Turner 261
Two-Rail Scherprüfung 550, 553, 567

U

Ubbelohde-Viskosimeter 57, 60
Übergangstemperatur 105, 294, 302, 366, 429, 588
übermolekulare Struktur 187, 202
UD-Laminat 528, 540, 553, 560
UHMWPE-Werkstoffe 338, 584, 639

Ulbricht'sche Kugel 337
Ultraschall 471, 486, 512
Ultraschallamplitude 474, 499
Ultraschall-Burst-Phasen-Thermographie 500 ff.
Ultraschalldefektoskopie 513
Ultraschalldoppelbrechung 474
Ultraschallfrequenz 471, 502
Ultraschall-Prüfmethoden 34, 100, 471
Ultraschallreflexion 475
Ultraschallthermographie 499
Ultraschallwellen 94, 101, 462, 471
Ultraviolett-Leuchtstofflampe 342
ungesättigtes Polyesterharz 28, 352, 585
uniaxiale Mikrozugprüfung 700
Unterspannung 165
UP/GF-Verbund 193

V

Verarbeitungsschwindung 19, 616
Veraschung 17, 538, 618
Verbindungsmolekül 419
Verbrennung 590, 593, 604 ff.
Verbrennungswärme 593, 596, 604, 610
Verbrennungszyklus 591
Verbundfestigkeit 539
Verdrängungsdilatometer 308
Verfestigungsbereich 126
Verfestigungsexponent 120, 196
Verformung
– elastische 107
– linear-elastische 107, 126
– linear-viskoelastische 126
– plastische 90, 107, 141, 191
Verformungsenergie 238, 248, 254, 258, 261
Verformungsgeschwindigkeit 83, 132, 158, 283, 415, 431
Verformungstensor 80
Vergleichsspannung 621 ff.
Vergleichsspannungshypothese 286
Verlustfaktor 96 ff., 103, 106, 201, 295, 346, 349, 359 ff., 374, 468

Verlustmodul 71, 95, 98, 101 ff., 588
Vernetzung 32, 82, 175, 285, 293, 302, 345, 414 f., 468
Vernetzungsdichte 82, 105
Vernetzungsgrad 111, 293
Versagenswahrscheinlichkeit 505
Verschleiß 207, 625
Verschleißkenngrößen 210 ff., 216 ff., 222
– Verschleißgeschwindigkeit 215
– Verschleiß-Weg-Verhältnis 215
Verschleißmechanismen 211, 214
Verschleißrate
– spezifische 210, 215 ff., 222
Verstreckgrad 48
Verteilung der molaren Masse 431
Verzerrungstensor 79
Verzweigung 414, 418
Vibrometrie 469, 482 ff., 489 ff., 504
– mechanische 482
– nichtlineare 489
Vibro-Thermographie 499, 514
Vicat-Erweichungstemperatur (VST) 25, 582 ff., 587
Vicat-Softening Temperature 25
Vickers
– Buchholz 188
– Härte 190
Vickers-Härte 188, 204 ff., 708
Vickers-Pyramide 189, 194, 199, 203, 206
Videoextensometrie 512, 523, 702
Videothermographie 513
Vielzweckprüfkörper 22, 37, 116, 127, 137, 153, 176, 400, 406, 515
Vierbalkenmikroprüfkörper 702
Vierpunktbiegeversuch 142, 547 f., 563
viskoelastische Eigenschaften 44, 50, 84, 101, 105, 196, 647
Viskoelastizität
– nichtlineare 89, 108, 126
viskoses Werkstoffverhalten 82
Viskosimetrie 50
Viskosität 45, 58, 110, 414, 425 f., 430, 435, 617
Viskositätsfunktion 64

Viskositätswert 48, 66, 284
visuelle Prüfung 139, 402, 513, 615
Vogel-Fulcher-Tammann-Gleichung 84, 366
Voigt-Kelvin-Modell 86
Volumen
– freies 49
Volumendilatometrie 126, 513

W

wahre Dehnung 78, 128 ff.
Warmauslagerungsversuch 617 ff.
Wärmeausdehnung 307 f.
Wärmeausdehnungskoeffizient 295, 307
Wärmedehnzahl 307 ff.
Wärmedurchgang 297
Wärmedurchgangszahl 297
Wärmedurchschlag 379
Wärmeeindringzahl 296
Wärmefluss 592, 602, 609
Wärmeflussverfahren 514
Wärmeformbeständigkeit 28, 141, 201, 581, 584 ff.
– Heat Distortion Temperature 583 f., 588
– Vicat-Softening Temperature 582 ff., 587
Wärmefreisetzungsrate 597, 603 f., 609 f.
Wärmekapazität 295, 300 ff.
– spezifische 295, 302
Wärmeleitfähigkeit 34, 164, 210, 220, 295, 495, 514, 635
Wärmeleitungsgleichung 295
Wärmeleitzahl 295
Wärmequellen 35, 299, 462, 503, 590, 593, 596
Wärmestrom 498, 596, 601, 604
Wärmestromdichteamplitude 495
Wärmestromprinzip 300
Wärmetransport 295, 461, 492 ff., 502
– dynamisch 492
Wärmeübergangszahl 296
Wasserstrahlschneiden 31

Weather-Ometer 342
Wechselbereich bei Ermüdung 165
Wechselfestigkeit 173 f.
Wechselstromleitfähigkeit 367
Wechseltemperaturtest 630
Weibull-Parameter 169, 172, 700
Weiterreißversuch 112, 131, 661
Weiterreißwiderstand 131, 661 f.
Weitwinkellichtstreuung 336
Wellenlänge 35, 98 ff., 312, 315, 321, 330, 337, 369, 447, 463
Wellenlängenausbreitungsgeschwindigkeit 471
Wellenlängenvariationsmethode 313 ff.
Wellenzahl 338, 446
Werkstoffauswahl 112, 195, 214, 286 ff., 355, 396, 627
Werkstoffe
– anisotrope 147, 189 ff.
– elastomere 120
Werkstoffverhalten
– nichtlineares 253, 486
wesentliche Brucharbeit 689
Wickeltechnologie 536
Widerstand
– elektrischer 350
Williams, Landel und Ferry-Gleichung 49, 88, 367
Winkelprüfkörper 131
Wirbelstromprüfung 469, 495, 498
Witterungsbeständigkeit 342
Wöhler-Kurve (S-N-Kurve) 166 f., 170 ff.
Wollaston-Prisma 331

X

Xenonbogenlampe 342
Xenontestgerät 342

Z

Zähigkeitsbewertung 237, 268, 278, 282, 287, 532, 588, 705
Zeitdehnlinien 177
Zeitschwingfestigkeit 170
Zeitstandbiegeversuch 183
Zeitstanddruckversuch 184
Zeitstandinnendruck-Diagramm 623
Zeitstandinnendruckfestigkeit 621 f.
Zeitstandinnendruck-Versuch 622 ff.
Zeitstandschaubild 177
– Biegung 184
– Zug 178
Zeitstandzugfestigkeit 181, 400, 416, 421, 425 ff., 437
Zeitstandzugversuch 176, 400, 405, 411, 418 ff., 430 ff., 435
Zeit-Temperatur-Superpositionsprinzip 88, 104
Zersetzung 211, 294, 302, 305 ff., 591 f., 608
Zersetzungstemperatur 591 f.
zerstörungsfreie Kunststoffprüfung 320, 445, 470, 492, 505, 521
Zone
– plastische 245, 252, 272, 279, 533
Zugbeanspruchung 176, 182, 204, 419, 513, 516, 523, 536, 540
Zug/Druckbeanspruchung 174
Zugfestigkeit 21, 109, 121, 124, 539, 546, 658, 661 ff.
Zug-Kriechmodul 178
Zugschwellbereich bei Ermüdung 165
Zugspannung 69, 121, 205, 310, 400, 407
Zugspannungs-Dehnungs-Diagramme 205
Zugversuch 112, 116, 125, 513, 516, 539, 658
– dehnungsgeregelter 115, 125, 130, 164
– Kenngröße 119 f., 125, 539
– kraftgeregelter 125
– Prüfkörper 117
– theoretische Grundlagen 112
Zugwechselbeanspruchung 174
zulässige Spannungen 286, 586
Zündflamme 599
Zündquelle 590, 593, 596, 599 f.
Zuverlässigkeitsprüfung 697, 714 ff.